U0629253

数字煤矿与智能开采

——王国法院士智慧矿山文集

Digital Coal Mine and Intelligent Mining

Research Compilation on Smart mines by Academician Wang Guofa

王国法　主编

科学出版社

北　京

内 容 简 介

本文集汇集了王国法院士团队及部分学者在数字煤矿建设和智能化开采领域的最新研究成果。文集全面覆盖了从基础理论到实际应用的各个层面，为读者呈现了一个多维度、立体化的研究视角；立足于信息技术、自动化技术及人工智能等高新技术的最新进展，系统地研究了数字煤矿总体架构、标准体系、开采理论与关键核心技术、掘进技术、机器人技术和故障诊断与健康管理技术等多方面的内容。全书共 5 个篇章，每个篇章围绕一个核心主题展开讨论，旨在推动我国数字煤矿及智能化开采基础理论与技术的发展，助力煤炭工业高质量发展。

本书可供高校师生、科研机构的研究人员、煤矿企业的工程技术人员、政府监管部门和政策制定者、投资分析师和咨询顾问及对煤炭工业或智能技术感兴趣的读者查阅参考。

图书在版编目（CIP）数据

数字煤矿与智能开采：王国法院士智慧矿山文集 / 王国法主编. — 北京：科学出版社，2025.2. -- ISBN 978-7-03-081210-0

Ⅰ. TD82-39

中国国家版本馆 CIP 数据核字第 2025TV5028 号

责任编辑：李　雪 / 责任校对：王萌萌
责任印制：师艳茹 / 封面设计：无极书装

科学出版社 出版
北京东黄城根北街 16 号
邮政编码：100717
http://www.sciencep.com
北京厚诚则铭印刷科技有限公司印刷
科学出版社发行　各地新华书店经销
*
2025 年 2 月第 一 版　开本：880×1230 1/16
2025 年 2 月第一次印刷　印张：35 3/4
字数：1 225 000
定价：600.00 元
（如有印装质量问题，我社负责调换）

序

矿产资源是人类生存和社会经济发展不可或缺的物质基础，智慧矿山建设是现代矿业发展的大趋势。智慧矿山是系统智能与人文智慧的融合，系统智能是指矿山运行系统具有全流程人-机-环-管数字互联、高效协同、智能决策、自动化运行的能力，人文智慧是人的智慧在矿山运营中的决定性作用，是借助信息通信技术和人工智能技术，将管理者的思想、知识、要求等变成系统决策的依据，提高决策水平，降低劳动强度，实现安全高效、绿色低碳、健康运行。

习近平总书记在全国科技大会、国家科学技术奖励大会、两院院士大会上强调："要积极运用新技术改造提升传统产业，推动产业高端化、智能化、绿色化。"煤矿智能化和煤炭产业数字化转型是煤炭新质生产力培育和行业高质量发展的核心，涉及人工智能、大数据、云计算等新一代信息技术与采矿工程等多学科、多领域的深度融合，理论和技术创新是这一重大技术变革的核心驱动力。从 20 世纪 80 年代起，我国大力发展煤矿综合机械化，经过 40 多年的发展，煤矿机械化和自动化技术不断创新和应用，实现了煤炭生产力和安全生产的巨大进步。随着现代新技术的快速发展，助力煤炭产业加快转型升级，亟须通过数字化、智能化技术赋能煤矿，实现煤矿生产减人、增安、提效目标，为煤矿职工创造福祉，为煤炭企业创造更大价值。

2018 年，团队获得了国家自然科学基金委员会重点项目的支持，围绕"数字化煤矿和智能开采基础理论"开展研究，这是智慧矿山领域首个国家自然科学基金重点项目。随后团队又连续承担了"复杂条件煤层采场-装备双动态系统耦合模型与跟随控制原理""超长工作面液压支护系统动态耦合特征及其自适应控制原理"等多项国家自然科学基金项目，围绕煤矿数字基础、煤矿智能化巨系统架构、智能采掘技术与装备、特种机器人技术、故障识别与健康管理等理论和技术方向开展了大量研究，取得了一系列理论、技术和工程研究成果，初步形成了煤炭开采数字化基础与智能化技术体系，极大地推动了我国煤矿智能化和智慧矿山基础理论与技术的发展。

以团队研究成果为基础，支撑国家出台了一系列政策文件，推动加快煤矿智能化发展。2020 年 2 月，国家发展和改革委员会和国家能源局、国家矿山安全监察局等 8 部门联合印发了《关于加快煤矿智能化发展的指导意见》，提出了发展煤矿智能化的总体要求、分阶段目标、主要任务和保障措施，推动煤矿智能化建设进入快速发展阶段。以团队研究成果为支撑，国家能源局等行业主管部门制定发布了《煤矿智能化建设指南（2021 年版）》《智能化示范煤矿验收管理办法（试行）》《煤矿智能化标准化体系建设指南》等指导性文件，开展了首批 70 家智能化示范煤矿建设，形成了一批可推广、可复制的经验、技术装备，提出了不同条件下煤矿智能化建设范式。

团队研究成果助力了煤矿智能化建设发展，煤矿智能化建设与技术创新相互推进，煤矿智能化建设的技术路径逐渐清晰，煤矿高可靠融合通信系统、工业互联网平台、智能化综合管控平台等先进技术得到广泛推广应用，供配电系统、主煤流运输系统、供排水系统等实现了常态化无人值守作业，智能采掘系统、智能辅助运输系统、露天矿卡无人驾驶系统、5 类 38 种机器重点产品研发等取得了积极进展，煤矿智能化技术装备国产化、成套化水平明显提升，减人、增安、提效成果显著。

2019 年 7 月，中国煤炭学会和中国煤炭科工集团等相关企业、科研机构、高等院校等共 27 家骨干单位共同发起成立煤矿智能化技术创新联盟，凝聚行业优势科技资源，构建产学研用创新链条，建立以企业为主体、以市场为导向的煤矿智能化技术创新体系，突破煤矿智能化关键核心技术，推动煤炭工业高质量发展。2022 年 3 月，中国自动化学会成立智慧矿山专业委员会，服务于矿山生产、安全、管理的转型升级。积极推动了新一代信息技术与煤矿及非煤矿山相结合，促进了智慧矿山相关基础理论、技术、装备和产业的融合发展。

以团队研究成果为基础，制定了包括《智能化采煤工作面分类、分级技术条件与评价》(T/CCS 002-2020)

《智能化煤矿(井工)分类、分级技术条件与评价》(T/CCS 001-2020)《智能化煤矿术语》《智能化煤矿体系架构》等一系列国家和行业标准 200 余项,形成了集通用基础、支撑技术与平台、煤矿信息互联网、智能控制系统及装备、安全监控系统和生产保障等六部分的煤矿智能化标准体系框架。连续组织编写出版了《中国煤矿智能化发展报告 2020/2022/2024》(每 2 年一集),全面总结分析我国煤矿智能化发展现状,从智能地质探测、智能掘进、智能开采、智能主辅运输、智能安控、智能洗选、智能化场区、智能经营管理等多个方面,系统分析了智能化煤矿建设关键技术;系统分析了大型煤炭企业取得的智能化建设成果;从技术研发与现场实践相结合的角度指出了智能化煤矿建设过程中存在的主要技术难题与发展方向。

本书精选了团队近年来在智慧矿山和煤矿智能化方面的代表性论文 46 篇,呈现了相关理论和技术创新发展的脉络。其中,多篇论文获得中国科协优秀论文奖、F5000 优秀论文、高被引论文等。国家自然科学基金重点项目——"数字化煤矿和智能化开采基础理论研究"项目验收获得全 A 评价。

当前,煤矿智能化和智慧矿山建设总体上还处于初级发展阶段,相关理论和技术难题还很多,特别是面向国家能源安全战略、人工智能发展战略和深地资源开发战略需求,亟须加强深部煤炭无人化开采数字化和智能化技术的研究,迫切需要国家重点支持开展有组织科技创新攻关研究,突破煤矿数字化基础理论薄弱、多场耦合采动响应下全域时空信息精准感知难、煤矿装备自适应及群组协同作业能力差等重大难题,进一步揭示煤矿开采围岩与装备群耦合机理和采动响应规律,构建煤矿大模型架构、场景模型和多模态模型,加速文本、图像和视频融合、无人化开采系统具身智能等理论基础,提出煤矿掘、采、运装备自适应和群组协同控制高效运行的原创性新技术、创立智能化巨系统常态化智能运维新技术体系,支撑实现工作面掘、采、运无人化系统常态化运行。以更加丰富的科技创新成果,支撑智慧矿山高质量建设,推动煤炭和矿业向高端化、智能化、绿色化发展。

2024 年 6 月

目　录

第四篇　机器人、图像识别等智能煤矿新技术

第五篇　故障诊断与健康管理技术

第一篇　数字煤矿总体架构及其关键技术

智慧煤矿 2025 情景目标和发展路径

王国法[1,2,3]，王 虹[2]，任怀伟[1,3]，赵国瑞[1,3]，庞义辉[3]，杜毅博[1,3]，张金虎[1,3]，侯 刚[1,3]

（1.天地科技股份有限公司 开采设计事业部,北京 100013；2.中国煤炭科工集团有限公司,北京 100013；3.煤炭科学研究总院 开采研究分院,北京 100013）

摘 要：智慧矿山是煤炭行业转变发展方式、提升行业发展质量的核心驱动力,是矿山技术发展的最高形式。基于数字矿山技术发展现状,结合生产系统智慧化特征及要求,给出了智慧矿山概念及内涵：将物联网、云计算、大数据、人工智能、自动控制、移动互联网、机器人化装备等与现代矿山开发技术融合,形成矿山感知、互联、分析、自学习、预测、决策、控制的完整智能系统；到 2025 年,实现煤矿单个系统智能化向多系统智慧化方向发展,建立智慧生产、智慧安全及智慧保障系统的基本运行框架,初步形成空间数字化、信息集成化、设备互联化、虚实一体化和控制网络化的智慧煤矿第二阶段目标。实现矿井开拓、采掘、运通、洗选、安全保障、生态保护、生产管理等全过程智能化运行。资源开发利用水平显著提高,煤矿职业健康和工作环境根本改善,矿山生态恢复和保护全面实施。

关键词：智慧煤矿；数字矿山；情景目标；大数据；人工智能

中图分类号：TD984 **文献标志码**：A **文章编号**：0253-9993(2018)02-0295-11

2025 scenarios and development path of intelligent coal mine

WANG Guofa[1,2,3], WANG Hong[2], REN Huaiwei[1,3], ZHAO Guorui[1,3], PANG Yihui[3],
DU Yibo[1,3], ZHANG Jinhu[1,3], HOU Gang[1,3]

(1. *Coal Mining Technology Department, Tiandi Science and Technology Co., Ltd., Beijing 100013, China*；2. *China Coal Technology & Engineering Group Corp., Beijing 100013, China*；3. *Mining Design Institute, China Coal Research Institute, Beijing 100013, China*)

Abstract：The intelligent mine is the core driving force for the coal industry to change the way of development and to improve the quality of the industry. It is the highest form of the development of coal mine technology. Based on the development of mining technology and combined with intelligent generation system with characteristics and requirements, the concept and interconnection of the wisdom of mine are given. Based on digital mine, networking, cloud computing, big data, artificial intelligence and modern mining technology as the core technology, it will achieve the wisdom of self-learning, prediction, decision, control of the whole intelligent system. By 2025, the intelligent system will run from single system to multi-system intelligent level, the basic operating framework of wisdom production, wisdom security and wisdom guarantee system will be established. The spatial digitization, integration of information, internet, virtual equipment integration and control network will be formed initially as the goal of intelligent coal mine for the second stage. It will realize the intelligent operation of coal mine development, mining, transportation, washing, safety, ecological protection, production management and so on. The level of exploitation and utilization of resources will be greatly improved,

收稿日期：2017-12-10 **修回日期**：2018-01-25 **责任编辑**：常明然
基金项目：国家重点研发计划资助项目(2017YFC0603005)；国家重点基础研究发展计划(973)资助项目(2014CB046302)；国家自然科学基金项目(U1610251)
作者简介：王国法(1960—),男,山东烟台人,中国工程院院士。Tel：010-84262016,E-mail：wangguofa@tdkcsj.com

the occupational health and working environment of coal mines will be fundamentally improved, and the ecological restoration and protection of mines will be fully implemented.

Key words: intelligent coal mine; digital mine; scene target; large data; artificial intelligence

当前,我国国民经济已由高速增长阶段转向高质量发展阶段,正处在转变发展方式、优化经济结构、新旧动能转换的攻关期。在"两化"深度融合的大形势下,工业领域正迎来产业发展的巨大变革。21世纪的前15年,互联网、人工智能技术飞速发展,给许多传统行业都带来了颠覆性变革。将高新技术与传统技术装备、管理融合,实现产业转型升级正成为越来越重要的发展趋势[1]。智慧矿山正是在这样的背景下提出和快速发展起来的。

煤炭资源开采是人类在地下进行的生产活动。矿山地质条件复杂多变,为创建适于设备运行与人员工作的安全可靠的开采环境,井下需同时运行探测、通风、排水、防火、供电、工作面开采装备、运输等多达90多个子系统[2]。这些子系统就像人体的器官,共同形成了一个大规模复杂运行体系。经过多年发展,这一体系先后经历了机械化、单机自动化、综合自动化、数字化等阶段。目前,煤矿安全高效矿井系统的机械化程度达到90%以上,单机自动化也日趋完善,建成了一批千万吨级矿井群,并开发了初级的多系统数字矿山综合自动化系统[3]。然而,目前煤矿总体的信息化程度还有待进一步提高,生产过程中的各种数据和信息还无法实现有效关联,还缺乏"智慧的大脑"对所有子系统实施协调、联控,因而生产的过程控制、设备健康管理、安全风险防控、生态环保等都还没有实现最优化的管控。

智慧化是矿山技术发展的最高形式,只有实现了智慧化才能从根本上实现最优的生产方式、最佳的运行效率和最安全的生产保障。那么,什么是智慧呢?智慧矿山又该如何定义、智慧矿山的构成框架以及发展目标又是什么?学者们对此开展了大量的研究,不单单是煤炭领域相关学者及企业积极投身于智慧矿山的研究与应用,大量的非煤矿山企业和研究者也都加入智慧化建设之中。他们各自都根据自身的理解及研究基础、特长提出了智慧矿山的各种定义和架构[4-10],但未达成统一认识。

随着技术和实践的飞速发展,若没有对智慧矿山统一、完整及科学一致的认识,则无法规划煤矿未来的发展方向,必然直接影响煤炭产业转型升级,并可能使我们错过一次产业大发展、大提升的良机。因此,迫切需要深入研究智慧矿山的定义、情景目标及发展路径,规范概念、引领方向,推动煤炭行业由数字煤矿向智慧煤矿方向发展,引领地下工程、深地资源开采、绿色开发与利用等领域的科技发展。

1　智慧矿山概念、内涵及组成

1.1　智慧矿山定义及内涵

数字矿山是基于信息数字化、生产过程虚拟化、管理控制一体化、决策处理集成化为一体,将采矿科学、信息科学、计算机技术、3S(遥感技术、地理信息系统、全球定位系统)技术发展高度结合的产物。于润沧院士[11]将数字化矿山分为3个层次:第1个层次是矿山数字化信息管理系统,这是初级阶段;第2个层次是虚拟矿山,是把真实矿山的整体以及和它相关的现象整合起来,以数字的形式表现出来,从而了解整个矿山动态的运作和发展情况;第3个层次是远程遥控和自动化采矿的阶段。

数字化矿山主要是从信息表现形式角度,强调人类从事矿产资源开采的各种动态、静态的信息都能够数字化,目前国内比较先进的矿井正走在实现第2层次虚拟矿山的路上。智慧矿山的提出主要是从信息相互关联性的角度,强调矿山系统自主功能的实现程度。

在定义智慧矿山概念之前,首先需要明确什么是智慧?对于人类,智慧是大脑深刻地理解人、事、物、社会、现状、过去、将来,是思考、分析、探求真理的能力,是智力器官的终极功能;而对于一个生产系统而言,智慧可定义为:通过不断地收集、学习和分析数据、知识和经验,具有自动运行、自我分析和决策、自学习能力,使系统的人、机、环境处在高度协调的统一体中运行;可以不断吸取最新的知识,实现自我更新和自我升级,使系统不断优化、更加强大。

基于对生产系统智慧的理解,给出智慧矿山的定义:智慧矿山是基于现代智慧理念,将物联网、云计算、大数据、人工智能、自动控制、移动互联网、机器人化装备等与现代矿山开发技术融合,形成矿山感知、互联、分析、自学习、预测、决策、控制的完整智能系统,实现矿井开拓、采掘、运通、洗选、安全保障、生态保护、生产管理等全过程智能化运行。

智慧矿山的技术内涵是将现代信息、控制技术与采矿技术融合,在纷繁复杂的资源开采信息背后找出最高效、最安全、最环保的生产路径,对矿井系统进行最佳的协同运行控制,并根据地质环境及生产要求变化自动创造全新的控制流程。与数字矿山相比,智慧矿山不仅仅是数据采集、数据处理和自动系统的集成,更多的是大数据、人工智能技术的运用,需要智能化地响应生产过程中的各种变化和需求,做到智能决策支持、安全生产和绿色开采。这里需要明确的是,智慧矿山并非是云计算、物联网、人工智能、大数据等技术的简单堆积,而是如何采用这些技术手段解决煤矿开采中的效率问题、安全问题和效益问题[4]。

智慧矿山的技术特征是建立在矿井数字化基础上,如图 1 所示,采用现代智慧理念完成矿山企业所有信息的精准适时采集、网络化传输、规范化集成、可视化展现、自动化运行和智能化服务的智慧体。

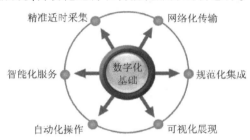

图 1 智慧矿山技术特征

Fig. 1 Technical features of intelligent mines

1.2 智慧煤矿构成

智慧矿山的理念和技术应用于煤矿,形成智慧煤矿。智慧煤矿涉及到 90 多个子系统,可以分为 3 部分:智慧生产系统、智慧职业健康与安全系统、智慧技术与后勤保障系统。

(1)智慧生产系统。

包括主要生产系统和辅助生产系统。主要生产系统包括采煤工作面的智慧化和掘进工作面的智慧化,主要包括以无人值守为主要特征的采煤工作面和掘进工作面系统[12-15]。辅助生产系统就是以无人值守为主要特征的智慧运输系统(含胶带运输、辅助运输)智慧提升系统、智慧供电系统、智慧排水系统、智慧压风系统、智慧通风系统、智慧调度指挥系统、智慧通讯系统等。

(2)智慧职业健康与安全系统。

包含了环境、防火、防水等多个方面,子系统众多包含如下子系统:智慧职业健康安全环境系统,智慧防灭火系统、智慧爆破监控系统、智慧洁净生产监控系统、智慧冲击地压监控系统、智慧人员监控系统,智慧通风系统、智慧水害监控系统、智慧视频监控系统,智慧应急救援系统,智慧污水处理系统等等。

(3)智慧后勤保障系统。

保障系统分为技术保障系统、管理和后勤保障系统。技术保障系统是指地、测、采、掘、机、运、通、调度、计划、设计等的信息化、智慧化系统等。管理和后勤保障系统,是指针对矿山的智慧化 ERP 系统、办公自动化系统、物流系统、生活管理、考勤系统等。

2 2025 年智慧煤矿目标及情景描述

2.1 智慧煤矿目标

智慧煤矿的发展是一个不断进步的过程,随着科技水平的提高,智慧化的程度也将不断提升,目前正处于数字煤矿向智慧煤矿的过渡期。

智慧煤矿的发展目标可分为 3 阶段。

智慧煤矿第 1 阶段目标:构建一个初步智慧煤矿系统框架,实现采掘运主要环节单个系统、单项技术的智能化决策和自动化运行,即实现一个系统、一个岗位的"点上的无人作业";目前一些先进矿井已实现第 1 阶段目标。

智慧煤矿第 2 阶段目标:构建一个多系统信息融合的智慧煤矿综合架构,实现工作面开采、主煤流运输等系统的区域化智能决策和自动协同运行,达到"面上无人作业"。

智慧煤矿第 3 阶段目标:构建整个煤矿及全矿区多单元、多产业链、多系统集成的智慧煤矿体系,全面实现生产要素和管理信息的数字化精准实时采集、网络化实时传输、可视化展现,采、掘、运、通、洗选等全部主要生产环节的智能决策和自动运行,达到"全矿井一线无人化作业"。

在未来 5 ~ 10 年,即到 2025 年左右,在单个系统的智能化取得突破的基础上,实现智慧煤矿第 2 阶段目标,即实现区域化智能决策和自动协同运行。在达到技术目标的同时,开采效率、安全和效益也随之大幅提升。到 2025 年,通过智慧矿山建设,使全国煤炭科学先进产能大幅度提高,煤炭产业从业人员总数下降一半、工效提高一倍以上,资源开发利用水平显著提高,煤矿职业健康和工作环境得到根本改善,矿山生态恢复和保护全面实施。

2.2 2025 年智慧矿山情景

依据智慧矿山 2025 年的发展目标,给出 2025年智慧矿山情景描述,如图 2 所示。到 2025 年,智慧煤矿可以实现单个系统智能化,开始向多系统智慧化方向发展,建立"感知→互联→分析→自学习→预测→决策→控制"的基本运行框架,初步形成空间数字化、信息集成化、设备互联化、虚实一体化和控制网络化的智慧矿山第 2 阶段目标。其中,安全系统对生产的支持、以及保障系统对生产的支持基本可以实现,但保障系统与安全系统的结合还需要人工智能技术的支持,将在智慧矿山的第 3 阶段完成。此外,智能化管控平台在大数据技术的支持下可以对整个矿山运行的状况进行分析,并通过互联网上传到云平台,但真正做到云计算、达到为生产决策和管理服务还需进一步突破数据结构优化、分布式计算等核心技术。

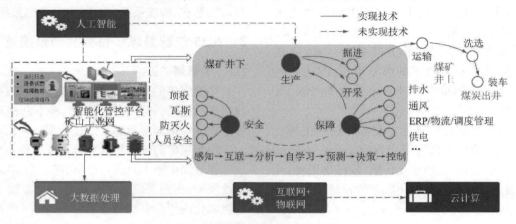

图 2　2025 年智慧矿山情景逻辑
Fig. 2　Logic map of intelligent mine in 2025

3　智慧煤矿关键技术及发展路径

3.1　物联网、大数据及人工智能、云计算技术支撑的智慧矿山

如前所述,智慧煤矿是在数字化煤矿基础上提出来的,智慧煤矿与数字化煤矿的区别就在于它应用了物联网、大数据及人工智能、云计算 3 项关键技术解决系统架构和互通、数据处理决策及高级计算问题。智慧煤矿在数字化煤矿的 DCS、MES 和 ERP 3 层架构基础上,升级为基于云计算和物联网为核心的智慧决策支持平台。3 项技术的研究及应用程度直接影响智慧煤矿的发展水平。

3.1.1　基于互联网+的物联网平台

基于互联网+的物联网是智慧煤矿的信息高速公路,将承担大数据的稳定、可靠传输任务,起到了精确、及时上传下达的作用,决定了智慧煤矿系统整体的稳定性和可靠性。因此,智慧煤矿的物联网平台必须具有精确定位、协同管控、综合管控与地理信息一体化的特点。

目前的精确定位技术有 RFID 定位技术、Wifi 定位技术、蓝牙定位技术、ZigBee 定位技术和超宽带定位技术等[16]。每种定位技术各有优缺点,ZigBee 定位技术和超宽带定位技术以各自在定位精度和时间分辨率方面的优势将会是未来井下无线定位的发展方向。

在协同管控方面,将实现物联网和传感网的融合,实现井下的智能感知。传统的传感网均是被动接收数据,各感知点之间没有相互协调关系。智慧矿山下将传感网与物联网相融合,将传统各自独立的监测控制系统进行关联和集成,主动发送井下危险区域的监测和控制信息,实现煤矿危险源和空间对象状态(如水、火、瓦斯、顶板、地表沉降、人员位置等)的实时数据诊断和预测预警。

智慧煤矿将综合管控数据和地理信息 GIS 平台进行融合,形成基于真实地理信息的综合自动化管控平台。将所有的生产、监测和控制信息在矿井采掘地理位置图上以虚拟现实的方式实时显示、交互,实现集中控制、数据管理分析,为生产决策提供数据依据。

3.1.2　大数据处理及人工智能技术

智慧煤矿的核心技术之一便是大数据的挖掘与知识发现。大量传感器的应用必将产生海量的数据,数据的规模效应给存储、管理及分析带来了极大的挑战。需要充分利用大数据处理技术挖掘数据背后的规律和知识,为安全、生产、管理及决策提供及时有效的依据。例如,在矿山安全管理领域,安全监控系统及其监测联网已经相当普遍,构建了完善的灾害监控和预测预警体系,达到了对矿井瓦斯、水害、火灾、冲击地压等事故的防控[17]。

人工智能是近年来发展最为迅速和最为热门的科技领域之一,它是在大数据处理的基础上研究、开发用于模拟、延伸和扩展人的智能的理论、方法和技术。从原来的自动规划、语音识别到最近的谷歌人工智能 ALPHAGO、人脸识别等都属于这一范畴。深度学习是人工智能(智慧化)的核心;能够实现系统自主更新和升级是其显著特征。智慧矿山要成为一个数字化智慧体就必须要有深度学习能力。

未来,在云平台和大数据平台上,融合多源在线监测数据、专家决策知识库进行数据挖掘与知识发现,采用人工智能技术进行计算、模拟仿真及自学习决策,基于 GIS 的空间分析技术实现设备、环境、人员及资源的协调优化,实现开采模式的自动生成和动态更新。

3.1.3 云计算技术

智慧煤矿物联网使得物和物之间建立起连接,伴随着互联网覆盖范围的增大,整个信息网络中的信源和信宿也越来越多;信源和信宿数目的增长,必然使网络中的信息越来越多,即在网络中产生大数据;大数据处理技术广泛而深入的应用将数据所隐含的内在关系揭示的也越清晰、越及时。而这些大数据内在价值的提取、利用则需要用超大规模、高可扩展的云计算技术来支撑。特别是对煤矿井下环境、生产、灾害、人员活动高度耦合的大系统而言,数据越多,系统模型维数也就更高,监测控制也就越准确。而高维的智慧煤矿模型需要计算能力高且具有弹性的云计算技术。

3.2 建立智慧煤矿八大系统

将上述物联网、大数据及人工智能、云计算技术与生产、安全及保障系统的现有技术装备结合,共同发展和建立智慧煤矿的八大系统。

3.2.1 基于北斗系统的精准地质信息系统

煤矿地质信息是一种随着采掘活动在时间与空间不断发生变化的四维动态资料,随着信息技术、遥感技术、网络技术等数据采集、储存、管理与传输技术的发展,以北斗系统定位导航、GIS、三维地质建模、虚拟现实等为基础的实时空间-地质信息技术将形成天地一体化的智能信息传感网,从而实现矿山地质信息的实时智能采集、存储与应用,如图 3 所示。

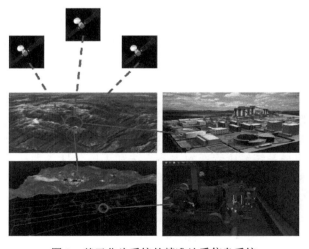

图 3　基于北斗系统的精准地质信息系统

Fig. 3　Accurate geological information system based on the Beidou System

北斗卫星导航系统(简称北斗系统,BDS)是我国自主研发的全球卫星导航系统,通过 5 颗静止轨道卫星、3 颗倾斜同步轨道卫星和 27 颗中圆轨道卫星实现准确导航与精准定位[18]。利用北斗系统定位导航技术可以实现煤矿地表地质信息的准确定位与实时监测,充分结合遥感、数字影像、地面物探、井下钻探及三维地震勘探等立体化地质勘探技术,可以实现对煤矿井上、井下地质信息的实时、精准获取。利用 GIS 对煤矿地质信息等资料进行采集、分析、查询与存储管理,将矿井所有的基础信息呈现于一张图中,并将煤矿井上、井下的地质信息进行可视化、图形化管理,实现宏观信息到微观信息的快速切换。结合三维地质建模技术与虚拟现实技术将矿井的采掘信息、煤矿地质、水文地质、瓦斯、矿山压力等多源地质信息进行有效融合,并以图、文、声、数字影像等方式在地面实时展现,实现对煤矿多种资源环境信息的实时智能管理。

3.2.2 智能矿井通风排运系统

智能通风系统主要是利用现代通信技术、监测监控技术及自动化控制技术进行矿井通风网络、实施方案的优化及风量、风速的智能实时控制。通过布设矿井环境、风阻、风压、风量等智能监测传感器,实现对矿井不同区域通风环境与通风状态的全面在线实时感知。基于煤矿安全规程中矿井环境的参数指标要求,对矿井各风点处的需求风量进行超前计算,利用风量智能调控系统对矿井风量进行实时调节,实现矿井通风系统的智能调控。

智能排水系统主要是通过建立矿井排水网络的三维智能管控平台,绘制各排水节点的三维坐标图,在排水点安设摄像头及水位、水量、水压监测传感器,对各排水点的水量、水位等进行实时监测,当水位、水量达到预设值时,自动开启一台或多台水泵进行排水;当水位、水量超出警戒值时,进行声光报警并启动应急设备;当水泵工作参数出现异常时,进行智能报警;当发生水害时,自动启动应急设备,进行声光报警,并对排水量、水仓容量等进行智能解析,智能显示应急救灾预案。

智能运输系统主要是对带式输送机的带速、运量、滚筒温度、胶带状态等进行远程集中智能控制。通过在带式输送机上安装智能激光煤量扫描仪,对带式输送机的煤量进行实时监测,根据上一级带式输送机煤量的实时监测结果,实现下一级带式输送机运量、带速的智能控制;对带式输送机的运行参数、状态进行实时监测,当带式输送机出现故障、胶带撕裂、烟雾等问题时,带式输送机自动停机并进行声光报警;

具备带式输送机主要结构件运行参数的智能统计与分析,对主要结构件的使用寿命进行分析预测,并对主要结构件的更换进行预警提示;能够实现对带式输送机运量进行数据采集、上传、统计与智能分析决策,并具有各种统计数据查询、图表展示等功能。

3.2.3 危险源智能预警和消灾系统

根据危险源的致灾机理与致灾因素不同,可以将煤矿井下的危险源分为 3 类[19]:① 煤矿系统中存在且有可能发生突然释放的物质或能量,如冲击地压、煤与瓦斯突出等;② 由于约束、限制能量的措施失效或破坏等不安全因素导致灾害性事故,如液压支架压架、顶板冒顶等;③ 由于组织管理失误、人员违章等人为因素导致灾害性事故,如作业规程不符合要求、工人违规操作等。

危险源智能预警和消灾系统是以风险预警为核心,通过对上述不同类型的危险源进行实时在线监测,利用危险源风险指数评价算法对矿井各区域发生灾害的风险性进行实时在线评估,确定风险类型、等级及解决方案。通过对井下易发生能量释放型、约束失效型危险源的区域布设各类传感器,实现对各种危险源的致灾指标进行实时监测、分析与上传,利用已经掌握的危险源致灾机理、触发条件判据、矿井工况及致灾因素监测指标值等对危险源的风险等级进行实时智能分析,判断风险类型、等级,并进行井下声光报警,井上在线预警。对于第 3 类危险源建立井下人员电子监控体系,利用人员精确定位系统对井下人员、车辆的位置及行进轨迹进行精确定位,当人员、车辆进入风险指数较高的区域时,进行声光预警,当工人进行风险性指数较高的作业时,进行预警。

3.2.4 智能快速掘进和采准系统

实现智能快速掘进是解决采掘接续矛盾、快速形成采准系统和智能化开采的先决条件,智能快速掘进需要解决"掘-行统一"、"掘-支一体"和"掘-运连续"三大核心难题。通过在掘进机机身增加环境、位置等感知元器件和执行元器件,基于智能远程遥控系统实现掘进机的远程及就地可视化控制、防撞、智能定位、行走速度调节、故障告警并与带式输送机、局部通风机等实现联动闭锁控制[20]。

智能化快速掘进的指挥系统即主控单元是智能快速掘进和采准系统的大脑。负责掘进工艺编制、遥控指挥控制、逻辑关系协调控制、协同指挥调度和就地显示等;在主控大脑的协同指挥调度之下,基于自动驾驶技术、测绘与导航技术,通过感知单元、定位单元、防撞单元、遥控单元、通讯单元和集控单元等六大单元系统协同配合,实现"掘-行统一"、"掘-支一体"和"掘-运连续",满足智能快速掘进的各项要求,保证采准系统的高效快速形成,解决采掘接替矛盾。

3.2.5 机器人化智能开采系统

机器人化开采是建立在煤炭赋存条件精准感知、截割轨迹精准调控、机器人群组精准配合和矿山压力精准预警的"四精准"基础之上的。机器人化智能开采系统通过装备的拟人化完成工作面的破煤、装煤、运煤、顶板支护和采空区处理等 5 个关键环节的无人智能生产,采煤机截割轨迹和截割高度自动调整,液压支架自动调整初撑力及安全阀开启压力满足开采空间的安全维护,刮板输送机自动调直保证工作面平整,采煤机和带式输送机运输速度协调统一,实现机器人群组的智能感知、精准控制和群组协调。

开采机器人工作条件的透明化和可视化是机器人化智能开采系统自适应运行的基础,基于 GIS 建立"透明工作面",将煤层厚度、起伏变化、构造等煤层赋存条件嵌入采煤机自主导航系统,基于自动驾驶技术,实现采煤机截割高度、截割角度、截割轨迹等精准调整。

机器人化智能开采系统多工种机器人协同工作,机器人群组的控制、联动及协同是智能开采的核心。通过构建物联网系统,保证采-装-运-支等工序环节各机器人群组的无人操作、群组协同和自动化运行,实现煤矿无人值守、远程监视、自主决策的机器人智能开采。

3.2.6 矿井全工位设备设施健康智能管理系统

设备预测与健康管理（Prognostics and Health Management, PHM）技术近年来得到广泛关注,主要在军工、航空航天等领域开始展开具体研究[21]。针对煤矿大型机电设备,目前主要是对于一些较为简单的故障进行了特征研究,其复杂故障特征,整个机电系统的全寿命管理还仅仅是雏形阶段。健康管理的主要过程和内容是对大型机械系统全生命周期各阶段的管理和健康维护,主要包括对系统健康指标的建立、检查检测、健康评价和健康恢复等。开展大型机械系统健康管理的主要方法和手段包括各种检查检测、状态监测、故障诊断、健康评估、剩余寿命预测等技术方法,以及维护、保养、修理和改造等手段。

煤矿机电设备健康管理的核心是实现健康特征检测、健康评价以及健康恢复及维修。对于智慧煤矿"矿井全工位设备设施健康智能管理系统",由现场监测终端与远程监测中心共同组成。如图 4 所示。

现场监测终端对矿井设备关键部件布置传感器,

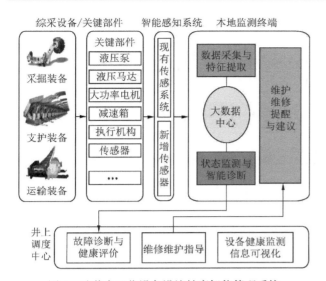

图 4 矿井全工位设备设施健康智能管理系统

Fig. 4 Intelligent management system for the mine equipment and facilities health

提取关键特征,并在现场计算提出维护维修提醒与指导建议;远程监测中心对于现场状态监测的特征数据进行健康评估与诊断,对比特征数据库,模拟设备失效机理,提出维修维护的建议。

对于整个矿井全工位设备设施健康智能管理系统,其基础是实现对于整个机电系统健康的表征、健康演化规律及不同健康状态下使用与维修管理策略。如图 5 所示,对于煤矿机电设备,多数以电机旋转带动设备实现生产,其机械故障部位主要集中在轴承、齿轮、泵等,根据其典型故障部位及故障类型,确定其系统监测参数集,实现故障机理分析,从而得到监测参数、故障模式及其形象的关联矩阵[22]。

在典型煤矿机电系统故障分析诊断的基础上,对于整个机电系统的健康状况进行特征表征和健康度评价,从而对系统健康进行等级划分,构建系统健康特征数据库及健康标尺。

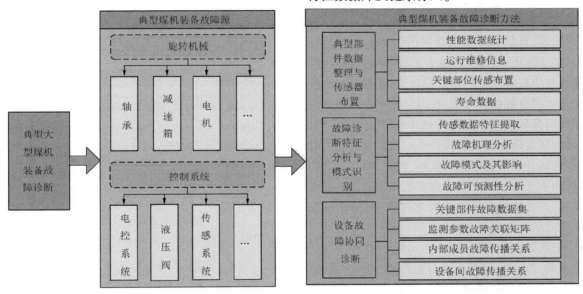

图 5 典型煤矿机电系统故障诊断

Fig. 5 Fault diagnosis for typical coal mine mechanical and electrical system

在机电系统健康表征方法建立的基础上,实现机电系统特征提取算法工具箱、故障诊断与评估算法工具箱、健康状态/典型部件剩余寿命预测与维修决策工具箱及算法辅助选择工具箱的开发,并构建机电系统综合维修决策数据库,如图 6 所示。

可对整个煤矿机电设备全寿命过程的健康状况进行管理与预测,并根据设备健康特征对于维修策略进行决策并给出合理维修建议,从而实现对于煤矿全工位机电设备健康智能管理。

3.2.7 矿山绿色开发与生态再造系统

矿山绿色开发主要是指在煤炭开采过程中,最大程度的开发煤炭资源与伴生资源,并且将煤炭开采对地表生态环境、地下水资源等的影响、破坏降至最低,实现资源效益、生态效益、经济效益和社会效益的协调统一,如采用充填开采、煤与瓦斯共采、循环经济园区建设、分布式地下水库等[23]。为了实现矿井绿色开发,针对不同的煤层赋存条件采用资源条件适应型开采技术与设备,即充分考虑煤层赋存条件及开采技术条件的影响,综合考虑矿井的技术因素和经济管理因素,在确保煤炭安全生产的前提下,采用最适宜的开采方法,最大限度的采出煤炭资源,并有效的降低工人劳动强度,减少煤炭开采对环境的影响,增加收益。

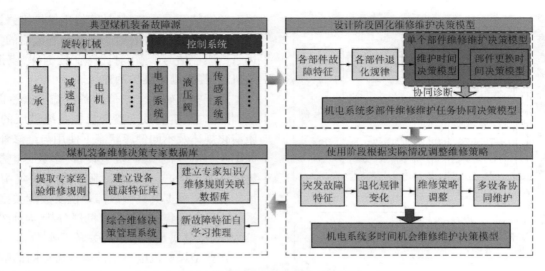

图 6　机电系统综合维修决策数据库

Fig. 6　Comprehensive maintenance decision database of mechanical and electrical system

为了最大限度降低煤炭开采对地表生态环境的影响,提出了矿山生态再造系统,即采前防治、采中控制、采后治理、重复采动二次修复的生态系统再造技术[24]。在煤层开采之前,对地表生态环境进行防风、固沙等提高生态环境抵抗煤层采动影响的能力,增强矿山生态环境自我保护功能;在煤层开采过程中创新基于煤炭资源条件适应型开采技术的矿山绿色开发技术,最大程度降低煤炭资源开采对地表生态环境的影响;在煤层开采后进行土地复垦,恢复、增强地表生态环境;当下部煤层开采对地表生态环境造成重复采动影响时,对地表生态环境进行适时修补,防治煤层重复采动对地表生态造成破坏。

3.2.8　智慧煤矿集中管理系统

集成研究成果,建设以云计算数据中心为基础,以安全管控平台和四维综合管理平台为核心的智慧煤矿系统,对矿井各个子系统进行有效整合、集中管控,及时处理、指导和调节各生产系统和环节的运行,建设智慧煤矿集中管理系统。其中主要包括生产计划管理系统、矿山能耗管理系统、供电及动力系统控制系统等[25],如图 7 ~ 9 所示。

图 7　智慧煤矿生产计划管理系统

Fig. 7　Management system of intelligent coal mine production plan

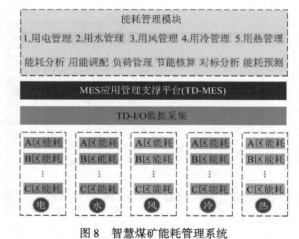

图 8　智慧煤矿能耗管理系统

Fig. 8　Intelligent coal mine energy management system

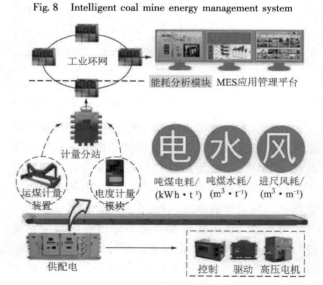

图 9　供电及动力系统

Fig. 9　Power supply system of intelligent coal mine

生产计划管理工具运用生动而明确的图形和数

据显示运营的关键性指标,其主要目的在于使决策层最直观地了解当前主要指标运行情况,生产计划安排情况,为科学、合理、及时地制定和调整企业的运行计划提供依据。

能耗管理系统通过数据采集系统对电、水、风、冷、热等多个系统用能情况进行监测,随后在 MES 平台上完成能耗分析、负荷管理、用能分配、能耗预测等功能,从而优化整个智慧煤矿系统的能量分配,在完成系统运行前提下最大限度的节约能源。

供电及动力系统通过远程计量装置对电、水、风的消耗情况进行监测,随后通过工业环网上传至 MES 平台,完成能源供应质量分析、能耗计算、用能分配等功能,从而优化整个智慧煤矿系统的供电及动力系统,保障各个系统用能的持续性、安全性及稳定性。

上述八大系统形成了基于四维多变量的"透明开采"系统,各个运行的子系统在矿井的所有空间剖面和时间剖面上都能够实现信息的相互关联、控制的相互协同;不但能够掌控生产过程的状态,而且可实现对开采各个系统变化的全要素"透视",进而执行下一步控制策略,真正实现矿山信息化和智能化控制的深度融合。

3.3 智慧煤矿评价和技术标准体系

目前,有关产学研用各单位纷纷投入到数字化、智慧煤矿的研究和建设中,开发建设了各类自动化监测和控制子系统、工业网络、信息化管理平台等分类项目,取得了初步的成效[25]。但由于缺乏统一的理解和认识,尤其是缺乏统一的评价和技术标准体系,建设目标和标准相差甚远。为了推动智慧煤矿健康有序发展,实现智慧煤矿 2025 情景目标,需对智慧煤矿进行统一评价,建立相应的评价指标体系,从而更好地推动智慧煤矿建设,引领煤矿行业的智能化发展方向。

基于上述智慧煤矿构成分析,将智慧煤矿细分为智慧生产系统、智慧职业健康与安全系统、智慧技术与后勤保障系统三大子系统,提出了以矿山智慧程度为核心的评价指标体系,如图 10 所示。

根据矿井煤层赋存条件、建设条件、生产目标、效益要求等,提出被评价矿井的合理智慧煤矿建设标准。基于该标准对上述评价指标体系的各评价指标值进行优先度排序,结合层次分析法确定各评价指标的权重值。采用模糊系统理论建立智慧煤矿系统的评价因素集、权重集及评价结果集,采用模糊综合评判方法对矿井的智慧程度进行综合评判,确定矿井的综合智慧程度。

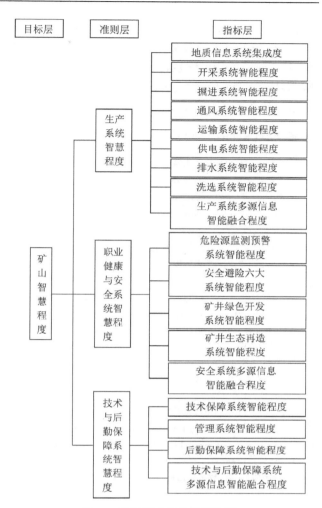

图 10　智慧煤矿评价指标体系
Fig. 10　Evaluation index system of intelligent coal mine

4　结　论

(1)给出智慧矿山的定义:基于现代智慧理念,将物联网、云计算、大数据、人工智能、自动控制、移动互联网、机器人化装备等与现代矿山开发技术融合,形成矿山感知、互联、分析、自学习、预测、决策、控制的完整智能系统,实现矿井开拓、采掘、运通、洗选、安全保障、生态保护、生产管理等全过程智能化运行。

(2)智慧煤矿的发展是一个不断进步的过程,将智慧煤矿总体目标划分为 3 个阶段,并提出 2025 年智慧煤矿的目标情景描述:到 2025 年,构建一个多系统信息融合的智慧煤矿综合架构,实现工作面开采、主煤流运输等系统的区域化智能决策和自动协同运行,达到"面上无人作业"。

(3)物联网、大数据及人工智能、云计算是智慧煤矿的三大支撑,在数字煤矿的 DCS、MES 和 ERP 3 层架构基础上升级为基于云计算和物联网为核心的人工智能决策支持平台。在此平台上开发应用智能化技术和装备,是智慧煤矿建设的首要任务。

(4)智慧煤矿建设要坚持科学的设计和评价方法,建立规范的指标体系和标准,实现多要素、多产业链、多信息、多系统融合,智能化决策与自动化运行的未来煤矿新模式。

参考文献(References):

[1] 徐静,谭章禄.智慧矿山系统工程与关键技术探讨[J].煤炭科学技术,2014,42(4):79-82.
XU Jing,TAN Zhanglu. Smart mine systemengineering and discussion of its key technology[J]. Coal Science and Technology,2014,42(4):79-82.

[2] 张申,丁恩杰,徐钊,等.物联网与感知矿山专题讲座之一——物联网基本概念及典型应用[J].工矿自动化,2010,36(10):104-108.
ZHANG Shen,DING Enjie,XU Zhao,et al. Part I of lecture of Internet of things and sensor mine-basic concept of Internet of things and its typical application[J]. Industry and Mine Automation,2010,36(10):104-108.

[3] 张申,丁恩杰,徐钊,等.物联网与感知矿山专题讲座之二——感知矿山与数字矿山、矿山综合自动化[J].工矿自动化,2010,36(11):129-132.
ZHANG Shen,DING Enjie,XU Zhao,et al. Part II of lecture of Internet of things and sensor mine-sensor mine,digital mine and integrated automation of mine[J]. Industry and Mine Automation,2010,36(11):129-132.

[4] 卢新明,尹红.数字矿山的定义、内涵与进展[J].煤炭科学技术,2010,38(1):48-52.
LU Xinming,YIN Hong. Definition,connotations and progress of digital mine[J]. Coal Science and Technology,2010,38(1):48-52.

[5] 张旭平,赵甫胤,孙彦景.基于物联网的智慧矿山安全生产模型研究[J].煤炭工程,2012,44(10):123-125.
HANG Xuping,ZHAO Fuyin,SUN Yanjing. Study on safety production model of intelligent mine base on Internet of things[J]. Coal Engineering,2012,44(10):123-125.

[6] 谭章禄,韩茜,任超.面向智慧矿山的综合调度指挥集成平台的设计与应用研究[J].中国煤炭,2014(9):59-63.
TAN Zhanglu,HAN Qian,REN Chao. Design and applied research,integrated dispatching platform for intelligent mine[J]. China Coal,2014(9):59-63.

[7] 李梅,杨帅伟,孙振明,等.智慧矿山框架与发展前景研究[J].煤炭科学技术,2017,45(1):121-128.
LI Mei,YANG Shuaiwei,SUN Zhenming,et al. Study on framework and development prospects of intelligent mine[J]. Coal Science and Technology,2017,45(1):121-128.

[8] 吴立新,殷作如,邓智毅,等.论21世纪的矿山:数字矿山[J].煤炭学报,2000,25(4):337-342.
WU Lixin,YIN Zuoru,DENG Zhiyi,et al. Research to the mine in the 21st century:digital mine[J]. Journal of China Coal Society,2000,25(4):337-342.

[9] 吴立新,殷作如,钟亚平.再论数字矿山:特征、框架与关键技术[J].煤炭学报,2003,28(1):1-7.
WU Lixin,YIN Zuoru,ZHONG Yaping. Restudy on digital mine:characteristics,framework and key technologies[J]. Journal of China Coal Society,2003,28(1):1-7.

[10] 毛善君,刘桥喜,马蔼乃,等."数字煤矿"框架体系及其应用研究[J].地理与地理信息科学,2003,19(4):56-59.
MAO Shanjun,LIU Qiaoxi,MA Ainai,et al. Study on frame and application of digital coal mine[J]. Geography and Geo-Information Science,2003,19(4):56-59.

[11] 于润沧.中国矿业现代化的战略思考[J].中国工程科学,2012,14(3):27-36.
YU Runcang. Strategic thinking on the modernization of China's mining industry[J]. Engineering Science in China,2012,14(3):27-36.

[12] 王国法.综采自动化智能化无人化成套技术与装备发展方向[J].煤炭科学技术,2014,42(9):30-34,39.
WANG Guofa. Development orientation of complete fully-mechanized automation,intelligent and unmanned mining technology and equipment[J]. Coal Science and Technology,2014,42(9):30-34,39.

[13] 王国法,李占平,张金虎.互联网+大采高工作面智能化升级关键技术[J].煤炭科学技术,2016,44(7):15-21.
WANG Guofa,LI Zhanping,ZHANG Jinhu. Key technology of intelligent upgrading reconstruction of internet plus high cutting coal mining face[J]. Coal Science and Technology,2016,44(7):15-21.

[14] 王国法,庞义辉,张传昌,等.超大采高智能化综采成套技术与装备研发及适应性研究[J].煤炭工程,2016,48(9):6-10.
WANG Guofa,PANG Yihui,ZHANG Chuanchang,et al. Intelligent longwall mining technology and equipment and adaptability in super large mining height working face[J]. Coal Engineering,2016,48(9):6-10.

[15] 张良,李首滨,黄曾华,等.煤矿综采工作面无人化开采的内涵与实现[J].煤炭科学技术,2014,42(9):26-29,51.
ZHANG Liang,LI Shoubin,HUANG Zenghua,et al. Definition and realization of unmanned mining in fully-mechanized coal mining face[J]. Coal Science and Technology,2014,42(9):26-29,51.

[16] 霍振龙.矿井定位技术现状和发展趋势[J].工矿自动化,2018,44(2):51-55.
HUO Zhenlong. Status and development trend of mine positioning technology[J]. Industry and Mine Automation,2018,44(2):51-55.

[17] 毛善君."高科技煤矿"信息化建设的战略思考及关键技术[J].煤炭学报,2014,39(8):1572-1583.
MAO Shanjun. Strategic thinking and key technology of informatization construction of high-tech coal mine[J]. Journal of China Coal Society,2014,39(8):1572-1583.

[18] 杨元喜.北斗卫星导航系统的进展、贡献与挑战[J].测绘学报,2010,39(1):1-6.
YANG Yuanxi. Progress,contribution and challenges of compass/Beidou Satellite Navigation System[J]. Acta Geodaetica et Cartographica Sinica,2010,39(1):1-6.

[19] 孙继平.煤矿事故分析与煤矿大数据和物联网[J].工矿自动

化,2015,41(3):1-5.

SUN Jiping. Accident analysis and big data and Internet of Things in coal mine[J]. Industry and Mine Automation,2015,41(3):1-5.

[20] 王苏彧,杜毅博,薛光辉,等.掘进机远程控制技术及监测系统研究与应用[J].中国煤炭,2013,39(4):63-67.

WANG Suyu,DU Yibo,XUE Guanghui,et al. Research and application of remote system for control techniques and monitoring roadheader[J]. China Coal,2013,39(4):63-67.

[21] 吕琛,马剑,王自力. PHM 技术国内外发展情况综述[J].计算机测量与控制,2016,24(9):1-4.

LÜ Chen,MA Jian,WANG Zili. A State of the art review on PHM technology[J]. Computer Measurement & Control,2016,24(9):1-4.

[22] 刘大伟,陶来发,吕琛,等.飞机机电系统 PHM 的综合诊断推理机设计[J].南京航空航天大学学报,2011,43(S1):114-118.

LIU Dawei,TAO Laifa,LÜ Chen,et al. Design for integrated diagnosis inference engine for PHM of aircraft electromechanical system [J]. Journal of Nanjing University of Aeronautics & Astronautics,2011,43(S1):114-118.

[23] 王国法.煤炭安全高效绿色开采技术与装备的创新和发展[J].煤矿开采,2013,18(5):1-5.

WANG Guofa. Innovation and development of safe,high-efficiency and green coal mining technology and equipments[J]. Coal Mining Technology,2013,18(5):1-5.

[24] 杨俊哲,陈苏社,王义,等.神东矿区绿色开采技术[J].煤炭科学技术,2013,41(9):34-39.

YANG Junzhe,CHEN Sushe,WANG Yi,et al. Green mining technology of Shendong mining area[J]. Coal Science and Technology,2013,41(9):34-39.

[25] 吕鹏飞,郭军.我国煤矿数字化矿山发展现状及关键技术探讨[J].工矿自动化,2009,35(9):16-20. LÜ Pengfei,Guojun. Discussion on development situation and key technologies of digital mine in China[J]. Industry and Mine Automation,2009,35(9):16-20.

煤炭智能化综采技术创新实践与发展展望

王国法，张德生

（天地科技股份有限公司 开采设计事业部，煤炭科学研究总院 开采研究分院，北京　100013）

摘要：为推动煤炭智能化开采发展、加快智慧煤矿建设，在简述国内外自动化、智能化综采技术发展过程基础上，提出了智能化综采的概念与内涵，介绍了近 10 a 来在智能化综采技术和装备方面的创新实践，包括：黄陵一矿 1.4～2.2 m 较薄煤层工作面有人巡视、无人操作的智能化开采；金鸡滩煤矿 8.2 m 超大采高工作面智能化开采以及特厚煤层智能化综放开采技术．上述实践表明：在地质条件简单的煤层中基本能够实现人工远程干预的智能开采模式，复杂地质条件下仍存在技术瓶颈，有限无人化是智能化开采的切实发展目标．展望了综采智能化发展的重点方向，指出了智慧煤矿是智能化开采发展升级的趋势．

关键词：智能化综采；薄煤层；超大采高；特厚煤层综放；有限无人化；智慧煤矿

中图分类号：TD 421　　　**文献标志码**：A　　　**文章编号**：1000-1964(2018)03-0459-09

DOI：10.13247/j.cnki.jcumt.000851

Innovation practice and development prospect of intelligent fully mechanized technology for coal mining

WANG Guofa，ZHANG Desheng

（Coal Mining & Designing Department，Tiandi Science & Technology Co Ltd，

Coal Mining & Designing Brach，China Coal Research Institute，Beijing 100013，China）

Abstract：In order to promote the development of intelligent fully mechanized mining and accelerate the construction of smart coal mine, concept and connotation of intelligent fully mechanized mining was put forward base on its development at home and abroad. The innovation practice of intelligent fully mechanized mining technology and equipment in recent ten years were reviewed, including the artificial patrolling, unmanned controlling intelligent mining model in 1.4—2.2 m thin coal seam of Huangling No.1 coal mine, intelligent mining of 8.2 m ultra large mining height mining face in Jinjitan coal mine and the intelligent top coal caving technology for extra-thick coal seam. The practices above show that intelligent mining model of remote control has become a reality in well reserving coal seam, but there are still bottlenecks for intelligent mining in complex coal seam. Unmanned mining in restricted conditions are the feasible development goals. The main development directions of intelligent fully mechanized mining are proposed and the smart coal mine will be the development and upgrade trend of it.

Key words：intelligent fully mechanized mining；thin coal seam；ultra large mining height；top coal caving in extra-thick coal seam；restricted unmanned mining；smart coal mine

收稿日期：2018-01-18

基金项目：国家重点研发计划项目（2017YFC0603005；2017YFC0804305）；国家自然科学基金项目（U1610251）；国家重点基础研究发展计划（973）项目（2014CB046302）

通信作者：王国法（1960—），男，山东省文登市人，中国工程院院士，研究员，博士生导师，从事煤炭综采技术装备及智能化方面的研究．

E-mail：wangguofa@tdkcsj.com　　Tel：010-84262016

引用格式：王国法,张德生.煤炭智能化综采技术创新实践与发展展望[J].中国矿业大学学报,2018,47(3):459-467.

WANG Guofa,ZHANG Desheng.Innovation practice and development prospect of intelligent fully mechanized technology for coal mining[J].Journal of China University of Mining & Technology,2018,47(3):459-467.

智能化开采是煤炭综采技术发展的新阶段,也是煤炭工业技术革命和升级发展的必然要求.《中国制造2025—能源装备实施方案》中,将煤炭绿色智能采掘装备列为能源装备发展任务之一;国家"十三五"规划在能源关键技术装备一项中明确提出要加快推进煤炭无人开采技术的研发应用.

国外从上世纪90年代开始煤矿自动化、智能化技术的研发工作,德国、美国和澳大利亚等都提出了自己的技术方案.1990年,德国推出综采电液控制自动化系统,设备程序化控制是这一时期的主要特点;2001年,澳大利亚联邦科学与工业研究组织(CSIRO)获地标基金(Landmark)项目资助,开发了LASC长壁自动化系统,以设备定位技术为代表;2006年,美国JOY公司推出虚拟采矿技术方案,以实现地面远程操控为目标;近年来,国外防碰撞技术(2.4 GHz超宽带雷达),煤机控制技术(Advanced Shearer Automation),煤流负荷匹配、高效截割等智能化技术也取得了快速发展[1-5].

2007年,国内研制出首套替代进口的液压支架电液控制系统,奠定了综采自动化系统国产化最重要的基础.近10 a来,在国家"863项目"、"973计划"及智能制造专项支持下,综采智能化技术取得了一系列创新成果:实现"液压支架电液控+记忆割煤+可视化远程干预控制"、液压支架自适应控制、系统协调联动、基于煤层分布的采煤机截割路径规划等[6-9];在智能放煤方面,2003—2008年研发了首套电液控制的两柱放顶煤液压支架及自动化放顶煤技术,试验了基于放煤声音识别的煤岩识别技术,"十二五"期间提出了基于煤矸识别、时间因子控制与人工干预协调的智能化放煤方法[10].

随着综采智能化发展,其战略地位越来越突出,智能开采是智慧煤矿核心系统之一[11],精准开采也将远程可控的少人无人智能化开采作为重要支撑[12].当前,许多煤炭企业把握技术发展的新趋势,大力实施开采技术装备升级,为智能化综采技术提供了重要机遇,也面临着对其认识不足等现实问题.我国煤层赋存条件的多样性和开采方式的特点,决定了综采智能化开采必须走中国式路径.因此,必须明确智能化综采的概念与内涵,立足现有智能开采技术的实践经验,探索未来可行发展方向.

1 智能化综采的概念与特征

智能感知、智能决策和自动控制(执行)是智能化开采的三要素.智能开采区别于一般自动化开采的显著特点是设备具有自主学习和自主决策功能,具备自感知、自控制、自修正的能力.具备这样能力的智能化综采系统才能充分的响应生产环境变化、实现真正意义上的智能化开采,实现有限条件下的无人开采目标.

国内外广泛采用的长壁开采模式,其综采装备系统从功能层面来看,包括工作面围岩控制、煤岩截割和煤流运输3部分;从设备群层面来看,主要包括工作面液压支架和超前液压支架,采煤机、刮板输送机、转载机和乳化液泵站等(图1),以实现上述3大功能.

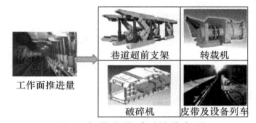

图1 智能化综采系统装备群
Fig. 1 Equipment group for intelligent fully mechanized mining system

据综采工作面成套装备控制系统在感知、决策和执行三要素方面的水平,智能化控制系统发展分为自动化、智能化和无人化[13],自动化是智能化的基础阶段,无人化是智能化的高阶阶段和发展目标.智能化系统是指综采工作面采用了具有充分全面的感知、自学习和决策、自动执行功能的液压支架、采煤机、刮板输送机等机电一体化成套装备,实现了工作面的高度自动化远程监控和安全高效开采.

智能化综采工作面主要技术特征是:

1)液压支架智能控制,具有支架与围岩耦合监测控制、超前压力预报、初撑和移架状态自决策控制、姿态监测与智能调节、记忆时序控制放煤和智能喷雾降尘控制等功能.

2)采煤机智能控制,采煤机具有位置监测精确定位、自学习智能轨迹规划、基于智能决策或煤岩识别的滚筒自动调高、自动记忆割煤、防碰撞安全避险、故障自诊断等功能,并具有基于产量需求、输送机设备负荷、工作面环境等信息的智能决策调速、采高自动控制和远程可视化控制等功能.

3)工作面运输设备具有电气软启动、负载及运行状态监测、系统运行参数在线监测、机尾自动张紧、故障诊断及与工作面控制系统的通信和自动控制功能.

4)工作面智能控制系统能实现工作面设备间

的信息通信、自学习和智能决策远程控制与工作面人工干预协同控制等.

2 智能化综采技术创新实践

2.1 黄陵较薄煤层智能化开采

在黄陵一号煤矿1.4～2.2 m煤层工作面,配套全部国产综采成套装备[14]:ZY6800/11.5/24D型掩护式液压支架、MG2×200 /925－AWD型大功率电牵引采煤机、SAM型综采自动化控制系统,根据采煤工艺和各综采装备之间的逻辑关系,以采煤机记忆截割、液压支架自动跟机移架及可视化远程监控为基础,以具有感知和层级控制的自动化控制系统为核心,建立工作面内、工作面巷道集控中心、地面综合调度中心3层控制系统架构,开发出远程操作平台,完成工作面割煤、移架、推溜、运输等流程智能化运行(图2).采煤机位置信息接收模块在支架上共安装2个,与所在支架控制器相连.

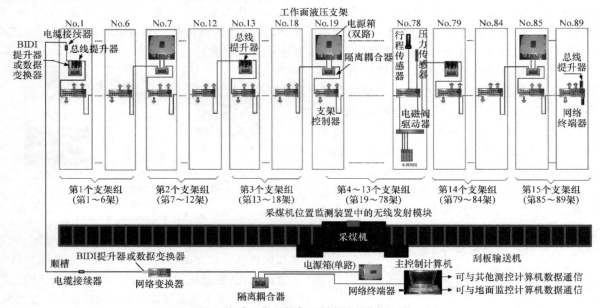

图2　综采工作面装备远程自动化控制运行
Fig. 2　Remote centralized control of fully mechanized equipment

2.1.1 液压支架跟机自动化

通过安装在采煤机和支架上的红外接收和发射装置实现对采煤机的定位,自动决策并控制液压支架中部跟机、斜切进刀、端头清浮煤、转载机自动推进等动作,实现工作面自动连续生产.

2.1.2 采煤机记忆割煤及远程干预控制

按照示范刀所记录的工作参数、姿态参数、滚筒高度轨迹,进行智能化运算,形成记忆截割模板,在自动截割过程中不断修正误差,实现自动调高、卧底、加速和减速等功能,人员可以在顺槽等处对采煤机进行远程干预.

2.1.3 煤流系统设备自动化控制

1)刮板运输机顺序启停

将刮板输送机、破碎机、转载机等控制系统进行集成,实现运输系统的集中控制,达到顺序启停:逆煤流启、顺煤流停.

2)煤流平衡系统

以煤流系统负荷(运输机系统电机电流信号)为决策依据,开发出采煤机、液压支架和刮板输送机动态分析及智能决策联动控制软件(图3为逻辑控制),系统调节煤流平衡.

2.1.4 超前支护及巷道设备远程遥控操作

由端头架发送邻架控制命令,启动转载机控制器执行准备阶段动作.转载机控制器进行声光报警,在端头架执行推溜动作与转载机控制器执行前移阶段动作共同完成转载机自移功能.

以超前支架电液控制为基础进行远程遥控,实现快速移架.

2.1.5 泵站系统的远程控制

通过系统平台和网络传输技术将智能供液控制系统有机融合,实现一体化联动控制和按需供液.智能变频与电磁卸荷联动控制,解决工作面变流量恒压供液的难题.建立基于多级过滤体系的高清洁度供液保障机制,确保工作面液压系统用液安全.

2.1.6 高可靠的无盲区视频系统

在采煤机、刮板输送机机头机尾、转载机机头、皮带机尾、设备列车、远程配液点等区域各安装矿用本安型高清云台摄像仪;每6个支架配备3台矿用本安型摄像仪,安装于支架的顶梁上;实时跟踪采煤机,自动完成视频跟机推送、视频拼接等功能,

为工作面可视化远程监控提供"身临其境"的视觉感受,指导远程生产.

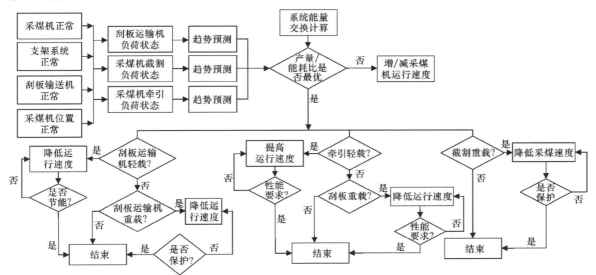

图 3　煤流平衡控制逻辑

Fig. 3　Control logic for coal flow balancing

上述系统自2015年起在黄陵一矿投入生产运营,实现了常态化远程监控、工作面无人操作的智

能化开采(图4):监控中心2人可视化远程干预控制,工作面内1人巡视,无人操作.

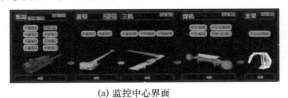

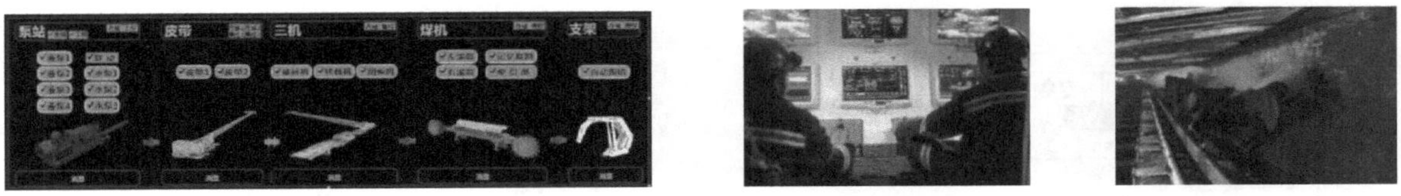

(a) 监控中心界面　　　　　　　　(b) 顺槽监控中心　　　　　　　(c) 综采工作面

图 4　黄陵一矿智能化开采

Fig. 4　Intelligent mining in Huangling No. 1 coal mine

2.2 超大采高综采智能"耦合"控制

超大采高工作面由于机采高度的增加,导致上覆岩层活动范围增大,其上覆岩层运动规律、矿压显现特点与普通中厚煤层工作面呈现出明显差异[15].现有智能控制技术以代替人工实现基本工艺流程功能为主,围岩耦合、环境自适应差;设备通信控制网络可靠性和稳定性有待提高;超大采高综采工作面高强开采设备间协调配套难度大.

针对上述难题,提出超大采高方案并研发了多项专利技术,突破围岩控制理论和技术、装备可靠性及智能化技术等难题,先后研发了7.0 m和8.2 m厚煤层的超大采高综采成套技术与装备[16-17].

2.2.1 液压支架与围岩"三耦合"原理

提出了液压支架与围岩"强度耦合、刚度耦合、稳定性耦合"的"三耦合"原理[18],其中,强度耦合揭示了液压支架支护应力场与工作面围岩采动应力场的动态平衡条件;刚度耦合揭示了"液压支架+直接顶板+底板"组合刚度与基本顶板断裂位置的关系;

稳定性耦合揭示了支护系统稳定性与围岩稳定性的相互依存关系."三耦合"原理奠定了大采高综采工作面支架与围岩智能耦合控制的理论基础.

2.2.2 液压支架与围岩智能耦合控制

基于"三耦合"原理,提出了超高煤壁稳定性控制和参数确定方法,发明大采高液压支架新结构.根据感知系统的反馈信息,实现三级联动护帮智能控制和平衡千斤顶自动调节、初撑力自动补偿、防倾倒控制等围岩耦合控制和自动序列化操作功能,大幅提升系统对地质条件的适应性,提高系统整体稳定性,实现液压支架与围岩的稳定性耦合控制.

2.2.3 超大采高工作面端头大梯度过渡配套技术

发明超大采高工作面"大梯度+小台阶"短缓过渡配套方式(图5),实现由工作面中部(8.0 m)到上、下两端头巷道(4.5 m)的直接过渡,优化采煤工艺和设备参数,简化控制逻辑,利于煤炭综采智能化成套装备和控制系统的开发及应用.

图 5　大梯度＋小台阶短缓过渡
Fig. 5　Large gradient and small steps in transition section

2.2.4　超大采高采煤机主动感知防碰撞技术

安装在超大采高采煤机上的采煤机防碰撞系

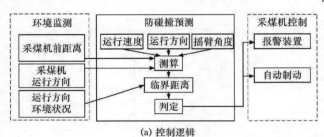

(a) 控制逻辑

图 6　采煤机防碰撞系统
Fig. 6　Anti-collision system of shear

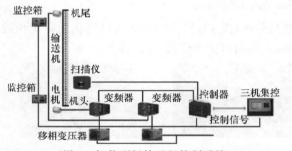

图 7　智能刮板输送机控制系统
Fig. 7　Control system of intelligent armed face conveyor

统(图 6)是一种可以向采煤机操控系统预先发出视听报警信号的雷达探测装置,可视为主动安全系统.

2.2.5　大运量智能刮板输送机

大运量智能刮板输送机具有基于分级调速、多机双向协调的智能控制系统,基于激光扫描的煤量自动监测装置,具有停机松链、断链监测自动保护功能,具备基于"时间-工作参数"状态数据库的远程专家诊断和设备维护系统,图 7 是其控制系统.

(b) 运行示意

2.2.6　超大采高工作面智能化控制系统集成配套

通过超大采高工作面自动控制系统集成配套设计,以采煤机、液压支架、刮板输送机等设备的单机自动化控制为基础,利用工业以太网将单机设备信息进行上传,在工作面顺槽监控中心或地面调度中心实现工作面设备的远程控制与地面一键启停控制(图 8),实现工作面自动化生产、少人化操作.

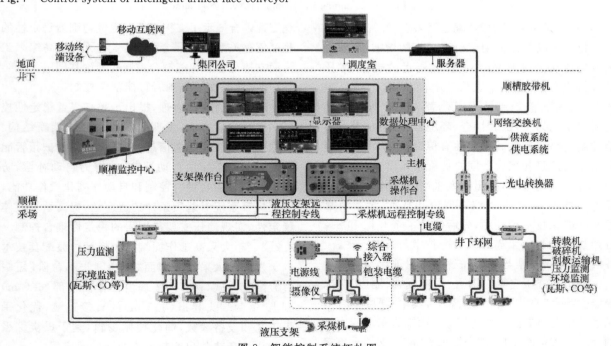

图 8　智能控制系统拓扑图
Fig. 8　Topology of intelligent control system

在兖矿集团金鸡滩煤矿 2-2^{上} 108 工作面进行了工业性试验,工作面煤层厚度 6.0~8.4 m,长度为 300 m,推进长度为 5 538 m.2016 年 7 月 1 日正式开始生产,采高 8 m,日产 6.16 万 t,月产 153 万 t,工作面回采率提高约 30%,年生产能力达到 1 800 万 t,创当时世界采高最大、产量及效率最高新纪录.

2.3 特厚煤层综放智能控制原理与关键技术

综放工作面智能化比普通综采工作面智能化更复杂,技术难度更大,针对其关键技术进行了创新研究和试验,不断推进综放自动化和智能化进展.

2.3.1 基于放煤时序记忆与人工干预融合的智能放煤决策系统

基于人工放煤经验,在开采初期,人工操作完成示范放顶煤循环,作为记忆样板,建立多源信息库,搭建智能放煤工艺流程,设计多段多窗口控制程序,结合 GIS 系统形成智能放煤决策系(图 9).

图 9 智能放煤决策系统

Fig. 9 Decision system of intelligent top coal caving

2.3.2 基于多传感器融合的智能控制放煤系统

1)研发了控制放顶煤支架姿态的高可靠性、微功耗的无线角度传感器和压力传感器,用于监测顶梁水平状态、顶梁与掩护梁夹角、掩护梁与尾梁夹角及支架高度;根据支架-顶煤作用关系,分析液压支架支护状态、放煤状态,根据其稳定性要求和安全防护要求,提出基于姿态智能识别的液压支架姿态控制方法.

2)放煤机构精准控制技术

通过行程传感器、角度传感器控制液压支架尾梁、插板千斤顶的工作状态,精准控制放煤口开启的大小和数量,实现放煤量的智能调节与控制,保证回收率和降低含矸率.

3)试验了新型放顶煤煤矸识别技术

为了提高放煤效率,避免过度放煤和少放煤,试验研究放顶煤过程中煤矸混合程度的自动识别技术(图 10),取得了新进展.

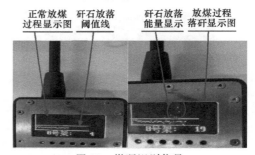

图 10 煤矸识别信号

Fig. 10 Signal of coal gangue identification

2.3.3 "采-放-运"一体化技术

1)综放工作面分级协同控制技术

以矿井工业以太环网为信息传输平台,将 6 大控制系统有机结合,构建了工作面设备 3 级控制系统,实现了对综放工作面设备的协调管理与集中控制.

2)煤流均衡协同控制技术

依据运输系统的负荷感知信息,在监控中心开发了煤流负荷均衡控制系统.通过总控制网络给工作面采煤机、放煤口控制系统发送控制指令,自动调整采煤机牵引速度,同时协调液压支架不同位置的放煤时间和放煤口大小,实现采煤、放煤、运能的自适应协同.

3)基于千兆工业以太环网的多信息融合管理系统

基于千兆工业以太环网,采用先进统一的自动化控制网络平台、智能网管型环网交换机,利用环网冗余技术,保证在 0.3 s 快速恢复环网系统,提高了矿井自动化系统的可靠性.实现综放工作面远程控制,达到井上、井下实时监控,实现了井上一键启停.

3 智能化综采技术难题与对策

如上所述,在不同煤层开展的智能化开采技术研发与实践取得了重要进展,黄陵一矿等示范工作面实现无人操作、有人巡视的常态化生产.但是,由于全国煤矿开采条件的多样性和复杂性,企业理念、技术和管理水平的不平衡,许多智能化开采项目未达到理想效果,这给智能化、无人化开采带来了严峻的挑战,还需突破一系列关键技术和装备.

3.1 "透明开采"技术

煤矿井下地质环境复杂,已揭露围岩的特征及装备状态感知、获取及辨识难度大,开采扰动下围岩动态变化规律、装备系统-围岩耦合作用关系等尚未完全清晰,因而无法准确推理尚未揭露煤岩的赋存状态及其演化趋势,不能做到整个开采系统的"透明化",导致装备缺乏分析判断的依据.

开发基于三维 GIS 系统及在线实时的探测及数据更新,实现"透明开采"(图 11),是解决复杂煤层智能开采难题的新途径.

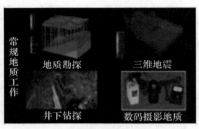

(a) 地质初探

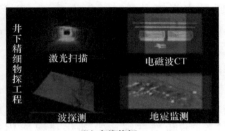

(b) 在线物探

(c) 建立地质模型

(d) 透明采煤

图 11　透明开采实现过程
Fig. 11　Transparent mining

3.2　液压支架群组与围岩的智能耦合自适应控制

液压支架群组对围岩状态的自适应支护是无人化开采的核心技术.已提出了液压支架群组与围岩智能耦合自适应控制的理论与技术框架,包括:支护质量在线监测系统及方法,支护状态评价方法、群组协同控制策略;需继续研究突破液压支架结构自适应、可控性难题,代替人工操作,实现对围岩的实时、最佳支护与控制.

3.3　采煤机智能调高控制

采煤机智能调高控制是指采煤机根据煤层厚度及倾角等条件的变化自动调整摇臂高度以实现对煤层的精准截割,智能调高控制是智能化综采的关键技术之一.从逻辑上,煤岩识别是智能调高的基础.然而,煤岩识别并不是智能开采的唯一途径.应探索基于煤层地质信息精准预测、工作面三维精准测量、数字模型推演、采动应力场和截割参数动态分析、最佳截割曲线拟合等综合智能调高控制决策策略,从而实现对采高的精准智能控制.

3.4　基于系统多信息融合的协同控制技术

现有的集控系统只是将各个设备的信息汇集到一起,但没有进一步的数据挖掘和应用,也就无从谈起信息融合及智能决策.

建立多层级的多信息融合处理系统及数据应用平台,在统一平台应用大数据技术综合分析、融合设备之间的信息,基于设备当前的状态、空间位置信息、生产运行及安全规则等做出决策;各设备基于自感知数据分析并作出控制决策.

3.5　超前支护及辅助作业的智能化控制

工作面超前巷道设备集中、应力分布复杂,底鼓、两帮变形难以抑制和消除,端头超前支护和设备维护还需要较多人工作业等问题,超前支护及辅助作业智能化是无人开采的主要瓶颈.

研发新的液压支架行走方式及位置精确控制技术,研制无反复支撑的柔性超前支护装备及智能控制系统、自动退锚装置及巷道修复辅助作业平台,实现"采前修复-超前支护-采后卸压"一体化协同控制,如图 12 所示.

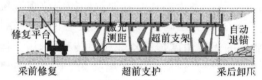

图 12　超前一体化作业示意
Fig. 12　Integrated working in advanced gateway

上述研究通过"十三五"重点研发计划等项目,正在开展之中.

4　智能化综采技术展望

4.1　全面推进综采智能化技术进步

煤层赋存条件的复杂性和安全制约因素的多样性是综采智能化面临的最大难题,技术进步为解决难题提供了手段,合理的政策措施、科学的生产管理亦是全面推进智能化开采的重要因素,推动智能化综采技术的全面发展.

1) 加快完善煤炭资源管理与产能布局,将煤炭的安全高效绿色开采作为我国煤炭资源开发的基本产业政策,淘汰落后开采方法与产能装备.

2) 加大智能化开采原始创新力度,研发具有自主知识产权的煤炭智能化开采技术及装备体系,提高行业的国际竞争能力.

3) 提高煤矿智能化开采的管理水平,提倡专业化的生产作业、设备维修、技术指导,提升每一个生产环节的效率和质量.

4.2　有限无人化开采

有限无人化开采是智能化开采的中高级阶段,要求在工作面正常生产期间,工作面中无人操作,端头和顺槽也要实现智能控制和基本无人操作,仅在设备正常维护、检修和特殊工况处理时,人员才进入工作面进行维护,实现有限条件下的无人化开采.

1) 对工作面煤层地质条件进行高精度探测,构造工作面煤层地质数字模型,系统基于这一数字模型进行程序化的智能化开采.

2) 实时监测煤层地质条件变化,实时修正工作面煤层地质数字模型,对开采行为提前预判和修正.

3) 通过高效的机器学习算法使综采系统装备拥用自主学习能力,通过训练获得解决问题的能力,提高智能化水平与开采效率.

5　结　论

1) 通过对综采智能化的概念与内涵分析和较薄煤层、超大采高和特厚煤层综放煤层智能开采的实践回顾,提出了"透明开采"技术、支架-围岩智能耦合、少人化和智能化辅助作业等是破解当前智能化综采发展难题的有效对策.

2) 对综采智能化和无人化的发展做出展望,提出有限无人化的概念,随着新一代信息技术发展和装备可靠性的提高,推动煤炭智能化开采达到更高水平,形成生产过程全面感知、实时互联、分析决策、自主学习、动态预测、协同控制的智能化开采系统.

3) 在智能化综采创新实践基础上,将物联网、云计算、大数据、人工智能、自动控制、移动互联网、机器人化装备等与采煤技术深度融合,实现设备运行、安全保障、生产管理等全过程智能化运行,建设新型智慧煤矿.

参考文献:

[1] Queensland centre for advanced technologies. Qcat industry and research report[R]. Queensland:CSIRO, 2013:13-15.

[2] Directorate-general for research and innovation. New mechanisation and automation of longwall and drivage equipment[R]. Luxembourg:European Commission, 2011:1-14.

[3] Joy Global Inc. Joy advanced shearer automation[J]. Coal International,2013,261(1):61-64.

[4] 王　虹.综采工作面智能化关键技术研究现状与发展方向[J].煤炭科学技术,2014,42(1):60-64.
WANG Hong. Development orientation and research state on intelligent key technology in fully-mechanized coal mining face[J]. Coal Science and Technology, 2014,42(1):60-64.

[5] 张　良,李首滨,黄曾华,等.煤矿综采工作面无人化开采的内涵与实现[J].煤炭科学技术,2014,42(9):25-29.
ZHANG Liang,LI Shoubin,HUANG Zenghua,et al. Definition and realization of unmanned mining in fully-mechanized coal mining face[J]. Coal Science and Technology,2014,42(9):26-29,51.

[6] 葛世荣,王忠宾,王世博.互联网+采煤机智能化关键技术研究[J].煤炭科学技术,2016,44(7):1-9.
GE Shirong,WANG Zhongbin,WANG Shibo. Study on key technology of internet plus intelligent coal shearer[J]. Coal Science and Technology, 2016,44(7):1-9.

[7] 黄乐亭,黄曾华,张科学.大采高综采智能化工作面开采关键技术研究[J].煤矿开采,2016,21(1):1-6.
HUANG Leting,HUANG Zenghua,ZHANG Kexue. Key technology of mining in intelligent fully-mechanized coal mining face with large mining height[J]. Coal Ming Technology,2016,21(1):1-6.

[8] 王国法.综采自动化智能化无人化成套技术与装备发展方向[J].煤炭科学技术,2014,42(9):30-34.
WANG Guofa. Development orientation of complete fully-mechanized automation, intelligent and unmanned mining technology and equipment[J]. Coal Science and Technology,2014,42(9):30-34.

[9] 司　垒,王忠宾,刘新华,等.基于煤层分布预测的采煤机截割路径规划[J].中国矿业大学学报,2014,43(3):464-471.
SI Lei,WANG Zhongbin,LIU Xinhua,et al. Cutting path planning of coal mining machine based on prediction of coal seam distribution[J]. Journal of China

University of Mining & Technology,2014,43(3):464-471.

[11] 王国法,庞义辉,马　英.特厚煤层大采高综放自动化开采技术与装备[J].煤炭工程,2018,50(1):1-6.
WANG Guofa,PANG Yihui,MA Ying. Automated mining technology and equipment for fully-mechanized caving mining with large mining height in extra-thick coal seam[J]. Coal Engineering,2018,50(1):1-6.

[12] 王国法,王　虹,任怀伟,等.智慧煤矿 2025 情景目标和发展路径[J].煤炭学报,2018,43(2):295-305.
WANG Guofa,WANG Hong,REN Huaiwei,et al. 2025 scenarios and development path of intelligent coal mine[J]. Journal of China Coal Society,2018,43(2):295-305.

[13] 袁　亮,张　通,赵毅鑫,等.煤与共伴生资源精准协调开采:以鄂尔多斯盆地煤与伴生特种稀有金属精准协调开采为例[J].中国矿业大学学报,2017,46(3):449-459.
YUAN Liang,ZHANG Tong,ZHAO Yixin,et al. Precise coordinated mining of coal and associated resources:A case of environmental coordinated mining of coal and associated rare metal in Ordos basin[J]. Journal of China University of Mining & Technology,2017,46(3):449-459.

[14] 范京道,王国法,张金虎,等.黄陵智能化无人工作面开采系统集成设计与实践[J].煤炭工程,2016,48(1):84-87.
FAN Jingdao,WANG Guofa,ZHANG Jinhu,et al. Design and practice of integrated system for intelligent unmanned working face mining system in Huangling coal mine[J]. Coal Engineering,2016,48(1):84-87.

[15] 王国法,庞义辉,张传昌,等.超大采高智能化综采成套技术与装备研发及适应性研究[J].煤炭工程,2016,48(9):6-10.
WANG Guofa,PANG Yihui,ZHANG Chuanchang,et al. Intelligent longwall mining technology and equipment and adaptability in super large mining height working face[J]. Coal Engineering,2017,48(9):6-10.

[16] 任怀伟,王国法,李首滨,等.7 m 大采高综采智能化工作面成套装备研制[J].煤炭科学技术,2015,43(11):116-121.
REN Huaiwei,WANG Guofa,LI Shoubin,et al. Development of intelligent sets equipment for fully-mechanized 7 m height mining face[J]. Coal Science and Technology,2015,43(11):116-121.

[17] 任怀伟,孟祥军,李　政,等.8 m 大采高综采工作面智能控制系统关键技术研究[J].煤炭科学技术,2017,45(11):37-44.
REN Huaiwei,MENG Xiangjun,LI Zheng,et al. Study on key technology of intelligent control system applied in 8 m large mining height fully mechanized face[J]. Coal Science and Technology,2017,45(11):37-44.

[18] 王国法,庞义辉,李明忠,等.超大采高工作面液压支架与围岩耦合作用关系[J].煤炭学报,2017,42(2):518-526.
WANG Guofa,PANG Yihui,LI Mingzhong,et al. Hydraulic support and coal wall coupling relationship in ultra large height mining face[J]. Journal of China Coal Society,2017,42(2):518-526.

（责任编辑　王继红）

煤矿智能化开采模式与技术路径

王国法 [1,2]，庞义辉 [1,2]，任怀伟 [1,2]

(1. 天地科技股份有限公司 开采设计事业部,北京 100013;2. 煤炭科学研究总院 开采研究分院,北京 100013)

摘 要：基于煤矿智能化发展现状与要求,系统阐述了煤矿智能化开采模式的定义、技术内涵与特征。针对不同煤层赋存条件,提出了薄及中厚煤层智能化无人开采模式、大采高工作面智能耦合人机协同高效综采模式、综放工作面智能化操控与人工干预辅助放煤模式、复杂条件机械化+智能化开采模式等4种煤矿智能化开采模式。根据截割工艺、工序与装备的差异,将薄及中厚煤层智能化无人开采模式细分为刨煤机智能化无人开采模式、滚筒采煤机智能化无人开采模式,详细阐述了滚筒采煤机定位导航与智能调高技术、半截深高速截割工艺等薄及中厚煤层智能化开采模式关键技术。分析了大采高工作面智能化开采的主要技术瓶颈,论述了基于液压支架与围岩耦合关系的围岩智能耦合控制逻辑、重型装备群的分布式协同控制逻辑等大采高智能化开采模式关键技术。分析了放顶煤工作面与一次采全高工作面智能化开采模式的差异,提出了基于时序控制放煤、自动记忆放煤、煤矸识别放煤等智能化放煤控制逻辑与工艺流程。针对复杂煤层条件,提出了采用局部智能化开采降低工人劳动强度、提高作业环境安全水平的技术思路。

关键词：煤矿智能化；开采模式；开采工艺；协同控制；智能放煤

中图分类号：TD 82　　　　　**文献标志码**：A　　　　　**文章编号**：2096-7187(2020)01-3501-15

Intelligent coal mining pattern and technological path

WANG Guofa [1,2], PANG Yihui [1,2], REN Huaiwei [1,2]

(1. Coal Mining and Designing Department, Tiandi Science & Technology Co., Ltd., Beijing 100013, China; 2. Coal Mining Branch, China Coal Research Institute, Beijing 100013, China)

Abstract：The definition, technical connotation and characteristics of coal mine intelligent were systematically expounded based on the current status and requirements of intelligent development of coal mine. According to different coal seam occurrence conditions, intelligent unmanned mining pattern for thin and medium thick coal seam, intelligent and efficient man-machine collaborative inspection pattern for large mining working face, intelligent control and manual intervention to aid caving in fully mechanized caving face, mechanization and intelligent mining pattern for complex coal seam condition were proposed. The intelligent unmanned mining pattern for thin and medium thick coal seam was subdivided into the intelligent unmanned mining pattern of coal planer and the intelligent unmanned mining pattern of drum shearer, which depends on the difference of cutting process, working procedure and equipment. The key technologies of intelligent mining pattern of thin and medium thick coal seam,

收稿日期：2019-05-24　　　修回日期：2019-06-18　　　责任编辑：施红霞

基金项目：国家重点研发计划资助项目(2017YFC0603005,2017YFC0804305);中国工程院咨询研究资助项目(2019-XZ-14)

作者简介：王国法(1960—),男,山东文登人,中国工程院院士,博士生导师。E-mail:wangguofa@tdkcsj.com

such as positioning, navigation and intelligent heightening technology of drum shearer, and high-speed cutting technology of half depth, were described in detail. The main technical bottleneck of intelligent mining of large mining height working face was analyzed. The key technologies of intelligent mining pattern such as intelligent coupling control logic of surrounding rock based on the coupling relationship between hydraulic support and surrounding rock and distributed cooperative control logic of heavy equipment group were discussed. The difference of intelligent mining mode between caving top coal face and full height caving face was analyzed, and the intelligent caving control logic and technological process based on time sequence control caving, automatic memory caving, coal and gangue identification caving were put forward. In view of the complex coal seam conditions, the technical ideas of using local intelligent mining to reduce the labor intensity of workers and improve the safety level of the operating environment were put forward.

Key words: coal mine intelligent; mining pattern; mining technology; cooperative control; intelligent caving

我国煤炭工业经过改革开放40 a的不断创新与发展,逐步从人工采煤、半机械化采煤向机械化、综合机械化、自动化采煤发展,并已开始由自动化开采向智能化开采迈进,建成了一批具有世界领先水平的现代化大型煤矿。截至2018年[1-3],我国大型煤矿的采煤机械化程度超过96%,工作面单产水平超过1 500万t/a,采出工效达到1 050 t/(人·d),煤矿百万吨死亡率降低至0.1以下,主要智能化开采技术与装备全部国产化,实现了由"引进消化吸收,跟随国外发展"到"创新引领世界综采技术与装备发展"的跨越,煤炭安全、高效、智能化开采技术与装备取得了一批创新成果,成为煤炭工业高质量发展的核心技术支撑[4]。

国内外学者针对煤矿智能化开采技术与装备进行了积极的研究与探索,文献[5-8]以峰峰煤矿、黄陵一号煤矿等薄及中厚煤层赋存条件为工程背景,分析了薄及中厚煤层工作面实现自动化、智能化、无人化开采的主要技术瓶颈,通过研发薄及中厚煤层自动化、智能化开采技术与装备,实现了"有人巡视、无人值守"的少人化开采;文献[9-11]针对西部矿区厚煤层大采高工作面智能化开采难题,通过研发综采工作面液压支架与围岩智能耦合控制技术、综采装备群直线度控制技术、煤流平衡控制技术等,实现了超大采高综采工作面的自动化、少人化开采;文献[12-14]针对特厚煤层综放智能化开采技术难题,通过研发综放液压支架智能耦合控制系统及综放工作面放煤工艺时序控制技术与装备等,实现了综放工作面的自动化放煤。

由于我国煤层赋存条件复杂多样,煤矿智能化开采尚处于初级阶段,现有智能化开采技术与装备主要应用于我国中西部煤层赋存条件较优越的矿区,取得了较好的使用效果[15-18],而针对赋存条件相对较复杂的其他类型煤层智能化开采还存在许多技术难题。由于煤矿智能化发展过程中存在概念与技术内涵不清晰、开采模式与技术路径不明确等问题,本文基于我国煤矿智能化发展现状及煤炭产业转型升级的战略方向和发展目标,提出了煤矿智能化开采的技术内涵及不同类型煤层赋存条件的智能化开采模式、技术路径、核心关键技术等。

1　煤矿智能化开采模式的技术内涵

煤矿智能化是采用物联网、云计算、大数据、人工智能、自动控制、移动互联网、智能装备等技术,促使煤矿开拓设计、地测、采掘、运通、洗选、安全保障、生产管理等主要系统形成具有自主感知、智能分析与决策、精准控制与执行的能力。

开采模式是指针对某一类煤层赋存条件与开采目标设计研发的具有指导意义和实用价值的标准开采工艺、工序流程与配套装备系统。煤矿智能化开采模式则是指针对某一类煤层赋存条件与开采目标,基于煤矿智能化开采技术与装备阶段性发展成果,创新设计的煤炭资源开采标准工艺流程及智能化开采装备配套系统,是一种具有示范性、典型性和对同类煤层赋存条件具有普适性的煤矿智能化开采方案,能够实现该类煤炭资源开采过程的自主感知、智能分析与决策、自动精准控制与执行。

基于上述对煤矿智能化开采模式的定义,煤矿智能化开采模式应具有以下技术内涵与特征：

（1）煤矿智能化开采模式应具有创新性与多样性。由于我国煤层赋存条件复杂多样，应按煤层赋存条件与开采目标的差异，建立不同类型的煤矿智能化开采模式，且每种类型的煤矿智能化开采模式均应具有创新性的智能化开采工艺、技术与装备，提高对特定煤层赋存条件的适应性。

（2）煤矿智能化开采模式应具有较高的可靠性与可操作性。煤矿智能化开采模式应基于物联网、云计算、大数据、人工智能等创新性发展成果，选择稳定、可靠的工艺、技术与装备，提高相关技术与装备的可靠性与可操作性。

（3）煤矿智能化开采模式应力求简单和可复制、可推广。由于受煤矿井下恶劣生产环境、狭小工作空间等因素制约，煤矿智能化开采相关技术与装备应优先采用模块化设计，简化开采工艺与流程，提高智能化开采技术与装备的适用性，且对不同区域类似煤层条件具有普适性、可复制性与可推广应用价值。

（4）煤矿智能化开采模式的发展过程具有阶段性与动态性。由于受制于煤矿智能化开采技术与装备的发展水平，煤矿智能化开采模式并不是一成不变的，而是随着煤矿智能化开采技术与装备的不断进步而发展进步，具有显著的阶段性与动态发展特征。

由于我国煤层赋存条件复杂多样，不同煤炭生产企业、矿区对煤矿智能化开采的要求、技术路径、发展水平、发展目标等存在较大差异，且受制于智能化开采技术与装备的发展水平，各类煤矿智能化开采模式并不是齐头并进同步完成，而是要针对不同煤层条件进行分层次、分阶段、分目标逐步推进，通过建设不同类型的煤矿智能化开采模式示范矿井，以点带面推进煤矿智能化建设向纵深发展。

2 智慧煤矿建设系统架构

智慧煤矿是煤矿智能化发展的终极目标，是形成煤矿"完整智慧系统、全面智能运行、科学绿色开发"的全产业链运行新模式，随着煤矿智能化技术与装备的不断发展进步，智慧煤矿的建设水平也将逐步提高。

智慧煤矿系统可分为信息感知、统一操作平台、井下系统平台、井上生产经营管控平台等[19]，如图1所示。信息感知主要是对井下人、机、环、管等信息的全面监测，是进行信息分析、决策与执行的基础。统一操作平台主要包括智慧煤矿操作系统、大数据处理中心、高速传输网络等，是信息分析、决策与执行的控制中心。根据井上、井下业务分类与工艺的差异，分别设计井下系统平台与井上生产经营管控平台。井下系统平台包括井下生产、安全与保障系统，是智慧煤矿系统的执行机构；井上生产经营管控平台则主要包括井上洗选、运输、经营绩效管理与决策支持等，是智慧煤矿经营管理的决策层。

煤炭智能开采是智慧煤矿建设的重要组成部分，针对不同煤层赋存条件，开发适用于不同煤层条件的智能化开采模式，是实现煤炭智能化开采的基础。经过多年的创新与实践，笔者及其团队针对不同煤层赋存条件，提出了薄煤层刨煤机智能化无人开采模式、薄及中厚煤层滚筒采煤机智能化无人开采模式、大采高工作面智能耦合人机协同高效综采模式、综放工作面智能化操控与人工干预辅助放煤模式、复杂条件机械化+智能化开采模式等，在黄陵、榆北、神南等矿区得到推广应用，取得了较好的技术经济效益。

3 薄及中厚煤层智能化无人开采模式

薄煤层在中国分布广泛，其储量约占煤炭资源总储量的20.42%。由于薄煤层普遍存在厚度变化较大、赋存不稳定、工作面作业空间狭小、设备尺寸与能力的矛盾突出等问题[20]，导致许多矿区大量弃采薄煤层，造成资源浪费。针对薄煤层工作面存在的上述问题，开发薄煤层刨煤机智能化无人开采模式与滚筒采煤机智能化无人开采模式，可有效改善井下作业环境，提高煤炭资源的采出率。

3.1 薄煤层刨煤机智能化无人开采模式

对于煤层厚度小于1.0 m、赋存稳定、煤层硬度不大、顶底板条件较好的薄煤层，应优先采用刨煤机智能化无人开采模式，如图2所示。

（1）工作面两侧巷道一般沿煤层底板布置，由于刨煤机的机头尺寸较大，巷道断面尺寸一般比较大；由于刨煤机的截割高度远小于巷道断面高度，巷道两端头需要采用带侧护板的特殊端头液压支架进行支护；为了降低巷道端头与超前液压支架的作业劳动强度，可采用基于电液控制系统的遥控式

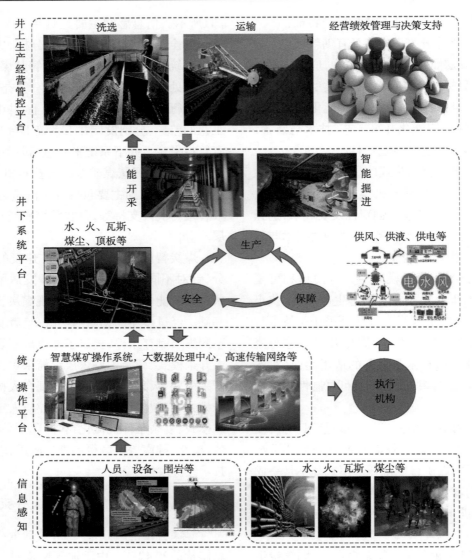

图1　智慧煤矿系统架构

Fig. 1　System architecture of intelligent coal mine

操作,由端头液压支架发送邻架控制命令,启动转载机控制器执行准备阶段动作,转载机控制器进行声光报警,在端头液压支架执行推溜动作与转载机控制器执行前移阶段动作共同完成转载机自移功能;利用超前支架电液控制,进行超前液压支架的远程控制,实现快速移架。

(2)配套智能截割刨煤机及控制系统,能够实现"双刨深"刨煤工艺自动往复进刀刨煤、两端头斜切进刀往复刨煤、混合刨煤、刨煤速度与深度智能自适应调整等,按照提前规划的刨煤机截割路径进行记忆截割自动控制;通过与智能变频刮板输送机进行智能联动控制,实现刨煤机刨煤速度的智能调控及刮板输送机的功率协调与智能调速;通过与智能自适应液压支架进行智能联动控制,实现刨煤机的精准定位及液压支架的自动推移。

(3)配套智能自适应液压支架及控制系统,通过压力与姿态监测系统、视频监控系统、无线传输系统等实现液压支架支护状态的智能监测;通过自适应专家决策系统对监测信息进行智能分析与决策,并通过智能补液系统、智能控制系统等对液压支架进行智能操控,实现液压支架对围岩的智能自适应支护及对刮板输送机的精准推移,从而对刨煤机的刨深进行精准控制。

(4)配套智能变频刮板输送机及控制系统,通过煤量监测系统、智能变频控制系统对刨煤机截割后的煤量进行智能监测,并实现刮板输送机的智能调速;通过断链监测与故障诊断系统对刮板输送机的运行状态进行智能监测,实现刮板输送机的故障

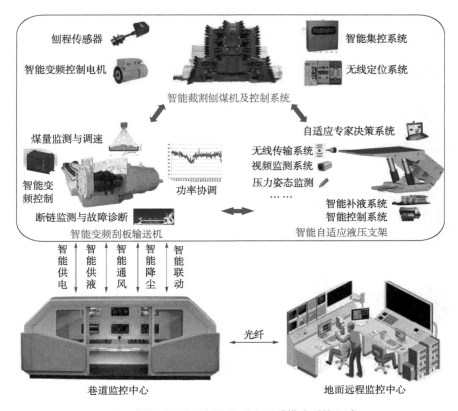

图2 薄煤层刨煤机智能化无人开采模式系统组成

Fig. 2 System composition of intelligent unmanned mining pattern of coal planer

预警与远程运维。

（5）按照薄煤层刨煤机斜切进刀割三角煤及双向割煤的工艺、工序对刨煤机的截割路径进行超前规划，实现刨煤机上行与下行双向自动刨煤；基于工作面直线度监测结果，采用局部刨深自动调控技术对刨煤机的刨深进行自动修正，维护工作面的直线度。

（6）配套智能供电系统、智能供液系统、智能通风系统、智能降尘系统等，对工作面开采过程提供综合保障；将刨煤机、刮板输送机、液压支架的监测数据、视频、音频等信息上传至巷道监控中心，实现在巷道监控中心对工作面运行状态进行监测与控制，并将相关信息通过光纤上传至地面远程监控中心，实现井上对井下工作面运行状态的监测与控制。

由于煤层厚度小于1.0 m的薄煤层工作面空间狭小、人工作业困难，采用薄煤层刨煤机智能化无人开采模式可以将工人从井下狭小的作业空间中解放出来，同时提高工作面的开采效率与采出率。目前，薄煤层刨煤机智能化无人开采模式已经在铁法煤业集团小青煤矿、临矿集团田庄煤矿等应用，

实现了井下工作面的智能化、无人化开采，取得了很好的技术与经济效益。

3.2 薄及中厚煤层滚筒采煤机智能化无人开采模式

对于煤层厚度大于1.0 m、赋存条件较优越的薄及中厚煤层，则应优先采用滚筒采煤机智能化无人开采模式，与刨煤机智能化无人开采模式相比，主要采用了基于LASC系统的采煤机定位导航与直线度自动调控技术、基于4D-GIS煤层地质建模与随采辅助探测的采煤机智能截割技术，实现采煤机对煤层厚度的自适应截割，如图3所示。

为了适应薄煤层工作面狭小作业空间对采煤机尺寸的要求，采用扁平化设计，降低采煤机的机面高度，并采用扁平电缆装置，提高采煤机的适应性。基于矿井地质勘探信息建立待开采煤层的4D-GIS信息模型，并在巷道掘进过程中采用钻探、物探等技术对待开采煤层的煤岩分界面进行辅助探测，基于实际探测结果对4D-GIS信息模型进行修正，实现对煤岩分界面的预知预判；采用惯性导航技术对采煤机的行走位置及三维姿态进行实时监测，并利用轴编码器对采煤机的位置进行二次校验；基于上述煤岩界面预测结果对采煤机的截割路径进行超

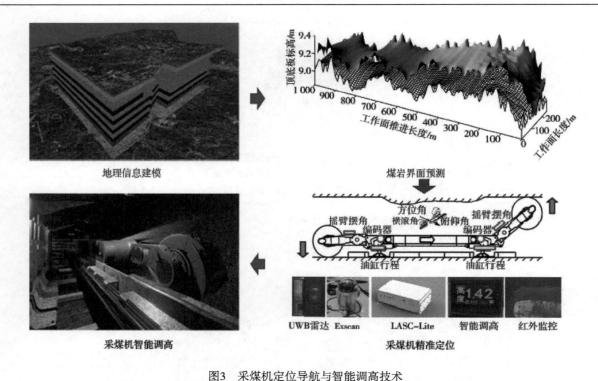

图3　采煤机定位导航与智能调高技术

Fig. 3　Positioning, navigation and intelligent heightening technology of shearer

前规划,并根据采煤机的精准定位及煤岩界面预测结果对采煤机摇臂的摆动角度进行控制,满足工作面不同位置采煤机截割高度的变化,实现采煤机截割高度的智能调整,如图4所示。

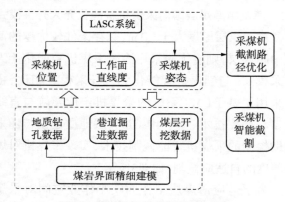

图4　采煤机智能截割控制逻辑

Fig. 4　Intelligent cutting control logic of shearer

采煤机的智能截割还可以通过惯性导航+煤岩界面识别技术实现,国内外学者曾对煤岩界面识别技术进行了广泛而深入的研究[21-23],提出了振动识别、红外识别、太赫兹识别等技术,但相关研究成果尚不能满足井下工业应用的要求。

通过对采煤机的截割高度、速度、支架推移量等信息进行监测,可以计算获取采煤机的理论瞬时落煤量及刮板输送机的煤流赋存量。基于监测的

刮板输送机电机输出转矩值,对刮板输送机进行实时调速。刮板输送机智能调速控制逻辑如图5所示。

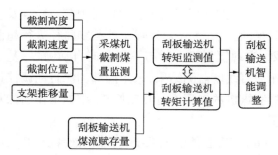

图5　刮板输送机智能控制逻辑

Fig. 5　Intelligent control logic of scraper conveyer

目前,综采工作面刮板输送机智能调直系统多采用基于LASC的刮板输送机三维形态检测技术,通过采煤机的运行轨迹检测,实现刮板输送机平直度的测量。目前,有关机构基于平行直线交汇原理,即图像中相互平行的3条直线必将交汇于一点,如图6所示,正在研发基于图像识别的工作面直线度检测技术,但该技术对工作面的光照度、成像质量等要求较高,目前尚未实现工业化应用。

智能视频监测系统是实现对工作面开采工况进行实时感知的有效方法,一般每隔10台液压支架布设2台高清云台摄像仪,一台照向工作面煤壁方

图6 基于图像识别的工作面直线度检测技术

Fig. 6 Working face straightness detection technology
based on image recognition

向,另一台照向采煤机截割方向,采用视频拼接技术,实现对整个工作面作业工况的实时智能感知。

薄及中厚煤层滚筒采煤机智能化无人开模

式一般采用常规的采煤机斜切进刀割三角煤开采工艺,配套的刮板输送机、液压支架及控制系统等与刨煤机智能化无人开采模式类似。

针对顶底板赋存条件较好的薄及中厚煤层,笔者及其研发团队提出了薄及中厚煤层半截深高速截割工艺,如图7所示。这种截割工艺采煤机的截深为正常截深的一半,通过降低采煤机的截割深度来提高采煤机的截割速度。采煤机采用半截深斜切进刀割煤方式,进刀完成后直接进行正常割煤,不返回截割三角煤;采煤机下行割煤时将上一刀的三角煤进行全截深截割,降低了采煤机往返截割三角煤的时间,可大幅提高采煤机的截割速度与截割效率。为实现液压支架快速跟机移架,液压支架采用间隔移架的方式,满足采煤机快速截割的要求。

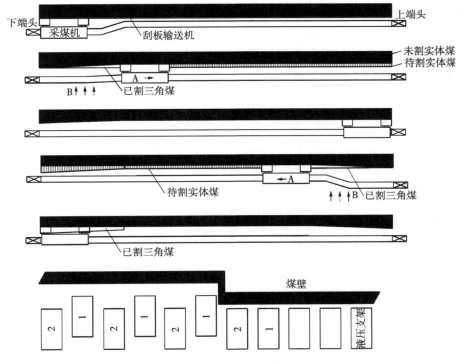

图7 半截深高速截割工艺

Fig. 7 Half depth and high speed cutting process

工作面煤流运输采用基于煤量智能监测的智能调速技术,通过对采煤机的截割速度、深度、位置等信息进行监测,计算得出采煤机理论的瞬时落煤量及刮板输送机的煤流赋存量,并将计算结果与刮板输送机的输出转矩值对应的负载进行对比,从而对刮板输送机的转速进行智能调控。基于刮板输送机的煤流量监测结果,采用类似的方法,可以实现对带式输送机的变频智能调速。

针对薄煤层工作面开采空间狭小、人工操作困难等技术难题,以峰峰矿区薄煤层赋存条件为基础,研发了最小高度为0.45 m的薄煤层液压支架。针对实现薄煤层工作面自动化控制存在的难题,研发了液压支架群组自组织协同控制技术,发明了基于采煤机采高记忆联想、截割功率参数、振动、视频信息的多指标综合智能调高决策机制和工作面三维导航自动调直技术,实现了厚度为0.6~1.3 m薄煤层最高月产11.8万t,年生产能力100万t。

针对黄陵一号煤矿薄及中厚煤层赋存条件,研发了ZY6800/11.5/24D型液压支架,并进行了工作面自动化集成配套设计,实现了工作面液压支架自动跟机移架推溜、采煤机自动记忆截割、刮板输送机变频智能调速等,通过在巷道设置监控中心,实现了对工作面设备的远程监控。设备应用后,黄陵一号煤矿1001工作面生产作业人员由11人减少至3人,工作面月产17.03万t,年生产能力200万t以上,生产效率提高25%,实现了工作面"有人值守、无人操作的"智能化开采。

针对转龙湾煤矿23303工作面3~4 m煤层赋存条件,设计研发了ZY16000/23/43D型强力液压支架,将国产采煤机与LASC技术相融合,进行采煤机姿态的精准控制,刮板输送机采用智能柔性变频控制,根据煤量进行刮板输送机的智能调速。设备应用后,23303工作面由9人减少至4人,工作面最高日产3.78万t,最高月产90.13万t,年生产能力达到千万吨水平,刷新了中厚煤层工作面生产能力记录。

4 大采高工作面智能耦合人机协同高效综采模式

山西、陕西、内蒙古是中国的煤炭主产区,2018年3个省份的煤炭产量约为24.42亿t,占煤炭总产量的68.88%。煤层厚度为6~8 m的坚硬厚煤层是晋陕蒙大型煤炭基地的优势资源,其产量约占该区域总产量的30%。由于煤质坚硬、埋深比较浅,采用综放开采技术存在顶煤冒放性差、采空区易自然发火等问题,这类煤层非常适宜采用大采高一次采全厚开采技术。

对于煤层厚度较大、赋存条件较优越、适宜采用大采高综采一次采全厚开采方法的厚煤层,则可以采用大采高工作面智能耦合人机协同高效综采模式。由于采煤机一次截割煤层厚度加大,导致工作面围岩控制难度增大,工作面极易发生煤壁片帮冒顶及强动载矿压等安全事故,且重型装备群的智能协同控制难度增大。因此,大采高工作面智能耦合人机协同高效综采模式的关键技术为基于液压支架与围岩耦合关系的围岩智能耦合控制技术与装备、重型装备群的分布式协同控制技术与装备等,其控制逻辑如图8~9所示。

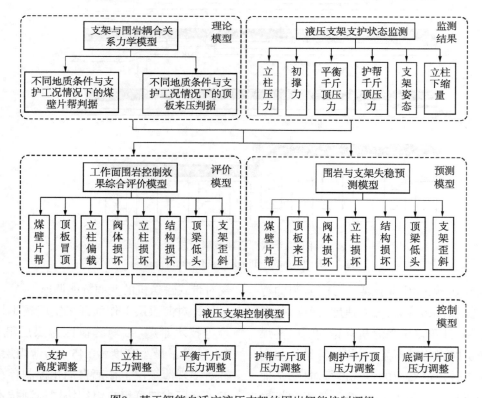

图8　基于智能自适应液压支架的围岩智能控制逻辑

Fig. 8　Intelligent control logic of surrounding rock based on intelligent adaptive hydraulic support

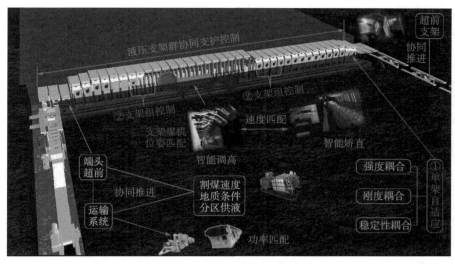

图9 重型综采装备群分布式协同控制策略

Fig. 9 Distributed cooperative control strategy for heavy-duty fully mechanized mining equipment group

大采高工作面一次开采煤层厚度增大导致煤壁极易发生片帮并诱发冒顶,且超大开采空间导致顶板岩层极易发生滑落失稳,对工作面形成动载矿压[24-26]。笔者及其团队曾提出了超大采高液压支架与围岩的耦合动力学模型及煤壁片帮的力学模型[27-29],系统分析了煤体抗拉强度、煤体黏聚力、内摩擦角、工作面采高、煤层埋深、液压支架支护强度变化对煤壁片帮的影响,如图10所示。

通过研究发现,大采高工作面顶板失稳产生的矿山压力与煤壁片帮冒顶具有内在联系,大采高工作面不仅需要对顶板岩层失稳进行有效控制,还需

要综合考虑对煤壁片帮的控制。通过研究液压支架支护强度与顶板下沉量及煤壁片帮临界护帮力的关系,如图11所示,提出了大采高工作面液压支架合理工作阻力确定的"双因素"控制方法[30],即首先基于液压支架与顶板岩层的耦合动力学模型计算液压支架对顶板岩层失稳控制所需要的支护力,基于该支护力计算抑制煤壁片帮失稳所需要的临界护帮力,只有同时满足对顶板岩层与煤壁的有效控制,才能实现对大采高工作面围岩的有效控制。基于顶板破坏与煤壁片帮的力学模型,得出了不同地质条件与支护工况下煤壁片帮及顶

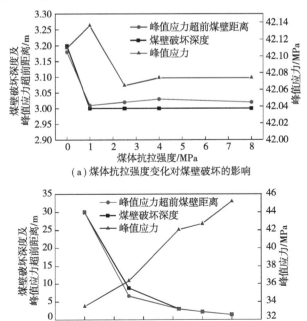

(a)煤体抗拉强度变化对煤壁破坏的影响

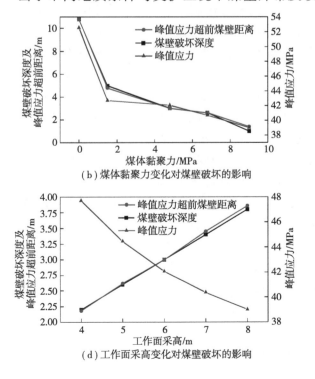

(b)煤体黏聚力变化对煤壁破坏的影响

(c)煤体内摩擦角变化对煤壁破坏的影响

(d)工作面采高变化对煤壁破坏的影响

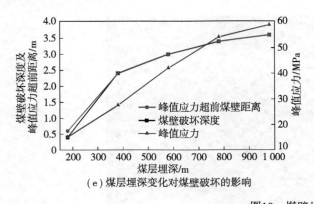

（e）煤层埋深变化对煤壁破坏的影响

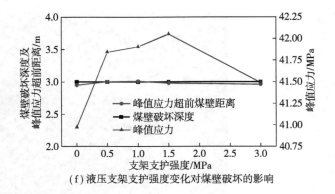

（f）液压支架支护强度变化对煤壁破坏的影响

图10　煤壁片帮影响因素分析

Fig. 10　Coal wall spalling analysis of influencing factors

板来压的判据，通过研发的液压支架支护状态监测系统实现了对液压支架载荷、三维姿态的动态监测。

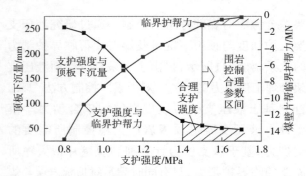

图11　大采高工作面围岩的"双因素"控制方法

Fig. 11　Double-factor control method of surrounding rock in large mining height working face

基于上述支架与围岩耦合关系理论力学模型及液压支架支护状态监测结果，笔者建立了工作面围岩控制效果综合评价模型[31]，对围岩的控制效果进行综合评价，并通过建立围岩与支架失稳的预测模型在一定程度上对支架与围岩的失稳进行预测。基于评价模型与预测模型得出的结果，建立液压支架与围岩智能自适应控制模型，通过调整液压支架的受力状态与姿态，满足对大采高工作面煤壁片帮、顶板冒顶、动载矿压等围岩控制要求。

针对大采高工作面大断面巷道超前支护的难题，提出了"低初撑、高工阻、非等强支护"的工作面超前支护理念[32-33]，通过研发系列超前液压支架，如图12所示，满足了超大采高工作面大断面巷道超前支护要求。超前液压支架采用遥控自动控制，实现了超前液压支架与工作面设备的整体快速推进。

采用集成智能供液系统实现工作面供液要求，

（a）套筒式大断面巷道超前液压支架

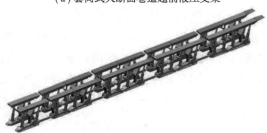

（b）四连杆式双列多节巷道超前液压支架

图12　超前液压支架

Fig. 12　Advanced hydraulic support in roadway

通过系统平台和网络传输技术将智能供液控制系统有机融合，实现一体化联动控制和按需供液；采用智能变频与电磁卸荷联动控制功能，解决了工作面变流量恒压供液的难题；通过建立基于多级过滤体系的高清洁度供液保障机制，确保工作面液压系统用液安全。通过采用液压支架初撑力智能保持系统及高压升柱系统，保障液压支架初撑力的合格率，提高液压支架对超大采高工作面围岩控制的效果。

综采装备群分布式协同控制的基础是综采设备的位姿关系模型及运动学模型，需要对综采装备群的时空坐标进行统一，并对单台液压支架、液压支架群组、综采设备群组的位姿关系进行分层级建模与分析。基于综采设备群智能化开采控制目标，分析液压支架、采煤机、刮板输送机等主要开采设备之间的运行参数关系，进行综采设备群的速度匹配、功率匹配、位姿匹配、状态匹配等，实现综采装备群的智能协同推进。

大采高工作面一般采用采煤机斜切进刀双向割煤截割工艺，其智能控制逻辑与薄及中厚煤层滚筒采煤机智能化无人开采模式类似，而对于采高大于6.0 m的超大采高工作面，则工作面液压支架一般采用"大梯度过渡"配套方式，其控制逻辑则更为复杂。由于大采高工作面多为重型装备，且采高增加导致设备稳定性变差，重型装备群之间易发生干涉，现有大采高智能化开采装备的控制精度、智能协同控制精度等尚难以满足无人化开采的要求，因此，大采高工作面智能化开采应以智能化操控为主、人机协同控制为辅。

目前，大采高工作面智能高效人机协同巡视模式已在金鸡滩煤矿、红柳林煤矿、张家峁煤矿、上湾煤矿等西部煤层赋存条件较优越的矿区应用，实现了综采装备群智能开采为主、人机协同控制为辅的

智能化开采，大大降低了工作面作业人员数量，采出工效达到1 050 t/(人·d)，年产量超过1 500万t，实现了厚煤层大采高工作面的智能化、少人化开采。

5 综放工作面智能化操控与人工干预辅助放煤模式

我国自1982年引进综放开采技术与装备，通过反复进行井下试验与创新设计，研发了适用于不同厚煤层条件的系列综放开采技术与装备[34-36]，促使综放开采技术在厚及特厚煤层得到广泛推广应用。

对于煤层厚度较大、赋存条件较优越、适宜采用综采放顶煤开采方法的厚煤层，可采用综放工作面智能化操控与人工干预辅助放煤模式。由于放顶煤工作面采煤机截割高度不受煤层厚度限制，因此不需要采用采煤机智能调高技术，但仍需要根据煤层底板起伏变化对采煤机的下滚筒卧底量进行智能控制。综放工作面智能化操控与人工干预辅助放煤模式的核心技术为放顶煤智能化控制工艺与装置，不同放煤工艺控制流程如图13所示。

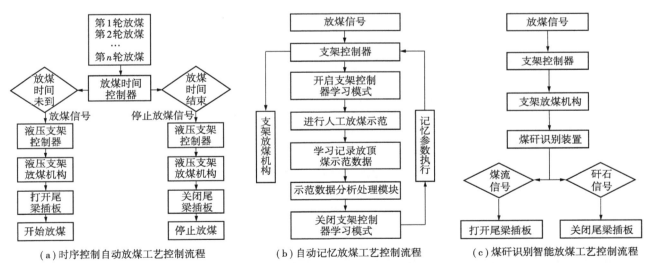

图13 智能化放顶煤工艺控制流程

Fig. 13 Intelligent top coal caving process control flow

根据放顶煤智能控制原理的差异，可根据放煤工艺流程将其分为时序控制自动放煤工艺、自动记忆放煤工艺、煤矸识别智能放煤工艺。其中时序控制自动放煤工艺主要通过放煤时间及放煤工艺工序对放煤过程进行智能控制，可分为单轮顺序放

煤、单轮间隔放煤、多轮放煤等。当放顶煤液压支架收到放煤信号时，将放煤信号发送至放煤时间控制器，对放煤时间进行记录，并将放煤执行信号发送至液压支架控制器，通过打开液压支架放煤机构的尾梁插板进行放煤；当达到预设的放煤时间时，

则将停止放煤信号发送至液压支架控制器,通过关闭液压支架放煤机构的尾梁插板停止放煤。由于采用放煤时间控制原理,所以时序控制自动放煤工艺适用于顶煤厚度变化不大的综放工作面。

自动记忆放煤工艺控制主要通过液压支架控制器对示范放煤过程进行自记忆学习,并根据学习的示范放煤过程进行自动放煤控制。首次放煤时,需要开启液压支架控制器的学习模式,由人工进行放煤示范,支架控制器对人工示范过程进行记忆学习,并将学习记录的放煤示范数据发送至示范数据分析处理模块,形成自动放煤控制工艺流程,完成人工示范放煤后,关闭液压支架控制器的学习模式,液压支架控制器则将按照自记忆学习形成的自动放煤控制工艺流程执行记忆参数,通过对液压支架放煤机构进行控制实现智能放煤过程。

煤矸识别智能放煤工艺控制主要通过煤矸识别装置对液压支架尾梁放出的煤块或矸石进行智能识别,并依据识别结果进行放煤口的开启或关闭操作。当放煤信号传送至液压支架的控制器时,液压支架控制器打开液压支架放煤机构的尾梁插板进行放煤,同时开启煤矸识别装置,当煤矸识别装置的识别结果为煤流时,则继续打开尾梁插板放煤;当煤矸识别装置的识别结果为矸石流时,则关闭尾梁插板,结束放煤操作。目前,基于煤矸识别装置的智能放煤工艺控制尚处于研发试验阶段,由于煤矸识别机理尚存在技术瓶颈,目前还不具备大规模推广应用的条件。

由于煤层厚度、硬度、采煤机截割高度等的差异,放煤步距可以分为1刀1放、2刀1放、3刀1放等;放煤方式又可分为单轮顺序放煤、单轮间隔放煤、多轮顺序放煤、多轮间隔放煤、多轮多窗口放煤等。可以根据放煤步距、方式、工艺流程等选择上述智能化放顶煤工艺控制流程的一种或同时采用几种共同进行放煤工艺流程的智能控制。

综放工作面智能化开采工艺如图14所示,通过采煤机上的红外发射器与液压支架上的接收器确定采煤机与液压支架的相对位置,基于采煤机与液压支架的相对位置,在采煤机截割方向提前3~5架收回液压支架护帮板,并同时开启智能喷雾装置,采煤机后滚筒截割完成后及时打开液压支架护帮板,推移前部刮板输送机,并利用液压支架智能放煤装置进行放顶煤动作,待智能化放顶煤相关动作完成后,拉移液压支架,完成1个放煤工艺循环。

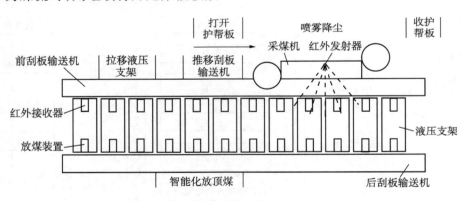

图14　智能化综放开采工艺示意

Fig. 14　Intelligent top coal caving mining schematic diagram

由于特厚煤层一般均存在多层夹矸,且煤层厚度一般赋存不稳定,采放平行作业工艺复杂、智能控制难度大,现有智能化开采技术与装备尚不具备进行无人化的条件,放煤过程仍然需要采取人工进行干预,即基于智能化操控与人工干预辅助的综放工作面智能化开采模式。

针对同煤集团塔山煤矿14~20 m特厚煤层赋存条件,创新研制了当时国内外首套最大支撑高度为5.2 m的大采高综采放顶煤液压支架(ZF15000/28/52),发明了大缸底大缸径并设有旁路安全阀的双伸缩抗冲击立柱,液压支架的抗冲击性能提高30%以上;研发了大通道直线导向式放顶煤过渡液压支架,构建了特厚煤层大采高放顶煤液压支架与围岩耦合力学模型,解决了14~20 m特厚煤层超大开采空间顶板动载矿山压力、超高煤壁稳定性控制、超厚顶煤冒放性等技术难题,实现了塔山煤矿特厚煤层大采高综放工作面年产量1 000万t。

　　针对金鸡滩煤矿坚硬特厚煤层顶煤难以冒落、放出等问题,2018年研发了最大采高为7.0 m的大采高综放液压支架,有效地提高了顶煤的放出率与放出效率,大采高综放工作面年产量达到1 500万t水平。

6　复杂条件机械化+智能化开采模式

　　对于煤层赋存条件比较复杂的工作面,现有智能化开采技术与装备水平尚难以满足智能化、无人化开采要求,应采用机械化+智能化开采模式,即采用局部智能化的开采方式,最大程度地降低工人劳动强度,提高作业环境的安全水平。

　　针对倾斜煤层及存在仰俯角的煤层条件,刮板输送机极易发生啃底、飘溜、上窜、下滑等问题,如图15所示,在配套智能自适应液压支架、智能调高采煤机、智能变频刮板输送机等装备的同时,还应配套刮板输送机智能调斜系统,通过监测刮板输送机的三向姿态、刮板输送机与液压支架的相对位置等,以预防为主,通过对采煤机的截割工艺、工序控制实现对刮板输送机的智能调斜。

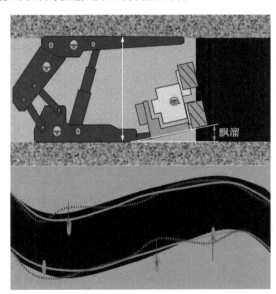

图15　刮板输送机姿态与直线度监测

Fig. 15　Scraper conveyer posture and linearity control

　　虽然智能自适应液压支架能够实现对液压支架的压力及三向倾角进行监测与控制,但当工作面倾斜角度较大时,仍然需要通过人工进行液压支架调斜。对于这类煤层条件采用机械化+智能化开采模式,虽然仍需要一定数量的井下作业人员进行操作,但采用部分智能化的开采技术与装备,可以大幅降低井下工作人员的劳动强度,提高采出效率和效益。

　　针对较复杂煤层工作面超前支护的难题,研发了单元式超前液压支架及智能移动装置,该支架采用螺旋滚筒作为行走机构,具有前进、后退、旋转、侧向平移等全方位行走功能,并通过在支架底座安装红外传感器,可以对支架与巷道的位置进行智能感知,利用智能控制器实现超前液压支架的自动移动与支护。

　　目前,基于液压支架电液控制系统的液压支架自动跟机移架、采煤机记忆截割、刮板输送机智能变频调速、三机集中控制、超前液压支架遥控及远控、智能供液、工作面装备状态监测与故障诊断等智能化开采相关技术与装备均已日益成熟,这些技术与装备虽然尚不足以实现复杂煤层条件的无人化开采,但仍然可以在一定程度上提高复杂煤层条件的智能化开采水平,并且随着智能化开采技术与装备的日益发展进步,复杂煤层条件的智能化开采水平也将逐步提高。

7　结　语

　　煤矿智能化开采技术与装备是建设安全、高效、绿色、智慧矿山的核心技术支撑,智能化开采模式与技术路径是智慧矿山建设的基础。智慧煤矿建设是一个多学科交叉融合的复杂问题,不仅受制于物联网、大数据、人工智能等科技的发展进步,同时还受煤炭开采基础理论、工艺方法、围岩控制理论等因素的制约,我国煤矿智能化发展目前仍处于初级阶段。

　　煤矿智能化是一个不断发展进步的过程,煤矿智能化开采模式也是伴随着煤矿智能化技术与装备的发展而不断完善进步。在国家政策支持和技术创新驱动下,应加快推进信息化、数字化与矿业的交叉融合,积极推动智能化开采模式示范矿井建设,不断开创安全、高效、绿色和可持续发展的智能化开采新模式,切实提高我国煤矿智能化开采水平。

参考文献(References):

[1]　王国法,庞义辉,任怀伟,等. 煤炭安全高效综采理论、技术与装备的创新和实践[J]. 煤炭学报,2018,43(4):903–913.

WANG Guofa, PANG Yihui, REN Huaiwei, et al. Coal safe and efficient mining theory, technology and equipment innovation practice[J]. Journal of China Coal Society, 2018, 43(4): 903–913.

[2] 张立宽. 改革开放40年我国煤炭工业实现三大科技革命[J]. 中国能源, 2018, 40(12): 9–13.

ZHANG Likuan. After 40 years of reform and opening up, China's coal industry has realized three major scientific and technological revolutions[J]. Energy of China, 2018, 40(12): 9–13.

[3] 赵开功, 李彦平. 我国煤炭资源安全现状分析及发展研究[J]. 煤炭工程, 2018, 50(10): 185–189.

ZHAO Kaigong, LI Yanping. Analysis and development suggestion for coal resources safety in China[J]. Coal Engineering, 2018, 50(10): 185–189.

[4] 王国法, 杜毅博. 智慧煤矿与智能化开采技术的发展方向[J]. 煤炭科学技术, 2019, 47(1): 1–10.

WANG Guofa, DU Yibo. Development direction of intelligent coal mine and intelligent mining technology[J]. Coal Science and Technology, 2019, 47(1): 1–10.

[5] 王国法. 煤矿综采自动化成套技术与装备创新和发展[J]. 煤炭科学技术, 2013, 41(11): 1–5, 9.

WANG Guofa. Innovation and development on automatic completed set technology and equipment of fully-mechanized coal mining face[J]. Coal Science and Technology, 2013, 41(11): 1–5, 9.

[6] 田成金. 煤炭智能化开采模式和关键技术研究[J]. 工矿自动化, 2016, 42(11): 28–32.

TIAN Chengjin. Research of intelligentized coal mining mode and key technologies[J]. Industry and Mine Automation, 2016, 42(11): 28–32.

[7] 徐亚军, 王国法. 基于滚筒采煤机薄煤层自动化开采技术[J]. 煤炭科学技术, 2013, 41(11): 6–7.

XU Yajun, WANG Guofa. Automatic mining technology based on shearer in thin coal seam[J]. Coal Science and Technology, 2013, 41(11): 6–7.

[8] 范京道, 王国法, 张金虎, 等. 黄陵智能化无人工作面开采系统集成设计与实践[J]. 煤炭工程, 2016, 48(1): 84–87.

FAN Jingdao, WANG Guofa, ZHANG Jinhu, et al. Design and practice of integrated system for intelligent unmanned working face mining system in Huangling Coal Mine[J]. Coal Engineering, 2016, 48(1): 84–87.

[9] 王国法, 张德生. 煤炭智能化综采技术创新实践与发展展望[J]. 中国矿业大学学报, 2018, 47(3): 459–467.

WANG Guofa, ZHANG Desheng. Innovation practice and development prospect of intelligent fully mechanized technology for coal mining[J]. Journal of China Coal Society, 2018, 47(3): 459–467.

[10] 黄曾华. 可视远程干预无人化开采技术研究[J]. 煤炭科学技术, 2016, 44(10): 131–135, 187.

HUANG Zenghua. Study on unmanned mining technology with visualized remote interference[J]. Coal Science and Technology, 2016, 44(10): 131–135, 187.

[11] 王国法, 李占平, 张金虎. 互联网+大采高工作面智能化升级关键技术[J]. 煤炭科学技术, 2016, 44(7): 15–21.

WANG Guofa, LI Zhanping, ZHANG Jinhu. Key technology of intelligent upgrading reconstruction of internet plus high cutting coal mining face[J]. Coal Science and Technology, 2016, 44(7): 15–21.

[12] 王国法, 王虹, 任怀伟, 等. 智慧煤矿2025情境目标和发展路径[J]. 煤炭学报, 2018, 43(2): 295–305.

WANG Guofa, WANG Hong, REN Huaiwei, et al. 2025 scenarios and development path of intelligent coal mine[J]. Journal of China Coal Society, 2018, 43(2): 295–305.

[13] 王国法, 庞义辉, 马英. 特厚煤层大采高综放自动化开采技术与装备[J]. 煤炭工程, 2018, 50(1): 1–6.

WANG Guofa, PANG Yihui, MA Ying. Automated mining technology and equipment for fully-mechanized caving mining with large mining height in extra-thick coal seam[J]. Coal Engineering, 2018, 50(1): 1–6.

[14] 王国法, 范京道, 徐亚军, 等. 煤炭智能化开采关键技术创新进展与展望[J]. 工矿自动化, 2018, 44(2): 5–12.

WANG Guofa, FAN Jingdao, XU Yajun, et al. Innovation progress and prospect on key technologies of intelligent coal mining[J]. Industry and Mine Automation, 2018, 44(2): 5–12.

[15] 雷毅. 我国井工煤矿智能化开发技术现状及发展[J]. 煤矿开采, 2017, 22(2): 1–4.

LEI Yi. Present situation and development of underground mine intelligent development technology in domestic[J]. Coal Mining Technology, 2017, 22(2): 1–4.

[16] 范京道. 煤矿智能化开采技术创新与发展[J]. 煤炭科学技术, 2017, 45(9): 65–71.

FAN Jingdao. Innovation and development of intelligent mining technology in coal mine[J]. Coal Science and Technology, 2017, 45(9): 65–71.

[17] 李明忠. 中厚煤层智能化工作面无人高效开采关键技术研究与应用[J]. 煤矿开采, 2016, 21(3): 31–35.

LI Mingzhong. Key technology of minerless high effective mining in intelligent working face with medium-thickness seam[J]. Coal Mining Technology, 2016, 21(3): 31–35.

[18] 葛世荣, 王忠宾, 王世博. 互联网+采煤机智能化关键技术研究[J]. 煤炭科学技术, 2016, 44(7): 1–9.

GE Shirong, WANG Zhongbin, WANG Shibo. Study on key technology of internet plus intelligent coal shearer[J]. Coal Science and Technology, 2016, 44(7): 1–9.

[19] 庞义辉, 王国法, 任怀伟. 智慧煤矿主体架构设计与系统平台建设关键技术[J]. 煤炭科学技术, 2019, 47(3): 35–42.

PANG Yihui, WANG Guofa, REN Huaiwei. Main structure design of intelligent coal mine and key technology of system platform construction[J]. Coal Science and Technology, 2019, 47(3): 35–42.

[20] 庞义辉. 凉水井矿中厚煤层年产6Mt工作面国产设备选型[J]. 煤炭工程, 2014, 46(11): 4–7.

PANG Yihui. Domestic equipment selection for 6Mt/a working face in medium-thick seam of Liangshuijing Coal Mine[J]. Coal Engineering, 2014, 46(11): 4–7.

[21] 王昕, 赵端, 丁恩杰. 基于太赫兹光谱技术的煤岩识别方法[J].

煤矿开采, 2018, 23(1): 13-17, 91.

WANG Xin, ZHAO Duan, DING Enjie. Coal-rock identification method based on terahertz spectroscopy technology[J]. Coal Mining Technology, 2018, 23(1): 13-17, 91.

[22] 杨文萃, 邱锦波, 张阳, 等. 煤岩界面识别的声学建模[J]. 煤炭科学技术, 2015, 43(3): 100-103, 91.

YANG Wencui, QIU Jinbo, ZHANG Yang, et al. Acoustic modeling of coal-rock interface identification[J]. Coal Science and Technology, 2015, 43(3): 100-103, 91.

[23] 吴婕萍, 李国辉. 煤岩界面自动识别技术发展现状及其趋势[J]. 工矿自动化, 2015, 41(12): 44-49.

WU Jieping, LI Guohui. Development status and tendency of automatic identification technologies of coal-rock interface[J]. Industry and Mine Automation, 2015, 41(12): 44-49.

[24] PENG Syd S. Topical areas of research needs in ground control: A state of the art review on coal mine ground control[J]. Int J Min Sci Tec, 2015, 25: 1-6.

[25] WANG G F, PANG Y H. Surrounding rock control theory and longwall mining technology innovation[J]. Int J Coal Sci Tec, 2017, 4: 301-309.

[26] JU J F, XU J L. Structural characteristics of key strata and strata behavior of a fully mechanized longwall face with 7.0 m height chocks[J]. Int J Rock Mech Min Sci, 2013, 58: 46-54.

[27] 王国法, 庞义辉, 李明忠, 等. 超大采高工作面液压支架与围岩耦合作用关系[J]. 煤炭学报, 2017, 42(2): 518-526.

WANG Guofa, PANG Yihui, LI Mingzhong, et al. Hydraulic support and coal wall coupling relationship in ultra large height mining face[J]. Journal of China Coal Society, 2017, 42(2): 518-526.

[28] 庞义辉, 王国法. 基于煤壁"拉裂-滑移"力学模型的支架护帮结构分析[J]. 煤炭学报, 2017, 42(8): 1941-1950.

PANG Yihui, WANG Guofa. Hydraulic support protecting board analysis based on rib spalling "tensile cracking-sliding" mechanical model[J]. Journal of China Coal Society, 2017, 42(8): 1941-1950.

[29] 庞义辉, 王国法. 大采高液压支架结构优化设计及适应性分析[J]. 煤炭学报, 2017, 42(10): 2518-2527.

PANG Yihui, WANG Guofa. Hydraulic support with large mining height structural optimal design and adaptability analysis[J]. Journal of China Coal Society, 2017, 42(10): 2518-2527.

[30] 庞义辉. 超大采高液压支架与围岩的强度耦合关系[D]. 北京: 煤炭科学研究总院, 2018.

PANG Yihui. Strength coupling relationship between super high mining hydraulic support and surrounding rock[D]. Beijing: China Coal Research Institute, 2018.

[31] 王国法, 庞义辉. 基于支架与围岩耦合关系的支架适应性评价方法[J]. 煤炭学报, 2016, 41(6): 1348-1353.

WANG Guofa, PANG Yihui. Shield-roof adaptability evaluation method based on coupling of parameters between shield and roof strata[J]. Journal of China Coal Society, 2016, 41(6): 1348-1353.

[32] 朱军. 红柳林煤矿回风巷超前支架研制[J]. 煤矿开采, 2012, 17(2): 77-79.

ZHU Jun. Development of advanced powered support for ventilation roadway in Hongliulin Colliery[J]. Coal Mining Technology, 2012, 17(2): 77-79.

[33] 张德生, 牛艳奇, 孟峰. 综采工作面超前支护技术现状及发展[J]. 矿山机械, 2014, 42(8): 1-4.

ZHANG Desheng, NIU Yanqi, MENG Feng. Status and development of advance supporting technology on fully-mechanized faces[J]. Mining & Processing Equipment, 2014, 42(8): 1-4.

[34] 黄炳香, 刘长友, 牛宏伟, 等. 大采高综放开采顶煤放出的煤矸流场特征研究[J]. 采矿与安全工程学报, 2008, 25(4): 415-419.

HUANG Bingxiang, LIU Changyou, NIU Hongwei, et al. Research on coal-gangue flow field character resulted from great cutting height fully mechanized top coal caving[J]. Journal of Mining & Safety Engineering, 2008, 25(4): 415-419.

[35] 樊运策. 综放工作面冒落顶煤放出控制[J]. 煤炭学报, 2001, 26(6): 606-610.

FAN Yunce. Control on top coal caving in long wall top coal caving working face[J]. Journal of China coal society, 2001, 26(6): 606-610.

[36] 王家臣, 张锦旺. 综放开采顶煤放出规律的BBR研究[J]. 煤炭学报, 2015, 40(3): 487-493.

WANG Jiachen, ZHANG Jinwang. BBR study of top-coal drawing law in longwall top-coal caving mining[J]. Journal of China Coal Society, 2015, 40(3): 487-493.

特约综述

王国法（1960—），山东文登人，中国工程院院士，煤炭开采技术与装备专家，研究员，博士生导师。1982年1月毕业于山东工学院（现山东大学）机械系，1985年东北工学院（现东北大学）研究生毕业。现任中国煤炭科工集团有限公司首席科学家，《煤炭科学技术》杂志主编，天地科技股份有限公司开采设计事业部总工程师。兼任煤矿智能化创新联盟理事长，中国煤炭工业协会支护专业委员会专家委员会副主任、采场支护专家组组长，中国煤炭工业技术委员会委员，国家安全生产专家委员会成员，国家应急管理部煤矿智能化开采技术创新中心技术委员会主任。

王国法院士是我国煤炭高效综采技术与装备体系的主要开拓者之一，煤矿智能化的科技领军者，创新提出了液压支架与围岩"强度耦合、刚度耦合、稳定性耦合"的"三耦合"原理和设计方法；创立了综采配套、液压支架和煤矿智能化系统的理论、设计方法和标准体系；主持设计研发了薄煤层自动化综采、中厚煤层智能化综采、厚煤层大采高综采、大倾角综采、特厚煤层综放等系列首台（套）综采成套技术与装备，推动了煤炭开采技术装备变革，为煤炭工业发展做出了贡献。

王国法院士被评为全国劳动模范、中央企业劳动模范、国家新世纪百千万人才工程煤炭行业专业技术拔尖人才、国家有突出贡献中青年专家、中央直接掌握联系的高级专家。荣获国务院政府特殊津贴（1993年）、全国杰出工程师奖、孙越崎能源大奖。荣获国家科技进步一等奖1项、二等奖4项、三等奖1项，省部级科技进步奖30余项。出版专著6部，发表论文100余篇，以第一发明人获发明专利20余项。

移动扫码阅读

王国法，刘 峰，孟祥军，等.煤矿智能化（初级阶段）研究与实践[J].煤炭科学技术，2019，47（8）：1-36.doi：10.13199/j.cnki.cst.2019.08.001

WANG Guofa，LIU Feng，MENG Xiangjun，*et al*.Research and practice on intelligent coal mine construction（primary stage）[J]. Coal Science and Technology，2019，47（8）：1-36.doi：10.13199/j.cnki.cst.2019.08.001

煤矿智能化（初级阶段）研究与实践

王国法[1,2]，刘 峰[3,4]，孟祥军[5]，范京道[6]，吴群英[7]，任怀伟[1,2]，庞义辉[1,2]，徐亚军[1,2]，赵国瑞[1,2]，张德生[1,2]，曹现刚[8]，杜毅博[1,2]，张金虎[1,2]，陈洪月[9]，马 英[1,2]，张 坤[9]

（1.天地科技股份有限公司 开采设计事业部，北京 100013；2.煤炭科学研究总院 开采研究分院，北京 100013；3.中国煤炭工业协会，北京 100013；4.中国煤炭学会，北京 100013；5.兖矿集团有限公司，山东 邹城 273500；6.陕西煤业化工集团有限责任公司，陕西 西安 710065；7.陕西陕煤陕北矿业有限公司，陕西 神木 719301；8.西安科技大学，陕西 西安 710054；9.辽宁工程技术大学，辽宁 阜新 123000）

收稿日期：2019-07-05；**责任编辑**：赵 瑞

基金项目：国家重点研发计划资助项目（2017YFC0603005，2017YFC0804305）；国家自然科学基金重点资助项目（51834006）

作者简介：王国法（1960—），男，山东文登人，中国工程院院士，首席科学家，博士生导师。E-mail：wangguofa@tdkcsj.com

摘　要:煤炭是我国能源的基石,是可以实现清洁高效利用的最经济、可靠的能源,煤矿智能化是实现煤炭工业高质量发展的核心技术支撑。系统阐述我国煤炭工业发展历程,分析煤矿综合机械化、自动化、智能化的发展过程与现状,列举了部分典型成功案例。详细阐述煤矿智能化的发展理念、特征、技术路径与阶段目标,分析煤矿智能化基础理论与关键技术研究现状,从数据采集与应用标准、装备群智能协同控制、健康状态诊断与维护等方面,分析了实现煤矿智能化开采需要解决的 3 个关键基础理论难题。从感知层、传输层、平台层和应用层等方面,分析了智能化煤矿的主体系统架构,研究了煤矿智能化建设的主要技术路径。针对不同煤层赋存条件工作面智能化开采的技术要求,提出了薄及中厚煤层智能化无人开采模式、大采高工作面智能耦合人工协同高效开采模式、综放工作面智能化操控与人工干预辅助放煤模式、复杂条件机械化+智能化开采模式等 4 种开采模式,研究了不同开采模式的核心关键技术与实施效果。介绍了我国煤矿掘进技术与装备发展现状,分析了制约巷道实现快速掘进的关键难题,提出了智能快速掘进的研发方向及技术路径。提出了我国煤矿智能化发展的基本原则,分析不同地域条件煤矿智能化发展模式及评价标准,提出新建矿井智能化建设路径,以及现有生产矿井进行智能化改造的主要任务,从法规体系、财税政策、人才培养等方面提出了保障煤矿智能化建设顺利实施的政策建议。

关键词:煤矿智能化;智能开采;智能掘进;系统架构;智能化开采模式;智能矿山

中图分类号:TD67　　　　**文献标志码**:A　　　　**文章编号**:0253-2336(2019)08-0001-36

Research and practice on intelligent coal mine construction (primary stage)

WANG Guofa[1,2], LIU Feng[3,4], MENG Xiangjun[5], FAN Jingdao[6], WU Qunying[7], REN Huaiwei[1,2], PANG Yihui[1,2],
XU Yajun[1,2], ZHAO Guorui[1,2], ZHANG Desheng[1,2], CAO Xiangang[8], DU Yibo[1,2],
ZHANG Jinhu[1,2], CHEN Hongyue[9], MA Ying[1,2], ZHANG Kun[9]

(1.*Coal Mining and Designing Department*, *Tiandi Science & Technology Co.*,*Ltd*, *Beijing*　100013, *China*; 2. *Coal Mining Branch*,*China Coal Research Institute*, *Beijing*　100013,*China*;3. *China National Coal Association*, *Beijing*　100013,*China*; 4. *China Coal Society*,*Beijing*　100013,*China*; 5.*Yankuang Group Co.*, *Ltd.*, *Zoucheng*　273500, *China*; 6. *Shaanxi Coal and Chemical Industry Group Co.*, *Ltd.*,*Xi'an*　710065, *China*; 7.*Shaanxi Coal North Mining Co.*, *Ltd.*,*Shenmu*　719301, *China*;8.*Xi'an University of Science and Technology*, *Xi'an*　710054, *China*; 9.*Liaoning Technical University*, *Fuxin*　123000, *China*)

Abstract:Coal is the cornerstone of China's energy, and it is the most economical and reliable energy which can be used cleanly and efficiently. The intellectualization of coal mine is the core technology support to realize the high quality development of coal industry. This paper systematically expounds the development course of China's coal industry, analyzes the development process and present situation of coal mine comprehensive mechanization, automation and intellectualization, and enumerates some typical successful cases. The development concept, characteristics, technical path and stage goals of intelligent coal mine were introduced. The research status of basic theory and key technology were analyzed. The three key problems to realize the intellectualized coal mine were analyzed from the data acquisition and application of standard, equipment group of intelligent coordination control, health diagnosis and maintenance, etc. The main system architecture of intelligent coal mine were analyzed from the aspects of perception layer, transmission layer, platform layer and application layer. The main technical path of intelligent construction were studied. The four mining modes, such as intelligent unmanned mining mode suitable for thin and medium coal seams, intelligent and efficient man-machine cooperative patrol mode suitable for working face with large mining height, intelligent operation and manual intervention coal caving mode suitable for fully mechanized caving working face and mechanization and intelligent combined mining mode for coal seam with complex conditions, were proposed to adopt to different coal seams. The key technologies and implementation effects of different mining modes were studied. This paper introduces the development status of technology and equipment of China's coal mine tunneling, analyzes the key problems that restrict the realization of rapid tunneling, and puts forward the research direction and technical path of intelligent and rapid tunneling. This paper puts forward the basic principles of intelligent development of coal mines in our country, analyzes on the intelligent development mode and evaluation standard of coal mines under different regional conditions, puts forward the intelligent construction path of new mines and the main tasks of intelligent transformation of existing production mines. From the aspects of laws and regulations, fiscal and tax policies, and personnel training, the paper puts forward some policy suggestions to ensure the smooth implementation of the intelligent construction of coal mines.

Key words: coal mine intelligent; intelligent mining; intelligent tunneling; system architecture; intelligent mining mode; intelligent mine

0 引　言

能源是人类生存与经济发展的物质基础,化石能源在世界一次能源消费占比约为86%,是世界主要的一次能源。其中,石油占比约为33.1%,煤炭占比约为28.9%,天然气占比约为24%[1]。近年来,非化石能源得到快速发展,但占比仍然较低,约为14%。

煤炭是我国一次能源中最经济、可靠的资源,且可以通过科技进步实现煤炭资源的清洁高效利用。长期以来,煤炭产量与消费量分别占我国一次能源生产和消费总量的70%和60%以上,2018年其占比首次下降至69.1%和59.0%[2-4]。目前,清洁高效燃煤发电技术取得重要进展[5-6],超(超)临界发电、循环流化床(CFB)发电、整体煤气化联合循环(IGCC)发电等均可以实现有害气体的近零排放,煤炭清洁转化技术、高效燃煤锅炉等污染物控制也取得了重要突破,为煤炭清洁高效利用提供了有效技术支撑。基于世界能源格局和我国富煤、贫油、少气的能源资源禀赋,可以断定,在相当长时间内,煤炭仍将在世界一次能源消费中占有较大比例,仍将是我国的主体基础能源。通过科技进步实现煤炭安全、高效、智能、绿色开采和清洁高效利用是我国煤炭工业高质量发展的方向。

改革开放40多年来[7-8],我国煤炭工业全面发展以综合机械化为标志的现代开采技术,经过多年的持续科研攻关与创新实践,我国井工煤矿实现了由炮采、普采、高档普采到综合机械化开采、自动化开采的跨越,并在煤层赋存条件较优越的矿区探索实践了智能化、无人化开采技术。与20世纪70年代中期相比,我国原煤产量由4.82亿t增至36.8亿t,

峰值达到38.7亿t,煤矿百万吨死亡率由9.98降低至0.093,煤矿数量由8万多处缩减至约5 800处[5],建设了14个大型煤炭基地,创新研发了适用于不同煤层赋存条件的国产成套高端综采技术与装备,形成了具有我国煤炭资源赋存特色的开采理论、技术与装备体系,实现了煤炭资源的安全、高效、高采出率开采,为我国经济社会的快速发展提供了稳定的能源保障。

我国煤炭以井工开采为主,经过多年发展,我国煤炭综采技术与装备已经从依赖进口到基本全部实现国产化。煤矿智能化开采是综合机械化开采、自动化开采的深入创新与发展,是煤炭生产方式变革的新阶段,将有效支撑我国煤炭工业高质量发展[9]。原国家安全生产监督管理总局提出的"机械化换人、自动化减人"科技强安专项行动,将煤炭智能化开采列为重点研究方向,国家能源技术创新行动计划(2016—2030年)将煤矿智能化开采作为重点研发任务,明确提出2030年重点煤矿区基本实现工作面无人化开采。为了适应煤矿智能化发展要求,国家科技部将"煤矿智能开采安全技术与装备研发"、"煤矿千米深井围岩控制及智能开采技术"列为"十三五"国家重点研发计划,对智能开采技术与装备进行重点攻关。

近10年来,通过对智能化开采技术与装备的创新研发,突破了多项关键核心技术,在薄和较薄煤层智能化综采、大采高和超大采高智能化综采、特厚煤层智能化综放开采技术与装备等方面取得了重要成果,在黄陵、陕北、山东等矿区一些矿井实现了自动化、少人化开采[10-11],为全面推进煤矿智能化发展积累了宝贵的经验。

目前,煤矿智能化建设的新高潮正在全国兴起,企业的积极性空前高涨,但是我国煤矿智能化发展尚处于初级阶段,存在发展理念不清晰、研发滞后于企业发展需求、智能化建设技术标准与规范缺失、技术装备保障不足、研发平台不健全、高端人才匮乏等问题[12],亟需通过不断地进行理论、技术与装备创新,推动我国煤炭工业快速发展。

在此背景下,笔者分析了我国煤矿智能化技术与装备发展现状,系统阐述了煤矿智能化的定义、技术内涵、发展原则及发展目标,提出了煤矿智能化发展过程中需要解决的基础理论难题和关键技术,研究了煤矿智能化发展的总体架构与实施技术路径,探讨了中国煤矿智能化发展战略。

1 我国煤矿综合机械化、自动化和智能化发展现状

1.1 我国煤矿综合机械化发展历程

20 世纪 70—80 年代,我国进行了大规模综采装备引进,推动了由人工采煤、炮采、普采到综采的技术革命,成为中国煤炭工业发展史上具有里程碑意义的重大事件[13]。通过消化吸收国外的综采装备,逐步开展国产综采技术与装备的研发,基于大量现场实测与试验研究,探索揭示了综采工作面围岩控制理论、液压支架与围岩耦合作用关系、液压支架设计方法等,研发了适应不同煤层赋存条件的多种类型综采液压支架,并于 1984 年颁布了我国第一部液压支架标准,MT 86—1984《液压支架型式试验规范》,标志着我国综采技术与装备研发初具雏形。

1985—2000 年[14],我国综采技术与装备进入从消化吸收到自主研发的阶段,针对我国不同矿区复杂煤层赋存条件,研发了适用于薄煤层、中厚煤层、厚及特厚煤层的综采(放)技术与装备,并针对大倾角、急倾斜等煤层条件,开发了大倾角液压支架、分层铺网液压支架等特殊类型的液压支架,逐步形成了综采液压支架设计理论方法体系,制定了液压支架和其他综采装备技术标准,初步实现了普通液压支架、采煤机、运输设备等的国产化制造。针对我国分布广泛的特厚煤层赋存条件,开发了低位高效综采放顶煤液压支架与综放技术,实现了厚及特厚煤层的安全、高效、高采出率开发。

在此期间,国外发达采煤国家研发了以高可靠性、大功率综采装备为基础的高效集约化综采模式,采用高可靠性、强力液压支架,大功率采煤机,重型刮板输送机等,大幅提高了综采工作面的产量与效率。受制于薄弱的工业制造基础,我国综采装备制造技术、设备参数、检验标准等,均远远落后于发达国家。从 1995 年起,神东矿区通过大量引进国外高端综采成套设备,实现了工作面的高产高效开采。由于国产装备与进口装备在生产能力、可靠性等方面存在显著差距,导致德国 DBT、美国 JOY 等国外煤机企业长期垄断我国高端综采装备市场。

为了扭转我国高端煤机装备长期依赖进口的局面,天地科技股份有限公司开采设计事业部与山西晋城无烟煤矿业集团合作率先开展国产高端液压支架的研发,于 2003 年成功研制了首套支撑高度为 5.5 m 大采高电液控制系统液压支架(ZY8640/25.5/55),实现了工作面日产 3 万 t。2004 年起,由煤炭科学研究总院牵头,全国骨干煤炭科研单位、装备制造企业、煤炭生产企业采用产学研相结合的方式,进行了"厚煤层高效综采关键技术与成套装备"、"年产 600 万 t 综采成套装备研制"等项目的联合攻关,在充分消化吸收国外高端综采技术与装备的基础上,针对我国特殊的煤层赋存条件,研发了多种系列的大采高综采(放)高端液压支架及配套装备,建立和完善了综采液压支架技术标准体系,彻底改变了我国高端综采成套装备长期依赖进口的局面。

2008 年以来,针对我国西部矿区坚硬厚及特厚煤层赋存条件,进行了超大采高综采(放)技术与装备的研发。中国煤炭科工集团相关院所与大同煤矿集团等单位合作完成了"十一五"国家科技支撑计划重点项目"特厚煤层大采高综放开采成套技术与装备研发",解决了大同塔山煤矿 14~20 m 高效综放开采难题;与山西西山晋兴能源有限责任公司合作完成了"十一五"国家科技支撑计划课题"年产千万吨大采高综采技术与装备研制",成功研制了 ZY12000/28/64 型超大采高液压支架,并在斜沟煤矿成功应用,实现了工作面最大采高突破 6 m,年生产能力突破 1 000 万 t。2009 年,依托中央国有资本经营预算重大技术创新及产业化项目"7 m 超大采高综采成套技术与装备研发",研制了世界首套 7.0 m 以上的超大采高液压支架及成套装备,并在陕煤集团红柳林煤矿和国家能源投资集团国神公司三道沟煤矿等成功应用。2014 年,针对金鸡滩煤矿坚硬厚煤层条件,首次研发了最大支撑高度 8.2 m 的超大采高液压支架(ZY21000/38/82D),再次刷新了一次采全高开采高度的世界纪录。上述超高端成套技术与装备的成功研发与应用,标志着我国综采技术与装备已经由跟随国外发展,跨越至引领世界综采技术发展的新阶段。

1.2 液压支架电液控制系统发展历程

液压系统是液压支架控制的核心,电液控制系

统为液压支架智能自适应控制奠定了基础。20世纪70年代，英国提出了液压支架电液控制系统的概念，并于1985年在井下成功应用了基于微处理机的控制系统[15]。我国于1991年研制出第一套电液控制系统，并进行了井下工业性试验，受材料、技术、制造工艺等多方面因素的影响，国产电液控制系统可靠性无法满足生产要求。

2000年起，煤炭科学研究总院开采所与德国Maco公司合作成立了北京天地玛珂电液控制系统有限公司（以下简称天玛公司），合作研发液压支架电液控制系统，在中国煤矿推广应用液压支架电液控制技术，至2008年，天玛公司研发了具有自主知识产权的SAC型电液控制系统，经过近10年的快速发展，我国电液控制系统已经基本国产化，并广泛推广应用，同时基于电液控制系统研发了综采工作面自动化、智能化控制系统，初步实现了综采工作面设备群的集中控制。

1.3 高可靠性煤机装备发展历程

高可靠性采掘装备是实现工作面自动化、智能化开采的基本保障。20世纪80年代末，德国、美国等发达国家研发了直流电牵引采煤机，90年代后期发展为交流大功率采煤机，成为主流煤机。我国在引进国外先进采煤机的基础上，利用"八五"、"九五"、"十五"科技攻关计划，研发了薄煤层矮机身采煤机、中厚煤层采煤机、大倾角采煤机、大采高大功率采煤机等系列采煤机，但采煤机可靠性长期落后于国外先进产品。

进入"十一五"以来，国产大型煤机装备发展迅猛，采煤机装机总功率突破2 000 kW，最大截割高度突破6 m，攻克了一系列制约煤机装备发展的技术瓶颈。"十二五"和"十三五"期间，逐步建立了采、掘、运、支成套装备及关键元部件的试验与检测标准体系，成功研发了成套系列化国产煤机装备，采煤机装机总功率达到近3 000 kW，截割功率达到1 150 kW，截割高度突破8.0 m，生产能力达到4 500 t/h；研发了以DSP处理器为核心、基于CAN-Bus技术的新一代分布嵌入式控制系统，实现了采煤机的自动化控制，且随着控制技术、远程通信技术的不断发展和日臻完善，逐步由单机自动化向智能化及综采设备群智能联动控制方向发展。

1.4 薄煤层自动化、智能化开采实践

1）峰峰集团薄煤层自动化开采实践。峰峰矿区薄煤层储量约占总储量的40%，煤层赋存条件差异较大，薛村矿3号煤层平均厚度为0.6 m。由于煤层中含有硬夹矸，煤层厚度变化较大，传统液压支架无法满足这种大伸缩比支护要求，采煤机也难以解决矮机身与大功率的矛盾[16]。

针对上述难题，研发了单进回液口双伸缩立柱，提高了立柱的伸缩比；采用板式整体顶梁、双连杆与双平衡千斤顶叠位布置等新结构，满足了薄煤层液压支架的超大伸缩比要求。采煤机采用变径叶片螺旋式截割原理，多电动机平行布置、反装齿轨销排牵引结构等，实现了采煤机对含硬夹矸薄煤层的高效截割。提出了薄煤层工作面在巷道进行集中控制（有人值守），工作面无人操作的全自动化开采模式，采用采煤机记忆截割、工作面低照度高分辨率视频跟踪等技术，实现了工作面煤层厚度的自适应截割，如图1所示，薛村煤矿开采煤层厚度为0.6~1.3 m，实现了工作面月产11.8万t，年产达到100万t。

(a) 巷道集中控制

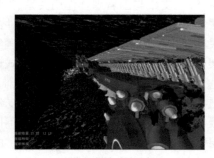

(b) 工作面开采示意

图1 薄煤层自动化开采

Fig.1 Automated mining of thin coal seams

2）黄陵一号煤矿薄及较薄煤层智能化开采实践。黄陵一号煤矿主采2号煤层，煤层平均厚度2.2 m，煤层倾角一般小于5°，采用一次采全高开采技术。2013—2014年，针对黄陵一号煤矿较薄煤层赋存条件，进行了智能化开采技术与装备的研发与工程示范，在1001工作面配套采用ZY6800/11.5/24型液压支架、MG400/925-AWD型采煤机、SGZ800/1050型刮板输送机和智能供液系统，通过采用液压支架初撑力自动补偿系统，提高了液压支架对围岩的适应性；通过优化采煤机的记忆截割功能，提高了采煤机的截割控制精度；刮板输送机采用变频软启动，提高了对瞬时煤量变化的适应性；优化布置了云

台高清摄像仪,提高了对工作面工作状态的高清无盲点监测;超前液压支架采用远程遥控技术,降低了两端头超前支护的作业强度,实现了综采工作面与巷道超前支护的自动化协同作业[17]。在工作面巷道设置监控中心(图2),并将数据上传至地面调度中心,实现了在工作面巷道监控中心、地面调度中心对工作面设备的集中监控,成为第一个实现了常态化"有人巡视、无人值守"的智能化开采示范矿井,为全国推进煤矿智能化开采提供了很好的示范样板。

图 2　工作面巷道监控中心

Fig.2　Roadway monitoring center in working face

3)登茂通煤矿薄煤层智能化开采实践。山西省薄煤层储量约占总储量的19.2%,阳煤集团在永兴、新大地、石港、登茂通等矿井均赋存有大量薄煤层,由于缺乏高效的薄煤层智能化开采技术与装备,导致薄煤层开采效率低、经济效益差,部分矿井对薄煤层进行弃采,导致大量煤炭资源浪费。

为解决薄煤层开采难题,2016—2018年实施了山西省重点科技创新项目"薄煤层智能化综采成套装备研发",以登茂通煤矿薄煤层赋存条件为基础,通过创新薄煤层设备配套模式,优化工作面开采工艺,实现了工作面端部留三角煤小截深双向高效截割,有效降低了采煤机截割阻力,大幅提高了采煤机截割速度(提高40%),改善了薄煤层工作面装煤效果。通过研发薄煤层成套装备可靠性监测预警及健康管理系统,实现了薄煤层刮板输送机链条自动张紧、液压支架支护质量的智能监测、基于"黑匣子"的采煤机状态监测与故障诊断等,如图3所示,全面增强了设备的可维护性,实现了综采装备的自动化管理。通过开发基于激光对位传感器的工作面直线度控制系统,保证了工作面的直线度。经现场试验,相邻液压支架推进方向位置误差最大为34 mm,最小为2 mm,传感器及其控制功能稳定,满足了相邻液压支架间距不超过50 mm的要求。

2018年,登茂通煤矿进行了薄煤层智能化开采井下工业性试验,实现了巷道集中控制、工作面无人操作的智能开采,工作面每天割煤10刀,平均开采厚度1.4 m,生产能力达到92万t/年。

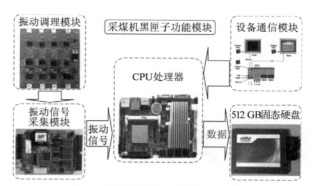

图 3　采煤机黑匣子在线监测系统

Fig.3　On-line monitoring system of shearer black box

4)滨湖煤矿薄煤层智能化开采实践。滨湖煤矿开采16号煤层,煤层平均厚度约为1.35 m,煤质坚硬,局部有黄铁矿结核,煤层倾角为3°~5°,局部存在断层、夹矸等。

工作面采用矮机身大功率截割采煤机,采煤机截割高度控制在1.3 m,杜绝了割顶、破底现象。通过将液压支架监控数据、采煤机传感监测数据、视频监测数据等上传至巷道监控中心,对监测数据进行实时处理与展示,实现了工人在井下巷道监控中心对工作面设备的操作。

工作面由原来的2名采煤机司机、6名支架工,减少至2名巡视人员,实现了有人安全巡视、无人操作作业,工作面回采工效达到48 t/人·天。

5)张家峁煤矿坚硬薄煤层智能化综采装备研发。陕北地区蕴藏着丰富的侏罗纪优质煤炭资源,以4⁻³、4⁻⁴煤层为主的薄煤层遍布各个矿区,约占总储量的20%。张家峁煤矿4⁻³号煤层厚度为0.10~1.90 m,平均厚度1.28 m,煤层完整性好、硬度大,普氏系数$f \geqslant 2.5 \sim 3.0$,传统配套方式及成套装备无法满足高效开采要求。

为此,陕煤集团立项开展"陕北侏罗系硬煤薄煤层智能化综采成套技术与装备研发"项目,针对张家峁煤矿坚硬薄煤层开采难题,建立了薄煤层设备高能积比时空协同模型,针对工作面-巷道布置特点,研发了大落差柔性过渡系统;针对陕北侏罗纪薄煤层群联合开采支架-围岩耦合关系特点,建立了考虑工作面尺度效应的液压支架群组支护机理分析模型,研发了高刚度超薄板式整体顶梁液压支架,解决了超大伸缩比与高强度结构矛盾的难题;基于薄煤层工作面设备高能积比时空协同模型,优化设计了采煤机滚筒安装结构型式、挡煤板结构及机身结构,研发了半悬机身、全悬截割系统的大功率薄煤层采煤机,装机功率达到1 050 kW,满足1.1 m坚硬薄煤层的高效快速截割;通过进行刮板输送机减阻技术研究,提高了薄煤层超长工作面的运行能力,降低功耗和元部件损耗,研发了适应工作面-巷道大落差的重叠侧卸技术;研发了刮板输送机煤流精准测量技术,保障采煤机和刮板输送机采运协调运行;开发了薄煤层三维多源信息真实数据驱动虚拟现实可视化操控系统,成套技术和装备在张家峁煤矿进行工程示范,生产能力达到 200 万 t/a。

1.5 中厚煤层智能化开采实践

1) 转龙湾煤矿中厚煤层智能化开采实践。转龙湾煤矿主采 2^{-3} 号煤层,23303 工作面煤层厚度为 3.08~4.11 m,煤层倾角小于 5°,工作面长度 300 m,采用综采一次采全厚开采方法。

为了提高工作面智能化开采水平及开采效率,研发设计了中心距为 2.05 m、型号为 ZY16000/23/43 的强力液压支架,实现了对围岩的可靠支护与成组快速推进;研发了高速高可靠性采煤机,重载牵引速度达到 17 m/min,并与 LASC 技术相融合,实现了采煤机位姿的精准控制;研发了大运量重型刮板输送机,采用柔性变频软启动技术,实现了基于刮板输送机瞬时煤量变化的智能调速控制;工作面两端头采用自动控制超前液压支架,设备列车采用自动推移技术,实现了工作面设备与巷道设备的协同快速推进。

将惯导技术与采煤机截割工艺有效融合,实现了对采煤机截割轨迹、位姿的有效监测,基于工作面循环记忆截割系统,实现了采煤机的自动截割、刮板输送机的自动调直控制,如图 4 所示。23303 工作面作业人员由 9 人减至 4 人,实现了最高日产 3.78 万 t,最高月产 90.13 万 t,具备年产千万吨水平。

图 4　转龙湾煤矿年产千万吨智能化工作面

Fig 4　Intelligent working face with output of over 10 million tons in Zhuanlongwan Coal Mine

2) 锦界煤矿中厚煤层智能化开采实践。锦界煤矿一盘区 114 工作面煤层厚度 3.2 m,工作面长度 369 m,推进长度 5 000 m。采用 JOY 电牵引采煤机,对采煤机电控系统进行国产化改造;刮板输送机采用变频软启动控制,供液系统采用智能变频乳化液泵站,实现工作面的智能供液。

锦界煤矿通过给采煤机预设"十二步功法"自动截割工序,实现了采煤机的智能截割,采用万兆环网,实现了 6.8 万个测点数据的实时传输。工作面采用三级控制,分别为井上调度室、井下远程监控台、机头遥控控制室,如图 5 所示,均可实现工作面主要设备的图表化参数显示,指导工人操作。

图 5　锦界煤矿年产千万吨智能化工作面

Fig.5　Intelligent working face with annual output of over 10 million tons in Jinjie Coal Mine

通过采用上述系统,锦界煤矿 114 工作面正常生产仅需要 7 人,分别为煤机司机 1 人、支架补架工 1 人、控制台 1 人、机头 2 人、机尾 1 人、带班班长 1 人,实现了中厚煤层的常态化智能开采。

1.6 大采高和超大采高智能化开采实践

1) 黄陵二号煤矿大采高智能化开采实践。黄陵二号煤矿 416 工作面煤层厚度为 5.1~7.0 m,平均厚度为 6 m,工作面长度 300 m,推进长度 2 632 m,采用大采高一次采全厚开采方法。

针对大采高工作面煤壁片帮问题,开发了基于煤壁片帮智能感知的液压支架特殊跟机工艺,利用液压支架护帮板的压力及行程传感器,配合视频监测系统,分阶段调整采煤机滚筒附近液压支架的护帮板状态;针对泥岩底板易扎底的问题,开发了基于软底的自动跟机移架控制方法,通过液压支架多级智能移架方式,实现了对软弱底板条件下液压支架的智能移架控制。通过研发工作面矿压监测管理平台,实现了对工作面支架工作状况及顶板压力数据的实时分析,如图 6 所示。通过研发智能分析软件系统,实现了基于手机等移动端对工作面工况信息的智能管理。通过研发基于瓦斯浓度的采煤机联动控制技术,实现了根据瓦斯浓度智能感知的工作面安全预警。

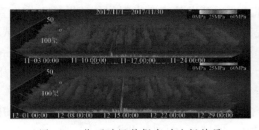

图 6　工作面矿压数据实时分析结果

Fig.6　Real-time analysis results of working face mine pressure data

通过采用上述技术,416 大采高工作面单班作业人员由 21 人减少至 9 人,实现了复杂条件下大采高工作面年生产能力达到 600 万 t[18]。

2)红柳林煤矿 7 m 超大采高智能化开采实践。红柳林煤矿开采 5-2 号煤层,煤层厚度 6.62~7.71 m,平均厚度 6.99 m,工作面长度 350 m,采用大采高一次采全厚开采方法。

2006 年,首次进行了 7 m 超大采高开采工艺与装备的可行性研究,针对超大采高工作面煤壁片帮控制难题,研发了三级护帮装置;针对超大采高工作面割煤高度远大于巷道高度的问题,采用了大梯度一次性过渡配套技术;采用基于支架与围岩耦合的三维动态优化设计方法,提高了液压支架对围岩失稳的适应性;研发了首套槽宽为 1 400 mm 的重型刮板输送机,配套 3×1 500 kW 大功率电动机,满足了大采高工作面瞬时大煤量的运输要求;采用超大采高工作面自动化控制系统,通过优化截割工艺参数与劳动组织,大幅降低了工作面作业人员数量。

红柳林煤矿在世界上首次实现了采高为 7.0 m 的超大采高开采,工作面年生产能力达到 1 200 万 t 以上。

3)金鸡滩煤矿 8 m 超大采高智能化开采实践。金鸡滩煤矿主采 2-2上 煤层,108 工作面煤层厚度为 5.5~8.4 m,煤质坚硬,平均普氏系数 f=2.8,煤层平均埋深约为 233 m,煤层倾角小于 1°。由于采用综放开采技术存在顶煤冒放性差、采出率低等问题,针对 2-2上 煤层创新采用超大采高一次采全厚开采技术,工作面最大采高 8.0 m,工作面长度 300 m。

为了解决超大采高工作面采高增加带来的动载矿山压力与煤壁片帮冒顶等问题,设计研发了 ZY21000/38/82D 型强力高可靠性超大采高液压支架,研发了抗冲击立柱、高压升柱系统等新结构,提高了液压支架对顶板动载矿压的适应性,采用三级分体式护帮装置,并在支架顶梁前端安装行程传感器、位移传感器等,对煤壁防护状态进行智能监测,提高了对煤壁片帮的适应性;研发了 SGZ1400/3×1600 重型刮板输送机,采用煤量自适应变频调速控制系统,实现了重型装备的无级软启动与智能调速;巷道可伸缩带式输送机采用落地式折叠机身,解决了传统可伸缩带式输送机需要不断拆卸机身、劳动强度大、效率低等问题,实现了工作面的连续快速推进;采用高清广角云台摄像仪,提高了工作面的监测范围与精度;采用工作面端部大梯度+小台阶过渡配套技术及支护系

统自组织协同控制方法,实现了超大采高工作面重型设备的协同高效推进,如图 7 所示。

图 7 超大采高智能综采工作面

Fig.7 Intelligent fully-mechanized mining face with super-large mining hight

金鸡滩煤矿 108 超大采高工作面于 2016 年 8 月开始试生产,工作面作业人员数量大幅降低,顶板、煤壁得到了有效控制,达到了日产 5.7 万 t、月产 150 万 t[19-21]。

1.7 特厚煤层智能化综采放顶煤开采实践

1)大同煤矿集团塔山矿特厚煤层智能化综放开采实践。同煤塔山煤矿开采 3~5 号煤层,煤层平均厚度 15.72 m,煤层埋深 300~500 m,倾角 1°~3°,采用大采高综放开采技术,工作面长度 200 m,采煤机最大割煤高度 5.0 m。

设计研发了大采高放顶煤液压支架,实现了液压支架的跟机自动移架控制;在采煤机的左右滚筒安装截割高度传感器,对采煤机截割高度进行智能监控,通过优化采煤机记忆截割工艺,实现了采煤机的智能记忆截割[22-23]。为了实现顶煤冒放过程的自动化控制,曾尝试在液压支架尾梁安装基于振动感知的煤矸识别装置,如图 8 所示,结合顶煤记忆放煤算法,进行放顶煤工作面的自动放煤控制,取得了一定的效果。

(a)振动感知装置安装位置

(b)记忆放煤控制过程

图 8 自动放煤控制装置

Fig.8 Automatic coal caving control device

通过研发大采高综放成套技术与装备,解决了特厚煤层顶煤放出率低的问题,实现了大采高综放工作面年产 1 000 万 t 以上。

2)金鸡滩矿 7 m 超大采高综放开采实践。金鸡滩煤矿东翼 $2^{-2 \pm}$ 煤层厚度 8~12 m,普氏系数 $f=2.8$,埋深约 240 m,由于煤层埋深浅、硬度高、厚度大,采用传统综放开采技术导致顶煤冒放性差、资源采出率低等问题。

通过建立埋深较浅、坚硬、特厚顶煤的单一悬臂梁力学模型,定量计算得出了不同机采高度的顶煤极限悬顶长度,综合考虑顶煤冒落块度与放出率,确定超大采高综放工作面的机采高度为 7.0 m。通过建立液压支架与顶煤耦合控制模型,实时感知支架-围岩的耦合状态,实现支架降柱-移架-升柱过程中姿态的自适应调整;针对特厚坚硬煤层顶煤冒放特点,研发强扰动高效放煤机构,增长尾梁的长度及摆动幅度,通过高精度传感器内置设计,精准测量放煤机构收放状态;基于煤矸灰分识别和大数据分析进行记忆放煤控制算法开发,建立放煤控制模型,实现智能、精准、高效放煤;首次研发了适应硬煤的工作面四级大块煤连续破碎技术及装备,以及大功率大流量高速煤流运输技术及装备,实现了刮板输送设备的智能判断、主动适应和固定调速区间的智能调速。

金鸡滩煤矿于 2018 年底开始 7 m 超大采高综放开采实践,如图 9 所示,工作面日推进 10~15 m,日产 5 万~6 万 t;工作面采出率为 87.2%,含矸率约 9.3%,成套装备年产能力超过 1 500 万 t。

图 9　超大采高综放开采工作面

Fig.9　Fully-mechanized caving working face with super-large mining hight

2　煤矿智能化定义及发展原则、目标和任务

2.1　煤矿智能化相关术语定义

针对煤矿智能化发展过程中存在的术语定义不清晰、相关概念不明确,甚至滥用智能化相关概念等问题,笔者及团队对煤矿智能化相关术语进行了定义,如下:

1)煤矿信息化,是指对煤矿地质、生产、安全、设备、管理和市场等信息进行采集、传输处理、应用和集成,从而为煤矿各生产环节实现互联互通提供支持。

2)煤矿数字化,是将海量异质的矿山信息资源进行全面、高效和有序的管理、整合,将煤矿复杂多变的信息转变为可以度量的数字、数据,为实现煤矿综合管控的计算机化和网络化提供支撑。煤矿数字化以煤矿科学技术、信息科学、人工智能和计算科学等为理论基础,建立煤矿各环节的数学模型、力学模型或信息模型等,实现计算机化管控和多维表达,为煤矿各系统整体协调优化奠定基础。

3)煤矿智能化,是指煤矿开拓设计、地测、采掘、运通、分选、安全保障、生产管理等主要系统具有自感知、自学习、自决策与自执行的基本能力。

4)智能化煤矿,是指基于现代煤矿智能化理念,将物联网、云计算、大数据、人工智能、自动控制、移动互联网、机器人化装备等与现代矿山开发技术深度融合,形成矿山全面感知、实时互联、分析决策、自主学习、动态预测、协同控制的完整智能系统,实现矿井开拓、采掘、运通、分选、安全保障、生态保护、生产管理等全过程的智能化运行。煤矿信息化和数字化是实现煤矿自动化的基础和支撑,煤炭开采的最终目标是实现智能化开采。

5)煤矿机器人,是指可以在煤矿井下自动完成特定工作的机器装置。煤矿机器人以特种作业机器人联合作业,实现机器人群的协同智能联动,以振动、温差、风力等的自发电及馈电管理等能量产生及回收技术为续航保障,以避障、自建图和路径规划等技术为机器人灵活运动的支撑,实现井下机器人群的协同开采。

6)4D-GIS,是指全面整合三维数字模型、三维高程模型、三维景观建模、三维地质构模,并在生产过程中实时更新、修正形成动态四维模型,与实际空间物理状态保持一致,可随时针对某一变量、特征查询其历史变化特征。

7)煤矿八大智能系统,从核心技术发展及应用角度,智能化煤矿应建设一个统一的管控平台,承载生产运行系统的八大智能系统。包括智能化煤矿大数据中心及综合管控平台,煤矿安全高效信息网络及精准位置服务系统,4D-GIS 透明地质模型及动态信息系统,智能快速掘进系统,智能化无人工作面协同控制系统,煤矿井下环境感知及安全管控系统,矿井全工位设备设施健康智能管理系统,地面洗运销智能化控制系统。

2.2　煤矿智能化发展原则与目标

2.2.1　煤矿智能化发展原则

目前,我国煤矿智能化发展尚处于初级阶段,存在研发滞后于企业发展需求、智能化建设技术标准与规范缺失、技术装备保障不足、研发平台不健全、高端人才匮乏等问题。基于我国煤矿智能化发展现状及要求,确定我国煤矿智能化发展应遵循以下原则:

1)坚持市场主导与政府引导相结合的原则。充分发挥市场在资源配置中的决定性作用,强化企业的主体地位,激发企业的内生动力和创新力。加强规划引导,完善相关支持政策,为企业发展创造良好环境。

2)坚持立足当前与谋划长远相结合的原则。加大资金和技术投入,注重人才培养,解决煤矿智能化发展中存在的瓶颈和薄弱环节。准确把握新一轮科技革命和产业变革趋势,加强中长期战略研究,持续提高煤矿的效率和效益。

3)坚持典型示范与整体推进相结合的原则。加强统筹规划,因地制宜建设一批效果突出、带动性强的示范工程,形成煤矿智能化产业发展模式,积极推进煤矿智能化向纵深发展。

4)坚持自主创新与开放合作相结合的原则。贯彻落实创新是第一动力的发展理念,加强基础理论研究,推进科技创新发展,加快基础产业的转型升级。鼓励多元合作,秉承互利共赢,形成新的比较优势,提升煤炭行业开放发展水平。

2.2.2　煤矿智能化发展目标

煤矿智能化发展的目的是解放生产力,改变煤炭生产方式,将煤矿工人从井下繁重、艰苦、危险的作业环境中解放出来,让煤炭工人更体面、更有尊严的工作,让煤炭行业成为年轻人喜欢的职业。为了实现上述目的,基于我国煤矿智能化发展趋势,确定煤矿智能化发展的阶段性目标如下:

1)到2021年,建成100个智能化示范矿井,初步形成煤矿开拓设计、地质保障、生产、安全等主要环节的数字化传输、自动化运行技术体系,基本实现掘进工作面减人提效、综采工作面内少人或无人操作、井下固定岗位的无人值守与远程监控。

2)到2025年,大型煤矿基本实现智能化,形成煤矿智能化建设技术规范与标准体系,实现开拓设计、地质保障、采掘运通、分选物流等系统的智能化

决策和自动化协同运行,井下重点岗位机器人作业,促进煤炭工业高质量发展。

3)到2035年,全面实现煤矿智能化开采,构建多产业链、多系统集成的煤矿智能化系统,建成智能感知、智能决策、自动执行的智慧煤矿体系,实现煤炭工业绿色清洁可持续发展。

2.3　煤矿智能化发展的主要任务

基于我国煤矿智能化发展的阶段性目标,充分结合煤矿智能化发展现状与趋势,笔者及团队认为我国煤矿智能化建设应重点在以下方面进行突破:

1)基于国家能源发展中长期规划,开展煤矿智能化顶层设计,加大引导和统筹力度,增强推动煤矿智能化发展的整体合力。科学制定煤矿智能化发展的总体目标、技术体系、系统架构、实施路径等,营造煤矿智能化发展的创新生态环境,积极推进煤炭产业高质量发展。

2)建立健全煤矿智能化标准体系,强化基础性、关键共性标准的制修订,加快煤矿智能化建设术语、通信传输协议、数据存储、数据融合管理等领域的技术规范与标准制修订。加强相关专业领域标准之间、行业标准与国家标准之间的协调。加强煤矿智能化系统、产品和服务的行业准入管理,建立煤矿智能化标准一致性、符合性检测体系和技术平台,形成标准制修订、宣贯应用、咨询服务和执行监督的闭环管理体系。

3)大力推进矿山地质信息化建设,鼓励创新智能化矿山地质工作模式,提升基础地质数据与地质信息的服务能力;提升煤矿智能化设计理念和煤矿智能化设计水平,提高新建和在建矿井的智能化标准;鼓励煤炭企业开展智能化煤矿建设,重视智能化煤矿顶层设计,加强总体技术架构与实施路径的规划,统筹规划煤矿建设、地质安全保障、生产运营和管理服务体系的智能化、数字化建设,实现一网到底、互通互联、数据共享。

4)加强生产矿井的地质补充勘探与基础地质信息服务能力,优先推进井下固定作业岗位的智能化、无人化改造,鼓励开展生产系统与辅助系统的智能化升级,推动实现井上下生产系统与辅助系统的“无人值守、有人巡视”作业,切实提高煤矿采掘、运输、分选等环节的智能化水平;大力支持煤矿开展智能化安控系统建设,全面提升煤矿安全管理水平。

5)加快推进井工煤矿智能化建设,鼓励创新井工煤矿智能化开采模式,实现薄、中、厚和特厚煤层的智能化开采全覆盖;持续推进巷道快速掘进智能化升级,鼓励煤炭企业开展智能化巷道快速掘进工

艺与装备的示范与应用,大幅提高巷道掘进速度与智能化水平;鼓励开展井上下智能化主辅运输系统建设,实现井上下主辅运输过程的无人值守与经济协同运行;推进井下供电、供液、通风、排水等系统的智能化建设,实现固定岗位的远程可视化操控与无人值守;鼓励开展智能化分选系统建设,大幅降低分选作业人员数量与劳动强度;鼓励开展精益生产运营管理信息系统和智慧场区建设,建设以智能物联网、大数据中心和企业云为支撑的集中监控指挥中心。

6)加快推进露天煤矿智能化建设,鼓励创新露天煤矿智能化开采模式,加快发展露天煤矿全工艺流程的连续化、智能化技术,实现露天煤矿现场少人、无人化作业;积极推进露天煤矿空-天-地一体化安全预警体系建设,实现远程监控、安全高效生产。

7)推进井工煤矿综采(掘)工作面超前精准探测技术发展,鼓励研发物探、化探、钻探为一体的矿山地质综合探测技术,推动"透明矿山"建设;加强巷道掘-支-锚协同快速推进技术攻关,切实解决煤矿采掘失衡造成的生产接续问题;积极发展综采装备群智能协同推进技术,提高智能化综采成套装备对复杂煤层条件的适应性,全面提升综采技术的智能化水平与应用范围;积极构建主煤流运输系统的智能化、无人化运行模式,加快开发适用于不同运输场景的智能辅助运输系统,实现主辅运输系统的智能化、无人化运行;积极开展千万吨级智能化分选控制系统的研发,提高分选工艺的智能化、模块化管控水平,实现煤矿分选过程的智能化、无人化作业;积极开发井下大型设备故障诊断与综合健康管理系统,加快实施井下设备在线诊断与远程运维建设,提高井下设备的管理水平,推进一流智能化井工煤矿建设。

8)鼓励煤矿生产企业建立安全、开放、数据易于获取和高效处理的智能化煤矿大数据共享与应用云服务平台,实现矿井(区)多源异构数据的深度融合处理与高效利用;统筹建设地方政府信息管理云服务平台,支持将辖区内各煤炭企业的云服务平台接入政府信息管理云服务平台,并进行统一管理,实现地方政府与煤炭生产企业的信息共享与协同管控,提高地方政府对煤炭生产企业的管控能力与服务水平;推进国家级煤矿智能化信息云服务平台建设,实现对全国煤矿运营信息的统一协调管理。

9)针对我国不同矿区典型煤层赋存条件,选择建设基础好、积极性高、符合煤矿智能化建设条件的矿井,从建设理念、系统架构、智能技术与装备、综合

管理、经济投入等方面,全面开展智能化煤矿示范工程建设。加强对智能化示范矿井建设的指导,在政策实施、项目建设、体制创新等方面给予积极支持。凝练出一批可供复制推广的智能化开采模式、技术装备、管理经验等,向类似条件矿井进行推广应用,以点带面推进我国煤矿智能化建设全面发展。

10)加大自主创新技术与装备的研发应用。加强智能化装备领域科技创新的整体规划,突破自主知识产权技术瓶颈,加快新技术、新装备的市场投入,推进重点研究中心和实验室建设。重点研发煤矿精准探测与地理信息精细建模技术、新一代矿井感知传感技术与装备、复杂条件综采(掘)装备智能协同快速推进技术、露天煤矿连续化作业关键技术、不同场景的智能运输技术、重大危险源与危险行为的智能感知与预警技术、大型设备故障诊断与综合健康管理技术等,为煤矿智能化发展提供技术与装备保障。

11)以企业为主体、市场为导向建设煤矿装备制造新体系。加强关键核心技术攻关,引导和支持产业融合和跨界联合,支持对核心基础零部件、先进基础工艺、关键基础材料等共性关键技术的研发,推进新材料、新工艺、新产品、新技术的创新与应用,提高智能煤机装备的可靠性与适用性。推进智能工厂/数字化车间建设,加快人机智能交互、工业机器人、智能物流管理、增材制造等技术和装备在生产过程中的应用,建立优势互补、合作共赢的开放型产业生态体系。加快开展物联网技术的研发与示范,培育智能监测、远程诊断管理、全产业链追溯等工业互联网新应用。

12)以商业模式创新推动制造与服务的协同发展。引导和支持智能煤机制造业延伸服务产业链条,从主要提供智能煤机产品向提供产品与服务转变,由提供产品向提供整体解决方案转变,由提供产品向提供系统集成总承包服务转变。鼓励煤矿智能装备制造企业增加服务环节投入,发展个性化定制服务、装备全生命周期管理等。支持社会各界参与煤矿装备的融资租赁服务,发展具有特色和竞争力的煤机制造服务业,实现煤机制造业和服务业的协同发展。

3 煤矿智能化基础理论研究

煤炭开采地质条件复杂,其探测感知、信息传输以及矿山开采一直处于信息不透明、行为不确定、系统不关联的状态,造成了矿山生产预测难、监控难、效率低、安全事故多等问题。因此,如何实现开采系统大规模、多层次、非线性的时间、空间信息沟通及耦合,并以此支撑资源的安全、高效开采活动成为了

矿山工程领域发展过程中面临的重大难题。

3.1 煤矿智能化基础理论研究难点

当前的理论研究主要集中于对煤矿局部物理对象的原理阐述及局部系统的控制方法,尚缺乏煤矿复杂系统的统一模型及决策机制的基础理论。主要表现在以下3个方面:

1)井下局部系统虽然实现了运行数据的采集、分析、展示,但没有相互关联,难以挖掘开采过程的动态演进规律,无法实现大数据应用。

2)综采系统与开采环境的耦合作用控制机制不清晰,无法满足复杂条件下的智能控制及整个矿井设备群的协同控制需求。

3)现有的单个设备或组件的健康管理方法无法得出矿井设备群最佳维护策略,难以满足多目标决策下的智能开采保障要求。

为了加强煤矿智能化与智慧煤矿相关基础理论研究,笔者及团队承担了2018年国家自然科学基金重点项目"数字煤矿及智能化开采基础理论研究",力争突破以下3个关键基础理论难题:①数字矿山多源异构数据的融合及信息动态关联关系。②复杂围岩环境-开采系统作用机理及设备群全程路径和姿态智能控制理论。③矿井设备群的系统健康状况预测、维护决策机制。

从基于智能感知的数字煤矿智慧逻辑模型、智慧逻辑模型框架下的开采系统智能化控制和开采系统健康状态评价、寿命预测与维护决策3个方面内容开展研究,如图10所示,力争形成多源异构数据处理理论方法、复杂系统智能控制基础理论及系统性维护构成的数字煤矿智能化开采基础理论体系,为数字煤矿智能决策、精确控制、可靠性保障提供理论支撑。

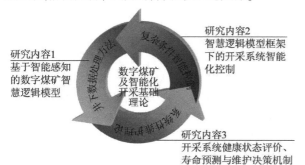

图 10 煤矿智能化研究方向

Fig.10 Research direction of mine intelligence

3.2 基于智能感知的数字煤矿智慧逻辑模型

信息的有效关联是智慧煤矿系统的基本特征。前期研究初步建立了智慧煤矿八大系统[24]内的数据关联关系,但并未形成统一、有效的数据模型,难以完成更深层次的信息处理、知识发现与运用。为

此,需要建立一个新的煤矿智慧逻辑模型,将实际煤矿的物理对象及相互关联关系统一抽象映射为信息"实体",并提出信息"实体"之间交互、融合、联想、衍生的机理机制,从而为深层次研究煤矿海量信息之间的关联关系提供有效方法。煤矿智慧逻辑模型解决3个基本问题:

1)基于信息"实体"的数字煤矿智慧逻辑模型。构建完整的数字煤矿信息关联的逻辑认知框架,实现煤矿多源异构数据的统一表达,形成支持不同子系统逻辑关联规律的煤矿整体数字模型,解决信息表达的问题。通过构建基于本体和语义描述的数字煤矿广义数据描述模型,建立基于大数据的数字煤矿语义知识模型库,建立智慧煤矿数据描述标准体系;基于形式概念分析理论和本体理论,提出各层次系统的整体性和信息实体自动化建模方法,构建具有物理逻辑、功能逻辑、事件逻辑的数字煤矿多层次智能信息实体,形成煤矿系统、装备构成的物理对象空间与多层次智能信息实体构成的信息空间的统一映射关系,构建数字煤矿智慧逻辑模型。

2)基于智能感知的信息实体智能匹配模型与推送策略。为解决信息交互的问题,基于信息实体关联构建开采过程中的知识需求模型,分析触发事件数据及二阶行为模式,给出控制对象需求偏好特征,基于知识检索和知识复用分析需求的动态演化跟踪与预测,建立基于物元描述的开采知识显性特征模型,提取开采规律特征,构建开采信息知识库。通过检索条件与开采信息知识匹配度计算方法,构建基于粗糙集及模糊综合决策的知识推送规则、知识过滤与最优解推送。

3)基于开采行为预测推理的智慧逻辑模型进化机制。信息实体的进化和更新是智慧逻辑模型的核心技术。构建基于强化学习的信息实体时变动态因子,基于深度置信网络进行时变动态因子影响度分析与置信度分析,提出大数据驱动的信息实体更新进化策略;给出基于边缘计算的信息实体特征更新机制和智慧逻辑模型计算资源自组织配置方法,实现时空深度融合的智慧逻辑模型迭代优化,如图11所示。

3.3 智慧逻辑模型框架下的开采系统智能化控制

煤矿开采由综采工作面采煤机、液压支架和刮板输送机等有较强运动关联的强耦合设备群与运输、通风设备等辅助弱关联设备群协同工作,形成开采生产系统。实现强、弱设备群内部及相互之间的智能化控制,需要在智慧逻辑模型的框架下,形成符合综采工况的设备群全局最优控制策略,建立综采系统"单机—组—群"三级控制架构及分布式控制

架构,提出时变多因素影响下的最优操作轨迹规划及协同控制方法,解决大数据环境下复杂开采系统的最优化协同控制问题。

1)综采设备群空间位姿关系运动学建模分析。首先,确定综采设备群统一基准点,建立基准点与开采系统模型的关联模型;确定单一设备基准点,建立单一设备坐标系;根据设备相互连接关系建立设备群坐标系间的转换关系,建立统一坐标下的综采设备群空间位姿关系模型。研究综采设备群之间的驱动关系,分析设备位姿传递误差产生原理及消除方法;建立以液压支架为驱动点的综采设备群位姿关系预测模型,如图 12 所示。分析开采行为及突发状况的反馈链路,构建综采设备群逆运动学求解模型;采用机器人运动解耦方法研究综采设备群逆运动学求解方法,实现设备动作及空间位姿关系的最优解算。

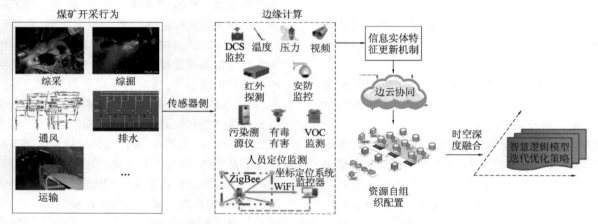

图 11 基于云计算的智慧逻辑模型协同进化策略

Fig.11 Intelligent logic model co-evolution strategy based on cloud computing

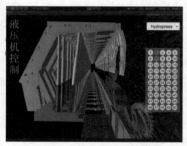

(a) 支架驱动的运动模型

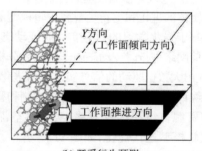

(b) 开采行为预测

图 12 支架驱动的运动模型与开采行为预测

Fig.12 Support driven motion model and mining behavior prediction

2)采场环境—开采系统耦合作用规律。开采系统在井下的所有行为都受到采场环境的影响和约束,因而必须给出开采环境-装备的耦合作用规律,才能为智慧逻辑模型框架下的开采系统智能化提供控制依据。建立液压支架位姿与载荷数据关联分析模型、群组液压支架与围岩耦合作用机制,提出基于支架群组与围岩耦合的液压支架群组自适应控制策略;建立采煤机截割参数与采场环境信息关联关系模型,提出基于截割参数与采场环境关系模型的采煤机自适应控制逻辑;开展基于采场环境的装备群自适应控制多参量敏感性分析,建立采场环境与开采系统多参量融合的分析模型和综采装备群自适应控制策略。

3)开采设备群全局最优规划和分布式协同控制。开采环境-装备耦合作用关系给出了智慧逻辑模型框架下开采系统智能控制的策略,考虑开采过程中煤层结构、顶底板状态以及传感器数据时滞等时变因素对开采设备协调控制的影响,在建立完善的综采设备物理传感体系和时空模型的同时,考虑传感器数据的异步和变时延特性,采用多尺度信息交互分析方法预测综采工作面环境变化时开采设备的运行状态,并通过分布式协同控制做出响应。

具体实施中,首先建立开采设备之间主要运行参数的非线性耦合关系,确定关键设备工作参数的匹配。随后以产量/能耗比为评价指标,采用具有智能决策能力的高层协调控制方法,解决非线性耦合条件下生产系统设备群全局最优规划问题,并得到各子系统的分布式输出。由于每一台设备都具有控制自身行为及与相邻装备通信、协调运行的能力,分布式控制相当于在每个支架上都安设一个主控机构,在实现自身精确控制的同时,实现协同控制,从而增强智慧逻辑模型框架下开采系统智能化控制的适应性和灵活性。

3.4 开采系统健康状态评价、寿命预测与维护决策

构建系统级的健康状态评价方法和剩余寿命预测方法,为智能化开采提供可靠性保障。主要解决3个方面的问题:

1)数据驱动的开采系统设备群健康状态评价——状态表征。提出多源大数据驱动的工况特征集成提取方法和特征融合驱动的健康状态关键节点识别方法,构建开采设备健康状态识别分析模型,如图13所示。

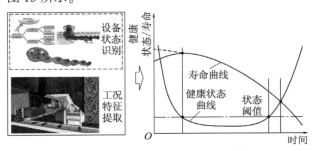

图13 开采设备健康状态识别分析模型

Fig.13 Identification and analysis model of mining equipment health condition

建立设备协同行为驱动的健康状态评价指标融合方法和开采系统设备群健康状态评价指标体系。针对复杂开采工况,提出设备群健康状态动态评价触发机制,提出信息物理融合驱动的设备群健康状态评价模型及迭代更新方法,如图14所示。

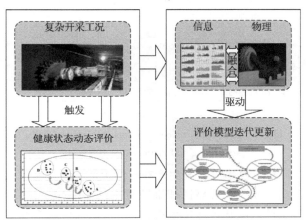

图14 设备群健康状态评价模型及迭代更新方法

Fig.14 Health status evaluation model of equipment group and iterative updating method

2)开采系统衰退行为与变工况下的剩余寿命预测研究——趋势表征。构建大数据驱动的开采设备多工况寿命计算模型,包括建立面向多工况异构开采设备的剩余寿命预测指标集,设备剩余寿命计算指标自适应匹配策略研究和多指标融合驱动的设备服役周期剩余寿命演化机理,如图15所示。

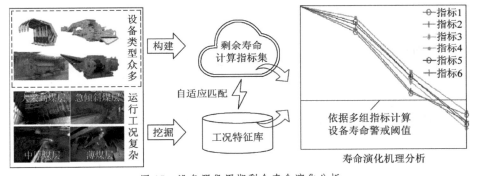

图15 设备服役周期剩余寿命演化分析

Fig.15 Residual life evolution analysis of equipment service life

通过井下关键设备典型突变工况特征识别与参数表征,给出突变工况下开采设备的剩余寿命演化规律和预测模型修正(图16)。

解决突变工况对剩余寿命影响难以预估的难题。基于复杂系统理论,构建开采设备群工作流耦合关联模型,进行设备群耦合关联网络动力学特性分析与关键设备识别,给出关键设备状态演变驱动的开采系统设备群服役状态预测模型。

3)融合生产调度和维护行为的开采系统双层

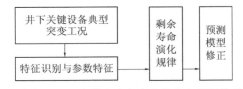

图16 突变工况设备剩余寿命演化规律和预测模型修正

Fig.16 Evolution law and prediction model modification of residual life of equipment under mutation condition

机会维修决策模型构建——决策机制。如图17所示。

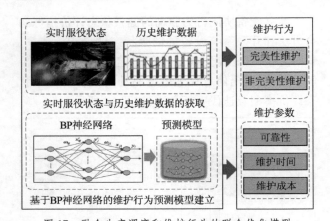

图 17　融合生产调度和维护行为的联合优化模型

Fig.17　Joint optimization model integrating production
scheduling and maintenance behavior

　　综合考虑维护和生产在时间上的交互影响及维护对开采系统可靠性和维护费用的影响,建立维护和生产调度联合优化模型;综合考虑维护成本和生产安全要求,引入多目标价值理论建立全局性目标决策函数,建立设备层多目标预知维护模型;基于前述模型和数据可视化,实时获得设备层各设备顺序预知维护周期,满足煤炭企业对安全性、效率性、经济性等维护目标的改善要求。

　　上述研究建立的智慧煤矿智慧模型,以信息实体表征煤矿物理量、对象及变化趋势的理论方法,揭示物理与信息空间的实时映射机理;提出"智慧煤矿-综采设备群-矿井装备"多层级的最优规划控制策略,以及分布式协同控制原理和方法;建立综合考虑系统剩余寿命、生产调度和机会维护策略的开采系统设备群维护决策模型及决策保障机制,解决了煤矿智慧逻辑模型信息"实体"交互融合及随时间变化的动态更新机制、时变多因素影响下的采场环境-开采系统耦合作用规律及系统设备群多任务协同控制原理、综合考虑系统剩余寿命、生产调度和机会维护策略的开采系统设备群维护决策机制 3 个基础科学难题。

4　智能化煤矿顶层设计与关键技术

4.1　智能化煤矿总体架构

　　智能化煤矿建设是一项复杂的系统工程,合理的顶层设计是进行智能化煤矿建设的基础。智能化煤矿应基于一套标准体系、构建一张全面感知网络、建设一条高速数据传输通道、形成一个大数据应用中心、开发一个业务云服务平台,面向不同业务部门实现按需服务,如图 18 所示。文献[25]论述了智能化煤矿的八大系统和一般性系统架构,阐述了智能化煤矿的构成和相互关系,为智能化煤矿的规划和建设奠定了基础。

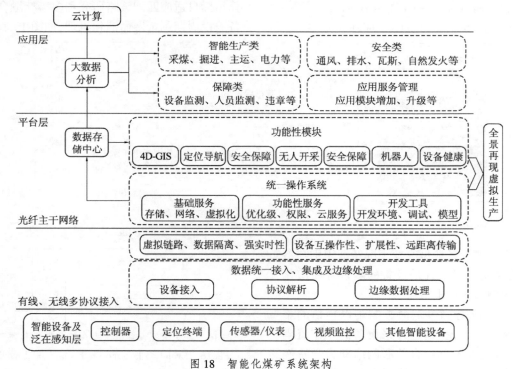

图 18　智能化煤矿系统架构

Fig.18　System architecture of intelligent coal mine

　　从分层的角度考虑智能化煤矿总体架构可分为感知层、传输层、平台层和应用层。

　　1)智能化煤矿的感知层将会愈加紧密地与物联网结合,形成煤矿泛在感知与设备互联,在传统煤矿安全生产环境及设备运行数据全面感知的基础上,将设备、环境、人统一为一个整体,形成相互之间的交互感知。

2)传输层汇集多种制式信号并完成数据透传,为智能化煤矿的各种应用提供一条信息高速通道。可采用骨干网与多种分支网结合的架构,骨干网保证带宽、速度与冗余,分支网确保布置灵活并形成全覆盖,核心在于多制式信号的高速透传。

3)平台层(或支撑层)提供基础设备设施、通用性基础软件平台与共性服务接口。该层具备多类型数据采集,大数据处理、存储、检索和交互控制,实现全矿井数据资源的统一管理、维护和调配,为应用层提供统一应用服务接口和应用支撑。

4)应用层是围绕煤炭开采和煤矿业务开发的各类应用系统,例如地理信息系统、智能生产系统、安全监控系统、人员定位系统等。应用层将与虚拟现实、大数据、云平台等更加紧密结合,形成适用于煤矿的智慧应用系统。

4.2 煤矿智能系统组成

基于上述智能化煤矿系统架构,确定煤矿智能化系统主要由以下 8 个部分组成。

1)智能化煤矿综合管控平台和云数据中心。智能化煤矿应通过统一的综合管控平台进行管理。综合管控平台是基于矿山云数据中心的一体化基础操作系统,向下实现各种感知数据的接入,实现多源异构感知数据的集成和融合,向上为智慧矿山 APP 开发提供服务和工具,打通了感知数据和基于感知数据的智能应用之间的屏障,而且在一个平台内实现了信息化与自动化的深度融合。智能化煤矿综合管控平台应具有全矿井智能监控、安全生产管理、精细化运营管理、四维时空数字化服务和智能决策支持服务,构建透明矿井,实现智能管控等功能。

传统的自动化控制逻辑多是基于人工经验或者经典控制理论,难以满足智能化的要求,针对不同类型数据、业务主题采用分类、聚类、回归等深度学习方法,发现数据间隐藏的关联规律,获取新知识。智能化煤矿大数据中心应依据煤矿业务需求,从安全、生产、经营、管理等不同业务需求和业务管理部门,对综合管理平台进行功能模块划分和对应云资源规划部署,实现计算资源集中调配,不同业务系统间在发生故障时不相互影响,满足对智能终端、工作站及调度大屏的不同显示要求等。其核心技术应实现多元异构大数据集成存储;研发开采智能决策分析系统,设计"井下-地面-云端"的多节点、多种数据存储缓存方式、多级数据冗余的数据存储架构;研制数据可视

化、报表、信息推送等交互式组件及等辅助决策系统。

智能化煤矿大数据构建涵盖全矿安全监管、生产、运销、综合服务等业务的大数据仓库,挖掘数据价值,使各类信息通过各种手段及时推送到矿端各级决策层中去辅助决策,解决数据滞后、多种类型数据难以统一等问题。其关键技术难题包括煤矿大数据的主数据管理系统及数据仓库,煤矿大数据的数据共享与交换技术,煤矿大数据多维度智能分析方法,基于多层递阶控制的煤矿多信息智能综合控制方法,煤矿大数据分析及可视化技术等。

2)煤矿安全高效信息网络及精准位置服务系统。随着数字化矿山、物联网等技术的发展,煤矿信息化、自动化程度越来越高,越来越多的信息需要及时传输,煤矿安全高效信息网络及其衍生技术是实时决策控制的通信保障。通过构建以万兆网为骨干,混合无线高速接入的超宽带强实时矿用通信网络,开发高速通信+井下物联的煤矿综合信息采集、传输平台,为智能化煤矿的可靠通信和信息采集提供基础。

井下精确位置管理服务系统依托井下环境的三维模型,如图 19 所示,解决井下狭长、多转角、复杂干扰条件下的精确定位问题,为其他平台的各种应用场景提供支撑,如人、车、传感器和各类装备的实时位置监测管理,实现定位跟踪、数据溯源、机车调度管理、装备作业协同、定点环境监测和无人驾驶导航等。

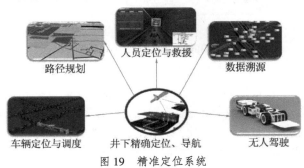

路径规划　　人员定位与救援　　数据溯源

车辆定位与调度　　井下精确定位、导航　　无人驾驶

图 19　精准定位系统

Fig. 19　Precise positioning system

UWB(超宽带)技术利用上升沿和下降沿都很陡的基带脉冲直接通信,脉冲长度在亚纳秒量级,信号带宽达数千兆赫兹,发射功率低、抗干扰能力强、多目标同时精确测距、测距精度高,是矿井动态目标精确定位发展的主流。研究井下无线超宽带(UWB)定位、高精度时钟同步、运动特征约束等关键技术方法,建设井下类 GPS 的高性能位置服务系统,以开放服务体系为基础架构,建立井下无线超宽带定位系统,为井下动目标跟踪、胶轮车监控等应用需求提供高精度、大容量的实时位置服务,是智能化

煤矿精准控制的基础。

3)4D-GIS透明地质模型及动态信息系统。矿井地理信息作为智能化煤矿重要基础性、战略性信息资源,在提高企业宏观管理和决策水平、实施重大发展战略和重大工程及各个业务部门的信息化应用中具有不可替代的基础支撑作用。4D-GIS透明地质模型及动态信息系统基于GIS系统,如图20所示。全面整合三维数字模型、三维高程模型、三维景观建模、三维地质建模,并在生产过程中实时更新、修正形成动态四维模型,与实际空间物理状态保持一致,可随时针对某一变量、特征查询其历史变化规律。智能化煤矿需要构建基于统一数据标准、以空间地理位置为主线、以分图层管理为组织形式、以打造矿山数字孪生为目标的矿山综合数据库,为智能化煤矿应用提供二三维一体化的位置服务、协同设计服务、组态化服务、三维可视化仿真模拟、矿山工程及设备的全生命周期管理等服务,实现一张图集成融合、一张图协同设计、一张图协同管理和一张图决策分析。

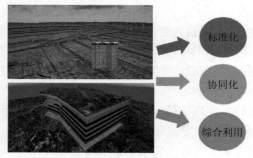

图 20 煤的分布式一张图系统

Fig.20 Distributed one diagram system in mine

4D-GIS透明地质模型及动态信息系统应满足以下建设原则及目标:① 建立智能化煤矿数据和业务标准。建立标准化、协同化工作体系,将安全生产过程流程化、标准化、协同化,实现"采、掘、机、运、通"等安全生产全过程的一体化管理。② 建立煤矿"一张图"平台。基于统一GIS平台、统一数据库、统一管理平台,集成地测、防治水、"一通三防"、采矿辅助设计、机电管理、安全管理等专业数据,进行安全生产技术在线协同管理,实现基于地理信息一张图的安全生产运营。③ 建立透明矿山可视化系统。完成地表工厂、BIM模型、地质模型、井下巷道、设备等三维建模、可视化和VR展示,形成井上下一体的虚拟化环境系统,并实现多部门、多专业、多层面的空间业务数据集成与应用。④ 建立"透明化矿山"安全管控平台。基于一张图平台及透明矿山可视化系统,建立透明化矿山安全管控平台,实现基于地理信息一张图的安全生产运营。

4)智能化无人工作面协同控制系统。智能化无人开采是在机械化开采、自动化开采基础上,进行信息化与工业化深度融合的煤炭开采技术变革,围绕安全、高效开采2大目标,突破环境的智能感知、采掘作业的自主导航、采掘装备的智能调控等一批行业重大难题,支撑煤炭由劳动密集型向技术密集型行业转变,建设智能、安全、高效的现代煤炭生产体系。煤矿智能化无人开采系统是要建立一个从开采准备、工艺规划到开采过程实时控制、设备管理,直至远程监控服务的煤炭生产全过程无人或少人的"智慧"生产系统,如图21所示。

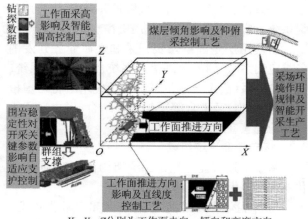

X、Y、Z分别为工作面走向、倾向和高度方向

图 21 工作面智能综采系统

Fig.21 Intelligent fully-mechanized mining system in working face

5)智能化运输管理系统。智能物资仓储及运输管理系统是对整个供应链系统进行计划、协调、操作、控制和优化的各种活动和过程,将采出的煤炭及所需物料能够按时、按量、保质的送到指定地点,并使总成本达到最优。智能化运输管理系统包括全煤流运输无人值守技术、辅助运输智能化无人驾驶技术及智能仓储管理系统等。

全煤流运输无人值守技术采用多重保护机电一体化单机输送带控制技术,通过载荷检测和协同控制实现煤流线无人化的经济协同运行,通过顺煤流启动和根据载荷经济运行策略,降低煤流线运输能耗,同时降低输送带运行损耗。其关键技术包括基于视频AI技术的节能调速优化系统,智能强化综合保护技术及主运输系统智能调速管理平台。

辅助运输智能化无人驾驶技术通过对车辆车况及位置进行实时监控和调度,实现煤矿井下物资调度、运输和使用的精细化闭环管控;减少了井下物资浪费;为后续的班组精细化管理的材料使用提供计量基础。关键技术包括:①全矿井辅助车辆智能资源调度机制及物流信息管控系统;②融合高速通信、视频防碰撞技术的多信息融合车载智能终端研发;③基于 GIS 的车辆全程跟踪调度系统研发。

仓储物流智能控制管理系统采用立体库的方式对库房进行升级改造,实现仓储智能化;采用智能无人搬运机器人,实现地面物资智能无人取送;使用无人驾驶技术,实现地面场区清扫、安防巡查和井下物资运输等。

6)煤矿井下环境感知及安全管控系统。煤矿井下环境感知及安全管控系统主要对矿井瓦斯、顶板、冲击地压、水文、火灾、粉尘等主要灾害进行全方位实时监测及预控,该系统基于现场总线、区域协同控制、扩频无线通信等技术,进行全矿井监测监控数据的统一采集、统一传输,实现灾害数据在控制层的深度融合、快速联动。通过建立智能化区域灾害评估模型,实现不同功能模块间的协同控制,并将控制前移,当工作场所灾害参数达到预控指标时,实现就地协同控制,提升系统反应速度及运行可靠性。

煤矿井下环境感知及安全管控系统采用统一的总线智能设备,支持总线传输协议,区域协同控制器提供可灵活配置的总线、电源及通信接口。工作面所有与灾害监控相关数据通过区域协同控制器统一采集。该系统包括智能通风及安全监测物联网系统、安全监测物联网、智能排水控制系统、自然发火智能控制、全矿井智能降尘与防尘系统等。煤矿井下环境感知及安全管控系统运用信息化技术、传感技术收集生产过程中人–机–环–管 4 个方面的信

息,通过分类、统计、分析、预测等环节,将风险因素进行分类,依据风险因素、事故类别及处置方式,进行安全风险评估,划定灾害等级,建立灾害动态化的统一领导、综合协同、分级优先、分类派送、智能联动报警及应急救援指挥的管理机制。

7)矿井全工位设备设施健康智能管理系统。煤矿智能化生产的基础是保证设备连续可靠运行,提高设备可靠性,降低维修成本,确保开机率。传统的设备维护方式有事后维护和定期维护 2 种,维护费用高,经济性差,设备损坏造成停产导致较大损失。基于设备故障预测与健康管理技术(PHM),实现设备预测性维护,构建全矿井设备的全生命周期健康管理和维护决策平台,是实现智能化煤矿的重要保障。

传统设备状态监测系统重采集、轻分析,没有形成实用的故障诊断系统。结合智能化煤矿的发展需求,以煤机设备故障预测与健康管理为核心,研究智能状态监测及故障诊断,实时监测综采工作面各设备的运行状态,及时有效地诊断设备故障,建立健全设备健康预警及预测维修体制。

矿井全工位设备设施健康智能管理系统(图22)通过对重大关键设备的液压系统、电气系统、润滑系统、冷却系统,以及机械传动系统的压力、流量、油位、油质、油温、振动、电流、电压等状态综合感知,采用设备端、矿端、云端分层技术架构,通过植入诊断算法的智能分析仪器,实现机电设备易损零部件的就地诊断,通过基于大数据的多信息融合诊断方法,为故障预知维护提供决策依据。

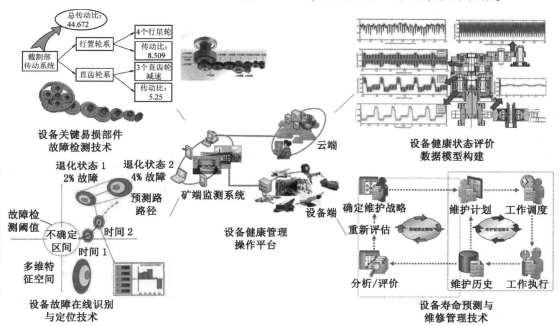

图 22　设备健康管理系统

Fig.22　Equipment health management system

8) 地面洗运销智能化控制系统。选煤厂的智能化建设应在完整的框架下,成体系、分层次、多步骤的完成。从"底层、过程、决策"的核心层、智能网络环境的支撑层、数字孪生平台的应用层,即智能化的"三层、五点"着手开展智能化建设。

在选煤厂框架搭建完成及数据支撑下,实现由设备到系统,由单系统到多系统的智能联动,搭建设备健康管理、生产控制、运维管理系统的数学模型,并基于生产过程中数据的不断积累,优化控制数学模型,预测并调控生产过程。

4.3 智能系统关键技术与实现路径

煤矿智能化的发展不仅受制于物联网、大数据、人工智能等科技的发展进步,同时还受煤炭开采基础理论、工艺方法、围岩控制理论等因素的制约,是一个多学科交叉融合的复杂问题。智能化煤矿关键技术包括:

1) 地下精确定位导航和地理信息融合。地理信息系统是开采的依据,实现煤矿精准定位系统与地理信息系统的融合是将设备的定位导航控制与地理信息统一,是实现开采精准控制的必要条件。国内一些先进的企业已经在地理信息系统三维建模方法等方面做了大量的研究,开发了相应的应用软件,但受当前钻探信息密度低的限制,其精度难以进一步提高。目前,融合各种三维扫描建模方法的研究已逐步兴起,有望为井下开采提供更为精准的地理信息模型。

目前的地下定位导航系统的研究主要集中在超宽带定位技术和相关产品研发、基于5G通信的井下定位技术、解决局部定位的低功耗无线定位和接入技术等,以取得功耗、精度、覆盖范围的平衡,解决井下定位难题。

地理信息系统的研究主要集中在透地探测(解决未揭露地层的地质探测难题)、钻探建模方法(根据钻探信息构建高精度三维地质模型)、三维扫描建模方法(解决已揭露地层和开采空间动态推进的三维建模问题)等方面。

定位导航系统与地理信息最终统一于全矿的4D-GIS系统,通过全面整合3D数字模型、高程模型、景观建模和地质模型,在生产过程中实时更新、修正地理信息模型,运用诸如数字孪生技术实现与实际空间物理状态的实时同步,实现矿井的"透明化开采"。

2) 地下复杂环境的信息融合感知及高并发交互。地下开采信息(包括设备、人员、环境)的精准感知是智能化开采的前提,然而现有传感技术受到煤矿复杂环境影响,难以直接用于煤矿井下。另外,大规模传感器的供电和并发传输等问题也向传统单纯增加传感器数量的感知模式提出了挑战。因此,以下关键技术是目前研究的重点:①多信息同步感知的多功能融合传感技术;②井下无线传感用的低功耗长时可靠供(发)电技术;③具有边缘计算功能的智能传感技术;④井下传感装置的自组网、自通信、自定位及其物联技术。

目前的研究主要集中在井下环境高清视频图像获取及基于视频图像的分析技术和应用、装备和人员的实时动态位置及装备的空间位姿检测、井下复杂信息的大规模检测和相应传感器的能量获取、井下环境大量传感器的高并发低时延传感和交互、多信息驱动的三维场景实时再现,通过井下信息的全面感知和融合,构建远程全景在现虚拟生产系统,实现虚拟操控、危情模拟、超前规划等。

3) 大规模复杂系统大数据分析。虽然目前煤矿的数据量级离普遍意义的大数据量级(PB级)还有很大差距,但随着智能化开采的不断推进,煤矿各种数据会成几何级数增加,海量数据的背后隐藏了大量有价值的信息。目前针对煤矿应用场景仅故障类数据挖掘做的比较多,但深度和广度都不够,针对生产、运输、销售、采购等综合应用场景的大数据分析几乎没有。亟待突破的核心技术包括:①煤矿大数据的清洗方法;②多种类、多层次、多特征数据信息分析;③融合云计算的大数据处理分析平台;④基于大数据分析的知识发现。

目前,许多煤炭行业内的研究机构对大数据认识不清,对大数据分析了解不透,对煤矿如何运用大数据分析手段获取有价值数据的理解有偏差。首先,数据量大只是大数据众多特征中的一点,不能将数据量大简单理解为大数据,行业有个共识:大数据的数据量基数一般起步都是PB级的,低于这个数据量得出的知识很难具有普适性。其次,大数据的绝大多数数据最终其实是无用的,所以需要对数据进行清洗,但煤炭行业目前的研究都没有注意到这一方面,相关方法研究也未见到。另外,大数据分析要和边缘计算相结合,从而提高知识发现的质量。

4) 井下大规模设备群网络化协同控制。井下多通信协议并存、信息多环节转换,造成设备、人员互联互通障碍、网络承载能力差和控制实时性差,影响了智能化开采的发展。现有装备均是各自独立控制,传统集控中心也仅是信息的集散中心,不具备智慧中心的功能,设备群的协同控制尚存在协同架构和机制方面的问题。仍待突破的核心技术包括:

①井下全覆盖、高并发无线通信网络;②井下数据流最短传输路径与强时通信技术;③设备群统一位姿描述方法;④井下设备群协同架构与协同控制机制。

现有研究主要集中在井下设备群协同控制系统研发(如综采工作面三机协同控制技术与系统研发)、煤流及两巷辅助作业智能化系统研发(如煤流监测与运输系统保障技术研究、运输巷循环变位智能超前支护系统、机器人化多功能超前巷道作业车开发)、智能协同控制通用硬件模块开发和通信标准化研究等。

5)复杂煤层自动割煤智能决策与控制。在地质条件较好的工作面,采用可视化远程干预型智能化开采技术,完成了三机协同动作,在一定程度了实现了工作面的智能化开采,然而对于煤层赋存条件复杂的工作面,地质条件变化造成设备姿态偏离设计轨迹,给自动截割带来很大困难,现有智能开采技术难以直接应用。

4.4　煤矿机器人

利用煤矿机器人实现井下智能化、无人化开采是煤炭产业发展的终极目标,煤矿机器人亟待研发的关键技术如下:

1)煤矿机器人未知区域探测与路径规划技术。研究煤矿机器人在井下昏暗粉尘环境中智能扫描探测方法,以及行进路径中的障碍识别与避障方法,行进路径规划与全局 SLAM 路径图建立方法,机器人狭长多转角空间自组网精确定位方法。

2)煤矿机器人状态识别与实时平衡技术。研究煤矿机器人关键部件的实时状态获取,基于 MEMs 技术实现机器人复合状态的快速获取;研究特殊机器人对于环境的接触阻力变化规律,基于深度学习方法实现机器人变阻力跟踪,保证机器人与工况接触过程中的阻力控制,避免碰撞与破坏;研究机器人对于复杂障碍环境的快速适应,实现机器人多体实时平衡。

3)煤矿机器人无线快速充电与长时供电技术。研究煤矿机器人壳体新材料实现机器人轻量化,保证机器人在井下的长时运行;研究机器人低功耗技术及馈电技术,提高机器人电池利用率;研究煤矿井下无线快速充电技术及机器人自主规划充电点路径寻找技术,实现煤矿机器人的无线自主寻径充电。

4)煤矿机器人群协同控制技术。煤矿机器人作为多智能体进行控制,相互之间必须进行高效的协同作业完成多个控制目标。因此。煤矿机器人的联合通信与协同控制技术及其平台的研究亟待解决。对于煤矿井下强电磁干扰且狭长不利于自组网的通信

环境,实现高并发大带宽成为必须。另外,煤矿机器人无领导者多机协同的控制方法也成为其研究重点。

国家煤矿安全监察局已发布《煤矿机器人重点研发目录》,建议将机器人纳入煤矿重点科技专项范围,提高煤矿智能采掘装备关键技术。目前,煤矿机器人已在设备巡检、危险环境探测、矿难救援及辅助作业等领域得到初步应用,但在供电及防爆材料、井下环境检测与识别等方面仍进展不大。

4.5　技术短板与工程难题

目前,煤炭智能化无人开采仍然面临以下技术短板与工程难题亟待突破:

1)地下开采装备精确定位和导航核心技术。井下装备自主推进、协同控制的前提是实现井下开采装备的精确定位与导航,澳大利亚已在井下开展了基于 LASC 的采煤机定位技术研究,并形成领先趋势。一方面井下狭长、易爆、复杂电磁环境的特殊性严重制约了地下定位导航技术的发展;另一方面,因相关技术具有军用前景,所以国外在惯导等核心技术方面对我国实施严格的技术封锁,因此,亟需研究地下开采装备的精确定位和导航技术,建立自有的核心技术体系和装备。

2)地下低照度空间视频监控及 VR 技术。随着开采深度的不断增加,开采环境愈加不适宜人类的活动,智能化开采成为必然趋势,但地下空间复杂多变,完全无人干预的开采很难实现,以视频监控+VR 的远程监控技术是智能化开采远程干预和安全生产的有力保障,然而低照度、多粉尘和狭长的井下环境给视频监控带来了巨大的挑战,初步研究表明,具有深度学习功能的视频处理芯片和相关算法可有效解决上述问题,美国在这方面具有绝对优势,为阻碍中国的快速发展,美国已经展开了相关封锁,开展相关核心技术的研究,突破视频监控和 VR 再现的关键难题,迫在眉睫。

3)地下复杂条件智能感知传感器。相对地下复杂的环境,目前获取的信息在完备性和可用性方面仍然存在诸多不足,尤其是一些关键物理场、环境信息,仍缺乏可靠甚至可用的传感器,地下大规模智能传感器的物联互通也亟待突破。德国已研发出第二代物联网技术,澳大利亚也在自供电物联芯片方面取得了突破,相关技术领先于国内,并在市场、专利等方面形成垄断,给我国煤矿自动化、智能化生产形成技术封锁。

4)深地机器人核心技术。煤矿作业环境复杂危险,生产安全和效率是煤矿生产的基本要求,以机器代人是未来发展的一种趋势。目前在煤矿井下救

援等领域,煤矿机器人已取得部分成果。但煤矿机器人在关键执行结构的设计、复杂环境的适应性、路径自我规划与决策、机器人群控,尤其是电源长时可靠供电技术等方面还存在瓶颈。

5)矿山采掘装备关键元部件进口替代。目前,矿山采掘装备整机基本全部实现了国产化,但在高性能材料、关键液压元部件、密封等方面还有很大差距。刮板输送机耐磨材料、变频器、采煤机截齿等高端装备的基础材料、关键部件依然需要进口。

5　煤矿智能化开采模式与技术路径

模式(Pattern)是具有可重复性、稳定性、可操作性等特征的主体行为方式,是解决某一类问题的方法论[26]。煤矿智能化开采模式是指针对某一类煤层赋存条件、目标要求等,开发的具有可重复性、可操作性、高可靠性的标准工艺流程及配套装备。

由于智能化开采技术与装备随着时代的发展而不断进步,因此,煤矿智能化开采模式具有创新性、可重复性、可靠性、可操作性、多样性及阶段性等特征。通过对煤炭开采技术与装备的持续攻关与创新,提出并研发了适应不同煤层赋存条件的 4 种智能化开采模式及成套技术与装备。

5.1　薄及中厚煤层智能化无人开采模式

薄及中厚煤层在我国广泛分部,由于薄煤层普遍存在厚度变化较大、赋存不稳定、工作面作业空间狭小、设备尺寸与能力的矛盾突出等问题[27-29],导致许多矿区大量弃采薄煤层,造成煤炭资源浪费。通过开发薄及中厚煤层智能化无人开采模式,可有效改善井下作业环境,提高煤炭资源采出率。

1)工作面透明地质模型的构建。智能开采的前提条件是工作面环境信息的完备性,构建工作面数字模型的目的主要是弥补煤岩识别技术的不足。在常规地质钻探基础上,利用地质雷达、电磁波 CT 等精细物探手段和巷道红外扫描数据构建工作面初始地质数字模型,将模型数据与井下 GIS (Geographic Information System,地理信息系统)三维实体模型结合形成工作面精细地质数字模型[30]。利用工作面轨道巡检机器人激光和红外扫描对数据实时修正,通过工作面动态地质数字模型来构建相对"透明"的开采环境。如图 23 所示,利用相对完善的动态地质数据修正采煤机记忆截割模板,实时调整设备状态,实现智能开采。

利用上述方法建立高精度三维动态地质——巷道模型,通过多源、全方位信息透明的工作面 GIS 云平台,结合工作面全景视频展示,实现工作面地质数

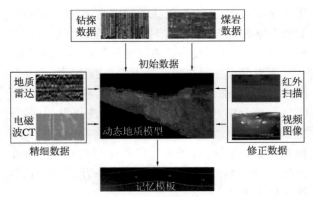

(a) 高精度动态地质数据探测

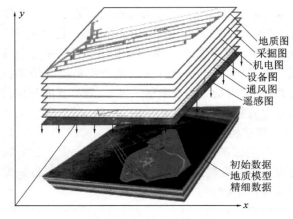

(b) 地质数据建模

图 23　工作面透明地质模型构建

Fig.23　Construction of transparent geological model of working face

据和随掘随采数据的自动采集与处理,实现地质、测量及生产动态信息的一张图管理,为工作面智能开采创造条件。

2)工作面直线度智能控制。要实现工作面智能开采,还需要解决工作面"三机"设备的自动调直问题。目前,工作面自动调直主要有激光对位技术、惯性导航技术、基于视觉图像和轨道巡检机器人的监测技术等[31]。其中,惯性导航技术是在采煤机上安装陀螺仪对采煤机进行定位,利用陀螺仪获取采煤机的三维坐标,绘制采煤机行走轨迹,液压支架根据采煤机轨迹曲线修正推移行程,实现工作面自动矫直,如图 24 所示。

另外,部分研究人员提出了利用搭载在刮板输送机上的轨道巡检机器人进行工作面直线度监测,如图 25 所示。

巡检机器人运行轨道是布置在刮板输送机电缆槽上方的 2 根平行钢管,钢管接头用柔性材料连接,具有一定的韧性和变形能力。巡检机器人下方设置可在钢管上自由运行的凹形行走轮,行走轮在动力

作用下沿着轨道移动,对工作面进行巡检。记录巡检机器人的运行轨迹,由此得到刮板输送机在工作面的实际弯曲曲线,液压支架根据该曲线修正推移行程,实现工作面矫直。

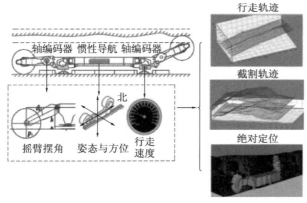

图 24　工作面直线度智能控制技术

Fig.24　Intelligent control technology of working face straightness

图 25　工作面轨道巡检机器人

Fig.25　Track inspection robot of working face

3)刮板输送机智能调斜控制。为了防止刮板输送机发生飘溜、啃底等状况,传统工艺将刮板输送机与液压支架推移杆的连接耳孔采用斜长孔布置,这种装置有利于进行手动调斜,但难以适用于智能调斜控制。为此,在液压支架的推移杆和刮板输送机电缆槽侧设置调斜装置,如图 26 所示。

图 26　刮板输送机智能调斜装置

Fig.26　Intelligent tilt adjustment device of scraper conveyor

在液压支架和刮板输送机之间增加了控制环节,实时调整刮板输送机状态,改变传统刮板输送机无法自动调整的缺陷。通过对刮板输送机状态的精

确控制,进而形成刮板输送机的状态感知、精确控制、状态调整的完整控制系统,为工作面智能化开采奠定基础。

4)低照度高清视频特征信息提取。视频信息是智能化工作面的关键信息,由于受限于井下特殊工作环境,视频图像经常受光照强度低、煤尘遮蔽、物体遮挡、设备振动、摄像头视角、网络带宽等因素影响,难以提供全方位、准确流畅的高清视频图像。通过研发低照度、高粉尘、浓雾气等恶劣条件下的高清视频特征信息提取技术,对工作面开采关键环节进行智能、实时感知,为工作面智能化开采提供基础。

5)综采装备群智能协同联动控制。工作面各子系统信息独立、基准缺失是无法实现协调联动的原因之一。以工作面倾角为例,采煤机、刮板输送机、液压支架都设有倾角传感器,特别是每台液压支架的顶梁、底座甚至掩护梁上都设有倾角传感器,一台设备上的倾角传感器只是为一台设备服务,而将众多的倾角传感器信息汇集在一起,由于各倾角传感器缺乏统一的基准,难以得出工作面具体倾角状态。针对该问题,采用轨道巡检机器人,搭载视频与红外扫描仪,基于井下视觉图像测量与处理系统,结合双目视觉成像装置,研究多目标识别及语义分割算法,进行视频和图像特征信息提取及设备群位姿测量,实现多源信息融合与多目标信息统一感知,实时获取设备整体运行状态和三维姿态信息。上述方法解决了多源信息融合与多目标信息统一感知难题,通过建立统一控制基准,为工作面综采设备的协调联动创造条件。

为了解决采煤机割煤速度与刮板输送机煤炭运量的协调联动问题,通过实时检测主输送带和刮板输送机的煤流量动态调节采煤机的割煤速度。通过在带式输送机和转载机上方布置隔爆型摄像仪,利用视频 AI 技术实时检测煤流量变化,如图 27 所示,根据运量自动调整采煤机的割煤速度,实现采煤机截割速度与刮板输送机运量的协调联动。

6)智能超前支护技术。目前,工作面超前支护主要存在 2 个问题[32-35]:一是超前支架移动时反复支撑破坏巷道顶板,二是采空区巷道不能及时垮落,造成瓦斯积聚和巷道应力集中。前者主要问题是解决超前支护装备自动行走难题,避免超前支架反复支撑破坏巷道顶板;后者是研发自动退锚装置,实现工作面巷道采后及时卸压。

全方位行走式超前支架研制。为了解决超前液压支架顺序前移对巷道顶板的反复支撑破坏,笔者及团队研发了全方位行走式超前支架,如图 28 所示。该支架采用螺旋滚筒作为行走机构,具有前进、后退、旋转、侧向平移等全方位行走功能。

图 27　基于 AI 的煤量智能监测技术
Fig.27　Intelligent monitoring technology of
coal quantity based on AI

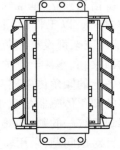

(a) 超前液压支架　　　(b) 全方位行走装置

图 28　全方位行走超前液压支架
Fig.28　Omni-directional walking advanced hydraulic support

该支架的最大特点是结构简单、控制方便,采用乳化液马达驱动左右螺旋滚筒旋转,仅需改变左右螺旋滚筒的转向便可实现前进、后退、旋转、侧向平移全方位行走,见表 1。

表 1　全方位行走支架的动作组合
Table 1　Action combination of omni-directional
walking support

左行走部	右行走部	动作
向左旋转	向右旋转	前进
向右旋转	向左旋转	后退
向左旋转	向左旋转	左侧平移
向右旋转	向右旋转	右侧平侧
向左旋转	不动	旋转
不动	向右旋转	旋转

注:左螺旋推进器左旋;右螺旋推进器右旋。

由于采取换位前移的方式移动,可将最后一台支架直接移到所有支架的前方,支架移动时没有反复升降,因而不存在反复支撑破坏巷道顶板和锚网的问题。超前液压支架位置精准控制与协调推进。要实现超前支架智能支护,还需要研发超前支架自动行走装置。在全方位行走支架的底座后部设置红外发射器,底座前部设置红外信号接收器,用以感知

超前支架行进方向;超前支架的底座四周和顶梁的左右两侧都设有测距仪,用以测量超前支架在巷道的位置以及与相邻支架间的距离,用于控制和调整超前支架的行走方向与行走位置,对全方位行走式超前液压支架的行走方式进行控制,实现超前液压支架的自动行走,如图 29 所示。

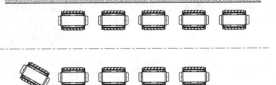

图 29　超前支架进入工作区调向
Fig. 29　Advanced hydraulic support into working area to adjust

自动退锚装置。为了解决锚索自动退锚的问题,笔者及团队研制了卡盘式自动退锚装置,将其安装在端头支架顶梁上,通过机械臂控制动作。该退锚装置在传统退锚千斤顶的基础上,增加了三爪液压卡盘和联接部,配套新型外沿结构锁片,实现张拉松锚及退锚的一体化作业,如图 30 所示。

锚索支护解除还可以回收锚索锁具、锚索托盘、钢带,既解决了安全生产问题,又节约了支护成本。

图 30　自动退锚实验室试验
Fig.30　Laboratory test of automatic anchor withdrawal

5.2　大采高工作面智能耦合人工协同高效开采模式

厚煤层在我国广泛分布,对于煤层厚度较大、赋存条件较优越、适宜采用大采高综采一次采全厚开采方法的厚煤层,则可以采用大采高工作面智能耦合人工协同高效开采模式。

大采高工作面与薄及中厚煤层综采工作面的最大区别为采高增加带来的围岩控制难题。为此,笔者及团队提出了基于支架与围岩耦合关系的超大采高液压支架自适应控制技术[36-40],如图 31 所示。

基于大采高工作面支架与围岩耦合关系,笔者及团队提出了大采高工作面煤壁片帮的"两阶段"观点,得出了液压支架控制煤壁滑落失稳的临界护帮力[41-44];大采高液压支架不仅需要对工作面顶板岩层进行有效控制,同时还应考虑对煤壁片帮的控制,为此,笔者提出了大采高液压支架合理工作阻力

确定的“双因素”方法[45],如图 32 所示。

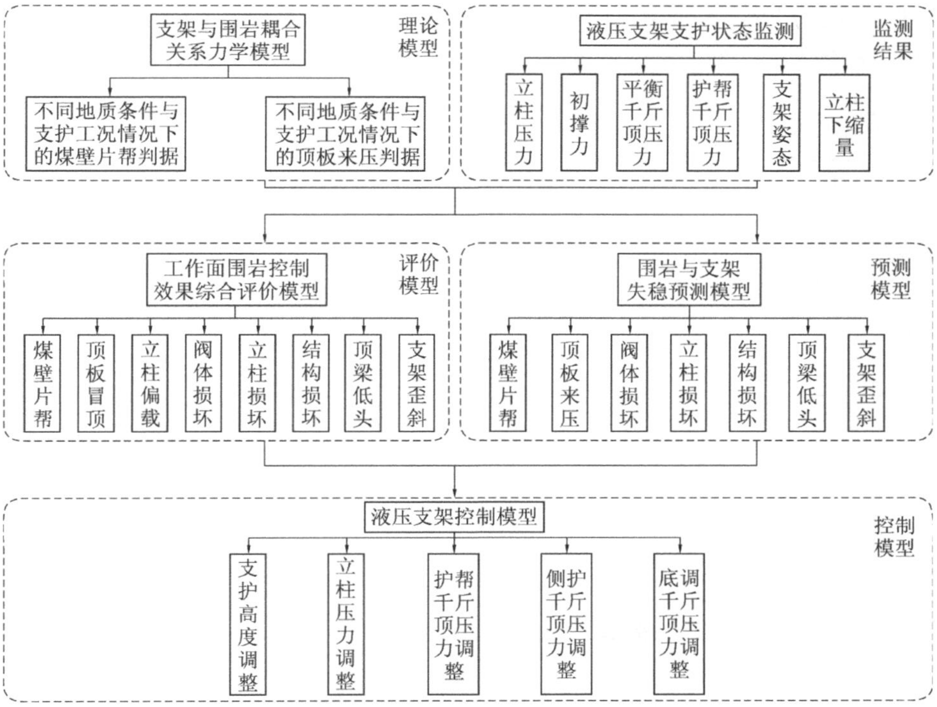

图 31 液压支架与围岩自适应控制逻辑

Fig.31 Adaptive control logic of hydraulic support and surrounding rock

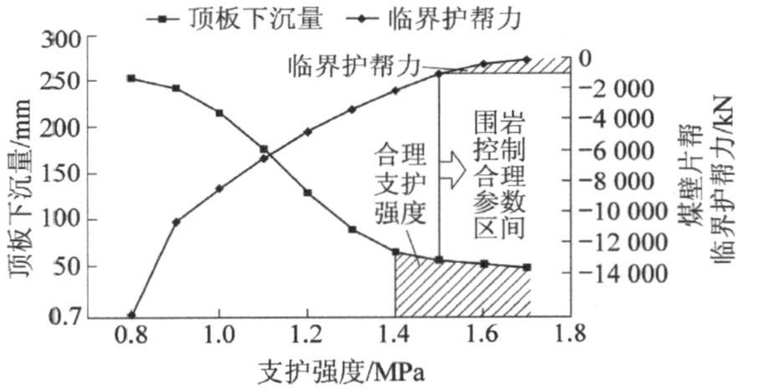

图 32 大采高工作面围岩的“双因素”控制方法

Fig.32 “Double factor” control method for surrounding rock of large mining height working face

并研发了液压支架支护状态监测装备,对液压支架的压力、位移、护帮力等进行实时监测;基于支架支护状态监测结果,结合液压支架与围岩适应性评价模型,对围岩的控制效果进行评价,并基于围岩失稳预测模型对围岩的断裂步距、来压强度等进行预测;基于监测与预测结果,得出液压支架的控制决策结果,并通过液压支架的液压系统进行有效控制,实现大采高工作面液压支架与围岩的自适应控制。

另外,基于工作面液压支架的控制效果监测结果,可以利用工作面增压系统,如图 33 所示,对液压支架进行智能补液,提高液压支架对围岩的控制效果。

目前,大采高工作面智能耦合人工协同高效开采模式在金鸡滩煤矿、红柳林煤矿等西部煤层赋存条件较优越矿区进行了应用[46-48],大幅降低了工人劳动强度,提高了开采效率与采出率。

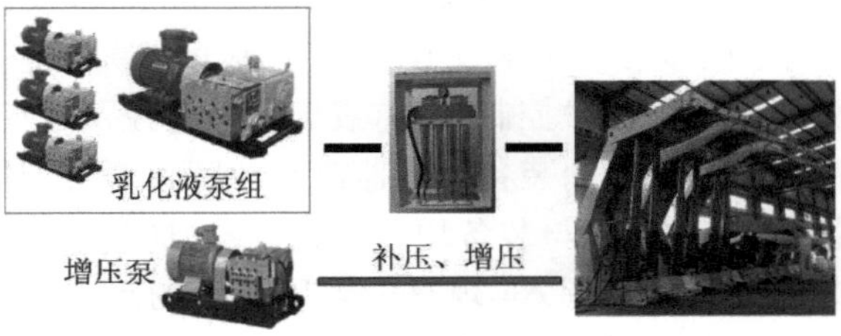

图 33 大采高工作面智能增压系统

Fig.33 Intelligent supercharging system for large mining height working face

5.3 综放工作面智能化操控与人工干预辅助放煤模式

我国自 1982 年引进综放开采技术与装备,通过多年的创新与实践,研发了系列综放开采成套技术与装备,并成功在厚及特厚煤层推广应用[49-51]。

智能化综放工作面与智能化综采工作面的主要区别为放煤过程的智能化,目前主要有时序控制自动放煤、自动记忆放煤、煤矸识别智能放煤 3 种放煤控制工艺[52-55],其工艺控制流程如图 34 所示。

受制于煤矸识别原理的复杂性,目前煤矸识别智能放煤仅进行了阶段性尝试,未能广泛推广[56-57]。时序控制放煤、记忆放煤是目前应用较多的智能放煤工艺,但由于煤层赋存条件复杂多变,智能放煤控制工艺仍需进行人工干预,因此,笔者提出

了针对厚煤层综放工作面的智能化操控与人工干预辅助放煤模式。

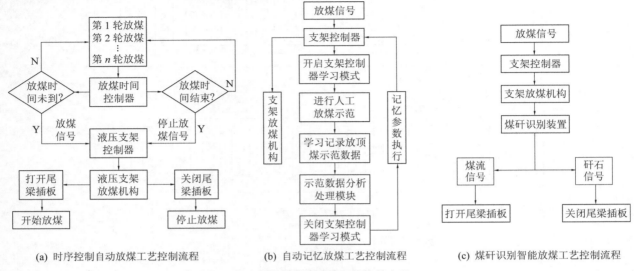

(a) 时序控制自动放煤工艺控制流程　　　(b) 自动记忆放煤工艺控制流程　　　(c) 煤矸识别智能放煤工艺控制流程

图 34　智能化放顶煤工艺控制流程

Fig.34　Control process of intelligent top coal caving technique

5.4　复杂条件机械化+智能化开采模式

对于煤层赋存条件比较复杂的工作面,现有智能化开采技术与装备水平尚难以满足智能化、无人化开采要求,应采用机械化+智能化开采模式,即采用局部智能化的开采方式,最大程度地降低工人劳动强度,提高作业环境的安全水平。

目前,基于液压支架电液控制系统的液压支架自动跟机移架、采煤机记忆截割、刮板输送机智能变频调速、三机集中控制、超前液压支架遥控及远控、智能供液、工作面装备状态监测与故障诊断等智能化开采相关技术与装备均已日益成熟,这些技术与装备虽然尚不足以实现复杂煤层条件的无人化开采,但仍然可以在一定程度上提高复杂煤层条件的智能化开采水平,并且随着智能化开采技术与装备的日益发展进步,复杂煤层条件的智能化开采水平也将逐步提高。

6　煤矿智能快速掘进关键技术与模式

煤矿综采技术装备与矿井配套设施的快速发展,加剧了采掘失衡的矛盾,发展巷道快速掘进成套技术装备、提高掘进智能化水平已经成为保障煤炭生产企业安全高效生产的先决条件[58]。当前综掘成套装备主要分为 3 种[59]:一是悬臂式综掘机+单体钻机+转载机配套模式;二是连续采煤机+锚杆台车+梭车配套模式;三是掘锚一体化的掘锚机组+锚杆台车配套模式。机械电气技术的发展提高了巷道

掘进装备的自动化程度和掘进速度,但掘进系统的地质适应性问题、辅助配套设备的自动化问题、单机备的可靠性问题等日益突出。通过分析我国煤矿掘进技术与装备发展现状,提出了制约巷道快速掘进的关键难题及智能快速掘进的研发方向与技术路径。

6.1　煤矿智能掘进装备关键技术与研发进展

1) 悬臂式掘进机及其智能化关键技术。自动化、智能化采掘技术是提升综掘工作效率、降低工人劳动强度、实现煤矿安全高效生产的重要途径。20世纪 80 年代以来,国外对悬臂式掘进机自动掘进技术进行了研究,主要涉及状态监测、故障诊断、通信技术、截割轨迹规划等,其中德、英及奥地利等国家率先取得成效[60-61],德国艾柯夫公司研制了掘进机成形轮廓及设备运行状况监测系统,开发了手动、半自动、自动及程序控制 4 种操作模式,截割头位置与断面的关系均能显示在工作台显示屏上;英国仪器公司专为巷道掘进机研制了本安型计算机断面控制系统;多斯科公司通过在重型掘进机上配备一种截割头定位装置,实现了精确的断面制导、断面截割状态显示等功能[62]。我国辽宁工程技术大学、中国矿业大学、石家庄煤矿机械有限责任公司等单位也开发了基于悬臂式掘进机的煤巷掘进自动截割成形系统[63-65]。

2) 连续采煤机及其智能化关键技术。连续采煤机普遍应用于美国、德国和英国等国家的短壁开

采工艺,其发展经历了以下 3 个阶段[66-68]:第 1 阶段为 20 世纪 40 年代的截链式连续采煤机,分别以久益(JOY)公司和利诺斯公司的 3JCM、CM28H 型为代表,结构设计复杂、装煤效果差;第 2 阶段为 20 世纪 50 年代的摆动式截割头连续采煤机,以久益公司的 8CM 型为代表,其生产能力显著提高、装煤效果好,但可靠性问题较为突出;第 3 阶段为 20 世纪 60 年代至今的滚筒式连续采煤机,以久益公司的 10CM、11CM 系列的连续采煤机为代表,后续又研发了 12CM(如图 35 所示)和 14CM 系列的连续采煤机,2004 年以来,久益公司将 OPTIDRIVE 和 WETH-EAD 系统添加到了连续采煤机上[69]。

图 35　12CM15 型连续采煤机组

Fig.35　12CM15 continual shear

连续采煤机在我国高产高效矿井也已广泛应用,主要集中在神东、陕煤等大型煤炭基地。最初我国的连续采煤机几乎全部依赖进口,2007 年 11 月,中国北车集团永济电机厂首次研制出 3 种国产化矿用隔爆型水冷电机,实现了连续采煤机滚筒截割电机的替代;近年来,石家庄煤矿机械有限责任公司研发了 ML300/492 型连续采煤机、三一重装集团研发了 ML340、ML360 型连续采煤机、煤炭科学研究总院太原研究院研发了 EML340 型连续采煤机[70-71],但因可靠性、稳定性等多方面的原因,国产连续采煤机未能广泛推广应用。

采用远程遥控操作是连续采煤机的基本配置,并广泛采用自适应截割技术,根据不同工况自动调整推进速度;加强与成套设备间的协同控制和智能安全防护功能,是连续采煤机快掘装备的发展方向。

3)掘锚机及其关键技术。掘锚机是一种基于连续采煤机和悬臂式掘进机开发出的新型掘进装备,集成了连续采煤机和锚杆钻机的特征,既可以挖煤装运,又可以进行锚杆支护施工,即掘锚一体化,主要用于煤巷高效掘进作业。掘锚机技术的发展历程主要分为 3 个阶段:①1955 年,第一代掘锚机组在美国久益公司的 ICM-2B 型连续采煤机基础上加装了 2 台锚杆钻机,掘、锚工序不能同时作业;②1988 年,在久益公司澳大利亚分公司的 12CM20 掘锚机基础上,将截割滚筒加宽到使滚筒两端能够

伸缩便于机组进退,并在机身的滚筒后安装了 2 台帮锚杆钻机和 4 台顶板锚杆钻机,6 台锚杆钻机有效地提高了巷道锚杆支护速度,但仍无法实现掘锚平行作业;③20 世纪 90 年代至今,奥地利的 VoestAIPline 公司开发了 ABM20 型掘锚机,该机型的主副机架可以滑动,从而实现掘锚平行作业,同期安德森公司的 KBII、久益公司的 12SCM 30、英国 BJD 公司的 2048 HP /MD、德国波拉特公司的 E230、山特维克的 MB650 和 MB670 等机型也成功研制应用[13-15]。其中 MB670-1(图 36)是山特维克在继承原有产品传统优势的基础上升级的一代产品,集掘进、锚护为一体,实现了截割、装载、支护同步平行作业,一次成巷。

图 36　MB670-1 掘锚机

Fig.36　MB670-1 roadheader with bolting machine

掘锚机的国产化工作始于 2003 年,中国煤炭科工集团天地上海分公司完成了 MLE250/500 型掘锚机样机的试制及初步试验工作;近年来,中国煤炭科工集团太原研究院研制出 JM340 型掘锚机,具有大功率的宽截割滚筒、独特的喷雾系统和较低的接地比压等特点,能够实现割煤和打锚杆的平行作业,已在阳泉煤业集团二矿成功使用[72];山东天河科技股份有限公司研发了天河 EBZ 系列掘锚机,适用于大断面、半煤岩巷以及岩巷的掘进,钻锚作业时工人始终处于临时支护下方的作业平台上作业,有效降低了发生冒顶、片帮等安全事故的发生;辽宁通用重机公司研制的 KSZ-2800 型掘锚神盾掘进机借鉴了盾构技术,集机、光、电、气、液、传感、信息技术于一体,具有自动化程度高、高效、安全、环保、经济等优点。中国铁建重工集团研发了 JM4200 系列煤矿巷道掘锚机(图 37),集快速掘进、护盾防护、超前钻探与疏放、同步锚护、智能导向、封闭除尘、智能检测、故障诊断等功能于一体,实现巷道快速同步掘锚支护。

目前,国内外已有 10 多家厂商正在开展掘锚机组的研制工作,已开发出 30 余种机型。应用实践证明,达到良好的掘锚一体化效果必须与使用条件紧密结合,因地制宜地开展研究工作。

4)掘进装备定向截割与导航技术。掘进装备

图 37　JM4200 掘锚机

Fig.37　JM4200 roadheader with bolting machine

定向与导航技术是实现自动化甚至无人化的基础，其关键在于获得掘进装备实时坐标值，用以确定掘进装备的空间位姿信息[73]。目前，国内外研究了多种掘进装备的自动定向技术及原理[74-77]：①采用全站仪对掘进装备进行定向和导航技术；②基于惯性导航系统的掘进装备定向技术；③基于电子罗盘的掘进装备定向技术；④基于 GPS 技术的掘进装备定向技术；⑤基于超声波测距仪的掘进装备定向技术；⑥基于激光测距的掘进装备定向技术；⑦多传感器组合定位导航技术。

6.2　巷道快速支护技术研发现状

开采深度和强度的增加导致工作面巷道地质条件更加复杂，开采扰动对巷道围岩稳定性影响剧烈、持续时间长、破坏严重，受冒顶、片帮及瓦斯、水、粉尘多种因素的影响，煤矿井下巷道掘进已经成为最危险的生产环节之一。自 2001 年煤炭科学研究总院研发并推广应用超前液压支架以来，巷道超前支护技术得到广泛推广应用，并成为研究热点，有关单位研究了巷道自移式支锚联合机组，如图 38 所示，实现巷道掘进过程的临时支护。

图 38　自移式支锚联合机组

Fig.38　Self-propelled anchor-supporting unit

我国对于掘进巷道支护方式主要有锚杆、锚索支护、单体配铰接顶梁支护、超前液压支架支护、掘进机机载临时支护等，锚杆、锚索和单体支柱配合铰接顶梁支护方式已经难以满足综采工作面安全高效生产要求，国内外专家学者针对掘进机机载临时支护、锚杆、锚索、超前液压支架等巷道超前支护装备开展了大量研究[78]。

掘进机机载临时超前支护装备，可以从传统的"一割一排"工艺改进为"一割两排"工艺，相对于传

统人工操作的方式，机载超前支护装备拥有液压控制的自动化、机械化等特点，可根据顶板倾斜程度有效调节支护状态，提高了作业过程的安全性。通过采用伸缩梁结构，有效加大了空顶支护面积，为煤矿安全开采创造有利条件[79]。

6.3　锚钻装备与支护关键技术

随着锚杆支护理论的发展，锚钻装备也在不断升级，国外煤机设备公司如久益、弗莱彻（FLETCH-ER）、朗艾道（LONG -AIRDOX）、约翰芬雷（JOHN-FINLAY）、海卓莫替克（HYDRA MATIC）等公司相继开发出多种新型锚杆钻车。我国从 20 世纪 70 年代初研制了第一台 MGJ-1 型锚杆钻车，随后煤炭科学研究总院太原研究院、三一重装、景隆重工、徐工集团等多家单位也研发了多臂锚杆钻车[80]。2018年 7 月，有关研究机构开发了国内首台全自动组合式两臂锚杆钻车，初步实现了顶锚杆自动化锚护，向锚杆支护的"少人化"和"无人化"迈出了重要一步[81]。

6.4　快速掘进装备总体配套技术与工艺研发进展

1）综掘机快速掘进装备总体配套技术与工艺。掘进、支护、运输无法平行作业已成为制约巷道掘进效率的主要问题。2007 年，山西潞安集团公司王庄煤矿联合中国矿业大学、IMM 国际煤机集团佳木斯煤矿机械有限公司、约翰芬雷工程技术（北京）有限公司、潞安环能股份公司等共同研发了以悬臂式掘进机为主体的自动化掘进成套装备，该套装备采用 EBZ-150C 型自动化掘进机、S4200 前配套钻臂系统，同时，配套了 DSJ-80 可伸缩带式输送机及软启动智能综合保护装置，结合自主研发的矿用掘进湿式离心风幕除尘系统和 KTC101 设备集中控制装置等，将掘进速度提高了 2 倍[82]。2012 年塔山煤矿采用综掘工艺，锚杆钻车暂停于掘进机后方侧帮处，掘进机完成一次割煤循环作业后，后退贴帮停放，锚杆钻车行驶到掘进工作面开始锚杆支护作业，实现了掘锚交叉综掘作业，有效地解决了塔山煤矿快速掘进难题，提高了巷道掘进速度[83]。

2）掘锚机快速掘进装备总体配套技术与工艺。2005 年，神东补连塔煤矿采用美国久益公司12CM15-15DDVG 型掘锚机，后配套 LY2000/980-10C 连续运输系统，利用激光指向仪对巷道进行掘进和调直，实现了平均月掘进 800 m 的单巷掘进水平[84]。2014 年，神东公司大柳塔煤矿采用掘锚机、十臂跨骑式锚杆钻车、自适应带式转载机、迈步式自移机尾、履带式自移机尾、两臂式锚杆钻车的配套方

式(图39),进行掘进工艺的优化,解决了新系统锚杆钻车前端空顶、运输系统堵塞、通风除尘效果差等问题,大幅减少了移动设备数量,提高了作业区域的安全水平,并显著提高了单巷掘进效率,实现了月最高进尺1 500 m,日最高进尺68 m[85]。2018年,神东补连塔煤矿采用2台掘锚机双巷平行掘进模式,解决了1台掘锚机单巷掘进带来的双巷接续困难等问题,2台掘锚机共用1部带式输送机进行双巷平行掘进,实现了生产进尺的最大化和作业人员的最少化,每月可完成进尺1 080 m以上[86-87]。

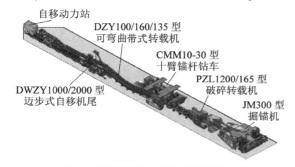

图39　掘锚机快速掘进系统设备布置

Fig.39　Equipment layout of fast tunneling system of tuneling and anchoring machine

3)连续采煤机快速掘进装备总体配套技术与工艺。2005年,神东公司上湾煤矿采用"美国久益的Y12CM15-10DVG型连续采煤机+德国DBT的LAD818运煤车+澳大利亚生产的ARO四臂锚杆机+德国DBT的UN-488型铲车",对工作面巷道进行掘进,创造了大断面巷道双巷掘进月进尺3 070 m记录[88]。2009年,大柳塔煤矿12613运输巷采用"连续采煤机掘进+梭车运输+四臂锚杆机支护+锚索机"配套模式,掘进速度达到16.5 m/d,掘进巷道的工程质量合格率达到89%,并且有效减少了冒顶事故,为综采工作面接续创造了条件[89]。2012年乌兰木伦煤矿61401和61402运输巷采用连续采煤机—梭车工艺系统,将工作面最大控顶距由12.5 m提高到13.5 m,循环进尺由11 m提高到12 m,月单进可达到2 000 m以上[90]。2014年,神东煤炭集团补连塔煤矿开切眼选择连续采煤机、梭车、锚杆机、连运一号车作为掘进系统,采用二次成巷技术及"控水+顶帮联合支护+释压+混凝土底板"的方式治理底鼓,解决了复杂条件下大断面开切眼的支护难题[91]。此外,神东煤炭集团石圪台煤矿和大柳塔煤矿,对大断面煤巷一次成巷快速掘进的巷道锚杆、锚索支护参数进行了优化设计,实现了大断面煤巷月进尺1 800 m、单日进尺80.3 m[92-93]。

2015年,金鸡滩煤矿采用连续采煤机成套装备进行掘进,包括国产EML340型连续采煤机、CMM4-25型锚杆钻机、SC15/182型梭车、GP460型破碎转载机、CLX3型防爆胶轮铲车,通过对梭车卷缆滚筒转动速度等进行优化,实现了月进尺1 811 m[94]。神木隆德煤矿使用连续采煤机配合10SC32-48B-5型梭车及CMM4-20型锚杆机,采用3条巷道同时掘进,降低支护作业影响时间,正常情况下3条巷道同时掘进日进尺约40 m,月进尺约1 200 m[95-96]。

6.5　智能化快速掘进技术

借鉴工作面智能化开采技术发展路径,装备成套化、作业流程自动化、控制方式智能化是实现巷道智能快速掘进的有效途径,以掘锚机组为例,提出了以下3种智能化快速掘进技术方案。

1)智能化快速掘进成套化配套模式。现有掘锚机快速掘进系统一般由掘进、转载、锚固、输送4个子系统组成,其中转载和锚固系统独立,一方面造成了锚杆钻车支护时距掘进工作面距离较大,不利于巷道顶板的稳定性和安全性,另一方面增加了掘进工作面的工人数量,不利于减员增效。针对上述问题,提出了锚-运-破一体机,同时施工顶部锚杆和侧帮锚杆,实现掘锚平行作业,并与后部自移输送带一起组成掘锚机成套化系统,即"掘进+支护+运输"三机配套模式(图40)。

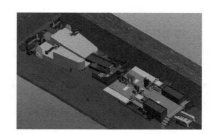

图40　掘锚机快速掘进系统设备布置方式

Fig.40　Equipment layout of rapid excavation system using roadheader with bolting machine

2)快速掘进自动化关键技术。定姿和定向技术是实现掘进装备自主导航的关键,现有掘锚机安装有倾角传感器,可直接测量整机的俯仰角、横滚角等姿态信息,但受井下地磁干扰、振动等多种干扰因素的影响,掘进装备水平偏转角度的测量精度和稳定性相对较低,这也是现有定向和导航技术未能在煤矿井下推广使用的主要原因。研究团队提出了激光制导与惯性制导联合的自主导航系统,实现掘进装备的定向截割和导航(图41)。激光及光靶定位导航技术在盾构机中已经成熟应用,但装置价格昂贵,且受井下粉尘、湿度和机身振动等条件的限制,激光导向系统的照射距离、稳定性和响应速度不能满足井下掘进要求。借鉴其光靶点位原理,设计满足井下环境工况的激光发射装置和接收光靶,再将光靶定位与倾角传感器相结合,采用倾角传感器直接测量俯仰角、横滚角,利用光斑相对位置计算水平偏转角,最后通过信息融合技术和降噪技术,获取掘进装备的姿态信息,再将其反馈到掘进控制系统。

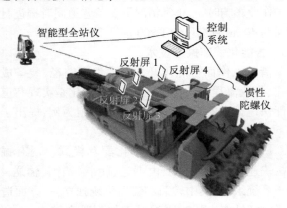

图 41　掘进装备定向与导航

Fig.41　Research route for navigation positioning
of roadheader equipment

掘进装备的截割臂需要上下摆动完成巷道的掘进,其截割臂的运动轨迹直接影响巷道的断面成型精度和平直度,以掘进机的姿态检测角度为基础,建立对掘进机多自由度运动学、动力学模型,规划截割头的运动轨迹,并采用现代控制理论和方法使掘进机各个关节能够以理想的动态性能无静差地跟踪期望轨迹,实现截割过程的智能控制(图42)。

钻锚装备的核心难题在于如何实现自动化锚护,一方面基于现有锚杆支护工艺优化钻锚装备,采用人工辅助送料(药卷、锚杆),自动搅拌、自动紧固的自动化锚护作业流程(图43),施工过程需要对锚护作业的各工序参数进行采集,实时显示,存储和传输;另一方面需要研究探索新型支护方式,突破钻锚装置难以实现自动化的瓶颈。

3)智能化快速掘进远程集控平台。当前智能掘进技术工业化应用尚未取得实质性突破,成套智能快速掘进装备应用尚处于起步阶段,以遥控操作模式为主,主要实现对掘锚机、连续采煤机及其配套设备的远程遥控,使操作人员远离危险的现场环境,在安全区域完成作业。需要进一步融合设备状态信息和地质环境信息,集成自主导航、自动截割、自动化锚护核心模块,实现真正意义上的远程集控。

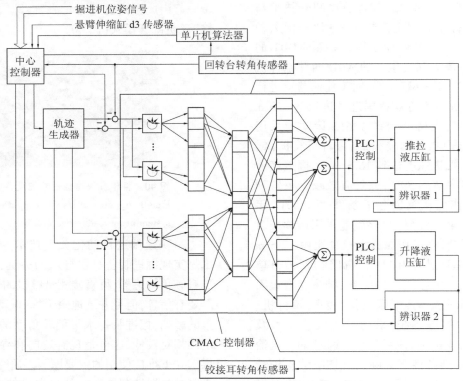

图 42　悬臂式掘进机的智能截割控制方案

Fig.42　Intelligent cutting control scheme of boom-type roadheader

构建智能化多机协同控制系统,实现快速掘进成套智能装备各子系统的联合动作,减少掘进面操作人员数量,实现连续、快速、稳定、安全的智能化巷道掘锚运作业。通过掘锚机和锚护设备的协同作业,实现掘锚平行、分段支护、连掘连运等功能,在锚护设备的前端安装无接触式测距传感器,检测掘锚机与锚护设备之间的实时距离信息,实现对掘锚机的同步跟随;在掘锚机的输送机尾安装无接触式测距传感器,实时监控机尾与转载机料斗之间的相对位置,防止其与料斗发生碰撞或侧偏而产生撒料现象;锚护设备前移时,通过其配备的绞车牵引过渡运输系统,实现二者的实时跟随、连续运输。

建立掘锚机、锚运破一体机和自移带式输送机等掘进工作面设备模型,锚杆、锚索等巷道支护和地质模型,压风管、供水管、排水管、通风筒等辅助系统模型,构建透明化掘进工作面场景,开发三维可视化集控平台。三维可视化平台通过对智能化掘进装备的多源信息融合及三维地质、巷道空间信息实时监测,实现掘锚一体化综掘工作面全息感知与场景再现,如图44所示,模拟巷道掘进与支护平行作业,快速成巷的三维可视化表达与监控,具备在地面调度中心对井下设备的"一键"启停控制和远程干预功能。

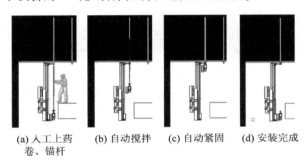

(a) 人工上药卷、锚杆　(b) 自动搅拌　(c) 自动紧固　(d) 安装完成

图43　智能化钻锚工作原理

Fig.43　Operating principle for intelligent drilling and bolting

3.55 m

图44　三维可视化智能掘进工作面集控平台

Fig.44　3D visualization integrated control platform for intelligent tunnelling face

掘支运不平衡、掘锚后配套系统能力差、成套系统智能化程度不高、各设备间无法协同联动是制约巷道掘进效率的关键,以连续采煤机、掘锚机为主机的快速成套系统虽在一定程度上提高了巷道的掘进速度,但其自动化、智能化程度仍无法满足高产高效和无人化、少人化目标,还需在快速掘进系统的配套技术与方法、成套装备的地质适应性匹配方法、掘进机智能截割技术、智能锚护技

术、输送带多点驱动功率平衡技术和张紧力自动控制技术、辅助工序自动化技术、物联网集成技术等方面进行深入研究。

7　煤矿智能化发展问题思考与政策建议

7.1　条件多样性与区域不平衡相关问题的思考

我国煤层赋存条件具有多样性和复杂性,不同区域的煤炭开采技术水平、管理水平等发展不平衡,因此,应因地制宜,根据不同的煤层赋存条件、开采技术水平、管理水平等,开发煤炭资源条件适应型智能化开采技术。

针对我国西部晋陕蒙等煤层赋存条件较好的矿区,应大力推广应用薄及中厚煤层智能化无人开采模式、大采高工作面智能高效人机协同巡视模式、综放工作面智能化操控与人工干预辅助放煤模式,实现薄煤层、厚及特厚煤层的智能化、无人化开采,变电所、水泵房等固定作业场所推广应用无人值守技术,主辅运输系统应用智能无人运输技术,最大程度减少井下作业人员数量,提高煤矿智能化开采水平。

针对云贵川等煤层赋存条件比较复杂的矿区,应推广应用机械化+智能化开采模式,液压支架采用电液控制系统进行自动跟机移架控制,减少工作面作业人员劳动强度,变电所、通风机、泵房等固定作业场所应用无人值守技术,瓦斯、水、火、顶板等采用智能监测预警技术,根据矿井实际地质条件,最大程度地应用智能化开采技术与装备,减轻井下工人劳动强度,实现安全、高效、智能化开采。

由于受制于煤层赋存条件、开采技术水平等,不同矿区的智能化发展呈现较大的差异性,因此,不能按统一标准对煤矿智能化水平进行评判,应因地制宜,制定不同煤层条件、不同矿区的煤矿智能化评判标准。

7.2　政策建议

煤矿智能化是煤炭工业高质量发展的核心技术支撑,煤矿智能化发展的目标是建设智慧煤矿。李克强总理在2019年《政府工作报告》中明确指出:打造工业互联网平台,拓展"智能+",为制造业转型升级赋能。为贯彻《政府工作报告》精神,推进现代信息技术、人工智能技术与煤炭开发技术的深度融合,全面提升煤矿智能化水平,实现煤炭工业高质量发展,国家需要在以下5个方面给予政策支持:

1)组织开展煤矿智能化基础理论和短板技术专项攻关。我国井工煤矿煤炭产量约占总产量的85%,最大开采深度已达到1 500 m,智能化开采是减少井下各种灾害对作业人员造成伤害的有效途径,而井下精准位置定位、地质信息"透明化"、重大危险源识别等仍然是制约煤矿安全生产的短板。针对这些短板技术,建议由国家科学技术部组织设立国家自然科学基金基础研究重大专项、科学仪器重大专项、重点研发计划等,深入开展井下海量多源异构数据信息融合与动态更新方法、重大危险源快速辨识理论与方法、复杂围岩环境与开采系统多场耦合作用机理等基础理论研究,并对煤矿精准探测与地理信息精细建模技术、适应复杂条件的采掘智能化技术与装备、大型设备远程控制与故障诊断的数字孪生技术等短板技术进行攻关,解决制约复杂条件煤矿智能化发展的理论与技术短板。

2) 制定煤矿智能化建设相关标准与政策法规。建议由国家能源局牵头组织,尽快开展煤矿智能化建设相关标准的制定工作,设立煤矿智能化和智慧煤矿建设技术标准体系研究专项,制修订指导煤矿智能化建设的政策法规,为煤矿智能化建设提供标准和法规支撑,并在全国范围内开展地质条件、开采方式和智能化推进程度的调研与分类工作,系统制定各地区煤矿智能化建设分类分级发展规划,科学制定煤矿智能化发展与智慧煤矿建设的原则和分阶段发展目标。建议尽快制定煤矿智能化分类分级设计、建设和评价标准,及时修订完善《煤矿安全规程》《煤炭工业矿井设计规范》《煤矿矿用产品安全标志管理暂行办法》等相关法律法规,解决现有法律法规部分条款制约煤矿智能化发展的问题,营造煤矿智能化发展的创新生态环境。

3) 支持煤矿智能化重大装备研发和高端煤机制造产业发展。建议由国家发改委组织,将煤矿智能装备纳入国家智能制造发展规划,对于高端综采综掘智能化装备、智能化无人值守运输提升装备及重大灾害应急救援智能装备等煤矿智能化重大装备研发和应用给予财税政策支持,推进煤矿智能化装备的发展,为煤矿智能化建设提供高可靠性先进装备保障。

4) 建设一批智能化示范煤矿。坚持典型示范与全面推进相结合的原则是煤矿重大技术进步发展的成功经验。建议由国家能源局、国家煤矿安全监察局组织,开展"建设 100 个智能化示范煤矿,促进煤矿智能化达标"行动,建设一批智能化示范煤矿。提高对新建矿井的智能化生产系统、安全保障系统、管理系统等的设计要求和智能化水平,全面推进智慧煤矿的建设;开展生产煤矿智能化改造,制定鼓励现有生产煤矿进行智能化改造的政策措施,开展煤矿智能化工程示范和达标评价。凝练出一批可复制

推广的智能化开采模式、技术装备、管理经验等,向类似条件矿井进行推广应用。对于首批达标的 100 个智能化示范煤矿,建议给予优先核增产能和专项发展资金等政策支持。

5) 建立全国煤矿大数据中心。由国家能源局、国家安全生产监督管理总局支持和指导,与国有企业、科技实体共建全国煤矿大数据中心,建设安全、共享、高效的全国煤矿大数据应用云平台,开发煤矿多源异构数据的深度融合处理与高效利用技术、煤矿系统装备云端运维和信息实时感知的远程专业化分析处理等增值服务,形成智能化煤矿的高质量运行新模式。

8 结 语

煤矿智能化是煤矿综合机械化的升级发展,是煤炭生产方式和生产力革命的新阶段,煤矿智能化是煤炭工业高质量发展的核心技术支撑,建设智能化煤矿是煤炭工业发展的必由之路。当前,煤矿智能化发展中存在 2 种错误倾向,即滥用智能化概念包装修饰和以苛刻僵化的观点否定煤矿智能化发展,这 2 种观点都是片面、不可取的。我们应当认识煤矿智能化发展的必然性和方向性,积极但不浮躁,全面而不盲目地加快煤矿智能化发展,将大数据、物联网、智能装备等新技术与煤炭开采技术深度融合,彻底改变煤炭生产方式,改善煤矿工人作业环境,使煤炭工人成为更有尊严的现代化产业职工,使煤炭行业成为青年人才向往的行业。

参考文献 (References) :

[1] 边文越,陈 挺,陈晓怡,等. 世界主要发达国家能源政策研究与启示[J]. 自然资源学报,2019,34(4):488-496.
BIAN Wenyue, CHEN Ting, CHEN Xiaoyi, et al. Study and enlightenment of energy policies of major developed countries [J]. Journal of Natural Resources,2019,34(4):488-496.

[2] 中国煤炭工业协会. 2018 煤炭行业发展年度报告[R].北京:中国煤炭工业协会,2019.

[3] 汪应宏,郭达志,张海荣,等. 我国煤炭资源的空间分布及其应用[J]. 自然资源学报,2006,21(2):225-230.
WANG Yinghong, GUO Dazhi, ZHANG Hairong, et al. Spatial distribution and application of coal resource potential in China [J]. Journal of Natural Resources,2006,21(2):225-230.

[4] 张 操. 我国能源消费结构调整背景下煤炭企业的应对策略[J]. 煤炭与化工,2017,40(5):133-136,139.
ZHANG Cao. Countermeasures of coal enterprises under background of energy consumption structure adjustment in China [J]. Coal and Chemical Industry,2017,40(5):133-136,139.

[5] 张 强,许 诚,高亚驰,等. 集成超临界 CO_2 循环的燃煤发电系统冷端优化[J]. 动力工程学报,2019,39(5):418-424.

ZHANG Qiang, XU Cheng, GAO Yachi, et al. Cold - end optimization of a coal-fired power generation system integrated with a supercritical CO_2 cycle [J]. Journal of Chinese Society of Power Engineering,2019,39(5):418-424.

[6] 周璐瑶,徐　钢,白　璞,等. 1000MW超超临界机组回热抽汽过热度的优化利用[J]. 电站系统工程,2015,31(4):16-18,25.
ZHOU Luyao,XU Gang,BAI Pu,et al. Thermodynamic analysis on the superheating degree utilization modes of 1000MW ultra-supercritical units [J]. Journal of Chinese Society of Power System Engineering,2015,31(4):16-18,25.

[7] 胡省三,刘修源,成玉琪.采煤史上的技术革命:我国综采发展40a[J].煤炭学报,2010,35(11):1769-1771.
HU Shengsan, LIU Xiuyuan, CHENG Yuqi. Technical revolution in coal mining history:40 years development of fully mechanized coal mining in China [J]. Journal of China Coal Society, 2010,35 (11):1769-1771.

[8] 张立宽. 改革开放40年我国煤炭工业实现三大科技革命[J]. 中国能源,2018,40(12):9-13.
ZHANG Likuan.After 40 years of reform and opening up, China's coal industry has realized three major scientific and technological revolutions [J]. Energy of China, 2018,40(12):9-13.

[9] 王国法,张德生.煤炭智能化综采技术创新实践与发展展望[J].中国矿业大学学报,2018,47(3):459-467.
WANG Guofa, ZHANG Desheng. Innovation practice and development prospect of intelligent fully mechanized technology for coal mining [J]. Journal of China University of Mining & Technology, 2018,47(3):459-467.

[10] 王国法,李占平,张金虎.互联网+大采高工作面智能化升级关键技术[J].煤炭科学技术,2016,44(7):15-21.
WANG Guofa, LI Zhanping, ZHANG Jinhu. Key technology of intelligent upgrading reconstruction of internet plus high cutting coal mining face [J]. Coal Science and Technology, 2016,44 (7):15-21.

[11] 范京道,王国法,张金虎,等.黄陵智能化无人工作面开采系统集成设计与实践[J].煤炭工程,2016,48(1):84-87.
FAN Jingdao, WANG Guofa, ZHANG Jinhu, et al. Design and practice of integrated system for intelligent unmanned working face mining system in Huangling Coal Mine [J]. Coal Engineering, 2016,48(1):84-87.

[12] 王国法,刘　峰,庞义辉,等.煤矿智能化:煤炭工业高质量发展的核心技术支撑[J].煤炭学报,2019,44(2):349-357.
WANG Guofa, LIU Feng, PANG Yihui, et al. Coal mine intellectualization:the core technology of high quality development [J]. Journal of China Coal Society,2019,44(2):349-357.

[13] 樊运策. 综放工作面冒落顶煤放出控制[J].煤炭学报,2001, 26(6):606-610.
FAN Yunce. Control on top coal caving in long wall top coal caving working face[J]. Journal of China Coal Society, 2001,26 (6):606-610.

[14] 王国法.煤炭安全高效绿色开采技术与装备的创新和发展[J].煤矿开采,2013,18(5):1-5.
WANG Guofa. Innovation and development of safe, high -

efficiency and green coal mining technology and equipment[J]. Coal Mining Technology,2013,18(5):1-5.

[15] 王国法.煤炭综合机械化开采技术与装备发展[J].煤炭科学技术,2013,41(9):44-48,90.
WANG Guofa. Development of fully - mechanized coal mining technology and equipment [J]. Coal Science and Technology, 2013,41(9):44-48,90.

[16] 王国法. 综采自动化智能化无人化成套技术与装备发展方向[J].煤炭科学技术,2014,42(9):30-34,39.
WANG Guofa. Development orientation of complete fully-mechanized automation, intelligent and unmanned mining technology and equipment [J]. Coal Science and Technology,2014,42(9): 30-34,39.

[17] 王国法,范京道,徐亚军,等.煤炭智能化开采关键技术创新进展与展望[J].工矿自动化,2018,44(2):5-12.
WANG Guofa, FAN Jingdao, XU Yajun, et al. Innovation progress and prospect on key technologies of intelligent coal mining [J]. Industry and Mine Automation, 2018,44(2):5-12.

[18] 范京道,徐建军,张玉良,等.不同煤层地质条件下智能化无人综采技术[J].煤炭科学技术,2019,47(3):43-52.
FAN Jingdao, XU Jianjun, ZHANG Yuliang, et al. Intelligent unmanned fully-mechanized mining technology under conditions of different seams geology [J]. Coal Science and Technology, 2019,47(3):43-52.

[19] 王国法,庞义辉,张传昌,等.超大采高智能化综采成套技术与装备研发及适应性研究[J].煤炭工程,2016,48(9):6-10.
WANG Guofa, PANG Yihui, ZHANG Chuanchang, et al. Intelligent longwall mining technology and equipment and adaptability in super large mining height working face[J]. Coal Engineering,2016,48(9):6-10.

[20] 王国法,李希勇,张传昌,等.8m大采高综采工作面成套装备研发及应用[J].煤炭科学技术,2017,45(11):1-8.
WANG Guofa, LI Xiyong, ZHANG Chuanchang, et al. Research and development and application of set equipment of 8m large mining height fully - mechanized face [J]. Coal Science and Technology, 2017,45(11):1-8.

[21] 任怀伟,孟祥军,李　政,等.8m大采高综采工作面智能控制系统关键技术研究[J].煤炭科学技术,2017,45(11):37-44.
REN Huaiwei, MENG Xiangjun, LI Zheng, et al. Study on key technology of intelligent control system applied in 8m large mining height fully-mechanized face[J]. Coal Science and Technology, 2017,45(11):37-44.

[22] 王国法,庞义辉.特厚煤层大采高综采综放适应性评价和技术原理[J].煤炭学报,2018,43(1):33-42.
WANG Guofa, PANG Yihui. Full - mechanized coal mining and caving mining method evaluation and key technology for thick coal seam [J]. Journal of China Coal Society, 2018,43(1):33-42.

[23] 王国法,庞义辉,刘俊峰.特厚煤层大采高综放开采机采高度的确定与影响[J].煤炭学报,2012,37(11):1777-1782.
WANG Guofa, PANG Yihui, LIU Junfeng. The determination and influence of cutting height on top coal caving with great mining height in extra thick coal seam[J]. Journal of China Coal

Socity,2012,37(11):1777-1782.

[24] 王国法,王　虹,任怀伟,等.智慧煤矿2025情境目标和发展路径[J].煤炭学报,2018,43(2):295-305.
WANG Guofa, WANG Hong, REN Huaiwei, et al. 2025 scenarios and development path of intelligent coal mine [J]. Journal of China Coal Society, 2018,43(2):295-305.

[25] 王国法,杜毅博.智慧煤矿与智能化开采技术的发展方向[J].煤炭科学技术,2019,47(1):1-10.
WANG Guofa, DU Yibo. Development direction of intelligent coal mine and intelligent mining technology[J]. Coal Science and Technology,2019,47(1):1-10.

[26] 田成金.煤炭智能化开采模式和关键技术研究[J].工矿自动化,2016,42(11):28-32.
TIAN Chengjin. Research of intelligentized coal mining mode and key technologies [J]. Industry and Mine Automation, 2016, 42(11):28-32.

[27] 王国法.薄煤层安全高效开采成套装备研发及应用[J].煤炭科学技术,2009,37(9):86-89.
WANG Guofa. Development and application of completed set equipment for safety and high efficient mining in thin seam [J]. Coal Science and Technology, 2009,37(9):86-89.

[28] 徐亚军,王国法.基于滚筒采煤机薄煤层自动化开采技术[J].煤炭科学技术,2013,41(11):6-7.
XU Yajun, WANG Guofa. Automatic mining technology based on shearer in thin coal seam [J]. Coal Science and Technology, 2013,41(11):6-7.

[29] 吕鹏飞,何　敏,陈晓晶,等.智慧矿山发展与展望[J].工矿自动化, 2018, 44(9):84-88.
LYU Pengfei, HE Min, CHEN Xiaojing, et al. Development and prospect of wisdom mine [J]. Industry and Mine Automation, 2018, 44(9):84-88.

[30] 毛善君."高科技煤矿"信息化建设的战略思考及关键技术[J].煤炭学报, 2014, 39(8):1572-1583.
MAO Shanjun. Strategic thinking and key technology of informatization construction of high-tech coal mine [J]. Journal of China Coal Society, 2014, 39(8):1572-1583.

[31] 牛剑峰.综采工作面直线度控制系统研究[J].工矿自动化,2015,41(5):5-8.
NIU Jianfeng. Research of straightness control system of fully-mechanized coal mining face [J]. Industry and Mine Automation, 2015,41(5):5-8.

[32] WANG Guofa, PANG Yihui. Surrounding rock control theory and longwall mining technology innovation[J]. Int J Coal Sci Tec, 2017(4):301-309.

[33] 王国法,牛艳奇.超前液压支架与围岩耦合支护系统及其适应性研究[J].煤炭科学技术,2016,44(9):19-25.
WANG Guofa, NIU Yanqi. Study on advance hydraulic powered support and surrounding rock coupling support system and suitability [J]. Coal Science and Technology, 2016,44(9):19-25.

[34] 张德生,牛艳奇,孟　峰.综采工作面超前支护技术现状及发展[J].矿山机械,2014,42(8):1-4.
ZHANG Desheng, NIU Yanqi, MENG Feng. Status and development of advance supporting technology on fully-

mechanized faces[J]. Mining & Processing Equipment,2014,42(8):1-4.

[35] 庞义辉,刘新华,马　英.千万吨矿井群综放智能化开采设备关键技术[J].煤炭科学技术,2015,43(8):97-101.
PANG Yihui,LIU Xinhua, MA Ying. Key technologies of fully-mechanized caving intelligent mining equipment in ten million tons of mines group[J]. Coal Science and Technology, 2015,43(8):97-101.

[36] 王国法,庞义辉.液压支架与围岩耦合关系及应用[J].煤炭学报,2015,40(1):30-34.
WANG Guofa,PANG Yihui. Relationship between hydraulic support and surrounding rock coupling and its application [J]. Journal of China Coal Society,2015,40(1):30-34.

[37] 王国法,庞义辉,李明忠,等.超大采高工作面液压支架与围岩耦合作用关系[J].煤炭学报,2017,42(2):518-526.
WANG Guofa, PANG Yihui, LI Mingzhong, et al. Hydraulic support and coal wall coupling relationship in ultra large height mining face [J]. Journal of China Coal Society,2017,42(2):518-526.

[38] 王国法,庞义辉.基于支架与围岩耦合关系的支架适应性评价方法[J].煤炭学报,2016,41(6):1348-1353.
WANG Guofa, PANG Yihui. Shield-roof adaptability evaluation method based on coupling of parameters between shield and roof strata[J]. Journal of China Coal Society,2016,41(6):1348-1353.

[39] 葛世荣,王忠宾,王世博.互联网+采煤机智能化关键技术研究[J].煤炭科学技术,2016,44(7):1-9.
GE Shirong,WANG Zhongbin,WANG Shibo. Study on key technology of internet plus intelligent coal shearer[J]. Coal Science and Technology,2016,44(7):1-9.

[40] 庞义辉,王国法,任怀伟.智慧煤矿主体架构设计与系统平台建设关键技术[J].煤炭科学技术,2019,47(3):35-42.
PANG Yihui,WANG Guofa,REN Huaiwei.Main structure design of intelligent coal mine and key technology of system platform construction[J]. Coal Science and Technology, 2019, 47(3):35-42.

[41] 庞义辉,王国法.基于煤壁"拉裂-滑移"力学模型的支架护帮结构分析[J].煤炭学报,2017,42(8):1941-1950.
PANG Yihui,WANG Guofa. Hydraulic support protecting board analysis based on rib spalling "tensile cracking-sliding" mechanical model [J]. Journal of China Coal Society, 2017, 42(8):1941-1950.

[42] 庞义辉.超大采高液压支架与围岩的强度耦合关系[D].北京:煤炭科学研究总院,2018.

[43] 庞义辉,王国法,张金虎,等.超大采高工作面覆岩断裂结构及稳定性控制技术[J].煤炭科学技术,2017,45(11):45-50.
PANG Yihui, WANG Guofa, ZHANG Jinhu, et al. Overlying strata fracture structure and stability control technology for ultra large mining height working face [J]. Coal Science and Technology,2017,45(11):45-50.

[44] 张银亮,刘俊峰,庞义辉,等.液压支架护帮机构防片帮效果分析[J].煤炭学报,2011,36(4):691-695.
ZHANG Yinliang, LIU Junfeng, PANG Yihui, et al. Effect anal-

ysis of prevention rib spalling system in hydraulic support [J].
Journal of China Coal Society ,2011,36(4):691-695.

[45] 庞义辉,王国法. 大采高液压支架结构优化设计及适应性分析[J].煤炭学报,2017,42(10):2518-2527.
PANG Yihui, WANG Guofa. Hydraulic support with large mining height structural optimal design and adaptability analysis [J]. Journal of China Coal Society, 2017,42(10):2518-2527.

[46] 黄曾华.可视远程干预无人化开采技术研究[J].煤炭科学技术,2016,44(10):131-135,187.
HUANG Zenghua. Study on unmanned mining technology with visualized remote interference[J]. Coal Science and Technology, 2016,44(10):131-135,187.

[47] 雷　毅.我国井工煤矿智能化开发技术现状及发展[J].煤矿开采,2017,22(2):1-4.
LEI Yi. Present Situation and development of underground mine intelligent development technology in domestic[J]. Coal Mining Technology, 2017,22(2):1-4

[48] 范京道.煤矿智能化开采技术创新与发展[J].煤炭科学技术,2017,45(9):65-71.
FAN Jingdao. Innovation and development of intelligent mining technology in coal mine [J]. Coal Science and Technology, 2017,45(9):65-7.

[49] 王家臣.我国放顶煤开采的工程实践与理论进展[J].煤炭学报,2018,43(1):43-51.
WANG Jiachen. Engineering practice and theoretical progress of top-coal caving mining technology in China [J]. Journal of China Coal Society, 2018,43(1):43-51.

[50] 庞义辉. 机采高度对顶煤冒放性与煤壁片帮的影响 [J]. 煤炭科学技术,2017,45(6):105-111.
PANG Yihui. Influence of coal cutting height on top-coal caving and drawing characteristics and rib spalling [J]. Coal Science and Technology,2017,45(6):105-111.

[51] 庞义辉,王国法.坚硬特厚煤层顶煤冒放结构及提高采出率技术[J].煤炭学报,2017,42(4):817-824.
PANG Yihui, WANG Guofa.Top-coal caving structure and technology for increasing recovery rate at extra-thick hard coal seam [J].Journal of China Coal Society,2017,42(4):817-824.

[52] 王　昕,赵　端,丁恩杰. 基于太赫兹光谱技术的煤岩识别方法[J].煤矿开采, 2018,23(1):13-17, 91.
WANG Xin, ZHAO Duan, DING Enjie. Coal-rock identification method based on terahertz spectroscopy technology [J]. Coal Mining Technology, 2018,23(1): 13-17, 91.

[53] 杨文萃,邱锦波,张　阳,等.煤岩界面识别的声学建模[J].煤炭科学技术, 2015,43(3):100-103, 91.
YANG Wencui, QIU Jinbo, ZHANG Yang, et al. Acoustic modeling of coal-rock interface identification [J]. Coal Science and Technology, 2015,43(3):100-103, 91.

[54] 吴婕萍、李国辉.煤岩界面自动识别技术发展现状及其趋势[J]. 工矿自动化, 2015,41(12):44-49.
WU Jieping, LI Guohui. Development status and tendency of automatic identification technologies of coal-rock interface [J]. Industry and Mine Automation, 2015,41(12):44-49.

[55] 王国法,庞义辉,马　英.特厚煤层大采高综放自动化开采技术与装备[J].煤炭工程,2018,50(1):1-6.
WANG Guofa, PANG Yihui, MA Ying. Automated mining technology and equipment for fully-mechanized caving mining with large mining height in extra-thick coal seam [J]. Coal Engineering, 2018,50(1):1-6.

[56] 王国法,刘俊峰.大同千万吨矿井群特厚煤层高效综放开采技术创新与实践[J].同煤科技,2018(1):6-13.
WANG Guofa, LIU Junfeng. Innovation and practice of high efficiency fully mechanized mining technology for extra-thick coal seam in 10 million coal mine group of Datong[J].Science and Technology of Datong Coal Mining Administration, 2018(1):6-13.

[57] 张金虎,王国法,杨正凯,等.高韧性较薄直接顶特厚煤层四柱综放支架适应性和优化研究 [J].采矿与安全工程学报,2018,35(6):1164-1169, 1176.
ZHANG Jinhu,Wang Guofa, YANG Zhengkai. Adaptability analysis and optimization study of four-leg shield caving support in ultra thick seam with high toughness and thinner immediate roof [J]. Journal of Mining & Safety Engineering, 2018, 35(6): 1164-1169, 1176.

[58] 郝建生.煤矿巷道掘进装备关键技术现状和展望[J].煤炭科学技术,2014,42(8):69-74.
HAO Jiansheng. Present status and outlook of key technology for mine roadway heading equipment[J].Coal Science and Technology, 2014, 42(8):69-74.

[59] 闫魏锋,石　亮.我国煤巷掘进技术与装备发展现状[J].煤矿机械,2018,39(12):1-3.
YAN Weifeng, SHI Liang. Development status of coal roadway tunneling equipment and technology in China[J]. Coal Mine Machinery, 2018,39(12):1-3.

[60] 李森方.国外部分断面掘进机的近期动态[J].煤矿机械,1990,11(S1):9-11.
LI Senfang.Recent development of partial section roadheaders abroad[J].Coal Mine Machinery,1990,11(S1):9-11.

[61] 耿兆瑞. 国外新型悬臂式掘进机技术发展述评[J]. 煤矿机电,1987(3):3-11,34.
GENG Zhaorui.Review on the technology development of new type cantilever roadheader abroad[J].Colliery Mechanical & Electrical Technology,1987(3):3-11,34.

[62] 田　劼. 悬臂掘进机掘进自动截割成形控制系统研究[D].北京:中国矿业大学(北京),2010.

[63] 王苏彧,田　劼,吴　淼.纵轴式掘进机截割轨迹规划及边界控制方法研究[J].煤炭科学技术,2016,44(4):89-94,118.
WANG Suyu,TIAN Jie,WU Miao.Study on cutting trace planning of longitudinal roadheader and boundary control method[J].Coal Science and Technology,2016,44(4):89-94,118.

[64] 田　劼,王苏彧,穆　晶,等.悬臂式掘进机空间位姿的运动学模型与仿真[J].煤炭学报,2015,40(11):2617-2622.
TIAN Jie, WANG Suyu, MU Jing,et al. Spatial pose kinematics model and simulation of boom-type roadheader [J].Journal of China Coal Society,2015,40(11):2617-2622。

[65] 李建刚.自动化掘进机仿形截割控制策略研究[D].阜新:辽宁工程技术大学,2012.

[66] 李晓豁.我国发展连续采煤机的前景[J].矿山机械,2007
(12):10-12,4.
LI Xiaohuo.Prospects for the development of continuous shearers
in China[J].Coal Mine Machinery,2007(12):10-12,4.

[67] 张　强,付欣欣,王艳杰.ML340连续采煤机[J].煤矿机械,
2010,31(11):136-138.
ZHANG Qiang, FU Xinxin, WANG Yanjie. ML340 Continuous
Miner[J].Coal Mine Machinery,2010,31(11):136-138.

[68] 张　振.梁大海.国产连续采煤机在神东矿区快速掘进中的应
用[J].煤矿机械,2010,31(5):184-186.
ZHANG Zhen,LIANG Dahai.Application in Shendong ore district
of domestic continuous miner for fast tunneling[J].Coal Mine
Machinery,2010,31(5):184-186.

[69] 曹艳丽.连续采煤机动态特性及结构优化设计的研究[D].阜
新:辽宁工程技术大学,2012.

[70] 智建宁,王　建.国外掘锚机组发展综述[J].山西煤炭,1997
(1):57-60,63.
ZHI Jianning,WANG Jian.A summary of the development of rock
tunnelling-bolting combined machine abroad[J].Shanxi Coal,
1997(1):57-60,63.

[71] 徐国强.掘锚先锋体验山特维克MB670型掘锚机[J].矿业装
备,2012(2):62-63.
XU Guoqiang. Pioneer experience of anchor excavation of Sandvik
MB670 bolter miner[J].Mining Equipment, 2012(2):62-63.

[72] 王以超.JM340型掘锚机的研制及应用[J].煤矿机电,2018
(2):99-100,106.
WANG Yichao. Development and application of windlass bolter
JM340[J] Colliery Mechanical & Electrical Technology, 2018
(2):99-100,106.

[73] 杨文平,胡　鹏,樊　纲.掘进机自动定向技术探究[J].煤矿
机械, 2016, 37(8): 46-48.
YANG Wenping, HU Peng, FAN Gang. Research on automatic
orientation technology of excavator [J]. Coal Mine Machinery,
2016, 37(8): 46-48.

[74] 朱信平,李　睿,高　娟,等. 基于全站仪的掘进机机身位姿
参数测量方法[J]. 煤炭工程,2011,43(6): 113-115.
ZHU Xinping, LI Rui, GAO Juan, et al. Measurement method of
position and posture parameters of roadheader fuselage based on
total station[J].Coal Engineering,2011,43(6):113-115.

[75] 陈慎金,成　龙,王鹏江,等. 基于激光测量技术的掘进机航
向角精度研究[J].煤炭工程, 2018, 50(7): 107-110.
CHEN Shenjin,CHENG long,WANG Pengjiang,et al. Research
on course angle accuracy of roadheader based on laser measure-
ment[J].Coal Engineering, 2018, 50(7): 107-110.

[76] 冯大龙. 捷联式惯导系统在无人掘进机中的应用[D].重庆:
重庆大学,2007:37-45.

[77] 陶云飞,宗　凯,张敏骏,等. 基于iGPS的掘进机单站多点分
时机身位姿测量方法[J].煤炭学报,2015, 40(11):2611-
2616.
TAO Yunfei,ZONG Kai,ZHANG Minjun,et al. A position and o-
rientation measurement method of single-station, multipoint and
time-sharing for roadheader body based on iGPS[J].Journal of
China Coal Society,2015,40(11):2611-2616.

[78] 薛光辉,管　健,程继杰,等.深部综掘巷道超前支架设计与支
护性能分析[J].煤炭科学技术,2018,46(12):15-20.
XUE Guanghui, GUAN Jian, CHENG Jijie, et al. Design of
advance support for deep fully-mechanized heading roadway and
its support performance analysis [J]. Coal Science and
Technology,2018,46(12):15-20.

[79] 郑瑞霞.ZLJ-10/21型掘进机机载超前支护在漳村矿的应用
[J].煤,2010,19(1):68-69.
Zheng Ruixia.Application of airborne advanced support of ZLJ_10_21
roadheader in Zhangcun Mine[J].Coal,2010,19(1):68-69.

[80] 张幼振.我国煤矿锚杆钻车的应用现状与发展趋势[J].煤炭
工程,2010,42(6):101-103.
ZHANG Youzhen. Application status and development trend of
coal mine anchor drilling vehicle in China[J]. Coal Engineering,
2010,42(6):101-103.

[81] 杨增福.神东公司参与研发的国内首台全自动组合式两臂锚
杆钻车完成出厂验收[J].陕西煤炭,2018,37(S1):206.
YANG Zengfu. Shendong Company participated in the research
and development of the first fully automatic combined two-arm
anchor drilling rig in China to complete factory acceptance[J].
Coal of Shaanxi, 2018,37(S1):206.

[82] 郭成刚,康淑云.煤巷掘进自动化关键技术的重大突破[J].中
国煤炭,2008,34(11):108,112.
GUO Chenggang, KANG Shuyun. Major breakthroughs in key
technologies of coal roadway driving automation[J].China Coal,
2008,34(11):108,112.

[83] 苏　芳,王晨升,武维承,等.掘锚交叉综掘工艺应用及研究
[J]. 煤矿开采, 2014, 19(6): 74-76.
SU Fang, WANG Chensheng,et al, Wu Weicheng.Application of
full-mechanized driving technique of driving and anchoring cross-
operation[J].Coal Mining Technology, 2014, 19(6):74-76.

[84] 张国恩.重叠式连续运输系统和掘锚机配套在巷道掘进中的
成功应用[J].中国矿业,2006,15(5):51-53.
ZHANG Guoen. The successful application of iterative running
transportation systems and layout of anchor dredge machine in
laneway dredging [J]. China Mining Magazine, 2006, 15
(5):51-53.

[85] 汪腾蛟. 新型高效单巷快速掘进系统应用及改进技术[J]. 煤
炭科学技术,2014,42(5):121-124.
WANG Tengjiao. Application and improvement technology of new
high efficient single mine roadway heading system [J]. Coal
Science and Technology,2014,42(5):121-124.

[86] 丁　航,高振军. 补连塔煤矿掘锚机巷道掘进方案优化[J].
煤矿安全, 2018,49(S1):110-112.
DING Hang, GAO Zhenjun. Optimization on roadway tunneling
scheme by driving and bolting machine in Bulianta Coal Mine
[J].Safety in Coal Mines,2018,49(S1):110-112.

[87] 李　杰.磁窑沟煤矿掘锚一体机施工大断面切眼二次成巷掘
进工艺实践研究[J].煤炭工程,2018,50(S1):58-60.
LI Jie.Practice and research on driving technology of large section
cutting hole secondary roadway in Ciyao[J].Coal Engineering,
2018,50(S1):58-60.

[88] 陈外信,刘立新.大采高综采工作面运输顺槽的快速掘进[J].

煤炭工程,2005(7):34-35.

CHEN Waixin, LIU Lixin. Fast driving of transport channel in fully mechanized face with large mining height[J].Coal Engineering,2005(7):34-35.

[89] 李浩荡,栗建平,刘占斌,等. 应用连采机在断层破碎带中掘进工作面巷道[J].煤矿开采, 2009, 14(4):52-53,12.

LI Jianping,LIU Zhanbin,LIU shuangyu, et al. Applying continuous mining machine to driving mining roadways in fault broken zone[J].Coal Mining Technology, 2009, 14(4): 52-53,12.

[90] 曹 军,孙德宁. 连续采煤机双巷掘进工艺及参数优化研究[J]. 煤炭科学技术, 2012, 40(5): 9-13.

CAO Jun, SUN Dening. Study on double gateway driving technique and parameters optimization of continuous miner[J]. Coal Science and Technology,2012, 40(5): 9-13.

[91] 张立辉,李金刚. 复杂条件下大断面开切眼掘支技术研究[J]. 煤炭工程, 2014, 46(10): 115-117.

ZHANG Lihui,LI Jingang.Study on excavation and support technology of large cross section open-off cut under complicated condition[J].Coal Engineering,2014, 46(10): 115-117.

[92] 马 超,代贵生,曹光明. 快速掘进系统在大柳塔煤矿的应用[J]. 煤炭工程, 2015,47(12):34-37.

MA Chao, DAI Guisheng, CAO Guangming. Application of efficient fast driving system in Daliuta Coal Mine[J]. Coal Engineering, 2015,47(12):34-37.

[93] 张喜文,段其涛,徐祝贺.大断面煤巷快速掘进工艺及参数优化研究[J]. 中国煤炭, 2014, 40(S1): 87-91, 95.

ZHANG Xiwen, DUAN Qitao, XU Zhuhe. Study on rapid driving technology and parameter optimization of large section coal roadway[J]. China Coal, 2014, 40(S1): 87-91, 95.

[94] 马福文,张小峰.国产连续采煤机成套装备在金鸡滩矿的应用[J].煤炭技术,2018,37(2):274-276.

MA Fuwen, ZHANG Xiaofeng. Application of domestic continue miner system in Jinjitan Mine[J]. Coal Technology, 2018,37(2):274-276.

[95] 任崇鹏.连续采煤机三条巷道同时掘进快速施工工艺[J].山东工业技术,2018(18):82,248.

REN Congpeng. Rapid construction technology for simultaneous excavation of three roadways of continuous miner[J].Shandong Industrial Technology, 2018(18):82,248.

[96] 周成军. 连续采煤机平衡开采工艺研究及应用[J]. 煤炭工程,2018,50(12):58-61.

ZHOU Chengjun.Research and application of the balanced mining technology of continuous coal shearer[J]. Coal Engineering, 2018,50(12):58-61.

煤炭安全高效综采理论、技术与装备的创新和实践

王国法 [1,2], 庞义辉 [1], 任怀伟 [1,2], 马　英 [1,2]

（1. 煤炭科学研究总院 开采研究分院,北京　100013；2. 天地科技股份有限公司 开采设计事业部,北京　100013）

摘　要：2030 年之前我国以煤为主的能源格局难以改变,煤炭资源安全高效开采仍然面临一系列技术挑战。基于不同层位围岩破断的应力路径效应研究成果,研究了液压支架与围岩的强度、刚度、稳定性耦合作用原理,提出了液压支架适应围岩失稳的"三耦合"动态优化设计方法；针对厚煤层超大采高综采,建立了顶板岩层断裂失稳的"悬臂梁+砌体梁"力学模型,分析了"悬臂梁"破坏失稳的空间条件与力学条件。通过数值模拟方法分析了煤壁破坏的主要影响因素,得出了各影响因素对煤壁破坏的敏感度排序。研发了增容缓冲抗冲击立柱、液压支架群组协同控制系统及"大梯度+小台阶"配套方式,实现了金鸡滩煤矿 8.0 m 超大采高工作面安全高效开采；针对特厚煤层大采高放顶煤开采,研发了三级强扰动高效放煤机构与尾梁冲击破碎装置；针对薄煤层研发了调高范围为 0.5 ~ 1.4 m 的超大伸缩比液压支架,在黄陵一号煤矿实现了常态化远程监控、工作面无人操作的智能化开采。对未来需要突破的安全高效开采关键技术进行了展望,提出了稳定割煤与连续推进、高可靠性设计、综采设备机器人化及透明开采 4 个技术方向。

关键词：特厚煤层；大采高；薄煤层；液压支架；围岩稳定性；智能化开采

中图分类号：TD80　　　**文献标志码**：A　　　**文章编号**：0253-9993（2018）04-0903-11

Coal safe and efficient mining theory, technology and equipment innovation practice

WANG Guofa[1,2], PANG Yihui[1], REN Huaiwei[1,2], MA Ying[1,2]

(1. *Coal Mining Branch, China Coal Research Institute, Beijing　100013, China*; 2. *Coal Ming and Designing Department, Tiandi Science & Technology Co., Ltd., Beijing　100013, China*)

Abstract：In view of the complex and diverse conditions of coal seam in China, the safe and efficient mining technical challenge is analyzed. Based on the stress path effect of different surrounding rock, the six controllable parameters of hydraulic support for surrounding rock stability were found, and the strength, stiffness and stability coupling principle between hydraulic support and surrounding rock were studied. The hydraulic support optimization design method based on "three coupling" principle and the "top-down" whole optimization method were put forward. For the problems of fully mechanized mining face with super cutting height in thick coal seam, the "cantilever beam+voussoir beam" mechanical model for roof strata fracture structure was established, and the space condition and mechanical condition for "cantilever beam" were analyzed. The main influence factors for rib failure were analyzed based on numerical simulation method, which obtained the sensitivity sort. The anti-impact resistance columns, hydraulic support group cooperative control system and "large gradient+small stairs" matching manner were studied, which achieved a safe and effec-

收稿日期：2017-11-04　　**修回日期**：2017-12-20　　**责任编辑**：常明然
基金项目：国家重点研发计划资助项目（2017YFC0603005）；国家自然科学基金资助项目（51704157）；国家自然科学基金重点资助项目（U1610251）
作者简介：王国法（1960—）,男,山东文登人,中国工程院院士,研究员,博士生导师。Tel:010-84262109,E-mail:wangguofa@ tdkcsj. com

tive mining in Jinjitan Coal Mine with 8 m super cutting height in thick coal seam. For the problem of top coal caving property in full-mechanized caving mining face with large mining height, the efficient top coal caving mechanism with three-grade strong disturb function and tail boom impact crushing mechanism were researched. For the problem of narrow space and difficult to achieve automatic mining, the hydraulic support with super big expansion ratio range of 0.5~1.4 m was developed, the normalized remote monitoring and intelligent mining with nobody operating was achieved in Huangling Coal Mine. The key techniques of safety and high efficiency extraction were propose, including steady coal cutting and continuous propulsion, high reliability design, extraction equipment robotization and transparent mining.

Key words: super high coal seam; largh mining height; thin coal seam; hydraulic support; surrounding rock stability; intelligentized extraction

我国煤炭以地下开采为主,资源赋存条件复杂, 20 世纪 90 年代之前,以炮采、普采等开采方式为主,效率低下、事故高发,顶板事故一直是煤矿生产中主要事故源之一。20 世纪 70~80 年代,我国开始尝试机械化开采,引进近百套中厚煤层综采成套装备,发展综合机械化采煤,推动了煤炭开采技术的变革[1-5]。但当时我国没有综采的理论和设计方法,不清楚液压支架与围岩的作用规律,因而引进的综采液压支架不完全适应我国复杂的煤层条件及矿压规律,多个综采工作面被压垮或失败,引进装备的应用并不顺利。因此,研发适合我国开采条件的安全高效综采理论、技术和装备体系[6-7],势在必行。从 20 世纪 80 年代中期开始,我国煤炭行业产学研用合作开展综采成套装备国产化研发,至 20 世纪末基本实现了普通中厚煤层系列综采装备国产化,并先后研发了高位放顶煤、中位放顶煤和低位放顶煤液压支架及综放开采成套装备。2000 年以来,又不断开展高端综采装备技术攻关和创新,研发了世界最大采高的超大采高综采和大采高综放成套装备;研发了世界最小采高的薄煤层自动化综采装备和适应最大倾角 55° 的综采成套装备;研发了智能化综采成套技术装备,推动了智能化无人开采技术的新发展。建立了综采液压支架技术标准体系,实现了成套装备的产业化和完全国产化,且产品和技术出口到世界主要产煤国家。

1 煤炭安全高效开采面临的技术挑战

近 30 多年来,我国经济快速发展对煤炭需求急剧增长。综采是发展科学先进产能、实现煤炭安全高效绿色开发的根本途径。综采技术与装备的持续创新支撑了安全高效矿井建设,保障了国家能源需求。同时,综采的发展从根本上改变了煤炭安全生产条件,百万吨死亡率持续大幅度下降,如图 1 所示[8-9]。

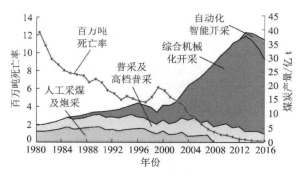

图 1 我国煤炭开采方式产量组成和百万吨死亡率
Fig. 1 Coal exploitation and utilization status quo of China

综采的核心是用液压支架形成地下动态稳定的开采空间和高效推进的采煤作业系统。由于我国煤层赋存条件复杂、多样,煤炭资源的安全高效开采面临以下主要技术挑战:

(1)我国煤矿机械化起步晚,煤层赋存条件千差万别,工作面原岩应力场与采动应力场复杂多变,传统矿压理论无法有效解释和解决高强度开采综采工作面围岩控制的关键技术问题,亟需建立我国高效综采理论、技术和装备体系。

(2)6~20 m 厚及特厚煤层是我国大型煤炭基地的主采煤层,其资源储量与产量均占我国煤炭资源总量的近半,因无法解决大采高工作面岩层运动和应力场突变导致围岩失稳等难题,国内外长期没有 6~20 m 厚及特厚煤层安全高效开采的技术和装备,造成煤炭资源大量损失,亟待开采技术与装备的新突破。

(3)我国煤矿普遍为多煤层赋存条件,厚度小于 1.3 m 的薄煤层储量约占煤炭资源总储量的 20%,多作为保护层开采。由于薄煤层在三维空间起伏和厚度变化大,开采参数变化梯度大,综采设备可调节范围难以满足需要;且工作面空间狭小,人工操作困难,设备尺寸与能力之间的矛盾突出,设备自动化连续高效推进及系统协调控制难度大。

2　液压支架与围岩耦合原理及设计方法

2.1　液压支架与围岩的"三耦合"作用原理

工作面煤层开挖打破了原岩地应力场的平衡状态,在工作面围岩形成减压区、增压区和稳压区。由于煤层赋存环境不同,工作面围岩所处的原岩应力场状态存在较大差异,不同开采技术参数形成的开采扰动范围、程度等也不相同,采动应力场与支护设备形成的支护应力场相互叠加影响,并对围岩施加循环的静、动载荷,导致不同层位围岩的应力状态(应力路径)、屈服强度等呈现明显差异,不同层位围岩的破

坏块度大小、铰接结构等均不相同。基于西部矿区大采高工作面煤层赋存条件,采用数值模拟分析了不同层位顶板细砂岩的应力路径及破断结构,如图 2 所示。虽然 3 个层位细砂岩的力学参数相同,但由于不同层位细砂岩受到的循环加卸载应力路径存在较大差异,随着岩层与工作面垂直距离增大,其峰值应力及差应力值降低,破断块度增大,更容易形成承载结构;低层位岩层的应力峰值及差应力值均较大,岩层破断块度较小,不容易形成承载结构,不同应力路径效应形成的围岩自承载结构对工作面支护设备提出不同的支护要求。

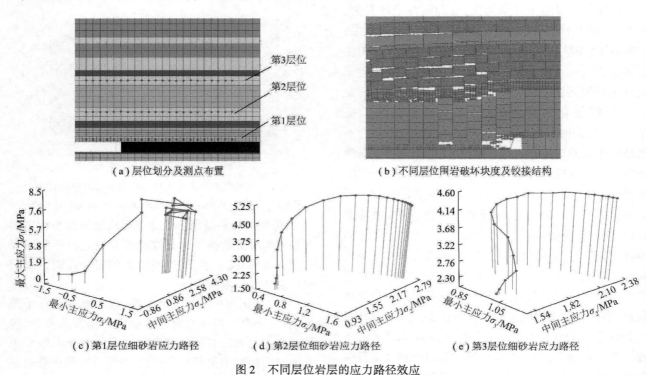

(a) 层位划分及测点布置　　　　　　　　(b) 不同层位围岩破坏块度及铰接结构

(c) 第1层位细砂岩应力路径　　(d) 第2层位细砂岩应力路径　　(e) 第3层位细砂岩应力路径

图 2　不同层位岩层的应力路径效应

Fig. 2　Different surrounding rock stress path effect

基于上述围岩的应力路径效应分析结果,通过大量现场观测试验,发现了液压支架维护顶板动态失稳的 6 个可控参数:顶梁梁端距、顶梁对顶板的水平作用力、顶梁合力作用点、护帮板的护帮力矩、液压支架的初撑力与支护强度、工作面推进速度。液压支架应具有合理的强度(支护强度与结构强度),适应顶板岩层断裂失稳对工作面形成的静载与动载冲击;液压支架应具有合理的刚度,通过提高液压支架的初撑力,可以提高液压支架与直接顶板和底板的组合刚度,从而影响顶板岩层断裂点与液压支架的相对位置,降低顶板岩层断裂失稳施加于液压支架的静、动载荷;液压支架应具有合理的自稳定系统,以支架自身的稳定性为基础,通过自身的稳定来维护围岩的动态失稳。基于上述原理,

笔者提出了液压支架与围岩的强度、刚度与稳定性耦合原理[10],如图 3 所示。

基于上述液压支架与围岩的耦合作用原理,引入不同煤层赋存条件、开采技术参数、围岩控制要求等对液压支架支护强度的修正因子,对传统液压支架合理支护强度计算方法进行了修正[11]:

$$P = (2.75 + \Psi) \frac{\gamma M}{K_p - 1} \tag{1}$$

式中,P 为液压支架支护强度,MPa;Ψ 为修正因子;γ 为岩层容重,kN/m³;M 为工作面开采高度,m;K_p 为岩层碎胀系数。

2.2　基于"三耦合"原理的液压支架动态优化设计方法

基于上述液压支架与围岩的强度、刚度、稳定性

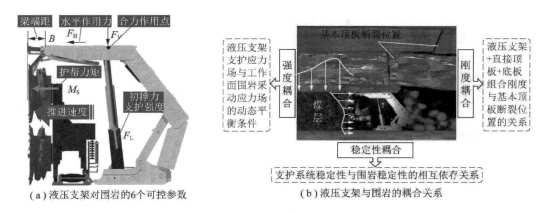

(a)液压支架对围岩的6个可控参数　　　　　　(b)液压支架与围岩的耦合关系

图 3　基于可控参数的液压支架与围岩耦合关系

Fig. 3　Hydraulic support and surrounding rock coupling relationship based on controllable parameters

耦合原理,提出了液压支架适应围岩失稳的动态优化设计方法,其优化设计逻辑如图 4 所示。

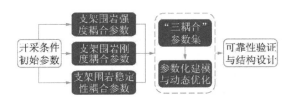

图 4　液压支架"三耦合"动态优化设计逻辑

Fig. 4　Hydraulic support dynamic optimization design logic based on "three coupling" relationship

基于工作面煤层赋存条件与开采技术参数,采用数值仿真方法进行液压支架与围岩的静力学、动力学与运动学耦合参数计算,确定液压支架与围岩的强度耦合、刚度耦合、稳定性耦合参数集。通过液压支架参数化建模及动态优化设计,确定合理的液压支架支护参数;在此基础上进行详细结构设计并进行可靠性验证。具体设计过程如图 5 所示,根据围岩时空动态变化特征,采用静力学分析确定支架静态参数及结构;通过围岩耦合分析及动态仿真,确定液压支架运动特征参数,二者结合确定支架最优设计参数。

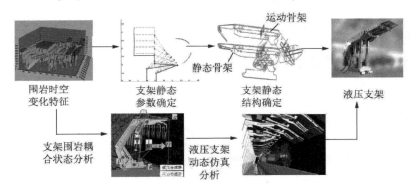

图 5　液压支架动态优化设计过程

Fig. 5　Dynamic design process for hydraulic support

基于"三耦合"原理的液压支架动态优化设计方法充分考虑了支架对围岩静态、动态特征的适应性,大幅增强了可靠性,支架寿命由 15 000 次工作循环提高到 60 000 次。

2.3　长工作面集约化配套设计

20 世纪综采工作面长度普遍为 100 ~ 150 m,一矿多工作面开采方式,系统复杂,工作面平均年产不足 50 万 t/a,最高产量仅 100 万 t/a。进入 21 世纪以来,基于综采效率和装备性能、可靠性的研究,提出把工作面加长至 300 ~ 400 m,"一矿一面"集约化开采理念和总体配套设计方法,改变辅助运输系统、采区布置、采掘接替方案等,大幅度提高生产效率。主要的技术创新包括:

(1)基于液压支架与围岩耦合关系的研究,优化液压支架结构及群组支护方式,从而适应长工作面分区破断、动载冲击频繁的特性;

(2)研发了快速截割高可靠性电牵引滚筒式采煤机和重载高速超长刮板输送机,满足长工作面设备可靠性和高效作业要求;

(3)研发了采煤机智能调高、位置检测,工作面自动调直,端头三角煤高效回收与自动截割、系统智能耦合控制等智能化开采技术;

（4）实现巷道超前液压支架与锚网巷道匹配支护，超前液压支架与工作面装备整体协同推进控制，解决超前段巷道支护影响工作面推进速度的难题。

3 大采高综采综放技术与装备

3.1 超大采高工作面围岩稳定性控制技术

根据煤层厚度划分标准，工作面机采高度大于 3.5 m 的工作面称为大采高工作面，经过长期研发，至 2010 年，我国研发了 3.5～6.0 m 系列大采高综采技术和装备，奠定了大采高综采的基础。针对大型煤炭基地 6～9 m 厚煤层开发难题，进行了大量研究发现[12-14]：

（1）由于机采高度较大，采煤机割煤后破碎的直接顶板对采空区充填不充分，导致工作面动载矿压显现明显，顶板控制难度大；

（2）工作面煤壁高度增大，导致煤壁的自稳定性降低，承载能力下降，极易发生煤壁片帮冒顶事故；

（3）由于受到开采技术与装备的限制，国内外业界曾经将 6.0 m 视为大采高一次采全厚开采的极限开采高度。

基于上述 3 个方面的原因，将采煤机割煤高度>6.0 m 的大采高综采工作面定义为超大采高综采工作面。超大采高工作面安全高效开采主要面临以下技术难题：

（1）超大采高工作面围岩由普通综采工作面的"回转失稳"发展为易发生"滑落失稳"，开采扰动范围大，动载矿压显现明显，超大空间、超强矿压、超高煤壁、强扰动岩层运动给工作面围岩稳定控制带来极大困难。

（2）超大采高液压支架由普通支架的"小尺度、易自稳"变为"大尺度、易失稳"，且受到顶板动载冲击、偏载的概率上升，其重型、复杂结构的稳定性（几何稳定性、结构稳定性及系统稳定性）控制难度极大。

（3）超大采高工作面与普通工作面配套设备的能力、尺度、运行方式的差距显著加大，实现统一协调运行及高效、高采出率开采的难度跳跃式增大。

针对超大采高工作面动载矿山压力及大小周期来压的特点，建立了超大采高工作面围岩断裂失稳的"悬臂梁+砌体梁"结构力学模型，并分析探讨了亚关键层 1 形成悬臂梁的空间条件及悬臂梁发生滑落失稳的力学条件，如图 6 所示。

假设亚关键层 1 断裂后的最大回转角为 α，则亚关键层 1 形成"悬臂梁"的空间条件为

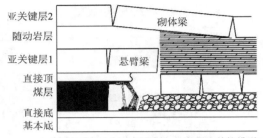

（a）超大采高工作面"悬臂梁+砌体梁"结构模型

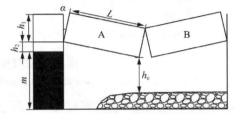

（b）"悬臂梁"断裂结构空间条件

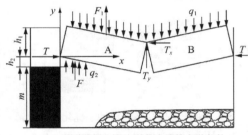

（c）"悬臂梁"发生滑落失稳的力学条件

图 6　悬臂梁结构断裂失稳条件

Fig. 6　Cantilever beam structure fracture instability condition

（1）若 $\alpha > \text{arccot}\dfrac{h_1}{L}$，且 $h_c>0$，则亚关键层 1 形成悬臂梁结构，且 A，B 岩块易发生回转失稳。

（2）若 $\alpha > \text{arccot}\dfrac{h_1}{L}$，且 $h_c\leqslant 0$，则亚关键层 1 形成悬臂梁结构，但 A，B 岩块易发生滑落失稳。

其中，h_1 为亚关键层厚度；L 为 A 岩块长度；h_c 为 A，B 岩块达到最大回转角时 A 岩块下角点距冒落岩层的高度：

$$h_c = m + (1 - k)h_2 - \frac{Lh_1}{\sqrt{L^2 + h_1^2}} \qquad (2)$$

式中，m 为工作面开采高度；k 为直接顶的碎胀系数；h_2 为直接顶岩层厚度。

（3）若 $\alpha \leqslant \text{arccot}\dfrac{h_1}{L}$，且 $h_c>0$，则亚关键层 1 易形成悬臂梁结构，且 A，B 岩块易发生滑落失稳。

（4）若 $\alpha \leqslant \text{arccot}\dfrac{h_1}{L}$，且 $h_c\leqslant 0$，则亚关键层 1 不易形成悬臂梁结构。

假设岩块 A 形成悬臂梁结构，则"悬臂梁"岩块 A 发生滑移失稳的力学条件如下：

$$\begin{cases} Tf + F + T_y - Mg - F_1 \leqslant 0 \\ F = \displaystyle\int_0^l q_2 \, \mathrm{d}x \\ F_1 = \displaystyle\int_{h_1\sin\alpha}^{(h_1+L)\sin\alpha} q_1 \, \mathrm{d}x \\ T = \delta\dfrac{\sigma_c}{2} \\ \delta = 0.5h_1 - 0.5h_1\tan(\beta - \theta)\cot\beta - \\ \qquad L(1 - \cos\theta)\tan(\beta - \theta) \end{cases} \tag{3}$$

式中，T 为断裂块体 A 受到完整块体的水平挤压力；f 为亚关键层 1 岩层之间的摩擦力；F 为液压支架对块体 A 的垂直支撑力；T_y 为块体 B 对块体 A 的垂直力；M 为块体 A 的质量；F_1 为上部岩层对块体 A 的压力；l 为支架的支护长度；q_2 为液压支架对顶板块体的单位支护力；q_1 为上部岩层对块体 A 的单位压力；σ_c 为亚关键层 1 的单轴抗压强度；β 为亚关键层 1 的岩层断裂角；θ 为亚关键层 1 的回转角。

基于上述超大采高工作面"悬臂梁+砌体梁"力学模型，将亚关键层 2 以上的顶板岩层视为底板、液压支架、"悬臂梁+砌体梁"组合结构的边界条件，建立液压支架与围岩的耦合动力学模型，采用 ADAMS 软件进行岩层断裂过程中液压支架与围岩的耦合动力学过程仿真分析，由此可得顶板岩层断裂失稳施加于液压支架的冲击动载荷。

超大采高工作面机采高度增加导致煤壁的自稳定性降低，工作面极易发生煤壁片帮冒顶等安全事故。为了分析煤壁片帮主要影响因素对煤壁发生破坏的敏感性排序，以西部矿区大采高工作面煤层赋存条件为基础，采用数值模拟方法分析了煤层不同抗拉强度、黏聚力、内摩擦角、工作面采高、煤层埋深、液压支架支护强度等参数对煤壁发生破坏的影响，得到了各影响因素与煤壁破坏深度、超前支承压力峰值大小、超前支承压力峰值超前距离的关系，如图 7 所示。

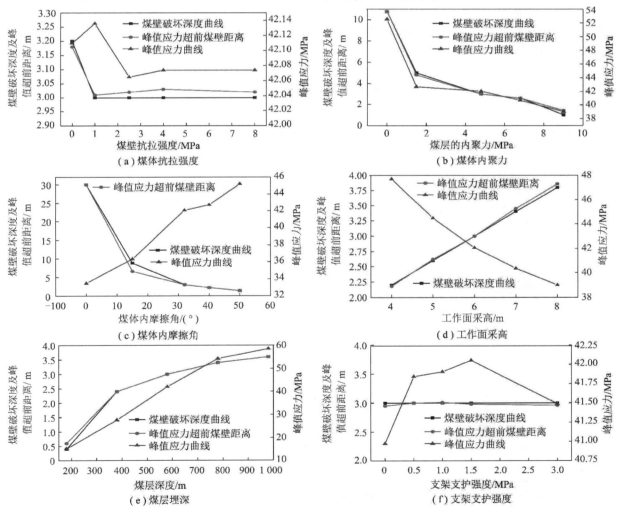

图 7 煤壁破坏影响因素的数值模拟结果

Fig. 7 Numerical simulation results of rib failure influence factors

通过对上述数值模拟结果进行分析发现,不同模拟参数下工作面前方峰值应力超前煤壁的距离与煤壁的破坏深度基本吻合,工作面前方的峰值应力随煤层的黏聚力、工作面采高的增加而降低,随煤层内摩擦角、埋深的增大而增大,而受煤体的抗拉强度、液压支架支护强度的影响很小。虽然工作面采高增加导致工作面前方的超前支承压力峰值降低,但超前支承压力峰值的超前距离及煤壁破坏深度均呈近似线性增大,如图7(d)所示。煤层自身的物理力学参数(内因)对煤壁破坏深度的影响程度最大,工作面开采技术参数(外因)中开采高度对煤壁的破坏深度影响最大,各参数对煤壁发生破坏及破坏程度影响的敏感性排序依次为煤层的内摩擦角>黏聚力>抗拉强度>工作面采高>煤层埋深>液压支架支护强度。

通过大量现场观测发现,煤壁发生破坏仅仅是煤壁片帮的必要非充分条件,煤壁发生片帮的充要条件为煤壁发生破坏,且煤壁破坏体发生失稳[15]。液压支架的支护强度虽然难以抑制煤壁发生破坏,但可以与液压支架的护帮机构通过协调控制抑制煤壁破坏体发生失稳,从而降低工作面煤壁片帮事故的发生。

3.2 超大采高工作面系统集成配套技术

为了适应超大采高工作面动载矿山压力显现特征,设计研发了基于能量耗散原理的增容缓冲抗冲击双伸缩立柱,如图8所示,在液压支架立柱内设置弹性薄壁圆筒或气体腔室等吸能装置,当立柱受到顶板动载冲击时,立柱内的乳化液急剧剧缩并首先涌入吸能装置内,为安全阀响应开启提供缓冲时间,防止立柱内的乳化液来不及泄液而造成立柱及液压支架主体结构损坏。另外,抗冲击立柱配备4 000 L/min的先导式大流量安全阀,适应强冲击下液压支架立柱快速泄液的需要。

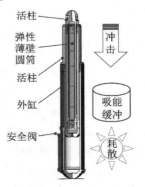

图8 增容缓冲抗冲击双伸缩立柱

Fig. 8 Capacity of the buffer anti-impact double telescopic column

采用微隙准刚性四连杆机构、高压自动补偿系统及超大流量快速移架供液系统,提高液压支架与底板、直接顶板岩层的组合刚度,降低顶板岩层对煤壁的压力。研发超大采高液压支架三级协动护帮装置,护帮高度超过4.0 m,预设接近开关、护帮力智能感知装置及护帮工序控制逻辑,实现超大采高液压支架对煤壁的智能及时支护,最大程度降低煤壁片帮几率。

由于工作面开采高度增大,导致液压支架的自稳定性降低,超大采高液压支架保持其正确姿态及良好的受力状态难度很大,需在状态监测的基础上采用自动控制技术,保持其几何稳定性。为了提高液压支架与围岩的稳定性耦合控制,在单台液压支架稳定控制的基础上,采用分布式控制策略,实现液压支架支护系统的群组协同控制,如图9所示。

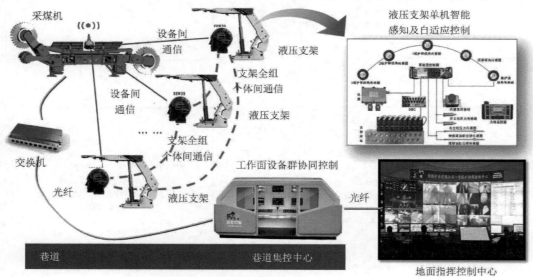

图9 液压支架群组协同控制示意

Fig. 9 Hydraulic support group collaborative control logic

群组协同控制能够改变现有集中控制方式造成的单台液压支架之间工作步调不一致、削弱整体支护能力等问题,大幅提升支护系统对地质条件的适应性,提高系统的整体稳定性,实现液压支架与围岩的稳定性耦合控制。

超大采高工作面巷道高度与工作面采高一般存在 3~5 m 的高差,采用传统的小台阶逐级过渡配套方式造成工作面两端头三角煤损失严重。为了提高超大采高工作面煤炭资源采出率,设计研发了超大采高工作面"大梯度+小台阶"过渡配套方式,如图 10 所示,采用带大侧护板的特殊过渡液压支架,实现由工作面开采高度一次性直接过渡至巷道高度,解决了传统配套方式存在的三角煤损失问题。采用大流量快速移架系统及电液控制系统,实现了超大采高工作面快速协调推进。

图 10　"大梯度+小台阶"过渡配套方式
Fig. 10　"large gradient+small stairs" transfer matching manner

基于上述超大采高工作面系统集成配套研究成果,开展了金鸡滩煤矿超大采高综采工程实践,金鸡滩煤矿 108 超大采高工作面最大开采高度 8.0 m,工作面长度 300 m,推进长度 5 538 m,实现了工作面日产 6.16 万 t、月产 150 万 t 以上水平。

3.3　大采高综放工作面安全高效开采技术

我国于 1982 年引进综采放顶煤开采技术,并于 1984 年在蒲河煤矿进行综放开采试验。综放液压支架是综放开采工作面的核心设备,担负着工作面围岩控制与顶煤放出的双重任务,综放液压支架架型、技术参数对围岩与顶煤的适应性直接决定综放开采技术的成败。

(1)针对 20 m 特厚煤层安全高效高采出率开采技术难题,基于大同塔山煤矿含夹矸复杂特厚煤层赋存条件,研发了首套支护高度 5.2 m、工作阻力 15 000 kN、带强扰动放煤机构的大采高强力放顶煤液压支架,解决了塔山煤矿 20 m 特厚煤层综放工作面超大空间、超高煤壁、超厚顶煤安全高效高采出

率开采技术难题。通过对比分析不同放煤步距、不同放煤方式对顶煤采出率的影响,见表 1,确定 20 m 特厚煤层应优选一刀一放、多轮多窗口间隔放煤方式。

表 1　不同放煤工艺参数顶煤采出率
Table 1　Top coal recovery ratio of different caving technological parameters

放煤工艺		采出率/%
放煤步距	一刀一放	84.4
	二刀一放	82.3
	三刀一放	78.6
放煤方式	单轮顺序放煤	78.6
	单轮间隔放煤	80.3
	多轮多窗口间隔放煤	84.4

(2)针对西部矿区坚硬特厚煤层顶煤难以放出问题,定量分析了液压支架反复支撑作用力、支撑次数对顶煤的损伤破坏作用[16-17],发现液压支架的支护作用力与顶煤破坏深度呈非线性关系,顶煤的垂直位移量、破碎程度随液压支架反复支撑次数、主动支护作用力的增加而增大,液压支架反复支撑次数能有效影响顶煤块度的大小,但不能显著提高顶煤的最终损伤破坏深度。由于大采高综放工作面煤壁片帮与顶煤冒落放出的受力源与力学机理均相同,煤壁片帮与提高顶煤冒放性是一对矛盾综合体。研究发现,通过提高液压支架的初撑力与工作阻力、优化液压支架的架型结构(优选两柱整体顶梁综放支架架型结构)可以有效缓解二者之间的矛盾。

(3)针对坚硬特厚煤层顶煤冒落块度大、后部放煤口易成拱导致顶煤难以放出的问题,设计了三级强扰动高效放煤机构及放顶煤尾梁冲击破碎装置,如图 11 所示,通过增大放煤口尺寸、减小掩护梁长度从而降低顶煤成拱的几率,利用液压支架尾梁中的冲击破碎装置对支架尾梁后部的大块煤进行冲击破碎,提高冒落顶煤的放出率。

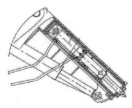

（a）三级强扰动高效放煤机构　　（b）支架尾梁冲击破碎装置

图 11　强力高效放煤装置
Fig. 11　Powerful and efficient caving mechanism

4　薄煤层自动化开采技术与装备

针对薄煤层综采工作面空间狭小、参数变化范围

大、自动化开采工艺复杂等难题,研发了世界最小采高的薄煤层自动化开采技术与装备。

(1)采用板式整体顶梁、双连杆、双平衡千斤顶叠位布置等新结构,设计超大伸缩比薄煤层液压支架,如图12所示,满足了液压支架在0.5~1.4 m范围的超大伸缩比要求,提高了薄煤层液压支架对煤层厚度、矿山压力显现强度的适应范围。

(2)以综采工作面液压支架、采煤机、刮板输送机等设备的单机自动化为基础[18-19],如图13所示,根据开采工序确定各综采设备间的控制逻辑关系,利用采煤机记忆截割系统实现采煤机的自动斜切进刀割三角煤、液压支架自动跟机移架及推移刮板输送机,利用高清视频监测系统实现对工作面设备的实时

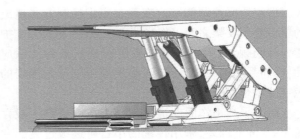

图12　超大伸缩比薄煤层液压支架

Fig. 12　Large expansion ratio hydraulic support for thin seam

在线监测,通过将三机联动控制、供电供液控制、设备运行工况等监测与控制数据上传至综采工作面集中控制系统,形成具有自动感知和层级控制的自动化控制逻辑[20]。

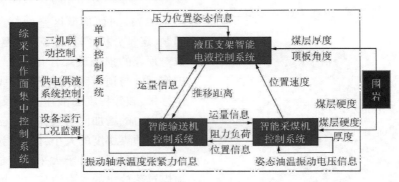

图13　薄煤层自动化开采系统控制逻辑

Fig. 13　Automatic mining system control logic in thin coal seam

通过建立工作面巷道监控中心、地面调度室自动化控制中心,在黄陵一号煤矿实现了常态化远程监控、工作面无人操作的智能化开采。

5　结论与展望

5.1　结　论

(1)发现了液压支架维护顶板动态失稳的6个可控参数:顶梁梁端距、顶梁对顶板的水平作用力、顶梁合力作用点、护帮板的护帮力矩、液压支架的初撑力与支护强度、工作面推进速度,提出了液压支架与围岩的强度、刚度、稳定性三耦合原理及液压支架三维动态优化设计方法。

(2)将采煤机割煤高度大于6 m的工作面定义为超大采高工作面,建立了超大采高工作面顶板岩层断裂失稳的"悬臂梁+砌体梁"力学模型,确定煤壁发生破坏的影响因素及其敏感性;提出超大采高工作面围岩稳定性控制方法。

(3)通过设计研发增容缓冲抗冲击双伸缩立柱、三级协动护帮装置,实现了超大采高工作面围岩的稳定性控制;通过采用液压支架支护系统群组协同控制、"大梯度+小台阶"过渡配套方式,实现了金鸡滩

煤矿厚煤层超大采高工作面安全高效开采。

(4)定量分析了液压支架反复支撑作用力、支撑次数对顶煤的损伤破坏作用,通过提高液压支架的初撑力与工作阻力、优化液压支架架型结构可以有效缓解大采高综放工作面煤壁片帮与顶煤冒放性之间的矛盾;设计研发三级强扰动高效放煤机构、支架尾梁冲击破碎装置,解决了坚硬特厚顶煤冒落块度大导致顶煤采出率低的问题。

(5)采用单进回液口双伸缩立柱、双连杆、双平衡千斤顶叠位布置等新结构,解决了薄煤层液压支架大伸缩比支护问题;基于采煤机记忆截割系统、支架自动跟机移架系统等,实现了薄煤层常态化远程监控、工作面无人操作的智能化开采。

5.2　展　望

由于我国煤矿开采条件的多样性和复杂性,理念、技术和管理水平的不平衡,许多煤矿的开采还未达到理想效果,还需在开采技术、成套装备、智能化等方面继续深入研究。未来需要突破的关键技术主要包括:

(1)复杂煤层自动稳定割煤与连续推进技术。煤层赋存条件的复杂性和安全制约因素的多样

性是综采面临的最大难题,煤层不稳定、夹矸、断层、破碎顶板等很多问题都会导致工作面发生片帮冒顶,液压支架倒架、扎底,刮板输送机飘溜,采煤机截割困难,设备损坏严重,导致生产不连续。应研发新的开采工艺方法及成套装备,适应井下复杂的工作面生产条件。

(2)复杂工况下的设备高可靠性技术。

研究综采装备关键元部件失效模式与故障机理,构建装备关键部件及系统的可靠性评价体系,完善可靠性设计,攻克关键元部件的材料和制造工艺,切实解决综采装备的可靠性问题,特别是提高采煤机的可靠性,提高工作面综合开机率,为工作面自动化连续生产提供可靠保障。

(3)综采设备机器人化技术。

液压支架、采煤机、刮板输送机等工作面设备具备自动感知、控制和执行的能力,即相当于一台专用机器人;借用机器人技术与理论研究煤机装备,代替人在恶劣的工况环境中工作,实现危险工作面无人操作的目标。

(4)基于三维GIS系统的透明开采技术。

充分利用地质探测技术,基于三维GIS建立可在线实时数据更新的地质、环境、生产全息信息系统,做到对地质构造、应力变化、瓦斯、水等开采条件的透明化监测;基于惯导、UWB等装备导航及设备定位技术实现采煤、掘进的精确控制;同时,装备群具备自学习、自适应及协调控制功能,实现采、掘、运等开采过程的实时"透明化"控制。

参考文献(References):

[1] 王国法,庞义辉.特厚煤层大采高综采综放适应性评价和技术原理[J].煤炭学报,2018,43(1):33-42.
WANG Guofa,PANG Yihui. Full-mechanized coal mining and caving mining method evaluation and key technology for thick coal seam [J]. Journal of China Society,2018,43(1):33-42.

[2] 钱鸣高,缪协兴,许家林.岩层控制中的关键层理论研究[J].煤炭学报,1996,21(3):225-230.
QIAN Minggao,MIAO Xiexing,XU Jialin. Theoretical study of key stratum in ground control[J]. Journal of China Coal Society,1996,21(3):225-230.

[3] 宋振骐,蒋金泉.煤矿岩层控制的研究重点与方向[J].岩石力学与工程学报,1996,15(2):128-134.
SONG Zhenqi,JIANG Jinquan. The current research situation and developing orientation of strata control in coal mine[J]. Chinese Journal of Rock Mechanics and Engineering,1996,15(2):128-134.

[4] 王国法.工作面支护与液压支架技术理论体系[J].煤炭学报,2014,39(8):1593-1601.
WANG Guofa. Theory system of working face support system and hydraulic roof support technology[J]. Journal of China Coal Society,2014,39(8):1593-1601.

[5] 王国法,庞义辉.液压支架与围岩耦合关系及应用[J].煤炭学报,2015,40(1):30-34.
WANG Guofa,PANG Yihui. Relationship between hydraulic support and surrounding rock coupling and its application[J]. Journal of China Coal Society,2015,40(1):30-34.

[6] 谢和平,王金华,申宝宏,等.煤炭开采新理念—科学开采与科学产能[J].煤炭学报,2012,37(7):1069-1079.
XIE Heping,WANG Jinhua,SHEN Baohong,et al. New idea of coal mining:Scientific mining and sustainable mining capacity[J]. Journal of China Coal Society,2012,37(7):1069-1079.

[7] 袁亮.煤炭精准开采科学构想[J].煤炭学报,2017,42(1):1-7.
YUAN Liang. Scientific conception of precision coal mining[J]. Journal of China Coal Society,2017,42(1):1-7.

[8] 王国法,王虹,任怀伟,等.智慧煤矿2025情景目标和发展路径[J].煤炭学报,2018,43(2):295-305.
WANG Guofa,WANG Hong,REN Huaiwei,et al. 2025 scenarios and development path of intelligent coal mine Society[J]. Journal of China Society,2018,43(2):295-305.

[9] 金永飞,靳运章,鲁军辉,等.2002—2014年我国煤矿重特大事故特征及发生规律研究[J].安全与环境学报,2017,17(2):799-803.
JIN Yongfei,JIN Yunzhang,LU Junhui,et al. Trace-pursuing study of the extremely severe accidents and casualties of the coal mines in China during the period of 2002—2004 and an analysis of their features and regularities[J]. Journal of Safety and Environment,2017,17(2):799-803.

[10] 王国法.液压支架技术体系研究与实践[J].煤炭学报,2010,35(11):1903-1908.
WANG Guofa. Study and practices on technical system of hydraulic powered supports[J]. Journal of China Coal Society,2010,35(11):1903-1908.

[11] 徐亚军,王国法,任怀伟.液压支架与围岩刚度耦合理论与应用[J].煤炭学报,2015,40(11):2528-2533.
XU Yajun,WANG Guofa,REN Huaiwei. Theory of the coupling relationship between surrounding rocks and powered support[J]. Journal of China Coal Society,2015,40(11):2528-2533.

[12] 庞义辉,王国法,张金虎,等.超大采高工作面覆岩断裂结构及稳定性控制技术[J].煤炭科学技术,2017,45(11):45-50.
PANG Yihui,WANG Guofa,ZHANG Jinhu,et al. Overlying strata fracture structure and stability control technology for ultra large mining height working face[J]. Coal Science and Technology,2017,45(11):45-50.

[13] 弓培林,靳钟铭.大采高采场覆岩结构特征及运动规律研究[J].煤炭学报,2004,29(1):7-11.
GONG Peilin,JIN Zhongming. Study on the structure characteristics and movement laws of overlying strata with large mining height[J]. Journal of China Coal Society,2004,29(1):7-11.

[14] 鞠金峰,许家林,朱卫兵,等.7.0 m支架综采面矿压显现规律研究[J].采矿与安全工程学报,2012,29(3):344-350,356.
JU Jinfeng,XU Jialin,ZHU Weibing,et al. Strata behavior of full-y-mechanized face with 7.0 m height support[J]. Journal of Mining

& Safety Engineering,2012,29(3):344-350,356.

[15] 庞义辉,王国法.基于煤壁"拉裂-滑移"力学模型的支架护帮结构分析[J].煤炭学报,2017,42(8):1941-1950.
PANG Yihui,WANG Guofa. Hydraulic support protecting board a-nalysis based on rib spalling "tensile cracking-sliding" mechani-cal model[J]. Journal of China Coal Society,2017,42(8):1941-1950.

[16] 庞义辉,王国法.坚硬特厚煤层顶煤冒放结构及提高采出率技术[J].煤炭学报,2017,42(4):817-824.
PANG Yihui,WANG Guofa. Top-coal caving structure and technol-ogy for increasing recovery rate at extra-thick hard coal seam[J]. Journal of China Coal Society,2017,42(4):817-824.

[17] 庞义辉.机采高度对顶煤冒放性与煤壁片帮的影响[J].煤炭科学技术,2017,45(6):105-111.
PANG Yihui. Influence of coal cutting height on top-coal caving and drawing characteristics and rib spalling [J]. Coal Science and Technology,2017,45(6):105-111.

[18] 王国法.薄煤层安全高效开采成套装备研发及应用[J].煤炭科学技术,2009,37(9):86-89.
WANG Guofa. Development and application of completed set equip-ment for safety and high efficient mining in thin seam [J]. Coal Science and Technology,2009,37(9):86-89.

[19] 符如康,张长友,张豪.煤矿综采综掘设备智能感知与控制技术研究与展望[J].煤炭科学技术,2017,45(9):72-78.
FU Rukang,ZHANG Changyou,ZHANG Hao. Discovery and out-look on intelligent sensing and control technology of mine full-y mechanized mining and driving equipment[J]. Coal Science and Technology,2017,45(9):72-78.

[20] 任怀伟,杜毅博,侯刚.综采工作面液压支架-围岩自适应支护控制方法[J].煤炭科学技术,2018,46(1):150-155.
REN Huaiwei,DU Yibo,HOU Gang. Self adaptive support con-trol method of hydraulic support-surrounding rock fully mechanized coal mining face [J]. Coal Science and Technology,2018,46(1):150-155.

移动阅读

王国法,刘峰,庞义辉,等.煤矿智能化——煤炭工业高质量发展的核心技术支撑[J].煤炭学报,2019,44(2):349-357.doi:10.13225/j.cnki.jccs.2018.2041

WANG Guofa,LIU Feng,PANG Yihui,et al.Coal mine intellectualization:The core technology of high quality development[J].Journal of China Coal Society,2019,44(2):349-357.doi:10.13225/j.cnki.jccs.2018.2041

煤矿智能化——煤炭工业高质量发展的核心技术支撑

王国法[1,2], 刘　峰[3,4], 庞义辉[1,2], 任怀伟[1,2], 马　英[1,2]

(1. 天地科技股份有限公司 开采设计事业部,北京　100013;2. 煤炭科学研究总院 开采研究分院,北京　100013;3. 中国煤炭工业协会,北京 100013;4. 中国煤炭学会,北京　100013)

摘　要:提出了煤矿智能化是煤炭工业高质量发展核心技术支撑的科学思想,阐述了煤矿智能化的定义和总体要求,明确了煤矿智能化发展的目标是建设智慧煤矿,分析了煤矿智能、智慧、信息化、数字化等术语的内涵和关联关系,提出了我国煤矿智能化建设原则和阶段目标。进行了煤矿智能化顶层设计,提出了统筹规划煤矿智能化发展模式、科学设计智慧煤矿总体架构、建设 100 个智能化示范煤矿的发展思路。探讨了井工煤矿精准地质探测与 4D-GIS 系统、智能化开拓规划与工作面设计、智能化巷道快速掘进成套技术、智能化综采工作面成套技术、智能化主/辅运输技术、危险源智能感知与预警技术、智能化洗选系统、智能化综合保障技术、矿井物联网综合管控系统和操作平台等主要环节的发展路线。阐述了露天煤矿智能化发展方向,提出了建设露天煤矿信息化系统、开发露天煤矿智能化连续开采技术、建立露天煤矿空-天-地一体化安全预警系统、推进露天煤矿生态环境协调绿色发展的理念。大力发展煤机装备智能制造,提高煤机装备的可靠性与适应性,促进煤炭资源开发的机器人化替代,为煤矿智能化发展提供智能装备保障。提出了加大煤矿智能化发展政策支持、设立煤矿智能化标准体系建设专项、建立国家级煤矿智能化技术创新研发实验平台等政策建议。

关键词:煤矿智能化;科学内涵;核心技术;智能装备;保障措施

中图分类号:TD67;TD82　　　**文献标志码:**A　　　**文章编号:**0253-9993(2019)02-0349-09

Coal mine intellectualization:The core technology of high quality development

WANG Guofa[1,2],LIU Feng[3,4],PANG Yihui[1,2],REN Huaiwei[1,2],MA Ying[1,2]

(1. *Coal Mining and Designing Department,Tiandi Science & Technology Co.,Ltd.,Beijing　100013,China*;2. *Coal Mining Branch,China Coal Research Institute,Beijing　100013,China*;3. *China National Coal Association,Beijing　100013,China*;4. *China Coal Society,Beijing　100013,China*)

Abstract: In this paper,a scientific idea was proposed,i. e.,the intelligent coal mine is the core technology support for the coal industry development. The definition and general requirements of intelligent coal mine were expounded. The development goal of intelligent coal mine is to build smart coal mine. The connotation and relationship of coal mine intelligence,wisdom,informationization and digitalization were analyzed. Also,the construction principles and goal of intelligent coal mine were proposed. The top-layer design of intelligent coal mine was carried out,and the ideas of the integrated planning development mode of intelligent coal mine,the scientific design on the overall framework of intelligent coal mine,and the construction of 100 intelligent demonstration coal mines were put forward. In addition,the main development routes of intelligent coal mine were discussed including the precision geological exploration and 4d- intel-

收稿日期:2019-01-04　　　**修回日期:**2019-02-18　　　**责任编辑:**毕永华
基金项目:国家重点研发计划资助项目(2017YFC0603005);国家自然科学基金资助项目(51674243,51834006)
作者简介:王国法(1960—),男,山东文登人,中国工程院院士,博士生导师。Tel:010-84262109,E-mail:wangguofa@tdkcsj.com

ligent GIS system of underground coal mine, the intelligent development plan and the working face design, the intelligent roadway rapid drivage technology, the intelligent technology of fully mechanized coal face, the intelligent main/ auxiliary transportation technology, the hazard sources intelligent perception and early warning technology, the intelligent washing system, the intelligent comprehensive support technology, and the comprehensive control system and operating platform of mine Internet of things. Furthermore, the development direction of intelligent open pit coal mine was expounded. The development ideas of constructing the information system of open pit coal mine, developing the intelligent continuous mining technology of open pit coal mine, establishing the integrated space-air-ground safety warning system in open pit coal mine, and promoting the coordinated green development of ecological environment in open pit coal mine were put forward. It is important to vigorously develop intelligent manufacturing of coal mining equipment, improve the reliability and adaptability of coal mining equipment, promote the robotized substitution of coal resource development, and provide intelligent equipment support for intelligent development of coal mining. Some policy suggestions were put forward, such as increasing policy support for intelligent development of coal mine, setting up special projects for the intelligent standard system construction of coal mine, and establishing a national experimental platform for the intelligent technology innovation of coal mine.

Key words: coal mine intellectualization; scientific connotation; core technology; intelligent equipment; safeguard measure

　　煤矿智能化是适应现代工业技术革命发展趋势、保障国家能源安全、实现煤炭工业高质量发展的核心技术支撑。经过改革开放 40 a 的创新发展，我国煤矿实现了从普通机械化、综合机械化到自动化的跨越，并开始向智能化迈进，为我国经济社会发展提供了可靠的能源保障[1-5]。当前煤矿智能化发展尚处于起步阶段，存在发展理念不清晰、技术标准规范缺失、技术装备保障不足、研发平台不健全、高端人才匮乏等问题。清晰界定煤矿智能化的发展内涵，提出煤矿智能化开发的技术路径与发展战略，是科学谋划煤炭工业未来发展的重要基础，直接关系到国家能源战略的选择和能源安全。笔者基于我国煤矿智能化发展现状及煤炭产业转型升级的战略方向和发展目标，对煤矿智能化发展的若干问题进行探讨。

1　煤矿智能化定义与总体要求

1.1　煤矿智能化定义

　　智能化是指使对象具备灵敏准确的感知能力、精准的判断决策能力及行之有效的执行能力，能够根据感知信息进行智能分析、决策与执行，并具备自学习与自优化的功能。智能化应具有 3 要素：一是具有对外部信息的实时感知与获取的能力；二是具有基于对感知信息的存储、分析、判断、联想，自学习、自决策的能力；三是具备基于自决策的自动执行能力。

　　煤矿智能化是指煤矿开拓设计、地测、采掘、运通、洗选、安全保障、生产管理等主要系统具有自感知、自学习、自决策与自执行的基本能力。煤矿智能化是一个不断发展的过程，煤矿智能化程度也是一个不断进步的过程。滥用智能化概念修饰和以苛刻僵化的观点否定煤矿智能化技术进步的观点都是片面的、不可取的。

　　煤矿智能化发展中，应牢固树立创新、协调、绿色、智能、开放、共享的发展理念，以实现煤炭资源的安全、高效、绿色、智能开发为主线，以建设智慧煤矿为抓手，围绕煤炭工业与物联网、大数据、人工智能等深度融合的关键环节，大力推进智能系统、智能装备的技术创新和应用，全面提升我国煤矿智能化水平。

　　煤矿智能化发展的目标是建设智慧煤矿[6]，智慧煤矿与智慧社会、智慧城市、智慧交通等具有类似的科学内涵，是指煤矿主体系统实现智能化，将物联网、云计算、大数据、人工智能、自动控制、移动互联网、机器人化装备等与现代矿山开发技术相融合，开发矿山感知、互联、分析、自学习、预测、决策、控制的完整智能系统，建设开拓、采掘、运通、洗选、安全保障、生态保护、生产管理等全过程智能化运行的智慧煤矿，创建煤矿完整智慧系统、全面智能运行、科学绿色开发的全产业链运行新模式。

　　智慧与智能的内涵是基本一致的，而一般前者的范畴更宽泛，是后者的集成，国外学者在英文表达中并无区别，一般用"smart"而少见"intelligent"。信息化、数字化是煤矿智能化的基础和基本特征，是从不同视角对其主要技术特性的表征。

1.2　煤矿智能化发展的基本原则

　　煤矿智能化发展应围绕煤炭工业与物联网、大数据、人工智能等深度融合的关键环节，深入开展煤炭开发智能化、利用清洁化、管理信息化和人才战略研

究,大力推进智能系统、智能装备的技术创新和应用,煤矿智能化发展应遵循以下基本原则:

(1)坚持理念创新推动、技术创新支撑的原则。理清发展思路、创新发展模式,加强产-学-研-用的协同创新,深入开展煤矿智能化基础研究,加快技术与装备短板的攻关和标准体系建设,提高煤矿的智能化技术保障能力。

(2)坚持以网络融合安全、信息互联互通、数据共享交换、功能协同联动实现煤矿物联网全部功能的原则。在煤矿智能化建设顶层设计中,应遵循"打通信息壁垒"、铲除"信息烟囱"、消除"信息孤岛"、避免"重复建设"的技术思路,遵循煤矿开采规律,实现人工智能与采矿工艺、技术、装备的深度融合。

(3)坚持示范带动、分类发展的原则。针对不同区域、不同煤层及生产条件,建设一批智能化示范煤矿,以点带面推进煤矿智能化建设向纵深发展。

(4)坚持政府引导、企业主体发展的原则。各级政府、主管部门要对煤矿智能化建设给予积极引导和政策支持,解决技术、装备创新与现有规章、规程的矛盾,全面激活煤矿企业发展智能化技术与装备的积极性和创造性。

1.3　煤矿智能化发展的阶段目标

由于我国煤层赋存条件复杂多样,不同矿区、不同煤层条件对智能化的要求、技术路径、发展目标等均存在差异,因此,煤矿智能化建设并不是一蹴而就的,而是要分层次、分阶段、分重点逐步推进。基于我国煤矿智能化发展现状及发展要求,提出了我国煤矿智能化发展的阶段目标:

(1)到2020年,建成100个初级智能化示范煤矿,初步形成煤矿开拓设计、地质保障、采掘运通、洗选物流等主要环节的数字化传输、智能化决策、自动化运行,实现部分系统、部分岗位的无人值守、远程监控。

(2)到2025年,全部大型煤矿基本实现智能化,构建多信息融合的智能化系统,形成煤矿智能化建设技术规范与标准体系,升级煤矿智能系统技术和装备,实现煤矿开拓设计、地质保障、采掘运通、洗选物流等多个系统的智能化决策和自动化协同运行,初步推广应用井下部分岗位作业、安控与应急救援的机器人化替代。

(3)到2035年,全面建成以智慧煤矿为支撑的煤炭工业体系,构建煤矿及矿区多产业链、多系统集成的煤矿智能化系统,全面突破煤矿智能化核心关键技术,实现煤炭生产主要环节的智能决策和自动化运行,矿井主要作业岗位基本实现机器人化替代。

2　加强煤矿智能化顶层设计

2.1　统筹规划煤矿智能化发展模式

智能化发展模式是煤矿智能化建设的核心技术路径,是实现煤矿智能化的灵魂。由于我国煤矿煤层赋存条件复杂多样、煤矿智能化建设基础与建设水平参差不齐、不同区域煤矿智能化建设保障措施存在较大差异,导致煤矿智能化建设路径、建设进度、建设目标等均不相同,煤矿智能化发展缺乏统筹规划。

为了推进我国煤矿智能化建设进度,提高煤矿智能化发展水平,应分区域、煤层赋存条件、技术基础、发展现状等制定和完善煤矿智能化发展规划,制定我国煤矿智能化中长期发展战略,从国家层面引导煤矿智能化发展的进度、目标和规模,加大规划引导和统筹力度,增强推动煤矿智能化建设的整体合力,既符合我国经济社会发展的需要,又避免盲目重复建设。

针对不同煤层赋存条件与发展现状,分层次统筹规划煤矿智能化发展模式,明确不同发展模式的技术体系、实施路径、建设任务与建设目标,优化煤矿企业的资源配置,营造煤矿智能化建设的创新生态环境,积极推进传统煤炭产业向智能化转型升级。

2.2　科学设计智慧煤矿总体架构

目前,我国学者针对智慧煤矿总体架构进行了积极探索,分别从数据采集与应用、信息传输、控制执行等角度提出了智慧煤矿的技术框架与指标体系[7-8],对我国智慧煤矿建设具有指导意义,但现有智慧煤矿技术架构更多从大数据共享与应用、网络传输等角度进行设计,与煤矿开发系统结合不够密切。

我国智慧煤矿建设尚处于初级阶段,由于缺乏整体技术架构设计,智慧煤矿建设主要集中于各子系统的独立设计,然后再进行系统集成设计。由于各独立子系统设计过程中未能进行数据格式与标准的统一、通信协议的统一等,导致智慧煤矿出现信息孤岛、信息烟囱、子系统割裂等,难以实现系统间的数据共享与智能联动。

基于我国智慧煤矿建设现状,笔者提出了基于自主感知控制、信息传输、统一操作系统平台、井下系统平台、生产经营管理平台的智慧煤矿建设系统架构,如图1所示。为了实现智慧煤矿建设目标,应研发适用于煤矿井下的低功耗、高精度、高可靠、集成化、微型化智能传感器,重点突破核心芯片、软件等基础共性技术,实现对井下环境的全面、精准感知,逐步形成全矿井全息泛化的高精度智能感知场。通过提高智慧煤矿井上下信息采集密度,增加信息采集种类,统一信息采集标准,增强信息处理能力,提高信息采集、处理、分析、决策的时效性。建立和完善满足智慧煤矿发展需要的信息数据库，规范信息采集中的数据校验、数据缓存、数据接口等，实现煤矿各类数据的深度融合处理。构建智慧煤矿大数据统一共享平台，建立信息共享机制，提高智慧煤矿信息资源综合利用水平。建立基于矿井三维地质数据综合管理平台的井下生产系统、安全保障、综合保障系统平台，实现基于视频增强与实时数据驱动的三维场景再现远程干预操作，解决井下各子系统间存在的"信息孤岛"、子系统割裂等问题。

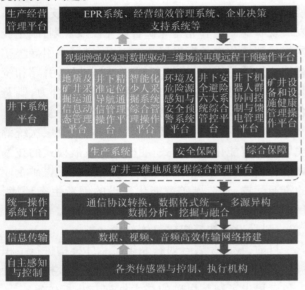

图 1　智慧煤矿建设系统架构

Fig. 1　Intelligent coal mine construction system architecture

2.3　建设 100 个智能化示范煤矿

为了进一步推动煤矿智能化建设朝着科学化、标准化、系统化的方向发展，巩固和加强煤矿智能化建设先进技术基础与经验成果，在我国不同矿区选择具有一定建设基础的典型矿井，从建设理念、系统架构、智能技术与装备、综合管理、经济投入等方面，制定并实施一整套科学、合理、先进的煤矿智能化建设方案，进行煤矿智能化示范矿井建设，以点带面全面推进我国煤矿智能化水平进一步提升。

根据我国煤矿智能化发展现状，前期可分区域建设 100 个智能化示范煤矿，在建设过程中创新智能化技术与装备、积累煤矿智能化建设经验与成果、总结教训，在周边矿区逐步推广应用，推进我国煤矿智能化发展水平稳步提升。

3　井工煤矿智能化发展的重点环节

我国煤炭开发以井工煤矿为主，井工煤矿的产量约占我国煤炭资源总产量的 90%，虽然已经在锦界煤矿、红柳林煤矿、张家峁煤矿等建设了数字化矿山，

并在黄陵一号煤矿、新元煤矿等实现了综采工作面"有人巡视，无人值守"的智能化开采[9-11]，但相关技术成果尚难以直接应用于煤层赋存条件复杂的矿区。为实现煤炭资源智能化开发的终极目标，仍然需要在以下几个方面进行重点技术攻关。

（1）发展精准地质探测与 4D-GIS 系统。

煤层赋存环境精准探测是进行煤炭资源开发的基础，其探测精度与可靠性直接影响煤炭资源的安全、高效、智能化开发。由于受制于探测技术与装备的发展瓶颈[12-13]，钻孔、物探、化探的探测精度、可靠性、时效性等尚难以满足要求，制约了煤矿智能化的发展。

对综采（掘）工作面前方地质体进行超前预探测是实现煤矿智能化开发的基础，应研发基于随掘、随采、随探的矿山地质综合探测技术与装备，创新探测数据动态解释技术，开发探测结果实时处理、动态成像等技术，提高探测信息的时效性；构建综采（掘）工作面探测信息大数据分析平台，进行钻探、物探、化探数据的联合反演，实现综采（掘）工作面前方地质体的精准探测；开发综采（掘）工作面采动应力定量探测技术与装备，实现应力异常区的实时精准探测；研发煤矿井下智能钻探技术与装备，实现井下地质探测的地面远程可视化操控；研发矿井 4D-GIS 综合探测与应用系统，建立矿井地质信息时空状态数据库，实现对矿井地质历史信息的演变过程及未来变化趋势的预测；开发综采（掘）工作面地质信息综合管理系统，构建透明综采（掘）工作面三维地质动态模型，实现地质探测数据的统一协调管理与动态实时三维可视化展现，为实现煤矿井下智能综采（掘）提供地质探测技术与装备保障。

（2）智能化开拓规划与工作面设计。

井工煤矿开拓规划与工作面设计是矿井建设的基础，需要编制大量的技术文件、设计图纸等，存在重复性劳动量大、修改调整工序复杂、图纸与文件标准不统一等问题，亟需进行井工煤矿智能化开拓规划与设计。

统一煤矿开拓规划原则与标准，明确煤矿规划设计目标，基于矿井地理信息系统，开发井工煤矿智能规划与工作面设计系统，基于矿井产量、设备现状、物料供应等，对接续工作面进行自动规划设计，实现巷道掘进施工设计、综采工作面开采系统设计、主/辅运输系统设计、通风设计、排水设计、供电设计等文字资料与设计图纸的标准化与智能化。

（3）发展智能化巷道快速掘进成套技术。

由于受制于巷道掘进工作面空间狭小、作业环境恶劣、临时支护困难等，巷道掘进工作面尚处于机械

化作业阶段,普通煤巷的月掘进进尺一般仅为200～300 m,难以保障矿井的正常采掘接续,直接制约了矿井的安全、高效、智能、少人化开发。

基于目前巷道掘进技术与装备发展现状,笔者认为应首先实现巷道掘进与支护的协调快速推进,在切实提高巷道掘进速度、支护速度与掘-支协同作业效率的前提下,开发巷道掘进设备的精准定位与智能导航系统,研发巷道智能超前探测系统,研发智能协同临时支护装置,研发巷道智能除尘系统,形成巷道掘进、支护、超前探测、除尘等一体化成套技术与装备,实现巷道掘进、支护的协同高效作业,大幅减少巷道掘进作业人员数量,实现煤矿井下巷道的智能、少人、高速掘进,切实解决煤矿采掘失衡、掘-支-锚失衡造成的生产接续矛盾。

(4)完善智能化综采工作面成套技术。

目前,在煤层赋存条件较优异的矿区已经实现了综采工作面采煤机记忆截割、液压支架自动跟机移架、刮板输送机变频协同控制等,并基于LASC定位导航技术实现了采煤机三维空间位置的精确定位及工作面直线度的智能调整[14],如图2所示,但井下综采设备的实时精准定位与导航、采煤机自适应智能调高、煤壁片帮冒顶自适应智能控制、刮板输送机智能调斜、煤流量智能监测与协同控制等尚存在技术瓶颈,制约了综采工作面由自动化开采向智能化开采迈进。

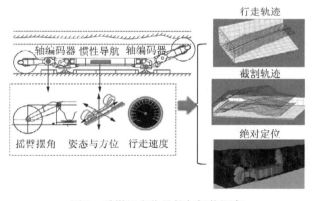

行走轨迹

截割轨迹

绝对定位

轴编码器 惯性导航 轴编码器

摇臂摆角 姿态与方位 行走速度

图2 采煤机定位导航与智能调高

Fig. 2 Shearer positioning navigation and intelligent cutting height adjustment

智能感知、智能决策和自动控制是智能化开采的3要素,针对综采工作面智能化发展存在的上述问题,应研发综采工作面三维扫描与地图构建技术,通过激光扫描、高清与红外摄像仪同步动态扫描等方法,获取工作面三维场景信息,采用井下三维模型构建与修改技术,构建井下三维地图;研究采煤机、液压支架、刮板输送机等综采设备的三维空间位置高精度检测和姿态精准感知技术,通过引入惯性导航、超宽

带UWB、毫米波、机器视觉等多种传感技术,为工作面直线度调整及采煤机智能调高提供支撑;研究基于采煤机截割阻力感知的采煤机功率协调、牵引速度调控原理,开发采煤机与煤层自适应控制专家系统,研发采煤机姿态感知技术与装置,实现采煤机姿态的自动感知与调控,研发采煤机自动调高系统,实现基于煤层赋存条件的采煤机自适应控制;研发综采工作面分布式多机协同控制技术与系统,通过构建基于统一坐标系的综采设备群姿态、位置关系运动模型,研究综采装备群分布式协同控制原理;研究仰俯采等复杂条件下液压支架自动跟机移架、液压支架自适应控制、刮板输送机智能调速等,实现复杂条件下综采设备群的多机协同控制。通过综采工作面智能化开采关键技术攻关,切实提高综采设备与围岩的自适应控制及协同控制水平,实现井下综采工作面的安全、高效、绿色、智能化、少人化开采,并逐步实现有限条件下的无人化开采目标。

(5)发展智能化主/辅运输系统技术。

目前,基于图像识别、超声波探测、变频控制等技术与装备,基本实现了主煤流运输系统的异物智能检测、煤量智能监测、胶带撕裂智能监测等,在部分矿井实现了主煤流运输系统的自动化、无人化运行,但对于深部矿区的立井主提升系统尚存在自动化程度低、作业劳动强度大等问题。因此,应进一步大力推广图像识别、永磁驱动、变频控制等技术在主运输系统的应用,大幅减少主运输系统作业人员数量、降低煤流线运输能耗,推进研发立井主提升系统的自动化、智能化技术与装备,实现井上下全煤流运输的无人值守与经济协同运行。

目前,在煤层赋存条件较优越的矿区,无轨胶轮车已经成为矿区的主要辅助运输设备,极大的提高了矿井人员、物料、设备的运输能力与效率,并初步实现了无轨胶轮车的井下定位与综合调度,但无轨胶轮车的定位精度、运行管理模式等尚难以达到智能化、无人化的水平,且井上下物料的运输管理缺乏统一的标准与模式,尚处于起步阶段;对于轨道运输、单轨吊运输等其它形式的辅助运输系统,则主要处于机械化运输阶段,有待实现遥控式自动化运输。因此,应大力推广应用井下人员、车辆的精准定位与智能导航技术,积极推进无人驾驶技术在煤矿井下的应用,研发适用于不同运输场景的井上下智能辅助运输系统,开发井下物料智能运输模式,实现井上下人员、物料、设备的运输路线智能规划、自动运输、协同管理。

(6)突破危险源智能感知与预警技术。

目前,基于水量监测、束管监测与分布式光纤测温、瓦斯监测、风压与风量监测等监测技术,基本实现了对水、火、瓦斯、粉尘、顶板等灾害的在线实时监测,但受制于灾害发生的机理尚不明确、感知设备的精度与时效性较差、感知信息与防控设备尚未实现联动等,井下重大危险源智能感知与预警尚存在技术瓶颈。

针对现有井下重大危险源智能监测与预警技术瓶颈,应加强研发井下低功耗、高精度、多功能环境监测传感器,大力推进水、火、瓦斯、粉尘、顶板等灾害发生机理与防治技术攻关,有效提高围岩环境监测信息的可靠性及灾害预警的准确性;研发基于温度与标志性气体多参量监测的采空区自然发火预测与预警技术,开发智能注氮、注浆装备,实现采空区自然发火的精准预警与防治措施的智能联动;推广应用井下固定排水点的智能监测与抽排技术与装备,研发移动排水点的水泵自动搬移、管路智能布设等技术,实现从小水窝、中转水仓、中央水仓的智能抽排;研发风量智能解算与自适应调节技术,实现瓦斯监测、预警与风量调节的智能化;加强对井下冲击地压、岩爆等围岩动力灾害发生机理的研究,研发智能灾害预警技术,实现井下灾害的智能监测、预警与防治系统的智能联动;开发井下避灾路线智能规划系统,并与灾害监测与预警系统实现联动,为井下人员避灾与逃生提供系统保障。

(7)全面发展智能化洗选系统。

基于信息传感、人工智能、视频监控等技术对原煤的洗选过程进行自动化、少人化操控是智能洗选系统的发展方向,目前,部分矿区已经实现了地面选煤厂的视频监控智能化、自动配煤精准化、设备状态可视化、3D控制立体化、调速节能自动化等[15-16]。基于人脸识别、高清智能网络摄像机等实现了选煤厂生产区域监控的全覆盖,通过网络摄像机的智能联动对高风险区域进行实时监控预警,利用智能摄像机划定电子危险区域,对进入危险区的人员进行警告;基于不同的配煤要求,对煤仓的闸板开度、给煤机频率等进行自动控制,实现精准配煤;通过3D可视化建模与设备传感监测技术,实现了洗煤厂内关键设备的在线智能巡检。

基于上述分析,目前已经将信息传感、视频监控等技术与洗选技术进行了初步融合,但洗选设备与工艺流程尚未实现智能化,因此,需要加快推进洗选设备与工艺流程的智能化进程,实现重介质选煤装备的智能化、加药系统的无人化及洗选设备综合管理的少人化。

(8)提高煤矿智能化综合保障技术。

煤矿综合保障技术主要是对井下作业人员、设备、工程等进行按需供风、供电、供液、供料等,并实现井下设备的日常维修、检修与保养等。目前,部分矿井已经实现了井下供电、供液系统的自动化、无人化运行,大型煤机装备均配备了故障自诊断、监测、报警等功能,甚至基于三维可视化建模、视频监测等技术实现了井下大型设备的在线智能巡检,但井下各系统的物资供应、设备维修、检修等均需要进行人工现场操作。

因此,应加强煤矿井下智能综合保障技术与装备研发,构建扁平、开放、多元、互动、高效的智能综合保障系统,加强井下大型设备故障自诊断与健康管理系统开发,实现井下设备的在线诊断与远程运维。

(9)矿井物联网综合管控系统和操作平台。

推进煤炭行业物联网技术与未来通信网络(5G)、大数据、云计算等技术的融合发展,研究具有高带宽、低功耗、低延时、大容量、自治愈等特性的无线自组网通信技术与装备[17-19],对煤矿井下末端网络进行全覆盖,配合煤矿井下受限空间、强干扰、复杂巷道网络条件下的多传感信息融合处理和低时延、高速率、大容量共网传输通信技术,满足井下安全生产各类感知节点接入、信息传输与交互的需要。面向井下人员、设备、环境和各类子系统,研究基于物联网的井下目标(人员、设备)精确定位、运输物料的精确管控、生产环境的实时监测、车辆调度管理等系统。深化矿山物联网技术创新、应用创新和管理创新,实现煤炭企业跨部门、跨层级的业务协同和信息资源共享。

面向智慧煤矿建设的一体化感知、分析、决策、集中控制、展示等需求,加快构建开放、安全、数据易于获取和处理的智慧煤矿智能综合管理与应用平台,满足对煤矿底层子系统、传感器、智能设备等数据信息的无缝接入与深度融合处理,同时为上层应用业务模块提供数据共享与系统联动控制支撑。通过构建实时、透明、清晰的矿山采、掘、机、运、通等全系景象平台,实现对智慧煤矿各子系统的集成操控,解决煤矿智能化建设过程中数据兼容性差、可靠性差、信息孤岛、子系统割裂等问题。

4　发展智能化露天煤矿

露天开采是浅部煤炭资源的有效开采方法,是美国、澳大利亚、印尼等产煤国家的主要开采方式。我国露天开采占比较低,长期在5%～10%,但近年来呈现增长趋势。露天煤矿开采工艺主要包括地质探测、剥离、开采、运输、排土、复垦等。目前,露天煤矿开采已经基本全面实现了机械化[20-21],国外部分先进矿区通过采用先进的智能化连续开采系统,实现剥离、排土、采煤、运输、回填、复垦等作业连续全自动化运行,单一矿井的年产量达到了 4 600 万 t,极大的提高了矿井的开采效率。

(1)开发边坡智能化精细探测技术。

推动露天煤矿边坡地质构造、软弱结构面、地下水等智能化综合探测与智能识别技术开发,构建露天煤矿三维立体综合地质探测网,实现矿床综合地质信息的智能化探测与精细化管理。

(2)建设露天煤矿信息化系统。

露天煤矿信息化建设应遵循以信息化技术与装备为手段,以生产与管理需求为驱动,通过信息集成建设,实现生产、运输、排土、复垦的互联互通。

通过建设露天煤矿多维信息网,实现对地质、环境、气象等信息的全面智能获取,开发露天煤矿精细化综合地质探测技术与装备,实现矿床地质信息的精准、动态、实时获取与可视化展示。

(3)开发露天煤矿智能化连续开采技术。

露天煤矿智能化建设要求采用先进的开采工艺与设备,在优势煤炭进行高度集中化、智能化、规模化开发,大幅降低露天煤矿开采成本,提高劳动生产率,取得显著的技术与经济效益。目前,露天煤矿普遍采用爆破、单斗挖掘、卡车运输等生产方式,不仅运输成本高,而且非连续化作业生产效率低。

通过对国外连续自动开采系统的引进、消化、吸收与再创新,研发突破大型剥离机、转载机、移动式带式输送机等关键技术与装备,提高装备对地质、环境、气候等的适应能力,实现露天煤矿采、运、排的连续化、智能化作业;开发基于 GNSS 定位、GIS 地图、无线通讯等技术高度集成的露天煤矿智能调度系统,创新露天煤矿智能开采模式,实现露天煤矿设备、车辆、人员的智能调度、管控与综合管理。

(4)建立露天煤矿空-天-地一体化安全预警系统。

通过建立安全预警系统,形成对露天煤矿边坡稳定、机械事故等可靠的安全预警机制和管理决策信息通道,防止各种事故的发生。

研发露天煤矿地质灾害、工程事故等智能化预测、预警技术与装备,积极开发集卫星监测、Insar 监测、无人机遥感监测、红外遥感监测、边坡稳定雷达监测、微震监测、边坡地下位移监测、水位水压监测、设备故障监测等为一体的露天煤矿空-天-地智能联合预警系统,实现露天煤矿与工程灾害的智能化预测、预警与设备联动。

(5)推进露天煤矿生态环境协调绿色发展。

建设基于网络与大数据的露天煤矿云服务平台,重点研发露天煤矿高效剥离-智能回采-回填-生态复垦一体化智能绿色开采技术,进行露天矿山从开发规划-设计-生产-闭坑全生命周期的环境污染控制,实现露天开采与矿区固体环境、水体环境、气体环境及生态环境的协调绿色发展。

5 大力发展煤机装备智能制造

智能装备是煤矿智能化建设的基础,应大力推广国内外智能采掘装备新技术、新经验,加大我国智能煤机装备的研发投入,保持对高端装备引进与对外产业转移的双向开放,通过原始创新、集成创新和引进消化吸收再创新,在开放与创新中进一步优化、提升我国智能煤机装备水平。

重点研发智能自适应液压支架、智能采煤机、智能掘进机、综采(掘)智能控制装备等井下智能化大型机械设备,大力研发新材料、新工艺,提高综采(掘)设备的可靠性与智能化水平。按照《中国制造 2025》总体战略部署,加强煤炭智能地质钻探、智能高效绿色开采、智能洗选、智能灾害防控和应急救援等关键装备的攻关,培育煤矿智能制造新兴产业,不断提升关键零部件的加工精度、性能稳定性、质量可靠性和使用寿命,提高智能煤机装备成套化和国产化水平,为煤矿智能化建设提供有力支撑。

井下煤机装备机器人化是智能装备的发展趋势,国内外科研院所均在大力研发煤矿井下用机器人,并在井下巡检、避障、搜救、探测等方面取得了阶段性成果[22-25],研发了综采工作面巡检机器人、巷道巡检飞行机器人、井下危险区域探测机器人、蛇形机器人等,但现有井下机器人普遍存在灵活性差、功能较少、环境适应能力差、续航能力低等,亟需开展煤矿井下智能机器人系统集成、设计、制造、试验检测等核心技术研究,攻克煤矿重载机器人运动和执行机构、井下极端环境下的导航与路径规划、井下机器人群协同管控平台等关键技术;加快制定一批井下机器人标准,按照急用先立、共性先立的原则,加快井下机器人关键技术标准和重点应用标准的研究制定。针对煤矿井下不同应用场景,重点研发一批井下作业类、安控类和应急救援类机器人产品,鼓励煤炭企业积极实施用机器人代替人工作业。

引导支持有条件的煤机企业积极采用自动化生产线,提高全流程的数据采集、信息传递、智能分析和决策的反馈能力。推动重点企业在数字化生产、信息化管理基础上,集成应用先进传感、控制及信息管理系统,通过基于数字化模型的工厂设计、产品设计、工艺设计和工业数据分析,以及对整个生产过程的持续优化,构建智能工厂,提高智能化煤机装备的制造水平。

6 政策建议

基于我国煤矿智能化发展目标,需要分区域、煤层赋存条件、技术基础制订和完善煤矿智能化建设规划,从国家层面引导煤矿智能化发展的进度和规模,为此,笔者从政策、技术与人才保障等方面提出了智慧煤矿建设的保障措施。

(1)加大煤矿智能化发展的政策支持。对首批建成的 100 个智能化达标示范煤矿,放开产能限制,给予政策性资金补助;放宽煤矿智能化新技术、新装备的市场准入限制,营造有利于智能煤机装备制造业发展的新环境;进一步扩大智能煤机装备、技术研发环节增值税抵扣范围,落实技术研发费用加计扣除、高新技术企业等税收优惠政策,积极研究完善煤矿智能化建设企业孵化器税收政策。

(2)设立煤矿智能化标准体系建设专项。加快建立煤矿智能化技术标准体系。建立健全煤矿智能化标准体系,强化基础性、关键共性标准的制修订,加快煤矿智能化建设术语、通信传输协议、数据存储、数据融合管理等领域的技术规范与标准制修订。加强相关专业领域标准之间、行业标准与国家标准之间的协调。加强煤矿智能化系统、产品和服务的行业准入管理,建立煤矿智能化标准一致性、符合性检测体系和技术平台,形成标准制修订、宣贯应用、咨询服务和执行监督的闭环管理体系。

(3)建立国家级煤矿智能化技术创新研发实验平台。鼓励引导政府、企业、社会资本建立基于大数据、云计算、人工智能与煤炭产业深度融合的"双创"平台,培育一批煤矿智能装备制造企业技术中心、工程技术中心、"一企一技术"研发中心和创新企业,充分汇聚整合煤炭企业、互联网企业等"双创"力量和资源,促进知识、技术、信息、数据、人才、资金等要素跨区域、跨行业、跨领域高效流动与融通发展,系统提升行业持续创新能力。

(4)建立煤矿智能化产业创新联盟。整合社会优质煤矿智能化相关产业资源,以行业协会、高校、研究机构、设计院、装备厂商、应用矿山等为主体成立智慧矿山产业联盟,组成专业智能化建设科技攻关团队,充分发挥联盟成员在各自专业领域优势,针对煤矿智能化建设需求,提供精准精深服务。

(5)推动煤矿智能化人才队伍建设。加强对煤炭行业从业人员的信息化、智能化知识培训,支持和鼓励高等院校和职业技术学校开设煤矿智能化相关专业课程,培育一批精通采矿工程、软件工程、信息与计算科学、人工智能等专业的复合型人才,建设知识型、技能型、创新型人才队伍,形成推动煤矿智能化建设的新动力。

7 结　语

加快煤矿智能化发展,建设智慧煤矿是煤炭工业的战略方向,也是时代潮流和国家战略,我们应当理清思想认识,积极适应这一发展趋势,不断创新发展理念,大力支持开展煤矿智能化技术创新和核心技术与装备攻关,借助物联网、大数据、人工智能、机器人等技术的发展成果,与煤炭开发技术深度融合,通过示范带动、分类、分阶段发展,逐步实现煤矿开拓设计、地质探测、采掘运通、洗选物流、安全保障、生产管理、生态保护等全过程的智能化运行,远程监控井下一线无人作业。彻底改变煤炭生产方式,改变煤矿职工工作环境,使煤矿从业成为有吸引力、有尊严的现代产业岗位。

参考文献(References)：

[1] 范京道,王国法,张金虎,等.黄陵智能化无人工作面开采系统集成设计与实践[J].煤炭工程,2016,48(1):84-87.
FAN Jingdao, WANG Guofa, ZHANG Jinhu, et al. Design and practice of integrated system for intelligent unmanned working face mining system in Huangling coal mine[J]. Coal Engineering, 2016, 48(1):84-87.

[2] 王国法,张德生.煤炭智能化综采技术创新实践与发展展望[J].中国矿业大学学报,2018,47(3):459-467.
WANG Guofa, ZHANG Desheng. Innovation practice and development prospect of intelligent fully mechanized technology for coal mining[J]. Journal of China Coal Society, 2018, 47(3):459-467.

[3] 庞义辉,王国法.基于煤壁"拉裂-滑移"力学模型的支架护帮结构分析[J].煤炭学报,2017,42(8):1941-1950.
PANG Yihui, WANG Guofa. Hydraulic support protecting board analysis based on rib spalling "tensile cracking-sliding" mechanical model[J]. Journal of China Coal Society, 2017, 42(8):1941-1950.

[4] 王国法,庞义辉.特厚煤层大采高综采综放适应性评价和技术原理[J].煤炭学报,2018,43(1):33-42.
WANG Guofa, PANG Yihui. Full-mechanized coal mining and caving mining method evaluation and key technology for thick coal seam[J]. Journal of China Coal Society, 2018, 43(1):33-42.

[5] 王国法,庞义辉,任怀伟,等.煤炭安全高效综采理论、技术与装备的创新和实践[J].煤炭学报,2018,43(4):903-913.
WANG Guofa, PANG Yihui, REN Huaiwei, et al. Coal safe and efficient mining theory, technology and equipment innovation practice[J]. Journal of China Coal Society, 2018, 43(4):903-913.

［6］ 王国法,王虹,任怀伟,等.智慧煤矿 2025 情境目标和发展路径［J］.煤炭学报,2018,43(2):295-305.
WANG Guofa, WANG Hong, REN Huaiwei, et al. 2025 scenarios and development path of intelligent coal mine［J］. Journal of China Coal Society,2018,43(2):295-305.

［7］ 陈晓晶,何敏.智慧矿山建设架构体系及其关键技术［J］.煤炭科学技术,2018,46(2):208-212,236.
CHEN Xiaojing, HE Min. Framework system and key technology of intelligent mine construction［J］. Coal Science and Technology, 2018,46(2):208-212,236.

［8］ 卢新明,尹红.数字矿山的定义、内涵与进展［J］.煤炭科学技术,2010,38(1):48-52.
LU Xinming, YIN Hong. Definition, connotations and progress of digital mine［J］. Coal Science and Technology,2010,38(1):48-52.

［9］ 田成金.煤炭智能化开采模式和关键技术研究［J］.工矿自动化,2016,42(11):28-32.
TIAN Chengjin. Research of intelligentized coal mining mode and key technologies［J］. Industry and Mine Automation, 2016, 42(11):28-32.

［10］ 黄曾华.可视远程干预无人化开采技术研究［J］.煤炭科学技术,2016,44(10):131-135,187.
HUANG Zenghua. Study on unmanned mining technology with visualized remote interference［J］. Coal Science and Technology,2016, 44(10):131-135,187.

［11］ 王国法,李占平,张金虎.互联网+大采高工作面智能化升级关键技术［J］.煤炭科学技术,2016,44(7):15-21.
WANG Guofa, LI Zhanping, ZHANG Jinhu. Key technology of intelligent upgrading reconstruction of internet plus high cutting coal mining face［J］. Coal Science and Technology,2016, 44(7):15-21.

［12］ 毛善君,杨乃时,高彦清,等.煤矿分布式协同"一张图"系统的设计和关键技术［J］.煤炭学报,2018,43(1):280-286.
MAO Shanjun, YANG Naishi, GAO Yanqing, et al. Design and key technology research of coal mine distributed cooperative "one map" system［J］. Journal of China Coal Society, 2018, 43(1):280-286.

［13］ 毛善君."高科技煤矿"信息化建设的战略思考及关键技术［J］.煤炭学报,2014,39(8):1572-1583.
MAO Shanjun. Strategic thinking and key technology of informatization construction of high-tech coal mine［J］. Journal of China Coal Society,2014,39(8):1572-1583.

［14］ 葛世荣,王忠宾,王世博.互联网+采煤机智能化关键技术研究［J］.煤炭科学技术,2016,44(7):1-9.
GE Shirong, WANG Zhongbin, WANG Shibo. Study on key technology of internet plus intelligent coal shearer［J］. Coal Science and Technology,2016,44(7):1-9.

［15］ 马方清,丁恩杰,金宁,等.跳汰机选煤生产过程智能控制［J］.中国矿业大学学报,2002,31(3):293-297.
MA Fangqing, DING Enjie, JIN Ning, et al. Intelligent control for jigging process［J］. Journal of China University of Mining & Technology,2002,31(3):293-297.

［16］ 郭佐宁,高赟,薛忠新,等.张家峁选煤厂智能化建设架构设计研究［J］.煤炭工程,2018,50(2):37-39.
GUO Zuoning, GAO Yun, XUE Zhongxin, et al. Framework design for intelligent construction of Zhangjiamao coal preparation plant［J］. Coal Engineering,2018,50(2):37-39.

［17］ 谭章禄,马营营.煤炭大数据研究及发展方向［J］.工矿自动化,2018,44(3):49-52.
TAN Zhanglu, MA Yingying. Research on coal big data and its developing direction［J］. Industry and Mine Automation, 2018, 44(3):49-52.

［18］ 沈宇,王祺.基于大数据的煤矿安全监管联网平台设计与实现［J］.矿业安全与环保,2016,43(6):21-24.
SHEN Yu, WANG Qi. Design and implementation of coal mine safety supervision networking platform based on big data［J］. Mining Safety & Environmental Protection,2016,43(6):21-24.

［19］ 王智峰,屈凡非,田建军,等.基于海量数据分析的煤矿生产辅助决策支持系统的设计［J］.工矿自动化,2011,37(10):22-25.
WANG Zhifeng, QU Fanfei, TIAN Jianjun, et al. Design of auxiliary decision support system of coal mine production based on mass data analysis［J］. Industry and Mine Automation, 2011, 37(10):22-25.

［20］ 袁凤斌,于爱国.浅析倒堆开采在团结沟东露天采场残采中的应用［J］.中国矿业,2017,26(S1):330-332.
YUAN Fengbin, YU Aiguo. Application of inverted heap mining in the east open pit of Tuanjiegou mining［J］. China Mining Magazine,2017,26(S1):330-332.

［21］ 王忠鑫,苏迁军.相邻露天矿无煤柱联合开采开拓运输系统优化［J］.露天采矿技术,2017,32(7):1-4.
WANG Zhongxin, SU Qianjun. Non-coal pillar combined mining transportation system optimization of adjacent open-pit mine［J］. Opencast Mining Technology,2017,32(7):1-4.

［22］ 白云,侯媛彬.煤矿救援蛇形机器人的研制与控制［J］.西安科技大学学报,2018,38(5):800-808.
BAI Yun, HOU Yuanbin. Development and control of coal mine rescue snake robot［J］. Journal of Xi'an University of Science and Technology,2018,38(5):800-808.

［23］ 姜俊英,周展,曹现刚,等.煤矿巷道悬线巡检机器人结构设计及仿真［J］.工况自动化,2018,44(5):76-81.
JIANG Junying, ZHOU Zhan, CAO Xiangang, et al. Structure design of suspension line inspection robot in coal mine roadway and its simulation［J］. Industry and Mine Automation,2018,44(5):76-81.

［24］ 高进可,方海峰,李允旺,等.遥杆式四轮煤矿探测机器人行走机构研究［J］.煤炭技术,2017,36(7):218-220.
GAO Jinke, FANG Haifeng, LI Yunwang, et al. Study on rocker type four-wheeled mobile mechanism for detection robots in underground coal mine［J］. Coal Technology, 2017, 36(7):218-220.

［25］ 蔡李花,方海峰,高进可,等.煤矿探测机器人行走机构设计与步态分析［J］.工况自动化,2017,43(6):47-51.
CAI Lihua, FANG Haifeng, GAO Jinke, et al. Moving mechanism design of mine-used detection robot and its gait analysis［J］. Industry and Mine Automation,2017,43(6):47-51.

王国法,杜毅博.煤矿智能化标准体系框架与建设思路[J].煤炭科学技术,2020,48(1):1-9.doi:10.13199/j.cnki.cst.2020.01.001
WANG Guofa,DU Yibo.Coal mine intelligent standard system framework and construction ideas[J].Coal Science and Technology,2020,48(1):1-9.doi:10.13199/j.cnki.cst.2020.01.001

移动扫码阅读

煤矿智能化标准体系框架与建设思路

王国法[1,2,3],杜毅博[1,3]

(1.天地科技股份有限公司 开采设计事业部,北京 100013;2.中国煤炭科工集团有限公司,北京 100013;
3.煤炭科学研究总院 开采研究分院,北京 100013)

摘 要:煤矿智能化是煤炭工业高质量发展的核心技术支撑。建立健全煤矿智能化标准体系,强化基础性、关键共性标准的制修订是智能化煤矿建设基础和指南。针对煤矿智能化标准建设仍处于初级阶段,缺乏统筹规划顶层设计,造成交叉规定,规范不明确及重复建设等问题,构建煤矿智能化标准体系框架,提出煤矿智能化标准体系建设路径,为智能化煤矿标准体系完善及技术发展提供参考。首先对煤矿智能化标准体系建设现状及其立项与发展情况进行分析,并通过对比工业互联网标准体系,明确煤矿智能化标准体系建设需求和重点任务;在深入研究煤矿智能化技术架构的基础上构建煤矿智能化标准体系总体框架,包括总体类标准、设计规划类标准、基础设施与平台类标准、煤矿智能化系统类标准、智能装备与传感器类标准、评价及管理类标准、安全与保障类标准7个部分,并分析各类标准研究方向;基于煤矿智能化标准体系框架对其中重点领域研究和标准制定任务进行分析阐述,提出详细的智能化标准建设方案;最终对煤矿智能化标准体系建设的思路和关键任务进行分析,明确建设目标和方向,提升煤矿智能化标准的整体支撑作用,促进煤炭产业发展。

关键词:智能矿山;标准体系;技术架构;煤矿云与大数据;发展路径
中图分类号:TD67 文献标志码:A 文章编号:0253-2336(2020)01-0001-09

Coal mine intelligent standard system framework and construction ideas

WANG Guofa[1,2,3],DU Yibo[1,3]

(1.Coal Mining and Designing Department,Tiandi Science & Technology Co.,Ltd.,Beijing 100013,China;
2.China Coal Technology & Engineering Group Corp.,Beijing 100013,China;
3. Mining and Design Institute,China Coal Research Institute,Beijing 100013,China)

Abstract:Coal mine intelligence is the core technical support of high quality development of the coal industry. Establishing and improving the intelligent coal mine standard system and strengthening the basic and key common standards are the basis and guide for the construction of intelligent coal mines.At present, the construction of the intelligent standard for coal mine was still in the primary stage, the lack of overall planning for the top-level design caused some problems such as cross-regulations, unclear specification and repeated construction, etc.The framework of a coal mine intelligent standard system was proposed to provide the reference for the intelligent coal mine standard system and the technical development.First of all, the current situation and the project establishment of intelligent standard system for the coal mine were analyzed, and the construction demand and the key tasks of the intelligent standard system were clarified by comparing with the industrial Internet standard system. Based on the in-depth study of the intelligent technical framework of coal mine, the overall framework of coal mine intelligent standard system was constructed and all kinds of standard research directions was analyzed, including overall class standard, design planning standard, infra structure and platform standard, coal mine intelligent system standard, intelligent equipment and sensor standard, evaluation and management standard and safety and security standard. The research directions of various standards were analyzed; the research and standard setting tasks in key areas based on the framework of the coal mine intelligent standard

---

收稿日期:2019-10-22;**责任编辑**:赵 瑞

基金项目:国家自然科学基金重点资助项目(51834006);国家重点研发计划资助项目(2017YFC0603005)

作者简介:王国法(1960—),男,山东文登人,中国工程院院士。E-mail:wangguofa@tdkcsj.com

system were also analyzed and elaborated, and a detailed intelligent standard construction plan was proposed, which would clarify the goal and direction of the construction, improve the overall supporting function of the intelligent standard, and ensure the development of the coal mine industry.

Key words: intelligent mine; standard system; technical framework; coal mine cloud and big data; development path

0 引　言

煤矿智能化是煤炭综合机械化发展的新阶段,是煤炭生产方式和生产力革命的新方向,是煤炭工业高质量发展的核心技术支撑[1-2]。煤矿智能化建设是一个多学科交叉融合的复杂问题,是涉及多系统、多层次、多技术、多专业、多领域、多工种相互匹配融合的复杂巨系统[3]。当前煤矿智能化发展尚处于初级阶段[4-8],其发展理念和技术体系还不够成熟,各研究机构及厂商均按照各自的设计思路和技术路线进行研究,造成通信协议、数据接口难以统一,装备与控制、通信无法有效配套融合,形成信息壁垒[2]。构建和完善煤矿智能化标准体系,将从根本上梳理煤矿智能化的技术路线并进行顶层设计,同时,对建设过程中的对象进行标准化,有利于统一智能化煤矿的建设思路,实现高端数据融合,促使大数据、人工智能等技术在煤矿落地。

现有煤矿相关标准主要针对各关键设备基本安全与生产要求进行制定,少有对相关智能化系统进行标准制定;各大企业及研究机构对煤矿智能化的部分设计及系统制定了相应的国标、行标和企标,但是这些标准未能全面考虑智能化煤矿总体建设体系,因此具有一定的片面与局限性。综上所述,目前我国煤矿智能化相关标准研究还处于初级阶段。笔者在详细分析煤矿智能化标准现状的基础上,构建煤矿智能化标准体系框架,提出煤矿智能化标准体系建设路径,为智能化煤矿标准体系完善及技术发展提供参考。

1 煤矿智能化标准发展现状

1.1 煤矿智能化标准体系建设现状

1)煤矿智能化标准现状。现行煤矿相关国家标准不足100项[9-10],煤矿行业标准(MT)1 400余项主要对于煤矿的一般术语、安全生产、关键设备的通用要求进行规定。随着云计算、大数据、人工智能、物联网等技术的快速发展,煤矿行业迎来产业变革,煤炭行业相关部门开始逐步发布相关标准,见表1。目前已发布标准发布量较少,主要针对智能化煤矿的基本架构及设计要求进行规定,通过调研发现

其影响力、应用情况不佳。

表1　国家各级部门发布智能化煤矿标准概况[10]

Table 1　State departments at all levels issued an overview of intelligent coal mine standards

标准级别	智能化煤矿相关标准	
	标准编号	标准名称
国家标准	GB/T 34679—2017	智慧矿山信息系统通用技术规范
	GB/T 51272—2018	煤炭工业智能化矿井设计标准
行业标准	AQ 6201—2019	煤矿安全监控系统通用技术要求
	MT/T 1169—2019	矿井感应通信系统通用技术条件
地方标准	山西省 DB14/T 1725—2018	数字煤矿数据字典

2)煤矿智能化标准立项与发展。随着煤矿智能化技术的发展,作为智能化煤矿建设基础和指南的标准体系建设成为煤炭行业发展的亟需。行业相关部门均对煤矿智能化相关标准进行立项,以明确智能化煤矿建设方向,促进行业信息资源有效利用。笔者对国家能源局等部门标准立项计划进行分析整理[11-13],目前有关煤矿智能化的相关标准计划主要针对其相关的关键技术及数据通信接口进行规范,其相互之间存在边界及范围交叉等情况,因此,亟需从顶层规划煤矿智能化标准体系框架,规范煤矿智能化标准的制定,提高智能化煤矿建设效率和质量。煤矿智能化相关标准计划见表2。

3)其他行业智能化标准发展。其他行业的智能化标准体系的制定对于煤矿智能化标准的研究具有重要的借鉴作用。以工业互联网产业联盟为核心发布的工业互联网标准体系为新一代信息技术的应用提供了标准体系基础。在此情况下,智慧城市[14]、智能制造、智慧林业[15]等均根据自身的业务需求,对其总体建设框架进行设计,为其行业发展提供完善的参考依据。

1.2 煤矿智能化标准体系建设需求

煤矿智能化建设通过感知、执行、管理系统升级,以泛在网络和大数据云平台为主要支撑,以智能管控一体化系统为核心,以先进、智能、高可靠性的生产装备为基础,打造坚实可靠的工业运行体系。煤矿智能化标准将煤矿智能化建设过程中涉及的关键技术、装备、行为及派生属性等进行统一规范,从而指明智能化煤矿建设方向,提高行业

资源有效利用,提升智能化煤矿建设的效率和质量。

表 2　煤矿智能化相关标准计划概况[11-13]

Table 2　Overview of relevant standard plan for intelligent coal mine

立项单位	煤矿智能化标准名称
国家能源局	矿山物联网交互协议标准
	煤矿智能供电系统技术导则
	煤矿物联网融合通信网络通用网关技术条件
	智能化无人综采工作面设计规范
	智能化无人综采工作面验收规范
	矿山机电设备通信接口和协议
	井工煤矿数字化矿山建设
中国煤炭工业协会	面向智能开采的煤矿地测保障系统数据采集和处理
	面向智能开采的煤矿分布式协同"一张图"(二维和三维)和大数据分析数据处理和服务标准
	基于时态 GIS 的煤矿可视化远程控制数据采集、传输、存储、分析、决策、展现、控制和服务标准
	智能刮板输送机性能要求
	煤矿综采工作面智能化控制系统技术条件
	综采集成供液系统技术条件
	矿用光纤光栅多参数监测装置
中国煤炭学会	煤矿智能化综采工作面分类、分级达标条件
	煤矿智能化矿井分类、分级达标条件
	煤矿物联网标识编码规范
	矿井生产过程综合信息语义描述规范
	煤炭精准开采地质条件评价技术规范

随着工业互联网体系的不断发展,人工智能、大数据等高新技术在煤矿具有广阔应用空间。智能化煤矿实现持续发展,亟需统一技术体系,实现深度互联互通,其基础是建立统一的标准体系,具体体现在以下方面:

1)煤矿智能化相关概念混淆,缺乏统一的术语标准。

2)煤矿智能化相关企业各自为政,亟需统一制定技术架构、设计标准和配套规范,指导煤矿企业进行智能化煤矿建设。

3)智能化煤矿各子系统缺乏统一的通信标准,各系统信息难以进行集成。

4)煤矿各子系统智能化水平发展迅速,亟需相关标准指导、规范相关功能和安全要求。

5)煤矿互联网平台研究处于起步阶段,煤矿工业大数据、边缘计算等技术亟需数据规范。

6)随着煤矿智能化技术发展,煤矿信息安全成为煤矿安全的重要方面,亟需标准规范。

7)智能化煤矿应进行分类分级建设,亟需指导系统工程建设的相关评价标准。

完整的煤矿智能化技术标准体系是建设智能化煤矿的基础与指南,其建设过程是随着煤矿智能化技术不断发展迭代更新的过程,因此必须保证其技术标准体系具有体系性、继承性和前瞻性,需组织专业技术人员进行顶层规划,确定各标准的边界范围以及适应性,尤其对于煤矿地质条件进行分级分阶段分析,避免重复规范和过度标准化,确保智能化相关技术在煤矿得到有效应用。

2　煤矿智能化标准体系总体框架

2.1　智能化煤矿技术架构

智能化煤矿与工业互联网体系架构一脉相承,基于"全局优化、区域分级、多点协同"控制模式,针对煤矿特殊应用场景及工艺特殊要求,将煤矿生产、辅助运输、安全管控、综合调度、分选供应成为有机整体,打造智慧、高效、安全的煤矿综合生态。智能化煤矿基于一套标准体系、构建一张全面感知网络、建设一条高速数据传输通道、形成一个大数据应用中心、开发一个业务云服务平台,面向不同业务部门实现按需服务[16]。智能化煤矿以综合管控平台和云数据中心为核心,构建煤矿安全高效信息网络及精准位置服务系统,4D-GIS 透明地质模型及动态信息系统,智能化无人工作面协同控制系统,智能化运输管理系统,智能化快速掘进系统,煤矿井下环境感知及安全智能管控系统,矿井全工位设备设施健康智能管理系统,地面洗运销智能化控制系统八大智能化系统。智能化煤矿总体技术架构如图 1 所示。

2.2　煤矿智能化标准体系框架

在分析煤矿智能化技术体系的基础上,梳理煤炭生产各环节智能化技术应用现状及趋势,构建煤矿智能化标准体系总体框架,包括通用基础标准、支撑技术与平台标准、煤矿信息互联网标准、智能控制系统及装备标准、安全监测及防控装备标准、生产保障标准 6 个部分组成。

1)通用基础标准主要规范煤矿智能化的通用性标准,统一煤矿智能化思想,为其他各部分标准的制定提供支撑。包括基础共性标准、设计类标准及评价类标准等方面。

2）支撑技术与平台标准主要针对煤矿云计算、大数据和人工智能等前沿技术在煤矿智能化中应用过程中具体实施方式进行规范，指导前沿技术在煤矿智能化应用中落地。主要包括标识解析标准、大数据平台标准、边云协同标准、软件平台标准等。

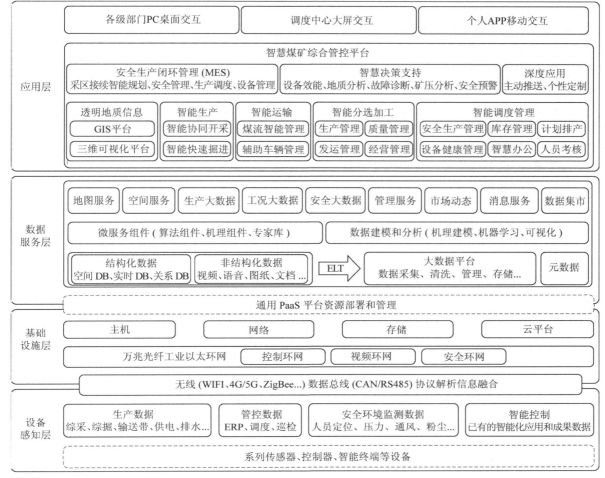

图 1 智能化煤矿总体技术架构

Fig. 1 Overall technical framework of intelligent coal mine

3）煤矿信息互联网标准主要针对矿井特殊环境高效信息网络体系架构及关键技术进行规范。主要包括煤矿信息网络标准、煤矿通信网络标准、煤矿定位网络标准、煤矿信息安全标准等。

4）智能控制系统及装备标准主要针对煤矿生产控制涉及的智能化关键装备及核心传感器等进行规范，包括综采工作面智能化系统及装备技术标准、综掘工作面智能化系统及装备技术标准、运输智能化系统及装备技术标准、供电智能化系统及装备技术标准、分选智能化系统及装备技术标准、煤矿机器人技术标准及新型共性关键传感器技术标准。

5）安全监测及防控装备标准主要针对井下环境、人员、设备安全监控系统及关键防控装备进行规范，包括地质环境监测技术标准、通防安全监控技术标准、电气设备安全监控技术标准、人员安全监控技术标准、应急管理与救援智能化技术标准等。

6）生产保障标准规范保障煤矿安全高效生产涉及的设备可靠性、生产决策管理规范等，包括设备可靠性标准、融合决策标准及管理类标准等。煤矿智能化标准体系框架如图 2 所示。

3 重点标准化领域和方向

3.1 通用基础标准

煤矿智能化通用基础标准主要包括基础共性标准、设计类标准、评价类标准等方面的标准。

1）基础共性标准：一是制定术语和定义，主要规范煤矿智能化相关概念，界定煤矿智能化标准范围，为其他各部分标准的制定提供支撑；二是制定参考模型标准，制定煤矿智能化体系架构，明确和界定煤矿智能化的对象、边界以及各部分的层级关系和内在联系；三是制定数据描述和数据字典标准，制定元数据、数据描述和数据字典标准，为煤矿智能化各环节产生的数据集成、交互共享奠定基础。

2)设计类标准:煤矿生产受到地质环境等多种因素影响,其生产工艺必须根据煤层变化情况、矿山压力,瓦斯等环境因素进行相应调整,因此难以直接采用统一模式实现煤矿各系统的智能化建设或改造,必须在分析地质条件的基础上进行定制化的设计。智能化煤矿总体设计标准主要对智能化矿井的总体架构、功能和适用性进行规范;智能化生产设计类标准主要对煤矿主要生产环节综采、综掘、主运等智能化建设进行规范;智能化煤矿生产保障类设计标准主要针对保障煤矿安全生产的智能供电系统,环境安全监控系统,设备健康管理系统等建设进行规范;智能化煤矿配套场区设计类标准主要针对煤矿地面的洗运销,智能中心,智慧园区的建设进行规范。

3)评价类标准:受其地质条件和技术成熟度的限制,煤矿智能化建设是一个分阶段缓慢改造的过程。如设立统一标准进行技术评价对于条件复杂的矿井将无法达到标准,缺乏技术公平,制约技术发展,易导致标准无法推行。因此需针对其地质条件进行分级分类,分阶段达标评判。

一是按照可测量、可量化、可核查的原则从不同维度选取指标,制定智能化煤矿评价指标体系;二是针对评价指标体系确定评价方法;三是制定指导企业和行业开展智能化煤矿水平评价的实施指南。

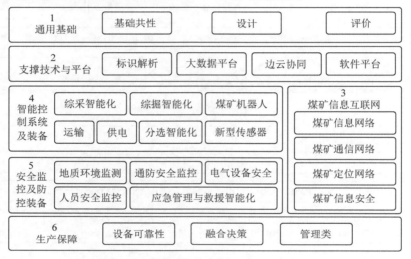

图 2 煤矿智能化标准体系框架
Fig. 2 Standard system framework of intelligent coal mine

3.2 支撑技术与平台

支撑技术与平台标准包括标识解析、大数据平台、边云协同及应用平台等方面。

1)标识解析标准:一方面规范煤矿工业互联网标识数据的编码和采集方法,包括各类标识数据采集实体的通信协议以及标识编码在二维码、射频标识标签存储方式等标准;另一方面规范设备之间,数据之间的通信及交互协议,确保实现煤矿万物互联,包括实现方式、交互协议、数据互认等标准。

2)大数据平台标准:大数据平台标准主要包括数据采集标准、数据资产管理、数据处理与分析、数据仓库及数据服务等方面的标准。数据采集标准主要规范煤矿大数据平台的数据采集、集成和存储方式等方面的标准;数据资产管理对煤矿大数据主数据管理、元数据管理等方面进行规范;数据处理与分析标准规范煤矿大数据分析的流程及方法,包括煤矿流式数据快速分析流程,煤矿物理实体与数据实体的映像和相互关系等标准;数据仓库及数据服务规范大数据存储服务、大数据可视化服务、数据建模及数据开发、数据共享等标准。

3)边云协同标准:边云协同标准主要包括煤矿云计算、边缘计算及边云协同管理等方面的标准。主要包括云计算虚拟化标准、边缘云、边缘网关及控制设备、能力开放标准、边云之间的协同管理等方面内容。

4)软件平台标准:软件平台对于煤矿工业微服务标准、应用开发环境、平台互通适配标准及典型智能化应用系统进行规范。一方面对于智能化煤矿工业微服务架构性能、应用接入等进行要求,构建煤矿智能应用开发环境以及煤矿智能化管控平台;另一方面对于煤矿典型智能化应用软件,包括煤矿地理信息系统相关标准、煤矿三维可视化应用开发方式等方面进行具体规范。

3.3　煤矿信息互联网

煤矿信息互联网标准主要包括煤矿信息网络、煤矿通信网络、煤矿定位网络及煤矿信息安全等方面。

1）煤矿信息网络标准：信息网络标准主要提出满足煤矿智能化发展需求的网络体系架构，并制定其关键技术标准，研究低时延、高可靠连接与智能交互的网络组网技术标准，实现网络互联，业务互联，设备互联。包括矿井工业以太网总线、煤矿无线网络、基站及接入设备、煤矿物联网等方面。

2）煤矿通信网络标准：煤矿通信网络标准主要提出满足生产需求高可靠的调度通信系统相关的技术要求。包括通信系统功能和相关通信基站及接入设备等方面的标准。

3）煤矿定位网络标准：煤矿定位网络标准包括矿井高精度定位系统、矿井电子地图、位置服务接入规范等 3 个方面。其中矿井定位系统对井下狭长空间定位系统的关键技术、性能指标、定位基站的布施方式进行规范；矿井电子地图构建满足井下位置服务的分层煤矿电子地图的构建及显示方式，为定位系统提供基础支撑；位置服务接入规范对设备接入矿井高精度位置服务系统的接口协议、数据应用方式等方面进行标准制定。

4）煤矿信息安全标准：信息安全标准主要包括控制系统安全、网络安全及数据安全等方面。控制系统安全规范煤矿各类控制系统中的控制软件与控制协议的安全防护、检测及其他技术要求；网络安全标准规范承载煤矿智能生产和应用的通信网络与标识解析系统的安全防护技术要求；数据安全标准规范煤矿大数据相关的安全防护、检测及其他技术要求。

3.4　智能控制系统及装备标准

智能控制系统及装备标准主要包括综采智能化系统及装备、综掘智能化系统及装备、运输智能化系统及装备、供电智能化系统及装备、分选智能化系统及装备、煤矿机器人及新型共性关键传感器等方面。

1）综采工作面智能化系统及装备技术标准针对综采工作面采煤机、液压支架、刮板输送机、泵站等设备的智能化系统及关键技术装备进行规范。

2）综掘智能化系统及装备技术标准针对掘进，锚固，运输等工作环节中所应用到的智能化系统和关键技术装备进行规范。

3）运输智能化系统及装备标准包括煤流运输智能化系统、辅助运输智能化系统及提升智能化系统等。煤流运输智能化系统及装备针对煤流运输过程中的关键监测系统及智能调速系统等进行规范；辅助运输智能化系统及设备技术标准主要针对辅助运输涉及的胶轮车、单轨吊、齿轨车等，实现智能化驾驶涉及的关键系统及装备进行技术规范；提升智能化装备对于矿井提升系统实现安全智能化运行涉及的关键系统及装备进行技术规范。

4）供电智能化系统及装备标准针对煤矿供电系统智能化所涉及的供电系统区域协同控制，供电防越级跳闸及其所用的移动变电站、开关、变频器等智能电气设备技术进行规范。

5）分选智能化系统及装备主要针对煤炭综合加工过程中涉及的相关智能化系统及装备进行规范。包括分选智能化系统，煤泥制样智能化系统，配煤装车智能化系统等。

6）煤矿机器人标准一方面对于煤矿机器人基础共性技术，包括煤矿机器人长时供电与馈电管理、SLAM 地图构建、机器人群协同控制等技术进行规范；另一方面对于煤矿各类机器人的性能指标，技术要求，检验规则等进行规范。

7）共性关键传感器标准主要针对煤矿新型关键传感技术及装备进行规范，包括煤矿机器视觉、激光点云扫描、光纤光栅等新型技术及系统等性能、检验规则等进行规范。

3.5　安全监控及防控装备标准

安全监控及防控装备标准主要包括地质环境监测、通防安全监控、电气设备安全监控、人员安全监控、应急管理及救援智能化系统等方面。

1）地质环境监测系统标准主要针对煤矿地质环境涉及的顶板监测系统、冲击地压监测系统、矿山水文监测系统，以及实现矿山精细描述的探测系统相关的性能指标、技术条件、检验规范等制定标准。

2）通防安全监控系统标准主要对煤矿安全生产过程中涉及的智能化通风与压风监控系统、瓦斯监测系统、矿井排水监控系统、矿井水处理系统、矿井防灭火监控系统、矿井防尘监控系统等，与环境安全监测相关的控制系统、装备、监测系统等的技术条件，性能指标，检验规范等进行标准制定。

3）电气设备安全监控系统标准：一方面研究起草井下开关控制设备继电保护配置、漏电预防与保护接地、矿井供配电网络电能质量与治理，以及井下输配用电设备安全要求等方面的技术标准；另一方面研究起草井下不同场所、区域电磁环境典型限值，不同类型设备电磁辐射与电磁敏感度的要求等方面的技术标准。

4）人员安全监控系统标准：为保证煤矿井下工

人的安全,对于其人员安全监控系统涉及的单兵智能穿戴(包括增强头盔,生命体征检测马甲等),动目标运维(矿井电子围栏等)以及安全环境区域协调与决策系统等方面的技术条件、性能指标等进行技术标准规范。

5)应急管理及救援智能化系统标准主要针对应急管理及救援过程中涉及的应急避险系统、压风自救系统、供水施救系统、应急通信系统等,系统实现智能化过程中涉及的技术条件、性能指标及试验方法进行规范。

3.6 生产保障标准

生产保障标准主要包括设备可靠性标准、融合决策标准、智能化系统管理规范等方面。

1)设备可靠性标准:随着煤矿智能化技术发展,对于其设备的可靠性提出更高的要求,因此煤矿智能化设备可靠性标准体系亟待建立。煤矿智能化系统可靠性规范包括煤矿设备可靠性建模与分析规范,煤矿设备可靠性试验技术条件,煤矿设备可靠性

设计技术标准,设备故障诊断监控系统等。

2)融合决策管理标准:随着煤矿信息融合与移动互联技术应用深入,对生产计划(ERP)、生产执行(MES)、生产过程控制(ACS)产生的数据形成数据仓库,实现多信息多维度在线分析、挖掘和可视化表示,在此过程中基于上述数据融合实现多维分析决策与闭环管控成为发展方向。因此需针对相关融合决策管理相关技术进行规范,以指导关键技术落地与保证生产安全。融合决策管理标准主要包括安全预控闭环决策、煤矿开采协同设计、物资智能调度决策、煤矿生产闭环管控决策等方面。

3)煤矿智能化系统管理规范是煤矿智能化技术得到高效应用的保障。由于智能化技术应用过程中带来的管理模式、人员素质、工作流程均提出新的变革要求,因此在煤矿智能化建设初期急需对各环节的管理模式进行规范。包括对于总体煤矿智能化的管理模式以及各智能化系统应用管理规范。

煤矿智能化标准体系如图3所示。

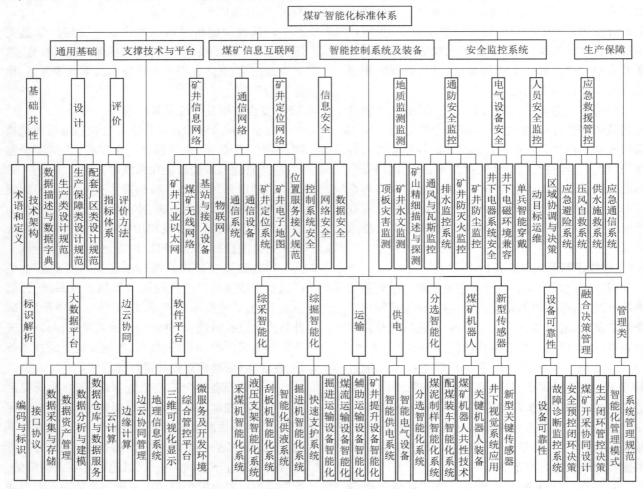

图3　煤矿智能化标准体系

Fig. 3　Standard system of intelligent coal mine

4 煤矿智能化标准体系建设任务

建立科学合理的煤矿智能化标准体系,有助于开展智能化煤矿标准化的顶层设计和总体布局,有利于判断和明确智能化煤矿的标准化方向和重点,对于促进煤矿智能化技术的发展具有重要意义。目前,煤矿智能化标准建设仍处于初级阶段,各煤矿单位从不同的渠道制定相关标准,致使标准体系混乱,界限范围不清,因此亟需统一思想,规范标准体系,顶层规划。通过分析,笔者认为煤矿智能化标准体系建设的关键任务包括:

1)组建总体标准规划组,设立煤矿智能化标准体系建设专项,统筹规划。根据工业互联网、智能制造标准体系建设的经验,亟需构建煤矿智能化标准总体制定组织,以组织煤矿行业专家、大型煤矿集团、煤矿技术研究机构、煤矿装备制造厂商、煤矿各系统供应商等共同参与,结合各方力量,明晰建设的目标与方向。

2)加强基层共性标准建设,立足煤矿智能化技术水平,分步实施。加快煤矿智能化建设术语、通信传输协议、数据存储、数据融合管理,智能化煤矿评价标准等领域的技术规范与标准制修订。煤矿智能化标准是与工业互联网标准体系一脉相承的,应在工业互联网标准体系的基础上分析煤矿特殊环境影响,构建煤矿智能化体系。

3)协调规划,确定边界。加强相关专业领域标准之间、行业标准与国家标准之间的协调;确定各标准边界范围,避免交叉规范;建立煤矿智能化标准一致性、符合性检测体系和技术平台,确保标准体系的科学性、有效性和前瞻性。

4)需求牵引,试点示范。标准体系建设工作应与智能化煤矿试点示范工作密切结合,通过试点示范发现最佳实践,挖掘标准化需求,总结先进的技术、产品、管理和模式,采用标准的形式固化试点示范的成果,并在全行业推广。另一方面根据矿井煤层赋存条件、建设条件、生产目标、效益要求等,提出智能化煤矿建设评价指标体系,对煤矿智能化试点示范的成效开展评价,切实推动并提升煤矿智能化发展水平。

5)加强标准宣贯,构建标准闭环管理体系。构建煤矿智能化标准评价体系及推广策略,加强煤矿智能化系统、产品和服务的行业准入管理,形成标准制修订、宣贯应用、咨询服务和执行监督的闭环管理体系。

5 结　语

建设智能化煤矿是煤炭工业的战略方向,是煤矿高质量发展的必由之路。煤矿智能化标准体系是煤矿智能化产业发展的引导性纲领,是加快新一代信息技术与煤炭产业深度融合的基础。煤矿智能化标准处于初级阶段,但发展迅速。目前已开始对技术较为成熟的重点技术与装备展开标准制定工作。但煤矿智能化标准体系建设落后于煤矿智能化技术发展,煤矿智能化标准制定缺乏统筹规划顶层设计,易造成交叉规定,规范不明确及重复建设等情况。笔者在深入分析煤矿智能化技术体系架构和煤矿智能化标准现状的基础上,提出煤矿智能化标准体系框架,并对其重点领域标准进行规划。煤矿智能化标准体系建设是一项复杂的系统工程,应在统筹规划、需求牵引、立足实际、开放合作的原则指导下,不断迭代更新,才能提升标准对于智能化煤矿的整体支撑作用,为产业发展保驾护航。

参考文献(References) :

[1] 王国法,刘　峰,庞义辉,等.煤矿智能化:煤炭工业高质量发展的核心技术支撑[J].煤炭学报,2019,44(2):349-357.
WANG Guofa, LIU Feng, PANG Yihui, et al. Coal mine intellectualization:the core technology of high quality development [J]. Journal of China Coal Society,2019,44(2):349-357.

[2] 王国法,刘　峰,孟祥军,等.煤矿智能化(初级阶段)研究与实践[J].煤炭科学技术,2019,47(8):1-36.
WANG Guofa, LIU Feng, MENG Xiangjun, et al. Study and practice of intelligent coal mine (primary stage) [J]. Coal Science and Technology,2019,47(8):1-36.

[3] 王国法,王　虹,任怀伟,等.智慧煤矿2025情景目标和发展路径[J].煤炭学报,2018,43(2):295-305.
WANG Guofa, WANG Hong, REN Huaiwei, et al.2025 scenarios and development path of intelligent coal mine[J].Journal of China Coal Society,2018,43(2):295-305.

[4] 范京道.煤矿智能化开采技术创新与发展[J].煤炭科学技术,2017,45(9):65-71.
FAN Jingdao. Innovation and development of intelligent mining technology in coal mine[J]. Coal Science and Technology,2017,45(9):65-7.

[5] 王国法,赵国瑞,任怀伟.智慧煤矿与智能化开采关键核心技术分析[J].煤炭学报,2019,44(1):34-41.
WANG Guofa, ZHAO Guorui, REN Huaiwei. Analysis on key technologies of intelligent coal mine and intelligent mining [J]. Journal of China Coal Society,2019,44(1):34-41.

[6] 毛善君,"高科技煤矿"信息化建设的战略思考及关键技术[J].煤炭学报,2014,39(8):1572-1583.
MAO Shanjun. Strategic thinking and key technology of informati-

zation construction of high-tech coal mine[J]. Journal of China Coal Society,2014,39(8):1572-1583.

[7]　葛世荣,王忠宾,王世博.互联网+采煤机智能化关键技术研究[J].煤炭科学技术,2016,44(7):1-9.
GE Shirong, WANG Zhongbin, WANG Shibo. Study on key technology of internet plus intelligent coal shearer[J]. Coal Science and Technology,2016,44(7):1-9.

[8]　吕鹏飞,何　敏,陈晓晶,等.智慧矿山发展与展望[J].工矿自动化,2018,44(9):84-88.
LYU Pengfei, HE Min, CHEN Xiaojing, et al. Development and prospect of wisdom mine[J]. Industry and Mine Automation, 2018,44(9):84-88.

[9]　谭章禄,马营营,郝旭光,等智慧矿山标准发展现状及路径分析[J]煤炭科学技术,2019,47(3):27-34.
TAN Zhanglu, MA Yingying, HAO Xuguang, et al. Development status and path analysis of smart mine standards[J]. Coal Science and Technology,2019,47(3):27-34.

[10]　佚　名.国家标准信息公共服务平台[EB/OL].[2018-12-21]. http://www.std.gov.cn/. national public service platform for standards information.

[11]　佚　名.国能综通科技〔2018〕100号[EB/OL].[2019-08-10]. http://zfxxgk. nea. gov. cn/auto83/201807/t20180720_3213.htm.

[12]　佚　名.中国煤炭学会团体标准立项计划[EB/OL].[2019-09-18]. http://www.chinacs.org.cn/news/2252.html.

[13]　佚　名.中国煤炭工业协会团体标准制定计划[EB/OL].[2019-07-15]. http://www.coalchina. org. cn/detail/19/07/15/00000021/content.html? path=19/07/15/00000021.

[14]　国家智慧城市标准化总体组.National intelligent city standard group[EB/OL].[2019-08-21]. http://www. smcstd. cn/index! indax.action.

[15]　李世东.智慧林业标准规范[M].北京:中国林业出版社,2018:5-13.

[16]　王国法,杜毅博.智慧煤矿与智能化开采技术的发展方向[J].煤炭科学技术,2019,47(1):1-10.
WANG Guofa, DU Yibo. Development direction of intelligent coal mine and intelligent mining technology[J]. Coal Science and Technology,2019,47(1):1-10.

[17]　张建明,郑厚发,石晓红.中国煤矿技术标准体系构建与应用[J].中国煤炭,2017,43(5):5-9.
ZHANG Jianming, ZHENG Houfa, SHI Xiaohong. Construction and application of technical standard system for China's coal mines[J].China Coal,2017,43(5):5-9.

[18]　胡凌风.煤炭企业信息化标准体系构建研究[D].北京:中国矿业大学(北京),2016:43-65.

[19]　毛善君,杨乃时,高彦清,等.煤矿分布式协同"一张图"系统的设计和关键技术[J].煤炭学报,2018,43(1):280-286.
MAO Shanjun, YANG Naishi, GAO Yanqing, et al. Design and key technology research of coal mine distributed cooperative "one map" system[J]. Journal of China Coal Society,2018,43(1):280-286.

[20]　丁恩杰,赵志凯.煤矿物联网研究现状及发展趋势[J].工矿自动化,2015,41(4):1-5.
DING Enjie, ZHAO Zhikai. Research advances and prospects of mine Internet of Things[J]. Industry and Mine Automation, 2015,41(4):1-5.

智能化煤矿数据模型及复杂巨系统耦合技术体系

王国法[1]，任怀伟[2,3]，赵国瑞[2,3]，巩师鑫[2,3]，杜毅博[2,3]，薛忠新[4]，庞义辉[2,3]，张　潇[5]

(1.中国煤炭科工集团有限公司,北京　100013;2.中煤科工开采研究院有限公司,北京　100013;3.煤炭科学研究总院 开采设研究分院,北京 100013;4.陕煤集团陕北矿业 张家峁矿业公司,陕西 榆林 719301;5.中国矿业大学(北京),北京　100083)

摘　要:煤矿井下同步运行着通信、传感、控制等大小上百个子系统,形成了越来越复杂的智能化巨系统。针对整个矿井智能化巨系统缺乏统一数据模型、传感器数据不完备、跨系统数据融合等难题,提出统一的多源异构数据融合处理方法——基于"分级抽取-关联分析-虚实映射"的数据逻辑模型,构建了完整的煤矿井下跨系统全时空信息数字感知体系,形成集井下现场生产状态、采掘空间信息、煤机装备状态、风险信息等多参量、多尺度、全时空特性的数据感知方案;基于煤矿多源异构关系数据的信息"实体"和虚实映射机理,提出基于知识需求模型的信息实体主动匹配、推送策略与自动更新机制,解决数据实时连接及迭代更新难题;提出基于"ABCD"(即人工智能(Artificial Intelligence)、区块链(Blockchain)、云计算(Cloud computing)、大数据(Big Data))的智能化煤矿系统耦合技术,以煤矿安全保障系统耦合为例阐述了复杂巨系统数据交互、融合过程;建立了智能化煤矿数据标准体系;给出了煤矿复杂巨系统的统一数据模型及决策机制的理论和方法,建立了满足多目标决策下的智能化煤矿系统安全、高效、稳定运行体系。相关技术在陕煤张家峁煤矿应用,突破了多源异构系统的一体化集成技术,建成了全矿井跨域融合智能综合管控平台,构建了全时空信息感知及实时互联机制,打通多系统、多层面、多部门的业务数据壁垒,实现全矿井58个在用子系统和34个新建子系统的数据融合和运行决策优化。

关键词:智能化煤矿;复杂巨系统;数据逻辑模型;多源数据融合;跨系统数据交互

中图分类号:TD67　　**文献标志码**:A　　**文章编号**:0253-9993(2022)01-0061-14

Digital model and giant system coupling technology system of smart coal mine

WANG Guofa[1], REN Huaiwei[2,3], ZHAO Guorui[2,3], GONG Shixin[2,3], DU Yibo[2,3], XUE Zhongxin[4],
PANG Yihui[2,3], ZHANG Xiao[5]

(1.*China Coal Technology & Engineering Group Co.*, *Ltd.*, *Beijing*　100013, *China*; 2.*CCTEG Coal Mining Research Institute*, *Beijing*　100013, *China*; 3.*Coal Mining Branch*, *China Coal Research Institute*, *Beijing*　100013, *China*; 4.*Zhangjiamao Coal Mine Company of Northern Shaanxi Mining Co.*, *Ltd.*, *Shaanxi Coaland Chemical Industry Group Co.*, *Ltd.*, *Yulin*　719301, *China*; 5.*China University of Mining and Technology-Beijing*, *Beijing*　100083, *China*)

Abstract: Hundreds of subsystems, such as communication, sensing and control, run synchronously, and form an increasingly complex intelligent giant system in a underground coal mine. Aiming at the problems of lacking of a unified data model, incomplete sensor data and cross-system data fusion in the entire mine intelligent giant system, a unified multi-source heterogeneous data fusion processing method is proposed. A complete digital perception system

收稿日期:2021-11-28　　**修回日期**:2021-12-15　　**责任编辑**:郭晓炜　　**DOI**:10.13225/j.cnki.jccs.YG21.1860

基金项目:国家自然科学基金重点资助项目(51834006);中国煤炭科工集团科技专项重点资助项目(2019-TD-ZD001,2020-TD-ZD001)

作者简介:王国法(1960—),男,山东文登人,中国工程院院士。Tel:010-84262016,E-mail:wangguofa@ tdkcsj.com

通讯作者:任怀伟(1980—),男,河北廊坊人,研究员,博士生导师。Tel:010-84263142,E-mail:rhuaiwei@ tdkcsj.com

引用格式:王国法,任怀伟,赵国瑞,等. 智能化煤矿数据模型及复杂巨系统耦合技术体系[J]. 煤炭学报,2022, 47(1):61-74.
WANG Guofa,REN Huaiwei,ZHAO Guorui,et al. Digital model and giant system coupling technology system of smart coal mine[J]. Journal of China Coal Society,2022,47(1):61-74.

移动阅读

of cross-system full-time and space information in underground coal mines has been developed based on the data logic model of "hierarchical extraction-association analysis-virtual-real mapping", which forms a multi-parameter, multi-scale, and full-time-space characteristic data perception scheme that integrates underground production status, mining space information, coal machine equipment status, risk information, etc. Based on the information "entity" and virtual-real mapping mechanism of multi-source heterogeneous relational data in coal mines, the initiative matching, push strategy and automatic update mechanism of information entities based on the knowledge demand model is proposed to solve the problem of real-time data connection and iterative update. The coupling technology of intelligent coal mine system based on ABCD (Artificial Intelligence, Blockchain, Cloud computing and Big Data) is proposed, and the data interaction and fusion process of complex giant system is illustrated taking the coupling of coal mine safety assurance system as an example. A smart coal mine data standard system is established. This paper presents the theory and method of unified data model and decision mechanism of the complex giant system of a coal mine, and establishes the safe, efficient and stable operation system of the smart coal mine system under the multi-objective decision-making. Relevant technologies were applied in the Zhangjiamao Coal Mine of Shaanxi Coal, China, which broken through the integration technology of multiple heterogeneous systems. A full mine cross-domain integrated smart comprehensive management and control platform was built, and a full-time and spatial information digital perception and real-time interconnection mechanism was constructed to open up business data barriers among multiple levels, multiple departments, multiple systems, which achieve the data integration and decision-making optimization of 58 in-use subsystems and 34 newly-built subsystems in the entire mine.

Key words: Smart coal mine; complex giant system; data logic model; multi-source data fusion; cross-system data interaction

　　煤矿智能化是我国煤炭工业高质量发展的核心技术支撑已成为行业广泛共识,智能化理论与技术的研究也逐渐进入"深水区"。随着井下通信、传感、电气、控制技术的不断研发应用,从液压支架电液控制系统、工作面集控系统、煤流运输系统到智能通风系统、供电系统等,逐渐形成了大大小小上百个子系统[1]。这些子系统多依据经典"传感器-控制器"逻辑控制方法,在井下各个生产工艺环节发挥着重要作用。然而,当多个功能、通信方式、规模不等或不同的系统同步在井下运行时,对于整个矿井的智能化系统而言,这一状况存在着明显不足:① 子系统数据限于内部应用,只依据局部信息进行决策难以实现整体最优控制;② 控制模型依据的传感器数据不完备,极易受到环境干扰发生误动作或控制失效,鲁棒性不足;③ 各个子系统独立运行,没有整体关联架构支持,整体系统稳定性及优化协同均无法达成,无法应对复杂条件下的智能控制及整个矿井设备群的协同控制需求。上述这些问题是从煤矿机械化向自动化、再到智能化发展所必然经历的问题。很多研究机构、学者都认识到这些问题,针对其中一个或几个方面开展了研究,试图给出解决问题的路径和方法。

　　首先,最为重要的是统一数据模型。只有标准化、统一化的数据格式才能支撑多个子系统融合。当前,在数字孪生智采工作面系统的概念、架构及构建方法[2]、基于边缘云协同计算架构的智慧矿山技术架构体系[3],基于云服务、边缘计算和 WSN 技术的煤矿信息物理系统场景感知自配置系统[4]等研究中,给出了物理系统信息的虚拟表达方法及计算体系,为系统融合指出了路径,但尚不能完全支撑系统融合过程所需的多源异构数据处理、关联分析及虚拟映射操作。

　　其次是要实现跨系统的数据感知及实时连接。煤矿井下当前已经初步形成了一个全时空感知体系,对物理空间、地质构造、人员、装备等静态及动态的逻辑、属性、运行、过程信息进行不同频次的采集,以支持煤矿数字化。然而,这些感知的传感器分布在不同的子系统、不同的数据传输层次中,难以统一在一个数据治理体系下并形成具有完备特征的煤矿数据孪生体。已有的研究提出了全面覆盖的智慧煤矿信息模型,力求改善数字矿山向智慧矿山发展过程中信息关联层次不清晰、框架结构不完善、缺少智能决策依据及有效控制方法的问题[5];提出了由数据接入层、数据存储层、数据资产管理层、数据服务层构成的煤矿大数据集成分析平台技术架构,为数据融合分析处理提供基础数据与资源能力[6]。然而,跨系统的业务逻辑、不同层级数据的匹配推送策略还未完全建立,因而无法实现大规模数据的跨系统实时连接。

　　此外,还涉及多系统融合的兼容性问题、安全性问题等。当多个系统协同运行时,无论是空间、时间还是逻辑上都存在兼容协同的问题。每个子系统都需要评估在外部数据介入情况下的系统收敛性、稳定性及安全性。笔者团队对智能化煤矿复杂巨系统的逻辑关联进行研究和系统归并,提出以泛在网络和大数据云平台为主要支撑,以智能管控一体化系统为核心,"自主感知与控制−信息传输−井下系统−综合管控平台"为主线的智能化煤矿数据流动与业务协同融合链[7-10]。

上述研究从理论、技术多个角度分析了当前面临的问题,为建立整体系统架构、实现数据融合、保障系统安全奠定了理论及技术基础,并通过部分实践研究,给出了具体业务逻辑的数据处理方法,对于解决当前存在的问题及不足具有重要作用。但由于煤矿系统的复杂性、多业务系统的特殊性,现有研究成果还不足以支撑全矿井系统多目标决策下的安全、高效、稳定运行需求。

笔者从全矿井复杂巨系统入手,针对其单元数量巨大、信息多元异构、关系错综复杂等特点,提出统一的多源异构数据融合处理方法——基于"分级抽取−关联分析−虚实映射"的数字煤矿智慧逻辑模型,形成井下跨系统全时空信息数字感知和数据结构体系,进而构成完整的、正向设计的数字煤矿底座;通过煤矿数据推送策略与自动更新机制解决数据实时连接及迭代更新难题;提出基于 ABCD(ABCD 技术体系,即人工智能(AI)、区块链(Blockchain)、云计算(Cloud computing)、大数据(big Data))的智能化煤矿系统耦合技术,以安全保障系统耦合为例阐述了煤矿复杂巨系统数据交互、融合过程;建立了智能化煤矿数据标准体系。相关技术在陕煤张家峁生产型煤矿应用,创建了矿井整体智能化系统,突破了多源异构系统的一体化集成技术,建成了全矿井跨域融合智能综合管控平台;构建了全时空信息数字感知及实时互联机制,打通多系统、多层面、多部门的业务数据壁垒,实现全矿井 58 个在用子系统和 34 个新建子系统的数据融合和运行决策优化。

1 智能化煤矿巨系统数据逻辑模型

从 20 世纪 90 年代开始,煤矿井下信息化、电气化、自动化水平逐渐提升,各种传感器、控制装置、电气系统不断增加。例如,一个 6 m 大采高自动化工作面就有 16 个子系统,超过 4 000 个传感器,5 000 根不同的信号、控制线,10 余种通信协议。当这些子系统单独运行时,关系相对简单,某个局部故障也不影响整个工作面的运行。然而,当这些子系统相互融合、数据交互共享后,大系统的数据类型、信息层次会变得异常复杂。根据系统工程定义,如果组成系统的元素不仅数量大而且种类也很多,它们之间的关系又很复杂,并有多种层次结构,这类系统称为复杂巨系统[11]。目前,整个煤矿的各种子系统共计有上百个之多,包含文本信息、连续信号、视频信息、音频信息等数据类型,涉及信息传输、存储、处理等不同操作,具备物理逻辑、功能逻辑、事件逻辑等不同层级关系,覆盖生产、安全、管理等多个数据域,符合复杂巨系统定义的特征。

智能化煤矿复杂巨系统最重要的是要解决多源异构数据的处理问题[12]。数据信息的载体不同、格式不同,单纯某一个方法无法实现多层次、多维度、多关联、多领域数据的融合处理。为此,建立"分级抽取−关联分析−虚实映射"的智能化煤矿巨系统数据逻辑模型,形成多源异构数据处理理论方法。

1.1 分级抽取

大数据处理及分析系统需建立 3 个平台,大数据基础平台、数据接入平台和数据资产管理平台。大数据基础平台建立了进行数据处理的基本架构,提供了数据抓取、治理、接入、可视化的基本功能模块。数据接入平台主要完成数据的预处理,包括解析、去重、清晰、合并、分类等功能。分级抽取在数据接入平台中完成,根据不同数据的层级、属性、格式,有不同的提取方法,但任何数据均能采用如图 1 所示的煤矿数据逻辑模型统一规范和描述,其所包含的信息均属于 7 类信息中的一种或多种。从另一角度而言,数据逻辑模型将每一个数据源(传感器)在一个七维空间进行了定位。

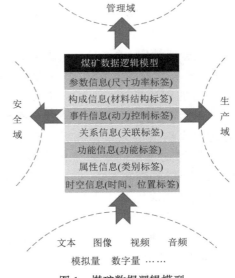

图 1 煤矿数据逻辑模型

Fig.1 Coal mine data logical model

根据管理、生产、安全的不同需求,寻找、提取对应标签的数据源。数据源标签来自于最初给定的"信息实体"[13],或通过自我更新机制产生。按照信息抽取粒度不同,可采用基于中心向量模型的方法、模式匹配的方法等。抽取过程中,抓取多个源数据库的消息,然后传递到对应的高级队列;通过获取所述源数据模块中高级队列中的消息,并将所需数据标签进行发送;最后通过消息处理模块将标签数据处理、转换之后应用于多个不同的应用目标端。

1.2 关联分析

关联分析在数据资产管理平台中完成,是数据融合挖掘的基础,且针对不同的目标需要结合不同的专业分析模型。煤矿常用的关联分析模型有生产工艺模型、统计关联模型、安全管理模型等。例如,针对工作面视频流数据,分层抽取设备信息、人员信息、运行信息进入到信息共享库。信息共享库在矿压、瓦斯、设备故障、工艺流程等专业分析模型的基础

上进行数据融合挖掘,满足管理、安全、生产控制的需求;针对于工作面爆炸危险性预警,经过数据抽取,得到甲烷、一氧化碳、温度、风速、粉尘浓度等与之相关的数据源(传感器),通过实测建立的工作面爆炸值域及关联曲线进行多数据关联分析,进行实时爆炸预测。

1.3 虚实映射

数字孪生强调的是虚拟系统与现实系统的符合度,而数据逻辑模型的虚实映射则更关注二者的交互,预测与控制相结合,如图2所示。已研究提出的"信息实体"是虚实映射的基础,分级抽取的信息通过关联分析形成的逻辑都被赋予到"信息实体"中。因而,与物理实体相比,信息实体是具备逻辑关系的"智能体"。这些智能体之间通过网状的逻辑关联来表达、分析、预测物理实体的行为。当某时、某种关联智能体表达的行为符合预期目标,则这种关联就被记忆,并反向驱动实际的物理实体按照既定的关联完成行为动作。

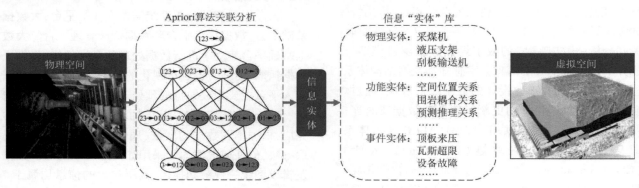

图2 工作面数据虚实映射模型
Fig.2 Virtual and real mapping model of working face data

这里给出了煤矿复杂巨系统的统一数据模型及决策机制的理论和方法,建立了满足多目标决策下的智能化煤矿系统安全、高效、稳定运行体系。煤矿数据通过分级抽取-关联分析-虚实映射,形成可统一处理、分析和挖掘的信息流,能够解决多源异构数据融合的理论难题。上述理论和技术方法的实现都基于大数据基础平台、数据接入平台和数据资产管理平台组成的大数据数据处理及分析系统。这一系统将处于不同子系统的数据源(传感器)统一进行存储、管理和调用,形成跨系统的全时空信息数字感知体系。基于上述理论技术在陕煤张家峁煤矿开发了大数据支撑系统[14],实现了全域数据管理、跨业务数据融合,数据进行深度解析、重构与复用,对整个煤矿各个生产系统的运行状态与趋势进行分析、预测,给出优化策略,实现了"管理-控制"一体化。

2 井下跨系统全时空信息数字感知及实时互联机制

煤矿智能化很大程度依赖于生产环境的有效感知[15]。在目前煤矿生产过程中,上述环节均存在不同程度的独立采集与传输信息,信息感知能力差,共享程度低,不利于对煤矿信息进行全面感知与深度挖掘,从而做出科学、有效的决策。因此,作为煤矿智能化基础要素,有必要构建完备的煤矿井下跨系统全时空信息数字感知体系,形成井下现场生产状态、采掘空间信息、煤机装备状态、风险信息等多参量、多尺度、全时空特性的跨系统数据感知方案,即可获取完整数据信息,又能避免当前数据不共享、硬件冗余重叠等问题,为煤矿安全生产与管理提供充分的决策支持。

为实现煤矿井下完备信息数据感知,建立井下跨

系统全时空感知体系总体框架。包括6个层面,自下至上分别为感知要素层、感知层、传输层、边缘处理层、数据融合层和应用层,如图3所示。主要实现煤矿井下生产管理系统的各个重要方面的透彻感知、各种感知工具和数据的互联互通、底层数据共享机制、数据集成分析和决策的深度智能化。

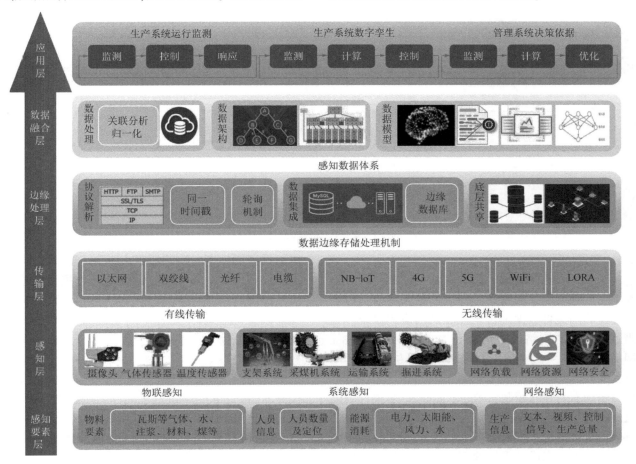

图3　煤矿井下跨系统全时空感知体系总体框架

Fig.3　Overall framework of cross-system full-time and space perception system in coal mine

2.1　煤矿井下跨系统全时空信息感知内涵

实现煤矿智能化安全保障首先应具备精准的煤矿全维度信息感知能力,煤矿井下跨系统全时空信息感知主要指对涵盖煤矿水文地质条件、采动空间力学环境、灾害指标性信息、矿井设备及生产信息和人员信息等的具备全维度的感知,即综合应用视觉采集仪、激光扫描、CT切片扫描、惯性导航等传感技术手段,实现煤矿采掘空间地理信息状态、人员设备路径跟踪、水文地质、煤机装备状态等全方面、全维度感知,为煤矿智能化安全保障提供数据基础。

2.2　多参量信息感知

随着煤矿采掘运生产监测精准化、智能化的发展需求,监测信息也由单一测点向多个参量协同感知迈进,利用各类传感技术对煤矿井下智能化生产进行巷道围岩安全状态信息智能感知、工作面液压支架姿态智能感知、工作面采煤机姿态智能感知、工作面刮板输送机直线度智能感知等,实现锚杆载荷、顶板离层、围岩应力、锚杆杆体应力、巷道温度、液压支架倾角及压力、采煤机姿态与刮板输送机直线度等多种基础信息的获取;同时,以时间戳为依据获取辅助系统的关键参量,从而更为全面地反映煤矿安全生产状态。

2.3　感知数据结构

煤矿井下信息数据可按照生产业务主题进行分类,第1级目录划分为六大主题领域,分别是综采、综掘、辅运、安全、人员和生产指标,如图4所示,第1级主题领域内根据现存煤矿井下生产数据采集和数据标准规范可进一步划分第2级主题目录。综采二级主题可进一步划分为围岩环境状态、三机状态等;综掘二级主题可进一步划分为掘进尺度、掘进速度等;运输二级主题可进一步划分为主运信息、辅运信息等;安全二级主题可进一步划分为通风、瓦斯、防灭火等;人员二级主题可进一步划分为人员位置等;生产指标二级主题可进一步划分为产量、能耗等。

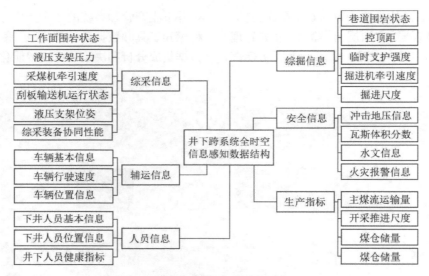

图 4　感知数据架构

Fig.4　Perceived data architecture

2.4　多网协同传输

工业互联环网是煤矿井下感知体系的骨干网络,井下生产需要采集的各类感知数据绝大多数都需要通过逻辑网关将数据上传至互联网的应用系统。充当逻辑网关的网络设备可以是 WiFi 网关或 ZigBee 网关、M2M 网关或者使用 LORA 标准的专业网关、4G 或 NB-IoT 甚至未来的 5G 标准的基站等。为保障信息传输的有效性和控制信号的低延时性,传输网络需更好地满足海量数据接入和可抵御信号干扰的需求,对多协议传输网关可采取多网协同、高层协议向下兼容解析等方式完成井下工业互联环网和与感知传输网络的高效通信。

2.5　数据跨系统边缘共享与汇集

煤矿不同层级的平台、井下各系统互通互联才能进行安全智能联动控制。不同需求层面的煤矿信息"实体"实时数据采集是实现智能化煤矿巨系统数据逻辑模型"虚实映射"的根本,没有区别的数据层级和虚实映射会导致数据流和数据量剧增,影响系统实时性,根据所构建的井下跨系统全时空感知体系总体框架,为实现不同层级的生产采掘运等系统的交互协调,通过引入数据边缘处理层,利用数据边缘处理盒子等以统一时间戳的轮询方式动态提取不同生产子系统的关键变量,并进行实时迭代更新,将关键生产信息汇聚于"边缘端",进行数据底层共享和融合分析,可以有效减少数据传输量,并快速判断有利于生产优化的决策方案,以及时应对不同的工况环境,实现井下各生产系统间的及时快速的数据共享、协同联动;同时,对于辅助生产系统中不影响主生产系统的数据可进行"跃层"汇集至更高的综合管控平台及大数据系统,以在煤矿大数据层级进行综合数据分析,实现数据流的多层级管理,如图 5 所示。

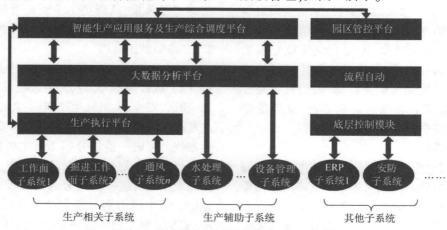

图 5　数据跨系统汇集机制

Fig.5　Data collection across systems

2.6 感知数据深度融合

数据深度融合是对多源异构数据进行综合处理获取更高维度信息的过程[16]。在获取井下生产多参量信息后,按照数据处理的层次,将其具体分为数据层融合、特征层融合和决策层融合,数据层融合主要根据数据的时空相关性去除冗余信息,而特征层和决策层的融合往往与具体的应用目标密切相关,譬如,通过监测综采工作面刮板输送机直线度、支架姿态、采煤机滚筒姿态等数据,综合判断整个工作面的运行环境,刻画综采工作面生产环境和可调装备情况;通过多个主煤流运输情况、综采工作面开采情况和全矿井生产任务,综合分析全矿煤炭开采水平,及时作出生产调整等决策。

2.7 数据匹配推送策略

煤矿井下数据逻辑模型的虚实映射需要数据的匹配与推送。因此,基于煤矿多源异构关系数据的信息"实体"和虚实映射机理,提出基于知识需求模型的信息实体主动匹配与推送策略:

(1)信息实体匹配。煤矿信息类别繁多且相互之间关联关系复杂,涉及多个维度的属性。信息实体在智能化煤矿信息网络系统中处于节点位置,是数据匹配、推送时数据指针对应操作的最小单元。通过信息实体抽取、分析及虚实映射,挖掘信息实体之间的关联规则,计算支持度和置信度,描述关联程度,并通过机器学习中的典型分类算法支持向量机定义开采行为相关的本体类别,划分类的层次结构,定义本体的边界和约束,构建基于外部感知的信息动态匹配算法,如图 6 所示。

(2)数据推送。通过模糊综合决策的知识匹配规则,以信息需求中的条目作为关键词进行匹配,所

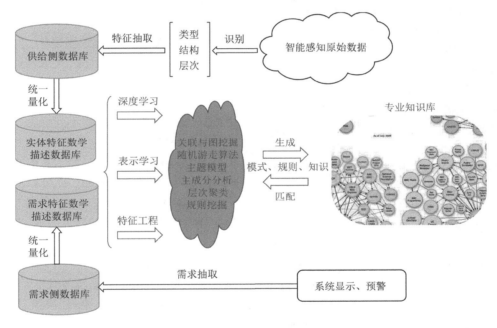

图 6 信息动态匹配算法

Fig.6 Information dynamic matching algorithm

有与该条目相关的信息实体数据库中的数据按照因式分解机算法被推送至操作功能库。需求模型匹配并推送的信息包含着物理对象的空间状态、变动触发事件及其对开采生产环节的影响。在操作功能库中,建立信息实体清洗、存储、控制和管理等基本操作功能,形成概念逻辑、联想、记忆和思维推理的信息实体操作机制,并分析这些推送的触发数据及其二阶行为模式得到相关参数变动趋势,基于开采行为的知识过滤与因式分解机推送策略,最终在诸多匹配数据中得出需要的数据,并从操作功能库推送给控制对象,由其自身智能控制系统给出最佳的控制方式和参数。

3 基于"ABCD"技术的智能化煤矿系统耦合

智能化煤矿巨系统的数据逻辑模型及跨系统的全时空信息数字感知及实时互联机制是建立煤矿完整数字体的基础。随着煤矿智能化建设的不断深入,全矿井感知体系和数据系统日益健全,"数据孤岛"等问题也会逐步得到解决。但各子系统的关联、协同、整合及业务应用技术也必须要尽快发展,要有充分的学科理论支撑。煤矿智能化系统耦合需紧密依赖新一代信息技术的发展和融合应用,如图 7 所示,它主要涉及人工智能(AI)、区块链(Blockchain)、云

计算（Cloud computing）、大数据（Big Data）等新一代信息技术（简称 ABCD 技术）。可以说，智能化系统耦合技术是把这些理论体系作为自己的理论基础，同时智能化系统耦合技术的应用也促进了 ABCD 技术的理论提升。

图 7　基于"ABCD"技术的智能化耦合技术体系

Fig.7　Intelligent coupling technology system based on "ABCD" technology

3.1　人工智能技术

智能化系统的"智"来源于 AI 技术在各系统中对人的逐步取代，包括分析、预测、决策、辨识、控制等功能。之前的煤矿智能主要是知识驱动、经验驱动，是一种模拟人类专家解决专业领域问题的方法[17]。其发展主要依赖于知识表示和知识推理技术，但因其获取知识的主要途径还是人工，因此效率不高、效果也过度依赖人工经验。当前正在攻关的煤矿智能为数据驱动[18]，依靠大量数据的挖掘分析获取规律，这一阶段得益于机器学习和深度学习的快速发展，在煤矿设备故障诊断、趋势预测、安全预警、图像识别等方面均取得了突破性进展。但深度学习的"黑箱"特性降低了其对煤矿开采力学、运动学、动力学等方面本质特征和运行机制等方面的解释性和关联分析能力，且深度学习处在特征空间，是对"局部"样本数据的特征统计，其实时性、正确性和准确性严重依赖于算力和样本。因此，AI 技术在煤矿智能化系统耦合应用中必须深度融合采矿学科相关基础理论，为煤矿多系统融合决策提供支撑。

3.2　云计算技术

云计算是算力与网络能力的统一体。早期的云计算主要解决的是分布式计算问题，主要用于大型科研计算。但随着云化技术的快速发展，云计算已从分布式计算快速拓展到云化服务，并不断与大数据、AI、虚拟化技术等融合，产生新的应用模式并为煤矿智能化系统耦合带来新的解决方案。与此同时，日益庞大、复杂的煤矿智能化系统，产生的数据量也由 GB 级向 TB 甚至 PB 级以上上升，数据种类也由简单结构化数据为主变为结构化、半结构化和非结构化数据共存。煤矿智能化系统耦合过程存在超量的数据融合应用，传统终端处理模式已不能满足数据处理和 AI 应用的需求，因而需要云端存储、算力和计算模型等的支持。但与此同时，工业生产和安全的实时性需求又决定了不可能完全云化，而 5G 等新一代信息技术的快速发展"拉近"了"云–端"间的距离并保障了高带宽、高并发、低时延控制需求，为解决这一难题提供了关键支撑，并由此研究发展出了"云–边–端"架构。

3.3　区块链技术

煤矿智能化系统耦合过程中，大量数据由非本地、非自身系统产生。ACD 技术的结合提升了系统间互联互通的能力和整体运行效能，但如果数据来自于非法入侵、亦或遭到篡改，则相关系统都会受到影响，甚至会导致系统决策控制错误。因而，系统数据需要进行来源追踪、置信度、安全性的评估和确认。另一方面，安全排查、质量追溯、故障排除等都是常见的"环环相扣"的系统问题，排查和解决不仅费时费力，还极易引起纠纷迟迟得不到解决。上述两个方面的问题需要区块链技术加以解决。"区块"技术本质上是一个共享数据库，但存储于其中的数据或信息具有"不可伪造"、"全程留痕"、"可以追溯"、"公开透明"、"集体维护"和"去中心化"等特征，恰好契合了煤矿智能化建设过程中的痛点需求，为智能化系统耦合应用提供了安全保障机制。

3.4　大数据技术

智能化煤矿的各个系统运行中产生大量数据，系统间耦合就是数据交互、推送、决策、控制的过程，大数据技术在这一过程中具有异常重要的作用。系统间的各种物理、事件、逻辑关联关系都依靠大数据技术进行挖掘和分析，例如，开采过程中的力学、运动学、动力学和相互关联关系等，分析并预测人员、设备、环境和综合管控等多元耦合系统的发展趋势，决策控制煤矿智能化复杂系统的协同运行，同时结合数字孪生技术将相关应用场景发生、发展的过程和结果实时清晰的展现出来，这就完成了由数据使智能化系统间发生耦合的整个过程。煤矿数据处理当前主要难点在于大量跨系统多源异构数据的实时共享与处理上，但数据采集的质量和标准同样决定了后续数据的可用性和完备性，因此煤矿大数据应从底层传感和采集方法做起，否则再多的数据也不能反映真实的规律。

3.5 煤矿系统安全

网络安全是随着网络技术的发展动态跟进的过程，更是在与网络攻击不断的交手过程中逐步加固的过程。随着智能化系统接入的越来越多和系统间的数据交互越来越频繁，暴露的网络攻击点也会越来越多，被动防御会愈加困难。除了满足国家的等保要求外，更重要的是变被动防御为主动防御，建立被攻击态势感知和预警系统，不断更新完善应急处理能力和措施，定期组织护网行动，建立数据定期备份常态化机制。

构建煤矿"垂直分层、水平分区、边界控制、主机监测、内部审计、统计管理"的纵深防御体系，满足国家监管、集团统筹和下属单位管控等的多种需求和安全生产需要，保障信息的安全和数据的安全，从实体安全、平台安全、数据安全、通信安全、应用安全、运行安全、管理安全等层面上进行综合的分析和管理，构建网络信息安全体系。

智能化煤矿系统耦合技术需要"ABCD"技术的融合支撑，"BC"技术构建了安全可靠的数据库和充足的算力，"D"为其填充了标准化的多源异构数据并提供了丰富的计算模型，"A"完成了数据到控制的转换和落地应用，同时结合数字孪生技术将生产管控的过程和结果同步展示和下发到执行系统，形成"物理-虚拟"空间二元平行控制，解决煤矿场景化智能应用的难题。例如，煤矿视频实时拼接、基于深度学习的各类识别、设备故障诊断、设备管理与质量追溯、煤矿安全隐患排查与分析、煤炭洗选优化与过程控制、产能控制等。

4 智能化煤矿数据标准体系

数据赋能实现多源数据集成分析与数据价值挖掘是实现智能化的基础。目前各大煤矿企业及研究机构均认识到煤矿数据资产的重要性，建设了相应的数据运维中心等，在地质信息探测、多维数字化矿山建模、生产自动化、安全监控、管理信息化等方面开展理论和技术研究，在大数据平台架构、安全生产协同管控等方面取得成果[19-22]。但是由于缺乏统一的数据标准和模型，对于生产业务信息系统，难以实现数据互联。因此智能化煤矿数据标准体系及相应的数据治理体系是根本上解决数据汇聚交换不畅、开放共享不足、应用落地不易、安全监管不到位等问题的核心。

4.1 智能化煤矿数据治理管理体系

通过分析，煤矿数据进行治理及融合分析的过程中具有如下特点：

(1) 数据内容丰富。涉及采煤作业、生产安全、机电管理、企业经营等方面，这些数据主要产生于煤矿企业经营管理过程以及煤炭生产过程中，与智能化煤矿的建设密切相关。

(2) 数据类型多样。煤矿数据整体呈多维度特征，从数据结构特征看，包括了结构化数据、半结构化数据和非结构化数据，从数据产生频率看，包括了实时数据和非实时数据，从业务归属看，包括了生产、安全、经营等类型，并且数据以不同形式分散在各个系统中。

(3) 数据潜在价值大。煤矿通过各类传感器采集生产过程和环境监测的数据，这些数据是煤矿生产全流程的记录，具有非常大的潜在价值。如何充分挖掘这些数据的价值与煤矿的智能化成效密切相关。

煤矿数据治理应建设统一的数据治理能力，提供可复用的行业知识库，具体建设内容应包括统一数据集标准、数据质量、数据安全、数据共享服务标准。数据治理技术体系总体框架共划分为"数据源-数据接入-数据基础设施-数据资产管理-数据共享-数据安全"几个部分，如图8所示。

(1) 数据接入。数据接入应支持实时数据接入和离线数据接入。实时数据接入为处理或分析流数据的自定义应用程序构建数据流管道，主要解决云服务外的数据实时传输到云服务内的问题。离线接入应支持多种数据迁移能力和多种数据源到数据湖的集成能力。

(2) 数据基础设施。数据基础设施即在实现数据全面存储的基础上构建数据治理管理平台，实现多源数据入湖与统一数据服务的数据全生命周期管理功能。自业务系统数据采集开始，经过数据清洗、数据存储、数据分析挖掘、数据服务等数据操作，直至数据归档或销毁，在数据全生命周期中的每个环节完成对应的数据治理工作。包括数据源对接，数据采集，数据清洗，数据加载，数据存储，数据服务，数据分析等工作，为煤矿数据管理提供基础工具与存储空间。

(3) 数据资产管理。数据标准是指保障数据的内外部使用和交换的一致性和准确性的规范性约束，包括数据业务属性、技术属性和管理属性的表达、格式及定义的约定统一定义；可作为数据质量控制的准则、数据模型设计以及信息系统设计的参考依据。数据标准管理是指数据标准的制定和实施的一系列活动，涵盖数据标准的创建编辑删除、分类管理、导入导出、数据标注化工作开展情况评估等一些列功能。其中包括提供主数据管理、元数据管理、数据资产目录、数据治理、数据血缘等数据治理能力，支撑客户进行数据管理与治理，持续进行数据运营等。

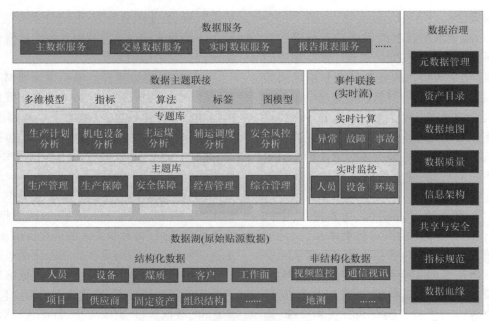

图 8　煤矿数据管理体系框架

Fig.8　Coal mine data management system framework

（4）数据共享与数据服务。数据共享服务应为煤矿企业搭建统一的数据服务总线，帮助企业统一管理对内对外的 API 服务；可提供数据的抽取、集中、加载、展现，构造统一的数据处理和交换。数据共享交换服务应由中间件、服务、接口等模块组成，核心组件包括数据交换引擎、安全管理、系统管理、Web 服务管理以及接口。

（5）数据安全。在数据全生命周期中，在各个阶段通过技术手段形成可固化、可自动持续执行的安全检查方法、安全保证方法及安全统计报告，从而实现对数据安全的把控和提升。

4.2　智能化煤矿数据标准体系

通过梳理相关国际标准、国家标准、行业标准，结合智能化煤矿生产经营活动涉及的数据资源特点，构建了智能化煤矿数据标准体系（图 9）。该体系将全部标准规范划分为基础标准、技术标准、业务标准三大类。其中，基础标准固定了整个体系的框架、术语定义、技术参考模型和数据分类标准。技术标准规定了智能化煤矿大数据资源从数据生产、管理到服务全生命周期关键节点的标准化，包括元数据、数据管理、数据质量和数据安全。业务标准结合了技术标准中的元数据标准内容，包括主数据标准和业务数据标准。

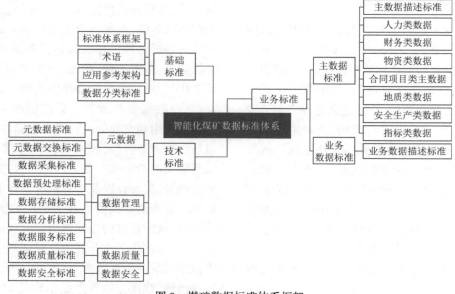

图 9　煤矿数据标准体系框架

Fig.9　Framework diagram of standard system of coal mine data

基础标准是智能化煤矿数据的纲领性文件,主要规范煤矿数据建设和服务中使用的技术参考模型、词汇概念和数据分类方法等内容。基础标准是智能化煤矿数据标准体系中具有基础性和指导性的标准规范,是所有标准的技术基础和方法指南,也是其他标准执行的依据。其适用范围贯穿智能化煤矿数据标准化的全过程,具有较长时期的稳定性、延续性和指导性。基础标准主要包括标准体系框架、术语、技术参考模型和数据分类标准等。

技术标准规定了智能化煤矿数据标准体系中的一系列技术要求,包括元数据标准,数据管理标准,数据质量标准和数据安全标准。技术标准为智能化煤矿进行数据治理及管理提供了全面的工具平台要求及操作指导。

技术标准包括主数据、元数据、数据管理、数据质量和数据安全等标准。数据全生命周期管理是以数据质量管理为核心,对主数据、元数据、业务数据构建采集、存储、管理全生命周期管理。

主数据是满足煤矿企业内部跨部门业务协同需要、反应核心业务实体属性的基础信息,是在整个价值链上被重复、共享应用于多个业务流程的、跨越各个业务部门、各个系统之间共享的、高价值的基础数据,是各业务应用和各系统之间进行信息交互的基础。通过主数据的标准化,保证分析系统的各领域/维度数据贯通,满足煤炭企业内跨部门、跨流程、跨系统的业务需要,才能有效避免主数据对应的实体在各个管理环节可能出现的歧义。

数据生命周期划分为数据定义阶段、数据存储、数据加载转换以及数据应用、数据归档阶段。对于数据进行治理与管理过程是以元数据管理为核心的,通过对煤矿数据管理过程中产生的元数据进行整合,有助于更好地获取、共享、理解和应用企业信息资产,实现数据关联分析,更好的为各应用提供数据服务。元数据标准结合智能化煤矿的实际业务特征从技术、业务、管理3个角度制定。为智能化煤矿有效收集、管理生产及经营过程中产生的数据,并进一步挖掘数据的潜在价值提供基础依据;数据管理标准规定智能化煤矿进行数据收集、数据预处理、数据存储、数据分析、数据服务等工作所依赖的平台工具需要具备的功能,以及相关的技术要求;数据质量标准定义数据质量评价方法等。

业务标准是在智能化煤矿数据分类标准基础上对主数据和业务数据的进一步描述。在完成智能化煤矿数据分类后,分别制定主数据标准和业务数据描述标准,并基于业务数据描述标准进一步对智能化煤

矿数据资源进行识别和梳理,最终形成完整、标准化的数据资源。

5　煤矿智能化巨系统耦合工程应用实践

智能化煤矿复杂巨系统涉及采、掘、机、运、通等各业务系统,系统之间存在开采工艺、设备、人员等复杂的耦合关系。陕煤集团张家峁煤矿前期经过多年的升级改造已建成大小子系统共58个,子系统种类繁多,数量庞大,随着系统数量的不断增多,问题也日益突出:协议标准不统一,信息孤岛、数据烟囱林立;逻辑决策依据贫乏,智能化能力无法发挥;安全保障孤立,无法发挥整体保障能力。为解决上述问题,应用提出的"分级抽取-关联分析-虚实映射"煤矿数据逻辑模型,实现全矿井多源异构系统的一体化集成,建成了跨域融合智能综合管控平台,如图10所示。构建了全时空信息数字感知及实时互联机制,打通了多系统、多层面、多部门的业务数据壁垒,实现了全矿井58个在用子系统和34个新建子系统的数据融合和运行决策优化。

图10　张家峁煤矿智能综合管控平台

Fig.10　Intelligent integrated management and control platform of Zhangjiamao Coal Mine

智能化综合管控平台背后是各个子系统多源异构数据的融合,第1节所述的基于智能化煤矿数据逻辑模型开发的张家峁大数据支撑系统如图11所示。该系统实现了数据的统一采集、存储、管理、调用,实现跨系统数据管理、跨业务数据融合,数据进行深度解析、重构与复用,对煤矿各个生产系统的运行状态与趋势进行分析、预测,给出优化策略。

首先,按照数据逻辑模型统一描述的7类信息进行数据格式的统一化处理,分别进入到关系数据库、非关系型数据库(NoSQL)中进行存储管理;其次,在分级抽取之前,需根据数据需求依据标签数据进行数据评估、规约、重组等预处理。预处理后的数据在专业知识、数据处理方法的支撑下,被用来进行关联分析,用以预测、警告、决策等。最后,用以控制的信息则被发送到虚拟仿真系统中进行验证,是否能够得到预期的运行效果;如果是,则通过虚实映射机制发送至响应的设备。

图 11　煤矿巨系统多源异构大数据支撑系统

Fig.11　Multi-source heterogeneous big data support system for coal mine giant system

由于地下煤矿开采会有瓦斯、顶板、水、火、冲击地压、粉尘等多种危险灾害,故安全保障是煤矿系统运行过程中最为重要的目标。当前,与安全相关的监测监控系统多达数十个,传感器上千个,且用于生产信息测量的一些传感器、视频、音频数据等也可用于安全信息的感知和获取,故实现煤矿整体安全保障需要进行跨系统的数据融合。这里以安全保障系统的耦合过程为例进行阐述。

如图 12 所示,基于各系统的智能传感器终端,形成统一的全时空人、机、环全面感知系统。数据通过有线/无线网络上传至云平台,并对数据进行分类存储与清洗。采用基于灾害发生机理的理论计算模型与基于数据模型驱动的灾害预测模型对可能发生的灾害信息进行关联分析、超前预测。即通过致灾因素分析、理论计算及阈值计算获取灾害发生的理论计算结果,同时采用机器学习、深度学习等算法对灾害发

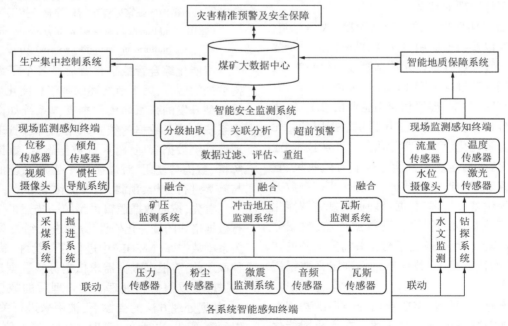

图 12　智能化煤矿安全保障系统耦合框架

Fig.12　Coupling framework diagram of intelligent coal mine safety guarantee system

生的可能性进行数学建模分析,通过对不同预测方法的预测结果进行相互校验,从而确定煤矿灾害发生的最终预测结果,并通过灾害精准预测及安全保障系统等对灾害发生区域的人员进行信息推送及声光报警,以及自动规划设计避灾路线。同时,也与生产集控系统和地质保障系统实现数据共享与协同联动,基于煤矿采、掘、机、运、通等各业务系统之间的知识关联图谱对各业务系统发出控制指令,实现防灾、减灾、救灾一体化。

由于煤矿井下的危险源及致灾因素的关联关系十分复杂,且煤矿井下不同区域发生灾害的危险性也存在较大差异。因此,在进行监测大数据分级抽取及关联分析时,应按照矿井灾害类型、严重程度等,将井下生产区域划分为不同等级的特定区域,建立具有区域灾害特征的安全分析、预测、预警模型,实现灾害的分级、分区智能防治。

整个煤矿复杂巨系统其他生产、管理、运行系统的耦合过程也类似。系统间的耦合将消耗大量的计算资源、网络资源,因而在搭建系统软件架构的同时,云网数一体化集成的硬件支持系统也必须同步构建。张家峁煤矿复杂巨系统融合依托于强大的数据中心具备丰富的带宽资源、安全可靠的机房设施、高水平的网络管理和完备的数据挖掘服务,形成了高质量、灵活、开放的跨系统数据融合生态体系。如图13所示为张家峁智能化综合管控中心。

图13　张家峁智能化综合管控中心

Fig.13　Intelligent comprehensive management and control center of Zhangjiamao Coal Mine

6　结　　论

(1)针对其单元数量巨大、信息多元异构、关系错综复杂等特点,提出统一的多源异构数据融合处理方法——基于"分级抽取-关联分析-虚实映射"的煤矿数据逻辑模型,形成井下全时空信息数字感知和数据结构体系,进而构成完整的、正向设计的数字煤矿底座。

(2)提出了井下跨系统全时空信息数字感知及

实时互联机制。基于煤矿多源异构关系数据的信息"实体"和虚实映射机理,提出基于知识需求模型的信息实体主动匹配、推送策略与自动更新机制,解决数据实时连接及迭代更新难题。

(3)提出了基于"ABCD"的智能化煤矿系统耦合技术,为构建安全可靠的数据库和充足的算力提供丰富的计算模型,完成数据到控制的转换和落地应用提供技术支撑。

(4)建立了智能化煤矿数据标准体系,包括统一数据集标准、数据质量、数据安全和数据共享服务标准;形成了统一的数据治理能力和可复用的行业知识库。

相关技术在陕煤张家峁煤矿应用,建成了全矿井跨域融合智能综合管控平台;打通了多部门、多专业、多层面的空间业务数据壁垒,实现全矿井58个在用子系统和34个新建子系统的数据融合和运行决策优化。

参考文献(References):

[1] WANG Guofa,XU Yongxiang,REN Huaiwei. Intelligent and ecological coal mining as well as clean utilization technology in China:Review and prospects[J]. International Journal of Mining Science and Technology,2019,29(2):161-169.

[2] 葛世荣,张帆,王世博,等. 数字孪生智采工作面技术架构研究[J]. 煤炭学报,2020,45(6):1925-1936.
GE Shirong,ZHNAG Fan,WANG Shibo,et al. Digital twin for smart coal mining workface:Technological frame and construction[J]. Journal of China Coal Society,2020,45(6):1925-1936.

[3] 姜德义,魏立科,王翀,等. 智慧矿山边缘云协同计算技术架构与基础保障关键技术探讨[J]. 煤炭学报,2020,45(1):484-492.
JIANG Deyi,WEI Like,WANG Chong,et al. Discussion on the technology architecture and key basic support technology for intelligent mine edge-cloud collaborative computing[J]. Journal of China Coal Society,2020,45(1):484-492.

[4] 李敬兆,宫华强. 煤矿信息物理系统场景感知自配置与优化策略研究[J]. 煤炭科学技术,2019,47(4):20-25.
LI Jingzhao,GONG Huaqiang. Research on scene perception self-configuration and optimization strategy of cyber-physical system for coal mine[J]. Coal Science and Technology,2019,47(4):20-25.

[5] 任怀伟,王国法,赵国瑞,等. 智慧煤矿信息逻辑模型及开采系统决策控制方法[J]. 煤炭学报,2019,44(9):2923-2935.
REN Huaiwei,WANG Guofa,ZHAO Guorui,et al. Smart coal mine logic model and decision control method of mining system[J]. Journal of China Coal Society,2019,44(9):2923-2935.

[6] 杜毅博,赵国瑞,巩师鑫. 智能化煤矿大数据平台架构及数据处理关键技术研究[J]. 煤炭科学技术,2020,48(7):177-185.
DU Yibo,ZHAO Guorui,GONG Shixin. Study on big data platform architecture of intelligent coal mine and key technologies of data pro-

cessing[J]. Coal Science and Technology,2020,48(7):177-185.

[7]　庞义辉,王国法,任怀伟. 智慧煤矿主体架构设计与系统平台建设关键技术[J]. 煤炭科学技术,2019,47(3):35-42.
PANG Yihui,WANG Guofa,REN Huaiwei. Main structure design of intelligent coal mine and key technology of system platform construction[J]. Coal Science and Technology,2019,47(3):35-42.

[8]　王国法,杜毅博,任怀伟,等. 智能化煤矿顶层设计研究与实践[J]. 煤炭学报,2020,45(6):1909-1924.
WANG Guofa,DU Yibo,REN Huaiwei,et al. Top level design and practice of smart coal mines[J]. Journal of China Coal Society,2020,45(6):1909-1924.

[9]　王国法,杜毅博. 智慧煤矿与智能化开采技术的发展方向[J]. 煤炭科学技术,2019,47(1):1-10.
WANG Guofa,DU Yibo. Development direction of intelligent coal mine and intelligent mining technology[J]. Coal Science and Technology,2019,47(1):1-10.

[10]　王国法,庞义辉,刘峰,等. 智能化煤矿分类、分级评价指标体系[J]. 煤炭科学技术,2020,48(3):1-13.
WANG Guofa,PANG Yihui,LIU Feng,et al. Specification and classification grading evaluation index system for intelligent coal mine[J]. Coal Science and Technology,2020,48(3):1-13.

[11]　王国法,赵国瑞,任怀伟. 智慧煤矿与智能化开采关键核心技术分析[J]. 煤炭学报,2019,44(1):34-41.
WANG Guofa,ZHAO Guorui,REN Huaiwei. Analysis on key technologies of intelligent coal mine and intelligent mining[J].Journal of China Coal Society,2019,44(1):34-41.

[12]　王国法,庞义辉,任怀伟. 煤矿智能化开采模式与技术路径[J]. 采矿与岩层控制工程学报,2020,2(1):013501.
WANG Guofa,PANG Yihui,REN Huaiwei. Intelligent coal mining pattern and technological path[J]. Journal of Mining and Strata Control Engineering,2020,2(1):013501.

[13]　陈运启,许金. 基于元数据与角色的煤矿综合信息管理系统权限控制模型设计与实现[J]. 工矿自动化,2014,40(11):22-25.
CHEN Yunqi,XU Jin. Design and implementation of authority control model of coal mine integrated information management system based on metadata and role[J]. Industrial and Mining Automation,2014,40(11):22-25.

[14]　任怀伟,薛忠新,巩师鑫,等. 张家峁煤矿智能化建设与实践[J]. 中国煤炭,2020,46(12):54-60.
REN Huaiwei,XUE Zhongxin,GONG Shixin,et al. Intelligent construction andits practice in Zhangjiamao Coal Mine[J]. China Coal,2020,46(12):54-60.

[15]　李腾飞,李常友,李敬兆. 煤矿信息全面感知与智慧决策系统[J]. 工矿自动化,2020,46(3):34-37.
LI Tengfei,LI Changyou,LI Jingzhao. Coal mine information comprehensive perception and intelligent decision system[J]. Industry and Mine Automation,2020,46(3):34-37.

[16]　王军号,孟祥瑞. 基于物联网感知的煤矿安全监测数据级融合研究[J]. 煤炭学报,2012,37(8):1401-1407.
WANG Junhao,MENG Xiangrui. Reasearch on the data levels fusion of mine safe monitoring based on the perception of Internet of Things[J]. Journal of China Coal Society, 2012, 37 (8):1401-1407.

[17]　马小平,杨雪苗,胡延军,等. 人工智能技术在矿山智能化建设中的应用初探[J]. 工矿自动化,2020,46(5):8-14.
MA Xiaoping,YANG Xuemiao,HU Yanjun,et al. Preliminary study on application of artificial intelligence technology in mine intelligent construction[J]. Industry and Mine Automation,2020,46(5):8-14.

[18]　王国法,任怀伟,庞义辉,等. 煤矿智能化(初级阶段)技术体系研究与工程进展[J]. 煤炭科学技术,2020,48(7):1-27.
WANG Guofa,REN Huaiwei,PANG Yihui,et al. Research and engineering progress of intelligent coal mine technical system in early stages[J]. Coal Science and Technology,2020,48(7):1-27.

[19]　方新秋,梁敏富,李爽,等. 智能工作面多参量精准感知与安全决策关键技术[J]. 煤炭学报,2020,45(1):493-508.
FANG Xinqiu,LIANG Minfu,LI Shuang,et al. Key technologies of multi-parameter accurate perception and security decision in intelligent working face[J]. Journal of China Coal Society,2020,45(1):493-508.

[20]　杨玉勤,毛善君,杨阳. 基于云平台的煤矿监测数据可视化计算系统设计与应用[J]. 煤炭科学技术,2017,45(6):142-146,151.
YANG Yuqin,MAO Shanjun,YANG Yang. Design and application of of monitored and measured data visualized calculation system in coal mine based on cloud platform[J]. Coal Science and Technology,2017,45(6):142-146,151.

[21]　程敬义,万志军,PENG Syd S,等. 基于海量矿压监测数据的采场支架与顶板状态智能感知技术[J]. 煤炭学报,2020,45(6):2090-2103.
CHENG Jingyi,WAN Zhijun,PENG Syd S,et al. Intelligent sensing technology of stope support and roof status based on massive mine pressure monitoring data[J]. Journal of China Coal Society,2020,45(6):2090-2103.

[22]　乔伟,靳德武,王皓,等. 基于云服务的煤矿水害监测大数据智能预警平台构建[J]. 煤炭学报,2020,45(7):2619-2627.
QIAO Wei,JIN Dewu,WANG Hao,et al. Development of big data intelligent early warning platform for coal mine water hazard monitoring based on cloud service[J]. Journal of China Coal Society,2020,45(7):2619-2627.

移动阅读

王国法,赵国瑞,任怀伟. 智慧煤矿与智能化开采关键核心技术分析[J]. 煤炭学报,2019,44(1):34-41. doi:10.13225/j. cnki. jccs. 2018. 5034

WANG Guofa,ZHAO Guorui,REN Huaiwei. Analysis on key technologies of intelligent coal mine and intelligent mining[J]. Journal of China Coal Society,2019,44(1):34-41. doi:10.13225/j. cnki. jccs. 2018. 5034

智慧煤矿与智能化开采关键核心技术分析

王国法[1,2,3]，赵国瑞[1,3]，任怀伟[1,3]

(1. 天地科技股份有限公司 开采设计事业部,北京 100013；2. 中国煤炭科工集团有限公司,北京 100013；3. 煤炭科学研究总院 开采研究分院,北京 100013)

摘 要：为解决煤炭开采面临的突出问题,找到煤炭开采未来发展方向和急需突破的关键核心技术,分析了国内外能源结构及煤炭的现状,指出利用科技进步实现安全高效绿色开采和清洁高效利用是煤炭的发展方向,建设智慧煤矿发展智能化开采是煤炭工业发展的必然选择。提出了智慧煤矿的内涵和3个基础理论问题及研究方向：① 数字煤矿多源异构数据的统一表达及信息动态关联关系；② 复杂围岩环境-开采系统作用机理及设备群全程路径和姿态智能控制的理论基础；③ 矿井设备群的系统健康状况预测、维护决策机制。提出了建设智慧煤矿 MOS 多系统综合管理、井下机器人群协同智慧和馈电管理、井下精确定位导航和5G 通信管理、地质及矿井采掘运通信息动态管理、视频增强及实时数据驱动三维场景再现远程干预、环境及危险源感知与安全预警系统管理、智能化无人工作面系统管理和全矿井设备和设施健康管理八大智能系统管理操作平台的构想,分析了各平台的功能、特征和关键核心问题,提出了相应的建设路径和方法；分析了智慧煤矿的构成和建设目标,提出了智能化开采的八大核心技术短板和亟待攻破的关键技术,提出了技术层面从数据获取利用、智能决策和装备研发3个主要方向进行突破,管理层面从科学产能布局、专业化运行服务和建立新规范规程体系等促进发展的措施,指出了智慧煤矿和智能化开采技术发展的目标和实现路径。

关键词：智慧煤矿；智能化开采；智能系统；操作平台；补短板；发展对策

中图分类号：TD355   **文献标志码**：A   **文章编号**：0253-9993(2019)01-0034-08

Analysis on key technologies of intelligent coal mine and intelligent mining

WANG Guofa[1,2,3],ZHAO Guorui[1,3],REN Huaiwei[1,3]

(1. *Coal Ming and Designing Department*,*Tiandi Science & Technology Co.*,*Ltd.*,*Beijing* 100013,*China*；2. *China Coal Technology & Engineering Group Corp.*,*Beijing* 100013,*China*；3. *Mining Design Institute*,*China Coal Research Institute*,*Beijing* 100013,*China*)

Abstract：In order to solve the outstanding problems faced by the coal mining,the key core technologies of the future development direction and the urgent breakthrough of the coal mining are found,the domestic and foreign energy structure and the coal status are analyzed. It is pointed out that using the scientific and technological progress to realize the safe and efficient green mining and clean and efficient utilization is the development direction of the coal,and the development of intelligent coal mine is an inevitable choice for the development of the coal industry. The connotation of intelligent coal mine and three basic theoretical problems and research directions are put forward：① the unified expression of multi-source and heterogeneous data and the information dynamic correlation relationship in digital coal

收稿日期：2018-11-15   修回日期：2018-12-20   **责任编辑**：常明然
基金项目：国家重点研发计划资助项目(2017YFC0603005)；国家自然科学基金山西煤基低碳联合基金资助项目(U1610251)；国家自然科学基金重点项目资助项目(51834006)
作者简介：王国法(1960—),男,山东文登人,中国工程院院士。Tel:010-84262016,E-mail:wangguofa@ tdkcsj. com

mine; ② the mechanism of complex surrounding rock environment-mining system and the theoretical basis of intelligent control of the whole path and attitude of equipment group; ③ the system health condition prediction and maintenance decision-making mechanism of mine equipment group. Eight operational management platforms of intelligent MOS multi-system integrated management, underground robot cooperative intelligence and feed management, underground precise positioning and navigation and 5G communication management, geological and mine mining and transportation information dynamic management, video enhancement and real-time data-driven 3D scene reproduction remote intervention, environment and hazard perception and security early warning system management, systematic management of intelligent unmanned working face and the health management of the whole mine equipment and facilities are conceived. The functions, characteristics and key problems of each platform are analyzed, and the corresponding construction paths and methods are put forward. By analyzing the composition and construction target of intelligent coal mine, the paper puts forward eight key technology short-boards and key technologies that need to be broken in intelligent mining, and puts forward the measures to promote the development in the aspects of both technology and management. At the technical level, there are three main directions: data acquisition and utilization, intelligent decision making and equipment R & D. At the management level, scientific production capacity layout, specialized operation service and the establishment of new standard rules and regulations system are put forward. The development goal and realization path of intelligent coal mine and intelligent mining technology are pointed out.

Key words: intelligent coal mine; intelligent mining; intelligent system; operating platform; compensate for short board; development countermeasure

煤炭是世界上最经济的化石能源,也是可以清洁高效利用的能源。中国、美国、澳大利亚、印度、印度尼西亚、俄罗斯是世界前六位的产煤大国。煤炭一直是中国的主体能源,占一次能源产量和消费量的70%和60%以上。

世界能源格局及现实的经济社会需求决定了在未来相当长时间内,煤炭仍将在世界能源结构中占有较大比例,仍将是中国的主体能源,难以被替代,利用科技的进步消除煤炭生产、利用的环境负效应,实现安全高效绿色开采和清洁高效利用是煤炭的发展方向[1-5],其传统产业模式亟待变革。

另一方面,互联网+[6]、人工智能和大数据[7]等颠覆性技术的发展,拉开了第四次工业革命的序幕,加速了传统行业变革的进程。德国提出了工业4.0,美国提出了"智慧地球(Smarter Planet)",中国提出了"中国制造2025"战略,发展智能制造、智能装备、智能生产是其主要内涵。建设智慧煤矿发展智能化开采符合国家战略,是煤炭工业发展的必然选择。

1　智慧煤矿基础与平台建设

1.1　智慧煤矿基础

智慧煤矿[8]是基于现代智慧理念,将物联网、云计算、大数据、人工智能、自动控制、移动互联网技术,机器人、智能化装备等与现代煤矿开发技术深度融合,形成矿井(区)全面感知、实时互联、分析决策、自主学习、动态预测、协同控制的完整智能系统,实现矿井(区)开拓、采掘、运通、洗选、安全保障、生态保护、生产管理等全过程智能化运行的体系。智慧煤矿的总体目标是形成煤矿完整智慧系统,全面智能运行,科学绿色开发的全产业链运行新模式。

数字化和信息化是智慧煤矿的基本要求,首先要解决3个基础理论问题:① 数字煤矿多源异构数据的统一表达及信息动态关联关系;② 复杂围岩环境-开采系统作用机理及设备群全程路径和姿态智能控制的理论基础;③ 矿井设备群的系统健康状况预测、维护决策机制。

目前,针对这些基础问题正在开展研究(国家自然科学基金重点项目),以形成多源异构数据处理理论方法、复杂系统智能控制基础理论及系统性维护构成的数字煤矿及智能化开采基础理论体系,为数字煤矿智能决策、精准控制、可靠性保障提供理论支持。

1.2　智慧煤矿智能平台建设

智慧煤矿要建设八大智能生产运行系统[8],首先要建设承载生产运行系统的智能平台。

1.2.1　MOS智慧煤矿多系统综合管理操作平台

MOS智慧煤矿多系统综合管理操作平台是面向智慧矿山建设的一体化矿山信息感知、展示及应用平台,它对下应能够适配各煤矿子系统、传感器、智能设备的数据,对上能够支撑应用业务逻辑的功能性软件、多需求通讯、大数据分析、云计算等。通过系统内置"矿区一张图"、"智慧安监"、"智能生产"及"设备及人员管理"等基本矿山业务的应用功能模块,构建智慧矿山基础骨架,全面覆盖矿山生产、安全、设备及人员管理等业务,构建实时、透明、清晰的矿山日常工作全息景象平台,解决智慧化矿山建设过程中数据采集困难、烟囱型子系统、数据存储割裂、数据资源混乱、子系统无法联动、无法进行大数据分析支持决策等一系列关键问题,实现生产过程自动化、安全监控数字化、企业管理信息化、信息管理集约化,最终实现矿井管理决策科学化、现代化和智能化。为此,MOS智慧煤矿多系统综合管理操作平台应具有以下基本特征:

(1)全面的数据标准化。所有接入操作系统平台的数据均使用统一的格式进行交换与存储,数据互联互通无障碍。

(2)统一的数据存储方案。所有监测数据使用统一的存储方案,数据的存储和查询性能充分保障,便于数据的统一管理,解决数据资源混乱问题。

(3)数据传输实时与稳定。数据传输首先要具有强实时性,解决数据传输延迟问题,满足远程实时决策控制的要求;其次要具有强稳定性,解决常见的数据通讯不稳定问题,满足智能系统长时可靠运行的需求。

(4)组态化可配置。操作系统的前后端架构设计支持全面的组态化开发,支持应用界面与业务逻辑的快速组态化构建,并在配置中心中做统一配置管理。

(5)能够支持大数据分析。可向上支持健康管理平台的大数据分析需求,支持数据统一接入、全维度数据管理、跨业务数据融合以及面向业务的数据仓重构。能够与大数据分析平台的高性能数据分析计算框架、数据可视化及数据应用迭代对接,支撑大数据应用。

(6)开放性。能够支持多种开采装备应用程序的开发与部署,以支持不同应用场景的灵活应用和未来更多先进智能装备的灵活接入。

1.2.2 井下精确定位、导航、5G通信管理操作平台

井下精确定位、导航是智慧煤矿精准控制的基础,5G通讯及其衍生技术是实时决策控制的通讯保障。构建井下精确定位、导航、5G通信管理操作平台,依托井下环境的三维模型,研究井下实时建图和三维模型自动更新技术、设备和人员精确定位和推进导航技术、信息实时更新技术,解决井下狭长、多转角、复杂干扰条件下的精确定位、实时导航、移动部署与自矫正等关键核心问题,为井下设备、人员定位导航应用场景提供核心芯片及成套技术解决方案。井下精确定位、导航、5G通信管理操作平台应满足以下基本要求:

(1)全覆盖与低复杂度。井下狭长、多转角和复杂的电磁环境及设备遮挡等带来了无线覆盖的难题,研究固定与移动基站的灵活配比和布置方式,移动基站的自定位与自矫正方法,提高无线覆盖率的同时,充分利用开拓空间的相对"透明"性(已开拓空间的大致方向和位置是已知的),合理控制定位导航布置的复杂度,为定位导航模组的自主布置和组网提供支撑。

(2)低成本、抗干扰和高精度。煤炭开采空间是动态推进并不断垮落掩埋的变化空间,定位空间动态变化是区别于地面定位的首要特征,因此定位、导航和通讯系统要么动态布置,要么随开采过程掩埋,但无论何种方式都要求低成本。井下狭长、转角多、电磁环境复杂、振动大,因此抗干扰是系统需要解决的另一难题。井下巷道或工作面的截面空间尺寸最多为米级,加上电磁等多种因素的干扰,米级的定位导航精度显然难以满足井下的需求。目前基于超宽带技术、捷联式惯导技术等的定位导航方法经研究相对适用于井下,但仍需从煤矿井下环境的现实出发,从材料选择、结构设计和算法优化等方面进行改进,以确保相关系统的适应性和使用精度。

(3)高速、大容量通讯。井下生产安全是首位的,因此实时的定位、导航和控制对通讯速度提出了极高要求。同时设备又相对集中,生产数据、视频监控数据等的并发数据量大,这又对智能开采系统的通讯容量提出了很高要求。从未来智能化开采的角度看,5G通讯与相关技术的融合能够较好满足井下多并发、大容量、高速度和低延迟的通讯要求,目前亟待解决井下应用场景核心芯片研制、锚点时钟同步、移动再定位等关键核心技术,为井下提供稳定可靠的定位、导航和通讯服务。

1.2.3 地质及矿井采掘运通信息动态管理操作系统平台

准确、及时、可靠的信息是智能化开采的决策依据,地质及矿井采掘运通信息动态管理操作系统主要解决的是多源异构数据的动态推送及统一显示问题。通过研究矿山的各行为事件的关联关系提出基于事件触发的数据智能匹配与推送策略;通过研究智能化开采模式提出开采行为预测推理及自我更新方法;通过历史数据的挖掘分析构建地质及矿井采掘运通信息的智能服务平台。

本平台基于MOS智慧煤矿多系统综合管理操作平台的标准化数据和统一的存储方案,将数据进行关联分析,通过开采事件分析和开采行为预测的知识积累建立井下"信息实体",构建以"信息实体"为载体的地质及矿井采掘运通信息智能匹配与精准推送模式,并通过5G通信管理操作平台完成信息的实时快速推送,为安全管理平台、无人工作面管理平台等各应用层平台提供全面、可靠的"一张图"数据。

1.2.4 视频增强及实时数据驱动三维场景再现远程干预操作平台

井下环境复杂,设备种类多,单纯依靠监测数据难以保障智能化开采的安全可靠运行,视频+三维场景再现技术可更加直观、全面的展现井下工作情况,不但成为了传统监测手段的有益补充,更逐渐发展为井下开采远程干预操作的主要手段。但受制于井下低照度、高粉尘、潮湿、复杂电磁环境的影响,视频增强及实时数据驱动三维场景再现远程干预操作平台仍需突破以下关键技术:

(1)煤矿井下视频增强及高清视频压缩处理技术。针对综采生产设备布置复杂且相互遮挡,开采时存在大量粉尘和水雾,全天候人工光照分布不均,环境状况复杂、多变等不利条件,研究摄像头自除尘装置、低照度下的视频增强和去爆技术、井下监控视频压缩算法等,为基于视频的应用场景提供支撑。

(2)基于视频图像的目标识别及跟踪技术。分析煤炭开采场景视觉特点以及有关设备、围岩和环境状况视频图像特征,研究基于深度学习的目标识别、目标跟踪和异常状况检测技术,从而实现井下主要设备目标、环境状况的实时监控,以及异常状况的预警、报警处理。

(3)融合激光扫描点云图像、可见光视频图像和红外视频图像的三维信息融合技术。基于激光三维扫描传感装置,研究井下三维虚拟场景模型实时构建技术;基于图形图像增强处理技术,研究可视化动态视频图像序列与三维场景信息实时匹配、融合技术;融合可见光视频图像的基础上,引入红外视频图像增强技术,实现可见光、红外视频图像与三维场景的实时匹配、融合,构建实时动态视频与虚拟现实同步的远程监控平台。

(4)真实数据驱动的三维虚拟场景远程控制技术。在构建井下三维虚拟现实场景的基础上,研究真实生产过程数据对虚拟场景的数据驱动技术,建设多源传感信息驱动的全景在线虚拟生产系统,解决生产过程信息离散、利用率不高、直观性不强、交互性差的问题,以简单直观的方式快速展现井下生产全貌,并提供除监控之外的预警分析、历史回溯等应用功能,实现身临其境般的操控和实时反馈。

1.2.5 环境及危险源感知与安全预警系统管理操作平台

安全始终处在煤炭生产的首位,智能化开采要建立煤矿井下环境的全面感知和安全预警,现有的传感系统一是没有全面覆盖现有的安全监测需求,二是传感器的易用性和可靠性等还有待提升,三是不符合长远智能化开采的物联需求。因此需要研究和解决以下关键问题:

(1)连接泛在。研究井下物联网络低功耗部署模式,研制井下传感器物联芯片或模组,构建无缝网络架构。

(2)感知泛在。利用新原理、新技术和新材料研制传感终端,提供低成本、低功耗、高安全性、高稳定性、高集成度的解决方案,如利用光纤光栅抗电磁干扰、抗腐蚀、电绝缘、高灵敏度和低成本的特点研制井下温度、应力应变传感器等。

(3)智能泛在。充分发挥云计算、大数据以及智能技术的优势,构建并行技术集群、大数据平台和人工智能中心,提升基于历史数据的"深度学习"和模型优化等人工智能核心能力,研制智能感知终端,扩展安全预警大脑的广度和深度,形成不依赖于"中心大脑"的泛在智能,增强安全预警系统对断网故障的抵抗能力和独立决策预警能力。

1.2.6 智能化无人工作面系统管理操作平台

智能化无人工作面系统管理操作平台主要解决环境-装备-工艺的相互关系及利用多源信息智能化开采的问题。

(1)围岩地质与采动应力场实时管理。研究采动应力与地质构造综合反演技术,与地理信息系统融合的超前预判与自动修正技术,为智能化开采的协同推进提供决策依据。

(2)综采装备的协同推进与精准控制。研究液压支架姿态调节、工作面自动调斜、采煤机摇臂自动调高、刮板飘溜自动控制、端头与超前装备的协同推进等关键技术,实现基于围岩感知信息的综采装备协同推进与精准控制。

(3)开采工艺的智能化实现与远程干预。研究开采工艺的流程化实现方法、开采装备的智能化提升和对环境的自适应控制,从而实现开采的智能化,研究基于虚拟现实平台的远程干预技术,研制关键装备,提升智能化系统的应变处置能力,实现开采的无人化。

1.2.7 井下机器人群协同智慧和馈电管理操作平台

机器人化开采是智能化开采的高级形式,以特种作业机器人实现的机器人群协同开采是未来的发展方向。传感的智能泛在化必然会引起机器人群的智能泛在化,这也为机器人群协同智慧提供了重要基础。

现有煤矿机器人已在搜救,巡检等方面取得一定进展,但煤矿机器人在关键结构、材料、可靠性、复杂环境的适应性和智能决策及防爆电源的长时可靠供电技术等方面仍存在诸多短板。美德等国在复杂环境下的机器人研究走在前列,波士顿动力更是在避障机器人研究方面遥遥领先,国内新松、唐山开诚等也在机器人相关领域深耕多年,取得了一定成绩,但相较国外仍存在较大差距。另一方面,在井下机器人协同智能化控制方面尚缺乏研究,煤矿机器人定位导航及避障,信息融合及决策规划以及自适应控制等多种关键核心技术也亟待突破。

可靠供电及续航是限制井下机器人应用和发展的另一重要因素,在现有防爆要求和电池技术难以突破的情况下,能量产生及回收技术的研究是突破这一难题的重要研究方向之一,如基于振动、温差、风力等的自发电及馈电管理技术。

1.2.8 全矿井设备和设施健康管理操作平台

研究大规模复杂装备群分布式、多层次健康状态评价与智能维护决策技术,建立基于知识计算的开采装备群健康状态智能评价理论与方法,获取全生命周期关键指标数据,形成开采系统生命周期数据知识库;研究开采装备群健康状态智能预测理论与方法。综合考虑维护和生产在时间上的交互影响及维护对开采系统可靠性的影响,建立设备层多目标预知维护模型。切实解决综采装备的可靠性问题,为工作面自动化、智能化和无人化提供可靠保障。

2 煤炭智能化开采关键核心技术

智能化开采是智慧煤矿的核心。目前,在地质条件好的矿区煤炭智能开采取得很好效果[9-17]。但由于煤矿开采条件的多样性和复杂性,智能化开采远未达到预期理想的效果和目标,要实现智能化无人开采目标仍需补齐以下八大核心技术短板:① 地下开采装备精确定位和导航;② 地下复杂极端环境信息感知及稳定可靠传输;③ 大规模复杂系统大数据分析;④ 复杂煤层自动割煤智能决策与控制;⑤ 井下大规模设备群网络化协同控制;⑥ 井下复杂作业机器人;⑦ 矿山采掘装备关键元部件进口替代;⑧ 工作面设备故障自动化处理。

2.1 地下开采装备精确定位和导航

地下开采定位导航模型如图1所示,为保证煤矿开采、掘进装备沿着规划的路径和方向推进,必须准确测量设备的空间位置和运行轨迹。然而,煤矿井下为完全封闭空间和复杂电磁环境,没有卫星导航信号辅助,实现定位和导航的难度很大。

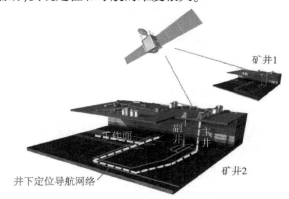

图1 地下开采定位导航模型
Fig. 1 Positioning and navigation model of underground mining

目前,提出了基于 GIS 地理信息系统的导航、基于 RFID 的 AOA 和 TOA 算法、捷联惯导系统、UWB 超宽带定位等多种定位和导航技术,但还存在诸多问题。

亟待突破的核心技术包括:① 低成本、高精度的适用于复杂磁场环境下的捷联惯性导航技术;② 局部定位导航应用场景核心芯片技术;③ 井下 5G 高速无线通信技术;④ 井下高精度定位系统;⑤ 基于精确定位导航的井下避障技术;⑥ 掘进机精确制导技术;⑦ 辅助运输车辆无人驾驶系统。

2.2 地下复杂极端环境信息感知及稳定可靠传输

环境、设备状态的感知是实现智能决策、控制的先决条件。然而,井下狭长、潮湿、粉尘易爆、复杂电磁环境严重制约着探测技术的应用。三维激光扫描图如图2所示,煤岩识别、井下低照度空间视频监控、深地物理场探测等都在探索适于井下应用的技术方案。

目前,提出的地质雷达探测、振动探测、高光谱等煤岩识别技术,激光扫描点云、可见光视频和红外视频图像采集技术,压力、位移、倾角等智能传感器技术,都亟待进一步的突破和完善。

亟待突破的核心技术包括:① 采掘前端近距离高精度透地探测技术;② 高光谱煤岩探测传感器;③ 低速、高振动条件下基于光纤网络的采掘装备位姿智能传感器;④ 极端环境物理场(瓦斯、粉尘、温度、有害气体、复杂围岩体、复合动力灾害等)原位监测微纳米纤维智能传感器及可穿戴技术;⑤ 磁共振矿井水害隐患探测传感器(利用地磁场磁共振和电磁波传感对矿井工作面、顶底板和两侧的水害隐患探测预警,实现工作面前方无盲区含水量、出水量、孔隙度等

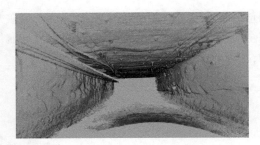

图2　巷道三维激光扫描

Fig. 2　Three dimensional laser scanning chart of crossheading

参数的直接探测预警)；⑥ 煤流监测识别智能传感器；⑦ 具有自组网、自通信、自供电、自定位功能的智能微传感器及其物联系统。

2.3　大规模复杂系统数据分析

矿山生产系统是一个大规模复杂系统,生产过程中产生了海量的数据信息[18]。数字煤矿智慧逻辑模型如图3所示,目前由于缺乏从这些数据中寻找、分析、挖掘信息的方法,因而一直无法有效得出开采过程的数据关联规律,并将其应用于智能开采的控制过程。

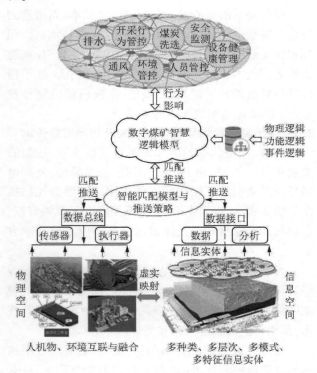

图3　数字煤矿智慧逻辑模型

Fig. 3　Intelligent Logic Model of Digital Coal Mine

亟待突破的核心技术包括：① 多种类、多层次、多特征数据信息分析；② 基于自主感知的信息智能匹配与推送策略；③ 面向视频内容识别的大数据处理分析平台；④ 基于围岩监测、生产过程信息的数据融合与知识发现。

2.4　复杂煤层自动割煤智能决策与控制

为最大限度、高效率获取煤炭资源,需提高采煤装备的适应性和智能化水平,然而井下煤层厚度、走向复杂多变,断层、陷落柱等地质结构也时常出现,给自动截割带来极大困难。多方法融合煤岩识别如图4所示。目前开展了振动识别、灰度理论、图像识别等多种煤岩识别方法研究,但效果均不理想,诸多问题仍待解决。

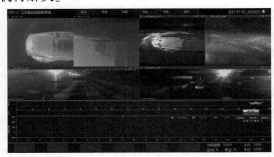

图4　多方法融合煤岩识别

Fig. 4　Coal and rock identification with multi-method fusion

亟待突破的核心技术包括：① 复杂煤层自适应割煤技术；② 多信息融合智能决策与协同控制技术。

2.5　井下大规模设备群网络化协同控制

井下无线网、工业以太网等多网并存,多通讯协议共在,造成互联互通障碍且网络承载能力差,严重阻碍了智能开采的发展。

目前虽然提出了"一网到底"的网络架构,但随着数据量的急剧增加,现有技术已不能满足大数据传输和实时控制的要求。

仍待突破的核心技术包括：① 基于5G标准的井下高速通讯网络；② 基于互联网+的数字化矿山技术；③ 井下强时通讯与远程协同控制技术；④ 井下紧急情况应急通讯保障系统。

2.6　井下机器人处理难题

工作面自动化、智能化、无人化的前提条件是以综采成套装备的高可靠性、高开机率为保证的,由于设备无法实现自维修,因此,任何设备故障都会使工作面自动化、智能化、无人化目标落空。现有井下巡检系统如图5所示。

亟待突破的核心技术包括：① 井下防爆机器人创成关键技术；② 井下防爆机器人特殊环境及自我状态辨识技术；③ 井下复杂空间的防爆机器人平衡状态控制及自主避障技术；④ 机器人信息融合及空间路径规划技术；⑤ 井下防爆电源长时可靠供电及自馈电技术；⑥ 井下多机器人联合通信及协同控制平台；⑦ 井下防爆机器人安全标准。

2.7　矿山采掘装备关键元部件进口替代

经过多年的努力,矿山采掘装备已全部实现了国

图5 井下巡检系统

Fig. 5 Underground inspection system

产化,但在一些关键原材料、元部件等方面仍然依赖进口,受制于人,导致我国矿山采掘装备及其制造业大而不强,且存在技术安全风险。

亟待攻破的核心技术包括:① 适用于煤矿高腐蚀环境的替代进口的耐腐蚀高强材料及精细加工;② 基于内反馈的高精度大工作阻力数字液压油缸;③ 超大流量高可靠性液力转化及电磁卸荷技术;④ 镐形截齿高性能硬质合金头耐磨新材料、破岩刀具及制造工艺;⑤ 非圆齿轮液压马达核心原件加工工艺技术;⑥ 滑阀多负载联动独立控制技术;⑦ 高端密封元件及密封技术。

2.8 工作面设备故障自动化处理难题

实现煤炭开采的连续、可靠、自动运行是智能化开采的核心要求,而工作面设备故障的及时发现和自动化处理是保障其连续可靠运行的核心技术。以往多是针对某一单一设备的故障开展的离线处理研究,对工作面设备系统级的复合故障和自动化处理方法缺乏研究,严重制约了智能化开采的发展。

亟待攻克的核心技术包括:① 数据驱动的开采系统健康状态评价方法;② 开采系统衰退行为与变工况下的剩余寿命预测;③ 融合生产调度和维护行为的开采系统双层机会维修预知决策模型。

3 智慧煤矿与智能化开采发展对策

煤层赋存条件的多样性和安全制约因素的复杂性是智能化开采面临的最大难题,要针对智能化开采关键核心技术短板和煤矿机器人,开展重点专项研发,产学研用协同攻关,突破复杂煤层有限无人化开采难题。数据的获取利用、智能决策和技术装备研发是3个主要方向:

(1)数据的获取和利用。两个重点:一是研发工作面煤层地质条件高精度探测技术和装备,构造工作面煤层地质数字模型;二是研发低成本、高可靠性的井下设备精确定位和导航系统。

(2)智能决策。研究高效的机器学习算法使综采系统装备拥有自主学习能力,提高智能化水平与开采效率。

(3)技术装备研发。攻克井下特殊条件下的装备关键元部件、设备群网络化协同控制技术,研制井下复杂作业机器人和远程智能诊断及服务中心。

在攻克智能化开采技术难题的基础上,合理的政策措施、科学的生产管理亦是全面推进智能化开采的重要因素:

(1)加快完善煤炭资源管理与产能布局,将煤炭的安全高效绿色开采作为我国煤炭资源开发的基本产业政策,淘汰落后开采方法与产能装备。

(2)改革传统煤矿的运行和生产组织模式,推行智慧煤矿和智能化开采系统一体化解决方案、系统维护云端服务、智能采掘专业化队伍、市场化服务,解决煤矿人才、管理运行水平不平衡问题。

(3)加快建立智慧煤矿和智能开采的技术标准体系和运行管理规范、安全规程体系,解决现有安全规程制约智能无人化开采的问题。鼓励智能无人化开采技术及装备的创新。

4 结 语

智慧煤矿建设是煤炭工业技术革命、产业转型升级的战略方向和目标,智能化开采是智慧煤矿的核心技术。必须牢牢抓住新一代信息技术带来的发展机遇,将数字矿山建设与煤炭安全高效开发和清洁利用技术创新、管理改革相结合,利用信息化、数字化、物联网、人工智能、大数据等新技术提升和改造传统采矿业,不断开创安全、高效、绿色和可持续的智慧煤矿发展新模式。

参考文献(References):

[1] 王国法,张德生.煤炭智能化综采技术创新实践与发展展望[J].中国矿业大学学报,2018,47(3):459-467.
WANG Guofa, ZHANG Desheng. Innovation practice and development prospect of intelligent fully mechanized technology for coal mining[J]. Journal of China Coal Society,2018,47(3):459-467.

[2] 谢和平,王金华,王国法,等.煤炭革命新理念与煤炭科技发展构想[J].煤炭学报,2018,43(5):1187-1197.
XIE Heping, WANG Jinhua, WANG Guofa, et al. New ideas of coal revolution and layout of coal science and technology development[J]. Journal of China Coal Society,2018,43(5):1187-1197.

[3] 雷毅.我国井工矿智能化开发技术现状及发展[J].煤矿开采,2017,22(2):1-4.
LEI Yi. Present Situation and development of underground mine intelligent development technology in domestic[J]. Coal Mining Tech-

nology,2017,22(2):1-4.

[4] 霍中刚,武先利.互联网+智慧矿山发展方向[J].煤炭科学技术,2016,44(7):28-33,63.
HUO Zhonggang,WU Xianli. Development tendency of internet plus intelligent mine[J]. Coal Science and Technology,2016,44(7):28-33,63.

[5] 范京道.煤矿智能化开采技术创新与发展[J].煤炭科学技术,2017,45(9):65-71.
FAN Jingdao. Innovation and development of intelligent mining technology in coal mine[J]. Coal Science and Technology, 2017,45(9):65-71.

[6] 葛世荣,王忠宾,王世博.互联网+采煤机智能化关键技术研究[J].煤炭科学技术,2016,44(7):1-9.
GE Shirong,WANG Zhongbin,WANG Shibo. Study on key technology of internet plus intelligent coal shearer[J]. Coal Science and Technology,2016,44(7):1-9.

[7] 杨韶华,周昕,毕俊蕾.智慧矿山异构数据集成平台设计[J].工矿自动化,2015,41(5):23-26.
YANG Shaohua,ZHOU Xin,BI Junlei. Design of heterogeneous data integration platform of smart mine[J]. Industry and Mine Automation,2015,41(5):23-26.

[8] 王国法,王虹,任怀伟,等.智慧煤矿2025情景目标和发展路径[J].煤炭学报,2018,43(2):295-305.
WANG Guofa,WANG Hong,REN Huaiwei,et al. 2025 scenarios and development path of intelligent coal mine[J]. Journal of China Coal Society,2018,43(2):295-305.

[9] 王国法,范京道,徐亚军,等.煤炭智能化开采关键技术创新进展与展望[J].工矿自动化,2018,44(2):5-12.
WANG Guofa,FAN Jingdao,XU Yajun,et al. Innovation progress and prospect on key technologies of intelligent coal mining[J]. Industry and Mine Automation,2018,44(2):5-12.

[10] 王国法,庞义辉,任怀伟,等.煤炭安全高效综采理论、技术与装备的创新和实践[J].煤炭学报,2018,43(4):903-913.
WANG Guofa,PANG Yihui,REN Huaiwei,et al. Coal safe and efficient mining theory,technology and equipment innovation practice[J]. Journal of China Coal Society,2018,43(4):903-913.

[11] 王国法,庞义辉,马英.特厚煤层大采高综放自动化开采技术与装备[J].煤炭工程,2018,50(1):1-6.
WANG Guofa,PANG Yihui,MA Ying. Automated mining technology and equipment for fully-mechanized caving mining with large mining height in extra-thick coal seam[J]. Coal Engineering,2018,50(1):1-6.

[12] 范京道,王国法,张金虎,等.黄陵智能化无人工作面开采系统集成设计与实践[J].煤炭工程,2016,48(1):84-87.
FAN Jingdao,WANG Guofa,ZHANG Jinhu,et al. Design and practice of integrated system for intelligent unmanned working face mining system in Huangling coal mine[J]. Coal Engineering,2016,48(1):84-87.

[13] 李明忠.中厚煤层智能化工作面无人高效开采关键技术研究与应用[J].煤矿开采,2016,21(3):31-35.
LI Mingzhong. Key technology of minerless high effective mining in intelligent working face with medium-thickness seam[J]. Coal Mining Technology,2016,21(3):31-35.

[14] 任怀伟,孟祥军,李政,等.8 m大采高综采工作面智能控制系统关键技术研究[J].煤炭科学技术,2017,45(11):37-44.
REN Huaiwei,MENG Xiangjun,LI Zheng,et al. Study on key technology of intelligent control system applied in 8 m large mining height fully-mechanized face[J]. Coal Science and Technology,2017,45(11):37-44.

[15] 王国法,李希勇,张传昌,等.8 m大采高综采工作面成套装备研发及应用[J].煤炭科学技术,2017,45(11):1-8.
WANG Guofa,LI Xiyong,ZHANG Chuanchang,et al. Research and development and application of set equipment of 8 m large mining height fully-mechanized face[J]. Coal Science and Technology,2017,45(11):1-8.

[16] 田成金.煤炭智能化开采模式和关键技术研究[J].工矿自动化,2016,42(11):28-32.
TIAN Chengjin. Research of intelligentized coal mining mode and key technologies[J]. Industry and Mine Automation,2016,42(11):28-32.

[17] 黄曾华.可视远程干预无人化开采技术研究[J].煤炭科学技术,2016,44(10):131-135,187.
HUANG Zenghua. Study on unmanned mining technology with visualized remote interference[J]. Coal Science and Technology,2016,44(10):131-135,187.

[18] 万娜,景海涛,周琳.智慧矿山空间数据元数据模型研究与应用[J].测绘与空间地理信息,2018,41(1):40-45,54.
WAN Na,JING Haitao,ZHOU Lin. Research and application of the spatial data metadata model oriented to smart mine[J]. Geomatics & Spatial Information Technology,2018,41(1):40-45,54.

移动阅读

王国法,杜毅博,任怀伟,等. 智能化煤矿顶层设计研究与实践[J]. 煤炭学报,2020,45(6):1909-1924. doi:10. 13225/j. cnki. jccs. ZN20. 0284

WANG Guofa,DU Yibo,REN Huaiwei,et al. Top level design and practice of smart coal mines[J]. Journal of China Coal Society,2020,45(6):1909-1924. doi:10. 13225/j. cnki. jccs. ZN20. 0284

智能化煤矿顶层设计研究与实践

王国法[1,2],杜毅博[1,2],任怀伟[1,2],范京道[3],吴群英[4]

(1. 天地科技股份有限公司 开采设计事业部,北京 100013;2. 煤炭科学研究总院 开采研究分院,北京 100013;3. 陕西延长石油(集团)有限责任公司,陕西 西安 710075;4. 陕西陕煤陕北矿业有限公司,陕西 榆林 719301)

摘　要:建设智能化煤矿是实现煤炭工业转型升级和高质量发展的必由之路。针对当前我国智能化煤矿建设初级阶段缺乏体系性与前瞻性的顶层设计的现状,进行了智能化煤矿顶层设计的系统研究,阐述了智能化煤矿应分为数字融合互联,人机主动交互,主要系统自学习自决策3个阶段分区域分层次实现"物质流、信息流、业务流"的高度一体化协同,构建以人为本的智能生产与生活协调运行的综合生态圈的建设目标和阶段性任务。基于煤矿价值活动分析对智能化煤矿复杂巨系统逻辑关联进行研究和系统归并,提出以泛在网络和大数据云平台为主要支撑,以智能管控一体化系统为核心,能够实现对煤矿开拓、生产、运营全过程进行感知、分析、决策、控制的煤矿十大主要智能系统,包括:煤矿智慧中心及综合管理系统;煤矿安全高效信息网络及地下精准位置服务系统;地质保障及4D-GIS动态信息系统;巷道智能快速掘进系统;开采工作面智能协同控制系统;煤流及辅助运输与仓储智能系统;煤矿井下环境感知及安全管控系统;煤炭洗选智能化系统;固定场所无人值守智能管理系统;煤矿场区及绿色生态智能系统等的智能化煤矿建设顶层架构。通过对数据特征与关联关系研究提出智能化煤矿信息实体特征与抽取方法,并研究智能化煤矿知识图谱构建及数据交互推送方法,构建智能化煤矿数字逻辑模型;研究提出智能化煤矿"云边端"数据处理架构和三层递阶控制策略,在此基础上对煤矿智能化应用系统进行具体设计。以张家峁煤矿生产矿井智能化改造和巴拉素煤矿新建矿井全面智能化建设为典型案例进行了工程实践。

关键词:智能化煤矿;顶层设计;数字逻辑模型;边云协同;控制策略

中图分类号:TD21;TD67　　**文献标志码:**A　　**文章编号:**0253-9993(2020)06-1909-16

Top level design and practice of smart coal mines

WANG Guofa[1,2],DU Yibo[1,2],REN Huaiwei[1,2],FAN Jingdao[3],WU Qunying[4]

(1. Coal Ming and Designing Department,Tiandi Science & Technology Co. ,Ltd. ,Beijing 100013,China;2. Mining Design Institute,China Coal Research Institute,Beijing 100013,China;3. Shaanxi Yanchang Petroleum (Group) Co. ,Ltd. ,Xi'an 710075,China;4. Shaanxi Coal North Mining Co. ,Ltd. ,Yulin 719301,China)

Abstract: The construction of smart coal mines is the only way to realize the transformation,upgrading and high-quality development of coal industry. In view of the current situation for the lack of systematic and forward-looking top-level design in the preliminary stage of smart coal mine construction in China,this paper conducted a systematic study on the top-level design of smart coal mines and expounded the goal and the stage tasks for the construction. Smart coal

收稿日期:2020-02-26　　修回日期:2020-03-19　　责任编辑:郭晓炜

基金项目:国家自然科学基金重点资助项目(51834006);国家自然科学基金青年基金资助项目(51804158)

作者简介:王国法(1960—),男,山东文登人,中国工程院院士。Tel:010-84262016,E-mail:wangguofa@ tdkcsj. com

通讯作者:杜毅博(1985—),男,河北邯郸人,副研究员。Tel:010-84264090,E-mail:xiaoqidyb@ 126. com

mines should be divided into three stages of digital fusion interconnection, man-machine active interaction, and the main system self-learning decision-making to build the integrated ecological circle of people-oriented intelligent production and life coordinated operation and realize the highly integrated coordination of material, information and business. Based on the analysis of coal mine value activities, the paper studied the logic relation of the complex giant system of smart coal mines, and put forward the top-level design of smart ten main systems of underground coal mine, which takes the smart system of management and control as the core, takes the 5G fusion network and the big data cloud platform as the main support and realizes the perception, analysis, decision-making and control of the whole process of coal mine development, production and operation. The smart ten main systems of underground coal mine includes coal mine intelligence center and integrated management system, safety and strong real-time communication network and precision location service system, geological security and 4D-GIS dynamic information system, man-machine cooperative fast tunneling system, independent smart mining system, environment perception and safety closed-loop control system, smart system for coal flow and auxiliary transportation, unattended smart washing system, unattended operation system for fixed place and smart industrial park system. Based on the research on the relation between data features and correlation, the paper put forward the smart coal mine information entity feature and extraction method, and studied the smart coal mine knowledge map construction and data interactive push method to construct the smart coal mine digital logic model. The data processing architecture of "Cloud-Edge-Device" and the three-layer hierarchical control strategy of the smart coal mines were proposed. Based on the above research, the practice of smart coal mine construction, including a smart transformation for Zhangjiamao coal mine and a comprehensive and smart construction for Balasu coal mine, was carried out, which provided a demonstration for the smart coal mine construction.

Key words：smart coal mine；top level design；digital logic model；border cloud synergy；control strategy

煤炭是我国主体能源,是保障我国能源安全的基石。当前,我国处于能源革命的关键阶段,煤炭工业作为高强度资源投入型、劳动密集型产业,实施创新驱动发展战略,通过科技进步消除煤炭生产、利用的环境负效应,解决煤矿人才流失困局,依托高新技术与煤炭产业深度融合实现煤炭资源智能+绿色开发已成为煤炭工业转型升级的必由之路。党的十九大明确提出,"突出关键共性技术、前沿引领技术,为建设科技强国、……、数字中国、智慧社会提供支撑"。煤矿智能化建设已经成为保障国家能源安全稳定,解决行业安全水平不高、生态影响大、开采效能低等问题的根本途径。煤矿智能化是成为煤炭行业发展的重大战略方向,也是引领煤炭工业转型升级和持续高质量发展的核心技术支撑[1-4]。

当前,国家发改委、能源局、工信部等八部委已联合出台《关于加快煤矿智能化发展的指导意见》。山西、山东、陕西、内蒙古等产煤大省也都出台了一系列政策和要求,大力推进智能化煤矿建设。行业内企业及学者针对智能化煤矿关键技术展开研究,并开展工程实践。一方面,针对智能化煤矿基本概念、架构体系、核心技术进行分析,提出智能化煤矿的建设目标与发展路径[5-9];另一方面突破包括综采工作面智能调高调直控制技术[10-12]、液压支架与围岩智能耦合控制技术[13-14]、全煤流平衡控制技术、UWB高精度定位技术[15-16]、煤矿空间信息的一体化管控技术[17]等,在我国中西部地质条件变化相对较小的矿区取得突出成果,实现"有人巡视、无人值守"的少人化开采,为全面推进智能化煤矿发展奠定了基础。

智能化煤矿建设是一个不断发展进步的过程,其发展不仅受制于物联网、大数据、人工智能等科技的发展进步,同时还受煤炭开采基础理论、工艺方法、围岩控制理论等因素的制约,是一个多学科交叉融合的复杂问题。当前我国煤矿智能化建设仍处于初级阶段[2],现有研究多侧重于煤矿大数据的融合处理与应用或针对某一关键技术及系统的研发。而作为一项庞大的系统工程,智能化煤矿建设不仅涉及到互联网+、人工智能、大数据等很多新技术、新应用,还有地质、采矿、信息、机械、流程控制、软件等很多专业的交叉融合。由于涉及安全、环境等诸多因素,复杂程度更高,研发和实施难度更大,再加上基础薄弱、人员资金投入大、成效缓慢等众多挑战,因而在没有统一、成熟的标准和模式的情况下,存在基础理论滞后、原始创新不足,颠覆性技术少、标准与规范不健全、平台支撑作用不够等问题。而当前煤矿智能化发展的首要问题,是缺乏具有体系性与前瞻性的顶层设计以统一煤矿智能化建设思想,统筹行业资源,提高建设效率和质量,推进我国煤矿智能化发展水平。笔者针对我国建设什么样的智能化煤矿及如何建设智能化煤矿等基本问题,梳理煤矿智能化各子系统的组成、核心功能及运行模式,建立子系统之间的数据传输及逻辑关联关系,研究智能化煤矿顶层设计,以解决煤矿生产过程中的实际问题为导向,提出智能应用系统优化与控制策略,从而打造智慧、高效、安全的煤矿综合生态。

1 智能化煤矿建设目标和任务

在机械化、电气化和自动化之后,以智能化为代表的第四次工业革命已开始深刻改变工业模式,煤矿已由传统的"人-机"二元架构升级为"物理空间-数字空间-社会空间"的三元世界。智能化煤矿的建设过程与三元世界的统一过程相辅相成,其最终的建设目标是以"矿山即平台"的顶层设计理念支撑全球领先的智慧矿山实践,以时空全方位"实时化、交互化、智慧化、标准化"为主线,建设"创新矿山、融智矿山、生态矿山",实现"物质流、信息流、业务流"的高度一体化协同,构建以人为本的智能生产与生活协调运行的综合生态圈。

创新矿山:以高新技术创新应用为基础,打造"四新"系统——以新技术、新装备、新管理、新应用为核心,实现管理者成为创新者。

融智矿山:以平台为基础,建设智慧中枢系统,打造"矿山一张网,数据一片云,运营一大脑,资源一视图",形成"生产过程信息主动推送,决策信息主动汇集,控制信息主动发送,分析信息主动生成"动态模式,实现产业赋能升级,将智能化煤矿升级为自主学习的智慧体。

生态矿山:建设以人为本的智能服务及生态协调体系,即以智慧园区、智能服务网络为支撑的生产、生活、生态协同智慧运行系统,实现生态协调融合。

煤矿智能化的最终目标是实现煤矿开拓设计、地测、采掘、运通、洗选、安全保障、生产管理等主要系统具有自感知、自学习、自决策与自执行的基本能力。现有煤矿在决策层面,缺少有效的逻辑和依据;在管理层面,缺少信息化的管理手段;在实施层面,自动化程度难以满足生产需求。因而煤矿智能化的建设决不能一蹴而就,而应分阶段、分区域、分层次,进行重点突破、以点带面。基于当前我国智能化煤矿的技术现状与生产需求,提出智能化煤矿建设的阶段目标和任务,如图1所示。

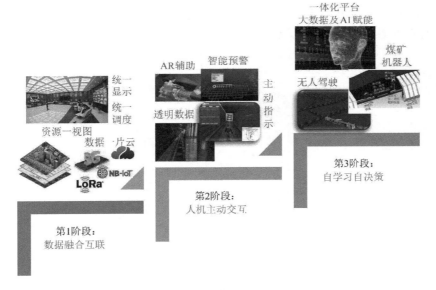

图 1　智能化煤矿建设阶段性目标与任务
Fig. 1　Stage goal and task of smart coal mine construction

第 1 阶段:构建智能化煤矿管控平台,建立 5G 井下网络系统、企业云平台和大数据处理中心;搭建总体优化、区域分级、多点协同的开采、掘进及运输管控体系,实现数据的融合互联;工作面实现无人操作,输送系统无人值守,安全监测全息保障,矿井系统智能化作业占比 40%,下井人员减少 30%,人均工效提高 25%。

第 2 阶段:建设以工作面数字孪生、智能引擎支撑的全矿井生产、虚拟维修、远程控制、实时调度的全流程、多要素快速运行体系,实现人机的主动交互,达到智能决策、主动预警;矿井系统智能化作业占比 60%,下井人员减少 50%;取消所有值守岗位。

第 3 阶段:建设基于大数据分析及 AI 赋能、以人为本的全矿井活动"场景化、虚拟化、专业化"智慧生态体系,实现煤矿主要系统的自学习自决策;矿井系统智能化作业占比80%以上,下井人员减少80%,全面实现生产、生活、生态的协调统一。

2 智能化煤矿巨系统逻辑关联与顶层架构

2.1 智能化煤矿复杂巨系统逻辑关联与归并

　　煤矿系统包含子系统种类繁多,数量庞大,如地质勘探、巷道掘进、工作面回采、煤流运输、"一通三防"等等,这些子系统相互之间的关联关系复杂,难以通过简单逻辑层次进行表述;而这些子系统又包含许多子系统,其层次与种类更为复杂;这些系统与周围环境进行物质、能量、信息的交换,而煤矿系统本身又与外部的市场、运输、生态相联系,可见煤矿系统具有开放的复杂巨系统特点[18]。对于智能化煤矿,由于其系统变量众多且相互关联机制复杂,多学科交叉,相互之间的知识表达不同,特别是很多知识是人类经验性知识的积累,只能进行定性推理而难以进行定量描述。因此打通煤矿全流程价值链,实现其自主分析、决策与控制,构建全智能化煤矿十分困难。研究建设智能化煤矿,首要工作是对于其全价值链进行分析,研究各环节系统的逻辑关联并进行归并,从而从顶层分解建设任务和构建控制逻辑,才能有针对性的分类与分步建设,最终达到全矿智能。

　　煤矿是以煤炭生产作为主要价值活动体系。其中煤矿生产的两大前端环节:综采与掘进是煤矿的两大核心系统。围绕这两大系统,构建其他系统和环节。因此建设智能化煤矿,首先应提升综采综掘的智能化程度,实现设备群的协同推进。作为打通生产价值环节与系统的煤流运输系统,实现其煤流均衡智能配煤是实现智能化煤矿全流程控制的关键之一。另外,主价值过程中的地质勘探、规划设计为煤炭生产提供基础;洗选加工则将生产价值进行变现,最终流入市场实现生产价值。基于煤矿生产中安全的特殊性,作为生产必要条件,安全综合管控是价值活动的关键影响因素。煤矿安全涉及通风、瓦斯、排水、顶板、粉尘、电气等多种条件耦合影响,因而打造智能化煤矿需将传统各自独立、固定的监测参数进行关联和集成,对井下重点分区环境感知数据融合及预警,实现煤矿危险源和空间对象状态的实时数据诊断和预测预警。另外,辅助运输与机电设备管理作为生产辅助与保障环节,保证生产的有序进行。煤矿主价值活动基于地理信息空间服务实现全过程控制,通过具有多种融合接入方式的泛在感知一体化网络,打通自下而上的各系统数据,为分析决策提供数据支持。基于市场活动,联系人财物实现资源协同,精益化管理从而形成煤矿控制流程闭环。智能化煤矿复杂巨系统逻辑关联如图2所示。

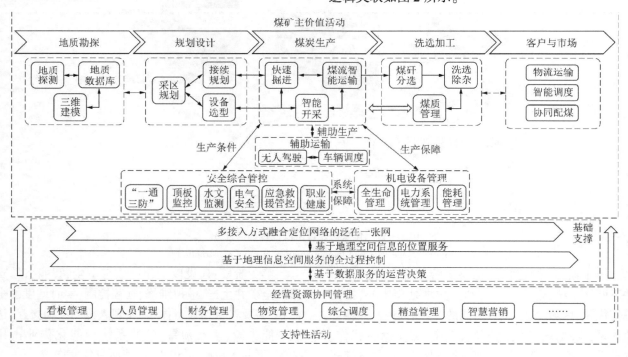

图2 智能化煤矿复杂巨系统逻辑关联

Fig. 2 Logical correlation for smart coal mine complex giant system

对于智能化煤矿巨系统,应采用从定向到定量的综合集成分析方法[18]:将煤矿科学理论、经验知识和专家判断力相结合,形成知识库;分析影响因素权重,定性推理主要影响因素,预估煤矿系统控制行为;多数据多系统融合迭代检验,达到定性到定量的提升,实现知识库的完善,最终实现智能化煤矿全流程的决策控制。

2.2 智能化煤矿顶层架构

智能化煤矿建设首先通过感知、执行、管理系统升级,以先进、智能、高可靠性的生产装备为基础,打造坚实可靠的工业运行体系;依托前沿技术实现产业赋能升级,以"资源化、场景化、平台化"为手段,基于"全局优化、区域分级、多点协同"控制模式,建设包括:煤矿智慧中心及综合管理系统;煤矿安全高效信息网络及地下精准位置服务系统;地质保障及4D-GIS 动态信息系统;巷道智能快速掘进系统;开采工作面智能协同控制系统;煤流及辅助运输与仓储智能系统;煤矿井下环境感知及安全管控系统;煤炭洗选智能化系统;固定场所无人值守智能管理系统;煤矿场区及绿色生态智能系统等的煤矿十大主要智能系统,覆盖生产、生活、办公、服务各个环节的智慧、便捷、高效、保障的煤矿综合生态圈。

智能化煤矿打造以泛在网络和大数据云平台为主要支撑,以智能管控一体化系统为核心的智能化应用系统,其基础资源包括以下 4 个方面。

2.2.1 煤矿智慧大脑——智能化管控平台

在统一开发平台的框架下,基于面向服务的体系架构和"资源化、场景化、平台化"思想,围绕监测实时化、控制自动化、管理信息化、业务流转自动化、知识模型化、决策智能化目标进行相应业务应用设计,开发用于煤炭生产、智慧生活、矿区生态的智慧矿山生产系统、安监系统、智能保障系统、智能决策分析系统、智能经营管理系统、智慧园区等场景化 APP 支持服务,实现煤矿的数据集成、能力集成和应用集成[19]。

煤矿的智能化控制与运行受到地质条件等多环境因素影响,煤矿生产管理环节众多,难以实现从上到下贯通实现一体化控制。因此对于智能化管控平台的设计,应形成"全局优化、区域分级、多点协同"的控制模式,实现各部门工作流程和各现场安全、生产环节的纵向贯通、横向关联、融合,建成企业的安全、生产、经营、管理的中枢大脑,实现所有系统功能的接入及应用,各系统按照其承载的业务内容在应用平台上协同开展工作。

2.2.2 矿山泛在感知网络——5G 融合网络

当前煤矿数据传输存在组网复杂,覆盖性差,上行带宽受限等技术瓶颈,随着煤矿智能化的技术深入,未来煤矿终端数据将以指数级增长,特别是机器视觉、语音识别、高采样频率传感器的应用,现有网络必将难以支撑煤矿智能化的数据传输与处理需求。研究表明,5G 传输网络大带宽,低时延和广连接的特性以及微基站、切片技术和端到端的连接关键技术等可为突破煤矿智能化数据传输处理的瓶颈提供核心技术支撑。

智能化煤矿应建设 5G 融合一张网,融合多种接入方式,基于一套传输标准,实现平台共享、数据共用、融合高效。在下层建设覆盖整个煤矿的泛在感知网络,实现多场景感知的无缝接入;建设光纤接入骨干网,满足智能化开采的多样承载需求;根据需求设计不同的应用场景切片,满足不同带宽、时延和接入密度的要求,并充分考虑业务安全性以及网络故障不扩散原则,有效支撑基于 5G 的各应用场景。另外,5G 通讯基站应与井下定位导航基站融合,建立煤矿井下的定位导航服务系统,为人员、车辆、设备等提供精准定位服务。

随着煤矿新一代工业互联网技术的应用,煤矿信息网络安全必将成为煤矿安全的新领域。由于煤矿生产环境的特殊性,对于其信息安全提出更高的要求。煤矿信息安全建设应依据"专网隔离、纵深防御、统一监控"的原则,建立统一监管,分级风控的安全监管系统,全面管控系统动态。针对 5G 融合网络的信息安全应将生产相关配套工业控制系统按照场景进行切片设计;切片间隔离管理,内部署异常行为、恶意代码的检测和防护措施。

2.2.3 数据资源服务——云数据中心

基于云平台的大数据分析能力,对海量数据进行分析和变现,构建煤矿大数据主数据管理系统及数据仓库,为平台运行管理和智能决策支持提供数据支撑。煤矿大数据框架包括数据抽取加工,数据共享和交换,数据分析与预测等几个方面,最终构建主体数据模型库,从而形成数据集市,为综合管控平台各种应用提供数据支持。

在形成数据集市的基础上,面向服务架构,采用组态化平台,应用先进的微服务架构,构建包括地质信息、生产执行、辅助运输、洗选加工、综合调度等智能引擎,从而实现全面的组态化开发,达到前后端分离及灵活配置,最终实现应用界面与业务逻辑的快速组态化构建,满足各类煤矿智能化应用的功能与性能需要。云数据中心技术架构如图3所示。

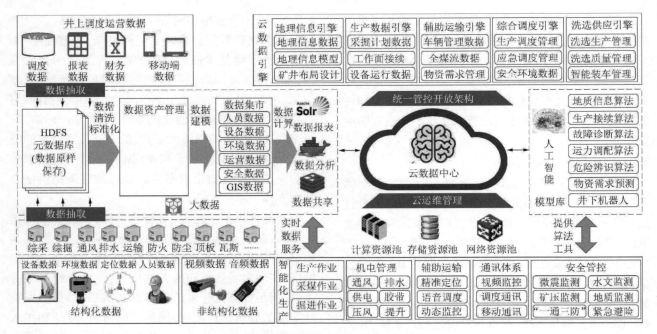

图3 智能化煤矿云数据中心架构

Fig. 3 Smart coal mine cloud data center architecture

2.2.4 资源统一视图——GIS空间信息服务

矿井地理信息是煤矿生产中最为重要的基础信息,所有相关人员、设备、采掘作业、管理等都需要基于空间位置信息进行工作和运行。智能化矿井需要解决以空间数据为核心的海量空间信息的一体化管理,达到各系统之间的空间信息共享。利用GIS技术与BIM技术,以矿井空间地质信息为基础,在时空场景下构建"资源赋存透明、地质结构透明、生产系统布置透明、生产过程透明、安全风险透明"的透明矿山,实现煤矿空间数据的采集、管理和维护,为智能化矿井各个业务应用系统统一提供地理信息服务。

四维时空分析在目前应用较为成熟三维GIS系统的基础上引入时间维,从而可以在系统中直观、生动地反映一段时间里某一地区的空间地理信息的变化情况,使用户能够准确、全面、及时、客观地掌握地区动态信息,对变化趋势做出预判,为宏观决策提供支持,为矿井的智能规划设计、工作面智能开采、智能掘进、智能无人运输、智能安全防控、智能协同控制等奠定基础,如图4所示。

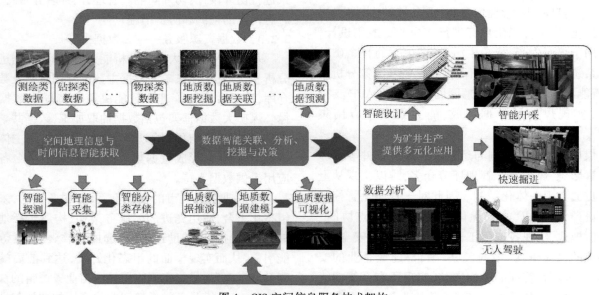

图4 GIS空间信息服务技术架构

Fig. 4 GIS spatial information service technology framework

3 智能化煤矿数字逻辑模型

随着传感技术的发展,煤矿数据成几何倍数增长,实现了从井上到井下,从管理到工程,从生产到安全多层次立体信息集成,形成了数字化矿山。然而,对于数字信息的特征提取及语义描述,特别是对于数据关联关系、融合推理与预测决策等方面的研究目前还处于起步阶段。实现多层次数据挖掘,构建以数据利用为核心的智能化煤矿数字逻辑架构成为关键。

3.1 智能化煤矿信息实体构建

煤矿信息类别繁多且相互之间关联关系复杂,涉及多个维度的属性。信息实体是从物理实体的原始描述中提取并抽象出物理实体的数据描述,即信息的元数据。信息实体在智能化煤矿信息网络系统中处于节点位置,构建层次清晰、分类明确的信息实体是构建煤矿信息网络,实现物理空间向数据空间映射的基础。

根据复杂网络理论,信息实体应具有其基本的实体属性和关联属性。实体属性反映信息的表现形式,关联属性表达信息实体在信息网络中的层级和相互之间的关系。多个信息实体关联成为某信息整体,可视为更高层的信息实体。通过对煤矿数据属性和表现形式进行分解,煤矿信息属性包括实体属性、关联属性和时空属性。实体属性对信息实体进行基本描

述,包括属性信息、结构信息、功能信息等[20];关联属性描述信息实体之间的关系属性,包括分组/分类等关联属性、层次关系属性、重要度关系、影响关系属性及行为描述等;时空属性包括基于地理信息的空间方位属性和随时间变化的状态属性等。

智能化煤矿信息实体的数学表达可表述为

$$O_i = \{E_i \mid (P(n), S(n), F(n)), \\ R_i \mid (C(n), L(n), \cdots\cdots), \\ ST_i \mid (T(n), U(n))\} \tag{1}$$

式中,$C(n)$ 为分组分类关系;$L(n)$ 为层次关系;O_i 为第 i 个信息实体单元;E_i 为单元的实体属性,由属性信息 $P(n)$、结构信息 $S(n)$、功能信息 $F(n)$ 组成;R_i 为实体的关联属性;ST_i 为实体的时空属性,由时间属性 $T(n)$ 与 $U(n)$ 组成。

智能化煤矿数字逻辑模型的构建是自底向上构建知识图谱的迭代过程[21]。信息实体的构建过程实际是对数据进行语义建模描述后复杂任务中关键节点的分解;通过对于信息实体之间的关系连接完成知识融合实现对于事实的表达,即完成虚实映射;在此基础上对实体进行聚类构建本体库,并进行推理建立实体间的新关联,即实现知识的推理,通过不断迭代更新从而形成智能化煤矿知识图谱,为各类场景提供数据服务并进行决策支持。如图5所示。可见从异构数据源中抽取信息实体是影响后续知识获取效率和质量最为基础和关键的部分。

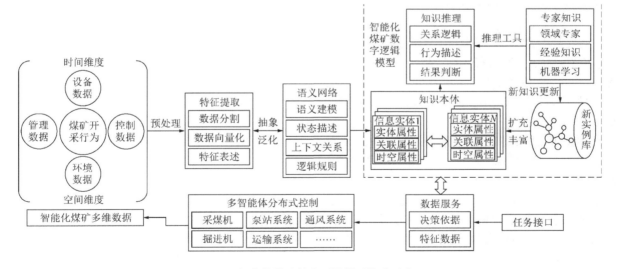

图 5 智能化煤矿数字逻辑模型构建示意

Fig. 5 Schematic diagram of smart coal mine digital logic model

采用基于 OWL-S 的本体语言对结构化和半结构化的数据资源的语义元信息和语义上下文进行描述,包括关于服务描述的 Service Profile、关于服务流程的 Service Process Model 以及关于服务具体连接参

数的 Service Grounding,从而构建语义覆盖网络,实现对于数据的描述[22]。

由于智能化煤矿数据内容动态变化,采用人工预定义实体体系的方式难以保证信息实体质量(准确

率和召回率）。为实现信息实体的分类和聚类,本系统采用 BiLSTM-CRF 方法进行实体识别以及关系的抽取[23]。其基本思想是通过双向长短时记忆网络(Bi-LSTM)计算待标记对象和各标签序列对应的分值,得到实体标签之间的依赖关系并完成标注任务,之后应用条件随机场(CRF)引入标签之间的约束对标签序列进行综合选取,得到较为合理的信息实体分类,如图 6 所示,其中,l 为前向层;r 为后向层;c 为输出层,代表输出的标签分值。

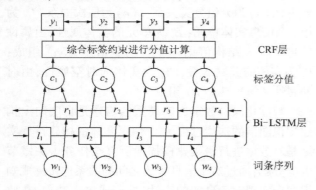

图 6　基于 BiLSTM-CRF 的信息实体抽取示意

Fig. 6　Information entity extraction schematic based on BiLSTM-CRF

CRF 层计算采用 Lample 设计的线性链 CRF 层[24-25]。在给定输入序列 $w = \{w_1, w_2, \cdots, w_{t-1}, w_t, \cdots\cdots\}$ 时,标注序列 y 的概率值为

$$P(y \mid x) = \frac{1}{Z(w)} \exp\left(\sum_{t=1}^{k} \sum_{n=1}^{k} \beta_n \Psi_n(y_t, w, t) + \sum_{t=1}^{k} \sum_{m=1}^{k} \alpha_m \Gamma_m(y_{t-1}, y_t, w, t) \right) \quad (2)$$

式中,$\Psi_n(y_t, w, t)$ 为状态函数,表示序列 w 在 t 位置标注为 y_t 的概率;β_n 为其权重;$\Gamma_m(y_{t-1}, y_t, w, t)$ 为概率转移函数;α_m 为其权重;$Z(w)$ 为归一化因子。

在得到信息实体的基础上,根据关联关系对其属性进行抽取,实现对于实体属性的完整勾画。

3.2　智能化煤矿知识图谱构建

通过信息实体的建立,实现了从物理空间到数字空间的映射。这一映射不仅包括对于采煤机、液压支架、掘进机等物理实体,也包括顶板来压、瓦斯超限、设备故障等时间实体及空间位置关系、围岩耦合关系等功能实体。通过语义网络实现了各信息实体之间基本关联的描述,但是还需对关联关系的程度进行具体描述。通过 Apriori 算法对各信息实体之间的关联规则进行挖掘,计算支持度和置信度,从而描述关联程度。在此基础上,聚类定义开采行为相关的本体类别,划分类的层次结构,并定

义本体的边界和约束,构建基于开采行为的智能化煤矿领域本体。建立智能化煤矿各层次内部与外延对象间的逻辑关系模型。

在上述基础上对任务进行分解。任务 T 可分解为四元组[22],即

Schema(T) = ⟨TaskSet, State, Action, QSet⟩

TaskSet = $\{T_1, T_2, \cdots, T_n\}$ 为根据本体知识库分解得到的子任务集合,State = $\{S_1, S_2, \cdots, S_n\}$ 为完成任务过程中所需的基本环境信息,Action = $\{A_1, A_2, \cdots, A_n\}$ 为各智能体完成任务所进行的行为决策,QSet = $\{Q_1, Q_2, \cdots, Q_n\}$ 为完成子任务所需查询的环境信息集合。

在进行任务分解的基础上,从已有的实体关系数据出发,进行计算机推理,建立信息实体之间的新关联,从而发现新的知识,构建针对煤矿多智能体控制决策本体库。通过不断的迭代更新,构建智能化煤矿知识图谱。基于知识图谱的决策与控制过程如图 7 所示。

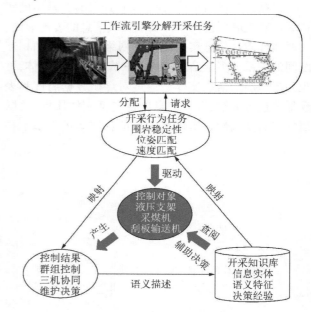

图 7　基于知识图谱的开采决策与控制示意

Fig. 7　Intelligence mining decision and control based on knowledge map

3.3　智能化煤矿数据交互与推送

智能化煤矿数据资源的共享与交互同其数据资源需求密切相关,从需求的时间维度分为显性需求和隐形需求两个维度[26]。显性需求主要是成员依据自身需要通过数据资源共享服务平台提出数据请求,通过对需求进行匹配优选,提供最优数据服务方案,如进行液压支架控制过程中支架控制器请求获取采煤机位置信息等数据。隐形需求则是根据以往数据共

享服务历史以及知识库中的逻辑规则挖掘需求者的隐性需求从而进行主动推送。对于信息的需求者,既包含了管理决策人员,也包含了全矿的具有智能控制能力的智能体。

　　基于知识图谱,实现对于任务的分解,得到控制决策的本体知识。对于显示需求,基于检索条件对开采信息知识本体进行匹配度计算,得到推送最优解;对于隐性需求,基于粗糙集和模糊综合决策构建推送规则,并根据关联关系进行匹配度计算,约减属性决策表,将匹配数据推送给控制对象,并将控制结果和数据习惯记录进行规则迭代,解决推送信息和目标的交互、融合问题,如图8所示。

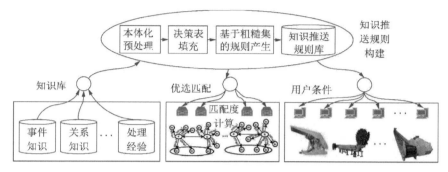

图 8　智能化煤矿数据主动推送示意
Fig. 8　Data active push schematic for smart coal mine

4　智能化煤矿控制策略与智能应用系统

4.1　智能化煤矿数据架构及控制策略

　　煤矿生产控制过程与环境信息产生强关联耦合,需要保障数据的可靠传输与响应速度。集中式数据处理的云计算架构将数据传输到云中心进行分析处理,难以解决海量工控数据传输的可靠性及控制信号传输时延造成的响应滞后等问题。因此提出基于"云边端"的煤矿智能化数据处理架构。

　　煤矿"云边端"数据处理技术根据业务需求下沉数据运算与控制响应,实现分布式数据处理。对于端侧,采用智能传感及控制终端,对于感知信息进行初步快速处理,提取特征信息,快速响应,实时控制,如智能摄像头等。对于边缘侧,一方面通过融合工业网关从端侧获取实时数据;另一方面实现区域的数据融合与分析处理,根据场景智能化控制需求快速决策,降低控制时延。对于云端,将数据抽取进行融合处理,从全矿安全高效运行的角度进行全局化运营决策;另一方面,构建各场景数据引擎,对智能化模型进行训练,为边缘侧提供智能化数据模型与数据服务,发挥其存储及计算优势。云边端进行协同管理,动态分配云边计算资源,实现边缘计算数据和云计算数据跨层级交互的融合性、保证边缘计算层设备控制实时运算的实时性和保障数据安全交互的安全,如图9所示。

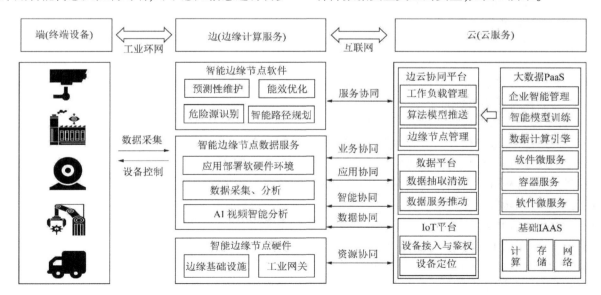

图 9　煤矿"云边端"数据处理架构
Fig. 9　Data processing architecture of "cloud-edge-device" in coal mine

基于智能化煤矿"云边端"的数据架构,全矿智能化系统总体控制采用"全局优化、区域分级、多点协同"的控制模式,通过全局优化层、区域协同层、设备监控层构建3层递阶智能控制系统。系统把定性的操作指令变换为一个物理操作序列。系统的输出是通过一组施于控制执行器的具体指令来实现的。

系统操作是由一组与人、机、环境交互作用的传感器的输入信息决定的。这些外部和内部传感器提供人机空间环境(外部)和每个设备状况(内部)的监控信息;对于智能系统,融合人机环管四维度信息,并从中选择策略、控制设备优化运行,使过程控制往下精度递增、往上智能递增,如图10所示。

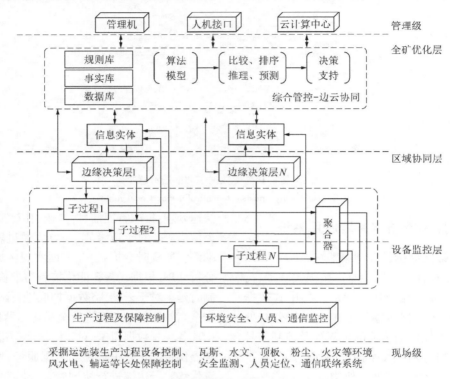

图10　智能化煤矿3层递阶控制策略

Fig. 10　Three-layer hierarchical control strategy for smart coal mine

根据实时数据集,全矿优化功能块能够组织操作、一般任务和规则的序列。全矿优化功能器作为推理机的规则发生器,处理高层信息,用于机器推理、规划、决策、学习(反馈)和记忆操作。区域协同控制器借助于产生一个适当的子任务序列来执行原指令,处理实时信息、内决策与学习的协同处理。任务执行完毕后,区域协同控制器还负责向全局优化层传送反馈信息。设备监控及执行也称运行控制,直接作用于设备或子系统过程并完成子任务。该级特点:高精度执行局部任务,智能可拓,可采用常规的最优控制方法。递阶智能控制通常用熵进行总体评估,故需将最优控制描述转化为用熵函数描述。

根据煤矿主价值活动的研究,智能化煤矿在基础网络、数据中心以及GIS空间信息服务的基础资源上构建包括自主智能开采、人机协同掘进、无人驾驶辅运、安全闭环管控、黑灯无人洗选、固定场所无人值守、精益协同经营、园区智慧生态等智能应用系统。

4.2　智能化工作面协同控制系统

智能化工作面协同控制系统基于采煤机、液压支架、刮板输送机、皮带运输机协调联动机制,实现综采设备双向交流与协调联动,解决工作面全长区域成套装备的差异化、精细化控制需求难题,确保成套装备的系统稳定工作与协调一致运行,达到工作面智能化开采的目的。

以智能控制中心为控制中枢建立工作面智能控制中心,以煤层GIS系统提供的地质数据为基础,以工作面视频系统自动感知与分析结果作为决策依据,通过真实物理场景驱动的三维虚拟现实系统,实时修正采煤机记忆截割模板,实现采煤机智能截割;通过采煤机、液压支架和刮板输送机协调联动机制,实现工作面综采装备智能控制。

通过工作面智能控制系统,结合"三机"协调联动机制,利用工作面煤量智能监测系统,智能感知工作面煤流运量信息,实时监测刮板输送机功率、转矩,自动调整采煤机割煤速度,通过变频调速智能控制刮板输送机运行速度,自动调整液压支架跟机移架方式与移架速度,基于工作面综采设备智能感知监测数据和全景视频特征信息,实现割煤、运煤、移架"三机"协调联动、智能运行,如图11所示。

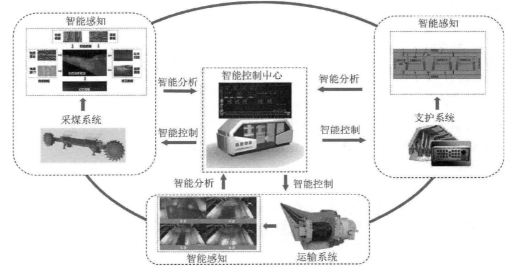

图11 工作面智能协同控制系统示意

Fig. 11 Schematic diagram of smart cooperative control system for working face

4.3 人机协同快速掘进系统

人机协同快速掘进系统装备通过装备成套化、监测数字化和控制自动化"三化"提高掘进装备掘进效率,达到掘进工作面集中监测与控制、少人生产的高效智能掘进目标,实现人机协同的高效生产模式。

(1)掘进工作面成套化高效协同作业系统。

针对煤矿地质条件,遵循几何尺寸配套、设备能力配套、动作时序配套的总体原则,提出"掘锚一体机-锚杆转载机组-过渡胶带"和拉移式自移机尾的配套模式,可实现掘锚平行、分段支护,距离掘进工作面2 m内及时支护4根顶锚杆,铺设顶网,剩余锚杆采用锚杆转载机支护,该方案实现了煤的连续运输,减少煤的转运停歇时间,能充分发挥掘锚机的生产效率,具有切割、装载、运输生产能力大,掘进速度快的特点;锚杆转载机组同时具备锚杆支护和转载运输,实现了一机多用,减少了综掘设备的布置长度;过渡运输系统,减少了输送机的移机次数,保证了成套装备的连续工作时间。掘锚一体机-锚杆转载机组-过渡胶带一体化高效协同推进,平行作业。

(2)掘锚一体机自主导航系统。

掘锚机组合导航系统采用2个倾角传感器测量掘进机的俯仰角和横滚角;采用激光发射器和接收传感器测试掘进机的水平偏转角,其中激光发射出带状光斑,并通过激光光源的并行叠加,实现带状光斑从0~60 m远距离的发射,再通过光斑的位置实现掘进机的角度检测;通过激光测量+倾角传感器的组合方式实现掘进机位姿的检测与导航,如图12所示。

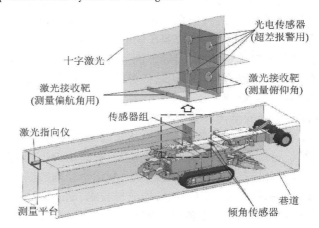

图12 掘锚机自主导航系统示意

Fig. 12 Schematic diagram of autonomous navigation system for anchor excavating machine

(3)基于GIS的智能掘进工作面三维"全息"数字化平台。

建立地质模型、巷道支护和瓦斯等地质环境模型,通过GIS图形协同实现与设计数据的联动及可视化表达,掘进巷道能够与矿方已有地理信息系统融合,实现巷道自动延伸。建立掘锚一体机、转载机、带式输送机等掘进工作面设备模型,构建数字孪生驱动模型,模拟巷道掘进与支护平行作业,快速成巷的三维可视化表达与监控,实现掘锚机截割煤岩体、锚杆机进行锚网支护等动态数据监测和胶带等设备自动化控制。

4.4 智能辅运无人驾驶系统

通过无轨胶轮车辅助运输系统,研发数字化巷道和车辆定位系统,通过车辆精确定位和红绿车信号自动控制,实现井下辅助运输系统智能调度。

基于5G的定位导航系统和UWB的井下巷道数字化,利用精确定位和导航模块,结合GIS技术,实现井下车辆无人驾驶、精确定位与智能调度。车辆内置精确定位和导航功能模块,实时传递位置信息,实现车辆识别。升级红绿信号自动控制系统,系统按照监测获得的车辆位置信息并配合工业电视系统控制信号机显示禁行、通行信号,指挥车辆避让。信号控制参照车辆位置、车辆数量、车辆类型、巷道情况等信息自动控制,系统对控制参数条件可以灵活配置、远程管理。

辅助运输调度系统以车辆精确定位信息为基础,以车载智能终端为核心,辅助井下信号灯控制系统、智能调度系统、语音调度系统和GIS地理信息系统,配合工业电视系统、矿井人员定位系统信息,实现车辆监控、指令下达、运输任务调配、报警管理、应急响应等功能,利用GIS技术矿井地理信息系统展示井下车辆准确分布、运行信息,对井下/井上车辆的位置信息进行实时监测,系统按照车辆的位置信息进行行车信号的闭锁连锁控制,引导车辆行驶、避让;系统按照车辆位置信息进行车辆运输任务的跟踪管理,形成任务闭环和数据统计依据。

4.5 智能安全闭环管控系统

智能安全闭环管控系统具体包括采动应力、智能通风、智能水文监测、智能火灾监测、智能防灭尘和煤矿重点分区危险源主动预警系统,利用物联网数据采集技术和视频模式识别和智能分析技术,动态感知人员违规违章行为、设备设施安全隐患等自动形成警告,建立煤矿安全评价指标体系,量化煤矿风险指标。通过移动自组网多参数监测和互联,将传统各自独立、固定的监测参数进行关联和集成,对井下重点分区环境感知数据融合及预警,实现煤矿危险源和空间对象状态的实时数据诊断和预测预警。通过打造矿山安全态势感知与信息共享体系化协同的系统,形成360°智能监控平台,同时打造层级职能部门联合执行异常事件联动与处置机制,实现一个中心、多级联网、互联互通、数据共享、业务协同的功能。

通过打造智能安健环,将各类安全数据信息全面采集,形成统一的矿山安全数据信息仓库,通过关联规则挖掘、聚类分析、时空规律分析等分析技术,建立安全预警、风险预测、安全知识等安全数据模型,将这些数据传输到具体的安全管控应用系统中,实现安全闭环管控。通过感知与预警系统,实现环境异常与人员危险的自动智能告警,建立煤矿

安全评价指标体系,量化煤矿风险指标。同时打造层级职能部门联合执行异常事件联动与处置机制,实现一个中心、多级联网、互联互通、数据共享、业务协同的功能。智能安健环系统通过全面感知—主动预警—自主推送等功能,贯穿安全监管各个层级,层层落实安全责任目标,实现核心业务的闭环管理;建立危险源辨识、隐患等级标准数据库、建立安全知识分享机制、安全风险预测、预警体系,实现事后处置向事前预防的转变。

4.6 固定场所无人值守系统

为实现固定场所无人值守,一方面应构建矿井全工位设备设施健康智能管理系统,另一方面构建井下机器人群协同智慧和管理操作平台,利用机器人技术代替人员实现关键岗位的巡检,实现无人值守。

(1)全工位设备设施健康智能管理系统。

全工位设备设施健康智能管理系统通过对重大关键设备液压系统、电气系统、润滑系统、冷却系统、机械传动系统的压力、流量、油位、油质、油温、振动、电流、电压等状态综合感知,采用设备端、矿端、云端分层技术架构,通过植入诊断算法的智能分析仪器,实现机电设备易损零部件就地诊断,通过基于大数据的多信息融合诊断方法,实现整机综合诊断与状态评估,定位设备故障原因、故障类型、故障严重程度,及时发现设备潜在故障,提高故障隐患排除实时性,为故障预知维护提供决策依据。

(2)井下机器人群协同智慧和馈电管理操作平台。

通过攻克煤矿机器人轻量化结构设计与防爆长时供电技术,煤矿机器人高适应性运动控制技术,煤矿机器人高可靠性通讯及协同控制技术及煤矿机器人信息融合感知与大数据交互技术等共性关键技术,实现对于井下多工序、多工种、多装备的系统集成,形成局部机器人群的协同作业,实现固定场所的巡检作业,达到无人值守的目标。

4.7 智能无人洗选系统

在选煤厂现有生产框架及数据支撑下,实现由设备到系统,单系统到多系统的智能联动,搭建设备健康管理、生产控制、运维管理系统的数学模型,并基于生产过程中数据的不断积累,优化控制数学模型,预测并调控生产过程。构建选煤智能化建设体系,实现选煤厂在"底层、控制、决策"强智能化,搭建选煤厂运行应用平台,建设新型智能化选煤厂。

系统通过搭建智能选矸系统,智能重介控制系统、煤泥水智能控制系统等完善底层智能化控制设备,实现生产过程自动化;改进生产控制层,应用机器

人技术辅助降低劳动强度;布置智能网络服务体系,实现工人辅助增强;最终构建基于数字孪生的选煤厂全生产过程的辅助决策平台,打造全生产流程的洗选黑灯工厂。

4.8 精益经营协同管理系统

资源供应配置智能化,主要实现物资采购、设备调配、仓储分配、协同配煤、智慧营销等智能化管控。煤矿运营当中,所需要的设备设施种类繁多,加强备品备件的供应和配置,可以提升企业生产资源的使用效率,为企业节约费用产生效益。资源供应和配置系统融合物联网、智能识别、灯光拣选和智能运输配送,优化了对资源的需求,降低了库存,解决人工管理时账物卡不一致、备件计划执行不当、采购数量不合理等问题。

通过对于设计协同管理、机电设备闭环管理、物资闭环管理、人员闭环管理的建设,以信息化及智能化手段实现订单执行全过程跟踪和变更管理,贯穿销售、客户、计划、采购、工程、生产和财务成本等管理环节,达到生产排程可视化、物资需求可控、人员组织优化、物料流转高效、成本核算精确的精益化生产目标。基于全流程信息融合,构建需求动态预测、生产精准组织、自适应控制、信息实时反馈、全员核算与智能分析为一体的智能系统,构建了业务横向协同、流程纵向贯通的智能化运行管控模式,实现按需生产、高效运转。

4.9 园区智慧生态系统

智能化煤矿智慧园区建设以先进的云计算、大数据、物联网、人工智能等技术为基础,构建一套业务全数字化、系统全联接、数据全融合的数字化园区综合系统,具备先进、完整、稳定、灵活、可发展等多种特点,具有较高的智能化水平。建成后,通过一套运营系统,实现整个园区对象、资源、流程可视、可管、可控。

园区整体的设计思路围绕着"1+1+1"架构,即统一的 ICT 基础设施层,一个数字化平台和一套园区应用。遵循万物互联的思想,将园区智能物资(智能仓储物资取送系统)、智能办公(智能办公管理、智能楼宇)、绿色生态(绿色矿山智能系统、智慧指挥中心、智慧路灯及照明)、智能保障系统(地面工业设施智能保障系统、无人机智能管理系统)综合协调管控,将人、车、物通过传感器或子系统接入,形成泛在的感知信息,汇聚园区内所有数据。此外,考虑园区与外部城市资源的整合,如图 13 所示。

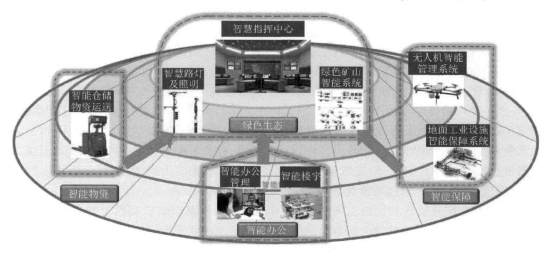

图 13　智慧园区生态系统总体架构

Fig. 13　Smart industrial park ecosystem architecture

5 智能化煤矿建设工程案例

基于智能化煤矿顶层设计研究,在陕西张家峁煤矿和巴拉素煤矿进行了工程实践。

5.1 生产矿井——张家峁煤矿智能化升级改造

张家峁煤矿作为现代化的生产矿井,采用平硐开拓方式,布置 5 条井筒。煤炭运输采用带式输送机,辅助运输采用无轨胶轮车。通过前期的信息化建设,已构建了"1+9"总控分控自动化管理模式,通过调度指挥中心 1 个总控,供电供排水、主运输、水处理、销售、安全监测监控、洗煤、综采、掘进、安防 9 个分控中心对井下、地面 66 个岗位操作进行远程控制。并且建设了基于"4G+WiFi"架构的矿井工业网络,构建了井下感知传感网络,实现了矿山的数字化展示。

通过分析,张家峁煤矿已经具有了相对较高的信息化自动化水平,其突出问题在于:① 各分控中心数据没有深度融合,无法实现数据的充分利用和智能化管控;② 标准不健全:数字化建模、通信、智慧矿山架构等方面都缺少统一的标准,难以实现跨系统、跨平台集成应用;③关键技术未突破:如井下精准定位服务、高清视频图像获取及应用、智能化掘进装备等。

针对张家峁煤矿具体问题进行升级改造。从基础设施方面,基于5G对矿井网络进行升级改造,满足大规模数据传输带宽要求;基于UWB定位基站搭建矿井高精度位置服务,将井下定位服务统一;将地理信息系统升级为三维地质模型显示,打通数据接口并加入时间数据回溯功能,实现资源统一视图显示。在软件系统层面,打造大数据中心,构建综合管控平台,将各系统数据打通,实现数据变现和主动推送。在此基础上对综采、综掘、运输等关键装备进行升级,整合各子系统,最终打造智慧煤矿多系统综合管理操作平台,井下精确定位、导航管理操作平台,地质及矿井采掘运通信息动态管理操作系统平台,视频增强及实时数据驱动三维场景再现远程干预操作平台,环境及危险源感知与安全预警系统管理操作平台,智能化无人工作面系统管理操作平台,井下机器人群协同智慧和馈电管理操作平台,全矿井设备和设施健康管理操作平台八大智能平台,实现全矿井生产管理智能化运行。

5.2 新建矿井——巴拉素煤矿全面智能化建设

巴拉素煤矿作为在建矿井,从建设之初就统筹考虑智能化建设,以实现全面的智能化煤矿。巴拉素煤矿规划生产能力1 000万t/a,矿井采用全立井开拓方式,按煤组划分水平,将全井田划分为3个水平,根据水平划分,各水平分别沿煤层布置开拓大巷。

巴拉素煤矿在建设过程中采用国内一流和世界先进的技术和装备,全面按照智能化进行建设。在设计阶段就对数据标准进行深入研究,形成数据分类、数据资源、数据集成、数据处理、数据质量及数据安全6类数据标准,并建立全矿井设备和设施主项位号及数据编码标准,从数据源实现数据的统一。根据顶层设计,全矿构建基于5G的高效信息网络和精准位置服务系统,并连接4D-GIS透明地质模型及动态信息系统,实现全矿控制、管理、经营的一体化。基于"云边端"数据架构和三层递阶控制策略构建一体化云数据中心和区域控制核心,实现边云协同,分布式控制。建设过程中对智能化管理体系进行研究,确定智能化煤矿生产运营管理的具体要求和管理流程,建立与智能化煤矿生产方式相适应的管理模式,提高管理效率,最大限度发挥智能化煤矿能力。通过对智能化工作面系统、快速掘进系统、固定场所无人值守系统等18个分子系统进行全面建设,实现生产集成自动化、监测全局实时化、人员工作数据化、管理智能化,

用数据为矿山赋能。

6 结　论

(1)智能化煤矿的建设应以时空全方位"实时化、交互化、智慧化、标准化"为主线,实现"物质流、信息流、业务流"的高度一体化协同,构建以人为本的智能生产与生活协调运行的综合生态圈。智能化煤矿应分为数字融合互联,人机主动交互,主要系统自学习自决策3个阶段分区域分层次进行建设。

(2)基于煤矿价值活动对智能化煤矿复杂巨系统逻辑关联的分析,智能化煤矿的顶层架构应以泛在网络和大数据云平台为主要支撑,以智能管控一体化系统为核心,重点建设煤矿智慧中心及综合管理系统;煤矿安全高效信息网络及地下精准位置服务系统;地质保障及4D-GIS动态信息系统;巷道智能快速掘进系统;开采工作面智能协同控制系统;煤流及辅助运输与仓储智能系统;煤矿井下环境感知及安全管控系统;煤炭洗选智能化系统;矿井全工位设备设施健康智能管理系统;煤矿场区及绿色生态智能系统等十大主要智能系统。

(3)智能化煤矿数字逻辑模型通过对数据特征与关联关系提取进行语义描述构建信息实体,并在此基础上构建智能化煤矿知识图谱及实现数据主动交互与推送,从而揭示物理与信息空间的虚实映射机理。通过对智能化煤矿数字逻辑模型的研究为煤矿海量信息关联关系和决策控制提供有效方法。

(4)根据煤矿控制实时性与安全性要求,智能化煤矿应采用"云边端"数据处理架构和3层递阶控制策略,在此基础上对煤矿智能化应用系统进行具体设计,用数据为矿山赋能,实现全矿井生产管理智能化运行。

(5)张家峁煤矿和巴拉素煤矿两个案例实践表明,生产矿井的智能化改造比新建矿井智能化建设面临更多困难,智能化煤矿是一个复杂系统工程,因地制宜的高标准顶层设计是建设高水平智能化煤矿的关键保证,优质的系统工程和装备保障、科学规范的生产运营管理机制等缺一不可。

参考文献(References):

[1] 王国法,刘峰,庞义辉,等.煤矿智能化——煤炭工业高质量发展的核心技术支撑[J].煤炭学报,2019,44(2):349-357.
WANG Guofa,LIU Feng,PANG Yihui,et al. Coal mine intellectualization:The core technology of high quality development[J]. Journal of China Coal Society,2019,44(2):349-357.

[2] 王国法,刘峰,孟祥军,等.煤矿智能化(初级阶段)研究与实践[J].煤炭科学技术,2019,47(8):1-36.

WANG Guofa, LIU Feng, MENG Xiangjun, et al. Research and practice on intelligent coal mine construction （primary stage）［J］. Coal Science and Technology,2019,47（8）:1-36

［3］ 谢和平,王金华,王国法,等. 煤炭革命新理念与煤炭科技发展构想［J］.煤炭学报,2018,43（5）:1187-1197.
XIE Heping, WANG Jinhua, WANG Guofa, et al. New ideas of coal revolution and layout of coal science and technology development ［J］. Journal of China Coal Society,2018,43（5）:1187-1197.

［4］ 毛善君."高科技煤矿"信息化建设的战略思考及关键技术［J］.煤炭学报,2014,39（8）:1572-1583.
MAO Shanjun. Strategic thinking and key technology of informatization construction of high-tech coal mine［J］. Journal of China Coal Society,2014,39（8）:1572-1583.

［5］ 王国法,王虹,任怀伟,等.智慧煤矿2025情境目标和发展路径［J］.煤炭学报,2018,43（2）:295-305.
WANG Guofa, WANG Hong, REN Huaiwei, et al. 2025 scenarios and development path of intelligent coal mine［J］. Journal of China Coal Society,2018,43（2）:295-305.

［6］ 卢新明,尹红.数字矿山的定义、内涵与进展［J］.煤炭科学技术,2010,38（1）:48-52.
LU Xinming, YIN Hong. Definition, connotations and progress of digital mine［J］. Coal Science and Technology,2010,38（1）:48-52.

［7］ 李梅,杨帅伟,孙振明,等.智慧矿山框架与发展前景研究［J］.煤炭科学技术,2017,45（1）:121-128.
LI Mei, YANG Shuaiwei, SUN Zhenming, et al. Study on framework and development prospects of intelligent mine［J］. Coal Science and Technology,2017,45（1）:121-128.

［8］ 王国法,杜毅博.智慧煤矿与智能化开采技术的发展方向［J］.煤炭科学技术,2019,47（1）:1-10.
WANG Guofa, DU Yibo. Development direction of intelligent coal mine and intelligent mining technology［J］. Coal Science and Technology,2019,47（1）:1-10.

［9］ 姜德义,魏立科,王翀,等.智慧矿山边缘云协同计算技术架构与基础保障关键技术探讨［J］.煤炭学报,2020,45（1）:484-492.
JIANG Deyi, WEI Like, WANG Chong, et al. Discussion on the technology architecture and key basic support technology for intelligent mine edge-cloud collaborative computing［J］. Journal of China Coal Society,2020,45（1）:484-492.

［10］ 王国法,张德生.煤炭智能化综采技术创新实践与发展展望［J］.中国矿业大学学报,2018,47（3）:459-467.
WANG Guofa, ZHANG Desheng. Innovation practice and development prospect of intelligent fully mechanized technology for coal mining［J］. Journal of China University of Mining,2018,47（3）:459-467.

［11］ 葛世荣,王忠宾,王世博.互联网+采煤机智能化关键技术研究［J］.煤炭科学技术,2016,44（7）:1-9.
GE Shirong, WANG Zhongbin, WANG Shibo. Study on key technology of internet plus intelligent coal shearer［J］. Coal Science and Technology,2016,44（7）:1-9

［12］ 王国法,庞义辉,任怀伟.煤矿智能化开采模式与技术路径［J］.采矿与岩层控制工程学报,2020,2（1）:013501.

WANG Guofa, PANG Yihui, REN Huaiwei. Intelligent coal mining pattern and technological path［J］. Journal of Mining and Strata Control Engineering,2020,2（1）:013501

［13］ 王国法,庞义辉,李明忠,等.超大采高工作面液压支架与围岩耦合作用关系［J］.煤炭学报,2017,42（2）:518-526.
WANG Guofa, PANG Yihui, LI Mingzhong, et al. Hydraulic support and coal wall coupling relationship in ultra large height mining face ［J］. Journal of China Coal Society,2017,42（2）:518-526.

［14］ 王国法,庞义辉.基于支架与围岩耦合关系的支架适应性评价方法［J］.煤炭学报,2016,41（6）:1348-1353.
WANG Guofa, PANG Yihui. Shield-roof adaptability evaluation method based on coupling of parameters between shield and roof strata［J］. Journal of China Coal Society,2016,41（6）:1348-1353.

［15］ 孙继平.矿井宽带无线传输技术研究［J］.工矿自动化,2013,39（2）:1-5.
SUN Jiping. Research of mine wireless broadband transmission technology［J］. Industry and Mine Automation,2013,39（2）:1-5.

［16］ 隋心,杨广松,郝雨时,等.基于UWB TDOA测距的井下动态定位方法［J］.导航定位学报,2016,4（3）:10-14,34.
SUI Xin, YANG Guangsong, HAO Yushi, et al. Dynamic position method based on TDOA in underground mines using UWB ranging［J］. Journal of Navigation and Position,2016,4（3）:10-14,34.

［17］ 毛善君,杨乃时,高彦清,等.煤矿分布式协同"一张图"系统的设计和关键技术［J］.煤炭学报,2018,43（1）:280-286.
MAO Shanjun, YANG Naishi, GAO Yanqing, et al. Design and key technology research of coal mine distributed cooperative "one map" system［J］. Journal of China Coal Society,2018,43（1）:280-286.

［18］ 钱学森.一个科学新领域——开放的复杂巨系统及其方法论［J］.上海理工大学学报,2011,33（6）:526-532.
QIAN Xuesen. A new field of science -the open complex giant system and its methodology［J］. Journal of University of Shanghai for Science and Technology,2011,33（6）:526-532.

［19］ 王国法,赵国瑞,任怀伟.智慧煤矿与智能化开采关键核心技术分析［J］.煤炭学报,2019,44（1）:34-41.
WANG Guofa, ZHAO Guorui, REN Huaiwei. Analysis on key technologies of intelligent coal mine and intelligent mining［J］. Journal of China Coal Society,2019,44（1）:34-41.

［20］ 任怀伟,王国法,赵国瑞,等.智慧煤矿信息逻辑模型及开采系统决策控制方法［J］.煤炭学报,2019,44（9）:2923-2935.
REN Huaiwei, WANG Guofa, ZHAO Guorui, et al. Intelligent coal mine logic model and decision control method of mining system ［J］. Journal of China Coal Society,2019,44（9）:2923-2935.

［21］ 刘峤,李杨,段宏,等.知识图谱构建技术综述［J］.计算机研究与发展,2016,53（3）:582-600.
LIU Qiao, LI Yang, DUAN Hong, et al. Knowledge graph construction techniques［J］. Journal of Computer Research and Development,2016,53（3）:582-600.

［22］ 徐杨,王晓峰,何清漪.物联网环境下多智能体决策信息支持技术［J］.软件学报,2014,25（10）:2325-2345.

XU Yang, WANG Xiaofeng, HE Qingyi. Internet of things based information support system for multi-agent decision [J]. Journal of Software, 2014, 25(10): 2325-2345.

[23] 鄂海红, 张文静, 肖思琪, 等. 深度学习实体关系抽取研究综述 [J]. 软件学报, 2019, 30(6): 1793-1818.
E Haihong, ZHANG Wenjing, XIAO Siqi, et al. Survey of entity relationship extraction based on deep learning [J]. Journal of Software, 2019, 30(6): 1793-1818.

[24] LAMPLE G, BALLESTEROS M, SUBRAMANIAN S, et al. Neural architectures for named entity recognition [A]. Proceedings of the 15th Annual Conference of the North American Chapter of the Association for Computational Linguistics: Human Language Technologies [C]. Stroudsburg: Association for Computational Linguistics, 2016: 260-270.

[25] LAFFERTY J D, MCCALLUM A, PEREIRA F C N. Conditional random fields: Probabilistic models for segmenting and labeling sequence data [A]. Proceedings of the Eighteenth International Conference on Machine Learning [C]. San Francisco: Morgan Kaufmann Publishers, 2001: 282-289.

[26] 沃强, 翟丽丽, 张树臣. 大数据联盟显性数据资源需求多层次匹配模型 [J]. 情报理论与实践, 2018, 41(3): 83-88.
WO Qiang, ZHAI Lili, ZHANG Shuchen. The multi-level matching model of big data alliance explicit data resource requirements [J]. Information Studies: Theory & Application, 2018, 41(3): 83-88.

[27] 张福兴, 桂勇华, 张涛, 等. 基于分层递阶的能源互联网系统能量管理架构研究 [J]. 电网技术, 2019, 43(9): 3161-3174.
ZHANG Fuxing, GUI Yonghua, ZHANG Tao, et al. Research on hierarchical energy management architecture of energy internet system [J]. Power System Technology, 2019, 43(9): 3161-3174.

[28] 王国法, 庞义辉. 特厚煤层大采高综采综放适应性评价和技术原理 [J]. 煤炭学报, 2018, 43(1): 33-42.
WANG Guofa, PANG Yihui. Full-mechanized coal mining and caving mining method evaluation and key technology for thick coal seam [J]. Journal of China Coal Society, 2018, 43(1): 33-42.

[29] 牛剑峰. 综采工作面直线度控制系统研究 [J]. 工况自动化, 2015, 41(5): 5-8.
NIU Jianfeng. Research of straightness control system of fully-mechanized coal mining face [J]. Industry and Mine Automation, 2015, 41(5): 5-8.

[30] 葛世荣, 胡而已, 裴文良. 煤矿机器人体系及关键技术 [J]. 煤炭学报, 2020, 45(1): 455-463.
GE Shirong, HU Eryi, PEI Wenliang. Classification system and key technology of coal mine robot [J]. Journal of China Coal Society, 2020, 45(1): 455-463.

[31] 范京道. 煤矿智能化开采技术创新与发展 [J]. 煤炭科学技术, 2017, 45(9): 65-71.
FAN Jingdao. Innovation and development of intelligent mining technology in coal mine [J]. Coal Science and Technology, 2017, 45(9): 65-71.

[32] 吴淼, 贾文浩, 华伟, 等. 基于空间交汇测量技术的悬臂式掘进机位姿自主测量方法 [J]. 煤炭学报, 2015, 40(11): 2596-2602.
WU Miao, JIA Wenhao, HUA Wei, et al. Autonomous measurement of position and attitude of boom-type roadheader based on space intersection measurement [J]. Journal of China Coal Society, 2015, 40(11): 2596-2602.

移动扫码阅读

王国法.煤矿智能化最新技术进展与问题探讨[J].煤炭科学技术,2022,50(1):1-27.

WANG Guofa.New technological progress of coal mine intelligence and its problems[J].Coal Science and Technology,2022,50(1):1-27.

煤矿智能化最新技术进展与问题探讨

王国法[1,2,3]

(1.中国煤炭科工集团有限公司,北京　100013;2.中煤科工开采研究院有限公司,北京　100013;3.煤炭科学研究总院 开采研究分院,北京　100013)

摘　要: 煤炭是我国一次能源中最经济、可靠的资源,煤矿智能化是实现煤炭工业高质量发展的核心技术支撑。国家发展改革委、国家能源局等八部委联合发布《关于加快煤矿智能化发展的指导意见》后,煤炭行业供给侧结构改革和高质量发展脚步逐步加快,人工智能、大数据、云计算、工业物联网等新一代信息技术与传统采矿专业深度融合,推动了整个煤炭行业科技发展与工程应用至新的阶段。全面阐述我国自2019年以来智能化煤矿建设最新情况,分析了成功的典型技术与应用案例;详细阐述了煤矿智能化建设顶层架构全方位推动、指引技术进步与实践,构建了煤矿智能化基础理论体系,提出了分类分级智能化煤矿建设路径,基于不同地质煤层条件开展智能化煤矿建设示范工程,并取得了较好的成效。在煤矿智能化基础理论架构方面,提出了智能化煤矿数字逻辑模型与数据推送策略,构建了煤矿巨系统智能化子系统多种类、复杂关联架构与协同机制。通过梳理现有生产系统和生产关系,研发了基于5G+新一代智能化系统、坚硬薄煤层大功率高效智能化开采成套技术与装备、"掘锚一体机+锚运破+大跨距转载"远程控制智能快速掘进系统成套技术与装备、智能通风系统、井下锂电池驱动人车无人驾驶系统及智能调度系统、固定岗位无人值守系统等。分析了我国煤矿智能化技术发展面临的瓶颈,提出了井下车辆和机器人电动化、井下无线发射功率、5G煤矿应用场景与生态、透明地质模型、智能巨系统兼容协同、连续自动掘进与掘支平行、采煤工作自动调高与调直、无人操作系统常态化运行可靠性、ABCD(即人工智能、区块链、云计算、大数据)+煤矿技术体系、柔性煤炭生产供给体系等10个煤矿智能化技术发展方向及建设路径。

关键词: 煤矿智能化;5G;智能化基础理论;巨系统;体系架构

中图分类号: TD67　　　**文献标志码:** A　　　**文章编号:** 0253-2336(2022)01-0001-27

New technological progress of coal mine intelligence and its problems

WANG Guofa[1,2,3]

(1.*China Coal Technology & Engineering Group Co.*, *Ltd.*,*Beijing*　100013,*China*;2. *CCTEG Coal Mining Research Institute*,*Beijing*　100013,*China*;3.*Coal Mining Branch*, *China Coal Research Institute*, *Beijing*　100013,*China*)

Abstract: Coal is the most economical and reliable resource in primary energy sources in China, and coal mine intelligence is the core technical support for the high-quality development of the coal industry. With the joint release of the "Guiding Opinions on Accelerating the Intelligent Development of Coal Mines" by eight ministries and commissions including the National Development and Reform Commission and the Energy Administration, the supply-side structural reform and high-quality development of the coal industry have gradually accelerated. The deep integration of new-generation information technologies,such as artificial intelligence, big data, cloud computing, and industrial Internet of Things with traditional mining professions have promoted the development of science and technology and engineering applications in the entire coal industry to a new stage. It systematically explained the latest situation of intelligent coal mine construction in China's coal industry since 2019, and analyzed some typical successful technologies and application cases, elaborated on the

收稿日期: 2021-09-02;**责任编辑:** 周子博

基金项目: 国家自然科学基金重点资助项目(51834006);天地科技股份有限公司科技创新创业资金专项重点资助项目(2020-TD-ZD001)

作者简介: 王国法(1960—),男,山东文登人,中国工程院院士,中国煤炭科工集团首席科学家,博士生导师。E-mail:wangguofa@tdkcsj.com

top-level structure of coal mine intelligent construction in an all-round way to promote and guide technological progress and practice, and built the basic theoretical system of coal mine intelligentization, and a classification and hierarchical intelligent coal mine construction path was proposed, and the intelligent coal mine construction demonstration project was carried out based on different geological coal seam conditions, and good results have been achieved; in terms of the basic theoretical framework of coal mine intelligence, the intelligent coal mine digital logic model and data push strategy were proposed, and various types, complex correlation structures and coordination mechanisms of intelligent subsystems of coal mine giant system were constructed by sorting out the existing production system and production relations. The research and development was based on 5G + a new generation of intelligent systems, developing a complete set of technology and equipment for high-power, high-efficiency and intelligent mining of hard coal and thin coal seams, and a complete set of technology and equipment for the remote-controlled intelligent rapid excavation system of "anchor excavation integrated machine + anchor transportation and breaking + long-span transfer" intelligent ventilation system, underground lithium battery-driven unmanned vehicle system and intelligent dispatching system, unattended system for fixed positions, etc. The bottlenecks faced by the development of intelligent technology in coal mines in China were analyzed. It also proposed the electrification of underground vehicles and robots, underground wireless transmission power, 5G coal mine application scenarios and ecology, transparent geological models, compatibility and coordination of intelligent giant systems, continuous automatic excavation and parallel excavation branches, automatic height adjustment and straightening of coal mining as well as the development direction and construction path of ten intelligent coal mine technologies including normalized operation reliability of unmanned operating systems, ABCD+ coal mine technology system, and flexible coal production and supply system to ensure the smooth implementation of coal mine intelligent construction.

Key words: coal mine intelligence; 5G; basic theory of intelligence; giant system; system architecture

0 引　言

煤矿智能化是我国煤炭工业高质量发展的核心技术支撑已成为行业广泛共识,这与技术发展、政策顶层设计及全行业协同推进密不可分。2020年2月,国家发展改革委、国家能源局等八部委联合印发了《关于加快煤矿智能化发展的指导意见》,指出要加快推进煤炭行业供给侧结构改革和高质量发展,这对于我国煤炭工业发展具有里程碑意义[1]。2020年11月,中国煤炭工业协会、中国煤炭科工集团及煤矿智能化创新联盟共同发布了《中国煤矿智能化发展报告》[2],系统总结了中国煤矿发展及信息化建设的基本情况,阐述了煤矿智能化基础理论及关键技术研究进展,详细介绍了智能化示范煤矿的建设实践情况,布局了煤矿智能化建设标准体系。2020年底,国家发展改革委、国家能源局启动了首批71处国家智能化煤矿建设示范项目,全力推动智能化建设的示范培育,加速行业智能化水平提升[3]。2021年6月,为科学规范有序开展煤矿智能化建设,统一衡量智能化建设质量,加快建成一批多种类型、不同模式的智能化煤矿,国家能源局发布了《煤矿智能化建设指南》[4],起草制定了《智能化煤矿验收办法》[5]。

同时,为推进产业链与创新链融合,组织行业各方力量推动煤矿智能化建设,2019年7月由国家能源局等政府部门支持,中国煤炭学会和中国煤炭科工集团发起成立煤矿智能化创新联盟;2021年3月,成立了中国自动化学会智慧矿山专业委员会;创刊了《智能矿山》杂志,从政策制定、技术指引到技术研究实践,全方位推动煤矿智能化发展。

1 我国智能化煤矿建设最新进展情况

1.1 建立了煤矿智能化基础理论体系

在2019年国家自然科学基金重点项目"数字煤矿及智能化开采基础理论研究"的支持下,相关学者开展了煤矿智能化基础理论的研究。通过构建煤矿数字逻辑模型、多源异构数据处理理论方法、复杂系统智能控制基础理论、智能化煤矿系统性维护及智能化开采基础理论体系[6-7],为煤矿智能决策、精确控制、可靠性保障奠定了理论基础。

1)针对煤矿智能化系统信息多元异构、关系错综复杂、描述表达不统一、虚实映射困难等问题,抽象煤矿各类数据的特征,采用与物理实体同样的描述方法,建立信息实体,包括结构信息、属性信息和功能信息,如图1所示。

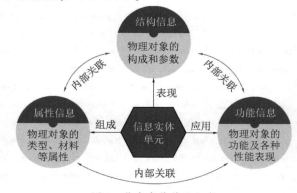

图1　信息实体单元组成

Fig.1　Information entity unit composition

2)提出了信息虚实映射机理。煤炭开采尚难实现数字孪生,但可将实体之间的物理逻辑、功能逻辑、事件逻辑以"投影信息实体"的形式融入三维虚拟仿真系统中,驱动仿真对象表征物理实体的关联关系,从而映射出主要的开采工艺过程。

3)提出了信息实体智能匹配、推送及动态更新方法。基于工作流引擎分解开采行为,构建开采过程知识需求模型,基于开采信息匹配度计算方法,构建基于粗糙集及模糊综合决策的知识推送规则,给出信息实体的时变动态因子,提出大数据驱动的信息实体更新进化策略。

4)提出了复杂地质条件下智能开采技术路径。通过准确获取开采系统空间状态信息,并利用三维仿真系统对复杂地质条件干扰因素介入后的状况提前进行仿真计算,从而决策后续生产工艺和参数。

5)提出了数据驱动的开采系统设备群健康状态评价方法。建立了基于 GA-BP 的采煤机健康状态智能评估模型,实现自学习、自寻优和自主判断采煤机的健康状态。

6)提出了开采系统双层机会维修决策模型。

研究煤矿综采设备群维护调度优化,引入了机会维护思想,确定不同设备的故障分布规律,建立设备维护效果模型;以人与管理为影响因素建立煤矿设备维护不安全耦合模型,以设备维护费用建立维护费用最低模型;基于维护顺序编码的交叉算子 POX 的改进遗传算法进行案例求解。

1.2　初步建立煤矿智能化标准体系

煤矿智能化建设是一个多系统、多层次、多领域相互匹配融合的复杂系统工程,建立完整的煤矿智能化技术标准体系是建设智能化煤矿的基础与指南[8]。2020 年初,煤矿智能化创新联盟发布了《煤矿智能化顶层架构与标准体系框架白皮书》,建立了体系性、继承性和前瞻性的煤矿智能化标准体系[9-10],有助于开展煤矿智能化顶层设计和总体布局,对于明确煤矿智能化的发展方向和重点任务,确保智能化相关技术在煤矿得到有效应用具有非常重要的意义。煤矿智能化标准体系总体框架包括通用基础、支撑技术与平台、煤矿信息互联网、智能控制系统及装备、安全监控及防控装备、生产保障 6 类标准组成,如图 2 所示。

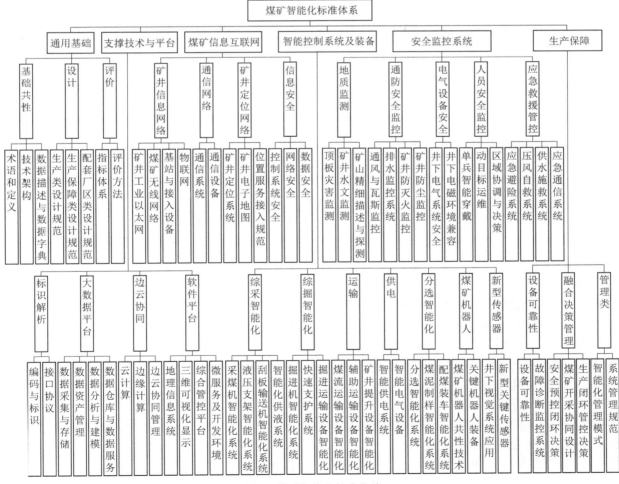

图 2　煤矿智能化标准体系

Fig.2　Standard system of coal mine intelligence

2020 年 11 月,制订发布了《智能化煤矿(井工)分类、分级技术条件与评价》[11]和《智能化采煤工作面分类、分级技术条件与评价指标体系》[12] 2 项最为重要的标准。2021 年完成了 51 项煤矿智能化标准的立项工作。

1.3 提出和实施分类分级智能化煤矿建设路径

我国煤层赋存条件复杂多样,不同煤矿的开采技术与装备水平、工程基础、技术路径、建设目标等均存在较大差异,且受制于智能化开采技术与装备发展水平,使得不同煤层赋存条件矿井进行智能化建设的难易程度与最终效果也存在一定差异[13]。例如,陕蒙大型煤炭基地煤层赋存条件较好,煤矿智能化投入较大,建设基础好,应用效果较好,智能化建设速度就快;而东部部分老矿区开采条件复杂,经济效益差,智能化建设基础薄弱,开采技术装备适应性差,智能化建设则相对缓慢。

煤矿智能化建设应结合煤矿具体建设基础、开采条件等制定切实可行的智能化建设方案,通过分类建设和科学顶层规划建设开发可迭代发展的系统架构,不断完善系统智能化,推进智能系统化,分阶段实现智能化煤矿初、中、高级建设目标,如图 3所示。

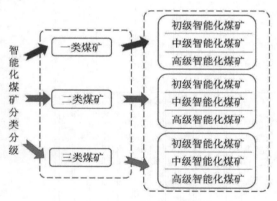

图 3　智能化煤矿分类、分级
Fig.3　Classification of intelligent coal mines

1.4 形成较为成熟的智能化高效开采模式

1)薄煤层和中厚煤层工作面内无人操作远程控制采煤。薄煤层赋存条件相对复杂,煤层在三维空间起伏频繁、厚度变化大;设备运行空间狭窄,系统尺寸和能力受到限制,实现自动化、无人化控制难度大。中厚煤层地质条件一般较好,易于实现自动化。因而,这 2 类煤层共同的要求是实现工作面内的无人操作。为此,需要解决全工作面跟机、煤层变化适应性、设备状态(采煤机姿态、支架姿态等)远程干预、采煤机滚筒高度自动调节等技术难题。经过多年的研究实践,目前能够实现工人在集控中心

远程监控,工作面内无人操作,自动完成双向割煤;中部实现自动控制跟机移架,机头、机尾自动斜切进刀割三角煤后返刀扫底清浮煤;研发了超大伸缩比、大功率成套装备。2014 年陕煤黄陵一矿在厚 1.4～2.2 m 煤层实现巷道监控中心 2 人可视化远程干预控制,工作面内 1 人巡视的常态化连续运行,月产量达到 17.03 万 t,年生产能力 200 万 t 以上,近年来又进一步升级完善了超前智能支护、工作面地质模型构建和采煤机智能调高等功能,薄煤层开采工作面如图 4 所示。国家能源神东榆家梁煤矿在厚 1.4 m以上煤层实现高质量智能化开采,在山东临沂、枣矿滨湖、新汶翟镇、伊泰宝山矿、淄博双欣等煤矿推广应用,取得了良好效果。

图 4　薄煤层开采工作面
Fig.4　Mining face of thin coal seam

2)厚煤层大采高和超大采高智能化开采。厚煤层大采高和超大采高智能化开采面临着围岩控制、装备姿态控制、端头过渡方式、粉尘等问题[14]。针对上述问题,发明了基于煤壁"拉裂-滑移"模型的临界护帮参数确定方法[15],揭示了煤壁破坏深度、宽度与煤体强度、护帮力及开采高度的关系,发明了综合考虑顶板和煤壁稳定的支护强度"双因素"确定方法[16],获得了大采高和超大采高围岩控制的关键参数;研发了工作面高精度惯性导航系统、液压支架位姿监测系统等,实现了工作面装备整体姿态的实时测量及精准控制;发明了端头大梯度过渡的阶梯式协同作业工艺方法及超长工作面高效采煤作业系统,解决了超大采高工作面连续作业难题;通过在工作面安装摄像仪,将人的视听感官延伸到工作面,实时追踪采煤机位置,自动完成视频跟机推送、视频拼接等功能,为工作面可视化远程监控提供"身临其境"的视觉感受,指导远程生产。金鸡滩煤矿自2016 年起研发应用 8.2 m 超大采高液压支架及综采技术,实现工作面日产 6.16 万 t,月产 153 万 t,年产1 500 万 t,工效为 1 247 t/工,采出率 98%以上[17]。神

东上湾煤矿自 2018 年起研发应用 8.8 m 超大采高液压支架及成套装备取得成功。陕煤榆北煤业有限公司与天地科技股份有限公司等合作研发出 10 m 超大采高液压支架样机,目前正在推进 10 m 超大采高综采成套装备和技术应用。

3)特厚煤层智能化综放开采。特厚煤层大采高综放工作面开采面临 2 大难题:①顶煤厚度大幅增加,在矿山压力一定的条件下,顶煤不易破碎,形成的煤体块度大,难以放出;②放煤时间长,回收率下降,普通综放配套方式及人工控制放煤,难以提高资源采出率及开采效率。为解决上述难题,系统分析了坚硬、特厚煤层工作面开采高度、顶煤破碎块度、放煤步距等对顶煤放出率、含矸率、开采效率的影响,提出提高大采高综放工作面机采高度、采用三刀一放可以实现放出率、含矸率、放出效率最优。研究了基于多传感器融合的煤矸放落识别技术及自动控制放煤技术,建立工作面三维地质模型,以地质条件、矿压显现、顶煤冒放性、顶煤运移与放出数据等为先决条件,以顶煤采出率与含矸率最优为约束条件,建立不同场景条件下的放煤工艺控制模式。组成了基于人-机-环境系统的放煤工艺决策系统,在金鸡滩煤矿 7~11 m 超大采高综放开采工作面应用,最高月产达到 202 万 t,最高日产 7.9 万 t,具备年产 2 000 万 t 能力[18],7~11 m 超大采高综放开采工作面成套装备如图 5 所示。

(a) 大梯度过渡液压支架

(b) 超前液压支架

图 5 7~11 m 超大采高综放开采工作面成套装备

Fig.5 Complete sets of equipment for 7~11 m super large mining height fully-mechanized top-coal caving mining face

1.5 智能化煤矿建设示范取得成效

2018 年以来智能化煤矿建设进入了快速发展阶段,各大煤炭企业全力推动先进技术落地应用。目前,全国生产煤矿共计 3 000 多座,其中 120 万 t 以上的煤矿 1 200 余处,千万吨级煤矿 44 处。71 处国家首批智能化示范建设煤矿中,井工矿 66 处,露天矿 5 处,智能化升级改造煤矿 63 处,新(改扩)建智能化煤矿 8 处,已建成 500 多个智能化工作面。

形成了黄陵智能化煤矿建设模式,老矿区复杂条件智能煤矿建设模式,蒙、陕、晋千万吨级高强开采智能化煤矿建设模式等。

陕西陕煤黄陵矿业有限公司针对黄陵含油型气复杂煤层条件,发明了油型气不均匀涌出条件下工作面连续高效开采方法,研发了超前预测多级联动智能控制采煤系统和成套装备。实现常态化工作面无人操作的地面控制采煤,创造智能化开采的黄陵模式[19]。黄陵矿业在"智能矿井,智慧矿区"建设中,率先实现薄、中、厚煤层智能化开采全覆盖,发布煤炭行业智能化开采技术标准,建立了"透明地质"精准开采工作面,提出了"AI+NOSA"智能风险管控体系,引领了煤炭生产方式变革。

陕西陕煤陕北矿业张家峁煤矿 2018 年全面启动"智能化煤矿巨系统关键技术与装备研发"和智能化煤矿建设,并被列入国家首批智能化煤矿示范建设项目[20]。经过 4 a 的联合攻关,取得十大创新成果,包括:

1)开发和应用了基于工业互联网的智能综合管控平台及大数据系统,实现了全矿井 92 个在用系统的集成和优化,"井上-地面"一键式全流程管控,彻底打通数据壁垒,数据利用率整体提升了 50% 以上。

2)建立了矿井级 5G 高速信息传输网络及高精度人员、设备定位系统,开启了井下信息高速公路,为设备实时精准控制、无人驾驶、人员安全防控提供了坚实基础。

3)研发了基于透明地质模型的 4D-GIS 地理信息系统系统,突破 BIM+GIS 融合与虚拟仿真的井下信息实时动态更新技术,实现采掘过程、人员、地质等动态信息的自动更新和实时显示,全面掌控井下生产状况。

4)建成了 1 个 5G+厚煤层、2 个中厚煤层、1 个薄煤层智能化综采工作面,工作面内无人操作、设备运行数据自动化监测及远程集控,设备开机率提升 20%,整体生产效率提高 30%。

5)突破了掘锚一体机高精度导航、关键位置自主检测、远程多机协同控制等难题,研发了掘锚一体机-锚破运一体机-过渡运输的智能化快速掘进系统,最高日进尺 120 m,月进尺达到 2 702 m。

6)研发了具备多点移动式测风、风量远程定量化调节、主运巷外因火灾局部反风控制、灾变分析与智能决策功能的智能通风综合管控系统,实现了 120 s 内智能辅助决策控风,主要井巷控风精度>95%。

7)研发了辅助燃油物料车和锂电池驱动无人

驾驶系统及智能调度系统,实现了车辆转向、制动和驱动智能化控制及地面到井下的全程无人调度运行,已累计运行1 200多千米。

8)建设了全煤流智能运输监测、矿井水资源智能管理、回风巷巡检机器人等固定岗位和场所自动监控系统,实现了井上井下23个机房硐室,66个操作岗位的"有人巡检、无人值守",全面实现了井下作业的智能化、少人化。

9)建设了支撑全矿智能化的大数据中心和智慧指挥中心,集生产调度、安全运行、企业管理于一体,实现矿井各环节工作流程的纵向贯通与横向关联融合,支撑智能化系统的高效应用与优化升级。

10)构建了安全管理双重预防机制,形成了企业财务、人资、党建等多数据融合的企业信息化管理模式,逐步完善智能化煤矿最优劳动组织和人员岗位架构,实现了煤矿全方位高质量发展。

陕西延长石油矿业公司巴拉素煤矿是一个规划年产1 000万的新建矿井,从建设之初就确定了智能化煤矿建设目标,全面按照智能化进行建设,秉承"高起点、高标准、高效率、高效益"的原则,遵循"设计一流、装备一流、管理一流、效率一流"的建设理念,采用人工智能、大数据、互联网等新技术改变传统生产、生活方式而形成的全新工业模式和运行体系。根据顶层设计,全矿构建基于5G的高效信息网络和精准位置服务系统,并连接4D-GIS透明地质模型及动态信息系统,实现全矿控制、管理、经营的一体化。基于"云边端"数据架构和三层递阶控制策略构建一体化云数据中心和区域控制核心,实现边云协同,分布式控制。建设过程中对智能化管理体系进行研究,确定智能化煤矿生产运营管理的具体要求和管理流程,建立与智能化煤矿生产方式相适应的管理模式,提高管理效率,最大限度发挥煤矿智能化能力。建设了智能化工作面系统、快速掘进系统、固定场所无人值守系统等18个智能系统及综合管控平台,实现监测全时空、作业自动化、决策智能化、控制实时化、知识模型化、管理信息化、业务流转数字化以及煤矿的数据集成、能力集成和应用集成。

陕煤神木柠条塔煤矿正在开展机器人集群技术的研发与工程示范,目前已经部署、应用20余种井下机器人,正在开发煤矿机器人集群调度指挥平台;陕西延长石油榆林煤化有限公司可可盖煤矿正在开展智能化建井技术研发与工程示范,采用全矿井机械破岩智能化建井模式,竖井采用直径8.5 m一钻成井智能化竖井钻机及配套装备,创新西部复杂地层斜井全断面硬岩隧道掘进机(Tunnel Boring Machine, TBM)掘进破岩、排渣、支护、控水、通风等智能化施工工艺,形成新的建井工法和标准体系,推动智能化建井发展进程;此外,国家能源神东煤炭集团、山东能源集团、华能煤业等都在全力推进煤矿智能化建设。

煤矿智能化建设是一个迭代发展,不断进步的过程,不是一次性结果,更不是"基建交钥匙工程",智能化煤矿建设开启了煤炭行业全面创新和技术变革的新时代,是高质量发展的核心技术支撑[21]。煤矿智能化发展的目标是实现煤矿全时空多源信息实时感知,安全风险双重预防闭环管控,全流程人-机-环-管数字互联高效协同运行,生产现场全自动化作业[22],让煤矿职工有更多幸福获得,煤炭企业实现更大价值创造。

2　煤矿智能化技术最新研发成果

2.1　智能化煤矿数字逻辑模型与数据推送策略

1)智能化煤矿信息模型研究。智能化煤矿系统数据离散,因此需从煤矿系统关联与数据特征出发,对煤矿数字信息实现特征与语义提取,从而构建数据快速汇聚于关联分析[23]。因此,首先构建了基于时空分布的煤矿数据描述模型,提出了基于"分级抽取-关联分析-虚实映射"的数字煤矿智慧逻辑模型,形成多源异构数据处理理论方法,在此基础上构建基于OPCUA的统一架构明确信息模型映射、数据存储及交互规则,进而构建煤矿数据资源全信息模型[24],如图6所示。

2)智能化煤矿数据标准体系构建。数据标准是指保障数据的内外部使用和交换的一致性和准确性的规范性约束,包括数据业务属性、技术属性和管理属性的表达、格式及定义的约定统一定义;可作为数据质量控制的准则、数据模型设计以及信息系统设计的参考依据。通过梳理国际标准、国家标准、行业标准,结合智能化煤矿生产经营活动涉及的数据资源特点,构建了智能化煤矿数据标准体系(图7)。

该体系将全部标准规范划分为基础标准、技术标准、业务标准3大类。其中,基础标准规定了整个体系的框架、术语定义、技术参考模型和数据分类标准。技术标准规定了智能化煤矿大数据资源从数据生产、管理到服务全生命周期关键节点的标准化,包括元数据、数据管理、数据质量和数据安全。业务标准结合了技术标准中的元数据标准内容,包括主数据标准和业务数据标准。

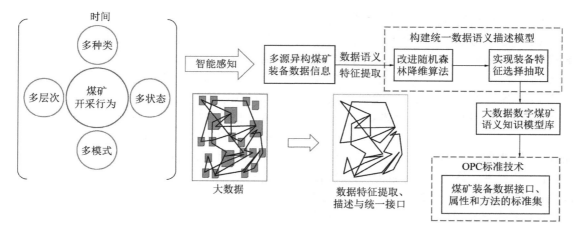

图 6　智能化煤矿信息模型构建

Fig.6　Construction of an intelligent coal mine information model

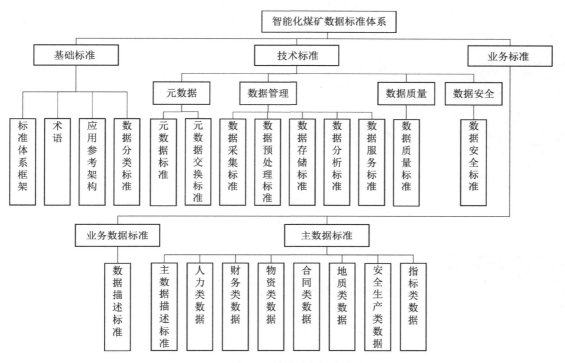

图 7　智能化煤矿数据标准体系

Fig.7　Intelligent coal mine data standard system

3)煤矿数据推送策略与自动更新机制。智能化煤矿数据资源的共享与交互同其数据资源需求密切相关,一方面依据自身需要通过数据资源共享服务平台提出数据请求,通过对需求进行匹配优选,提供最优数据服务方案;另一方面根据以往数据共享服务历史以及知识库中的逻辑规则,挖掘需求者的隐性需求从而进行主动推送。这些信息来自数字煤矿智能感知的大数据,包括环境数据、周围设备状态数据、控制要求、人员信息等。基于数据信息构建知识需求模型首先需要建立基本控制任务集,随后针对每一物理实体(控制对象)的控制任务定义所需

的知识信息。分析控制任务集的触发数据及其二阶行为模式得到相关参数变动趋势,构建需求匹配模型。需求模型匹配并推送的信息包含物理对象的空间状态、变动触发事件及其对开采生产环节的影响。最终在诸多匹配数据中得出需要的数据,并从操作功能库推送给控制对象,由其自身智能控制系统给出最佳的控制方式和参数。

2.2 煤矿巨系统智能化架构与协同机制

智能化煤矿是一个开放的复杂巨系统,应具有3个要素:①具有对外部信息的实时感知与获取的能力;②具有对感知信息的存储、分析、联想、自学

习、自决策的能力;③具备自动执行能力。对于智能化煤矿复杂巨系统,具有单元数量巨大、信息多元异构、关系错综复杂等特点,因此,建设煤矿巨系统智能化,需基于新一代信息技术的数据融合方法,重构和规范各智能化子系统,突破智能化工艺和关键技术装备,构建智能化煤矿复杂巨系统[25]。

智能化矿井建设结合煤炭行业特点、信息化应用与发展趋势,以矿井一体化管控平台为载体,综合集成信息基础设施、矿井生产系统、矿井管理系统3大板块内容,打通安全监测监控、人员定位、融合通信、工业视频、矿压监测、电力监控等多个子系统间的数据传输壁垒,实现各子系统间的资源共享、信息融合与互通。同时从煤矿安全生产管理的角度,充分利用计算机和网络技术手段,实现对煤矿安全防范的集中管理、专家决策与大数据分析等应用,从根本上提升煤矿安全生产的全方位防范能力和煤矿安全防范的整体联动响应水平,为智能矿井深层数据挖掘应用提供信息资源。整体架构从低到高分别为感知层、传输层、计算资源层、平台层、应用层和展现层6部分,总体架构符合新一代信息系统云边端的特点,如图8所示。

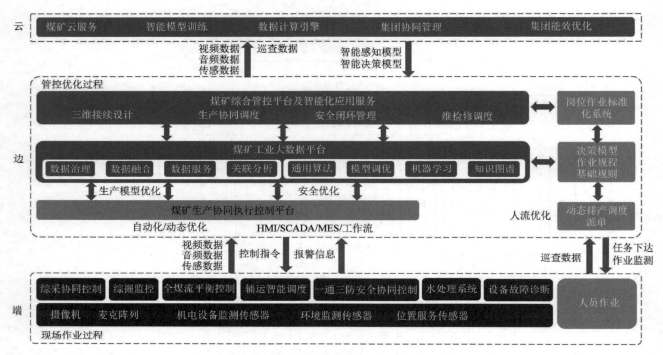

图 8　煤矿巨系统智能化云边端架构

Fig.8　Intelligent cloud side-end architecture of the coal mine giant system

对于煤矿智能化的关键核心——智能综合管控平台,以煤炭工业大数据为支撑,以智能化矿山基础软件平台为统一基础平台,以智能生产装备集群协同控制为核心,开发机器人集群协同控制应用中心、生产调度协同管控中心、安全保障管理协同应用中心、专业业务应用中心、决策分析综合管控应用中心、运维监测管理中心等6个业务应用中心,形成“一支撑一平台六中心”智能化综合管控的应用架构,并预留与企业经营管理中心的数据集成融合接口,形成以数据资产运营为核心驱动力的矿山科技创新与管理转型,达成以数据为支撑的企业安全生产科学决策思维变革,最终达到实现全矿集中管控与协同调度的目的。

智能综合管控平台各业务中心需面向全矿各业务部分,与管理流程相适应,各业务中心各司其职,高效协同。

1)机器人集群协同控制应用中心。实现矿用掘进机、采煤机、液压支架、无人驾驶车辆、机器人等智能装备、移动设备和特种车辆的状态监测、运维管理、协同作业等远程可视化运行状态与参数的监测与远程协同控制。

2)煤矿生产调度协同管控应用中心。围绕煤矿安全生产调度,实现煤矿、科室及班组的调度协同管理,实现煤矿重点作业区域和固定场所包括综采、综掘、主运输、辅助运输、生产保障、供配电等场所下的集中监视与协同调度,在现场条件满足且可控的情况下,实现远程协同控制。

3)煤矿安全保障管理协同应用中心。以煤矿风险为核心,基于风险状态链的风险分级管控、风险监视、隐患排查治理、风险异常分级预警及联动处置的煤矿风险多重防护机制,包括风险分级管控、安全巡检、领导带班及人员履职、风险融合监视、安全培训、隐患排查治理等功能。

4)煤矿专业业务应用中心。建立煤矿诸如计划管理、一通三防、地测防治水、生产技术、设备全生命周期管理的专业业务应用,并提取安全生产要素信息,以支撑煤矿安全保障管理协同与生产调度协同管控应用。

5)煤矿决策分析综合管控应用中心。研究煤矿安全、生产、运营指标管理体系,定义煤矿安全生产关键指标及管理流程。融合安全生产过程数据进行指标综合分析及管理跟踪,包括风险专题分析、安全指数评价、生产指标分析等;研究煤矿综合、安全、生产、机电等主题大数据看板。

6)煤矿智能化管控平台运维管理中心。基于平台运行探针检测信息的集成,以大数据看板提供整个平台运行的资源、状态的监测与统计,对异常情况及时进行预警提醒及分级处置。

通过梳理智能化变革下的部门管理业务主线,对作业流程标准化,部门间实现共享共建共创,实现管理数字化与智能化;以信息化、自动化、智能化带动矿井行业的改造和发展,构建与智能化煤矿相适应的煤矿管理新模式,从而实现基于数据的业务驱

动与协同。

2.3　5G+智能化煤矿系统及应用场景

5G+智能化煤矿系统是指充分运用新一代信息系统带来的技术变革和优势,重新梳理现有生产系统和生产关系,通过新技术、新要素、新管理研发新一代智能化系统,而非现有系统的简单升级改造。

5G 在这一过程中起到的是关键工具的作用,其大带宽、低延时和广连接的技术特点改变了现有技术架构,进而推动思维逻辑、思维方式和技术体系的变革。从思维逻辑上看,5G 低延时和广连接的特性会推动线性思维向网状思维变革,比如由单一的通风控制系统向通风感知-解算-控制-救灾规划-协同调动方向发展;从思维方式上看,其大带宽、广连接的特点和算力的延伸将推动中心化向去中心化转变,比如传统的集中控制模式会逐渐向分散控制转变,终端智能化程度会越来越高,上层会逐渐向提供服务转变;从技术体系上看,现有的各种控制系统、智能终端、控制流程和模式等会随着思维逻辑和思维方式的转变而转变,不仅现有终端形态会发生改变,还会产生更多的新型终端,包括新型传感、新型传输、新型控制和新型执行器等。

由此,5G 的应用场景不仅限于传统的远程控制、高清视频传输、固定硐室巡检等,更是基于新一代信息技术的融合变革,比如与虚拟现实技术结合的远程开采,专家支持的运维,与物联网技术结合的多传感并发接入与底层协同决策,与定位导航系统结合的移动巡检与多终端协同等,如图 9 所示。

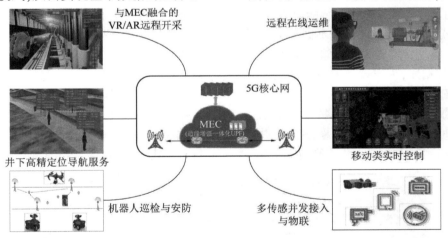

图 9　5G 在煤矿的应用场景

Fig.9　Application scenarios of 5G in coal mines

2.4　矿井 4D-GIS 地理信息系统系统

四维地理信息系统平台(4D-GIS)是煤矿数字化、智能化、智慧化的支撑平台之一[26]。基于 4D-GIS 平台,采用透明化的高精度动态地质模型、先进

的煤矿机电及一体化技术、物联网和云计算技术,以及与信息化相适应的现代企业管理制度为基础,以网络技术为纽带,以煤矿安全生产、高产高效、绿色开采、可持续发展为目标,实现多源煤矿信息的采

集、输入、存储、检索、查询、动态修正与专业空间分析，并实现多源信息的多方式输出、实时联机分析处理与决策、专家会诊煤矿安全事故与调度指挥等，从而为智能化煤矿建设提供支撑。

基于智能化煤矿空间数据标准框架，按照"统一标准""统一平台""统一数据库""统一可视化管控"的技术路线，研究 4D 地理信息系统时空数据结构、数据模型，解决矿井采掘机运通图形数据动态、协同处理难点问题，实现"一张图"模式的煤矿安全生产统一业务管控系统，从横向打通矿井内部、从纵向打通矿井到上级管理部门的信息流，解决智能化煤矿建设中的数据孤岛、数据时效性差、共享应用困难等痛点问题，为煤矿智能开采、大数据分析决策等综合型、智能型应用提供必需的时空支撑。

建设完善的地理信息系统，将矿井各类地理信息按时空数据模型的组织方式统一存储在空间数据库中，提供矿山 GIS"一张图"分布式协同一体化平台，实现"采、掘、机、运、通"及相关的图形数据、属性数据处理与应用，实现采掘信息实时更新上图，利用 GIS 和建筑信息模型 BIM（Building Information Modeling）三维建模技术，以三维透明化矿山的形式实现主要采掘设备与地质环境信息的综合集成、三维应急演练多人协同交互等应用，实现地理信息、工程信息的高精度建模与有效融合，并基于 GIS 与 BIM 技术实现设备的全生命周期管理，为矿井其他应用系统提供精准的资源视图。

1）研发应用智能钻探、智能物探、智能遥感探测等探测技术，对矿井地质信息进行智能探测、自动数据采集与自动分类处理，实现矿井不同种类地质数据的智能获取、智能分类与智能存储，构建矿井地理信息四维时空数据库，为实现地质数据的统一分析与调用奠定基础。

2）进行地质数据与工程数据的关联分析与融合，构建矿井的四维时空地理信息服务引擎，建立矿井三维地质模型、采煤工作面与掘进工作面高精度三维地质模型，为其他各个应用系统提供地质模型服务。

3）将 GIS 与 BIM 进行有效融合形成 GIM 矿井时空"一张图"，对矿井空间对象数据、业务属性数据以及安全生产实时数据、历史数据等进行综合集成，建设矿井 GIM 分布式协同系统，为其他各系统提供地质数据与工程数据服务。

2.5 1.1 m 薄煤层硬煤大功率高效智能化开采成套技术与装备

晋陕蒙地区煤层埋深普遍较浅、近水平，赋存条件相对简单，易于应用自动化成套装备；但煤层硬度普遍较高，必须采用大功率、高可靠性设备开采[27]。陕北区有 7 层可采煤层，其中 1.3 m 以下薄煤层资源约占总储量的 20%，硬度 $f \approx 4$。为充分采出资源、保障煤矿正常生产接续及可持续发展，需将薄煤层与其他近距离煤层联合开采。由于薄煤层空间有限，煤机功率受到限制，现有薄煤层装备在坚硬煤层中无法达到厚煤层中的开采速度，不能满足矿区协调开采和生产接续的需要。因而很多薄煤层资源不得不弃采，造成了巨大的资源浪费。1.1 m 浅埋深坚硬薄煤层大功率高效智能化开采成套技术与装备攻克了高速截割长壁开采工艺、高能积比柔性配套系统、大功率半悬机身采煤机及电缆自动拖拽装置、截割线预测生成方法等关键核心技术，解决了低效开采工艺、功率空间约束及无人干预控制的"卡脖子"难题，实现了 1.1 m 薄煤层的安全高效开采，有效支撑了晋陕蒙大型煤炭基地的科学、合理、协调开发[28]。

1）创新了工作面设备高能积比时空协同及端头大落差柔性配套系统，发明了一种薄和中厚煤层高速截割长壁开采方法[29]。工作面能积比（采煤机装机功率/液压支架断面面积）达到 402（为常规薄煤层工作面 2.8 倍以上）；端头采用大落差下卧式布置，配套高度柔性调节控制系统，无过渡支架，适应工作面与巷道 1.4 m 以上大落差及其动态变化需求，解决了机头、机尾设备布置难题，实现了机头、机尾自动化割"三角煤"，如图 10 所示。

中间支架高度变化范围为0.9~1.6 m　采高范围1.1~1.4 m　端头支架高度变化范围为1.8~3.3 m

1.4 m落差

图 10　薄煤层成套装备及端头大落差柔性配套系统

Fig.10　Complete sets of equipment for thin coal seams and flexible supporting system with large end drop

上述工艺创新实现了薄煤层全工作面整体平行布置、装备高差变化自适应和快速截割"三角煤"工艺，解决了薄煤层快速推进开采生产配套难题，整体生产效率提高了 20% 以上，满足了矿区协调开采、生产接续需求。

2）创新研发了高速、高可靠、高适应性薄煤层开采成套装备及多机、全工艺流程自主协同运行技术。包括：半悬机身、全悬截割部结构采煤机，有效解决了机面高度、过煤空间和装机功率之间的矛盾，滚筒装载率提高到70%以上[30]，如图11所示；高刚度快速移动液压支架支护高度0.9～1.6 m，工作阻力9 000 kN；高强度、重叠侧卸机头与反卧式自动伸缩机尾的刮板输送机，采用34/86×126型超扁平链[31]。创新研发出采煤机电缆自动拖拽装置，使电缆始终保持拉紧状态，避免多次折弯而损坏，如图12所示。

图11 半悬机身、全悬截割部结构薄煤层采煤机

Fig.11 Semi-suspension body, full-suspension cutting section structure thin seam shearer

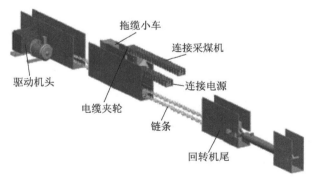

图12 采煤机自动拖缆装置

Fig.12 Automatic towing device of coal shearer

上述技术创新实现了薄煤层煤机装备的高速、高适应性、高可靠性运行，采煤机截割滚筒装载率提高了20%以上，支架抗冲击能力提升了22%，刮板输送机功率是原来的1.5倍，有效解决了薄煤层开采空间与煤机装备功率体积矛盾的难题。

3）构建了基于地质建模、图像识别和路径规划决策控制的坚硬薄煤层"预测-修正-执行"智能化开采技术路径。基于动态更新的三维地质模型发明了回采工作面智能开采预测截割线生成方法及装置，实现截割路径自主规划；基于图像煤岩识别、工作面惯导系统，实现沿顶割底的煤层跟随性开采；通过全工作面跟机移架及基于煤流平衡的"三机"协同联动，实现工作面内无人操作，如图13所示。

研发的技术及装备实现了陕北侏罗纪1.1～1.3 m浅埋深、坚硬薄煤层安全高效开采，生产效率提高了20%，实现了工作面内无人操作，年生产能力达到1 Mt。保证了煤层群联合开采时上、下煤层的空间关系，实现了矿区协调开采[32]，如图14所示。

2.6 "掘锚一体机+锚运破+大跨距转载"远程控制智能快速掘进系统成套技术与装备

张家峁煤矿位于陕北侏罗纪煤田，条件相对较好，支护简单，易于实现快速掘进。基于装备成套化、监测数字化和控制自动化的"三化"发展理念，提出"掘锚一体机+锚杆转载机组（锚运破）+双跨过渡运输""三机"集约化配套模式，攻克了掘锚机组高精度自主导航技术，建立基于GIS系统的掘进工作面"透明化"地质环境，开发掘进作业装备数字化孪生驱动模型和三维可视化远程集控平台，实现掘进工作面"全息"感知与场景再现，达到人机协同智能掘进模式[33]。

为保障连续可靠掘进，掘锚一体机采用MB670-1机型，其高可靠性及掘-锚并行作业能力，保证了快速连续截割，单循环时间降到10 min以内；锚杆转载机组起到煤流转运、大块破碎和锚杆（索）支护的多重作用，也称为锚运破一体机，配套3个顶锚，2个帮锚钻臂，两侧顶锚可以进行1 200 mm的水平移动，实现全断面顶锚的支护，可按照支护设计方位和角度进行锚杆施工作业，保证了掘锚平行作业；增加长跨距桥式转载机与带式输送机有效搭接长度，减少刚性架续接次数，是提高巷道掘进速度的有效措施之一，采用双跨距转载后，将搭载距离提高到100 m，进一步提高了平行作业能力，如图15所示。

开发了组合导航技术，充分发挥激光制导误差稳定、倾角传感器（或惯导系统）可实时在线监测的特点，二者互相弥补不足、提高总体性能，形成一种全新的导航系统，井下实测表明在100 m距离时，激光接收器的分辨率可达1 mm，精度为3 mm。将倾角传感器更换惯导系统后可实现测距，与大地坐标相融合，如图16所示。

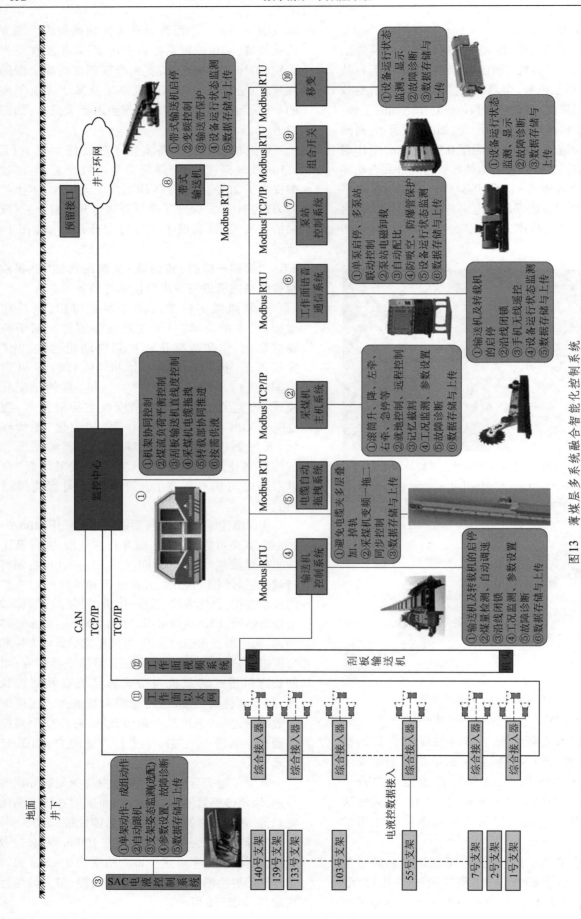

图13　薄煤层多系统融合智能化控制系统

Fig.13　Intelligent control system for thin coal seam multi-system fusion

图 14　薄煤层成套装备井下应用

Fig.14　Underground application of complete sets of equipment for thin coal seams

为解决多机协同控制关键技术，基于矿用高精度超声波和激光传感器，建立多机精准定位体系及协同控制算法，实现掘锚一体机锚、运、破和后部桥式转载机的自动运行[34]。在掘进设备间共布置了 10 个激光测距传感器、14 个激光测距传感器、2 个编码器和 6 个行程开关，采用超声波和激光测距传感器组合感知方法，基于设备位置信息和状态信息，进行多设备之间的信号交互和联锁控制，监测设备的运行状态信息，实现所有设备"一键启停"。

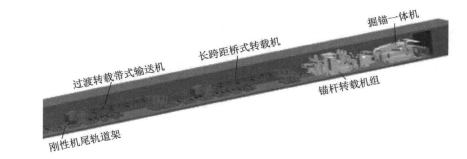

图 15　快速掘进装备配套模式

Fig.15　Supporting mode of rapid excavation equipment

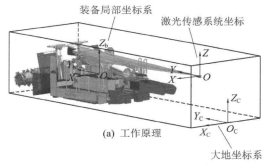

(a) 工作原理

(b) 井下实测

图 16　组合导航控制原理

Fig.16　Combined navigation control principle

图 17　掘进工作面数字化监控系统

Fig.17　Digital monitoring system for driving face

监测系统对掘进工作面环境(粉尘、瓦斯、水等)进行智能监测与智能分析决策功能，利用工作面 UWB 人员精确定位系统，具备危险区域人员接近识别与报警功能，实现掘、支、锚、运、破等工序的智能联动。实现基于组合导航定位系统和截割头空间位置计算的定位截割功能，实现从井下集控仓和地面远距离控制掘进工作面掘锚一体机、运输机等设备启停和截割。

2.7　智能通风系统

围绕智能监测感知、智能决策、智能调控，构建形成了集"风量在线准确监测-控风预案决策-风流隔断/调节响应"一体化智能通风系统，由矿井通风参数准确在线监测系统、三维矿井通风管控智能决策软件平台、矿井通风智能调节设施、通风动力智能控制系统 4 个子系统组成，如图 18 所示。

开发了远程集控可视化集控平台，具有掘进工作面三维地质模型构建功能，根据掘进过程中揭露的实际地质信息对模型进行修正，将设备三维模型与超前探测信息、巷道成形质量与三维地质模型进行有效融合，再现工作面真实场景，如图 17 所示。

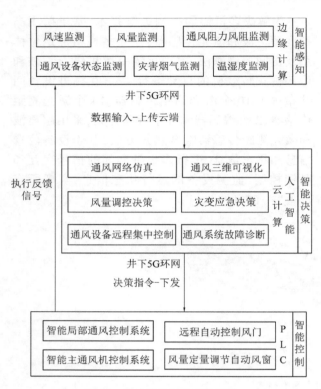

图 18　智能通风系统架构设计

Fig.18　Architecture design of intelligent ventilation system

通风智能监测感知是指全矿井范围内通风状态参数的实时在线监测与扰动数据过滤,避免出现矿井局部区域监测感知"空白带",对矿井通风动力与通风设施运行状态、矿井通风灾变信号进行全时段、无死角感知监测,基于人工智能、大数据技术,对感知数据进行清洗、分类筛选。通风智能感知过程具有以下 4 个特点[35]:①具有获取有效数据的能力。采用人工智能、大数据技术对感知数据进行分类辨识与提取,过滤掉扰动数据与失真数据;②具有数据分析能力。基于矿井通风状态参数监测数据,融合风流质量与风量参数,动态评价通风职业卫生水平和灾变可能性,实现灾变初期预警功能,实现通风系统异常类型、异常影响范围及异常严重程度的分析与预测;③具有感知信息集成显示能力,比如以云图动态展示显示有害气体分布;④具有多源数据融合信息集成能力。集成安全监控系统、束管监测系统、光纤测温系统、智能通风系统、主通风机监控系统数据,进行一体化集中展示,打破各监控系统数据孤岛,集成多源信息实现通风信息一张图。

矿井通风参数准确在线监测系统是目前通风智能监测感知方面的实现代表[36]。矿井通风参数准确在线监测系统实现了矿井风速、风量、通风阻力的准确在线监测,核心设备包括超声波高精度风速传感器、高效全自动测风系统、矿井通风阻力实时在线监测系统。超声波高精度风速传感器测试量程为 0.15~25 m/s,精度为 ±0.2 m/s,分辨率为 0.01 m/s,可准确监测风向。高效全自动测风系统(图 19)采用多点测风求取平均值原理,超声波高精度风速传感器为风速测风设备,实现了矿井自动化风量测试,可用于单个巷道风量在线测试、多巷道甚至全矿井风量在线同步测试,全断面平均风速测定误差为 ±0.2 m/s,测量范围为 0.15~25 m/s,完成一次全矿井测风用时小于 3 min。矿井通风阻力实时在线监测系统解决了人工测阻费时费力问题,选取矿井关键通风路线,部署通风状态多参传感器,实时监测矿井主要通风路线上节点气压、温度、湿度、密度、风速、风量数据,监测矿井通风阻力三区分布情况,实时在线更新井巷风阻,实时监测矿井自然风压,实时计算矿井通风阻力特性曲线、矿井等积孔、矿井通风难易程度。

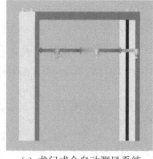

(a) 龙门式全自动测风系统　　(b) 折叠式全自动测风系统

图 19　高效全自动测风系统

Fig.19　Efficient automatic wind measurement system

通风系统智能决策以大数据分析、人工智能、网络解算技术、云计算为核心技术,具备自主学习的能力,能够达到自主分析的水平,具有以下 4 个特点:①具有故障诊断分析能力,基于矿井通风状态参数监测数据,进行通风网络实时解算、按需供风模拟、风量供需评估、通风系统故障诊断与定位溯源,实时掌握通风设备设施群组运行状态;②以矿井安全、高效、绿色、低碳运行为目标导向,进行通风调控模拟与智能决策,给出矿井通风动力与通风设施的调控方案;③基于事故灾变源诊断定位结果,给出矿井通风动力与通风设施的应急调控方案;④实时监测模拟灾变时期通风系统影响,计算影响范围,动态评价通风职业卫生水平和灾变可能性,通过事故灾变反演方法进行事故灾变源诊断定位,具备集成安全监控、人员定位、车辆定位等各类安全生产相关子系统数据的功能,制定安全逃生路线,为灾变时期应急救援提供技术支持。

三维矿井通风管控智能决策软件平台是目前通

风系统智能决策方面的具体实现代表[37]。三维矿井通风管控智能决策软件平台以通风监测-决策-控制-反馈闭环管控模型为基础,采用前端浏览器/移动客户端-中间服务器-管理客户端-后端云平台的多级软件架构,具有三维空间立体展示、网络解算、报表生成、图件管理、风量调控方案决策和远程自动调控功能,包含了矿井通风系统三维可视化动态显示技术、通风系统三维建模与全场景漫游交互技术、大规模分支的通风网络实时解算快速收敛技术、矿井风量定量调节与风流应急调控智能决策技术与控制技术。形象生动地以三维立体的形式展示了井下巷道和通风设施,实现了风流、烟流、有毒有害气体扩散动画模拟和通风阻力三区/风速/标高/风阻/风量的巷道通风状态参数数据以颜色梯度展示,开发了矿井通风网络实时解算技术;以实时监测数据为基准,在安全监控系统巡检周期内快速迭代解算全矿井巷道风量,消除安全监控系统的风量监控盲区,实现全矿井所有巷道风量在线监测;揭示了调节设施对通风网络风量分布的协同控制机制,建立了基于有限调节设施的控风方案智能调控辅助决策算法,根据矿井智能通风监测感知数据,采用并行计算方法,能够快速决策获得风量定量调节方案和灾变风流应急调控方案,方案内容具体包括调节设施位置、数量、设施调节程度、调控之后风网风量安全性评价结果等;同时作为上位机能够向井下智能通风设备发出决策指令,智能通风设备执行决策指令,实现矿井风量定量调节与风流应急联动控制。

通风系统智能调控以数字化、可视化、自动化技术为核心,对矿井通风动力、通风设施进行精准有序的互联控制,具有以下7个特点:在操作精度、操作速度、时间准确性上全面超越人工操作;将远程人机干预控制模式升级为可视化人机密切协同交互模式;通风设施在保证结构强度条件下大幅降低质量,方便现场运输和安装;通风设施使用过程中自动化程度高、安全性高,节省人员体力消耗,比如风门可实现井下感光和红外开闭、具备红外检测防夹人功能;通风设施具有手动、自动、远程控制多种控制模式,可实现工作面、采区、矿井风量动态精准调控;通风动力设备能实现远程集中控制、自主调控多种控制模式;实现通风动力及通风设施的联动控制,实现全矿井或者局部通风系统风量准确节能调控。

远程自动控制风门、风量定量调节自动风窗是目前矿井通风智能调节设施的实现代表[38]。远程自动控制风门为矿井风流隔断智能通风设施,风量定量调节自动风窗为矿井风量调节智能通风设施。

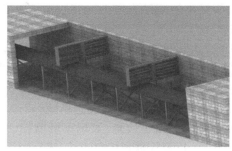

(a) 运输巷

(b) 回风巷

图20 风量定量调节自动风窗

Fig.20 Automatic wind window with quantitative adjustment of air volume

自适应巷道变形让压技术解决了远程自动控制风门因围岩矿压易失效的问题。折弯性风门轻量化结构解决了常规风门井下耐候性差、机械强度低、安装劳动强度大的问题。风门远程解锁-复位-反馈闭环控制技术使远程自动风门具备远程解闭锁同时快速打开两道风门进行紧急排烟疏气的功能。风量定量调节自动风窗开启面积与风阻之间定量关系模型搭建起风窗风量智能远程调控与矿井通风辅助决策智能算法之间"桥梁",形成风量智能远程调控技术。风量定量调节自动风窗具备远程自动控制、就地气动控制、就地手动控制3种控制模式,可用于采掘工作面风量远程自动调控、硐室风量远程调控、多用风地点风量联合调控、火灾时期区域应急反风、均压防灭火。

局部通风机智能控制系统、主通风智能控制系统是目前通风动力智能控制系统的实现代表。局部通风机智能控制系统以风量监测技术、环境参数监测技术、局部通风机变频技术为基础,进行功能集成耦合,实时监测掘进工作面有效风量,实时评价风筒漏风率、掘进工作面供风量、回风流风速,实现长距离掘进恒定供风、基于环境参数监测的掘进工作面最优供风。主通风智能控制系统以最佳工况点智能决策、通风机变频技术为基础实现主通风机最佳工况点智能调节,同时基于PLC技术实现通风机远程集中控制,将复杂的通风机操作过程实现自动化控制。

2.8 井下锂电池驱动人车无人驾驶系统及智能调度系统

井下无人驾驶系统与智能调度系统属于矿井辅助运输范畴,其以车辆精确定位信息为基础,以车载智能终端为核心,辅助井下信号灯控制系统、智能调度系统、语音调度系统和地理信息系统,结合工业电视图像、矿井人员定位信息,实现车辆监控、指令下达、任务调配、报警管理和应急响应,进行辅运车辆、作业人员的全程管控和实时调度。

1)车辆精确定位。目前煤矿多采用超宽带(Ultra Wide-Band,UWB)定位技术对井下移动目标进行定位,定位精度在 0.3 m 左右[39]。在巷道沿线安装 UWB 定位基站和读卡器,车辆内置有精确定位和导航模块的标识卡和智能车载终端,利用 4G/5G/WiFi 和管道定位技术,实时传递位置信息,通过算法自动检测车辆与定位基站的距离,准确标识车辆位置关系(接近、越过、远离),实现车辆识别。井上利用 GPS/北斗定位,井下利用矿井 GIS 地理信息系统展示井下车辆位置信息、分布情况和运行状态,对井下/井上车辆进行实时监测。

2)安全距离管理。精确定位系统对车辆及人员进行定位,结合地图信息,生成车辆相对坐标值,根据车辆的坐标信息计算出车辆之间或车辆与行人之间的距离。车辆行驶期间,利用车辆定位和人员定位生产的坐标信息进行安全距离管理。

3)车辆测速与错车管理。车辆行驶期间,根据精确定位系统,实时测算车辆行驶速度,当车辆超速行驶时,车载终端发出超速报警信息。车辆进入单行巷道前,精确定位系统可根据巷道内是否有车辆,通过智能调度系统决定车辆是否进入单行巷道,同时对单行巷道内车辆进行智能调度,有序协调车辆管理。

4)无人驾驶。无人驾驶软件界面可实时显示机车具体位置、运行参数、前后视频等信息,具有前进、后退、加速、减速、增压、急停、牵停、鸣笛、灯光、起吊、运行等控制模块,调度人员或司机可通过这些按钮实现远程无人驾驶。

5)智能调度。智能调度系统主要包括车辆监控、指令下达、运输调配、报警管理、应急响应、远程驾驶等功能,进行辅运车辆的全程管控和实时调度。

2.9 固定岗位无人值守系统

矿井固定岗位一般指变电所、压风机、抽风机、带式输送机等地面或井下工作面环境相对固定的工作场所[40]。目前,固定岗位主要是基于机器视觉的远程监控技术来实现无人值守,即采用固定摄像头进行工作场所环境和人员活动监测,或利用机器人进行设备运行状态监测和巡检。

1)主煤流无人值守智能运输。智能主煤流无人值守智能运输系统由主运输智能管控平台和主运输智能预警平台组成,包括 3 个方面内容:①采用机器人进行设备运行状态日常巡检,巡检内容包括运行工况检测、煤量智能感知、人员违规监测、异物识别(大块煤、堆煤、锚杆)等,通过机器人巡检实现无人值守;②解决带式输送机自主调速与多部带式输送机多机协同联动,实现主煤流系统智能运输、节能运行;③解决机电设备故障智能预警,实现主煤流设备远程运维管理。

基于机器视觉的特征信息识别的基本原理是以算法训练平台为图像训练工具,以热成像相机、可见光相机、AI 拾音器为检测工具,通过算法训练平台(AI 开放平台)的分析处理,实现煤量感知、输送带跑偏、空载、卡堵、异物、起火、大块煤矸、托辊异常、输送带坐人等故障检测与报警[41]。

主煤流智能调速控制系统由地面控制中心、井下控制主站及若干控制分站组成。地面控制中心配有工控机、监控软件,负责监控和调度,井下控制分站主要对设备进行控制。首先基于煤量检测装置对主运系统各部输送带进行煤量识别,将识别结果传入智能煤流运算中心进行分析,然后将计算结果(调速指令、启动方式、启车指令)传递给输送带集控系统,集控系统上位机向 PLC 或操控器发出控制指令,对各带式输送机进行启停控制和速度调节,实现输送带智能控制,如图 21 所示。

2)变电所、泵房无人值守。变电所、泵房等工作场景固定的场所主要采用智能巡检机器人来进行环境状态感知和设备状态自主监测。智能巡检机器人系统由后台管理系统、轨道系统、供电系统、通信系统、巡检机器人、电机设备健康诊断系统及其他辅助设备组成。机器人采用分布式 WiFi 通讯与后台服务器进行信息交互,并可结合实际工作需要增加其他系统配置。

巡检机器人的数据采集系统主要包括:红外成像仪、可见光摄像机、拾音器、气体传感器等,其采集的数据分别对应着固定场所设备及环境的温度、图像、音频和气体含量,数据采集系统通过交换机与下位机交换机通过网口连接,并通过无线装置传输到上位机,进行分析及在终端用户界面中进行显示。

智能巡检机器人通过搭载的拾音器,采集设备运行噪声,自动分析判断电气设备、机电设备等主要设备的异常音频,如图 22 所示,图 22a 为异常声音时域图,图 22b 为异常声音频谱图。根据异常声音信号,判断设备是否异常,及时发现故障并报警。

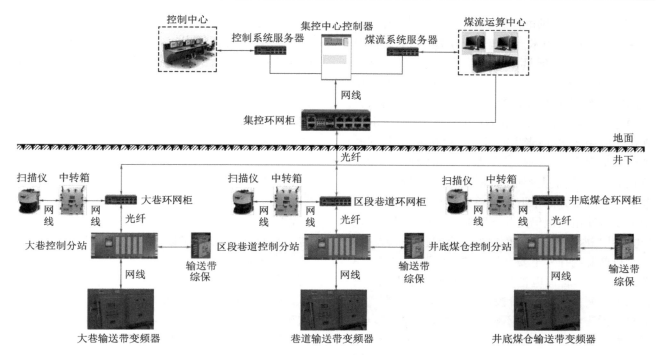

图 21　智能运输拓扑结构

Fig.21　Smart transportation topology

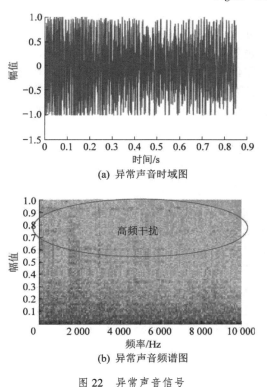

(a) 异常声音时域图

(b) 异常声音频谱图

图 22　异常声音信号

Fig.22　Abnormal sound signal

　　智能巡检机器人通过机载红外热像仪对变电所、泵房的重要设备进行红外测温，如图 23 所示。通过对监测点红外图像数据的采集，准确分析各类监测点温度是否异常，当被检测设备超过设定温度值时，自动报警。

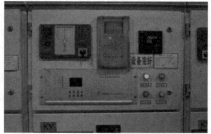

(a) 变电所开关柜

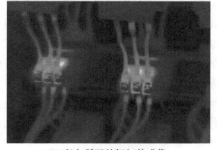

(b) 变电所开关柜红外成像

图 23　变电所开关柜红外热成像示意

Fig.23　Infrared thermal imaging of switch cabinet in substation

3　煤矿智能化技术"瓶颈"问题探讨

3.1　井下车辆和机器人电动化问题

　　近年来，国家对于煤矿智能化、绿色开采越来越重视，无污染防爆新能源运输车辆、井下机器人等装备的研发应用受到社会各界的广泛关注，而安全、便捷、高效的大功率供电问题成为制约上述装备研发应用的"卡脖子"技术。锂离子蓄电池(以下简称锂电池)是一个有机能量体,具有能量密度高、放电特性平稳、无记忆效应、循环寿命长、民用领域批量化应用等优点,现有矿用防爆动力电源主要采用大容量锂电池,容量主要有 20、60、100 Ah 等[42]。由于在误用滥用老化,或者生产过程中存在缺陷时,锂电池就有出现泄压、着火、甚至爆炸的可能性,因此尽管在电池类型、最大容量、防爆设计、电池管理系统、井下应用等多方面采取了一系列措施,大容量锂电池的安全使用问题仍是井下防爆车辆和机器人实现"电动化"进程中必须要面对的安全问题。

目前制约在井下安全使用的技术瓶颈主要有 3 个方面:① 尽管锂电池热失控的机理日益明晰,安全水平不断提升,但现阶段已经商品化的大容量锂电池还无法从根本实现不燃烧、不爆炸。② 国内外对于大容量锂电池在爆炸性环境中应用的基础性研究还不充分,现有防爆技术并不能从根本上解决锂电池发生热失控、热扩散时带来的所有安全问题。解决防爆问题需要基于锂电池燃爆特性,从根本上开展可靠泄压的防爆设计与防爆安全的评估技术研究。③ 民用电动车、电动汽车充电安全事故时有发生,防爆车辆和机器人井下充电涉及的场所选择、硐室设计、监测控制、降温灭火等方面的规程标准与技术装备,这些在煤矿领域基本上都处于起步阶段,缺乏针对性研究。

制约因素主要有 2 个方面:① 矿山行业的装备电动化刚起步,大容量锂电池的市场需求有限,考虑到煤矿特殊性和可能带来风险,国内主流锂电池生产企业缺乏进入的积极性,从而也影响了矿用电动化装备的安全水平。② GB 3836 防爆系列标准的制定是基于 IEC 60079 国际标准,由于国外对于爆炸性环境中的大容量锂电池的应用需求少,开展的研究工作也少,导致相关标准内容滞后于国内煤矿智能化建设、新装备发展的现状。

解决途径和展望:近年来国家在推进煤矿装备智能化、减排低碳方面出台一系列鼓励政策,电动化是实现智能清洁矿山的必由之路。由于防爆标准、电池技术水平、批量化应用等多方面的原因,目前大容量锂电池是实现电动化的唯一途径。为保障使用安全,建议国家在政策保障、科研投入等方面给予支持,在防爆设计、井下充换电、隔爆新型材料、大数据远程监控与故障预警等方面开展专项研究,组织编制安全标准与技术规范,为矿用装备的绿色新能源化创造条件。

3.2 井下无线发射功率问题

无线通信是利用电磁波信号在自由空中传播的特性进行信息、数据交换,可满足煤矿井下复杂作业环境需求及矿井各类场景的不同应用需求,在煤矿信息化、自动化、智能化等方面发挥着重要的作用[43]。目前,WiFi、LTE 和 5G 等采用电磁波传输方式的技术装备在煤矿有着越来越广泛的应用,此外基于电磁波传输能量的远距离高精度地质探测、无线充电等无线技术装备也在井下逐步发展应用。

由于 GB 3836.1—2010 中对于允许使用的射频电磁能有最大功率 6 W 的限制,极大地制约了设备传输效能,严重影响了以 5G 技术为代表的无线射频技术在煤矿井下的应用。为满足 6 W 的射频阈功率限值,在目前射频天线阈功率的叠加测算方式下,基站的 5G 射频发射功率严重受限。井下 5G 基站普遍采用的是标称发射功率为 250 mW 的室分设备,经防爆改造后,考虑馈线损耗和隔离元器件的损耗,实际发射功率更小,实际测试最大通信距离仅为 100~200 m,边缘传输速率只有 10 Mbit/s 左右。井下布设防爆 5G 基站时,由于传输距离较短,基站布设密度大,增加了组网成本和维护工作量。

虽然相关标准有明确要求,但防爆标准中对电磁能限值的要求等同采用 IEC 60079.0:2007 相应条款。该要求为 20 世纪 80 年代国外防爆机构的研究结论,制订标准时的通信技术尚停留在 FM、AM 调制阶段,与现有 5G 等最新的无线通信技术的调制方式及所用频段均有所不同,此外国外标准采用安全评估的方法而非试验验证的方法保证其安全性,因此标准的适用性需要与时俱进,进一步研究探索,以匹配当前最新的无线通信技术。此外,标准的 6 W 限值仅针对单射频源,当煤矿井下布设大量基站等射频发射设备时,即使单台设备的射频能量满足标准限值,依然存在着由于多射频源谐振而产生能量叠加的风险,存在防爆安全隐患。

电磁能防爆问题涉及防爆领域、射频通信领域、电磁波领域等多个学科交叉,技术难度较大,基础性研究较少,缺乏针对煤矿井下电磁环境的可信基础试验数据,电磁能防爆问题亟待解决。

解决途径和展望:建议联合防爆、无线通信、电磁波等相关领域的优质资源,集中开展针对电磁波防爆标准限值的基础性研究,从防爆机理入手,对适用于爆炸性环境的电磁波防爆技术进行相关理论研究及基础试验研究,提出满足煤矿井下防爆安全要求的无线射频设备安全技术要求及评估与检测方法,进行针对性的全方位研究。

电磁能防爆问题的突破可以为 5G 等射频电磁波技术装备的安全高效应用提供基础性支撑保障,从产品设计、检测检验等方面提供全新的技术思路和防爆解决方案。同时,可以带动高精度地质探测、透地通信、高精度激光雷达、无线充电等技术装备的创新进步,推动煤矿自动化、信息化、智能化发展,促进煤矿安全生产。

3.3 5G 煤矿应用场景与生态问题

截止目前,各大煤矿已在 5G 煤矿应用方面做了大量探索性工作,包括初期 5G 在煤矿建网的可行性、5G 各频段信号在煤矿井下的传输特性、5G 在煤矿上的各种不同组网形式和组网架构等,同时国家安标中心也推动并制定了 5G 技术在煤矿应用的初步管理办法,使 5G 在煤矿应用有据可依[44]。在应用场景层面,各煤矿也结合自身特点分别在基于 5G 技术的高清视频传输、固定硐室巡检、掘进机远程控制、多传感器接入与互联等方面做了大量有益的探索,一方面破解了 5G 应用初期"投资大、耗电高、传输距离短、不具有可用性、安全隐患大"等种种基于猜测和假设的谣言,另一方面也探索出了 5G 技术在煤矿应用的卡点。

首先,5G 技术在煤矿的应用仍处于网络改进层面。虽然前期做了大量的试验和测试,也做了一些场景的应用,但多是对现有控制系统的网络替代,试验测试完成之后的深入分析和针对性研发基本没有。比如进行的采煤机控制试验,完成了相关控制链路的搭建,简单测试了控制时延和从工作面两端向工作面内的覆盖距离,但并没有详细分析和测试 5G 信号在综采空间的影响因素和不同断面、不同工作状态下的覆盖能力,因此简单判断工作面是否适合用 5G 的论据并不充分。

其次,针对 5G 煤矿应用的场景关键技术和业务模式尚未突破[45]。① 井上下环境相差很大,服务对象和业务模式和地面也有很大区别,当前都是照搬的地面模式,没有针对煤矿井下做相应的研发。比如 5G 与其他网络融合或相互替代的问题,一些是技术层面的,一些是商业模式层面的,但不论哪个层面的现在各方都不敢打破现有模式,仍然没有完全打通。② 可规模化应用的低成本 5G 芯片至今没有突破,导致很多厂商不敢布局 5G 智能终端的研发。③ 对煤矿工艺和流程缺乏梳理和再造,数据挖掘没有建立起生产参数和生产关系之间的逻辑关系,无法支撑场景应用和模式创新。

再者,相关软硬件生态尚未形成,难以形成技术和应用爆发点。前述芯片缺乏是一个重要方面,没

有芯片的低成本持续稳定供应各开发商就不敢轻易入局,没有统一的架构和标准大家就会做很多低端重复的工作,浪费大量的人力、物力。软件开发生态更是如此,开发语言、通信协议和功能逻辑多种多样,同样会消耗浪费大量的开发资源,造成协同困难、应用软件臃肿和不友好,软件安全性和可靠性难以得到保障。

3.4 "透明地质模型"问题

构建矿井高精度地质模型要以基础地质模型为基础,不断融入生产揭露的动态、实时地质信息,实现高精度地质模型的动态更新,为智能化开采实践提供地质基础。

近年来透明地质建模取得了一系列理论成果及实用技术。董书宁等[46]分析了在煤炭智能开采背景下地质保障技术面临的探测精度不足、动态信息监测和地质信息系统的难题;程建远等[47]提出了工作面三维地质模型梯级构建技术,依据不同探测阶段数据的种类和精度差异,将地质模型分为 4 个等级:十米级精度的黑箱模型、十米至亚米等级的灰箱模型、米级至亚米级的白箱模型和亚米级的透明模型。基于工作面地质模型梯级构建技术,在山西某矿井实践表明:地质建模精度较高,其中对煤厚的预测误差小于 0.30 m。毛明仓等[48]在黄陵一号井实践了透明工作面隐式迭代建模算法,动态更新后的工作面地质模型在采面前方 8 m 范围内精度达到 0.15 m,实现了基于透明工作面地质模型的智能规划截割采煤工艺;刘再斌等[49]提出透明工作面多属性动态建模方法,对工作面综合探测多源异构数据特征、多属性数据融合算法、动态可视化建模技术进行试验研究。

目前透明地质模型构建存在高精度实时动态探查技术与装备、多源地质数据融合与建模算法、透明地质集成与共享软件平台等方面的制约;探查技术与装备智能化、精准化、实效性、共享性还无法满足智能化采掘需求;透明地质建模对于多源地质数据的挖掘不充分,严重依赖于点数据的内插,建模算法的区域适配性不足;透明地质模型在与煤矿采掘系统集成应用和数据共享方面仍缺乏有效的融合联动和实时互馈,地质预测预报缺乏动态地质信息支撑。

为有效提升透明地质模型在煤矿智能化中的应用效果,需构建数据透明-信息透明-知识透明 3 层架构下的透明地质系统,从以下方面重点突破:①研发高精度随钻、随掘和随采动态探查技术与装备,实现采掘工作面模型实时动态更新和预测预报;②研究矿井多源地质数据融合技术,结合区域地质沉积

规律优化插值算法,充分利用地质数据和适配算法构建高精度多属性地质模型;③研发一体化透明地质软件平台,实现地质数据的统一存储、管理和融合;④采用优化插值算法构建高精度多属性模型,实现实时动态探查数据与地质模型的互馈,并与采掘系统深度融合联动和数据共享,实时提供并更新采掘截割轨迹及隐蔽致灾因素预测预报。

基于统一透明地质基础,可以提升地质保障数据的实时性、共享性、标准性及可靠性,通过全生命周期地质信息和工程信息共享的协同处理机制以及三维交互可视化分析,为煤矿智能化提供全方位透明地质保障支撑。

3.5 智能巨系统兼容协同问题

煤矿生产系统是一个典型的复杂巨系统,涉及采、掘、机、运、通等各业务系统,系统之间存在着开采工艺、设备、人员等复杂耦合关系,具有包含子系统种类繁多、数量庞大、子系统层次多等特点[50]。因此,智能化煤矿需要建设基础应用平台、掘进系统、开采系统等近百个子系统,并且需要考虑不同系统之间的数据、网络、业务和控制兼容问题,从而形成在开拓、采掘、运通、分选、安全保障、生产管理等全过程智能化运行的智慧煤矿。目前,煤矿智能化巨系统兼容协同制约因素主要表现在以下方面:

1)数据标准尚未实现统一。煤矿生产运营管理过程中存在大量多源异构数据,既包含设备状态信息、控制指令等结构化数据,也包含视频、图片、语音等非结构化数据,数据存储方式、处理方法等均存在一定差异,数据之间尚没有实现兼容、互通。

2)网络通信协议兼容性差。网络是智能化煤矿系统之间进行数据交互的纽带,现有煤矿各系统的通信网络协议多样,各类感知设备采用的通信技术标准各不相同,相互之间不能互联互通,导致信息传输受阻、整体稳定性差等问题。

3)业务系统兼容性较差。煤矿各业务系统之间在业务逻辑上存在一系列的空间、时间、功能、事件等关联关系,在生产效率、安全、环保、节能等不同层面需要优化组合,目前,这些环节和业务逻辑只是建立了"表象"的关联状态,未能进行深度有效的挖掘和业务融合,矿山生产预测难、监控难、效率低、安全事故多等问题一直得不到有效解决。

4)系统间协同控制兼容性差。煤矿智能化运行需要各系统进行高精度、实时、快速响应与控制,受煤层条件、开采环境、设备位姿及空间位置关系等因素的影响,设备之间的运行参数存在非线性耦合关系,现有系统之间感知信息不通畅、位姿关系不精

确、决策控制逻辑不清晰,导致系统间协同控制兼容性差,缺少考虑各系统的全局智能化综合控制模型。

虽然当前通过将物联网、云计算、大数据、人工智能等与矿山开发技术相融合,煤矿智能化开采技术取得了显著进步[20],然而,我国煤矿智能化建设的重点仍在采煤工作面,距离全矿井智能化还存在较大的差距。因此,面对煤矿巨系统复杂特点和全矿井智能化建设需求,必须从矿井顶层设计、数据流业务流、网络保障等方面进行长期布局,考虑标准化、开放性等原则,形成煤矿智能化巨系统兼容协同解决方案。

1)从全矿井设计出发,规范智能化煤矿数据中心、主干网络、云平台、井下人员管理系统、智能化地质保障系统、智能化掘进、智能化采煤、智能化主煤流运输、智能化辅助运输、智能化供电、智能化排水、智能化通风、智能化安全监测监控,制定智能化煤矿建设指南,为智能化煤矿建设提供标准指引。

2)实行全面的数据标准化,所有接入操作系统平台的数据均使用统一的格式进行交换与存储,数据互联互通无障碍;同时,使用统一的存储方案,数据的存储和查询性能充分保障,便于数据的统一管理,解决数据资源混乱问题。

3)网络传输要具有强实时性,解决数据传输延迟问题,满足远程实时决策控制的要求;其次要具有强稳定性,解决常见的数据通讯不稳定问题,满足智能系统长时可靠运行的需求。

4)系统开放性。对于新建矿井,所选系统能够支持多种开采装备应用程序的开发与部署,以支持不同应用场景的灵活应用和未来更多先进智能装备的灵活接入,对于已建矿井则考虑通过加入接口转换器等设备保障系统兼容。

3.6 连续自动掘进与掘支平行问题

掘进工作面空间狭小、作业工序复杂,掘、支、锚、运协同作业困难[51]。受煤层赋存条件及安全作业要求,巷道掘进后需要进行及时支护,复杂条件巷道的空顶距很小,难以实现连续作业;根据《煤矿安全规程》等相关文件规定,要求有掘必探,地质探测、掘进、支护、锚护等相关工序均需要协同配合,现有技术尚难以实现复杂条件的各工序自动化连续作业:

1)效率低,采掘失衡。在掘进作业的超前探测、破岩、支护等环节中,物探准确性差,结果解释困难,钻探自动化程度低,周期长,制约了巷道掘进的速度;机械破岩尤其是煤矿硬岩对截齿强度和耐磨性要求高,半煤岩和岩巷掘进效率低;钻锚工序复

杂,锚、护时间长,掘-锚交替作业,无法连续截割;运输系统延伸等辅助作业用人多。上述问题造成当前掘进效率低,矿井采用多掘进头作业,采区接续紧张,新建矿井巷道开拓任务更加繁重。

解决途径和展望:快速掘进技术是实现采掘平衡是发展的必然要求,全面提高探、掘、支、运、辅等各环节的自动化水平,是智能化掘进发展的重点。

2)用人多,掘支失衡。锚杆支护流程复杂,支护机械化、自动化程度较低,支护速度慢;装备系统性差,以单体锚杆钻机为主,钻孔效率低;围岩破碎、巷道变形快,需及时、高密度、高强度支护,作业时间长,同时掘进工作面作业环境差,割煤期间粉尘浓度高,不能平行作业。为提高掘进速度,只有靠人员的增加,因此造成人员聚集,安全隐患大,这成为掘进发展的主要难题。

解决途径和展望:上述问题是技术本身的复杂性、适应条件的复杂性造成的。首先要解决快速成巷功能性问题,然后解决智能化问题。以支护工艺为基础,以机器人化为手段,探索不同的发展路径,逐步实现支护的自动化,最终达到掘进平衡,少人/无人的作业模式。

3)推进慢,装备适应性差。掘进作业没有类似综采工作面的专业化论证和配套技术,系统性差,多设备零散作业,无法集约化生产;截割部、液压系统、电控系统、传感器等故障率高,设备导航系统稳定性和精度不易保证,设备综合开机率低;尚缺少高效的临时支护设备,锚固、铺网等工艺流程的自动化程度较低,智能化技术发展尚未成熟,自动化水平没有达到要求前,追求过快的效率,矿井必然采用多掘进装备作业,造成用人多的问题。

解决途径和展望:机械化仍是解决快速掘进的首要问题。针对不同矿井和工作面条件,研究开发不同的设备配套模式,在设备选型前进行专业化论证,提高技术适应性;同时,需要不断提升基础工业水平,增强设备可靠性。

3.7 采煤工作自动调高与调直问题

工作面自动调高与调直一直被认为是制约综采智能化发展的关键,针对这2个问题国内外专家学者也做了大量不同技术途径的探索和研究[52-54]。

针对工作面自动调高的问题,难点不在于如何调高,而在于如何确定调高的依据和调高的策略。针对调高依据方面,各研究学者一度把综采工作面的煤岩识别作为绕不过的关键问题进行研究,并尝试了振动法、超声法、射线法、图像识别法等各种方法,虽然对一些特殊工况有一定效果但无一能够实现工业化应用。退一步看,假设实现了煤岩识别,许多学者提出可根据识别结果自动调整割煤高度调高采出率,但综合考量并不现实。①如此割煤顶板很难维护管理,液压支架也容易受偏载或是产生架间漏煤,产生安全隐患;②从回采方向看,要应对煤层起伏变化需提前调整采煤机滚筒割顶割底量,采煤机很难紧随煤层调整。因此,基于两巷煤岩识别的截割曲线规划或者调高控制策略研究是比较符合现场实际的解决方案之一。目前待发展的技术主要有回采煤层地质体三维物探原理与技术、三维地质精细建模技术、基于三维地质精细模型的工作面自动调高策略等。

工作面调直一直是困扰工作面上窜下滑控制和整体协同的难题,调直的基础是直线度测量。目前的研究:①基于惯导的直线度测量,主要代表为澳联邦科学院的惯性导航技术,其测量精度可以达到5 cm/100 m,并在国内多个矿区进行了应用测试[55],但因其校准时间长、与液压支架联动控制效果差和只租不卖等原因没有得到很好的应用;②基于光纤传感的直线度测量,国内学者也做了大量的地面试验,但受制于井下振动、温度等环境影响和安装固定的问题,尚未实现井下应用;③基于视觉的测量方法,目前尚处于探索阶段,井下粉尘和暗光环境等导致设备视觉特征不清晰,测量精度和稳定性有待提高。工作面调直的另一个难题是精确执行。现有的执行机构为推移千斤顶,由液压驱动、开关阀控制,其行程反馈信息多由磁致伸缩传感器测量,此执行机构:①控制很难实现精确,②经常损坏,导致整体执行精度和可靠性难以满足常态化运行的需求。因此,急需研发精度可控、常态可靠的推移执行机构和反馈测量传感装置。

3.8 无人操作系统常态化运行可靠性问题

综采大型复杂系统安全正常的运行是保证整个工作面安全高效生产的基础[56]。随着技术进步,系统设备不断增多,其相互协调与配合关系愈加复杂,任何设备故障或异常都将影响生产安全及生产效率。因此,煤矿大规模复杂生产系统可靠性及安全保障技术研究成为亟需。

煤矿大规模复杂生产系统可靠性关键问题主要集中于多因素耦合状态下煤矿设备的健康管理、系统数据可靠性及高效采集、考虑生产调度和维护行为的设备维修决策等方面,其目前研究的痛点问题集中于以下5个方面:

1)传统传感器使用受限。矿用传感器在复杂环境下工作稳定性差,造成设备数据采集可靠性缺乏;采集设备之间通讯协议不统一,数据传输困难。

2)设备可靠性相关传感手段单一,关键信息缺失。目前设备可靠性相关的矿用传感器以振动传感器为主,辅以电流电压等基本采集数据进行故障判断,信息较单一,液压支架,刮板输送机等核心生产装备的可靠性难以进行有效监测。

3)缺乏故障特征样本。设备可靠性信息数据特征稀疏,故障特征样本极难捕捉,在进行训练学习过程中,样本标记缺乏参照,仅能通过理论样本或实验室样本进行参考,缺乏现场工况真实有效的数据。

4)煤矿设备故障识别模式单一。面向单一煤矿设备或系统组件的单一失效模式,结构层次繁杂、分系统众多的复杂分布式机电系统研究困难,导致不易获取煤矿设备的综合健康信息,难以进行设备的智能维护。

5)决策模型鲁棒性差。现研究对象多集中于单个设备或系统组件之间,仅考虑设备的两状态变化,对具有多健康状态的综采设备群类复杂机电系统的预知维护决策研究较少,导致缺少智能决策依据。

煤矿智能化系统可靠性技术架构包含了物理设备层、信息采集层、数据处理层和模型应用层[57]。物理设备层包括采煤机、液压支架、刮板输送机、掘进机等设备,信息采集层包括数据采集与传输;数据处理层包括数据清洗、特征提取及结果存储等;模型应用层包括健康状态评估、剩余寿命预测、维护决策等,如图24所示。

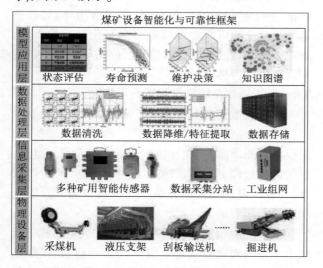

图24　煤矿智能化系统可靠性技术

Fig.24　Reliability technology of coal mine intelligent system

3.9　ABCD+煤矿技术体系问题

"ABCD"技术体系,即人工智能(Artificial Intelligence, AI)、区块链(Blockchain)、云计算(Cloud computing)、大数据(big Data)等新信息技术的紧密结合,形成现代能源矿业数据管理与应用技术体系,从而助力煤矿企业数字化转型,推动数据智能。在"ABCD"技术体系中,云计算提供安全高效的数据处理能力,大数据平台构建数据管理服务体系,人工智能技术为数据提供智能化处理方法与应用场景,区块链技术则保障数据安全与全生命周期管理,四者缺一不可,构建完整数据生态[58]。

推广新一代信息技术应用,分级建设智能化平台是煤矿智能化建设的重要任务之一,其依赖于煤矿生产管理经营大数据的综合管控[59]。通过集聚不同生产模式、不同地质条件煤矿企业的数据,深度整合数据信息,深耕数据应用场景,以庞大的数据中心加上专用的数据终端,形成数据采集、信息萃取、价值传递的完整链条,才能够实现煤矿行业数据价值最大化。

当前,新一轮煤矿科技革命和数字革命正以前所未有的广度和深度支撑煤矿高质量发展,数据赋能实现多源数据集成分析与数据价值挖掘是实现智能化的基础。目前煤矿ABCD+煤矿技术体系应用过程中,以下问题亟待解决:

1)未构建开放的大数据平台。煤矿各类系统智能化功能的实现除了对于自己本身数据处理之外,往往还依赖于外部系统数据[60]。数据价值应通过多系统数据融合进行体现。目前,由于缺乏统一的数据平台,造成各系统需频繁对接其相关联的外部系统,数据重复采集,造成大量算力的浪费,且系统业务逻辑和智能化功能只是建立了"表象"的关联状态。因此,亟需构建开放的大数据平台,整合煤矿,乃至行业数据,提供统一专业开放的数据服务。

2)数据治理重视不足,亟需建设煤矿数据标准体系。实现数据的全生命周期管理是保障数据得到有效应用的基础[61]。当前,部分煤矿系统的数据采集实现了自动传输,而还具有大量的数据采集工作依赖于手动输入,造成数据采集过程中缺乏统一规范,数据多头录入,难以保证数据的准确性和及时性。尤其是各系统数据之间重复采集与数据精度较低等问题,造成数据冗余、数据值冲突、模式不匹配等,目前数据质量无法支撑系统智能。因此,亟需构建煤矿数据治理与管理体系,以数据质量管理为核心,对于煤矿主数据、元数据、业务数据等构建采集、存储、管理、消费的全生命周期管理,才能有效实现煤矿数据管理与应用。

3)煤矿数据训练样本缺失。不同于互联网数据,煤矿数据具有较强的时效性与专业性,数据获取成本较高,多为"小样本"数据,数据量与数据质量无法满足深度学习的要求。尤其是煤矿开采数据,仅能够积累几公里数据,且很多地质问题具有多解性,难以获得机器学习所需的标记样本。因此煤矿数据进行人工智能算法的应用,需在结合具体应用场景理论的基础上,提升其泛化能力,构建煤矿样本库,使开发、应用、优化成为有机整体。

4)煤矿系统智能化需数据迭代。煤矿系统具有较强专业性,现有 AI 算法大多无法直接套用,需要在构建数据积累与迭代的基础上根据具体应用场景设计模型,不应快速要求结果。

5)建设煤矿行业云平台,构建煤矿行业知识图谱。基于数据的智能化建设以及知识的提取应在数据积累达到一定数量级后进行特征提取与多源数据融合。现有各煤炭企业数据中心多点建设,各企业之间数据形成数据烟囱,难以有效整合数据资源;由

于煤矿场景复杂多变,亟需具有专业背景及了解煤矿工艺的相关技术人员进行专业化的处理,才能够实现数据知识化,现有数据由各大煤矿企业进行数据存储,专业研究人员可接触到的数据较少,造成数据上下游无法打通;现有各煤矿企业纷纷建设混合云平台模式,公有云所部署的系统繁复,对于煤矿数据安全难以进行有效管控,为煤矿数据安全带来隐患,亟需专门面向于煤矿行业的云服务,实现数据安全全面管控。综上所述,亟需建设具有统一数据存储标准、统一数据治理流程、多场景化数据应用的集存储、计算于一体的综合性煤矿行业云平台,解决煤矿生产系统信息孤岛问题,促进煤矿企业之间的互联互通,将数字与算法真正资产化,构建场景化大数据模型,挖掘数据关联关系与决策处理策略,构建煤矿开采与安全行为的决策知识图谱,如图25 所示。

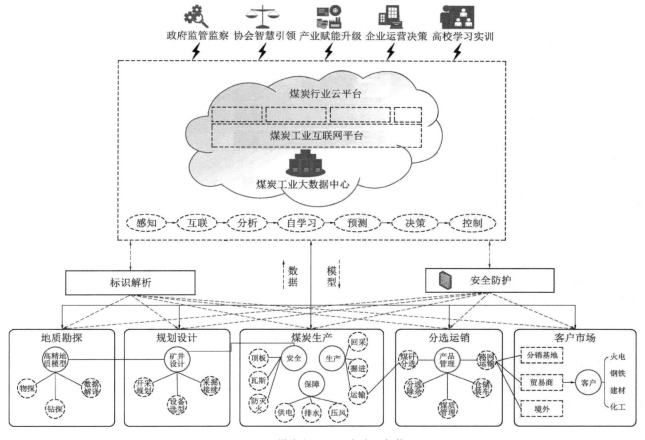

图 25 煤炭行业云平台建设架构

Fig.25 Cloud platform construction architecture of the coal industry

3.10 柔性煤炭生产供给体系问题

现有煤炭调峰体系中,煤炭储备基地和进口调峰能力还不能发挥作用。煤矿生产能力调节将是煤炭调峰的重要手段,从供给端入手,通过煤矿生产能力进行调节,挖掘煤炭调峰潜力,应对煤炭供需周期

波动和重大突发事件下应急储备不足。

1)调节空间受限。据调研大型国有煤炭企业,现有生产煤矿具备调峰潜力,但是难以发挥作用。① 受制于《煤矿生产能力管理办法》《关于严格审查煤矿生产能力复核结果遏制超能力生产的紧急通

知》《关于遏制煤矿超能力生产规范企业生产行为的通知》等政策文件规定，煤炭产能难以有效释放。② 根据《煤矿生产能力管理办法》相关规定，煤矿月度原煤产量不得超过月计划的10%（0.3 亿 t 左右），调节范围较小，发挥调峰作用有限。

2）影响煤炭企业正常生产工序。调节煤炭产量会导致劳动组织、生产系统、生产制度被打乱；短时间内大型设备配置、生产队伍配置需要较长周期，难以及时响应市场变化；日常巷道维护等也需要大量资金，而重大资金再安排也需要时日。

3）影响煤炭企业总收入。当煤炭供大于求，价格大幅下降时，常规调峰煤矿要进一步压缩煤炭产量，从而降低了收入，对于煤炭企业也是损失；对于应急储备煤矿，要时刻保证富余生产能力，这导致设备、资金、人力投入没有完全发挥投资效益，而巷道维护治理等费用可能高于正常生产时的费用。

4）煤矿安全隐患增加。对生产能力进行调节（超能力或少能力生产），会改变原有的生产组织方式，甚至会改变施工工艺，可能会带来新的安全隐患。

5）时效性。不同地区、不同时节煤炭需求波动差异显著，且受煤炭运输等因素制约，调峰及时性也受到影响。如何及时确定启动调峰煤矿也是制约调峰效果的一大难题。

6）与现有法律和规定发生冲突。对现有生产煤矿，需要重新核定生产能力的，增加生产能力，认定应急调峰能力，以及提高煤矿月度产量浮动范围等措施，与《煤矿生产能力管理办法》《关于严格审查煤矿生产能力复核结果遏制超能力生产的紧急通知》《关于遏制煤矿超能力生产规范企业生产行为的通知》等政策文件中关于生产能力的规定冲突，需妥善处理。

7）煤炭生产—运输的衔接问题。① 煤炭运力的问题。煤炭运输主要通过铁路、公路和水运，但铁路的装车能力，公路的发车能力，港口码头的能力安排不仅要考虑到煤炭，还要考虑到其他大宗商品运输需求。尤其是铁路运输，煤炭季节性调峰产能必须有铁路运力支持，协调难度大，生产运输调峰的困难较大；② 煤炭运输的时长问题。煤炭运输时间较长，大秦线的运输需要20多天，由山西到中南地区、东南沿海地区也要铁路运输 7~15 d，应急功能有限，更加需要针对区域进行调峰；③ 应急需求时间不同，夏天一般为2个月，冬天则更长一些，相应的煤炭运输也会有区别。

4 结　语

煤矿智能化是煤矿综合机械化、自动化的升级发展，是煤炭生产方式和生产力革命的新阶段。煤矿智能化是煤炭工业高质量发展的核心技术支撑，建设智能化煤矿是煤炭工业发展的必由之路。近年来，通过对智能化开采技术与装备的创新研发，突破了多项关键核心技术，在薄和较薄煤层智能化综采、大采高和超大采高智能化综采、特厚煤层智能化综放开采技术与装备等方面取得了重要成果。但是需要明确的是，我国煤矿智能化发展尚处于初级阶段，还有很多不足之处有待加强，全面综合、扎实稳步地推进煤矿智能化发展，将人工智能、区块链、大数据、云计算、物联网、智能装备等新技术与煤炭开采技术继续深度融合，才能打赢煤矿智能化建设的攻坚战。

参考文献（References）：

[1] 方良才. 加快煤炭产业数字化转型，为煤炭企业高质量发展提供新动能[J]. 中国煤炭工业，2021(11):10-13.

[2] 汤家轩，刘具，梁跃强，等. "十四五"时期我国煤炭工业发展思考[J]. 中国煤炭，2021,47(10):6-10.
TANG Jiaxuan, LIU Ju, LIANG Yueqiang, et al. Thoughts on the development of my country's coal industry during the "14th Five-Year Plan" period [J]. China Coal,2021,47(10):6-10.

[3] 康红普，王国法，王双明，等. 煤炭行业高质量发展研究[J]. 中国工程科学，2021,23(5):130-138.
KANG Hongpu, WANG Guofa, WANG Shuangming, et al. Research on the high-quality development of the coal industry [J]. Chinese Engineering Science,2021,23(5):130-138.

[4] 康红普. 新时代煤炭工业高质量发展的战略思考[N]. 中国煤炭报，2021-07-27(004).
KANG Hongpu. Strategic thinking on the high-quality development of the coal industry in the new era [N]. China Coal News,2021-07-27(004).

[5] 乌永胜，王亚男，苏鹏程. 实施"归核化战略"促进煤炭产业转型升级[J]. 经济研究导刊，2021(21):29-31.
WU Yongsheng, WANG Yanan, SU Pengcheng. Implementing the "Nuclearization Strategy" to promote the transformation and upgrading of the coal industry [J]. Economic Research Guide, 2021(21):29-31.

[6] 王国法. 加快煤矿智能化建设 推进煤炭行业高质量发展[J]. 中国煤炭，2021,47(1):2-10.
WANG Guofa. Accelerate the intelligent construction of coal mines and promote the high-quality development of the coal industry[J]. China Coal,2021,47(1):2-10.

[7] 任怀伟，王国法，赵国瑞，等. 智慧煤矿信息逻辑模型及开采系统决策控制方法[J]. 煤炭学报，2019,44(9):2923-2935.
REN Huaiwei, WANG Guofa, ZHAO Guorui, et al. Smart coal mine logic model and decision control method of mining system [J]. Journal of China Coal Society,2019,44(9):2923-2935.

[8] 王国法,任怀伟,庞义辉,等.煤矿智能化(初级阶段)技术体系研究与工程进展[J].煤炭科学技术,2020,48(7):1-27.
WANG Guofa, REN Huaiwei, PANG Yihui, et al. Research and engineering progress of the technology system of coal mine intelligence (primary stage)[J]. Coal Science and Technology,2020,48(7):1-27.

[9] 刘 峰.对煤矿智能化发展的认识和思考[J].中国煤炭工业,2020(8):5-9.
LIU Feng. Understanding and thinking on the development of intelligent coal mines[J]. China Coal Industry,2020(8):5-9.

[10] 张建明,曹文君,王景阳,等.智能化煤矿信息基础设施标准体系研究[J].中国煤炭,2021,47(11):1-6.
ZHANG Jianming, CAO Wenjun, WANG Jingyang, et al. Research on the standard system of intelligent coal mine information infrastructure[J]. China Coal,2021,47(11):1-6.

[11] 王国法,庞义辉,刘 峰,等.智能化煤矿分类、分级评价指标体系[J].煤炭科学技术,2020,48(3):1-13.
WANG Guofa, PANG Yihui, LIU Feng,et al. Intelligent coal mine classification and classification evaluation index system[J].Coal Science and Technology,2020,48(3):1-13.

[12] 王国法,徐亚军,孟祥军,等.智能化采煤工作面分类、分级评价指标体系[J].煤炭学报,2020,45(9):3033-3044.
WANG Guofa, XU Yajun, MENG Xiangjun, et al. Specification, classification and grading evaluation index for smart longwall mining face[J]. Journal of China Coal Society,2020,45(9):3033-3044.

[13] 王国法,徐亚军,张金虎,等.煤矿智能化开采新进展[J].煤炭科学技术,2021,49(1):1-10.
WANG Guofa, XU Yajun, ZHANG Jinghu, et al. New development of intelligent mining in coal mines[J]. Coal Science and Technology,2021,49(1):1-10.

[14] 霍昱名.厚煤层综放开采顶煤破碎机理及智能化放煤控制研究[D].太原:太原理工大学,2021.
HUO Yuming. Research on the top coal crushing mechanism and intelligent caving control of thick coal seam fully mechanized caving mining [D]. Taiyuan:Taiyuan University of Technology,2021.

[15] 庞义辉,王国法.基于煤壁"拉裂-滑移"力学模型的支架护帮结构分析[J].煤炭学报,2017,42(8):1941-1950.
PANG Yihui, WANG Guofa. Structural analysis of support protection based on the mechanical model of "crack-slip" coal wall [J]. Journal of China Coal Society,2017,42(8):1941-1950.

[16] 孟庆彬,孔令辉,韩立军,等.深部软弱破碎复合顶板煤巷稳定控制技术[J].煤炭学报,2017,42(10):2554-2564.
MENG Qingbin, KONG Linghui, HAN Lijun, et al. Stability control technology for deep weak and broken composite roof coal roadway[J]. Journal of China Coal Society,2017,42(10):2554-2564.

[17] 纪 文.厚煤层开采中煤矿综采技术的应用分析[J].中国石油和化工标准与质量,2021,41(17):161-162.
JI Wen. Application analysis of fully mechanized coal mining technology in thick coal seam mining [J]. China Petroleum and Chemical Standards and Quality,2021,41(17):161-162.

[18] 张德文,张文坦,郝胜峰.金鸡滩煤矿智能煤流均衡系统研制与应用[J].煤炭科学技术,2021,49(S1):142-145.
ZHANG Dewen, ZHANG Wentan, HAO Shengfeng. Development and application of intelligent coal flow balance system in Jinjitan Coal Mine[J]. Coal Science and Technology,2021,49(S1):142-145.

[19] 朱元军.黄陵一号煤矿实现数字化矿山的转型实践[J].陕西煤炭,2020,39(3):119-122.
ZHU Yuanjun. Huangling No. 1 Coal Mine to realize the digital mine transformation practice[J]. Shaanxi Coal,2020,39(3):119-122.

[20] 田 诚,王 恒.张家峁煤矿15211综采工作面智能化改造实践[J].中国煤炭,2021,47(11):44-50.
TIAN Cheng, WANG Heng. Practice of intelligent transformation of 15211 fully-mechanized mining face in Zhangjiamao Coal Mine[J]. China Coal,2021,47(11):44-50.

[21] 王文海,蒋力帅,王庆伟,等.煤矿综采工作面智能开采技术现状与展望[J].中国煤炭,2021,47(11):51-55.
WANG Wenhai, JIANG Lishuai, WANG Qingwei, et al. Current status and prospects of intelligent mining technology for fully mechanized coal mining face[J]. China Coal,2021,47(11):51-55.

[22] 张建明,曹文君,王景阳,等.智能化煤矿信息基础设施标准体系研究[J].中国煤炭,2021,47(11):1-6.
ZHANG Jianming, CAO Wenjun, WANG Jingyang, et al. Research on the standard system of intelligent coal mine information infrastructure[J]. China Coal,2021,47(11):1-6.

[23] 何利辉,李朝军.拓展数字化设计推进智能化建设[J].中国建设信息化,2021(16):46-49.
HE Lihui, LI Chaojun. Expanding digital design and advancing intelligent construction[J]. China Construction Information,2021(16):46-49.

[24] 邹志磊.煤矿智能化建设要构造统一标准统一架构[N].中国矿业报,2021-08-17(001).
ZOU Zhilei. The intelligent construction of coal mines must construct a unified standard and unified framework[N]. China Mining News,2021-08-17(001).

[25] 王国法,杜毅博.智慧煤矿与智能化开采技术的发展方向[J].煤炭科学技术,2019,47(1):1-10.
WANG Guofa, DU Yibo. The development direction of smart coal mining and intelligent mining technology[J]. Coal Science and Technology,2019,47(1):1-10.

[26] 彭 爱.煤矿井下可视化地理信息系统的应用研究[J].自动化应用,2020(5):55-56,59.
PENG Ai. Research on the application of visual geographic information system underground coal mine[J]. Automation Application,2020(5):55-56,59.

[27] 田山岗,尚冠雄,李季三,等.晋陕蒙煤炭开发战略研究:中国区域煤炭开发战略之新探索[J].中国煤炭地质,2008,20(3):1-15.
TIAN Shangang, SHANG Guanxiong, LI Jisan, et al. Research on coal development strategy in Shanxi, Shaanxi and Mongolia:a new exploration of China's regional coal development strategy[J].

China Coal Geology,2008,20(3):1-15.

[28] 刘文兵. 薄煤层等高式采煤综采工作面采煤工艺研究[J]. 矿业装备,2021(5):44-45.
LIU Wenbing. Research on the mining technology of thin seam equal-height fully-mechanized coal mining face[J]. Mining Equipment,2021(5):44-45.

[29] 伍永平,负东风,解盘石,等. 大倾角煤层长壁综采:进展、实践、科学问题[J]. 煤炭学报,2020,45(1):24-34.
WU Yongping,YUN Dongfeng,XIE Panshi,et al. Longwall fully-mechanized mining in large dip angle coal seams:progress, practice and scientific issues[J]. Journal of China Coal Society, 2020,45(1):24-34.

[30] 张　强,张晓宇. 不同卸荷工况下采煤机滚筒截割性能研究[J/OL]. 河南理工大学学报(自然科学版):1-10[2021-12-05]. https://doi.org/10.16186/j.cnki.1673-9787.2020090075.
ZHANG Qiang,ZHANG Xiaoyu. Research on cutting performance of shearer drum under different unloading conditions[J/OL]. Journal of Henan University of Technology(Natural Science Edition):1-10[2021-12-05]. https://doi.org/10.16186/j.cnki.1673-9787.2020090075.

[31] 孙威伟. 刮板输送机链传动系统优化研究[J]. 机械管理开发,2021,36(11):63-64,102.
SUN Weiwei. Research on optimization of chain drive system of scraper conveyor[J]. Machinery Management Development, 2021,36(11):63-64,102.

[32] 刘东亮. 突出矿井近距离煤层联合开采—面三巷布置探索与实践[J]. 山西煤炭,2021,41(1):74-79.
LIU Dongliang. Exploration and practice of three-lane layout on one side for combined mining of short-range coal seams in outburst mines[J]. Shanxi Coal,2021,41(1):74-79.

[33] 许日杰,杨　科,吴劲松,等. 麻地梁煤矿智能化开采研究[J]. 工矿自动化,2021,47(11):9-15.
XU Rijie,YANG Ke,WU Jinsong,et al. Research on intelligent Mining of Madiliang Coal Mine[J]. Industry and Mine Automation,2021,47(11):9-15.

[34] 郑华华. 刮板输送机协同控制方案设计[J]. 机械管理开发,2021,36(11):271-273.
ZHENG Huahua. Cooperative control scheme design of scraper conveyor[J]. Machinery Management Development,2021,36(11):271-273.

[35] 周福宝,魏连江,夏同强,等. 矿井智能通风原理、关键技术及其初步实现[J]. 煤炭学报,2020,45(6):2225-2235.
ZHOU Fubao,WEI Lianjiang,XIA Tongqiang,et al. Principle, key technology and preliminary realization of mine intelligent ventilation[J]. Journal of China Coal Society,2020,45(6):2225-2235.

[36] 刘佳季. 矿井智能通风与实时监测系统[J]. 能源与节能,2021(9):157-158.
LIU Jiaji. Mine intelligent ventilation and real-time monitoring system[J]. Energy and Energy Conservation,2021(9):157-158.

[37] 李义宝. 基于实时监控系统的煤矿智能通风系统的研究[J]. 山东煤炭科技,2021,39(7):211-213.

LI Yibao. Research on coal mine intelligent ventilation system based on real-time monitoring system[J]. Shandong Coal Science and Technology,2021,39(7):211-213.

[38] 卢新明,尹　红. 矿井通风智能化理论与技术[J]. 煤炭学报,2020,45(6):2236-2247.
LU Xinming,YIN Hong. The intelligent theory and technology of mine ventilation[J]. Journal of China Coal Society,2020,45(6):2236-2247.

[39] 郭勤勤. 基于UWB技术在井下实时定位系统中的应用[J]. 山东煤炭科技,2021,39(10):209-211.
GUO Qinqin. Application of UWB technology in underground real-time positioning system[J]. Shandong Coal Science and Technology,2021,39(10):209-211.

[40] 郑鹏健. 煤矿井下变电所无人值守监控系统设计与应用[J]. 机械研究与应用,2021,34(4):151-152,155.
ZHENG Pengjian. Design and application of unattended monitoring system for coal mine underground substation[J]. Mechanical Research and Application,2021,34(4):151-152,155.

[41] 吴妮真. 计算机视觉技术研究及发展趋势分析[J]. 科技创新与应用,2021,11(34):58-61.
WU Nizhen. Computer vision technology research and development trend analysis[J]. Science and Technology Innovation and Application,2021,11(34):58-61.

[42] 龙秉政. 矿用隔爆锂离子电源箱轻量化设计[J]. 煤矿机械,2021,42(10):119-121.
LONG Bingzheng. Lightweight design of explosion-proof lithium-ion power box for mines[J]. Coal Mine Machinery,2021,42(10):119-121.

[43] 苗　磊. 煤矿无线通讯新技术的应用[J]. 矿业装备,2021(5):28-29.
MIAO Lei. Application of new wireless communication technology in coal mines[J]. Mining Equipment,2021(5):28-29.

[44] 吴劲松. 麻地梁煤矿智慧矿山建设实践[J]. 中国煤炭,2021,47(9):32-40.
WU Jinsong. Practice of smart mine construction in Madiliang Coal Mine[J]. China Coal,2021,47(9):32-40.

[45] 李伟宏. 矿用4G与5G融合系统解决方案研究[J]. 工矿自动化,2021,47(S2):78-80.
LI Weihong. Research on 4G and 5G fusion system solutions for mining[J]. Industry and Mine Automation,2021,47(S2):78-80.

[46] 董书宁. 煤矿安全高效生产地质保障的新技术新装备[J]. 中国煤炭,2020,46(9):15-23.
DONG Shuning. New technology and equipment for geological protection of coal mine safety and high efficiency production[J]. China Coal,2020,46(9):15-23.

[47] 程建远,朱梦博,王云宏,等. 煤炭智能精准开采工作面地质模型梯级构建及其关键技术[J]. 煤炭学报,2019,44(8):2285-2295.
CHENG Jianyuan,ZHU Mengbo,WANG Yunhong,et al. The cascade construction of geological model of coal intelligent precision mining face and its key technology[J]. Journal of China Coal Society,2019,44(8):2285-2295.

[48] 毛明仓,张孝斌,张玉良.基于透明地质大数据智能精准开采技术研究[J].煤炭科学技术,2021,49(1):286-293.
MAO Mingcang,ZHANG Xiaobin,ZHANG Yuliang. Research on intelligent and precise mining technology based on transparent geological big data [J]. Coal Science and Technology, 2021, 49(1):286-293.

[49] 任怀伟,薛忠新,巩师鑫,等.张家峁煤矿智能化建设与实践[J].中国煤炭,2020,46(12):54-60.
REN Huaiwei,XUE Zhongxin,GONG Shixin,et al. Zhangjiamao Coal Mine intelligent construction and practice[J]. China Coal, 2020,46(12):54-60.

[50] 马小平,杨雪苗,胡延军,等.人工智能技术在矿山智能化建设中的应用初探[J].工矿自动化,2020,46(5):8-14.
MA Xiaoping,YANG Xuemiao,HU Yanjun,et al. Preliminary study on the application of artificial intelligence technology in the construction of intelligent mines[J]. Industry and Mine Automation,2020,46(5):8-14.

[51] 张鹏.掘进机自动掘进控制系统的应用[J].机械工程与自动化,2021(3):162-163.
ZHANG Peng. Application of Automatic Tunneling Control System of Roadheader[J]. Mechanical Engineering and Automation,2021(3):162-163.

[52] 王世博,葛世荣,王世佳,等.长壁综采工作面无人自主开采发展路径与挑战[J/OL].煤炭科学技术:1-13[2021-12-05]. http://kns.cnki.net/ kcms/detail/11. 2402. td. 20210512. 1536. 016.html.
WANG Shibo,GE Shirong,WANG Shijia,et al. Development path and challenges of unmanned autonomous mining in longwall fully-mechanized mining face[J/OL]. Coal Science and Technology: 1-13 [2021-12-05]. http://kns. cnki. net/kcms/detail/11. 2402.td.20210512.1536.016.html.

[53] 李旭,吴雪菲,田野,等.基于数字煤层的综采工作面精准开采系统[J/OL].工矿自动化:1-7[2021-12-05]. https://doi.org/10.13272/j.issn. 1671-251x.2021050066.
LI Xu,WU Xuefei,TIAN Ye,et al. Precision mining system for fully mechanized coal mining face based on digital coal seam [J/OL]. Industrial and mining automation:1-7 [2021-12-05]. https://doi.org/10.13272/j.issn. 1671-251x.2021050066.

[54] 赵云龙.采煤机自动控制关键技术在无人工作面的应用[J].机械管理开发,2021,36(6):285-286,301.
ZHAO Yunlong. The application of the key technology of shearer automatic control in unmanned working face[J]. Machinery Management Development,2021,36(6):285-286,301.

[55] 高有进,杨艺,常亚军,等.综采工作面智能化关键技术现状与展望[J].煤炭科学技术,2021,49(8):1-22.
GAO Youjin,YANG Yi,CHANG Yajun,et al. Current status and prospects of key technologies for intelligentization of fully mechanized mining face[J]. Coal Science and Technology, 2021, 49(8):1-22.

[56] 毕昌虎,包正明,王军,等.综采复杂系统大件打运安全技术与应用[C]//第三届全国煤矿机械安全装备技术发展高层论坛暨新产品技术交流会论文集.徐州:中国矿业大学出版社,2012:225-229.

[57] 姬鹏.浅谈煤矿智能化系统的应用[J].能源与节能,2021(1):222-224.
JI Peng. Discussion on the application of coal mine intelligent system[J]. Energy and Energy Conservation, 2021(1):222-224.

[58] 郑德志,吴立新.新时期我国煤炭供给面临的新问题及对策建议[J].煤炭经济研究,2019,39(6):79-84.
ZHENG Dezhi,WU Lixin. New problems and countermeasures for my country's coal supply in the new era[J]. Coal Economic Research,2019,39(6):79-84.

[59] 韩安,陈晓晶,贺耀宣,等.智能矿山综合管控平台建设构思[J].工矿自动化,2021,47(8):7-14.
HAN An,CHEN Xiaojing,HE Yaoyi,et al. Conception for the construction of an integrated management and control platform for intelligent mines[J]. Industry and Mine Automation, 2021, 47(8):7-14.

[60] 杜毅博,赵国瑞,巩师鑫.智能化煤矿大数据平台架构及数据处理关键技术研究[J].煤炭科学技术,2020,48(7):177-185.
DU Yibo,ZHAO Guorui,GONG Shixin. Study on big data platform architecture of intelligent coal mine and key technologies of data processing[J]. Coal Science and Technology, 2020, 48(7):177-185.

[61] 王国法,赵国瑞,任怀伟.智慧煤矿与智能化开采关键核心技术分析[J].煤炭学报,2019,44(1):34-41.
WANG Guofa,ZHAO Guorui,REN Huaiwei. Analysis on key technologies of intelligent coal mine and intelligent mining[J]. Journal of China Coal Society,2019,44(1):34-41.

移动阅读

王国法,赵国瑞,胡亚辉.5G 技术在煤矿智能化中的应用展望[J].煤炭学报,2020,45(1):16-23.doi:10.13225/j.cnki.jccs.YG19.1515

WANG Guofa,ZHAO Guorui,HU Yahui. Application prospect of 5G technology in coal mine intelligence[J]. Journal of China Coal Society,2020,45(1):16-23.doi:10.13225/j.cnki.jccs.YG19.1515

5G 技术在煤矿智能化中的应用展望

王国法[1,2],赵国瑞[1,2],胡亚辉[3]

(1. 天地科技股份有限公司 开采设计事业部,北京　100013;2. 煤炭科学研究总院 开采研究分院,北京　100013;3. 中国矿业大学(北京)机电与信息工程学院,北京　100083)

摘　要:煤矿智能化是煤炭工业高质量发展的保障,当前处于煤矿智能化发展的初级阶段,仍然面临泛在感知难、多类型数据同步传输不可靠、远程控制实时性差、融合大数据的智能决策效率低等问题,面向垂直行业智能化应用的第五代移动通信技术(The fifth Generation Mobile Communication Technology,5G)为上述问题的解决提供了契机。分析了 5G 中的高频通信、大规模天线阵列、超密集组网、设备到设备通信、网络切片和移动边缘计算 6 项关键技术和各自的技术特征;研究了煤矿智能化应用在信息感知、多类型数据传输、实时决策控制、新技术应用和异构物联设备互联互通需求等方面的短板,以视频传输为例分析了 4G 技术在未来应用中的局限性,研究了井下 WiFi 组网的不足之处,指出了煤矿井下应用 5G 技术的必要性;结合 5G 技术优势和煤矿井下实际需求提出了基于 5G 技术的高精度实时定位与应用服务、虚拟交互应用、远程实时控制、远程协同运维及井下巡检和安防等煤矿井下应用场景,提出了基于混合现实的井下智能化开采和远程实时可视化操控的构想,给出了井下应用 5G 技术的总体架构:有线光纤骨干环网加 5G 覆盖,分析了实施要点,指出与井下应用场景的结合才能最大程度发挥 5G 技术在煤矿智能化开采中的作用,简要展望了基于 5G 技术的物联网、大数据、云计算、人工智能和虚拟现实等技术在煤矿智能化中的融合应用。

关键词:5G 技术;煤矿智能化;必要性;应用场景;混合现实

中图分类号:TD67　　　　文献标志码:A　　　　文章编号:0253-9993(2020)01-0016-08

Application prospect of 5G technology in coal mine intelligence

WANG Guofa[1,2],ZHAO Guorui[1,2],HU Yahui[3]

(1. Coal Mining and Designing Department,Tiandi Science & Technology Co.,Ltd.,Beijing　100013,China;2. Mining Design Institute,China Coal Research Institute,Beijing　100013,China;3. School of Mechanical Electronic and Information Engineering,China University of Mining & Technology (Beijing),Beijing　100083,China)

Abstract:Coal mine intelligence is the way for a high quality development of coal industry. At present,it is in the primary stage of coal mine intelligent development. It still has the problems of ubiquitous perception,unreliable synchronous transmission of multi-type data,poor real-time remote control,and low efficiency of intelligent decision-making integrated with big data,and so on. The fifth generation mobile communication technology for the intelligent application of vertical industry provides an opportunity for solving the above problems. In this paper,six key technologies of high frequency communication,massive MIMO,ultra-dense network,device-to-device communication,network slicing and

收稿日期:2019-11-05　　　修回日期:2019-12-13　　　责任编辑:郭晓炜
基金项目:国家重点研发计划资助项目(2017YFC0603005);薄煤层综采自动化成套装备产业化资助项目(财企[2013]472);国家自然科学基金重点资助项目(51834006)
作者简介:王国法(1960—),男,山东文登人,中国工程院院士。Tel:010-84262016,E-mail:wangguofa@ tdkcsj.com
通讯作者:赵国瑞(1982—),男,山东泰安人,副研究员。Tel:010-84264550,E-mail:zhaoguorui@ tdkcsj.com

mobile edge computing in 5G are analyzed. It also studies the shortcomings of the intelligent application of coal mine in information perception, multi-type data transmission, real-time decision control, the application of new technology and the interconnection requirements of heterogeneous equipment. Taking video transmission as an example, the paper analyzes the limitations of 4G technology in the future application, studies the shortcomings of underground WiFi networking, and points out the necessity of applying 5G technology underground in coal mine. Combined with the advantages of 5G technology and the actual requirements of coal mine, the paper puts forward some underground application scenarios, such as high precision real-time positioning and application service, virtual interactive application, remote real-time control, remote cooperative operation and maintenance, underground inspection and security, based on 5G technology, and puts forward the conception of underground intelligent mining and remote real-time visual control based on mixed reality. Also, the paper gives the overall structure of underground application 5G technology: cable optical fiber backbone ring network plus 5G coverage, analyzes the key points of implementation, points out that the combination of 5G technology and underground application scene can maximize the role of 5G technology in intelligent mining of coal mine, and briefly looks forward to the integration and application of 5G technology based on 5G technology, such as Internet of things, big data, cloud computing, artificial intelligence and virtual reality in coal mine intelligence.

Key words: 5G technology; coal mine intelligence; necessity; application scene; mixed reality

近年来, 煤炭开采技术取得了快速发展, 在大力淘汰落后产能的情况下保持了煤炭产量的相对稳定, 满足了国家对煤炭资源的持续需求, 为保障国家能源供给和能源安全做出了巨大贡献。但随着人民生活水平和生活质量的不断提升, 对煤炭安全和生产环境也提出了更高要求。一方面煤炭安全的提升要求井下尽量少人或无人, 一些地区的先进矿井已经实现了无人操作有人值守; 一方面一些落后矿井因地质条件限制短期内难以减少井下用人, 同时还面临工人流失的两难境地。这是煤炭开采地区发展不平衡、煤炭开采技术发展不充分的具体体现, 煤矿智能化技术的研究和应用, 是解决这一主要矛盾的关键, 是煤炭工业科技发展的前沿课题, 是煤炭行业转型升级的重要内容, 也是煤炭企业安全高效、高质量发展的主攻方向[1-8]。

以往煤炭智能化开采受传统无线通讯技术在带宽、延时、并发数量等方面的限制一直难以形成较大突破, 导致大数据、人工智能、虚拟现实等先进技术难以应用到煤炭开采中为智能化开采服务。5G 技术以其大带宽、低延时和广连接的优势打通了不同应用场景间信息高效交互的通道, 有利于重塑传统产业发展, 助力数字化转型, 牵引云计算、大数据、物联网、人工智能和移动应用的深度融合, 创新应用和服务。

1　5G 技术概述

5G 是第五代移动通讯系统的简称, 既不是单一的无线接入技术, 也不都是全新的无线接入技术, 是新的无线接入技术和现有无线接入技术的高度融合[9-10]。其主要特点是超高数据速率、超低延时和超大规模接入。

5G 与 4G 技术的关键指标对比如图 1 所示[11]。

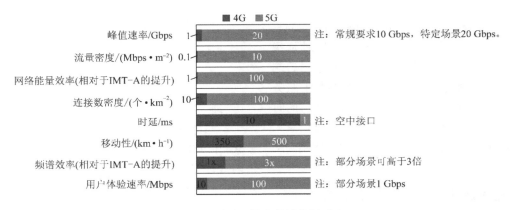

图 1　4G 与 5G 技术关键指标对比

Fig. 1　Comparison between 4G and 5G technical key indicators

5G 技术的突破很多,仅简述 6 项关键技术:

(1)高频通信(High Frequency Communication, HFC)。目前,3 GHz 以下的频谱资源十分紧张,而 3 GHz 尤其是 6 GHz 以上的高频段存在大量可用资源。另一方面,单纯提升频谱资源效率已无法满足 5G 中大带宽和高速率的业务(比如超高清视频传输、虚拟现实、增强现实及全息投影等)传输需求,因此采用高频段进行 5G 空口传输已成为必然趋势。

(2)大规模天线阵列(Massive MIMO)。高频段通信可以进一步减少天线尺寸,从而为在 5G 移动通信系统中引入大规模 MIMO 技术成为可能。Massive MIMO 技术能够带来更高的天线阵列增益,大幅提升系统容量;能够将波束控制在很窄的范围内,从而带来高波速增益,有效补偿高频段传输的大路损。

(3)超密集组网(Ultra Dense Network, UDN)。随着各种智能终端的普及和站点密度的增加,移动数据流量将呈指数级增长,由此带来了小间距、超密集异构网络的协调。超密集组网技术通过虚拟化小区消除频繁切换及密集邻区的同频干扰等问题,给用户提供更为一致的体验。

(4)设备到设备(Device-to-Device, D2D)通信。D2D 会话的数据直接在终端之间进行传输,不需要通过基站转发,从而减轻蜂窝基站的负担,降低端到端的传输时延,提升频谱效率,降低发射功率,最终能够增强用户体验。

(5)网络切片技术(Network Slicing)。基于软件定义网络(Software Defined Network, SDN)和网络功能虚拟化(Network Function Virtualization, NFV),5G 网络能够实现网络切片技术,即将一张物理网络中的带宽、计算及存储资源进行逻辑分割,构建多个虚拟化的端到端网络,每个虚拟网络的资源均可独立运营和动态伸缩,从而满足不同应用场景的业务服务质量需求。

(6)移动边缘计算(Mobile Edge Computing, MEC)。5G 的三大应用场景和小于 1 ms 的时延指标,决定了 5G 业务的终结点不可能都在核心网后端的云平台,而 MEC 通过在移动网络边缘提供 IT 服务环境和云计算能力,以减少网络操作和服务交付的时延,从而能够更好满足超低时延的工业控制场景及大带宽的传输需求,更好地实现物与物之间的传感、交互和控制。

2　煤矿智能化应用 5G 技术的必要性与可行性

智能化是煤炭发展的必由之路,是支撑煤炭高质量发展的关键核心技术。煤矿智能化离不开数据和信息的高效互联互通,而不同的煤矿应用场景数据的特点和传输的需求差别很大[12-14],传统 4G+WiFi 的数据传输技术难以满足这种差异化的需求,导致煤矿各应用场景相互影响制约,不能支撑煤矿智能化发展的需求。5G 大带宽、低时延和广连接的特性以及微基站、切片技术和端到端的连接等为突破煤矿智能化开采数据传输处理的瓶颈提供了核心技术支撑。

2.1　煤矿智能化应用 5G 技术的必要性

5G 在设计之初就确定了三大应用场景,即增强型移动宽带(Enhanced Mobile Broadband, eMBB)、超可靠低时延(Ultra Reliable Low Latency Communications, urLLC)和海量机器通信(Massive Machine Type Communications, mMTC)。其对 eMBB 场景的技术支撑能力,能够有效适应煤矿中的超高清视频传输等大带宽的业务需求;对 urLLC 场景的技术支撑能力,能够有效满足无人采矿车、无人挖掘机等无人矿山智能设备间通信需求;对 mMTC 场景的技术支撑能力,能够更好地支持多种煤矿安全监测等传感数据采集需求。因此将 5G 通信技术应用于煤矿智能化开采中(图 2)是未来煤矿开采的必由之路,也将有效推进煤矿智能化的进程,为全面开启煤矿智能化开采铺平"网络通信"之路。

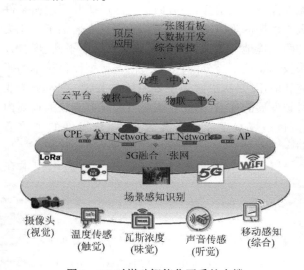

图 2　5G 对煤矿智能化开采的支撑

Fig. 2　Support of 5G for intelligent mining of coal mine

与此同时,现有的主流煤矿无线通信技术,比如 4G 和 WiFi,则难以支撑煤矿智能化开采的数据传输与处理需求。

4G 技术的不足:可以提供下行超 100 Mbps 和上行超过 50 Mbps 的用户峰值速率,但在智能化生产过程中,大量的机器视觉等场景需要高清视频回传,1 080 P 单路就需要 20 Mbps 上行带宽,4K 甚至需要 75 Mbps 上行带宽(带宽影响精度,精度影响识别度,而实时性决定了能否远程及时操控),显然,应对上述工业应用需求 4G 已力不从心。

WiFi 组网痛点:

(1)移动性差。跨 AP 切换时延>100 ms,导致 AGV 等移动设备易断链,受限于 AP 内移动。

(2)覆盖差。WiFi 信号反射绕射后易形成多径干扰。

(3)频段干扰。WiFi 使用公共频段,存在干扰,影响解调能力。

(4)带宽受限。基于视觉的应用需要的上行带宽大(百兆级)。

2.1.1 智能化开采感知需求

智能化开采首先需要大量传感数据的支持,其数据具有以下特征(图3):

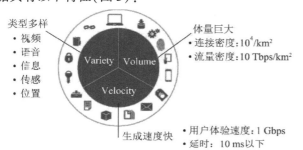

图3 煤矿数据的多样性

Fig. 3 Diversity of coal mine data

(1)数据类型多样化。相关数据包括视频、语音、振动、压力、温度、速度、瓦斯浓度等多种类型、多种传输要求的数据。

(2)数据生成速度快。5G 应用场景多是基于大量数据的实时支撑,同时 5G 支持下的物联网数据瞬间产出量会数十倍甚至百倍于以往的数据量,数据生成速度会极大提高。

(3)数据体量增长快。单位时间内的数据成指数级增加了,随时间累积的数据体量向着 PB 甚至 ZB 级发展,这也为大数据应用分析奠定了基础。

2.1.2 智能化开采传输需求

以往为解决煤矿的控制数据、视频监控数据和安全数据的及时传输和隔离难题多采用控制通信环网、视频环网和安全环网三网独立的建设方案,虽然一定程度上解决了数据互占通道和安全数据隔离的难题,但带来的投资大、底层物联和上层融合难的问题也很突出。5G 技术采用切片管理技术,按需定制网络,专网相互隔离、底层端端互联,为不同场景的传输需求提供了专用通道和安全解决方案(图4)。

2.1.3 智能化开采决策控制需求

井下智能综采工作面设备众多,包括高精度定位装备惯性自主导航系统、智能协调控制系统、高密度传感器接入系统、智能机器人巡检系统、高清视频回传系统等(图5),这些设备共同组成的设备群需要通过中心控制系统进行统一协调处理和快速反馈控制,对通信网络的可靠性、实时性均提出更高要求。

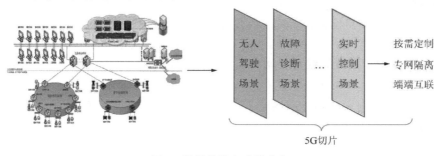

图4 数据传输方式的改变

Fig. 4 Data transfer mode change

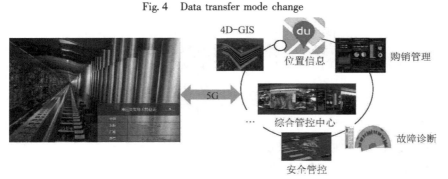

图5 开采决策多样化的需求场景

Fig. 5 Demand scenarios for diversification of Mining decisions

井下单轨吊、电机车、胶轮车等辅助运输系统实现智能化甚至无人化,需要实时获取厘米级精确定位、高清图像视频等信息,以便实现主动避障、自动错车、风门联动等功能,保障人员、车辆及各类附属设备的安全,也都需要高可靠、高带宽、低时延的无线网络提供支撑。

煤矿智能化生产离不开井下机器人的大量使用。例如,具备定位导航、纠偏、多参数感知、状态监测与故障预判、远程干预等功能,实现掘进机高精度定向、位姿调整、自适应截割及掘进环境可视化的掘进机器人;能够自主决策、智能控制,具备精准定位、采高检测、姿态监测、远程通信控制、状态监测与故障预判、可视化远程干预等功能,实现采煤机自主行走、自适应截割及高效连续运行的采煤机器人;以及用于井下回采工作面作业环境巡检,具备自主移动、定位、图像采集、智能感知、预警、人机交互等功能,实现煤壁、片帮、大块煤、有害气体、温度、粉尘、设备状态等监测的工作面巡检机器人等。这些机器人大量的数据采集和传输,海量的接入设备以及极低时延的控制操作,都对网络传输的质量和能力有着超高要求。

2.1.4 智能化开采新技术新场景应用需求

随着煤矿生产智能化程度的提高,井下无人机、智能 VR/AR 等设备必将大量采用,以便能够对现场进行及时巡查,对设备故障进行远程会诊,而无论是无人机飞行控制、无人机巡检视频回传,还是 VR/AR 智能远程设备故障诊断与维修,不仅需要极大地消耗网络带宽资源,更需要快速的信息反馈和实时的状态控制。

煤矿智能生产典型业务场景对无线传输网的要求见表 1。

表 1 煤矿智能生产典型业务场景对无线传输网的要求
Table 1 Requirements for wireless transmission network in typical application scenarios of intelligent coal mine

序号	业务场景	时延要求/ms	带宽要求/Mbps	4G	5G
1	智能工作面	<20		×	√
2	工业图像处理	<20	上行>100	×	√
3	机器人控制	<20	上行>50 下行>20	×	√
4	智能远程维修 (VR/AR)	<20	上行>25 下行>50	×	√
5	高密度物联网接入	<10		×	√

目前主流的 WiFi 技术、4G LTE 技术,以及 Zig-Bee、LoRa 等无线传输技术的时延(4G 典型时延约为 100 ms)基本上无法支撑智能化生产技术的需求;带宽(4G 上行稳定带宽约为 20 Mbps,仅可满足 2～3

路超高清视频图像传输)更是无法承载超高清工业图像处理、生产机器人控制以及智能远程维修(VR/AR)等移动宽带业务。而 5G 网络的时延(典型)约为 10 ms[15],上行稳定带宽约为 150 Mbps,连接数为 10^6 个/km²,网络服务质量(Quality of Service, QoS)最高可达 99.999 9%。通过表 1 对比可以看出,5G 网络为煤矿智能生产各业务场景的实现提供了强有力的支撑。

2.1.5 异构物联设备互联互通的需求

当前煤矿生产领域使用的无线通信协议众多、各有不足且相对封闭,工业设备互联互通难,用户使用体验较差,亟需构建能够兼容多种协议的新一代无线技术体系。而 5G 网络具备融合多类现有或未来无线接入传输技术和功能网络的能力,通过统一的核心网络进行管控,以提供超高速率和超低时延的用户体验和多场景的一致无缝服务。

2.2 煤矿智能化应用 5G 技术的可行性

将 5G 技术应用于煤矿智能化开采中,需要着重分析井下特殊无线传播环境下 5G 系统部署的可行性。

与地面进行对比,井下无线传输的实际环境因素主要存在如下特征:① 井下狭长且多分支的空间特征;② 易产生吸收或干扰无线电波传输的粗糙煤壁;③ 复杂的设备布置和强磁干扰;④ 多粉尘和瓦斯的开采环境。

5G 无线传输技术在井下应用时,主要存在高频无线信号快速衰减、定向传输能力增强的同时绕射能力下降等现象,从而导致传输距离短、覆盖范围有限等,5G 技术面临的这些问题在 5G 技术研发初期就作为重大问题进行攻关,于是有了超密集组网技术、Massive MIMO(大规模天线阵列)和微基站技术等,这一系列关键技术的突破形成了 5G 核心技术体系,同时支撑了 5G 技术的商业化。

从网络部署的角度分析,目前井下布置的 4G 网络为 4G+WiFi 的架构,4G 覆盖距离(基于井下狭长的空间特征不用覆盖半径的概念)约 1 500 m。而 5G 有宏基站、微基站两种类型,宏基站设备容量大,发射功率高,不适合井下大规模应用;微基站虽然设备容量较小,但发射功率低,其有效覆盖距离约为 500 m。因此从技术角度考虑采用 3 个以上 5G 微基站即可完全覆盖原 4G 网的管控范围,并带来带宽、速率的大幅提升和延时的降低。此外,单个 5G 微基站的功耗和体积比现有 4G 基站的要小,更有利于井下长时间使用的安全性。5G 微基站布置示意如图 6 所示。

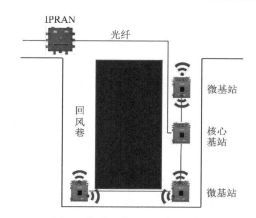

图 6 综采工作面 5G 布置示意

Fig. 6 Schematic diagram of 5G layout of fully mech-
anized mining face

对于煤矿井下面临的其他不利环境因素,合理运用和规划 5G 技术均可解决井下实际应用的难题,成败的关键在于针对不同的应用场景和应用环境设计不同的 5G 布设方案。比如针对狭长多分支的井下空间应采用有线光纤主干+密集 5G 微基站的模式,控制功耗和优化站点是关键;针对视频监控和控制信号同步传输的问题,合理进行网络切片是关键,并做安全隔离。

因此,煤矿智能化开采的发展必须建立起以 5G 网络作为基础设施的数据传输和分发平台,构建 5G+的煤矿应用场景,为煤矿智能化开采的实现提供基础平台和应用保障。

3 5G 在煤矿的应用场景

5G 网络创造性地采用了网络切片技术,将物理网络划分为多个虚拟网络,每一个虚拟网络根据不同的服务需求,比如时延、带宽、安全性和可靠性等来划分,以灵活的应对不同的网络应用场景,在满足大量并行业务上线的同时仍可保证端到端的性能。结合 5G 的技术特点和煤矿井下的实际需求简要提出几个典型应用场景如下。

3.1 基于 5G 的高精实时定位与应用服务

目前煤矿井下定位系统多是基于传统的蓝牙、ZigBee、超宽带等无线传输技术,定位精度不高,且需要单独布设相关基础设施,实时性也难以保障。基于 5G 的低延时特性开发基于 5G 网络的井下定位与应用服务系统是未来的发展方向,将产生井下车辆管理、开采精准推进等应用,解决移动装备的实时控制和管理难题。

3.2 基于 5G 的虚拟交互应用

虚拟现实(VR)与增强现实(AR)(图 7)是能够

彻底颠覆传统人机交互内容的变革性技术,在煤矿的应用未来可期[16-19]。其应用可分为 3 个阶段:

图 7 三维建模、虚拟展示

Fig. 7 3D modeling, virtual presentation

(1)主要用于三维建模和虚拟展示,如现在的裸眼 3D 等技术,其基本需求为 20 Mbps 带宽+50 ms 延时,现有的 4G+WiFi 基本可以满足。

(2)主要用于互动模拟和可视化设计等,如多人井下培训系统,其基本需求为 40 Mbps 带宽+20 ms 延时,Pre5G 基本可以满足。

(3)主要用于混合现实、云端实时渲染和虚实融合操控,如虚拟开采、协同运维等,其基本需求为 100 Mbps ~ 10 Gbps 带宽+2 ms 延时要求,需 5G 或更先进技术才可满足。

3.3 生产远程实时控制

生产实时性控制一直是煤矿智能化开采的关键卡脖子难题[20-21]。传统的远程控制系统需要经过多重路由和多种协议才能将所需的各种传感信息汇集到集控中心,直至传至远程控制中心,因此仅有部分对实时性要求不高的功能可以用远程控制实现,实时性要求高的功能出于安全考虑是不能用远程控制的。5G 低延时的特性为这一难题的解决提供了基础支撑,基于 5G 的井上全功能的远程控制将会实现,图 8 为相关应用示意图。

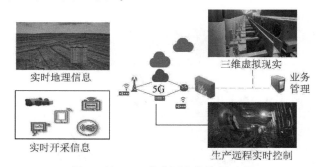

图 8 基于 5G 的多源决策控制示意

Fig. 8 Schematic diagram of multi-source decision control
based on 5G

3.4 井下远程协同运维

5G 在井下的另一个重要应用场景是远程协同运维(图9)。未来井下装备的智能化程度会越来越高,系统也愈加复杂,传统的维修工人已难以独立完成维修工作,需借助远程专家协助完成。现场的音视频信息可通过 5G 网络传输至远端,相关的虚拟模型也可虚拟至现场设备上,通过虚拟现实技术可实现专家与现场工人同样的视场和操作,甚至还可以用机器人代替人在井下完成维修。

图9 基于 5G 的远程运维场景

Fig. 9 Remote operation and maintenance scene based on 5G

3.5 井下巡检和安防

基于 5G 的定位、高速数据传输和端端物联将助力实现井下的高效巡检和安防。通过这一网络可实时定位井下的装备和人员(图10),可实时传输和共享井下的安全信息,智能终端的主动推送功能自动识别其他移动终端设备并按需推送相关信息,实现井下信息的泛在感知和共享。相较于传统的数据上传下发的利用方式,5G 模式下的数据利用更高效、延时更短、可靠性更高、经济性更好。

图10 基于 5G 的井下巡防

Fig. 10 Underground patrol based on 5G

4 前景展望

在地面,5G 技术已经为森林防火的低功耗广连接场景、自动驾驶的低延时高可靠场景、高清赛事转播的多热点高容量场景等提供了切实可行的解决方案。5G 技术与大数据、云计算、人工智能和虚拟现实等技术的结合也将逐一在煤矿落地,实现煤矿大数据的实时分析与决策支持,可视化远程操控与数字孪生应用,混合现实远程运维服务等。

(1)总体网络架构应该是有线骨干+5G 覆盖的形式。以光纤骨干环网保证井下信息传输的安全可靠,以 5G 网保证井下无线覆盖和移动传输的需求。

(2)结合井下实际的巷道或工作面布置优化 5G 微基站的布置,保证覆盖的同时减少资源消耗。

(3)分析并划分井下应用场景,梳理不同应用场景的个性化需求,根据需求对网络资源进行逻辑分割,即完成所谓的"切片"。

(4)在构建好传输平台的基础上,要注重平台与应用场景和先进技术的融合,解决一直困扰煤矿智能化开采的泛在感知、实时可靠传输、大数据应用、快速智能决策、混合现实远程操作等卡脖子难题,实现基于混合现实的井下智能化开采和远程实时可视化操控。

参考文献(References):

[1] 王国法,赵国瑞,任怀伟. 智慧煤矿与智能化开采关键核心技术分析[J]. 煤炭学报,2019,44(1):34-41.
WANG Guofa, ZHAO Guorui, REN Huaiwei. Analysis on key technologies of intelligent coal mine and intelligent mining[J]. Journal of China Coal Society,2019,44(1):34-41.

[2] 王国法,刘峰,庞义辉,等. 煤矿智能化——煤炭工业高质量发展的核心技术支撑[J]. 煤炭学报,2019,44(2):349-357.
WANG Guofa, LIU Feng, PANG Yihui, et al. Coal mine intellectualization:The core technology of high quality development[J]. Journal of China Coal Society,2019,44(2):349-357.

[3] 王国法. 如何正确认识并理解煤矿智能化[N]. 中国煤炭报,2019-03-19(04).
WANG Guofa. How to correctly recgnize and understand the Intelligence of Coal Mine[N]. China Coal News,2019-03-19(04).

[4] 王国法,杜毅博. 智慧煤矿与智能化开采技术的发展方向[J]. 煤炭科学技术,2019,47(1):1-10.
WANG Guofa, DU Yibo. Development direction of intelligent coal mine and intelligent mining technology[J]. Coal Science and Technology,2019,47(1):1-10.

[5] 范京道,徐建军,张玉良,等. 不同煤层地质条件下智能化无人综采技术[J]. 煤炭科学技术,2019,47(3):43-52.
FAN Jingdao, XU Jianjun, ZHANG Yuliang, et al. Intelligent unmanned fully-mechanized mining technology under conditions of different seams geology[J]. Coal Science and Technology, 2019,

47(3):43-52.

[6] 雷毅.我国井工煤矿智能化开发技术现状及发展[J].煤矿开采,2017,22(2):1-4.
LEI Yi. Present situation and development of underground mine intelligent development technology in domestic[J]. Coal Mining Technology,2017,22(2):1-4.

[7] 葛世荣,王忠宾,王世博.互联网+采煤机智能化关键技术研究[J].煤炭科学技术,2016,44(7):1-9.
GE Shirong, WANG Zhongbin, WANG Shibo. Study on key technology of internet plus intelligent coal shearer[J]. Coal Science and Technology,2016,44(7):1-9.

[8] 王国法,王虹,任怀伟,等.智慧煤矿2025情景目标和发展路径[J].煤炭学报,2018,43(2):295-305.
WANG Guofa, WANG Hong, REN Huaiwei, et al. 2025 scenarios and development path of intelligent coal mine[J]. Journal of China Coal Society,2018,43(2):295-305.

[9] 张赟.5G通信技术应用场景和关键技术策略[J].计算机产品与流通,2019(10):68.
ZHANG Yun. Application scenario and key technology strategy of 5G communication technology[J]. Computer products and Circulation,2019(10):68.

[10] 刘振宇.5G通信技术应用场景和关键技术[J].电子技术与软件工程,2019(19):30-31.
LIU Zhenyu. Application scenario and key technology of 5G communication technology[J]. Electronic Technology and Software Engineering,2019(19):30-31.

[11] 胡丹.4G/5G无线链路及覆盖差异探讨[J].移动通信,2019,43(7):86-90.
HU Dan. Discussions on the difference of 4G/5G radio links and coverage[J]. Mobile Communication,2019,43(7):86-90.

[12] 范京道,王国法,张金虎,等.黄陵智能化无人工作面开采系统集成设计与实践[J].煤炭工程,2016,48(1):84-87.
FAN Jingdao, WANG Guofa, ZHANG Jinhu, et al. Design and practice of integrated system for intelligent unmanned working face mining system in Huangling coal mine[J]. Coal Engineering,2016,48(1):84-87.

[13] 任怀伟,孟祥军,李政,等.8 m大采高综采工作面智能控制系统关键技术研究[J].煤炭科学技术,2017,45(11):37-44.
REN Huaiwei, MENG Xiangjun, LI Zheng, et al. Study on key technology of intelligent control system applied in 8 m large mining height fully-mechanized face[J]. Coal Science and Technology,2017,45(11):37-44.

[14] 黄曾华.可视远程干预无人化开采技术研究[J].煤炭科学技术,2016,44(10):131-135,187.
HUANG Zenghua. Study on unmanned mining technology with visualized remote interference[J]. Coal Science and Technology,2016,44(10):131-135,187.

[15] 孙继平,陈晖升.智慧矿山与5G和WiFi6[J].工矿自动化,2019,45(10):1-4.
SUN Jiping, CHEN Huisheng. Smart mine with 5G and WiFi6[J]. Industry and Mine Automation,2019,45(10):1-4.

[16] 袁亮.煤炭精准开采科学构想[J].煤炭学报,2017,42(1):1-7.
YUAN Liang. Scientific conception of precision coal mining[J]. Journal of China Coal Society,2017,42(1):1-7.

[17] 毛善君."高科技煤矿"信息化建设的战略思考及关键技术[J].煤炭学报,2014,39(8):1572-1583.
MAO Shanjun. Strategic thinking and key technology of informatization construction of high-tech coal mine[J]. Journal of China Coal Society,2014,39(8):1572-1583.

[18] 毛善君,杨乃时,高彦清,等.煤矿分布式协同"一张图"系统的设计和关键技术[J].煤炭学报,2018,43(1):280-286.
MAO Shanjun, YANG Naishi, GAO Yanqing, et al. Design and key technology research of coal mine distributed cooperative "one map" system[J]. Journal of China Coal Society,2018,43(1):280-286.

[19] 吕鹏飞,何敏,陈晓晶,等.智慧矿山发展与展望[J].工矿自动化,2018,44(9):84-88.
LÜ Pengfei, HE Min, CHEN Xiaojing, et al. Development and prospect of wisdom mine[J]. Industry and Mine Automation,2018,44(9):84-88.

[20] 康红普,王国法,姜鹏飞,等.煤矿千米深井围岩控制及智能开采技术构想[J].煤炭学报,2018,43(7):1789-1800.
KANG Hongpu, WANG Guofa, JIANG Pengfei, et al. Conception for strata control and intelligent mining technology in deep coal mines with depth more than 1 000 m[J]. Journal of China Coal Society,2018,43(7):1789-1800.

[21] 田成金.煤炭智能化开采模式和关键技术研究[J].工矿自动化,2016,42(11):28-32.
TIAN Chengjin. Research of intelligentized coal mining mode and key technologies[J]. Industry and Mine Automation,2016,42(11):28-32.

移动阅读

任怀伟,王国法,赵国瑞,等.智慧煤矿信息逻辑模型及开采系统决策控制方法[J].煤炭学报,2019,44(9):2923-2935. doi:10.13225/j.cnki.jccs.2018.1162

REN Huaiwei,WANG Guofa,ZHAO Guorui,et al. Smart coal mine logic model and decision control method of mining system[J]. Journal of China Coal Society,2019,44(9):2923-2935. doi:10.13225/j.cnki.jccs.2018.1162

智慧煤矿信息逻辑模型及开采系统决策控制方法

任怀伟[1,2],王国法[1,2],赵国瑞[1,2],曹现刚[3],杜毅博[1,2],李帅帅[2]

(1. 天地科技股份有限公司 开采设计事业部,北京 100013; 2. 煤炭科学研究总院 开采研究分院,北京 100013; 3. 西安科技大学 机械工程学院,陕西 西安 710054)

摘 要:针对数字矿山向智慧矿山发展过程中信息关联层次不清晰、框架结构不完善、缺少智能决策依据及有效控制方法的问题,提出了智慧煤矿信息逻辑模型,基于本体和语义网技术建立了煤矿多源、异构关系数据的信息"实体"和虚实映射机理,提出基于知识需求模型的信息实体主动匹配与推送策略,构建基于开采行为预测推理的智慧逻辑模型进化机制,形成了层级清晰、结构明确、全面覆盖的智慧煤矿信息模型;构建了综采设备群空间位姿关系模型,提出了考虑随机误差的强耦合设备群空间坐标统一描述及各设备关联坐标系转换方法,建立了多参量融合分析和评估的开采环境-生产系统耦合关系模型,为煤矿装备位姿控制及智能决策提供支撑;给出了时变多因素影响下的开采设备群全局最优规划和分布式协同控制方法。将综采设备群全局最优规划归结为一个二次积分模型的燃料最优规划问题,提出了基于多模态控制的综采设备群全局最优推进路径规划及控制策略,可兼顾开采条件、设备能力、工艺流程及能量消耗,确保生产成本、效率的有效改善。给出了同时考虑环境干扰和传感器数据时延特性的液压支架群组分布式协同控制方法。上述基础架构和数学模型为深层次挖掘智慧煤矿海量信息之间的关联关系、解决大数据环境下开采系统的最优化协同控制、实现复杂地质条件下连续稳定开采提供了基础理论支撑,可有效推动智慧煤矿技术的发展。

关键词:智慧煤矿;逻辑模型;信息实体;决策控制;协同控制

中图分类号:TD67   **文献标志码**:A   **文章编号**:0253-9993(2019)09-2923-13

Smart coal mine logic model and decision control method of mining system

REN Huaiwei[1,2],WANG Guofa[1,2],ZHAO Guorui[1,2],CAO Xiangang[3],DU Yibo[1,2],LI Shuaishuai[2]

(1. *Coal Mining and Designing Department,Tiandi Science and Technology Co. ,Ltd. ,Beijing* 100013,*China*; 2. *Mining Design Institute,China Coal Research Institute,Beijing* 100013,*China*; 3. *School of Mechanical Engineering,Xi' an University of Science and Technology,Xi' an* 710054,*China*)

Abstract:An information logic model for intelligent coal mine is proposed in this paper,aiming at the problem of unclear information association,imperfect framework structure,lack of intelligent decision-making basis and effective control method in the development process of digitalization to intelligentization. First of all,a kind of clear hierarchical well-organized and comprehensive information model for intelligent coal mine is established,where the information entity and virtual-real mapping mechanism of multi-source heterogeneous relational data based on ontology and semantic web technology,the active matching and pushing strategy of information entities based on knowledge demand model,and the evolutionary mechanism of intelligent logic model based on mining behavior prediction reasoning are proposed.

收稿日期:2018-08-28   修回日期:2019-07-20   责任编辑:郭晓炜

基金项目:国家自然科学基金重点资助项目(51834006);国家自然科学基金面上资助项目(518741774)

作者简介:任怀伟(1980—),男,河北廊坊人,研究员。Tel:010-84263142,E-mail:renhuaiwei@tdkcsj.com

Then, coal mine equipment position control and intelligent decision are provided on the basis of the construction of spatial position and attitude relationship model of fully mechanized mining equipment group, the proposal of unified description of spatial coordinates of the strongly coupled equipment group considering random errors and transformation method of correlation coordinate system for different equipment, and the establishment of multi-parameter fusion analysis and evaluation of mining environment-production system coupling relationship model. Finally, the global optimal planning and distributed collaborative control method for fully mechanized mining equipment group under the influence of time-varying and multiple factors are given, where the global optimal planning is summed up in a fuel optimal planning problem of a quadratic integral model, and the global optimal propulsion path planning and control strategy is proposed based on multi-modal control, which can consider mining conditions, equipment capacity, process flow and energy consumption, and ensure an effective improvement of production cost and efficiency. Besides, a distributed cooperative control method for hydraulic support groups considering both environmental disturbance and sensor data delay characteristics is presented. The above-mentioned infrastructure and mathematical models provide a basic theoretical support for deep-separating the relationship among the massive information of intelligent coal mines, solving the optimal coordinated control of mining systems in large data environments, and achieving continuous and stable mining under complicated geological conditions, which can promote the development of smart coal mine technology effectively.

Key words: smart mine; logic model; information entity; decision control; collaborative control

智慧煤矿及智能化开采将现代科学技术与传统采矿科学融合发展,是煤矿开采领域的技术发展趋势和当前研究的热点问题。1999 年提出的数字矿山的概念,是由数字地球延伸而来,即在矿山范围内以三维坐标信息及其相关关系为基础而组成的信息框架[1-2]。之后,地质探测、环境监测、开采装备状态等更加广泛、深入的信息不断融入,再辅以 UWB 超宽带局部定位、虚拟现实等先进技术被引入到矿山开采数字信息的处理中,形成了基于 GIS(地理信息系统)的一系列信息化、数字化矿山模型[3-6]。当前,数字煤矿已经实现了信息实时精准采集、远程网络传输、三维实景展现等功能,也实现了从井上到井下、从整个矿区到具体设备、从现场到远程、从生产到安全的多层次立体信息集成[7-8]。

数字矿山更多强调的是信息的数字化表达。对矿山开采系统而言,复杂多变的地质环境、系统集成的作业工艺、高度关联的生产调度都越来越需要智能化的决策和控制,近年来提出的智慧矿山[9]就是在数字信息的特征提取、逻辑推理及智能决策方面进行大量的研究[10-15],以期从大量数据中挖掘特定关联关系并推演出全新的运行逻辑。因而,为支持这一技术需求,煤矿信息框架不仅仅是三维地理坐标、环境、装备等信息,还应包括数据间的相互关联关系及其逻辑推理,包括功能关系、事件关系、物理关系的表达、辨识和处理等,从而形成支撑智慧煤矿的逻辑信息框架。

目前,从数字矿山向智慧矿山信息框架演进的过程中,存在 3 个核心问题未有效解决:一是信息关联层次不清晰,基于"规则"的方法[16-17]只是建立了数据间的"表象"关联状态,未进行深度有效的挖掘,矿山生产预测难、监控难、效率低、安全事故多等问题一直不能有效解决。如何实现矿山大规模、多层次、非线性的时间、空间信息的耦合及关联,并以此支撑资源的安全、高效开采活动成为了矿山工程领域发展过程中面临的科学难题;二是框架结构不完善,现阶段仍然是以数字矿山的数据获取为核心的架构,而不是以数据利用为核心的架构[18-19]。智慧矿山缺乏系统的信息关联机制、知识发现策略和统一的逻辑模型和再现方法,现有数字矿山的框架体系更多的演变成为智慧服务的基础支持体系;三是缺少智能决策依据及有效控制方法。利用现代机械、电气及人工智能技术解决矿山装备控制难题、实现智能无人开采是智慧煤矿发展的核心目标之一。虽然突破了液压支架跟机自动化、采煤机记忆截割、运输系统煤流平衡、远程遥控、一键启停等多项关键技术,实现了简单地质条件下的设备协同联动自动运行[20-22]。然而,这些技术主要是从开采系统内部或单个环节取得的技术突破,无法组合起来实现更为复杂地质条件下的连续稳定开采。必须从系统级开展多种技术、数据的融合集成研究,解决数据不利用、信息不关联、控制不智能的问题,从根本上提升煤矿的开采水平、生产效率及人员与设备安全保障能力。

为解决上述 3 方面的问题,笔者提出智慧煤矿逻辑模型,包括智能信息"实体"、智能匹配方法与推送策略,建立基于开采行为影响预测推理的煤矿智慧逻辑模型进化机制;提出智慧逻辑模型框架下的开采系统关联关系模型,构建综采设备群空间位姿关系运动学及动力学模型;提出时变多因素影响下开采设备群全局最优规划和分布式协同控制方法,为构建智慧煤矿提供基础理论与技术支撑。

1　基于信息实体的智慧煤矿逻辑模型

信息的相互有效关联是智慧煤矿系统的基本特征和要求。虽然在前期研究过程中,初步建立了智慧煤矿八大系统[10]内的数据关联关系,但并未形成统一、有效的数据信息编码格式及模型,难以完成更深层次的信息处理、知识挖掘与运用,因而无法建立更高抽象层次的智慧煤矿概念认知框架,无法实现物理对象、逻辑关联、特征信息的统一表征和处理。为此,需要建立一种层级清晰、分类明确、覆盖全面的智慧煤矿基础数据元。该数据元将实际煤矿的物理对象及相互关联关系系统一抽象映射为一个信息"实体",在此基础上提出信息"实体"之间交互、融合、联想、衍生的机理机制,才能为深层次研究煤矿海量信息之间的关联关系提供有效方法。

1.1　智慧煤矿信息实体及虚实映射机理

各种数据、信息关联特征都需要合适的表达方式和存储结构。好的表达结构既要全面、准确反映被描述对象的特征,又要有利于数据的关联、融合与推理。交通、环保、地理信息等领域[3]都建立了基础数据元的标准表达。智慧煤矿数据元也要有统一的描述模型,需首先对数据进行分类,再确定数据格式。

1.1.1　智慧煤矿信息实体建模

矿山数据有非地测数据和地测数据、内部数据和外部数据[3]等不同的分类和描述方法。基于对煤矿物理对象及其关联关系的理论建模,本文从数据信息的类型、属性和层次关系3个维度对数据进行分类。

(1)煤矿数据信息类型。

煤矿物理对象及其关联关系信息的类型依据矿井信息的领域分为16种类型[23],类型名称或简称的英文首字母缩写组成代码,见表1。

(2)煤矿数据属性。

智慧矿山数据在数据来源、分类领域、结构形式与数据特点方面具备不同数据属性特征[24],如图1所示。

(3)层次关系。

智慧矿山数据有从基础到高级应用的依赖关系,底层为上层服务,上层调用底层。定义数据元或信息实体必须明确数据的层次。按照通用的智慧矿山技术架构,数据层次一般在3~7层,这里设置4个层,

设备感知、网络传输、决策支持层和决策层(应用层)。

表1　智慧矿山数据信息类型
Table 1　Data information types of intelligent mines

序号	类型	代码	序号	类型	代码
1	矿井基本信息	II	9	应急救援	ER
2	矿井地质	MG	10	煤炭洗选	CP
3	矿井设计	MD	11	煤炭销售	CS
4	矿井建设	ME	12	环境保护	EP
5	一通三防	VD	13	人力资源	HR
6	安全管理	SM	14	财务管理	FM
7	调度管理	DM	15	物资管理	MM
8	生产管理	PM	16	信息化	IT

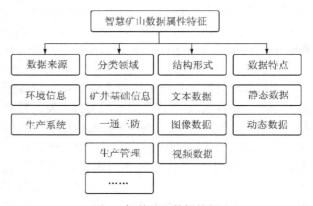

图1　智慧矿山数据特征
Fig. 1　Data characteristics of intelligent mines

本文通过提取不同种类、不同属性、不同层次、不同状态的抽象数据,提出多源、异构关系数据的统一描述方法,一方面描述物理实体对象,另一方面也反映物理实体之间的关联关系。

如图2所示,信息实体单元(基本数据元)包括结构信息、属性信息和功能信息3个元数据(基本字符段)。以本体和语义网技术为基础,描述每个元数据的信息:结构信息主要反映物理对象的构成和参数,包括型号、尺寸、功率、零部件数量等信息;属性信息主要包括物理对象的名称、类型、材料、控

图2　信息实体单元
Fig. 2　Information entity

制方式等信息;功能信息则是从使用者角度定义物理对象,包括物理对象的基本功能、寿命、可靠性、安全性等。

智慧煤矿信息实体的数学表达模型为

$$O_i = \{ S_t \mid (M(p), S(n), \cdots), P_r \mid (N(a), C(p), \cdots), F_c \mid (F(p), L(n), \cdots) \}$$

式中,O_i 为第 i 个信息实体单元;S_t 为实体单元的结构信息;$M(p)$ 为指针 p 指定的对象型号;$S(n)$ 为数字 n 表达的对象尺寸;P_r 为实体单元的属性信息;$N(a)$ 为字母描述的对象名称;$C(p)$ 为指针 p 指定的对象控制方式;F_c 为实体单元的功能信息;$F(p)$ 为指针 p 指定的对象基本功能;$L(n)$ 为数字 n 表达的对象寿命。

同时,在构建信息实体的基础上建立基于大数据的智慧煤矿语义知识模型库,形成智慧煤矿数据描述标准体系,规范化智慧逻辑模型表达形式。

1.1.2　智慧煤矿信息虚实映射机理

在实际开采过程中,物理实体与其他实体、外部环境信息之间存在着物理逻辑、功能逻辑、事件逻辑 3 个方面关联。为实现虚实映射,将物理实体间的 3 种关联关系通过 Apriori 算法投影到物理、功能、事件 3 个逻辑空间,形成 3 类"投影信息实体":① 物理空间"投影信息实体"包含了实体之间的三维空间位置、运动关联等信息;② 功能空间"投影信息实体"反映了实体之间的生产顺序、保障关联等功能逻辑联系;③ 事件空间"投影信息实体"则在特定事件中所有与当前实体发生信息关联的实体集合。

基于 3 类投影信息实体可建立智慧煤矿各层次内部及外延对象间的逻辑关系模型,从而实现虚拟空间与物理空间实体各种对象和关系的统一、准确映射。

逻辑关系建模过程中,每个层次、每个类型的信息"实体"中的数据结构都来源于已经建立的智慧煤矿语义知识模型库和基本数据类型数据库。数据库具有面向智慧煤矿地质、环境、装备、管理的统一数据描述模型和接口标准。智慧逻辑模型可依据井下开采行为引发的实际物理实体变化和环境、需求的变化自动预测退了,构建新的关联关系,始终保持物理空间和虚拟信息空间的实时映射,映射过程如图 3 所示。

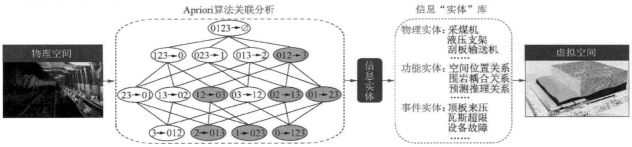

图 3　虚实映射技术路线

Fig. 3　Chart of virtual-real mapping

1.2　信息实体智能匹配、推送及智慧煤矿数据交互

1.2.1　信息实体智能匹配与主动推送

智慧煤矿最为重要的是数据能够高效流动和交互,才能实现信息的快速分析、处理和更新。现有数据"被动查找和调用"的方式无法满足主动分析、智能决策的智慧煤矿信息流动和交互需求,为此,提出基于需求模型的信息实体智能匹配和主动推送策略。

(1)知识需求模型构建

如图 4 所示,构建知识需求模型首先建立基本控制任务集,包括电机启动与停止、转速调节、控制阀开启与停止、信号发出、接收信息等;随后针对每一物理实体(控制对象)的控制任务定义所需的知识信息。这些信息来自于数字煤矿智能感知的大数据,包括环境数据、周围设备状态数据、控制要求、人员信息等。当人员、设备进入到某种场景、状态或外部环境发生某些变化时,需求模型被激活,预先定义的对应物理

实体控制任务的信息需求就被得出并调用。

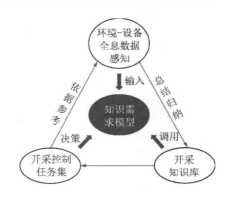

图 4　知识需求模型构建

Fig. 4　Chart of knowledge modeling

(2)智能匹配与推送策略

通过知识需求模型得出的信息需求既有井下各类传感器的基础监测数据,也有生产、安全、管理要求

数据。构建模糊综合决策的智慧煤矿知识匹配规则，以信息需求中的条目作为关键词进行匹配，所有与该条目相关的信息实体数据库中的数据都被推送至操作功能库。需求模型匹配并推送的信息包含着物理对象的空间状态、变动触发事件及其对开采生产环节的影响。在操作功能库中，建立信息实体清洗、存储、控制和管理等基本操作功能，形成概念逻辑、联想、记忆和思维推理的信息实体操作机制，并分析这些推送的触发数据及其二阶行为模式得到相关参数变动趋势，确定基于开采行为的知识过滤与最优解推送策略，最终在诸多匹配数据中得出需要的数据，并从操作功能库推送给控制对象，由其自身智能控制系统给出最佳的控制方式和参数，如图 5 所示。其中，f_1' 为综采装备运动函数的导数，反映装备的变动趋势；DP 为需要匹配的信息实体；DR 为已经在数据库的中基准信息实体。

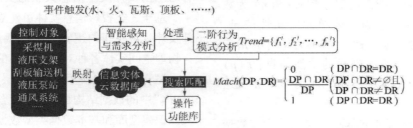

$$Match(DP,DR) = \begin{cases} 0 & (DP \cap DR = DR) \\ \dfrac{DP \cap DR}{DP} & (DP \cap DR \neq \varnothing \text{且} \\ & DP \cap DR \neq DR) \\ 1 & (DP \cap DR = DR) \end{cases}$$

图 5　数据智能匹配与推送策略

Fig. 5　Data matching and pushing strategy

1. 2. 2　智慧煤矿数据交互

智慧矿山数据流转和交互有 3 种方式：层内流转、层间由下到上流转和层间由上到下流转[24]，如图 6 所示。

不同类型、属性、层次的数据有着不同的交互和流转方式，信息实体的智能匹配与主动推送要遵从数据的交互和流转关系。基于数据的分类及属性、层次描述，对相关数据元（信息实体）产生的主要层次和交互关系进行了详细定义，见表 2[24]。

图 6　智慧矿山数据流转和交互

Fig. 6　Data transfer and interaction in smart mines

表 2　数据元（信息实体）产生的主要层次和交互关系

Table 2　Main levels and interactions of data elements (information entities)

信息实体		信息实体产生层次			数据流转层次
一级信息实体	二级信息实体	设备感知层	决策支持层	决策层	
生产管理	生产计划		√	√	决策层⇌决策支撑层
	备品备件管理		√	√	设备感知层⇌决策支撑层⇌决策层
	设备维护计划	√	√	√	设备感知层⇌决策层⇌决策支撑层
调度管理	人员调度			√	决策层⇌决策支撑层
	物资调度			√	决策层⇌决策支撑层
	综合管理			√	决策层⇌决策支撑层
机电运输	设备状态监控	√	√	√	设备感知层⇌决策支撑层⇌决策层
	人员及车辆定位	√	√	√	设备感知层⇌决策支撑层⇌决策层
	视频监控	√	√	√	设备感知层⇌决策支撑层⇌决策层
	……				
安全管理	环境新监测	√	√	√	设备感知层⇌决策支撑层⇌决策层
	……				

在网络传输层面，不同层次的数据也对应着各自的通信协议。设备感知层的现场总线型终端设备采用 RS485 总线或 CAN，Modbus 总线。决策支持层的终端设备基于工业以太网 TCP/IP 协议制定数据交互规范，明确通信建立方式、数据组成、数据格式、数据类型等内容。决策层数据交互方式较多，文本型数

据采用 FTP 协议交互；视频数据采用 GB/T 28181《安全防范视频监控联网系统信息传输、交换、控制技术要求》标准。通信联络采用 SIP 协议，标准工控类设备交互采用 OPC/OPC UA 接口标准。

对于标准监测、管理类数据，基于 TCP/IP 协议制定应用系统间交互接口规范，选用消息帧结构方式或 XML 格式化文本进行描述。

在实际数据与信息流动过程中，传感器采集的数据需进行分解重构，分别从数据类型、属性及层次等方面进行数据属性的识别拆分；基于已有的多层次、多类型需求，结合应用及服务场景的特征提取，才能给出不同类型数据的定点推送方向和目标；同时，在信息实体基本操作功能库的支持下，解决推送信息和目标的交互、融合问题，自动完成数据推送-接收。过程结束后，将以通知显示、预测报警、程序控制、等待决策等形式呈现。

信息实体主动匹配与推送解决了智慧逻辑模型的信息流动方式难题，建立了"智慧数据流"的基本架构和运行模式。

1.3 基于开采行为预测推理的智慧逻辑模型进化机制

智慧逻辑模型的一个典型特征就是要有自我学习、自我更新的机制，因而信息实体的自动化建模、自我更新是构建多层次、多模式、多特征智慧逻辑模型的关键技术。煤矿掘进、割煤、支护、通风、排水等开采过程行为必然会带来矿井地质力学状态、环境特征、设备间相互关系等的变化，如何将这些动态变化同步反映到智慧逻辑模型的信息实体中是需要解决的基本问题之一。

这里提出了基于开采行为预测推理的智慧逻辑模型进化机制，基于开采行为对矿山地质条件、位移及压力变化、设备空间及状态变化影响的预测推理，形成依赖于时间变化的信息实体更新因子（该因子是行为动态变量与智慧逻辑模型更新参数间的函数关系）；建立基于更新因子的信息实体动态更新方法和基于边云计算的智慧逻辑模型协同进化策略，提出统一的煤矿智慧逻辑模型进化机制。

如图 7 所示，基于已有的采矿工程理论、知识库、地理信息系统和开采实时数据，构建智慧煤矿系统级状态预测推理模型，建立各行为参数在时间尺度上与煤矿各系统状态的函数关系。由于这些函数不是简单的单输入、单输出函数，而是一对多、多对一等复杂函数，且这些参数、函数之间还存在不同程度的关联关系。因此，为准确将开采行为对煤矿的影响映射到智慧逻辑模型中，需采用并行计算、深度学习、强化学

习、跨模态融合、时序关联等计算方法，确定信息实体时变动态因子，并分析其影响度与置信度，最终给出基于大数据驱动的信息实体更新进化方法。图 7 中 $e_1(k)$，$e_2(k)$ 为开采过程中装备的 2 种状态输入；u_1^1，$u_1^2, u_1^{m_1=3}, u_2^1, u_2^2, u_2^{m_2=3}$ 为经过模糊化处理，每个状态输入可以由 m_1 和 m_2 个基本行为模式表达，这些基本行为模式经过交叉迭代，可形成 $m_1 \times m_2$ 个（9 个）新的控制参量 α_m；$w_1 \sim w_9$ 为控制参量经归一化处理形成的 9 个基本调整参数，这些调整参数加和，生成 y_{out} 输出在此基础上，建立基于边缘计算的信息实体特征更新机制和基于边云协同的智慧逻辑模型计算资源自组织配置方法，将时间、空间信息深度融合，构建智慧逻辑模型迭代优化策略，实现系统自我更新和自我升级，进一步扩展智慧煤矿网络、计算、存储、应用融合的能力，满足煤矿数字化在数据交互、实时优化、应用智能、安全保护等方面的关键需求。

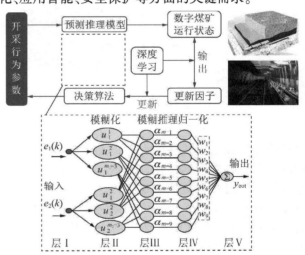

图 7 系统行为预测推理及自我优化方法

Fig. 7 System behavior forecast and self-optimization

上述研究给出的物理对象及关联信息"实体化"、交互机制及进化更新策略，形成完整的智慧煤矿信息关联逻辑框架，如图 8 所示。

智慧逻辑模型建立了统一、有效的数据信息编码格式，形成了层级清晰、分类明确、覆盖全面的煤矿基础数据元，解决了煤矿非结构化数据信息表达难题。同时，给出了基于信息实体的数据交互、融合、更新的机制，实现了更深层次的信息处理、知识挖掘与运用。智慧逻辑模型反映了煤矿系统、装备构成的物理对象空间与多层次智能信息实体构成的信息空间的统一映射关系，实现了大数据驱动下的虚实系统实时映射。

2 智慧逻辑模型框架下的开采系统建模

煤矿开采由综采工作面采煤机、液压支架和刮板

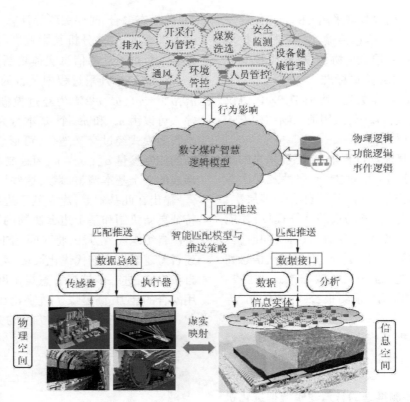

图 8 基于智能感知的煤矿智慧逻辑模型

Fig. 8 Coal mine smart logic model based on intelligent sensor

输送机等有强运动关联的设备群与运输、通风等辅助弱关联设备群协同工作,形成生产系统。煤矿智慧逻辑模型通过解决信息描述模型、信息交互方案以及进化更新机制 3 个基本问题,建立了煤矿信息表达、数据处理及自动更新的基本框架,其根本目的是实现采煤过程信息的处理及智能决策。实现生产系统的智能决策控制,需在智慧逻辑模型框架下利用获取的信息实体数据建立整个综采装备群的内外部关系模型。

2.1 综采设备群空间位姿关系运动学建模

综采设备群空间位姿关系描述是智能化控制的基础。当前,设备之间的位姿关系主要是基于设备间的相互连接约束及与工作面、巷道间的位置关系来描述。然而,在设备推进过程中会产生位置误差的积累,同时工作面、巷道尺寸也在变化,原有的描述方法无法满足智能控制中全局位姿变换的需要。因此,在智慧逻辑模型框架下必须建立新的空间位置关系统一描述方法。

如图 9 所示,对于单一支架与刮板输送机的连接,以液压支架推杆与中部槽连接铰接点为坐标原点,推杆推进方向为 x 方向,沿工作面方向为 y 方向,支架高度方向为 z 方向,考虑到连接误差,相邻支架

在该坐标系中的坐标为

$$L_{i+1} = \{ L_x(x_i,y_i,z_i)\cos(\beta+\Delta\beta) + \Delta x, L_y(x_i, y_i,z_i) + \Delta y, L_z(x_i,y_i,z_i)\sin(\beta+\Delta\beta) + \Delta z \} =$$

$$L_i(x_i,y_i,z_i)\left\{ \cos(\beta+\Delta\beta) + \frac{\Delta x}{L_x(x_i,y_i,z_i)}, \right.$$

$$\left. 1 + \frac{\Delta y}{L_y(x_i,y_i,z_i)}, \sin(\beta+\Delta\beta) + \frac{\Delta z}{L_z(x_i,y_i,z_i)} \right\}$$

式中, $L_i(x_i,y_i,z_i) = \{ L_x(x_i,y_i,z_i), L_y(x_i,y_i,z_i), L_z(x_i,y_i,z_i) \}$ 为第 i 个支架的坐标; L_{i+1} 为 $i+1$ 个支架的坐标; $\Delta x,\Delta y,\Delta z,\Delta\beta$ 分别为第 i 个支架在 x,y,z 轴向和绕 y 旋转方向上的误差; β 为设备沿 y 轴旋转的角度。

对于工作面设备群,以机头液压支架的坐标系为初始坐标系,其他支架、采煤机、刮板输送机和转载机、破碎机等均按连接关系依次形成相对坐标系,最后通过坐标系变换统一到初始坐标系中。

基于上述考虑随机误差的强关联设备群空间坐标统一描述数学模型和相互驱动关系,可针对空间信息未知设备采用冗余串并联机械机构的逆运动学求解方法建立综采设备群空间位姿解算方程,并提出误差传递及消除方法。

（a）单一支架与刮板输送机连接

（b）工作面设备群连接

图9　工作面设备群坐标系

Fig. 9　Coordinate of longwall equipment

上述方法的典型应用是,依据开采行为及突发状况所需的设备位姿进行反馈链路分析,通过采用机器人运动解耦方法进行综采设备群逆运动学求解,从而得出被控设备间位姿关系的最优解及运动控制参数。

2.2　开采环境-生产系统耦合关系建模

生产系统在井下的所有行为都受到采场环境的影响和约束,因而必须给出开采环境-生产系统的相互影响关系建模,才能为开采系统智能化控制提供依据。煤矿开采工艺、装备运动方式及控制参数系统受围岩结构(煤层条件)、支护及截割过程中的空间位置关系、相互作用力、环境(瓦斯、粉尘)等因素的影响[23]。

如图10所示,耦合关系建模重点考虑煤层条件变化对割煤过程的影响、围岩稳定性对支护的影响以及地质环境参数对推进工艺的影响,从而给出液压支架推进、采煤机调高调速、工作面直线度等生产控制策略及参数。主要关联关系见表3。

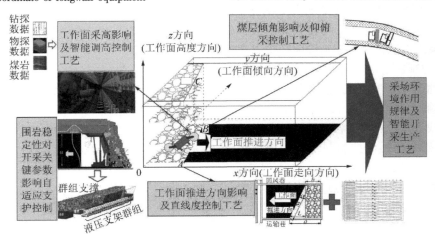

图10　开采环境-生产系统耦合建模

Fig. 10　Coupling model between mining environment and equipment

表3　开采环境-生产系统相互影响关系

Table 3　Interaction between mining environment and production system

开采环境		生产系统		
		开采工艺	采煤机	液压支架
煤层条件	厚度变化		滚筒调高	支护高度调节
	倾角变化	俯采/仰采	机身角度调节	擦顶移架
	断层、陷落柱		滚筒转速机身角度调节	支架跟随
	……	……	……	……
围岩稳定性	顶板垮落	临时支护	清理落矸	支架稳定控制
	煤壁片帮	降低采高	清理落煤	护帮板打开
	超前巷道变形	临时支护		联动控制
	……	……	……	……
地质环境参数	粉尘浓度	降尘	降低滚筒转速	移架联动控制
	瓦斯浓度	通风/工艺参数调整	降低采煤机速度	支架跟随
	……			

模型中每一个关联关系都是一个信息实体,其具体关联参数和控制策略需依据具体条件进行定义和细化。开采装备群的控制参量就来自于上述基于定量技术及定性经验分析建立的开采环境–生产系统耦合关系模型。例如,采煤机的截割效率、运行稳定性、工艺节拍等参数与环境、围岩等多个因素相关,因此在实际控制过程中,需对这些因素的影响程度(敏感性)进行多参量融合分析和评估,在一个特定目标策略驱动下给出最佳控制参数。

3 时变多因素影响下开采设备群全局最优规划和分布式协同控制

在智慧逻辑模型框架下,结合采场环境–开采系统内外部关系模型,提出开采设备群全局最优规划和分布式协同控制方法。

3.1 综采设备群全局最优规划策略

受围岩条件复杂多变的影响,开采设备之间主要运行参数存在非线性耦合关系。生产计划、采场环境、综采设备状况等都在不断变化,为确保关键设备工作参数的匹配,采用无源控制方法消除时变多因素干扰对设备群协调控制稳定性和精度影响。以产量/能耗比为主要评价指标,综合考虑地质条件、效率、人员、安全等因素,求解决非线性耦合条件下生产系统设备群全局最优规划问题,并得到各子系统的分布式输出。将综采设备群全局最优控制归结为一个二次积分模型的燃料最优规划问题,如图 11 所示,其中,γ_+,γ_- 为满足后面大括号中公式的点的集合;c 为抛物线距离纵轴的距离,常数。

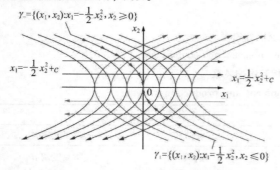

图 11　综采设备群二次积分全局最优规划模型

Fig. 11　Quadratic integral global optimal control model of longwall mining equipment

图 11 中的 x_1,x_2 坐标代表一组控制参数(系统的状态)。已知二阶系统的状态方程为

$$\begin{cases} \dot{x}_1(t) = x_2(t) \\ \dot{x}_2(t) = u(t) \end{cases}$$

给定端点约束条件为

$$x(0) = \begin{bmatrix} \xi_1 & \xi_2 \end{bmatrix}^T$$
$$x(t_f) = \begin{bmatrix} 0 & 0 \end{bmatrix}^T$$

寻求有界闭集中的最优控制 $u^*(t)$,满足不等式约束:

$$|u(t)| \leqslant 1 \qquad \forall\, t \in [0, t_f]$$

使系统由任意初始状态 $x(0)$,转移到预定终态 $x(t_f)$,并使能耗目标函数取极小值:

$$J[u(t)] = \int_0^{t_f} |u(t)| \, \mathrm{d}t$$

式中,ξ_1,ξ_2 为给定端点的初始位置的坐标值;t_f 为终点状态的时间点;$u(t)$ 为设备运行轨迹的二阶导数是与时间相关的函数。

图 11 中不通过原点的平行线,是 $u = 0$ 的路径序列,左侧开口二次曲线是 $u = -1$ 的路径序列,右侧开口二次曲线是 $u = 1$ 的路径序列。综采系统在 3 类路径曲线上由任意初始状态 $x(0)$ 向终态 $x(t_f)$ 过渡。开关曲线 γ 以及坐标轴 x_1 将相平面分成了 4 个区域,如图 12 所示。

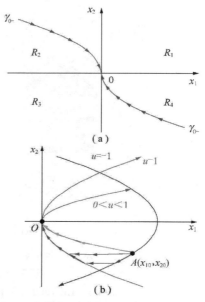

图 12　综采设备群最优规划开关曲线及优化路径

Fig. 12　Optimal planning curve and optimal path of longwall mining equipment group

例如,系统初态若位于区域 R_4,则 $u^*(t) = \{0, +1\}$,$u^*(t) = \{-1, 0, +1\}$ 都可驱使系统状态到达原点,但从图 12(b) 可以看出,$\{0, +1\}$ 控制下的燃料消耗小于 $\{-1, 0, +1\}$ 的燃料消耗,因而 $\{0, +1\}$ 为最优控制序列,且在各种情况下其响应时间最短。

在实际求解过程中,由于综采系统运行是需要协调配合的,还有很多的边界约束,因而上述优化过程是有前提的,必须考虑综采系统运行参数之间的耦合关系。为支撑综采设备群全局最优控制,将综采系统典型工作工艺(中部割煤、割三角煤、过断层等)定义为标准的控制模态。优化过程必然在某一控制模态内进行,通过优化参数组合达到能耗目标值。

整个综采过程是一个具有多模态复杂生产工况的过程,在标准控制模态之间还存在着非标的过渡模态。这些过渡模态的参数控制和调整需要通过对相关数据采集和工艺分析,基于综采设备调控极限能力,在设备群稳定受控的条件下确定路径方案。

基于多模态控制的综采设备群全局最优推进路径规划及控制策略可兼顾开采条件、设备能力、工艺流程及能量消耗,确保生产成本、效率的有效改善。

3.2　时变多因素影响下综采设备群分布式控制

综采设备群全局最优规划给出的路径方案和参数是总体控制目标,需要分解到每一台具体执行设备。目前,采煤机、液压支架及刮板输送机都是单独控制,近百架液压支架也是集中控制方式,都无法自主完成总体最优控制目标。为此,给出时变多因素影响下综采设备群分布式控制方法。如图13所示,在每台设备上都安设主控机构,都具有自身控制及与相邻装备通讯、协调运行的能力。在单机智能控制的基础上可实现设备群的整体协同控制,大幅增强了开采系统智能化控制的适应性和灵活性。

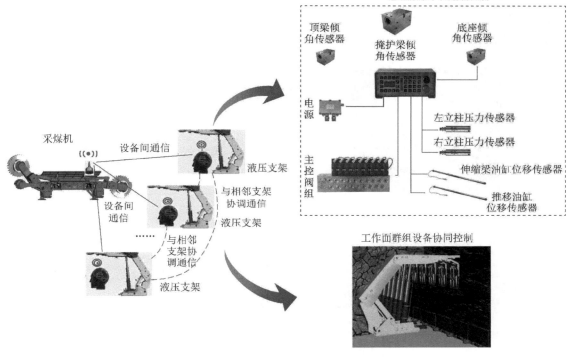

图13　开采系统分布式协同控制

Fig. 13　Distribute and cooperative control of mining system

首先解决工作面液压支架群的分布式协调控制问题。沿工作面长度方向上,不同区段顶板下沉量不同、压力不同,需要不同的液压支架支护参数,但目前集中控制各个支架的参数都相同,无法满足差异化的控制需求。这里基于开采环境-生产系统耦合作用模型,以顶板沿工作面长度方向上应力场梯度变化为控制变量,不同区段采取不同的控制策略,建立液压支架群组分布式协同控制模型,数学表达式如下:

$$u_i = u_{i\alpha} + u_{i\beta}, (i = 1, 2, \cdots, n)$$

式中,$u_{i\alpha}$ 为立柱长度控制量,用于控制液压支架高度;$u_{i\beta}$ 为平衡千斤顶长度控制量,用于控制液压支架顶梁水平角度;二者共同决定液压支架在某一时刻的姿态。取:

$$u_{i\alpha} = -\sum_{j=1, j \neq i}^{n} \nabla_{x_i} \Psi(x_{ij})$$

$$\Psi(x_{ij}) = k_1 \ln(1 + x_{ij}^2)$$

$$u_{i\beta} = \sum_{j=1, j \neq i}^{n} \alpha_{ij} \varphi(v_{ij})$$

$$\varphi(v_{ij}) = \text{sign}(v_j - v_i) |v_j - v_i|^{k_2}$$

其中,x_{ij} 为第 j 个支架对第 i 个支架压力分担量;v_{ij} 为第 j 个支架对第 i 个支架转矩分担量;k_1, k_2 分别为立柱长度控制参数和平衡千斤顶控制参数;α_{ij} 为与支架位置相关的某一常数;v_j, v_i 为第 i 和 j 个支架上分担的转矩;Ψ 为与支架位置相关控制参数调整函数。由此可得,支架的姿态控制输入 u_i 可表述为以下形式:

$$u_i = - k_1 \sum_{j=1, j\neq i}^{n} \nabla_{x_i} \ln(1 + x_{ij}^2) +$$

$$\sum_{j=1, j\neq i}^{n} \alpha_{ij} \mathrm{sign}(v_j - v_i) |v_j - v_i|^{k_2}$$

上式说明,每一个支架的控制输入都与相邻支架的状态相关,对于一个拥有 n 个支架个体的支护群组,在分布式协同控制输入的作用下所有支架的姿态都与能够适应其所在位置的顶板压力,且能够相互协调共同完成对工作面上覆围岩的支护。

其他综采设备同样也需要分布式协同控制。全局最优规划给出了既定的控制模态,然而实际开采过程中煤层结构、顶底板状态以及传感器数据时滞等时变因素对开采设备协调控制具有重要影响,必须建立同时考虑环境干扰和传感器数据时延特性的分布式协同控制方法。这里采用多尺度信息交互分析方法预测综采工作面环境变化时开采设备的运行状态,并通过分布式协同控制做出响应。

如图 14 所示,工作面传感器数据采样频率不同,各种数据、信息进行描述的时候是多尺度的,处理这些数据过程中需要进行多尺度融合。为加快系统响应时间,环境数据的处理放在边缘侧,将环境信息的趋势分析结果上传至控制器;同时基于传感器历史数据进行大数据分析,采用深度学习算法预测设备控制模态。基于上述方法的开采设备群分布式控制可以克服时变因素的干扰和数据时延,满足了控制的实时性、准确性要求,完成多目标、多约束条件下的设备群全局最优移进。

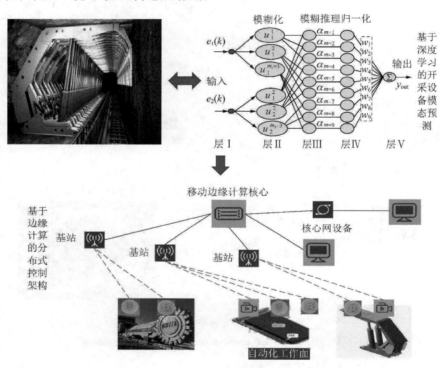

图 14　时变多因素影响下综采设备群分布式控制

Fig. 14　Distributed control for longwall mining equipment group under the influence of time-varying multiple factors

4　结　论

(1)通过数据关联关系特征提取,揭示更高抽象层次的智慧煤矿多源、异构关系数据的关联关系,提出了信息"实体"之间交互、融合、联想、衍生机制和虚实映射机理,提出基于知识需求模型的信息实体主动匹配与推送策略,构建基于开采行为预测推理的智慧逻辑模型进化机制,形成了层级清晰、结构明确、覆盖全面的智慧煤矿信息框架模型;为深层次研究智慧煤矿海量信息之间的关联关系提供有效方法。

(2)基于智慧煤矿逻辑模型,提出考虑随机误差的强耦合设备群空间坐标统一描述模型及各设备空间关联坐标系转换方法,建立开采环境-生产系统耦合关系模型;为实现煤矿数据的逻辑推理、智能决策和协同控制提供了有效方法和技术支撑。

(3)将综采设备群全局最优规划归结为一个二次积分模型的燃料最优规划问题,给出了液压支架群组协同控制、同时考虑环境干扰和传感器数据时延特性的分布式协同控制方法。为实现复杂地质条件下的装备连续自主推进、大规模复杂生产系统高可靠性及智能决策控制提供基础理论和关键技术支撑。

　　智慧煤矿发展是一个长期、渐进的过程,伴随着多学科、多领域的技术突破。基于本文基础架构和理论模型,各个相关技术可融合形成一个全面、可靠、高效的运行体系,并逐步衍生出新的知识、方法和工艺,推动煤矿开采智能化水平的不断提升。目前,陕煤张家峁煤矿、延长石油巴拉素煤矿等都在大力建设智慧煤矿,本文研究成果已经用于整个信息化系统的基础架构和生产系统的逻辑控制,并在实施过程中不断的完善,有效推动了智慧煤矿技术的发展。后续将在不同环境下的感知、人工智能及设备健康状态维修维护策略等关键技术方面继续展开深入研究,逐步形成完整、标准的智慧煤矿运行体系,支撑煤炭行业高质量发展。

参考文献 (References) :

[1] 戈尔. 数字地球:对 21 世纪人类星球的理解[J]. 地球信息科学学报,1998(2):8-11.
GORE Al. The digital earth: Understanding our planet in the 21st century[J]. Geo-Information Science,1998(2):8-11.

[2] 吴立新. 数字地球、数字中国与数字矿区[J]. 矿山测量,2000(1):6-9.
WU Lixin. Digital earth, digital China and digital mine [J]. Mine Surveying,2000(1):6-9.

[3] 奚砚涛. 基于开源技术的煤矿地测数据服务体系研究[D]. 徐州:中国矿业大学,2008.
XI Yantao. Research on the service system of coal mine geological survey data based on open source technology[D]. Xuzhou:China University of Mining and Technology,2008.

[4] 卢新明,尹红. 数字矿山的定义、内涵与进展[J]. 煤炭科学技术,2010,38(1):48-52.
LU Xinming, YIN Hong. Definition, connotations and progress of digital mine[J]. Coal Science and Technology,2010,38(1):48-52.

[5] 毛善君,刘桥喜,马蔼乃,等. "数字煤矿"框架体系及其应用研究[J]. 地理与地理信息科学,2003,19(4):56-59.
MAO Shanjun,LIU Qiaoxi,MA Ainai,et al. Study on frame and application of digital coal mine [J]. Geography and Geo-Information Science,2003,19(4):56-59.

[6] 吴立新,朱旺喜,张瑞新. 数字矿山与我国矿山未来发展[J]. 科技导报,2004(7):29-31.
WU Lixin,ZHU Wangxi,ZHANG Ruixin. Digital mine and the future development of mines in China[J]. Science & Technology Review,2004(7):29-31.

[7] 吴立新,殷作如,邓智毅,等. 论 21 世纪的矿山:数字矿山[J]. 煤炭学报,2000,25(4):337-342.
WU Lixin, YIN Zuoru, DENG Zhiyi, et al. Research to the mine in the 21st century:Digital mine[J]. Journal of China Coal Society,2000,25(4):337-342.

[8] 毛善君. "高科技煤矿"信息化建设的战略思考及关键技术[J].

煤炭学报,2014,39(8):1572-1583.
MAO Shanjun. Strategic thinking and key technology of informatization construction of high-tech coal mine [J]. Journal of China Coal Society,2014,39(8):1572-1583.

[9] 王莉. 智慧矿山概念及关键技术探讨[J]. 工矿自动化,2014,40(6):37-41.
WANG Li. Study on concept and key technology of smart mine[J]. Industry and Mine Automation,2014,40(6):37-41.

[10] 王国法,王虹,任怀伟,等. 智慧煤矿 2025 情景目标和发展路径[J]. 煤炭学报,2018,43(2):295-305.
WANG Guofa, WANG Hong, REN Huaiwei, et al. 2025 scenarios and development path of intelligent coal mine[J]. Journal of China Coal Society,2018,43(2):295-305.

[11] 张申,丁恩杰,徐钊,等. 物联网与感知矿山专题讲座之一——物联网基本概念及典型应用[J]. 工矿自动化,2010,36(10):104-108.
ZHANG Shen,DING Enjie,XU Zhao,et al. Part Ⅰ of lecture of Internet of things and sensor mine-basic concept of Internet of things and its typical application [J]. Industry and Mine Automation,2010,36(10):104-108.

[12] 张申,丁恩杰,徐钊,等. 物联网与感知矿山专题讲座之二——感知矿山与数字矿山、矿山综合自动化[J]. 工矿自动化,2010,36(11):129-132.
ZHANG Shen,DING Enjie,XU Zhao,et al. Part Ⅱ of lecture of Internet of things and sensor mine-sensor mine,digital mine and integrated automation of mine [J]. Industry and Mine Automation,2010,36(11):129-132.

[13] 霍中刚,武先利. 互联网+智慧矿山发展方向[J]. 煤炭科学技术,2016,44(7):28-33.
HUO Zhonggang, WU Xianli. Development tendency of internet plus intelligent mine [J]. Coal Science and Technology, 2016,44(7):28-33.

[14] 李梅,杨帅伟,孙振明,等. 智慧矿山框架与发展前景研究[J]. 煤炭科学技术,2017,45(1):121-128.
LI Mei, YANG Shuaiwei, SUN Zhenming, et al. Study on framework and development prospects of intelligent mine[J]. Coal Science and Technology,2017,45(1):121-128.

[15] 徐静,谭章禄. 智慧矿山系统工程与关键技术探讨[J]. 煤炭科学技术,2014,42(4):79-82.
XU Jing,TAN Zhanglu. Smart mine systemengineering and discussion of its key technology[J]. Coal Science and Technology,2014,42(4):79-82.

[16] 岳一领,李东升. 基于数据挖掘技术的煤矿远程监控系统研究[J]. 太原理工大学学报,2005(2):211-215.
YUE Yiling, LI Dongsheng. The research on the remote monitoringsystem of coal mine based on data mining technology[J]. Journal of Taiyuan University of Technology,2005(2):211-215.

[17] SERAFETTIN Alpay,MAHMUT Yavuz. Underground mining method selection by decision making tools[J]. Tunnelling and Underground Space Technology,2009,24(2):173-184.

[18] 谭章禄,韩茜,任超. 面向智慧矿山的综合调度指挥集成平台的设计与应用研究[J]. 中国煤炭,2014(9):59-63.
TAN Zhanglu, HAN Qian, REN Chao. Design and applied re-

search, integrated dispatching platform for intelligent mine[J]. China Coal,2014(9):59-63.

[19] 张旭平,赵甫胤,孙彦景.基于物联网的智慧矿山安全生产模型研究[J].煤炭工程,2012,44(10):123-125.
HANG Xuping, ZHAO Fuyin, SUN Yanjing. Study on safety production model of intelligent mine base on Internet of things[J]. Coal Engineering,2012,44(10):123-125.

[20] 王国法,李占平,张金虎.互联网+大采高工作面智能化升级关键技术[J].煤炭科学技术,2016,44(7):15-21.
WANG Guofa, LI Zhanping, ZHANG Jinhu. Key technology of intelligent upgrading reconstruction of internet plus high cutting coal mining face[J]. Coal Science and Technology,2016, 44(7):15-21.

[21] 范京道,王国法,张金虎,等.黄陵智能化无人工作面开采系统集成设计与实践[J].煤炭工程,2016,48(1):84-87.
FAN Jingdao,WANG Guofa,ZHANG Jinhu,et al. Design and practice of integrated system for intelligent unmanned working face mining system in Huangling coal mine[J]. Coal Engineering,2016,

[22] 任怀伟,王国法,李首滨,等.7 m 大采高综采智能化工作面成套装备研制[J].煤炭科学技术,2015,43(11):116-121.
REN Huaiwei,WANG Guofa,LI Shoubin,et al. Development of intelligent sets equipment for fully-mechanized 7m height mining face [J]. Coal Science and Technology,2015,43(11):116-121.

[23] 许金.智慧矿山架构体系研究[J].中州煤炭,2017(11):14-19.
XU Jin. Research on smarting mine architecture[J]. Zhongzhou Coal,2017(11):14-19.

[24] 陈运启,许金.基于元数据与角色的煤矿综合信息管理系统权限控制模型设计与实现[J].工矿自动化,2014,40(11):22-25.
CHEN Yunqi,XU Jin. Design and implementation of authority control model of coal mine integrated information management system based on metadata and role[J]. Industrial and Mining Automation, 2014,40(11):22-25.

移动扫码阅读

杜毅博,赵国瑞,巩师鑫.智能化煤矿大数据平台架构及数据处理关键技术研究[J].煤炭科学技术,2020,48
(7):177-185. doi:10.13199/j.cnki.cst.2020.07.018
Du Yibo, ZHAO Guorui,Gong Shixin.Study on big data platform architecture of intelligent coal mine and key technologies of data processing [J]. Coal Science and Technology, 2020, 48 (7): 177 - 185. doi:10.13199/j.cnki.cst.2020.07.018

智能化煤矿大数据平台架构及数据处理关键技术研究

杜毅博[1,2]，赵国瑞[1,2]，巩师鑫[1,2]

(1.中煤科工开采研究院有限公司,北京 100013;2. 煤炭科学研究总院 开采研究分院,北京 100013)

摘 要：随着煤矿智能化技术深度推进,其数据量级及类型均呈爆炸式增长,利用大数据技术针对煤矿多源海量数据进行集成分析与数据价值挖掘,实现动态诊断与辅助决策,成为煤矿智能化的关键。煤矿大数据平台向下实现多源异构感知数据的接入、集成和融合,向上为各种煤矿智能化应用提供数据服务,打通感知数据和数据智能应用之间的屏障,是煤矿智能化运行的基础。针对当前煤矿大数据平台建设初级阶段缺乏成熟建设体系的现状,在分析煤矿大数据数据来源、数据特征以及处理要求的基础上,提出由数据接入层、数据存储层、数据资产管理层、数据服务层构成的煤矿大数据集成分析平台技术架构;系统研究数据接入与存储系统,主数据管理系统及数据服务系统等大数据平台关键系统,从而建立大数据平台基础框架,为大数据融合分析处理提供基础数据与资源能力;针对煤矿大数据处理要求,研究数据获取与数据标准管理,提出基于位号的煤矿数据编码标准,实现煤矿数据标准化管理,并在此基础上研究数据集成与数据治理技术与数据可视化技术,实现数据全生命周期管理;研究提出基于循环神经网络的数据预测及基于知识工程的态势感知与推理等基于人工智能的处理算法实现数据纵向和横向的智能化分析。以陕煤张家峁煤矿及陕西延长石油巴拉素煤矿为代表进行大数据平台建设与工程实践,为建设智能化煤矿大数据平台,构建煤矿数据生态提供技术参考。

关键词：智能化煤矿;大数据;数据智能化;数据处理

中图分类号:TD67　　**文献标志码**:A　　**文章编号**:0253-2336(2020)07-0177-09

Study on big data platform architecture of intelligent coal mine and key technologies of data processing

DU Yibo[1,2], ZHAO Guorui[1,2], GONG Shixin[1,2]

(1.*Coal Mining Research Institute, China Coal Technology Engineering Group, Beijing* 100013, *China*;
2.*Mining Design Institute, China Coal Research Institute, Beijing* 100013, *China*)

Abstract：With the deep advancement of coal mine intelligent technology, the data volume and types are exploding. Using big data technology for coal mine multi-source massive data integration analysis and data value mining to achieve dynamic diagnosis and auxiliary decision-making become the key of smart coal mine. Coal mine big data platform on one hand realized the function of access, integration and fusion for multi-source heterogeneous sensing data, on the other hand provided the data service for all kinds of coal mine intelligent APP, which opened the barrier between perceptual data and data intelligent application. The coal mine big data platform has become the foundation of smart coal mine. In view of the current lack of a mature construction system in the initial stage of coal mine big data platform construction, on the basis of analyzing the data sources, data characteristics and processing requirements of big data in coal mines, this paper put forward the technical framework of coal mine big data integration analysis platform which consists of data service system, data access and storage system, master data management system and data service system and other key systems of big data platform, so as to establish a big data platform basic framework to provide basic data and resource capability for big data fusion analysis and processing. Furthermore,

收稿日期:2020-05-11;**责任编辑**:赵　瑞

基金项目:国家自然科学基金青年基金资助项目(51804158);国家自然科学基金重点资助项目(51834006)

作者简介:杜毅博(1985—),男,河北邯郸人,副研究员,博士。Tel:010-84264090,E-mail:duyibo@tdkcsj.com

according to the requirement of coal mine big data processing, this paper studied data acquisition and data standard management, put forward coal mine data coding standards based on bit numbers, which realized the coal mine data standardization management, and then the data integration and data management technology and the data visualization technology were studied to achieve data full life cycle management. The artificial intelligence-based processing algorithm such as data prediction based on cyclic neural network and situation perception and reasoning based on knowledge engineering were presented. The construction and engineering practice of big data platform were carried out with in Zhangjiamao Coal Mine of Shaanxi Coal Group and Balasu Coal Mine of Shaanxi Yanchang Petroleum, which provided technical reference for the construction of intelligent coal mine big data platform and the construction of coal mine data ecology.

Key words: intelligent mine; big data; data visualization; data processing

0 引　言

　　煤矿智能化是煤矿工业转型升级、解决人才流失困局,实现高质量发展的重大战略方向[1]。由国家发改委等八部委联合出台的《关于加快煤矿智能化发展的指导意见》,推动我国煤炭行业进入煤矿智能化发展的高速阶段。煤矿智能化的基本特征是实现矿井人机环管的全面感知,实时互联,自主分析与决策[2]。其运行的基础实现煤矿多源数据的集成分析与数据价值挖掘,从而以数据为矿山赋能。随着煤矿智能化技术深度推进,其数据量级及类型均成爆炸式增长,利用大数据技术实现生产、安全、运维各环节与业务领域的深度分析与融合,成为助推煤矿安全、高效、绿色发展的基石[3-5]。

　　当前煤矿大数据技术发展得到广泛重视,国内外各大煤矿企业及研究机构均对其大数据平台进行规划并展开相应的数据处理研究。国外方面,以德国 PSI 公司、鲁尔集团、澳联邦科学院等为代表,依靠高速监测与数据处理决策系统,实现生产流程的精细化管控与安全预控。国内方面,对于煤矿大数据平台技术架构进行了探索建设,并对其数据存储技术及安全数据处理进行了相关研究[6-10]。但是总体而言,目前国内有关煤矿大数据平台的建设,主要集中于井上管控信息化系统主数据建设,对于生产业务相关信息系统,由于缺乏统一的数据标准和模型,难以实现数据互联。另一方面,针对煤矿工业场景的数据深度处理方法目前研究较少,难以发挥大数据的价值。

　　综上所述,目前煤矿大数据研究处于初级阶段,还未能形成成熟的理论体系。笔者在分析煤矿大数据特征及处理要求的基础上,梳理智能化煤矿大数据分析平台技术架构,对其数据处理过程中涉及的数据获取、数据集成与服务、数据深度分析及数据可视化关键技术进行具体研究,旨在推动煤矿大数据平台完成顶层设计,实现数据赋能,构建智能化煤矿数据生态。

1 智能化煤矿大数据特征与处理要求

　　随着煤矿信息化技术的不断发展,煤矿数据几何级数增加,包括生产、安全、管理、运销等诸多方面涉及的设备、环境、人员、调度等近百个子系统的相关数据,其数据范围广,数据结构多样。从数据来源角度划分,煤矿大数据以设备环境监测及生产经营业务等内部数据为主,并分布管理包括煤矿市场动态、供应服务商信息、气象信息等外部数据。从数据结构种类划分,煤矿大数据包括各种 SCADA 系统及智能仪表所生产的结构化数据,管理过程中所产生的报表等半结构化数据以及包括井下视频、音频、图纸、文档等非结构化数据。

1.1 智能化煤矿大数据特征

　　目前大数据技术在商业、金融等领域应用广泛。而应用于工业现场,煤矿大数据除满足数据规模大,高速性、多样性、价值密度低等基本数据特征外[8],还具有数据源分散,数据结构复杂,时效性强,特征数据稀疏,关联性强等特征,对大数据处理提出更高要求。

　　1)煤矿数据源分散。煤矿数据产生包括生产监控 SCADA 系统,GIS 地理信息系统,安全管控系统,MES 生产执行系统,调度管理系统,ERP 管理系统等不同系统,这些系统由不同部门分散放置、分布管理,造成"信息孤岛"。

　　2)煤矿数据结构复杂。煤矿数据类型极为多样,其数据长短,数据频率,数据格式都不同。因此在对这些数据进行处理时,特别是对其进行关联分析时产生较大难度。

　　3)时效性强。煤矿行业实行 24 h 倒班作业,因此对于数据的处理必须实时与准确,特别是针对生产安全相关数据的处理,需实现快速反馈甚至是提前预测。

　　4)数据特征稀疏。煤矿数据量虽大,但能显示其有效数据特征的数据极少,往往只存在浅层趋势信息,缺乏具有限制特征的数据样本,如设备故障数据或环境灾害数据,因此亟需挖掘其潜在特征关联,实现数据预测与决策。

5)数据关联性强。煤矿监测数据强调时序性,数据全生命周期过程时序关联;而生产过程中各关键环节相互耦合,特别是与地理信息系统中的空间数据具有较强关联。

1.2 智能化煤矿大数据处理要求

针对煤矿特殊数据特征,煤矿大数据技术架构显著区别于传统数据挖掘技术,提出更高的数据处理要求:

1)多种数据源抽取融合。大数据平台通过集成主流关系型数据库,非关系型数据库,流式数据等多种抽取方法,形成融合数据抽取方案,对业务数据,物联网数据和外部数据完成覆盖式收集。

2)多类型 ETL 方法融合。为了保证数以万计的物联网节点产生的实时数据流能够被及时处理,增加基于大数据分布式技术的 ETL 集群,并且支持横向扩容,消除数据清洗瓶颈。

3)实时流式计算。为保证数据处理的时效性,构建流式计算框架,并基于分布式内存并行计算,兼具数据处理速度与计算内存调度管理。

4)多元数据服务融合。为支撑煤矿智能化不同系统的数据应用,大数据平台包含了从算法库到数据接口的多元化数据服务,特别是对于元数据的数据管理,支撑煤矿安全高效生产需求。

5)人工智能算法实现数据挖掘。应用深度学习、知识图谱等算法挖掘数据纵向和横向关联关系,实现全面态势感知与预测。

2 智能化煤矿大数据分析平台技术架构

基于 Hadoop 大数据平台的生态已发展出较为成熟技术架构,针对煤矿大数据分析平台自下而上包括数据接入层、数据存储层、数据资产管理层、数据服务层等。如图 1 所示。

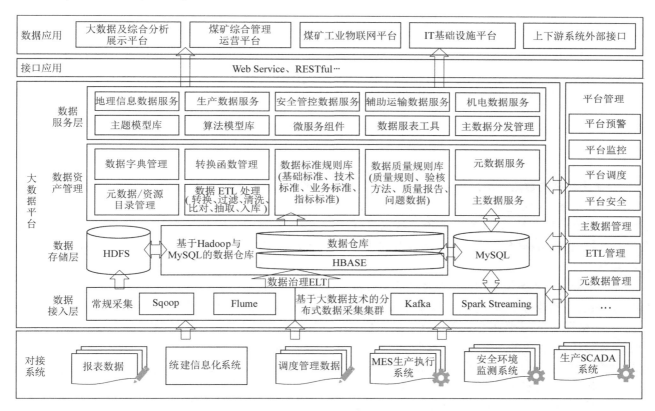

图 1 智能化煤矿大数据分析平台技术架构

Fig.1 Technical framework of intelligent coal mine big data analysis platform

在该总体技术架构下,煤矿大数据主要针对其数据接入与存储系统,主数据管理系统及数据服务系统进行搭建,从而建立大数据平台基础框架,为大数据融合分析处理提供基础数据与资源能力。

2.1 智能化煤矿大数据接入与存储系统

数据源的特征决定了数据采集功能的实现方式。根据前文所述煤矿数据来源,主要包括各生产 SCADA 系统的实时数据,各信息化系统的关系型数据库,各类消息队列,图纸报表文件等各类文档以及视频音频等非结构化数据。

　　针对实时生产数据（SCADA、智能仪表、生产实时数据库），需要强大的分布式 ETL 处理集群（Kafka+Spark），才能完成海量高频率（毫秒级）的实时数据采集。针对各类信息化系统所涉及的关系数据库，由于数据频率较低，通过开发组件将数据库为 Json 或 Xml 进行定时采集。对于图纸、报表、文件等各类文档非结构化数据一方面对服务器源目录实时监听，对文件实时采集；另一方面开发相应分析 Meta Server 组件，对文件进行解析，抽取元数据进行结构化数据存储。经过标准化的数据结合业务应用决定了数据存储方案，包括结构化数据（Hive、MySQL、Hbase），半结构化数据（Hbase），文件（HDFS）等，同时提供结构化数据库，列式数据库，时序数据库，文件系统等多种类型的数据存储介质。煤矿大数据接入与存储系统数据处理流程如图 2 所示。

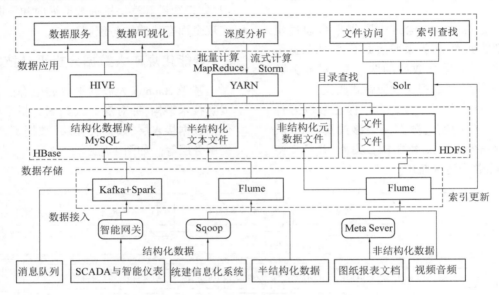

图 2　智能化煤矿大数据接入与存储系统
Fig.2　Intelligent coal mine big data access and storage system

2.2　煤矿大数据主数据管理系统

　　主数据描述了煤矿企业核心业务实体。通过构建煤矿主数据管理系统，将关键业务价值数据进行分发与共享，打通数据壁垒，实现各主要环节的数据资源共享[12]。

　　煤矿主数据管理系统采用面向服务的体系机构（SOA），主要包括业务规则定义，主数据生成，主数据上传，主数据发布，主数据分发等环节。基于 ESB 企业服务总线，为各业务系统提供主数据中间件，并完成主数据同步工作。以主数据、共享数据、系统交换数据为核心，通过对于数据标准管理实现数据质量管理闭环，使数据信息纵向贯通和横向共享。煤矿主数据管理系统架构如图 3 所示。

2.3　智能化煤矿大数据仓库与数据服务

　　根据业务对于煤矿数据集进行结构化划分，形成煤矿数据主题域。可分为地理信息管理主题域，经营管理主题域，煤矿生产主题域，机电管理主题域，安健环主题域，辅助运输主题域，分选加工主题域以及智慧工业厂区主题域等。根据数据分类属性，将各系统抽取的数据归属于不同数据主题集市中。

　　在形成数据集市的基础上，面向服务架构，调用 Restful 和 RPC 协议，应用先进的微服务架构，构建包括地质信息、生产执行、辅助运输、分选加工、综合调度等智能引擎，从而实现全面的组态化开发，达到前后端分离及灵活配置，最终实现应用界面与业务逻辑的快速组态化构建，满足各类智能化煤矿应用的功能与性能需要。

3　煤矿大数据平台数据处理关键技术

　　针对煤矿大数据处理要求，目前智能化煤矿主要技术瓶颈集中于数据获取与数据标准管理，数据集成与数据治理，数据分析与融合处理以及数据可视化关键技术。

3.1　智能化煤矿获取与数据标准管理

　　数据标准化是系统相关数据信息纵向贯通、横向共享的基础，将直接关系到智能化煤矿各应用系统的数据共享、系统集成与信息联动的成功与否，是

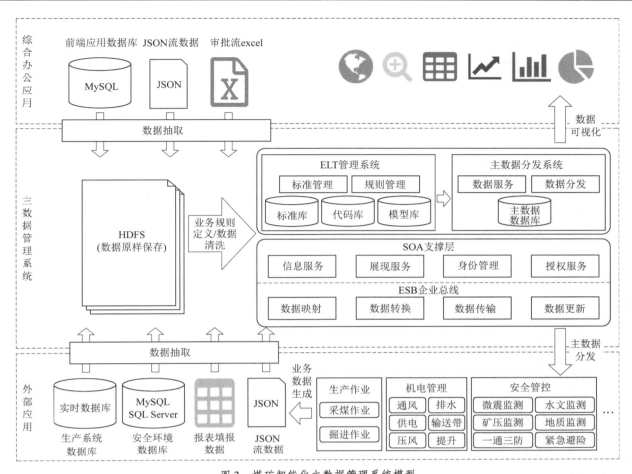

图3　煤矿智能化主数据管理系统模型

Fig.3　Model of intelligent coal mine master data management system

进行大数据分析的前提条件。如前所述煤矿数据特征,其重要特征是与煤矿空间位置特征产生关联。基于这一联系,化工领域进行设计与数据采集的位号标准已较为成熟。因此笔者参考现有位号标准及煤矿实际应用情况,设计应用于煤矿领域的位号数据标准(图4),以解决数据标准及管理问题。

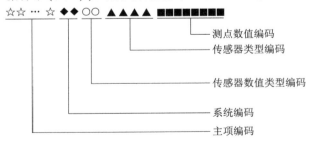

图4　基于位号的煤矿数据编码标准

Fig.4　Standard of coal mine data coding based on bit number

主项编码由煤层编号,区域分类号,地点编号3个部分组成,以确定系统所在位置。煤层编号表示所处煤层位置,由2位编码构成。其中00代表地面,0G代表井筒,其余编号根据所采煤层情况具体设定;区域分类号代表所采煤层中的不同工作区域,

如车场、盘区、大巷等,通过2位编码表述;地点编号在工作区域范围内确定具体的工作地点及位置,如工段,工作面等,由3位编码表述。从而将各系统与其位置信息建立联系,便于后期处理过程中的数据关联分析。

3.2　数据集成与数据治理

　　智能化煤矿数据来源多样,其数据频率各异,因此对于煤矿数据的集成,尤其是对于数据特征描述以及数据关联关系的描述,成为研究的重点。因此,对于煤矿大数据平台,其元数据管理技术以及数据治理平台的构建至关重要。

　　元数据包括业务元数据,技术元数据以及管理元数据。元数据管理是贯穿于数据整个生命周期。以元数据管理为核心,以数据的事前、事中和事后管理为步骤,构建以采集、存储、管理为数据全生命管理的数据流程化管控平台。其数据治理流程如图5所示。

　　将数据生命周期划分为数据定义阶段、数据存储、数据加载转换以及数据应用、数据归档阶段。在数据定义阶段,分析煤矿各业务系统特征描述,对其元模型进行设计,结合煤矿数据标准梳理业务术语、

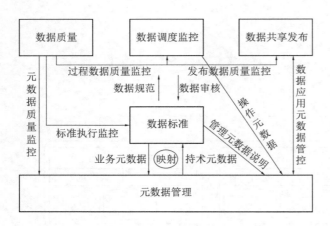

图 5　煤矿数据治理流程

Fig.5　Management process of coal mine data

评价方法与煤矿智能化技术要求之间的关系,从而建立数据字典,构建业务数据主题域;在数据获取与存储阶段,对于业务元数据根据数据主题域构建逻辑数据模型,从而指导设计技术元数据提取过程中的计算、统计转换等规则,构架数据质量规则技术描述,将数据标准模板与设计的元模型进行映射,保证数据按设计模型进行存储;数据共享与应用阶段,一方面,通过元模型之间的组合和依赖关系描述数据间的复杂逻辑关系,另一方面,基于元数据进行数据关联度分析以及血缘分析,研究数据对象影响范围,回溯其处理过程,实现数据全生命周期可见。

3.3　基于人工智能的数据分析技术

大数据面对全量数据进行处理,从海量数据中分析潜在模态与规律。传统大数据分析方法主要针对数据进行统计性的搜索、分类、比较、聚类等分析和归纳。通过大数据实现了对于煤矿数据的多维采集以及数据融合处理,使信息提炼为知识,成为可能。鉴于此,本文主要针对基于人工智能的大数据分析技术在煤矿中的应用进行探索,以实现煤矿工业现场的数据智能分析。

1)基于循环神经网络的数据预测。煤矿工业场景以实时监测数据为主,强调时序性。针对时序数据问题,实现对于历史数据的异常检测与分类以及对于未来数据的状态预测是其关键。针对这一问题,采用循环神经网络进行深度学习与泛化,在煤矿数据预测方面具有较强的适用范围。笔者以综采工作面矿压数据为例,提出其数据处理与预测方法。

LSTM(Long Short-Term Memory)长短期记忆人工神经网络是循环神经网络的一种。LSTM 模型主要由遗忘门、更新门及输出门组成。进行数据预测首先对于数据进行归一化处理,将每组数据归一化到(-1,1)区间中。之后将待处理数据按时间步转化为序列,将数据迭代输入网络进行数据训练,如图 6 所示。

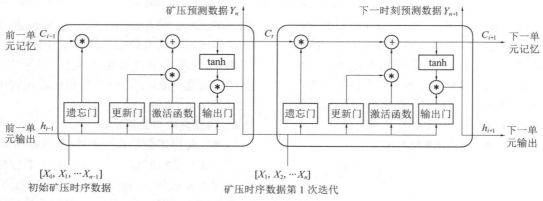

图 6　基于循环神经网络的数据预测处理流程

Fig.6　Process of data prediction based on cyclic neural network

将过去 9 个时刻的历史数据作为序列输入,进行时间序列滑行输入,以预测第 10 时刻的矿压数据。根据数据维度对输入输出的全连接层进行设置,设置神经网络层数,确定网络结构。对模型训练成功后,用少量其他工作面数据,对模型进行迁移学习训练,从而实现模型的迁移泛化。基于大数据平台为模型训练提供大量数据样本,从而实现数据纵向的挖掘分析。

2)基于知识工程的态势感知与推理。煤矿大数据平台向下实现多源异构感知数据的接入、集成和融合,向上为各种煤矿智能化 APP 开发提供数据服务,打通感知数据和数据智能应用之间的屏障。通过煤矿大数据平台使多源数据信息实现数据融合以及关联分析,从而在全局视角实现识别、决策以及控制。通过对于领域知识的建模,构建知识的语义描述与不确定性推理,并进行数据的自主推送,实现对于煤矿大数据横向关联关系的分析,达到闭环管控的目标。

在元数据管理的基础上,基于本体与语义描述实现对于煤矿数据的广义描述,从而构建煤矿信息实体;在进行任务分解的基础上,对于信息实体关联进行分析[16],进而基于知识工程,实现对于煤矿相关环节的不确定性推理,提高系统的响应以及知识获取的能力。目前,基于粗糙集的推理、贝叶斯网络推理、不确定性因果图等知识推理的人工智能算法已在其他工业场合得到深入研究与部分应用[17-18]。综上,通过大数据平台为煤矿智能化提供了基础的数据能力,在其上如何应用人工智能算法实现数据智能化赋能,实现煤矿生产的动态诊断与辅助决策,成为煤矿智能化的关键。

3.4 数据可视化技术

1)定制化数据报表系统。借助大数据平台,有效整合煤矿全方位信息,实现企业数据与分析成果的即时分享和业务协同,重点关注包括煤矿生产,安全风险管控,资源调度,设备管理等煤矿经营相关信息,寻找数据内在关联价值。通过定制化工具,针对用户业务角度进行全面分析,为业务决策提供有效支撑与辅助。

2)数据驾驶舱。数据驾驶舱是面向煤矿调度管理层的决策支持系统。通过详尽的指标体系、实时反映煤矿的运行状态,运用适合的查询、OLAP分析、数据挖掘等管理分析工具对信息进行处理,使信息变为辅助决策的知识,将采集的数据形象化、直观化、具体化。提供全面精准的数据展现,直观形象的图形化展现,便捷快速的指示检索,能够按需定制、深度分析。煤矿数据驾驶舱系统如图7所示。

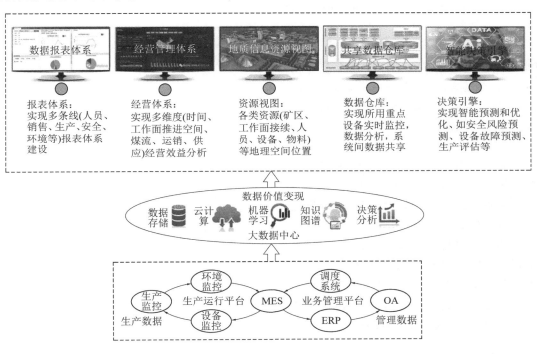

图7 煤矿数据驾驶舱系统

Fig.7 Coal mine data cockpit system

4 煤矿智能化大数据平台应用案例

基于本文所研究的智能化煤矿大数据平台目前正在陕煤张家峁煤矿及延长石油巴拉素煤矿进行建设与工程实践。项目在设计阶段对于数据的全生命周期管理进行了统一规划,形成了包括数据分类、数据资源、数据集成、数据处理、数据质量及数据安全六类数据标准,实现了数据标准化建设,解决设备层数据采集通信协议不统一的问题。

通过煤矿生产执行平台对底层设备环境数据进行采集,并实现生产相关系统的协同控制;将各系统数据以消息队列的形式抽取并进行清洗,汇聚至大数据分析平台,利用数据为煤矿智能化业务场景的预测预警、关联分析、指标评价、数据可视化等提供服务,为智能化煤矿建设奠定数据基础。

当前系统、平台建设还在初步扩展与完善中,在前期的建设过程中已在安全风险预控、工作面状态评价、生产效率、综合管理等方面取得显著成效。综采工作面大数据分析系统应用成果的可视化展示如图8所示。

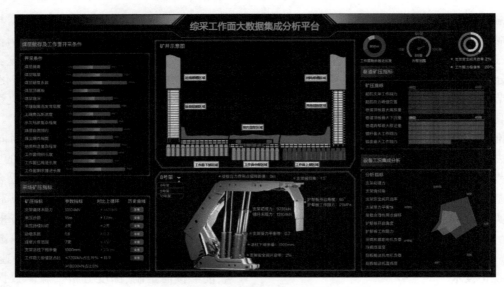

图 8　综采工作面大数据集成分析平台应用

Fig.8　Application of big data integrated analysis platform for fully mechanized mining face

5　结　论

1）智能化煤矿大数据平台向下实现多源异构感知数据的接入、集成和融合，向上为各种煤矿智能化 APP 开发提供数据服务，打通感知数据和数据智能应用之间的屏障，实现数据赋能，是煤矿智能化运行的基础。

2）智能化煤矿大数据平台建设关键是构建数据接入与存储系统，主数据管理系统及数据服务系统，以满足煤矿大数据处理需求，为大数据融合分析处理提供基础数据与资源能力。

3）数据获取与数据标准管理，数据集成与数据治理，数据分析与融合处理以及数据可视化是智能化煤矿大数据处理的关键技术。应用人工智能算法实现数据纵向和横向的智能化分析，实现煤矿生产的动态诊断与辅助决策，成为煤矿智能化的关键。

参考文献（References）：

[1]　王国法，刘　峰，庞义辉，等.煤矿智能化：煤炭工业高质量发展的核心技术支撑[J].煤炭学报,2019,44(2)：349-357.
　　　WANG Guofa, LIU Feng, PANG Yihui, et al.Coal mine intellectualization：the core technology of high quality development[J]. Journal of China Coal Society,2019, 44(2)：349-357.

[2]　王国法，王　虹，任怀伟，等.智慧煤矿 2025：情境目标和发展路径[J]. 煤炭学报, 2018, 43(2)：295-305.
　　　WANG Guofa, WANG Hong, REN Huaiwei, et al. 2025' scenarios and development path of intelligent coal mine [J]. Journal of China Coal Society, 2018,43(2)：295-305.

[3]　谢和平，王金华，王国法，等.煤炭革命新理念与煤炭科技发展构想[J].煤炭学报,2018,43(5)：1187-1197.
　　　XIE Heping, WANG Jinhua, WANG Guofa, et al. New ideas of coal revolution and layout of coal science and technology development[J]. Journal of China Coal Society, 2018, 43(5)：1187-1197.

[4]　毛善君."高科技煤矿"信息化建设的战略思考及关键技术[J]. 煤炭学报, 2014, 39(8)：1572-1583.
　　　MAO Shanjun. Strategic thinking and key technology of informatization construction of high-tech coal mine [J]. Journal of China Coal Society, 2014, 39(8)：1572-1583.

[5]　王国法，杜毅博.智慧煤矿与智能化开采技术的发展方向[J].煤炭科学技术,2019,47(1)：1-10.
　　　WANG Guofa, DU Yibo. Development direction of intelligent coal mine and intelligent mining technology[J]. Coal Science and Technology,2019,47(1)：1-10.

[6]　毛善君,刘孝孔,雷小锋,等.智能矿井安全生产大数据集成分析平台及其应用[J].煤炭科学技术,2018,46(12)：169-176.
　　　Mao Shanjun, Liu Xiaokong, Lei Xiaofeng et al. Research and application on big data integration analysis platform for intelligent mine safety production[J]. Coal Science and Technology,2018,46(12)：169-176.

[7]　姜德义,魏立科,王　翀,等.智慧矿山边缘云协同计算技术架构与基础保障关键技术探讨[J].煤炭学报,2020,45(1)：484-492
　　　JIANG Deyi, WEI Like, WANG Chong, et al. Discussion on the technology architecture and key basic support technology for intelligent mine edge-cloud collaborative computing [J]. Journal of China Coal Society,2020,45(1)：484-492.

[8]　崔亚仲,白明亮,李　波.智能矿山大数据关键技术与发展研究[J].煤炭科学技术,2019,47(3)：66-74.
　　　CUI Yazhong, BAI Mingliang, LI Bo. Key technology and development research on big data of intelligent mine[J]. Coal Science and Technology,2019,47(3)：66-74.

[9]　李福兴,李璐爔.面向煤炭开采的大数据处理平台构建关键技术[J].煤炭学报,2019,44(S1)：362-369.
　　　LI Fuxing, LI Luxi. Key technologies of big data processing

platform construction for coal mining[J]. Journal of China Coal Society, 2019,44(S1):362-369.

[10] 韩　安.基于 Hadoop 的煤矿数据中心架构设计[J].工矿自动化,2019,45(8):60-64.
HAN An. Architecture design of coal mine data center based on Hadoop[J]. Industry and Mine Automation, 2019,45(8):60-64.

[11] 李　萌,魏　玮.基于 SOA 的主数据管理架构设计及实践[J].兵工自动化,2015,34(8):49-51,64.
LI Meng, WEI Wei. Design and practice of master data management architecture based on SOA[J]. Ordnance Industry Automation, 2015,34(8):49-51,64.

[12] 孙继平.煤矿事故分析与煤矿大数据和物联网[J].工矿自动化,2015,41(3):1-4
SUN Jiping. Accident analysis and big data and internet of things in coal mine[J]. Industry and Mine Automation, 2015,41(3):1-4.

[13] 王国法,赵国瑞,任怀伟.智慧煤矿与智能化开采关键核心技术分析[J].煤炭学报,2019,44(1):34-41.
WANG Guofa, ZHAO Guorui, REN Huaiwei. Analysis on key technologies of intelligent coal mine and intelligent mining[J]. Journal of China Coal Society, 2019,44(1):34-41.

[14] 张东霞,苗　新,刘丽平,等.智能电网大数据技术发展研究[J].中国电机工程学报,2015,35(1):2-12.
ZHANG Dongxia, MIAO Xin, LIU Liping, et al. Research on development strategy for smart grid big data[J]. Proceedings of the CSEE, 2015,35(1):2-12.

[15] 赵毅鑫,杨志良,马斌杰,等.基于深度学习的大采高工作面矿压预测分析及模型泛化[J].煤炭学报,2020,45(1):54-65.
ZHAO Yixin, YANG Zhiliang, MA Binjie, et al. Deep learning prediction and model generalization of ground pressure for deep longwall face with large mining height[J]. Journal of China Coal Society, 2020,45(1):54-65.

[16] 王国法,杜毅博,任怀伟,等.智能化煤矿顶层设计研究与实践[J/OL].煤炭学报:1-16.[2020-05-09]. https://doi.org/10.13225/j.cnki.jccs.
WANG Guofa, Du Yibo, REN Huaiwei, et al. Top level design research and practice of smart coal mine[J/OL]. Journal of China Coal Society, 1-16.[2020-05-09]. https://doi.org/10.13225/j.cnki.jccs.

[17] 张　勤.DUCG：一种新的动态不确定因果知识的表达和推理方法(Ⅰ):离散、静态、证据确定和有向无环图情况[J].计算机学报,2010,33(4):625-651.
ZHANG Qin. A new methodology to deal with dynamical uncertain causalities (I):the static discrete DAG case[J]. Chinese Journal of Computers, 2010,33(4):625-651.

[18] 赵　越,董春玲,张　勤.动态不确定因果图用于复杂系统故障诊断[J].清华大学学报:自然科学版,2016,56(5):530-537,543.
ZHAO Yue, DONG Chunling, ZHANG Qin. Fault diagnostics using DUGG in complex systems[J]. Journal of Tsinghua University:Science and Technology, 2016,56(5):530-537,543.

王国法(1960—),山东文登人,中国工程院院士,煤炭开采技术与装备专家,研究员,博士生导师。1982 年毕业于山东工学院(现山东大学)机械系,1985 年东北工学院(现东北大学)研究生毕业。现任中国煤炭科工集团有限公司科技委副主任、首席科学家,《煤炭科学技术》杂志主编,天地科技股份有限公司开采设计事业部总工程师,煤矿智能化创新联盟理事长兼技术委员会主任。

王国法院士是我国煤炭高效综采技术与装备体系的主要开拓者之一,创新提出了液压支架与围岩"强度耦合、刚度耦合、稳定性耦合"的"三耦合"原理和设计方法,创立了综采配套、液压支架和煤矿智能化系统的理论设计方法和技术标准体系,主持设计研发了薄煤层智能化综采、中厚煤层智能化综采、厚煤层大采高综采、大倾角综采、特厚煤层综放等系列首台(套)综采成套技术与装备。王国法院士作为煤矿智能化的科技领军者,率先系统地提出了煤矿智能化分类、分级发展的理念、发展目标、技术路径和创新智能+绿色煤炭开发新体系支撑煤炭工业高质量发展的科学思想,主持创新研发了 4 种煤矿智能化开采模式,开展了智能化煤矿顶层设计、智能化煤矿巨系统架构与关键技术等研究,引领了智能化煤矿建设,为我国煤炭工业发展和科技创新作出了杰出贡献。

移动扫码阅读

王国法,庞义辉,刘峰,等.智能化煤矿分类、分级评价指标体系[J].煤炭科学技术,2020,48(3):1-13. doi:10.13199/j.cnki.cst.2020.03.001

WANG Guofa,PANG Yihui,LIU Feng,et al.Specification and classification grading evaluation index system for intelligent coal mine[J].Coal Science and Technology,2020,48(3):1-13.doi:10.13199/j.cnki.cst.2020.03.001

智能化煤石分类、分级评价指标体系

王国法[1,2],庞义辉[1,2],刘峰[3,4],刘见中[2],范京道[5],吴群英[6],孟祥军[7],徐亚军[1,2],任怀伟[1,2],杜毅博[1,2],赵国瑞[1,2],李明忠[1,2],马英[1,2],张金虎[1,2]

(1.天地科技股份有限公司 开采设计事业部,北京 100013;2.煤炭科学研究总院 开采研究分院,北京 100013;3.中国煤炭工业协会,北京 100013;4.中国煤炭学会,北京 100013;5.陕西煤业化工集团有限责任公司,陕西 西安 710065;6.陕西陕煤陕北矿业有限公司,陕西 神木 719301;7.兖矿集团有限公司,山东 邹城 273500)

摘 要:针对我国智能化煤矿尚没有统一标准,无法对煤矿智能化建设和发展水平进行科学合理定量评价的问题,开展了智能化煤矿建设条件分类与智能化程度分级评价指标体系研究,提出了煤矿智能化程度的定义及量化指标,结合不同区域、不同开采条件智能化煤矿建设实际,制定了智能化煤矿分类、分级评价指标体系与评价方法,开发了智能化煤矿分类、分级评价软件系统。首先以煤矿所在区域、地质条件为基本指标,以矿井开采技术参数、开采效率、安全水平、建设基础为参考要素,建立智能化煤矿分类评价指标体系,将煤矿分类评价条件分为良好、中等、复杂 3 类;然后,根据煤矿分类评价结果,对不同类别煤矿进行智能化程度的分级评价。基于智能化煤矿开拓、生产、运营等主要流程,将智能化煤矿巨系统细分为信息基础设施、智能地质保障系统、智能综采系统、智能掘进系统、智能主煤流运输系统、智能辅助运输系统、智能综合保障系统、智能安全监控系统、智能分选系统、智能经营管理系统等 10 个主要智能化系统,提出了智能化煤矿 10 个主系统及相关子系统智能化程度评价指标体系。针对不同生产技术条件分类的煤矿,采用与之相适应的智能化评价指标体系,就可以对煤矿智能化程度进行定量评价。按照综合评价结果,将智能化煤矿划分为甲、乙、丙和不合格 4 个等级。以

收稿日期:2020-01-11;责任编辑:赵 瑞

基金项目:国家自然科学基金资助项目(51674243);中国工程院院地合作资助项目(2019NXZD2);中国工程院重点咨询资助项目(2019-XZ-60)

作者简介:王国法(1960—),男,山东文登人,中国工程院院士,中国煤科首席科学家,博士生导师。E-mail:wangguofa@tdkcsj.com

通讯作者:庞义辉(1985—),男,河北保定人,副研究员,博士。E-mail:pangyihui@tdkcsj.com

陕北某矿智能化建设工程为例证,进行了矿井建设条件分类与智能化程度分级评价分析,验证了评价指标体系与评价方法的科学性与可靠性,评价结果不仅可以反映该矿井的智能化建设水平,也可以为新建智能化煤矿和生产煤矿的智能化建设与升级改造提供依据。

关键词:智能化煤矿;指标体系;分级评价;智能综采;智能掘进;智能辅助运输

中图分类号:TD67　　　　**文献标志码**:A　　　　**文章编号**:0253-2336(2020)03-0001-13

Specification and classification grading evaluation index system for intelligent coal mine

WANG Guofa[1,2], PANG Yihui[1,2], LIU Feng[3,4], LIU Jianzhong[2], FAN Jingdao[5],

WU Qunying[6], MENG Xiangjun[7], XU Yajun[1,2], REN Huaiwei[1,2], DU Yibo[1,2],

ZHAO Guorui[1,2], LI Mingzhong[1,2], MA Ying[1,2], ZHANG Jinhu[1,2]

(1. *Coal Mining and Designing Department, Tiandi Science & Technology Co., Ltd., Beijing* 100013, *China*; 2. *Coal Mining Branch, China Coal Research Institute, Beijing* 100013, *China*; 3. *China National Coal Association, Beijing* 100013, *China*; 4. *China Coal Society, Beijing* 100013, *China*; 5. *Shaanxi Coal and Chemical Industry Group Co., Ltd., Xi' an* 710665, *China*; 6. *Shaanxi Coal North Mining Co., Ltd., Shenmu* 719301, *China*; 7. *Yankuang Group Co., Ltd., Zoucheng* 273500, *China*)

Abstract: In view of the lack of evaluation index system and method for intelligent coal mine construction and acceptance, and the traditional evaluation methods are difficulty to meet the requirements of diverse coal seam occurrence conditions in different regions and uneven construction infrastructure, the specification and classification grading evaluation index system for intelligent coal mine are proposed. The calculation results of coal mine intelligent degree is the basis for evaluation. The specification and classification grading evaluation soft for intelligent coal mine is developed, which meet the needs of intelligent coal mine construction and evaluation in different regions and different coal seam occurrence conditions. Firstly, the region and geological conditions is taken as the basic indicators, and the technical parameters, mining efficiency, safety level and construction foundation is taken as the reference elements, an intelligent coal mine classification and evaluation index system is established. The coal mine production technical conditions are divided into three categories: good, medium and complex. Then the intelligent coal mine are divided into information infrastructure, intelligent security system, intelligent fully mechanized systems, intelligent driving system, intelligent main coal flow transportation system, intelligent auxiliary transportation system, intelligent integrated security system, intelligent security monitoring system, intelligent washing system, intelligent management system and so on ten subsystems based on the connotation of intelligent coal mine technology and production process. The basic technical requirements for the intelligent construction of each subsystem are put forward. Based on the classification and evaluation results of coal mine production technical conditions, the evaluation index system of different types of coal mine intelligence grades is formulated. Based on the calculation results of coal mine intelligence degree, the evaluation results of each intelligent evaluation index system are divided into four grades: standard type, basic type, entry-level type and failing grade. With intelligent evaluation index system of coal mine, sorted, graded and, on the basis of intelligent mine, sorted, graded and evaluation system is developed, in the engineering background of intelligent building a mine of Shaanxi, the construction conditions of the mine production classification and intelligent classification evaluation, to verify the evaluation index system and evaluation method is scientific and reliability of the evaluation results can not only reflect the intelligent construction level of the mine, can also be intelligent upgrade to provide guidance for the follow-up.

Key words: intelligent coal mine; index system; grading evaluation; intelligent fully-mechanized mining; intelligent driving; intelligent auxiliary transportation

0　引　　言

目前,我国煤矿智能化发展处于初级阶段[1-3],煤矿智能化建设相关技术标准与规范尚不完善,智能化煤矿评价标准缺失,煤炭生产企业也缺乏智能化矿井建设、验收依据,严重制约了煤矿智能化的发展。

为了加快煤矿智能化建设,国家发展改革委、应急管理部等六部委联合发布了"关于加快煤矿智能化发展的指导意见",提出了加快我国煤矿智能化发展的原则、目标、任务和保障措施,明确提出首先建设一批智能化示范煤矿,通过典型示范推动煤矿智能化全面发展。山东、河南、贵州、山西等省份的煤炭主管部门积极出台相关方案和政策,加快煤矿智能化建设、升级改造。如何进行智能化煤矿建设,建设什么类型的智能化煤矿,如何评价不同区域、不同条件煤矿的智能化水平,是在推进和指导智能化煤矿建设中面临的关键问题。受国家能源局委托,笔者带领团队开展了"煤矿智能化分类、分级技术条件与评价指标体系"及标准的研究制定,充分考虑我国不同区域煤炭生产技术条件的多样性和差异性,提出煤矿智能化分类、分级评价指标体系,较好地适应我国智能化煤矿建设的实际、要求和趋势,以实现客观的科学评价与指导。

1 智能化煤矿技术架构与建设要求

1.1 智能化煤矿系统架构

智能化煤矿是指采用物联网、云计算、大数据、人工智能、自动控制、移动互联网、智能装备等与煤炭开发技术装备进行深度融合,形成全面自主感知、实时高效互联、自主学习、智能分析决策、动态预测预警、精准协同控制的煤矿智能系统,实现矿井地质保障、煤炭开采、巷道掘进、主辅运输、通风、排水、供电、安全保障、分选运输、生产经营管理等全过程的安全高效智能运行[4]。基于我国煤矿智能化发展现状与要求,笔者及团队研究提出了煤矿智能化的技术内涵、基本原则、总体架构、阶段目标与技术路径[5],提出了薄煤层、厚煤层、特厚煤层及复杂难采煤层智能化开采模式[6],为我国煤矿智能化建设提供了总体方案以及技术装备支持。

按照煤矿开拓、生产、运营等主要过程及综合保障功能,实现对煤矿生产过程进行感知、分析、决策、控制的软件与硬件平台,将智能系统定义为煤矿10个智能系统,主要包括10个智能系统:煤矿智慧中心及综合管理系统、煤矿安全实时通信网络及地下精准位置服务系统、地质保障及4D-GIS动态信息系统、巷道智能快速掘进系统、开采工作面智能协同控制系统、煤流及辅助运输与仓储智能系统、煤矿井下环境感知及安全管控系统、煤炭分选智能化系统、矿井全工位设备设施健康智能管理系统、煤矿场区及绿色生态智能系统等。智能化煤矿系统架构如图1所示。将组成煤矿智能化系统的各个具有独立感知、自主分析决策、自动执行功能的软硬件系统单元定义为煤矿智能化子系统。煤矿10个主要智能系统分别由若干个相关煤矿智能化子系统组成,数以百计的煤矿智能化子系统协同运行,构建了煤矿智能化巨系统。

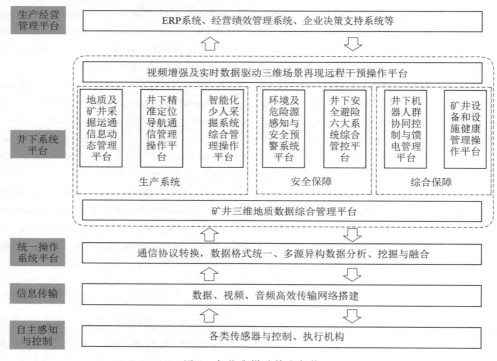

图1 智能化煤矿技术架构

Fig.1 Technology framework of intelligent coal mine

针对煤矿智能化等级定量评价的技术难题,笔者提出了用煤矿智能化程度来定量表征煤矿的智能化等级。煤矿智能化程度是综合表征煤矿智能化水平的指标,按照智能化煤矿分类、分级与评价指标体系和计算方法,以计算结果的百分值为其量化指标。

1.2 智能化煤矿建设技术要求

智能化煤矿建设应以通信设施建设为基础,以智能技术与装备的创新为支撑,以井上下智能系统融合管控为主要建设内容,实现矿井地质探测、开采、掘进、机电、运输、通风、安全、管理、运营等全要素和全流程的智能化协同控制。基于上述智能化煤矿总体技术架构,提出智能化煤矿建设应满足以下基本要求:

1)智能化煤矿建设应基于矿井地质条件与工程基础,采用与资源条件相适应的开采技术与装备,制定并实施智能化煤矿建设/升级改造方案/规划,明确建设目标、建设任务、技术路径等,建立健全智能化煤矿建设运行的保障制度与管理措施。

2)智能化煤矿应建设高速高可靠的通信网络,满足数据、文件、视频等实时传输要求,其中矿井主干网络带宽应不低于 1 000 Mbit/s,大型矿井主干网络带宽应不低于 10 000 Mbit/s,主干网络优先采用有线网络或5G网络,应分别布设井下与地面环网,网络设备支持 Ethernet/IP、PROFINET、MODBUS-RTPS、EPA 等工业以太网协议;矿井服务器应能够满足井上下协同作业要求,重要的数据与应用类服务器应采用冗余配置;智能化矿井应建设大数据中心与智能综合管控平台,大数据中心宜采用云计算架构,具备数据分类、分析、挖掘、融合处理等功能,实现各系统之间数据的互联互通与融合共享,解决"信息孤岛"、"信息烟囱"等问题。

3)智能化矿井应充分运用孔巷井、井地空相结合的智能钻探、物探和智能探测机器人等先进技术装备获取矿井地质信息,地质探测数据应实现数字化分类存储,地质探测数据的种类、范围、精度等应满足智能化煤矿生产需要;应建设地质信息与工程信息空间数据库,实现地质数据与工程数据的融合、共享,且能够通过地质建模、地质数据推演、地质数据可视化等技术,实现地质数据的多元化深度应用;工作面回采、巷道掘进过程中揭露的地质信息、工程信息等应实现实时智能上传与更新,为矿井生产与决策提供智能地质综合保障。

4)巷道掘进应采用适应的全机械自动化作业技术装备,掘进速度满足矿井采掘接替要求[7-9];巷道超前探测优先采用智能钻探、物探等技术,掘进数据实现数字化分类与存储,具备三维地质建模功能;煤层条件适宜的掘进工作面,应优先采用掘、支、锚、运、破碎一体化成套技术与装备,通过掘进工作面远程集控平台,实现基于感知信息对掘进工作面进行远程集中控制。

5)回采工作面采用资源条件适应型综采技术与装备,液压支架采用电液控制系统,采煤机具备记忆截割、智能调速调高等功能[10-12],刮板输送机、转载机采用变频智能调速控制,综采工作面具有远程集中控制系统,能够在工作面巷道、地面调度中心对工作面进行远程协同控制;煤层赋存条件适宜的综采工作面,优先采用工作面自动找直技术、采煤机自适应截割技术、液压支架智能自适应支护技术、智能综放技术、智能巡检机器人技术、设备故障诊断与远程运维技术等[13-15],实现井下综采工作面智能化、少人化开采。

6)矿井应建设完善的煤炭运输系统[16-18],采用带式输送机进行煤炭运输,运输系统应具备运量、带速、温度、跑偏、撕裂等智能监测、预警与保护功能,单条带式输送机实现智能无人运输,多条带式输送机之间应实现智能联动控制;采用立井罐笼运输的矿井,应具备对罐笼提升质量、提升速度等进行智能监控,系统具备智能装载、智能提升、智能卸载等功能,能够与煤仓实现智能联动控制;赋存条件较简单的大型矿井,主煤流运输系统应实现智能无人值守与远程集中控制。

7)矿井应建设完善的智能辅助运输系统[19],运输物资采用编码体系进行集装化管理;采用单轨吊进行运输,则运输物资装卸、车厢运行实现自动化,点对点运输实现无人驾驶;采用机车进行运输,则实现机车位置的精准定位、无人驾驶与智能调度;采用无轨胶轮车进行运输,则实现无轨胶轮车的精准定位与智能调度,物资装卸实现自动化,具备条件的矿井,实现无轨胶轮车的无人驾驶;采用多种运输方式进行综合运输,则不同运输方式之间的接驳应实现自动化,最大程度降低井下辅助运输作业人员数量与劳动强度。

8)矿井应建设完善的综合保障系统[20],其中,矿井主要通风机、局部通风机具备远程调风功能,井下风门具备基于感知信息的智能开启与关闭,具备瓦斯、风压、风速、风量等智能感知能力,并基于感知信息自动进行通风网络解算、分析、预警与控制,实现通风系统的无人值守与远程集中控制;固定排水作业点实现基于水压、水位的智能抽排,排水系统与水文监测系统实现智能联动;供电系统具备智能防越级跳闸保护功能,井下中央变电所、采区变电所实现无人值守;综合保障系统各监测数据应接入智能综合管控平台,实现数据的共享及智能联动控制。

9)根据矿井煤层赋存条件及灾害类型,矿井应建设完善的智能安全监控系统[21-22]。存在瓦斯灾害的矿井,应建设完善的瓦斯智能感知系统,并实现监测数据的自动上传、分析、预测、预警,瓦斯监测数据与通风系统、避灾系统等实现智能联动控制;存在水害的矿井,应建设完善的井上下水文智能动态监测系统,并与排水系统、避灾系统等实现智能联动控制;存在煤层自然发火危险的矿井,应建设完善的束管监测、光纤测温等系统,以及灌浆、注氮等防灭火设施,实现监测数据的自动上传、分析及联动控制;矿井电气设备、带式输送机等易发生火灾的区域,应设置完善的火灾感知装置及防灭火系统,并实现智能联动;矿井应建设完善的顶板灾害在线监测系统,能够基于监测分析结果进行顶板灾害的预测、预警；具有冲击地压灾害的矿井，应建立完善的冲击地压监测、预测与预警系统，实现对冲击地压危险区域的有效预测、预警；矿井应建立完善的智能灾害综合防治系统，实现多种灾害监测数据的融合分析与智能联动控制。

10）矿井应建设完善的智能分选系统，能够根据不同分选工艺实现远程集中控制。通过建设智能分选控制系统，实现入选原煤配比、煤泥水处理、带式输送机运输的智能控制；条件适宜的矿井应优先采用 3D 可视化技术、数字双胞胎技术等，通过完善的感知技术进行分选作业的真实再现与远程智能操控；应建设分选作业智能保障系统，实现分选作业的按需智能服务。

11）矿井应建设完善的智能经营管理系统[23]，能够对生产系统与管理系统的数据进行有效融合，通过数据分析与模型构建进行矿井智能排产、分选、运输等的智能调度；建立智能决策支持系统，实现市场分析、煤质管理、生产调度管理、材料与设备综合管理、能源消耗管理、综合成本核算等的智能化运行。

2　智能化煤矿分类与分级

受煤层赋存条件复杂多样性影响，我国煤矿的开采技术与装备水平、工程基础、技术路径、建设目标等均存在较大差异，且受制于智能化开采技术与装备发展水平，不同煤层赋存条件矿井进行智能化建设的难易程度与最终效果也存在一定差异，很难用单一标准对所有煤矿的智能化建设水平进行评价。因此，笔者及团队研究制定了"智能化煤矿分类、分级与评价指标体系"及标准，确定首先以煤矿所在区域、建设规模、主采煤层赋存条件等为主要指标对智能化煤矿进行分类，然后再对不同类别的煤矿智能化水平进行分级评价，能够保证智能化煤矿建设水平综合评价的科学性、公平性及准确性。

根据矿井分类评价技术条件将智能化煤矿分为3 类：智能化建设条件良好矿井、智能化建设条件中等矿井、智能化建设条件复杂矿井，其分类评价指标见表 1。

采用层次分析法确定各评价指标的权重，并采用模糊综合评价方法对矿井的智能化建设条件进行综合评价，采用百分制原则，确定矿井的智能化建设条件类别为{良好，中等，复杂}＝{100～85，85～70，<70}。

表 1　智能化煤矿分类评价指标
Table 1　Classification evaluation index of intelligent coal mine

评价因素	评价等级		
	良好	中等	复杂
煤层厚度/m	1.3～6.0	≥6.0	≤1.3
煤层倾角/(°)	≤10	10～25	≥25
煤层硬度	中等硬度煤层	硬煤或软煤	特硬煤或特软煤
煤层埋深/m	<300	300～1 000	>1 000
煤层稳定性	稳定或较稳定煤层	不稳定煤层	极不稳定煤层
基本顶板级别	Ⅰ级	Ⅱ级	Ⅲ级、Ⅳ级
底板稳定程度	Ⅳ类Ⅴ类	Ⅱ类Ⅲ类	Ⅰ类
褶曲影响程度	0	1～2	≥2
断层影响程度	≤0.6	0.6～1	≥1
陷落柱影响程度/%	≤5	5～15	≥15
矿井瓦斯等级	低瓦斯矿井	高瓦斯矿井	突出矿井
煤层自燃倾向	不易自燃	自燃	易自燃
冲击地压倾向	无冲击	弱冲击	强冲击
水文地质复杂程度	简单或中等	复杂	非常复杂
煤尘爆炸倾向	1 级或 2 级	3 级	4 级
工作面走向长度/m	≥1 500	500～1 500	≤500
工作面倾斜宽度/m	≥200	100～200	≤100
工作面俯仰采角度/(°)	≤5	5～15	≥15
全员工效/(t·工⁻¹)	≥80	30～80	≤30
近 5 年百万吨死亡率	0	≤0.083	>0.083

根据 3 类矿井智能化建设条件分别建立智能化煤矿评价指标体系，采用层次分析方法确定各评价指标权重，然后采用综合评价方法计算煤矿智能化程度，即基于智能化煤矿评价指标体系对煤矿的智能化程度进行量化计算。依据智能化程度结果，将智能化程度 60% 以上的分为 3 级：甲级（高级）智能化煤矿（智能化程度 85% 以上）、乙级（中级）智能化煤矿（智能化程度 75%～85%）、丙级（初级）智能化煤矿（智能化程度 60%～75%）。

3　智能化煤矿评价指标体系

基于上述智能化煤矿技术架构，分别确定矿井的信息基础设施、地质保障系统、智能掘进系统、智能综采系统、主煤流运输系统、辅助运输系统、综合保障系统、安全监控系统、智能分选系统、经营管理系统等评价指标，其评价指标体系框架如图 2 所示。由于篇幅有限，本文主要列出生产技术条件良好矿井对应的智能化煤矿评价指标，并以某矿智能化建设情况为例进行煤矿智能化程度的综合分析与评价。

信息基础设施是智能化煤矿建设的基础,主要包括传输网络、数据处理设备、应用平台软件、数据服务及综合管控平台 5 个部分内容,网络传输速度、数据处理能力、硬件与软件平台及各系统之间的智能联动控制是进行信息基础设施评价的主要影响因素。基于上述智能化煤矿信息基础设施建设要求,确定智能化煤矿信息基础设施评价指标见表 2。

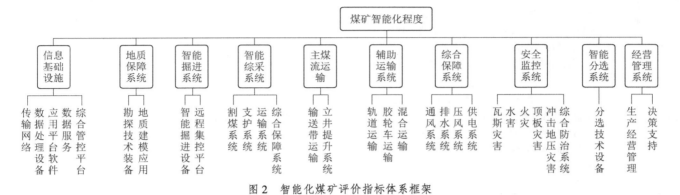

图 2　智能化煤矿评价指标体系框架

Fig. 2　Framework of evaluation index system for intelligent coal mine

表 2　智能化煤矿信息基础设施评价指标

Table 2　Information infrastructure evaluation indexes of intelligent coal mine

指标名称	评价指标
主干网络	①有线主干网络:采用矿用以太网技术,符合 IEEE802.3 协议;采用 10 000 Mbit/s 及以上通信网络;矿用有线主干网络设备支持 Ethernet/IP、PROFINET、MODBUS–RTPS、EPA 等工业以太网协议
	②二级交换接入网络:采用 1 000 Mbit/s 以上工业以太网;具备组环功能,网络自愈时间小于 30 ms;矿用二级交换接入网络设备支持 Ethernet/IP、PROFINET、MODBUS–RTPS、EPA 等工业以太网协议
	③无线网络:基站具备低速无线网络网关功能接入数量不小于 256 台,节点接入数量不小于 26 万个,基站同时通信节点数不小于 1 024;无线通信距离不小于 500 m
	④矿山地面通信网络:采用标准 TCP/IP 传输协议,具有与矿山井下主干网络、矿山接入网络的以太网接口;具备万兆骨干、千兆汇聚、百兆到桌面,且具备 WIFI 无线覆盖;支持光纤多模、单模、超五类双绞线等多种传输介质
	⑤云计算业务平台:具备常用标准 IP 通信接口,且支持数据、语音、视频融合通信业务;可通过标准各类 IP 通信网关与传统 PSTN、PLMN 网络互联互通;具备服务器、网络安全检测、防护功能;具备万兆级吞吐量,万级连接数的通信能力

续表

指标名称	评价指标
数据处理设备	①矿端数据处理设备:子系统上位机采用工控机,CPU 不小于六核心,具备双千兆以太网接口;信息采集数据库服务器采用 X86 服务器,采用硬冗余或服务器虚拟化软冗余配置;应用服务器采用 X86 服务器,采用虚拟化实例布置于服务器虚拟化的硬件资源池中
	②云端数据处理设备:优先考虑成熟的公共云或工业云,如阿里云、百度云或类似云上贵州的工业云(或安全云);私有云选用具备自主知识产权的服务器虚拟化管理平台,如 VMWare、微软、Citrix、华为、浪潮、华三等;具备异地灾备配置
	③移动端数据处理设备:具有 MA 认证,具备 5G 全网通和 WIFI 的无线通信功能;移动终端具备不少于 NFC、RFID、蓝牙等至少 2 种近场通信功能;移动终端具备专业级三防标准
应用平台软件	①无应用平台,应用软件各自独立部署运行,但有统一的门户或访问入口
	②有基于虚拟化等技术的应用平台,应用软件在虚拟化平台中各自独立部署运行,并可以通过应用平台进行互联互通
	③有基于云计算的决策支持承载平台,应包含模型库和算法库,其中模型库具有人工设计完成的业务模型或经过计算机训练后得出的模型,以及模型用到的各种权值、调优参数;算法库具有常用的 AI 相关算法

指标名称	评价指标
数据服务	具有全面的数据元分类属性、产生层次及交互层次规范,对于文件类型,采用 FTP 实现;对于实时音视频数据交互,采用 SIP、RTP 和 RTSP 协议实现;对于标准工控类设备数据的采集与控制采用 OPC/OPC UA 接口标准实现;对于环境监测类数据、井下人员数据、非标准机电设备监测控制类等数据,采用行业统一的数据交互标准规范协议
智能综合管控平台	①基于统一 I/O 采集服务设计与实现,自主适配标准工控设备、非标准设备系统、VOIP 语音设备系统和流媒体视频监控等设备系统 ②对"采、掘、机、运、通"等主要生产环节进行全流程的实时监控;根据业务需求自动构建分析预测模型;根据监测与分析计算结果,实现流程的智能协同控制

地质信息精准探测及地质探测数据的数字化分类存储与共享应用是进行智能化建设的前提,其中勘探技术与装备是进行地质勘探智能化的基础,而地质模型的构建则是地质数据应用的关键,基于上述智能化建设要求确定地质保障系统的评价指标见表3。

表3　智能地质保障系统评价指标

Table 3　Evaluation index of intelligent geological guarantee system

指标名称	评价指标
勘探技术与装备	①采用无人机、智能钻探、智能物探等设备,能够最大程度降低人工作业;地质探测设备能够进行数据的自动采集、分析与上传;探测精准度满足地质模型构建需求 ②能够对含煤地层结构、地质构造、煤层厚度、矿井瓦斯等进行精准探测;能够对应力异常区等进行精准探测
地质模型构建与应用	①地质数据的共享服务:具备空间地质数据库,能够对地质数据进行分类存储、分析、共享与实时更新;空间数据库的数据结构、数据接口等满足为多系统提供数据共享的要求;具有支持 C/S、B/S 架构的空间信息可视化系统,对海量空间数据、属性数据以及时态数据进行存储、转换、管理、查询、分析和可视化 ②地质模型:地质模型的精度满足不同应用场景的需要;地质模型能够根据实际揭露的地质数据进行实时动态更新与修正 ③矿井云 GIS 平台:采用统一的虚拟化资源池,使用云管理系统进行统一管理和调度;能够对矿井地质数据进行关联分析,并用可视化的方式进行直观的展示;具有强大的统计分析功能;具有海量空间数据的存储、管理和并行计算能力;具备四维时空分析功能

采掘接替紧张、掘进作业环境差、风险高等一直是制约煤炭实现安全高效开采的核心技术难题,高效智能掘锚设备是实现巷道智能掘进的基础,在煤层赋存条件简单的矿井,采用高效掘支锚运一体化

装备,实现了煤巷掘进月进尺超过 3 000 m,但在煤层赋存条件较复杂矿井,巷道掘进速度、效率、智能化程度等均不尽如人意。目前,全行业均在积极开展巷道智能快速掘进技术与装备研发,巷道掘进远程监控平台实现了掘进过程的远程监控,智能掘进技术与装备的突破对于缓解采掘接替矛盾、改善井下掘进作业环境具有十分重要的意义。基于上述巷道智能化掘进系统要求,确定相关评价指标见表4。

表4　智能掘进系统评价指标

Table 4　Evaluation index of intelligent driving system

指标名称	评价指标
智能掘进设备	①巷道掘进过程实现全机械化作业,掘进速度满足矿井采掘接替要求 ②采用智能地质探测技术与设备 ③掘进、锚护及运输等设备具备完善的传感器、执行器及控制器,能实现单系统或单设备的自动控制 ④掘进机具备自动定位与导向功能,能够进行自适应截割与行走 ⑤采用全自动钻架和锚杆钻车,实现整个锚杆作业流程的全自动化 ⑥具备掘进工作面环境(粉尘、瓦斯、水等)智能监测功能,并具备监测环境数据智能分析,以及掘、锚、运、支工序的智能联动
远程集控平台	①具备巷道掘进工作面三维地质模型构建功能,并根据掘进过程中揭露的实际地质信息与工程信息对模型进行实时动态修正 ②具备掘进机、锚杆、压风管等设备模型构建功能,能够根据采集的相关设备信息进行掘进工作面真实场景再现 ③集控平台具备对巷道掘进设备进行远程操控的功能,能够实现一键启停及智能操控

目前,在煤层赋存条件较简单的矿井实现了综采工作面"有人巡视、无人值守"的智能化开采,通过采用惯导系统实现了采煤机的精准定位及工作面自动找直,通过在工作面设置巡检机器人对采煤机截割信息进行自动感知,实现了基于地质信息实时修正的工作面智能截割控制,大幅提高了工作面智能化水平,但综采设备的可靠性、不同综采设备之间的智能协同控制等均有较大提升空间。基于上述智能化煤矿建设要求,将综采工作面细分为割煤系统、支护系统、运输系统、综合保障系统4个部分,确定综采工作面智能化评价指标,见表5。

目前,主煤流运输主要采用2种形式:采用带式输送机进行运输、采用带式输送机与罐笼进行联合运输,在赋存条件简单的大型矿井已经实现了带式运输系统的远程集中控制及无人值守,立井提升系统也已经具备了智能提升的条件,但不同运输方式

之间的接驳尚未实现智能化。基于上述智能化煤矿建设要求,确定主煤流运输系统的主要评价指标见表6。

表5 智能综采系统评价指标

Table 5 Evaluation index of intelligent fully-mechanized mining system

指标名称	评价指标
割煤系统	①采煤机具备自主定位与自动调直功能 ②采煤机具备智能调速、自动调高、记忆截割功能 ③采煤机具备与支架防碰撞功能 ④采煤机具备故障诊断与预警功能
支护系统	①液压支架采用电液控制系统,具备支架高度、压力、倾角等支护状态监测功能 ②综放支架具备自动放煤功能,超前支架实现远程遥控控制 ③具备自动补液、支护状态监测与预警功能
运输系统	①刮板输送机采用智能变频调速控制,具备煤量监测功能,并与采煤机进行智能联动 ②带式输送机具备煤量、带速、温度等智能监测功能,采用智能张紧、可折叠伸缩机尾 ③工作面煤流运输实现智能无人操控
综合保障系统	①采用工作面智能控制系统,能够在巷道监控中心、地面调度中心进行远程监控,实现无人值守 ②采用智能供液系统,根据压力、流量等智能调控 ③具备人员、设备精准定位系统,以及完善的安全监控系统 ④具备设备智能故障诊断、预测与预警功能

表6 智能主煤流运输系统评价指标

Table 6 Evaluation index of intelligent main coal flow transportation system

指标名称	评价指标
带式输送机运输系统	①单条带式输送机具备完善的传感器、执行器及控制器,能实现单设备的自动控制 ②带式输送机采用变频驱动方式,能够根据煤量进行智能调速 ③具备完善的综合保护装置,能够根据监测结果实现综合保护装置的智能联动 ④多条输送带搭接,则实现多条输送带的集中协同控制,能够实现无人值守 ⑤主运输煤流线相关设备能通过现场工业总线实现互联互通,并能按主运输需求实现远程集中控制
立井智能提升系统	①立井提升系统具有智能装载与卸载功能 ②立井提升系统能够与煤仓放煤系统进行智能联动 ③具备智能综合保护系统,能够对提升速度、提升质量等进行智能监测 ④具备远程智能无人操作功能

目前,矿井辅助运输主要采用3种方式:轨道运输(包括单轨吊、机车运输等)、无轨胶轮车运输、混合型运输,点到点之间的轨道运输已经具备了无人驾驶的条件,无轨胶轮车井下无人驾驶技术也处于研发过程中,精准定位与智能调度技术与装备的发展将为辅助运输实现无人化奠定基础。基于上述智能化煤矿建设要求,确定智能辅助运输系统评价指标见表7。

表7 智能辅助运输系统评价指标

Table 7 Evaluation index of intelligent auxiliary transportation system

指标名称	评价指标
轨道运输	①运输物资建立编码体系,实现物资及车厢的集装化 ②单轨吊的物资和车厢装卸实现全自动控制 ③单轨吊采用点到点物资运输,实现无人驾驶 ④机车车皮的挂接和编、解组实现自动化作业 ⑤运输过程中实现车辆位置的精准定位和智能调度
无轨胶轮车运输	①运输物资建立编码体系,实现物资及车厢的集装化 ②物资的装卸实现全自动控制 ③运输过程中实现车辆的精准定位、路径智能规划和智能调度 ④无轨胶轮车实现无人驾驶
混合运输	①运输物资建立编码体系,实现物资及车厢的集装化 ②物资的装卸实现全自动控制 ③不同运输方式之间的接驳实现自动化辅助 ④运输过程中实现智能物流管控

通风、排水、压风、供电等系统为矿井安全高效生产提供基础保障,目前通风系统、排水系统、供电系统均已具备无人值守条件,但受制于相关规程限制,尚未完全进行无人化运行。基于智能化矿井建设要求,确定智能综合保障系统评价指标见表8。

表8 智能综合保障系统评价指标

Table 8 Evaluation index of intelligent comprehensive support system

指标名称	计算方法
通风系统	①矿井主要通风机、局部通风机具备远程集中调风功能 ②井下主要进回风巷间、采区进回风巷间采用自动闭锁风门 ③能够对井下瓦斯浓度、风压、风速、风量等参数进行智能监测,可以对监测数据进行自动分析 ④能够根据智能监测结果进行通风阻力结算 ⑤掘进工作面的局部通风机实现双风机、双电源,并能自动切换,根据环境监测结果实现风电闭锁、瓦斯电闭锁等 ⑥能够根据监测及分析结果对风窗、风门等进行智能控制,实现无人值守及远程集中控制

指标名称	计算方法
排水系统	①具备负荷调控及管网调配功能 ②根据水压、水位进行固定作业点的智能抽排 ③实现与矿井水文监测系统的联动 ④系统能与矿山综合管控平台进行智能联动,自动选择排水方式 ⑤具有远程集中控制,实现自动运行及无人值守 ⑥具有故障分析诊断及预警功能
压风系统	①在地面建有压缩空气站,且采用自动化集中控制,具备无人值守条件 ②空气压缩机采用变频调速控制 ③矿井所有采区避灾路线上(采掘工作面范围内)均应敷设压风自救管道,并设供气阀门或压风自救装置,能够与环境监测结果实现智能联动控制
供电系统	①具备智能防越级跳闸保护功能 ②具有对矿井所有变电所进行实时监控与电力调度的功能 ③具有监控数据采集与上传、数据辨识功能 ④主变电所电缆夹层、电缆井具有火灾自动报警功能 ⑤具有智能高压开关设备顺序控制功能 ⑥具有故障诊断功能 ⑦矿井主变电所设计智能巡检机器人,能够对变电所内的设备信息进行巡检 ⑧井下主变电所、采区变电所、各配电点均应设置电力监控系统,实时监测电气设备运行工况,并具备无人值守条件

　　瓦斯、水灾、火灾、顶板及冲击地压、煤尘等是矿井主要灾害,目前相关灾害的感知设备已经相对比较成熟,灾害预测、预警与防治措施也相对比较完善,为智能化安全监控系统建设奠定了基础。基于矿井灾害监测、分析、预测、预警及不同系统之间的智能联动控制要求,确定智能安全监控系统评价指标见表9。

表 9　智能安全监控系统评价指标
Table 9　Evaluation index of intelligent
security monitoring system

指标名称	计算方法
瓦斯灾害	①具有通风监测仿真系统,并可与矿井监测监控系统连接,实现矿井通风系统在线实时监测仿真和数据共享 ②能够根据瓦斯监测数据进行风量、风速智能调节 ③能够根据瓦斯监测数据进行瓦斯超限区域智能断电 ④能够根据瓦斯监测数据进行瓦斯超限区域智能预警及避灾路线规划
水害	①具有针对主要含水层的井上下水文智能动态观测系统,进行动态观测和水害的预测预警分析 ②具有水害智能仿真系统,并与矿井监测监控系统连接,实现水害的实时监测仿真,及避灾路线的智能规划 ③水害智能仿真系统与排水系统进行智能联动

指标名称	计算方法
火灾	①易自燃煤层的矿井,应建立束管监测、光纤测温系统,实现对井下的实时监测、数据分析及上传 ②开采易自燃煤层的矿井,应设置灌浆、注氮等设施,且能够与火灾监测系统进行智能联动 ③在电气设备、带式输送机等易发生火灾的区域,应设置火灾变量监测装置,以及防灭火系统,实现火灾参数的智能监测、分析,并根据分析处理结果进行智能预测、预警及联动控制 ④具备火灾智能模拟仿真系统,并与矿井监测监控系统连接,实现火灾的实时监测仿真,以及避灾路线的智能规划
顶板灾害	分项分数=①+② ①具备矿山压力监测系统,能够对顶板进行实时监测 ②建有综采工作面、掘工作面矿山压力大数据分析及评价模型,能够基于监测数据实现矿山压力的预测与预警
冲击地压灾害	①具备冲击地压监测系统,对冲击危险区域进行实时监测 ②具有冲击地压评价及预警装置,实现冲击地压监测数据的智能分析与预测预警
灾害综合防治系统	①具备完善的灾害感知预警系统,实现多种监测数据的统一传输和分类存储 ②矿井环境参数的实时监测信息具有与人员单兵装备进行实时互联的功能 ③井下重点区域的安全状态实时评估及预警信息具有与人员单兵装备进行实时互联的功能 ④具有监测数据的实时分析功能,并具有对安全状态进行实时评估的功能 ⑤能根据灾害监测与评估信息,自动预测事故发生的可能性 ⑥能根据灾害监测与评估信息,自动制定相应的灾害防治措施 ⑦具有完善的安全风险分级管控工作体系,并实现信息化管理

　　地面分选系统较井下各类系统更容易实现智能化,部分矿井已经实现了基于分选工艺参数、设备运行状态信息的自动采集与分类存储,通过3D可视化技术实现了分选系统的智能监测,并对原煤配比、自动加药、煤泥水处理等智能化控制进行了探索,为智能分选系统建设奠定了基础。基于上述智能分选系统建设要求,确定相关评价指标见表10。

　　从市场需求出发,科学制定矿井生产计划,严密组织生产过程,建立生产指标、生产成本、设备运维、能耗指标等大数据多维关联分析与决策系统,实现原煤生产、销售全流程的信息实时反馈、指标定量分析、目标动态修正。基于上述智能经营管理系统要求,确定其相关评价指标见表11。

表 10　智能分选系统评价指标

Table 10　Evaluation index of intelligent washing system

指标名称	计算方法
分选系统	①建有分选系统三维可视化系统,能够以三维立体形式显示选煤厂内的场景结构、设备布局及设备运行状态 ②分选工艺流程(原煤破碎、自动配煤、自动配药等)实现自动控制 ③具备完善的安全保障系统,实现安全起车监控、工控视频联动、视频巡检等 ④分选设备具有完善设备健康诊断功能,能够对设备运行状态进行实时监测及预警 ⑤具备智能管理系统,实现煤质管理、设备全生命周期管理、材料配件管理、能耗管理、综合成本核算等

表 11　智能经营管理系统评价指标

Table 11　Evaluation index of intelligent operation management system

指标名称	计算方法
生产及经营管理	①大专(含)以上学历专业技术人员占员工总数的比例 ②专业应用软件技能普及率 ③具有标准作业流程管理信息化功能,并实现班组中每个岗位标准作业流程的精确推送 ④具有对班组成员自动进行考核的功能,并能根据考核结果自动制定有针对性的培训与学习计划 ⑤实现班组管理信息的移动互联 ⑥建设有生产计划及调度管理、生产技术管理、机电设备管理等系统 ⑦生产计划及调度管理系统应具有生产计划及日常调度管理功能,可根据企业 ERP 数据实现生产计划排产 ⑧机电设备管理系统应具有健康状况的远程在线诊断功能,应具有定期自动运维管理及配件库存识别功能 ⑨生产级经营管理系统应具有规程措施编制、技术资料、专业图纸设计、采掘生产衔接跟踪、工程进度跟踪、生产与技术指标、经营指标等无纸化管理功能 ⑩矿井经营管理系统应包括办公自动化管理、企业 ERP 等系统,各系统之间应能交互数据 ⑪企业 ERP 应包括财务管理、成本管理、合同管理、运销管理、物资供应管理、仓储管理等系统,且应提供规范化数据接口
决策支持	①矿井决策支持系统应能够对生产系统和管理系统数据进行融合,且应能建立数据分析模型 ②建立动态排产模型,有效分析 ERP 中的经营数据,结合生产管理数据制定合理的排产方案,对矿井生产和运输物流环节进行合理调度 ③建立大型设备运维及管理模型,合理调整设备检修及大型耗能设备运转时间,对主要生产环节设备健康状况、负荷率、故障停机率、能源消耗等指标进行分析 ④建立大型设备运维及管理模型,合理调整设备检修及大型耗能设备运转时间,对主要生产环节设备健康状况、负荷率、故障停机率、能源消耗等指标进行分析 ⑤云端实现各矿产能与资源调度的自动决策

4　智能化煤矿评价方法与验证

煤矿智能化评价指标体系是由矿井各系统相互独立的多项指标组成,通过邀请行业专家对煤矿智能化评价指标的影响程度进行打分(重要程度以1—9进行标度),采用层次分析法构建不同指标两两比较的判断矩阵,并借助 yaahp 软件计算各项评价指标的权重,见表 12。

表 12　智能化煤矿评价指标权重

Table 12　Evaluation index weight of intelligent coal mine

项目		评价指标	权重	累积权重
煤矿智能化程度	信息基础设施	传输网络	0.002 8	0.048 2
		数据处理设备	0.007 1	
		应用平台软件	0.007 1	
		数据服务	0.003 7	
		综合管控平台	0.027 5	
	地质保障系统	勘探技术与装备	0.050 9	0.059 4
		地质建模及应用	0.008 5	
	智能掘进系统	智能掘进设备	0.127 8	0.153 4
		远程集控平台	0.025 6	
	智能综采系统	割煤系统	0.138 8	0.258 2
		支护系统	0.067 1	
		运输系统	0.034 0	
		综合保障系统	0.018 3	
	主煤流运输系统	输送带运输	0.058 7/0.078 3	0.078 3
		立井提升运输	0.019 6	
	辅助运输系统	轨道运输	0.058 3	0.058 3
		胶轮车运输	0.058 3	
		混合运输	0.058 3	
	综合保障系统	通风系统	0.022 7	0.086 2
		排水系统	0.013 7	
		压风系统	0.006 6	
		供电系统	0.043 2	
	安全监控系统	瓦斯防治系统	0.024 0	0.140 7
		水灾防治系统	0.016 8	
		火灾防治系统	0.007 4	
		顶板灾害防治系统	0.008 6	
		冲击地压防治系统	0.040 7	
		综合防治系统	0.043 2	
	智能分选系统	分选技术与装备	0.067 7	0.067 7
	经营管理系统	生产经营管理	0.025 1	0.049 6
		决策支持	0.024 5	

由于主煤流运输系统可以采用带式输送机运输或带式输送机与立井提升联合运输 2 种方式,若矿井仅采用带式输送机进行运输时,则取权重值为0.078 3;若矿井采用带式输送机与立井提升联合运输方式,则带式输送机取权重值为 0.058 7,立井提升系统取权重值为 0.019 6。矿井辅助运输可以采用轨道运输、胶轮车运输、混合运输 3 种方式,这 3 种运输方式为并列结构,只能选择其中一种运输方式,取权重值为 0.058 3。

基于上述评价模型，开发了智能化煤矿分类、分级评价系统（V1.0），以陕北某大型矿井智能化建设为样本，对矿井的智能化程度进行评价，验证上述评价方法的科学性与可靠性。样本煤矿为年产千万吨以上特大型煤矿，矿井主采 2^{-2}、5^{-2} 煤层，其中 2^{-2} 煤层厚度为 5.5~8.0 m，5^{-2} 煤层厚度为 4.0~6.8 m，煤层倾角小于 5°，开采煤层埋深为 230~360 m，煤层普氏系数平均约为 2.7，煤层赋存稳定，顶板等级为 II 级，底板赋存稳定，瓦斯含量低，褶皱、断层、陷落柱等地质构造对矿井生产影响均较小，煤层为易自燃煤层，无冲击地压危险，水文地质条件复杂，地表附近有水源保护区，煤尘具有爆炸危险性，主采煤层工作面平均走向长度约 5 000 m，倾斜宽度 250~350 m，工作面仰俯角度小于 3°，矿井全员工效约 95 t/工，近 5 年无人员伤亡。将上述矿井智能化建设条件输入自主开发的智能化煤矿分类、分级评价系统，计算得出该矿井的智能化建设条件评价结果为 94 分，类别为良好，如图 3 所示。

通过对评价结果进行分析可知，该矿井智能化建设条件较好，适宜开展煤矿智能化建设，但矿井煤层顶板、煤层底板、煤层自然发火、水文地质、煤尘爆炸危险性的评分值较低，即表明这几项因素对矿井智能化建设具有一定影响。

通过进行现场调研，该矿井已经建设了万兆主干通信网络、大型服务器等基础设施，基本满足井上下数据传输、存储要求，但云服务平台等尚未完成建设；建立了矿井三维空间地质数据库，实现了工程数据与地质数据的更新，但未实现实时更新，且地质探测技术主要采用传统探测方法；采用掘锚一体机进行掘进，最大巷道掘进月进尺超过 1 000 m，但尚未实现远程协同作业；综采工作面采用智能化控制系统，实现了"有人巡视、无人值守"作业；主运输采用带式输送机进行运输，具备较完善的保护系统，但尚未完全实现无人值守；矿井辅助运输采用无轨胶轮车，车辆运行、调度等能够满足生产需要，但尚未实现无人驾驶；通风系统能够满足矿井生产要求，但尚未实现风量、风速的智能调节，通风网络解算精度尚待提高；固定排水点具备无人作业条件，井下中央变电所具备无人值守条件，移动排水点仍需人工作业；矿井瓦斯含量低、无冲击倾向性，但矿井水文地质条件复杂，已建设较完善的水文地质监测系统，但尚未与排水系统实现联动控制，建设了完善的束管监测、光纤测温系统，但监测数据尚未实现自动上传分析；分选系统基本实现了分选工艺、煤泥水处理等的自动化；生产经营管理实现了自动化，但相关决策仍受

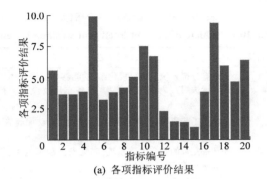

(a) 各项指标评价结果

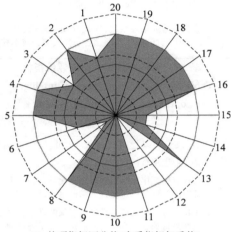

(b) 单项指标评分值(未乘指标权重值)

1—煤层厚度；2—煤层倾角；3—煤层埋深；4—煤层硬度；
5—煤层稳定性；6—顶板顶级；7—底板稳定性；8—瓦斯等级；
9—褶皱影响；10—断层影响；11—陷落柱影响；12—自然发火
影响；13—冲击地压影响；14—水文地质；15—煤尘爆炸危险；
16—工作面走向长度；17—工作面倾斜宽度；18—工作面仰俯角；
19—全员工效；20—近 5 年百万吨死亡率

图 3　智能化煤矿生产技术条件分类评价结果

Fig.3　Classification and evaluation results of intelligent coal mine production technical conditions

人为因素干扰，数据利用率不高；矿井建设了较完善的采掘机运通系统，但相关系统尚未完全实现互联互通，存在一定的信息孤岛问题。通过对该矿井的智能化建设现状进行调研，采用自主开发的智能化煤矿分类、分级评价系统对矿井的智能化程度进行综合评价，其评价结果为 78.59 分，如图 4 所示，根据矿井智能化程度确定该矿井目前为乙级（中级）智能化达标煤矿。

通过对矿井智能化程度评价结果进行分析，发现矿井的智能综采系统、安全监控系统、智能分选系统得分较高（90 分），即这 3 个系统的智能化建设程度较高；智能掘进系统得分较低（56.7 分），即该系统的智能化程度较低，由于矿井地质条件较好，巷道掘进速度能够满足要求，但掘进的智能化程度尚待提高；其他系统的得分均在 70~80 分，表明其智能

化建设仍然有较大提升空间。基于评价结果,该矿井正在开展智能化升级改造,重点对巷道掘进、地质保障、复杂运输等系统进行智能化升级,进一步提高矿井的智能化水平。

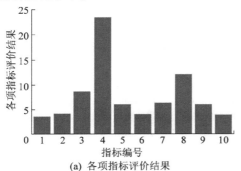

(a) 各项指标评价结果

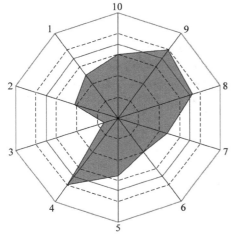

(b) 单项指标评分值(未乘指标权重值)

1—信息基础设施;2—地质保障系统;3—智能掘进系统;
4—智能综采系统;5—主煤流运输系统;6—辅助运输系统;
7—综合保障系统;8—安全监控系统;9—智能分选系统;
10—经营管理系统

图 4　煤矿智能化等级评价结果

Fig.4　Evaluation result of coal mine intelligence grade

智能化煤矿分类、分级评价指标体系与评价方法不仅可以对矿井智能化建设条件类别、矿井智能化等级进行评价,其评价结果还反应了矿井智能化建设存在的不足,为后续进行煤矿智能化升级改造提供指导。

5　结　论

1) 提出的智能化煤矿分类、分级与评价指标体系,充分考虑了不同地域、不同开采技术条件和工程基础的煤矿实际,首先按矿井智能化建设条件分为良好、中等、复杂 3 类,然后基于矿井智能化建设条件类别再确定智能化等级评价指标体系,以煤矿智能化程度作为综合评价结果进行智能化煤矿分级,

这种分类分级与评价方法保证了智能化煤矿建设水平综合评价的科学性、合理性及准确性。

2) 智能化煤矿是一个复杂巨系统,由煤矿 10 个主要智能系统和若干个相关煤矿智能化子系统组成,智能化煤矿建设的重点是高质量建设智能化巨系统。应按照智能化煤矿建设技术要求,进行系统规划设计,确保系统的兼容性和运行的可靠性、安全性。

3) 采用层次分析法确定各评价指标的权重,基于智能化煤矿评价指标体系与评价流程,开发的煤矿智能化分类、分级评价软件系统,经过多样本验证,表明评价指标体系和评价方法科学、合理,煤矿智能化评价指标体系不仅可以为煤矿智能化建设验收提供科学评价,同时,也可作为新建智能化煤矿建设和已生产煤矿智能化升级改造的设计依据。

4) "智能化煤矿分类、分级与评价指标体系"是基于当前煤矿开发领域及其他工业领域技术条件而研究制定的,随着 5G、人工智能、新材料、机器人等技术装备的发展,以及国家社会行业对智能化煤矿认识、要求的提高,智能化煤矿建设标准、评价方法和指标将与之进行修订完善。

参考文献(References) :

[1] 王国法,刘　峰,孟祥军,等. 煤矿智能化(初级阶段)研究与实践[J].煤炭科学技术,2019,47(8):1-36.
WANG Guofa, LU Feng, MENG Xiangjun, et al. Research and practice on intelligent coal mine construction (primary stage) [J]. Coal Science and Technology,2019,47(8):1-36.

[2] 刘　峰,曹文君,张建明. 持续推进煤矿智能化,促进我国煤炭工业高质量发展[J].中国煤炭,2019,45(12):32-37.
LIU Feng, CAO Wenjun, ZHANG Jianming. Continuously promoting the coal mine intellectualization and the high-quality development of China's coal industry[J]. China Coal, 2019, 45 (12):32-37.

[3] 王国法,刘　峰,庞义辉,等. 煤矿智能化:煤炭工业高质量发展的核心技术支撑[J].煤炭学报,2019,44(2):349-357.
WANG Guofa,LIU Feng,PANG Yihui,et al. Coal mine intellectualization: the core technology of high quality development [J]. Journal of China Coal Society,2019,44(2):349-357.

[4] 王国法,王　虹,任怀伟,等. 智慧煤矿 2025 情境目标和发展路径[J].煤炭学报,2018,43(2):295-305.
WANG Guofa,WANG Hong,REN Huaiwei,et al. 2025 scenarios and development path of intelligent coal mine[J]. Journal of China Coal Society,2018,43(2):295-305.

[5] 王国法,杜毅博. 智慧煤矿与智能化开采技术的发展方向[J].煤炭科学技术,2019,47(1):1-10.
WANG Guofa,DU Yibo. Development direction of intelligent coal mine and intelligent mining technology [J]. Coal Science and Technology,2019,47(1):1-10.

[6]　王国法,庞义辉,任怀伟.煤矿智能化开采模式与技术路径[J].采矿与岩层控制工程学报,2020,2(1):013501.
WANG Guofa,PANG Yihui,REN Huaiwei. Intelligent coal mining pattern and technological path [J]. Journal of Mining and Strata Control Engineering,2020,2(1):013501.

[7]　闫魏锋,石　亮.我国煤巷掘进技术与装备发展现状[J].煤矿机械,2018,39(12):1-3.
YAN Weifeng,SHI Liang. Development status of coal roadway tunneling equipment and technology in China [J]. Coal Mine Machinery,2018,39(12):1-3.

[8]　薛光辉,管　健,程继杰,等.深部综掘巷道超前支架设计与支护性能分析[J].煤炭科学技术,2018,46(12):15-20.
XUE Guanghui,GUAN Jian,CHENG Jijie,et al. Design of advance support for deep fully-mechanized heading roadway and its support performance analysis[J]. Coal Science and Technology,2018,46(12):15-20.

[9]　张幼振.我国煤矿锚杆钻车的应用现状与发展趋势[J].煤炭工程,2010,42(6):101-103.
ZHANG Youzhen. Application status and development trend of coal mine anchor drilling vehicle in China[J]. Coal Engineering,2010,42(6):101-103.

[10]　范京道,王国法,张金虎,等.黄陵智能化无人工作面开采系统集成设计与实践[J].煤炭工程,2016,48(1):84-87.
FAN Jingdao,WANG Guofa,ZHANG Jinhu,et al. Design and practice of integrated system for intelligent unmanned working face mining system in Huangling coal mine [J]. Coal Engineering,2016,48(1):84-87.

[11]　王国法,李希勇,张传昌,等.8 m大采高综采工作面成套装备研发及应用[J].煤炭科学技术,2017,45(11):1-8.
WANG Guofa,LI Xiyong,ZHANG Chuanchang,et al. Research and development and application of set equipment of 8 m large mining height fully-mechanized face[J]. Coal Science and Technology,2017,45(11):1-8.

[12]　王国法,庞义辉,任怀伟,等.煤炭安全高效综采理论、技术与装备的创新和实践[J].煤炭学报,2018,43(4):903-913.
WANG Guofa,PANG Yihui,REN Huaiwei,et al. Coal safe and efficient mining theory, technology and equipment innovation practice [J]. Journal of China Coal Society,2018,43(4):903-913.

[13]　姜俊英,周　展,曹现刚,等.煤矿巷道悬线巡检机器人结构设计及仿真[J].工矿自动化,2018,44(5):76-81.
JIANG Junying,ZHOU Zhan,CAO Xiangang,et al. Structure design of suspension line inspection robot in coal mine roadway and its simulation [J]. Industry and Mine Automation,2018,44(5):76-81.

[14]　吕鹏飞,何　敏,陈晓晶,等.智慧矿山发展与展望[J].工矿自动化,2018,44(9):84-88.
LYU Pengfei,HE Min,CHEN Xiaojing,et al. Development and prospect of wisdom mine [J]. Industry and Mine Automation,2018,44(9):84-88.

[15]　谭章禄,马营营.煤炭大数据研究及发展方向[J].工矿自动化,2018,44(3):49-52.
TAN Zhanglu,MA Yingying. Research on coal big data and its developing direction [J]. Industry and Mine Automation,2018,44(3):49-52.

[16]　王增仁.浅谈智能煤流系统在胶带运输中的应用[J].煤矿开采,2018(S1):38-40.
WANG Zengren. Application of intelligent coal flow system in belt transportation[J]. Coal Mining Technology,2018(S1):38-40.

[17]　王国法,张德生.煤炭智能化综采技术创新实践与发展展望[J].中国矿业大学学报,2018,47(3):459-467.
WANG Guofa,ZHANG Desheng. Innovation practice and development prospect of intelligent fully mechanized technology for coal mining [J]. Journal of China Coal Society,2018,47(3):459-467.

[18]　申　雪,刘　驰,孔　宁,等.智慧矿山物联网技术发展现状研究[J].中国矿业,2018,27(7):120-125,143.
SHEN Xue,LIU Chi,KONG Ning,et al. Research on the technical development status of the intelligent mine base on internet of things [J]. China Mining Magazine,2018,27(7):120-125,143

[19]　郭金宝.基于物联网的矿山智能化辅助运输系统的应用研究[J].矿山机械,2016,44(4):30-33.
GUO Jinbao. Application and study on mine intelligent auxiliary transportation system based on internet of things [J]. Mining Machinery,2016,44(4):30-33.

[20]　徐　丽.基于RFID的矿井人员定位系统的设计[D].太原:太原理工大学,2013.

[21]　张旭平,赵甫胤,孙彦景.基于物联网的智慧矿山安全生产模型研究[J].煤炭工程,2012,44(10):123-125.
ZHANG Xuping,ZHAO Fuyin,SUN Yanjing. Study on safety production model of intelligent mine base on internet of things [J]. Coal Engineering,2012,44(10):123-125.

[22]　刘大同,郭　凯,王本宽,等.数字孪生技术综述与展望[J].仪器仪表学报,2018(11):1-10.
LIU Datong,GUO Kai,WANG Benkuan,et al.Summary and perspective survey on digital twin technology [J].Chinese Journal of Sci-entific Instrument,2018(11):1-10.

[23]　马小平,胡延军,缪燕子.物联网、大数据及云计算技术在煤矿安全生产中的应用研究[J].工矿自动化,2014,40(4):5-9.
MA Xiaoping,HU Yanjun,MOU Yanzi. Application research of technologies of Internet of Things, big data and cloud computing in coal mine safety production [J]. Industry and Mine Automation,2014,40(4):5-9.

智能化煤矿建设关键技术专题

【编者按】煤矿智能化是煤炭工业高质量发展的核心技术支撑,是煤矿自动化、数字化发展的新阶段。2020 年 3 月 2 日,国家发展改革委、国家能源局等八部委联合印发了《关于加快煤矿智能化发展的指导意见》,文件的发布实施对于加快推进智能化煤矿建设,构建智能+绿色煤炭工业新体系,实现煤炭资源的智能、安全、高效、绿色开发与低碳、清洁、高效利用,促进煤炭工业高质量发展具有重要意义。

　　智能化煤矿是将物联网、云计算、大数据、人工智能、自动控制、移动互联网、智能装备等与煤炭开发技术和装备进行深度融合,形成全面自主感知、实时高效互联、智能分析决策、自主学习、动态预测预警、精准协同控制的煤矿智能系统,实现矿井地质保障、煤炭开采、巷道掘进、运输、通风、排水、供电、安全保障、分选、生产经营管理等全过程的安全高效智能运行。目前,我国煤矿智能化发展尚处于初级阶段,存在相关基础理论薄弱,核心关键技术瓶颈尚未取得突破,缺少煤矿智能化相关技术标准与规范,技术与装备研发滞后于企业发展需求,研发平台不健全,高端煤矿智能化人才匮乏等问题,制约了煤矿智能化的发展。因此,应理清发展思路,创新发展模式,加快推进煤矿智能化技术与装备标准体系建设,持续深入开展煤矿智能化基础理论与技术短板攻关,加强产学研用的协同创新,推动煤矿智能化人才队伍建设,提高煤矿智能化建设的综合保障能力。

　　为推进我国煤矿智能化建设进程,进一步发挥《煤炭科学技术》的学术交流平台和桥梁纽带作用,编辑部组织策划了"智能化煤矿建设关键技术专题",报道了煤矿智能化技术体系研究与工程应用、智能化煤矿顶层架构设计、智能化煤矿建设路线、智能开采关键技术、5G 关键技术、煤矿机器人技术等方面的研究与工程应用进展。本次专题收稿 145 篇,录用稿件 49 篇,限于版面,2020 年第 7 期刊登 29 篇稿件,其余稿件将择期在机电与智能化栏目中刊登。

　　在此衷心感谢各位专家为专题撰稿,特别感谢《煤炭科学技术》杂志主编王国法院士、中国矿业大学(北京)校长葛世荣教授在专题策划、组稿方面给予的大力支持;诚挚感谢审稿专家对提升专题稿件学术质量所付出的辛勤劳动;同时感谢中国煤炭科工集团有限公司、中国矿业大学(北京)、国家能源集团神东煤炭集团有限公司、中国平煤神马能源化工集团有限责任公司、兖矿集团有限公司、大同煤矿集团有限公司、陕西陕煤陕北矿业有限公司、陕西延长石油(集团)有限责任公司等单位在专题组稿方面给予的支持与帮助!

移动扫码阅读

王国法,任怀伟,庞义辉,等.煤矿智能化(初级阶段)技术体系研究与工程进展[J].煤炭科学技术,2020,48(7):1-27. doi:10.13199/j. cnki. cst. 2020.07.001
WANG Guofa,REN Huaiwei,PANG Yihui,et al.Research and engineering progress of intelligent coal mine technical system in early stages[J].Coal Science and Technology,2020,48(7):1-27. doi:10.13199/j. cnki. cst. 2020.07.001

煤矿智能化(初级阶段)技术体系研究与工程进展

王国法[1,2], 任怀伟[1,2], 庞义辉[1,2], 曹现刚[3], 赵国瑞[1,2], 陈洪月[4], 杜毅博[1,2], 毛善君[5], 徐亚军[1,2], 仵世华[6], 程建远[7], 刘思平[8], 范京道[9], 吴群英[10], 孟祥军[11], 杨俊哲[12], 余北建[13], 宣宏斌[14], 孙希奎[15], 张殿振[16], 王海波[17]

(1.中煤科工开采研究院有限公司,北京 100013;2. 天地科技股份有限公司,北京 100013;3.西安科技大学,陕西 西安 710054;4.辽宁工程技术大学,辽宁 阜新 123000;5.北京大学 地球与空间科学学院,北京 100871;6. 煤炭工业规划设计研究院有限公司,北京 100120;7. 中煤科工集团西安研究院有限公司,陕西 西安 710077;8. 北京交通大学,北京 100044;9.陕西煤业化工集团有限责任公司,陕西 西安 710065;10. 陕西陕煤陕北矿业有限公司,陕西 神木 719301;11. 兖矿集团有限公司,山东 邹城 273500;12.神华神东煤炭集团有限责任公司,陕西 神木 719315;13. 阳泉煤业(集团)有限责任公司,山西 阳泉 045000;14. 大同煤矿集团有限责任公司,山西 大同 037003;15. 淄博矿业集团有限责任公司,山东 淄博 272000;16. 山东能源新汶矿业集团有限责任公司,山东 新泰 271200;17. 中煤科工集团常州研究院有限公司,江苏 常州 213015)

收稿日期:2020-05-06;**责任编辑:**赵 瑞
基金项目:国家自然科学基金资助项目(51674243);中国工程院战略咨询资助项目(2019-XZ-60)
作者简介:王国法(1960—),男,山东文登人,中国工程院院士。E-mail:wangguofa@ tdkcsj.com

摘　要:煤炭是实现清洁高效利用的最经济、最可靠的能源,煤炭资源的智能、安全、高效开发与低碳清洁利用是实现我国煤炭工业高质量发展的核心技术支撑。基于我国煤矿智能化初级阶段的发展要求,开展了煤矿智能化技术体系研究和工程建设,进行了智能化煤矿顶层设计研究,以"矿山即平台"的理念将智能化煤矿整体架构分为设备层、基础设施层、服务层与应用层,实现煤矿生产、安全、生态、保障的智能化闭环管理。针对智能化煤矿存在的信息孤岛问题,开展了多源异构数据建模、特征提取与数据挖掘等技术研究,研发了基于数据驱动的信息实体建模与更新技术;研究了智能化煤矿高精度三维地质模型构建方法,通过在刮板输送机上布设巡检机器人与三维激光扫描仪,将三维激光扫描数据与地质模型数据、采煤机位姿数据、采煤机摇臂截割数据进行有效融合,获取采煤机的实时截割曲线,通过比对采煤机实际截割曲线与地质模型的煤岩层分界面曲线,实现基于地质模型动态更新的煤层厚度自适应截割控制方法;研发了工作面采掘接续智能设计技术,实现了接续工作面图纸、规程、规范的智能设计,大幅降低了采掘接续过程中的重复劳动;研究了掘锚一体机的位姿检测与导航技术、自动打锚杆技术、自动铺网技术、巷道三维建模与质量监测技术,探索了基于远程视频监控的巷道智能高效掘进技术与装备;以"有人巡视,无人操作"为特征的智能化开采工作面在全国逐渐推广应用,开展了基于三维地质模型动态更新的采煤机自适应截割技术研发与实践,在部分矿区取得较好的试验效果。分析了智能分选技术、智能辅助运输技术、5G通信技术在煤矿井上下应用存在的技术难点及解决的技术路径,从技术研发角度系统分析了制约智能化煤矿建设的关键技术难题。详细阐述了神东煤炭集团、兖矿集团、同煤集团、阳煤集团、淄矿集团、新汶矿业集团等国内大型煤炭生产企业现阶段在智能化煤矿建设中取得的阶段性成果,从技术研发与现场实践相结合的角度分析了智能化煤矿建设过程中存在的主要技术难题与发展方向。同时对煤矿智能化标准体系进行研究,提出了煤矿智能化标准体系框架,起草制定了"智能化煤矿分类、分级技术条件与评价指标体系"、"智能化综采工作面分类、分级评价技术条件与指标体系"等相关标准,为智能化煤矿建设提供标准支撑。

关键词:煤矿智能化;顶层设计;智能化开采;智能掘进;三维地质模型;标准体系

中图分类号:TD67　　　　**文献标志码**:A　　　　**文章编号**:0253-2336(2020)07-0001-27

Research and engineering progress of intelligent coal mine technical system in early stages

WANG Guofa[1,2], REN Huaiwei[1,2], PANG Yihui[1,2], CAO Xiangang[3], ZHAO Guorui[1,2],
CHEN Hongyue[4], DU Yibo[1,2], MAO Shanjun[5], XU Yajun[1,2], REN Shihua[6],
CHENG Jianyuan[7], LIU Siping[8], FAN Jingdao[9], WU Qunying[10], MENG Xiangjun[11],
YANG Junzhe[12], YU Beijian[13], XUAN Hongbin[14], SUN Xikui[15], ZHANG Dianzhen[16], WANG Haibo[17]

(1. *Coal Mining Research Institute, China Coal Technology & Engineering Group, Beijing* 100013, *China*; 2. *Tiandi Science & Technology Co., Ltd., Beijing* 100013, *China*; 3. *Xi'an University of Science and Technology, Xi'an* 710054, *China*; 4. *Liaoning Technical University, Fuxin* 123000, *China*; 5. *School of Earth and Space Science, Peking University, Beijing* 100871, *China*; 6. *Coal Industry Planning and Design Institute Co., Ltd., Beijing* 100120, *China*; 7. *Xi'an Research Institute Co., Ltd., China Coal Technology and Engineering Group, Xi'an* 710077, *China*; 8. *Beijing Jiaotong University, Beijing* 100044, *China*; 9. *Shaanxi Coal and Chemical Industry Group Co., Ltd., Xi'an* 710065, *China*; 10. *Shaanxi Coal North Mining Co., Ltd., Shenmu* 719301, *China*; 11. *Yankuang Group Co., Ltd., Zoucheng* 273500, *China*; 12. *Shenhua Shendong Coal Group Co., Ltd., Shenmu* 719315, *China*; 13. *Yangquan Coal Industry(Group)Co., Ltd., Yangquan* 045000, *China*; 14. *Datong Coal Mine Group, Datong* 037003, *China*; 15. *Zibo Mining Group Co., Ltd., Zibo* 272000, *China*; 16. *Shandong Energy Xinwen Mining Group Co., Ltd., Xintai* 271200, *China*; 17. *Changzhou Research Institute, China Coal Technology & Engineering Group, Changzhou* 213015, *China*)

Abstract: Coal is the most economical and reliable energy that can achieve clean and efficient use. The intelligent, safe, efficient development of coal resources and low-carbon clean utilization are the core technical support for achieving high-quality development of China's coal industry. Based on the development requirements of the primary stage of coal mine intelligentization in China, the research and engineering construction of the coal mine intelligent technology system was carried out. The top-level design and research of intelligent coal mines were carried out, and the overall architecture of intelligent coal mines was divided into several layers including equipment layer, infrastructure layer, service layer and application layer based on the concept of "mine working as the platform", and a special high-speed transmission network was built in the mining area, and data format and communication agreements and standards were unified. A number of platforms and systems have been built, including big data cloud platform, coal mine intelligent center and integrated management system, coal mine safety strong real-time communication network and underground precise location service system, geological support and 4D-GIS dynamic information system, roadway intelligent rapid tunneling system, mining work surface intelligent cooperative control system, coal flow and auxiliary transportation and warehousing intelligent system, coal mine underground environment awareness and safety management and control system, coal cleaning and intelligent system, coal mine full station equipment and health intelligent management system, coal mine area and green ecological intelligence system, etc., to achieve intelligent closed-loop management of coal mine production, safety, ecology, and security. For the information island problem in intelligent coal mines, technical research on multi-source heterogeneous data modeling, feature extraction, and data mining was carried out. The data-driven information entity modeling and update technology used a bottom-up approach to extract the attributes, associated information and functional information of the monitoring data, and constructed the mapping relationship between different data information, and established a mining information sharing service platform, provided data services in different application scenarios underground. In view of the problem that the existing coal shearer's memory cutting was difficult to adapt to the coal seam thickness and changes in various geological conditions, an intelligent coal mine high-precision three-dimensional geological model construction method was studied, and a coal seam thickness adaptive cutting control method based on the dynamic update of the geological model was proposed. A three-dimensional geological model of coal seam thickness was established through the coal seam geological information,which used the coal-rock interface information obtained during the shearing process of the coal shearer to modify the geological model in real time, and planned ahead the cutting path of the next coal cut in order to realize automatic cutting control of the shearer based on the self-adaptation of coal seam thickness. The intelligent design technology was developed for working face mining and connection. By constructing a GIS "one map" distributed collaborative integration platform based on a unified spatial database, the geological information, engineering information, and equipment information were unified into a "one map". The position coordinates of the continuous working face were entered in the geological model, the system automatically calculated the working face length, mining height, reserves and other related information, and based on the calculation results, it automatically selected the supporting design of the working face equipment and completed the various drawings and reports of the working face. The intelligent design of drawings, rules and specifications of the continuous working face were compiled and realized, which greatly reduced the repeated labor in the process of mining and excavation; the posture detection and navigation technology, automatic anchoring technology, automatic net laying technology, roadway 3D modeling and quality monitoring technology were studied, using laser target and inclination sensor combined navigation technology for directional navigation and self-correction of the roadheader; automatic mesh laying device was used with anchor drill rig to achieve roadway surrounding rock automatic bolt support; a laser scanning system was used to quickly scan and measure the roadway through the image stitching matching algorithm, to build a three-dimensional accurate model of the roadway, and achieve accurate monitoring of the quality of the roadway formation; through intelligent driving equipment and geology, the fusion of multi-source information such as spatial information was used to realize holographic perception and scene reproduction of the driving face; ultrasonic and laser combined ranging sensors were used to achieve a wide and accurate measurement of the relative position between the various equipment on the driving face, and the characteristics of ultrasonic measurement was used to determine the spatial relative motion mode of the associated equipment; the characteristics of high laser ranging accuracy was used to determine the precise location of the associated equipment, personnel identification sensors were used to perceive the personnel in the non-working area, and compiled through the operation process regulations and parameters between the equipment. The interlocking and coordinated control program of the complete equipment realized the coordinated linkage of the complete equipment for the excavation. The intelligent mining face featuring "manned patrol, unmanned operation" has been gradually promoted and applied throughout the country. The development and practice of shearer adaptive cutting technology based on the dynamic update of the three-dimensional geological model has been carried out in the middle of the shearer. A high-precision 3D gyroscope was used to monitor the position and posture of the shearer in real time, and combined the monitoring results with the aforementioned high-precision 3D geological model to determine the coordinate position of the shearer in the 3D geological model; The inspection robot was installed on the scraper conveyor, and a three-dimensional laser scanner was installed on the inspection robot to effectively merge the three-dimensional laser scanning data with the unit geological model data, the shearer posture data, and the shearer rocker cutting data. The real-time cutting curve of the shearer can be obtained, by comparing the actual shearing curve of the shearer with the geological model of the coal-rock layer interface curve, to achieve intelligent adjustment of the shearing height of the shearer. The coal and rock interface information was input into the 3D geological model, and the coal and rock interface information of 3 to 5 m in front of the working face was dynamically updated based on the difference algorithm, and good test results were obtained in some mining areas. The intelligent ventilation system was studied, and the parameters such as air volume, wind speed, gas and temperature at key points of the mine were monitored, and the technology of multi-source data coupling analysis, redundancy analysis, three-dimensional modeling, etc.which was used to perform real-time dynamic calculation of the mine ventilation network. The calculated data in real time was correlated to control related equipment such as mine main ventilator, local ventilator, air door, air window and so on.The paper analyzed the technical difficulties and solutions of the application of intelligent cleaning technology, intelligent auxiliary transportation technology, and 5G communication technology in coal mines, and systematically analyzed the key technical problems that restrict the construction of intelligent coal mines from the perspective of technology research and development. The paper elaborated in detail on the current stage achievements of large domestic coal production enterprises, such as Shendong Coal Group, Yankuang Group, Datong Coal Mine Group, Yangmei Coal Group, Zibo Mining Group, Xinwen Mining Group, etc. in the construction stage of intelligent coal mines. The combination of research and development and field practice analyzed the main technical problems and development directions in the process of intelligent coal mine construction. A study was carried outon the coal mine intelligent standard system, the framework of the coal mine intelligent standard system was put forward, and the "intelligent coal mine classification, classification of technical conditions and evaluation index system", "intelligent comprehensive mining face classification, classification evaluation technical conditions and index system" and other related standards were drafted, providing standard support for the high-quality development of intelligent coal mine construction.

Key words: intelligent coal mine; top-level design; intelligent mining; intelligent tunneling; three-dimensional geological model; standard system

0 引　言

煤炭是我国一次能源中最经济、可靠的资源,是可以实现清洁高效利用的能源,是我国能源安全的压舱石[1-2]。新中国成立以来,生产了近900亿t煤炭,为国家建设和发展做出了巨大贡献。煤炭一直占我国一次能源生产量的70%,消费总量的60%以上,2018年首次下降至69.1%、59%。20世纪末,新一代信息技术快速发展为矿业带来了新机遇,美国、德国的露天煤矿采用先进的智能化连续开采技术,大幅提高了矿山的自动化水平及开采效率;加拿大制定了智能化矿山2050远景规划,计划在加拿大北部建设无人化矿山;澳大利亚制定了矿山开发2040远景规划,技术与装备的快速发展促使传统矿业逐渐迈入信息化、自动化、智能化发展新阶段[3-4]。

我国自20世纪80年代开始进行煤炭工业信息化建设,最初的目标是实现全国各煤炭生产企业的信息共享[5]。在2000年左右,随着通信技术、工业以太网技术等的普及应用,在煤矿首次实现了输送带运输系统、水泵房、通风系统等自动化控制,标志着我国开始进入煤矿综合自动化建设阶段。2010年左右,矿山物联网技术开始在煤矿进行应用,并在行业内逐渐对矿山物联网的架构、功能等达成共识,随着大数据、人工智能等技术的发展,煤炭工业逐步迈进智能化时代[6-7]。我国煤矿综合机械化经过40多年的发展取得了历史性的巨大成绩,全国已基本实现了煤矿机械化和综合机械化,煤炭开采和利用技术取得重大进步,煤炭生产力和安全生产水平得到了大幅度提高,主要开采装备均已实现国产化。特别是近10年来,智能化开采技术取得了显著进步,研发了0.8~1.3 m薄煤层智能化综采成套技术与装备,实现薄煤层无人化开采[8-11];研发了8.0 m以上智能化超大采高综采成套技术与装备,实现日产6万t以上、月产150万t以上、工作面年产1 500万t以上水平,创世界综采新纪录[12-14];研发了20 m以上特厚煤层综放成套技术与装备,坚硬厚煤层超大采高智能化综放工作面机采高度达到7.0 m,为世界提供了厚煤层高效开采的中国模式[15-17];研发了大倾角等复杂难采煤层综采成套技术与装备;建立了以液压支架与围岩强度、刚度和稳定性耦合及工作面人-机-环智能耦合原理为基础的智能化开采理论与技术体系[18-20];初步形成了薄及中厚煤层智能化无人开采模式、厚煤层大采高工作面智能高效人机环智能耦合高效综采模式、特厚煤层综放工作面智能化操控与人工干预辅助放煤模式、复杂煤层条件机械化+智能化开采模式[21]。目前,我国已有200多个采煤工作面实现了以"记忆截割为主,人工干预为辅,无人跟机作业,有人安全巡视"为特征的智能化开采。

智能化煤矿就是将物联网、云计算、大数据、人工智能、自动控制、移动互联网、智能装备等与煤炭开发技术及装备进行深度融合,形成全面自主感知、实时高效互联、智能分析决策、自主学习、动态预测预警、精准协同控制的煤矿智能系统,实现矿井地质保障、煤炭开采、巷道掘进、主辅运输、通风、排水、供电、安全保障、分选运输、生产经营管理等全过程的安全高效智能运行[22-23]。煤矿智能化从根本上改变了传统煤矿工人作业方式和条件,是煤矿工人的最大福祉,也是煤炭企业发展的内在要求,煤矿智能化建设虽然要增加一些投资,但会带来更大的安全效益、经济效益和社会效益。随着煤炭科技发展与从业人员素质的提高,传统煤炭行业的井下作业环境已经难以被煤炭从业人员接受,煤炭企业面临招工难的窘境,技术与生产方式变革的大趋势倒逼煤炭企业要进行智能化建设。

煤矿智能装备是煤矿智能化的核心,煤矿智能化对装备适应性和可靠性的要求极高[24-26]。煤机企业传统定型产品的大规模制造模式已不适应智能化煤矿的需要,而是普遍需要根据煤矿具体生产技术条件,不断创新研发适应性强、可靠性高的智能化成套产品和全生命周期服务。这就要求煤机企业具有强大而全面的技术研发能力、技术创新能力和产品质量保障能力。煤机企业需要从煤矿设计之初就介入到整个系统的建设中,从产品的研发、设计、制造到现场运行、使用维护、配件供应,再到最后的产品退出和再制造等,要给煤矿客户提供全生命周期的技术支持。以数据为核心资源,推动煤矿智能化技术开发和应用模式创新,提高煤炭企业的核心竞争力。

煤矿智能化是煤炭工业高质量发展的核心技术支撑,是煤矿综合机械化发展的新阶段,是煤炭生产力和生产方式革命的新方向[27]。加快推进智能化煤矿建设,构建智能+绿色煤炭工业新体系,实现煤炭资源的智能、安全、高效、绿色开发与低碳、清洁、高效利用是我国煤炭工业新时期高质量发展的战略任务和必由之路。智能化煤矿建设是一个复杂的系统工程,要借鉴"他山之石",将其他行业现有成熟的智能技术在煤炭生产领域进行转化与应用。各行业参与煤矿智能化建设应当以促进煤矿安全、少人、提效为目标,以完善利益联结机制和提高煤矿智能化水平为核心,以制度、技术和商业模式创新为动力,着力推进煤炭生产全流程的智能化建设。建设一批智能化示范矿井,通过示范带动作用,促进煤矿智能化建设向纵深发展。

笔者系统总结分析了我国煤矿智能化发展历程与现状,研究了智能化煤矿顶层设计,分析了制约智能化煤矿建设的数据挖掘、特征提取等基础理论,阐述了智能掘进、基于"透明工作面"的智能开采等新技术,介绍了我国大型煤矿集团进行煤矿智能化建设的成果与实践经验,提出了智能化煤矿建设与发展的思路,为我国煤矿智能化建设提供范例和经验借鉴。

1 智能化煤矿顶层设计

目前,我国煤矿智能化发展尚处于初级阶段[28],存在相关基础理论薄弱、核心关键技术瓶颈尚未取得突破、缺少煤矿智能化相关技术标准与规范、技术与装备研发滞后于企业发展需求、研发平台不健全、高端煤矿智能化人才匮乏等问题,制约了煤矿智能化的发展。为了加快推动我国煤矿智能化建设,促进煤炭工业高质量发展,提出了煤矿智能化是煤炭工业高质量发展核心技术支撑的科学理念[27],以中国工程院院士建议的方式,向中央办公厅和国

务院办公厅提出了"关于加快煤矿智能化发展的建议",在配合国家能源局起草煤矿智能化发展指导意见的过程中,多次组织行业骨干企业代表、科技专家反复讨论我国煤矿智能化建设现状、存在的问题、科技攻关方向、建设任务与建设目标等,为煤矿智能化建设凝聚行业共识。

科学规划智能化煤矿顶层设计,研究制定煤矿智能化建设相关政策保障措施,对于智能化技术与装备研发、工程示范项目等给予财税政策支持,为智能化煤矿建设营造良好的发展环境[29-31]。

以"矿山即平台"的理念进行智能化煤矿顶层设计,搭建矿区高速传输专用网络,统一数据格式与通信协议、标准,构建大数据云平台,实现多源数据的共享与深度挖掘利用;建设煤矿智慧中心及综合管理系统、煤矿安全强实时通信网络及地下精准位置服务系统、地质保障及4D-GIS动态信息系统、巷道智能快速掘进系统、开采工作面智能协同控制系统、煤流及辅助运输与仓储智能系统、煤矿井下环境感知及安全管控系统、煤炭分选智能化系统、矿井全工位设备设施健康智能管理系统、煤矿场区及绿色生态智能系统等,这些系统又分别由若干个相关煤矿智能化子系统组成,数以百计的煤矿智能化子系统协同运行,构建起煤矿智能化巨系统。将现有各子系统进行高度集成与协同管控,解决信息孤岛、信息烟囱问题,实现智能物资、智能办公、绿色生态、智能保障、HSE五大闭环管理,如图1所示。

基于1套标准体系、构建1张全面感知网络、形成1个大数据中心、1个云服务平台,面向"生产、生活、生态"3个业务领域实现智能化的全面覆盖。采用分层、分级设计,整体技术架构可以分为设备层、基础设施层、服务层与应用层,智能化矿山总体技术架构如图2所示。

在统一开发平台的框架下,基于面向服务架构(SOA)的思想,围绕监测实时化、控制自动化、管理信息化、业务流转自动化、知识模型化、决策智能化目标进行相应业务的研发设计,开发用于煤炭生产、智慧生活、矿区生态的智慧矿山基础操作系统、生产系统、安全监控系统、智能保障系统、智能决策分析系统、智能经营管理系统、智慧矿山综合门户、智能移动APP等支持服务,实现煤矿的数据集成、能力集成和应用集成。

建设覆盖整个园区的高速通信网络,包括有线和无线系统的整体规划建设。采用敏捷网络扁平化的扁平化设计理念,简化网络结构,降低网络的运维难度。同时采用堆叠、PPPoE、VLAN等技术,千兆

到桌面、10 GE 到汇聚、汇聚 40 GE 到核心的方案，　　　支撑智能化煤矿流量的爆炸式增长。

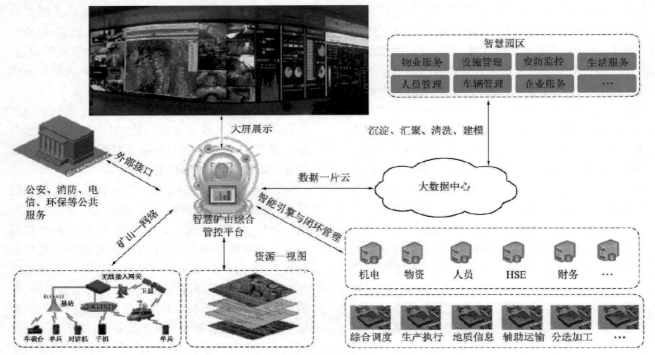

图 1　智能化矿山综合管控平台

Fig.1　Intelligent comprehensive mine control platform

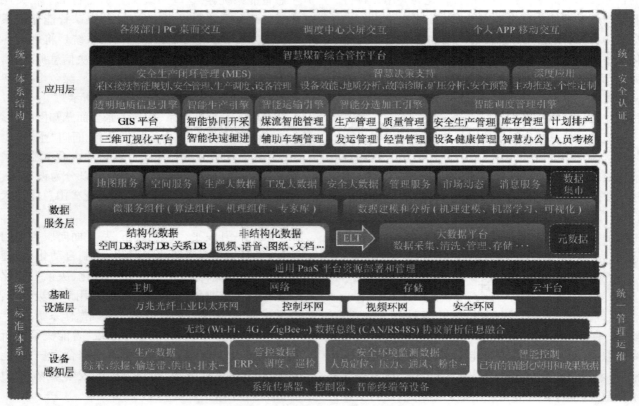

图 2　智能化煤矿总体系统架构

Fig.2　Overall system architecture of intelligent coal mine

　　针对煤矿智能化建设的 2 种典型案例，进行了顶层设计研究，通过开展陕煤集团陕北矿业张家峁　　煤矿生产矿井全面智能化改造和复杂巨系统关键技术与装备研发，将打造生产煤矿智能化升级改造的示范样板;通过开展陕西延长石油巴拉素煤矿新建矿井智能化煤矿顶层设计与整体研发,打造新建煤矿智能化建设的示范工程,在矿井设计、开采工艺、工作面装备、快速掘进、智能控制、环境数据监测等方面全面开展研发,从建设之初就注入"智能化"基因,打造现代化大型煤矿智能化运行的新模式。

2 煤矿智能化基础理论

2.1 煤矿多源异构数据模型及动态关联关系

随着智能感知技术与装备的快速发展,煤矿井上下监测数据量呈现井喷式增长,数据特征提取与挖掘技术是数据建模与分析利用的基础[32-35]。采用自底向上的方式对监测数据的属性、关联信息、功能信息等进行提取,根据矿山不同应用场景的信息需求,提取不同种类、不同属性、不同层次、不同状态的数据信息,对多源异构数据进行统一描述,并构建不同数据信息之间的映射关系,建立矿山信息共享服务平台,其数据逻辑如图3所示,为井下不同应用场景提供数据服务。

矿山不同应用场景根据自身业务需求向矿山信息共享服务平台提出数据需求,采用匹配优选策略提供数据服务方案,并通过数据关联分析、时序分析等,进行相关数据的主动推送,如图4所示。

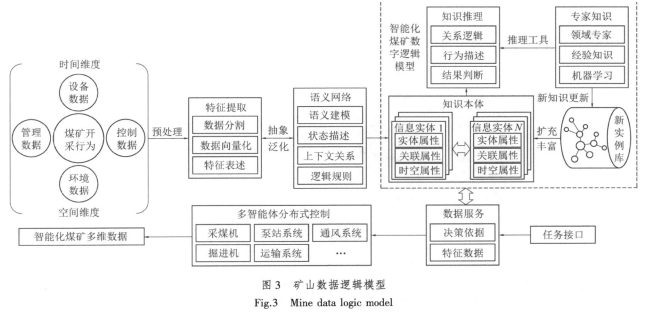

图3 矿山数据逻辑模型

Fig.3 Mine data logic model

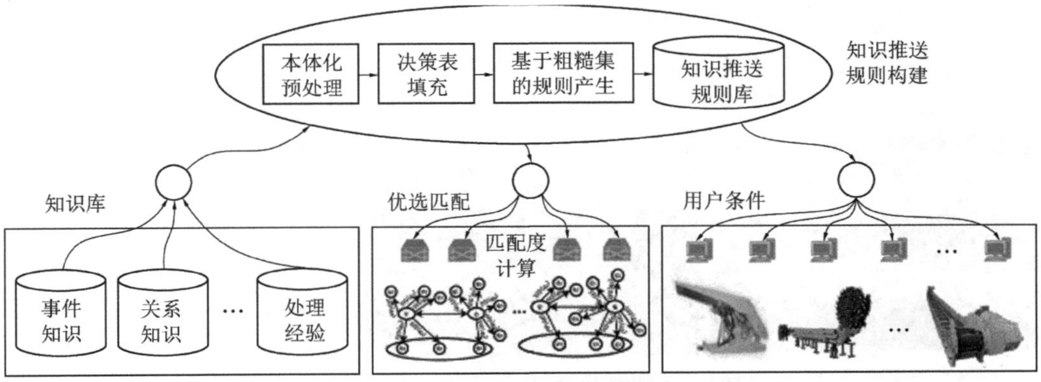

图4 矿山数据主动推送策略

Fig.4 Active push strategy of mine data

采用Apriori算法将矿山的信息实体与物理实体、功能实体、事件实体进行关联映射,形成物理空间"投影信息实体"、功能空间"投影信息实体"、事件空间"投影信息实体",建立矿山不同层次内部与外部逻辑关系模型,形成虚拟空间与物理空间各种对象的关系映射。

基于矿山应用场景对地质信息、采掘工程信息、环境信息、设备信息等需求,以应用场景工艺流程为基础构建各行为参数在时间、空间上的状态函数,采用深度学习、跨模态融合、时序关联等方法,形成基于数据驱动的信息实体更新方法,如图5所示,实现 多源异构数据的深度融合与应用。

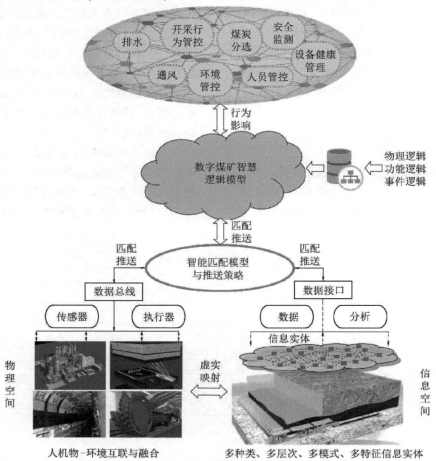

图5　基于数据驱动的信息实体更新逻辑模型

Fig.5　Update logical model based on data-driven information entity

2.2　时变多因素影响下综采设备群分布式控制

智能化综采工作面是智能化煤矿建设的核心任务之一,经过10多年来的不懈努力,逐步攻克了综采工作面远程可视化采煤技术与装备难题,实现了"自动控制+远程干预"的智能开采[35-37],即以采煤机记忆截割、液压支架自动跟机移架及可视化远程监控为基础,以生产系统智能化控制软件为核心,实现在地面(巷道)综合监控中心对综采设备的智能监测与集中控制,如图6所示。确保工作面割煤、

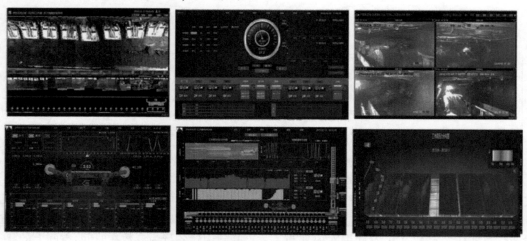

图6　智能化综采工作面远程监控中心

Fig.6　Intelligent remote monitoring center of fully mechanized mining face

推刮板输送机、移架、运输、灭尘等智能化运行,达到工作面连续、安全、高效开采,并在黄陵矿区率先实现了工作面有人巡视、无人操作开采。

综采工作面设备群协同控制一直是制约工作面智能化开采的核心技术难题之一,由于工作面围岩信息、环境信息、人员信息等均时刻发生变化,难以实现时变多因素影响下综采设备群的协同控制。针对这一问题,建立了时变多因素影响下综采设备群分布式控制模型,如图7所示,基于开采环境-生产系统耦合作用模型,以顶板沿工作面长度方向上应力场梯度变化为控制变量,不同区段采取不同的控制策略,实现液压支架群的分布式协同控制。以液压支架分布式控制为基础,根据工作面割煤工艺要求,实现采煤机、刮板输送机等设备的协同控制。

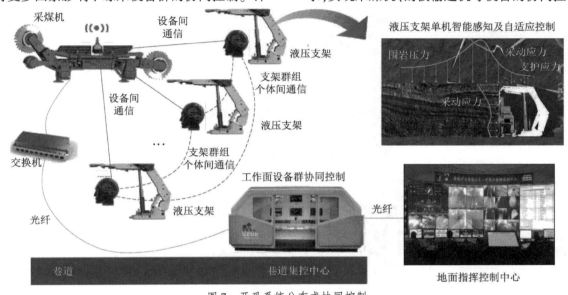

图 7 开采系统分布式协同控制

Fig.7 Distributed cooperative control of mining system

针对现有采煤机记忆截割难以适应煤层厚度、地质条件变化等问题,提出了综采工作面煤层厚度自适应截割控制方法。通过对工作面两侧巷道与开切眼在掘进过程中煤层厚度的实际揭露情况进行分析,在巷道与工作面交叉点位置,向煤层底板岩层内打基准点,并将该基准点作为坐标原点,采用差值算法获得煤层与顶板岩层的分界面、煤层与底板岩层的分界面,建立煤层与顶板岩层、底板岩层分界面地质预测模型,如图8所示。

基于坐标基准点,建立综采工作面刮板输送机、采煤机、液压支架的三维空间位姿模型,将地质预测模型与刮板输送机、采煤机、液压支架的三维空间位姿模型进行坐标变换与坐标统一,实现综采装备群与煤层、顶板岩层、底板岩层相对空间位姿的统一数学表达。在工作面刮板输送机的刮板槽两端安装高程传感器,在刮板输送机的中间位置安装三向倾角传感器,基于刮板输送机的槽宽、槽长、高程监测结果、三向倾角监测结果可以计算得出刮板输送机单个刮板槽铺设在煤层底板岩层上的三维空间坐标,通过对刮板输送机所有刮板槽连接后形成的三维空间坐标进行差值计算,便可以得到整个刮板输送机

铺设在底板岩层上形成的三维空间曲面,由于采煤机是在刮板输送机上行走,所以该三维空间曲面同时也是采煤机行走的轨迹面。

在采煤机上安装无线定位发射器,在刮板输送机的电缆槽内侧安装无线定位接收器,通过采煤机上安装的无线定位发射器与刮板输送机电缆槽内侧安装的无线定位接收器,确定采煤机与刮板输送机的相对位置。获取刮板输送机铺设在底板岩层上形成的三维空间曲面,以及采煤机在三维空间曲面上行走截割煤层形成的截割轨迹线,对采煤机截割后的煤层与顶板岩层、底板岩层分界面进行煤岩识别,基于识别结果对上述煤层与顶板岩层、底板岩层分界面地质预测模型进行修正。根据地质预测模型修正结果,对采煤机下一刀煤的截割路径进行提前规划,实现基于煤层厚度自适应的采煤机自动截割控制。

2.3 综采设备健康状态评价、预测与维护

针对现有单一赋权法对综采设备健康状态进行评价存在权重分配不合理、适应性差等问题,采用层次分析法与熵权法进行综采设备权重分配,构建部件级评估矩阵,如图9所示,最后通过灰色聚类法与模糊综合评判方法进行综采设备的健康状态评价。

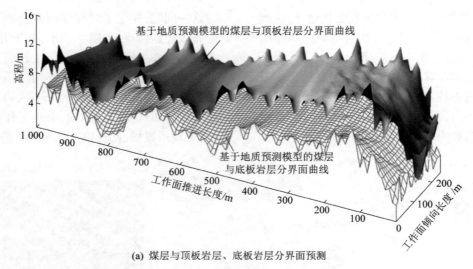

(a) 煤层与顶板岩层、底板岩层分界面预测

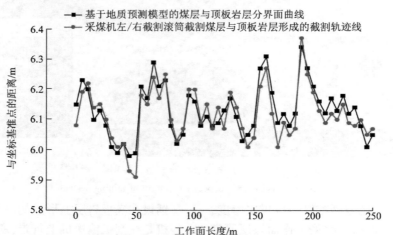

(b) 采煤机截割顶板轨迹线及煤层与顶板岩层分界面曲线

图 8 采煤机自适应截割控制方法

Fig.8 Adaptive cutting control method for shearer

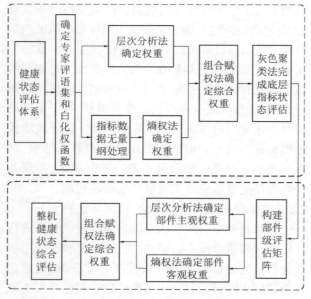

图 9 综采设备健康状态评价

Fig.9 Health status evaluation of fully mechanized mining equipment

通过对综采设备进行健康状态评价,确定设备的剩余寿命,并综合考虑维修资源、备品备件等因素,建立综采设备多目标维护决策模型,提高设备利用率、降低备品备件数量、减少维修成本。

3 煤矿智能化关键技术

3.1 煤矿高精度三维地质建模技术

将地质钻孔数据、电法、微震等各类地质信息数据进行有效融合,采用差值计算、三维建模等技术构建矿井的高精度三维地质模型是实现煤矿智能化的基础,其核心技术难点是多种地质信息、工程信息的集成处理,以及生产过程中揭露的地质信息与工程数据的实时获取及模型的动态更新。文献[38-39]采用三角网模型对煤层赋存信息、断层、陷落柱、露头等复杂地质条件进行差值计算与三维建模,并根据实际生产过程中揭露的地质信息进行模型的局部动态更新,形成了矿井"一张图"系统,其建模思路如图 10 所示。

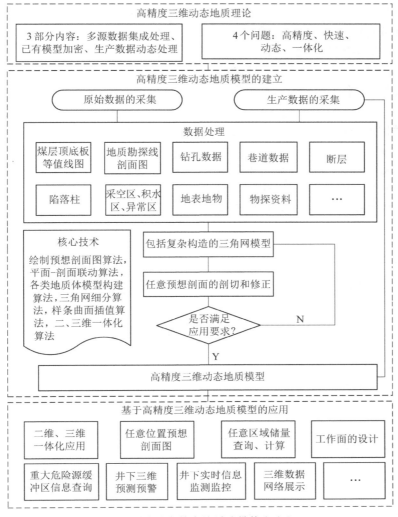

图 10　矿井高精度地质建模技术流程

Fig.10　Technical process of mine high precision geological modeling

　　高精度三维地质模型是智能化开采、掘进的基础,要求模型具有高精度、快速建模、动态实施修正等,受制于地质探测技术、三维地质建模技术等技术瓶颈,现有三维地质模型尚不能满足智能采掘要求。

3.2　基于地质模型的煤矿"一张图"技术

　　通过建立智能化煤矿空间数据标准规范,将矿井的地理信息与采掘工程信息统一存储在空间数据库中,构建统一空间数据库的 GIS"一张图"分布式协同一体化平台,实现井下采掘工程信息的自动图形处理与实时更新,利用 GIS 和 BIM 三维建模技术,实现主要采掘设备与地质环境信息的综合集成,如图 11 所示。

3.3　接续工作面智能设计与三维建模

　　工作面设计是一个流程复杂且具有一定重复劳动的工作,具有比较规范的设计流程与规范要求,传

(a) 基于空间数据库的三维地质模型

(b) 基于空间数据库的三维井巷工程

图 11　基于地质模型的煤矿"一张图"

Fig.11　"One map" of coal mine based on geological model

统工作面接续设计需要人工绘制工作面采掘平面图、剖面图、巷道断面图、支护设计图等各类图纸,还需要编制作业规程等相关文字资料。由于同一矿井相邻接续工作面的煤层赋存条件、巷道断面尺寸、支护工艺、综采配套设备等均变化不大,因此,笔者提出了基于三维地质模型的工作面采掘接续智能设计与三维建模技术。

根据接续工作面位置关系,在三维地质模型中输入接续工作面的位置坐标,系统自动计算工作面长度、采高、储量等相关信息,并基于计算结果自动进行工作面设备的选型配套设计,完成工作面各类图纸、报告的编制,设计流程如图 12 所示,可以大幅减少采掘接续设计的工作量。

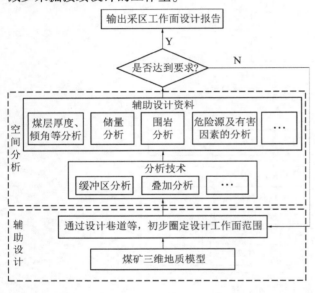

图 12　智能采掘接续设计

Fig.12　Intelligent mining and driving convergence design

智能采掘接续系统主要可以完成以下功能:

1)根据高精度三维地质建模及接续工作面参数与煤层赋存信息,自动计算接续工作面区域的平均煤厚、平均倾角等。

2)根据采掘工程平面图相关数据,自动计算方案万吨掘进率、回采率、储量等各技术指标。

3)自动生成工作面所需的设计图,包括各种类型的断面图设计、风桥设计、水仓设计、交岔点及设备选型配套设计等内容。

由于工作面采掘接续生产计划是一个不断修改完善的过程,每次方案修改、调整均需要进行大量重复劳动,工作面接续智能设计技术可以大量简化接续工作面的劳动量,提高工作效率。

随着三维建模技术的发展,BIM(Building Information Modeling)技术逐渐由建筑行业引入煤矿建设生产过程中[40-41],基于煤矿高精度三维地质模型将工作面智能接续技术与 BIM 技术融合,进行采掘工作面的三维地质与工程建模,并为智能采掘提供基础三维地质与工程模型,将会进一步提高煤矿建设、生产的智能化水平,目前相关技术正在研发试验过程中。

3.4　智能快速掘进关键技术

目前,我国煤矿普遍存在采掘失衡现象,开发智能快速掘进技术与装备将有助于缓解煤矿采掘失衡的矛盾[42-44]。我国煤矿实现快速掘进主要面临难以实现掘、锚、运连续作业,且掘锚一体机的后配套系统效率较低,难以发挥掘锚一体机连续作业的能力;另外,不同设备之间的关联性不高,难以实现集中控制,导致掘进工作面作业人员数量多、效率低、安全生产事故频发。

1)掘进机位姿检测与导航技术。掘进机现有的陀螺惯导、激光指引、全站仪测量、超宽带定位等单一导航设备和方法[45-47],很难满足强振动、高湿度等综掘巷道环境工况,采用多传感器测试、数据融合方法与技术,将具有不同特点多种导航传感器、位姿检测方法进行组合,充分发挥各自特点与优势,实现掘进机高效、精确导航。组合导航技术可包括:超声波和惯性导航组合、机器视觉和惯性导航组合、激光标靶和倾角传感器的组合方案、全站仪与惯导组合等多种方式,图 13 为激光标靶和倾角传感器组合导航技术,系统由激光发射器、激光接收标靶、控制器组成,其中激光发射器安装在固定位置(此位置为基准坐标),激光接收标靶和控制器安装在设备上(设备为随动坐标),激光发射器工作时发射十字型激光,激光标靶接收到十字激光后,控制系统根据十字激光在标靶上的位置变化量,计算出设备的姿态参数及其与理论行走路线的偏移量,给出设备的纠偏控制参数,实现设备的定向导航。

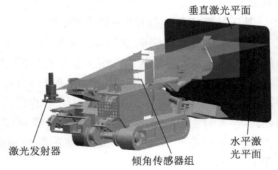

图 13　激光标靶和倾角传感器组合导航技术

Fig.13　Navigation technology of combined laser target and dip-angle sensor

2）自动打锚杆技术。锚杆机位姿控制技术与锚杆孔位置确定方法是自动打锚杆技术的基础[48-53]，可以通过巷道断面三维测量技术，获取巷道断面的几何形状，建立巷道的三维数学模型，确定锚杆的钻孔位置，再通过钻机的坐标变换与逆变换方法，解算出钻机分度机构的各控制参数值，进行锚杆钻孔工作。自动锚杆钻机的机械结构如图14所示。

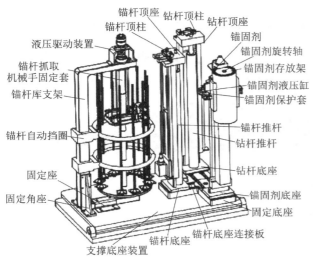

图14 自动打锚杆机械装置

Fig.14 Automatic bolt driving mechanism

3）自动铺锚网技术。自动铺锚网装置与锚杆钻车配合使用，安装在锚杆钻车上，可完成顶板和侧帮锚网的铺装工作，操作人员将锚网挂在铺网底座上，然后通过旋转油缸、钢丝绳提升等动作，将锚网送至指定位置，完成铺网工作，工作过程如图15所示。

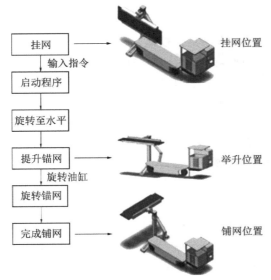

图15 自动铺锚网工作过程

Fig.15 Automatic anchor net laying process

4）掘进巷道三维建模与成形质量监测技术。在掘进设备上安装维激光扫描系统对掘进巷道进行快速扫描测量，获取巷道断面的点云数据，通过对点云数据的数据融合处理，以及重采集、图像拼接匹配算法，构建掘进巷道三维精确模型，实现对巷道成形质量的精确监测，如图16所示。

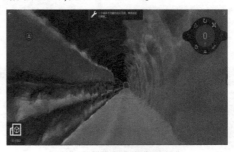

(a) 掘进巷道围岩塑性区分布

(b) 掘进巷道三维激光扫描系统构建模型

图16 巷道三维建模技术

Fig.16 Roadway 3d modeling technology

5）掘进机远程集中监控技术。通过对智能化掘进装备及地质、巷道空间信息等多源信息的融合，实现掘进工作面全息感知与场景再现，井下远程监控操作台和地面分控中心可通过操作台向连续采煤机发送控制指令进行远程控制，实现掘进机远程集中监控。

6）掘进成套装备协同控制。采用超声波和激光组合测距传感器，实现对掘进面各设备间相对位置的宽泛与精确测量，利用超声波测量范围广的特性确定关联设备的空间相对运动模式，如图17所示，利用激光测距精度高的特性确定关联设备的精确位置，采用人员识别传感器对非工作区域内的人员进行感知，通过各设备间的操作工艺规程与参数，编制成套装备联锁与协同控制程序，实现掘进成套装备的协同联动。

3.5 基于高精度三维地质模型的工作面智能开采

目前，我国已初步建成200多个以"工作面有人巡视，无人操作"为主要特征的智能化开采工作面，在煤层赋存条件较好的矿井实现了智能化、少人化开采，但相关技术对于复杂煤层条件的适应性有待进一步提高。

针对工作面直线度控制难题,在采煤机的中部 位置设置高精度三维陀螺仪,如图 18 所示。

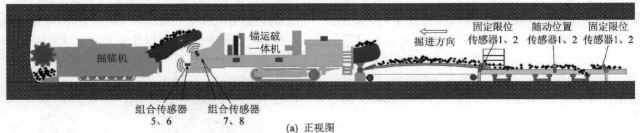

图 17　掘进成套装备间相对位置感知

Fig.17　Relative position perception between driving sets of equipment

(a) 采煤机惯导系统

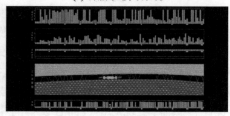

(b) 工作面截割信息

(c) 工作面三维仿真模型

图 18　基于工作面三维地质模型的智能开采

Fig.18　Intelligent mining based on 3D geological model of working face

对采煤机的位置、姿态进行实时监测,将监测结果与前述的高精度三维地质模型进行结合,从而确定采煤机在三维地质模型中的坐标位置;通过在刮板输送机上布设巡检机器人,并在巡检机器人上设置三维激光扫描仪,将三维激光扫描数据与单位地质模型数据、采煤机位姿数据、采煤机摇臂截割数据进行有效融合,可以获取采煤机的实时截割曲线;通过比对采煤机实际截割曲线与地质模型的煤岩层分界面曲线,实现对采煤机截割高度的智能调整;将采煤机截割后的煤岩界面信息输入三维地质模型中,并基于差值算法对工作面前方 3~5 m 的煤岩分界面信息进行动态更新。相关技术已经在神东矿区、淄矿集团、宁煤集团等应用,取得了较好的应用效果。

3.6　井下精准定位技术

目前,煤矿井下主要采用 RFID 和 Zigbee 技术进行人员定位,其中 RFID 技术主要通过射频信号进行目标的定位,定位精度一般小于 5 m;而 Zigbee 技术一般采用 RSSI(Received Signal Strength Indication,接收的信号强度指示)进行距离的监测,但信号覆盖范围较小,定位精度相对较低[54-56]。

由于 UWB 定位技术可以将封闭空间的定位精度降至厘米级,近年来在煤矿、室内、隧道等逐渐推广应用。UWB 采用无载波的通信方式,通过发送和接收极窄非正弦脉冲来传输数据,定位原理是利用移动标签与固定的基站进行通信得到测距信息[57],常用的测距方法有 TOF(Time of flight,飞行时间)和 TDOA(Time Difference of Arrival,到达时间差),其中

TDOA 法又因其功耗相对低、定位动态和定位容量好得到了更为广泛的应用。常用的基于 UWB 的矿井精准定位系统如图 19 所示,定位精度一般在 0.5 m 以内,可实现井下人员、车辆、采掘设备的精准定位,结合人员及车辆调度管理系统等可解决人员的快速定位与安全预警、车辆的实时调度与安全管控、设备推进方向等超前控制等难题。

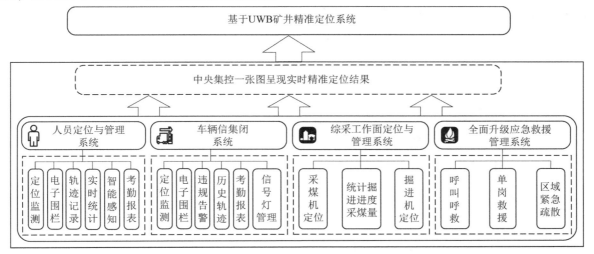

图 19　基于 UWB 的矿井精准定位系统

Fig.19　Mine accurate location system based on UWB

3.7　带式输送机智能监控关键技术

带式输送机监控系统(带式输送机保护装置)是主煤流运输控制系统的基础保护设备,传统带式输送机监控系统以单点保护为主,部分检测传感器检测不准确,存在可靠性差和自诊断能力弱等问题。目前,基于视频图像识别的带式输送机煤量检测、异物识别、违章操作等技术已趋于成熟,实现了带式输送机的无人值守。

针对带式输送机智能调速技术,设计开发了"煤流负荷检测及计算"模型,将变频器具备自适应动态调速功能作为系统重点,以实现变频器最大化的使用价值。国内部分厂家将智能机器视觉与工业控制相结合,实现对输送带组自动调速,达到节电运行目标。部分厂家根据煤矿采煤、运输、中转存储生产流程,研究全煤流线设备协同控制技术,实现各设备按需运行,智能调速,减少空载运行时间,防止带式输送机压煤过载事故,实现运输线稳定连续高效运行。

3.8　辅助运输智能化关键技术

辅助运输智能化涉及人员管理、车辆管理与物流运输,其中人员管理主要包括人员基本信息管理、岗位技能、出勤、交接班和人员绩效管理;车辆管理主要包括车辆档案台账、车辆中小修、日常维护保养管理、加油管理、租赁管理、效能分析等;物流运输主要包括运输计划、作业任务、物料配送、联合运输、人车调派、装卸载等。通过在巷道安装低成本的蓝牙标签,将巷道变为可识别、可定位的数字化巷道,通过标签数字化的巷道不仅为智能交通系统提供定位、识别功能,还为其他智能设备、系统提供巷道数字化服务。

智能车辆终端硬件架构基于工业级物联网网关,包括微处理器、数据存储、GPS/北斗模块、车辆状况信息收集模块、无线通信传输模块、实时时钟和数据通信接口等。以提供通信、计算和视频处理功能,满足调度对车辆实时监控和驾驶记录的基本要求。

目前,煤矿井下辅助运输主要采用无轨胶轮车、单轨吊、机车等运输方式,由于单轨吊与机车运输方式铺设了相关轨道,实现车辆的精准定位与智能调度相对比较容易,在部分矿井已经开始尝试进行无人驾驶与智能调度;井下无轨胶轮车无人驾驶技术主要受制于井下精准定位技术的发展,部分矿井正在尝试相关技术的研发,但核心技术尚未获得实质性突破。

3.9　智能通风关键技术

智能通风系统通过对矿井关键点的风量、风速、瓦斯、温度等参数进行监测,利用多源数据耦合分析、冗余分析、三维建模等技术,对矿井通风网络进行实时动态解算,并将解算数据实时关联控制矿井主通风机、局部通风机、风门、风窗等相关设备,如图 20 所示,实现通风设施的智能调度与控制。

3.10　智能化分选技术

通过建设数字孪生选煤厂管控平台,搭建选煤厂三维虚拟模型,实现对现实选煤厂数据"采集–管理–分析–控制"的目的,评估选煤厂工艺流程及设备健康状况,并对其进行优化控制。

数字孪生选煤平台是智能化选煤厂整体框架中的应用层,是选煤厂与底层智能设备、中间过程控制,上层决策管理的载体,可以基于不同的需求,逐步由厂级、矿级、局级不断叠加,构建选煤专业大数据系统,实现多维度全方位大数据汇集和无间隙融合共享。

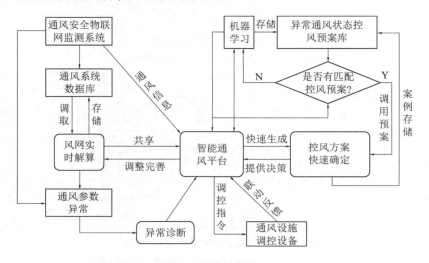

图 20　智能通风系统架构
Fig.20　Intelligent ventilation system architecture

神东矿区智能化选煤厂基于大数据分析和人工智能决策,开发了选煤在线精准感知技术、选煤生产智能决策系统、选煤设备智能诊断与管理技术、选煤生产过程智能控制技术,形成了大型选煤厂智能化技术体系。建成了以 4G 专网为数据传输通道的设备监测监控平台,依托数据分析模型,开发了选煤设备智能诊断管理系统,实现了设备状态的实时监测、在线分析、故障诊断和全生命周期的智能管理,实现了选煤厂由区域巡视向无人值守转变、调度室集中控制向移动控制转变、生产系统各类数据由人工采集向系统自动采集转变、运行状态由经验分析向大数据智能分析转变。

3.11　5G 技术在井下的初步应用

第五代移动通信技术(5G)具有高传输速度、低时延、低功耗、大规模数据连接等优势,为井下海量数据的高速传输、大规模设备连接、不同设备之间的实时互联互通等提供了可能,在国家、各地方的积极推动和各煤炭企业的积极响应,5G 技术已在部分矿区的地面厂区实现部署和应用测试,并搭建了高清视频远程传输、远程自动控制和地面自动驾驶等应用场景开展初步的 5G 应用研究。还有一些煤矿已联合运营商完成了初步的煤矿井下数据传输试验。主要应用场景有:①基于 5G 的低延时特性开发基于 5G 网络的井下高精度定位与应用服务系统,支持井下车辆管理、采掘精准推进等应用,解决移动装备的实时控制和管理难题;②基于 5G 的虚拟交互应用,可用于三维建模和虚拟展示、互动模拟和可视化设计、混合现实、云端实时渲染和虚实融合操控等;③远程实时控制,传统的远程控制系统需要经过多重路由和多种协议才能将所需的各种传感信息汇集到集控中心,直至传至远程控制中心,因此仅有部分对实时性要求不高的功能可以用远程控制实现,实时性要求高的功能出于安全考虑是不能用远程控制的,5G 低延时的特性为这一难题的解决提供了支撑,以实现井上全功能的远程控制;④井下远程协同运维,现场的音视频信息可通过 5G 网络传输至远端,相关的虚拟模型也可虚拟至现场设备上,通过虚拟现实技术可实现专家与现场工人同样的视场和操作,甚至还可以用机器人代替人在井下完成维修;⑤井下巡检和安防,基于 5G 的定位、高速数据传输和端端物联将助力实现井下的高效巡检和安防,相较于传统的数据上传下发的利用方式,5G 模式下的数据利用更高效、延时更短、可靠性更高、经济性更好。

阳煤集团初步建设了井上、井下 5G 专网,利用 SA 组网模式和 MEC 技术,采用适用于井下环境的分体式 BOOK 基站,实现井上园区、井下机电硐室、综采和综掘工作面的一体化 5G 网络覆盖,初步测试上传速率达到 800 Mbit/s 以上(峰值达到 1 100 800 Mbit/s),传输时延小于 20 ms,可满足远程超低时延操控、超高清视频同传及工业控制类场景对网络传输的要求,为实现"5G+智能采煤"、"5G+智能掘进"、"5G+智能巡检"等相关应用奠定了基础。

3.12 煤矿智能化关键技术难点分析

随着我国煤矿智能化建设的快速推进,在智能化开采、掘进、主辅运输、安全监测等核心关键技术均取得了一定的突破,但仍然存在诸多技术难题亟需开展科研攻关。

1)高效采掘条件下地质异常动态精准探测,当前采用的地质保障技术方法基本上为分段的间歇性静态探测,未实现连续性动态精准探测;单参数探测或联合探测独立分析,未实现多参数综合分析和智能化灾害判识和预警;缺乏基于大数据的智能化深度学习平台支持,当前地质保障中地质探测数据存储方式未实现统一的、数字信息化的集中在线存储,难以为智能化提供基础数据。

2)"透明地质模型"构建与实时更新技术,针对工作面地质构造的精细探测与描述,大多采用工作面钻探与物探2种方法,工作面钻探的优点是它们的结果具有很强的直接性和确定性,缺点是揭示的工作面范围比较有限,而工作面物探则是一种全工作面探测方法,但缺点是探测结果的确定性较差,目前缺乏一种行之有效的对工作面内部情况进行精准探查的手段。

3)5G技术在煤矿的推广应用还存在一些亟待解决问题:①适应煤矿井下安全运行要求的5G设备和工业模组还有待进一步研发,急需研究制定相关技术标准。②场景设计和落地问题,5G技术条件下场景驱动特征明显,从提出场景到应用落地涉及技术研发、供应链改造、基础设施建设、智能终端和应用研发以及商业化运营等系列环节,是一个产业生态,不是单纯的网络建设问题。③商业模式问题,目前的5G网络建设运行必须依赖电信运营商的核心网,如何设计合理的商业模式将直接影响煤矿企业的使用意愿和双方的商业利益。④思维模式的改变,5G技术为一些新技术的应用提供了可能,传统的技术模式可能因此而打破,要积极探索新业态、新模式和新方法,加快推进煤炭行业的新旧动能转换和转型升级,促进煤炭工业的高质量发展。

5G技术带来的不仅是技术的变革,更是各垂直行业的变革,产业竞争也已不在是单一产品或单一产业体系的竞争,更多的是5G技术支持下的产业协作、平台共建和生态共创,上下游企业也应联系更加紧密、互动更加频繁、合作更加深入。

4)矿用带式输送机巡检机器人研制,针对目前的矿用巡检机器人仅实现巡检现场图像、声音、温度、环境参数等数据的采集,不具备带式输送机带面损坏、托辊异常自动辨识功能,研究煤矿井下爆炸性环境巡检机器人自主快速安全充电技术及装备、基于机器视觉的带式输送机带面损坏智能识别技术、基于振声信号分析的带式输送机托辊异常(开裂、断裂、润滑不良)诊断技术、矿用带式输送机巡检机器人及控制软件。

5)智能辅助运输技术与装备,研究井下车辆的精准定位与智能导航技术、防爆车辆轻量化技术、防爆电喷射控制技术、防爆电动运输机器人集成底盘技术、防爆电动车辆增程与换电技术、驾乘人员智能识别技术、物料自动调度分配技术、高效尾气后处理技术、排气污染物在线监测技术、车辆互联安全行驶技术、井下自主导航及路径规划技术、物料封装与编码工艺技术、检测云防爆车载终端技术、移动式快速定量装车技术、固定式快速定量装车技术、智能控制技术、煤炭散料仓储技术等相关技术;研发适用于不同运输场景的井上下智能辅助运输系统,开发井下物料智能运输模式,实现井上下人员、物料、设备的运输路线智能规划、自动运输、协同管理。

6)煤与瓦斯突出等煤岩瓦斯动力灾害的发生机理和致灾机理目前尚未真正掌握。井下低延时、高速率数据传输、瓦斯煤尘爆炸预警和多源灾害耦合智能预警技术缺乏,井下松软煤层高效增渗、定向钻进、坚硬煤岩大孔径长钻孔施工、地质导向钻进、深部矿井快速卸压等技术及装备还需进一步研究,瓦斯防治技术及装备的自动化、信息化和智能化的水平相对较低。

7)深部岩溶突水危险性评价方法适用性不强,矿井涌水量预测和顶底板突水危险评价方法精度与动态性不足,水害监测装备分辨率不高,智能预警尚处于试验阶段,西部生态脆弱矿区水害防治与水资源协同控水技术亟待突破。

8)大采高、高瓦斯等复杂环境下煤自燃的形成过程和防控技术尚未攻克;煤自燃隐蔽火区多元信息探测技术、集煤矿火灾早期监测/火灾预警与专家决策分析系统为一体的煤矿火灾综合预警系统、煤田火灾防治和监控的新技术有待攻关。

9)井巷全断面风速监测技术误差大、井巷绝对风压测试误差大、井巷通风阻力测试误差大和测试速度慢。三维矿井通风网络智能解算能力不足。矿井风量智能调控技术可靠性低、稳定性差。通风动力装备方面智能控制水平低。尚未形成灾变风流应急调控技术装备体系。

4 智能化煤矿工程实践现状及问题

4.1 神东煤炭集团智能化煤矿建设实践

神东煤炭集团矿区自 1985 年开发建设,集团现拥有生产矿井 13 个,其中内蒙古境内 7 个,陕西境内 5 个,山西境内 1 个。1 个 3 000 万 t 以上 ,2 个 2 000 万~3 000 万 t,6 个 1 000 万~2 000 万 t,4 个 1 000 万 t 以下,总产能超过 2 亿 t。

神东煤炭集团信息化总体方案设计采用"139"框架,以价值管理为核心,遵循"三全"管理理念,即:计划和预算全过程管理、设备资产和工程项目全生命周期管理、安全和物资全方位管理;重点在全面预算管理、生产计划协同和优化、设备资产管理、设备生命周期绩效管理、设备失效管理、工程项目全生命周期管理、物资总拥有成本和服务水平优化、自主性安全管理、能力型人力资源管理等 9 个领域实现管理和信息化提升。

神东煤炭集团的信息化应用架构按照 5 层进行部署:① 决策支持层。构建了面向企业的集中决策管理体系,提升了神东煤炭集团资源整合、服务共享和统一决策的能力。通过部署统计管理系统、经营分析系统、五型绩效考核系统等信息系统,实现了对战略发展和经营分析业务的覆盖。② 经营管理层。构建了面向生产的安全高效管理体系,加强人员、设备、环境和管理的有机融合,保证了整个公司资源的协调运行。通过部署适合神东煤炭集团高产高效模式企业资源管理系统,整合了原有的全面预算管理系统、计划管理系统、资产管理系统等 41 个信息系统,实现了对安全、生产、人、财、物等业务的覆盖。③ 生产执行层。构建了面向操作的标准化作业管理体系,通过对来自生产现场的数据进行统计分析,优化了生产组织的过程管理。通过部署生产执行平台,对资源勘探、规划、建设、生产、管理决策等全过程进行数字化表达,实现了对煤炭生产、调度指挥等生产各项业务的覆盖。④ 控制层。主要包括自动化和监测系统等生产过程控制,如矿井综合自动化系统、分选厂集中控制系统、快速装车系统、安全监测系统、人员定位定位系统等,实现对煤炭生产过程的自动化控制。在进一步增强矿井综合自动化系统可靠性的基础上,通过搭建统一的工控数据存储平台,实现数据的集中存储和综合利用,为设备管理和生产组织提供更加有效的决策支持。⑤ 设备层。主要包括现场总线、工业以太网、网络等的操作,负责设备控制命令的执行,即生产设备控制驱动系统。

神东煤炭集团基于信息化架构设计,开展智能化煤矿建设,建设了智能化掘进、综采、分选等系统:

1)全断面巷道快速掘进系统,为有效解决掘锚不平衡导致掘进效率低的问题,立足安全高效采掘模式,开发研制了全断面快速掘进成套装备,采取掘、支、运平行作业,该系统包括全断面高效掘进机、十臂锚杆钻车、连续运输系统、辅助运输和掘进通风系统 5 个部分,具有快速掘进、高效支护、连续运输、自动定位、移动供电 5 大特点,掘进效率大幅提高、作业环境明显改善。已具备月掘进 4 000 m 的生产能力,掘进速度和效率大幅提升。

2)在上湾煤矿 12401 综采工作面、锦界煤矿 31113 综采工作面、榆家梁煤矿 43101 综采工作面进行无人、少人开采实践,综采工作面单班操作人员可减至 2 人,检修人员巡检偶尔干预,大幅提高了单产效率和安全生产水平。建立了工作面多设备协同作业控制机制,集成应用基于控制支架姿态动作的片帮处理技术。建立了基于智能控制的集控平台和基于大数据的故障诊断的专家决策中心,实现了工作面智能化开采。

3)主运输系统无人值守。目前神东煤炭集团公司主运输带式输送机均已实现远程启停集中控制,均是通过调度室集中控制操作。带式输送机运行状态、设备故障及保护等相关信息均已上传调度室,且卸载部均装有监控摄像机,岗位人员主要负责对运行状况进行监控,实现"坐的站起来,站的动起来",定时对设备运行状况进行巡查,出现异常、紧急状况时进行紧急停机处理和清扫现场和设备卫生等工作。通过升级改造可替代现有岗位人员现场所需完成工作,实现岗位无人值守。主运输系统无人值守后减员 9 人,每年可省人工费用约 200 万元。

4)智能化供电与供排水系统。为了更好地对井下重点区域进行视频监控,更清楚地了解现场操作情况,解决现有固定式摄像机无法移动、无法精确监控的弊端,同时加强对现场作业人员操作流程的监控,锦界煤矿在井下变电所内安装轨道式巡检机器人。轨道摄机器人具有自动巡检和故障联动功能,可实现监控范围内高压柜故障状态的及时监控,配合调度指挥中心生产控制系统,实现高压柜远程操作和视频监控功能。轨道视频监控功能,移动式监控扩大了巡检范围,保证了无人值守变电所设备的可靠监护运行,出现异常可根据现场实际情况做出准确的判断和操作,确保了无人值守变电所的安全运行。所有矿井水泵房通过远程控制自动化、现场监测可视化,实现了无人值守,其中,锦界煤矿、大柳塔煤矿、哈拉沟煤矿等矿井实现了井下所有分散排水点和配电点无人值守。

5)智能化分选系统,基于大数据分析和人工智能决策,开发了选煤在线精准感知技术、选煤生产智能决策系统、选煤设备智能诊断与管理技术、选煤生产过程智能控制技术,形成了大型选煤厂智能化技术体系。建成了以4G专网为数据传输通道的设备监测监控平台,依托数据分析模型,开发了选煤设备智能诊断管理系统,实现了设备状态的实时监测、在线分析、故障诊断和全生命周期的智能管理,实现了选煤厂由区域巡视向无人值守转变、调度室集中控制向移动控制转变、生产系统各类数据由人工采集向系统自动采集转变、运行状态由经验分析向大数据智能分析转变。以精准感知、智能决策、设备智能诊断与管理为基础,开发了适用于亿吨级特大型选煤厂群的定制化生产管控系统,实现了不同选煤厂间生产组织的高效协同,将目前生产系统中13个人工巡视岗位,变为4名专业工程师诊察,提高装车质量的同时降低了员工的劳动强度,减少了人工装车作业过程中对商品煤的浪费,全年节约商品煤约2万t,费用约700万元,生产系统运行效率提升10%以上,日均生产时间由16 h缩短至14 h,能源消耗减少10%以上。

4.2　兖矿集团智能化煤矿建设实践

2019年,兖矿集团先后制定采掘智能化发展规划,确立智能化开采建设标准,在智能化综放开采、智能化掘进、智能化分选等方面取得了较好的应用效果。

1)针对智能化综放工作面智能放煤技术难题,基于鲍店煤矿7302工作面地质条件,实现了井下巷道、地面集控中心对工作面设备的监测监控及"一键启停",实现了时序控制自动放煤技术的常态化应用。该工作面自2019年5月投入生产以来,已累计推进650 m,采煤机记忆截割开机率达到85%以上,支架自动跟机率达到75%以上。工作面在实现智能开采常态化运行状态后,日产量始终保持在2万t以上高产高效水平。

2)针对智能化掘进技术难题,在石拉乌素北部集运巷、转龙湾23204辅运巷进行智能化掘锚工作面实践,在鲍店煤矿7304运输巷建成了智能示范综掘工作面,实现了综掘机遥控截割、远程监测、输送

带机可视化集中控制、转载点无人值守等功能,同时实现了挖底巷修及锚护的机械化作业,大幅降低了掘进工作面作业人员的劳动强度,掘进工作面200 m范围内作业人员由12人减至7人。

3)针对智能化系统工艺与技术难题,依托智能采制化装备和阿里大数据技术,在煤炭行业率先构建商品煤智能检验与管控体系,上井毛煤质量实时监测,采样、制样、存样、煤样传输和化验过程无人干预,质量数据实时采集数据互联互通,达到"过程检验在线化、商品煤检验智能化"目标,实现质量数据不落地杜绝人为因素影响、数据信息融合共享杜绝信息孤岛、大数据分析提升决策能力,为煤炭产品质量保驾护航。

4.3　同煤集团智能化煤矿建设实践

近年来,同煤集团实现了从综合机械化到自动化的进步,并开始向智能化迈进。开展了煤矿地理信息系统(GIS)、煤矿安全预防管理信息系统和精准定位系统、矿井移动设备无线接入、智能辅助运输系统、原煤智能干选系统、综采成套装备智能开采等创新研究和实践,实现了开采、运输、提升、通风、供电、排水等生产环节的自动化,输送带主运输系统、井上下变电所、井下主排水泵房、地面主通风机房和制氮机房等主要生产系统实现了远程监控和无人值守。

1)构建了以物联网为基础的工业互联网架构,建成了山西省第一个双活工业云,承载运行了省煤炭监管信息平台、煤矿安全监管执法与决策支持系统,以及煤矿安全监控、产量监测、图像监视等多个系统;建设了煤矿应急救援管理系统、水文动态监测预警系统、矿震和地应力监测分析系统,形成了覆盖所有二级单位的信息高速公路。

2)输送带主运输系统实现动态在线监测,通过对带式输送机关键部件温度、振动值以及电气参数的实时采集、分析和智能诊断,超前预判设备工况,实现了系统的安全可靠运行。依托多盘区多工作面的煤流均衡控制技术,各工作面煤量得到精准预测和控制,实现了矿井主运输系统零停机,有效地保障了矿井产能。智能巡检机器人在输送带主运输系统成功应用,实现了对巡检区域的环境监测、设备动态监测,以及设备运行故障的超前预判。

3)开展了智能化辅助运输系统建设,率先提出了"井下滴滴"的概念,建设了矿山智能化辅助运输系统,实现了智能调度、交通管控、违章检测等,通过多任务合并、就近派车等方式,车辆利用率提升了30%,大幅改善了辅助运输现状。

4) 开展了 4D-GIS 系统建设, 整合三维数字模型、三维地质建模, 并在生产过程中实时更新、修正形成动态数据, 结合智能全站仪"一键成图", 解决了地理信息复杂、矿图更新难、维护难等问题, 提高了地理信息系统的管理水平。

5) 固定作业点设备实现了无人值守, 制氮机房实现了远程控制、实时监测预警、一键启停, 并能够根据设置好的氮气流量和纯度参数自动补偿, 确保氮气纯度维持在 98%。实现了主排水系统的智能控制、远程监控、运行状态监测, 矿井主通风机实现了不停风自动倒机。

6) 建设了"矿山云图"辅助决策系统, 通过"矿山一张图"、"数据一片云", 集数据汇总、加工、分析于一体, 覆盖采掘、机电、运输、地测防治水、地面设施、安全双预控、应急救援等多个业务层面, 形成了煤矿安全生产决策支持平台, 实现了底层信息与顶层管理决策的无缝衔接、透明管理。

7) 建成了覆盖全集团 48 座 35 kV 及以上变电站的供电网络核心环网, 具备了"五遥"功能(遥测、遥信、遥控、遥调和遥视), 实现了供电网络全方位远程专家会诊、主要设备和关键参数动态在线监测、单兵巡检及全线路无人机巡检。井下供配电系统大力推广自适应智整定、智能故障诊断技术, 实现了监测监控、故障定位、故障分析、防控预警等功能, 在 12 座矿井 68 个井下变电所实现了无人值守。

4.4 阳煤集团智能化煤矿建设实践

阳煤集团自 2012 年开始智能化综采工作面开采实践, 先后在新元煤矿、新景煤矿、登茂通煤矿等进行智能化综采、综放工作面研发实践, 实现了高瓦斯矿井综采工作面的有人巡视、无人值守操作。

针对智能化巷道掘进技术难题, 阳煤集团率先开展矩形煤巷盾构快速掘进技术研发, 采用"护盾式掘锚机"实现"一键"自动截割、盾体自动伸缩或遥控操作等, 提高复杂煤层巷道的掘进效率与智能化水平。

阳煤集团以生产系统集中控制、在线监测及综合自动化系统搭建为抓手, 对井下高压供电系统、主排水泵房、带式输送机系统、地面压风机房等进行集中控制及远程监测监控改造, 实现了矿井主要监测监控系统、自动化子系统数据的有机融合, 建成了管控一体化的综合自动化系统, 井下供电系统、带式输送机运输系统、主排水系统、压风系统均具备了无人值守的条件。

4.5 黄陵矿业集团智能化煤矿建设实践

黄陵矿业集团于 2014—2015 年开始智能化综采工作面建设实践, 针对 1.3~2.5 m 薄煤层及较薄煤层和 4~5 m 厚煤层赋存条件, 开发了综采工作面"有人巡视、无人操作"的智能化开采模式, 实现了在巷道监控中心和地面远程对综采工作面装备进行智能操控, 实现了地面采煤常态化操作。

1) 针对煤与油型气共生条件, 研究揭示了含煤地层和采掘扰动区油型气分布涌出规律, 实现了油型气储层精细探测、采掘扰动下分布涌出和运移规律定量描述、"预-探-抽"一体化全时空综合精准抽采。累计减少油型气治理钻探工程量 90 万 m, 油型气抽采率达 64%, 且全部用于发电。释放可安全开发的煤炭资源超过 1.2 亿 t。

2) 发明了油型气不均匀涌出条件下工作面连续高效开采方法, 研发了超前预测多机联动智能控制系统, 首创了煤与油型气共生矿区安全智能开采技术体系。解决了油型气不均匀涌出条件下连续高效开采难题, 人员减少 70%, 开采效率提高 20%, 累计增加煤炭产量超 4 000 万 t。

3) 发明和创新了 14 项新技术、8 种新工艺和 4 套新装备, 形成了适应油型气复杂围岩条件的"地质探测+精准防治+智能开采"技术装备和工作体系, 制定了技术和管理标准体系, 建成了首个国家煤矿智能化开采示范基地, 形成了智能开采的"黄陵模式"。

4.6 淄博矿业集团智能化煤矿建设实践

淄博矿业集团近年来不断加大智能技术与装备的研发投入, 在智能采掘、分选、信息化建设方面取得了一些显著性成果。

1) 建设完成了 6 个智能化采煤工作面, 全部实现了液压支架中部跟机自动移架、自动推移刮板输送机、采煤机中部记忆截割和远程控制、多设备联动的"一键"启停等功能, 并稳定运行。双欣矿业 2209 智能工作面, 除了能够实现常规智能工作面的所有功能外, 在全国率先实现了端头"三角煤"自动截割, 自动化斜切进刀, 达到工作面全流程少人智能化生产, 2209 智能工作面现场仅需 1 名集控司机、2 名采煤机支架输送带巡视(干预)工及 1 名维修工即可保障系统正常安全运行, 直接生产人员减少到 4 人。许厂煤矿 1333 膏体充填工作面后部充填工序实现了智能化控制, 具备充填管路保障阀和布料阀自动切换控制、充填液位自动识别、剩余充填体积实时精准计算等功能, 在全国率先实现了膏体工作面后部充填工序全过程无人操作。

2）淄博矿业集团 11 个掘进工作面实现了可视化远程操作或人机分离、遥控操作,其中唐口煤业确定了以"人机分离、液压控顶、破碎集控、远程控制"为核心的"四步走"智能化掘进工作面建设新路径,率先建成了 7304 轨道巷道等远程控制掘进工作面。将在用综掘机全部进行电液控制系统升级,装备独立的无线遥控系统,实现了综掘机移动、截割、转运等 28 个动作的人机分离控制;综掘机机身加装前移自支撑式液压支护平台,实现了综掘机与掘进工作面临时支护的同步推进;设置可移动式远程集控监测中心,在综掘机加装 7 台高保真自清洗透尘摄像仪及压力、姿态等传感器,实时获取作业参数,实现了掘进工作面远程操控。双欣矿业掘锚队辅助运输巷道单头月进尺达到 1 591 m。

3）形成了全集团统一的信息化工作管理架构,以"两化融合"大数据平台为依托,以"海量数据集成、平台集中展示、专业分析评估、系统预警预报、高层据实决策"为思想,开发矿井灾害防治智能化应用平台,实现了跨业务部门数据的综合分析和建模预警。

4.7 新汶矿业集团智能化煤矿建设实践

新汶矿业集团按照采掘设备智能化、系统运行自动化、岗位巡守无人化、诊断预警自动化、信息传输集成化、设备监控可视化的要求,全面推进智慧化矿山建设,着力构建单班入井百人高效生产模式,实现安全、集约、少人、高效化生产。

1）综采工作面智能化升级,实现传统开采模式深度变革。通过对工作面装备进行电液控制及远程遥控改造,实现液压支架自动移架、采煤机自动截割、运输系统一键启停。与传统工作面相比,电液控智能化工作面拉架速度提高 1 倍,成组推刮板输送机效率提高 3~5 倍,煤机切割速度提高 2 m/min,月人均生产效率提高了 1 200 t。

2）掘进智能一体化升级,实现由机械化到智能化的突破。引进智能盾构机作业线,实现全岩巷道高效掘进,"新矿 1 号"盾构机直径达 6.33 m,是国内首台自主研发制造的大直径煤矿岩巷全断面掘进机,于 2019 年 7 月 20 日在山东新巨龙能源有限公司投用,设计月进尺不低于 400 m/月,整台设备运行只需 1 人操作,通过高精度导向及在线监测系统,开挖精度可达到 ±50 mm。

3）主系统集控无人值守。进行原煤运输、通风、压风、排水、提升、供电等生产系统自动化升级,实现地面集中控制,现场无人值守。通过对 96 个采区原煤运输系统 310 部带式输送机集控升级,实现

自动化无人值守,对通、压、排、提、供系统进行无人值守改造,减少井下人员 1 084 人。

4）辅运高速连续化。以单轨吊、无轨胶轮车、架空乘人装置等辅助运输设备为基础,变革传统辅助运输方式。使用单轨吊连续运输取代采区小绞车,简化了采区运输系统;应用防爆锂电池和遥控技术,取消单轨吊引车工;利用架空乘人装置取代斜巷人行车,实现人员运输自动化;在地质条件允许的矿井采用无轨胶轮车担负辅运任务,大幅提高运输效率。

5）应用机器人实现辅助工作少人化。为解决井下辅助工作用人量大、劳动强度大、操作难度大的问题,调研和试验单轨吊安装机器人、巡检机器人、管路安装机器人等多种智能装备,逐步替代人工,提高劳动效率,降低职工劳动强度。

4.8 张家峁煤矿智能化建设实践

陕煤陕北矿业有限公司张家峁煤矿以"智慧煤矿巨系统关键技术装备研发与示范矿井建设"项目为依托,按照"1+3+8"架构的进行智能化矿山建设。以泛在网络和大数据云平台为主要支撑,以智能管控一体化系统为核心,以"资源化、场景化、平台化"为手段,基于"全局优化、区域分级、多点协同"控制模式,建设"运营一大脑,矿山一张网,数据一片云,资源一视图"和八大应用系统,形成覆盖生产、生活、办公、服务各个环节的智慧、便捷、高效、保障的煤矿综合生态圈。

目前,项目初步构建了大数据分析平台架构,采用私有云平台方式的应用集成架构,对现有子系统进行集成管理;开展了基于 5G 的一张网融合设计,实现了地面 5G 信号的全覆盖,并逐步开展井下应用场景测试;建立了统一空间数据库,将地表地理信息、井下地质信息、工程数据、监测监控等信息集成到 GIS 一张图平台上,实现了基于一张图的协同管理。

在智能掘进方面,研发的基于激光测量+倾角传感器的掘进机位姿监测与导航技术,实现了对相对位置的精确测量,掘锚机导航偏差 ±6 cm、截割断面成形精度 ±10 cm。利用超声波测量范围广的特性确定关联设备的空间相对运动模式,利用激光测距精度高的特性确定关联设备的精确位置,采用人员识别传感器对非工作区域内的人员进行感知。

目前,智能通风系统、融合通信网络升级、智能化工作面、单兵装备、VR 虚拟培训系统、智慧大楼建设等正在有条不紊的快速推进,预计 2020 年 10 月取得阶段性的成果。

4.9 滨湖煤矿智能化建设实践

滨湖煤矿针对薄煤层智能化开采技术难题,开

展薄煤层综采工作面远程可视化、智能化成套装备研发及应用,先后装备了3套薄煤层智能化采煤机组,实现了工人在巷道监控中心对工作面进行远程控制,薄煤层工作面回采工效达到48 t/工;为提升掘进效率,在装备 EBZ-230A 型大功率遥控掘进机的基础上,引进液压锚杆钻车、遥控式远距离喷浆机、自动上料机器人等设备,提高了工作面掘进效率,降低了人工作业劳动强度。

4.10　智能化煤矿建设实践中存在的问题

智能化开采颠覆了传统煤炭开采模式,逐步实现了井下智能化、少人、高效开采,但我国煤矿智能化发展仍处于初级阶段,智能化煤矿建设仍然存在诸多技术难题亟待突破。

1)新一代信息技术在煤炭行业的转化率较低,云计算、大数据、物联网、移动互联、虚拟现实、无人驾驶、人工智能等新一代信息技术发展日趋成熟,但在煤炭领域智能化转型应用较少。需结合行业应用需求进一步加大新技术引入力度,在智能工作面、快速掘进、矿用卡车无人驾驶、矿用机器人、智能一体化应用平台等方面加强科技研发投入,加快产业智能化进程。

2)矿井海量数据利用率低,缺少大数据及相关技术的支撑。智能化煤矿建设离不开大数据平台的支撑,但是目前矿山建设对企业的离线计算平台架构和企业实时计算框架认知不足,对基于离线计算和实时计算的组件不熟悉、不明确。对于常用的分布式文件系统、分布式计算、分布式业务协调、分布式服务调用、分布式应用部署等关键技术在实际工程中应用不足。同时基于数据实现数据价值的挖掘能力普遍不足,智能化煤矿建设中没有形成基于数学算法和基于自然界启发算法的数据决策能力。智能化煤矿建设还仅停留在基于深度神经网络的简单视频识别应用,缺乏支持决策信息形成的"大脑"。

3)缺乏统一的通信平台。目前智能化煤矿主要通过工作面高速以太网将大量数据进行了上传和采集,但并没有真正实现综采设备监控数据的"无缝"连接,各系统间的信息没有得到真正共享,数据资源的价值还未得到有效挖掘和开发利用。数据接口问题是各子系统集成的难点,虽然各设备使用的是通用标准接口,但是相关的协议开放程度、控制程序版本不同,在实际集成过程中经常发生信息传输、共享不畅通、通信故障等问题。网络通信的可靠性还需进一步提高,各系统的数据都是经过工业环网传输至地面服务器,实际生产中易发生由于网络原因造成数据丢失或中断,导致地面集控系统不能可靠实现控制及监测,也给后期的数据分析带来很多困难。

4)采掘自动化机械(采煤机、掘进机、液压支架、支护设备)在现场生产条件、地质条件良好的情况下,能够正常完成相关工作,当采煤工作面遇到顶板破碎、煤壁片帮等工况时,掘进工作面遇到断层、顶板破碎、透水危险等特殊状况时,采掘设备对环境变化的判断能力不足,难以进行动态调整,从而提高对环境的适应能力,实现常态化无人、少人开采仍然存在技术瓶颈。

5)高性能、高可靠性传感技术与装备亟待突破,井下采掘设备应用的各类传感器存在寿命短、精准度低、布线困难等问题,尤其是液压支架使用的压力、行程传感器等,可靠性、精准度、使用寿命均亟待提高。

6)智能化开采打破了传统的煤炭开采方式,需要颠覆性创新和技术变革的尝试,可能与现行的规范、标准存在不相符的现象。需要政府安全监管、煤炭管理部门适时调整修正管理规定和规程,在确保安全的前提下,允许企业改革创新,进行大胆的技术革新和探索,为创新发展保驾护航。

7)数字矿山建设速度快,现有的技术人员储备不能满足维护需要。此外信息化维护人员的发展通道、薪资、待遇等方面和生产岗位还存在较大差距。熟悉煤炭行业的数据分析工程师短缺,数据建模、分析的工作开展困难。

5　煤矿智能化标准体系建设

目前,我国煤矿智能化相关技术标准与规范基本处于空白,且现行《煤矿安全规程》《煤炭工业矿井设计规范》《煤矿矿用产品安全标志管理暂行办法》等法律法规有不少规定不适应智能化矿井建设的要求,亟需开展煤矿智能化标准体系建设和相关标准和法规的制修定工作[58]。

基于智能化煤矿建设要求,从通用基础、支撑技术与平台、煤矿信息互联网、智能控制系统及装备、安全监控系统、生产保障等6个方面对煤矿智能化标准体系进行设计,如图21所示。

为了满足企业在煤矿智能化建设中对标准的最迫切需要,起草制定了"智能化煤矿分类、分级技术条件与评价指标体系"、"智能化综采工作面分类、分级评价技术条件与指标体系"等相关标准[59],我国不同区域煤炭地质赋存条件、生产技术条件和区域经济社会发展要求具有多样性、差异性和复杂性,智能化煤矿建设既要有统一的原则、目标和任务,又要因地制宜科学发展。本标准基于智能化煤矿顶层设计研究,总结了不同条件煤矿智能化研究与实践经验,并广泛参考了相关技术标准,充分考虑了以下情况:

1)煤矿所在区域、建设规模、煤层地质赋存条件、生产技术条件等的不平衡性。

2)煤矿开拓、采掘、运通、分选、安全保障、生态保护、生产经营管理等全过程的关联性。

3)各指标要素对煤矿智能化主系统影响程度的差异性。

针对不同矿井煤层赋存条件与建设基础,制定具有差异性的评价指标体系,引导煤炭企业进行科学合理的智能化建设投资,为煤矿智能化建设高质量发展提供标准支撑。

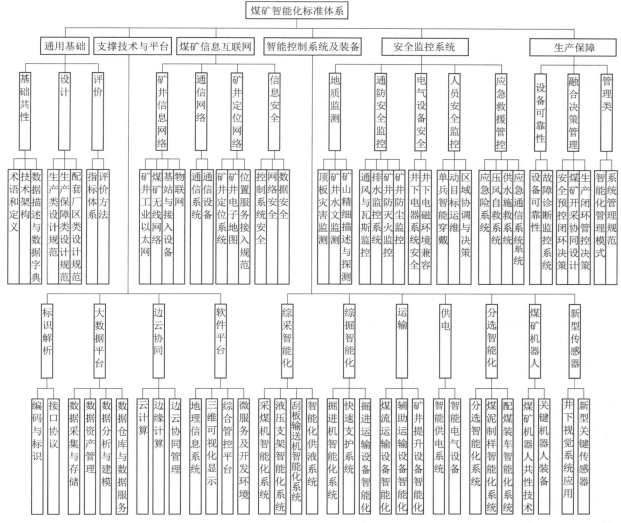

图 21　智能化煤矿标准体系架构

Fig.21　Intelligent coal mine standard system architecture

6　煤矿智能化创新联盟促进创新产业新生态

在国家和各省级有关部门指导下,以行业协会、研究机构、科技企业、设计院、高校、金融、装备厂商和煤炭企业等为主体,组建煤矿智能化创新联盟和区域性创新机构,充分发挥各自专业领域优势,实现协同创新、跨界融合发展,为煤矿智能化建设提供支撑。按照这一意见,2019 年 7 月,由中国煤炭学会、

中国煤炭科工集团发起,联合行业骨干企业、科研机构、高等院校等,共同组建成立了煤矿智能化创新联盟。

煤矿智能化创新联盟由首批 27 家理事单位组成,本着"共建、共享、共赢"的原则,凝聚科研院所、高等院校、煤炭生产企业、设备制造企业、信息技术企业等相关单位的合力,构建"产-学-研-用"协同创新机制,形成以企业为主体、市场为导向的煤矿智能化技术创新体系,引导和支持创新要素向企业集聚,保障科研与煤炭企业需求紧密衔接,实现科技创新成果的快速产业化,推动产业结构优化升级,提升产业核心竞争力。

　　煤矿智能化创新联盟的中心任务是以煤矿智能化共性关键技术需求为基础,针对制约煤矿智能化发展的基础理论、核心技术与装备难题,开展攻关,搭建协同创新研发平台,开展煤矿智能化顶层设计研究,推进发展规划编制、标准体系建设、新技术和新产品研发、智能制造、煤矿智能化人才培养,专利培育、推广应用和产业化等进程,为行业转型升级和高质量发展提供技术支撑。

　　煤矿智能化创新联盟将开展煤矿智能化发展战略与技术咨询研究,联盟成员将联合开展煤矿智能化发展状况调研,及时发现、评估、反馈煤矿智能化发展进程及存在的问题,定期发布《煤矿智能化发展报告》,向政府提出政策建议,向企业提供发展战略与技术引导。通过发挥联盟各产学研用单位的优势,组织协调开展关键共性技术的联合攻关,并在联盟成员单位中开展智能技术的示范应用与推广。同时,煤矿智能化创新联盟将为政府和行业指导煤矿智能化发展提供技术咨询和第三方服务,推动实现煤矿智能化发展目标

　　煤矿智能化创新联盟的核心价值是协同技术创新,充分发挥各单位的人才、技术、资金等优势,加强产学研深度合作,推进智能化技术的研发、推广和应用。联盟秉承开放、包容的原则,本着自愿原则,不断吸纳新成员,并将建立联盟信息服务平台,促进形成煤矿智能化协同创新的产业生态。

7　结　语

　　当前世界正处于第3次工业革命与第4次工业革命的历史交汇期,以人工智能、大数据、"互联网+"为标志的新技术不断发展,煤矿智能化建设将开启煤炭行业的新基建。我国煤矿智能化建设尚处于初级阶段,虽然在井下水泵房、变电所、带式输送机运输系统等固定作业场所实现了无人值守远程操作,但赋存条件较复杂矿井的智能化采掘技术仍然有许多待解决的技术难题,单一功能的感知技术与装备难以满足井下需求,多传感集成感知技术与装备的可靠性仍较薄弱,移动边缘计算、数据提取、边缘计算安全等基础理论有待进一步突破,智能化理论、技术的可扩展性仍然有一定的局限性。把握数字化、网络化、智能化融合发展的契机,针对跨学科、跨领域、跨模态的智能开采技术与装备进行系统研究与实践,将是我国煤矿智能化发展的必由之路。

参考文献(References) :

[1] 中国煤炭工业协会. 2018 煤炭行业发展年度报告[R]. 北京:中国煤炭工业协会,2019.

[2] 边文越,陈 挺,陈晓怡,等. 世界主要发达国家能源政策研究与启示[J]. 自然资源学报,2019,34(4):488-496.
BIAN Wenyue, CHEN Ting, CHEN Xiaoyi, et al. Study and enlightenment of energy policies of major developed countries[J]. Bulletin of Chinese Academy of Sciences,2019,34(4):488-496.

[3] 刘 峰,曹文君,张建明. 持续推进煤矿智能化,促进我国煤炭工业高质量发展[J].中国煤炭,2019,45(12):32-37.
LIU Feng, CAO Wenjun, ZHANG Jianming. Continuously promoting the coal mine intellectualization and the high-quality development of China's coal industry[J]. China Coal, 2019,45(12):32-37.

[4] 范京道,徐建军,张玉良,等. 不同煤层地质条件下智能化无人综采技术[J]. 煤炭科学技术, 2019,47(3):48-57.
FAN Jingdao, XU Jianjun, ZHANG Yuliang, et al. Intelligent unmanned comprehensive mining technology under different coal seam geological conditions [J]. Coal Science and Technology, 2019,47(3):48-57.

[5] 王 佟. 中国煤炭地质综合勘查理论与技术新体系[M]. 北京:科学出版社,2014.

[6] 丁恩杰,施卫祖,张 申,等. 矿山物联网顶层设计 [J]. 工矿自动化,2017,43(9):1-11.
DING Enjie, SHI Weizu, ZHANG Shen, et al. Top-down design of mine internet of things [J]. Industry and Mine Automation, 2017,43(9):1-11.

[7] 吴立新,汪云甲,丁恩杰,等. 三论数字矿山:借力物联网保障矿山安全与智能采矿[J]. 煤炭学报, 2012, 37(3):357-365.
WU Lixin, WANG Yunjia, DING Enjie, et al. Thirdly study on digital mine:serve for mine safety and intelligent mine with support from IoT [J]. Journal of China Coal Society, 2012, 37(3):357-365.

[8] 雷 毅.我国井工煤矿智能化开发技术现状及发展[J].煤矿开采,2017,22(2):1-4.
LEI Yi. Present situation and development of underground mine intelligent development technology in do-mestic[J]. Coal Mining Technology,2017,22(2):1-4.

[9] 王国法.薄煤层安全高效开采成套装备研发及应用[J].煤炭科学技术,2009,37(9):86-89.
WANG Guofa. Development and application of completed set equipment for safety and high efficient mining in thin seam [J]. Coal Science and Technology, 2009,37(9):86-89.

[10] 徐亚军, 王国法.基于滚筒采煤机薄煤层自动化开采技术[J].煤炭科学技术, 2013,41(11):6-7.
XU Yajun, WANG Guofa. Automatic mining technology based on shearer in thin coal seam [J]. Coal Science and Technology, 2013,41(11):6-7.

[11] 庞义辉. 超大采高液压支架与围岩的强度耦合关系[D]. 北京:煤炭科学研究总院, 2018.
PANG Yihui. Strength Coupling relationship between super high

mining hydraulic support and surrounding rock [D]. Beijing: China Coal Research Institute, 2018.

[12] 王国法,李希勇,张传昌,等. 8 m 大采高综采工作面成套装备研发及应用[J].煤炭科学技术, 2017,45(11):1-8.
WANG Guofa, LI Xiyong, ZHANG Chuanchang,et al. Research and development and application of set equipment of 8m large mining height fully-mechanized face[J].Coal Science and Technology, 2017,45(11):1-8.

[13] 王国法,李占平,张金虎. 互联网+大采高工作面智能化升级关键技术[J].煤炭科学技术, 2016,44(7):15-21.
WANG Guofa, LI Zhanping, ZHANG Jinhu. Key technology of intelligent upgrading reconstruction of internet plus high cutting coal mining face [J]. Coal Science and Technology, 2016,44 (7):15-21.

[14] 王国法,庞义辉,任怀伟,等.煤炭安全高效综采理论、技术与装备的创新和实践[J].煤炭学报, 2018,43(4):903-913.
WANG Guofa, PANG Yihui, REN Huaiwei,et al. Coal safe and efficient mining theory, technology and equipment innovation practice [J]. Journal of China Coal Society, 2018, 43(4): 903-913.

[15] 王国法,庞义辉.特厚煤层大采高综采综放适应性评价和技术原理[J].煤炭学报, 2018,43(1):33-42.
WANG Guofa, PANG Yihui. Full-mechanized coal mining and caving mining method evaluation and key technology for thick coal seam [J]. Journal of China Coal Society, 2018,43(1):33-42.

[16] 王国法,庞义辉,刘俊峰.特厚煤层大采高综放开采机采高度的确定与影响[J].煤炭学报, 2012,37(11):1777-1782.
WANG Guofa, PANG Yihui, LIU Junfeng. The determination and influence of cutting height on top coal caving with great mining height in extra thick coal seam[J]. Journal of China Coal Socity, 2012,37(11):1777-1782.

[17] 庞义辉,刘新华,马英.千万 t 矿井群综放智能化开采设备关键技术[J].煤炭科学技术,2015,43(8):97-101.
PANG Yihui,LIU Xinhua, MA Ying. Key technologies of fully-mechanized caving intelligent mining equipment in ten million tons of mines group[J]. Coal Science and Technology,2015,43 (8):97-101.

[18] 王国法,庞义辉.液压支架与围岩耦合关系及应用[J].煤炭学报,2015,40(1):30-34.
WANG Guofa,PANG Yihui. Relationship between hydraulic support and surrounding rock coupling and its application [J]. Journal of China Coal Society,2015,40(1):30-34.

[19] 王国法.工作面支护与液压支架技术理论体系[J].煤炭学报,2014,39(8):1593-1601.
WANG Guofa. Theory system of working face support system and hydraulic roof support technology[J]. Journal of China Coal Society,2014,39(8):1593-1601.

[20] 王国法,庞义辉.基于支架与围岩耦合关系的支架适应性评价方法[J].煤炭学报,2016,41(6):1348-1353.
WANG Guofa, PANG Yihui. Shield-roof adaptability evaluation method based on coupling of parameters between shield and roof strata[J]. Journal of China Coal Society,2016,41(6):1348-1353.

[21] 王国法, 庞义辉, 任怀伟. 煤矿智能化开采模式与技术路径[J].采矿与岩层控制工程学报,2020,2(1):013501.
WANG Guofa, PANG Yihui, REN Huaiwei. Intelligent coal mining pattern and technological path[J]. Journal of Mining and Strata Control Engineering, 2020,2(1):013501.

[22] 申雪,刘驰,孔宁,等.智慧矿山物联网技术发展现状研究[J].中国矿业,2018,27(7):120-125,143.
SHEN Xue, LIU Chi, KONG Ning, et al. Research on the technical development status of the intelligent mine base on internet of things [J]. China Mining Magazine,2018,27(7):120-125,143

[23] 王国法, 王虹,任怀伟,等.智慧煤矿 2025 情境目标和发展路径[J].煤炭学报,2018,43(2):295-305.
WANG Guofa, WANG Hong, REN Huaiwei, et al. 2025 scenarios and development path of intelligent coal mine[J]. Journal of China Coal Society, 2018,43(2):295-305.

[24] 范京道,徐建军,张玉良,等.不同煤层地质条件下智能化无人综采技术[J].煤炭科学技术,2019,47(3):43-52.
FAN Jingdao, XU Jianjun, ZHANG Yuliang, et al. Intelligent unmanned fully-mechanized mining technology under conditions of different seams geology[J]. Coal Science and Technology, 2019, 47(3):43-52.

[25] 王国法,赵国瑞,胡亚辉. 5G 技术在煤矿智能化中的应用展望[J].煤炭学报,2020,45(1):16-23.
WANG Guofa, ZHAO Guorui, HU Yahui. Application prospect of 5G technology in coal mine intelligence[J]. Journal of China Coal Society,2020,45(1):16-23.

[26] 葛世荣,王忠宾,王世博.互联网+采煤机智能化关键技术研究[J].煤炭科学技术,2016,44(7):1-9.
GE Shirong,WANG Zhongbin,WANG Shibo. Study on key technology of internet plus intelligent coal shearer[J]. Coal Science and Technology,2016,44(7):1-9.

[27] 王国法,刘峰,庞义辉,等.煤矿智能化:煤炭工业高质量发展的核心技术支撑[J].煤炭学报,2019,44(2):349-357.
WANG Guofa, LIU Feng, PANG Yihui, et al. Coal mine intellectualization:the core technology of high quality development [J]. Journal of China Coal Society, 2019, 44(2):349-357.

[28] 王国法,刘峰,孟祥军,等.煤矿智能化(初级阶段)研究与实践[J].煤炭科学技术,2019,47(8):1-36.
WANG Guofa, LIU Feng, MENG Xiangjun, et al. Research and practice on intelligent coal mine construction(primary stage)[J]. Coal Science and Technology, 2019,47(8):1-36.

[29] 唐恩贤,张玉良,马骋.煤矿智能化开采技术研究现状及展望[J].煤炭科学技术,2019,47(10):111-115.
TANG Enxian, ZHANG Yuliang, MA Cheng. Research status and development prospect of intelligent mining technology in coal mine [J] . Coal Science and Technology, 2019,47(10):111-115.

[30] 陈晓晶,何敏.智慧矿山建设架构体系及其关键技术[J].煤炭科学技术,2018,46(2):208-212,236
CHEN Xiaojing, HE Min. Framework system and key technology of intelligent mine construction[J]. Coal Science and Technology 2018,46(2):208-212,236.

[31] 庞义辉,王国法,任怀伟.智慧煤矿主体架构设计与系统平台建设关键技术[J].煤炭科学技术,2019,47(3)35-42.
PANG Yihui, WANG Guofa, REN Huaiwei. Main structure design of intelligent coal mine and key technology of system platform construction[J]. Coal Science and Technology, 2019, 47(3):35-42.

[32] 谢人超,廉晓飞,贾庆民,等.移动边缘计算卸载技术综述[J].通信学报,2018,39(11):138-155.
XIE Renchao, LIAN Xiaofei, JIA Qingmin, et al. Survey on computation offloading in mobile edge computing[J]. Journal on Communications, 2018, 39(11):138-155.

[33] 程建远,朱梦博,王云宏,等.煤炭智能精准开采工作面地质模型梯级构建及其关键技术[J].煤炭学报,2019,44(8):2285-2295.
CHENG Jianyuan, ZHU Mengbo, WANG Yunhong, et al. Cascade construction of geological model of longwall panel for intelligent precision coal mining and its key technology[J]. Journal of China Coal Society, 2019,44(8):2285-2295.

[34] 李子姝,谢人超,孙礼,等.移动边缘计算综述[J].电信科学,2018,34(1):87-101.
LI Zishu, XIE Renchao, SUN Li, et al. A survey of mobile edge computing[J]. Telecommunications Science, 2018, 34(1):87-101.

[35] 范京道.煤矿智能化开采技术创新与发展[J].煤炭科学技术,2017,45(9):65-71.
FAN Jingdao. Innovation and development of intelligent mining technology in coal mine[J]. Coal Science and Technology, 2017,45(9):65-7.

[36] WANG Guofa, PANG Yihui. Surrounding rock control theory and longwall mining technology innovation[J]. Int J Coal Sci Tec, 2017(4):301-309.

[37] 牛剑峰.综采工作面直线度控制系统研究[J].工矿自动化,2015,41(5):5-8.
NIU Jianfeng. Research of straightness control system of fully-mechanized coal mining face [J]. Industry and Mine Automation, 2015, 41(5):5-8.

[38] 毛善君."高科技煤矿"信息化建设的战略思考及关键技术[J].煤炭学报,2014,39(8):1572-1583.
MAO Shanjun. Strategic thinking and key technology of informatization construction of high-tech coal mine[J]. Journal of China Coal Society, 2014, 39(8):1572-1583.

[39] 李梅,杨帅伟,孙振明,等.智慧矿山框架与发展前景研究[J].煤炭科学技术,2017,45(1):121-128,134.
LI Mei, YANG Shuaiwei, SUN Zhenming, et al. Study on framework and development prospects of intelligent mine[J]. Coal Science and Technology,2017,45(1):121-128,134.

[40] 张正龙,李正虎,刘建浩. BIM 技术在张家峁煤矿采掘设计中的应用初探[J].煤炭工程, 2020, 52(1):21-24.
ZHANG Zhenglong, LI Zhenghu, LIU Jianhao. Application of BIM technology in mining and drifting design of Zhangjiamao Coal Mine[J]. Coal Engineering, 2020, 52(1):21-24.

[41] 赵宗华.机械三维软件在煤矿 BIM 设计中的应用[J].煤炭与化工,2018,41(9):83-86.
ZHAO Zonghua. Application of mechanical three-dimensional software in the BIM design of coal mine [J]. Coal and Chemical Industry,2018,41(9):83-86.

[42] 闫魏锋,石亮.我国煤巷掘进技术与装备发展现状[J].煤矿机械,2018,39(12):1-3.
YAN Weifeng, SHI Liang. Development status of coal roadway tunneling equipment and technology in China[J]. Coal Mine Machinery, 2018,39(12):1-3.

[43] 王苏彧,田劼,吴淼.纵轴式掘进机截割轨迹规划及边界控制方法研究[J].煤炭科学技术,2016,44(4):89-94, 118 .
WANG Suyu,TIAN Jie,WU Miao.Study on cutting trace planning of longitudinal roadheader and boundary control method[J].Coal Science and Technology,2016,44(4):89-94, 118.

[44] 田劼,王苏彧,穆晶,等.悬臂式掘进机空间位姿的运动学模型与仿真[J].煤炭学报,2015,40(11):2617-2622.
TIAN Jie,WANG Suyu,MU Jing,et al. Spatial pose kinematics model and simulation of boom-type roadheader[J].Journal of China Coal Society,2015,40(11):2617-2622.

[45] 杨文平,胡鹏,樊纲.掘进机自动定向技术探究[J].煤矿机械, 2016, 37(8):46-48.
YANG Wenping, HU Peng, FAN Gang. Research on automatic orientation technology of excavator [J]. Coal Mine Machinery, 2016,37(8):46-48.

[46] 朱信平,李睿,高娟,等.基于全站仪的掘进机机身位姿参数测量方法[J].煤炭工程,2011(6):113-115.
ZHU Xinping, LI Rui, GAO Juan, et al. Measurement method of position and posture parameters of roadheader fuselage based on total station[J].Coal Engineering,2011(6):113-115.

[47] 陈慎金,成龙,王鹏江,等.基于激光测量技术的掘进机航向角精度研究[J].煤炭工程, 2018, 50(7):107-110.
CHEN Shenjin,CHENG Long,WANG Pengjiang,et al. Research on course angle accuracy of roadheader based on laser measurement[J].Coal Engineering, 2018, 50(7):107-110.

[48] 张振,梁大海.国产连续采煤机在神东矿区快速掘进中的应用[J].煤矿机械,2010,31(5):184-186.
ZHANG Zhen, LIANG Dahai. Application in Shendong mine district of domestic continuous miner for fast tunneling[J].Coal Mine Machinery,2010,31(5):184-186.

[49] 薛光辉,管健,程继杰,等.深部综掘巷道超前支架设计与支护性能分析[J].煤炭科学技术,2018,46(12):15-20.
XUE Guanghui, GUAN Jian, CHENG Jijie, et al. Design of advance support for deep fully-mechanized heading roadway and its support performance analysis [J]. Coal Science and Technology,2018,46(12):15-20.

[50] 张立辉,李金刚.复杂条件下大断面开切眼掘支技术研究[J].煤炭工程, 2014, 46(10):115-117.
ZHANG Lihui, LI Jingang.Study on excavation and support technology of large cross section open-off cut under complicated condition[J].Coal Engineering,2014, 46(10):115-117.

[51] 张喜文,段其涛,徐祝贺.大断面煤巷快速掘进工艺及参数优化研究[J].中国煤炭,2014, 40(S1):87-91, 95.
ZHANG Xiwen, DUAN Qitao, XU Zhuhe. Study on rapid driving technology and parameter optimization of large section coal

roadway[J]. China Coal, 2014, 40(S1):87-91,95.

[52] 马福文,张小峰.国产连续采煤机成套装备在金鸡滩矿的应用[J].煤炭技术,2018,37(2):274-276.
MA Fuwen, ZHANG Xiaofeng. Application of domestic continue miner system in Jinjitan mine[J]. Coal Technology, 2018,37(2):274-276.

[53] 李浩荡,栗建平,刘占斌,等. 应用连采机在断层破碎带中掘进工作面巷道[J]. 煤矿开采, 2009, 14(4):12,52-53.
LI Jianping, LIU Zhanbin, LIU Shuangyu, et al. Applying continuous mining machine to driving mining roadways in fault broken zone[J].Coal Mining Technology, 2009,14(4):12,52-53.

[54] 霍振龙. 矿井定位技术现状和发展趋势[J]. 工矿自动化, 2018,44(2):51-55.
HUO Zhenlong.Status and development trend of mine positioning technology[J]. Industrial and Mining Automation,2018,44(2):51-55.

[55] 王同泉,崔建民. 基于 Zigbee 的井下人员定位监测系统的设计与研究[J].电气技术,2012(4):17-20.
WANG Tongquan, CUI Jianmin. Design and research of underground personnel positioning monitoring system based on Zigbee [J]. Electrical Technology,2012(4):17-20.

[56] 张孟阳,吕保维,宋文淼. GPS 系统中的多径效应分析[J]. 电子学报,1998(3):10-14.
ZHANG Mengyang, LYU Baowei, SONG Wenmiao. Multipath effect analysis in GPS system[J]. Journal of Electronics, 1998(3):10-14.

[57] ZAFER Sahinoglu,SINAN Gezici,ISMAIL Gucenc.Ultra-wideband positioning systems[M]. UK : University of Cambridge,2008:63-73.

[58] 王国法, 杜毅博. 煤矿智能化标准体系框架与建设思路[J]. 煤炭科学技术, 2020, 48(1):1-9.
WANG Guofa, DU Yibo. Coal mine intelligent standard system framework and construction ideas[J]. Coal Science and Technology, 2020,48(1):1-9.

[59] 王国法, 庞义辉, 刘 峰, 等. 智能化煤矿分类、分级评价指标体系[J]. 煤炭科学技术, 2020, 48(3):1-13.
WANG Guofa, PANG Yihui, LIU Feng, et al. Specification and classification grading evaluation index system for intelligent coal mine[J].Coal Science and Technology,2020,48(3):1-13.

移动扫码阅读

王国法,徐亚军,张金虎,等.煤矿智能化开采新进展[J].煤炭科学技术,2021,49(1):1-10.doi:10.13199/j.cnki.cst.2021.01.001

WANG Guofa, XU Yajun, ZHANG Jinghu, et al. New development of intelligent mining in coal mines[J]. Coal Science and Technology,2021,49(1):1-10.doi:10.13199/j.cnki.cst.2021.01.001

煤矿智能化开采新进展

王国法[1,2],徐亚军[1,2],张金虎[1,2],张 坤[3],马 英[1,2],陈洪月[4]

(1.中煤科工开采研究院有限公司,北京 100013;2.煤炭科学研究总院开采设计研究分院,北京 100013;
3.山东科技大学 机械电子工程学院,山东 青岛 266000;4.辽宁工程技术大学 机械工程学院,辽宁 阜新 123000)

摘 要:智能化开采是煤炭工业高质量发展的核心技术支撑。经过多年发展,我国智能化开采形成了薄煤层和中厚煤层智能化无人操作,大采高煤层人-机-环智能耦合高效综采,综放工作面智能化操控与人工干预辅助放煤,复杂条件智能化+机械化4种智能化开采模式。为了解决工作面综机装备智能决策难题,研发了工作面智能协同控制系统,实现采煤机自适应割煤与自主感知防碰撞,基于煤流量智能感知的采煤机、液压支架、刮板输送机等综采装备的协同联动,工作面综采装备与端头和超前支架的联动控制。上述研究成果在陕北侏罗纪1.1 m硬煤薄煤层、金鸡滩煤矿8 m超大采高综采、金鸡滩煤矿9 m以上硬煤特厚煤层综放开采进行应用,效果显著,实现了陕北侏罗纪1.1 m硬煤薄煤层高效智能化无人开采,8 m超大采高工作面人-机-环智能耦合高效综采,9 m以硬煤上特厚煤层超大采高智能化综放开采。

关键词:智能化煤矿;液压支架;薄煤层;大采高;综放工作面;硬煤

中图分类号:TD67 **文献标志码**:A **文章编号**:0253-2336(2021)01-0001-10

New development of intelligent mining in coal mines

WANG Guofa[1,2], XU Yajun[1,2], ZHANG Jinghu[1,2], ZHANG Kun[3], MA Ying[1,2], CHEN Hongyue[4]

(1.CCCTEG Coal Mining Research Institute, Beijing 100013, China;2.Mining Design Institute, China Coal Research Institute, Beijing 100013, China;
3. College of Mechanical and Electronic Engineering, Shandong University of Science and Technology, Qingdao 266000, China;4. School of Mechanical Engineering, Liaoning Technical University, Liaoning 123000, China)

Abstract:Intelligent mining has become the core technical support for the high-quality development of coal industry. After years of development, intelligent mining in China has formed four intelligent mining modes: intelligent unmanned operation of thin and medium-thick coal seams, man-machine-loop intelligent coupling high-efficiency fully-mechanized mining in large mining height coal seam, intelligent control and manual intervention to assist coal caving in fully-mechanized top-coal caving mining face, and intelligent + mechanized mining mode of complex conditions. In order to solve the problem of intelligent decision-making for fully-mechanized equipment in the working face, the intelligent collaborative control system (ICCS) of the working face has been developed to realize the self-adaptive coal cutting and self-sensing anti-collision of shearer, hydraulic power support, scraper conveyor and other fully-mechanized mining equipment based on the intelligent perception of coal flow, linkage control of fully-mechanized mining equipment, end and advanced support at working face. The above-mentioned research results have been applied in the Jurassic 1.1 m hard coal thin seam of Northeern Shaanxi, the fully-mechanized mining of the Jinjitan Coal Mine with an ultra-large cutting height of 8 m and the fully-mechanized top-coal caving mining in the Jinjitan Coal Mine of 9 m or more hard coal and extra-thick seams, the effects were remarkable. It has realized high-efficiency and intelligent unmanned mining in the Jurassic 1.1 m hard coal thin seam of northern Shaanxi, man-machine-loop intelligent coupling high-efficiency fully-mechanized mining with 8 m super large mining height, and intelligent fully-mechanized caving mining with ultra-large mining height for hard coal and extra-thick seam over 9 m.

Key words:intelligent coal mine; hydraulic support; thin coal seam; large mining height; fully-mechanized top-coal caving; hard coal

收稿日期:2020-12-22;责任编辑:赵 瑞

基金项目:国家自然科学基金资助项目(52074155,51974159);国家重点研发计划资助项目(2017YFC0804305);天地科技创新资金专项资助项目(KJ-2021-KCMS-01)

作者简介:王国法(1960—),男,山东文登人,中国工程院院士,研究员,博士生导师。Tel:010-84262109,E-mail:wangguofa@tdkcsj.com

0　引　言

自 2000 年铁法煤业集团小青矿引进刨煤机组建成国内首个自动化工作面以来[1],经过 20 a 发展,我国工作面智能化开采经历了跟跑、并跑、领跑 3 个发展阶段,形成了薄煤层和中厚煤层智能化无人操作,大采高煤层人–机–环智能耦合高效综采,综放工作面智能化操控与人工干预辅助放煤,复杂条件智能化+机械化 4 种智能化开采模式[2]。为了加快煤矿智能化建设,2020 年 2 月,国家发展改革委、国家能源局、应急管理部、国家煤矿安全监察局、工业和信息化部、财政部等八部委出台了《关于加快煤矿智能化发展的指导意见》,明确指出智能化是煤炭工业高质量发展的核心技术支撑,制定了煤矿智能化发展的原则、目标、任务和保障措施。受国家能源局委托,笔者带领团队起草了《智能化煤矿(井工)分类、分级技术条件与评价》和《智能化采煤工作面分类、分级技术条件与评价》2 项标准[3-4],制定了智能化煤矿和智能化工作面分类评价标准与分级评价方法,指导煤矿因地制宜地进行智能化建设。受其影响,近年来工作面智能化开采技术与装备发展迅速,在硬煤薄煤层智能化综采、超大采高工作面人–机–环智能耦合高效综采、硬煤特厚煤层超大采高智能化综放开采方面成果显著。下面将介绍上述相关智能化开采技术与装备的最新进展与成效。

1　工作面智能化协同控制系统研发新进展

智能化开采的特点是工作面系统和装备具有智能感知、智能决策和智能控制 3 个智能化要素[5-6]。与之相对应,为了解决相关智能化要素,我国智能化开采初级阶段的发展也经历了 3 个发展时期。2014 年黄陵矿实现了基于采煤机记忆截割、综采装备可视化远程干预的初步智能化开采[7-8],主要解决基于视频信息的智能感知问题。2016 年兖矿集团转龙湾煤矿采用 LASC 惯性导航装置实现工作面设备自动找直,主要解决工作面设备智能控制问题[9]。2018 年,笔者带领团队在陕西煤业化工集团张家峁煤矿和陕西延长石油集团巴拉素煤矿分别进行生产矿井智能化改造和新建矿井智能化煤矿顶层设计[10],通过建设矿井智能管控平台来解决智能决策缺失问题。目前智能化开采 3 要素中,智能感知发展相对充分,智能控制也有一定程度发展,而智能决策发展则相对滞后。考虑到基于神经网络的深度学习机理仍不清晰,现阶段切实可行的方法是基于工作面采、支、运设备智能感知信息,研究综采设备数据协同与共享交换机制,研发工作面智能化协同控制系统,研究割煤、运煤、移架协同联动机制,实现采煤机、液压支架、刮板输送机协同联动、自动运行,达到智能决策效果(图 1)。

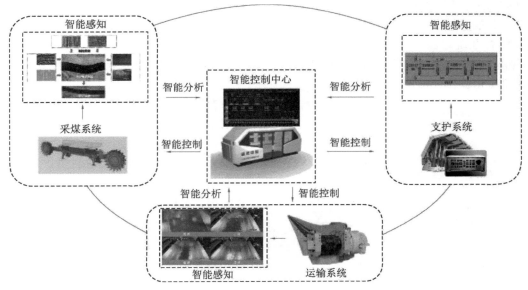

图 1　协同联动控制系统示意

Fig.1　Collaborative linkage control system

1.1　采煤机自适应割煤与自主感知防碰撞

煤层地质条件的全面感知是智能化开采的基础,通过对工作面地质信息的预先感知来弥补煤岩识别技术的不足,解决采煤机滚筒自动调高、自主感知防碰撞难题,实现智能开采过程综采设备自适应协同控制。

如图 2 所示在常规地质勘探、钻孔的基础上,利用地质雷达、智能微动、瞬态面波、电磁波 CT 层析成像等精细物探手段和红外扫描构建初始工作面地质数字模型,将模型数据与井下地理信息系统(GIS)工作面三维实体模型结合形成工作面精细地质数字模型。利用工作面轨道巡检机器人红外扫描、激光扫描和视频图像数据进行实时修正,通过多信息融合,构建全息数字化工作面三维地质模型,实现工作面开采条件预先感知。进而构建相对透明的开采环境,利用动态地质数据修

正采煤机记忆截割模板,实时调整滚筒截割高度与截割路径,实现采煤机自适应记忆割煤。在此基础上,通过红外感知、高清视频图像自动捕捉,结合工作面设备精确定位系统,自动提取采煤机位置信息,实时分析采煤机滚筒到液压支架顶梁前端的安全距离,自动调整滚筒高度,修正记忆截割模板,解决采煤机自主感知防碰撞难题,实现采煤机自主让液压支架。通过上述 2 大措施实现工作面智能截割以及采煤机与液压支架的协同联动。

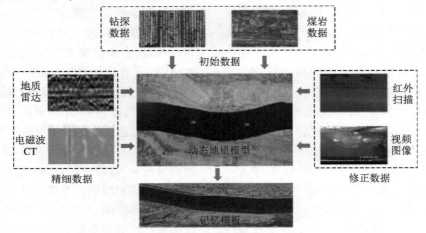

图 2　工作面数字模型构建示意

Fig.2　Digital model construction schematic of mining face

1.2　基于煤流量智能感知的协同联动

如图 3 所示,目前采煤机、刮板输送机、液压支架、工作面视频与远程控制都进行了一定程度的智能化开发,具有智能感知和自动控制功能,由于缺乏协同联动机制,各系统之间相互独立,不能协同联动,工作面巷道监控中心只起监控作用,没有智能决策功能,决策都是由操作人员完成。

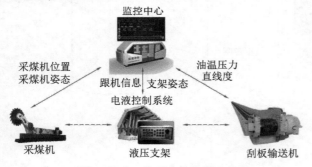

图 3　综采工作面单机控制示意

Fig.3　Single machine control of fully-mechanized mining face

为此研发了基于煤流量智能感知的智能化协同控制系统(图 4),基于工作面煤量智能监测装置,智能感知前(后)刮板输送机、带式输送机煤流量,结合刮板输送机功率、转矩实时监测信息,自动调整采煤机割煤速度,通过变频调速智能控制刮板输送机

运行速度,自动调整液压支架跟机移架方式与移架速度,形成基于主输送带、前(后)部刮板输送机煤流监测的智能决策机制,实现液压支架、采煤机和前后部刮板输送机等综采设备的协调联动、智能运行。上述系统开始在大同塔山矿进行试验。

1.3　工作面综机装备与超前支架协同联动

基于工作面视频图像和各类传感器监测数据,实时获取工作面推进度、超前支架与工作面装备间相对空间位置信息,结合视频监测信息,实时修正超前支架位置信息,精确控制超前支架行走位移,实现超前支架与工作面装备协同推进。

为了解决超前支架智能行走难题,如图 5 所示,在超前支架的顶梁前端和侧面、底座两侧设置超声波传感器,以感知超前支架到两侧巷帮的距离。在顶梁、掩护梁、前连杆、底座上布置双轴倾角传感器,以感知超前支架姿态,实时获取超前支架压力、倾角、航偏角、位移和支撑高度等关键参数,利用位姿检测系统以感知超前支架的支护状态(图 6)。基于 simulink 模型的超前支架纠偏控制系统,实现超前支架行走状态的智能感知与控制。该装置在黄陵一号矿进行了井下工业性试验(图 7),实现超前支架无人调整智能移架。

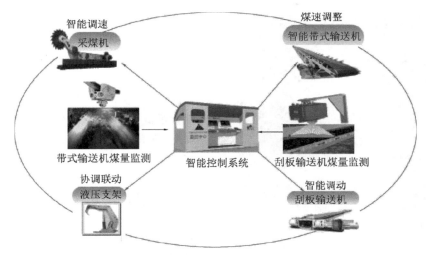

图 4　基于煤流识别的协调运行机制

Fig.4　Coordinated mechanism based on coal quantity identification

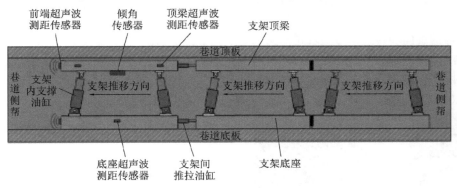

图 5　超前支架传感器布置示意

Fig.5　Sensor layout of advance support

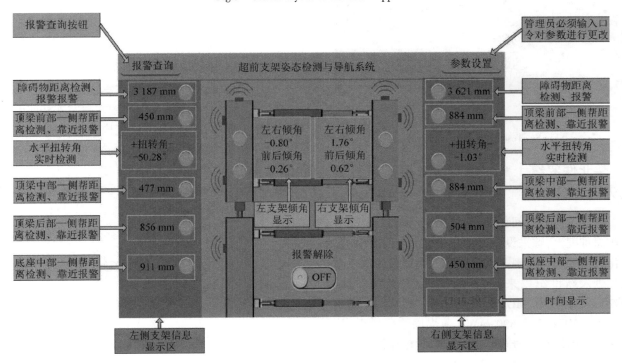

图 6　位姿检测系统主界面

Fig.6　Main interface of pose detection system

图 7　超前支架井下试验现场

Fig.7　Underground test of advanced support

为了解决目前超前支架反复支撑破坏巷道顶板难题,研发了基于螺旋推进器的全向移动式超前支架(图 8a)。该型支架结构简单、操作方便,只需改变左右螺旋推进器的旋向和转速即可实现超前支架的前进、后退、侧向平移和旋转的全方位行走[11]。该支架在阳煤集团新元矿 31004 工作面回风巷进行井下工业性试验(图 8b),效果良好。

(a) 现场1　　　　　　　　(b) 现场2

图 8　超前支架试验现场

Fig.8　Test of advanced support

2　陕北侏罗纪 1.1 m 硬煤薄煤层高效智能化无人开采

薄煤层作业空间狭小,开采作业困难,工人进出工作面难度大,综采设备尺寸与功率的矛盾突出,智能化无人开采是实现薄煤层安全高效开采的唯一途径。进入新世纪以来,笔者带领团队先后研制了MG200/456-WD、MG2×125/556-WD、MG2×160/710-WD、MG2×200/890-AWD 薄煤层综采机组,并在兖矿集团济宁二号煤矿、淮南矿业集团潘三矿与朱集东矿、峰峰黄沙矿推广应用[12-13]。经过多年探索,逐渐形成薄煤层智能化无人开采模式。

陕北侏罗纪硬煤薄煤层位于张家峁煤矿 4^{-3} 煤层,埋深 170.36 m,煤厚 1.00~1.36 m,平均煤厚 1.1 m,煤层倾角 1°~2°,普氏系数 f = 2~3,地质构造极为简单,顶板以浅灰色厚层状中~细粒长石砂岩为主,次为粉砂岩、泥岩;底板为泥岩、粉砂岩;煤层瓦斯含量低,水文地质条件简单。由于采高小、煤层硬度高,现有综采机组与配套模式不能满足安全高效的要求,必须要研发新的机型与设备配套模式。

由液压支架与围岩刚度耦合公式可知[14],液压支架支护强度不仅取决于顶板岩性、采高和支架刚度,还与工作面煤层条件息息相关。将相关参数代入计算得液压支架所需支护强度如图 9 所示。由图可知,传统计算结果为 0.5 MPa,而基于刚度耦合公式计算结果为支护强度应不低于 0.67 MPa。研究表明,液压支架垂向刚度与其支护强度正相关[15],为了解决薄煤层液压支架调高幅度有限的问题,减少顶板下沉,需要开发大工作阻力、高刚度薄煤层支架。综合分析,选用 ZY9000/088/16 型液压支架,支护强度 0.73~0.82 MPa。

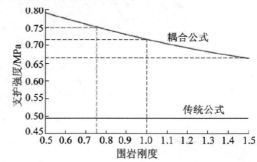

图 9　液压支架所需支护强度

Fig.9　Support intensity required by hydraulic support

大工作阻力为薄煤层液压支架设计带来一定难度。为此,将双平衡千斤顶布置在左右连杆两侧,避免平衡千斤顶在中档与推移机构干涉。研发单孔固定立柱柱头的新型柱帽(图 10a),充分压缩立柱柱头尺寸(图 10b),取消立柱上腔接口,采用大弧度缸底,最大限度减小立柱固定段尺寸,确保液压支架最小高度得以实现,增大立柱伸缩比,提高液压支架开

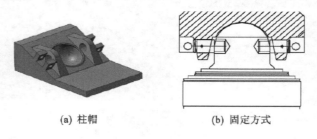

(a) 柱帽　　　　　　　　(b) 固定方式

图 10　新型柱帽及其固定方式

Fig.10　New leg cap and its fixing method

采范围。该支架采用抬底机构,现有抬底千斤顶固定段较长,不能满足 880 mm 最小结构高度安装要求。为此设计了图 11a 所示单缸进液抬底装置,只在推底千斤顶上腔设置 1 个进液口,通过耳轴与底座相连(图 11b),最大限度减小了抬底千斤顶结构尺寸,满足抬底千斤顶安装要求。

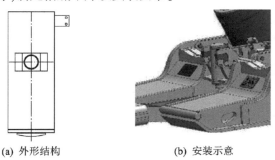

(a) 外形结构   (b) 安装示意

图 11 抬底千斤顶外形结构与安装示意

Fig.11 Outline structure of base-lifting ram and installation

发明了采煤机电缆拖拽装置(图 12),通过牵引装置拖拽电缆夹在电缆槽中移动,有效解决了薄煤层工作面电缆叠层布置影响工作面最小采高难题。

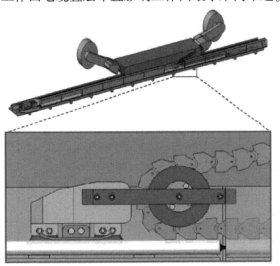

图 12 电缆拖拽装置

Fig.12 Cable pulling device

为了解决薄煤层设备破煤难题,研发了 MG450/1 050-WD 薄煤层滚筒式采煤机,装机功率 1 050 kW,有效提高破煤效果。如图 13 所示,采煤机采用半悬机身设置,刮板输送机上方仅保留采煤机电机高度,传动部都位于煤壁侧,最大限度压缩机身高度,同时加大过煤空间,配套 SGZ800/3×400 刮板输送机,机面高度只有 739 mm,过煤高度 273 mm,1.1 m 最小采高安全过机空间 155 mm,有效地满足 1.1 m 最小采高安全支护需要。

为了解决工作面机头、机尾电机布置难题,如图

13、图 14 所示,进、回风巷采用反握销排卧底式布置方式(巷道高度 2.6 m,卧底量 1.5 m),工作面不设过渡架,机头、机尾电机设置可伸缩式底托架,以满足配套要求。

图 13 "三机"配套断面

Fig.13 Matching section of shear, hydraulic support, belt conveyor

图 14 薄煤层成套设备布置

Fig.14 Layout of thin coal seam complete equipment

整套装备于 2020 年 10 月在张家峁煤矿薄煤层工作面投入运行,实现了 1.1 m 薄煤层工作面智能化无人操作。

3 超大采高人-机-环智能耦合高效综采

与薄及中厚煤层开采不同,超大采高开采极易诱发上覆岩层整体断裂并形成强动载矿压,煤壁片帮、冒顶难以控制,工作面采煤、支护和输送成套装备连续可靠运行难以实现。为了解决超大采高工作面因采高增加带来的强动载矿压与煤壁片帮冒顶等问题,笔者提出了基于支架与围岩耦合的超大采高液压支架自适应控制技术(图 15),研发了超大采高工作面人-机-环智能耦合高效综采模式,实现了超大采高煤层安全高效开采[16-19]。

基于超大采高综采工作面液压支架与围岩耦合作用关系,建立了超大采高工作面煤壁片帮"拉裂-滑移"模型,得出了液压支架控制煤壁滑落失稳的临界护帮力[20-24],提出了考虑顶板下沉与煤壁片帮"双因素"的支护策略。基于"双因素"控制方法确定了合理的支护强度及关键结构,设计开发了 ZY21000/38/82D 型强力超大采高液压支架,研制了初撑力自动补偿与快速移架系统、增容缓冲抗冲击立柱等新结构,发明了工作面多应力场耦合围岩

稳定性智能控制方法,通过控制支架支护强度、刚度及位姿等参数,使顶板、煤壁中原岩应力场、采动应力场与支护应力场达到动态平衡,从而降低围岩破碎程度,减少宏观位移量,有效解决片帮和冒顶问题,实现围岩稳定控制。研制了 3 级分体式护帮装置,扩大了煤壁及端部顶板的防护,并在支架顶梁前端安装行程传感器、位移传感器等,对煤壁防护状态进行智能监测,实现了超大采高工作面超高煤壁的稳定控制。

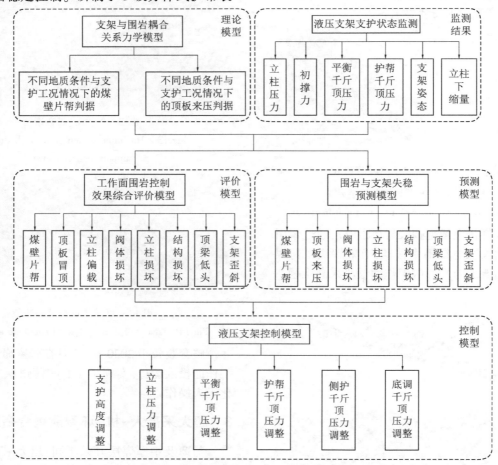

图 15　液压支架与围岩自适应控制逻辑

Fig.15　Adaptive control logic of hydraulic support and surrounding rock

超大采高综采割煤量和运煤量急速增加,难以实现稳定截割控制;大块片帮煤易造成瞬时煤量剧增,运输系统卡堵、压死的严重情况,可靠连续运行难度增大。基于采煤机行走位移检测、工作面仰俯角检测、调高油缸及摇臂角度监控等系统,解决了超大采高工作面采煤机机身三维空间位姿的全方位、高精度测量难题。在此基础上,开发了基于记忆割煤控制+人工干预+地质条件变化实时调整截割轨迹的控制策略,实现了采煤机高精度自动截割调控。根据运量负荷要求,开发了配置煤量自适应变频调速控制系统的槽宽 1 400 mm、驱动功率 3×1 600 kW 的重型刮板输送机,提出了基于电流反馈的激光扫描煤量监测及智能调速方法,实现了重型装备的无级软启动、智能调速与采运协调;研制了槽宽 1 400 mm 的高强度自动伸缩机尾,实现了链条动态控制和自动张紧,提高了超大运量链条的可靠性;开发了落地式折叠机身的巷道可伸缩带式输送机,实现了工作面的连续快速推进。

金鸡滩煤矿主采侏罗纪 $2^{-2上}$ 煤层,煤层厚度 5.5~8.5 m,普氏系数 f=2.6~3.3,平均 2.8,煤层硬度中硬~硬、节理裂隙不发育、完整性较好。金鸡滩煤矿 12-2上108 超大采高工作面于 2016 年 8 月开始试生产,目前已进入第 3 个工作面的回采(图 16),工作面作业人员数量大幅降低,顶板、煤壁得到了有效控制,工作面最大采高达到 8.0 m,日产达到 6.16 万 t,月产达到 150 万 t,工作面人员工效达到 1 247 t/工[25]。

4　硬煤特厚煤层超大采高智能化综放开采

榆神矿区资源探明储量约 301 亿 t,厚及特厚

图 16 超大采高智能综采工作面

Fig.16 Intelligent mining face with super mining height

煤层约占 1/2 以上,采用超大采高一次采全高综采已经实现了 6~9 m 煤层高效开采,而 9 m 以上硬煤层高产、高效、高采出率开采是亟待解决的难题。

针对以金鸡滩煤矿为代表的西部特厚硬煤综放开采存在顶煤冒放性差、采出率低的难题,研究了加大机采高度、营造矿山压力、增大顶煤破碎度、提高采出率的特厚硬煤超大采高综放开采方法。建立了以高强度支护为基础、以控制煤壁稳定和顶煤可放性为约束、以协调采放空间为核心的近场增裂、远场破碎顶煤相结合的综放开采理论。分析了在给定煤厚条件下不同采放比顶煤塑性破坏范围、破坏区域和放煤空间的变化规律;建立了超大采高煤壁稳定性与顶煤采出率综合分析模型,基于采出率、煤壁稳定性控制要求和支、运能力,提出了适应特厚硬煤的采放比[26-29]。确定了适应金鸡滩煤层赋存条件的采放比为 1.0∶0.5~1∶1,即割煤高度 6~7 m,放煤高度 3~7 m。

根据开采工艺要求,设计研制了世界最大高度、最高工作阻力 ZFY21000/35.5/70D 两柱掩护式超强力综放液压支架,超大采高放顶煤液压支架具有掩护梁倾角大、强扰动多级放煤机构、强力护帮机构、姿态自适应功能等特点[30]。研制了液压支架状态监控系统,精准测量放煤机构收放状态,基于煤矸灰分识别和大数据分析完成记忆放煤的控制算法,结合插板行程量及尾梁、掩护梁配合角度传感器数据进行多轮次时序记忆,形成记忆放煤模板,并在放煤过程中结合设备运行情况进行实时调整控制,实现了智能、精准、高效放煤。研发了具有自主知识产权的 IMOSS 惯性导航系统,通过惯导成套系统获取采煤机三维运行曲线,结合自主研发的智能零速校正、偏转差角补偿和轨迹拟合等算法,通过联动电液控对液压支架推移进行单独闭

环控制,实现工作面直线度动态调整。研制了总装机功率达 14 210 kW 的超大运量自适应智能化输送系统,发明了针对大块硬煤卸载、转载多级破碎输送系统。

项目成果在金鸡滩煤矿 12-2上117 工作面成功应用,建成了世界第 1 个 7 m 超大采高综放工作面(图 17)。最高日产 7.91 万 t,最高月产 202.01 万 t,采出率达到了 92.06%,单工作面具备年产 2 000 万 t 的能力。

(a) 煤壁

(b) 放煤效果

图 17 金鸡滩煤矿工作面煤壁及放煤效果

Fig.17 Coal wall and top-coal caving effect of coal mining face in Jinjitan Coal mine

5 结 论

智能化开采是煤炭工业发展方向和必然趋势已成为行业共识,经过多年发展,我国已形成了薄煤层和中厚煤层智能化无人操作、大采高煤层人-机-环智能耦合高效综采、综放工作面智能化操控与人工干预辅助放煤、复杂条件智能化+机械化 4 种智能化开采模式,基本满足了智能化初级阶段发展需要。

1)当前智能决策发展相对滞后,研发了工作面智能化协同控制系统,通过建立割煤、运煤、移架协同联动机制,实现采煤机、液压支架、刮板输送机协同联动、自动运行,达到智能决策效果。

2)研制了新型结构大功率、高刚度薄煤层液压支架、电缆夹拖拽装置和大功率半悬机身薄煤层滚筒式采煤机,满足了陕北侏罗纪 1.1 m 硬煤薄煤层

高效智能化无人开采需要。

3）发明了工作面多应力场耦合围岩稳定性智能控制方法和3级分体式护帮装置，基于记忆割煤控制＋人工干预＋地质条件变化，实时调整截割轨迹的控制策略，解决了采煤机高精度自动截割调控难题，实现了金鸡滩煤矿超大采高工作面智能化开采。

4）研制了超大运量自适应智能化输送系统大块硬煤卸载、转载多级破碎输送系统，实现了金鸡滩煤矿硬煤特厚煤层超大采高智能化综放开采。

参考文献（References）：

[1] 王国法,刘东财,刘加启,等.薄煤层自动化工作面装备技术的发展[J].煤矿开采,2001,46（4）:11-14.
WANG Guofa, LIU Dongcai, LIU Jiaqi, et al. Technology development of automatic equipment in thin seam working face [J]. Coal Mining Technology,2001,46（4）:11-14.

[2] 王国法,刘 峰,孟祥军,等.煤矿智能化（初级阶段）研究与实践[J].煤炭科学技术,2019,47（8）:1-34.
WANG Guofa, LIU Feng, MENG Xiangjun, et al. Research and practice on intelligent coal mine construction（primary state）[J]. Coal Science and Technology, 2019,47（8）:1-34.

[3] 王国法,庞义辉,刘 峰,等.智能化煤矿分类、分级评价指标体系[J].煤炭科学技术,2020,48（3）:1-13.
WANG Guofa, PANG Yihui, LIU Feng, et al. Specification and classification grading evaluation index system for intelligent coal mine[J]. Coal Science and Technology,2020,48（3）:1-13.

[4] 王国法,徐亚军,孟祥军,等.智能化采煤工作面分类、分级评价指标体系[J].煤炭学报,2020,45（9）:3033-3044.
WANG Guofa, XU Yajun, MENG Xiangjun, et al. Specification, classification and grading evaluation index for smart longwall mining face [J]. Journal of China Coal Society, 2020, 45（9）: 3033-3044.

[5] 王国法,范京道,徐亚军,等.煤炭智能化开采关键技术创新进展与展望[J].工矿自动化,2018,44（2）:5-12.
WANG Guofa, FAN Jingdao, XU Yajun,et al. Innovation progress and prospect on key technologies of intelligent coal mining[J]. Industry and Mine Automation,2018,44（2）:5-12.

[6] 王国法,张德生.煤炭智能化综采技术创新实践与发展展望[J].中国矿业大学学报,2018,47（3）:459-467.
WANG Guofa, ZHANG Desheng. Innovation practice and development prospect of intelligent mechanized technology for coal mine [J].Journal of China University of Mining & Technology, 2018,47（3）:459-467.

[7] 田成金.煤炭智能化开采模式和关键技术研究[J].工矿自动化,2016,42（11）:28-32.
TIAN Chengjin. Research of intelligentized coal mining mode and key technologies[J]. Industry and Mine Automation, 2016, 42（11）:28-32.

[8] 张 良,李首滨,黄曾华,等.煤矿综采工作面无人化开采的内涵与实现[J].煤炭科学技术,2014,42（9）:26-29.
ZHANG Liang, LI Shoubin, HUANG Zenghua, et al. Definition and realization of unmanned mining in fully-mechanized coal mining face[J]. Coal Science and Technology, 2014,42（9）:26-29.

[9] 李 森.基于惯性导航的工作面直线度测控与定位技术[J].煤炭科学技术,2019,47（8）:169-174.
LI Sen. Measurement & control and localization for fully-mechanized working face alignment based on inertial navigation[J]. Coal Science and Technology, 2019, 47（8）:169-174.

[10] 王国法,任怀伟,庞义辉.煤矿智能化（初级阶段）技术体系研究与工程进展[J].煤炭科学技术,2020,48（7）:1-27.
WANG Guofa, REN Huaiwei, PANG Yihu, et al. Research and engineering progress of intelligent coal mine technical system in early stages [J]. Coal Science and Technology, 2020, 48（7）: 1-27.

[11] 徐亚军,张德生,李丁一.全方位行走式超前液压支架研究[J].煤炭科学技术,2019,47（10）:152-157.
XU Yajun, ZHANG Desheng, LI Dingyi. Study on advanced powered support with omni-directional walking function[J]. Coal Science and Technology, 2019,47（10）: 152-157.

[12] 王国法.薄煤层安全高效开采成套装备研发及应用[J].煤炭科学技术,2009,37（9）:86-89.
WANG Guofa. Development and application of completed set equipment for safety and high efficient mining in thin seam [J]. Coal Science and Technology,2009,37（9）:86-89.

[13] 徐亚军,王国法.基于滚筒采煤机薄煤层自动化开采技术[J].煤炭科学技术,2013,41（11）:6-9.
XU Yajun,WANG Guofa. Automatic mining technology based on shearer in thin coal seam [J]. Coal Science and Technology, 2013,41（11）:6-9.

[14] 徐亚军,王国法,任怀伟.液压支架与围岩刚度耦合理论与应用[J].煤炭学报,2015,40（11）:2528-2533.
XU Yajun,WANG Guofa,REN Huaiwei. Theory of coupling relationship between surrounding rocks and powered support [J]. Journal of China Coal Society,2015,40（11）:2528-2533.

[15] 徐亚军,李丁一,刘欣科,等.液压支架垂向刚度实验测试与理论研究[J].煤矿开采,2019,24（1）:40-44,52.
XU Yajun,WANG Guofa, LIU Xinke, et al. Theoretical analysis and testing of vertical stiffness of hydraulic support[J]. Coal Mining Technologa, 2019,24（1）:40-44,52.

[16] 王国法,庞义辉.液压支架与围岩耦合关系及应用[J].煤炭学报,2015,40（1）:30-34.
WANG Guofa,PANG Yihui. Relationship between hydraulic support and surrounding rock coupling and its application [J]. Journal of China Coal Society,2015,40（1）:30-34.

[17] 王国法,庞义辉,李明忠,等.超大采高工作面液压支架与围岩耦合作用关系[J].煤炭学报,2017,42（2）:518-526.
WANG Guofa,PANG Yihui, LI Mingzhong,et al. Hydraulic support and coal wall coupling relationship in ultra large height mining face [J]. Journal of China Coal Society, 2017,42（2）: 518-526.

[18] 王国法,庞义辉.基于支架与围岩耦合关系的支架适应性评价方法[J].煤炭学报,2016,41（6）:1348-1353.
WANG Guofa, PANG Yihui. Shield-roof adaptability evaluation method based on coupling of parameters between shield and roof

strata [J]. Journal of China Coal Society, 2016, 41（6）: 1348-1353.

[19] 庞义辉.超大采高液压支架与围岩的强度耦合关系[D].北京:煤炭科学研究总院,2018.
PANG Yihui. Strength coupling relationship between super high mining hydraulic support and surrounding rock [D]. Beijing: China Coal Research Institute, 2018.

[20] 王国法,庞义辉,刘俊峰.特厚煤层大采高综放开采机采高度的确定与影响[J].煤炭学报,2012,37(11):1777-1782.
WANG Guofa, PANG Yihui, LIU Junfeng. The determination and influence of cutting height on top coal caving with great mining height in extra thick coal seam[J]. Journal of China Coal Socity,2012,37(11):1777-1782.

[21] 庞义辉,王国法,张金虎,等. 超大采高工作面覆岩断裂结构及稳定性控制技术[J].煤炭科学技术,2017,45(11):45-50.
PANG Yihui, WANG Guofa, ZHANG Jinhu, et al. Overlying strata fracture structure and stability control technology for ultra large mining height working face [J]. Coal Science and Technology,2017, 45(11):45-50.

[22] 张银亮,刘俊峰,庞义辉,等.液压支架护帮机构防片帮效果分析[J].煤炭学报,2011,36(4):691-695.
ZHANG Yinliang, LIU Junfeng, PANG Yihui, et al. Effect analysis of prevention rib spalling system in hydraulic support [J]. Journal of China Coal Society ,2011,36(4):691-695.

[23] 庞义辉. 机采高度对顶煤冒放性与煤壁片帮的影响[J].煤炭科学技术,2017,45(6):105-111.
PANG Yihui.Influence of coal cutting height on top-coal caving and drawing characteristics and rib spalling[J]. Coal Science and Technology,2017,45(6):105-111.

[24] 庞义辉,王国法.基于煤壁"拉裂-滑移"力学模型的支架护帮结构分析[J].煤炭学报,2017,42(8):1941-1950.
PANG Yihui, WANG Guofa. Hydraulic support protecting board analysis based on rib spalling "tensile cracking-sliding" mechanical model[J].Journal of China Coal Society,2017,42(8):1941-1950.

[25] 任怀伟,孟祥军,李 政,等.8 m大采高综采工作面智能控制系统关键技术研究[J].煤炭科学技术, 2017,45(11):37-44.
REN Huaiwei, MENG Xiangjun, LI Zheng, et al. Study on key technology of intelligent control system applied in 8m large mining height fully-mechanized face[J]. Coal Science and Technology, 2017,45(11):37-44.

[26] 王国法,张金虎. 煤矿高效开采技术与装备的最新发展[J].煤矿开采,2018,23(1):1-4,12.
WANG Guofa,ZHANG Jinhu. Recent development of coal mine highly effective mining technology and equipment [J]. Coal Mining Technology, 2018,23 (1): 1-4,12.

[27] 张金虎,王国法,杨正凯,等.高韧性较薄直接顶特厚煤层四柱综放支架适应性和优化研究[J].采矿与安全工程学报,2018,35(6):1164-1169,1176.
ZHANG Jinhu, WANG Guofa, YANG Zhengkai, et al. Adaptability analysis and optimization study of four-leg shield caving support in ultra thick seam with high toughness and thinner immediate roof[J]. Journal of Mining & Safety Engineering, 2018,35(6):1164-1169,1176.

[28] 许永祥,王国法,李明忠,等.特厚坚硬煤层超大采高综放开采支架-围岩结构耦合关系[J].煤炭学报,2019,44(6):1666-1678.
XU Yongxiang, WANG Guofa, LI Mingzhong, et al.Structure coupling between hydraulic roof support and surroundingrock in extra-thick and hard coal seam with super large cutting height and longwall top coal caving operation[J].Journalof China Coal Society, 2019,44(6):1666-1678.

[29] 许永祥,王国法,李明忠,等. 基于黏结颗粒模型的特厚坚硬煤层综放开采数值模拟研究[J].煤炭学报,2019,44(11):3317-3328.
XU Yongxiang, WANG Guofa, LI Mingzhong, et al. Numerical simulation of longwall top-coal caving with extra-thickand hard coal seam based on bonded particle model[J].Journal of China Coal Society,2019,44(11):3317-3328.

[30] 王国法,庞义辉,任怀伟,等.煤炭安全高效综采理论、技术与装备的创新实践[J].煤炭学报,2018,43(4):903-913.
WANG Guofa, PANG Yihui, REN Huaiwei, et al. Coal safe and efficient mining theory, technology and equipment innovation practice [J]. Journal of China Coal Society, 2018, 43 (4): 903-913.

王国法,赵路正,庞义辉,等.煤炭智能柔性开发供给体系模型与技术架构[J].煤炭科学技术,2021,49(12):1-10. doi:10. 13199/j. cnki. cst. 2021. 12. 001

WANG Guofa,ZHAO Luzheng,PANG Yihui,et al.Model and technical framework of smart flexible coal development-supply system[J].Coal Science and Technology,2021,49(12):1-10. doi:10. 13199/j. cnki. cst. 2021. 12. 001

特别推荐

移动扫码阅读

煤炭智能柔性开发供给体系模型与技术架构

王国法[1,2], 赵路正[3], 庞义辉[1], 吴立新[3], 管世辉[3]

(1.中煤科工开采研究院有限公司, 北京 100013;2.煤炭科学研究总院, 北京 100013;3.煤炭工业规划设计研究院有限公司, 北京 100120)

摘 要:针对新时期下我国煤炭资源安全稳定供给难题,系统分析了煤炭资源存在的开发供给不均衡、需求变化不确定等矛盾,剖析了提升煤炭高质量稳定供给能力存在的主要问题,提出了煤炭智能柔性开发供给技术体系与建设思路。系统分析了煤炭智能柔性开发供给体系的技术内涵与特征,提出了综合考虑煤矿生产能力柔性系数与煤炭运销能力柔性系数的煤炭开发供给柔性度的概念,采用运筹学等方法建立了煤炭智能柔性开发供给响应模型,基于物联网、区块链等技术建设全国煤炭供需监测预警平台(中心),采用分布式技术对煤炭全产业链数据进行监测分析,预测煤炭开发供给柔性度,确定由煤矿、运销中心和消费区组成的供应链最优供给方案。分析了构建煤炭智能柔性开发供给体系的核心要素,研究了基于全国煤炭供需监测预警平台(中心)的煤炭智能柔性开发供给支撑技术体系,主要包括生产端支撑技术、运输端支撑技术、消费端支撑技术与基础平台支撑技术,提出了煤炭智能柔性开发供给运行模式。

关键词:智能柔性开发供给响应模型;柔性系数;生产系统柔性;煤炭运输柔性;智能化开采

中图分类号:TD821;TD984　　**文献标志码**:A　　**文章编号**:0253-2336(2021)12-0001-10

Model and technical framework of smart flexible coal development-supply system

WANG Guofa[1,2], ZHAO Luzheng[3], PANG Yihui[1], WU Lixin[3], GUAN Shihui[3]

(1.CCTEG Coal Mining Research Institute Co., Ltd., Beijing 100013, China;2.China Coal Research Institute, Beijing 100013, China; 3.Coal Industry Planning Institute, Beijing 100120, China)

Abstract:Aiming at the problem of safe and stable supply of coal in China, this paper systematically analyzes the contradiction of unbalanced development and supply of coal resources and the uncertainty of demand change, analyzes the main problems existing in improving the ability of high-quality and stable supply of coal, and puts forward the technical system and construction idea of smart flexible coal development-supply. The technical connotation and characteristics of smart flexible coal development-supply system are systematically analyzed, and the concept of flexible coal development and supply is put forward, which comprehensively considers the flexible coefficient of coal production capacity and the flexible coefficient of coal transportation and marketing capacity. The response model of smart flexible coal development and supply is established by operational research methods. The national coal supply and demand monitoring and early warning platform/center should be built based on the Internet of Things, block chain and other technologies, and distributed technology is used to monitor and analyze the data of the whole coal industry chain, predict the flexibility of coal development and supply, and determine the optimal supply plan of the supply chain composed of coal mines, transportation and distribution centers and consumption areas.This paper analyzes the core elements of building a supply system for the smart flexible coal development, coal supply and demand is studied based on the national monitoring and early warning platform/center of coal supply support intelligent flexible development technology system, mainly including production side supporting technology, transportation and supporting technology, the consumption end support and foundation platform support technology,smart flexible coal development-supply operation mode is proposed.

Key words:smart flexible development-supply response model;flexibility factor; production system flexibility;coal transport flexibility; smart coal mining

收稿日期:2021-08-28;**责任编辑**:朱恩光

基金项目:国家自然科学基金资助项目(51674243,52004124);中国煤炭科工集团科技创新创业专项资金资助项目(2021-MS001)

作者简介:王国法(1960—),男,山东文登人,中国工程院院士,中国煤科首席科学家,博士生导师。E-mail:wangguofa@ tdkcsj.com

0 引 言

煤炭是我国的主体基础能源,是可以实现安全高效开发与清洁低碳利用最经济、最安全的矿产资源[1-2],改革开放以来,我国煤炭开采量达到约 827 亿 t,为国民经济和社会发展提供了坚实的能源安全保障[3]。

"二氧化碳排放力争于 2030 年前达到峰值,努力争取 2060 年前实现碳中和"目标的实现,必将推动我国广泛而深刻的经济社会系统性变革。但是碳达峰不是能源达峰,碳中和也不是"零碳",美国、日本、德国等发达国家实现碳达峰后仍有 10~20 年的煤炭消费平台期[4-5],且我国能源资源禀赋与发达国家存在本质差异,不能照搬国外的发展模式。基于我国经济、社会和能源发展规律与发展要求,能源供应安全是能源转型的根基,煤炭保障我国能源安全的主体地位短期内难以改变。

近年来,受极端天气、疫情等突发事件影响,我国能源需求呈现出较大的波动性与不确定性,新能源的不稳定性和国内外经济环境的变化,增加了能源需求侧的不确定性,亟需建立适应需求侧不确定性的能源智能柔性开发供给保障体系,保障国家能源安全稳定供给[6]。2020 年,我国原油对外依存度达 73%,天然气对外依存度达 43%,在国际能源博弈和地缘政治冲突不断加剧的背景下,油气进口安全风险增加。风、光等新能源短期内难以形成稳定可靠的供给,且恶劣天气下其不稳定的供给增加了新能源体系的脆弱性,尚难以大规模接入我国现有能源供给体系。我国煤炭资源储量丰富,构建煤炭智能柔性开发供给体系,利用煤炭、煤电作为提升新能源占比的稳定器和压舱石,实现新能源和煤炭相互助力、耦合发展将是我国形成多种能源融合稳定供给的必由之路[7-8]。

我国在推进高质量发展进程中,受产业调整和能源转型等多重因素影响,煤炭市场波动异常剧烈,煤炭价格不稳定性因素增大,甚至出现由于缺煤导致拉闸限电等现象,煤炭现有生产与供给模式将难以适应新发展要求,亟需建立以煤矿智能化为支撑的煤炭智能柔性生产和供给体系,充分发挥煤炭为能源安全兜底、为国家安全兜底的保障作用。

1 煤炭高质量稳定供给需求分析

1.1 煤炭高质量稳定供给现状与挑战

我国相对富煤、贫油、少气的资源赋存条件决定了煤炭在今后相当长一段时间内仍将是我国的主体

能源,油气资源的高度对外依赖性需要稳定的煤炭供给发挥保障能源安全压舱石的作用,但我国煤炭资源开发供给的不均衡性和需求变化的不确定性给能源安全稳定供给带来巨大挑战,主要表现在以下 3 个方面。

1)煤炭生产区域不均衡加剧了煤炭供需的区域性失衡局面[9]。我国煤炭资源分布区域极不平衡,生产和消费空间格局存在很大错位。东部地区浅层煤炭资源逐渐枯竭,煤炭资源开发深度逐年增加,开发难度加大,但东部地区作为社会经济最发达的地区,是我国能源消费的主要区域,对能源的需求逐年增加,每年需要从外部调入大量的煤炭资源;西部地区对能源的需求较少,但优质煤炭资源储量丰富,开发潜力巨大,已经成为我国煤炭主产区[10-11]。

截至 2021 年 6 月,我国西部地区煤矿数量、产能分别约为 2 316 处、23.37 亿 t,占全国的 55.1%和 54.3%。东部地区煤炭产量占比已经由 1978 年的 42.3%下降到 2020 年的 6.9%;西部地区煤炭产量占比由 1978 年的 21.2%增加到 2020 年的 59.7%。2020 年晋陕蒙三省(区)原煤产量 27.9 亿 t,占全国的 71.5%,三省(区)调出煤炭约 17.3 亿 t[12]。2019 年,除晋陕蒙新四省(区)外,其他省(区)煤炭生产量均小于消费量,尤其是山东、江苏和河北煤炭缺口达 2 亿 t 以上,缺口达 1 亿 t 以上的省份还有广东、浙江、辽宁、河南和湖北等地区;东部地区煤炭产量为 2.23 亿 t,煤炭调入量为 13.24 亿 t,进口量为 1.64 亿 t,煤炭消费量为 15.24 亿 t,东部地区煤炭对外依存度高达 85%左右[13]。随着煤炭生产继续向西部资源富集区聚集,将进一步加剧煤炭供需的区域性矛盾。

2)煤炭需求季节性波动和时段性紧张局面加剧。煤炭需求季节性波动的峰谷差值逐渐加大,对煤炭供给柔性要求增加。2017—2020 年全国商品煤消耗量在每年的 12 月份出现峰值,平均约为 3.8 亿 t;在每年的 2 月份出现峰谷,平均约为 2.9 亿 t。近年来,煤炭消费的峰谷差值呈逐渐加大趋势,2017—2020 年峰谷差值分别为 0.58 亿 t、0.64 亿 t、0.7 亿 t 和 1.35 亿 t,如图 1 所示。

极端天气、新冠疫情等突发事件增大了煤炭需求的不稳定性。近年来由于极端天气逐年增加,煤炭供需频繁出现区域性、时段性紧张的现象,导致拉闸限电、煤价暴涨等一系列不良现象。如 2021 年 9 月,"拉闸限电"现象已波及黑龙江、吉林、辽宁、广东、江苏等 10 余个省份,而煤价也涨至历史高点,煤炭供需异常紧张的现象极不利于煤炭工业的可持续

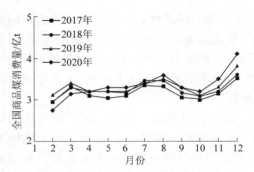

图 1　2017—2020 年全国商品煤月度消费量

Fig.1　National monthly consumption of commercial coal from 2017 to 2020

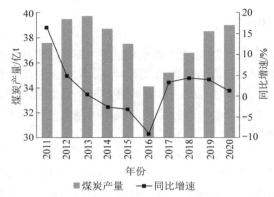

图 2　2011—2020 年全国煤炭生产情况

Fig.2　National coal production from 2011 to 2020

发展,对国家经济社会稳定发展也造成了较大影响。

3)煤炭对能源调峰作用的重要性逐年凸显,增强了构建煤炭智能柔性供给体系的迫切性与重要意义。2020 年,风电、太阳能发电总装机容量突破 5.3 亿 kW,发电量占比 9.5%[14];到 2025 年,风电、太阳能发电量预计占比 16.5%;到 2030 年,风电、太阳能发电装机总量预计达到 12 亿 kW。随着新能源加速发展和用电结构调整,由于风电、光伏等新能源的波动性和间歇性,电力系统对煤电调峰容量的需求将不断提高。同时,对煤电调峰能力要求越来越高,相应地对电煤供给柔性的需求也随之增大。

1.2　煤炭高质量稳定供给需求与趋势

当前,中国经济由高速增长阶段转向高质量发展阶段,高质量发展亟需高质量的能源供给支撑。受制于大规模、低成本储能技术还未能取得实质性突破,新能源尚难以全面或高比例纳入现有能源体系,煤炭资源清洁低碳开发利用和"新能源+储能"两大能源转型方向将长期并存。能源低碳转型迫切需要构建更高质量的煤炭供给保障体系,《中华人民共和国国民经济和社会发展第十四个五年规划和 2035 年远景目标纲要》中明确提出:"提高能源供给保障能力,增强能源持续稳定供应和风险管控能力,实现煤炭供应安全兜底"。2021 年 10 月 9 日,国家能源委员会会议上强调:"能源需求不可避免继续增长,必须以保障安全为前提构建现代能源体系,不断丰富能源安全供应的保险工具"。

我国煤炭年产量达到近 40 亿 t,如图 2 所示,单个工作面的年生产能力突破 1 500 万 t,基本实现了安全、高效、高采出率开采,但煤炭高质量稳定供给能力仍较低,主要表现在以下 3 个方面:

1)现有生产方式的产能调节能力有限,难以适应需求侧异常波动。传统煤炭开采方式需要大量的人力支撑,且生产效率较低、效益较差,为维持矿井正常运营及盈利目标,煤矿必须完成一定的产量目标。由于传统煤炭开采方式对工人数量具有较强的依赖性,难以实现在煤炭需求高峰时段短期内进行增人、增产,并在煤炭需求低谷时段进行大规模裁员减产,因此,亟需加快推进煤矿智能柔性化建设,建立煤矿智能柔性供给生产系统,在保障生产安全、降低开采成本、保证开采效率与效益的前提下,根据需求侧的变化实现煤炭产量的智能柔性调整。

2)由于缺少对煤炭需求的精准预测、预警,现有煤炭生产与运输衔接方式制约了短期内实现煤炭智能柔性供给。煤炭运输主要通过铁路、公路和水运,但铁路的装车能力、公路的发车能力、港口码头的运输能力等需要国家对各种供应物资进行统筹安排,尤其是铁路运输,煤炭季节性、突发性调峰协调难度大。另外,由于煤炭运输时间较长,大秦线的运输需要 20 多天,由山西到中南地区、东南沿海地区铁路运输也要 7～15 d,应急功能有限,亟需基于新一代信息技术对煤炭需求进行超前预测、预警,提前对煤炭生产运输进行协调安排。

3)现有生产管理方式难以适应供给侧弹性变化要求。根据 2021 年 4 月应急管理部、国家矿山安全监察局、国家发改委、国家能源局联合发布修订后的《煤矿生产能力管理办法》相关规定,煤矿月度原煤产量不得超过生产能力的 10%,调节范围较小,难以发挥调峰作用。

提高煤炭开发供给体系的柔性关键在于提高生产端、运输侧的柔性。近年来,新一代信息技术与煤炭开发、运输等技术进行了深度融合发展,推动构建了减人、增安、提效的煤矿智能化开发、运输系统,为传统开发方式受制于人数多、产能调整成本高、难以实现柔性供给等难题提供了解决方案[15-19]。同时,基于物联网、大数据、区块链等技术,构建煤炭供需预测模型,优化现有煤炭运输仓储体系,为实现煤炭运输侧的超前预测与柔性供给提供了技术支撑。

2 煤炭智能柔性开发供给响应模型

2.1 煤炭智能柔性开发供给体系内涵与特征

煤炭智能柔性开发供给体系是将新一代信息技术与煤炭开发、运输、仓储、需求预测等进行深度融合,建立以数字化为基础、智能化赋能的多层次网状煤炭开发供应链,实现对煤炭需求的超前精准预测,并基于预测结果对煤炭生产、运输、仓储等进行自动智能优化调节,实现煤炭资源安全、高效、稳定、柔性供给。

生产系统柔性是指生产系统能够根据外部市场的需求变化而进行生产能力调整的动态响应[20],煤矿生产系统柔性是智能化柔性煤炭开发供给体系的核心,主要依托煤矿智能化开采技术装备及智能管理系统实现。由于煤矿智能化开采技术可以大幅减少井下作业人员数量,煤矿生产能力不再受煤矿作业人员数量的制约,可以根据外部需求变化对矿井生产能力进行动态调整,当市场需求旺盛时可快速增加产能,当市场需求低迷时可低成本抑制产能,能够充分满足订单式生产要求。

煤炭供给柔性则主要依托大数据、区块链等技术,对煤炭供给与需求的平衡度进行超前预测预警。基于区块链技术的分布式采集存储、信息不可篡改、智能合约等特点,并结合大数据技术对低价值密度、海量多源信息进行数据建模,构建全国煤炭供需监测预警平台/中心,对煤炭供需柔性度进行分析计算,如图3所示,根据供需柔性度对煤炭的需求量进行精准预测反馈,并将预测结果反馈给煤炭生产、运输、仓储等各个环节,使各环节能够及时进行调整。

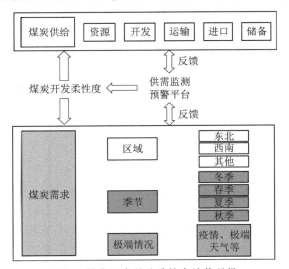

图3　煤炭开发供给柔性度计算逻辑

Fig.3　Coal development supply flexibility calculation logic

煤炭智能柔性开发供给体系应以最低的生产、运输成本和最优的调控能力对煤炭供需变化进行超前快速响应,该体系应具有敏捷性、精准性和协同性的特征。① 敏捷性。敏捷性的本质是对煤炭供需变化快速精准感知,并将市场信息高效地传递、反馈给煤炭生产供给系统。煤炭智能柔性开发供给体系基于大数据、物联网、区块链、人工智能等新一代信息技术,实现需求驱动、超前预测、智能预警、快速响应、按需生产,对生产运输侧进行灵活调整。② 精准性。采用物联网、区块链等技术对煤炭生产、运输、销售、利用等各种数据进行全面采集与深度挖掘,精准洞察生产运输侧与需求侧的变化,超前制定合理的生产、运输、仓储方案。③ 协同性。煤炭供需平衡体系是一个十分复杂的系统,需要生产、运输、仓储、消费等整个供应链上的各部门进行协同作业,且每个环节内部也需要多系统的协同,从而实现上下游产业链之间的协同。

2.2 煤炭开发供给柔性度

煤炭开发供给柔性度可用煤矿生产能力柔性系数和煤炭运销能力柔性系数表征。煤矿生产能力柔性即煤矿生产能力、实际产量能够灵活变化以及时应对煤炭需求变化的能力;煤炭运销能力柔性即煤炭供应链上的铁路、港口等煤炭运输能力应对煤炭需求变化的能力。

1)煤矿生产能力柔性系数。煤矿生产能力柔性系数表示方式如下:

$$U_1 = \frac{\sum (\varphi_i + z_i)}{\sum X_i} \qquad (1)$$

式中:U_1 为煤矿生产能力柔性系数;i 为某煤矿($i = 1,\cdots,I$);φ_i 为煤矿 i 的基本生产能力;z_i 为煤矿 i 的科学增产能力;X_i 为煤矿 i 的实际产量。

核定基本生产能力是矿井常态生产计划依据,科学增产潜能是根据矿井生产技术条件和智能化水平核定的具有安全可靠增产能力。若 $U_1 = 1$,则说明煤矿正处于全负荷生产;若 $U_1 > 1$,则说明煤矿具有柔性增产潜力;若 $U_1 < 1$,则说明煤矿正处于超安全能力生产。

2)煤炭运销能力柔性系数。煤炭运销能力柔性系数表示方式如下:

$$U_2 = \frac{\alpha + \alpha_z}{(M + X_p)/2} \qquad (2)$$

式中:U_2 为煤炭运销能力柔性系数;α 为煤炭每周实际运输量;α_z 为每周可增加运量潜力;M 为每周煤炭销售量;X_p 为每周煤炭生产量。

若 $U_2 = 1$，则说明产-运-销能力基本平衡；若 $U_2 > 1$，则说明运输能力富裕，（因生产侧、消费侧一般都会有一定库存，用短期生产与消费量可以体现产-运-销情况，敏感捕捉运输销售端的问题）；若 $U_2 < 1$，则说明运力不足。

3）煤炭开发供给综合柔性度。煤炭开发供给柔性度表示方式如下：

$$U = \frac{X_p + \alpha}{2(K - H)} \quad (3)$$

式中：U 为煤炭开发供给柔性度；K 为每周煤炭消费总量；H 为每周煤炭进口量。

令 $U = 1$ 为供给平衡点，可设定 $U = 0.99$ 为紧平衡点，高于1则表明供应侧宽松或出现过剩，$0.9 \leq U < 0.95$ 黄色预警，$U < 0.90$ 红色预警。

可结合煤矿生产能力柔性系数与煤炭运销能力柔性系数对煤炭开发供给综合柔性度的具体内涵及产生原因进行分析判断。

2.3 煤炭智能柔性开发供给响应模型

基于上述分析，将煤炭开发供给体系细分为煤矿（I 个）、运销中心（J 个）、煤炭消费区（K 个）及全国煤炭供需监测预警平台/中心，全国煤炭供需监测预警平台/中心采用区块链技术实现数据的分布式采集分析，利用区块链技术的不可篡改性、可追溯和集体维护等特性，可有效解决煤炭供给运销过程中的寡头垄断、信息壁垒等诸多问题。采用大数据技术对监测信息进行数据建模分析，制定最优的供给运销方案并自动向产业链各节点进行分发，如图4所示。

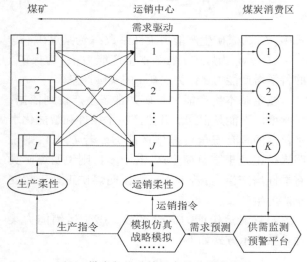

图4　煤炭智能柔性开发供给体系模型

Fig. 4　Model of coal smart flexible development supply system

煤炭供应链的柔性主要体现在煤矿生产、煤炭运销环节中，表现为生产柔性和运销柔性，根据需求预

测值，以及每种柔性系数对供应链总体柔性度的贡献不同，确定期望柔性，以总成本最小为优化准则，通过模型确定整个供应链最优的生产、运输方案。

煤炭产销柔性响应模型是煤炭智能柔性开发供给体系的底层逻辑，主要目的是基于不同的煤炭开发供给柔性，以煤矿、运销中心和煤炭消费区组成的供应链最优成本为准则，确定供应链结构和煤矿产量。借鉴原油等领域，采用运筹学方法[21-26]，建立煤炭产销供应链的总成本模型如下：

$$\min Y = \left(\sum_i f_{1i} q_{1i} + \sum_i m_{1i} X_i \right) + \left(\sum_j f_{2j} q_{2j} + \sum_{jk} m_{2j} D_k y_{jk} + \sum_{ij} c_{ij} C_{ij} \right) + \left(\sum_{jk} d_{jk} D_k y_{jk} \right)$$

$$(4)$$

其中：Y 为煤炭供应链的总成本；f_{1i} 为煤矿固定成本；q_{1i} 为煤矿设置，取值为1或0，取1时代表选择该煤矿供给，取0时代表不选择该煤矿供给；m_{1i} 为煤矿 i 生产煤炭的单位成本；f_{2j} 为运销中心的固定成本；m_{2j} 为运销中心 j 运销煤炭的单位运销成本；D_k 为煤炭消费区 k 的煤炭需求量；c_{ij} 为从煤矿 i 到运销中心 j 的运输煤炭的单位成本；C_{ij} 为从煤矿 i 运输到运销中心 j 的煤炭数量；d_{jk} 为从运销中心 j 到煤炭消费区 k 运输煤炭的单位成本；q_{2j} 为运销中心设置，取值为1或0；y_{jk} 为运销中心 j 对煤炭消费区 k 的服务，取值为1或0，取1时代表选择该运销中心为煤炭消费区服务，取0时代表不选择。即煤炭产销供应链总成本包括3部分：①煤矿生产的固定成本和变动成本；②运销中心搬运和库存产品变动成本和从煤矿到运销中心的运输成本；③运销中心到煤炭消费区的运输成本。约束条件如下：

$$X_i \leq (\varphi_i + z_i) q_{1i} \quad (\forall i) \quad (5)$$

$$\xi_i \leq X_i \leq \zeta_i q_{1i} \quad (6)$$

$$\alpha_j q_{2j} \leq \sum_k D_k y_{jk} \leq \beta_j q_{2j} \quad (\forall j) \quad (7)$$

$$\sum_j y_{jk} \geq 1 \quad (\forall k) \quad (8)$$

$$X_i = \sum_j C_{ij} \quad (\forall j) \quad (9)$$

$$\sum_{ij} C_{ij} = \sum_k D_k \quad (10)$$

$$\sum_i C_{ij} = \sum_k y_{jk} D_k \quad (\forall j) \quad (11)$$

$$X_i, C_{ij} \geq 0 \quad (\forall i, j) \quad (12)$$

$$q_{1i}, q_{2j}, y_{jk} = 0 \text{ 或 } 1 \quad (\forall i, j, k) \quad (13)$$

式（5）为生产约束，表示煤矿产量不能超过其生产能力；式（6）为煤矿产量维持在煤矿最大生产规模和最小规模之间，其中 ξ_i 和 ζ_i 分别为煤矿的最小和最大生产规模；式（7）保证运销中心分销数量在最大和最小分销规模之间，α_j 和 β_j 分别为运销中心 j 的最大和最小分销量；式(8)保证每一个煤炭消费区都至少有 1 个运销中心；式(9)保证煤矿运输到运销中心的数量等于煤矿产量；式(10)保证所有的需求都能够得到满足，即运输到煤炭消费区的数量等于煤炭需求的预测值；式(11)保证每个煤炭消费区的需求都得到满足。

实际决策中，将煤炭开发供给柔性作为约束条件，根据煤炭需求形势，选择适当的柔性期望值 ε，然后令

$$U \geqslant \varepsilon \qquad (14)$$

式(1)—式(14)组成了煤炭产销柔性响应模型，在约束条件式(5)—式(14)条件下求目标函数式(4)的最小值，即求解 X_i，C_{ij}，q_{2j}，y_{jk} 的优化问题。首先采用相关数学模型、人工智能等方法预测煤炭消费区域的煤炭需求量 D_k，然后根据需求量的预测值设定柔性期望 ε；其次，利用煤炭工业物联网、大数据平台等途径采集的各个煤矿的核定产能、智能煤矿柔性调节产能、生产成本、各煤矿到各运销中心的运输成本、各运销中心的运销成本、各运销中心到各煤炭消费区的运输成本等基础数据，通过模型可求得成本最优条件下各个煤矿的最优煤炭产量，以及通过何种运输方式运送到何地的煤炭量。该模型可以采用优化搜索算法(如进化规划算法)进行求解[27]。

3 煤炭智能柔性开发供给技术体系

3.1 煤炭智能柔性开发供给体系核心要素

智能煤矿建设是构建煤炭柔性开发供给体系的基础，将新一代信息技术(5G、人工智能、物联网、云计算、大数据、区块链等)与煤炭开发、运输、销售、利用等进行深度融合，支撑构建煤炭智能柔性开发供给体系。煤炭智能柔性开发供给体系以煤矿生产系统柔性和运输柔性为核心，以煤炭开发供给柔性度为基础，以物联网、大数据、区块链等新一代信息技术为代表的支撑技术和以横向集成、纵向扩展等使能技术为支撑，实现煤炭供给的智能柔性生产、安全稳定供给、动态供需平衡目标，如图5所示。

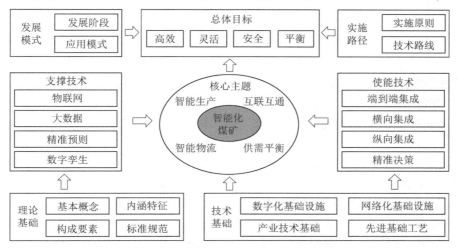

图5 煤炭智能柔性开发供给体系架构

Fig.5 Coal smart flexible development and supply system architecture

煤炭智能柔性开发供给体系具有以下 3 点核心要素：

1)智能化柔性煤矿是建设煤炭智能柔性开发供给体系的关键[28]。提高煤炭开发供给体系的柔性，关键在于提高生产端的柔性，由于传统煤炭开发方式的产能利用率普遍呈刚性，由式(1)可知，增加煤矿生产能力柔性系数的关键在于通过智能化开采技术对煤矿的产能进行柔性调节。

2)新一代信息技术与煤炭开发、运输、销售进行融合是建设煤炭智能柔性开发供给体系的基础。5G 通信技术以其特有的大带宽、低延时和广连接优势，不仅可以为煤矿智能化建设构建数据高速稳定传输通道，还可以为煤炭智能柔性供给体系的构建搭建数据传输高速公路，确保信息高速、可靠传输。运用物联网、大数据等技术不仅可以对煤矿进行实时、多维度安全监控，从而实现煤矿减人、增安、提效，而且可以为煤炭供需响应模型的构建提供数据、算法支撑。区块链、大数据技术将助力实现信息的安全、可靠及深度挖掘与融合应用，通过区块链的去中心化、信息共享和数据不可篡改性等特征可以保证煤炭产销量数据的准确性，并利用大数据算法对煤炭产销平衡及供给方案进行数据建模与优化。因

此,新一代信息技术与煤炭开发、运输、销售进行融合,是构建广泛互联、精准预测、智能运行和科学决策的煤炭智能柔性开发供给体系的基础。

　　3)构建柔性协同管理系统是实现煤炭智能柔性供给的保障。建设煤炭智能柔性开发供给体系,不仅需要在支撑技术、使能技术等方面发力,更需要用系统思维对供应链中的信息流、物流进行规划和

控制,围绕智能柔性供给目标,促进信息共享和协调经营,以提高各环节运作效率和动态响应水平,实现安全、稳定、柔性的供需关系。基于新一代信息技术构建从集团至矿业公司再至矿井的多级大数据中心,通过煤矿开采全过程的数据链条,支撑煤矿决策的智能化和运行的自动化,达到集成化管理,实现煤炭智能柔性供给,如图6所示。

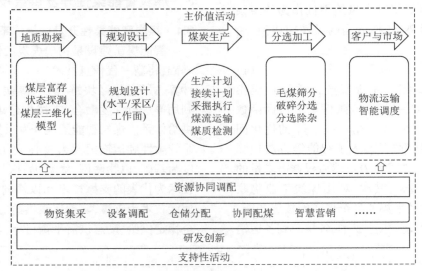

图 6　煤矿智能柔性协同管理

Fig.6　Cooperative management of smart flexible operation in coal mine

3.2　煤炭智能柔性开发供给支撑技术

　　煤炭智能柔性开发供给支撑技术主要包括生产端支撑技术、运输端支撑技术、消费端支撑技术及基础平台支撑技术。

　　1)生产端支撑技术。智能化柔性煤矿是煤炭智能柔性开发供给体系的关键,建设智能化柔性煤矿仍需深入开展井下海量多源异构数据融合分析、复杂环境与开采系统耦合机理、重大危险源致灾机理与智能预测预警等基础理论研究,并对井下智能地质探测仪器、高可靠性智能采掘装备、井下防爆作业重载机器人等短板技术进行攻关,解决制约复杂条件煤矿智能化发展的理论与技术短板;加大对高端综采综掘智能化装备、智能化无人值守运输提升装备、重大灾害应急救援智能装备和煤矿机器人等重大装备的研发和应用,为煤矿智能化建设提供高可靠性的先进装备保障;建设安全、共享、高效的全国煤矿大数据中心,开发煤矿多源异构数据的深度融合处理与高效利用技术、煤矿系统装备云端运维的远程专业化分析处理等增值服务,形成煤矿全时空多源信息实时感知,安全风险双重预防闭环管控,生产运营全流程人–机–环–管数字互联高效协同,智能决策自动化运行的能力和高质量运行新模式。

　　2)运输端支撑技术。构建煤炭智能物流运输体系需要从煤炭企业自营铁路建设、公路运输建设、港口建设等多个方面入手,共同推动煤炭物流运输数字化、网络化和智能化水平提升,形成高效的煤炭物流运输系统。煤炭企业自营铁路需建设机车车载数据传输系统、车辆调度和导航系统、铁轨故障预警系统等;铁路运输专线要加快5G、物联网、自动驾驶技术的研发推广应用,大力提高列车安全、稳定和智能化调度运行水平;构建覆盖全国的煤炭运输地理信息平台和感知网络,推进铁路、公路、水路运输数字化展现。深度挖掘5G、物联网、大数据、区块链等技术在煤炭物流体系的运用潜力,研究基于区块链架构的"供应链–物流链"双链融合技术、基于大数据分析的智能化物流运营管理新模式,整合煤矿、铁路、公路、水路和港口信息资源,提高煤炭物流应急、调度、决策、监控分析和管控能力。

　　3)消费端支撑技术。将电厂、化工、钢铁、建材等重点耗煤用户纳入监控体系,基于区块链技术的分布式采集存储及去中心化的思想,建设国家级煤炭消费智能监测系统,制定信息采集与传输、存储、共享与交换、服务等相关标准,保证煤炭的产–运–储–销–用数据全生命周期管理与多源异构数据的

深度融合及高效利用,基于重点用煤行业、企业、区域的煤炭消费大数据,建立煤炭消费预报、预警技术体系,为煤炭产-运-储-销-用全链条柔性供给提供信息和决策支持。

4)基础平台支撑技术。构建全国煤炭供需监测预警平台(中心),涵盖生产端、运输端、销售端、用户以及物流服务商、银行保险金融机构等各环节,将现有的煤炭行业和区域级交易统一纳入其中;基于新一代信息技术实现对煤炭的存量信息、消耗量信息、交易信息等全面及时可靠采集,对煤炭的实时交易信息进行监管;基于区块链技术实现煤炭交易的透明化、公平化,提高市场对煤炭供需的引导水平。研究广覆盖的多样用能精准监控技术,基于 AI 数据驱动模式的用能负荷精准预测,借助 5G 低时延、广覆盖的特性,结合人工智能技术的强感知、挖掘、预测能力,在获取海量用户数据基础上对能源、煤炭消费情况做出精准预测,实现煤炭流动展示、煤炭生产消费战略推演模拟等,建立煤炭供需科学决策体系。

4 煤炭智能柔性开发供给运行模式

基于新一代信息技术与煤炭开发、运输、消费等全产业链的深度融合,形成需求驱动、精准预测、上下游协同、一体化运行的煤炭智能柔性开发供给运行模式,实现煤炭供给的精准化、平台化、协同化。

煤炭智能柔性开发供给体系运行主要包括 4 个方面:① 进行智能化煤矿可柔性调节科学增产潜能评估和备案;② 建设"煤矿-集团-省级-国家级"煤矿生产和交易智能化平台,进行安全生产、高效产能精准分析及预测,实现供需信息共享;③ 建立生产、销售、运输和消费监测分析服务机构与机制,确定合理的供应链柔性度;④ 强化政府指导调节和政策激励机制,如图 7 所示。

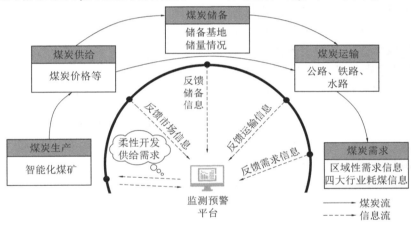

图 7 智能柔性煤炭开发供给体系运行方式

Fig.7 Operation mode of smart flexible coal development and supply system

1)进行智能化煤矿可柔性调节科学增产潜能评估和备案。对传统煤炭开发方式进行智能化升级改造,提升煤矿生产系统的柔性度,对改造后的智能化煤矿可柔性调节科学增产潜能进行综合评估,并将评估结果进行备案。

2)建设"煤矿-集团-省级-国家级"煤矿生产和交易智能化平台。该平台涵盖生产端、供货端、销售端、用户以及物流服务商、银行保险金融机构等各环节,采用区块链技术将现有的煤炭行业和区域级交易统一纳入其中,进行安全生产、高效产能精准分析及预测,实现供需信息共享。

3)建立生产、销售、运输和消费监测分析服务机构与机制。基于"煤矿-集团-省级-国家级"煤矿生产和交易智能化平台监测数据,构建全国煤炭供需监测预警平台(中心),设立专业数据分析服务机构,对煤炭产-运-储-销-用全流程进行全方位信息分析、预测、预警,确定合理的供应链柔性度。

4)强化政府指导调节和政策激励机制。虽然采用物联网、区块链等技术实现了煤炭产-运-储-销-用全流程数据的可靠采集与精准预测,并自动将最优的柔性供给方案向各节点进行推送,但根据柔性供给方案进行煤矿生产能力调节、运输能力调整等还需要政府进行干预和指导,制定相关的激励机制,推动煤炭智能柔性开发供给实现需求牵引、数据模型驱动、市场调节、政策激励、柔性供给的全产业链协同运行,确保国家能源的安全稳定供给。

5　结　　论

1) 我国煤炭供给具有明显的区域不平衡特征,且煤炭需求存在季节性波动大和时段性紧张的问题,传统煤炭生产方式,产-运-储-用运行模式难以满足煤炭对能源调峰的作用,亟需构建煤炭智能柔性开发供给体系。

2) 综合考虑煤矿生产能力柔性系数和煤炭运销能力柔性系数,构建了煤炭智能柔性开发供给响应模型,可以根据不同的煤炭开发供给柔性需求,对煤矿产能、产量、运输等进行优化调整,确定最优的供应链结构参数、运行成本及运行模式。

3) 智能化煤矿是建设煤炭智能柔性开发供给体系的基础和关键,新一代信息技术与煤炭开发、运输、销售等深度融合为煤炭智能柔性开发供给体系赋能,构建柔性协同管理系统是实现煤炭智能柔性供给的保障。

4) 煤炭智能柔性开发供给支撑技术主要包括生产端支撑技术、运输端支撑技术、消费端支撑技术及基础平台支撑技术,需要进一步攻关解决煤炭智能柔性开发供给支撑技术存在的一些"瓶颈"技术和管理难题,才能保障煤炭智能柔性开发供给体系高质量稳定运行。

参考文献(References):

[1] 王国法,任世华,庞义辉,等.煤炭工业"十三五"发展成效与"双碳"目标实施路径[J].煤炭科学技术,2021,49(9):1-8.
WANG Guofa, REN Shihua, PANG Yihui, et al. Development achievements of China's coal industry during the 13thFive-Year Plan period and implementation path of "dual carbon" target[J]. Coal Science and Technology,2021, 49(9):1-8.

[2] 王国法."双碳"目标下,煤炭工业如何应对新挑战[N].中国煤炭报,2021-09-24.

[3] 刘　峰,曹文君,张建明.持续创新70年硕果丰盈:煤炭工业70年科技创新综述[J].中国煤炭,2019,45(9):5-12.
LIU Feng,CAO Wenjun,ZHANG Jianming.Continuous innovation and remarkable achievements in past 70 years[J]. China Coal,2019,45(9):5-12.

[4] 王国法.碳中和目标下,煤炭的坚守与转身[N].中国煤炭报,2021-02-06.

[5] 谢和平,任世华,谢亚辰,等.碳中和目标下煤炭行业发展机遇[J].煤炭学报,2021,46(7):2197-2211.
XIE Heping, REN Shihua, XIE Yachen, et al. Development opportunities of the coal industry towards the goal of carbon neutrality[J].Journal of China Coal Society, 2021, 46(7):2197-2211.

[6] 王国法,刘　峰,庞义辉,等.煤矿智能化:煤炭工业高质量发展的核心技术支撑[J].煤炭学报,2019,44(2):349-357.
WANG Guofa, LIU Feng, PANG Yihui, et al.Coal mine intellectualization: the core technology of high quality development[J].

Journal of China Coal Society, 2019, 44(2):349-357.

[7] 朱　妍.中国工程院院士王国法:提高煤炭开发利用效率本身就是碳减排[N].中国能源报, 2021-05-03.

[8] 李元丽.王国法院士:能源革命不是把煤炭"革"掉[N].人民政协报, 2021-05-18.

[9] 煤炭工业规划设计研究院有限公司.推动煤炭调峰能力建设的政策措施研究[R].北京:煤炭工业规划设计研究院有限公司,2019.

[10] 中国煤炭工业协会.煤炭工业"十四五"高质量发展指导意见[Z].北京:中国煤炭工业协会,2021.

[11] 张　博,彭苏萍,王　佟,等.构建煤炭资源强国的战略路径与对策研究[J].中国工程科学, 2019, 21(1):96-104.
ZHANG Bo, PENG Suping, WANG Tong, et al.Strategic paths and countermeasures for constructing a "great power of coal resources"[J].Strategic Study of CAE, 2019, 21(1):96-104.

[12] 中国煤炭工业协会.2020煤炭行业发展年度报告[R].北京:中国煤炭工业协会,2021.

[13] 国家统计局能源统计司.中国能源统计年鉴2020[M].北京:中国统计出版社,2021:1.

[14] 电力规划设计总院.中国能源发展报告2020[R].北京:电力规划设计总院,2020.

[15] 王国法,庞义辉.特厚煤层大采高综采放适应性评价和技术原理[J].煤炭学报,2018,43(1):33-42.
WANG Guofa,PANG Yihui. Full-mechanized coal mining and caving mining method evaluation and key technology for thick coal seam[J].Journal of China Coal Society, 2018,43(1): 33-42.

[16] 王国法,庞义辉,刘　峰,等.智能化煤矿分类、分级评价指标体系[J].煤炭科学技术, 2020, 48(3):1-13.
WANG Guofa, PANG Yihui, LIU Feng, et al.Specification and classification grading evaluation index system for intelligent coal mine[J].Coal Science and Technology, 2020, 48(3):1-13.

[17] 庞义辉,王国法,任怀伟.智慧煤矿主体架构设计与系统平台建设关键技术[J].煤炭科学技术,2019,47(3): 35-42.
PANG Yihui, WANG Guofa, REN Huaiwei. Main structure design of intelligent coal mine and key technology of system platform construction [J].Coal Science and Technology, 2019, 47(3): 35-42.

[18] 王国法,徐亚军,张金虎,等.煤矿智能化开采新进展[J].煤炭科学技术,2021,49(1): 1-10.
WANG Guofa, XU Yajun, ZHANG Jinhu, et al. New development of intelligent mining in coal mines[J].Coal Science and Technology, 2021,49(1): 1-10.

[19] 王国法.基于新一代信息技术的现代能源治理体系建设研究[J].煤炭经济研究, 2020, 11:7-12.
WANG Guofa.Research on the construction of modern energy governance system based on new genera-tion information technology[J].Coal Economic Research, 2020, 11:7-12.

[20] 王　晶,齐京华,刘晓宇.生产系统柔性的度量方法研究[J].管理工程学报,2003,3:63-66.
WANG Jing, QI Jinghua, LIU Xiaoyu. A method of measuring the flexibility of production system[J].Journal of Industrial Engineering and Engineering Management, 2003,3:63-66.

[21] 李　新, 王宛山, 韩　洋, 等.一种柔性供应链仿真系统的研

究与实现[J].系统仿真学报,2013,25(6):1270-1278.

LI Xin, WANG Wanshan, HAN Yang, *et al*. Novel flexible supply chain simulation system[J].Journal of System Simulation,2013,25(6):1270-1278.

[22] 齐懿冰.供应链柔性演化及与绩效关系研究[D].吉林:吉林大学,2010.

QI Yibing. Research on the evolution of supply chain flexibility and its relationship with performance [D]. Jilin: Jilin University, 2010.

[23] 许　晶.原油供应链柔性仿真研究[D].哈尔滨:哈尔滨理工大学,2019.

XU Jing.Research on flexible simulation of crude oil supply chain [D].Harbin :Harbin University of Technology,2019.

[24] 邓　宁.供应链柔性研究[M].北京:中国财政经济出版社,2008.

DENG Ning, Research on supply chain flexibility[M].Beijing:China Finance and Economics Press, 2008.

[25] BANDINELLI R, RAPACCINI M, TUCCI M, *et al*.Using simulation for supply chain analysis: reviewing and proposing distributed simulation frameworks [J].Production Planning & Control,2006, 17(2): 167-175.

[26] TANNOCK J, CAO B, FARR R, *et al*.Data-driven simulation of the supply-chain: insights from the aerospace sector [J].International Journal of Production Economics, 2007, 110(1/2):70-84.

[27] 周　明,孙树栋.遗传算法原理及应用[M].北京:国防工业出版社,1999:168-175.

[28] 王国法,王　虹,任怀伟,等.智慧煤矿 2025 情景目标和发展路径[J].煤炭学报,2018,43(2):295-305.

WANG Guofa, WANG Hong, REN Huaiwei, *et al*. 2025 scenarios and development path of intelligent coal mine [J]. Journal of China Coal Society, 2018, 43(2):295-305.

第二篇　工作面智能化开采技术

煤矿无人化智能开采系统理论与技术研发进展

王国法[1,2]，张 良[1]，李首滨[1]，李 森[1]，冯银辉[1]，孟令宇[1]，南柄飞[1]，杜 明[3]，
付 振[1]，李 然[1]，王 峰[1]，刘 清[1]，王丹丹[1]

(1.北京天玛智控科技股份有限公司,北京 101399;2.中国煤炭科工集团有限公司,北京 100013;3.天地科技股份有限公司,北京 100013)

摘 要:提出以矿井物联网和先进传感等通信方式为支撑环境,构建"感知、传输、决策、执行、运维、监管"六维度智能开采控制系统;基于此系统架构,提出无人化智能开采控制技术路线和系统方案;最后,对煤矿无人化智能开采系统的理论和技术研发最新进展进行了详细论述。利用双光谱热红外摄像及图像增强技术,解决综采工作面生产工况条件下的视觉监控透尘问题;提出多目视频帧图像融合和全景视频拼接技术,解决工作面大视角覆盖以及实时无死角视频监控问题;利用三维颜色查找法,解决增强算法在质量和实时性难以满足井下视觉测量任务的问题。工作面设备自适应控制进一步发展:构建精准三维地质模型,进行开采预测和模型动态修正,为智能开采提供精准地质保障;结合采煤机截割模板修正技术、工作面多源信息融合智能控制技术,规划采煤机割煤路线;利用新一代信息技术,实现高质量的视频传输,满足智能控制及感知设备的无线接入;利用远距离液压保障技术,在有限开采空间内减轻检修强度、增加安全性。在行业当前普遍采用的"工作面内自动控制+远程干预模式"的智能化开采技术基础上,提出了新一代无人化智能采煤控制技术方法,设计了"井上智能决策、井下自动执行、面内无人作业"的智能无人开采模式;提出聚焦"一网到底"的网络型控制系统、基于透明地质的采煤机自主规划割煤技术、云台摄像机自动跟机视频技术以及基于一体化操作座椅的地面远控平台等关键技术的研发,并应用于黄陵一矿627智能化工作面,实现工作面1人巡视,采煤机自主规划截割,地面2人远程辅助控制的常态化生产。

关键词:无人化智能开采;机器视觉;设备自适应控制;开采工艺;技术路线;无人化智能开采实践

中图分类号:TD67 **文献标志码**:A **文章编号**:0253-9993(2023)01-0034-20

Progresses in theory and technological development of unmanned smart mining system

WANG Guofa[1,2], ZHANG Liang[1], LI Shoubin[1], LI Sen[1], FENG Yinhui[1], MENG Lingyu[1],
NAN Bingfei[1], DU Ming[3], FU Zhen[1], LI Ran[1], WANG Feng[1], LIU Qing[1], WANG Dandan[1]

(1.*Beijing Tianma Intelligent Control Technology Co.,Ltd.,Beijing* 101399,*China*;2.*China Coal Technology Engineering Group,Beijing* 100013,*China*;
3.*Tiandi Science & Technology Co.,Ltd.,Beijing* 100013,*China*)

Abstract:This paper proposes to build a six-dimension smart mining control system of "perception,transmission,decision-making,implementation,operation and maintenance,and supervision" based on the supporting environment of the mine internet of things and advanced sensing communication methods. Furthermore,under the guidance of this system,the technical route and system scheme of unmanned smart mining control are developed. Finally,the latest de-

收稿日期:2022-10-25 修回日期:2022-12-08 责任编辑:钱小静 **DOI**:10.13225/j.cnki.jccs.2022.1536
基金项目:国家自然科学基金重点资助项目(51834006);国家重点研发计划资助项目(2017YFC0804304)
作者简介:王国法(1960—),男,山东文登人,中国工程院院士。Tel:010-84262016,E-mail:wangguofa@ tdkcsj.com
引用格式:王国法,张良,李首滨,等.煤矿无人化智能开采系统理论与技术研发进展[J].煤炭学报,2023,48(1):34-53.
WANG Guofa,ZHANG Liang,LI Shoubin,et al.Progresses in theory and technological development of unmanned smart mining system[J].Journal of China Coal Society,2023,48(1):34-53.

移动阅读

velopment of the theory and technology of unmanned smart mining system in coal mines is discussed in detail. Dual spectrum thermal infrared camera and image enhancement technology are proposed to solve the problem of dust penetration of visual monitoring under the production conditions of fully mechanized mining face. The technology of multiple-camera video frame image fusion and panorama video splicing is proposed to solve the problems of large angle coverage and real-time dead angle video monitoring in the working face. The 3D color search method is used to solve the problem that the enhancement algorithm is difficult to meet the underground visual measurement task in quality and real-time. The adaptive control of the working face equipment is further developed, including that the accurate 3D geological model is built, and the mining prediction and dynamic correction of the model is proposed, which provide accurate geological support for smart mining. Combined with the correction technology of shearer cutting template and the smart control technology of multi-source information fusion of working face, the cutting route of shearer can be predicted. The new generation of information technology is used to achieve high-quality video transmission and meet the wireless access of smart control and sensing devices. A long-distance hydraulic guarantee technology is implemented to alleviate maintenance intensity and improve safety in limited mining space. The Yujialiang Coal Mine has proposed a new generation of smart unmanned coal mining control technology method, and designed a smart unmanned mining mode of "intelligent decision-making in surface office, automatic execution in underground mine, and unmanned operation in mine working face". No. 627 smart working face of the Huangling No. 1 Coal Mine has focused on the research and development of key technologies such as the network control system of "one network to the bottom", the autonomous planning coal cutting technology of shearers based on transparent geology, the automatic tracking video technology of PTZ cameras, and the ground remote control platform based on integrated operation seats. Normalized production has been realized with one person patrolling the working face, the shearer independently planning and cutting, and two people on the surface for remote auxiliary control.

Key words: unmanned smart mining; machine vision; equipment adaptive control; mining process; technical route; practice of unmanned smart mining

　　无人化智能开采是煤矿智能化建设的中心目标。智能开采是基于现代煤矿智能化理念,将物联网、云计算、大数据、人工智能、自动控制、移动互联网、机器人化装备等与现代煤炭开采技术深度融合,形成开采过程全面感知、实时互联、分析决策、自主学习、动态预测、协同控制;无人化智能开采是采煤工作面采用了具有完全自动化、智能化控制功能,高可靠性的液压支架、采煤机、刮板输送机、转载机、破碎机等机电一体化成套装备,实现了工作面无人操作的高效安全开采。

　　近10 a来,围绕煤矿无人化智能开采系统理论与技术开展了大量研发实践[1-4],2014年在陕煤黄陵一号煤矿建成首个"工作面有人巡视、无人操作、远程干预控制"的第1个智能化采煤工作面[5]。2020年以来,全面加快煤矿智能化发展,并启动首批70处智能化煤矿示范建设,目前已有40多个煤矿建成中级智能化煤矿,全国已有不同等级的智能化采煤工作面600个以上[6]。

　　2019—2021年底,文献[2]阐述了我国智能化煤矿建设最新情况,并建立煤矿智能化基础理论体系、提出分类分级智能化煤矿建设路径,为推动我国煤矿智能化发展给出思路和技术指导。通过构建煤矿数字逻辑模型、多源异构数据处理理论方法和复杂系统智能控制基础理论等[7-8],为煤矿无人化智能感知、决策、控制和智能开采系统的可靠性奠定了理论基础。5G、大数据、区块链、人工智能等新一代信息技术助力煤矿智能化发展[9],在煤炭产业链的生产、消费和监管方面,及解决工作面生产工况条件下视觉监控透尘问题、监控设备在自主割煤情况下自动跟踪采煤机滚筒的感知问题、全工作面设备状态感知及其他广场景感知问题等方面起到重要作用。

　　笔者团队聚焦无人化智能开采控制技术、机器视觉应用场景与算法、工作面采支运自适应协同控制等方向开展了深入研究,且研发人员长期驻黄陵一矿和神东榆家梁煤矿现场,结合实际场景开展无人化智能开采探索和实践,在智能开采系统理论与技术创新和实践中取得新进展。

1　煤矿无人化智能开采系统及支撑环境

　　煤矿无人化智能开采系统采用地质勘探、三维仿真、地理信息等技术手段,实现工作面地质建模;利用智能传感器采集设备工作姿态、地理位置、运行状态等相应数据;利用 5G 网络对采集数据进行有效传输;利用大数据技术对多元异构数据进行融合管理;利用专家决策系统对各类数据进行有效分析处理;成套装备协同作业,完成煤炭采掘运;利用人工智能、机器学习分析设备运行状态,实现开采装备的有效维护;利用区块链技术实现数据的可信记录,支撑能源监管,形成以 5G、大数据、人工智能、区块链、物联网等新一代信息技术为基础的"安全绿色,高效智能"的无人化智能开采新模式[3-4,10]。

以一般地质条件综采工作面无人化智能开采为目标,引入矿井物联网、先进传感、千兆工业以太网、面向煤矿的标准化通信协议等为支撑环境,提出了以智能控制一体化中心为大脑、采支运设备为躯干、Ethernet/IP 通信协议为神经网络的综采智能开采控制体系,开发了以"感知、传输、决策、执行、运维、监管"6 个维度的煤矿无人化智能化开采系统,系统基本架构如图 1 所示。6 个智能化维度通过感知煤层赋存条件和围岩特性、开采环境状态以及装备工况,实现生产过程自主运行,降低人工直接操作,达到在提升煤炭开采工效的同时确保工作面可以连续、稳定、高效运行,成为自主感知、自主分析、自主决策的生产系统。

2 无人化智能开采控制技术路线

在早期的较好的地质条件下,实现了可视化远程干预割煤的应用研究。近些年针对复杂地质条件下无人化智能开采难题,提出了面向井下综采工作面的无人化智能开采技术路线。该路线以综采自动化控制系统、液压支架电液控制系统、智能集成供液系统三大系统为基础,结合可视化远程干预技术,依靠工业互联网、人工智能、大数据、云计算等新一代信息技术提升采煤智能化水平,全面感知开采过程中地质条件及其变化、设备工况、工作面环境、工程质量等,实现对不同工况及开采条件下的自主决策、自动控制、智能运维,反馈指导自适应智能开采控制。无人化智能开采控制系统整体方案如图 2 所示。

目前,无人化智能开采控制技术在井下综采工作面应用经历了 3 个发展阶段[11]。智能化 1.0 阶段——"有人巡视,中部跟机"模式,通过研究视频监视技术、液压支架跟机技术、采煤机记忆截割技术、远程控制技术等,将采煤工人从工作面解放出来,可以在相对安全的巷道监控中心完成工作面正常采煤,此模式首次应用于陕煤化集团黄陵一矿 1001 工作面,本阶段未实现工作面无人化,但是为无人化开采提供了一条切实可行的技术途径;智能化 2.0 阶段——"自动找直,全面

跟机"模式,为进一步提升工作面多机协同能力,实现工作面自动化连续生产,将惯性导航技术[12]、人员定位技术、找直技术、多机协同技术等应用于采煤工作面,实现了工作面自动找直,为工作面装备连续推进开采创造条件,此模式主要应用于宁煤红柳煤矿,并进一步推广至宁煤金凤矿、麦垛山、金家渠、双马、羊场湾等矿,工作面作业每班可减少操作工人 5 名,为无人化开采模式提供了更加有效的综采工作面管控手段;智能化 3.0 阶段——"无人巡视,远程干预"模式,基于工作面地质探测数据以及惯性导航、三维激光扫描等技术应用,实现工作面开采条件感知,构建工作面开采模型。探索基于工作面地质开采模型的数字化割煤技术在中国神东榆家梁煤矿 43101 工作面、陕煤集团张家峁矿 14301 工作面已实现应用,实现了常态化无人操作连续生产应用,常态化生产过程自动化使用率不低于 85%,建立了工作面中部 1 人巡检常态化生产作业模式,实现生产班下井人数从原来的 10 人减为 6 人,直接生产工效提升约 15.08%。未来智能化 4.0 阶段——"透明开采,面内无人",引入"透明工作面"等先进理论,通过研究三维地质建模技术、研究煤岩识别技术、激光扫描技术、精确定位技术,提前规划割煤曲线,使用采煤机自动调高技术,实现采煤机自主控制。无人化智能开采控制技术路线图如图 3 所示。

3 机器视觉应用场景与算法

3.1 双光谱热红外摄像及图像增强技术

随着煤矿智能化进程推进,井下设备、围岩、环境全面感知的需求日益增强。煤矿井下作业环境复杂,特别是综采工作面复杂场景,光线昏暗、煤尘飞舞、雾气较大,严重影响感知设备拍摄提取关键信息,单凭可见光视觉,难以实现井下作业场景中设备状况,围岩、环境状态的全面感知。例如,自动跟机自主割煤状态下,采煤机滚筒和摇臂常态化易受煤尘、浮煤遮挡,可见光监控系统难以实时准确感知采煤机滚筒和摇臂的局部状态,导致采煤机远程实时可靠控制受到阻碍。

采用可见光视频图像与红外热成像视频图像的动态融合技术,通过双光谱热红外摄像视频图像增强技术,有助于突破工作面工况场景中视觉监控清晰度低、局部细节感知差等影响,红外图像与可见光高清图像优势互补能提高感知准确性,保证感知实时性。在生产工况条件下,实现采煤机状况,及周围相关设备与围岩状态的实时全面可视化感知,有效解决智能化开采过程中设备远程可视化、可靠控制等问题。

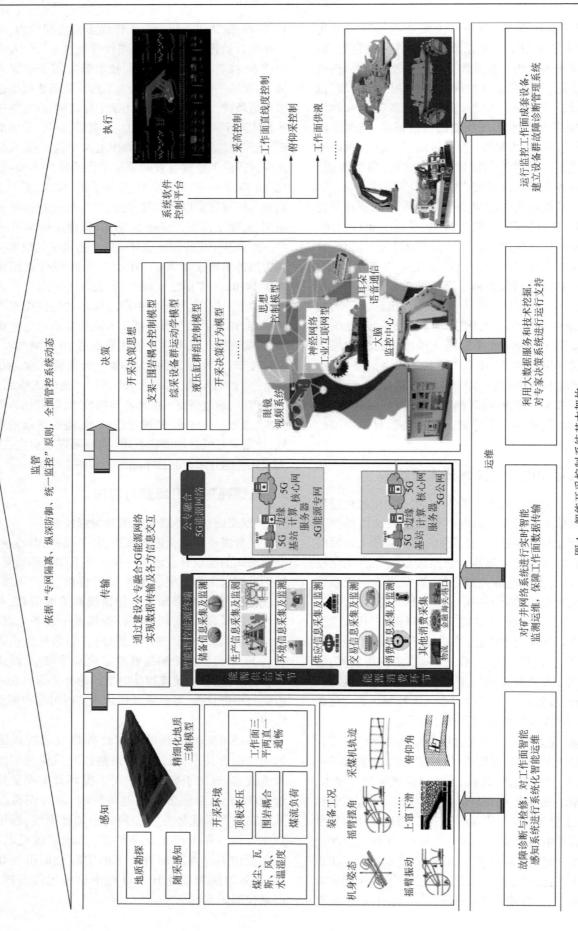

图 1　智能开采控制系统基本架构

Fig.1　Architecture diagram of smart mining control system

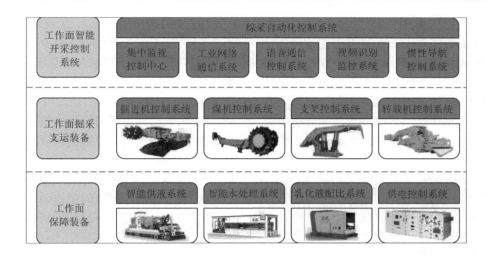

图 2　无人化智能开采控制系统方案

Fig.2　Unmanned smart mining control system scheme

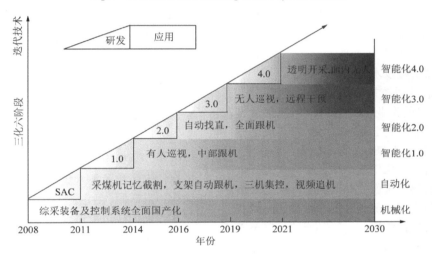

图 3　无人化智能开采控制技术路线

Fig.3　Unmanned smart mining control technology roadmap

对井下可见光视频图像、热红外视频图像的视觉特征分析显示：可见光视频图像前景和背景具有丰富的结构轮廓和纹理信息，但其对光照变化较为敏感，易受井下粉尘和浮煤遮挡影响。而热红外视频图像在低光照条件下，对煤尘、少许浮煤遮挡钝感力较强，仍然可以呈现一定的局部目标对象特征信息；同时对光照变化影响不大，但是缺乏对背景细节信息的呈现。如图 4 所示，在热红外图像中，能够比较清晰地呈现出感知对象采煤机的滚筒和摇臂关键部件的局部特征。

由于可见光与热红外图像的成像原理不同，其图像中每个像素代表的物理意义有所不同。若使用像素级视觉信息进行融合，效果往往不好。本文针对多种融合方法进行分析研究，并考虑工作面场景监控特点，基于视觉注意机制在可见光视频图像中获取关键目标区域[13]。利用监控关键目标区域特征，围绕关

可见光摄像　　　　　　热成像摄像仪

图 4　可见光与热红外图像视觉特征对比分析

Fig.4　Comparative analysis of visual characteristics between visible and thermal infrared images

键目标区域的局部和背景信息进行融合关键目标增强[14]。通过融合增强呈现监控关键目标对象的局部特性，同时较好保留了可见光图像中的场景背景信息，有助于进行后续目标检测识别以及定位等监控感知处理。

笔者团队对相关技术进行集成,完成了矿用本安型双光谱热成像摄像仪产品研制,在井下工作面进行了工业性实验测试验证,测试结果表明:双光谱热成像摄像仪具有很好的穿透能力与工作面场景细节感知效果,可用于解决工作面生产工况条件下视觉监控透尘问题,以及自动跟机自主割煤情况下采煤机滚筒感知问题。矿用本安型双光谱热成像摄像仪工作面应用效果如图5所示。

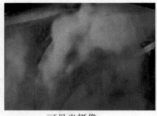

可见光摄像　　　　　　　　　　热成像摄像仪

图5　矿用本安型双光谱热成像仪及工作面应用效果

Fig.5　Mining intrinsically safe dual spectrum thermal imager and its application

3.2　多目全景视频拼接技术

现阶段,视频监控系统被应用于国内煤矿井下。在地质条件相对稳定的作业场景,引入"可视化远程干预性智能采煤控制系统",采用视觉感知实现了作业工作面"有人巡视,无人操作"的常态化生产作业。工作面场景空间狭长,当采用多个单目摄像仪进行全工作面视频监控时,每个摄像仪获取的工作面场景信息视野相对较窄,很难在工况条件下多方位同时捕获工作面复杂场景的设备、围岩,以及环境状况,以至于影响工作面的实时全面感知,阻碍远程可视化可靠控制与干预。即便使用具有一点转向角度的云台摄像仪,虽然可以获取一定视角范围内的工作面设备、围岩和环境状况,但是无法保证在同一时刻获得工作面场景全部状况,这都严重制约影响工作面的安全生产管控。然而,在工作面安装广角摄像仪进行可视化监控,增加了产品系统的复杂性和整体代价,监控视频帧图像边缘会产生严重的畸变,这对于煤矿生产企业是难以接受的。因此,需要研究多目全景视频拼接技术,并研发多目摄像仪,从多个视角相对全面捕获井下设备状况、围岩和环境状态信息,相对全面感知工作面复杂场景信息,对于井下可视化远程安全生产管控有着重要现实意义。

为攻克井下多目全景视频拼接技术难题,首先分析工作面场景空间特点,确定合理摄像仪布局方案,以最少的摄像仪布置数量,以及最少单目摄像仪元器件个数,实现多目摄像仪的最大视觉覆盖范围。其次研究合理的多目视频帧图像融合算法,在实际工程应用过程中

保障多目视觉信息清晰、自然、无缝融合,达到井下相对恶劣条件下的针对工况的可靠、鲁棒视频监控。

在多目视频帧图像融合和全景视频拼接过程中,本文针对视频帧配准,基于各个单目视觉图像进行关键特征点检测和特征提取;通过对相邻视点帧图像特征匹配,求解得到2者的投影变换矩阵;最后建立投影变换模型,并根据变换模型,将待拼接视频帧投影到参考视频帧坐标系中完成视频帧配准。这种基于视觉特征的帧配准方法具有较好的抗噪声干扰,控光照变化,以及遮挡等因素问题影响的能力,同时效率高,鲁棒性强。完成视频帧配准后,采用普通双谱带融合方法[15]进行视频帧融合,快速将配准后的各单目帧图像合并为一幅全景图像,并消除其中不自然缝隙,局部模糊,以及明显视觉特征不连续性现象。本文二目视频拼接效果如图6所示。

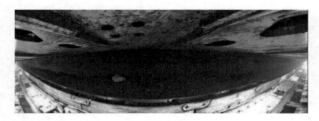

图6　二目视频拼接效果

Fig.6　Binocular video splicing effect

目前完成相关技术集成和矿用本安型多目全景摄像仪产品研制,在井下工作面进行工程化应用,实现了工作面大视角覆盖以及实时无死角视频监控,产品井下应用如图7所示。单台多目全景摄像仪可覆盖工作面至少10架范围的监控区域,实时兼顾煤壁和支架侧方监控。相对于单目摄像仪,在工程应用中不仅减少了设备数量,而且相对全面地捕获工作面设备状况、围岩和环境状态的场景信息。

图7　四目全景摄像仪工作面应用

Fig.7　Application of quadricular panoramic camera in working face

3.3　工作面设备状态视频测量原理与应用

工作面设备状态视频测量系统以视频图像序列

作为设备位姿信息的载体,通过对获取的状态图像进行预处理、特征提取、目标检测和测量模型建模,依靠坐标转站关联全工作面全局与局部坐标系,进而实现全工作面设备状态位姿求解。

3.3.1 视频图像预处理

煤矿工作面工作环境特殊,没有自然光照,采用点光源进行照明,使得照度低、光线分布不均匀,而且割煤作业时产生大量粉尘和水雾,导致工作面图像面临整体灰度值偏低、动态范围大、阴影区多,及高光区细节难以辨认、图像模糊、图像色彩失真等问题。此外,受井下视觉设备工艺和安全要求的影响,工作面的视频图像存在较大的畸变,如图8所示,工作面视频图像分析的上述2种退化现象。为了处理退化的图像,在开展高级视觉任务之前,通常先进行图像预处理,对退化的图像进行增强处理提升特征清晰度并进行畸变校正。

图8　工作面图像退化现象

Fig.8　Image degradation of working face

工作面设备状态测量对视频图像的质量和实时性要求都比较高,大部分增强算法在质量和实时性上难以满足井下视觉测量任务的需求。三维颜色查找法[16]是在电影和显示工业里广泛使用的技术,最近几年被引入到很多ISP的设计中。在电影工业中,由于播放设备的不同,经常需要在不同色彩空间之间做映射,三维颜色查找法的一个功能就是被用做色彩空间映射。三维颜色查找法能够实现全立体色彩空间的控制。由于三维颜色查找法可以在立体色彩空间中描述所有颜色点的准确行为,非常适合用于精确的颜色校准工作,能够处理所有的显示校准的问题,从简单的Gamma值、颜色范围和追踪错误,到修正高级的非线性属性、颜色串扰、色相、饱和度、亮度等。基本上是可以处理所有可能出现的显示校准的问题。三维颜色查找法的优越性能使得它非常适用于工作面视频图像增强处理。三维颜色查找法的原理很简单,如图9所示,RGB三个一维颜色查找表(LUT)组成三维颜色查找表,输入的RGB三个通道颜色值按3个查找表做映射,得到转换后的颜色。3D LUT是RGB颜色空间中的一个立方体,可以表示为三维集合$\{V(i,j,k)\}$,$i,j,k=0,\cdots,N-1$,该立方体集合包含N^3个颜色映射点,其中N为颜色量化阶。对于RGB颜色空间,当$N=256$可以表示完整的查找映射表,全空间颜色映射表具有50.3×10^6($3N^3\mid N=256$)个参数,在实际应用中,相关研究表明,当$N=33$时就可以获得较好的校准效果,这样颜色查找表的参数减少至108×10^3($3N^3\mid N=33$)个参数。

3D LUT的关键是颜色查找表的确定,传统的方法基本上都是通过手工设计查找表,手工设计需要大量经验和大量时间,除此之外,手工设计的3D LUT仅一个查找表,仅适用于所设计的单张图像,很难应用到其他场景匹配其他图像,缺乏通用性和灵活性。基于深度学习方法,设计3D LUT生成网络,对于每一张待增强的图像,网络模型都生成一个对应的3D LUT,可以有效解决三维颜色查找表的确定问题。

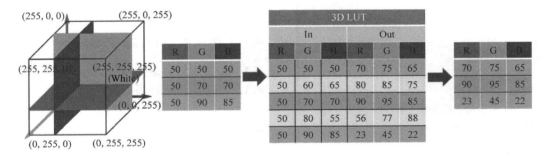

图9　三维颜色查找法原理

Fig.9　Principle of 3D color search method

在图像测量过程以及机器视觉应用中,为确定空间物体表面某点的三维几何位置与其在图像中对应点之间的相互关系,必须建立相机成像的几何模型,这些几何模型参数就是相机参数。在大多数条件下这些参数(内参、外参、畸变参数)必须通过实验与计算才能得到,这个求解参数的过程就称之为相机标定(或摄像机标定)。得到相机的标定参数后,通过畸变模型恢复工作面图像的真实空间几何图像。

3.3.2　设备关键点检测

设备关节的位姿运动是一个连续运动,其运动状态的稳定跟踪是获取其位姿的前提保障。以液压支架护帮板为例,对于单个护板帮,采用基于关键点的跟踪方法实现对护帮板运动状态的稳定跟踪。井下成像条件复杂和监控摄像头的能力不足,运动状态下的护帮板成像带来了新的挑战,如清晰度不足、纹理细节损失和运动模糊等,传统的图像处理方法难以实现连续稳定跟踪,因此,采用基于深度学习的方法来实现护帮板的稳定跟踪。

液压支架关键点护帮板检测网络以残差网络ResNet50为特征骨架网络[17],通过叠加反卷积网络层对关键点进行回归,网络结构如图10所示。骨干网络 ResNet50 提取图像的抽象语义特征,由于输入图像通过骨干卷积神经网络提取特征后,输出的尺寸往往会变小,在关键点定位检测中,需要将图像恢复到原来的尺寸以便进行空间定位计算,因此需要采用上采样方法扩大图像尺寸。上采样有 3 种常见的方法,双线性插值,反卷积和反池化,反卷积上采样方法可以有效提升网络在关键点检测中的表征能力。

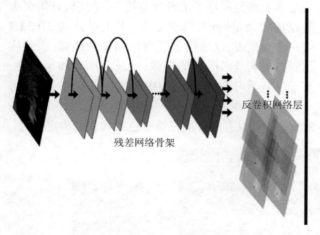

反卷积网络层

残差网络骨架

图 10　关键点检测网络结构

Fig.10　Key point detection network structure

3.3.3　位姿解算

获取设备关键点的图像位置信息后,需要通过相机视图几何关系来计算每个关键点位置对应的位姿

信息,相机视图几何关系的建立是一个相对复杂的过程,通常可以采用基于几何特征点的视觉位姿求解,又称为 PNP 问题,即在相机内参已知的条件下,利用待测目标上已知位置关系的一组特征点,确定待测目标与摄像机的相对位置和姿态[18-19]。

在护帮板位姿测量中,可以采用基于运动学约束的几何分析方法,建立位姿信息映射。护帮板与顶梁属于刚性连接,通过液压推移油缸控制其运动,护帮板的伸缩运动可以表示为绕固定轴的旋转运动,则关键点在三维空间中的运动状态可以表示为圆周运动,在经过成像二维投影后,关键点在视图平面中的运动轨迹可以近似为椭圆曲线。图11为护帮板在一个收缩周期内,其上一个关键点在二维平面上的位置轨迹,从图 11 可以看出运动轨迹曲线近似椭圆,符合理论分析的预期。在试验数据采样时,护帮板的收放运动为匀速运动,并且设定护帮板垂直展开状态时的位姿角度为 90°,完全收缩状态时的位姿角度为 0°。经过多次收缩周期采样,可以得到多个运动周期的位置轨迹曲线,多周期数据采样可以消除收缩运动由于外界状态带来的非匀速扰动。在确定关键点的位置轨迹和关键点的匀速运动约束后,需要将轨迹中的位置点与护帮板的位姿角度关联映射起来。由于位置与位姿间的对应是一个多重非线性关联,可以采用前馈神经网络模型来表征这一关联映射过程,从而实现位姿状态测量。

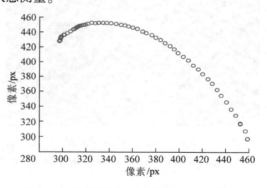

图 11　二维图形平面中关键点的运动轨迹

Fig.11　Motion trajectory of key points in 2D graphic plane

4　工作面设备自适应控制

4.1　自主规划截割控制

4.1.1　透明地质开采

利用矿井历史所有钻探、物探、补充勘探数据及矿井当前的生产数据(钻孔信息、煤层、地层信息、巷道开拓信息)等信息构建三维数字化模型,模型提供的接口服务能够进行开采预测和模型动态修正,为智能开采提供精准地质保障。

在高精三维地质模型构建、三维模型动态修正、工作面扫描技术方法研究的基础上,采用多传感器信息融合技术,获取准确煤层地质参数,实现采煤机智能调高控制。利用激光扫描雷达设备,实现传感器读数在不同的地质条件和综采工况条件下的校准功能,提高设备测量和姿态定位精度。利用三维模型动态校正接口对开采模型的执行结果验证并优化。采用找直设备对工作面直线度校正参数的定值,决策出最优的调整控制方法,得到提高控制精度的参数组合。提出三维模型地质剖切服务 CT 技术,实现对开采模型和地质三维模型的整体推移校准策略和补偿参数的定值,并利用自主割煤截割技术,实现偏差补偿决策参数的定值及控制流程的规划。

以三维地质模型软件为基础,进行边界分类设置、煤层数据分层管理、平剖对应采集素描图煤层数据、不规则三级网(TIN)模型自动构建、曲面样条空间数据插值、三维可视化等方面的业务逻辑和算法,实现工作面初始高精度三维地质模型的构建,如图 12 所示,工作面初始三维地质模型构建功能模块结构如图 13 所示。

图 12　三维地质模型构建

Fig.12　3D geological model construction

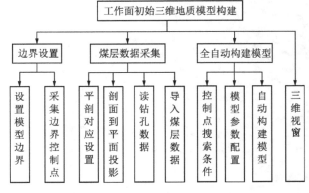

图 13　工作面初始三维地质模型构建功能模块结构

Fig.13　Structure of initial 3D geological model building function module of working face

4.1.2　预置跟机工艺与开采工艺自适应精准协同

在实现全工作面跟机自动化功能基础上,根据不同的地质条件变化跟机工艺,调整各阶段参数,提升跟机自动化水平。基于透明工作面三维地质模型数据,实现在模型每一刀的切片上,预置跟机工艺、包括中部跟机自动化工艺、三角煤跟机自动化工艺等。其中,跟机工艺各阶段参数和地质切片数据关联协同。随着生产的推进,工作面每一个地质模型的切片都有预置的跟机工艺,满足当前支架跟机自动化要求。

电液控制系统是由全工作面所有支架控制器和传感器组成的,每一台控制器以及相关的传感器既是一个独立的控制单元,也是整个跟机工艺的一个智能节点。在透明地质模型网格化之后,将每个电控的智能节点数据与地质模型的单元格数据进行融合,形成跟机工艺智能节点和地质网格的点对点协同。

根据地质网格数据精准的动态调整每个智能节点的跟机工艺动作,提升每个网格的跟机自动化效率。同时通过对历史数据样本、地质模型和自适应跟机工艺各阶段参数综合分析,提升全工作面的自动化与智能化水平,发挥工作面设备的最大效能。

在三维地质模型每一个切片截割过程中,三维地质模型指导了采煤机的滚筒截高和卧底等纵向的规划数据;在较为复杂的三角煤跟机工艺中,跟机工艺指导了采煤机的启停、方向、速度等横向的规划数据,如图 14 所示。为了保证工作面顺利的连续推进,并且在当前地质切片中实现对设备的精准控制,采煤机和支架之间的协同至关重要。

采煤机与支架的机架协同功能,基于三维地质模型顶底板数据以及预测切片的地质数据,采煤机可以基于地质数据进行自主割煤,支架可以自适应跟机。采煤机运行在自主割煤模式下,支架电液控系统运行为跟机模式,系统能够根据地质模型数据、采煤机机身数据、支架姿态以及跟机工艺数据,智能的判断工作面支架状态是否满足采煤机自主截割,何时进行下一阶段作业,并自动向电液控系统和煤机系统发出相应的工艺协调指令功能,精准的控制采煤机和每个支架动作,机架协同控制系统如图 15 所示。

4.1.3　基于三维地质模型的自主截割

基于三维地质模型的自主截割主要根据工作面采煤机截割模板修正技术、工作面多源信息融合的采煤机智能调高控制技术展开工作,综合集成应用三维透明地质模型技术、采煤机滚筒测高技术以及煤岩界面顶底板数字化模型分析及建模方法技术,自主截割系统控制流程如图 16 所示。

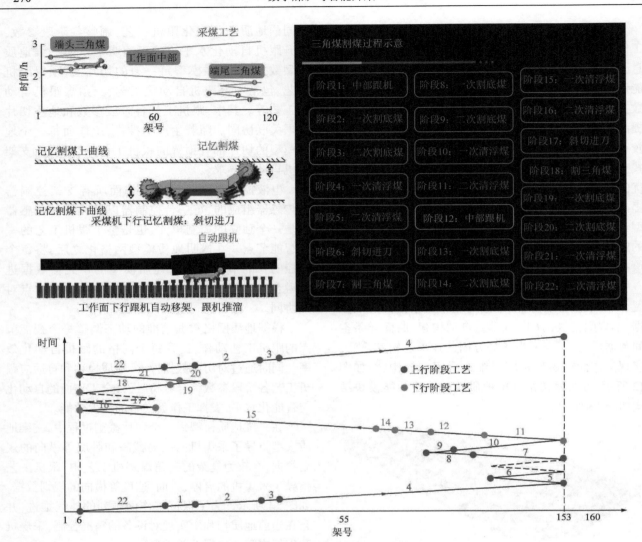

图 14　全工作面协同工艺点

Fig.14　Working face collaborative process points

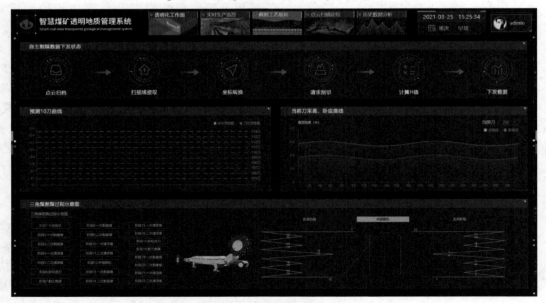

图 15　机架协同控制系统

Fig.15　Cooperative control system of shearer and hydraulic support

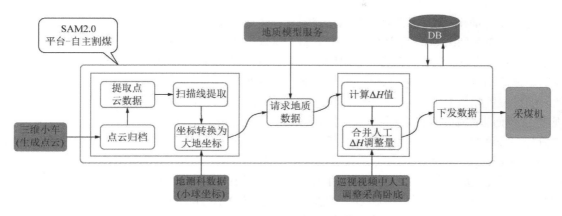

图 16　自主截割系统控制流程

Fig.16　Control flow of autonomous cutting system

自主割煤系统功能包括：优化三维地质模型主动请求切片、动态自优化的工作面精确三维地质模型功能、综采工作面设备绝对坐标系转换功能、采煤机滚筒智能调高功能。自主割煤系统部署后，可实现平均每天（多刀）、每刀截割下发操作一次，下发流程可人工操作，也可自动定时下发。其中主要模块由采煤机截割模板修正模块、采煤机智能调高控制模块 2 部分构成。

采煤机截割模板修正模块主要实现控制采煤机滚筒智能调高的截割模板请求功能。基于机械结构约束、开采工艺约束，三维场景碰撞引擎，优化计算截割模板和人工干预方法，自主截割的软件界面如图 17 所示。

依据截割模板对采煤机滚筒割煤过程实时控制，实现采煤机智能调高控制。依据工作面地质探测数据，以及惯性导航、三维激光扫描数据，建立对工作面开采条件的预先感知模型[20-21]。采用工作面俯仰采阶变过程的平滑阶梯，多级调整控制策略。利用可见光视频监控图像相互融合的方法，实现对工作面顶、底板采高数据实时更新。平滑阶梯多级调整控制技术以工作面煤厚变化和地质条件变化的超前勘探信息为基础，建立工作面煤厚分布的特征函数，为截割轨迹调整提供基础参数。

截割高度控制器是采煤机截割轨迹预设的控制设备，负责控制采煤机截割高度的远程控制及就地控制，根据工作面煤厚变化带的三维信息进行控制。沿工作面倾向及走向的 2 个方向，随着工作面的推进，依据煤层煤厚变化分区域进行预设采高，截割高度控制器根据预设的截割高度实时调整采煤机滚筒高度，实现采煤机自动化截割。

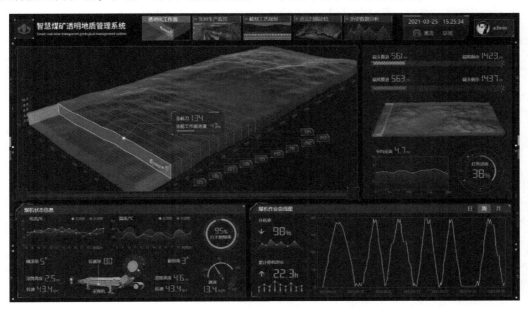

图 17　自主截割模板软件界面

Fig.17　Interface diagram of autonomous coal cutting template software

煤厚变化带及俯仰采区域平滑阶梯多级调整控制自动化开采流程与正常回采类似,平滑阶梯多级调整控制割煤技术的实质为采高的实时调整。平滑阶梯多级调整控制预设截割轨迹技术实施过程中,采煤机截割高度随采煤机位置频繁变化,参照工作面预设采高的变化规律,工作面实际截割高度需要实时进行调节。

平滑阶梯多级调整控制截割实施过程中,通过参考采煤机行程传感器的反馈信息结合三维激光扫描(或人工写实预置)实时构建的模板数据,对采煤机前后滚筒进行自动化控制。平滑阶梯多级调整控制截割轨迹预设的信息基础为地质探测揭露的综采工作面煤层厚度数字化模型,实现自动化截割还需要辨别工作面煤层顶底板起伏特征,在煤层厚度与顶底板起伏特征信息完整的情况下,实施平滑阶梯多级调整控制预设截割轨迹的自动化开采。

如图18所示,控制系统界面(自主截割界面)可实现工作面顶底板三维界面展示,展示上刀工作面割煤后的顶板线位置、底板线位置,预测下刀截割顶板线位置、底板线位置,工作面相应位置滚筒高度调整量曲线。

4.2　5G+网络型电液控制

综采工作面液压支架电液控制系统已历经半个多世纪的发展,目前智能化工作面主流的控制系统可分为2类:① 基于CAN总线链路的电液控制系统,如图19所示;② 基于以太网链路的网络型电液控制系统,如图20所示。后者较前者虽实现了电液控制系统与综采自动化系统的集成,视频数据直接接入控制器,系统配套与安装维护简化,但单网络可靠性仍存在不足,且由于带宽限制,无法实现高质量视频传输,系统实时性也有待提高。随着井下智能化要求提高,控制系统需要接入更多的感知设备,如传感器等,越来越多的有线链路占用了大量的井下空间资源。

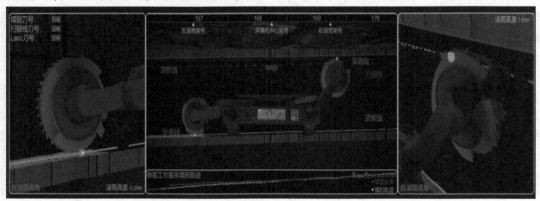

图 18　自主割煤实时控制

Fig.18　Real time control of autonomous coal cutting

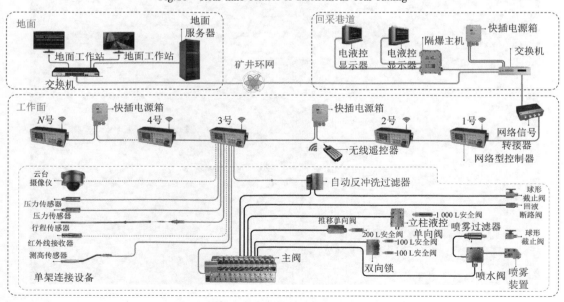

图 19　基于 CAN 总线链路的电液控制系统

Fig.19　Electro hydraulic Control Systembased on CAN bus link

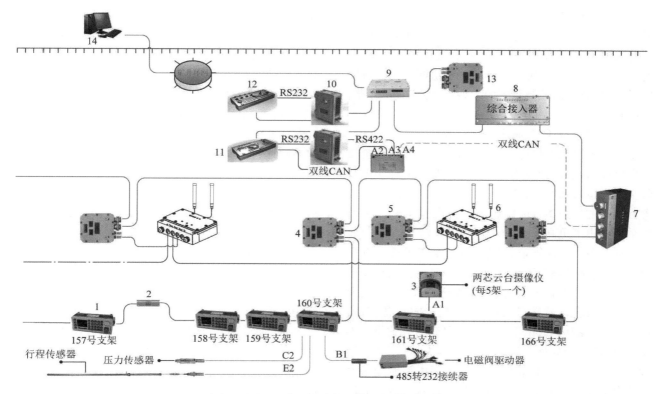

图 20 基于以太网链路的网络型电液控制系统

Fig.20 Network electrohydraulic control system based onethernet link

近年来,5G、大数据、云计算、机器人等新技术的出现为智能化开采提供了技术支撑,国家出台的各项政策也鼓励智能化开采行业的发展[22]。针对目前综采工作面智能开采面临的难题,利用当前先进的5G、Wi-Fi 等无线通信技术,使控制系统融合有线无线网络,形成高可靠度的高带宽自愈网络,并且具备一定程度的视频分析运算能力,能够实现高质量的视频传输,满足智能控制及感知设备的无线接入,缓解井下空间压力,同时具有更高的人员定位精度,如图21 所示。

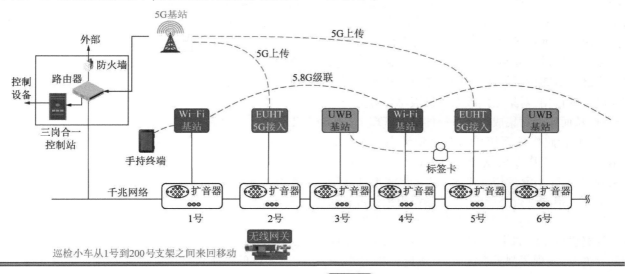

图 21 基于 5G 的智能型控制系统架构

Fig.21 Smart control system architecture based on 5G

随着全国各地煤矿智能化建设不断推进,5G 等无线通信技术在井下得到了应用,综采工作面液压支架电液控制系统也进一步适应智能化无人开采技术的应用要求,向全面感知、实时互联、协同控制的目标发展,煤矿装备的控制系统的发展也将是高速、可靠、便捷和安全的。

4.3　高效动力系统及液压保障技术

煤矿智能化的快速发展,综采工作面开采系统复杂性持续增强,运维压力不断加大,为了解决开采有限空间内检修强度、安全性等问题,以"空间解耦"理念为基础的远距离智能配送技术发展迅速,对水基动力系统提出了更高的要求。

现阶段远距离智能供液存在远距离供液系统压力损失大,流量响应不及时、设备噪声振动大,功率密度和空间尺寸存在矛盾,工人工作环境友好度差、介质清洁度及乳化液质量浓度不稳定,影响设备寿命、远距离控制滞后、通讯不同步和信号延迟导致供液不及时,较高的能效损失等问题。为解决上述问题,笔者团队研制了煤矿高效能大流量远距离智能配送水基动力系统成套装备,下面从远距离输送稳压稳流控制技术、大流量高压低振动水基动力技术、乳化液智能制配及循环周期全流程保障技术和远距离智能供液决策控制技术 4 方面进行介绍。

4.3.1　远距离输送稳压稳流控制技术

(1)多泵站并联多级卸荷压力控制技术。发明了多级电磁卸载装置。可以对不同流量和不同压力下的泵站压力脉动进行分级调节,通过智能控制策略与机械结构的配合,完成泵站系统的多级电磁卸载控制。提出了一种基于大流量并联泵站多级卸荷架构下的变频智能供液控制系统及方法,可以减少泵站供液压力脉动对卸荷阀的冲击、能够充分发挥变频器和变频电机的作用、对集成供液系统供液总压力实现集中控制,从而实现对集成供液系统的有效管理。

(2)长管路供液系统压力及流量动态补偿控制技术。可向全工作面提供 35～45 MPa 高压液,通过 20～200 L/min 小流量快速补液,对乳化液长管路输送后的压力损失进行补偿,为支架初撑力提供可靠保证。发明了大流量蓄能稳压装置。分析了蓄能装置对长管路供液系统的作用规律及影响效果,优化蓄能器配置方案,实现了削减系统压力、流量脉动,吸收压力冲击的最佳效果[23]。

(3)工作面回液背压治理技术。研究流量对液压支架降柱-移架-升柱动作执行阶段稳定性与快速性的影响,解决回液背压过大造成的工作面回液不畅问题及降柱速度慢的问题。开发了远距离供液参数计算分析软件,建立工作面支架全体执行机构的空间位置递推模型,研究管道位置和流量变动时的压力脉动规律及流体紊动特性,提出高压大流量长管路流体数值模拟计算方法[24]。

4.3.2　大流量高压力低振动水基动力技术

(1)参数驱动大流量低振柱塞泵多领域数字协同设计方法。提出了基于 AMESim 的关键参数多场激励耦合模型设计。提出了以低流量脉动为限制条件的设计流程。提出流量脉动是影响液力冲击的关键因素,首先提出并验证除柱塞数量、λ 等因素,阀开启滞后也在一定程度影响流量稳定性。提出了基于 FEA 的关键参数迭代求解设计方法[25]。

(2)高能效紧凑型功率分流式传动技术。提出了高频往复高承载摩擦副减磨降摩手段,开发了高转速旋转组件搅拌损失能耗及流场规整技术及低热损耗润滑系统。

(3)通过建立一种基于阿道尔夫方程的泵阀启闭动态响应分析模型,并结合 CFD 技术数值模拟泵阀流场分布状态,提出一种大流量泵阀启闭响应特性、回流速度、压力损失 3 者综合作用的冲击振动预测方法[26],采用直线型过液流道结构,提高响应特性,优化通径比,降低了大流量泵阀的冲击振动和噪声[27]。

4.3.3　乳化液智能制配及循环周期全流程保障技术

(1)基于智能控制逻辑的井下高效水质净化系统。针对 RO 膜污染难题,建立基于 CFD 的膜浓差极化理论,提出颗粒物梯级预处理及 RO 防结垢技术[28],在产水水质远高于 MT76 标准的基础上,实现了 RO 膜清洗周期延长 1 倍以上。开发智能控制、精准执行、可靠检测等多元一体水处理控制工艺,实现乳化液配比自联动,智能运行、无人值守。

(2)基于模糊算法的乳化液配比及质量浓度矫正系统。攻克乳化液质量浓度模糊控制算法,采用负载敏感比例控制和变频伺服控制结合的方式,实现质量浓度实时动态平衡。试验研究了 2 种原理的质量浓度检测装置,优化了质量浓度检测方法,提升了系统可靠性及稳定性。开发了手机终端 APP 及数据采集上传系统,可在移动端监测乳化液质量浓度数据。

(3)低压液力自旋反冲洗旋杆及多级高效自动反冲技术。创新设计了 0.5 MPa 可液力自驱的反冲洗旋转喷杆,实现滤网内侧至外侧的周向反冲洗。旋转喷杆包含内部进液腔室和外部转套,可实现低摩擦自润滑快速旋转,攻克低压液流自旋喷射技术,解决低压反冲洗效率问题。根据不同的液质特性、污染程度和自动化要求,创新多级过滤体系,实现针对工作面液质特征的定制化过滤和滤材高效反冲洗[29]。

4.3.4　远距离智能供液决策控制技术

（1）基于预测用液负载的供液关联决策技术。建立自动跟机模式液压支架压力流量解耦机理模型,提出"用液量实时计算+用液模型超前预测"复合控制方案,如图22所示（其中,y_d 为过去已知设定值;y_r 为参考轨迹输出值;y_m 为预测模型输出值;y_p 为校正预测值;u 为控制量输入值;e 为误差项;min J 为最小滚动优化值）,解决远距离用液量与供液量不及时匹配的控制难题。基于远距离终端负载反馈信号进行供液量超前调节,响应时间≤600 ms。

（2）自适应高效能变流控制技术。提出实时自适应压力流量控制方案,采用全变频实时流量调节、变频与卸载柔性配合的控制方案,开发随压自动启停、阶梯压差联动等协同控制算法,解决供液端非自动协同及压力波动问题。有效降低卸载点数,卸载时间比≤0.45,实现高能效供液。

（3）远距离分布式时钟同步通讯系统[30]。针对远距离通讯带来的延迟问题,研制了通讯帧传输方向调节技术、返回时间差测量技术。实现了分布时钟的精确校准,同步时间精度≤1 μs。

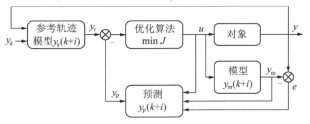

图 22　MPC 模型预测控制

Fig.22　MPC Model predictive control

5　无人化智能开采实践新进展

5.1　榆家梁煤矿无人化智能开采

国家能源集团神东公司榆家梁煤矿以 43207 中厚偏薄煤层工作面为示范工程点,以采煤生产时无人进入采煤机、刮板输送机及液压支架联合作业区,实现无人化采煤为目标,开展综采工作面智能无人开采工程示范攻关,在行业内率先实践了无人采煤作业工业应用。

在行业当前普遍采用的"工作面内自动控制 + 远程干预模式"的智能化开采技术基础上,提出新一代无人化智能采煤控制技术方法,以地面主控室部署的智能无人采煤一体化平台为核心,实现综采工作面生产控制调度决策,井下设备依据控制决策自动执行的"井上智能决策、井下自动执行、面内无人作业"的智能无人开采模式。

43207 智能无人开采工作面以地面主控中心为核心,通过部署智能无人采煤一体化管控平台及面向人机交互需求的操控岛,实现"后端分析决策,前端交互操控"的应用模式。其中,一体化管控平台（后端）以实现生产数据汇总、分析、后台决策控制为主,配合深度融合综采生产工艺的采煤控制驱动引擎,实现采煤机、支架等煤机装备的主从调度,工作面采煤机、液压支架根据调度执行进行自动化作业。此外,操控软件（前端）根据业务需求进行人机交互方式定制化开发,实现设备运行监控、参数在线设置、故障提示预警、视频主动推动等人机操作交互,配置操作手柄、触控交互屏等设备最大程度提升远程操控便捷性,操作界面如图 23 所示。地面主控中心实现了对综采工作面生产工艺决策、设备集中监控,为改变工作面下井作业人员工作模式,减少工作面内跟机作业人员提供了重要技术支撑。

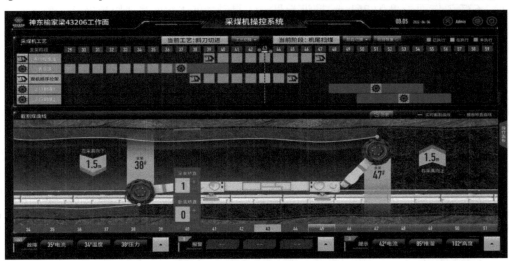

图 23　截割煤曲线界面

Fig.23　Interface diagram of coal cutting curve

同时,为进一步保障地面主控中心对自动化生产过程的监控能力,提出并实践了增强可视化远程监控技术。通过部署多通道视频摄像仪、采煤机机载音视频一体化监控装置,实现综采工作面生产过程可"看到"、也可"听到";配置巡检机器人实现代替工人对工作面自由巡查;应用图像识别系统对采煤机滚筒位置、工作面人员、煤流上游滚筒大块煤及机尾刮板输送机等多个场景开展智能监控,实现异常工况主动报警。增强可视化远程监控技术的应用支撑了地面主控中心人员远程监控及生产决策,为工作面智能无人开采常态化提供了技术保障,地面主控中心如图24所示。

图 24　地面主控中心

Fig.24　Ground master control center

截至 2022 年 10 月,通过智能无人开采工作面建设将生产班下井人员由 7 人逐步减少至 3 人,且生产作业期间无人进入工作面中部区域,下井人员由生产作业岗变为固定点监控岗。

5.2　黄陵一矿无人化智能开采

黄陵一矿地处陕西省黄陵县店头镇,隶属陕西陕煤黄陵矿业有限公司。黄陵一矿可采储量 3.47 亿 t,其中厚度 0.8~1.8 m 煤层储量超过 1.2 亿 t,占全矿井的 35% 左右。627 工作面长度为 261 m,推进长度为 2 880 m,煤层厚度为 1.7~3.0 m,平均厚度为 2.5 m,工作面平均采高为 2.5 m,倾角为 1°~5°。工作面直接顶板为粉砂岩、泥岩、中粒砂岩,厚度 4.8~9.8 m,平均 6.6 m;基本顶为粉砂岩、细粒砂岩、中粒砂岩互层,厚度 5.9~12.9 m,平均 9.8 m;底板为泥岩及粉砂岩,厚度 6.5~8.6 m,平均 8.0 m,含少量植物化石碎屑。

黄陵一矿 627 工作面配置全国产成套智能装备,采用了"一网到底"的网络型控制系统、基于动态地质模型和动态信息融合的采煤机自主规划割煤技术、云台摄像机自动跟机视频技术以及基于一体化操作座椅的地面远控平台等关键技术,实现工作面 1 人巡视,采煤机自主规划截割,地面 2 人远程辅助控制的常态化生产。

(1)"一网到底"的网络型控制系统。使用最新研究的网络型电控系统,实现综采工作面"一网到底",将液压支架纳入矿井工业以太网体系,通过工业以太网、现场工业总线实现工作面电控系统双总线多链路冗余的通讯控制,解决了电控系统通讯链路复杂、速率低、实时性不足的问题,提升了电控系统的通讯稳定性和控制可靠性,同时,基于 SoftPLC 的通用控制单元组态化开发平台,实现控制节点的图形化编程,为构建多信息融合的工作面自适应采煤奠定基础。

(2)基于动态地质模型及多信息融合的采煤机自主规划割煤。通过构建工作面高精度动态三维地质模型,建设智能开采中心和大数据中心,实现"精准地质建模-设备精确定位-多维度工艺规划-自主割煤-地质模型迭代修正"的闭环智能开采、采煤机远程自动化控制,数据建模、装备路径、启停和生产工艺规划,采煤机路径、支架跟机、煤流负荷协同控制功能以及采煤机滚筒高度可视化截割模板图形交互高级自动化功能,将以"可视化远程干预"为主的自动化开采升级为基于三维空间信息感知设备自适应控制的智能化自主规划割煤开采。

(3)云台摄像机视频自动跟机。基于第 3 方 SDK 驱动和智能跟机算法,开发云台摄像仪预置点和精确角度双视频跟机模式,实现工作面采煤机附近摄像头全部聚焦采煤机或滚筒,灵活配置适应多种场景,拓宽现场视频监控视野;通过视频画面视频流智能调度算法,去除刷新画面导致的黑屏延时和采煤机滚筒运行中的监控死角,提高跟机过程中的视频刷新速度。

(4)基于一体化操作座椅的地面远控平台。一体化操作座椅内部集成了微控制器、按键接口模块与5G通讯模块等硬件设备,实现采煤作业任务总体调度;外部合理布置了针对工作面云台摄像仪、采煤机、支架电控等操作集成的工业摇杆,实现采煤机滚筒精准调高、速度控制、方向转变、电机启停和支架的自由选架、单动控制、成组控制、参数修改、开关跟机等功能;搭配无极旋钮实现对于现场水平350°、垂直90°云台摄像仪画面的快速切换、云台旋转、窗口切换、角度偏移、跟机变焦等无死角监控;智能控制面板可自定义对工作面三机、泵站、支架、煤机等智能装备单机启停、联动启停、负载联控、智能协同控制等精准控制。

实现云台摄像机的便捷交互及快速切换。基于定制化摇杆设备,实现了"傻瓜化"的摄像头云台控制,便捷的人机交互通过一柄摇杆可以控制摄像头视频画面快速选择、摄像头的方向和变焦控制,实现工人随时可对整个工作面进行远程监控,达到了全工作面视频监控的全方位、无死角、全覆盖,如图25所示。

实现采煤机自主规划截割。黄陵一矿627工作面实现了基于动态地质模型及动心融合的采煤机全阶段工艺自主规划截割,顶底板规划曲线可视化拖拽调整,实时下发以及采煤机历史顶底板高度全记录,解决了规划截割人工修正模板便捷性问题;完成地面远程规划截割的数据分析以及截割模板功能开发部署,模拟规划截割20余刀,顶底板规划曲线与实际人工作业曲线对比,最佳匹配率达75%,最低匹配率33%。采煤机自主规划截割界面如图26所示。

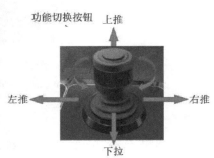

图 25　云台摄像机摇杆控制

Fig.25　Control diagram of PTZ camera rocker

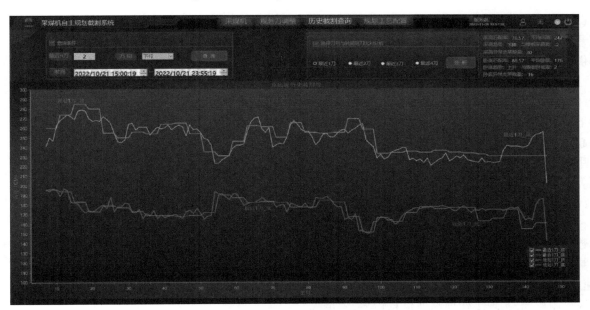

图 26　采煤机自主规划截割界面

Fig.26　Autonomous cutting interface of shearer

首次采用一体化远程操作座椅,实现了一体化操作对采煤机的前后滚筒、支架与集控设备进行多工位定点全监测、实时交互,通过座椅左侧摇杆支持对工作面云台摄像仪的云台调整与变倍操作,右侧摇杆支持采煤机就地控制,同时辅助按键支持多模式功能,并根据生产现场对设备的控制,建成了"三人位"的远程开采新模式,使地面远程开采岗位设置更灵活,设备操控与监控视角更合理,远程操控更舒适,协同开采更便捷,如图27所示。

一体化远程控制座椅的成功应用实现了工作面精准采煤的沉浸式操控,既丰富完善了地面开采的技术手段,操控等同于在工作面就地巡视,又提升了各岗位人员之间交流便捷性,真正实现持续常态化地面控制采煤。

图27 一体化远程操作座椅式远控平台

Fig.27 Integrated remote operation seat and remote control platform

6 结　语

(1)提出了"感知、传输、决策、执行、运维、监管"六维度智能开采控制系统基本架构,建立煤矿无人化智能开采控制系统理论,并在无人化智能开采实践中成功应用。

(2)基于上述无人机智能开采系统,提出无人化智能开采控制技术路线和系统方案,为煤矿智能化发展提供了合理技术路径和建设指南。

(3)提出机器视觉测量设备姿态的原理、场景建模、智能算法、双光谱热红外摄像及图像增强技术,助力井下设备、围岩、环境全面感知,在代人监控和巡查方面起到重要作用,集成先进图像和视频处理技术,并应用到多种传感器,有效解决复杂煤矿井下感知难题。

(4)针对无人化智能开采技术短板,在地质保障方面,构建精准三维地质模型,为采煤机自主决策提供参数;在开采工艺方面,依据三维地质模型设置采煤机割煤路线和滚筒自主调高,指导采煤机启停、方向、速度等参数;在设备控制执行层面,开发5G+网络型电液控制系统,实现工作面高速信息传输,满足视频调控需要;在高效动力系统和液压保障方面,降低泵站振动,实现远距离稳压稳流供液。

(5)在黄陵一矿和榆家梁煤矿持续进行无人化智能开采攻关,取得显著进展,检验了新产品、新技术,深化了创新路径的认识。随着不懈的技术创新和实践,工作面设备智能化水平将进一步提升、作业人员将进一步减少,实现无人化智能开采。

(6)无人化智能开采仍处于初级阶段,面临多种技术集成难、煤矿实际应用难等问题,应大力推动5G与人工智能(AI)区块链(Blockchain)、云计算(Cloud computing)、大数据(big Data)等新信息技术在无人化智能开采的应用,支撑建设高质量、高水平智能化煤矿。

参考文献(References):

[1] 王国法,范京道,徐亚军,等. 煤炭智能化开采关键技术创新进展与展望[J].工矿自动化,2018,44(2):5-12.
WANG Guofa, FAN Jingdao, XU Yajun, et al. Innovation progress and prospect on key technologies of intelligent coal mining[J]. Industry and Mine Automation,2018,44(2):5-12.

[2] 王国法. 煤矿智能化最新技术进展与问题探讨[J].煤炭科学技术,2022,50(1):1-27.
WANG Guofa. New technological progress of coal mine intelligence and its problems[J]. Coal Science and Technology,2022,50(1):1-27.

[3] 王国法,杜毅博,庞义辉. 6S智能化煤矿的技术特征和要求[J].智能矿山,2022,3(1):2-13.

WANG Guofa,DU Yibo,PANG Yihui. Technical characteristics and requirements of 6S intelligent coal mine[J]. Intelligent Mine,2022, 3(1):2-13.

[4] 王国法,赵国瑞,胡亚辉. 5G 技术在煤矿智能化中的应用展望[J].煤炭学报,2020,45(1):16-23.
WANG Guofa, ZHAO Guorui, HU Yahui. Application prospect of 5G technology in coal mine intelligence[J]. Journal of China Coal Society,2020,45(1):16-23.

[5] 黄曾华,王峰,张守祥. 智能化采煤系统架构及关键技术研究[J].煤炭学报,2020,45(6):1959-1972.
HUANG Zenghua, WANG Feng, ZHANG Shouxiang. Research on the architecture and key technologies of intelligent coal mining system[J]. Journal of China Coal Society, 2020, 45(6):1959-1972.

[6] 王国法.《智能化示范煤矿验收管理办法(试行)》——从编写组视角进行解读[J].智能矿山,2022,3(6):2-10.
WANG Guofa. Management measures for the acceptance of intelligent demonstration coal mines (trial)——Interpretation from the perspective of the compilation team[J]. Journal of Intelligent Mine, 2022,3(6):2-10.

[7] 王国法.加快煤矿智能化建设推进煤炭行业高质量发展[J].中国煤炭,2021,47(1):2-10.
WANG Guofa. Accelerate the intelligent construction of coal mine and promote the high-quality development of the coal industry[J]. China Coal,2021,47(1):2-10.

[8] 任怀伟,王国法,赵国瑞,等.智慧煤矿信息逻辑模型及开采系统决策控制方法[J].煤炭学报,2019,44(9):2923-2935.
REN Huaiwei, WANG Guofa, ZHAO Guorui, et al. Smart coal mine logic model and decision control method of mining system[J]. Journal of China Coal Society,2019,44(9):2923-2935.

[9] 王国法,张铁岗,王成山,等.基于新一代信息技术的能源与矿业治理体系发展战略研究[J].中国工程科学,2022,24(1):176-189.
WANG Guofa, ZHANG Tiegang, WANG Chengshan, et al. Development of energy and mining governance system based on new-generation information technology[J]. Strategic Study of CAE, 2022, 24(1):176-189.

[10] 杨挺,赵黎媛,王成山.人工智能在电力系统及综合能源系统中的应用综述[J].电力系统自动化,2019,43(1):2-14.
YANG Ting, ZHAO Liyuan, WANG Chengshan. Review on application of artificial intelligence in power system and integrated energy system[J]. Automation of Electric Power Systems,2019,43(1):2-14.

[11] 李首滨.智能化开采研究进展与发展趋势[J].煤炭科学技术,2019,47(10):102-110.
LI Shoubin. Progress and development trend of intelligent mining technology[J]. Coal Science and Technology,2019,47(10):102-110.

[12] 张保,张安思,梁国强,等.激光雷达室内定位技术研究及应用综述[J/OL].激光杂志:1-10[2022-12-22]. http://kns.cnki.net/kcms/detail/50.1085.tn.20220928.1357.008.html.
ZHANG Bao, ZHANG Ansi, LIANG Guoqiang, et al. Research and application of lidar indoor positioning technology[J/OL]. Laser Journal:1-10[2022-12-22]. http://kns.cnki.net/kcms/detail/50.1085.tn.20220928.1357.008.html.

[13] 南柄飞,郭志杰,王凯,等.基于视觉显著性的煤矿井下关键目标对象实时感知研究[J].煤炭科学技术,2022,50(8):247-258.
NAN Bingfei, GUO Zhijie, WANG Kai, et al. Study on real-time perception of target ROI in underground coal mines based on visual saliency[J].Coal Science and Technology,2022,50(8):247-258.

[14] 向天烛,高熔溶,闫利,等.一种顾及区域特征差异的热红外与可见光图像多尺度融合方法[J].武汉大学学报,2017,42(7):911-917.
XIANG Tianshi, GAO Rongrong, YAN Li, et al. Region feature based multi-scale fusion method for thermal infrared and visible images[J]. Geomatics and Information Science of Wuhan University, 2017,42(7):911-917.

[15] 蔡泽平.面向无人车的多目融合感知研究[D].长沙:湖南大学,2014.
CAI Zeping. Multi-view perception for unmanned ground vehicles [D]. Changsha:Hunan University,2014.

[16] ANDRIANI S,ZABOT A,CALVAGNO G,et al. 3D-LUT optimization for high dynamic range andwide color gamut color processing[J/OL]. Color Imaging XXVI, https://library.imaging.org/ei/articles/33/16/art00002.

[17] HE K, ZHANG X, REN S, et al. Deep residual learning for image recognition[J]. 2016 IEEE Conference on Computer Vision and Pattern Recognition (CVPR),2016:770-778.

[18] SALINAS R,JIMENEZ J,BOLIVAR E,et al. Mapping and localization from planar markers[J]. Pattern Recognition, 2018, 73: 158-171.

[19] 张旭辉,王冬曼,杨文娟.基于视觉测量的液压支架位姿检测方法[J].工矿自动化,2019,45(3):56-60.
ZHANG Xuhui, WANG Donman, YANG Wenjuan. Position detection method of hydraulic support based on vision measurement[J]. Industry and Mine Automation,2019,45(3):56-60.

[20] 王铉彬,李星星,廖健驰,等.基于图优化的紧耦合双目视觉/惯性/激光雷达 SLAM 方法[J].测绘学报,2022,51(8):1744-1756.
WANG Xuanbin, LI Xingxing, LIAO Jianchi, et al. Tightly-coupled stereo visual-inertial-LiDAR SALM based on graph optimization [J]. Acta Geodaeticaet Cartographica Sinica, 2022, 51(8):1744-1756.

[21] 李森.基于惯性导航的工作面直线度测控与定位技术[J].煤炭科学技术,2019,47(8):169-174.
LI Sen.Measurement & control and localisation for fully-mechanized working face alignment based on inertial navigation[J]. Coal Science and Technology,2019,47(8):169-174.

[22] 李森,王峰,刘帅,等.综采工作面巡检机器人关键技术研究[J].煤炭科学技术,2020,48(7):218-225.
LI Sen, WANG Feng, LIU Shuai, et al. Study on key technology of patrol robots for fully-mechanized mining face[J]. Coal Science and Technology,2020,48(7):218-225.

[23] WAN Lirong, YU Zhengmiao, WANG Dalong, et al. Analysis of the influence of accumulator on the stability of liquid supply of

emulsion pump station[C]//International Conference on Intelligent Equipment and Special Robots (ICIESR). Qingdao,2021.

[24]　周如林. 综采工作面供液系统负载流阻理论分析及试验[J]. 工矿自动化,2019,45(4):30-34.
　　　　ZHOU Rulin. Theoretical analysis and test of load flow resistance of fluid supply system in fully mechanized mining face[J]. Industry and Mine Automation,2019,45(4):30-34.

[25]　叶健. 一种乳化液泵用润滑油泵的改进研制[J]. 矿山机械, 2020,48(2):67-69.
　　　　YE Jian. Improvement of a lubricating oil pump used for emulsion-pump[J]. Mining & Processing Equipment,2020,48(2):67-69.

[26]　LI Ran,WANG Dalong,WEI Wenshu,et al. Analysis of the movement characteristics of the pump valve of the mine emulsion pump based on the internet of things and cellular automata[J]. Mobile Information Systems,2021,2021:1-8.

[27]　卢海承,韦文术,周如林,等. 纯水液压系统在综采工作面应用中的关键技术研究[J]. 煤矿机械,2019,40(4):136-139.
　　　　LU Haicheng, WEI Wenshu, ZHOU Rulin, et al. Research on key technology of pure water hydraulic system in fully mecha-nized mining face[J]. Coal Mine Machinery, 2019, 40(4): 136-139.

[28]　WEI Wenshu ,ZOU Xiang ,JI Xinxiang,et al. Analysis of concen-tration polarisation in full-size spiral wound reverse osmosis mem-branes using computational fluid dynamics[J]. Membranes,2021, 11(5):353.

[29]　李然. 综采工作面智能供液技术及发展趋势[J]. 煤炭科学技术,2019,47(9):203-207.
　　　　LI Ran. Intelligent fluid supply technology in fully-mechanized coal mining face and its development trend [J]. Coal Science and Technology,2019,47(9):203-207.

[30]　李然,刘波,王大龙,等. 工作面智能供液技术创新进展及工程实践[J/OL]. 煤炭科学技术:1-9[2022-12-21]. DOI:10.13199/j.cnki.cst.2021-0487.
　　　　LI Ran,LIU Bo,WANG Dalong,et al. Innovation progress and en-gineering practice of intelligent fluid supply technology in working face[J/OL]. Coal Science and Technology:1-9[2022-12-21]. DOI:10.13199/j.cnki.cst.2021-0487.

王国法,徐亚军,孟祥军,等.智能化采煤工作面分类、分级评价指标体系[J].煤炭学报,2020,45(9):3033-3044.

WANG Guofa,XU Yajun,MENG Xiangjun,et al. Specification,classification and grading evaluation index for smart longwall mining face[J]. Journal of China Coal Society,2020,45(9):3033-3044.

移动阅读

智能化采煤工作面分类、分级评价指标体系

王国法[1,2,3]，徐亚军[1,2,3]，孟祥军[4]，范京道[5]，吴群英[6]，任怀伟[1,2,3]，庞义辉[1,2,3]，
杜毅博[1,2,3]，赵国瑞[1,2,3]，李明忠[1,2,3]，马　英[1,2,3]，张金虎[1,2,3]

(1. 中煤科工开采研究院有限公司,北京　100013；2. 煤炭科学研究总院 开采设计研究分院,北京　100013；3. 天地科技股份有限公司 开采设计事业部,北京　100013；4. 兖矿集团有限公司,山东 邹城　273500；5. 陕西煤业化工集团有限责任公司,陕西 西安　710065；6. 陕西陕煤陕北矿业有限公司,陕西 神木　719301)

摘　要：针对我国智能化工作面尚没有统一标准,无法对煤矿智能化建设和发展水平进行科学合理定量评价问题,开展了智能化工作面分类、分级与评价指标体系研究,给出了智能化采煤工作面定义,建立了智能化工作面指标体系数学模型,提出了智能化工作面分类、分级评价指标体系与评价方法,开发了智能化采煤工作面分类、分级评价软件,结合具体案例,验证了评价方法与评价结果的科学合理性。首先对智能化采煤工作面、工作面智能集控中心、智能化开采模式等术语进行定义,提出智能化采煤工作面一般技术要求与系统配套条件,根据工作面煤层厚度、赋存条件、采煤方法和开采技术参数对智能化采煤工作面开采模式进行分类,将智能化采煤工作面分为薄煤层和中厚煤层智能化有人巡视无人操作、大采高煤层人-机-环智能耦合高效综采和综放工作面智能化操控与人工干预辅助放煤3种模式。然后以煤层赋存条件为基本指标、开采技术参数为参考指标,建立智能化采煤工作面分类评价指标体系,将采煤工作面煤层开采条件分为Ⅰ类、Ⅱ类、Ⅲ类；将智能化采煤工作面系统细分为智能割煤、智能支护、智能运输、智能控制、网络通讯、智能视频、智能喷雾、智能供液、智能巡检、智能供电、工作面照明、工作面语音、通风防灭火和安全监测14个子系统,针对不同类别工作面生产条件,分别对其设备性能达标条件和设备运行工况达标条件进行评价,建立适用于不同类别的智能化采煤工作面分级评价指标体系,将智能化采煤工作面分为高级、中级、初级3个级别,综合评价智能化工作面水平。最后以具体的采煤工作面为例,对智能化工作面相关指标进行具体解析,验证评价指标体系与评价方法的合理性与科学性。

关键词：智能化采煤工作面；分类；分级；评价指标体系；技术条件

中图分类号：TD823　　**文献标志码**：A　　**文章编号**：0253-9993(2020)09-3033-12

Specification，classification and grading evaluation index for smart longwall mining face

WANG Guofa[1,2,3],XU Yajun[1,2,3],MENG Xiangjun[4],FAN Jingdao[5],WU Qunying[6],REN Huaiwei[1,2,3],
PANG Yihui[1,2,3],DU Yibo[1,2,3],ZHAO Guorui[1,2,3],LI Mingzhong[1,2,3],MA Ying[1,2,3],ZHANG Jinhu[1,2,3]

(1. *Coal Mining Research Institute*,*China Coal Technology & Engineering Group Corp*,*Beijing*　100013,*China*；2. *China Coal Research Institute*,*Mining Design Institute*,*Beijing*　100013,*China*；3. *Coal Mining Technology Department*,*Tiandi Science and Technology Co.*,*Ltd.*,*Beijing*　100013,*China*；

收稿日期：2020-05-26　　**修回日期**：2020-07-24　　**责任编辑**：常　琛　　**DOI**：10.13225/j.cnki.jccs.2020.1059

基金项目：国家重点研发计划资助项目(2017YFC0804305)；中国工程院院地合作资助项目(2019NXZD2)；天地科技创新资金专项资助项目(2018-TD-QN026)

作者简介：王国法(1960—)，男，山东文登人,中国工程院院士。Tel：010-84262109,E-mail：wangguofa@tdkcsj.com

通讯作者：徐亚军(1971—)，男,安徽枞阳人,研究员,博士。Tel：010-84292987,E-mail：xuyajun@tdkcsj.com

4. *Yankuang Group Co. ,Ltd. ,Zoucheng　273500,China*;5. *Shaanxi Coal and Chemical Industry Group Co. ,Ltd. ,Xi'an　710065,China*; 6. *Shaanxi Coal North Mining Co. ,Ltd. ,Shenmu　719301,China*)

Abstract:There is no unified standard for smart longwall mining face in China,and it is impossible to carry out scientific and reasonable quantitative evaluation on intelligent construction and development level of longwall mining face. The research on the classification,grading and evaluation index system of smart longwall mining face is carried out,the definition of smart longwall mining face is given,the mathematical model of the index system of smart longwall mining face is established,and the classification,grading evaluation index system and evaluation method of smart longwall mining face are put forward. The software of smart longwall mining face classification and grading evaluation is developed,and the scientific rationality of evaluation method and results is verified with specific cases. Firstly,some terms such as smart longwall mining face,intelligent centralized control center of mining face,intelligent mining mode and so on are defined,and the general technical requirements and system mating conditions of smart longwall mining face are put forward. According to the coal seam thickness,occurrence conditions,mining methods and mining technical parameters,the mining mode of smart longwall mining is classified. It can be divided into three modes: thin coal seam and medium thick coal seam intelligent patrol unmanned operation,thick coal seam human machine environment intelligent coupling high-efficiency comprehensive mining,and fully mechanized caving face intelligent operation and artificial intervention auxiliary caving. Secondly,taking the coal seam occurrence condition as the basic index and the mining technical parameters as the reference index,the intelligent classification and evaluation standard of longwall mining face is established,and the mining conditions of longwall mining face are divided into class I,class II and class III. According to the classification evaluation results of mining face,the smart longwall mining face system is divided into 14 subsystems: intelligent cutting coal,intelligent support,intelligent transportation,intelligent control,network communication,intelligent video,intelligent spray,intelligent supply,intelligent inspection,intelligent power supply,mining face lighting,mining face voice,ventilation,fire prevention and safety monitoring. The conditions of reaching the standard and the operating conditions of the equipment are evaluated. The grading evaluation standard for different types of smart longwall mining faces is established. The smart longwall mining faces are divided into three levels:advanced,intermediate and primary,and the development level of smart longwall mining face is comprehensively evaluated. Finally,taking a specific longwall mining face as an example,the paper analyzes the related indexes of smart longwall mining face,and verifies the rationality and scientific of the evaluation index system and evaluation method.

Key words:smart longwall mining face;classification;grading;evaluation index system;technical conditions

智能化开采是煤炭安全高效开采的发展方向和必然趋势已成为行业共识[1-3]。为了加快煤矿智能化发展,全面提升我国煤矿智能化技术水平,2020年3月份国家发展改革委等8部委推出了《关于加快煤矿智能化发展的指导意见》,提出了将煤矿智能化作为煤炭工业高质量发展的核心技术支撑,制定了煤矿智能化发展的原则、目标、任务和保障措施。为了配合国家8部委的智能化发展指导意见,受国家能源局委托,笔者团队开展了"智能化采煤工作面分类、分级技术条件与评价指标体系"标准的制定。鉴于我国煤矿智能化建设尚处于初级阶段[4-6],以国内现有工作面智能化开采技术和装备为基础,根据智能化采煤工作面生产实际,结合我国煤层赋存条件多样性特点,对智能化工作面进行了定义,提出了智能化采煤工作面通用要求与系统配套条件,给出了智能化工作面分类、分级评价指标体系与评价方法,指导煤矿因地制宜地分类、分级建设智能化采煤工作面,推进煤矿智能化高质量发展。

1 智能化开采定义

智能化开采的显著特点是工作面装备与系统具有智能感知、智能控制和智能决策3个智能化要素[7],智能感知是基础[8],智能决策是重点,智能控制是结果。三者关系如图1所示[9-10]。

目前我国煤矿智能化开采尚处于初级阶段,其经历了3个发展步骤,每个步骤都是着重解决智能化3要素中某些内容。先是在2014年解决了基于视频监控的智能感知问题[11-12],以黄陵煤矿为代表,实现了基于采煤机记忆截割、综采装备可视化远程干预的初步智能化开采[13-14](图2)。然后在2016年解决了基于惯性导航的工作面直线度智能控制问题,以兖矿集

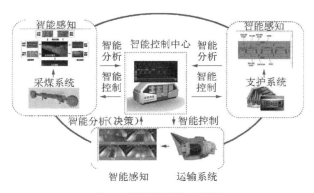

图1 智能化开采3要素

Fig. 1 Three elements of intelligent mining

团转龙湾煤矿为代表,采用 LASC 技术实现工作面设备自动找直(图3)[15],将智能化开采技术推向深入。

目前主要解决智能决策问题。以大数据分析和深度学习为基础,通过系统的自主学习与数据训练形成自主分析与决策机制,解决智能控制系统自主决策难题。由于基于神经网络的深度学习模型数学机理不清晰,相关研究正在深入,距离实际应用尚有差距。现阶段,切实可行的方法是在智能感知、智能控制技术基础上,建立协同联动机制,通过各设备的协同控制,智能协调工作面各设备自动运行,解决工作面装备智能决策缺失难题,实现工作面智能化开采。

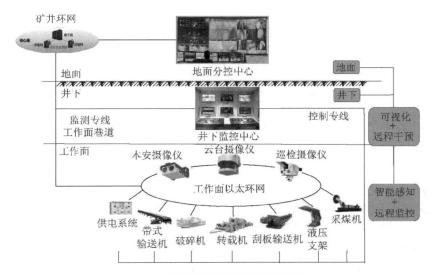

图2 可视化远程干预的智能开采

Fig. 2 Intelligent mining of visual remote intervention

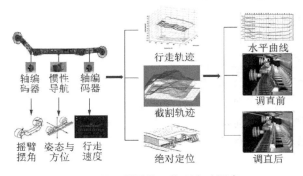

图3 基于惯导的工作面自动调直

Fig. 3 Automatic alignment of mining face based on INS

以综放工作面为例,目前采煤机、刮板输送机、液压支架、工作面视频与远程控制都进行了一定程度的智能化开发,由于缺乏协同联动机制,各系统之间相互独立,不能协同作业。如图4所示切实可行的方法是以煤流量智能检测为基础,形成基于带式输送机、前后部刮板输送机煤流监测的智能决策机制,实现液压支架、采煤机和前后部刮板输送机等综采设备协调联动。

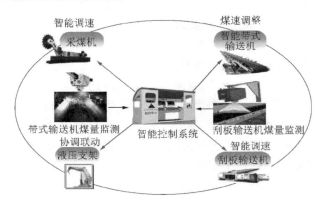

图4 基于煤流识别的协调运行机制

Fig. 4 Coordinated mechanism based on coal quantity identification

综上,对智能化采煤工作面定义如下:应用物联网、云计算、大数据、人工智能等先进技术,使工作面采煤机、液压支架、输送机(含刮板输送机、转载机、破碎机、可伸缩带式输送机)及电液动力设备等形成具有自主感知、自主决策和自动控制运行功能的智能系统,实现工作面落煤(截割或放顶煤)、装煤、支护、运煤作业工况自适应和工序协同控制的开采方式(作业空间)。

2 智能化采煤工作面通用要求

智能化采煤工作面通用要求主要是对智能化采煤工作面煤层地质条件、设备智能化功能、系统配套特性提出一般性规定与要求,以界定智能化采煤工作面适用条件、考评内容与规范性要求。为了便于理解和操作,将智能化采煤工作面分为智能化采煤工作面生产系统和智能化采煤工作面辅助生产系统两大系统,各系统组成如图5所示。

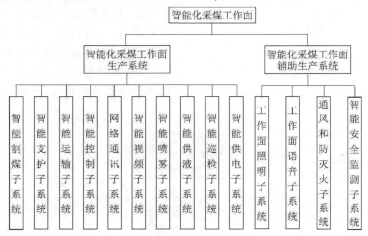

图5 智能化采煤工作面系统组织架构

Fig. 5 Organizational structure of smart mining face

2.1 煤层地质条件

较一般综采而言,智能化采煤工作面对煤层地质保障要求较高。因为煤层条件越复杂,分析决策周期就越长,系统控制流程就越繁琐,需要不停的调整工艺流程与运行参数,实现安全高效智能化开采难度越大。为此,要求智能化采煤工作面必须有专项总体设计、地质保障准备和设备总体选型配套研究,应根据具体的煤层赋存条件,选择合适的智能化开采模式。

2.2 各子系统通用要求

当前基于视频图像和设备运行参数检测的智能感知技术应用最为普遍,基于各类传感器的智能控制也开始广泛应用,而智能决策系统应用相对滞后,考虑到标准的可操作性,现阶段主要对智能感知和智能控制性能进行考评,随着技术的进步与发展,后期再将智能决策纳入考评范围。为此,标准对智能感知和智能控制提出了明确规定,要求智能化采煤工作面必须具有智能感知能力,对智能决策系统则提出非强制性要求,要求智能化采煤工作面宜有智能决策系统,以符合目前智能化工作面的发展现状。

2.2.1 生产系统通用要求

(1)智能割煤子系统通用要求。智能割煤子系统主要是对采煤机的智能化提出了相关要求,包括强制性要求和非强制性要求两方面内容。① 强制性要求:采煤机必须具备运行工况及位姿检测、机载无线遥控、精准定位、滚筒切割轨迹路径记忆、工作面中部

记忆截割、"三角煤"机架协同控制割煤、远程控制、故障诊断和环境安全瓦斯联动控制等功能与自动化控制系统,所有控制功能应向工作面智能集控中心开放,实现采煤机的启停、牵引速度和运行方向的远程控制。② 非强制性要求:主要包括采煤机的惯性导航、智能调高、防碰撞检测等智能感知和煤流平衡控制等智能控制功能。

(2)智能支护子系统通用要求。智能支护子系统规定了液压支架必备的基本功能,给出了相关推荐性要求,并对大采高液压支架、放顶煤液压支架、超前液压支架的智能化分别进行了详细规定。要求液压支架必须配备电液控制系统,宜配备高度检测、姿态感知、工作面直线度调直、压力超前预警、群组协同控制、自动超前跟机支护等智能感知与控制功能,实现液压支架的智能控制。大采高液压支架宜有顶板状态实时感知、煤壁片帮预测、伸缩梁(护帮板)防碰撞等智能感知功能,放顶煤液压支架应采用智能化割煤结合自动放煤或人工辅助干预进行放煤控制,超前液压支架应配备电液控制系统,具有就地控制与远程遥控功能,宜有状态智能感知和自主行走功能。

(3)智能运输子系统通用要求。智能运输子系统主要是对工作面刮板输送机和可伸缩带式输送机提出了相关要求。要求刮板输送机应具有智能变频软启动控制、运行状态监测、链条自动张紧、断链保护、故障诊断、远程控制以及与工作面智能集控中心

双向通信功能,宜有煤流负荷检测功能,实现采、运协同控制。要求工作面可伸缩带式输送机必须具有综合保护与运行工况监控功能,实时监测带式输送机运行工况和预警,宜有煤流量监测、异物识别和自动变频速度调节功能,能够根据煤流量大小自动控制带速,实现节能运行。

(4)智能控制子系统通用要求。根据控制地点和控制要求的不同,将智能控制子系统分为工作面智能集控中心和地面监控中心,要求工作面智能集控中心必须具有集中、就地和远程控制功能,能够实现采煤机、液压支架、刮板输送机、破碎机、转载机、可伸缩带式输送机、转载机、破碎机、乳化液泵站协同控制。考虑到通讯的时效性和生产的安全性,对地面监控中心没有提出详细的控制要求,仅要求地面监控中心具备工作面设备具有一键启停功能,能够在地面对采煤工作面生产系统远程监控和采煤工作面辅助生产系统进行远程监视。

(5)网络通讯子系统通用要求。智能化采煤工作面有线网络传输速率宜不低于 1 000 Mbps,无线通讯带宽不低于 100 Mbps,无线通讯系统具有工作面数据通信、语音视频通信、视频监控、人员定位、语音广播等功能。

(6)智能视频子系统通用要求。要求矿用本质安全型高清摄像仪必须具有视频增强、跟随采煤机自动切换视频画面和自动清洗功能,视频传输速率不低于 100 Mbps,对云台摄像仪云台水平旋转角度、光学变焦、最低像素和水平广角进行了规定,智能摄像仪宜有特征信息识别、自动特征提取和预警功能。

(7)智能喷雾降尘子系统通用要求。智能喷雾降尘子系统包括工作面智能喷雾降尘分系统和煤流运输智能喷雾降尘分系统,要求工作面采煤机割煤点、刮板输送机卸煤点、转载机落煤点、可伸缩带式输送机搭接点、液压支架降移升动作和放煤点等工作面尘源位置都应设有智能喷雾装置,实现工作面全方位喷雾降尘。

(8)智能供液子系统通用要求。智能供液子系统应具有反渗透水处理、清水过滤、自动配比补液、多级过滤、高压自动反冲洗、高低液位自动控制、乳化液浓度在线监控、单泵或多台泵的单动与自动运行、系统运行信息检测与上传功能,宜与液压支架用液量协同联动,实现工作面供液系统的智能控制。

(9)智能巡检子系统通用要求。智能巡检子系统包括工作面智能巡检系统和主煤流运输智能巡检,利用巡检机器人实现工作面设备运行状况、开采环境、煤流状态的例行巡检和异常情况实地巡查。

(10)智能供电子系统通用要求。要求工作面智能供电子系统能够对整个工作面电力系统进行监控,动态显示警示、预警和报警信息,能够显示开关分合闸状态,并在权限允许的范围内对开关分合闸进行操作,宜有防越级自动跳闸、故障精准定位功能,实现工作面供电系统的智能控制。

2.2.2 辅助生产系统通用要求

智能化采煤工作面辅助生产系统主要对工作面照明、工作面语音、工作面通风和防灭火、智能安全监测子系统进行了规定。对采煤工作面照明灯形式、照明灯照度与后备电源、工作面语音系统功能、工作面通风和防灭火的实时监测地点、监测装置与监测内容以及智能安全监测子系统的实时监测内容与监测功能提出了具体要求。

2.3 系统配套要求

智能化采煤工作面系统配套主要对 0.8(含)~1.3 m 薄煤层、1.3(含)~3.5 m 中厚煤层、3.5 m 以上厚煤层、煤层倾角大于 25°(含)的大倾角工作面开采方式和配套模式进行规范,要求薄煤层和中厚煤层采用有人巡视无人操作模式进行开采,3.5 m 以上厚煤层采用大采高煤层人-机-环智能耦合高效综采模式或综放工作面智能化操控与人工干预辅助放煤模式进行开采。要求所有智能化工作面超前支护都应采用超前液压支架,建立信息安全保障体系[16-17],同时对工作面智能化集控中心建设内容进行了规定。

考虑到目前智能化开采技术尚处于初级阶段,现阶段对于煤层倾角大于 25°(含)的大倾角工作面很难实现智能化开采,标准规定煤层倾角大于 25°(含)的大倾角工作面宜采用智能化+机械化相结合的开采技术进行开采,采用推荐的方式进行要求,不做强行规定。

3 智能化采煤工作面分类与分级

3.1 智能化采煤工作面分类
3.1.1 开采模式划分

开采模式是以煤层厚度和采高为主要决定因素结合煤层赋存条件而形成的具有相同或相近开采方法、采煤工艺、配套模式、控制方式和智能决策逻辑的开采方式。根据工作面煤层厚度、采煤方法和开采技术参数的不同将智能化采煤工作面分 3 种开采模式,类别代号及名称见表 1。

3.1.2 分类指标量化评价

将煤层厚度、煤层倾角、煤层稳定性、瓦斯、水文等煤层赋存条件作为基本指标,工作面走向长度、倾斜宽度、可布置工作面数量等采煤工作面开采技术参数作为参考指标对不同开采模式的采煤工作面进行分类评价。分类指标见表2。

表1　智能化采煤工作面开采模式

Table 1　Mining mode of smart longwall mining face

类别代号	1类	2类	3类
名称	薄煤层和中厚煤层智能化有人巡视无人操作模式	大采高煤层人-机-环智能耦合高效综采模式	综放工作面智能化操控与人工干预辅助放煤模式

表2　智能化采煤工作面分类评价指标量化评价

Table 2　Classified evaluation index quantification

评价条件因素	1级	2级	3级
煤层厚度/m	1.3~6.0	≥6.0	≤1.3
煤层倾角/(°)	≤10	10~25	≥25
煤层硬度	中等硬度煤	硬煤或软煤	特硬或特软煤
节理裂隙发育	不发育	较发育	发育
煤层稳定性	稳定或较稳定	不稳定	极不稳定
直接顶稳定程度	2类、3类	4类	1类
基本顶板级别	I级	II级	III级、IV级
底板稳定程度	IV类、V类	II类、III类	I类
褶曲影响程度	0	1~2	≥2
断层影响程度	≤0.6	0.6~1	≥1
陷落柱影响程度/%	≤5	5~15	≥15
矿井瓦斯等级	低瓦斯矿井	高瓦斯矿井	突出矿井
煤层自燃倾向	不易自燃	自燃	易自燃
水文地质复杂程度	简单或中等	复杂	非常复杂
煤尘爆炸倾向	1级或2级	3级	4级
工作面俯仰角/(°)	≤5	5~15	≥15
伪顶厚度/m	≤0.1	0.1~0.5	≥0.5
工作面走向长度/m	≥1 500	500~1 500	≤500
工作面倾斜宽度/m	≥200	100~200	≤100
可布置工作面个数	≥5	2~5	≤2

采用模糊综合评价方法对智能化采煤工作面条件进行综合评价,将各因素的评价结果按一定算法映射为可计算的综合评价值,采用百分制原则进行评判。评价方法的本质是模糊评定[18],因为若将各映射函数除以100,则百分制评价结果就变为隶属度,相应的映射函数便成为隶属函数。采用百分制是为了便于考评和操作。下文对几个主要指标评价方法进行说明。

(1)煤层厚度。煤层厚度在区间[1.3,6]的得分为[85,100],考虑到3.5 m以上煤层需要设置护帮板,将3.5 m煤层设为100分,然后随着煤层厚度变薄或变厚,分值逐渐降低。采用式(1)所示的分段函

数作为映射算法计算不同厚度煤层得分:

$$f(x) = \begin{cases} 63, x < 0.6 \\ 10x + 57, 0.6 \leq x \leq 1.3 \\ -2.73x^2 + 19.91x + 63.73, 1.3 < x < 6 \\ -x + 91, 6 \leq x \leq 21 \\ 70, x > 21 \end{cases}$$

(1)

1.3~6.0 m煤层厚度分值曲线如图6(a)所示。

(2)煤层倾角。采用式(2)所示的多项式函数作为映射算法计算不同煤层倾角得分:

$$f(x) = -\frac{109x^3}{46\ 800} + \frac{527x^2}{18\ 720} - \frac{16\ 457x}{9\ 360} + 100 \quad (2)$$

分值曲线如图6(b)所示。

(3)煤层硬度。将煤层普氏系数 f 作为煤层硬度计算依据。$f = 2 \sim 3$ 为中等硬度煤层,$f = 1 \sim 2$ 为软煤,$f = 3 \sim 4$ 为硬煤,$f < 1$ 为特软煤,$f > 4$ 为特硬煤[19]。采用式(3)所示的分段函数计算不同煤层硬度得分:

$$f(x) = \begin{cases} 70x, 0 \leq x < 1 \\ 55 + 15x, 1 \leq x < 2 \\ 25 + 30x, 2 \leq x < 2.5 \\ 175 - 30x, 2.5 \leq x < 3 \\ 130 - 30x, x \geq 3 \end{cases}$$

(3)

分值曲线如图6(c)所示。

(4)工作面断面影响程度。采用式(4)所示的分段函数作为映射算法计算工作面不同工作面断面影响程度得分(断层影响程度超过2.86,分值为0):

$$f(x) = \begin{cases} 100 - 25x, 0 \leq x < 0.6 \\ 107.5 - 37.5x, x \geq 0.6 \end{cases}$$

(4)

分值曲线如图6(d)所示。

(5)陷落柱影响程度。采用式(5)所示的分段函数计算工作面不同陷落柱影响程度得分:

$$f(x) = \begin{cases} 100 - 300x, 0 \leq x < 5\% \\ 92.5 - 150x, 5\% \leq x \leq 61.67\% \end{cases}$$

(5)

分值曲线如图6(e)所示。

(6)工作面俯仰采角度。采用式(6)所示的分段函数计算工作面仰俯角得分:

$$f(x) = \begin{cases} 100 - 3x, 0 \leq x < 5 \\ 95 - 1.5x, 5 \leq x \leq 90 \end{cases}$$

(6)

分值曲线如图6(f)所示。

(7)伪顶厚度。采用式(7)所示的分段函数计算工作面伪顶厚度得分:

$$f(x) = \begin{cases} 100 - 150x, 0 \leq x < 0.1 \\ 100 - 37.5x, 0.1 \leq x < 2.67 \\ 0, x \geq 2.67 \end{cases}$$

(7)

分值曲线如图6(g)所示。

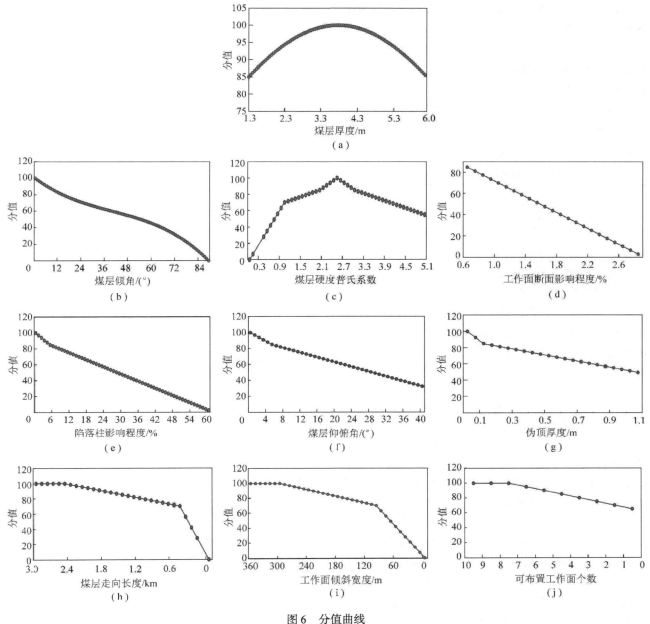

图 6 分值曲线

Fig. 6 Score curves

（8）工作面走向长度。采用式（8）所示的分段函数计算工作面长度得分：

$$f(x) = \begin{cases} 100, x \geq 300 \\ 55 + 0.15x, 100 \leq x < 300 \\ 0.7x, 0 \leq x < 100 \end{cases} \quad (8)$$

分值曲线如图 6（h）所示。

（9）工作面倾斜宽度。采用式（9）所示的分段函数计算不同工作面倾斜宽度得分：

$$f(x) = \begin{cases} 100, x > 300 \\ 55 + 0.15x, 100 \leq x < 300 \\ 0.7x, 0 \leq x < 100 \end{cases} \quad (9)$$

分值曲线如图 6（i）所示。

（10）可布置工作面数量。采用式（10）所示分段函数计算可布置工作面个数得分：

$$f(x) = \begin{cases} 100, x > 8 \\ 60 + 5x, 0 < x \leq 8 \end{cases} \quad (10)$$

分值曲线如图 6（j）所示。

3.1.3 分类方法

将表 2 所示的 20 个评价指标向量 $[w_1 \quad w_2 \quad \cdots \quad w_{20}]$ 作为行向量，将评价指标权重向量 $[r_1 \quad r_2 \quad \cdots \quad r_{20}]$ 作为列向量，2 者向量的积 V_1 为工作面条件分类依据，计算方法为

$$V_1 = [w_1 \quad w_2 \quad \cdots \quad w_{20}][r_1 \quad r_2 \quad \cdots \quad r_{20}]^T$$

$$(11)$$

根据式(11)算出的得分结果对工作面煤层开采条件进行分类,评判结果集为{Ⅰ类,Ⅱ类,Ⅲ类} = {100~85(含),85~70(含),<70}。

3.2 智能化采煤工作面分级

3.2.1 级别名称与代号

根据工作面智能化水平高低及其实现程度,将智能化采煤工作面分为3级。级别名称和代号见表3。

表3 级别名称及代号
Table 3 Level name and code

代号	Ⅰ级	Ⅱ级	Ⅲ级
名称	高级	中级	初级

3.2.2 分级评价方法

采用模糊综合评价模型对智能化采煤工作面智能化程度进行评价。评价方法是将各评价因素按一定算法映射为可计算的综合评价值,采用百分制原则进行评判。评判集 M 由分项指标向量 V 和权重向量 R 构成,计算方法如式(12)所示:

$$M = \left[\begin{array}{ccc} \dfrac{1\,000}{V_1} & V_2 & V_3 \end{array}\right]\left[\begin{array}{ccc} R_1 & R_2 & R_3 \end{array}\right]^{\mathrm{T}} \quad (12)$$

式中,V_1 为采煤工作面条件综合评价得分;V_2 为设备性能达标条件综合评价得分;V_3 为设备运行工况达标条件综合评价得分;R_1 为采煤工作面条件综合评价权重,$R_1 = 0.1$;R_2 为设备性能达标条件综合评价权重,$R_2 = 0.2$;R_3 为设备运行工况达标条件综合评价权重,$R_3 = 0.7$。权重的设置在一定程度上鼓励复杂条件工作面投入到智能化采煤工作面建设当中和高新设备的投入,但不以煤层地质条件和设备的先进性为主要考评依据,以调动煤矿生产积极性。

根据式(12)计算采煤工作面智能化程度分值,分值>85分的采煤工作面为高级智能化采煤工作面;分值为85(含)~70分的采煤工作面为中级智能化采煤工作面;分值为70(含)~60分的采煤工作面为初级智能化采煤工作面,分值低于60分,为未达到智能化工作面标准。下面对几个主要指标计算方法进行说明。

(1)采煤工作面条件综合评测方法。利用采煤工作面条件综合评价得分 V_1 的反比函数主要是基于以下2点考虑:① 同样分值条件下,较赋存条件简单的工作面而言,复杂条件工作面付出的投入和努力更多;② 鼓励复杂条件工作面积极投入到智能化工作面建设当中。由于 V_1 的权重较小,为了计算结果更加符合实际,将 $1\,000/V_1$ 作为智能化采煤工作面条件综合评价分项指标,同时将 V_1 得分小于10分的按10分进行计算,具体计算结果如图7所示。

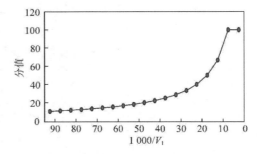

图7 采煤工作面条件综合评价因素曲线
Fig. 7 Curve of comprehensive evaluation factor

(2)设备性能达标条件评测方法。设备性能达标条件分值 V_2 由评价指标向量 $\boldsymbol{w} = [\begin{array}{cccc} w_1 & w_2 & \cdots & w_{14} \end{array}]$ 和评价指标权重向量 $[\boldsymbol{r}] = [\begin{array}{cccc} r_1 & r_2 & \cdots & r_{14} \end{array}]$ 构成,计算方法为

$$V_2 = [\begin{array}{cccc} w_1 & w_2 & \cdots & w_{14} \end{array}][\begin{array}{cccc} r_1 & r_2 & \cdots & r_{14} \end{array}]^{\mathrm{T}} \quad (13)$$

设备性能达标条件评价指标向量元素指前面所述的智能化采煤工作面生产系统中10个智能化子系统和智能化采煤工作面辅助生产系统中4个智能化子系统设备参数和功能,标准从设备的工况检测、自动控制、智能感知3个方面界定设备智能化水平,给出了详细的评分方法。

智能化采煤工作面设备性能达标条件各评价因素权重元素 $r_j (1 \leqslant j \leqslant 14)$ 见表4。权重的设置主要向生产系统倾斜,但又充分考虑到安全生产的重要性,体现了技术进步与安全生产并重的原则,引导企业进行安全高效智能化开采。

表4 设备性能达标条件各指标权重
Table 4 Indicator weight of equipment performance criteria

生产系统	指标名称	指标权重	
智能化工作面生产系统	智能割煤子系统	0.12	0.8
	智能支护子系统	0.13	
	智能运输子系统	0.12	
	智能控制子系统	0.11	
	网络通信系统	0.06	
	智能视频系统	0.08	
	智能喷雾系统	0.05	
	智能供液系统	0.05	
	智能巡检系统	0.03	
	智能供电系统	0.05	
智能化工作面辅助生产系统	工作面照明系统	0.02	0.2
	工作面语音系统	0.03	
	工作面通风防灭火系统	0.05	
	智能安全监测系统	0.10	

根据设备性能达标条件评价得分,将设备性能达标条件分为3个等级:$V_2 = \{好,中,差\} = \{100\sim$

85(含),85～70(含),70～60}。如果分值低于60分,说明设备性能指标未达到智能化工作面标准。

(3)设备运行工况达标条件评测方法。设备运行工况达标条件分值 V_3 由设备运行工况达标条件评价指标向量 $w=[w_1 \quad w_2 \quad \cdots \quad w_{14}]$ 和设备运行工况达标条件评价指标权重向量 $r=[r_1 \quad r_2 \quad \cdots \quad r_{14}]$ 构成,计算方法为

$$V_3 = [w_1 \quad w_2 \quad \cdots \quad w_{14}][r_1 \quad r_2 \quad \cdots \quad r_{14}]^T$$
(14)

同设备性能达标条件评价指标向量元素一样,设备运行工况达标条件评价指标向量也是指智能化采煤工作面生产系统中10个智能化子系统和智能化采煤工作面辅助生产系统中4个智能化子系统设备实行运行状态,标准从设备的运行状况、智能感知、智能控制、日常管理与维护几个方面界定设备智能化运行能力,给出了具体的评分方法。

智能化采煤工作面设备运行工况达标条件各评价因素权重 $r_n(1 \leqslant n \leqslant 14)$ 见表5。权重的设置充分考虑各系统的重要性,引导企业树立全局生产观,充分进行智能化采煤工作面各个环节的建设,全面提升智能化采煤工作面整体生产技术水平。

表5 设备运行工况达标条件各指标权重

Table 5 Indicator weight of equipment cooperation condition

生产系统	指标名称	指标权重	
智能化工作面生产系统	智能割煤子系统	0.12	
	智能支护子系统	0.13	
	智能运输子系统	0.12	
	智能控制子系统	0.11	
	网络通信子系统	0.05	0.77
	智能视频子系统	0.06	
	智能喷雾子系统	0.05	
	智能供液子系统	0.05	
	智能巡检子系统	0.03	
	智能供电子系统	0.05	
智能化工作面辅助生产系统	工作面照明子系统	0.03	
	工作面语音子系统	0.04	0.23
	工作面通风防灭火子系统	0.06	
	智能安全监测子系统	0.10	

将设备运行工况达标条件评价指标向量 $w=[w_1 \quad w_2 \quad \cdots \quad w_{14}]$ 中评价元素($1 \leqslant m \leqslant 14$)和设备运行工况达标条件评价指标权重向量 $r=[r_1 \quad r_2 \quad \cdots \quad r_{14}]$ 中评价权重元素 $r_n(1 \leqslant n \leqslant 14)$ 代入式(19),得出设备运行工况达标条件分值,划分工作面设备运行工况达标条件优劣区间。根据设备运行工况得分,将设

备运行工况达标条件分为3个等级: $V_3=\{好,中,差\}=\{100～85,85(含)～70,70(含)～60\}$。分值低于60分,设备运行工况未达到智能化工作面运行标准。

4 智能化工作面评价指标体系

4.1 评价指标体系

智能化采煤工作面指标体系由分项指标和分项指标权重构成。各级指标分别设置相应的权重,各级指标权重之和等于100%。智能化采煤工作面评价水平总得分为所有一级指标与权重得分之和;一级指标得分应为其下层2级指标得分之和;2级指标得分应为其下层2级指标分项及相应的权重得分之和。各级指标的得分在计算时,四舍五入取整数。

4.2 指标体系框架

智能化采煤工作面评价指标体系包括工作面条件、设备性能达标条件、设备运行工况达标条件3部分指标。具体评价指标体系框架如图8所示。

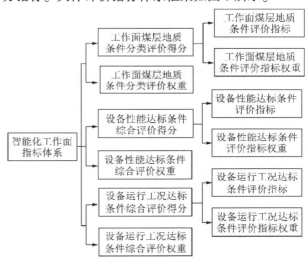

图8 智能化采煤工作面评价指标体系框架

Fig. 8 Framework of evaluation index system

4.3 指标体系矩阵结构

如图9所示,智能化采煤工作面评价指标体系数学模型是多维矩阵数据结构。上一级数据建立在下一级数据指标向量和指标向量权重矩阵基础上,通过指标向量和指标向量权重矩阵运算构成上一级向量的评价元素。评价结果 M 为维度为(1,1,3)的阵列,指标向量 $V(V=[1\ 000/V_1 \quad V_2 \quad V_3])$ 为维度为(1,3,2)的阵列。其中,向量 V 中的阵列元素 V_1 是基于维度(1,20,1)和(20,1,1)的阵列运算结果, V_2, V_3 是基于维度(1,14,1)和(14,1,1)的阵列运算结果。通过阵列的嵌套,层层迭代,建立完整的智能化采煤工作面评价指标数据结构。

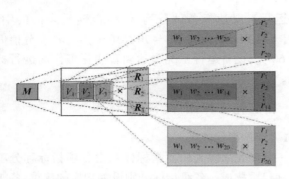

图9　智能化采煤工作面评价指标体系阵列结构

Fig. 9　Array structure of evaluation index system

5　评价体系验证

为了验证评价方法的科学合理性,开发智能化采煤工作面分类、分级评价软件(V1.0),以西部某矿为样本,对采煤工作面智能化程度进行评价。该矿位于鄂尔多斯地区,矿井水文地质条件简单,无陷落柱和断层影响,为低瓦斯矿井。主采Ⅱ-3号煤层,煤层稳定,分布连续,全区可采,煤层厚度3.08~4.11 m,平均3.67 m,煤层倾角0°~3°,平均1°,走向倾角1°~2°,煤层普氏系数f=2~3。煤尘爆炸指数为39%,属易爆炸煤层。设计布置6个工作面。工作面走向长度2 890.50 m,倾向长度324.75 m。基本顶为灰白色砂岩和中粒至细粒砂状结构,厚度5.27~19.39 m,平均厚度11.48 m。直接顶为灰白色中粒砂状结构,抗压强度为30.8~40.8 MPa,厚度1.15~5.32 m,平均厚度3 m。直接底为中细粒砂状结构,抗压强度为20.4~46.2 MPa,厚度9.73~27.23 m,平均厚度18.49。由式(16)求得该采煤工作面条件综合评测结果为94分,类别为良好,结果如图10(a)所示。

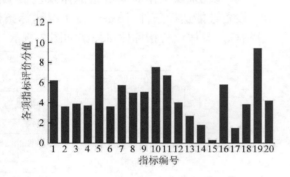

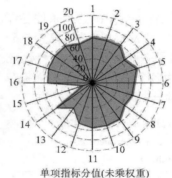

单项指标分值(未乘权重)

1—煤层厚度;2—煤层倾角;3—煤层硬度;4—节理裂隙发育程度;5—煤层稳定性;6—直接顶稳定程度;
7—基本顶板级别;8—底板稳定程度;9—褶曲影响程度;10—断层影响程度;11—陷落柱影响程度;12—矿井瓦斯等级;
13—煤层自燃倾向;14—水文地质复杂程度;15—煤尘爆炸倾向;16—工作面俯仰采角度;17—伪顶厚度;
18—工作面走向长度;19—工作面倾斜宽度;20—可布置工作面数量

(a)

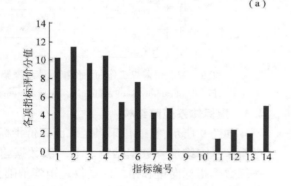

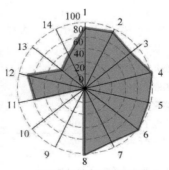

单项指标分值(未乘权重)

1—智能割煤了系统;2—智能支护了系统;3—智能运输了系统;4—智能控制了系统;5—网络通信系统;6—智能视频系统;
7—智能喷雾系统;8—智能供液系统;9—智能巡检系统;10—智能供电系统;11—工作面照明系统;
12—工作面语音系统;13—工作面通风防灭火系统;14—智能安全监测系统

(b)

图10　评价结果

Fig. 10　Evaluation results

评价结果表明,该工作面煤层赋存条件良好,应采用大采高煤层人-机-环智能耦合高效综采模式进行智能化开采。但煤层容易自燃,对工作面安全管理有一定影响。

该工作面配套设备先进,智能割煤、智能支护、智能运输、智能控制、网络通讯、智能视频、智能喷雾、智能供液8个智能化生产子系统装备先进,采煤机具有记忆截割和自动截割三角煤功能,液压支架配备电液控制系统和高清摄像仪,可自动跟随采煤机切换画面,刮板输送机、转载机和带式输送机具有集中控制功能,采用视频系统进行顺槽远程监控,工作面建有传输速率1 000 Mbps工业以太环网,采用LASC自动调直装置,智能按需供液,上述各系统得分都在80分以上,但是工作面没有智能巡检和智能供电系统,影响了其分值。与智能化生产系统相比,智能化辅助化生产系统设备有一定差距,工作面照明系统没有UPS后备电源,工作面没有建立4G网络,通风防灭火系统不具备局部通风机调速功能,风量不足时不能自动闭锁相关设备,人员单兵装备不能实时互联和预警,工作面只能显示人员区域定位,无法精确定位,4个智能化辅助子系统分值都未超过85分。系统设备性能达标条件评价为75分,级别中等,结果如图10(b)所示。

评价过程中发现目前智能化采煤工作面设备发展不均衡,工作面生产系统装备性能普通高于辅助生产系统,这与企业以煤炭产量为中心的理念有关。只要关系到煤炭产量的环节都很重视,也愿意投入装备,对于与煤炭产出量关联度不大的环节则关注度不够。希望通过智能化采煤工作面分类、分级评价标准的推行,改变上述现象,以全面提升采煤工作面智能化水平。

6 结 论

(1)标准给出了智能化采煤工作面相关术语与定义,将智能化采煤工作面分为智能化采煤工作面生产系统和智能化采煤工作面辅助生产系统,前者包括智能割煤、智能支护、智能运输等10个智能化子系统,后者包括工作面照明、工作面语音、通风防灭火和安全监测4个智能化子系统,对每个子系统提出了通用要求。

(2)根据工作面煤层厚度、采煤方法和开采技术参数的不同将智能化采煤工作面分为薄煤层和中厚煤层智能化有人巡视无人操作、厚煤层大采高人-机-环智能耦合高效综采、综放工作面智能化操控与人工干预辅助放煤3种开采模式,规定了每种模式具体配套要求。采用模糊综合评价方法,根据百分制原则考评结果,对不同模式的智能化采煤工作面进行分类评价。同时基于智能化采煤工作面条件、设备性能达标条件和设备运行工况达标条件,采用模糊综合评

价方法对不同模式的采煤工作面智能化水平进行分级评价。

(3)工作面煤层条件量化指标评价方法本质上属于模糊评价,构建了基于多维矩阵结构智能化采煤工作面评价指标数学模型与评价指标体系。

(4)标准的制定充分考虑了我国煤层赋存多样、区域差异性大的特点,高度重视复杂条件矿区智能化采煤工作面的发展,在具体评分原则上给予了合理的支持与鼓励,以充分调动复杂条件矿区发展智能化开采的积极性。

(5)智能化采煤工作面建设是一个长期发展、不断进步的过程[20],考虑到标准的可操作性,标准仅将目前发展相对完善的智能化综采(放)工作面作为主要考评对象,而没有将发展相对滞后的智能化充填等采煤工作面纳入考评范畴,随着智能化采煤工作面的不断发展与进步,条件成熟时,再将智能化充填开采等工作面纳入评价对象,以丰富和完善智能化采煤工作面技术体系。

参考文献(References):

[1] 吕鹏飞,何敏,陈晓晶,等.智慧矿山发展与展望[J].工矿自动化,2018,44(9):84-88.
LÜ Pengfei, HE Min, CHEN Xiaojing, et al. Development and prospect of wisdom mine[J]. Industry and Mine Automation, 2018, 44(9):84-88.

[2] 王国法,杜毅博.智慧煤矿与智能化开采技术的发展方向[J].煤炭科学技术,2019,17(1):1-10.
WANG Guofa, DU Yibo. Development direction of intelligent coal mine and intelligent mining technology[J]. Coal Science and Technology,2019,17(1):1-10.

[3] 王国法.综采自动化智能化无人化成套技术与装备发展方向[J].煤炭科学技术,2014,42(9):30-34.
WANG Guofa. Development orientation of complete fully-mechanized automation, intelligent and unmanned mining technology and equipment[J]. Coal Science and Technology,2014,42(9):30-34.

[4] 王国法,刘峰,孟祥军,等.煤矿智能化(初级阶段)研究与实践[J].煤炭科学技术,2019,47(8):1-34.
WANG Guofa, LIU Feng, MENG Xiangjun, et al. Research and practice of intelligent coal mine (primary stage)[J]. Coal Science and Technology,2019,47(8):1-34.

[5] 刘峰,曹文君,张建明.持续推进煤矿智能化促进我国煤炭工业高质量发展[J].中国煤炭,2019,45(12):32-37.
LIU Feng, CAO Wenjun, ZHANG Jianming. Continuously promoting the coal mine intellectualization and the high-quality development of China's coal industry[J]. China Coal,2019,45(12):32-37.

[6] 王国法,刘峰,庞义辉,等.煤矿智能化:煤炭工业高质量发展的核心技术支撑[J].煤炭学报,2019,44(2):349-357.
WANG Guofa, LIU Feng, PANG Yihui, et al. Coal mine intellectualization:the core technology of high quality development[J]. Journal

of China Coal Society,2019,44(2):349-357.

[7] 王国法,张德生. 煤炭智能化综采技术创新实践与发展展望[J]. 中国矿业大学学报,2018,47(3):459-467.
WANG Guofa,ZHANG Desheng. Innovation practice and development prospect of intelligent mechanized technology for coal mine[J]. Journal of China University of Mining & Technology,2018,47(3):459-467.

[8] 王国法,赵国瑞,任怀伟. 智慧煤矿与智能化开采关键核心技术分析[J]. 煤炭学报,2019,44(1):34-41.
WANG Guofa,ZHAO Guorui,REN Huaiwei. Analysis on key technologies of intelligent coal mine and intelligent mining[J]. Journal of China Coal Society,2019,44(1):34-41.

[9] 王国法,范京道,徐亚军,等. 煤炭智能化开采关键技术创新进展与展望[J]. 工矿自动化,2018,44(2):5-12.
WANG Guofa,FAN Jingdao,XU Yajun,et al. Innovation progress and prospect on key technologies of intelligent coal mining[J]. Industry and Mine Automation,2018,44(2):5-12.

[10] 王国法. 综采自动化智能化无人化成套技术与装备发展方向[J]. 煤炭科学技术,2014,42(9):30-34,39.
WANG Guofa. Development orientation of complete fully-mechanized automation,intelligent and unmanned mining technology and equipment[J]. Coal Science and Technology,2014,42(9):30-34,39.

[11] 田成金. 煤炭智能化开采模式和关键技术研究[J]. 工矿自动化,2016,42(11):28-32.
TIAN Chengjin. Research of intelligentized coal mining mode and key technologies[J]. Industry and Mine Automation,2016,42(11):28-32.

[12] 张良,李首滨,黄曾华,等. 煤矿综采工作面无人化开采的内涵与实现[J]. 煤炭科学技术,2014,42(9):26-29.
ZHANG Liang,LI Shoubin,HUANG Zenghua,et al. Definition and realization of unmanned mining in fully-mechanized coal mining face[J]. Coal Science and Technology,2014,42(9):26-29.

[13] 唐恩贤,张玉良,马骋. 煤矿智能化开采技术研究现状与展望[J]. 煤炭科学技术,2019,47(10):111-115.
TANG Enxian,ZHANG Yuliang,MA Cheng. Research status and development in coal mine[J]. Coal Science and Technology,2019,47(10):102-110.

[14] 李首滨. 智能化开采研究进展与发展趋势[J]. 煤炭科学技术,2019,47(10):102-110.
LI Shoubin. Progress and development trend of intelligent mining technology[J]. Coal Science and Technology,2019,47(10):102-110.

[15] 李森. 基于惯性导航的工作面直线度测控与定位技术[J]. 煤炭科学技术,2019,47(8):169-174.
LI Sen. Measurement & control and localization for fully-mechanized working face alignment based on inertial navigation[J]. Coal Science and Technology,2019,47(8):169-174.

[16] 王国法,庞义辉,任怀伟. 煤矿智能化开采模式与技术路径[J]. 采矿与岩层控制工程学报,2020,2(1):1-15.
WANG Guofa,PANG Yihui,REN Huaiwei. Intelligent coal mining pattern and technological path[J]. Journal of Mining and Strata Control Engineering,2020,2(1):1-15.

[17] 王国法. 工作面支护与液压支架技术理论体系[J]. 煤炭学报,2014,39(8):1593-1601.
WANG Guofa. Theory system of working face support system and hydraulic roof technology[J]. Journal of China Coal Society,2014,39(8):1593-1601.

[18] 黄洪钟. 模糊设计[M]. 北京:机械工业出版社,1999:7-55.

[19] 王家臣,王兆会,孔德中. 硬煤工作面煤壁破坏与防治机理[J]. 煤炭学报,2015,40(10):2243-2250.
WANG Jiachen,WANG Zhaohui,KONG Dezhong. Failure and prevention mechanism of coal wall in hard coal seam[J]. Journal of China Coal Society,2015,40(10):2243-2250.

[20] 王国法,王虹,任怀伟,等. 智慧煤矿2025情景目标和发展路径[J]. 煤炭学报,2018,43(2):295-305.
WANG Guofa,WANG Hong,REN Huaiwei,et al. 2025 scenarios and development path of intelligent coal mine[J]. Journal of China Coal Society,2018,43(2):295-305.

院士观点

移动扫码阅读

王国法,潘一山,赵善坤,等. 冲击地压煤层如何实现安全高效智能开采[J]. 煤炭科学技术, 2024, 52(1): 1-14.
WANG Guofa, PAN Yishan, ZHAO Shankun, *et al.* How to realize safe-efficient-intelligent mining of rock burst coal seam[J]. Coal Science and Technology, 2024, 52(1): 1-14.

冲击地压煤层如何实现安全高效智能开采

王国法[1,2],潘一山[3],赵善坤[4],庞义辉[5],何勇华[2],魏文艳[2]

(1. 中国煤炭科工集团有限公司, 北京 100013; 2. 北京天玛智控科技股份有限公司, 北京 101399; 3. 辽宁大学 灾害岩体力学研究所, 辽宁 沈阳
110036; 4. 煤炭科学技术研究院有限公司, 北京 100013; 5. 中煤科工开采研究院有限公司, 北京 100013)

摘 要: 冲击地压煤层如何实现安全高效智能开采是一项重大的产业技术难题, 系统分析了我国冲击地压矿井分布特征、开采现状及冲击地压发展趋势, 深入剖析了冲击地压矿井面临的主要开采难题。从区域地应力监测反演、矿井开拓布局优化、煤柱尺寸优化、井上下联合卸压、置换充填开采、高层位离层注浆等方面, 全面阐述了冲击地压矿井全生命周期防控技术发展现状。针对巷道冲击地压防治难题, 研发了冲击地压巷道全巷协同智能自适应抗冲击支护技术与装备, 利用吸能防冲液压支架实现了正常状态对巷道围岩进行强支护、冲击过程迅速让位吸能的效果, 结合支架智能运移装置、支架监测预警系统及全巷协同自适应抗冲击支护智能设计方法, 构建了冲击地压巷道智能化吸能支护防控体系。分析了采煤工作面智能开采系统防冲原理, 提出通过对围岩采动应力、覆岩断裂结构等进行监测分析, 基于三维地质模型、大数据算法等对冲击地压发生位置、概率进行预测预警, 并通过智能开采系统对液压支架的支护姿态与支护力、采煤机割煤速度等进行智能联动控制, 实现采煤工作面智能开采与冲击地压智能防治。从采场应力与覆岩结构智能监测、冲击地压灾害数据库构建、冲击地压灾害分类预测预警等方面, 分析了冲击地压智能防控技术的研发重点, 提出了煤矿冲击地压监测预警系统组成及总体架构。从顶层设计、关键技术、智能精准解危与效果评价等方面提出了我国煤矿冲击地压煤层实现安全高效智能开采的技术路径与研发方向。

关键词: 冲击地压; 采动应力; 防冲技术; 智能开采系统; 吸能防冲液压支架; 监测预警系统

中图分类号: TD82;TD324   **文献标志码:** A   **文章编号:** 0253-2336(2024)01-0001-14

How to realize safe-efficient-intelligent mining of rock burst coal seam

WANG Guofa[1,2], PAN Yishan[3], ZHAO Shankun[4], PANG Yihui[5], HE Yonghua[2], WEI Wenyan[2]

(1. *China Coal Technology & Engineering Group Co., Ltd., Beijing 100013, China;* 2. *Beijing Tianma Intelligent Control Technology Co., Ltd., Beijing
100013, China;* 3. *Institute of Disaster Rock Mechanics, Liaoning University, Shenyang 110036, China;* 4. *China Coal Research Institute , Beijing 100013,
China;* 5. *CCTEG Coal Mining Research Institute, Beijing 100013, China*)

Abstract: How to realize safe and efficient intelligent mining of rock burst coal seam is an important industrial technical problem. This paper systematically analyzes the distribution characteristics, mining status and development trend of rock burst mine in China, and deeply analyzes the main mining problems faced by rock burst mine. From the aspects of regional ground stress monitoring and inversion, mine development layout optimization, coal pillar size optimization, combined depressurization up and down well, displacement and filling mining, separated layer grouting, etc., the development status of rock burst mine life cycle prevention and control technology is described. In view of the difficult problem of roadway rock burst prevention and control, the collaborative intelligent adaptive anti-impact support technology and equipment for all roadways with rock burst are developed. The energy absorption anti-impact hydraulic support is used to achieve the effect of strong support for roadway surrounding rock under normal condition and rapid displacement and energy absorption during the impact process. Based on intelligent migration device of support, monitoring and warning system of support and intelligent

收稿日期: 2023-11-10   **责任编辑:** 周子博   **DOI:** 10.12438/cst.2023-1656
基金项目: 国家自然科学基金资助项目(51834006, 52274154); 宁夏回族自治区重点研发计划资助项目(2023BEE01002)
作者简介: 王国法(1960—), 男, 山东文登人, 中国工程院院士。Tel: 010-84262109, E-mail: wangguofa@tdkcsj.com

design method of all roadway collaborative adaptive anti-impact support, the prevention and control system of intelligent energy absorption support of roadway under rock burst is constructed. This paper analyzes the anti-shock principle of the intelligent mining system of coal face, proposes to predict and warn the location and probability of rock burst by monitoring and analyzing the mining stress of surrounding rock and the fracture structure of overlying rock, based on 3D geological model and big data algorithm, etc., and carry out intelligent linkage control on the supporting posture and supporting force of hydraulic support and the cutting speed of shearer through the intelligent mining system. Realize the intelligent mining of coal face and the intelligent prevention and control of rock burst. From the aspects of intelligent monitoring of stope stress and overburden structure, construction of rock burst disaster database, classification prediction and early warning of rock burst disaster, this paper analyzes the research and development focus of intelligent rock burst prevention and control technology, and puts forward the composition and overall structure of mine rock burst monitoring and early warning system. From the aspects of top-level design, key technology, intelligent and accurate crisis relief and effect evaluation, the technical path and research and development direction of realizing safe and efficient intelligent mining of coal seam with rock burst in China are put forward.

Key words: rock burst; mining stress; scour prevention technology; intelligent mining system; suction anti-impact hydraulic support; monitoring and early warning system

0 引　言

我国煤矿开采深度正以每年 10～25 m 的速度向深部延伸[1-2]。随着开采深度增加，煤层赋存条件愈加复杂，煤炭资源开采面临"三高"灾害威胁，冲击地压风险与日剧增，如何实现冲击地压煤层安全高效智能开采成为我国煤炭产业技术中的重大难题，也是一项世界性工程技术难题。

近年来，国内外学者针对冲击地压发生机理、监测预报与防治技术等进行了广泛而深入的研究，取得了显著成果[3-6]，冲击地压重特大事故得到了有效遏制，但现有成果很大程度上是以牺牲矿井产量为代价，造成大量优质产能无法释放，与国家要求从根本和源头上消除煤矿冲击地压隐患、实现源头防治的目标仍有很大差距。国内外在冲击地压监测技术与装备研发方面取得了一系列成果[7-9]，提高了采动应力和煤岩破裂感知能力，但随着开采深度增加，冲击地压灾害的复杂性、突发性和多样性愈发显著，"致灾源找不准、预警效能不高"的难题愈发凸显。现有冲击地压监测指标多是基于岩体为均质和各向同性假设所建立的模型，多参量融合预警指标与模型难以实现冲击源头精准预警，迫切需要解决源头致灾前兆信息及演化模式等难题[10-12]，实现冲击地压源头的全时空智能预警，突破冲击危险精准预防的技术瓶颈。近年来，煤矿智能化技术与装备发展迅猛，代表着煤炭先进生产力的发展方向[13-15]，也是冲击地压矿井实现"减人、防灾、提效"发展目标的必由之路，但智能开采与防冲工作存在不融合、不协同的问题，尚难以对冲击致灾信息同步智能感知，智能开采控制系统也难以对冲击危险进行自适应调控，造成防冲与开采系统自主决策、智能响应与协同控制水平较低，难以实现风险预警、主动解危及自卸压开采。

向地球深部进军，要求我们必须解决开采深度增加带来的一系列重大技术问题，以煤矿智能化建设和无人化智能采掘为核心，突破深部冲击地压煤层安全高效智能开采难题，为我国深部资源开发提供技术支撑，也是保障我国主体能源安全的战略要求。

1 冲击地压煤矿开采现状与难题解析

1.1 冲击地压煤矿开采现状

自 1933 年发生首例有记录的冲击地压事故以来，我国冲击地压矿井数量持续增加。20 世纪 80 年代前冲击地压矿井数量不超过 20 座，改革开放后，国家对煤炭资源需求量大幅增加，煤层开采深度逐年增大，冲击地压矿井数量进入快速增长阶段，2017 年达到峰值 177 座[16]。近年来，随着煤炭去产能及对灾害严重矿井进行严格管控，冲击地压矿井数量出现小幅下降，约减少了 40 座。根据最新冲击地压矿井调研，截至 2023 年 8 月底，我国现有冲击地压矿井 141 座，分布于山东、陕西、内蒙古、甘肃、黑龙江、新疆、辽宁等 13 个省（区），总产能超 4 亿 t，约占全国总产能的 9.1%，如图 1 所示。

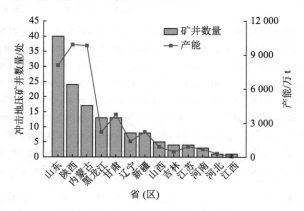

图 1　我国冲击地压矿井及产能分布情况

Fig.1　Mine and productivity distribution of rock burst in China

据不完全统计,我国冲击地压矿井的开采深度为 270 ~ 1 200 m,平均矿井开采深度超过 738 m,如图 2 所示,冲击地压灾害几乎在各种煤层厚度、煤层倾角、围岩岩性、开采方法的矿井均有发生。

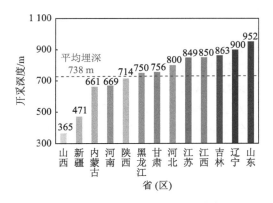

图 2 冲击地压矿井开采深度分布情况

Fig.2 Mining depth distribution of rock burst mine

通过对 1983—2023 年的冲击地压事故进行统计分析发现,我国共发生冲击地压伤亡事故 1 355 起,且主要发生在巷道中,巷道冲击地压事故占比约为 93.1%,且巷道发生冲击地压的占比仍在增大,而发生在回采工作面的冲击地压事故则大幅减少,如图 3 所示。

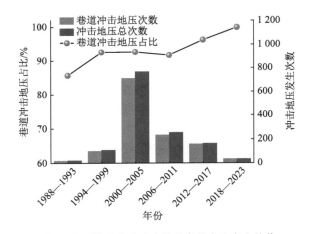

图 3 我国煤矿巷道冲击地压事故占比变化趋势

Fig.3 Variation trend of proportion of mine roadway burst accidents in China

我国煤矿冲击地压灾害性事故在 2017—2019 年发生最为频繁,发生多起重大冲击地压灾害事故,如红阳三矿"11·11"冲击地压事故,死亡 10 人;龙郓煤矿"10·22"事故,死亡 21 人,造成重大社会影响。近年来,随着《防治煤矿冲击地压细则》等法规的颁布,以及对冲击地压煤层开采的管控水平大幅提高,我国煤矿冲击地压事故发生数量明显减少,但随着开采强度、开采深度逐年增加,冲击地压事故呈现出新特征,且冲击地压与其他灾害的复合灾害事故出现频次增多,给冲击地压灾害防治带来了新挑战[17-18]。

1.2 冲击地压煤矿开采难题解析

冲击地压事故发生机理复杂、影响因素众多,其突发性、多样性、复杂性及大量能量瞬间释放等特征极易造成严重的伤亡事故[19]。为了降低冲击地压发生风险,需要对冲击地压矿井采取全方位防控措施,在降低冲击地压发生风险的同时,也带来了诸多难题。

1) 全方位防控措施增加了开采成本。根据《防治煤矿冲击地压细则》等法规规定,冲击地压矿井必须健全监测预警、防治、效果检验和解危全方位的治理体系,其中监测和防治措施必须包括区域措施和局部措施等。对应冲击地压防治整体框架体系,措施数量应不少于 5 项,多种防控措施需要投入大量的作业人员,增加了人员在防控过程中发生事故的可能性,同时增大了矿井开采成本。在防控措施实施过程中产生了大量的监测、效果检验等数据,但作业人员一般仅对数据进行简单处理,进行冲击地压危险性预警或效果评价,未深入挖掘数据隐藏信息,造成数据资源浪费。

2) 限员与防控措施增加的矛盾日益突出。基于生命至上的安全开采理念,国家矿山安全监察局制定了严格的冲击地压矿井限员管理措施:冲击地压煤层的掘进工作面 200 m 范围内进入人员不得超过 9 人,回采工作面及两巷超前支护范围内进入人员生产班不得超过 16 人、检修班不得超过 40 人。由于冲击地压矿井需要采取多项额外的防控措施,需要配套更多的作业人员,人员限制与防控措施增加产生直接矛盾,导致矿井的生产效率大幅下降。

3) 严格的限产措施影响了矿井生产效率。由于工作面的采掘速度对冲击地压发生风险有较大影响,因此《防治煤矿冲击地压细则》规定:冲击地压矿井应当按照采掘工作面的防冲要求进行矿井生产能力核定,在冲击地压危险区域采掘作业时,应当按冲击地压危险性评价结果明确采掘工作面安全推进速度,确定采掘工作面的生产能力,提高矿井生产能力和新水平延深时,必须组织专家进行论证。《国家煤矿安监局关于加强煤矿冲击地压防治工作的通知》规定:冲击地压矿井应当严格按照相关规定进行设计,生产规模不得超过 800 万 t/a,矿井建成后不得核增产能,非冲击地压矿井升级为冲击地压矿井时,应当编制矿井防冲设计,并按照防冲要求进行矿井生产能力核定。"限速、限产、限增"的规定直接限制了矿井生产能力,并限制了矿井扩大产能的可能性。特别是一些赋存条件简单的大型矿井,在上述规定下不得不大幅度降低产能,严重影响矿井配套设备设施使用效率。

4) 冲击地压出现新特征,防治难度增大。随着越来越多的煤矿进入深部开采,冲击地压出现了新的特征和发展趋势。① 河南义马矿区大型逆冲断层、山东巨厚红土层、鄂尔多斯矿区湖相沉积顶板、新疆乌东急倾斜煤层等极端条件下的冲击地压趋于严重;② 深部高应力、高瓦斯压力、高水压等造成矿井发生冲击地压、煤与瓦斯突出、自然发火、突水、冒顶等复合灾害增多(据不完全统计,冲击地压和煤与瓦斯突出复合灾害矿井 47 处;冲击地压与冒顶复合灾害矿井 98 处;冲击地压与自然发火复合灾害矿井 62 处;冲击地压与突水复合灾害矿井 41 处),而冲击地压复合灾害发生的门槛更低,灾害发生强度更大、更猛烈,其发生机理更为复杂,治理难度更大;③ 在我国内蒙古、陕西、山西、山东、辽宁、吉林等矿区的矿震呈频发多发态势,矿震多数为"有震无灾",因此形成了不治理矿震、治理冲击地压的理念,但矿震发生时,地表有明显震感,会引起恐慌,同时有诱发冲击地压的可能。

2 矿井全生命周期冲击地压防控技术

2.1 矿井建设阶段冲击地压防控技术

矿井建设阶段需要对待开采区域进行地应力测试,确定地应力异常区,并根据地应力测试结果对矿井开拓布局进行优化,最大程度降低冲击地压发生风险。

1) 区域地应力探测与反演。基于水压致裂地应力测量原理,煤炭科学研究院有限公司研制了适用于小孔径(ø31 mm 和 ø42 mm)的水压致裂地应力压裂装置,并配套了数据采集仪、测量软件,如图 4 所示。将该测试系统应用于我国东部矿区,成功解决了双鸭山矿区某冲击地压矿井 9 号煤层安全开采问题[20]。

该矿井位于黑龙江双鸭山矿区中部,受多期地质构造运动影响,矿井地质构造复杂,煤层倾角变化较大,区内地应力分布异常,开采期间先后发生 60 余次不同程度的冲击显现。仅 9 煤中-下 6 片工作面就多达 17 起。为保证 9 煤左一片的安全回采,采用三维地应力反演技术对开采区域进行冲击危险评估和开采方案优化。首先,基于矿井采掘工程平面图、地质报告和区域内钻孔柱状分布,构建反映现场

实际岩体赋存状况的三维计算模型;其次,将初始地应力场的可能形成因素(如自重、构造运动、地下水等)作为回归分析的待定因素,用数值计算的手段获得每一种因素影响作用下地应力实测点位置的计算应力值,并建立反映因变量(实测应力)和自变量(计算应力)两者关系的多元回归方程;再次,利用统计分析的方法(最小二乘法),在残差平方和最小的前提下,求得回归方程中各自变量系数的最优解;最后,将回归系数回代入多元回归方程即得研究区域的初始地应力场。基于地应力场反演得到 9 号煤层最大主应力分布如图 5 所示。由图 5 可知,9 号煤层的 2 个应力集中区分别位于模型左侧向斜轴部附近以及右侧断层附近,其中左侧应力集中区范围最大,最大主应力值达到 40 MPa,断层附近应力集中范围相对前者较小,最大主应力在 35 MPa。因此,在上述区域进行巷道掘进时应尽量将巷道轴线与最大主应力方位保持一致,同时采用摩擦式增阻锚索强化巷道支护强度,并采用煤层注水、煤层卸载爆破、深孔断顶等防冲措施进行卸压,最终实现了工作面安全回采。

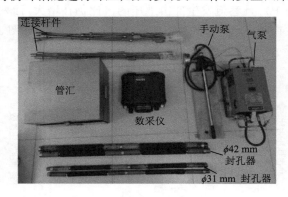

图 4　小直径水压致裂地应力测试系统

Fig.4　Small diameter hydraulic fracturing in-situ stress testing system

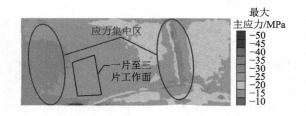

图 5　9 号煤层最大主应力平面

Fig.5　Maximum principal stress plane of No.9 coal seam

2) 开拓布局优化。鄂尔多斯某矿煤层赋存条件简单,开采深度大约 700 m,主采煤层厚度平均 5.3 m,区段煤柱为 30 m,11 盘区 311102 和 311103 工作面终采线至大巷距离只有 60 m。矿井原设计没有考虑冲击地压问题,开拓开采部署如图 6 所示[16]。首采

工作面(311101)开采时,没有明显的动力破坏现象发生。当回采第2工作面时,开始出现冲击地压现象甚至冲击地压事故。为此,根据矿区地应力主控方向,改变原11盘区南北向巷道布置方案为东西向布置,停止11盘区开采,调整为矿区南北两侧12盘区和13盘区联合开采,改"两进一回"式巷道布置为"一进一回"式布置,取消30 m大区段煤柱,改为6 m小煤柱送巷,工作面终采线至大巷距离不小于200 m。采取上述措施后,对顶板进行预处理,冲击地压现象显著下降,未发生破坏性、事故性的冲击地压。

2.2 矿井回采阶段冲击地压防控技术

煤层开采扰动极易诱发冲击地压事故,通过留设小煤柱、进行上覆岩层压裂、充填开采、离层注浆等技术可以消除巷道应力异常区、减少煤层开采扰动诱发冲击地压事故的风险。

1) 窄煤柱留设。大量研究表明,回采过程中15~30 m的护巷煤柱,在覆岩作用下储存大量的弹性能,极易诱发煤柱型冲击地压。采用窄煤柱护巷,能够使煤体高应力区域向实体煤一侧转移,实现煤柱型冲击地压防治。

鄂尔多斯地区某矿不同煤柱宽度下的煤柱垂直应力分布模拟结果如图7所示。随着煤柱宽度的增加,煤柱内的应力为先增加后减小,宽10 m煤柱的垂直应力最高,达到133.54 MPa。当煤柱宽度≤10 m时,煤柱应力呈单峰分布,峰值位置基本在煤柱中心,当煤柱宽度>10 m时,应力分布曲线逐渐由单峰向

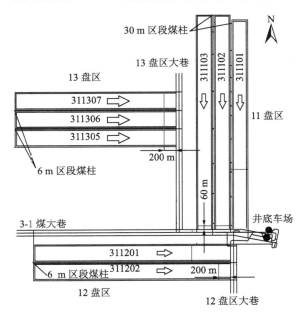

图6 原有及调整后开拓部署平面

Fig.6 Original and adjusted development deployment plan of a certain mine

双峰发展。图中8 m煤柱应力整体低于12 m和15 m煤柱的应力。由于煤柱宽度过大会浪费煤炭资源,而煤柱宽度过小(低于5 m)则不利于巷道维护,因此确定最优的小煤柱宽度为5~8 m。

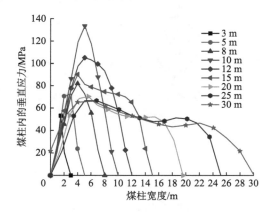

图7 不同煤柱宽度下的煤柱垂直应力分布

Fig.7 Vertical stress distribution of coal pillars under different coal pillar widths

通过优化巷道临空侧向顶板破断结构,优化窄煤柱的支护工艺,矿井最终采用6 m小煤柱进行护巷,并随着煤柱留设工艺的改进,目前煤柱宽度已经降低至4.0~5.5 m,不仅提高了工作面煤炭资源采出率,而且降低了煤柱内的峰值应力,消除了巷道内的应力异常区,大幅降低了巷道冲击地压发生风险。

2) 井上下联合卸压技术。近年来,基于千米定向钻车的成功应用,针对中高位覆岩的治理也得到快速发展,形成了包含煤层大直径卸压钻孔、厚硬底板断底爆破、低位顶板水力压裂等技术的采场围岩冲击地压力构协同防控技术体系,如图8所示。对垂深50~100 m覆岩顶板与垂深100~200 m覆岩顶板,开展后退式分段压裂,钻孔长度500~3 000 m,压裂半径超30 m,结合采场围岩的低位顶板水力压裂技术,形成了井上下联合压裂技术,对于冲击地压防治提供了新技术、新装备[21-22]。

3) 置换充填开采技术。置换充填开采技术通过充填体对围岩变形进行控制,同时可以有效提高煤炭资源采出率。根据充填材料的差异,主要分为膏体充填开采技术、固体充填开采技术、高水充填开采技术等。

置换充填开采技术可以有效降低煤层开采对围岩的扰动,从而降低冲击地压发生风险。根据国家智能化矿山建设及"十四五"整体发展规划要求,形成了配套的智能充填开采技术,通过建设完整的"采-选-充"一体化置换充填开采系统,实现了充采装备智能化、辅助运输连续化、劳动组织高效化、生产系

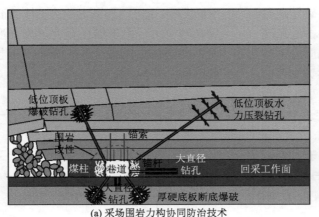

(a) 采场围岩力构协同防治技术

(b) 地面/井下压裂技术示意

图 8 井上下联合卸压技术

Fig.8 Downhole combined pressure relief technology

统集约化,同时大幅降低了矿井冲击地压发生风险。

4) 地面高位离层注浆减沉技术。地面高位离层注浆技术是在地面制浆站将粉煤灰等固废泵送至覆岩高位离层区域内,在泵注压力的作用下,泵送材料对离层取进行充填压实,减少上覆岩层弯曲下沉,消除煤层开采在上覆岩层中形成的应力异常区,从而降低冲击地压事故发生风险。

地面高位离层注浆技术作为重要的覆岩减沉技术之一,在煤矿覆岩控制中被广泛应用[23],如图 9 所示,注浆材料的力学特性和流动特性以及泵注压力等直接影响支撑区强度,从而影响对冲击地压的防控效果。随着智能化开采技术装备的发展,研发智能化注浆系统将大幅提升防冲作业的智能化水平。

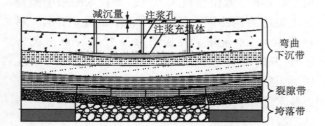

图 9 地面高位离层注浆防冲技术示意

Fig.9 Schematic of anti-scour technology of grouting of high level separated layer on ground

3 巷道围岩自适应抗冲击支护技术

冲击地压智能防治技术可以减少传统冲击地压防治措施的施工量及作业人员数量,提高矿井防冲效率,实现矿井的安全高效开采[24-26]。根据冲击地压发生的应力和能量条件可知,吸能防冲液压支架能够对巷道冲击地压实现有效防控。为此,研发了全巷协同智能自适应抗冲击支护技术装备,其主要包括吸能防冲液压支架、支架智能化运移装置、支架智能化监测预警系统和全巷协同自适应抗冲击支护智能化设计方法。

1) 吸能防冲液压支架。巷道支架的支护强度和吸能能力是防控巷道冲击地压的关键,即支架既要在正常支护状态下提供高支护强度,又要在突发围岩冲击时快速让位吸能,并且让位过程中始终对围岩保持稳定的支护力,维护巷道的完整性。吸能装置是吸能防冲液压支架设计的难点与关键。通过大量试验,研制出了用于吸能防冲液压支架的诱导式吸能装置[27],包括折纹诱导式吸能装置和波纹诱导式吸能装置,具有可控变形、高吸能比、高阻力变让位、强支撑等优点,满足各种类型与型号的支架防冲性能需求,如图 10 所示。

将吸能装置与液压支架合理结合,研发形成了门式、垛式、自移式、单元式等多种形式的巷道吸能防冲液压支架,如图 11 所示。以门式吸能防冲液压支架为例,该吸能液压支架主体由高强度的顶梁、抗底鼓底座和三支吸能液压立柱组成[28]。高强度的顶梁能够有效控制顶板的稳定性;底座可以抑制巷道底鼓;吸能装置安装于液压立柱下部,与立柱一起承担支架的静载或冲击动载。支架在巷道缓慢变形过程中,支护阻力会逐渐增加,当达到液压支柱工作阻力时,支柱的安全阀会自行开启进行排液泄压,此时液压支柱通过慢速让位,可以保护支架静态压力下不超载,从而避免巷道围岩-支架系统达到失稳临界点。而巷道一旦突发围岩冲击,使支架支护阻力瞬时增加、超过吸能装置让位阻力阈值时,吸能装置立即启动变形让位、吸收冲击能,通过一个快速的、不超过 200 mm 的让位过程,迅速缓解自身受到的冲击载荷作用,保护立柱及整个支架结构不被冲击载荷

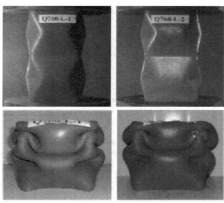

(a) 折纹诱导式吸能装置

(b) 波纹诱导式吸能装置

图 10　折纹诱导式和波纹诱导式吸能装置

Fig.10　Corrugation-induced and wave-induced energy absorption devices

薄壁折纹诱导吸能装置

(a) 门式吸能防冲液压支架

薄壁波纹诱导式吸能装置

(b) 单元式吸能防冲液压支架

图 11　巷道吸能防冲液压支架

Fig.11　Suction and anti-impact hydraulic support for roadway

损坏，并能够避免巷道严重变形或垮塌。

通过进行试验测试，吸能防冲液压支架单架最大可吸收的冲击能量超过 1.0×10^{6} J，是同类型普通液压支架的 11 倍，见表 1。门式吸能液压支架和自

表 1　普通支架与防冲液压支架性能对比

Table 1　Comparison of performance between ordinary support and anti-impact hydraulic support

液压支架类型	可抵御释放能量/kJ		
	有吸能装置	无吸能装置	吸能比
门式	940	140	6.71
单元式	760	135	5.63
自移式	1 056	96	11.0
垛式	800	175	4.57

移式吸能液压支架联合支护的巷道，最大可抵御释放能量为 10^{8} J 以上的冲击地压。

2）支架智能化运移装置。巷道防冲液压支架使用过程中，随工作面的回采，液压支架不断的搬运，一次搬运距离为超前支护距离。巷道防冲液压支架重量大，人工搬运效率低，影响生产效率。基于此，研发了巷道液压支架智能化装、卸机器手，实现对液压支架搬运过程的远程智能化操作。

3）支架监测预警系统。为提高吸能装备的防冲效果，研制了巷道防冲支护装备监测预警系统，系统由决策层、传输层和感知层组成，如图 12 所示。感知层核心部件为矿用液压支架智能监控仪，由矿用姿态感知传感器、矿用激光位移传感器、矿用本安型压力传感器等组成，可实时监测支架的支护位姿状态、应力状态和变形状态，并将监测数据实时传输至决策层，应用大数据处理技术，智能预判巷道发生冲击地压的风险，并对吸能支架进行调控。

4）全巷协同自适应抗冲击支护智能化设计方法。采用巷道防冲吸能支护进行冲击地压防治，不仅吸能支护装备要满足防冲要求，吸能支护与巷道围岩的协同作用也至关重要，决定了吸能支护与围岩吸能和应力场调控效果，进而提升冲击地压防治效果，同时，吸能支护的布置必须与冲击地压机理、发生特征结合。基于此，提出冲击地压巷道全巷协同自适应抗冲击支护智能化设计方法，主要包括冲击地压巷道自适应支护控制理论、防冲应力安全和能量安全设计系数、多支护装备自适应协同多模块设计等，如图 13 所示。

冲击地压巷道自适应支护控制理论主要研究巷道冲击地压围岩与支护动态互馈机制，建立巷道在力学性能、冲击历程、空间结构智能化自适应支护控制理论；防冲应力安全和能量安全设计系数用于吸能支架参数确定；多支护装备自适应协同多模块设计从巷道支护设计所涉及的"工程采扰环境""煤岩属性"和"支护装备"等 3 个方面构建设计平台。冲

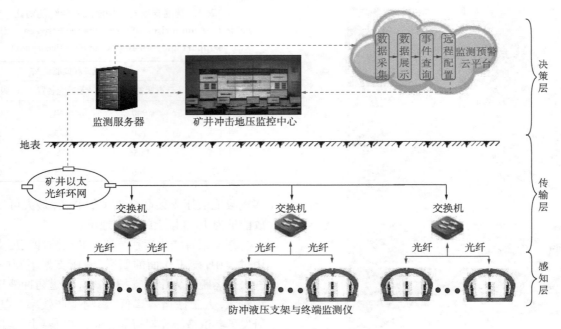

图 12　巷道防冲支护装备监测预警系统

Fig.12　Monitoring and early warning system for anti-impact supporting equipment of roadway

击地压巷道全巷协同自适应抗冲击支护智能化设计方法与防冲吸能液压支架、防冲吸能液压支架智能化运移装置、巷道防冲支护装备监测预警系统等构成完备的冲击地压巷道智能化吸能支护防治体系。

吉林省龙家堡矿采深超过 1 000 m,具有坚硬顶板、大断层,冲击危险性高,2019 年 6 月 5 日发生冲击地压事故,造成 9 人死亡,面临停产关井的命运。针对 513 复产工作面,根据矿井冲击地压发生临界应力和最大释放能量,设计了"门式+垛式"吸能液压支架组合支护的支护形式,支护超前距离 200 m。工作面在整个回采过程中发生了 3 次能级为 10^6 J 大能量事件,均未引起巷道变形破坏而发生冲击地压,确保了工作面安全开采。

4　采煤工作面智能防冲开采系统

4.1　智能开采系统防冲原理与关键技术

目前,冲击地压防治措施主要分为:弱化煤体的冲击倾向性、冲击地压超前预测预警、卸压解危与合理支护等[29],工作面智能开采系统则主要通过对采动应力、覆岩断裂等进行监测预警,并通过控制工作面推进速度及支护强度最大程度降低冲击地压发生概率,必要时还应辅以卸压解危等综合防治措施。

为了提高冲击地压工作面智能化开采水平,近年来研发了采煤工作面防冲智能开采系统,通过构建工作面三维地质模型、采动应力演化模型、冲击地压预测预警数据驱动模型等,结合微震监测数据对上覆岩层断裂层位、结构进行反演分析,融合各种数据算法的预测结果,判断冲击地压发生的概率,并根据预测结果对工作面采煤机割煤速度、液压支架支护强度等进行调整,最大程度降低冲击地压发生的可能性。

1) 工作面地质建模与监测技术。通过对待开采工作面进行钻探、物探等地质探测,结合工作面两巷、开切眼揭露的煤层地质信息,构建工作面高精度三维地质模型,并通过微震、地音等监测技术对工作面回采过程覆岩断裂情况进行实时监测;同时,对工作面液压支架的压力数据进行实时监测,并采用数据分析算法对工作面来压步距、来压强度等进行预测,综合分析预测冲击地压发生的可能性、位置及强度。

2) 液压支架自适应调控与解危技术。通过在采煤工作面配备 SAS 采煤机系统、SAC 液压支架电液控系统,对工作面的采煤机、液压支架进行智能联动控制。完成透明地质模型的网格化后,将电液控制系统的智能监测控制节点与地质模型的网格数据融合,跟机工艺智能节点和地质网格进行点对点协同,实现冲击地压预测模型与电液控制系统的高度融合。基于上述冲击地压监测、预测、预警技术,对工作面的采动应力场、覆岩断裂结构、应力异常区等进行监测预警,形成围岩支护控制决策结果,并对液压支架的支护力、支护姿态进行智能控制,如图 14 所示。

3) 采煤机智能调速与解危技术。根据冲击地压

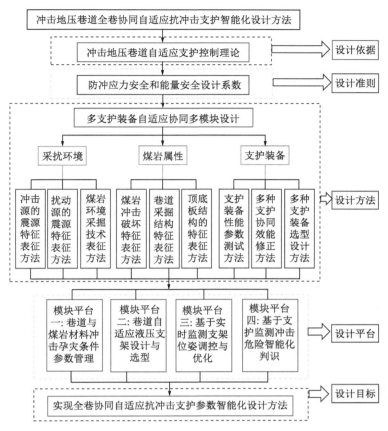

图 13　冲击地压巷道全巷协同自适应抗冲击支护智能化设计方法

Fig.13　Intelligent design method for coordinated adaptive anti-impact support of all roadway under rock burst

预测结果,通过 SAS 采煤机系统对采煤机的截割模版进行优化,如图 15 所示,控制采煤机在采动应力异常区的截割深度、割煤速度、滚筒转速等,最大程度降低开采活动对采动异常区的扰动。建立采煤机顶、底滚筒轨迹预设模型和液压支架推进度预设模型,将推采工艺进行融合分析,形成“机-架”协同推采智能截割调控。根据对历史数据样本、地质模型和采-支状态各阶段参数进行综合分析,优化冲击地压防治策略,最大程度防治冲击地压。

4.2　冲击地压工作面智能开采实践

赵楼煤矿 5305 工作面主要开采山西组 3 号煤层,煤层埋深约 715 m,煤层平均厚度 6.8 m,平均倾角 10°,工作面长度 189 m,推进长度 1 129.4 m。工作面基于防冲智能开采系统对地质数据、应力数据等进行监测,采用定位算法、主事件定位算法和粒子群优化算法等多种算法融合的方式,并利用卷积神经网络、生成对抗网络等对数据进行分析处理,建立冲击地压预测预警数据模型,煤岩冲击波监测结果如图 16 所示,相关监测、预测、预警结果通过 SAC 电液控系统和 SAS 采煤机系统对工作面设备进行智能调控。

融合采煤工作面液压支架数据监测结果,确定液压支架与采煤机的智能调控策略,如图 17 所示。5503 综放工作面自 2022 年 6 月采用智能开采系统进行生产,通过智能开采系统共监测到 124 次煤岩地质应力变化,以 SAC 电液控系统和 SAS 采煤机系统优化液压支架支护力与支护姿态共 736 次,远程优化采煤机割煤工艺调整 841 次。截至 2023 年 9 月 14 日,工作面统计在册冲击地压事件中,微冲击 45 次,弱冲击 6 次,中等冲击、强烈冲击与灾害性冲击均未发生,工作面生产人员由 13 人减为 7 人,智能开采系统取得了较好的运行效果。

5　煤矿冲击地压监测预警系统

5.1　冲击地压灾害数据监测

冲击地压的核心是应力问题。监测预警是感知、研判高应力状态下煤岩体表现出的各类特征信息、前兆信息。应力的影响因素有很多,主要受地质环境、采场应力环境和采场覆岩结构等影响。采场应力环境的监测方法主要可以分为:岩石力学法和地球物理法,矿井常用的监测手段有微震监测、应力监测、钻屑量监测等,灾害严重矿井还采用地音、电磁

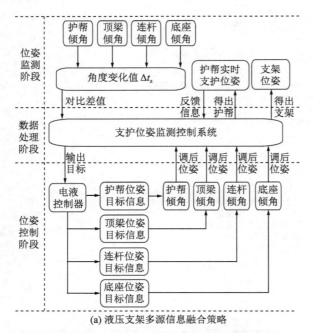

(a) 液压支架多源信息融合策略

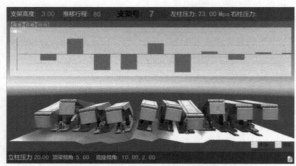

(b) 液压支架支护姿态与支护力自适应调控

图 14　液压支架多源信息感知与自适应调控

Fig.14　Multi-source information sensing and adaptive control of hydraulic support

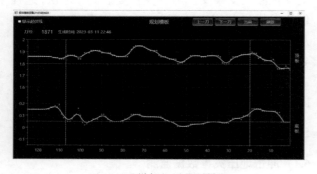

图 15　采煤机规划截割模版

Fig.15　Shearer planning cutting template

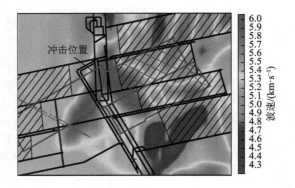

图 16　冲击地压事件中煤岩冲击波监测结果

Fig.16　Monitoring results of shock wave in coal and rock during rock burst events

辐射、电荷等进行监测，同时辅助常规的矿压监测系统，冲击地压灾害监测数据的种类多达十余种。

1) 采场应力环境监测技术。应力监测系统能直接测量采场应力集中程度，直接反映采动应力场的演化趋势，为冲击地压灾害的监测预警提供较为明确的判断依据。

冲击地压矿井应建立全生命周期应力监测系统，实现矿井全生命周期煤岩体应力监测[30]。应研发矿区尺度、矿井尺度和巷道尺度的煤岩体应力长时稳定和瞬时连续监测系统，攻克矿井全生命周期煤岩体应力监测技术，解决冲击地压"监测难"的问题，为冲击危险识别和源头防治提供基础数据支撑。

2) 采场覆岩结构监测技术。采场覆岩结构决定了采场的应力环境，常规的卸压解危措施仍然无法消除解危时，人们才意识到采场覆岩结构对应力环境的影响，所以需要研究采掘空间近远场、高位岩层直至地表的全尺度覆岩结构监测原理与方法，研发"宽频震动反演-背景噪声成像-孔间位移实测"的一体化监测技术，研发"井地孔"联合震动场监测系统、"一孔多点"覆岩运动监测系统、密集台阵覆岩形态连续探测系统、采动沉降地表多参量观测系统，如图 17 所示，实现矿井覆岩结构全尺度精准还原。

采场覆岩结构及运动状态，断层、褶曲等地质构造分布及形态，是冲击地压灾害防控的基础，是决定冲击地压防治"一矿一策、一面一策"的关键。在煤矿智能化建设"一盘棋"的大背景下，采场覆岩结构监测技术能够为冲击地压灾害防治系统提供地质基础数据，开展探采地质信息的相互反馈，实现三维地质模型、智能开采数据和冲击地压防治数据深度融合，从底层构建智能防冲体系。

5.2　冲击地压灾害智能预警

1) 冲击地压灾害数据库建设。数据是冲击地压灾害智能预警的前提。冲击地压灾害是工程问题，灾害的发生与煤矿的煤层赋存、地质构造、历史事故信息等矿井基础数据，采煤、掘进、巷道布置、煤柱留设等矿井生产数据，保护层开采情况、大直径钻孔卸压、顶板预裂爆破等灾害治理数据，以及反映灾前

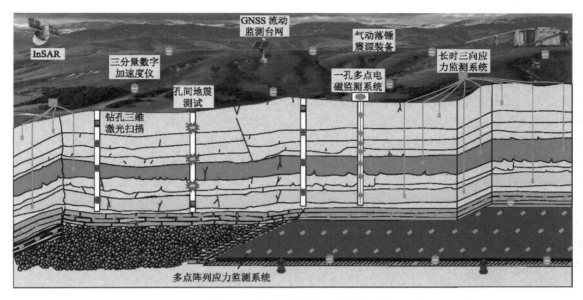

图 17 "井地孔"一体化覆岩结构反演技术与装备结构

Fig.17 Reformation technology and equipment structure of integrated overburden structure of "well ground hole"

采场应力变化的微震、钻孔应力、钻屑量等监测数据息息相关。冲击地压灾害预警首先需要解决好 2 个问题,"存什么"和"怎么存"。"存什么":灾害分析需要的数据类型以及各类型数据的核心关键字段,并据此建立灾害预警数据库。2023 年 4 月国家矿山安全监察局发布了《煤矿感知数据联网接入规范 第 5 部分: 冲击地压》对其中的部分监测数据的采集做出了明确具体的要求;"怎么存":海量、多元、异构数据的灵活存储和高效检索,报告、矿图、报表等文件的集成管理。

生产信息数据化、灾害数据资源化,完成不同系统间数据的共享、打通数据孤岛,解决矿井多源异构数据利用效率低、治理数据难以数字化的问题,是煤矿冲击地压智能预警的基础。

2) 冲击地压灾害分类预警。冲击地压灾害预警要根据冲击地压灾害的类型来确定主控因素,确定预警的关键指标。根据多年的生产实践,现场出现的冲击地压常分为 4 类,即采动应力和自重应力主导的煤体型、煤体弹性能释放主导的煤柱型、厚硬岩层破断主导的顶板型、断层活化主导的断层型。

从多源异构、高度复杂的数据中挖掘出冲击地压灾害的前兆信息,开展煤矿冲击地压数据多元离散特征提取方法和关键致灾因素定量化分析方法,包含大能量事件预测、周期来压预测、应力集中区预测等数据分析模型,构建煤矿冲击地压灾害分类分级综合预警指标库和预警模型库,从原始信息、特征信息、决策信息 3 个数据级处理信息融合问题,根据不同的监测区地质、生产条件,自主优化模型确定的预警的规则和参数。

3) 冲击地压灾害智能预警系统。煤矿冲击地压灾害智能预警系统集数据自动采集、综合处理、实时动态传输、前兆信息智能识别、灾害危险预测预警等多种关键技术为一体,以矿井工作面推进度、掘进面进尺、煤柱留设、工作面布置等生产信息,以及煤层赋存、埋深、断层、褶曲等矿井信息为基础,利用微震/地音、钻孔应力、锚杆/索应力、支架阻力、电磁辐射、钻屑量、巷道变形量等监测数据,煤炮、片帮、冒顶、锚杆/锚索失锚(拉断)等井下事件信息和煤层注水、顶板预裂爆破、煤层爆破、大直径钻孔卸压等卸压解危信息,内置一套基于数据挖掘技术的学习型分析预警模型,随着数据总量和灾害特征信息的增加,通过自身学习快速提高冲击地压类型等级划分、数据演化趋势预判、宏观风险评估水平和灾害预警准确率,形成"一矿一模型、一矿一对策"的差异化防冲决策管理体系。

6 思考与建议

冲击地压煤层如何实现安全高效智能开采,是以冲击地压煤层为典型场景,以煤矿智能化技术装备为核心内涵的一项行业战略性重大产业技术难题,并不仅仅限于传统冲击研究范畴。随着我国煤炭开采逐渐走向深部,冲击地压等严重工程灾害凸显,冲击地压源头防治和无人化智能开采是消除冲击隐患、有效防范遏制重特大事故、实现安全高效开采的根本途径。智能化防控技术装备是有效提升冲击地压防控水平根本保证。

1) 以煤矿智能化顶层设计为基础，加强冲击地压煤安全高效智能开采技术体系构建，设立国家自然科学基金重大专项、国家重点研发专项、重点产业工程示范项目等，开展有组织攻关。

2) 推进智能源头防冲的基础理论和技术研究。针对深部开采条件复杂，灾害耦合叠加，难以兼顾，无法实现从开采设计源头防冲的问题，研究井上下大范围区域卸压"人造解放层"技术，并将其融入到矿井智能安全高效开采设计中。实现冲击地压煤层先压后建、先压后掘、先压后采，为深部煤矿开采创造低应力的安全开采环境，形成深部冲击地压煤层智能安全高效开采设计的新理论和新方法。

3) 加强防冲预警、卸压解危与智能开采的融合技术研究与应用。针对目前智能开采与防冲技术存在脱节，由此造成防冲设计与采掘工程相分离、防冲预警与智能开采不相融，难于满足主动卸压、智能联动、高效开采的问题，为实现矿井智能安全高效开采，需攻克深部冲击地压大断面巷道快速掘进，自适应抗冲击高强支护，无人少人作业等关键技术难题。在精准地质、风险感知、融合预警、智能调控、卸压开采等关键技术难题进行突破。通过煤岩冲击风险的智能感知与预警，以及采掘工程的自适应与自优化，形成适用于矿井生命全周期的智能让压、低压、卸压开采的防冲控采新技术。使冲击地压矿井由工程致灾向工程防灾、工程减灾的根本转变，最大限度实现防冲、减冲、无冲，有助于将大量深部煤炭资源由冲击风险产能向安全产能，先进产能转变。

4) 加快冲击地压智能精准解危与效果智能动态评估技术装备研究。受现有监测技术水平的限制，冲击地压发生的时间、空间和强度均无法做到准确预测，导致解危工程的实施及解危后的效果评估趋于盲目，矿井防冲工作往往顾此失彼，疲于奔命，事倍功半，不仅浪费大量人力物力，而且造成巨大的人员安全风险。因此，需要研发适用于采矿工程全生命周期区域应力与覆岩结构全尺度的连续监测技术与装备，实现冲击地压灾变机理与动力学过程透明定量化，构建多场耦合冲击地压灾变预测理论，形成冲击危险区域精准智能判识与预警技术。

5) 构建"5G+ABCD"支撑技术体系，即 5G 与人工智能（AI）区块链（Blockchain）、云计算（Cloud Computing）、大数据（Big Data）等新信息技术的紧密结合，支撑建立国家煤矿安全生产综合智能化大平台，建设统一的煤矿冲击地压等灾害动态监控数据系统、智能化采掘工作面动态数据系统等。推动将全国煤矿生产的各环节危险源、高危作业岗位等信息纳入平台，进行重大工程作业全流程安全管控，构建基于工业互联网的安全感知、监测、预警、处置及评估体系，提升行业安全生产数字化、网络化、智能化水平，实现灾害的智能预测预警、救援快速响应、应急资源快速配置。

6) 加强国际合作。波兰、俄罗斯在冲击地压机理与监测预警方面处于世界领先地位。我国冲击地压研究虽然起步较晚，但近年来在防冲技术、智能开采装备方面不断取得突破，相关技术已赶超世界先进水平。加强与世界先进采矿国家在智慧矿山与智能开采方面的国际合作，为深部煤炭资源智能安全高效开采提供中国技术和中国方案，提高我国在智慧矿业和矿山灾害防治领域的国际影响力。

参考文献(References)：

[1] 潘一山，肖永惠，罗　浩，等. 冲击地压矿井安全性研究[J]. 煤炭学报，2023，48(5)：1846-1860.
PAN Yishan, XIAO Yonghui, LUO Hao, et al. Study on safety of rockburst mine[J]. Journal of China Coal Society, 2023, 48(5): 1846-1860.

[2] 曹安业，窦林名，白贤栖，等. 我国煤矿矿震发生机理及治理现状与难题[J]. 煤炭学报，2023，48(5)：1894-1918.
CAO Anye, DOU Linming, BAI Xianxi, et al. State-of-the-art occurrence mechanism and hazard control of mining tremors and their challenges in Chinese coal mines[J]. Journal of China Coal Society, 2023, 48(5): 1894-1918.

[3] 窦林名，田鑫元，曹安业，等. 我国煤矿冲击地压防治现状与难题[J]. 煤炭学报，2022，47(1)：152-171.
DOU Linming, TIAN Xinyuan, CAO Anye, et al. Present situation and problems of coal mine rock burst prevention and control in China[J]. Journal of China Coal Society, 2022, 47(1): 152-171.

[4] 王志强，乔建永，武　超，等. 基于负煤柱巷道布置的煤矿冲击地压防治技术研究[J]. 煤炭科学技术，2019，47(1)：69-78.
WANG Zhiqiang, QIAO Jianyong, WU Chao, et al. Study on mine rock burst prevention and control technology based on gateway layout with negative coal pillars[J]. Coal Science and Technology, 2019, 47(1): 69-78.

[5] 齐庆新，潘一山，李海涛，等. 煤矿深部开采煤岩动力灾害防控理论基础与关键技术[J]. 煤炭学报，2020，45(5)：1567-1584.
QI Qingxin, PAN Yishan, LI Haitao, et al. Theoretical basis and key technology of prevention and control of coal-rock dynamic disasters in deep coal mining[J]. Journal of China Coal Society, 2020, 45(5): 1567-1584.

[6] 高家明，潘俊锋，杜涛涛，等. 我国东北矿区冲击地压发生特征及防治现状[J]. 煤炭科学技术，2021，49(3)：49-56.
GAO Jiaming, PAN Junfeng, DU Taotao, et al. Characteristics and prevention and control status quo of rock burst in Northeastern Mining Area of China[J]. Coal Science and Technology, 2021,

49(3): 49-56.

[7] 窦林名, 王盛川, 巩思园, 等. 冲击矿压风险智能判识与监测预警云平台[J]. 煤炭学报, 2020, 45(6): 2248-2255.
DOU Linming, WANG Shengchuan, GONG Siyuan, et al. Cloud platform of rockburst intelligent risk assessment and multiparameter monitoring and early warning[J]. Journal of China Coal Society, 2020, 45(6): 2248-2255.

[8] 袁亮. 煤矿典型动力灾害风险判识及监控预警技术研究进展[J]. 煤炭学报, 2020, 45(5): 1557-1566.
YUAN Liang. Research progress on risk identification, assessment, monitoring and early warning technologies of typical dynamic hazards in coal mines[J]. Journal of China Coal Society, 2020, 45(5): 1557-1566.

[9] 何生全, 何学秋, 宋大钊, 等. 冲击地压多参量集成预警模型及智能判识云平台[J]. 中国矿业大学学报, 2022, 51(5): 850-862.
HE Shengquan, HE Xueqiu, SONG Dazhao, et al. Multi-parameter integrated early warning model and an intelligent identification cloud platform of rockburst[J]. Journal of China University of Mining and Technology, 2022, 51(5): 850-862.

[10] 夏永学, 陆闯, 冯美华. 基于改进 D-S 证据理论的冲击地压预警方法[J]. 地下空间与工程学报, 2022, 18(4): 1082-1088.
XIA Yongxue, LU Chuang, FENG Meihua. Early warning method of rock burst based on improved D-S evidence theory[J]. Chinese Journal of Underground Space and Engineering, 2022, 18(4): 1082-1088.

[11] 姜福兴, 张翔, 朱斯陶. 煤矿冲击地压防治体系中的关键问题探讨[J]. 煤炭科学技术, 2023, 51(1): 203-213.
JIANG Fuxing, ZHANG Xiang, ZHU Sitao. Discussion on key problems in prevention and control system of coal mine rock burst[J]. Coal Science and Technology, 2023, 51(1): 203-213.

[12] 陈结, 杜俊生, 蒲源源, 等. 冲击地压"双驱动"智能预警架构与工程应用[J]. 煤炭学报, 2022, 47(2): 791-806.
CHEN Jie, DU Junsheng, PU Yuanyuan, et al. "Dual-driven" intelligent pre-warning framework of the coal burst disaster in coal mine and its engineering application[J]. Journal of China Coal Society, 2022, 47(2): 791-806.

[13] 王国法. 煤矿智能化最新技术进展与问题探讨[J]. 煤炭科学技术, 2022, 50(1): 1-27.
WANG Guofa. New technological progress of coal mine intelligence and its problems[J]. Coal Science and Technology, 2022, 50(1): 1-27.

[14] 王国法, 赵路正, 庞义辉, 等. 煤炭智能柔性开发供给体系模型与技术架构[J]. 煤炭科学技术, 2021, 49(12): 1-10.
WANG Guofa, ZHAO Luzheng, PANG Yihui, et al. Model and technical framework of smart flexible coal development-supply system[J]. Coal Science and Technology, 2021, 49(12): 1-10.

[15] 王国法, 杜毅博, 徐亚军, 等. 中国煤炭开采技术及装备 50 年发展与创新实践-纪念《煤炭科学技术》创刊 50 周年[J]. 煤炭科学技术, 2023, 51(1): 1-18.
WANG Guofa, DU Yibo, XU Yajun, et al. Development and innovation practice of China coal mining technology and equipment for 50 years: Commemorate the 50th anniversary of the publication of Coal Science and Technology[J]. Coal Science and

Technology, 2023, 51(1): 1-18.

[16] 齐庆新, 李一哲, 赵善坤, 等. 我国煤矿冲击地压发展 70 年: 理论与技术体系的建立与思考[J]. 煤炭科学技术, 2019, 47(9): 1-40.
QI Qingxin, LI Yizhe, ZHAO Shankun, et al. Seventy years development of coal mine rockburst in China: establishment and consideration of theory and technology system[J]. Coal Science and Technology, 2019, 47(9): 1-40.

[17] 潘一山, 宋义敏, 刘军. 我国煤矿冲击地压防治的格局、变局和新局[J]. 岩石力学与工程学报, 2023, 42(9): 2081-2095.
PAN Yishan, SONG Yimin, LIU Jun. Pattern, change and new situation of coal mine rockburst prevention and control in China[J]. Chinese Journal of Rock Mechanics and Engineering, 2023, 42(9): 2081-2095.

[18] 王国法, 巩师鑫, 申凯. 煤矿智能安控技术体系与高质量发展对策[J]. 矿业安全与环保, 2023, 50(5): 1-8.
WANG Guofa, GONG Shixin, SHEN Kai. Intelligent security control technology system and high-quality development countermeasures for coal mines[J]. Mining Safety & Environmental Protection, 2023, 50(5): 1-8.

[19] 赵善坤, 齐庆新, 李云鹏, 等. 煤矿深部开采冲击地压应力控制技术理论与实践[J]. 煤炭学报, 2020, 45(S2): 626-636.
ZHAO Shankun, QI Qingxin, LI Yunpeng, et al. Theory and practice of rockburst stress control technology in deep coal mine[J]. Journal of China Coal Society, 2020, 45(S2): 626-636.

[20] 张宁博, 商晶志, 邓志刚, 等. 基于地应力场反演的冲击危险性评价及防治[J]. 煤矿安全, 2015, 46(11): 43-45, 49.
ZHANG Ningbo, SHANG Jingzhi, DENG Zhigang, et al. Hazard assessment and prevention of rock burst based on ground stress field inversion[J]. Safety in Coal Mines, 2015, 46(11): 43-45, 49.

[21] 赵善坤. 深孔顶板预裂爆破力构协同防冲机理及工程实践[J]. 煤炭学报, 2021, 46(11): 3419-3432.
ZHAO Shankun. Mechanism and application of force-structure cooperative prevention and control on rockburst with deep hole roof pre-blasting[J]. Journal of China Coal Society, 2021, 46(11): 3419-3432.

[22] 潘俊锋, 陆闯, 马小辉, 等. 井上下煤层顶板区域压裂防治冲击地压系统及应用[J]. 煤炭科学技术, 2023, 51(2): 106-115.
PAN Junfeng, LU Chuang, MA Xiaohui, et al. System and application of regional fracking of coal seam roof on and under the ground to prevent rockburst[J]. Coal Science and Technology, 2023, 51(2): 106-115.

[23] 刘旺. 采动覆岩离层注浆减沉控制研究 [D]. 徐州: 中国矿业大学, 2022.

[24] 庞义辉, 王国法. 大采高液压支架结构优化设计及适应性分析[J]. 煤炭学报, 2017, 42(10): 2518-2527.
PANG Yihui, WANG Guofa. Hydraulic support with large mining height structural optimal design and adaptability analysis[J]. Journal of China Coal Society, 2017, 42(10): 2518-2527.

[25] WANG Guofa, PANG Yihui. Surrounding rock control theory and longwall mining technology innovation [J]. International Journal of Coal Science & Technology, 2017, 4(4): 301-309.

［26］ 王国法. 加快煤矿智能化建设 推进煤炭行业高质量发展［J］. 中国煤炭, 2021, 47(1): 2-10.

WANG Guofa. Speeding up intelligent construction of coal mine and promoting high-quality development of coal industry［J］. China Coal, 2021, 47(1): 2-10.

［27］ 潘一山, 肖永惠, 李国臻, 等. 一种矿用消波耗能缓冲装置设计及试验初探［J］. 岩石力学与工程学报, 2012, 31(4): 649-655.

PAN Yishan, XIAO Yonghui, LI Guozhen, et al. Design of a buffer device for absorbing waves and energy in mining and its primary experiments［J］. Chinese Journal of Rock Mechanics and Engineering, 2012, 31(4): 649-655.

［28］ 潘一山, 肖永惠, 李忠华, 等. 冲击地压矿井巷道支护理论研究及应用［J］. 煤炭学报, 2014, 39(2): 222-228.

PAN Yishan, XIAO Yonghui, LI Zhonghua, et al. Study on tunnel support theory of rockburst in coal mine and its application［J］. Journal of China Coal Society, 2014, 39(2): 222-228.

［29］ 防治煤矿冲击地压细则 [S]. 北京: 国家煤矿安全监察局, 2018.

［30］ 齐庆新, 马世志, 孙希奎, 等. 煤矿冲击地压源头防治理论与技术架构［J］. 煤炭学报, 2023, 48(5): 1861-1874.

QI Qingxin, MA Shizhi, SUN Xikui, et al. Theory and technical framework of coal mine rock burst origin prevention［J］. Journal of China Coal Society, 2023, 48(5): 1861-1874.

移动扫码阅读

任怀伟,巩师鑫,刘新华,等.煤矿千米深井智能开采关键技术研究与应用[J].煤炭科学技术,2021,49(4):
149-158. doi:10.13199/j.cnki.cst.2021.04.018
REN Huaiwei,GONG Shixin,LIU Xinhua,et al.Research and application on key techniques of intelligent mining for
kilo-meter deep coal mine [J]. Coal Science and Technology, 2021, 49 (4): 149 - 158. doi: 10.13199/
j.cnki.cst.2021.04.018

煤矿千米深井智能开采关键技术研究与应用

任怀伟[1,2], 巩师鑫[1,2], 刘新华[1,2], 吕　益[3], 文治国[1,2], 刘万财[3], 张　帅[1,2]

(1.中煤科工开采研究院有限公司 科创中心,北京　100013;2.煤炭科学研究总院 开采研究分院,北京　100013;
3.中煤新集能源股份有限公司 口孜东煤矿,安徽 淮南　232170)

摘　要:千米深井复杂条件煤层智能化开采是当前煤矿技术发展迫切需要解决的难题。以中煤新集口孜东煤矿 140502 工作面地质条件为基础,针对该工作面俯采倾角变化大、矿压显现剧烈、顶板煤壁破碎所致的采场围岩稳定控制难、液压支护系统适应性降低等问题,研究了千米深井复杂条件工作面智能化开采关键技术,为复杂难采煤层开采提供了技术与装备支撑。研发了基于 LORA 的工作面液压支架(围岩)状态监测系统,同时获取立柱压力和支架姿态数据。提出了基于大数据分析的矿压分析预测方法,采用 FLPEM 和 ARMA 两种算法组合预测提升精度和效率,采用数据分布域适应迁移算法解决了支护过程中时变工况导致预测模型失准的问题,模型预测精度达到 92% 以上。研发了基于 Unity 3D 的工作面三维仿真与运行态势分析决策系统,支撑复杂条件下的围岩控制和煤层跟随截割控制的智能决策。现场试验表明:工作面在试验期开采高度达到 6.5 m,在 14°~17°俯采、顶板相对破碎、煤层硬度 1.6 的条件下,月产达到 31.5 万 t。设备可靠性和适应性较之前该矿使用设备明显提升,工作面安全性大幅改善,实现了千米深井三软煤层的安全高效开采。

关键词:千米深井;智能开采;位姿状态监测;大数据分析;分析决策

中图分类号:TD67　　　**文献标志码:**A　　　**文章编号:**0253-2336(2021)04-0149-10

Research and application on key techniques of intelligent mining for kilo-meter deep coal mine

REN Huaiwei[1,2],GONG Shixin[1,2],LIU Xinhua[1,2],LYU Yi[3],WEN Zhiguo[1,2],LIU Wancai[3],ZHANG Shuai[1,2]

(1.Technology Innovation Center,CCTEG Coal Mining Research Institute Co.,Ltd.,Beijing　100013,China;2.Coal Mining
and Designing Branch,China Coal Research Institute,Beijing　100013,China;3.Kouzidong Mine Coal,Xinji Energy Co.,Ltd.,
China National Coal Group Corp.,Huainan　232170,China)

Abstract: The intelligent mining of coal seams in the complex conditions of kilo-meter deep coal mine is a problem that the development of coal mine technologyurgently needs to be solved.Based on the geological conditions of No. 140502 fully mechanized mining face in Kouzidong Mine Coal,aiming at the problems of difficulty in controlling the stability of the surrounding rock and adaptability of the hydraulic support system caused by large changes in the under-mining inclination angle of the mining face,severe mining pressure,the broken roof and coal wall,key technologies for intelligent mining of complex working face in kilo-meter deep coal mine are studied,providing technical and equipment support for the mining of complex and difficult-to-mine coal seams. Firstly,a LORA-based state monitoring system for working face hydraulic supports (surrounding rock) was developed,which can acquire posture data of hydraulic support while acquiring column pressure data. Secondly,a mining pressure analysis and prediction method was proposed,where the combination of FLPEM and ARMA algorithms was used to improve the prediction accuracy,and data distribution domain adaptive migration algorithm was used to solve the problem of inaccurate prediction models caused by time-varying conditions in the support process so that the model prediction accuracy reached 92%. Finally,a three-dimensional simulation and operating analysis decision-making system based on Unity 3D was developed to

收稿日期:2021-02-28;**责任编辑:**曾康生
基金项目:国家重点研发计划资助项目(2017YFC0603005);国家自然科学基金重点资助项目(51834006);国家自然科学基金面上资助项目(518741774);中国煤炭科工集团科技专项重点资助项目(2019-TD-ZD001)
作者简介:任怀伟(1980—),男,河北廊坊人,研究员,硕士生导师,博士,中国煤炭科工集团三级首席科学家。Tel:010-84263142,E-mail:rhuaiwei@tdkcsj.com

support intelligent decision-making for surrounding rock control and coal seam following cutting control under complex conditions.Field trials showed that the mining height of the working face reached 6.5 m during the test period,the monthly production reached 315 000 tons under the conditions of 14°～17°of sloping mining angle,relatively broken roof,and 1.6 of coal seam hardness. Compared to previous used facilities,the reliability and adaptability of the new facilities were significantly improved,and the safety of the working surface was greatly improved,whichachievedthe safe and high-efficienctmingof the three-soft coal seam in 1 000 m deep coal mine.

Key words：deep kilo-meter mine；intelligent mining；position monitoring；large data analysis；analysis decision

0 引　　言

　　开采自动化、智能化技术研究是当前煤炭领域研究的热点[1]。针对不同地质条件，国内外学者在采场状态感知与建模、自动控制技术以及开采装备创新方面开展了大量研究。澳大利亚联邦科学与工业研究组织研发出 LASC 技术，采用军用高精度光纤陀螺仪和定制的定位导航算法获知采煤机的三维坐标，实现工作面自动找直等智能化控制[2-3]。液压支架自动跟机、采煤机斜切进刀自动控制及基于位置感知的三机协同推进控制等在地质条件相对较好的陕北、神东等矿区已经得到推广应用，基本实现了"工作面无人操作，工作面巷道有人值守"的常态化开采[4-6]。对于地质条件相对复杂的薄煤层及中厚煤层，研发了基于动态修正地质模型的智能采掘技术，采用定向钻孔、随采探测等动态修正工作面地质模型，通过构建工作面绝对坐标数字模型实行自主智能割煤[7-9]。

　　然而，对于我国东部山东、淮南等矿区埋深1 000 m 左右的深部复杂条件煤层，已有的自动化、智能化技术难以达到预期效果。深部采场一般存在着高地温、高地压、大变形的特点，矿压显现强烈，顶板、煤壁破碎，工作面倾角变化幅度剧烈，巷道变形大[10]。目前，工作面自动化、智能化开采还无法预知所有的地质条件变化情况，开采装备也无法适应大范围的地质参数变化，因而实现自动化、智能化难度非常大。但从另外的角度，这些深部开采工作面用人多，安全性差，生产环境恶劣，恰恰最需要实现自动化、智能化。

　　实现煤矿深部智能开采，最重要的是实现采场围岩稳定性控制以及"移架-割煤-运煤"过程与围岩空间动态变化的适应性控制。采场围岩稳定性控制需考虑采场上覆围岩结构及参数、运移特征、支护参数等，提出能够自适应控制围岩的策略和方法[11-12]；工作面装备运行与围岩空间变化的适应性控制则涉及装备运行特征、围岩动态变化规律、空间位姿测量及表征等，给出运行趋势的分析方法和预测性控制算法[13]。其中，支护系统状态测量、适应性设计以及装备运行态势的分析预测是首先需要解

决的关键问题。

　　笔者以中煤新集口孜东煤矿 140502 工作面为工业性试验点，针对工作面俯采倾角变化大、矿压显现剧烈、顶板煤壁破碎所带来的采场围岩稳定性控制难度大、液压支护系统适应性降低等问题，基于工作面煤层地质条件研发了 7 m 四柱式超大采高液压支架；建立了工作面状态监测系统，实时监测和解算支架支护状态和围岩定性；研发了基于 Unity 3D 的工作面三维仿真与运行态势分析决策系统，突破千米深井智能开采围岩稳定性控制和装备运行适应性控制的关键技术瓶颈。

1 千米深井工作面地质条件及开采特点

1.1 口孜东煤矿 5 号煤煤层赋存条件

　　口孜东煤矿 5 号煤埋深 967 m，工作面沿倾斜条带布置，走向方向南部平缓，北部较陡，煤层平均倾角 14°，局部 20°，俯采最大角度 17°。1405 采区工作面布置如图 1 所示，首采 140502 工作面倾向倾角 8°～15°，平均倾角 14°，局部 20°。煤层厚度 2.86～9.75 m，平均 6.56 m，普氏系数 1.6。工作面顶、底板以泥岩为主，少数为细砂岩、粉砂岩及砂质泥岩，顶、底板围岩特点是岩层较软。

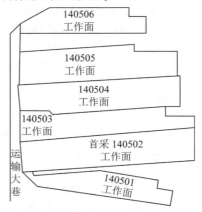

图 1　口孜东煤矿 1405 采区工作面布置
Fig.1　Layout of working face in No.1405 mining area of Kouzidong Mine

　　口孜东煤矿 1405 采区煤层厚度等厚线如图 2所示，6.0 m 煤层以上占总采区 80%，7.0 m 以上煤层占总采区的 50%，8.0 m 以上煤层占总采区的10%。确定最小采高 4.50 m，最大采高 7.00 m，平均

采高 6.56 m。

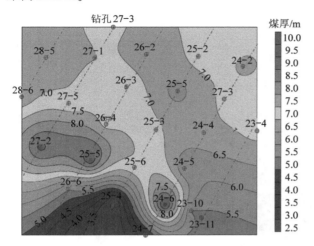

图 2　口孜东煤矿 1405 采区煤层厚度等厚线

Fig.2　Coal seam thickness contour of
No.1405 mining area in Kouzidong Mine

1.2　工作面装备选型配套

根据口孜东煤矿 5 号煤层地质赋存条件,通过

对比分析不同采煤方法、支架方案选择的优缺点,综合分析产量和效率因素、资源采出率因素、采空区遗煤自然发火因素、工作面超前段巷道维护因素、工作面支护因素、人员因素、智能化开采因素等,确定选择 7.0 m 大采高一次采全高采煤方法进行开采。淮南地区地质构造与国内其他地区有较大不同,具体表现为埋深大、"三软"煤层、倾角大、松散层厚、基岩薄等,工作面主要采用俯斜长壁采煤法。对于口孜东煤矿 140502 工作面而言,大采高开采可以充分发挥资源采出率高、开采工艺简单、工作面推进速度快、设备维护量少、易于实现自动化和有利于工作面"一通三防"等优势,但需要对液压支架与围岩适应性进行深入分析研究,要综合考虑支护强度、顶梁前端支撑力、合力作用点调节范围、防片帮冒顶、防扎底等多种因素,对液压支架和成套装备参数进行针对性设计。确定支架最大高度 7.2 m,最小高度考虑运输与配套尺寸,确定为 3.3 m。140502 工作面配套装备见表 1。

表 1　140502 工作面成套装备

Table 1　Complete equipment in No.140502 working face

序号	设备名称	设备主要技术参数	参考型号
1	中部支架	工作阻力 18 000 kN;高度 3.3~7.2 m;支护强度 1.73~1.78 MPa	ZZ18000/33/72D
	过渡支架	工作阻力 22 000 kN;高度 2.9~6.0 m;支护强度 1.53 MPa	ZZG22000/29/60D
	端头支架	工作阻力 24 200 kN;高度 2.9~5.5 m;支护强度 1.5 MPa	ZZT24200/29/55D
2	采煤机	总功率 2 590 kW;采高 4.5~7.0 m;滚筒直径 3.5 m;截深 0.865 m	MG1000/2590-GWD
3	刮板输送机	功率 3×1 200 kW;运输能力 4 000 t/h;卸载方式交叉侧卸	SGZ1250/3×1200
4	转载机	输送能力 4 500 t/h;长度约 50 m;功率 700 kW	SZZ1350/700
5	破碎机	破碎能力 5 000 t/h;功率 700 kW;电压 3 300 V	PCM700
7	乳化液泵站	工作压力 37.5 MPa;流量 630 L/min;电机功率 500 kW	BRW630/37.5
8	喷雾泵站	工作压力 16 MPa;额定流量 516 L/min;电机功率 160 kW	BPW516/16

工作面成套装备地面联调试验情况如图 3 所示。

图 3　工作面成套装备地面联调

Fig.3　Ground equipment joint debugging of working face

2　千米深井工作面智能开采技术路径

针对千米深井复杂条件工作面开采,除成套装备功能、参数与围岩条件相匹配外,控制系统能否适

应环境动态变化、控制围岩稳定并驱动装备跟随煤层自动推进是影响开采效率和安全、减少作业人员、降低劳动强度的关键[14-15]。目前,在地质条件简单、煤层变化小的工作面,智能化开采技术与装备主要实现开采工艺自动化和"三机"装备协调联动控制,以提升开采效率为目标[16]。然而,上述口孜东煤矿 5 号煤 140502 工作面走向倾向都有倾角、顶板破碎、围岩大变形,是典型的复杂条件工作面。在该工作面实施 7.0 m 大采高开采,极易发生片帮、冒顶、扎底、飘溜、上窜下滑等问题,必须通过现场操作工人的经验提前实施预防措施,现有自动化技术无法完成上述功能。因此,复杂条件煤层智能开采必须在装备性能、参数足够满足要求的前提下,实现以围岩稳定支护和煤层跟随截割为目标的环境适应性控制,是一个不依赖人工操作的自适应自学习过程。

如图 4 所示复杂条件煤层智能开采技术路径图。环境适应性控制的前提是要首先知道环境的状态,然后对环境变化趋势进行分析和预测,最后通过智能控制技术给出"三机"装备运动参数。

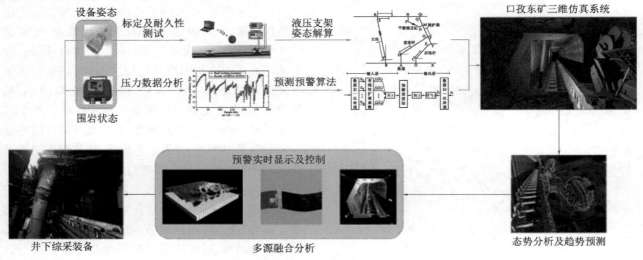

图 4　复杂条件智能化开采技术路径

Fig.4　Intelligent mining technology path under complex conditions

环境状态这里先考虑围岩压力和煤层赋存状态,主要采用压力传感器测量工作面来压情况,采用倾角传感器测量工作面倾角及设备姿态。以测量数据为基础,通过支架-围岩耦合关系模型,判断顶板、煤壁稳定性,通过三维力学模型判断支架受力状态及其动态变化,通过运动学模型判断工作面推进方向变化趋势。工作面装备智能控制综合实时控制、趋势控制、群组控制、模型跟随控制等技术,实现开采工艺工序优化、功能参数调整的多数据融合决策,完成工作面稳定支护、截割空间与煤层空间最佳重合的自主连续生产。

3　7.0 m 大采高复杂条件工作面智能化关键技术

3.1　7.0 m 超大采高液压支架适应性设计

围岩支护和装备推进都离不开液压支架。复杂条件工作面开采首先要求液压支架要有适应围岩变化的能力。针对口孜东煤矿 5 煤的 140502 工作面条件,对液压支架结构和动态性能进行创新设计,研制出最高的 ZZ18000/33/72D 四柱式一次采全高液压支架,如图 5 所示。

3.1.1　架型参数及支护强度设计

根据口孜东煤矿 5 煤地质条件,以俯采为主且顶板相对破碎,煤层较软,底板主要为泥岩,因此重点考虑顶梁合力作用点控制,以及片帮、扎底和漏矸等异常状况。为此,采用四柱式液压支架,提升顶梁控制能力、防止底座扎底;同时为增强顶梁前端支撑力,采用前后立柱不同缸径设计。前立柱采用 400

图 5　ZZ18000/33/72D 四柱式一次采全高液压支架

Fig.5　ZZ18000/33/72D four-column hydraulic support for mining full-height onece

mm 缸径,后立柱采用 320 mm 缸径。当顶梁合力作用点前移、后立柱难以发挥作用时,支架仍有足够的支撑能力。根据计算,顶梁前端支撑力最大达到 5 000 kN,支架支护强度达到 1.72 MPa,远超过同等高度、支护力的支架,这样可以很好的控制顶板,同时减少顶板对煤壁的压力,减轻片帮程度。

3.1.2　护帮及稳定性设计

为防止煤壁片帮、冒顶,采用伸缩梁+铰接三级护帮的结构,当采煤机割过煤后,伸缩梁立即伸出并打开护帮板,实现及时支护,避免片帮、冒顶的发生。伸缩梁行程 1 000 mm,大于截割滚筒宽度 865 mm,在特殊情况下可伸入煤壁支护;三级护帮板回转

180°后可上翘 3°,护帮总高度 3 500 mm,如图 6 所示。

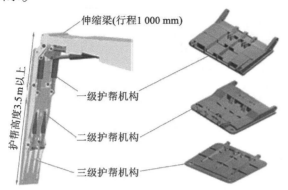

图 6 ZZ18000/33/72D 四柱式一次采全高液 压支架护帮板结构

Fig.6 Structure of ZZ18000/33/72D four-column hydraulic support guard plate for one-time mining full-height

同时,针对工作面走向、倾向都有倾角的情况,充分考虑俯采情况下的支架稳定性,合理设计结构件质量和尺寸,使支架重心尽量靠后,适应俯采倾角 20°以下的情况;优化后支架临界俯斜失稳、仰斜失稳、侧翻失稳分别为 22.25°,23.7° 以及 18.6°,均大于煤层在各个方向上的倾角。设置防倒防滑装置,在工作面两端角度较大的区域安装,辅助调整支架,保障工作面支护系统稳定性。

3.1.3 密闭性及可靠性设计

工作面在移架过程中可能有矸石冒落,为此支架需要加强密闭性设计。ZZ18000/33/72D 四柱式一次采全高液压支架顶梁和掩护梁均设计双侧活动侧护板,顶梁与掩护梁的铰接处具备防漏矸功能;后连杆设计固定侧护板与挡矸板;尽可能让支架后部封闭,阻止矸石进入支架内部。同时,加强推移千斤顶和抬底千斤顶,增强抬底力和推移力,保证动作到位。为防止拔后立柱造成活柱固定销损坏,增加销轴直径至 50 mm,大幅增加可靠性。

3.2 工作面液压支架(围岩)状态监测系统研发

通过安装在液压支架上的压力传感器反映顶板压力变化情况和岩层运移规律是普遍采用的研究工作面状态的方法[17]。然而,对于走向、倾向均有倾角的千米深井复杂条件工作面,只有压力数据还不足以反映围岩情况,必须将立柱压力状态和支架姿态数据(工作面角度)结合起来。

为同时获取支架压力和姿态数据,研发了基于 LORA 的工作面液压支架(围岩)状态监测系统。系统结构如图 7 所示。在液压支架上安装双通道压力传感器和 3 个三轴倾角传感器,通过 LORA 自组网与数据监测分站连接,实现数据传输;数据监测分站汇聚工作面局部数据后通过 CAN 总线上传至主站。

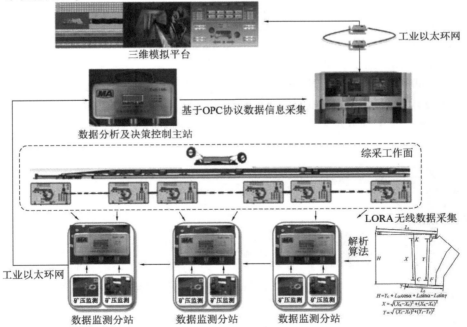

图 7 基于 LORA 的工作面液压支架(围岩)状态监测系统

Fig.7 LORA-based monitoring system for hydraulic support (surrounding rock)

主站与工作面集控中心通过 OPC 数据接口通信,将数据通过井下工业以太环网上传至地面的三维仿真系统进行数据分析及控制应用。整个系统的通信链路为"集控中心-主(以太网)、主-分(CAN 总线)、分-传感器(LoRa 自组网)"。

根据工作面地质条件、无线信号传输距离和数据采集需求,现场每 3 台液压支架安装一套监测传感器(包括前、后立柱压力 2 个压力传感器和顶梁、掩护梁、底座 3 个倾角传感器),总计安装 40 套;在工作面端头安装 1 台分站,在顺槽集控中心安装 1 台主站。布置方案如图 8 所示。

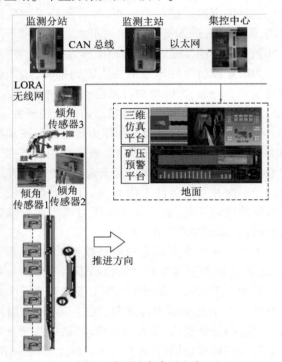

图 8　井下设备布置方案

Fig.8　Layout plan of equipment

三轴无线倾角传感器布置方案如图 9 所示。传感器为本质安全型,测量角度范围±90°,测量误差±1°,传输协议采用 Modbus TCP,采集周期:20 s,延时小于 100 ms,供电方式为干电池供电,可满足 1 年以上数据采集电量需求。主站和分站采用 127V 直流电源供电,如图 10 所示。

图 9　倾角传感器布置方案

Fig.9　Layout plan of inclination sensor

3.3　工作面三维仿真与运行态势分析决策平台

工作面三维仿真与运行态势分析决策系统是复杂条件工作面智能开采的大脑。监测系统采集的数

(a)传感器内物　　　　　(b)传感器外观

图 10　液压支架倾角传感器

Fig.10　Hydraulic supportinclination sensor

据会在平台上进行解算,得出液压支架受力状态和姿态,从而判定围岩稳定性和工作面倾角;同时,可基于历史数据进行趋势分析、推进方向路径规划及矿压动态预测;预测结果可通过自动或人工发送指令控制工作面装备调整开采工艺和参数。

3.3.1　液压支架受力状态及位姿解算

在倾斜工作面,液压支架受力分析必须考虑角度因素[18],如图 11 所示。

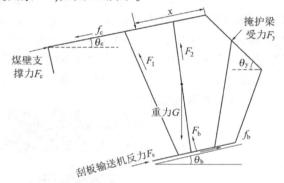

图 11　液压支架受力分析

Fig.11　Force analysis of hydraulic support

根据力平衡原理得

$$\sum X_i = (F_c - f_c) \sin \theta_c + (F_s + f_b) \sin \theta_b + Q(x)$$
$$\sin \theta_c - F_y \cos \theta_y - F_b \cos \theta_b = 0 \qquad (1)$$

$$\sum Y_i = (F_c - f_c) \cos \theta_c + (F_s + f_b) \cos \theta_b + F_b \sin \theta_b -$$
$$Q(x) \cos \theta_c - F_y \sin \theta_y - G = 0 \qquad (2)$$

式中:F_c 和 F_s 为伸缩梁千斤顶和推移千斤顶推力;F_y 为掩护梁在顶梁平面上的投影面积承载的顶板压力再分解至垂直掩护梁方向上的力;f_c 和 f_b 分别为摩擦阻力;θ_b、θ_y、θ_c 分别为液压支架底座、掩护梁和顶梁与水平夹角;Q 为液压支架顶板载荷;x 为液压支架顶板载荷位置;G 为液压支架重力。

由式(1)和式(2)可求得液压支架底座、掩护梁和顶梁在 θ_b、θ_y、θ_c 倾角情况下的受力状态,给出合力作用点位置、相对正常位置的偏移量、立柱平衡性等参数值。同时,基于倾角传感器数据可计算出支架实时高度、立柱在来压期间下缩量等,如图 12 所示。液压支护系统的整体受力、空间位姿也反映着工作面围岩的力学状态、角度及空间形态。这些数据均是三维仿真与运行态势分析、决策的依据。

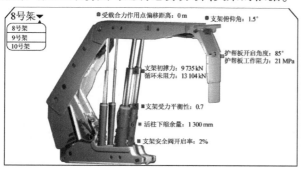

图 12 液压支架参数计算

Fig.12 Calculation of hydraulic support parameters

3.3.2 基于大数据的矿压分析预测技术

千米深井软岩条件开采条件下,工作面矿压规律不明显,传统基于各种顶板结构模型的矿压分析预测方法难以适用,这里尝试采用基于大数据的矿压分析预测技术,分别从预测算法、模型输入输出特征工程以及数据分布 3 个方面进行研究。

算法方面,液压支架工作阻力数据为典型的时间序列数据,分别基于支持向量机(SVR)、函数链接预测误差法(FLPEM)、极限学习机(ELM)、长短期记忆网络(LSTM)、BP 神经网络、自回归滑动平均模型(ARMA)、最小二乘支持向量机(LSSVM)等机器学习算法建立液压支架工作阻力预测模型。经测试,FLPEM 和 ARMA 两种算法的预测精度比较高。

模型输入输出特征工程方面,针对单个支架,选取该液压支架在采煤机第 k 刀煤过程中的 12 个工作阻力数据为模型的输入(一刀煤的时间大约为 1 h,液压支架工作阻力数据采样时间为 5 min),该液压支架在采煤机第 $k+2$ 刀煤过程中的第一个工作阻力数据为模型的输出,确定 12 维输入 1 维输出的工作阻力超前一刀预测模型。

数据分布方面,针对支护过程中时变工况影响工作阻力数据分布、导致预测模型失准的问题,采用数据分布域适应迁移算法进行数据分布一致化处理,消除时变工况干扰。

基于上述 3 个方面研究,对口孜东煤矿 140502 工作面液压支架工作阻力进行超前预测,采用 FLPEM 算法,模型预测精度达到 92%。如图 13 所示为某一液压支架前立柱工作阻力监测值和预测值对比。

3.3.3 工作面空间态势分析和截割路径规划

理想情况下,智能化开采要能够使煤机装备自

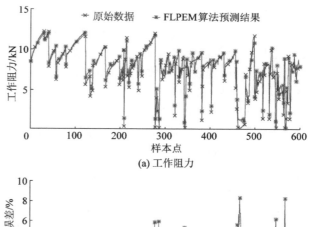

(a) 工作阻力

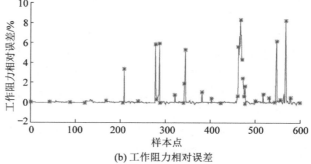

(b) 工作阻力相对误差

图 13 液压支架工作阻力预测结果与相对误差

Fig.13 Prediction results of working resistance of hydraulic support

动跟随煤层条件变化、做到自适应开采[19]。这就需要根据感知数据分析拟合装备的状态和运行趋势,并规划后续推进控制参数。影响智能化开采的因素很多,这里集中讨论煤层倾角变化带来的问题。如前所述,140502 工作面在走向和倾向方向都是倾斜的。有一定角度,且煤层顶底板曲面在揭露的巷道轮廓和切眼轮廓基础上仍有较大的起伏变化。因此,给工作面内成套装备的姿态控制和沿巷道的推进方向控制带来很大困难。

1)工作面内装备姿态控制。工作面底板起伏影响液压支架姿态,在移架过程中会发生挤架、咬架显现,自动跟机程序无法正常运行。因此需根据感知到的工作面倾角变化情况,在跟机移架过程中,自动调整跟机速度、跟机架数以及架间的距离,目的是保障顺利移架,跟上采煤机割煤速度。因此,建立了以支架移架速度不小于采煤机速度为优化目标、以移架规则为约束条件的液压支架跟机规划模型:

$$\min\left\{ ND/(N_1 t_1 + N_2 t_2 + N_3 t_3) - v_{\text{shear}} \right\}$$

$$\text{s.t.} \begin{cases} N_1 \geqslant N_2 \geqslant N_3 \\ 3 \leqslant N_1 + N_2 + N_3 \leqslant 3\text{Ceil}\left[\Delta m/D\right] \\ N = \text{Ceil}\left[N_1 + N_2 + N_3\right] \end{cases}$$

式中:N 为支架总数;v_{shear} 为采煤机速度;N_1、N_2、N_3、t_1、t_2、t_3 分别为需要进行降架、移架、升架操作的支架数量与时间;Δm 为安全距离;D 为架宽;Ceil[·]

为朝正向取整函数。

根据上式,控制系统会根据工作面角度变化引起的液压支架姿态变化和相关位姿关系变化,同时考虑煤机位置、速度等参数,自动调整跟机移架策略,从而适应煤层在倾向方向的变化。

2)截割推进方向控制。对于基于滚筒采煤机的长壁综采装备而言,截割推进方向调整一般情况下是靠调整滚筒截割高度和卧底量实现的[20]。受装备配套尺寸限制,工作面每次调整的角度是有限的,因此必须在煤层角度变化之前提前调整,才能使装备逐渐改变推进方向,而调整量和每刀采煤机滚筒卧底抬高的高度需要超前规划和预测。基于采煤机滚筒高度在工作面各监测点数据,利用机器学习算法,以前3刀数据为模型输入,未来1刀数据为输出,建立滚筒高度预测模型,实现超前一步预测,从而可以进一步规划工作面倾向和推进方向的推进路径。图14所示采煤机滚筒高度在整个工作面倾向方向的预测值和实际值对比。

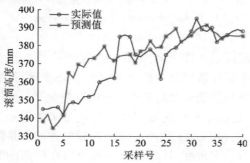

图14　滚筒高度预测结果

Fig.14　Prediction results of roller height

4　现场试验与数据分析

研发的7.2 m超大液压支架、工作面状态监测系统和三维仿真与运行态势分析决策平台于2021年2月安装在口孜东煤矿140502工作面(图15),进行工业试验。

图15　口孜东煤矿140502工作面

Fig.15　No.140502 working face of Kouzidong Coal Mine

工作面液压支架状态监测系统也同步安装完成,图16所示为现场安装的倾角传感器。

图16　液压支架倾角传感器安装情况

Fig.16　Inclination sensor installed on site

根据液压支架顶梁、掩护梁和底座倾角传感器安装情况,可以对局部工作面液压支架的姿态进行实时监测,如图17所示。

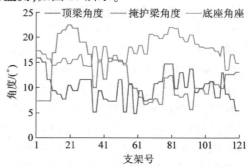

图17　液压支架倾角监测情况

Fig.17　Monitoring of inclination angle of hydraulic support

工作面三维仿真与运行态势分析决策平台安装在地面集控中心的服务器上,如图18所示。

图18　工作面三维仿真与运行态势分析决策平台

Fig.18　Three-dimensional simulation of working face and operation situation analysis decision-making platform

工作面三维仿真与运行态势分析决策平台分为3个区域:中间为工作面三维虚拟仿真系统,可根据感知数据实时驱动三维模型运动,从而反映井下工作面真实的情况;同时,也可根据后台预测、分析的结果,由优化后的运行参数驱动,提前对后续开采过程进行模拟仿真,从而验证优化结果的有效性;左侧区域为工作面压力及截割轨迹的实时监测结果、预测结果的实时展现,直观看到工作面来压情况、即将来压的情况,截割过的轨迹以及即将截割的方向趋势,便于把握总体运行情况和趋势(图19所示);右侧区域为工作面主要设备运行参数显示及控制区,可事实查看设备的速度、方向、电机温度、高度、工作阻力等参数,并且在安全和许可的条件下,部分参数可由人工修改,以便更好地控制设备运行(图20所示)。

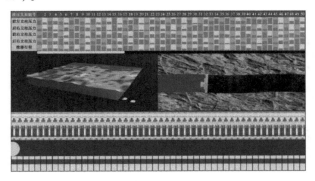

图19 工作面总体运行情况和趋势界面

Fig.19 Overall operation status and trend interface of working face

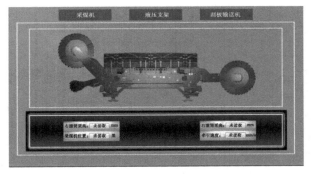

图20 设备控制界面

Fig.20 Device control interface

上述设备、系统和平台在140502工作面开采过程中发挥了重要作用。现场试验表明:工作面在试验期开采高度达到6.5 m左右,每天割煤4~5刀,月产达到31.5万t。7 m四柱式超大采高液压支架在14°~17°俯采、顶板相对破碎、煤层普氏系数为1.6的条件下使用,可靠性和适应性较之前该矿使用的支架明显提升,煤壁片帮、顶板漏矸情况较少,以前立柱受力为主,没有出现拔后柱情况,工作面安全性大幅改善。通过压力和姿态监测数据可实时解算支架合力作用点位置和稳定性,从而保证围岩稳定支护;在工作面三维仿真与运行态势分析决策系统中分析工作面推进方向的变化趋势,判断装备开采空间与煤层的叠加重合度,从而超前调整开采工艺参

数以适应煤层变化,实现了千米深井三软煤层的安全高效开采。

5 结　　论

以中煤新集口孜东煤矿140502工作面地质条件为基础,研究了千米深井复杂条件工作面智能化开采关键技术,并研发了成套装备和监测系统、虚拟仿真决策平台,为复杂难采煤层开采提供了技术与装备支撑。

1)深部开采中,煤层三维曲面分布及围岩变形是其主要特征,综采装备的三维空间姿态及受力状况感知、预测是安全、高效开采的核心,而非简单条件工作面设备的协同联动控制。基于预测结果的预警、提前启动工艺保障措施是顺利开采的关键。

2)研发了基于LORA的工作面液压支架(围岩)状态监测系统,形成"集控中心-主(以太网)、主-分(CAN总线)、分-传感器(LORA自组网)"的通信链路,同时获取立柱压力和支架姿态数据。

3)提出了基于大数据分析的矿压分析预测算法,采用数据分布域适应迁移算法解决了支护过程中时变工况导致预测模型失准的问题,模型预测精度达到92%以上。

4)研发了基于Unity 3D的工作面三维仿真与运行态势分析决策系统,通过监测感知数据实时驱动工作面装备三维模型,同时基于大数据分析结果预测、分析和模拟后续开采过程,支撑复杂条件下的围岩控制和煤层跟随截割控制的智能决策。

针对复杂条件煤层智能开采技术的研究目前尚处于起步阶段,技术、工艺和管理上还有许多未解决的问题,需要在环境感知、数据分析、控制算法等方面加大研究力度,充分利用物联网、大数据、深度学习等先进技术,不断提高综采装备的智能控制水平,提升复杂条件煤层智能化综采技术的系统性适用性、稳定性和协调性,最终降低井下工作人员的劳动强度,提高采出效率和效益。

参考文献(References):

[1] WANG Guofa, XU Yongxiang, REN Huaiwei. Intelligent and ecological coal mining as well as clean utilization technology in China: review and prospects[J]. International Journal of Mining Science and Technology,2019,29(2):161-169.

[2] KELLY M, HAINSWORTH D, REID D, et al. Longwall automation: a new approach[C]//3th International Symposium - High Performance Mine Production. Aachen: CRISO Exploration & Mining,2003:5-16.

[3] 李　森. 基于惯性导航的工作面直线度测控与定位技术[J].

煤炭科学技术,2019,47(8):169-174.

LI Sen. Measurement& control and localisation for fully-mechanized working face alignment based on inertial navigation [J]. Coal Science and Technology,2019,47(8):169-174.

[4] 任怀伟,杜毅博,侯 刚. 综采工作面液压支架-围岩自适应支护控制方法[J]. 煤炭科学技术,2018,46(1):150-155,191.

REN Huaiwei, DU Yibo, HOU Gang. Self adaptive support control method of hydraulic support-surrounding rock in fully-mechanized coal mining face[J]. Coal Science and Technology,2018,46(1):150-155,191.

[5] 任怀伟,李帅帅,李 飔,等. 液压支架顶梁位姿调控仿真分析 [J]. 工矿自动化,2019,45(10):11-16.

REN Huaiwei, LI Shuaishuai, LI Si,et al. Simulation analysis of roof beam position and attitude control of hydraulic support[J]. Industry and Mine Automation,2019,45(10):11-16.

[6] 雷照源,姚一龙,李 磊,等. 大采高智能化工作面液压支架自动跟机控制技术研究[J]. 煤炭科学技术,2019,47(7):194-199.

LEI ZHAOyuan, YAO Yilong, LI Lei,et al. Research on automatic follow-up control technology of hydraulic support in intelligent working face with large mining height[J]. Coal Science and Technology,2019,47(7):194-199.

[7] 孙振明,毛善君,祁和刚,等. 煤矿三维地质模型动态修正关键技术[J]. 煤炭学报,2014,39(5):918-924.

SUN Zhenming, MAO Shanjun, QI Hegang, et al. Dynamic correction of coal mine three-dimensional geological model[J]. Journal of China Coal Society,2014,39(5):918-924.

[8] 毛善君,崔建军,令狐建设,等. 透明化矿山管控平台的设计与关键技术[J]. 煤炭学报,2018,43(12):3539-3548.

MAO Shanjun, CUI Jianjun, LINGHU Jianshe,et al. System design and key technology of transparent mine management and control platform[J]. Journal of China Coal Society,2018,43(12):3539-3548.

[9] 任怀伟,孟祥军,李 政,等. 8 m 大采高综采工作面智能控制系统关键技术研究[J]. 煤炭科学技术,2017,45(11):37-44.

REN Huaiwei, MENG Xiangjun, LI Zheng,et al. Research on key technology of intelligent control system for 8 m large mining height fully mechanized mining face[J]. Coal Science and Technology,2017,45(11):37-44.

[10] 康红普,姜鹏飞,黄炳香,等. 煤矿千米深井巷道围岩支护-改性-卸压协同控制技术[J]. 煤炭学报,2020,45(3):845-864.

KANG Hongpi, JIANG Pengfei, HUANG Bingxiang, et al. Roadway strata control technology by means of bolting-modification destressing in synergy in 1000 m deep coal mines [J]. Journal of China Coal Society,2020,45(3):845-864.

[11] 王家臣,杨胜利,杨宝贵,等. 深井超长工作面基本顶分区破断模型与支架阻力分布特征[J]. 煤炭学报,2019,44(1):54-63.

WANG Jiachen, YANG Shengli, YANG Baogui,et al. Roof sub-regional fracturing and support resistance distribution in deep longwall face with ultra-large length[J]. Journal of China Coal Society,2019,44(1):54-63.

[12] 任怀伟,王国法,赵国瑞,等. 智慧煤矿信息逻辑模型及开采系统决策控制方法[J]. 煤炭学报,2019,44(9):2923-2935.

REN Huaiwei, WANG Guofa, ZHAO Guorui, et al. Smart coal mine logic model and decision control method of mining system [J]. Journal of China Coal Society,2019,44(9):2923-2935.

[13] 任怀伟,赵国瑞,周杰,等. 智能开采装备全位姿测量及虚拟仿真控制技术[J]. 煤炭学报,2020,45(3):956-971.

REN Huaiwei, ZHAO Guorui, ZhouJie, et al. Key technologies of all position and orientation monitoring and virtual simulation and control for smart mining equipment[J]. Journal of China Coal Society,2020,45(3):956-971.

[14] 王国法,胡相捧,刘新华,等. 千米深井大采高俯采工作面四柱液压支架适应性分析[J]. 煤炭学报,2020,45(3):865-875.

WANG Guofa, HU Xiangpeng, LIU Xinhua,et al. Adaptability analysis of four-leg hydraulic support for underhand working face with large mining height of kilometer deep mine[J]. Journal Of China Coal Society,2020,45(3):865-875.

[15] 王家臣,王兆会,杨 杰,等. 千米深井超长工作面采动应力旋转特征及应用[J]. 煤炭学报,2020,45(3):876-888.

WANGJiachen, WANG Zhaohui, YANG Jie, et al. Mining-induced stress rotation and its application in longwall face with large length in kilometer deep coal mine[J]. Journal of China Coal Society,2020,45(3):876-888.

[16] 王国法,王 虹,任怀伟,等. 智慧煤矿 2025 情景目标和发展路径[J]. 煤炭学报,2018,43(2):295-305.

WANG Guofa,WANG Hong,REN Huaiwei,et al. 2025 scenarios and development path of intelligent coal mine [J]. Journal of China Coal Society,2018,43(2):295-305.

[17] 廉自生,袁 祥,高 飞,等. 液压支架网络化智能感控方法[J]. 煤炭学报,2020,45(6):2078-2089.

LIAN Zisheng, YUAN Xiang, GAO Fei, et al. Networked intelligent sensing method for powered support[J]. Journal of China Coal Society,2020,45(6):2078-2089.

[18] 吴锋锋,刘长友,李建伟. "三软"大倾角厚煤层工作面组合液压支架稳定性分析[J]. 采矿与安全工程学报,2014,31(5):721-725,732.

WU Fengfeng, LIU Changyou, LI Jianwei. Combination hydraulic support stability of working face in large inclined and "three-soft" thick seam[J]. Journal of Mining & Safety Engineering,2014,31(5):721-725,732.

[19] 王国法,庞义辉,任怀伟. 千米深井三软煤层智能开采关键技术与展望[J]. 煤炭工程,2019,51(1):1-6.

WANG Guofa, PANG Yihui, REN Huaiwei. Intelligent mining technology development path and prospect for three-soft seam of deep coal mine[J]. Coal Engineering,2019,51(1):1-6.

[20] 郝尚清,王世博,谢贵君,等. 长壁综采工作面采煤机定位定姿技术研究[J]. 工矿自动化,2014,40(6):21-25.

Hao Shangqing, WANG Shibo, Xie Guijun,et al, Research on positioning and attitude determination technology of shearer in longwall fully mechanized mining face[J]. Industry and Mine Automation,2014,40(6):21-25.

移动阅读

任怀伟,赵国瑞,周杰,等.智能开采装备全位姿测量及虚拟仿真控制技术[J].煤炭学报,2020,45(3):956-971.doi:10.13225/j.cnki.jccs.SJ20.0335

REN Huaiwei,ZHAO Guorui,ZHOU Jie,et al. Key technologies of all position and orientation monitoring and virtual simulation and control for smart mining equipment[J]. Journal of China Coal Society,2020,45(3):956-971.doi:10.13225/j.cnki.jccs.SJ20.0335

智能开采装备全位姿测量及虚拟仿真控制技术

任怀伟[1,2],赵国瑞[1,2],周　杰[1,2],文治国[1,2],丁　艳[3],李帅帅[2]

(1.天地科技股份有限公司 开采设计事业部,北京　100013;2.煤炭科学研究总院 开采研究分院,北京　100013;3.北京理工大学 宇航学院,北京　100081)

摘　要:针对深部开采复杂地质条件下的综采装备空间位姿及受力动态变化、随机倾斜错动难以描述和自适应控制难题,提出了基于全位姿测量及虚拟仿真控制的智能开采模式,以中煤新集口孜东矿 140502 工作面地质条件和 7 m 四柱大采高综采装备参数为基础,构建复杂条件下智能开采装备全位姿测量及虚拟仿真智能控制系统。首先,给出了智能开采"环境装备-仿真模拟-反向控制"运行体系下的智能决策过程,提出了融合视觉的装备全位姿测量、工作面装备位姿一体化描述及驱动关系建模、基于 Unity3D 的综采虚拟仿真控制等 3 项支持智能决策的关键技术。随后建立融合视觉的工作面综采装备群全位姿多参数测量系统,提出了基于设备特征点的视觉多参数测量方法,获取描述综采装备群空间全位姿的 15 个独立参数;给出综采装备群统一坐标描述及驱动模型,建立了特定的全局和局部坐标系、采煤机和刮板输送机位姿驱动关系模型和刮板输送机三维空间弯曲姿态模型;基于 Unity3D 虚拟仿真技术构建了工作面场景、装备、工艺流程等虚拟实体和关系模型,支撑井下综采装备开采过程运动仿真。开发出与全位姿测量系统通信的底层数据接口,获取装备的实际工况数据,从而驱动仿真模型实现三维场景下的虚实映射。分析计算和模拟优化下一割煤循环装备协同运动及工艺过程,通过反向控制链路实现对装备虚拟模型和实际装备体的闭环控制。实验室测试表明:虚拟仿真系统实现了数据获取、模型解算、单机装备及装备群协同运动仿真,满足装备实际运行逻辑关系,具有对工作面装备运行状态实时监测和反向控制能力,系统运行流畅性满足要求,帧率>20 fps。全位姿测量系统经井下现场测试表明:图像识别检测的支架数大于 5 架,图像解算时间小于 0.5 s,支架顶梁测量角度误差小于 1.2°,满足系统数据测量需求。

关键词:智能开采;全位姿测量;统一驱动模型;虚拟仿真;协同运动控制

中图分类号:TD67　　文献标志码:A　　文章编号:0253-9993(2020)03-0956-16

Key technologies of all position and orientation monitoring and virtual simulation and control for smart mining equipment

REN Huaiwei[1,2],ZHAO Guorui[1,2],ZHOU Jie[1,2],WEN Zhiguo[1,2],DING Yan[3],LI Shuaishuai[2]

(1. Coal Mining and Designing Department,Tiandi Science and Technology Co.,Ltd.,Beijing　100013,China;2. Mining Design Institute,China Coal Research Institute,Beijing　100013,China;3. School of Aerospace Engineering,Beijing Institute of Technology,Beijing　100081,China)

Abstract: Aiming at the problems of spatal position of longwall mining equipment and dynamic change of mechanical state,the difficulty of describing random tilt misalignment and adaptive control for deep mining in complex geological

收稿日期:2020-01-15　　修回日期:2020-03-12　　责任编辑:郭晓炜

基金项目:国家重点研发计划资助项目(2017YFC0603005);国家自然科学基金面上资助项目(51874174);天地科技股份有限公司创新创业资金专项重点资助项目(2019-TD-ZD001)

作者简介:任怀伟(1980—),男,河北廊坊人,研究员。Tel:010-84264163,E-mail:renhuaiwei@tdkcsj.com

conditions, an smart mining model based on full position and orientation measurement and virtual simulation control was proposed. Based on the geological conditions of the 140502 working face in Kouzidong mine of China and the parameters of 7 m high four legs longwall mining equipment, the full position and orientation measurement smart mining equipment and virtual simulation intelligent control system under complicated conditions were constructed. Firstly, an intelligent decision-making process under intelligent mining operation system "environment and equipment-simulation-reverse control" was given, where the key technologies supporting the above intelligent decision were proposed, including full-position measurement with vision-enabled equipment, the vision-integrated equipment full pose measurement, and virtual simulation control of longwall mining by Unity3D. Secondly, a full-position and multi-parameter measurement system integrated vision for the longwall mining equipment group was established. In this system, a visual multi-parameter measurement method based on equipment feature points was proposed to obtain 15 independent parameters describing the full position and orientation of the longwall mining equipment group. A unified coordinate description and driving model of longwall mining equipment group was given, including the specific global and local coordinate system, the position driving relationship model between shearer and scraper, and the three-dimensional space bending attitude model of scraper conveyor. Based on Unity3D virtual simulation technology, the virtual entities and relationship models of working face scene, equipment, process flow, etc. were constructed to support the motion simulation of the mining process of longwall mining equipment. Also, a low-level data interface was developed to communicate with the full-position measurement system, so that the actual operating condition data of the equipment can be obtained to drive the simulation model and realize the virtual-real mapping in a three-dimensional scene. Finally, the coordinated motion and process of the equipment in next coal cutting cycle can be analyzed, calculated, simulated and optimized, and a closed-loop control of the equipment virtual and actual model was realized through the reversing control link. Laboratory tests of the full-posture measurement system showed that the virtual simulation system could achieve the data acquisition, model calculation, and coordinated motion simulation of stand-alone equipment and equipment groups, meet the actual operational logic relationship between equipments, have the capacities for the real-time monitoring and reversing control of equipment operating status in working face, and run smoothly, frame rate is faster than 20 fps. Field tests showed that the number of hydraulic supports for image recognition and detection was more than five, the image resolution time was less than 0.5 s, and the measurement angle error of the support stull was lessthan 1.2°, which meet the requirements of data measurement.

Key words: smart mining; full position and attitude measurement; unified driving model; virtual simulation; cooperative motion control

煤炭经过几十年的持续大规模开发,浅部资源越来越少,开采深度不断增加。深部开采面临高地压、高地温及复杂地质条件等多因素制约[1],作为井工开采核心作业系统的工作面综采成套装备(液压支架、采煤机、刮板输送机、转载机及超前支护装备等),处于围岩变形、矿压冲击的动态变化环境中,原本队列整齐、协调一致的设备群会随顶底板及煤层条件随机倾斜、错动,无法保持正常的空间位姿和力学状态。例如,中煤新集口孜东矿为千米深井软岩条件,直接顶为泥岩和砂质泥岩复合岩层,围岩变形严重、矿压显现频繁,这种条件下装备位姿及受力变化极不规律。

现有的自动化开采装备系统难以适应大幅动态变化的应用环境。围绕这一难题,专家学者开展了大量研究,提出了很多新理论、新技术。王国法率先提出工作面综采装备群组自适应协同控制是突破复杂地质条件工作面自动连续开采的核心技术[2-8]。然而,综采装备群协同动作多、准确性及响应速度要求高,自适应控制面临以下3方面难题:

(1)装备群位姿监测问题。实现深部复杂条件下的综采成套装备工艺自动化、运动协同联动首先要全面、实时、准确的感知每一台装备的空间位姿,从而确定其当前状态值与期望值的偏差,给出控制策略和控制参数值[9]。目前针对"三机"设备位姿状态测量主要有惯性测量、非接触感应测量及视觉测量等方法。惯性测量是指利用惯性元件测得的三轴加速度和三轴角速度信息,并结合设备初始位姿信息,经过积分运算获取设备的位置和姿态数据。采煤机姿态、液压支架倾角、刮板输送机直线度(LASC系统)等都是采用该类方法[10-13];非接触感应测量是利用超声波反射、红外对射、激光传感器等获取采煤机与液压支架、液压支架之间等相互位置关系[14-16];视觉测量是近年来提出的井下信息采集新方法,借鉴视觉测量系统在工业领域的应用,由单参数测量到多参数测量,为解决刮板运输机直线度测量与调直、液压支架空间位姿实时监测等难题提供了技术途径[17-18]。目前综采装备位姿监测的数据是局部、零散和相对的,无法全面描述复杂条件下的装备状况。

（2）综采工作面装备位姿一体化描述及驱动关系建模问题。工作面装备之间的各种位姿关系目前还只能依靠多个独立的监测系统分别获取,没有在一个系统中实现同步测量[19]。装备之间在进行协调联动控制时不能基于同一基准的空间位姿数据[20]。现有基于局部参数的动作触发无法支持复杂地质条件下开采所需的装备频繁、准确、动态的运动控制需求。因此,必须建立综采装备整体坐标系和一体化描述及驱动模型,全面描述设备之间的全空间位姿,为自适应协同控制提供基础数据和控制依据。

（3）基于真实数据驱动的虚拟现实控制技术。综采装备群自适应协同控制需要对感知到的数据进行分析计算、预测仿真和控制规划,因而依托工业仿真与可视化技术的虚拟现实技术变得极为重要[21]。该技术可将物理空间中的实体映射为对应的信息空间虚拟对象,并通过真实数据驱动、智能分析、实时交互等实现对生产场景的虚拟仿真和装备决策控制。基于真实数据驱动的虚拟现实技术在先进智能制造领域被称为数字孪生（或数字双胞胎）技术,是未来工业发展的关键技术,已经应用于机械装备制造[22]、产品设计[23]、自动化生产线开发[24]等多个领域。煤炭行业也为引入该技术开展了大量的研究工作,提出了一种基于数字孪生的综采工作面生产系统设计与运行模式[25-26]。设计了基于Unity3D的综采工作面全景虚拟现实漫游系统,并实现了综采设备的三维虚拟展示和运动仿真模拟[27]。虽然这些研究在三维建模、环境仿真等方面取得了进展,但还缺乏数据深入分析、运动关系约束、双向数据驱动等方面的深入研究,因而并未形成真正驱动煤矿实际运行的生产力。

笔者提出了全位姿测量及虚拟仿真控制的智能开采模式,在综采装备群位姿监测、一体化描述及驱动关系建模和虚拟现实技术方面展开深入研究。提出融合视觉的工作面综采装备全位姿多参数测量技术,给出综采装备群统一坐标描述及驱动模型,开发基于Unity3D的综采虚拟仿真系统,为突破工作面综采装备群自适应协同控制技术、解决复杂地质条件下工作面自动连续开采难题提供技术手段。

1 复杂条件智能开采模式及关键技术

在煤层赋存较好的简单条件工作面,综采装备群在自动化系统控制下即可实现较高的生产效率,工人作业环境及劳动强度得到有效保障和明显改善。从装备群系统运行方式及开采模式的角度,简单条件下的开采工艺、装备及控制程序配置都是相对固定的。通过设定应对不同情况的开采工艺、结构及程序虽然可提高系统适应性,但并不能应对较大的开采条件变化。因此,简单条件自动化更多的还是工人体力的延伸和替代,开采模式还处于"人-机"二元架构。

对于复杂地质条件而言,煤层赋存变化大、开采过程中突发影响因素多,自动化系统无法单独连续运行,必须随时人工干预才能完成开采工艺过程。这种方式不但开采效率低,而且人工控制的稳定性及作业安全性难以保证。因此,迫切需要创新复杂地质条件下的自适应开采技术,将工人的环境感知、分析计算及决策能力融入到自动控制系统中,形成一个能够自主决策的智能化运行体系,从而与动态变化的开采环境自动适应,实现复杂煤层条件的安全高效开采。自适应的智能化运行系统能够替代一部分人的大脑功能（基于虚拟仿真系统实现）,与反向控制（神经网络）、环境装备（躯干）共同组成一个完整的"三元体系",形成复杂地质条件智能开采的运行模式,如图1所示。

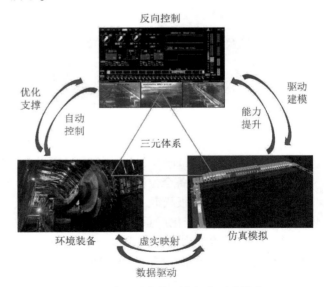

图1 复杂地质条件下的智能开采模式

Fig. 1 Smart mining pattern for complex mining conditions

智能开采模式与自动开采模式最大的不同在于具有智能决策能力,而这种能力的实现并不是在系统中预设更多的解决方案,而是使系统拥有自主分析、推理和预测功能,然后才可以做出判断和决策。类似于人脑,在做决定之前也是先对即将发生的状况进行预演,分析可能的结果,并做出最终决策。"环境装备-仿真模拟-反向控制"(Surrounding-Virtual-Control,SVC)三元体系的智能决策过程为:

环境装备感知:获取工作面地质条件、矿压等环境参数,装备运行状态、设备性能、突发扰动等动态数据;驱动仿真模型实现三维场景镜像;

仿真模拟计算:将工作面综采装备运行过程的空间位姿和围岩地质参数、矿压数据融合在一起,沿时间维度形成装备运行的空间场模型及应力场模型,两场数据叠加得出某一时刻围岩形态、工作面采高及装备直线度、仰俯角度等状态,并判断是否正常。

反向优化控制:基于恢复正常状态、提升装备运行效率和适应性目标,优化计算得出下一开采循环液压支架支护阻力、最佳移架时间、采煤机割煤速度和采高、护帮板收放时间、顶板下沉量、刮板输送机推移距离和上窜下滑量等运行控制参数;且每一截割循环完成后,均根据生成的实际数据自动重新修正后续模型和更新预测计算数据,保证预设控制和实际地质条件的吻合度,提升工作面运行质量。

为支撑 SVC 智能决策过程,给出融合视觉的装备全位姿监测、工作面装备位姿一体化描述及驱动关系建模、基于 Unity3D 的综采虚拟仿真控制 3 项关键技术。复杂开采条件下智能开采关键技术架构如图 2 所示,对于工作面开采来说,获知装备空间位姿数据是最为主要的,位姿测量可同时为虚拟仿真系统和分析计算提供数据。分析计算得出的结果和控制指令可通过数据接口传输给虚拟仿真系统的反向控制模块,优化和更新控制参数以适应复杂地质条件。装备位姿一体化描述及驱动建模为虚拟模型的运动仿真和分析计算提供支持。

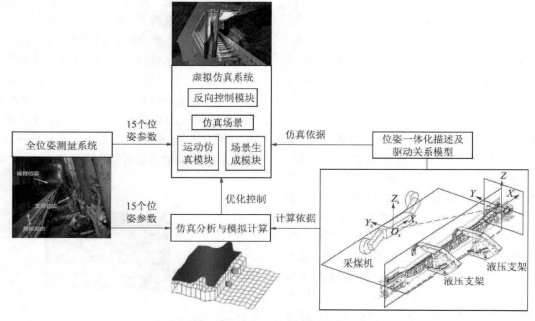

图 2　复杂开采条件下智能开采关键技术架构

Fig. 2　Key technologies framework of smart mining under complex conditions

(1)融合视觉的装备全位姿监测。

由于顶板破碎、底板松软、煤壁片帮、矿压显现、煤层变化等地质条件变化严重影响着装备的空间位姿、运行状态及参数。如不能获取装备群空间全位姿参数,则无法驱动虚拟模型实时、准确模拟工作面装备实际运动状况。为此,建立融合视觉的装备全位姿监测系统,将现有测量技术与视觉扫描、图像识别技术[28]融合,实现井下复杂条件下采煤机、刮板输送机和液压支架位姿状态的实时、精确、稳定测量。

(2)装备位姿一体化描述及驱动关系建模。

综采工作面装备群的虚拟仿真模型需放在统一的空间下进行显示和数据处理,因此后台的空间坐标系及驱动模型也需要统一设置并实现一体化关联建模。在装备全位姿测量系统基础上,在工作面空间设置统一的全局坐标系,将测量等得到的局部角度、距离、姿态数据等转换到全局坐标系下进行计算;同时,装备之间存在的空间关联关系也采用数学模型进行一体化描述。另外,设备在偏离自身正常空间位置和姿态后,会和相邻设备产生新的约束及驱动关系,这些关系既是位置的函数,也是时间的函数,同样需要建立全面统一的时空模型来描述。

（3）基于Unity3D的综采虚拟仿真控制技术。

虚拟仿真不是简单的三维显示,而是分析计算、推理决策的依据和载体。现有虚拟仿真系统虽然在显示上能够满足需要,但在实时数据处理、分析计算及模拟、反向数据驱动等方面还缺乏深入研究。基于Unity3D的综采虚拟仿真控制技术在实现三维建模、运动仿真的基础上,就是要解决与实际数据接口、分析计算及控制链路生成问题,实现开采装备的状态监控和过程优化反向控制,形成数据交互、虚实镜像、闭环反馈的智能开采支撑技术。

2 融合视觉的综采装备群全位姿多参数测量

综采装备群全位姿测量是虚拟仿真系统能否发挥作用的关键。以往的测量方法都是针对单一设备或者设备间的单一尺寸(角度)参数,没有建立成套装备完整的全空间位姿参数感知系统,因而无法同时获取并准确描述某一时刻综采装备群的空间全貌。

2.1 工作面综采装备群全位姿参数

工作面综采装备全位姿测量是指通过位移传感器、倾角传感器、惯导、视觉等技术在一个测量系统下同时获取能够描述装备群空间位姿参数的最小数据集。通过分析装备之间的空间约束关系、位姿参数关联关系等,给出了包括15个参数的综采装备群全位姿参数集。通过这15个参数可描述工作面装备群在任意时刻的空间状态,如图3所示。

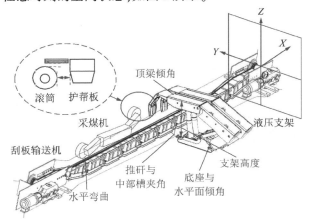

图3 综采装备全位姿示意

Fig. 3 Full position and orientation diagram of longwall mining equipment

综采装备群全位姿参数集 P_{mq} 包含了采煤机、刮板输送机和液压支架自身的位姿参数及其相对位姿参数,其数学表达式为

$$P_{mq} = \{(S_i \mid i = 1 \sim 4),(H_j \mid j = 5 \sim 9),$$
$$(C_k \mid k = 10 \sim 12),(R_m \mid m = 13 \sim 15)\} \quad (1)$$

式中,S_i 为采煤机4个位姿参数,包括3个转动倾角和摇臂高度;H_j 为5个液压支架位姿参数,包括底座绕 Y 轴倾角(与水平面夹角),顶梁倾角(与水平面夹角),支架高度,推移距离,护帮状态;C_k 为3个刮板输送机位姿参数,包括水平弯曲(XOY 平面内偏移基准线距离),底板起伏(绕 Y 轴旋转),扭转角度;R_m 为设备间3个相对位姿,包括采煤机滚筒和支架护帮板距离,采煤机距刮板输送机机头距离,刮板输送机中部槽与支架推杆的夹角。

由于不同设备的位姿有其自身的特点,同时获取上述15个参数需要合理布置各类传感器的位置和数量,测量精度也要能够满足控制需求,下面给出融合视觉的综采装备全位姿测量方案。

2.2 融合视觉的综采装备群全位姿测量方案

融合视觉的综采装备群全位姿测量方案如图4所示。安装在采煤机上的惯导系统测量其沿3个轴的转动角度 S_1,S_2 和 S_3,高精度轴编码器测量摇臂转动角度 S_4;行走轮轴编码器测量采煤机行走位移 R_{14};在液压支架顶梁、连杆和底座上安装倾角传感器,测量支架整体姿态 H_5 和 H_6,并计算支架高度 H_7;在支架推移千斤顶上安装位移传感器测量推移距离 H_8,在刮板输送机上安装光纤光栅测弯装置监测水平弯曲度 C_{10};C_{11} 和 C_{12} 由 S_1,S_3 和 H_5 融合计算得出;采煤机和支架之间的距离 R_{13}、刮板输送机和支架之间的角度 R_{15} 以及护帮板状态 H_9 可由视觉传感器采集的图像进行分析计算。这些传感器先经过各自解算模块得出精确可靠数值,再发送至统一的全位姿融合解算系统中,并连接至虚拟仿真模型。

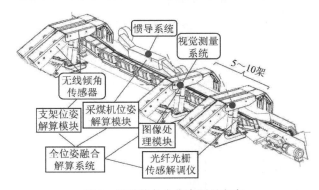

图4 综采装备全位姿测量方案

Fig. 4 Full position measurement scheme for longwall mining equipment

视觉测量受井下黑暗、粉尘等条件限制,测量效果依赖于摄像头位置、角度及数量。以端头液压支架为基准布设视觉测量装置,且每隔5～10架布置1个,用于测量液压支架护帮板状态、采煤机与液压支架的相对位姿、液压支架与刮板输送机的相对位姿,

并且通过多视觉测量装置的融合还可以测量工作面
的直线度。视觉测量装置由其安装所在的支架位姿
监测装置校正。在采煤机上安装惯导系统,结合采煤
机自带的轴编码器也可以实现采煤机的位姿测量和
刮板输送机的直线度测量,在有视觉测量融合纠正的
情况下可以降低惯导系统的精度要求和矫正时间。
上述测量方案一方面解决了相对位姿测量难题,另一
方面大幅减少传感器的用量,同时做了适量的测量数
据冗余,大幅提高了测量系统可靠性。

2.3　基于设备特征点的视觉测量方法

将视觉测量原点定在工作面端头,每隔 5 ~ 10 架
布置一个视觉测量装置,如图 5 所示。

图 5　视觉测量装置布置示意

Fig. 5　Schematic layout of visual measuring device

用于综采装备的测量时首先通过图像识别出不
同的综采装备,然后提取能够解算姿态的设备特征
点,例如支架顶梁、掩护梁平衡千斤顶铰点,采煤机滚
筒中心等。通过计算特征点间距离和偏斜角度即可
得出相应的位姿结果。视觉测量系统有单目视觉测
量、双目视觉测量和多目视觉测量,这里以单目视觉
测量为例建立其测量模型,如图 6 所示。

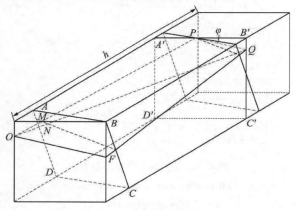

图 6　单目视觉测量模型

Fig. 6　Single eye visual measurement model

摄像头安装在点 O 处,高度为 h。如图 7 所示,
其中,θ_1 为摄像头视线中轴与水平方向的夹角;θ_2 为
摄像头视线中轴与垂直地面方向的夹角;α 为摄像

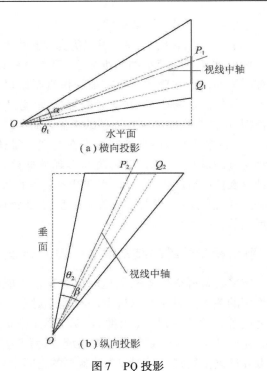

图 7　PQ 投影

Fig. 7　PQ projection

视窗最左侧与最右侧之间的夹角;β 为摄像头视窗最
上端与最下端之间的夹角,单目相机获取的为横向像
素为 a、垂直像素为 b 的视觉图像;O 为视觉测量原
点;P,Q 为固定的测量特征点;M,N 为 P,Q 两点在
单目相机成像单元上的对应点。根据单目摄像头的
成像原理,自图像顶端起垂直方向上第 m 个像素与
第 $m+1$ 个像素间的实际投影距离 $y[m]$ 为

$$y[m] = h\left\{\tan\left[\theta_1 - \frac{\alpha}{2} + \frac{\alpha}{a}(m+1)\right] - \tan\left(\theta_1 - \frac{\alpha}{2} + \frac{\alpha}{a}m\right)\right\} \quad (2)$$

式中,$m = 0,1,2,\cdots,a-1$。

同理可得水平方向上第 n 个像素与第 $n+1$ 个像
素间的实际投影距离 $x[m]$ 为

$$x[m] = h\left\{\tan\left[\theta_2 - \frac{\beta}{2} + \frac{\beta}{b}(n+1)\right] - \tan\left(\theta_2 - \frac{\beta}{2} + \frac{\beta}{b}n\right)\right\} \quad (3)$$

式中,$n = 0,1,2,\cdots,b-1$。

设 P,Q 两点在相机中对应点 M,N 的坐标值分
别为 (i,s) 和 (j,t),则 P,Q 垂直投影长度 l_1 为

$$l_1 = \tan\left(\frac{\pi}{2} - \theta_1 + \frac{\alpha}{2} - \frac{\alpha}{a}i\right)\sum_{k=\min(s,t)}^{\max(s,t)} y[k] \quad (4)$$

P,Q 水平投影长度 l_2 为

$$l_2 = \tan\left(\frac{\pi}{2} - \theta_2 + \frac{\beta}{2} - \frac{\beta}{b}i\right)\sum_{k=\min(s,t)}^{\max(s,t)} x[k] \quad (5)$$

可求得 PQ 的长度 l 为

$$l = \sqrt{l_1^2 + l_2^2} \qquad (6)$$

P,Q 与水平面的夹角 φ 为

$$\varphi = \arctan \frac{l_1}{l_2} \qquad (7)$$

同理,可求得设备在其他各方向上的姿态角。

结合综采设备特征点的识别,可依据以上方法解算出综采设备的姿态角和相对位置关系,实现综采装备单一传感器多位姿参量的测量。

3 综采装备群位姿一体化描述及驱动关系建模

3.1 工作面三机全局坐标系及局部坐标系

工作面全局坐标系应该能够简单、便捷、惟一的描述和计算综采装备在空间的任何姿态。如图8所示,这里提出一种全局坐标系的建立方式,以工作面底板平面、转载机长度方向竖向中心对称平面和刮板输送机中心对称平面构成统一坐标系的基准平面;其中,3个平面交点为坐标原点 O,以工作面长度方向为 X 轴正方向,工作面推进方向为 Y 轴正方向,垂直向上方向为 Z 轴正方向。

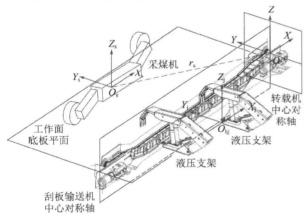

图8　综采工作面全局坐标系及装备局部坐标系
Fig. 8　Global coordinate system at mining face and local coordinate on equipment

为将传感器测量得到的局部相对位姿关系在全局坐标系中描述,首先在装备上建立局部坐标系,再将局部坐标系下的位置信息转化到全局坐标系下:

(1)液压支架局部坐标系。以液压支架与刮板输送机连接十字头的中心交点为液压支架局部坐标系坐标原点 O_{hj},以平行于底板、穿过液压支架局部坐标系原点的平面作为底平面,以支架底座宽度方向为 X 轴方向,以支架底座长度方向为 Y 轴方向,垂直向上方向为 Z 轴正方向。

(2)采煤机局部坐标系:以采煤机几何中心为局部坐标系坐标原点 O_{s},以所述采煤机机身长度方向为 X 轴方向,以工作面采煤推进方向为 Y 轴正方向,以垂直向上方向为 Z 轴正方向。

(3)刮板输送机局部坐标系:以中部槽长度方向中心平面、液压支架与刮板输送机连接十字头中心交点并与中部槽底板平行的平面和中部槽垂直方向中心平面为3个基准平面,以3面交点为刮板输送机局部坐标系坐标原点。以工作面走向长度方向为 X 轴正方向,工作面推进方向为 Y 轴正方向,垂直向上方向为 Z 轴正方向。其中每个工作面包含多个液压支架,每个刮板输送机包含多节溜槽,每个液压支架和刮板输送机溜槽对应一个局部坐标系。

3.2 坐标系转换及驱动关系建模

3.2.1 局部坐标系统与全局坐标系转换

坐标系之间存在沿3个坐标轴的移动和旋转6个自由度。局部坐标系下的装备自身姿态需要转化至全局坐标系下进行统一描述。坐标系之间的转化可通过原点之间的平移和绕不同的坐标轴转动实现,局部坐标系变换至全局坐标系的变换矩阵 $\boldsymbol{M}_{\text{L}}^{\text{G}}$[20] 可表示为

$$\boldsymbol{M}_{\text{L}}^{\text{G}} = \boldsymbol{T}(t)\boldsymbol{R}_x(\alpha')\boldsymbol{R}_y(\beta')\boldsymbol{R}_z(\gamma) \qquad (8)$$

式中,$\boldsymbol{M}_{\text{L}}^{\text{G}}$ 为局部坐标系转换至全局坐标系的变换矩阵;α,β,γ 分别为局部坐标系绕 X,Y,Z 轴旋转的角度;t 为局部坐标系原点相较于全局坐标系原点的平移距离;平移矩阵 $\boldsymbol{T}(t)$ 可表示为

$$\boldsymbol{T}(t) = \begin{bmatrix} 1 & 0 & 0 & 0 \\ 0 & 1 & 0 & 0 \\ 0 & 0 & 1 & 0 \\ t_x & t_y & t_z & 1 \end{bmatrix} \qquad (9)$$

绕 X,Y,Z 轴旋转矩阵 $\boldsymbol{R}_x(\alpha'),\boldsymbol{R}_y(\beta'),\boldsymbol{R}_z(\gamma)$ 可表示为

$$\boldsymbol{R}_x(\alpha') = \begin{bmatrix} 1 & 0 & 0 & 0 \\ 0 & \cos\alpha' & \sin\alpha' & 0 \\ 0 & -\sin\alpha' & \cos\alpha' & 0 \\ 0 & 0 & 0 & 1 \end{bmatrix} \qquad (10)$$

$$\boldsymbol{R}_y(\beta') = \begin{bmatrix} \cos\beta' & 0 & \sin\beta' & 0 \\ 0 & 1 & 0 & 0 \\ -\sin\beta' & 0 & \cos\beta' & 0 \\ 0 & 0 & 0 & 1 \end{bmatrix} \qquad (11)$$

$$\boldsymbol{R}_z(\gamma) = \begin{bmatrix} \cos\gamma & \sin\gamma & 0 & 0 \\ -\sin\gamma & \cos\gamma & 0 & 0 \\ 0 & 0 & 1 & 0 \\ 0 & 0 & 0 & 1 \end{bmatrix} \qquad (12)$$

故计算可得方向余弦矩阵的表达式为

$$M_L^G = \begin{bmatrix} \cos\beta'\cos\gamma & -\cos\alpha'\sin\gamma + \sin\alpha'\sin\beta'\cos\gamma & \sin\alpha'\sin\gamma + \cos\alpha'\sin\beta'\cos\gamma & 0 \\ \cos\beta\sin\gamma & \cos\alpha'\cos\gamma + \sin\alpha'\sin\beta'\sin\gamma & -\sin\alpha'\cos\gamma + \cos\alpha'\sin\beta'\sin\gamma & 0 \\ -\sin\beta' & \sin\alpha'\cos\beta' & \cos\alpha'\cos\beta' & 0 \\ t_x & t_y & t_z & 1 \end{bmatrix} \quad (13)$$

方向余弦矩阵中各元素均会随着设备移动而变化,全位姿监测系统得出的数据均可通过上述方法实时转换为统一的空间位姿数据,从而驱动虚拟仿真系统中设备模型的每一个运动单元。采煤机和每个液压支架均需通过坐标系变换计算和确定自身在某一时刻的位姿。由于液压支架数量多,且在推进过程中涉及收护帮板、降柱、调架、升柱、推移等过程,因此液压支架不仅在工作面中的位置及整体位姿在不断变化,其内部结构的相互位置关系也会发生变化,需要较多传感器进行监测,坐标转换和计算量较大。

3.2.2　采煤机位姿驱动关系建模

采煤机是工作面关键装备,其空间位姿十分重要,直接关系到工作面顶底板形态及割煤质量。由于采煤机沿刮板输送机行走,故其空间位姿与刮板输送机位姿直接关联。目前采煤机位姿虽然可以通过惯导系统直接求出,但需要对加速度传感器进行两次积分,对加速度传感器的精度要求较高;而且在实际工作过程中,采煤机开机时需要对惯导进行较长时间的初始化来确定采煤机的初始位姿,从而影响工作面生产。为解决这一问题,在虚拟仿真系统中可通过采煤机和刮板输送机之间的接触和驱动关系计算出采煤机在各个方向上的位置和角度。

如图9所示[27,29],设采煤机运行一段时间后位于刮板输送机第 n 节中部槽上,其一端支撑滑靴左端位于中部槽 P 点处,O_1 为支撑滑靴特征点,则根据几何关系,可计算得到支撑滑靴特征点的坐标 $(x_{B_2}, y_{B_2}, z_{B_2})$[27] 为

$$\begin{cases} x_{B_2} = L_c \sum_{i=1}^{n-1} \cos\beta_i + L_n\cos\beta_n + L_1\cos(\beta_n + \theta) \\ y_{B_2} = L_c \sum_{i=1}^{n-1} \cos\gamma_i + \dfrac{x}{\cos\beta_n}\cos\gamma_n \\ z_{B_2} = L_c \sum_{i=1}^{n-1} \sin\beta_i + L_n\sin\beta_n + L_1\sin(\beta_n + \theta) \end{cases} \quad (14)$$

其中,β_i,β_n 分别为第 i 节和第 n 节刮板输送机中部槽与全局坐标系 X 轴夹角;γ_i,γ_n 分别为第 i 节和第 n 节刮板输送机中部槽与全局坐标系 Y 轴夹角;L_c 为每节中部槽长度;L_n 为支撑滑靴端点至第 n 节中部槽起点处距离;θ 为支撑滑靴端点至关键点连线与地面夹角;L_1 为支撑滑靴端点至关键点之间的距离,夹角与距离由滑靴型号确定,为已知量。采煤机在运行过程中可由红外传感器确定支撑滑靴 X 坐标,从

而通过式(14)确定滑靴关键点在全局坐标系下其 Y 轴及 Z 轴坐标。由于采煤机机身与支撑滑靴为固连关系,故可通过采煤机出厂时尺寸确定在采煤机局部坐标系下支撑滑靴关键点的坐标。

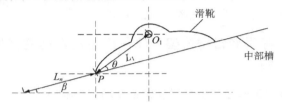

图9　支撑滑靴与刮板输送机中部槽位置关系
Fig. 9　Position between of the slipper and the middle slot of conveyor

设采煤机机身及2个支撑滑靴关键点在采煤机局部坐标系下的坐标分别为 $(X_{A_1}, Y_{A_1}, Z_{A_1})$,$(X_{A_2}, Y_{A_2}, Z_{A_2})$,$(X_{A_3}, Y_{A_3}, Z_{A_3})$,在全局坐标系下的坐标分别为 $(X_{B_1}, Y_{B_1}, Z_{B_1})$,$(X_{B_2}, Y_{B_2}, Z_{B_2})$,$(X_{B_3}, Y_{B_3}, Z_{B_3})$。为计算方便,可在三维空间中将局部坐标系到全局坐标系的变换关系分解为移动和旋转两个矩阵,则对于采煤机机身任一点,存在以下转换关系:

$$\begin{bmatrix} X \\ Y \\ Z \end{bmatrix}_A = \begin{bmatrix} \Delta X \\ \Delta Y \\ \Delta Z \end{bmatrix} + R\begin{bmatrix} X \\ Y \\ Z \end{bmatrix}_B \quad (15)$$

其中,移动矩阵可由采煤机局部坐标系在全局坐标系下的坐标确定,因此求解该变换关系,只需要求解旋转矩阵 R 即可。为求解旋转矩阵 R,可构造反对称矩阵 A:

$$A = \begin{bmatrix} 0 & -a_3 & -a_2 \\ a_3 & 0 & -a_1 \\ a_2 & a_1 & 0 \end{bmatrix} \quad (16)$$

可设旋转矩阵 R 为

$$R = \frac{I + A}{I - A} \quad (17)$$

式中,I 为 3×3 的单位矩阵。

将其中一个滑靴关键点代入式(15)并使其与采煤机局部坐标系原点相减可得

$$\begin{bmatrix} X_{A_1} \\ Y_{A_1} \\ Z_{A_1} \end{bmatrix} = R\begin{bmatrix} X_{B_1} \\ Y_{B_1} \\ Z_{B_1} \end{bmatrix} \quad (18)$$

其中,X_{A_1},Y_{A_1},Z_{A_1} 分别为在采煤机局部坐标系下该支撑滑靴关键点的坐标;X_{B_1},Y_{B_1},Z_{B_1} 分别为在全局坐标系下该支撑滑靴关键点坐标。类似地,将另一支

撑滑靴关键点坐标代入式(15),可得

$$
\begin{bmatrix} X_{A_2} \\ Y_{A_2} \\ Z_{A_2} \end{bmatrix} = \boldsymbol{R} \begin{bmatrix} X_{B_2} \\ Y_{B_2} \\ Z_{B_2} \end{bmatrix} \tag{19}
$$

将式(18),(19)分别代入式(16),(17)展开计算,可得

$$
\begin{bmatrix} a_1 \\ a_2 \\ a_3 \end{bmatrix} = \begin{bmatrix} 0 & -Z_{B_1} - Z_{A_1} & -Y_{B_1} - Y_{A_1} \\ -Z_{B_1} - Z_{A_1} & 0 & X_{B_1} + X_{A_1} \\ Y_{B_2} + Y_{A_2} & X_{B_2} + X_{A_2} & 0 \end{bmatrix}^{-1} \cdot \begin{bmatrix} X_{A_1} - X_{B_1} \\ Y_{A_1} - Y_{B_1} \\ Z_{A_2} - Z_{B_2} \end{bmatrix} \tag{20}
$$

将 a_1,a_2,a_3 代入式(16),(17)即可计算得到旋转矩阵。通过该方法得到的旋转矩阵可与通过惯导系统直接测量采煤机机身的偏转角度得到的旋转矩阵进行对比,若二者不一致,可对两种方法设定置信度,提高监测精度。此外,采煤机惯导设备发生故障时,也可通过这种方法对采煤机的位姿进行监测。

3.2.3　刮板输送机三维空间弯曲姿态建模

在全局坐标系中,刮板输送机中部槽的分布状态如图10所示。

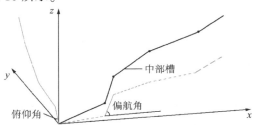

图10　刮板输送机三维空间弯曲形态

Fig. 10　Space bending trend of the scraper conveyor

每节中部槽的长度 L_c 由刮板输送机的型号确定,每节中部槽与各坐标轴夹角 $\alpha_n,\beta_n,\gamma_n$ 可由对应中部槽上的液压支架底座倾角传感器测量得到,则可得到刮板输送机空间分段函数为

$$
\begin{cases}
\dfrac{x}{\cos \alpha_1} = \dfrac{y}{\cos \beta_1} = \dfrac{z}{\cos \gamma_1}, 0 < x < x_1, \\
\qquad 0 < y < y_1, 0 < z < z_1 \\
\dfrac{x-x_1}{\cos \alpha_2} = \dfrac{y-y_1}{\cos \beta_2} = \dfrac{z-z_1}{\cos \gamma_2}, x_1 < x < x_2, \\
\qquad y_1 < y < y_2, z_1 < z < z_2 \\
\qquad \cdots\cdots \\
\dfrac{x-x_n}{\cos \alpha_n} = \dfrac{y-y_n}{\cos \beta_n} = \dfrac{z-z_n}{\cos \gamma_n}, x_{n-1} < x < x_n, \\
\qquad y_{n-1} < y < y_n, z_{n-1} < z < z_n
\end{cases} \tag{21}
$$

其中, x_n,y_n,z_n 分别为第 n 节中部槽在末端在 X,Y,Z 轴上投影的坐标,其值可通过式(22)计算得到

$$
\begin{cases}
x_n = L_c \left(\displaystyle\sum_{i=1}^{n} \cos \alpha_i \right) \\
y_n = L_c \left(\displaystyle\sum_{i=1}^{n} \cos \beta_i \right) \\
z_n = L_c \left(\displaystyle\sum_{i=1}^{n} \cos \gamma_i \right)
\end{cases} \tag{22}
$$

刮板输送机在综采工作面可视为柔性体,通过式(21),(22)可确定在全局坐标系下每节刮板输送机中部槽的空间坐标分布,将坐标数据输入虚拟仿真系统中便可实现刮板输送机的空间位姿重现。

4　基于 Unity3D 的综采装备虚拟仿真系统

在基于 Unity3D 的三维引擎实现综采装备三维建模、运动仿真、与煤层信息交互等方面目前已经开展了深入的研究,并取得显著进展[21,23,25-31]。依前所述,本文主要解决与实际数据接口、分析推理及反向控制链路生成问题。在已有技术基础上建立井下工作场景、装备、工艺流程的虚拟建模,实现井下综采装备开采过程的动态仿真。通过数据接口与基于全位姿测量系统融合,全面获取实际工况下装备位姿信息,基于坐标变换和驱动模型实现对综采装备的分析计算和模拟优化,通过反向控制链路实现对装备虚拟模型和实际装备体的闭环控制。

综采装备虚拟仿真系统采用模块化思想开发设计,系统组成框图如图11所示,整个系统分为视景仿真与运动仿真、场景生成、数据接口和分析计算及模拟优化控制4个主要模块。

视景仿真与运动仿真模块通过数据接口采集模型数据,对工作面综采装备状态进行重构,包含液压支架、刮板输送机、采煤机单机运动模型,完成设备的运动过程模拟,并将设备模型传入仿真场景中,进行设备间的协同仿真。场景生成模块通过数据接口采集环境数据,对井下三维环境进行重构,包含工作面顶底板、煤壁等关键参数,经工作环境模拟及观测视点设置,将重构的场景数据传入仿真场景中。上述2个模块的数据在仿真场景中融合,在分析计算及模拟优化控制模块的支持下生成某一时刻综采工作面实际状态数据,基于消除误差、提升装备运行效率和适应性目标,优化计算得出下一开采循环控制参数。最后通过反向链路传回仿真模块完成图形界面显示,并对工作面装备实现反向控制。

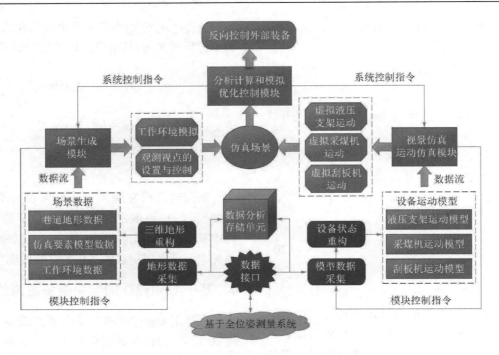

图 11 综采装备虚拟仿真系统架构

Fig. 11 Architecture of virtual simulation system for longwall mining equipment

4.1 视景仿真与运动仿真

4.1.1 综采装备和场景模型建立

利用 Creo, Solidworks, UG 等三维软件完成综采装备三维建模并导入 Unity3D。在 Unity3D 中对不同模型、不同部件进行父子关系约束,建立坐标系及碰撞运动规则,完成工作面综采装备虚拟仿真模型的建立。通过 Unity3D 软件场景生成模块,利用 Line Renderer 线渲染器及 Mesh 网格组件完成工作面围岩环境的构建[21]。本文搭建的工作面综采装备虚拟仿真系统如图 12 所示。

图 12 工作面综采装备虚拟仿真系统

Fig. 12 Virtual system of longwall mining equipment in mining face

4.1.2 单机装备及装备群协同运动仿真

在完成单机装备建模、通讯接口、运动约束的基础上,依据装备位姿一体化描述及驱动关系模型,利用 C#语言编写综采装备群协同运动关系脚本,满足装备实际运行时的逻辑关系,并实现装备反向控制。

(1)液压支架运动仿真

液压支架的运动仿真状态主要包括:收护帮板、降柱、移架、升柱、伸护帮板、推溜。升、降柱过程中液压支架整体做协同运动[30-31]。液压支架模型运动通过 HydropressActivity 脚本控制,首先建立各个动作的子函数 HydropressUP(),HydropressDown(),HydropressUnfold()等,运用条件判断语句将各个动作函数连接起来。在控制仿真过程中,通过输入指令控制函数执行[32]。经过运行测试,液压支架的仿真模拟状态均可实现。图 13 为伸护帮板和推溜状态。

(2)采煤机运动仿真

采煤机单机运动过程主要包括:滚筒切割煤层、采煤机直线运动、摇臂旋转、采煤机在巷道端点的转向、采煤机切割深度推进。按照采煤机的机身、摇臂和滚筒的不同运动方式将其划分为 3 个节点层次,其中机身为父节点,摇臂为一级子节点,滚筒作为二级子节点。根据采煤机控制的逻辑创建节点树,操作父节点时带动其各个子节点,各子节点操作都相对于父节点。采煤机的运动仿真通过 CoalMachineMove 脚本控制,对于采煤机各部件的移动和旋转,通过调用 Transform 引擎组件的平移 Translate() 与旋转 Rotate()成员函数实现。采煤机左行割煤和右行割煤控制如图 14 所示。

(3)刮板输送机运动仿真

采用分段建立的方式将刮板输送机模型加载到

（a）伸护帮板

（b）推溜

图 13　液压支架虚拟仿真控制

Fig. 13　Virtual simulation and control of hydraulic support

（a）左行割煤

（b）右行割煤

图 14　采煤机仿真模拟

Fig. 14　Simulation of shearer cutting

仿真系统中。刮板输送机沿走向推移过程的运动仿真通过 ConveyorActivity 脚本控制，输送煤块的运动过程仿真通过脚本 ChainActivity 控制。在液压支架推溜过程中，刮板输送机以液压支架为支点进行前移，在不同液压支架推移油缸时间差作用下刮板输送机成近似弯曲状态，如图 15 所示。

（4）综采装备群协同运动仿真

在单机装备运动仿真的基础上进行综采装备群协同运动仿真，场景中每个模型和每个模型零部件都是独立的，它们之间的运动需要建立父子关系

和运动驱动方程来实现。装备群协同仿真流程如图 16 所示。

（a）链条拖动

（b）推溜仿真

图 15　刮板输送机仿真模拟

Fig. 15　Simulation of scraper conveyor

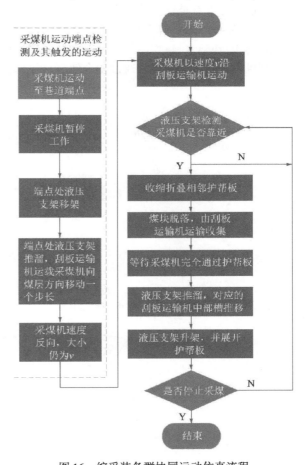

图 16　综采装备群协同运动仿真流程

Fig. 16　Flow chart of collaborative movement simulation for mining equipment

4.2　实时数据通讯接口

虚拟仿真系统与全位姿监测系统、矿压监测分析系统等设置实时通讯的底层数据接口,以实现综采装备实际运行状态再现。该数据接口可基于 ODBC 协议实现与系统关联数据库的动态交互,提供按数据结构打包、解析以及结构与变量映射转换功能,满足异构数据的交互需求;同时数据接口兼容 Profibus,CAN,Modbus,RS232/485 等现场总线通讯协议,数据接口外部参数与虚拟仿真模型驱动因子一一对应。接口设置了数据存储处理单元,对接收到的外部数据信息进行处理,过滤偏差较大且不满足实际工况的数据,存储可靠数据,便于进行装备运行状态推演计算、驱动虚拟模型运动,此外可生成历史数据变动趋势、设备关键参数时移曲线等数据分析图表,实现基于外部系统真实数据驱动的装备与环境状态实时动态监测。

4.3　分析计算及模拟优化

分析计算及模拟优化是系统后台运行服务的核心,也是进行智能决策的关键。综采装备运行参数的决策需要在装备位姿与受力状态融合分析计算的基础上做出,因此重点是建立装备在不同情况下的融合计算模型。装备分析计算及模拟优化模块在实际工况感知数据的基础上,建立一般条件下的装备空间位姿和受力状态耦合数学模型,通过融合解算可得出任

一时刻装备的稳定性和力学状态。

例如,通过受力分析和应用力(矩)平衡原理,可建立液压支架单元顶梁载荷、支架–煤岩摩擦因数、支架结构参数及工作面倾角之间的统一数学模型,如图 17 所示,可采用式(23)表示

$$Qe\sin\theta\cos\varphi + Ga\sin\theta\cos\varphi + f_2Q\sin\theta\cos\theta\cos\varphi +$$
$$Q\cos\varphi\cos\theta L_{QO_2} + G\cos\varphi\cos\theta L_{GO_2} + f_2Q\cos\varphi\cos\theta h =$$
$$Q\sin\varphi\cos\theta h + G\sin\varphi\cos\theta h_g +$$
$$\sin\varphi\cos\theta RL_{RO_2} + Rc\sin\theta$$
$$\sum F_y = 0, (Q+G)\cos\varphi\cos\theta = R$$
$$\sum F_x = 0, (Q+G)(\sin\varphi + \sin\theta) =$$
$$f_1(\sin\varphi + \sin\theta) + f_2Q\cos\alpha\cos\theta$$
$$\sum F_z = 0, (Q+G)(\sin\varphi + \sin\theta) =$$
$$f_1\cos\theta R + f_2Q\cos\varphi\cos\theta \tag{23}$$

其中,Q 为液压支架所受顶板压力;G 为液压支架重力;f_2 为液压支架顶梁与顶板之间摩擦因数;f_1 为液压支架底座与底板之间摩擦因数;R 为底板对液压支架支撑力;e 为液压支架顶梁载荷作用点与底座原点水平距离;a 为液压支架质心与底座原点水平距离;L_{QO_2} 为液压支架顶梁载荷作用点与底座原点水平距离;L_{GO_2} 为液压支架质心与底座原点水平距离;L_{RO_2} 为底板支撑力作用点与底座原点水平距离;h 为液压

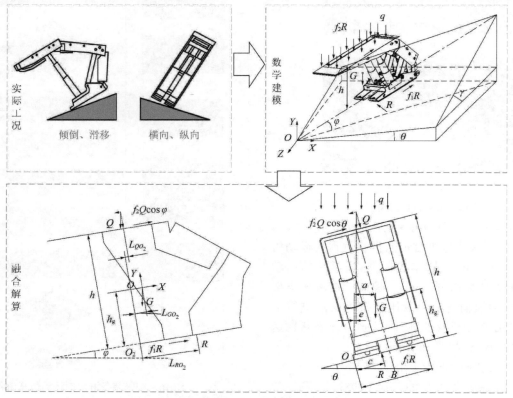

图 17　综采装备分析计算及模拟优化

Fig. 17　Analysis calculation and simulation optimization of longwall mining equipment

支架顶梁距底座高度；h_g 为液压支架重心高度；φ 为液压支架顶梁仰角；θ 为液压支架底座与水平夹角；$\sum F_y$，$\sum F_x$，$\sum F_z$ 分别为 y 轴、x 轴、z 轴的合力。

利用上述数学模型可计算支架是否处于压力可控区或姿态失稳区，并结合具体调整目标确定出模型中的力学参数取值，给出决定该取值一组最佳的控制参数，包括液压支架支护阻力、最佳移架时间、顶板下沉量等。类似的，可计算得出充分满足现场复杂地质条件下装备自动运行需求的控制参数集。这些参数在实际运行之前传回视景仿真与运动仿真模块中模拟效果。若运行结果与优化预期不符则重新进入参数优化计算过程，直至达到预期的控制效果，从而避免冲突、有潜在风险的开采工艺。

4.4　反向闭环控制

分析计算及模拟优化得到的综采装备运行参数通过网络传输至采煤工作面的回采巷道集控中心主机，并通过井下环网传输至综采装备控制器（基于 PLC，ARM 或 DSP 架构）。综采装备控制器对接收到的控制信号进行判别，若控制参数不符合当前综采装备控制器的工作条件，则向虚拟仿真系统发出反馈信号，请求重新计算控制参数。控制参数经装备自身控制系统确认后通过现场总线通讯协传输至综采装备执行机构，执行虚拟仿真系统所产生的控制命令。

虚拟仿真系统基于可靠的数据链路和控制逻辑与外界控制系统进行数据交互，执行自动化控制。同时，仿真系统通过数据接口实时获取当前工作循环中综采装备与环境状态监测变量的动态数据，利用数据分析处理单元完成数据的提取、筛选和结构化。

上述基于 Unity3D 的综采装备虚拟仿真系统模块支撑了与外部数据通信、仿真场景与综采装备运行状态的实时映射，实现了基于真实数据驱动的反向控制，形成数据交互、虚实镜像、闭环反馈的复杂条件智能化开采技术路径。

5　虚拟仿真控制系统开发及试验验证

中煤新集口孜东矿 140502 工作面是"十三五"国家重点研发计划课题"千米深井超长工作面围岩自适应智能控制开采技术"的示范工作面。目前，该工作面已经开始掘进，综采成套装备已基本制造完成，预计于 2020 年 9 月开始开采。该煤层赋存条件较为复杂，埋深 1 000 m，平均厚度 6.56 m，平均倾角 14°，局部 20°，俯采最大角度 17°。从该矿已经开采的 121304 工作面（工作面长 350 m）设备运行情况来看，受破碎顶板、矿山压力、围岩变形等条件的影响，

装备空间位姿与正常状态偏离，液压支架扭转、刮板输送机弯曲和底板起伏严重（图 18），需要人工不停的控制调整，给工作面正常生产和安全性造成很大影响。

图 18　口孜东矿 121304 工作面设备运行情况

Fig. 18　Mining equipment working in Kouzidong Coal Mine

140502 工作面是 5 号煤的首采工作面，从目前已经揭露的煤层条件判断，与 121304 工作面条件类似。因此，为更好的控制新工作面装备运行状态、避免装备再次出现较大的位姿偏离，研发了复杂条件下智能开采装备全位姿测量及虚拟仿真控制系统。140502 工作面主要综采装备参数见表 1。

表 1　140502 工作面综采装备参数

Table 1　140502 longwall mining face equipment parameter

序号	设备名称	参考型号
1	中部支架	ZZ18000/33/72D
	过渡支架	ZZG18000/29/60D
2	采煤机	SL1000
3	刮板输送机	SGZ1250/3×1000
4	转载机	SZZ1350/700
5	破碎机	PCM400

复杂条件下智能开采装备全位姿测量及虚拟仿真控制系统基于上述设备参数和 140502 工作面地质条件参数构建；包括全位姿测量系统、围岩矿压分析模块、视觉测量模块和控制决策模块，如图 19 所示。

该系统在实验室建立了全位姿测量系统样机，研制了四目视觉测量装置并进行了井下试验，如图 20 所示，同时识别监测护帮板角度、采煤机滚筒位置等信息。识别检测的支架数大于 5 架，图像解算时间小于 0.5 s，支架顶梁测量角度误差在 0.4°~1.2°。系统仿真运行过程在实验室进行，矿压分析模块同步加载现场采集的实测矿压数据，全面模拟设备响应情况。决策控制系统可根据运行状态、工艺需求、分析和预测结果做出响应。虚拟仿真系统同时也是实时数据驱动的三维操控平台，可将控制命令传输至设备控制器，反向驱动实际物理装备适应工作面工况条件。

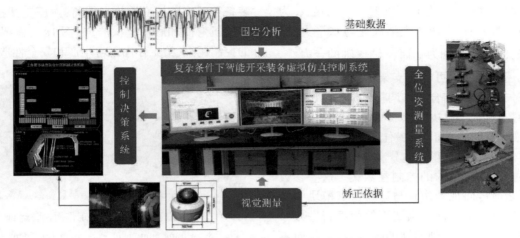

图 19　复杂条件下智能开采装备全位姿测量及虚拟仿真控制系统

Fig. 19　All position and orientation measurement and virtual simulation system for smart mining equipment under complex conditions

图 20　视觉测量系统井下试验

Fig. 20　Visual measure system test in mine

目前,该系统完成了整体构建,在实验室完成了系统数据获取、远程通信、协议互通和双向驱动等试验。三维虚拟模型可根据采集的数据实时驱动采煤机滚筒旋转、摇臂达到指定位置并沿刮板输送机运移割煤,液压支架根据采煤机位置依序执行收护帮板、擦顶移架、伸护帮板、推溜等动作,刮板输送机随支架推溜动作呈现正确弯曲状态;顶板、煤壁随液压支架和采煤机的持续推进实现连续垮落。融合视觉的全位姿测量模块完成了井下测试。待综采装备具备安装条件后,随即开展井下试验,对整个系统的功能、可靠性和稳定性进行全面验证。

6　结　　论

(1)提出融合视觉的工作面综采装备全位姿多参数测量技术。针对现有测量系统单一、位姿参数不全面的问题,通过位移传感器、倾角传感器、惯导、视觉等技术在1个测量系统下同时获取能够描述装备群空间位姿的15个参数,建立融合视觉的综采装备群全位姿测量方案,合理布置各类传感器的位置和数量,同时获取综采装备群空间位姿的多个参数。

(2)给出综采装备群统一坐标描述及驱动模型。

为能够简单、便捷、唯一的描述和计算装备在三维空间的任何姿态,建立特定的全局和局部坐标系,全面描述综采装备群整体空间位姿状态;建立了采煤机和刮板输送机的位姿驱动关系模型和刮板输送机三维空间弯曲姿态模型,为在虚拟仿真系统中实现综采装备空间位姿重现提供技术支撑。

(3)开发基于 Unity3D 的综采虚拟仿真控制系统。建立井下特定工作场景、装备、工艺流程的虚拟模型,设置可与全位姿测量系统通信的底层数据接口,驱动单机装备及装备群协同运动仿真,满足装备实际运行逻辑关系,决策控制模块实现综采装备反向控制。

经过实验室和井下测试,全位姿测量及虚拟仿真控制系统可以实现工作面装备协同运动仿真,基于真实数据驱动的工作面设备状态展示,具有对工作面装备运行状态实时监测和反向控制能力。本文的研究为提升综采智能化系统的外部环境自适应能力、解决复杂地质条件工作面自动连续开采难题提供了有效的支撑技术手段。

参考文献(References) :

[1] 康红普,王国法,姜鹏飞,等.煤矿千米深井围岩控制及智能开采技术构想[J].煤炭学报,2018,43(7):1789-1800.
KANG Hongpu, WANG Guofa, JIANG Pengfei, et al. Conception for strata control and intelligent mining technology in deep coal mines with depth more than 1 000 m[J]. Journal of China Coal Society, 2018,43(7):1789-1800.

[2] 王国法,庞义辉,任怀伟.千米深井三软煤层智能开采关键技术与展望[J].煤炭工程,2019,51(1):1-6.
WANG Guofa, PANG Yihui, REN Huaiwei. Intelligent mining technology development path and prospect for three-soft seam of deep coal mine[J]. Coal Engineering,2019,51(1):1-6.

[3] 王国法,王虹,任怀伟,等.智慧煤矿 2025 情景目标和发展路径

[J].煤炭学报,2018,43(2):295-305.

WANG Guofa, WANG Hong, REN Huaiwei, et al. 2025 scenarios and development path of intelligent coal mine[J]. Journal of China Coal Society,2018,43(2):295-305.

[4] 王国法,赵国瑞,任怀伟.智慧煤矿与智能化开采关键核心技术分析[J].煤炭学报,2019,44(1):34-41.

WANG Guofa,ZHAO Guorui,REN Huaiwei. Analysis on key technologies of intelligent coal mine and intelligent mining[J]. Journal of China Coal Society,2019,44(1):34-41.

[5] 王国法,杜毅博.智慧煤矿与智能化开采技术的发展方向[J].煤炭科学技术,2019,47(1):1-10.

WANG Guofa, DU Yibo. Development direction of intelligent coal mine and intelligent mining technology[J]. Coal Science and Technology,2019,47(1):1-10.

[6] WANG Jinhua. Development and prospect on fully mechanized mining in Chinese coal mines[J]. International Journal of Coal Science & Technology,2014,1(3):253-260.

[7] WANG Jinhua,YU Bin,KANG Hongpu, et al. Key technologies and equipment for a fully mechanized top-coal caving operation with a large mining height at ultra-thick coal seams[J]. International Journal of Coal Science & Technology,2015,2(2):97-161.

[8] HARGRAVE Chad O, JAMES Craig A, RALSTON Jonathon C. Infrastructure-based localization of automated coal mining equipment [J]. International Journal of Coal Science & Technology, 2017, 4(3):252-261.

[9] 任怀伟,王国法,赵国瑞,等.智慧煤矿信息逻辑模型及开采系统决策控制方法[J].煤炭学报,2019,44(9):2923-2935.

REN Huaiwei,WANG Guofa,ZHAO Guorui, et al. Smart coal mine logic model and decision control method of mining system[J]. Journal of China Coal Society,2019,44(9):2923-2935.

[10] 王世佳,王世博,张博渊,等.采煤机惯性导航定位动态零速修正技术[J].煤炭学报,2018,43(2):578-583.

WANG Shijia,WANG Shibo,ZHANG Boyuan, et al. Dynamic zero-velocity update technology to shearer inertial navigation positioning [J]. Journal of China Coal Society,2018,43(2):578-583.

[11] 杨海,李威,罗成名,等.基于捷联惯导的采煤机定位定姿技术实验研究[J].煤炭学报,2014,39(12):2550-2556.

YANG Hai,LI Wei,LUO Chengming, et al. Experimental study on position and attitude technique for shearer using SINS measurement [J]. Journal of China Coal Society,2014,39(12):2550-2556.

[12] 李森.基于惯性导航的工作面直线度测控与定位技术[J].煤炭科学技术,2019,47(8):169-174.

LI Sen. Measurement & control and localisation for fully-mechanized working face alignment based on inertial navigation [J]. Coal Science and Technology,2019,47(8):169-174.

[13] 周开平.薄煤层综采工作面采煤机组合定位方法研究[J].工矿自动化,2019,45(6):52-57.

ZHOU Kaiping. Research on combined positioning method of shearer on fully mechanized mining face of thin coal seam[J]. Industry and Mine Automation,2019,45(6):52-57.

[14] 周凯,任怀伟,华宏星,等.基于油缸压力的液压支架姿态及受载反演[J].煤矿开采,2017,22(5):36-40.

ZHOU Kai,REN Huaiwei,HUA Hongxing, et al. Loading inversion and hydraulic support pose based on cylinder pressure [J]. Coal Mining Technology,2017,22(5):36-40.

[15] 陈冬方,李首滨.基于液压支架倾角的采煤高度测量方法[J].煤炭学报,2016,41(3):788-793.

CHEN Dongfang, LI Shoubin. Measurement of coal mining height based on hydraulic support structural angle[J]. Journal of China Coal Society,2016,41(3):788-793.

[16] 马旭东.综采工作面液压支架姿态监测系统的开发[D].太原:太原理工大学,2019.

MA Xudong. Development of attitude monitoring system for hydraulic support in fully mechanized mining face[D]. Taiyuan:Taiyuan University of Technology,2019.

[17] 王渊,李红卫,郭卫,等.基于图像识别的液压支架护帮板收回状态监测方法[J].工矿自动化,2019,45(2):47-53.

WANG Yuan,LI Hongwei,GUO Wei, et al. Monitoring method of recovery state of hydraulic support guard plate based on image recognition[J]. Industry and Mine Automation,2019,45(2):47-53.

[18] 张旭辉,王冬曼,杨文娟.基于视觉测量的液压支架位姿检测方法[J].工矿自动化,2019,45(3):56-60.

ZHANG Xuhui,WANG Dongman,YANG Wenjuan. Position detection method of hydraulic support based on vision measurement[J]. Industry and Mine Automation,2019,45(3):56-60.

[19] 刘鹏坤,王聪,刘帅.综采工作面多视觉全局坐标系研究[J].煤炭学报,2019,44(10):3272-3280.

LIU Pengkun,WANG Cong,LIU Shuai. Multi-vision global coordinate system in fully mechanized coal mining face[J]. Journal of China Coal Society,2019,44(10):3272-3280.

[20] 陈凯,王翔,刘明鑫,等.坐标转换理论及其在半实物仿真姿态矩阵转换中的应用[J].指挥控制与仿真,2017,39(2):118-122.

CHEN Kai,WANG Xiang,LIU Mingxin, et al. Coordinate transformation with application in HWIL simulation[J]. Command Control & Simulation,2017,39(2):118-122.

[21] 谢嘉成,王学文,杨兆建,等.综采工作面煤层装备联合虚拟仿真技术构想与实践[J].煤炭科学技术,2019,47(5):162-168.

XIE Jiacheng,WANG Xuewen,YANG Zhaojian, et al. Technical conception and practice of joint virtual simulation for coal seam and equipment in fully-mechanized coal mining face[J]. Coal Science and Technology,2019,47(5):162-168.

[22] 赵浩然,刘检华,熊辉,等.面向数字孪生车间的三维可视化实时监控方法[J].计算机集成制造系统,2019,25(6):1432-1443.

ZHAO Haoran,LIU Jianhua,XIONG Hui, et al. 3D visualization real-time monitoring method for digital twin workshop[J]. Computer Integrated Manufacturing Systems,2019,25(6):1432-1443.

[23] 丁华,杨兆建.面向知识工程的采煤机截割部现代设计方法与系统[J].煤炭学报,2012,37(10):1765-1770.

DING Hua,YANG Zhaojian. Method and system of shearer cutting unit modern design oriented to KBE[J]. Journal of China Coal Society,2012,37(10):1765-1770.

[24] 陶飞,程颖,程江峰,等.数字孪生车间信息物理融合理论与技术[J].计算机集成制造系统,2017,23(8):1603-1611.

TAO Fei,CHENG Ying,CHENG Jiangfeng, et al. Theories

and technologies for cyber-physical fusion in digital twin shop-floor [J]. Computer Integrated Manufacturing Systems, 2017, 23 (8): 1603-1611.

[25] 谢嘉成,王学文,杨兆建. 基于数字孪生的综采工作面生产系统设计与运行模式[J]. 计算机集成制造系统,2019,25(6): 1381-1391.
XIE Jiacheng, WANG Xuewen, YANG Zhaojian. Design and operation mode of production system of fully mechanized coal mining face based on digital twin theory[J]. Computer Integrated Manufacturing Systems,2019,25(6):1381-1391.

[26] 谢嘉成,王学文,郝尚清,等. 工业互联网驱动的透明综采工作面运行系统及关键技术[J]. 计算机集成制造系统,2019, 25(12):3160-3169.
XIE Jiacheng, WANG Xuewen, HAO Shangqing, et al. Operating system and key technologies of transparent fully mechanized mining face driven by industrial Internet[J]. Computer Integrated Manufacturing Systems,2019,25(12):3160-3169.

[27] 李祥,王学文,谢嘉成,等. 复杂工况下采运装备虚拟运行关键技术研究[J]. 图学学报,2019,40(2):403-409.
LI Xiang, WANG Xuewen, XIE Jiacheng, et al. Research on key technologies of virtual operation of mining equipment under complex conditions[J]. Journal of Graphics, 2019, 40(2): 403-409.

[28] LIU Shanjun, WANG Han, HUANG Jianwei, et al. High-resolution remote sensing image-based extensive deformation-induced landslide displacement field monitoring method[J]. International Journal of Coal Science & Technology,2015,2(3):170-177.

[29] 乔春光. 采煤机与刮板输送机协同位姿监测理论与方法研究[D]. 太原:太原理工大学,2019.
QIAO Chunguang. Research on theory and method of coordinate position monitoring for shearer and scraper conveyor[D]. Taiyuan: Taiyuan University of Technology,2019.

[30] 韩菲娟,任芳,谢嘉成,等. 综采工作面三机虚拟仿真系统设计及关键技术研究[J]. 机械设计与制造,2019,342(8):184-187.
HAN Feijuan, REN Fang, XIE Jiacheng, et al. Design and key technologies of virtual simulation system for three machines in fully mechanized coal mining face[J]. Machinery Design & Manufacture,2019,342(8):184-187.

[31] 谢嘉成,杨兆建,王学文,等. 综采工作面三机虚拟协同关键技术研究[J]. 工程设计学报,2018,25(1):85-93.
XIE Jiacheng, YANG Zhaojian, WANG Xuewen, et al. Research on key technologies of virtual collaboration of three machines in fully mechanized coal mining face[J]. Chinese Journal of Engineering Design,2018,25(1):85-93.

[32] 韩菲娟. 基于 Unity3D 的综采工作面"三机"虚拟仿真系统[D]. 太原:太原理工大学,2018.
HAN Feijuan. The virtual simulation system of three machines in fully mechanized coal mining face based on unity3D[D]. Taiyuan: Taiyuan University of Technology,2018.

综采工作面液压支架-围岩自适应支护控制方法

任怀伟[1,2]，杜毅博[1,2]，侯　刚[1]

（1. 天地科技股份有限公司 开采设计事业部,北京　100013;2. 煤炭科学研究总院 开采研究分院,北京　100013）

摘　要：为增强液压支架适应性、有效应对日益复杂的围岩动态变化,提出综采工作面液压支架-围岩自适应支护控制方法。基于变论域模糊控制方法建立液压支架-围岩刚度、强度及稳定性耦合自适应控制策略,基于 MSP430 处理器开发自适应控制装置,并进行实验室试验。试验结果表明:控制装置可精确获取支架状态,能够根据外载变化自动调节液压支架的安全阀开启压力、初撑力及立柱、平衡千斤顶压力,保证液压支架处于合理支护状态,控制误差不大于 3%。该方法可大幅提高液压支架的适应性,有助于保持工作面液压支架群组-围岩系统的稳定支护状态。

关键词：液压支架；围岩适应性；自适应支护；变论域模糊控制

中图分类号：TD42　　**文献标志码**：A　　**文章编号**：0253-2336(2018)01-0150-06

Self adaptive support control method of hydraulic support-surrounding rock in fully-mechanized coal mining face

REN Huaiwei[1,2]，DU Yibo[1,2]，HOU Gang[1]

（1. *Department of Mining and Design，Tiandi Science and Technology Company Limited，Beijing　100013，China*；

2. *Mining Branch，China Coal Research Institute，Beijing　100013，China*）

Abstract：In order to the adaptability of the hydraulic support and to effectively deal the dynamic variation of the daily complicated surrounding rock，a self adaptive support control method of the hydraulic support-surrounding rock in the fully mechanized coal mining face was provided. Based on the variable domain fuzzy control method，a rigidity，strength and stability coupling self adaptive control strategy of the hydraulic support-surrounding rock was established. Based on the MSP430 processor，the self adaptive control device was developed and a lab experiment was conducted. The experiment results showed that the control device could accurately get the status of the support，could automatically adjust the safety valve open/close pressure，initial setting force and the pressure of the cylinder and balance jack of the hydraulic support according to the external load variation and could ensure the hydraulic support in a rational support status. The control error would not over 3%. The method could highly improve the adaptability of the hydraulic support and would be favorable to keep the stable support status of the hydraulic support group - surrounding rock system in the coal mining face.

Key words：hydraulic support；surrounding rock adaptability；self adaptive support；variable domain fuzzy control

0　引　言

液压支架对于围岩的适应性是决定工作面能否安全生产的核心问题。随着煤矿开采深度的增加,地质环境日趋复杂,断层构造增多、动载冲击频发,液压支架适应围岩条件的难度大幅增加。增强工作面液压支架的适应性可以从结构改进和自动控制2个方面入手,目前多数的研究主要集中在液压支架的结构分析和改进方面。王国彪等[1-2]研究了支架的力平衡区,详细分析了影响支架承载能力的关键因素,着重对两柱掩护式支架平衡千斤顶参数进行了优化。徐亚军等[3-4]基于平面杆系模型研究了两

收稿日期：2017-10-20；**责任编辑**：赵　瑞　　**DOI**：10.13199/j.cnki.cst.2018.01.021

基金项目：国家重点基础研究发展计划(973 计划)资助项目(2014CB046302)；国家自然科学基金资助项目(U1610251)；天地科技股份有限公司研发资助项目(KJ-2015-TDKC-01)

作者简介：任怀伟(1980—),男,河北廊坊人,研究员,博士。Tel:010-84263142,E-mail:rhuaiwei@ tdkcsj. com

引用格式：任怀伟,杜毅博,侯　刚. 综采工作面液压支架-围岩自适应支护控制方法[J]. 煤炭科学技术,2018,46(1):150-155,191.

REN Huaiwei,DU Yibo,HOU Gang.Self adaptive support control method of hydraulic support - surrounding rock in fully-mechanized coal mining face[J]. Coal Science and Technology,2018,46(1):150-155,191.

柱掩护式液压支架承载特性,通过提高立柱初撑力、工作阻力以及平衡千斤顶工作阻力等来扩大承载区范围,从而适应外载位置、大小变化。王国法等[5]从围岩的运移规律出发,建立支架与围岩关系耦合模型,将工作围岩与支架作为一个整体力学系统考虑,进行支架结构和参数的三维动态设计,实现了液压支架结构参数与特定围岩条件的最佳匹配。杜毅博[6]、庞义辉等[7]基于支架与围岩刚度耦合、强度耦合和稳定性耦合关系,提出了基于模糊方法的支架适应性评价方法,对特定的液压支架结构及参数是否适应某一围岩条件做出评判。上述研究虽然解决了液压支架结构是否适应围岩条件以及如何改变结构以提高适应性的问题,并给出通过结构设计和参数优化提高适应性的方法。然而这些都是针对液压支架确定结构的事前优化和事后评价,效果有限,在面对动态变化的围岩条件时无法完全覆盖所需的所有支护特性范围。

同时,现有液压支架控制研究主要是针对生产的过程控制,例如自动跟机[8]、工作面调直[9]等,而不是对液压支架支护状态的控制。因此,必须在结构创新的基础上,研究通过自动调节支架关键参数来提高支架适应性的控制方法。只有这样才能大幅提升支架适应能力,更好地满足井下复杂围岩控制需求。

基于上述分析,笔者提出了综采工作面液压支架-围岩自适应支护控制方法,实现液压支架关键参数随围岩状态变化自动调节,使液压支架实时响应外部条件变化,满足围岩支护需求。具体工作如下:采用基于变论域模糊控制方法,建立液压支架-围岩刚度、强度及稳定性耦合自适应控制模型,开发自适应控制装置,并进行实验室测试。试验表明:控制装置可精确获取支架状态,能够根据外载变化自动调节液压支架的安全阀开启压力、初撑力及立柱、平衡千斤顶压力,保证液压支架处于合理支护状态。该方法可大幅提高液压支架的适应性,有助于保持工作面液压支架群组-围岩系统的稳定支护状态。

1　变论域模糊控制建模

液压支架与围岩相互耦合,相互影响,各个参数间存在着复杂的关联、制约关系。工作面液压支架支护效果的确定需要综合考虑多种因素,这些因素多数都具有随机性和模糊性。在液压支架支护状态监测研究[10-14]的基础上,文献[6]给出了液压支架支护状态模糊评价方法,笔者在此基础上提出基于

模糊控制的液压支架姿态自适应控制策略,并基于变域论模糊控制算法对相应的控制系统进行建模。

设定液压支架支护状态是全集 U 上的模糊集合 Q,建立映射由论域 U 到集合 $[0,1]$ 有:

$$\begin{cases} \mu_Q : U \to [0,1] \\ u \to \mu_Q(u) \quad u \in [0,1] \end{cases}$$

其表述了在取值范围 $[0,1]$ 内,元素 u 属于模糊集合 Q 的程度,$\mu_Q(u)$ 为元素 u 属于模糊集合 Q 的隶属度函数,可以通过液压支架状态隶属度函数描述和判断支架状态[15]。对于液压支架,影响其支护状态的支架姿态及受力状态等与其主要控制对象立柱、平衡千斤顶、侧推千斤顶等缺乏直接的对应关系,因此必须将控制参数进行模糊化,通过模糊语言和规则对支架进行调控。自适应模糊控制需要建立模糊控制器[16-20],主要包括模糊化器、规则库、推理机和模糊消除器等。

液压支架支护状态主要由合力作用点位置、工作阻力、工作高度、顶梁俯仰角、底座横滚角5个参数表示。选取支架合力作用点 Q_X 及其变化率 $\dot{Q}_X$ 作为控制系统的输入变量,选取立柱的位移 L_X 及平衡千斤顶的位移 L_Y 作为输出,如图1所示。

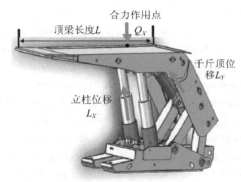

图 1　液压支架模糊控制输入和输出参数

Fig. 1　Input and output parameters of hydraulic support fuzzy control

对于合力作用点位置 Q_X,其取值范围为 $[0, L]$,L 为顶梁长度。可将其模糊子集定义为 $\{NB, NM, NS, Z, PS, PM, PB\}$,分别表示顶梁前端区域、前中、前小、正好、后小、后中、铰接区域7个模糊状态。对于合力作用点的变化率 $\dot{Q}_X$,表示为 1 s 内的变化量,将其模糊子集定义为 $\{NB, NM, NS, Z, PS, PM, PB\}$,将合力作用点由铰接点位置向端部位置变化定义为正,则将变化率表示为负大、负中、负小、零、正小、正中、正大7个模糊状态。

由于液压支架与围岩相互作用,为保证工作面

安全,在对液压支架进行控制过程中必须确保液压支架的稳定。因此,液压支架的控制过程应根据其支护状态通过多个工作循环逐步完成,且每个工作循环在进行调整时控制过程需快速完成。液压支架模糊控制流程如图2所示,液压支架控制策略如下:

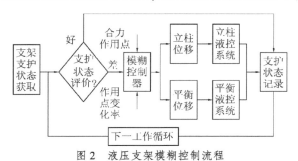

图 2　液压支架模糊控制流程

Fig. 2　Fuzzy control chart for hydraulic support

1)控制立柱千斤顶与平衡千斤顶联动使支架到达设定工作高度范围。

2)根据检测数据应用支护状态模糊评价方法判断支架支护状态,确定支架是否需要调整控制。

3)如支架姿态过差时,应用模糊控制方法,以支架的合力作用点位置及其变化率作为输入变量,控制立柱千斤顶位移长度及平衡千斤顶位移长度作为输出变量,控制支架完成调整动作,并记录调整后支架工作状态。

4)在下一工作循环,重复上述步骤,通过若干工作循环使支架支护状态达到所需要求。

由于液压支架的姿态在变化时多数集中于其论域的中部,而很少到达其两端位置。对于模糊控制规则,其隶属度划分得越细致,控制输出的模糊规则也就相应地越细致,其输出也就越精确。因此,为保证输入变量位于其论域的中部时可以应用更多的判断规则,引入变论域概念,应用伸缩因子,提高控制规则的灵活性和输出的稳定性。变论域模糊控制隶属度函数模型如图3所示。

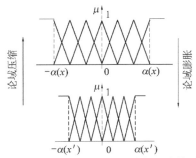

图 3　变论域模糊控制隶属度函数模型

Fig. 3　Function model of domain fuzzy control membership

伸缩因子 $K = |\alpha(x)/\alpha(x')|$,其中:$\alpha(x)$、$\alpha(x')$分别为论域压缩前和压缩后的边界函数。通过伸缩因子调控,使自变量根据输入变量的变化而自适应调整,使模糊推理规则局部加细,相当于增加规则数,提高控制精度。

2　液压支架与围岩耦合自适应控制策略

液压支架与围岩存在强度、刚度和稳定性耦合关系[21],基于变论域模糊控制的综采工作面围岩自适应支护智能控制,可在工作面推进过程中随围岩作用的动态变化,实时调节液压支架结构及动力参数,实现液压支架支护强度、刚度及稳定性的自适应控制,使之具有足够的能力适应围岩破坏时间、位置、速度及能量规模的变化,从而保障工作面生产安全。

2.1　液压支架与围岩强度耦合智能控制策略

液压支架与围岩强度耦合,是指液压支架的支护强度能够与围岩强度匹配,在不破坏顶板、底板及煤壁的前提下满足围岩稳定支护及下沉量控制的需要。一般情况下,液压支架的支护强度在立柱结构及安全阀开启压力确定后即定值,在工作过程中并不改变。然而,在工作面推进的不同阶段以及工作面的不同位置实际需要的最佳支护强度并不相同。例如,超长工作面中部支架和两端部的支架受力特征差异明显:中部峰值压力处的支架承受动载冲击概率大、处于增阻阶段及安全阀开启的比例高,顶板下沉量大;两端支架基本处于初撑力阶段、承受偏载力,顶板下沉量小。

为适应工作面推进过程中不同阶段、不同位置围岩载荷变化对支护强度的需求,提出液压支架与围岩强度耦合控制策略,如图4所示。

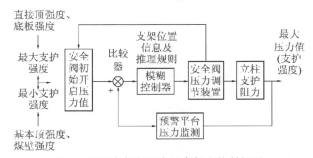

图 4　液压支架与围岩强度耦合控制框图

Fig. 4　Coupling control chart for the strength of hydraulic support and surrounding rock

液压支架与围岩强度耦合控制策略为:

1)依据顶板、底板及煤壁强度、工作面采高、长度、围岩活动特征等综合确定工作面支护强度调节范围以及安全阀初始开启值。

2）通过比较器,将初始开启值与监测系统给出的立柱下腔压力检测值进行比较,结果进入模糊控制器。该模糊控制器会依据支架位置信息及推理规则处理比较结果。

3）如果检测值等于安全初始值,则说明安全阀在频繁开启,这时通过模糊控制器控制安全阀压力调节装置(由2个安阀及1个滑阀组成),增加立柱工作阻力。

4）同样,若检测值始终大幅低于初始值,则调低初始压力,从而快速调节液压支架的支护强度,实现液压支架对围岩的强度自适应。

2.2　液压支架与围岩刚度耦合智能控制策略

由文献[22]可知,液压支架的刚度(这里只讨论垂直刚度)与顶底板、煤壁刚度的匹配性直接影响上覆围岩的断裂位置、煤壁是否片帮及支架受力大小。因此,保证支架刚度与围岩刚度的合理匹配直接影响工作面支护质量。

同样,在工作面不同位置、推进的不同阶段,对液压支架的刚度需求也不一样。与强度耦合自适应控制相似,建立液压支架与围岩刚度耦合控制策略。由于液压支架与围岩的刚度耦合主要表现在煤壁、顶板及支架变形量的协调。因此,通过调整初撑力调节来压后支架的弹性下缩量,实现与围岩的刚度耦合。液压支架与围岩刚度耦合控制框图如图5所示。

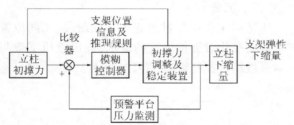

图 5　液压支架与围岩刚度耦合控制框图

Fig. 5　Coupling control chart for the stiffness of hydraulic support and surrounding rock

液压支架与围岩刚度耦合控制策略为:

1）依据围岩活动特征、煤壁高度、工作面长度等综合确定液压支架初撑力。

2）通过比较器,将初撑力的值与监测系统给出的立柱下腔压力检测值进行比较,结果进入基于支架位置信息及推理规则的模糊控制器进行处理。

3）如果监测值始终大于初撑力,而未达到工作阻力,则通过模糊控制器计算初撑力的合理增加值,

并控制增压装置进行增压。

4）如果监测值始终等于初撑力且顶板下缩量在许可范围内,则调低初撑力,从而调节液压支架的支撑刚度以适应工作面推进过程中不同阶段、不同位置围岩载荷变化对支撑刚度的需求,实现液压支架对围岩的刚度自适应。

2.3　液压支架与围岩稳定性耦合智能控制流程

液压支架几何失稳一定会引起围岩的垮落,因而保证液压支架在受到外部随机干扰后不发生几何失稳对实现工作面安全可靠支护至关重要。液压支架与围岩稳定性耦合智能控制策略最为明确,稳定性控制流程如图6所示。

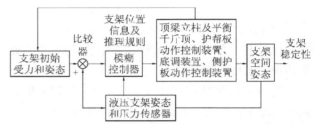

图 6　液压支架与围岩稳定性耦合控制框图

Fig. 6　Coupling control chart for the stability of hydraulic support and surrounding rock

液压支架与围岩稳定性耦合控制策略为:

1）通过倾角、压力传感器采集数据,并分析得出支架的初始姿态和受力情况,建立液压支架水平、垂直及扭转3个方向上的几何状态方程。

2）基于液压支架位置、受力状态及推理规则,判定其是否处于稳定区间。

3）若超出设定的区间值,则通过调节立柱及平衡千斤顶、护帮板动作控制装置、侧护板动作控制装置等控制支架整体空间姿态,实现液压支架对围岩的稳定性自适应。

3　液压支架自适应控制装置开发

基于上述理论及技术研究,研发液压支架自适应控制装置,有效应对围岩动态变化,实现液压支架对围岩的最佳支护。如图7所示,液压支架自适应控制装置基于传感器采集的压力、倾角、下缩量及来压速度等围岩及自身状态信息,实现支架姿态分析、受力状态及合力作用点计算、个体自适应模糊控制策略解算等功能,并向电液控制系统发出控制信号,完成支架行为的协调控制。

基于液压支架模糊评价方法中建立的模糊一致判断矩阵,实现变论域的模糊控制器,完成以下支护

状态指标的自适应模糊控制:①高度自动检测及控制;②支架顶梁倾角检测及控制;③立柱压力检测及自动增压;④合力作用点位置监测;⑤护帮板状态检测及打开控制。

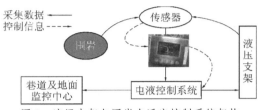

图 7 液压支架与围岩自适应控制系统架构

Fig. 7 Adaptive control system architecture of hydraulic support and surrounding rock

液压支架自适应控制装置包括信息采集、数据计算、显示及控制接口等 4 个模块。信息采集模块包括压力、倾角、加速度等 10 多种传感器,负责采集支架所有位置、姿态、受力状态等信息;数据计算模块采用 MSP430 处理器为核心,完成数据的采集、处理、发送、存储。不同支架的自适应控制器之间采用无线(或者 RS485 总线方式)自组网、大功率、远距离方式通信的一级网络,控制终端与传感器之间采用以无线(或者 RS485 总线方式)低功耗、小功率、近距离方式通信的二级网络。控制终端液晶显示单元采用工业级 5 寸总线型液晶屏,通过数字、图形和曲线等方式显示采集的相关数据和控制状态,如图 8 所示。装置控制接口与电液控制系统连接,将动作行为数字信号转换为开关量,从而控制支架油缸动作。

(a) 内部结构　　　　　(b) 外部结构

图 8 液压支架自适应控制装置

Fig. 8 Adaptive control device for hydraulic support

4 液压支架自适应控制装置测试

研制的液压支架自适应控制装置在实验室进行了测试。如图 9 所示,在两柱放顶煤液压支架上安装自适应控制装置以及各种传感器,给定支架高度、顶梁姿态、合理作用点、立柱初撑力及护帮板控制目标,测量控制误差。

试验过程中,通过改变外载作用力的大小和位置,模拟井下不同来压情况,测试强度、刚度耦合控制策略。试验表明:在外载力大于初始设定的工作阻力时,控制系统能够自动提升安全阀开启压力,提高支撑强度;同时,在下一循环增大初撑力,降低立柱下缩量。

(a) 液压支架姿态测量系统　　　(b) 自适应控制装置

(c) 倾角传感器　　　　　(d) 压力传感器

图 9 液压支架自适应控制装置实验室测试

Fig. 9 Laboratory test for hydraulic support adaptive control device

表 1 倾角传感器测试数据分析

Table 1 Analysis of test data of tilt sensor

底座姿态	顶梁姿态	传感器测量值/(°)	控制目标值/(°)	偏差/(°)
底座水平	顶梁抬头	$\alpha=9.64$	$\alpha_s=9.5$	$\Delta\alpha=0.14$
		$\beta=33.42$	$\beta_s=33.2$	$\Delta\beta=0.22$
		$\gamma=0.55$	$\gamma_s=0.6$	$\Delta\gamma=-0.05$
	顶梁水平	$\alpha=0.78$	$\alpha_s=0.7$	$\Delta\alpha=0.08$
		$\beta=35.68$	$\beta_s=35.4$	$\Delta\beta=0.28$
		$\gamma=0.55$	$\gamma_s=0.5$	$\Delta\gamma=0.05$
	顶梁低头	$\alpha=-8.30$	$\alpha_s=-8.0$	$\Delta\alpha=-0.3$
		$\beta=39.03$	$\beta_s=39.2$	$\Delta\beta=-0.17$
		$\gamma=0.53$	$\gamma_s=0.5$	$\Delta\gamma=0.03$
底座抬底	顶梁抬头	$\alpha=10.96$	$\alpha_s=10.8$	$\Delta\alpha=0.16$
		$\beta=30.96$	$\beta_s=30.6$	$\Delta\beta=0.36$
		$\gamma=-1.48$	$\gamma_s=-1.6$	$\Delta\gamma=0.12$
	顶梁水平	$\alpha=0.73$	$\alpha_s=0.5$	$\Delta\alpha=0.23$
		$\beta=34.31$	$\beta_s=34.6$	$\Delta\beta=-0.29$
		$\gamma=-1.45$	$\gamma_s=-1.5$	$\Delta\gamma=0.05$
	顶梁低头	$\alpha=-15.3$	$\alpha_s=-15.0$	$\Delta\alpha=0.3$
		$\beta=41.21$	$\beta_s=41.4$	$\Delta\beta=0.21$
		$\gamma=-1.50$	$\gamma_s=-1.50$	$\Delta\gamma=0$

通过调节顶梁仰俯角,模拟井下支架低头、抬头工况,测试稳定性控制模块。在立柱伸长量 $\Delta x = 402$ mm 情况下,测量顶梁、后连杆、底座与水平面的夹角,即 $\Delta\alpha$、$\Delta\beta$、$\Delta\gamma$,通过对表 1 中的数据分析可知,倾角传感器测量值 α_s、β_s、r_s 与控制目标偏差 $\Delta\alpha$、$\Delta\beta$、$\Delta\gamma$ 均在 ±0.4° 范围内变化。试验表明:当顶梁倾斜角度大于设定值(为易于观测,试验设定角度为 8°)后,控制系统可自动调节平衡千斤顶,恢复顶梁至设定位置,控制误差不大于 3%。

5 结 论

1)提出了液压支架变论域模糊控制方法,充分利用已有的液压支架模糊评价得出的数据,通过模糊消除操作得出恢复支架状态需要控制的关键参数及其变化量;改变了目前基于绝对测量信息的程序化控制,使液压支架状态更加符合围岩支护需求。

2)从控制方法上实现液压支架与围岩强度、刚度和稳定性耦合,较改变液压支架结构能取得更大的适应性和灵活性,能够更加及时有效地应对围岩动态变化,实现液压支架对围岩的最佳支护。

3)液压支架自适应控制装置的初步实验室试验表明:装置能够完成设计的功能,但控制精度有待进一步提高。同时受试验条件制约,未模拟井下冲击来压情况下控制装置的响应速度,以及对护帮板控制功能的验证,这些在后续工作中将逐步完成。

参考文献(References):

[1] 王国彪.二柱掩护式支架承载能力区理论的研究[J].阜新矿业学院学报:自然科学版,1993,12(4):46-49.
WANG Guobiao. Study of two-leg shield supporting ability areas theory[J]. Journal of Fuxin Mining Institute: Natural Science, 1993,12(4):46-49.

[2] 王国彪,高 荣.掩护式支架平衡千斤顶定位尺寸的模拟分析与优化设计[J].煤炭学报,1994,19(2):195-205.
WANG Guobiao, GAO Rong. Simulation and optimum design of locating dimensions of shield support balance ram[J]. Journal of China Coal Society,1994,19(2):195-205.

[3] 徐亚军,王国法,刘业献.两柱掩护式液压支架承载特性及其适应性研究[J].煤炭学报,2016,41(8):2113-2120.
XU Yajun, WANG Guofa, LIU Yexian. Supporting property and adaptability of 2-leg powered support[J]. Journal of China Coal Society,2016,41(8):2113-2120.

[4] 徐亚军.液压支架顶梁外载作用位置理论研究与应用[J].煤炭科学技术,2015,43(7):102-106.
XU Yajun. Research and application external load position of powered support's canopy[J]. Coal Science and Technology,2015,43

(7):102-106.

[5] 王国法,刘俊峰,任怀伟.大采高放顶煤液压支架围岩耦合三维动态优化设计[J].煤炭学报,2011,36(1):145-151.
WANG Guofa, LIU Junfeng, REN Huaiwei. Design and optimization of high seam-caving coal hydraulic support based on model of support and wall rock coupling[J]. Journal of China Coal Society, 2011,36(1):145-151.

[6] 杜毅博.液压支架支护状况获取与模糊综合评价方法[J].煤炭学报,2017,42(S1):260-266.
DU Yibo. Supporting condition acquisition and fuzzy comprehensive evaluation method for hydraulic support[J]. Journal of China Coal Society,2017,42(S1):260-266.

[7] 王国法,庞义辉.基于支架与围岩耦合关系的支架适应性评价方法[J].煤炭学报,2016,41(6):1348-1353.
WANG Guofa, PANG Yihui. Shield-roof adaptability evaluation method based on coupling of parameters between shield and roof strata[J]. Journal of China Coal Society,2016,41(6):1348-1353.

[8] 牛剑峰.综采液压支架跟机自动化智能化控制系统研究[J].煤炭科学技术,2015,43(12):85-91.
NIU Jianfeng. Research on automatic following control system of fully mechanized hydraulic support[J]. Coal Science and Technology,2015,43(12):85-91.

[9] 胡 波,廉自生.基于支持向量机和遗传算法的液压支架调直系统研究[J].煤矿机械,2014,35(10):39-41.
HU Bo, LIAN Zisheng. Research on hydraulic support straightening system based on support vector machine and genetic algorithm[J]. Coal Mine Machinery,2014,35(10):39-41.

[10] 文治国,侯 刚,王彪谋,等.两柱掩护式液压支架姿态监测技术研究[J].煤矿开采,2015,20(4):49-51.
WEN Zhiguo, HOU Gang, WANG Biaomou, et al. Attitude monitoring technology of two-prop shield powered support[J]. Coal Mining Technology,2015,20(4):49-51.

[11] 陈冬方,李首滨.基于液压支架倾角的采煤高度测量方法[J].煤炭学报,2016,41(3):788-793.
CHEN Dongfang, LI Shoubin. Measurement of coal mining height based on hydraulic support structural angle[J]. Journal of China Coal Society,2016,41(3):788-793.

[12] 白雪峰.掩护式支架姿态监测与控制的研究[D].太原:太原理工大学,2006.

[13] 朱殿瑞.掩护式液压支架姿态监测的理论与主要部件的有限元分析[D].太原:太原理工大学,2012.

[14] 闫海峰.液压支架虚拟监控关键技术研究[D].徐州:中国矿业大学,2011.

[15] 郭文孝.基于模糊层次综合分析法的液压支架安全性评价[J].煤矿工程,2012(11):89-92.
GUO Wenxiao. Evaluation on safety of hydraulic powered support base on comprehensive analysis method with fuzzy analytic hierarchy process[J]. Coal Engineering,2012(11):89-92.

[16] 杨凌霄,梁书田.两轮自平衡机器人的自适应模糊平衡控制[J].计算机仿真,2015,32(5):411-415.

YANG Lingxiao, LIANG Shutian. Adaptive fuzzy balancing control of two wheeled self-balancing robot [J]. Computer Simulation, 2015,32(5):411-415.

[17] 杨凌霄,李晓阳.基于卡尔曼滤波的两轮自平衡姿态检测方法 [J].计算机仿真,2014,31(6):406-409.
YANG Lingxiao, LI Xiaoyang. Attitude estimation based on Kalman filter for two-wheel self-balancing vehicle[J].Computer Simulation,2014,31(6):406-409.

[18] 杨兴明,余忠宇.自平衡控制系统的平衡性仿真[J].计算机工程与应用,2011,47(24):245-248.
YANG Xingming,YU Zhongyu.Simulation of self-balance control system' balance [J]. Computer Engineering and Applications, 2011,47(24):245-248.

[19] 佟绍成,周 军.非线性模糊间接和直接自适应控制器的设计和稳定性分析[J].控制与决策,2000,15(3):293-296.
TONG Shaocheng, ZHOU Jun. Design and stability of Fuzzy indirect and direct adaptive control for nolinear system [J].

Control and Decision,2000,15(3):293-296.

[20] 朱丽业,吴惕华,方 园.直接自适应模糊算法参数的选取及仿真分析[J].系统仿真学报,2006,18(11):3063-3066.
ZHU Liye,WU Tihua,FANG Yuan.Parameters selecting of direct adaptive fuzzy control and simulation[J].Journal of System Simulation,2006,18(11):3063-3066.

[21] 王国法,庞义辉,李明忠,等.超大采高工作面液压支架与围岩耦合作用关系[J].煤炭学报,2017,42(2):518-526.
WANG Guofa, PANG Yihui, LI Mingzhong, et al. Hydraulic support and coal wall coupling relationship in ultra large height mining face[J].Journal of China Coal Society, 2017, 42(2):518-526.

[22] 王国法,庞义辉.液压支架与围岩耦合关系及应用[J].煤炭学报,2015,40(1):30-34.
WANG Guofa, PANG Yihui. Relationship between hydraulic support and surrounding rock coupling and its application [J]. Journal of China Coal Society,2015,40(1):30-34.

基于深度视觉原理的工作面液压支架支撑高度与顶梁姿态角测量方法研究

任怀伟[1,2]，李帅帅[1,2]，赵国瑞[1,2]，张科学[3]，杜　明[1,2]，周　杰[1,2]

(1. 煤炭科学研究总院开采研究分院，北京　100013；2. 中煤科工开采研究院有限公司，北京　100013；3. 华北科技学院智能化无人开采研究所，北京　101601)

摘　要：针对工作面液压支架姿态传统接触式测量方法存在的传感器数量多、故障率高、解算误差大、可视性差等问题，建立了一种基于支架运动机理的液压支架姿态视觉测量模型，提出了一种基于深度视觉原理的液压支架支撑高度与顶梁姿态角测量方法，并搭建了测量系统。该测量方法通过在液压支架顶梁上布设 RGB-D 相机，利用深度视觉技术获取液压支架底座彩色信息和深度信息并实现二者数据流的同步，通过 ORB 算法和 FLANN 算法实现底座特征点的快速提取与匹配，基于空间 3D-3D 的 ICP 模型估计相邻时刻相机位姿变化，结合液压支架姿态视觉测量模型设计姿态解算算法完成支撑高度和顶梁姿态角参数解算。测量实验结果表明：该方法液压支架姿态参数解算速度快，稳定性好，实现了液压支架内部姿态的非接触实时性监测，同时该姿态解算算法可保证液压支架支撑高度测量绝对误差在 10 mm 左右，顶梁姿态角测量绝对误差在 2° 以内，精度上能够满足井下液压支架姿态监测精度需求；此外，该方法减少了支架上传感器的数量，降低了安装与维修成本，为实现工作面综采设备运行位姿状态信息的精准感知与动态监测，以及智能化工作面的精准实时控制提供了技术支撑。

关键词：液压支架；支撑高度；顶梁姿态角；深度视觉；智能开采

中图分类号　TD 355　　　**文献标志码**　A　　　**DOI**　10.13545/j.cnki.jmse.2020.0587

Measurement method of support height and roof beam posture angles for working face hydraulic support based on depth vision

REN Huaiwei[1,2]，LI Shuaishuai[1,2]，ZHAO Guorui[1,2]，
ZHANG Kexue[3]，DU Ming[1,2]，ZHOU Jie[1,2]

(1. Coal Mining Branch, China Coal Research Institute, Beijing　100013, China；2. CCTEG Coal Mining Research Institute, Beijing　100013, China；3. Institute of Intelligent Unmanned Mining, North China Institute of Science and Technology, Beijing　101601, China)

Abstract　In view of large number of sensors, high failure rate, large calculation error, and poor visibility of traditional contact measurement method of hydraulic support posture on working face, a visual measurement model for posture of hydraulic support based on movement mechanism was established, a

收稿日期：2020-11-22　　　**责任编辑**：侯世松

基金项目：国家自然科学基金面上项目(51874174)；国家自然科学基金重点项目(51834006)；中国煤炭科工集团科技专项重点项目(2019-TD-ZD001)

作者简介：任怀伟(1980—)，男，河北省廊坊市人，研究员，博士生导师，从事煤机装备研发、工作面自动化及智能化方面的研究。

E-mail：renhuaiwei@ tdkcsj.com　　　**Tel**：010-84263142

depth vision measurement method for support height and roof beam posture angles based on visual measurement model of hydraulic support was proposed, and a corresponding measurement system was built. An RGB-D camera was installed on roof beam to obtain color and depth information and realize synchronization of the two data streams. Then, ORB algorithm and FLANN algorithm were employed to achieve rapid extraction and matching of base feature points. ICP model based on spatial 3D-3D was employed to estimate camera pose changes at adjacent moments. Algorithm was designed to complete calculation of support height and roof beam posture angles combined with visual measurement model of hydraulic support. The experimental results have shown that this measurement system has fast calculation speed and good stability, and it realizes non-contact real-time monitoring of support internal posture to ensure that support height measurement absolute error is about 10 mm, and that roof beam posture angles measurement absolute error is within 2°, which could satisfy requirements of monitoring accuracy. In addition, this method reduces the number of sensors on support and cost of installation or maintenance, which provides technical support for realizing accurate perception and dynamic monitoring of fully mechanized mining equipment operation information and controlling intelligent working face effectively.

Key words hydraulic support; support height; posture angles of roof beam; depth vision; intelligent coal mining

智能化、无人化工作面开采技术是实现煤矿智能化的关键[1]。在采煤工作面,设备种类多、数量多,设备间均为灵活度较高的弱连接关系,姿态极易受到复杂地质条件的影响。当设备因工作面倾角、断层、堆煤等情况的影响而偏离原有的"三直两平"(煤壁、刮板输送机和液压支架要直,顶、底板要平)正常状态时,它们之间的相关关联、配合及运动关系也随之变化,因而按照原有的协同联动控制逻辑就无法完成既定的工艺动作。这是复杂条件工作面无法实现智能化开采的根本原因。

工作面智能化系统想要控制设备自动恢复原有常态或改变控制参数以适应偏差,位姿精确反馈及偏差测量是前提。换言之,进行工作面设备自适应智能控制以及设备群之间自动化协调联动首先需要实现各设备运行位姿信息的精准感知与动态监测[2-3]。由于煤矿井下工作环境的特殊性,以及综采装备本身运行的非精确性(液压系统及配合间隙导致),位姿测量始终是个难题。液压支架作为采煤工作面应用最多的设备,其支撑高度和顶梁姿态角直接反映了工作面空间走势,同时也决定了对采场顶板的支护效果,更直接关系到煤矿井下人员和设备的安全[4]。因此,液压支架支撑高度和顶梁角度是设备空间位姿诸多参数中最主要的监测对象。

目前,井下液压支架支撑高度和顶梁姿态角参数测量普遍采用基于帕斯卡原理的测高传感器、倾角传感器等手段[5-7],但此方法存在传感器安装数量多、故障率高、易受震动影响、解算误差大、可视

性差等不足。近年来,随着计算机视觉技术的不断发展,为煤矿井下工作面综采设备的远程可视化监控提供了实现途径。与此同时,基于图像识别的视觉测量技术日益得到关注,为解决工作面液压支架位姿参数测量难题提供了新的技术手段。相关学者基于单目视觉和图像处理技术进行了液压支架直线度检测[8]、护帮板收回角度[9]、截割干涉[10]等方面的研究。然而,普通的单目视觉技术对光照条件要求较高,井下昏暗环境会降低图像采集质量,从而影响测量结果的准确性和精度。此外,普通单目视觉技术无法直接获取图像中的深度信息,必须借助外界合作目标,这无疑降低了测量可靠性,增大了安装成本。

针对上述问题,本文提出一种基于深度视觉原理的液压支架支撑高度与顶梁姿态角测量方法,并搭建了测量系统。该系统利用安装于液压支架顶梁上的RGB-D相机获取包含液压支架底座的彩色信息与深度信息,同时实现彩色数据流和深度数据流的同步;然后通过ORB算法和FLANN算法完成底座特征点的快速提取与匹配,并利用空间3D-3D的ICP模型估计相邻时刻相机的位姿变化,最终结合液压支架视觉测量模型完成液压支架支撑高度与顶梁姿态角的解算,从而实现液压支架内部姿态的实时在线监测。

1 深度视觉测量原理

深度视觉技术是计算机立体视觉的一种,相比于普通的单双目视觉,它能够在获取目标的色彩信

息(即图像像素信息)的同时,主动获得目标物体上任意一点的深度信息(即距离信息)。深度视觉测量方法[11]一般分为结构光原理和飞行时间法原理(TOF)两种,二者均是通过向探测目标发射一束光线,然后根据返回的结构光图案或者发送至返回光束的飞行时间来确定与目标间的距离,如图1所示。目前,深度视觉技术已广泛应用于目标识别、特征检测、位姿估计、三维场景重构等领域[12-15]。

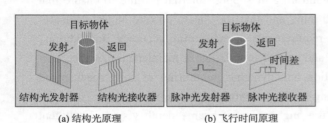

(a) 结构光原理　　　(b) 飞行时间原理

图 1 深度视觉测量原理

Fig. 1 Principle of depth vision measurement

采用深度视觉测量原理的相机称为 RGB-D 相机,如图2(a)所示。RGB-D 相机一般由多个摄像头组成,可完成目标深度的主动测量,并将获得的深度数据与彩色图像像素进行配对,输出一一对应的 RGB 图、深度图和点云图。其中,RGB 图包含了目标物体的色彩信息,如图2(b)所示;深度图包含了目标物体的深度信息,如图2(c)所示;点云图同时包含了目标物体的色彩信息和深度信息,如图2(d)所示。

在获得目标色彩信息和深度信息后,利用相机成像模型,将目标上各点在图像坐标系下的像素坐标转换为相机坐标系下的三维坐标,即可确定目标在三维空间中的具体位姿。

RGB-D 相机对光线强度要求较低,甚至可在完全黑暗的环境中使用,因而适合于煤矿井下狭窄、封闭且光线昏暗的环境。此外,相比于普通单双目测量,深度视觉测量主动性更强,计算量更小,且在短距离内测量精度更高,因此更为适用于井下液压支架的姿态测量。

(a) RGB-D相机　　　(b) RGB图　　　(c) 深度图　　　(d) 点云图

图 2 RGB-D 相机原理

Fig. 2 The principle of RGB-D camera

2 液压支架姿态视觉测量模型

采用安装于液压支架顶梁上的 RGB-D 相机测量的支架支撑高度和顶梁姿态角(包括俯仰角、方位角、翻滚角)是相对于底座的,属于液压支架内部姿态[16];其变化主要通过顶梁与底座的相对空间位置来反映,因此可看作两个刚体之间的相对运动,如图3所示。

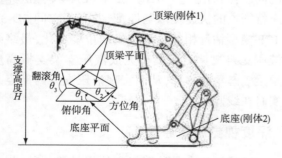

图 3 液压支架结构示意图

Fig. 3 Schematic map of hydraulic support's structure

数学上采用欧式变换对空间中的刚体运动进行描述。欧式变换由一个旋转变换和一个平移变换组成,可分别用旋转矩阵 $\boldsymbol{R}$ 和平移矩阵 $\boldsymbol{t}$ 表示,如图4所示。设刚体 P 上固结有局部坐标系 O-XYZ,其在空间绝对坐标系 o-xyz 下,由位置1运动到位置2绕自身坐标系所旋转的欧拉角分别为 α,β,γ,如图5所示,则刚体 P 绕 X、Y、Z 三轴的旋转矩阵可分别表示为:

$$\boldsymbol{R}_X(\alpha) = \begin{bmatrix} 1 & 0 & 0 \\ 0 & \cos\alpha & \sin\alpha \\ 0 & -\sin\alpha & \cos\alpha \end{bmatrix} \quad (1)$$

$$\boldsymbol{R}_Y(\beta) = \begin{bmatrix} \cos\beta & 0 & -\sin\beta \\ 0 & 1 & 0 \\ \sin\beta & 0 & \cos\beta \end{bmatrix} \quad (2)$$

$$\boldsymbol{R}_Z(\gamma) = \begin{bmatrix} \cos\gamma & \sin\gamma & 0 \\ -\sin\gamma & \cos\gamma & 0 \\ 0 & 0 & 1 \end{bmatrix} \quad (3)$$

由此,得到刚体 P 依次绕 X、Y、Z 三轴旋转的总

$$R = R_Z(\gamma) R_Y(\beta) R_X(\alpha) = \begin{bmatrix} \cos\beta\cos\gamma & \sin\alpha\sin\beta\cos\gamma - \cos\alpha\sin\gamma & \cos\alpha\sin\beta\cos\gamma + \sin\alpha\sin\gamma \\ \cos\beta\sin\gamma & \sin\alpha\sin\beta\sin\gamma + \cos\alpha\cos\gamma & \cos\alpha\sin\beta\sin\gamma - \sin\alpha\cos\gamma \\ -\sin\beta & \sin\alpha\cos\beta & \cos\alpha\cos\beta \end{bmatrix} \quad (4)$$

体旋转矩阵 R 为:

同理,设刚体 P 由位置 1 运动到位置 2 在空间绝对坐标系 $o\text{-}xyz$ 中三轴方向上的位移分别为 Δx、Δy、Δz,则得到刚体 P 运动的平移矩阵 t 如下:

$$t = \begin{bmatrix} \Delta x \\ \Delta y \\ \Delta z \end{bmatrix} \quad (5)$$

上述旋转矩阵 R 描述了刚体 P 运动前后的姿态变化,平移矩阵 t 描述了刚体 P 运动前后的位置变化。为方便对刚体的整体变换进行线性描述,引入齐次坐标和变换矩阵 T。此变换矩阵 T 中同时包含了旋转矩阵 R 和平移矩阵 t,是一种特殊欧式群(Special Euclidean Group),其描述如下:

$$SE(3) = \left\{ T = \begin{bmatrix} R & t \\ 0^T & 1 \end{bmatrix} \in R^{4\times4} \mid R \in SO(3), t \in R^3 \right\} \quad (6)$$

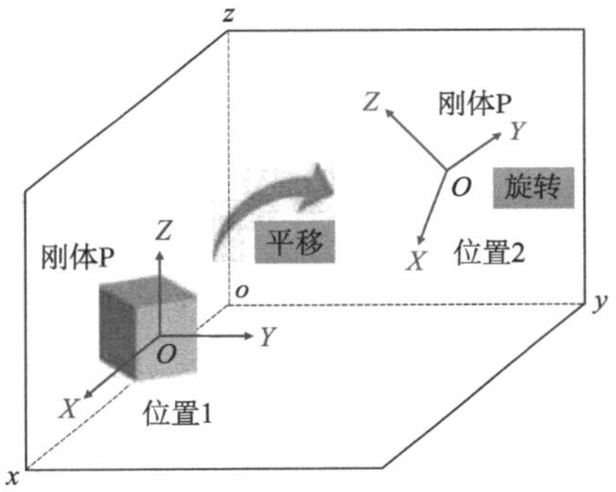

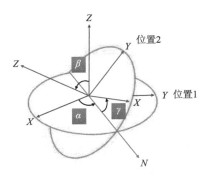

图 4 刚体运动示意图

Fig. 4 Schematic diagram of rigid body motion

图 5 刚体旋转欧拉角

Fig. 5 Euler angle of rigid body rotation

由刚体运动学理论可知,液压支架的支撑高度与顶梁姿态角的变化可看成支架顶梁刚体相对于底座刚体的空间运动,因此根据视觉测量原理和欧

式变换理论,建立如图 6 所示的液压支架姿态视觉测量模型。

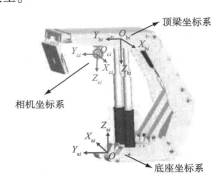

图 6 液压支架姿态视觉测量模型

Fig. 6 Visual measurement model of support's posture

如上图所示,在第 i 台液压支架上分别建立底座坐标系 $O_{ai} - X_{ai} Y_{ai} Z_{ai}$、顶梁坐标系 $O_{bi} - X_{bi} Y_{bi} Z_{bi}$ 和相机坐标系 $O_{ci} - X_{ci} Y_{ci} Z_{ci}$。其中,相机坐标系与顶梁坐标系三轴方向相同,仅坐标原点的空间位置不同,二者之间的变换可用平移矩阵 $_c^b t = \begin{bmatrix} 0 & 0 & \Delta z_0 \end{bmatrix}^T$ 进行描述。因此,通过底座坐标系到相机坐标系再到顶梁坐标系的欧式变换,即可得到支架顶梁与底座的空间相对位姿。

设液压支架顶梁在运动过程中相机坐标系相对于底座坐标系的变换矩阵为:

$$_a^c T_i = \begin{bmatrix} _a^c R_i & _a^c t_i \\ 0^T & 1 \end{bmatrix} \quad (7)$$

由此可分解得到对应的旋转矩阵

$$_a^c R_i = \begin{bmatrix} r_{11} & r_{12} & r_{13} \\ r_{21} & r_{22} & r_{23} \\ r_{31} & r_{32} & r_{33} \end{bmatrix} \quad (8)$$

和平移矩阵

$$_a^c t_i = \begin{bmatrix} \Delta x_i \\ \Delta y_i \\ \Delta z_i \end{bmatrix} \quad (9)$$

则将旋转矩阵 $_a^c R_i$ 转化为相机坐标系相对于底座坐标系的欧拉角变化 $\Delta\alpha_i$、$\Delta\beta_i$、$\Delta\gamma_i$ 如下:

$$\Delta\alpha_i = \text{atan } 2(r_{32}, r_{33}) \quad (10)$$

$$\Delta\beta_i = \text{atan } 2(-r_{31}, \sqrt{r_{32}^2 + r_{33}^2}) \quad (11)$$

$$\Delta\gamma_i = \text{atan } 2(r_{21}, r_{11}) \quad (12)$$

同理,根据平移矩阵 $_a^c t_i$ 可以得到相机坐标系相

对于底座坐标系在绝对坐标系下三轴方向上的位移 Δx_i、Δy_i、Δz_i。

由此进行液压支架的姿态参数解算如下：

① 顶梁姿态角

根据相机坐标系与顶梁坐标系的位置关系,液压支架顶梁俯仰角、方位角、翻滚角的变化可分别用上述式(10)(11)(12)中得到的欧拉角 $\Delta \alpha_i$、$\Delta \beta_i$、$\Delta \gamma_i$ 描述。设支架顶梁初始俯仰角、方位角、翻滚角分别为 α_{0i}、β_{0i}、γ_{0i},顶梁动作后其值分别为 α_i、β_i、γ_i,则有:

$$\alpha_i = \alpha_{0i} + \Delta \alpha_i \tag{13}$$

$$\beta_i = \beta_{0i} + \Delta \beta_i \tag{14}$$

$$\gamma_i = \gamma_{0i} + \Delta \gamma_i \tag{15}$$

② 支撑高度

由上述平移矩阵 ${}_a^c t_i$ 得到运动前后相机相对于液压支架底座在竖直平面内的位移 Δz_i,设液压支架支撑高度初始值为 H_{0i},则根据式(13)求解出的顶梁俯仰角的变化 α_i,结合相机与顶梁的空间几何关系(如图7)求解出支架动作后的支撑高度 H_i 为:

$$H_i = H_{0i} + \Delta z_i + \frac{(L_1 + L_2) \Delta z_0}{L_2 \cos \alpha_i} \tag{16}$$

式中: L_1、L_2 分别表示相机安装位置到支架顶梁左右端面的水平距离; Δz_0 为相机安装位置到顶梁上端面的垂直距离。

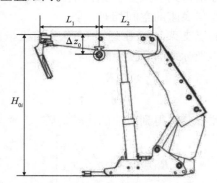

图 7　顶梁与相机空间关系示意图

Fig. 7　Schematic diagram of spatial relationship between roof beam and camera

3　液压支架姿态深度视觉测量系统组成、图像采集处理与姿态解算

3.1　系统组成

根据上述液压支架姿态视觉测量模型,采用深度视觉测量技术,建立基于深度视觉原理的液压支架支撑高度与顶梁姿态角测量系统,如图8所示。

该测量系统包括硬件与软件两部分。其中,硬件系统主要包括 Intel RealSense D435 结构光深度相机、计算机处理器、数据连接线等。软件部分以 Linux 系统的 Ubuntu16.04 版本为操作平台,利用 Intel RealSense SDK 开发包和 OpenCV3.0 图像处理库进行图像采集与处理,并采用 C++语言编写液压支架姿态解算算法。

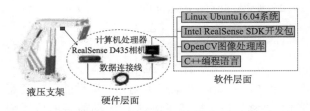

图 8　基于深度视觉原理的液压支架姿态测量系统

Fig. 8　Posture measurement system of hydraulic support based on depth vision

3.2　相机标定与底座图像采集

相机标定是相机进行图像采集前的重要环节。通过相机标定获得准确的相机内参、畸变系数及重投影误差,从而确保图像数据采集和处理结果的精度和准确性。如图9是利用张正友标定法[17]对本文所采用的 Intel RealSense D435 深度相机进行标定的结果,图9(a)描述了相机中所包含的3个摄像头 cam0、cam1、cam2 的空间位置关系,图9(b)(c)(d)则分别为 cam0、cam1、cam2 的重投影误差。经过标定,最终获得相机内各摄像头的内参矩阵分别如下:

$$K_{cam0} = \begin{bmatrix} 386.716\,908 & 0 & 320.397\,204 \\ 0 & 387.076\,934 & 244.577\,594 \\ 0 & 0 & 1 \end{bmatrix}$$

$$K_{cam1} = \begin{bmatrix} 386.825\,330 & 0 & 319.039\,639 \\ 0 & 387.083\,716 & 244.096\,980 \\ 0 & 0 & 1 \end{bmatrix}$$

$$K_{cam2} = \begin{bmatrix} 609.383\,109 & 0 & 330.574\,118 \\ 0 & 609.213\,095 & 237.071\,815 \\ 0 & 0 & 1 \end{bmatrix}$$

获得相机内各摄像头的畸变参数矩阵分别为:

$$d_{cam0} = [0.320\,317\ 0.187\,973\ 0.054\,219\ -0.172\,421]$$

$$d_{cam1} = [0.321\,403\ 0.336\,259\ -1.751\,153\ 5.547\,285]$$

$$d_{cam2} = [0.280\,975\ 2.295\,104\ -12.660\,277\ 21.653\,273]$$

获得相机内各摄像头的重投影误差分别为:

$$r_{cam0} = [0.000\,095, -0.000\,016]$$

$$r_{cam1} = [0.000\,087, -0.000\,009]$$

$$r_{cam2} = [0.000\,094, -0.000\,042]$$

标定完成后,安装相机并对液压支架底座图像

进行采集。本文通过 Intel RealSense Viewer 在远程 PC 端直接获取支架底座的彩色图像数据和深度图像数据,并根据相机标定结果将深度图像对齐到彩色图像,实现图像深度数据流与彩色数据流的同步。

为精确解算支架的位姿变化(相对位姿),采集了支架运动过程中从 T_0 时刻到 T_8 时刻的底座彩色图和深度图,如图 10 所示。

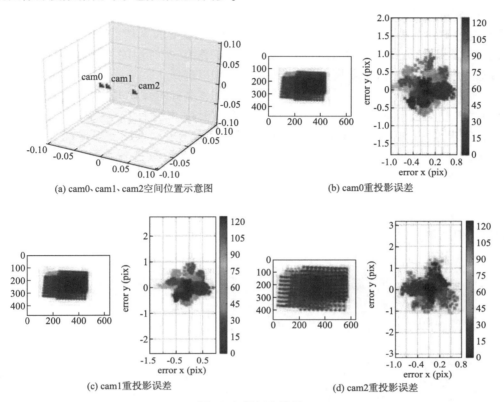

(a) cam0、cam1、cam2空间位置示意图

(b) cam0重投影误差

(c) cam1重投影误差

(d) cam2重投影误差

图 9　相机标定结果

Fig. 9　Result of camera calibration

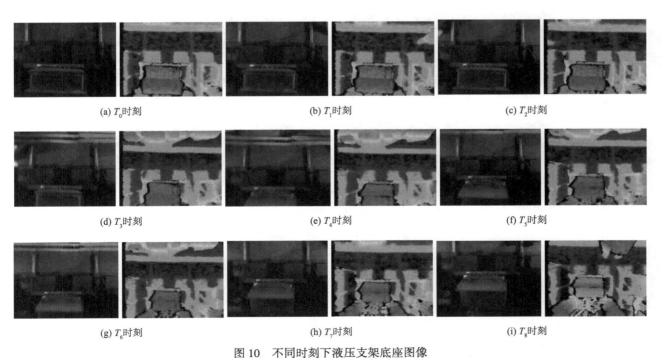

(a) T_0时刻

(b) T_1时刻

(c) T_2时刻

(d) T_3时刻

(e) T_4时刻

(f) T_5时刻

(g) T_6时刻

(h) T_7时刻

(i) T_8时刻

图 10　不同时刻下液压支架底座图像

Fig. 10　Images of support's base at different moments

3.3　特征点提取与匹配

特征点指图像中灰度值发生剧烈变化或图像边缘上曲率较大的点,是图像中具有代表性的点,能够反映图像的主要特征。目前的特征点提取算法主要有 SIFT、SURF、ORB 等。其中,ORB 算法[18]采用了改进的 FAST 角点特征和 BRIEF 描述子对图像中的关键点进行检测与描述,在增加了旋转和尺度不变性的同时,其计算速度更快,实时性更好。

因此,针对煤矿井下液压支架的运动特性及其姿态检测实时性需求,本文选择采用 ORB 算法对液压支架底座图像进行特征点提取,ORB 算法能够实现昏暗环境中液压支架底座的角点特征检测,同时发现安装于底座上的电液控制阀也提供了丰富的ORB 特征点,虽然由于纹理相对单一导致特征点提取数量有所减少,但总体上能够满足后期特征匹配需求。

特征匹配是计算机图像处理的关键环节。利用匹配算法对提取到的特征进行匹配,找出相邻两帧图像之间的对应关系,从而实现图像与图像之间的数据关联。经典的匹配方法有 Brute - Force (BF)、FLANN 等[19-20],但对于不同的环境特点、计算机算力、实时性需求等客观因素,需进行综合考虑加以选择。

本文针对煤矿井下环境以及液压支架姿态变化实时性、快速性特点,采用计算量小、匹配快速的FLANN 算法对液压支架顶梁运动过程中相机采集到的底座图像进行两两匹配,并利用汉明距离(Hamming distance)经过筛选优化去除其中的误匹配,得到液压支架在 $T_0 \sim T_8$ 运动过程中相邻时刻的图像匹配结果,如图 11(a) ~ (h)所示。

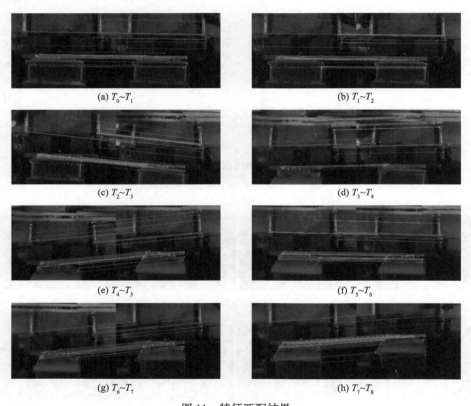

(a) $T_0 \sim T_1$　　　　　　　　　　　(b) $T_1 \sim T_2$

(c) $T_2 \sim T_3$　　　　　　　　　　　(d) $T_3 \sim T_4$

(e) $T_4 \sim T_5$　　　　　　　　　　　(f) $T_5 \sim T_6$

(g) $T_6 \sim T_7$　　　　　　　　　　　(h) $T_7 \sim T_8$

图 11　特征匹配结果

Fig. 11　Results of feature matching

3.4　液压支架姿态解算算法

本文利用深度视觉和图像处理技术通过设计姿态解算算法进行液压支架运动过程中支撑高度和顶梁姿态角的动态测量,该算法实现流程如下:

首先,将 T_0 时刻作为液压支架运动的初始时刻,对液压支架支撑高度和顶梁姿态角参数进行初始化。算法利用 Intel RealSense D435 相机采集到T_0 时刻的彩色数据与深度数据,获取液压支架底座上表面中 3 个共面特征点并得到其在 RGB-D 相机坐标系下的空间三维坐标 $P_1(x_1, y_1, z_1)$, $P_2(x_2, y_2, z_2)$,$P_3(x_3, y_3, z_3)$,并由此构建液压支架底座上表面平面方程;然后利用平面法向量 $\vec{n}$ 求出支架底座在相机坐标系三轴方向的夹角,即为顶梁姿态角初值α_0、β_0、γ_0;根据点面的距离公式求出相机坐标原点与底座上表面的垂直距离,并结合顶梁与相机的空间相对位置关系(图7)解算出支撑高度初始值H_0。

初始化完成后,利用相邻时刻图像中匹配好的3D点对来估计相机运动,实现液压支架运动过程中姿态变化的解算。本文通过空间3D-3D的ICP(Iterative Closest Point)模型[21](如图12所示)、利用最小二乘法构建k时刻与$k+1$时刻图像中对应点群P_i^k、P_i^{k+1}之间的线性优化目标函数如下:

$$\min_{R,t} J = \frac{1}{2}\sum_{i=1}^{n}\parallel P_i^k - P_k - \boldsymbol{R}(P_i^{k+1}-P_{k+1})\parallel^2 + \parallel P_k - \boldsymbol{R}P_i^{k+1} - \boldsymbol{t}\parallel^2 \quad(17)$$

式中:P_k、P_{k+1}分别为点群P_i^k、P_i^{k+1}的质心,$P_k = \frac{1}{n}\sum_{i=1}^{n}P_i^k$、$P_{k+1}=\frac{1}{n}\sum_{i=1}^{n}P_i^{k+1}$。

由此解算k时刻与$k+1$时刻图像间的旋转矩阵$\boldsymbol{R}_k^{k+1}$如下:

$$\boldsymbol{R}_k^{k+1} = \arg\min_R \frac{1}{2}\sum_{i=1}^{n}\parallel q_i^k - \boldsymbol{R}\,q_i^{k+1}\parallel^2 \quad(18)$$

解算k时刻与$k+1$时刻图像间的平移矩阵t_k^{k+1}如下:

$$\boldsymbol{t}_k^{k+1} = P_k - RP_{k+1} \quad(19)$$

最后,根据解算出的旋转矩阵$\boldsymbol{R}_k^{k+1}$和平移矩阵t_k^{k+1},结合式(10)~(16)经过迭代计算任意$k+1$时刻液压支架顶梁姿态角α_{k+1}、β_{k+1}、γ_{k+1}与支撑高度H_{k+1},从而完成液压支架姿态的实时解算。

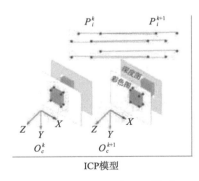

图12　3D-3D 匹配 ICP 模型

Fig. 12　ICP model of 3D-3D matching

4　实验结果分析

为验证算法,本文以 ZY5000/10/24 型液压支架为例,搭建了如图13所示的液压支架姿态测量实验平台。

图13　液压支架姿态测量实验平台

Fig. 13　Experimental platform for attitude measurement of hydraulic support

实验时控制支架进行升架、降架动作,并在运动过程中人为加入改变顶梁姿态角操作。实验过程中选取若干时刻,将利用支架上现有的帕斯卡测高传感器和倾角传感器测得的各时刻所对应的液压支架支撑高度 H' 和顶梁姿态角 α'、β'、γ' 数值作为实际参考值,并记录如表1所示。

表1　液压支架支撑高度与顶梁姿态角实际参考值

Table 1　Actual value of support height and roof beam's angles

| 时刻 | 实际参考值 | | | |
| | 支撑高度 H'/mm | 顶梁姿态角/(°) | | |
		俯仰角 α'	方位角 β'	翻滚角 γ'
T_0	1 257.2	15.21	1.23	2.91
T_1	1 286.1	15.02	0.82	3.14
T_2	1 342.5	14.23	1.51	3.51
T_3	1 394.1	20.86	1.13	3.86
T_4	1 465.3	23.85	1.53	4.47
T_5	1 468.3	20.52	2.21	4.58
T_6	1 515.5	21.40	2.56	4.91
T_7	1 476.8	15.02	1.55	3.64
T_8	1 451.9	10.02	3.02	3.43

同时,采用本文所述图像处理与姿态解算算法解算得到相应时刻的支撑高度 H 和顶梁姿态角 α、β、γ 的数值作为测量值,并记录如表2所示。

从表2可以看出,实验中采集的底座图像提供的空间3D-3D匹配点对较为丰富,并通过快速优化保证了特征点匹配的准确度和稳定性。

根据表1和表2绘制各时刻液压支架姿态参数的实际参考值与测量值对比曲线,如图14所示。

计算结果表明,该系统液压支架支撑高度解算绝对误差最大值为11.47 mm,最小值为7.46 mm,

平均值为 9.63 mm，相对误差最大值为 0.82%，最小值为 0.58%，平均值为 0.53%；顶梁姿态角度解算绝对误差最大值为 1.96°，最小值为 0.56°，平均值为 1.17°，因此在精度上能够满足煤矿井下液压支架姿态检测要求。

表2　液压支架支撑高度与顶梁姿态角测量结果

Table 2　Results of support height and roof beam's posture angles measurement

时刻	总匹配点对/组	3D-3D 匹配点对/组	匹配优化耗时/ms	测量结果			
				支撑高度 H/mm	顶梁姿态角/(°)		
					俯仰角 α	方位角 β	翻滚角 γ
T_0	–	–	–	1 247.09	13.34	0.62	4.87
T_1	137	87	0.587 6	1 293.56	14.18	0.38	4.96
T_2	151	111	0.790 2	1 331.43	14.86	0.33	4.93
T_3	113	76	0.640 9	1 385.02	22.23	1.72	4.71
T_4	122	107	0.817 2	1 473.69	24.72	3.11	5.43
T_5	94	60	0.465 4	1 478.20	18.86	3.04	5.89
T_6	161	107	0.650 4	1 524.34	20.19	3.48	6.24
T_7	115	72	0.759 6	1 465.33	13.58	2.73	5.13
T_8	135	98	0.887 1	1 462.21	8.55	2.46	4.51

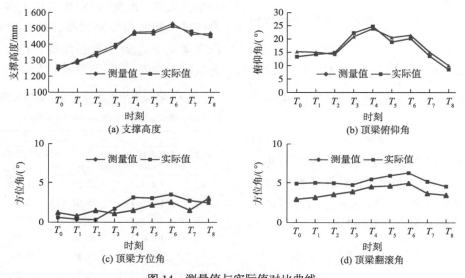

图 14　测量值与实际值对比曲线

Fig. 14　Comparison curves between measured value and actual value

此外，经过多次实验证明，该测量系统具有良好的实时性与稳定性，可代替帕斯卡测高传感器和顶梁、掩护梁上的倾角传感器进行液压支架内部姿态参数的测量，能够有效减少液压支架上传感器布置数量，降低安装与维修成本，实现液压支架支撑高度与顶梁姿态角的非接触实时性监测。

5　结　论

1）基于液压支架运动机理建立液压支架视觉测量模型，提出一种基于深度视觉原理的液压支架支撑高度与顶梁姿态角测量方法，并搭建了测量系统。通过安装于顶梁的 RGB-D 相机采集液压支架底座彩色图像与深度图像，利用图像处理技术、设计姿态解算算法完成井下昏暗环境下液压支架姿态参数的实时在线监测。

2）针对煤矿井下环境和液压支架姿态监测实时性需求，采用 ORB 算法与 FLANN 算法实现底座特征点的快速检测与匹配，结合空间 3D-3D 的 ICP 模型、利用最小二乘法解算相邻时刻图像间的变换矩阵，并经过迭代运算实时测量液压支架支撑高度与顶梁姿态角。

3）测量实验结果表明，提出的基于深度视觉原理的液压支架姿态测量方法减少了支架上传感器安装数量，且系统稳定性好，参数解算速度快，测量精度高,能够保证支撑高度测量绝对误差在 10 mm 左右,顶梁姿态角测量绝对误差在 2° 以内,可满足煤矿井下液压支架姿态监测精度需求。

4)该测量系统实现了液压支架支撑高度与顶梁姿态角的非接触实时性监测,对保证液压支架的支护效率和工作面的安全高效生产,实现工作面设备运行状态的智能调控,以及建立智能化、无人化工作面都具有重要的现实意义。

参考文献:

[1] 王国法,刘峰,孟祥军,等.煤矿智能化(初级阶段)研究与实践[J].煤炭科学技术, 2019, 47(8): 1-36. WANG Guofa, LIU Feng, MENG Xiangjun, et al. Research and practice on intelligent coal mine construction (primary stage)[J]. Coal Science and Technology, 2019, 47(8): 1-36.

[2] 任怀伟,王国法,赵国瑞,等.智慧煤矿信息逻辑模型及开采系统决策控制方法[J].煤炭学报, 2019, 44(9): 2923-2935. REN Huaiwei, WANG Guofa, ZHAO Guorui, et al. Smart coal mine logic model and decision control method of mining system[J]. Journal of China Coal Society, 2019, 44(9): 2923-2935.

[3] 任怀伟,赵国瑞,周杰,等.智能开采装备全位姿测量及虚拟仿真控制技术[J].煤炭学报, 2020, 45(3): 956-971. REN Huaiwei, ZHAO Guorui, ZHOU Jie, et al. Key technologies of all position and monitoring and virtual simulation and control for smart mining equipment[J]. Journal of China Coal Society, 2020, 45(3): 956-971.

[4] 张金虎,王国法,杨正凯,等.高韧性较薄直接顶特厚煤层四柱综放支架适应性和优化研究[J].采矿与安全工程学报, 2018, 35(6): 1164-1169. ZHANG Jinhu, WANG Guofa, YANG Zhengkai, et al. Adaptability analysis and optimization study of four-leg shield caving support in ultra thick seam with high toughness and thinner immediate roof[J]. Journal of Mining & Safety Engineering, 2018, 35(6): 1164-1169.

[5] 廉自生,袁祥,高飞,等.液压支架网络化智能感控方法[J].煤炭学报, 2020, 45(6): 2078-2089. LIAN Zisheng, YUAN Xiang, GAO Fei, et al. Networked intelligent sensing method for powered support[J]. Journal of China Coal Society, 2020, 45(6): 2078-2089.

[6] 陈冬方,李首滨.基于液压支架倾角的采煤高度测量方法[J].煤炭学报, 2016, 41(3): 788-793. CHEN Dongfang, LI Shoubin. Measurement of coal mining height based on hydraulic support structural angle[J]. Journal of China Coal Society, 2016, 41(3): 788-793.

[7] 马旭东.综采工作面液压支架姿态监测系统的开发[D].太原:太原理工大学, 2019.

[8] 张旭辉,王冬曼,杨文娟.基于视觉测量的液压支架位姿检测方法[J].工矿自动化, 2019, 45(3): 56-60. ZHANG Xuhui, WANG Dongman, YANG Wenjuan. Position detection method of hydraulic support based on vision measurement[J]. Industry and Mine Automation, 2019, 45(3): 56-60.

[9] 王渊,李红卫,郭卫,等.基于图像识别的液压支架护帮板收回状态监测方法[J].工矿自动化, 2019, 45(2): 47-53. WANG Yuan, LI Hongwei, GUO Wei, et al. Monitoring method of recovery state of hydraulic support guard plate based on image recognition[J]. Industry and Mine Automation, 2019, 45(2): 47-53.

[10] 满溢桥.液压支架护帮板与采煤机滚筒截割干涉监测技术研究[D].徐州:中国矿业大学, 2019.

[11] JIA T, YUAN X, GAO T, et al. Depth perception based on monochromatic shape encode-decode structured light method[J]. Optics and Lasers in Engineering, 2020, 134: 106259.

[12] USENKO V, ENGEL J, STÜCKLER J, et al. Direct visual-inertial orometry with stereo cameras[C]//2016 IEEE International Conference on Robotics and Automation(ICRA). May 16-21, 2016, Stockholm, Sweden. IEEE, 2016: 1885-1892.

[13] GAO X, ZHANG T. Robust RGb-D simultaneous localization and mapping using planar point features[J]. Robotics and Autonomous Systems, 2015, 72: 1-14.

[14] SU H, OVUR S E, ZHOU X Y, et al. Depth vision guided hand gesture recognition using electromyographic signals[J]. Advanced Robotics, 2020, 34(15): 985-997.

[15] 杨林顺,郑伟,张帅帅,等.基于深度视觉的筛板故障智能检测方法研究[J].选煤技术, 2020(2): 96-100. YANG Linshun, ZHENG Wei, ZHANG Shuaishuai, et al. Study of the deep vision-based screenplate fault intelligent detection method[J]. Coal Preparation Technology, 2020(2): 96-100.

[16] 任怀伟,李帅帅,李翙,等.液压支架顶梁位姿调控仿真分析[J].工矿自动化, 2019, 45(10): 11-16. REN Huaiwei, LI Shuaishuai, LI Xie, et al. Simulation analysis of beam position and attitude control of hydraulic support[J]. Industry and Mine Automation, 2019, 45(10): 11-16.

[17] 周思跃,刘宝林,王志恒,等.基于棋盘角点的三维标定[J].计量与测试技术, 2018, 45(4): 1-3. ZHOU Siyue, LIU Baolin, WANG Zhiheng, et al. 3D calibration based on corners of 2D chessboard[J]. Metroloav & Measurement Technique, 2018, 45(4): 1-3.

(下转第 93 页)

and control method of roof fall resulted from butterfly plastic zone penetration[J]. Journal of China Coal Society, 2016, 41(6): 1384-1392.

[19] 唐巨鹏, 李英杰, 潘一山. 阜新五龙矿深部冲击地压 ANSYS 有限元数值模拟[J]. 防灾减灾工程学报, 2005, 25(3): 271-274.
TANG Jupeng, LI Yingjie, PAN Yishan. Numerical simulation of deep-level rockburst using ANSYS FEM software [J]. Journal of Disaster Prevention and Mitigation Engineering, 2005, 25(3): 271-274.

[20] 张益东, 程亮, 杨锦峰, 等. 锚杆支护密度对锚固复合承载体承载特性影响规律试验研究[J]. 采矿与安全工程学报, 2015, 32(2): 305-309.
ZHANG Yidong, CHENG Liang, YANG Jinfeng, et al. Bearing characteristic of composite rock-bolt bearing structure under different bolt support density [J]. Journal of Mining & Safety Engineering, 2015, 32(2): 305-309.

[21] 李学华, 梁顺, 姚强岭, 等. 泥岩顶板巷道围岩裂隙演化规律与冒顶机理分析[J]. 煤炭学报, 2011, 36(6): 903-908.
LI Xuehua, LIANG Shun, YAO Qiangling, et al. Analysis on fissure-evolving law and roof-falling mechanism in roadway with mudstone roof[J]. Journal of China Coal Society, 2011, 36(6): 903-908.

[22] JING H W, WU J Y, YIN Q, et al. Deformation and failure characteristics of anchorage structure of surrounding rock in deep roadway [J]. International Journal of Mining Science and Technology, 2020, 30(5): 593-604.

（上接第 81 页）

[18] RUBLEE E, RABAUD V, KONOLIGE K, et al. ORB: an efficient alternative to SIFT or SURF[C]// 2011 IEEE International Conference on Computer Vision. November 6 – 13, 2011, Barcelona, Spain. IEEE, 2011: 2564-2571.

[19] 冯亦东, 孙跃. 基于 SURF 特征提取和 FLANN 搜索的图像匹配算法[J]. 图学学报, 2015, 36(4): 650-654.
FENG Yidong, SUN Yue. Image matching algorithm based on SURF feature extraction and FLANN search [J]. Journal of Graphics, 2015, 36(4): 650-654.

[20] LIU S J, WANG H, HUANG J W, et al. High-resolution remote sensing image-based extensive deformation-induced landslide displacement field monitoring method [J]. International Journal of Coal Science & Technology, 2015, 2(3): 170-177.

[21] 马宏伟, 王岩, 杨林. 煤矿井下移动机器人深度视觉自主导航研究[J]. 煤炭学报, 2020, 45(6): 2193-2206.
MA Hongwei, WANG Yan, YANG Lin. Research on depth vision based mobile robot autonomous navigation in underground coal mine[J]. Journal of China Coal Society, 2020, 45(6): 2193-2206.

机电与智能化

巩师鑫,任怀伟,黄 伟,等.复杂起伏煤层自适应开采截割路径优化与仿真[J].煤炭科学技术,2023,51(S2):210-218.

GONG Shixin, REN Huaiwei, HUANG Wei, *et al*. Optimization and simulation of adaptive mining cutting path in complex undulating coal seam[J]. Coal Science and Technology, 2023, 51(S2): 210-218.

移动扫码阅读

复杂起伏煤层自适应开采截割路径优化与仿真

巩师鑫[1,2,3],任怀伟[1,2,3],黄 伟[4],李 建[1,2,3]

(1. 中煤科工开采研究院有限公司 智能化开采分院,北京 100013;2. 天地科技股份有限公司 开采设计事业部,北京 100013;
3. 煤炭科学研究总院 开采研究分院,北京 100013;4. 陕西陕煤黄陵矿业有限公司 技术中心,陕西 延安 727307)

摘 要:采煤机自适应煤层起伏变化自主规划截割是实现煤矿智能无人开采的关键问题之一。然而,现有采煤机截割规划对复杂地质条件变化的自适应性相对薄弱。针对煤层分布信息特征考虑不全和缺乏适用于不同起伏条件的综采工作面采煤机截割路径规划模型以及连续规划精度差等问题,提出一种基于煤层起伏信息与采煤机滚筒高度预测的复杂起伏煤层自适应开采截割路径优化模型。首先,基于粒子群优化最小二乘支持向量机建立采煤机滚筒高度时间序列预测模型,实现采煤机滚筒高度精准超前预测。然后,分别构建以采煤机上下滚筒截割线与煤层上下分界线偏离最小为优化目标的近水平条件、俯斜开采条件和仰斜开采条件下的综采工作面自适应截割路径规划优化模型,利用多约束优化算法求解最优路径,从而实现适用于多种开采条件下的综采工作面自适应截割路径规划。通过数据仿真验证,采煤机滚筒截割高度预测精度达到84.11%以上,优化截割路径与模拟煤层分界线平均绝对百分比误差最大为3.13,所提方法能够在实现采煤机滚筒截割轨迹高精度预测的基础上完成复杂条件综采工作面的自适应截割路径连续规划,为复杂起伏变化工作面采煤机截割路径自适应规划应用提供参考。

关键词:智能开采;复杂条件;采煤机;截割路径;自适应规划

中图分类号:TD421;TP273 **文献标志码:**A **文章编号:**0253-2336(2023)S2-0210-09

Optimization and simulation of adaptive mining cutting path in complex undulating coal seam

GONG Shixin[1,2,3], REN Huaiwei[1,2,3], HUANG Wei[4], LI Jian[1,2,3]

(1.*CCTEG Coal Mining Research Institute, Intelligent Mining Branch, Beijing 100013, China;* 2.*Mining Design Division, CCTEG Tiandi Science & Technology Co., Ltd., Beijing 100013, China;* 3.*Mining Research Branch, CCTEG Chinese Institute of Coal Science, Beijing 100013, China;* 4.*Shanmei Group Huangling Mining Group Co., Ltd., Technical Center, Yan'an 727307, China*)

Abstract: Adaptive cutting planning of shearer based on the fluctuation of coal seam is one of the key problems to realize intelligent unmanned mining in coal mine. However, the adaptability of existing shearer cutting planning scheme considering the changes of complex geological conditions is relatively weak. Aiming at the problems of incomplete consideration of coal seam distribution information characteristics, lack of appropriate shearer cutting path planning model for different undulating conditions and poor continuous planning accuracy in fully mechanized coal mining faces, an adaptive cutting path optimization model for complex undulating coal seams is proposed. Firstly, the time series prediction model of shearer drum height is established based on particle swarm optimization least squares support vector machine, which can realize accurate and advanced prediction of shearer drum height. Then, the optimization models of adaptive cutting path planning for fully mechanized working face under near horizontal conditions and inclined mining conditions are constructed re-

收稿日期:2022-10-10 **责任编辑:**周子博 **DOI:**10.13199/j.cnki.cst.2022-1651

基金项目:国家自然科学基金资助项目(52104161,52274207);工信部科技项目资助(202216705)

作者简介:巩师鑫(1990—),男,辽宁大连人,助理研究员,博士。E-mail: gongshixin1990@163.com

通讯作者:任怀伟(1980—),男,河北廊坊人,研究员,博士。E-mail: rhuaiwei@tdkcsj.com

spectively, with the objective of minimizing the deviation between the cutting lines of shearers and the boundary lines of coal seams. Finally, the optimal path is solved by multi-constraint optimization algorithm to realize the comprehensive mining working face adaptive cutting path planning for various mining conditions. Through data simulation, the accuracy of shearer drum cutting height prediction model is above 84.11%, and the maximum average absolute percentage error between the optimized cutting path and the simulated coal seam boundary is 3.13. The proposed method can achieve high-precision prediction of the cutting trajectory of the shearer drum and achieve continuous adaptive cutting path planning for complex conditions in fully mechanized mining faces, providing a reference for the application of adaptive cutting path planning for shearers in complex undulating working faces.

Key words: intelligent mining; complex conditions; shearer; cutting path; adaptable planning

0　引　言

随着煤矿智能化建设向着传统采矿专业与新兴技术深入融合和以解决实际生产需求为目标方向不断发展,提升煤矿采掘装备智能程度,实现高效率、高可靠、高适应性的煤机装备是煤矿智能化发展新阶段的主要任务之一[1-3]。

智能开采是煤矿智能化建设的核心。实现煤矿智能开采,最重要的是实现采场围岩稳定性控制以及"移架-割煤-运煤"过程与围岩空间动态变化的适应性控制[4],即综采工作面液压支护系统的维稳能力和采煤机跟随煤层截割开采的自适应能力。采煤机作为综采工作面的核心装备,其智能化水平、技术性能和可靠性直接决定了综采工作面的生产能力和效率,对采煤机的截割路径进行超前规划,使其能够跟随煤层起伏变化而自主改变截割策略,是实现采煤机智能高效自适应煤层截割的关键,也是综采工作面智能化无人开采的必要基础保障。

针对不同地质条件和生产需求,国内外诸多学者在采煤机截割路径规划、采煤机滚筒路径优化和采煤机自适应截割控制策略等方面开展了大量研究。针对采煤机滚筒易截割岩石而造成部件损坏、矸石含量增加等问题,同时实现采煤机截割路径自主规划,相关学者在规划算法方面提出了基于粒子群三次样条优化模型[5]、煤层分布预测[6]、双圆弧样条曲线[7]、改进蚁群算法[8],深度优先搜索算法[9]、深度循环神经网络[10]、迭代学习控制[11]等采煤机滚筒自动截割路径规划方法,均较好地实现了采煤机的最优路径规划,有效减少了切矸量,提高了煤炭采出率。而对于地质条件相对复杂的薄煤层及中厚煤层,赵丽娟等[12]开展了复杂条件下煤岩截割机-电-液-控一体化的采煤机自适应截割控制方法研究;邱呈祥[13]基于GIS煤层地理信息数据实现了采煤机过断层截割路径自动规划;孔维[14]提出了基于复杂地质条件采煤机俯仰采控制方法和工作面分区规划方法。为了使采煤机截割规划路径较好地指导综采工作面推

进和采煤机滚筒平稳调高,采煤机截割轨迹稳定性优化方案[15]、采煤机截割路径平整控制策略[16-17]等研究方向逐步开展,有效改善了采煤机截割路径的平整性,极大地提升了采煤机截割自主性。同时借助虚拟现实、仿真试验技术形象直观、高还原度和可反复试验性的虚拟运行与控制的优势,研究了采煤机在虚拟煤层环境下虚拟运行及截割路径规划的关键技术[18-20],基于此研发了基于动态修正地质模型的智能采掘技术,采用定向钻孔、随采探测等动态修正工作面地质模型,通过构建工作面绝对坐标数字模型实行自主智能割煤[21-23]。

上述采煤机截割路径规划研究分别从规划算法、采场环境因素以及实现形式等方面切入,但对煤层起伏变化条件的采煤路径规划研究较少,相关规划模型无法较好地适用于不同煤层地质条件变化。采煤机作为综采工作面重要的采煤技术装备,是实现集约化高效产煤的关键所在。因此,针对煤层分布信息特征考虑不全和缺乏适用于不同起伏条件的综采工作面采煤机截割路径规划模型以及连续规划精度差等问题,提出一种复杂起伏煤层自适应开采截割路径优化方法。首先,基于最小二乘支持向量机建立采煤机滚筒高度时间序列预测模型,然后分别构建以采煤机上下滚筒截割线与煤层上下分界线偏离最小为优化目标的近水平条件、俯斜开采条件和仰斜开采条件下的综采工作面自适应截割路径规划模型,利用多约束优化算法求解最优路径,从而实现适用于多种开采条件下的综采工作面自适应截割路径规划,提高煤矿智能开采智能化水平。

1　工作面自适应截割路径规划方案

综采工作面煤层起伏变化是采煤机截割滚筒高度调整的直接原因,煤层的起伏和顶底板的位置形态直接影响了采煤机的截割路径。对于工作面倾向方向具有起伏变化的煤层而言,采煤机需要及时调整滚筒高度,修正采高;而当工作面推进方向的煤层倾角发生变化时,采煤机需要通过调整滚筒的卧底

量以适应煤层倾角变化,而煤层倾角变化越大则采煤机滚筒的调整量变化越大,相应的卧底调整量越大。因此,对于煤层起伏变化复杂的工作面,采煤机滚筒在割煤过程中常发生切割顶底板的现象,不仅大幅降低了采煤机滚筒截齿的寿命,而且提高了煤炭含矸率,致使后期选煤成本的增加。若能对采煤机割煤路径提前规划,将有效地降低生产中的成本,提高资源回收率。提出一种同时考虑煤层分布与采煤机滚筒高度的综采工作面截割路径规划方法,根据综采工作面两巷已揭露煤层的起伏变化情况和工作面钻孔及随采探测数据,获取整个综采工作面待开采煤层的空间变化数据,再利用采煤机已采煤层的上下滚筒实际高度数据实现超前预测,并考虑采煤机滚筒卧底量、采高、割顶割底等限制建立能够满足多样化起伏条件的自适应截割路径规划。复杂起伏煤层自适应开采截割路径优化方案如图1所示。

图1 综采工作面自适应截割路径规划方案

Fig.1 Adaptive cutting path planning scheme for longwall mining face

为验证所提融合煤层分布与采煤机滚筒高度的自适应开采截割路径优化方案,首先需要获取相关数据,包括采煤机上下滚筒截割高度数据、工作面上下煤层高度起伏数据。其中,采煤机上下滚筒截割高度数据可通过在工作面中每隔固定距离记录获取,而工作面上下煤层高度起伏数据则需要根据工作面已有钻孔数据和两巷已揭露的煤层起伏数据进行插值获得。考虑到后续建立的综采工作面截割路径规划模型需要验证多种起伏条件下的自适应规划,同时采煤机上下滚筒截割高度数据和工作面上下煤层高度起伏数据较难获取和处理,因此,利用式(1)生成采煤机上下滚筒截割高度数据和工作面顶底板高度数据,以此完成数据驱动的工作面自适应截割路

径规划验证。

$$\begin{cases} z_1 = 2x^{1.1} + y^{1.1} + 10\mathrm{rand}(s,K) + 10\mathrm{rand}(s,K) \\ z_2 = 2x^{1.1} + y^{1.1} + 10\mathrm{rand}(s,K) - 10\mathrm{rand}(s,K) + M \end{cases}$$
$$(1)$$

式中:x 为采样点个数;y 为采煤机上 (下) 滚筒截割刀数。利用二元函数 $x^{1.1}+y^{1.1}$ 得到一个空间曲面,增加随机数 $10\mathrm{rand}(s,K)$ 使数据具有波动性,可表示采煤机上下滚筒截割高度曲面,并在此基础上再次增加随机数 $10\mathrm{rand}(s,K)$ 得到工作面顶底板高度曲面;z_1 表示工作面 s 个采样点 K 刀采煤机下滚筒截割高度数据形成的曲面;z_2 表示工作面 s 个采样点 K 刀采煤机上滚筒截割高度数据形成的曲面;M 为采高,mm。

假设工作面设计采高为 M=310 mm, 工作面倾向布置 s=40 个采样点, 共获取 K=50 刀的采煤机上滚筒截割高度数据和工作面顶底板高度数据。图2为利用式 (1) 仿真得到的俯斜开采工作面的采煤机上下滚筒截割高度和工作面顶底板高度数据。

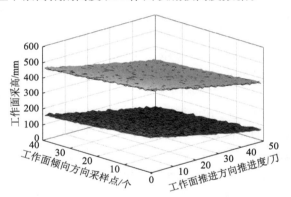

图2 俯斜开采工作面的仿真数据

Fig.2 Simulation data of inclined mining face

2 综采工作面自适应截割路径规划模型

结合煤层变化情况,制定采煤机的俯仰采控制方法,获得采煤机在整个工作面的规划路径、卧底量等调高信息对采煤机自动化截割适应复杂起伏条件煤层具有重要意义。因此,针对不同煤层起伏条件提出综采工作面自适应截割路径优化模型,实现近水平、俯采以及仰采工作面的采煤机截割路径自主规划。

2.1 近水平工作面自适应截割路径规划模型

对于近水平的煤层开采,工作面倾向和推进方向的倾角及变化幅度均较小,在采高基本不变的基础上,通过确定以采煤机上下滚筒截割线与煤层上下分界线偏离最小为优化目标,以工作面采高、滚筒

高度等为约束条件,建立如式 (2) 所示的近水平条件下的综采工作面自适应截割路径规划模型。

$$\min \quad \sum_{i=1}^{N}\left[x_u(i)-x_u^b(i)\right]^2 + \sum_{i=1}^{N}\left[x_d(i)-x_d^b(i)\right]^2 \quad （2）$$

$$s.t. \begin{cases} x_u(i)<h_1 \\ x_d(i)>h_2 \\ [x_u(K+1),x_d(K+1)]= \\ f[x_u(K,K-1,\cdots\cdots),x_d(K,K-1,\cdots\cdots)] \\ |x_u(i)-x_d(i)| \leqslant M \end{cases}$$

其中, N 为采煤机滚筒在工作面倾向布置的采样点个数; x_u 为采煤机上滚筒高度, mm; x_d 为采煤机下滚筒高度, mm; x_u^b 为工作面煤壁上边界, mm; x_d^b 为工作面煤壁下边界, mm; f 为采煤机滚筒高度时间序列预测模型; h_1 为采煤机上滚筒运行上限高度, mm; h_2 为采煤机下滚筒运行上限高度, mm。

2.2 俯斜开采工作面自适应截割路径规划模型

俯斜开采条件意味着工作面推进方向和倾向方向均有一定倾角,且推进方向为下坡。由于在俯斜开采过程中的工作面底板需要不断卧底修正,采煤机上下滚筒高度的约束条件不能简单的以式 (2) 所示的煤层上下边界为限,应考虑工作面的下坡程度和支架卧底的极限,因此,在近水平条件下的综采工作面自适应截割路径规划模型的现有约束基础上,进一步修正工作面推进过程中相邻两刀的下滚筒高度差,而在需要维持采高的条件下,上滚筒高度也需跟随调整,从而建立以采煤机上下滚筒截割线与煤层上下分界线偏离最小为优化目标,以采高、滚筒高度、卧底量限制等为约束条件的俯斜开采条件的综采工作面自适应截割路径规划模型,如式 (3):

$$\min \quad \sum_{i=1}^{N}\left[x_u(i)-x_u^b(i)\right]^2 + \sum_{i=1}^{N}\left[x_d(i)-x_d^b(i)\right]^2 \quad （3）$$

$$s.t. \begin{cases} \min[x_u(K)-\Delta D_1,h_1] \leqslant x_u(K+1) \leqslant x_u(K) \\ x_d(K)-\Delta D_1 \leqslant x_d(K+1) \leqslant \max[h_2,x_d(K)-\Delta D_1] \\ [x_u(K+1),x_d(K+1)]= \\ f[x_u(K,K-1,\cdots\cdots),x_d(K,K-1,\cdots\cdots)] \\ |x_u(i)-x_d(i)| \leqslant M \\ x_u(K)=[x_u(1),x_u(2),\cdots,x_u(i),\cdots,x_u(N)] \\ x_d(K)=[x_d(1),x_d(2),\cdots,x_d(i),\cdots,x_d(N)] \end{cases}$$

其中, ΔD_1 为卧底量最大高度, mm。

2.3 仰斜开采工作面自适应截割路径规划模型

仰斜开采条件意味着工作面推进方向和倾向方向均有一定倾角,且推进方向为上坡。由于在仰斜开采过程中的工作面底板需要不断抬底修正,采煤机上下滚筒高度的约束条件不能简单的以式 (2) 所示的煤层上下边界为限,也应考虑工作面的上坡程

度和支架抬底的极限,因此,在近水平条件下的综采工作面自适应截割路径规划模型的现有约束基础上,进一步修正工作面推进过程中相邻两刀的上滚筒高度差,而在需要维持采高的条件下,下滚筒高度进行跟随调整,从而建立以采煤机上下滚筒截割线与煤层上下分界线偏离最小为优化目标,以采高、滚筒高度、抬底量限制等为约束条件的仰斜开采工作面自适应截割路径规划模型,如式 (4):

$$\min \quad \sum_{i=1}^{N}\left[x_u(i)-x_u^b(i)\right]^2 + \sum_{i=1}^{N}\left[x_d(i)-x_d^b(i)\right]^2 \quad （4）$$

$$s.t. \begin{cases} x_u(K) \leqslant x_u(K+1) \leqslant \min[x_u(K)+\Delta D_2,h_1] \\ \max[h_2,x_d(K)] \leqslant x_d(K+1) \leqslant x_d(K)+\Delta D_2 \\ [x_u(K+1),x_d(K+1)]= \\ f[x_u(K,K-1,\cdots\cdots),x_d(K,K-1,\cdots\cdots)] \\ |x_u(i)-x_d(i)| \leqslant M \\ x_u(K)=[x_u(1),x_u(2),\cdots,x_u(i),\cdots,x_u(N)] \\ x_d(K)=[x_d(1),x_d(2),\cdots,x_d(i),\cdots,x_d(N)] \end{cases}$$

其中, ΔD_2 为抬底量最大高度, mm。

3 采煤机滚筒高度时间序列预测

综采工作面自适应截割路径规划模型的约束条件之一为采煤机滚筒高度时间序列预测模型,通过利用采煤机滚筒高度预测的方法对采煤机未来可能存在的截割路径进行初始化。然而,由于工作面钻孔探测采样点间隔较远,相邻采样点的煤层分布存在不确定性,需要选择合适的预测算法对采煤机滚筒高度进行有效预测,从给出合理的采煤机初始截割线,从而进一步提高截割路径的优化效果。

3.1 基于 PSO−LSSVM 的采煤机滚筒高度预测
3.1.1 LSSVM 算法

最小二乘支持向量机 (Least Squares Support Vector Machine, LSSVM) 是在支持向量机 (SVM) 的基础上提出的一种基于统计理论的机器学习算法[24],利用二范数对目标函数的优化公式进行变换,并将不等式约束条件转化为等式约束条件。因此, LSSVM 可将原始二次规划求解问题转换为线性方程组求解问题,提高计算效率。LSSVM 不仅具有 SVM 泛化能力强、全局最优等优点,而且所得结果更具确定性,在参数估计等问题研究中应用广泛[25]。

LSSVM 算法应用于回归预测时,基本原理如下:对给定数据样本 $\{x_i,y_i\}$, $i=1,2,\cdots,n$,建立其非线性回归预测模型时,通过引入非线性映射函数 $\varphi(x)$,将训练样本数据集映射到高维特征空间进行线性回归。在特征空间中 LSSVM 模型可表示为

$$\boldsymbol{y}(x)=\boldsymbol{\omega}^{\mathrm{T}}\varphi(x)+\boldsymbol{b} \quad （5）$$

其中，ω 为权重向量；b 为偏置向量。

因此，LSSVM 算法二次规划问题的目标函数可以定义为

$$\min J(\omega,\xi) = \frac{1}{2}\omega^{\mathrm{T}}\omega + \frac{1}{2}\gamma\sum_{i=1}^{n}\xi_i^2 \qquad (6)$$

其中，ξ 为误差变量；γ 为惩罚因子。

二次规划问题需满足的约束条件为

$$y_i(x) = \omega^{\mathrm{T}}\omega(x_i) + b + \xi_i \qquad (7)$$

通过引入 Lagrange 乘子 α，将上述规划问题转化为 Lagrange 函数：

$$L(\omega,\xi,\alpha,b) = J(\omega,\xi) - \sum_{i=1}^{n}\alpha_i\left[\omega^{\mathrm{T}}\varphi(x_i) + b + \xi_i - y_i\right] \qquad (8)$$

通过引入核函数 $Q(x,x_i) = \varphi(x)^{\mathrm{T}}\varphi(x_i)$，得到最终的 LSSVM 的回归函数式为：

$$y(x) = \sum_{i=1}^{n}\alpha_i Q(x,x_i) + b \qquad (9)$$

核函数的选取将影响最终的模型预测结果。此处选用通用性较高的径向基函数，如式 (10)，作为 LSSVM 的核函数，在训练模型的过程中，仅需要确定核函数中的参数 σ 和式 (6) 中的惩罚因子 γ 即可根据以获取的数据进行训练从而获得模型的权重向量和偏置向量。

$$Q(x,x_i) = \exp\left(-\|x - x_i\|^2 / 2\sigma^2\right) \qquad (10)$$

3.1.2　采煤机滚筒高度预测模型数据说明

综采工作面中一般每隔固定 s 距离记录一次采煤机滚筒高度，推进一刀即可获取 s 个采煤机滚筒高度数据，从而得到推进一刀的截割线，并随着工作面的不断推进获取多刀的截割线。

采煤机滚筒高度数据是典型的多采样点时间序列数据。时间序列数据预测方法是基于历史序列趋势预测未来变化趋势，通过构建合适的模型拟合历史数据，并根据数据随时间趋势变化规律，合理地预测未来数据。因此，选择合适的输入输出指标对实现高精度的时间序列预测至关重要[26]。根据式 (1) 获取俯斜开采工作面的采煤机上下滚筒截割高度和工作面顶底板高度历史数据，其中工作面倾向布置 $s=40$ 个采样点，共获取 $K=50$ 组。基于时间序列数据滚动预测原则和相关性原则，将当前刀的采煤机上下滚筒截割高度作为输出，前 3 刀的数据作为输入，对所采集的 50 刀截割数据进行输入输出集划分，最终可获取 47 组 3 输入 1 输出的采煤机滚筒高度预测模型输入输出数据；同时，选择前 43 组数据作为训练数据集，之后 2 组数据（即第 47 和 48 刀）作为测试数据集，最后 2 组数据（即第 49 和 50 刀）作为验证数据集，验证模型能否合理地预测出未来时刻采煤机滚筒高度。

3.2　预测结果

根据上述确定的模型输入输出数据训练某工作面采煤机滚筒高度预测模型，其中 LSSVM 模型中的惩罚因子 γ 和核参数 σ 基于粒子群优化算法训练得到，采用粒子群数 200，最大迭代次数 500，学习因子 $c_1=1.2$、$c_2=1.2$ 和系数 0.5 的超参数组合，最终确定 $\gamma=300$ 和 $\sigma=10$。预测模型训练结果如图 3 所示。

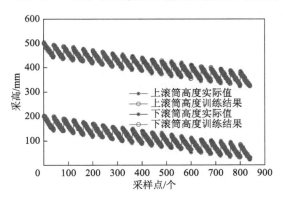

图 3　模型训练结果
Fig.3　Model training results

从图 3 可以直观地看出，基于 PSO–LSSVM 的采煤机滚筒高度预测模型能够较好地拟合实际数据的变化趋势。同时，根据图 3 所示的滚筒高度变化情况可以得出该工作面属于俯斜开采工作面，后续路径规划应采用俯斜开采条件的综采工作面自适应截割路径规划模型。为进一步说明模型训练效果，分别计算平均绝对百分比误差 (Mean Absolute Percentage Error, MAPE)、均方根误差 (Root Mean Square Error, RMSE) 和平均绝对误差 (Mean Absolute Error, MAE) 指标[27]，计算结果见表 1。其中，MAPE 可用于衡量预测准确性，若 MAPE 为 2，则表示预测结果较真实结果平均准确度为 98%；RMSE 反映的是预测值与实际值之间的离散程度，值越小，说明预测整体误差越小；MAE 则可以避免 RMSE 误差相互抵消的问题，反映预测值误差变化情况，值越

表 1　训练数据集预测误差
Table 1　Training dataset errors

MAPE		RMSE		MAE	
上滚筒	下滚筒	上滚筒	下滚筒	上滚筒	下滚筒
0.90	3.94	4.53	4.37	1.90	1.89

小,说明预测模型拥有更好的精确度。从表 1 中可以看出,上滚筒的预测 MAPE 指标仅为 0.9,说明上滚筒预测精度高达 99.1%,而下滚筒的预测 MAPE 指标为 3.94,预测精度为 96.06%;上下滚筒的预测 RMSE 和 MAE 指标也相对较小,说明预测值与实际值之间的偏离程度较小,预测整体误差越小。因此,基于 PSO-LSSVM 的采煤机滚筒高度预测模型拟合效果较为理想。

为进一步说明模型的预测能力,利用训练好的模型对第 49 刀和第 50 刀上下滚筒高度进行预测,预测结果如图 4 所示。从图 4 中可以看出,预测结果与实际数据匹配度较高,能够反映出实际滚筒高度变化趋势。

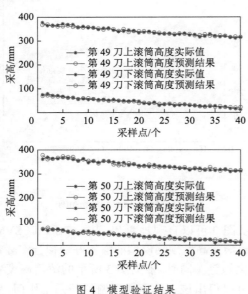

图 4　模型验证结果
Fig.4　Model validation results

同样地,分别计算了 MAPE、RMSE 和 MAE 指标,结果见表 2。

表 2　验证数据集预测误差
Table 2　Validation dataset prediction error

采煤机截割刀	MAPE		RMSE		MAE	
	上滚筒	下滚筒	上滚筒	下滚筒	上滚筒	下滚筒
第49刀	1.25	9.67	5.20	3.85	2.08	1.25
第50刀	1.42	15.89	6.11	5.89	2.20	1.52

从表 2 中可以看出,基于 LSSVM 的采煤机滚筒高度预测模型预测值平均绝对百分比误差最大为 15.89,意味着预测平均准确度最低为 84.11%。而预测值的 RMSE 和 MAE 指标也相对较小,预测值的整体变化趋势与实际情况相吻合,因此,基于 PSO-LSSVM 的采煤机滚筒高度预测模型能够有效实现采煤机滚筒高度高精度预测。

4　综采工作面自适应截割路径规划

在采煤机滚筒高度实现高精度预测的基础上,针对该俯斜开采类型工作面,验证所提综采工作面自适应截割路径优化模型的有效性。综采工作面截割路径优化通过综合考虑采煤机滚筒抬高限度、支架抬底限制、煤层地质条件等多种因素,采用非线性规划算法对采煤机滚筒高度预测值进行连续优化,使实际滚筒高度与煤层顶底板曲线误差减小,降低截割工作面顶底板岩层的概率,从而提高开采回收率。

基于式 (3) 所示的俯斜开采条件的综采工作面自适应截割路径规划模型,采用 Matlab 2021b 中用于求解非线性多元函数最小值的 fmincon 函数对上述有约束优化问题进行求解。其中,假设工作面设计采高 M=310 mm,液压支架抬底卧底量设置为 $\Delta D = 100$ mm。根据前述采煤机滚筒高度数据划分情况,选取 47 组输入输出数据集中的最后 2 组数据,即第 49 刀和第 50 刀的截割数据作为验证数据,实现综采工作面自适应截割路径优化。最终,采煤机第 49 刀的截割轨迹规划结果如图 5 所示,第 50 刀的截割轨迹规划结果如图 6 所示。

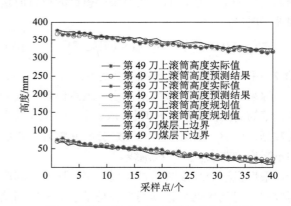

图 5　采煤机第 49 刀的截割轨迹规划结果
Fig.5　Cutting trajectory planning results of the 49th cutter of the shearer

图 5 和图 6 中,采煤机滚筒预测截割高度曲线通过历史采煤机滚筒高度数据预测而得,并作为轨迹规划模型初始数据,通过截割路径规划模型(式 (3))优化后得到规划后的截割轨迹。从连续两刀截割路径规划结果可以看出,优化后的上下滚筒截割轨迹更接近煤层上线分界线,且基本都在煤层分界线以内,说明通过所提综采工作面自适应截割路径优化模型优化后的滚筒高度与煤层顶

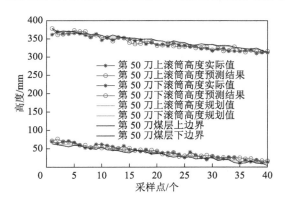

图 6 采煤机第 50 刀的截割轨迹规划结果

Fig.6 Cutting trajectory planning results of the 50th cutter of the shearer

底板曲线的误差进一步降低，从而可以推断出通过利用该模型优化后的路径进行开采推进时，采煤机截割含矸率可以进一步降低，后续选煤等经济效益将进一步提高。

为进一步说明优化后的采煤机滚筒截割轨迹效果更好，计算了优化前后的采煤机滚筒截割轨迹与实际煤层上下分界线的 MAE 指标，从而定量分析优化前后的截割轨迹波动情况，结果见表 3。采煤机第 49 刀上下滚筒截割线优化后的误差较优化前的降低了 34.8% 和 2.4%，采煤机第 50 刀上下滚筒截割线优化后的误差较优化前的降低了 53.6% 和 5.8%，因此，所提模型能够实现采煤机自适应工作面倾向方向煤层起伏变化自主规划截割。

表 3 优化前后截割平均绝对误差

Table 3 MAE before and after optimization

采煤机截割刀	优化前的MAE		优化后的MAE	
	上滚筒	下滚筒	上滚筒	下滚筒
第49刀	3.13	1.27	2.04	1.24
第50刀	2.74	1.04	1.27	0.98

因此，通过所提的融合煤层分布与采煤机滚筒高度的综采工作面自适应截割路径规划方法，能够实现特定地质条件下的截割轨迹高精度优化。基于此，进一步利用俯斜开采条件的综采工作面自适应截割路径规划模型实现该开采条件下的连续 6 刀截割路径的优化，优化结果如图 7 所示。从图 7 规划结果也可以看出，所提模型能够实现采煤机自适应工作面煤层起伏变化连续规划截割。

不难看出，对于仰斜等开采条件的综采工作面截割路径规划而言，其模型本质及求解方法和俯斜开采条件规划模型基本相同。因此，所提模型能够实现多种煤层起伏条件下的综采工作面自适应截割路径连续高精度规划。

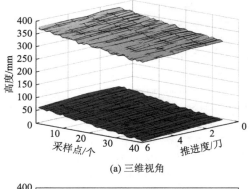

(a) 三维视角

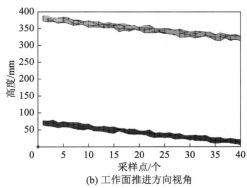

(b) 工作面推进方向视角

图 7 连续规划结果

Fig.7 Continuous planning results

5 结 论

1) 针对煤层分布信息特征考虑不全和缺乏适用于多样化地质条件的综采工作面采煤机截割路径规划模型以及连续规划精度差等问题，提出一种基于煤层分布信息与采煤机滚筒高度预测的综采工作面截割路径规划方法。

2) 基于 PSO-LSSVM 算法建立采煤机滚筒高度时间序列预测模型，预测平均准确度在 84.11% 以上。

3) 基于非线性多元函数最小值求解算法实现了对综采工作面截割路径规划模型有约束优化问题求解，优化后的截割路径与实际煤层分界线平均绝对百分比误差最大仅为 3.13，实现了综采工作面自适应截割路径连续高精度规划。

参考文献(References):

[1] WANG Guofa, XU Yongxiang, REN Huaiwei. Intelligent and ecological coal mining as well as clean utilization technology in China: review and prospects[J]. International Journal of Mining Science and Technology, 2019, 29: 161-169.

［2］ 王国法, 杜毅博, 徐亚军, 等. 中国煤炭开采技术及装备 50 年发展与创新实践–纪念《煤炭科学技术》创刊 50 周年[J]. 煤炭科学技术, 2023, 51(1): 1–18.
WANG Guofa, DU Yibo, XU Yajun, et al. Development and innovation practice of China coal mining technology and equipment for 50 years: Commemorate the 50th anniversary of the publication of Coal Science and Technology[J]. Coal Science and Technology, 2023, 51(1): 1–18.

［3］ 赵亦辉, 赵友军, 周　展. 综采工作面采煤机智能化技术研究现状[J]. 工矿自动化, 2022, 48(2): 11–18, 28
ZHAO Yihui, ZHAO Youjun, ZHOU Zhan. Research status of intelligent technology of shearer in fully mechanized working face[J]. Industry and Mine Automation, 2022, 48(2): 11–18, 28.

［4］ 任怀伟, 巩师鑫, 刘新华, 等. 煤矿千米深井智能开采关键技术研究与应用[J]. 煤炭科学技术, 2021, 49(4): 149–158.
REN Huaiwei, GONG Shixin, LIU Xinhua, et al. Research and application on key techniques of intelligent mining for kilo-meter deep coal mine[J]. Coal Science and Technology, 2021, 49(4): 149–158.

［5］ 权国通, 谭　超, 侯海潮, 等. 基于粒子群三次样条优化的采煤机截割路径规划[J]. 煤炭科学技术, 2011, 39(3): 77–79.
QUAN Guotong, TAN Chao, HOU Haichao, et al. Cutting path planning of coal shearer based on particle swarm triple spline optimization[J]. Coal Science and Technology, 2011, 39(3): 77–79.

［6］ 司　垒, 王忠宾, 刘新华, 等. 基于煤层分布预测的采煤机截割路径规划[J]. 中国矿业大学学报, 2014, 43(3): 464–471.
SI Lei, WANG Zhongbin, LIU Xinhua, et al. Cutting path planning of coal mining machine based on prediction of coal seam distribution[J]. Journal of China University of Mining and Technology, 2014, 43(3): 464–471.

［7］ 柴浩洛, 邢存恩, 华同兴. 基于双圆弧样条曲线的采煤机上滚筒割煤路径规划[J]. 工矿自动化, 2020, 46(12): 84–89.
CHAI Haoluo, XING Cun'en, HUA Tongxing. Cutting coal path planning of shearer up-drum based on double arc spline curve[J]. Industry and Mine Automation, 2020, 46(12): 84–89.

［8］ 安葳鹏, 徐玉平. 基于改进蚁群算法的滚筒截割轨迹规划[J]. 测控技术, 2018, 37(6): 29–34.
AN Weipeng, XU Yuping. Roller cutting trajectory planning based on improved ant colony algorithm[J]. Measurement and Control Technology, 2018, 37(6): 29–34.

［9］ ZHANG Hong, HOU Yunbing, SUN Zhenming, et al. An optimal algorithm for planning shearer trailing drum cutting path[J]. Shock and Vibration, 2021, 1354705.

［10］ 陈伟华, 南鹏飞, 闫孝姣, 等. 基于深度学习的采煤机截割轨迹预测及模型优化[J]. 煤炭学报, 2020, 45(12): 4209–4215.
CHEN Weihua, NAN Pengfei, YAN Xiaoheng, et al. Shearer cutting trajectory prediction and model optimization based on deep learning[J]. Journal of China Coal Society, 2020, 45(12): 4209–4215.

［11］ WANG Fuzhong, GAO Ying, ZHANG Fukai. Research on trajectory tracking strategy of roadheader cutting head using ILC[A]. Proceedings of the 2015 Chinese Intelligent Systems Conference. Berlin: Springer, 2015: 35–44.

［12］ 赵丽娟, 王雅东, 张美晨, 等. 复杂煤层条件下采煤机自适应截割控制策略[J]. 煤炭学报, 2022, 47(1): 541–563.
ZHAO Lijuan, WANG Yadong, ZHANG Meichen, et al. Research on self-adaptive cutting control strategy of shearer in complex coal seam[J]. Journal of China Coal Society, 2022, 47(1): 541–563.

［13］ 邱呈祥. 基于 GIS 系统的采煤机导航自适应截割技术研究[J]. 煤矿现代化, 2021, 30(4): 113–115.
QIU Chengxiang. Research on navigation adaptive cutting technology of shearer based on GIS system[J]. Coal Mine Modernization, 2021, 30(4): 113–115.

［14］ 孔　维. 基于煤层地理信息系统的采煤机截割路径规划方法[D]. 徐州: 中国矿业大学, 2019: 9–44.
KONG Wei. Planning method of shearer cutting path based on coal seam geographic information system [D] Xuzhou: China University of Mining and Technology, 2019: 9–44.

［15］ 范森煜. 采煤机截割轨迹稳定性控制方案的优化研究[J]. 自动化应用, 2020(7): 125–126.
FAN Senyu. Optimization research on the stability control scheme of shearer cutting trajectory[J]. Automation Application, 2020(7): 125–126.

［16］ 崔　耀, 叶　壮. 基于 5G+云边端协同技术的采煤机智能调高调速控制系统设计与应用[J]. 煤炭科学技术, 2023, 51(6): 205–216.
CUI Yao, YE Zhuang. Research on cloud-edge-terminal collaborative intelligent control of coal shearer based on 5G communication[J]. Coal Science and Technology, 2023, 51(6): 205–216.

［17］ 周　信, 王忠宾, 谭　超, 等. 基于双坐标系的采煤机截割路径平整性控制方法[J]. 煤炭学报, 2014, 39(3): 574–579.
ZHOU Xin, WANG Zhongbin, TAN Chao, et al. A smoothness control method for cutting path of the shearer based on double-coordinators[J]. Journal of China Coal Society, 2014, 39(3): 574–579.

［18］ LI Juanli, LIU Yang, XIE Jiacheng, et al. Cutting path planning technology of shearer based on virtual reality[J]. Applied Sciences, 2020, 10(3): 771.

［19］ 董　刚, 马宏伟, 聂　真. 基于虚拟煤岩界面的采煤机上滚筒路径规划[J]. 工矿自动化, 2016, 42(10): 22–26.
DONG Gang, MA Hongwei, NIE Zhen. Path planning of shearer up-drum based on virtual coal-rock interface[J]. Industry and Mine Automation, 2016, 42(10): 22–26.

［20］ SHI Hengbo, XIE Jiacheng, WANG Xuewen, et al. An operation optimization method of a fully mechanized coal mining face based on semi-physical virtual simulation[J]. International Journal of Coal Science & Technology, 2020, 7: 147–163.

［21］ 程建远, 朱梦博, 王云宏, 等. 煤炭智能精准开采工作面地质模型梯级构建及其关键技术[J]. 煤炭学报, 2019, 44(8): 2285–2295.
CHENG Jianyuan, ZHU Mengbo, WANG Yunhong, et al. Cascade construction of geological model of longwall panel for intelligent precision coal mining and its key technology[J]. Journal of China Coal Society, 2019, 44(8): 2285–2295.

［22］ 高士岗, 高登彦, 欧阳一博, 等. 中薄煤层智能开采技术及其装

备[J]. 煤炭学报, 2020, 45(6): 1997−2007.

GAO Shigang, GAO Dengyan, OUYANG Yibo, et al. Intelligent mining technology and its equipment for medium thickness thin seam[J]. Journal of China Coal Society, 2020, 45(6): 1997−2007.

[23] 毛善君, 鲁守明, 李存禄, 等. 基于精确大地坐标的煤矿透明化智能综采工作面自适应割煤关键技术研究及系统应用[J]. 煤炭学报, 2022, 47(1): 515−526.

MAO Shanjun, LU Shouming, LI Cunlu, et al. Key technologies and system of adaptive coal cutting in transparent intelligent fully mechanized coal mining face based on precise geodetic coordinates[J]. Journal of China Coal Society, 2022, 47(1): 515−526.

[24] ZHANG Yagang, LI Ruixuan. Short term wind energy prediction model based on data decomposition and optimized LSSVM[J]. Sustainable Energy Technologies and Assessments, 2022, 52(A): 102025.

[25] ZHOU Jie, LIN Haifei, JIN Hongwei, et al. Cooperative prediction method of gas emission from mining face based on feature selection and machine learning[J]. International Journal of Coal Science & Technology, 2022, 9(51): 1−12.

[26] TANG Hong, LING Xiangzheng, LI Liangzhi, et al. One-shot pruning of gated recurrent unit neural network by sensitivity for time-series prediction[J]. Neurocomputing, 2022, 512: 15−24.

[27] 巩师鑫, 任怀伟, 杜毅博, 等. 基于 MRDA-FLPEM 集成算法的综采工作面矿压迁移预测[J]. 煤炭学报, 2021, 46(S1): 529−538.

GONG Shixin, REN Huaiwei, DU Yibo, et al. Transfer prediction of underground pressure for fully mechanized mining face based on MRDA-FLPEM integrated algorithm[J]. Journal of China Coal Society, 2021, 46(S1): 529−538.

无反复支撑超前支护智能控制系统

韩 哲[1]，徐元强[2]，张德生[1]，赵全文[3]，杜 明[1]，李 慧[4]，周 杰[1]，张 帅[1]，刘 杰[5]，
高健勋[5]，温存宝[6]，周 翔[7]，赵 凯[8]

（1. 中煤科工开采研究院有限公司，北京 100013；2. 华能庆阳煤电有限责任公司，甘肃 庆阳 745002；
3. 扎赉诺尔煤业有限责任公司，内蒙古 满洲里 021412；4. 华亭煤业集团有限责任公司，甘肃 华亭
744100；5. 华能煤炭技术研究有限公司，北京 100070；6. 华能云南滇东能源有限责任公司，云南 曲靖
655000；7. 华能煤业有限公司 陕西矿业分公司，陕西 西安 710032；8. 华能煤业有限公司，北京 100070）

摘要：针对无反复支撑超前支护装备在空间小、震动大、电磁干扰严重的环境下传感技术水平低、运动控制不精准、作业流程复杂的问题，提出一种无反复支撑超前支护智能控制系统。无反复支撑超前支护工艺的被控需求：具备姿态、障碍物、位置等周边环境信息检测技术手段；具备自适应、自调整、自决策的控制方法；具备快速、平稳、精准的执行部件。根据上述需求，提出智能控制系统的 3 项关键技术：智能感知、逻辑控制、执行。基于无反复支撑超前支护智能控制系统的控制功能和任务流程，提出了系统总体架构；基于姿态、障碍物识别、压力及位置和速度信息的多传感融合技术手段，提出了多工况运动控制策略。研制了运输巷超前支护"转-运-支"一体样机，并进行地面测试，测试结果表明：无反复支撑超前支护智能控制系统可实现支架中心点及障碍物视觉识别、支架搬运小车自动行走及行程判断、支架自动偏移及旋转、支架自动抓取及升降功能；视觉识别传感器可实现支架架号编码识别、支架姿态、支护区域决策功能；实现了"行—抓—降—转—行—转—升—松—降"自动化作业流程，能够达到应用要求。

关键词：综采工作面超前支护；无反复支撑；智能控制；多融合感知；智能感知

中图分类号：TD634　　　　文献标志码：A

Non-repeated support advanced support intelligent control system

HAN Zhe[1]，XU Yuanqiang[2]，ZHANG Desheng[1]，ZHAO Quanwen[3]，DU Ming[1]，LI Hui[4]，ZHOU Jie[1]，
ZHANG Shuai[1]，LIU Jie[5]，GAO Jianxun[5]，WEN Cunbao[6]，ZHOU Xiang[7]，ZHAO Kai[8]

(1. CCTEG Coal Mining Research Institute, Beijing 100013, China; 2. Huaneng Qingyang Coal Power Co., Ltd., Qingyang 745002, China; 3. Zalai Nur Coal Industry Co., Ltd., Manzhouli 021412, China; 4. Huating Coal Mining Group Co., Ltd., Huating 744100, China; 5. Huaneng Coal Technology Research Co., Ltd., Beijing 100070, China; 6. Huaneng Yunnan Diandong Energy Co. , Ltd. , Qujing 655000, China; 7. Shaanxi Mining Branch,Huaneng Coal Industry Co., Ltd., Xi'an 710032,China; 8. Huaneng Coal Industry Co., Ltd.,Beijing 100070, China)

Abstract: The non-repeated support advanced support equipment in environments with small space, large vibration, and severe electromagnetic interference has problems of low sensing technology level, imprecise motion control, and complex operation process. In order to solve the above problems, a non-repeated support advanced support intelligent control system is proposed. According to the controlled requirements of the non-

收稿日期：2022-09-02；修回日期：2023-03-28；责任编辑：王晖，郑海霞。

基金项目：国家自然科学基金面上项目（51974159）；国家自然科学基金重点项目（51834006）；山东省重点研发技术项目（2020CXGC011502）；中煤科工开采研究院有限公司"科技创新基金重点项目"（KJ-2021-KCZD-01）；天地科技开采设计事业部"科技创新基金项目"（KJ-2021-KCMS-05）；中国华能总部科技项目（HNKJ20-H48）。

作者简介：韩哲（1989—），男，吉林榆树人，助理研究员，硕士，研究方向为综采工作面智能控制理论与技术，E-mail：343108541@qq.com。

引用格式：韩哲，徐元强，张德生，等. 无反复支撑超前支护智能控制系统[J]. 工矿自动化，2023，49（4）：141-146，152.

HAN Zhe, XU Yuanqiang, ZHANG Desheng, et al. Non-repeated support advanced support intelligent control system[J]. Journal of Mine Automation，2023，49（4）：141-146，152.

扫码移动阅读

repeated support advanced support technology, it has the capability to detect surrounding environmental information such as posture, obstacles, and positions. It has control methods of adaptive, self- adjusting, and self - decision-making. It has fast, stable, and precise execution components. It is pointed out that this intelligent control system proposes three key technologies: intelligent perception, logical control and execution. Based on the control functions and task flow of the intelligent control system for non-repeated support advanced support, the overall architecture of the system is proposed. The multi-sensor fusion technology based on attitude, obstacle recognition, pressure, position, and velocity information is proposed to control and execute multi working condition motion control strategies. The integrated prototype of "turn-transport-support" for advanced support in transportation roadways is developed. And ground tests are conducted. The test results show that the intelligent control system for non-repeated support advanced support can achieve visual recognition of the center point and obstacles of the support, automatic walking and stroke judgment of the support handling trolley, automatic offset and rotation of the support, and automatic grasping and lifting functions of the support. The visual recognition sensor can achieve support frame number coding recognition, support posture, and support area decision-making functions. The automated operation process of "walk-grasp-lower-turn-walk-turn-lift-loose-lower" is implemented. It can meet the application requirements.

Key words: advanced support in fully mechanized working face; non-repeated support; intelligent control; multi fusion perception; intelligent perception

0　引言

随着智能化煤矿对高产能综采（放）工作面通风、运输及长距离超前支护能力需求的提高，传统的反复支撑技术因单体支柱支撑强度及效率低、超前支架组对巷道顶板反复支撑造成破坏等问题，制约了其发展。对于煤矿巷道受采动影响范围广、压力大、巷道变形严重的区域，无反复支撑超前支护技术是目前最可靠的超前支护方式[1-3]。

许多学者针对综采工作面超前支护问题进行了广泛研究。王国法等[4]研究了超前支护系统和围岩的相互作用关系，并提出在超前支护设备设计中采用"低初撑力、高工作阻力"的设计理念。王琦等[5]通过理论分析、数值模拟等方法对超前支护问题进行了系统的研究，提出了一种新型超前无反复协同支护技术。徐亚军等[6]设计了一种行走式单元超前支架，并提出了超前支架自适应理论。李明忠等[7]针对8.2 m超大采高工作面开采条件，设计了窄型双列多节超前支架组。韩会军等[8]指出提高支护单元的支护强度及移动效率是无反复支撑超前支护的发展趋势。刘新华[9]通过分析对比传统超前支护与前后顺序或交替迈步自移式超前支护的利弊，研制出一种无反复支撑超前支护技术。

上述研究对综采工作面超前支护技术与装备的发展具有重要意义，为综采工作面安全高效支护奠定了基础。但无反复支撑超前支护装备在空间小、振动大、电磁干扰严重的环境下，传感技术水平低，

运动控制不精准，作业流程复杂。无反复支撑超前支护控制技术是超前支护装备实现智能化最重要的环节。无反复支撑超前支护智能控制技术是将无反复支撑超前支护工艺与综采工作面端头设备、煤流运输设备、围岩状态等进行深度融合，形成全面感知、协同控制、实时互联的装备体，实现无反复支撑超前支护工艺全流程的稳定、可靠、自主运行[10-13]。因此，本文通过分析无反复支撑超前支护工艺的应用需求和关键技术，提出了无反复支撑超前支护智能控制系统架构和控制策略，在此基础上通过样机研发，验证了其可行性与适用性，并对无反复支撑超前支护控制技术的下一步发展方向进行展望，为超前支护装备实现智能化、无人化开采提供技术参考。

1　无反复支撑超前支护技术

无反复支撑循环支架采用顺序移动方式对工作面两巷超前区域进行支护，随着回采工作面推进，靠近回采工作面的支架移动至支护区域最远端，超前支架按此方式依次循环搬运，过程中超前支架只对顶板支撑1次。无反复支撑装备设计主要涉及所采用支护单元的结构型式及其移动方式。支护单元的结构型式包括单体支柱、门式支架、墩柱式支架、自行式支架等，根据巷道围岩压力及变形与超前支架的运移方式确定支护结构。支护单元移动方式包括在超前支护区域巷道断面内的横向移动和沿回采走向的纵向移动，横向移动借助支柱或千斤顶完成，沿回采走向的纵向移动主要包括空中吊运及地面运输2种方式。

2 智能控制系统功能需求分析和关键技术

2.1 需求分析

无反复支撑超前支护控制技术是实现采煤工作面两巷多工序与工作面连续推进工艺的整体协同推进的关键。无反复支撑超前支护智能控制系统实现的基础:具备姿态、障碍物、位置等周边环境信息检测技术手段,具备自适应、自调整、自决策的控制方法,具备快速、平稳、精准的执行部件。此外,无反复支撑超前支护智能控制系统应选择性地配置视频、音频、虚拟仿真、GIS 等技术,实现数据的存储、处理和可视化;融合高带宽、低时延、高可靠性网络技术和窄带无线通信技术,实现传感设备和控制设备互联。

2.2 关键技术

1)智能感知。主要负责采集姿态信息、障碍物信息、油压信息及位置和速度信息等。智能感知通过判断装备姿态变化趋势实现策略调整,通过自动检测顶板支护障碍实现精准避让,通过对作业区危险源实时检测实现安全预警,通过检测油缸所承受载荷实现状态监测,通过检测搬运设备位置和速度实现精确控制,从而为装备运行的逻辑控制提供判断依据。

2)逻辑控制。智能控制系统的"大脑"需要集成控制逻辑、控制算法、数据采集、现场总线、无线网络、数据库、数据处理等功能,向上协同远程综合管控平台/调度中心/两巷集控室,向下执行装备的数据采集、计算、控制等任务,形成基于可编程逻辑控制和 AI 技术的边缘控制体。

3)执行。依靠液压驱动换向阀和油缸的传统方式已无法满足精准、稳定、定量推移的需求。需要研发新型阀门或新型油缸,在电磁干扰环境下实现油缸的移动速度可控和行程可控,通过量化控制提高运行效率。

3 智能控制系统

3.1 系统架构

无反复支撑超前支护智能控制系统通过智能感知和多工况逻辑控制技术实现不同巷道宽度、巷道高度、顶底板状态条件下的智能搬运和支护[14-18]。智能控制系统包括远程监控系统和本地监控系统 2 个部分,如图 1 所示。通过远程监控系统对超前支护装备进行状态监测和实时控制。本地监控系统包括各类传感器、边缘控制器和油缸 3 个部分。传感器包括压力传感器、位置传感器、姿态传感器、视觉

传感器等。边缘控制器包括主控电路、人机界面、保护电路、隔离电路、驱动电路、按钮、信号指示、电源模块等。边缘控制器作为本地监控系统的控制核心,对传感器数据进行运算、分析、处理,并作出决策,通过驱动油缸实现运动控制。

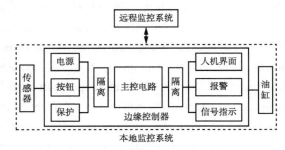

图 1　智能控制系统架构

Fig. 1　Intelligent control system architecture

3.2 控制策略

根据无反复支撑超前支护装备在井下行进的特点,在控制层面保证其安全稳定运行的关键是实现自适应姿态调整、自主工况判断、主动避障和安全错架等,控制系统能全面实时地获取路径及周边信息,重复性地判断和规划移动路径至预定轨迹并完成搬运流程[19-24]。

1)感知体系。感知手段包括视觉传感器、超声波传感器、压力传感器、角度传感器、编码器、激光雷达等,如图 2 所示。在无反复支撑超前支护装备整体推移时,由于底板起伏会造成装备偏离设定轨迹,导致装备推进姿态发生变化,所以需判断姿态变化趋势;当超前支架支护顶板时,存在破坏锚网支护系统的可能性,需自动识别非均匀布置的锚杆位置;当搬运设备抓取的支架偏离重心时,存在搬运过程碰撞的可能性,需精准识别支架重心点位;当人员、异物、支架立柱处于装备作业非安全区域、行进轨迹时,存在安全隐患,需精准快速辨识;当搬运设备移动支架时,涉及到多个停车或减速点位,需融合多种定位形式实现精准定位;液压油缸压力反映装备各部件当前所承受的最大载荷,需监测各个油缸状态量。

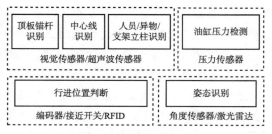

图 2　系统感知体系

Fig. 2　System perception system

2）控制和执行体系。智能控制系统的控制和执行体系如图3所示。智能控制系统控制方式包括自动控制、区段控制和点动控制3种，可依据实际地质条件选择工况。通过感知装备运行状态，依据装备动力约束条件，构建装备闭环运动轨迹模型。制定常规运动策略、姿态调整策略、障碍躲避策略3种模式。常规运动策略不偏离既定轨迹，无需策略调整，当装备到达预设位置时，进行加速/减速处理，并依据运动轨迹模型控制速度和调整方向；姿态调整策略依据装备前进方向、俯仰角变化，确定是否进行路径调斜修正，通过运动算法实现平滑、稳态过度修正；障碍躲避策略依据传感器预警值规划轨迹空间内可绕行路径或启动紧急制动机制。

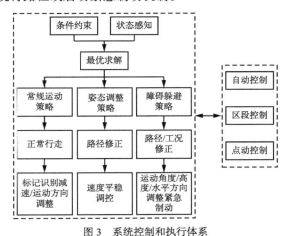

图3　系统控制和执行体系

Fig. 3　System control and execution system

4　地面测试

针对煤矿井下运输巷设备多、空间小的特定条件，现阶段仍无成熟可靠的无反复支撑成套装备，因此研制了运输巷超前支护"转-运-支"一体样机，如图4所示。样机配备多自由度门式支架搬运小车和门式超前液压支架单元，支架搬运小车具备沿运输巷转载机行走、升降、侧向调整和旋转的功能，可满足运输巷无反复支撑超前支护的需求，实现与综采工作面的协同作业。

图4　超前支护"转-运-支"一体样机

Fig. 4　Advance support of the "turn-transport-support" prototype

针对样机的工艺特点和被控制需求，配套研发了以可编程逻辑控制器（Programmable Logic Controller, PLC）为控制核心，融合视觉识别技术的自动控制系统，通过视觉识别、压力感知、行程感知技术实现支护单元姿态测量、障碍物检测、支架搬运小车行走位置检测及油缸压力测量，采用PLC及相应输入调理电路实现数据处理和控制信号输出，采用图形界面和远程遥控方式实现人-机间信息交互和系统工艺流程控制。

4.1　视觉摄像头研发

运输巷超前支护"转-运-支"一体样机支架搬运小车作业需要感知支架姿态信息、支架标志信息及支护环境信息。支架姿态信息用于支架搬运小车夹钳与支架交会对接，支架标识信息用于作业流程的工序管理，支护环境信息用于识别支护区域是否有异物。根据样机的被控需求，需要感知的支架姿态信息为单体支架横梁的中心点位置，支架标志信息为支架的数字编号，环境监测信息为装备周边异物。

采用基于标记物的视觉识别方法，在支架中心设计一个带支架数字编码信息的标记物，通过对标记物进行识别测量，获取支架数字编码和支架中心点位姿。采用ArUco Marker（一种基于二进制平方的标记方法）制作支架标记物（图5），可提供足够多的角点特征，以此来获取标记物和视觉识别传感器的相对位姿信息。

图5　ArUco Marker 示例

Fig. 5　ArUco Marker demonstration

视觉摄像头及标记物位置如图6所示。将摄像头仰视安装，标记物置于顶梁中心下方，当支架中心标记物进入视场后，对标记物进行图像识别，根据ArUco标记物与视觉摄像头所采集图像之间的投影变换关系，确定摄像头与ArUco标记物之间的相对位置信息，调节水平方向X/垂直方向Y的偏移量，实现中心对准。

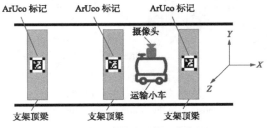

图6　视觉摄像头及标记物位置

Fig. 6　Locations of the visual camera and the markers

基于YOLOv5构建顶板托盘检测模型,以识别巷道顶板支撑区域的障碍物(主要包括锚杆托盘和锚索托盘),检测效果如图7所示。对所检测到的托盘进行角点特征提取,根据摄像头参数及已知参数的托盘角点对应点,得到顶板托盘在三维空间中的坐标分布。将托盘坐标沿Z轴方向投影到二维平面,按X轴坐标进行区域划分,当2个区域在X轴向上的间距大于支架横梁的宽度时,这个区域即是支架支撑的安全支护区域。

图7　基于YOLOv5的顶板区域托盘检测

Fig. 7　Top plate area tray detection based on YOLOv5

4.2　自动控制系统研发

样机自动控制系统主要包括控制箱(PLC置于控制箱内部)、电源箱、遥控器、位置传感器、压力传感器、视觉传感器、电磁阀等,如图8所示。PLC根据压力传感器、位置传感器、视觉传感器等外部传感器输入信号,判断支架搬运小车运行方式,根据场景需求切换自动/检修/步进工况,通过输出继电器驱动电磁阀组信号输出,实现将最后端支护移至最前端并撑紧的循环动作流程控制。压力传感器检测支架搬运小车前后、左右油缸的动作压力、托举装置抬升、下降油缸和旋转油缸的动作压力、夹钳松紧油缸动作压力等;通过位置传感器测量传动链齿轮转动的齿数,计算支架搬运小车行走距离并判断运动方向;液压马达实现支架搬运小车的前进后退、左右平移等动作;电磁阀组实现支架搬运小车托举装置的上升下降、旋转,托举装置夹钳的夹紧、缩回,支护单元的撑紧、收回等动作控制。

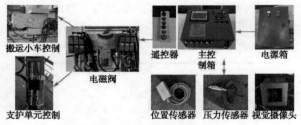

图8　样机自动控制系统组成

Fig. 8　Composition of the prototype automatic control system

地面测试结果表明:研制的无反复支撑超前支护智能控制系统可实现支架中心点及障碍物视觉识别、支架搬运小车自动行走及行程判断、支架自动偏移及旋转、支架自动抓取及升降等功能;视觉识别传感器可实现支架架号编码识别、支架姿态识别、支护区域决策功能;实现了"行—抓—降—转—行—转—升—松—降"自动化作业流程。地面测试效果较好,能够达到应用要求。

5　结论

1) 通过分析无反复支撑超前支护工艺的被控需求,提出了智能感知、逻辑控制、执行3项关键技术。针对运输巷超前支护"转–运–支"一体样机的工艺特点,研发了以PLC为控制核心,融合视觉识别技术的自动控制系统,并在地面进行测试,测试结果表明:无反复支撑超前支护智能控制系统可实现支架中心点及障碍物视觉识别、支架搬运小车自动行走及行程判断、支架自动偏移及旋转、支架自动抓取及升降功能;视觉识别传感器可实现支架架号编码识别、支架姿态、支护区域决策功能;实现了"行—抓—降—转—行—转—升—松—降"自动化作业流程。

2) 两巷超前支护装备的位置测量、姿态导航、避障等相关技术没有成熟的应用,现有传感器功能不完善、智能化程度较低,需要针对性地研发智能传感器,形成超前支护装备多融合感知体系。由于地面实验的局限性,不能完整地模拟井下实际工况,未来将开展井下应用实验,进一步完善控制系统。

参考文献(References):

[1] 王国法,赵国瑞,任怀伟.智慧煤矿与智能化开采关键核心技术分析[J].煤炭学报,2019,44(1):34-41.
WANG Guofa, ZHAO Guorui, REN Huaiwei. Analysis on key technologies of intelligent coal mine and intelligent mining[J]. Journal of China Coal Society, 2019,44(1):34-41.

[2] 王国法,李前,赵志礼,等.强矿压冲击工作面巷道冲击倾向性测试与超前支护系统研究[J].山东科技大学学报(自然科学版),2011,30(4):1-9.
WANG Guofa, LI Qian, ZHAO Zhili, et al. The impact tendentiousness testing of working faces and roadways with strong rock burst and fore support system[J]. Journal of Shandong University of Science and Technology(Natural Science),2011,30(4):1-9.

[3] 康红普.我国煤矿巷道围岩控制技术发展70年及展望[J].岩石力学与工程学报,2021,40(1):1-30.
KANG Hongpu. Seventy years development and prospects of strata control technologies for coal mine roadways in China[J]. Chinese Journal of Rock Mechanics and Engineering, 2021,40(1):1-30.

[4] 王国法,庞义辉.液压支架与围岩耦合关系及应用[J].煤炭学报,2015,40(1):30-34.

WANG Guofa, PANG Yihui. Relationship between hydraulic support and surrounding rock coupling and its application[J]. Journal of China Coal Society, 2015, 40(1): 30-34.

[5] 王琦, 王步康, 郑毅. 回采巷道交替循环超前支护技术研究与应用[J]. 采矿与安全工程学报, 2022, 39(4): 750-760.
WANG Qi, WANG Bukang, ZHENG Yi. Research and application of alternate circulation advance support technology for mining entry[J]. Journal of Mining & Safety Engineering, 2022, 39(4): 750-760.

[6] 徐亚军, 张坤, 李丁一, 等. 超前支架自适应支护理论与应用[J]. 煤炭学报, 2020, 45(10): 3615-3624.
XU Yajun, ZHANG Kun, LI Dingyi, et al. Theory and application of self-adaptive support for advanced powered support[J]. Journal of China Coal Society, 2020, 45(10): 3615-3624.

[7] 李明忠, 张德生, 刘壮, 等. 8.2 m大采高综采工作面超前支护技术研究及应用[J]. 煤炭科学技术, 2017, 45(11): 32-36.
LI Mingzhong, ZHANG Desheng, LIU Zhuang, et al. Research and application of advance supporting technology for 8.2 m large mining height fully-mechanized face[J]. Coal Science and Technology, 2017, 45(11): 32-36.

[8] 韩会军, 余铜柱. 工作面巷道无反复支撑超前支护研究现状及发展[J]. 矿山机械, 2020, 48(7): 1-4.
HAN Huijun, YU Tongzhu. Research status and development of non-repeated advanced support on workface roadway[J]. Mining & Processing Equipment, 2020, 48(7): 1-4.

[9] 刘新华. 采煤工作面沿空巷道无反复支撑超前支护技术[J]. 煤炭工程, 2017, 49(11): 38-40, 44.
LIU Xinhua. Advance support technology of gob side entry without support in coal mining face[J]. Coal Engineering, 2017, 49(11): 38-40, 44.

[10] 张德生, 牛艳奇, 孟峰. 综采工作面超前支护技术现状及发展[J]. 矿山机械, 2014, 42(8): 1-5.
ZHANG Desheng, NIU Yanqi, MENG Feng. Status and development of advance supporting technology on fully mechanized faces[J]. Mining & Processing Equipment, 2014, 42(8): 1-5.

[11] 王国法, 任怀伟, 赵国瑞, 等. 煤矿智能化十大"痛点"解析及对策[J]. 工矿自动化, 2021, 47(6): 1-11.
WANG Guofa, REN Huaiwei, ZHAO Guorui, et al. Analysis and countermeasures of ten 'pain points' of intelligent coal mine[J]. Industry and Mine Automation, 2021, 47(6): 1-11.

[12] 闫殿华, 周凯, 王本林. 迈步分体式超前支护支架的研制与应用[J]. 煤炭科学技术, 2014, 42(5): 81-83, 87.
YAN Dianhua, ZHOU Kai, WANG Benlin. Development and application of step-separation advanced support[J]. Coal Science and Technology, 2014, 42(5): 81-83, 87.

[13] 董华东, 李男男. 8 m大采高临空巷超前支架应用与研究[J]. 煤矿机械, 2021, 42(4): 152-155.
DONG Huadong, LI Nannan. Application and research on advance support of 8 m large mining height empty roadway[J]. Coal Mine Machinery, 2021, 42(4): 152-155.

[14] 王莹. 综采工作面垛式超前液压支架设计与应用[J]. 煤矿机械, 2021, 42(3): 160-163.
WANG Ying. Design and application of stack advanced hydraulic support in fully mechanized working face[J]. Coal Mine Machinery, 2021, 42(3): 160-163.

[15] 曹风魁, 庄严, 闫飞, 等. 移动机器人长期自主环境适应研究进展和展望[J]. 自动化学报, 2020, 46(2): 205-221.
CAO Fengkui, ZHUANG Yan, YAN Fei, et al. Long-term autonomous environment adaptation of mobile robots: state-of-the-art methods and prospects[J]. Acta Automatica Sinica, 2020, 46(2): 205-221.

[16] 王飞跃, 魏庆来. 智能控制: 从学习控制到平行控制[J]. 控制理论与应用, 2018, 35(7): 939-948.
WANG Feiyue, WEI Qinglai. Intelligent control: from learning control to parallel control[J]. Control Theory & Applications, 2018, 35(7): 939-948.

[17] 刘金琨, 尔联洁. 多智能体技术应用综述[J]. 控制与决策, 2001(2): 133-140, 180.
LIU Jinkun, ER Lianjie. Overview of application of multiagent technology[J]. Control and Decision, 2001(2): 133-140, 180.

[18] 李少远, 席裕庚, 陈增强, 等. 智能控制的新进展(Ⅱ)[J]. 控制与决策, 2000(2): 136-140.
LI Shaoyuan, XI Yugeng, CHEN Zengqiang, et al. The new progresses in intelligent control(Ⅱ)[J]. Control and Decision, 2000(2): 136-140.

[19] 任怀伟, 王国法, 赵国瑞, 等. 智慧煤矿信息逻辑模型及开采系统决策控制方法[J]. 煤炭学报, 2019, 44(9): 2923-2935.
REN Huaiwei, WANG Guofa, ZHAO Guorui, et al. Smart coal mine logic model and decision control method of mining system[J]. Journal of China Coal Society, 2019, 44(9): 2923-2935.

[20] 秦方博, 徐德. 机器人操作技能模型综述[J]. 自动化学报, 2019, 45(8): 1401-1418.
QIN Fangbo, XU De. Review of robot manipulation skill models[J]. Acta Automatica Sinica, 2019, 45(8): 1401-1418.

[21] 任怀伟, 杜毅博, 侯刚. 综采工作面液压支架-围岩自适应支护控制方法[J]. 煤炭科学技术, 2018, 46(1): 150-155, 191.
REN Huaiwei, DU Yibo, HOU Gang. Self adaptive support control method of hydraulic support-surrounding rock in fully-mechanized coal mining face[J]. Coal Science and Technology, 2018, 46(1): 150-155, 191.

[22] 杨国威,王以忠,王中任,等.自主移动焊接机器人嵌入式视觉跟踪控制系统[J].计算机集成制造系统,2020,26(11):3049-3056.

YANG Guowei, WANG Yizhong, WANG Zhongren, et al. Embedded vision tracking control system for autonomous mobile welding robot[J]. Computer Integrated Manufacturing Systems, 2020, 26(11): 3049-3056.

[23] 李宏刚,王云鹏,廖亚萍,等.无人驾驶矿用运输车辆感知及控制方法[J].北京航空航天大学学报,2019,45(11):2335-2344.

LI Honggang, WANG Yunpeng, LIAO Yaping, et al. Perception and control method of driveless mining vehicle[J]. Journal of Beijing University of Aeronautics and Astronautics, 2019, 45(11): 2335-2344.

[24] 杨健健,王超,张强,等.井工巷道环境建模与掘进障碍检测方法研究[J].煤炭科学技术,2020,48(11):12-18.

YANG Jianjian, WANG Chao, ZHANG Qiang, et al. Research on environment modeling and excavation obstacle detection method of mine roadway[J]. Coal Science and Technology, 2020, 48(11): 12-18.

基于 MRDA-FLPEM 集成算法的综采工作面矿压迁移预测

巩师鑫[1,2]，任怀伟[1,2]，杜毅博[1,2]，赵国瑞[1,2]，文治国[1,2]，周　杰[1]

(1.中煤科工开采研究院有限公司,北京　100013; 2.煤炭科学研究总院 开采研究分院,北京　100013)

摘　要:基于液压支架工作阻力监测数据对综采工作面矿压进行预测,是实现工作面顶板周期来压超前预警的有效手段,对于动态改善支架适应性和优化围岩支护质量具有重要意义。然而,地下采场环境特殊,液压支架所处工作面位置不同耦合围岩变工况复杂开采条件易造成支架工作阻力数据时序分布差异化,同时生产过程存在非线性和不确定性等特点,严重影响数据驱动模型的预测精度。因此,针对综采工作面液压支架支护过程中耦合变工况影响支架工作阻力数据分布导致的预测模型失准的问题,提出一种基于流形正则域适应函数链接预测误差集成算法的综采工作面矿压预测方法。该方法首先采用流形正则域适应算法寻找特征映射矩阵,将源域和目标域数据的特征信息统一映射至公共空间,以保持耦合变工况下源域和目标域数据几何结构分布一致性;然后基于函数链接预测误差法,在公共空间利用源域数据建立预测模型得到相应液压支架工作阻力的预测值,从而完成综采工作面矿压超前预测,同时降低多工况数据时序分布差异对模型精度的影响。结果表明:该集成算法可改善多工况数据分布差异对预测模型精度的影响,提高模型鲁棒性和泛化能力,为后续分析工作面矿压显现规律,超前适应采场环境变化,指导工作面正常回采提供依据。

关键词:液压支架; 矿压预测; 时间序列数据; 函数链接预测误差法(FLPEM) ; 流形正则域适应(MRDA)

中图分类号:TD32; TD355. 4　　　**文献标志码**:A　　　**文章编号**:0253-9993(2021) S1-0529-10

Transfer prediction of underground pressure for fully mechanized mining face based on MRDA–FLPEM integrated algorithm

GONG Shixin[1,2] ,REN Huaiwei[1,2] ,DU Yibo[1,2] ,ZHAO Guorui[1,2] ,WEN Zhiguo[1,2] ,ZHOU Jie[1,2]

(1.*CCTEG Coal Science and Technology Research Institute* ,*Beijing*　100013 ,*China*; 2.*Coal Science Research Institute* ,*Mining Research Branch* ,*Beijing* 100013 ,*China*)

Abstract: Based on the working resistance monitoring data of hydraulic support ,the perceptual prediction of strata behavior in the fully mechanized mining face is an effective means to realize the early warning and early response of periodic pressure on the roof of working face ,and plays an important role in improving the adaptability of hydraulic support and optimizing the quality of surrounding rock control dynamically.However ,underground environment is special ,different positions in the working face lead to an inconsistent data distribution of work resistance of hydraulic support due to variable working conditions.Simultaneously ,the production process has the characteristics of nonlinearity and uncer-

收稿日期:2020-08-17　　**修回日期**:2020-10-17　　**责任编辑**:郭晓炜　　**DOI**:10.13225/j.cnki.jccs.2020.1361

基金项目:国家自然科学基金资助项目(51874174,51974159,51804158)

作者简介:巩师鑫(1990—) ,男,辽宁大连人,助理研究员,博士。E-mail: gongshixin1990@ 163. com

引用格式:巩师鑫,任怀伟,杜毅博,等.基于 MRDA-FLPEM 集成算法的综采工作面矿压迁移预测[J].煤炭学报,2021,46(S1) :529-538.

GONG Shixin ,REN Huaiwei ,DU Yibo ,et al.Transfer prediction of underground pressure for fully mechanized mining face based on MRDA-FLPEM integrated algorithm [J].Journal of China Coal Society ,2021 ,46(S1) : 529-538.

移动阅读

tainty, which seriously affect the accuracy of the data-driven mining pressure prediction model. Therefore, for the problems that prediction accuracy is affected by inconsistent working resistance data distribution due to the frequent changes of working conditions, a novel robust regression model of ground pressure for fully mechanized mining face considering the domain adaptation of data distribution based on manifold regular domain adaptation integrated function link prediction error method (MRDA-FLPEM) algorithm is proposed. Firstly, the manifold regular domain adaptation algorithm is introduced to obtain the feature map matrix, which can map the data distribution structure of source and target domains to a public space uniformly so that the consistency of the data distribution under multiple working conditions can be maintained. Then the function link prediction error method is used to establish a mining pressure prediction model based on the migrated data of source domain, and improve modeling based on the target domain data, which can reduce the influence of the time series data distribution difference of multiple working conditions on the accuracy of the prediction model. The effectiveness of the proposed integrated algorithm is validated from a fully mechanized mining face, and the results demonstrate that the proposed algorithm can improve the influence of data distribution differences in multi-conditions on the prediction model, improve the robustness and generalization ability of the model, which can establish a foundation for the subsequent analysis of strata behavior law in the fully mechanized mining face, adapt to the changes of environment in advance, and guide the normal mining operation.

Key words: hydraulic support; work resistance prediction; time series data; function link prediction error method (FLPEM) ; manifold regular domain adaptation (MRDA)

作为综采工作面顶板支撑、煤壁防护、采空区矸石隔绝的重要支护结构群,液压支架与工作面围岩直接接触,承受岩层运移带来的巨大矿山压力,支护效果直接通过液压支架工作阻力变化反映[1]。因此,现场操作人员主要通过监测液压支架工作阻力来实现对整个开采工艺过程的掌控,从而保证开采作业安全和稳定运行。

液压支架工作阻力变化规律在一定程度上反映了上覆岩层的破断特征,通过分析液压支架有效工作阻力可以获得工作面顶板来压步距、顶板断裂时的压力状态及动载系数等矿压显现参数[2]。因此,基于液压支架工作阻力监测数据对综采工作面矿压进行预测,是实现工作面顶板周期来压超前预警的有效手段,对于动态改善支架适应性和优化围岩支护质量具有重要作用。然而,地下采场环境特殊,开采系统机理模型复杂,难以精准建模[3],因此,采用数据驱动建模方法建立综采工作面矿压时间序列预测模型引起了广泛的关注,相关学者通过采用神经网络、专家系统等方法对工作面矿压预测展开研究。闫吉太等[4]采用灰色等维拓扑方法对国内首例四面为采空区的"孤岛"综采放顶煤工作面的矿压显现进行了短、中期预测预报,保障了孤岛式综放工作面的安全开采。贺超峰等[5]针对现有工作面周期来压预测算法结构复杂、计算量较大等问题,提出一种基于反向传播神经网络的工作面周期来压预测方法,实现了高效、准确、易于使用的工作面周期来压预测。张洋等[6]通过利用小波分解数据样本成不同频率的分量,基于混沌理论对分量进行重构,使用最小二乘支持向量机对各重构分量建立周期来压荷载预测模型。屈世甲等[7]基于工作面液压支架工作阻力大数据,建立顶板来压起始位置、来压强度和来压步距的线性回归方程,实现了对工作面顶板来压规律区域分析和预测。常峰[8]采用灰色关联度分析法分析各影响因素与矿压的关联度,建立了基于遗传算法和神经网络的工作面顶板矿压预测模型,实现对大同矿区煤层顶板来压规律的预测。赵毅鑫等[9]将长短时记忆网络深度学习方法应用于井下工作面矿压数据预测分析,并进一步讨论采用的深度神经网络模型的泛化能力。上述研究为数据驱动建模应用于工作面矿压分析奠定了良好的基础。然而,综采工作面在开采过程中始终是一个"动态"过程,采动应力破坏原岩应力平衡,造成围岩、煤壁应力状态不断重新分布,采动强度、顶板岩性变化等多因素耦合导致开采工况复杂多变,直接表现为即使是同一液压支架,随着工作面推进,前方煤壁和顶板岩层应力变化及其梯度波动导致支架工作阻力存在数据时序分布前后不一致的现象[10],而整个工作面液压支架数量大,不同位置的液压支架工作阻力数据分布差异更为显著,沿工作面长度方向表现为抛物线分布特征,初次来压和周期来压具有分段特征[11-12];同时,生产数据存在非线性等特点,严重影响基于数据驱动的工作面矿压预测模型的精度和有效性。

因此,针对综采工作面液压支架支护过程中耦合变工况影响其工作阻力数据分布导致液压支架阻力预测模型失准的问题,提出一种基于流形正则域适应函数链接预测误差集成算法的综采工作面矿压预测建模方法,在保持多工况数据几何结构分布一致的基础上,降低数据时序分布差异对模型预测精度的影响,提高模型鲁棒性和泛化能力。

1 函数链接预测误差法

1.1 函数链接神经网络

函数链接神经网络算法(Function Link Artificial Neural Network,FLANN) 能够解决单层神经网络参数计算复杂度高和非线性等问题[13]。该算法通过引入非线性扩展函数构建扩展输入变量,改善因原始低维数据非线性特点而造成的模型适应性差等问题。因此,相比于其他单层神经网络,该算法在数据非线性处理能力和函数逼近能力上更具优势。

传统 FLANN 网络结构如图 1 所示,主要包含输入层、输出层和迭代更新学习算法 3 部分。该算法的计算复杂度相对较低,模型训练时间也较短。因此,FLANN 算法在通信网络、经济、机械等领域的动态建模中均有较为广泛的应用[14-16]。

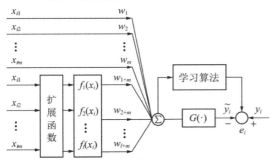

图 1 传统 FLANN 网络结构

Fig. 1 Structure of traditional FLANN

假设有 N 个数据样本 $\{(\boldsymbol{x}_i, y_i)\}$,其中,$\boldsymbol{x}_i$ 为 m 维输入变量,即第 i 个输入为 $\boldsymbol{x}_i = [x_{i1}, x_{i2}, \cdots, x_{im}]$,$x_{ij}$ 为 $\boldsymbol{x}_i$ 的第 j 个元素。根据图 1 所示的传统 FLANN 网络结构,首先输入层需要对原始输入变量进行变换,通过 l 个非线性扩展函数将原始输入变量变换为扩展输入变量,得到 l 维扩展输入向量,即 $\boldsymbol{V}(i) = [f_1(\boldsymbol{x}_i), f_2(\boldsymbol{x}_i), \cdots, f_l(\boldsymbol{x}_i)]$。因此,$m$ 维原始输入变量 $\boldsymbol{x}_i$ 经过非线性函数扩展为 $(m+l)$ 维扩展变量 $\boldsymbol{V}$。然后,传统 FLANN 通常使用反向传播神经网络(Back Propagation Neural Network,BP) 算法作为迭代更新学习算法训练网络,假设扩展输入变量的初始权重系数向量为 $\boldsymbol{W} = [\omega_1, \omega_2, \cdots, \omega_{l+m}]$,激活函数为 $G(x)$,通过最小化预测值 $\hat{y}_i$ 与实际值 y_i 的差值 e_i 的平方和对权系数向量进行迭代更新学习,直到满足

学习算法的结束条件,从而获得预测模型。然而,BP神经网络模型易陷入局部最优、收敛速度慢等缺点严重限制了 FLANN 算法的整体性能。

1.2 预测误差法

预测误差法(Prediction Error Method,PEM) 是系统参数辨识领域中最大似然估计法的变形和扩展,解决了最大似然估计法需要预先知道输入数据的概率分布的不足,从而可以实现更为一般化的模型参数辨识。此外,该算法预测精度远高于最小二乘法等回归预测算法,在系统模型的参数辨识领域应用广泛[17]。

假设现有一般性动态系统模型,可表示为

$$A(q^{-1}) y(k) = B(q^{-1}) u(k) + D(q^{-1}) \xi(k) \quad (1)$$

式中,$y(k)$ 为输出;$u(k)$ 为输入;$\xi(k)$ 为噪声项。

$$\begin{cases} A(q^{-1}) = 1 + a_1 q^{-1} + a_2 q^{-2} + \cdots + a_n q^{-n} \\ B(q^{-1}) = b_1 q^{-1} + b_2 q^{-2} + \cdots + b_n q^{-n} \\ D(q^{-1}) = 1 + d_1 q^{-1} + d_2 q^{-2} + \cdots + d_n q^{-n} \end{cases} \quad (2)$$

假设 $\boldsymbol{\vartheta} = [a_1, a_2, \cdots, a_n, b_1, b_2, \cdots, b_n, d_1, d_2, \cdots, d_n]$,$\boldsymbol{Y} = [y(k-1), \cdots, y(0)]$ 和 $\boldsymbol{U} = [u(k-1), \cdots, u(1)]$,那么式(1) 可简化为

$$y(k) = F(\boldsymbol{Y}, \boldsymbol{U}, \boldsymbol{\vartheta}) + \xi(k) \quad (3)$$

如式(3) 所示,k 时刻输出由 k 时刻前的输入输出决定,即 $\boldsymbol{Y}$ 和 $\boldsymbol{U}$ 均为已知时,$y(k)$ 的最佳预测值可表示为式(4) 所示的条件期望,并通过最小化预测误差准则获取最优 $\boldsymbol{\vartheta}$,从而实现最优预测。

$$\hat{y}(k \mid \boldsymbol{\vartheta}) = E\{y(k) \mid \boldsymbol{Y}, \boldsymbol{U}, \boldsymbol{\vartheta}\} \quad (4)$$

常用的预测误差准则 $J(\boldsymbol{\vartheta})$ 及选取规则如下

$$\begin{cases} J_1(\boldsymbol{\vartheta}) = \mathrm{Tr}(\boldsymbol{WD}(\boldsymbol{\vartheta})) & \text{噪声方差已知} \\ J_2(\boldsymbol{\vartheta}) = \lg(\det(\boldsymbol{WD}(\boldsymbol{\vartheta}))) & \text{噪声方差未知} \end{cases} \quad (5)$$

$$\begin{cases} D(\boldsymbol{\vartheta}) = \dfrac{1}{L} \sum_{k=1}^{L} \xi(k) \xi^{\mathrm{T}}(k) \\ \xi(k) = y(k) - F(\boldsymbol{Y}, \boldsymbol{U}, \boldsymbol{\vartheta}) \end{cases} \quad (6)$$

其中,L 为向量长度;Tr 为矩阵求迹运算;det 为求行列式运算。

一般情况下,误差准则 $J(\boldsymbol{\vartheta})$ 是关于 $\boldsymbol{\vartheta}$ 的非线性函数,因此,需采用非线性优化方法对 $\boldsymbol{\vartheta}$ 进行求解,如拉格朗日乘子法、最速下降法、变尺度法、共轭梯度法等。其中,Newton-Raphson 算法是 PEM 最常用的优化求解算法。

由于 PEM 的实质为极小化预测误差准则 $J(\boldsymbol{\vartheta})$ 的最优化问题。因此,根据 Newton-Raphson 算法原理,最小化误差准则 $J(\boldsymbol{\vartheta})$ 的迭代公式为

$$\hat{\boldsymbol{\vartheta}}_{n+1} = \hat{\boldsymbol{\vartheta}}_n - \lambda \left[\frac{\partial^2 J(\boldsymbol{\vartheta})}{\partial \boldsymbol{\vartheta}^2}\right]^{-1} \left[\frac{\partial J(\boldsymbol{\vartheta})}{\partial \boldsymbol{\vartheta}}\right]^{T} \Bigg|_{\boldsymbol{\vartheta} = \hat{\boldsymbol{\vartheta}}_n} \quad (7)$$

式中，$\hat{\boldsymbol{\vartheta}}_n$ 为第 n 次迭代的参数估计值；λ 为迭代步长；$\partial J(\boldsymbol{\vartheta})/\partial\boldsymbol{\vartheta}$ 为一阶偏导数，即梯度；$\partial^2 J(\boldsymbol{\vartheta})/\partial\boldsymbol{\vartheta}^2$ 为二阶偏导数，即 Hessian 矩阵；一、二阶偏导数计算公式为

$$\begin{cases} \dfrac{\partial J_1(\boldsymbol{\vartheta})}{\partial \boldsymbol{\vartheta}_i} = \dfrac{2}{L}\displaystyle\sum_{k=i}^{L}\xi^{\mathrm{T}}(k)\,\boldsymbol{W}\,\dfrac{\partial\xi(k)}{\partial\boldsymbol{\vartheta}_i} \\[3mm] \dfrac{\partial J_2(\boldsymbol{\vartheta})}{\partial \boldsymbol{\vartheta}_i} = \dfrac{2}{L}\displaystyle\sum_{k=i}^{L}\xi^{\mathrm{T}}(k)\,D^{-1}(\boldsymbol{\vartheta})\,\dfrac{\partial\xi(k)}{\partial\boldsymbol{\vartheta}_i} \end{cases} \quad (8)$$

$$\dfrac{\partial^2 J(\boldsymbol{\vartheta})}{\partial\boldsymbol{\vartheta}^2} \approx \dfrac{2}{L}\sum_{k=i}^{L}\left[\dfrac{\partial\xi(k)}{\partial\boldsymbol{\vartheta}_i}\right]^{\mathrm{T}} D^{-1}(\boldsymbol{\vartheta})\left[\dfrac{\partial\xi(k)}{\partial\boldsymbol{\vartheta}_i}\right] \quad (9)$$

其中，$\partial\xi(\boldsymbol{\vartheta})/\partial\boldsymbol{\vartheta}_i$ 可根据式（6）的 $\xi(k)$ 对 $\boldsymbol{\vartheta}$ 求偏导获得，如式（10）所示。

$$\dfrac{\partial\xi(k)}{\partial\boldsymbol{\vartheta}_i} = -\dfrac{\partial}{\partial\boldsymbol{\vartheta}_i}F(\boldsymbol{Y},\boldsymbol{U},\boldsymbol{\vartheta}) \quad (10)$$

因此，当给定一个初始值时，PEM 算法可以根据式（7）~（10），利用迭代方法对模型参数进行最优预估，得到最佳模型参数，完成系统参数辨识。

1.3　函数链接预测误差法

传统 FLANN 算法因没有隐藏层，采用非线性扩展函数提高了网络的学习速度，降低了非线性数据对模型预测精度的影响。然而，由于 BP 神经网络学习算法存在易陷入局部极小等缺点，在训练阶段后期提高模型精度较为困难。因此，笔者采用一种基于预测误差法的函数链接神经网络算法（Function Link Prediction Error Method，FLPEM）[18]，在发挥其网络结构优势的基础上，实现更高精度的模型预测。

FLPEM 算法保留了原算法的双层网络结构，同时采用预测误差法辨识输入扩展变量和输出扩展变量之间的参数，即模型参数。FLPEM 算法结构如图 2 所示。原始输入变量通过非线性扩展函数变换为扩展输入变量，作为预测误差法的输入，而原始输出变量经过输出层反激活函数变换后，作为预测误差法的输出，然后采用预测误差法对模型参数进行辨识。

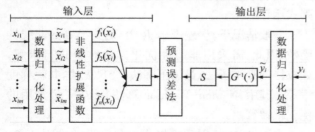

图 2　FLPEM 算法结构
Fig. 2　Structure of the FLPEM algorithm

基于 FLPEM 算法结构建立预测模型的具体流程如下：

Step 1: 对 N 组原始数据进行数据归一化处理，归一化后的数据样本为 $\{(\tilde{\boldsymbol{x}}_i,\tilde{y}_i)\}$，其中，假设 $\tilde{\boldsymbol{x}}_i$ 为 m 维；

Step 2: 选取非线性扩展函数，如正弦函数、余弦函数、S 型函数等，并确定非线性扩展函数的使用个数 l；

Step 3: 计算输入扩展变量，通过选取的非线性扩展函数，获得扩展变量 $\boldsymbol{V} = [f_1(\tilde{\boldsymbol{x}}_i),f_2(\tilde{\boldsymbol{x}}_i),\cdots,f_l(\tilde{\boldsymbol{x}}_i)]$；

Step 4: 确定预测误差法的输入变量，可以表示为 $\boldsymbol{I} = [\tilde{\boldsymbol{x}}_i;\boldsymbol{V}]^{\mathrm{T}}_{N\times(m+l)}$；

Step 5: 假设激活函数为 $G(x)=1/(1+\mathrm{e}^{-x})$，其反函数为 $G^{-1}(x)$，根据归一化后的输出变量 $\tilde{y}_i$ 计算预测误差法的输出变量，即 $\boldsymbol{S}$；

Step 6: 利用 PEM 求解输入变量 $\boldsymbol{I}$ 和输出变量 $\boldsymbol{S}$ 之间的权重系数向量 $\boldsymbol{W}$；

Step 7: 最终根据 $\boldsymbol{W}$，建立预测模型 $\hat{y}_i = \boldsymbol{W}\boldsymbol{x}_i$。

如前文所述，在求解模型最佳权重时，一般采用 Newton-Raphson 算法极小化误差准则 $J(\boldsymbol{\vartheta})$。然而，该算法的不足之处在于：在某一迭代点，目标函数的 Hessian 矩阵不一定是正定矩阵，迭代公式（7）中的搜索方向无法根据以往的经验确定。故本文采用一种精细修正牛顿法[19]，通过判断 Hessian 矩阵的正定性，利用迭代点处目标函数的一阶、二阶信息，确定迭代公式（7）中搜索方向的选取策略。

假设当前迭代点的参数为 $\boldsymbol{\vartheta}_t$，则目标函数的梯度为 $g_t = \nabla f(\boldsymbol{\vartheta}_t)$，Hessian 矩阵为 $\boldsymbol{H}=\nabla^2 f(\boldsymbol{\vartheta}_t)$。因此，基于精细修正牛顿法的搜索方向选取策略如下所示：

（1）若 $g_t \neq 0$，且 $\boldsymbol{H}$ 是正定矩阵，则根据目标函数的二次连续可微性得知，目标函数在 $\boldsymbol{\vartheta}_t$ 附近是严格凸函数，因此这时可按照一般原则，选取 $d_t = -\boldsymbol{H}^{-1}g_t$ 为搜索方向；

（2）若 $\boldsymbol{H}$ 为负定或者半负定的，则说明目标函数在 $\boldsymbol{\vartheta}_t$ 附近是凹函数，这时可选取最速下降方向为搜索方向，即 $d_t = -g_t$；

（3）若 $\boldsymbol{H}$ 为不定或者半正定的，选取搜索方向为 $d_t = -\overline{\boldsymbol{H}}^{-1}g_t$，其中 $\overline{\boldsymbol{G}}_K$ 为 $\boldsymbol{H}$ 的修正矩阵，其构造方式如文献[19]所示。

最终，基于精细修正牛顿法的预测误差法的求解流程为

Step 1: 给定初始值 $\hat{\boldsymbol{\vartheta}}_t$，精度 p，令迭代次数 $t=1$；

Step 2: 计算 $D(\hat{\boldsymbol{\vartheta}}_t)$，$\xi(k)\big|_{\hat{\boldsymbol{\vartheta}}_t}$，$\partial\xi(k)/\partial\boldsymbol{\vartheta}_i\big|_{\hat{\boldsymbol{\vartheta}}_t}$，

$\partial J(\boldsymbol{\vartheta})/\partial\boldsymbol{\vartheta}|_{\hat{\boldsymbol{\vartheta}}_{t}}$ 和 $\partial^{2}J(\boldsymbol{\vartheta})/\partial\boldsymbol{\vartheta}^{2}|_{\hat{\boldsymbol{\vartheta}}_{t}}$;

Step 3: 令步长 $\lambda = 1$, 并利用线性搜索规则确定迭代更新步长;

Step 4: 判断 Hessian 矩阵的正定性, 从而确定对应的搜索方向;

Step 5: 利用式(7)进行迭代计算, 直至满足精度要求, 算法终止, 最终确定原问题的解为 $\hat{\boldsymbol{\vartheta}}_{t}$, 即图 2 所示的输入变量 $\boldsymbol{I}$ 和输出变量 $\boldsymbol{S}$ 之间的最佳权重系数向量。

PEM 预测精度高, 不需要数据概率分布等相关先验知识。因此, 通过使用 PEM 可以提高传统 FLANN 算法的训练能力和预测性能, 而以精细修正牛顿法优化预测误差准则的预测误差法在算法收敛速度、全局最小化等方面更是保证了算法的可靠性。

2 MRDA-FLPEM 集成算法

由于综采工作面采场环境多变, 开采系统机理复杂, 数据驱动建模方法广泛应用于综采工作面矿压预测及生产过程描述。然而, 液压支架工作阻力数据呈现非线性、不确定性、时序多工况等特点, 建立精准的矿压预测模型要求算法对非线性数据的处理能力强, 对多工况变化的适应性能力强。因此, 为保证变工况情况下的矿压预测的精度和模型泛化能力, 本文提出一种基于流形正则域适应函数链接预测误差集成算法 (Manifold Regular Domain Adaptation integrated Function Link Prediction Error Method, MRDA-FLPEM) 的工作面矿压预测方法。

2.1 流形正则域适应算法

流形正则域适应 (Manifold Regular Domain Adaptation, MRDA) 算法是一种数据分布迁移学习算法[20]。通过将数据集分为源域和目标域, 该算法利用源域和目标域数据集的特征信息经过变换矩阵投影到公共空间, 可极大保持数据分布结构一致性, 即降低工业生产多工况数据的时序分布差异对建模的影响。该算法本质为无约束优化问题, 其优化目标为[21]:

$$\text{Max} \quad f(\boldsymbol{P}) = \frac{\text{Tr}\left[\boldsymbol{P}^{\text{T}}\boldsymbol{X}^{\text{t}}(\boldsymbol{X}^{\text{t}})^{\text{T}}\boldsymbol{P}\right]}{\eta_{1}\text{Tr}\left[\boldsymbol{P}^{\text{T}}\boldsymbol{X}^{\text{s}}\boldsymbol{L}^{\text{s}}(\boldsymbol{X}^{\text{s}})^{\text{T}}\boldsymbol{P}\right] + \eta_{2}\text{Tr}(\boldsymbol{P}^{\text{T}}\boldsymbol{X}\boldsymbol{M}_{\text{c}}\boldsymbol{X}^{\text{T}}\boldsymbol{P})}$$

$$(11)$$

式中, $\boldsymbol{X}^{\text{s}}$ 和 $\boldsymbol{X}^{\text{t}}$ 分别为源域和目标域的输入数据, 且 $\boldsymbol{X} = [\boldsymbol{X}^{\text{s}}, \boldsymbol{X}^{\text{t}}]$; $\boldsymbol{P}$ 为投影矩阵; η_{1} 和 η_{2} 为权重值; $\text{Tr}\left[\boldsymbol{P}^{\text{T}}\boldsymbol{X}^{\text{t}}(\boldsymbol{X}^{\text{t}})^{\text{T}}\boldsymbol{P}\right]$ 为求取最大方差, 主要用于保证对不同工况数据的最佳分辨能力; $\text{Tr}\left[\boldsymbol{P}^{\text{T}}\boldsymbol{X}\boldsymbol{M}_{\text{c}}\boldsymbol{X}^{\text{T}}\boldsymbol{P}\right]$ 为求取最大均值差异, 主要用于反映源域数据与目标域数据之间的分布差异; $\text{Tr}\left[\boldsymbol{P}^{\text{T}}\boldsymbol{X}^{\text{s}}\boldsymbol{L}^{\text{s}}(\boldsymbol{X}^{\text{s}})^{\text{T}}\boldsymbol{P}\right]$ 为流形正则化运算, 通过提取高维空间的数据局部邻域结构特征, 寻找一种能够保留上述流形结构的公共空间。$\boldsymbol{M}_{\text{c}}$ 和 $\boldsymbol{L}^{\text{s}}$ 分别为最大均值差异矩阵和 Laplacian 矩阵, 具体计算方法见文献[21]。

为求解式(11)中的投影矩阵 $\boldsymbol{P}$, 一般可将上述最大化问题转化为约束优化问题, 引入拉格朗日乘子 τ, 并对 $\boldsymbol{P}$ 求偏导, 如式(12)所示:

$$\left[\eta_{1}\boldsymbol{X}^{\text{s}}\boldsymbol{L}^{\text{s}}(\boldsymbol{X}^{\text{s}})^{\text{T}} + \eta_{2}\boldsymbol{X}\boldsymbol{M}_{\text{c}}\boldsymbol{X}^{\text{T}}\right]^{-1}\left[\boldsymbol{X}^{\text{t}}(\boldsymbol{X}^{\text{t}})^{\text{T}}\right]\boldsymbol{P} = \tau\boldsymbol{P}$$

$$(12)$$

因此, 源域和目标域数据集的空间分布结构可以通过流形正则化保证其投影前后具有相似性, 同时, 通过最大化方差确保目标域数据表示数据预测能力, 通过最小化最大平均差异降低数据几何分布距离。根据式(12)所示, 在确定源域和目标域数据集以及权重值基础上, 可采用特征值分解方式求取投影矩阵 $\boldsymbol{P}$, 然后利用该投影矩阵, 将源域和目标域数据的特征信息投影到统一的公共空间, 使投影后的源域和目标域数据在此公共空间上具有相似的数据分布结构, 然后再利用机器学习算法建立软测量模型, 进而提高模型预测精度。

2.2 MRDA-FLPEM 集成算法

井下综采工作面采场环境变化复杂, 采动应力与采空区压实承载耦合[22], 液压支架承载特征受时序多工况变化影响: 液压支架工作阻力时序数据随着工作面推进存在数据分布结构不一致, 工作面不同位置的液压支架工作阻力数据分布也存在差异, 但实际生产中由于缺乏有效的监测手段, 工况因素无法实时获取。为保证变工况情况下的矿压预测的精度和模型泛化能力, 采用 MRDA 算法对液压支架工作阻力时间序列数据进行数据分布一致性处理, 寻找特征映射矩阵, 将源域和目标域数据的特征信息统一映射至公共空间, 以保持耦合变工况下源域和目标域数据几何结构分布一致性; 然后针对工作面液压支架工作阻力监测数据高维度、非线性、不确定性等特点, 结合生产工艺建立输入输出特征工程, 利用 FLPEM 算法实现矿压的精准预测。该算法可以改善采场时序多工况对预测模型的影响, 提高模型鲁棒性和泛化能力。基于该集成算法的工作面矿压预测模型的建立流程如下:

Step 1: 采集液压支架工作阻力时间序列数据, 进行数据预处理, 剔除异常值和无效值;

Step 2: 将综采工作面划分为 Q 个区域, 确定不同区域内的源液压支架和目标液压支架;

Step 3: 建立时间序列数据预测模型的输入输出特征工程,即确定由前几个时刻的工作阻力数据去预测下一时刻的工作阻力;

Step 4: 针对每一个区域内的源液压支架,确定源域和目标域。对于某一区域的源液压支架矿压预测模型而言,训练数据集为源域,测试数据集为目标域;

Step 5: 基于 MRDA 算法,利用源域和目标域输入数据 X^s 和 X^t 计算源液压支架的投影矩阵 P_1;

Step 6: 将源液压支架的目标域和源域输入数据投影到公共空间,即 $\widetilde{X}^s = P_1 X^s$,$\widetilde{X}^t = P_1 X^t$;

Step 7: 利用 FLPEM 算法建立基于投影后的源域输入数据 $\widetilde{X}^s$ 和原始源域输出数据 Y^s 的源液压支架矿压预测模型;

Step 8: 根据获得的预测模型和投影后的目标域数据 $\widetilde{X}^t$ 预测源液压支架未来的工作阻力变化;

Step 9: 假设某区域共计 z 个目标液压支架,对于第 z 目标液压支架,确定其源域和目标域,以各自区域内选取的源液压支架的训练数据集为源域,该区域目标液压支架测试数据集为目标域;

Step 10: 基于 MRDA 算法计算投影矩阵 P_2,进行各区域内目标液压支架的源域和目标域数据分布映射;

Step 11: 根据步骤 7 至步骤 10,依次建立不同区域内的目标液压支架的矿压预测模型。

MRDA-FLPEM 集成算法通过集成流形约束、最大方差和最大均值差异寻找数据分布特征映射矩阵,从而完成多工况时序数据的域适应处理,同时保证单个液压支架训练和测试数据以及多个液压支架的时序数据的数据分布结构一致,最大程度消除采场复杂耦合变工况数据分布的不一致性,并能够基于有限数据量进行快速建模,再利用 FLPEM 算法非线性数据处理能力强、函数逼近能力强和计算速度快等优势,能够实现井下整个综采工作面的矿压动态超前精准预测。

3 综采工作面矿压预测

为验证所提方法的有效性,本文基于某煤矿实际液压支架工作阻力数据,建立预测模型,模型建立包括两方面:源液压支架工作阻力预测和目标液压支架工作阻力预测。

3.1 数据预处理

高质量的生产数据对于实现稳定可靠的建模、预测及分析等一系列应用至关重要。因此在利用数据进行建模等操作之前,需要对原始数据进行预处理,消除原始数据中的噪声,剔除离群数据,以提高模型鲁棒性。通常情况下,对于具有一定时间长度的数据,可以使用格拉布斯准则(Grubbs criterion) 进行异常验证。

对于井下综采工作面液压支架工作阻力监测数据,在进行格拉布斯准则验证的基础上,还需剔除原始数据中的零值和恒定值。由于液压支架在实际推溜拉架过程中均为带压移架,基本不存在离顶移架情况,而支架工作阻力数据中的零值意味着离顶移架,显然这种情况为异常,需要剔除;此外,综采"三机"协同生产系统具有非连续特性,在煤机停车检修过程中,当工作面顶板处于自稳定结构时,液压支架工作阻力数据将会在该段时间内基本保持不变,支架工作阻力恒定值数据不会对数据趋势分析造成影响,但这无疑是一种无效数据,因此也需要剔除上述因无采动影响或传感器异常而长时间恒定不变的工作阻力数据。

3.2 输入输出特征工程

液压支架工作阻力数据是典型的时间序列数据,选择合适的输入输出指标对于建立预测精度高的矿压时间序列预测模型至关重要。

单维时间序列数据预测模型通常是把当前时刻之前的若干数据作为输入,当前时刻的数据作为输出,随着时间从序列头部到后部不断移动,由此构造出序列的输入输出指标[23],而输入指标的维度一般根据自相关函数(Autocorrelation function,ACF) 或者偏自相关函数(Partial Autocorrelation Function,PACF) 计算的模型阶数确定,但这种方式完全抛开了生产工艺的特点,预测效果可能并不理想。因此,本文主要根据综采工作面中采煤机和液压支架协同生产工艺确定输入输出特征工程。

根据所选综采工作面生产工艺可知,该工作面总长约 300 m,液压支架共计 175 架,液压支架工作阻力监测数据采样周期为 5 min,采煤机连续运行单向截割 1 刀大约需要 1 h。假设某一时刻采煤机处于工作面左侧端头,向工作面右侧行进,2 刀之后采煤机重新回到工作面左侧端头位置。此时,采煤机即将开始的第 3 刀截割与先前第 1 刀相比,假设其他条件不变的情况下,由采煤机割煤造成的采动影响对工作面倾向方向液压支架工作阻力变化影响效果极为相似,均为从工作面左侧向右侧行进形式的单向割煤影响。因此,根据采煤机和液压支架协同生产工艺确定如下矿压预测模型的输入输出特征工程:假设工作面中某一个液压支架,选取该液压支架在采煤机第 1 刀煤过

程中的 N 个工作阻力数据为模型的输入指标,该液压支架在采煤机第 3 刀煤过程中的第 1 个工作阻力数据为模型的输出指标,以此按时间从该支架工作阻力数据序列从前向后移动,确定该液压支架 N 维输入 1 维输出的矿压预测模型。由于所选综采工作面液压支架工作阻力监测数据采样时间为 5 min,而采煤机连续运行单向截割一刀的时间大约为 1 h,即工作面该液压支架在采煤机第 1 刀煤过程中能够监测到的工作阻力数据为 12 个,因此,对于所选综采工作面的液压支架工作阻力预测模型而言,确定 12 维输入 1 维输出的输入输出特征工程。

3.3 评价指标

为验证所提方法和制定的输入输出指标特征工程的有效性,本文分别以平均绝对百分比误差(Mean Absolute Percentage Error, E_{MAP})、均方根误差(Root Mean Square Error, E_{RMS})以及平均绝对误差(Mean Absolute Error, E_{MA})作为评价指标对基于所提 MRDA-FLPEM 集成算法所建立模型的预测精度进行评价,具体公式为

$$E_{MAP} = \sum_{i=1}^{N} |(\hat{y}_i - y_i)/y_i| \times 100\%/N \quad (13)$$

$$E_{RMS} = \sqrt{\sum_{i=1}^{N} (\hat{y}_i - y_i)^2/N} \quad (14)$$

$$E_{MA} = \sqrt{\sum_{i=1}^{N} |\hat{y}_i - y_i|/N} \quad (15)$$

3.4 源液压支架矿压预测

首先为验证所选取的输入输出指标的有效性,本文基于该综采工作面第 116 号液压支架工作阻力实测数据,分别以上述输入输出指标特征工程和利用 ACF 确定的模型阶数,采用 FLPEM 算法建立其矿压预测模型,其中,FLPEM 算法的初始化参数确定为:精度 p 取 10^{-10},非线性扩展函数选取正弦和余弦函数,算法初始值随机给定,训练集数据为 2 677 组,测试集数据为 298 组。不同输入输出特征工程的预测结果对比见表 1。

表 1 不同特征工程的预测结果对比
Table 1 Comparison of different feature projects

特征工程	E_{MAP}	E_{RMS}	E_{MA}
本文确定的特征工程	10.10	1.95	1.04
ACF 确定的模型阶数(12,1)	13.66	3.93	1.09

根据表 1 所示的预测模型评价指标结果对比情况可以判定,依据本文确定的输入输出特征工程所建立的矿压预测模型各项指标均优于依据 ACF 确定的特征工程所建立的预测模型。因此,本文依据工作面采

煤机和液压支架协同生产工艺和时序操作逻辑而确定输入输出指标特征工程是合理有效的,所建立的矿压预测模型能够实现液压支架工作阻力的有效预测。

由于同一液压支架亦存在因其数据分布变化导致预测模型失准的问题,因此,对于某一区域的源液压支架工作阻力数据也需要利用 MRDA 算法进行数据分布一致性处理。对于第 116 号液压支架,训练数据集为源域,测试数据为集目标域。图 3 为第 116 号液压支架工作阻力实际值和 MRDA-FLPEM 算法的预测值的比较结果。从图 3 可以直观地看出,MRDA-FLPEM 算法能够取得较小的预测误差,并且预测结果接近实际的工作阻力变化曲线。此外,针对单个液压支架矿压预测,本文还与最小二乘支持向量机(Least Squares Support Vector Machine, LSSVM)、BP 以及极限学习机(Extreme Learning Machine, ELM) 进行了比较。其中,LSSVM 的初始化参数设置为:核函数为 RBF 函数,gamma 和 C 参数分别由粒子群优化算法计算获取;BP 的初始化参数设置为:最大迭代次数为 2 000,学习率为 0.001,精度为 0.000 1,选取隐含层为 100 的 3 层网络结构;ELM 的初始化参数设置为:激活函数为正弦函数,隐含层节点个数为 100。从表 2 可以看出,3 种评估指标中,MRDA-FLPEM 集成算法的平均绝对百分比误差为 9.17,均方根误差为 1.86,平均绝对误差为 1.01,说明了所提的 MRDA-FLPEM 集成算法预测精度在 90%以上,能够达到精准预测。同时,上述 3 个评价指标均优于 FLPEM 算法的结果,说明了即使是同一液压支架的工作阻力监测数据,也存在因开采变工况而导致的数据时序分布差异问题,而 MRDA 算法能够改善这种变工况条件下预测模型失准的问题。

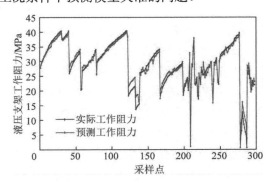

图 3 第 116 号液压支架矿压预测曲线
Fig. 3 Prediction curves of pressure of No. 116 support

3.5 目标液压支架矿压预测

为验证 MRDA-FLPEM 集成算法在整个综采工作面进行矿压预测建模的可行性,首先对工作面进行工作区域划分,确定端头、机尾、中上部和中下部 4 区

表2　基于不同算法建立的矿压预测模型预测精度对比

Table 2　Comparison of prediction accuracy based on different algorithms

算法	E_{MAP}	E_{RMS}	E_{MA}
MRDA-FLPEM	9.17	1.86	1.01
FLPEM	10.10	1.95	1.04
LSSVM	9.75	3.58	3.08
BPNN	13.54	4.61	3.72
ELM	84.18	30.78	29.44

域,分别对工作面中下部的4台液压支架进行矿压迁移预测试验。以该区域第116号液压支架作为源液压支架,第115,117,118和119号液压支架分别作为目标液压支架,源液压支架的训练集数据为源域,目标液压支架的测试集数据为目标域,通过MRDA算法将源域和目标域数据从原始空间投影到公共子空间后建立FLPEM模型得到预测值。测试结果分别用116→115,116→117,116→118,116→119表示数据迁移情况。

图4为第115,117,118和119号液压支架实际工作阻力和预测值对比结果。可以看出,所提算法所建立的预测模型能够取得较小的预测误差,与实际工作阻力变化曲线相比,2者趋势基本一致,预测结果同样能够满足实际需求。

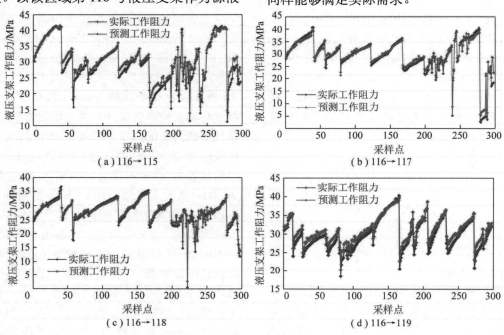

图4　矿压预测模型验证

Fig. 4　Validation of mine pressure prediction model

表3为不同算法预测结果的平均绝对百分比误差、均方根误差以及平均绝对误差值对比。其中,115→115表示训练集测试集数据均源于第115号液压支架,即无数据分布域适应处理。可以看出,所提MRDA-FLPEM集成算法的评估指标均优于其他算法,说明了MRDA-FLPEM集成算法通过将目标域和源域数据分布一致化,改善了由于时序多工况变化造成的实时数据与历史数据不再满足传统建模方法要求的概率同分布问题。

4　结　论

(1)根据采煤机和液压支架协同生产工艺确定的矿压预测模型的输入输出特征工程能够有效实现矿压预测。

表3　矿压预测结果对比

Table 3　Comparison of mine pressure prediction results

算法	数据迁移	E_{MAP}	E_{RMS}	E_{MA}
MRDA-FLPEM	116→115	5.25	2.92	1.29
	116→117	6.04	2.36	1.01
	116→118	5.05	1.14	0.80
	116→119	4.42	2.01	1.22
LSSVM	115→115	18.01	6.91	5.95
	117→117	9.87	3.91	3.06
	118→118	9.36	4.07	2.84
	119→119	9.75	3.58	3.08
BPNN	115→115	24.62	7.44	6.17
	117→117	42.05	7.37	4.79
	118→118	41.34	5.29	3.92
	119→119	13.73	4.65	3.76

（2）通过引入流形正则域适应数据迁移策略，能够充分利用原有数据和保持变工况下数据分布结构一致性，降低数据收集成本，有效提高模型的泛化能力，降低了多工况数据的时序分布差异对模型精度的影响。

（3）基于所提 MRDA-FLPEM 集成算法建立的综采工作面矿压预测模型精度高，源液压支架的矿压预测模型精度为 90.83%，目标液压支架的矿压预测模型平均精度可达 94.81%，实现了综采工作面液压支架矿压的精准预测。

参考文献（References）：

［1］ 钱鸣高,许家林.煤炭开采与岩层运动［J］.煤炭学报,2019,44(4):973-984.
QIAN Minggao,XU Jialin.Behaviors of strata movement in coal mining［J］.Journal of China Coal Society,2019,44(4):973-984.

［2］ 王国法,赵国瑞,任怀伟.智慧煤矿与智能化开采关键核心技术分析［J］.煤炭学报,2019,44(1):34-41.
WANG Guofa,ZHAO Guorui,REN Huaiwei.Analysis on key technologies of intelligent coal mine and intelligent mining［J］.Journal of China Coal Society,2019,44(1):34-41.

［3］ 王云广,郭文兵,白二虎,等.高强度开采覆岩运移特征与机理研究［J］.煤炭学报,2018,43(S1):28-35.
WANG Yunguang,GUO Wenbing,BAI Erhu,et al.Characteristics and mechanism of overlying strata movement due to high-intensity mining［J］.Journal of China Coal Society,2018,43(S1):28-35.

［4］ 闫吉太,梁广锋,安满林,等."孤岛"综采放顶煤工作面矿压预测预报［J］.中国矿业大学学报,1996,25(4):98-103.
YAN Jitai,LIANG Guangfeng,AN Manlin,et al.Isolated island fully mechanized top coal caving face mine pressure forecasting［J］.Journal of China University of Mining & Technology,1996,25(4):98-103.

［5］ 贺超峰,华心祝,杨科,等.基于 BP 神经网络的工作面周期来压预测［J］.安徽理工大学学报(自然科学版),2012,32(1):59-63.
HE Chaofeng,HUA Xinzhu,YANG Ke,et al.Forecast of working face cycle pressure based on BP neural network［J］.Journal of Anhui University of Science and Technology(Natural Science Edition),2012,32(1):59-63.

［6］ 张洋,马云东,崔铁军.基于小波和混沌优化 LSSVM 的周期来压预测［J］.安全与环境学报,2014,14(4):63-66.
ZHANG Yang,MA Yundong,CUI Tiejun.Periodic Compression Prediction Based on Wavelet and Chaos Optimization LSSVM［J］.Journal of Safety and Environment,2014,14(4):63-66.

［7］ 屈世甲,李鹏.基于支架工作阻力大数据的工作面顶板矿压预测技术研究［J］.矿业安全与环保,2019,46(2):92-97.
QU Shijia,LI Peng.Research on roof pressure prediction technology of working face based on big data of support working resistance［J］.Mining Safety and Environmental Protection,2019,46(2):92-97.

［8］ 常峰.基于 GA-BP 神经网络的工作面顶板矿压预测模型应用研

究［D］.徐州:中国矿业大学,2019.
CHANG Feng.Application research of mining pressure prediction model for working face roof based on GA-BP neural network［D］.Xuzhou:China University of Mining and Technology,2019.

［9］ 赵毅鑫,杨志良,马斌杰,等.基于深度学习的大采高工作面矿压预测分析及模型泛化［J］.煤炭学报,2020,45(1):54-65.
ZHAO Yixin,YANG Zhiliang,MA Binjie,et al.Deep learning prediction and model generalization of ground pressure for deep longwall face with large mining height［J］.Journal of China Coal Society,2020,45(1):54-65.

［10］ 刘杰,王恩元,赵恩来,等.深部工作面采动应力场分布变化规律实测研究［J］.采矿与安全工程学报,2014,31(1):30-65.
LIU Jie,WANG Enyuan,ZHAO Enlai,et al.Distribution and variation of mining-induced stress field in deep workface［J］.Journal of Mining & Safety Engineering,2014,31(1):30-65.

［11］ 徐亚军,王国法.液压支架群组支护原理与承载特性［J］.岩石力学与工程学报,2017,36(1):3367-3373.
XU Yajun,WANG Guofa.Supporting principle and bearing characteristics of hydraulic powered roof support groups［J］.Chinese Journal of Rock Mechanics and Engineering,2017,36(1):3367-3373.

［12］ 程敬义,万志军,PENG Syd S,等.基于海量矿压监测数据的采场支架与顶板状态智能感知技术［J］.煤炭学报,2020,45(6):2090-2103.
CHENG Jingyi,WAN Zhijun,PENG Syd S,et al.Technology of intelligent sensing of longwall shield supports status and roof strata based on massive shield pressure monitoring data［J］.Journal of China Coal Society,2020,45(6):2090-2103.

［13］ SANTOSH K B,DEBI P D,BIDYADHAR S.Functional link artificial neural network applied to active noise control of a mixture of tonal and chaotic noise［J］.Applied Soft Computing,2014,23:51-60.

［14］ LI Ming,GAO Junli.An ensemble data mining and FLANN combining short-term load forecasting system for abnormal days［J］.Journal of Software,2011,6(6):961-968.

［15］ DAS D,MATOLAK D W,DAS S.Spectrum occupancy prediction based on functional link artificial neural network(FLANN) in ISM band［J］.Neural Computing & Applications,2018,29(12):1363-1376.

［16］ ZHAO Haiquan,ZENG Xiangping,HE Zhengyou,et al.Improved functional link artificial neural network via convex combination for nonlinear active noise control［J］.Applied Soft Computing,2016,42:351-359.

［17］ 王春民,崔兴华.预测误差法参数辨识及其 Matlab 仿真［J］.系统仿真学报,2005,17:145-150.
WANG Chunmin,CUI Xinghua.Parameter identification of prediction error method and its MATLAB simulation［J］.Journal of System Simulation,2005,17:145-150.

［18］ GONG Shixin,CHENG Shao,LI Zhu.Energy efficiency optimization of ethylene production process with respect to a novel FLPEM-based material-product nexus［J］.International Journal of Energy Research,2019,43(8):1-22.

［19］ 万中,冯冬冬.无约束优化问题的精细修正牛顿算法［J］.高校应用数学学报,2011,26(2):179-186.

WAN Zhong, FENG Dongdong. Fine modified newton algorithm for unconstrained optimization problems [J]. Applied Mathematics Journal of Chinese Universities, 2011, 26(2) : 179-186.

[20] 贺敏,汤健,郭旭琦,等.基于流形正则化域适应随机权神经网络的湿式球磨机负荷参数软测量[J].自动化学报,2019, 45(2) : 398-406.

HE Min, TANG Jian, GUO Xuqi, et al. Soft senor for ball mill load using DAMRRWNN model [J]. Acta Automatica Sinica, 2019, 45(2) : 398-406.

[21] 杜永贵,李思思,阎高伟,等.基于流形正则化域适应湿式球磨机负荷参数软测量[J].化工学报,2018,69(3) : 1244-1251.

DU Yonggui, LI Sisi, YAN Gaowei, et al. Adapting to the soft measurement of load parameters of wet ball mill based on manifold regularization domain [J]. CIESC Journal, 2018, 69(3) : 1244-1251.

[22] 蒋力帅,武泉森,李小裕,等.采动应力与采空区压实承载耦合分析方法研究[J].煤炭学报,2017,42(8) : 1951-1959.

JIANG Lishuai, WU Quansen, LI Xiaoyu, et al. Numerical simulation on coupling method between mining-induced and goaf compression [J]. Journal of China Coal Society, 2017, 42(8) : 1951-1959.

[23] 田雨,雷少刚,卞正富.基于 SBAS 和混沌理论的内排土场沉降监测及预测[J].煤炭学报,2019,44(12) : 3865-3873.

TIAN Yu, LEI Shaogang, BIAN Zhengfu. Monitoring and forecasting on inner dump subsidence based on SBAS and chaotic theory [J]. Journal of China Coal Society, 2019, 44(12) : 3865-3873.

第三篇　智能化掘进技术

论"掘进就是掘模型"的学术思想

马宏伟 [1,2]，孙思雅 [1,2]，王川伟 [1,2]，毛清华 [1,2]，薛旭升 [1,2]，刘 鹏 [1,2]，田海波 [1,2]，王 鹏 [1,2]，
张 烨 [1,2]，聂 珍 [1,2]，马柯翔 [1,2]，郭逸风 [1,2]，张 恒 [1,2]，王赛赛 [1,2]，李 烺 [1,2]，苏 浩 [1,2]，
崔闻达 [1,2]，成佳帅 [1,2]，喻祖坤 [1,2]

(1. 西安科技大学 机械工程学院, 陕西 西安　710054; 2. 陕西省矿山机电装备智能检测与控制重点实验室, 陕西 西安　710054)

摘　要：为了实现煤矿巷道安全、高效、智能掘进，提出了"掘进就是掘模型"的学术思想，给出了"掘进就是掘模型"学术思想的内涵和体系架构，凝练了"掘进就是掘模型"的关键技术问题，即融合多源信息的多元巷道模型构建技术、基于巷道模型的智能截割技术、基于巷道模型的智能临时支护技术、基于巷道模型的智能永久支护技术、基于巷道模型的智能导航技术和基于巷道模型的机群智能并行协同控制技术。针对巷道模型构建问题，提出融合地质勘探、巷道设计、超前探测等多源数据的巷道模型构建方法，为掘进系统各子系统模型构建提供统一基准；针对基于巷道模型的智能截割问题，建立了待掘巷道模型与截割子系统模型的耦合子模型，提出了智能截割轨迹规划以及截割参数优化方法，制定了巷道智能截割策略，实现了截割子系统自适应规划截割；针对基于巷道模型的智能临时支护问题，建立了截割巷道模型与临时支护子系统耦合的临时支护子模型，提出了临时支护位姿与支护力自适应调整方法，实现了临时支护子系统安全可靠作业，提高了围岩的稳定性，为掘锚并行协同作业奠定了时空基础；针对基于巷道模型的永久支护问题，建立了临时支护巷道模型与永久支护子系统耦合的永久支护子模型，提出了受限时空下永久支护子系统内部各钻锚设备的协同控制方法，实现了永久支护子系统的高效协同控制；针对基于巷道模型的智能导航问题，建立了巷道模型与导航子系统耦合的导航子模型，提出了"惯导+全站仪"的智能掘进系统精确导航方法，提高了巷道掘进精度和成型质量；针对基于巷道模型的机群智能并行协同控制问题，建立了巷道模型与机群协同控制子系统耦合的并行协同控制子模型，制定了多机并行协同控制策略，提出了多任务多系统智能掘进系统协同控制方法，实现了智能掘进系统安全高效掘进。基于"掘进就是掘模型"的学术思想，研发了护盾式煤矿巷道掘进机器人系统，成功应用于陕煤化集团陕西小保当矿业有限公司，破解了夹矸厚、硬度大、片帮严重等复杂地质条件煤矿巷道掘进难题，有效提高了巷道掘进的安全性、高效性和智能化水平。

关键词：煤矿智能掘进；掘进就是掘模型；智能掘进机器人；智能导航；智能支护；多任务协同控制

中图分类号：TD353　　**文献标志码**：A　　**文章编号**：0253-9993(2025)01-0661-15

On the academic ideology of "Digging is modelling"

MA Hongwei[1, 2], SUN Siya[1, 2], WANG Chuanwei[1, 2], MAO Qinghua[1, 2], XUE Xusheng[1, 2], LIU Peng[1, 2], TIAN Haibo[1, 2], WANG Peng[1, 2], ZHANG Ye[1, 2], NIE Zhen[1, 2], MA Kexiang[1, 2], GUO Yifeng[1, 2], ZHANG Heng[1, 2], WANG Saisai[1, 2], LI Lang[1, 2], SU Hao[1, 2], CUI Wenda[1, 2], CHENG Jiashuai[1, 2], YU Zukun[1, 2]

收稿日期：2024-09-09　　**策划编辑**：郭晓炜　　**责任编辑**：刘雅清　　**DOI**：10.13225/j.cnki.jccs.2024.1083
基金项目：国家自然科学基金面上资助项目 (52374161,52174150)；陕西省重点研发计划专项资助项目
(2023-LL-QY-03)
作者简介：马宏伟 (1957—)，男，陕西兴平人，教授，博士生导师，博士。E-mail: mahw@xust.edu.cn
通讯作者：王川伟 (1985—)，男，新疆伊犁人，副教授，硕士生导师，博士。E-mail: wangchuanwei228@xust.edu.cn
引用格式：马宏伟，孙思雅，王川伟，等. 论"掘进就是掘模型"的学术思想[J]. 煤炭学报，2025，50(1)：661-675.
MA Hongwei, SUN Siya, WANG Chuanwei, et al. On the academic ideology of "Digging is modelling"[J]. Journal of China Coal Society, 2025, 50(1): 661-675.

移动阅读

(1.*School of Mechanical Engineering, Xi'an University of Science and Technology, Xi'an* 710054, *China*; 2.*Shaanxi Key Laboratory of Mine Electromechanical Equipment Intelligent Detection and Control, Xi'an* 710054, *China*)

Abstract: To realize safe, efficient, and intelligent excavation of coal mine roadways, the academic concept of "Digging is modelling" is proposed,which defines thecontent and architectural framework of the concept, as well as extracts the key technical issues related to it. Specifically, these include multiplexmining model construction technology integrating multi-source information, the intelligent cutting technology based on mining model, the intelligent temporary support technology based on mining model, the intelligent permanent support technology based on mining model, the intelligent navigation technology based on mining model, and the mechanical equipments intelligence parallel cooperative control technology based on mining model. The problem of mining model construction is addressed by proposing a method that integrates multi-source data such as geological exploration, mine design, and advance detection. This method provides a unified basis for the model construction of various subsystem of the excavating system. Furthermore, to address the issue of intelligent cutting based on mining model, a coupling submodel of mining model and cutting subsystem model is established. Intelligent cutting trajectory planning and cutting parameter optimization methods are proposed, an intelligent cutting strategy for mining is formulated, and adaptive planning of the cutting subsystem is realized. In order to address the issue of intelligent temporary support based on mining model, a sub-model for temporary support is established and coupled with the cuttingmining model and temporary support subsystem. Additionally, an adaptive adjustment method for temporary support posture and support force is proposed to ensure the safe and reliable operation of the temporary support subsystem, improve the stability of the surrounding rock, and lay a spatio-temporal foundation for parallel and cooperative digging and anchoring operations. To address the issue of permanent support based on mining model, we have established a permanent support subsystem coupled with temporary support mining model. Additionally, we propose a collaborative control method for each drilling and anchoring equipment in the permanent support subsystem under limited time and space. This approach aims to achieve efficient collaborative control of the permanent support subsystem. Aiming to address the challenge of intelligent navigation based on mining models, a sub-model integrating mining model and navigation subsystem is established. Furthermore, an accurate navigation method for intelligent excavating system, combining inertial navigation with total station technology, is proposed to enhance the precision of roadway driving and formation quality. In order to address the issue of intelligent parallel cooperative control in a cluster based on the tunnel model, we have established a parallel cooperative control sub-model that is integrated with the tunnel model and the cluster cooperative control subsystem. Additionally, we have developed a multi-machine parallel cooperative control strategy and proposed a cooperative control method for multi-task and multi-system intelligent excavating systems to achieve safe and efficient driving. The shield mine excavation robot system developed by team based on the academic concept of "Digging is modelling". This system has been successfully utilized by Shaanxi Coal and Chemical Industry Group Shaanxi Xiao Bao Dang Mining Co., Ltd., effectively addressing challenges in mine roadway excavation under complex geological conditions such as thick dirt, high hardness, and serious sheet wall. As a result, it has significantly enhanced the safety, efficiency, and intelligence level of tunnel excavation.

Key words: intelligent coal mine tunneling; Digging is modelling; intelligent drilling robot; intelligent navigation system; intelligent support technology; multi-task collaborative control

0 引 言

近年来,国内外学者针对智能掘进装备不成熟、支撑理论与关键技术储备不足等问题,开展了大量的研究工作[1-5]。随着煤矿井下掘进技术及装备的不断进步,有效缓解了采掘失衡问题,提高了开采效率和安全性。但现有的自动化或智能化掘进系统仍存在各设备与巷道围岩缺乏深度耦合;设备和设备之间相对独立,信息感知、交流、互通机制不健全;巷道掘进各功能模块并行协同能力弱,掘进工艺规范性差[6]等问题。

煤矿巷道掘进受巷道特殊的半结构化环境及相对复杂的工艺环节制约,设备选型和智能管控策略各异[7],其中截割、临时支护、永久支护、导航和多机协同控制的准确性直接影响巷道成形质量。超前探测是实现煤矿巷道快速掘进的关键,"长掘长探"的远距离探测技术在保证高探测精度的同时,实现了长距离探测,为巷道快速掘进提供了地质信息支撑[8]。在智能截割方面,掘进机截割头路径规划大都采用人工示教记忆截割法[9],近年来,学者们尝试建立巷道断面环境模型,将人工智能算法应用于截割技术[10-12],取得了良好的效果。另外,掘进机截割参数的优化也是智能截割的关键,而前提是煤岩的自适应识别。学者们通过多传感器监测,多源数据融合对截割载荷和煤岩比进行识别[13-15],从而优化截割参数。在智能临时支护方面,一是模型构建问题,主要通过支护设备特性构建其自身的运动学、动力学模型[16-18],未考虑复杂多变围岩与临时支护的耦合关系;二是支护控制问题,主要在临时支护姿态的调平、力的优化等方面开展研究[19-22],尚未实现基于围岩变化的支护参数自适应调整。笔者团队通过临时支护对围岩作用关系,建立了支护与围岩的耦合模型,实现了护盾式临时支护机器人对围岩的可靠支护。在智能永久支护方面,由于绝大部分巷道采用锚杆锚索支护,因此导致支护工序十分繁琐[23]。要实现永久支护智能化,支护工序优化、钻机精准定位与自动装卸钻锚材料是关键。学者们在钻机自主定位[24]、位姿自主调节[25]以及多钻臂协同控制[26]等方面进行了大量的研究。笔者团队提出一种多机械臂多钻机协作的新型钻锚机器人,旨在实现"抓-运-装-卸"钻锚材料智能化。在智能导航方面,学者们大多使用惯导、全站仪以及光电传感器融合等方法实现定位定向导航[27-33]。但惯导测量随着时间增长产生累积误差大,全站仪导向技术对环境要求较高,罗盘类传感器精度易受外界电磁干扰,视觉测量要克服井下恶劣工作环境以及相机拍摄姿态等方面影响。现有煤矿巷道定位导航技术普遍存在误差较大的问题。笔者团队提出了一种基于光纤惯导与数字全站仪组合的掘进机自主定位定向方法,提高了导航定位精度。在掘进系统并行协同控制方面,国内外学者开展了一定程度的研究[34-36],但针对包含多系统、多任务、多工序的掘进系统各子系统并行协同问题的研究鲜见报道。要实现掘进各子系统准确高效的协同作业,一方面需要在时间尺度上为各系统、各任务、各工序建立统一的标准;另一方面需要在空间尺度上为各设备建立统一的空间标准。笔者团队针对掘进系统中掘进、支护、运输等多系统协同控制和多任务并行控制问题,提出基于强化学习和基于 Agent 的并行控制方法,实现智能掘进系统多任务并行控制[37-38]。巷道模型的构建是数字矿山的重要组成之一,目前巷道三维模型多采用参数化建模,结合多尺度语义信息,一定程度上反映了巷道空间及设备信息[39-40]。但巷道围岩与煤矿装备之间的数据关联不够紧密。

综上所述,现有的掘进装备系统各子系统相对离散,巷道设计模型和各子系统模型缺失或相对离散,各个子系统与巷道耦合模型缺失,实现截割、临时支护、钻锚等子系统的自动化、信息化、数字化、智能化缺乏多模态信息融合感知,缺乏统一精确的作业基准,缺乏"人-机-环"耦合模型,缺乏多子系统精准协同控制模型,导致截割成形质量低、临时支护适应性差、钻锚支护精度和效率低等问题,直接影响煤矿巷道掘进的安全性、可靠性、高效性。要实现巷道智能化快速掘进并保障巷道成型质量,就必须构建巷道模型并基于巷道模型开展掘进工作。因此,本文提出"掘进就是掘模型"的学术思想。

1 "掘进就是掘模型"学术思想内涵

"掘进就是掘模型"学术思想的内涵是根据地质勘探数据、巷道设计数据、超前探测数据构建煤矿井下巷道模型,以巷道模型为基准,依次与截割、临时支护、永久支护、导航定位、并行协同等子系统原理模型耦合,突破关键技术,实现与巷道围岩耦合的自适应截割、自适应临时支护、并行高效永久支护、自主纠偏导航、机群协同控制等掘进全过程智能化作业。

2 "掘进就是掘模型"学术思想架构

"掘进就是掘模型"学术思想架构是在掘进各子系统原理模型的基础上,分别与巷道模型耦合,得到截割子模型、导航子模型、临时支护子模型、永久支护子模型和机群协同控制子模型,将掘进各个子系统与巷道实时信息紧密关联起来。

智能截割子模型是由截割系统模型与待掘巷道模型耦合构建的,根据当前截割工艺、截割参数、截割轨迹及跟踪控制信息,实时反映截割作业现状,得到截割巷道模型。智能导航子模型是由导航系统模型与巷道模型耦合构建的,根据实测巷道与设备位姿信息,分析误差数据,为设备提供纠偏策略。智能临时支护子模型是由临时支护系统模型与截割巷道模型耦合构建的,根据围岩特性、环境力学参数和支护装备受力反馈信息,制定支护策略,实现智能自适应支护。智能永久支护子模型是由永久支护系统模型与临时支护巷道模型耦合构建,实现钻锚工艺优化、钻机精准定位、钻机任务分配、钻锚材料自动装卸运输等智能钻锚作业。智能机群协同控制子模型是由掘进系统模型与巷道模型耦合构建,其与智能钻锚子模型、临时支护子模型、智能截割子模型进行关联,实现掘进各子系统间的时空协同控制。学术思想逻辑架构如图1所示。

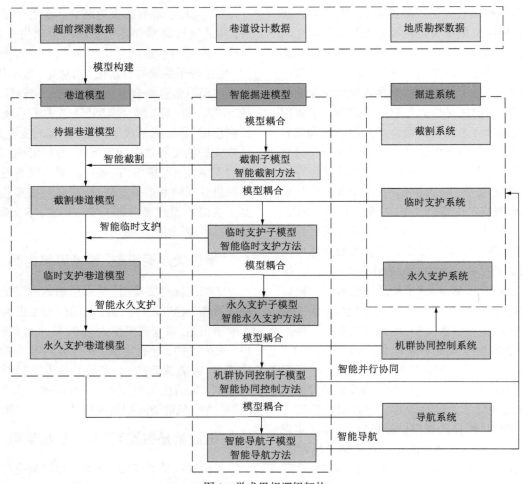

图 1　学术思想逻辑架构

Fig.1　Logical architecture of academic thought

3　"掘进就是掘模型"关键技术

　　"掘进就是掘模型"关键技术包括:融合多源信息的多元巷道模型构建、基于巷道模型的智能截割、基于巷道模型的智能临时支护、基于巷道模型的智能钻锚、基于巷道模型的智能导航、基于巷道模型的智能协同控制技术。其中构建融合多源信息的巷道模型是基础,通过分析巷道模型与各子系统的耦合关系,建立子系统模型,研究智能控制方法。

3.1　融合多源信息的巷道模型构建

3.1.1　巷道模型区域划分

　　对应煤矿巷道不同作业区域,构建巷道物理模型。将巷道物理模型划分为待掘进区域、截割区域、临时支护区域、永久支护区域。巷道物理模型如图2所示。

3.1.2　巷道模型构建

　　巷道模型的本质是基于巷道设计数据、地质勘探数据以及超前探测数据构建的多源数据库。在基础空间坐标系中以巷道中心向量 $\vec{Z}$ 表示巷道的位置姿态信息, $\vec{Z}$ 向量的大小代表巷道掘进的深度,方向代表巷

道的姿态。以掘进工作面为起点,利用巷道中心向量 $\vec{Z}$ 对巷道进行分段划分 ($\vec{Z}_1$、$\vec{Z}_2$、$\cdots$、$\vec{Z}_n$、$\vec{Z}_{n+1}$、$\cdots$),每段单位中心向量 $\vec{Z}$ 代表一个截距,该截距的切片模型包含着该段巷道模型的数据矩阵 D。融合多源信息的巷道模型如图3所示。

　　巷道模型的数据矩阵 D 包含6个子矩阵,分别为:巷道向量子矩阵 Z、巷道设计数据矩阵 S、地质勘探数据矩阵 K、超前探测数据矩阵 C、巷道掘进数据矩阵 J 和巷道环境数据矩阵 H,记作: $D=[Z\ S\ K\ C\ J\ H]$。其中地质勘探数据包括:待掘巷道煤岩硬度分布、围岩节理、冲击地压、涌水量、瓦斯量等;巷道设计数据包括:宽度、高度、坡度、净断面积、净周长、支护参数等;超前探测数据包括:一次性钻探距离、煤层厚度、探测瓦斯量、探测冲击地压等;巷道掘进数据包括:实际宽度及误差、实际高度及误差、实际坡度及误差、进尺等;巷道环境数据包括:温度、湿度、实测瓦斯量、粉尘质量浓度、光照强度等。在掘进作业过程中感知及反馈数据以相同尺度的矩阵形式更新数据矩阵中

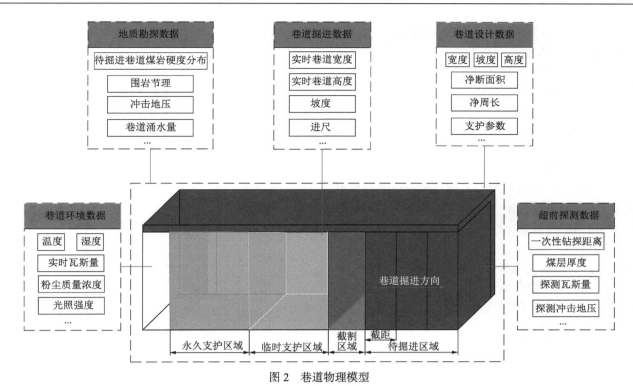

图 2　巷道物理模型

Fig.2　Physical model of the tunnel

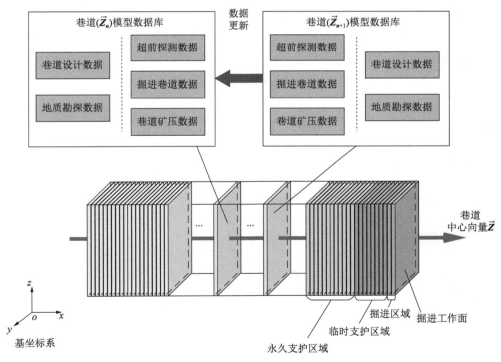

图 3　融合多源信息的巷道模型

Fig.3　Tunnel model integrating multi-source information

的相应内容。

初始的巷道模型为待掘巷道模型,即此时巷道模型的多源数据库中包含巷道设计数据、地质勘探数据、超前探测数据以及巷道环境数据等基本的巷道信息。反映尚未进行掘进时巷道的基本信息。

3.1.3　巷道模型的实时更新

巷道模型根据作业阶段不同具有不同的名称,是一种多元模型。多元巷道模型具体包括待掘巷道模型、截割巷道模型、临时支护巷道模型以及永久支护巷道模型。待掘巷道模型作为初始的巷道模型,指导截割作业,截割对巷道模型的影响以数据的形式更新至待掘巷道模型数据库。截割作业完成后,待掘巷道模型更新为截割巷道模型。截割巷道模型继续指导临时支护作业,并更新迭代,直到永久支护作业完成。不同阶段的巷道模型包含的切片数量不同,且每个切片数据都会经历从待掘巷道模型到永久支护巷道模型的更新过程。

巷道模型根据切片数据与各子模型进行耦合,掘进子系统在巷道模型的约束下完成作业任务。机群协同控制子模型汇总各子模型的作业数据,同时结合实际巷道的检测数据、实时超前探测数据,形成巷道实时检测数据,反馈至巷道模型。以实时超前探测信息指导截割作业,实现基于巷道模型的随掘随探。基于巷道实时检测数据,实现模型数据库的动态实时更新,保证动态时空下耦合模型的精准有效构建。巷道模型更新过程如图4所示。

3.2 基于巷道模型的智能截割

3.2.1 基于巷道模型的截割子模型构建

截割子模型的构建是实现智能截割的基础。选取巷道模型中待掘区域模型的数据,确定截割系统类型。融合待掘巷道模型、已掘巷道模型与截割系统构建截割子模型。根据已建立的截割子模型,控制截割系统完成煤矿巷道的智能截割,更新巷道模型。利用

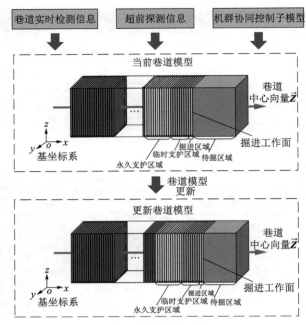

图 4 巷道模型更新
Fig.4 Tunnel model update

智能算法对已掘巷道数据、待掘巷道数据及截割子系统数据进行预处理,减少数据冗余以及提高截割系统与巷道模型的关联性,并优化截割参数,规划下一截割断面的截割轨迹,完成截割子模型构建。图5为截割系统与巷道耦合的截割子系统模型构建原理。

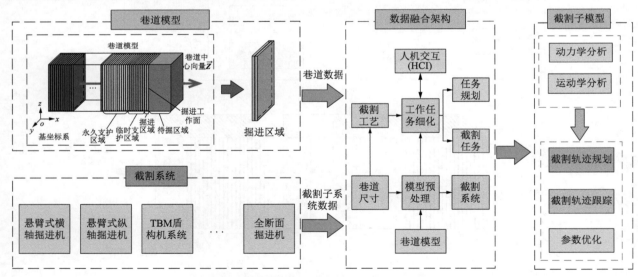

图 5 截割系统与待掘巷道耦合的截割子系统模型构建原理
Fig.5 Schematic diagram of construction of cutting subsystem model coupling cutting system and tunnel to be excavated

3.2.2 基于截割子模型的智能截割方法

基于截割子模型的智能截割方法主要解决截割轨迹规划、截割轨迹跟踪以及参数优化问题。根据已建立的截割子模型,分析截割巷道尺寸与截割头的关系,利用蚁群、Dijkstra、A*、D*等智能轨迹规划算法,在保证截割要求条件下完成截割轨迹规划。根据截

割系统的工作方式,选取 MPC、LQR 等轨迹跟踪算法,制定智能截割策略,控制截割系统完成轨迹跟踪任务,并保证轨迹跟踪误差在合理范围内。根据已完成的巷道截割数据,分析巷道煤岩分布及特性,利用智能优化算法对截割头的运动轨迹进行优化;在截割过程中,根据传感器检测的数据,利用神经网络等方法,实

时优化截割参数,使得截割参数与煤岩分布、硬度等信息相匹配。当前断面所有截割数据再反馈给截割

子模型,为下一断面智能截割做准备。图 6 为基于截割子模型的智能截割方法原理。

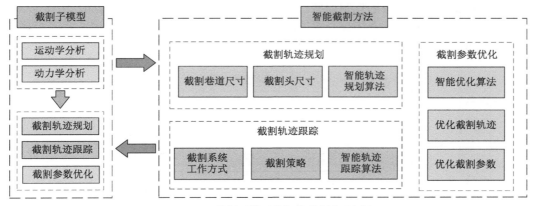

图 6　基于截割子模型的智能截割方法原理

Fig.6　Schematic diagram of intelligent cutting method based on cutting sub model

3.3　基于巷道模型的智能临时支护

3.3.1　基于截割巷道模型的临时支护子模型构建

　　临时支护子模型构建是实现智能临时支护的基础。以巷道稳定为边界条件,建立临时支护与截割巷道耦合模型,得到支护力、支护位置、支护面积、支护方式与巷道应力、应变之间的时空耦合关系。建立时

空耦合模型约束下的临时支护运动学及动力学模型,推导与巷道地形、围岩应力应变相耦合的支护姿态、支护力的关系式。根据耦合模型需求,完成临时支护任务,并将支护信息上传至巷道模型,完成巷道模型更新。图 7 为临时支护系统与截割巷道耦合的临时支护子模型构建原理。

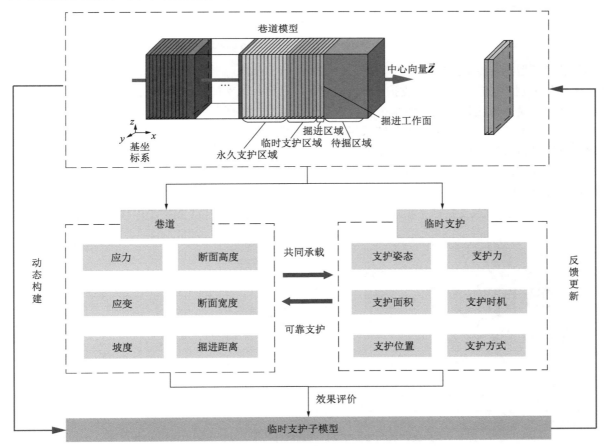

图 7　临时支护系统与截割巷道耦合的临时支护子模型构建原理

Fig.7　Schematic diagram of temporary support sub model construction for coupling temporary support system with cutting roadway

3.3.2　基于临时支护子模型的智能临时支护方法

　　基于临时支护–巷道耦合模型的临时支护自适应控制主要是解决支护姿态及支护力的控制问题。临时支护位姿和力的控制精度直接决定了耦合系统的稳定性。制定力/位混合控制策略中冗余支撑机构的驱动器采用力控制模式,非冗余机构的驱动器采用位置控制模式。在保证位姿精度的同时,通过冗余驱动器优化驱动器驱动力矩的分配,实现位姿控制与力控制的解耦。图 8 为基于临时支护子模型的智能临时支护方法原理。

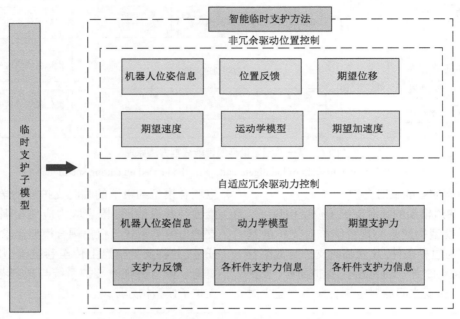

图 8　基于临时支护子模型的智能临时支护方法原理

Fig.8　Schematic diagram of intelligent temporary support method based on temporary support sub model

3.4　基于巷道模型的智能永久支护

3.4.1　基于临时支护巷道模型的永久支护子模型构建

　　永久支护子模型构建是实现智能永久支护的基础。将临时支护巷道模型与永久支护系统采用 JDL 数据融合框架,通过多级处理,融合临时支护巷道模型与永久支护系统,建立永久支护子模型,进行运动学分析和动力学分析,建立永久支护子模型中的定位模块、支护参数模块、永久支护任务模块和钻锚材料装卸模块。根据所建永久支护子模型,永久支护系统进行永久支护任务,任务完成后将永久支护完成的巷道信息数据上传,更新临时支护巷道模型为永久支护巷道模型。图 9 为永久支护系统与临时支护巷道耦合的永久支护子模型构建原理。

3.4.2　基于永久支护子模型的智能永久支护方法

　　基于永久支护子模型的智能永久支护方法主要是设备精准定位、支护工序优化、多钻机多任务分配

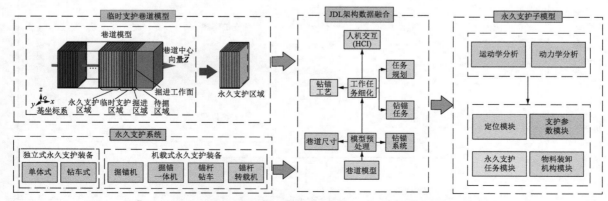

图 9　永久支护系统与临时支护巷道耦合的永久支护子模型构建原理

Fig.9　Schematic diagram of construction of permanent support sub model coupled with temporary support roadway

in permanent support system

和钻锚材料装卸机构轨迹规划,实现高效钻锚。依据永久支护子模型的定位模块得到钻孔位置信息、永久支护系统整机位置信息和钻机位置信息。依据永久支护子模型的支护参数模块得到巷道围岩信息与巷道支护参数,对永久支护工序进行优化,得到最优永久支护工序。依据永久支护子模型的永久支护任务模块得到永久支护任务,构建钻机永久支护综合收益函数,获得钻机任务收益矩阵。结合钻机工作空间可

行域和钻孔分布对钻机任务空间进行优化,获得钻机任务空间可行域,钻机 R 按照可行域内收益最大的原则进行任务 T 的分配。依据永久支护子模型的钻锚材料装卸机构模块得到钻锚材料装卸机构可行域,并结合整机工作空间,以可行域约束条件,采用基于智能算法的轨迹规划方法得到钻锚材料装卸机构的最优路径,实现钻锚材料装卸机构的轨迹规划。图 10 为基于永久支护子模型的智能永久支护方法原理。

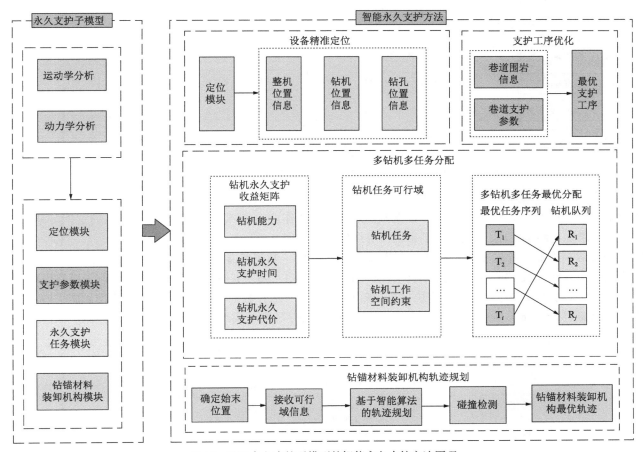

图 10　基于永久支护子模型的智能永久支护方法原理

Fig.10　Schematic diagram of intelligent permanent support method based on permanent support sub model

3.5　基于巷道模型的智能导航

3.5.1　基于巷道模型的导航子模型构建

基于巷道模型与"惯导+"组合导航系统相融合构建导航子模型。导航子模型以待掘巷道模型的理论数据为导航基准,利用"惯导+"组合导航系统检测掘进机机身位姿,根据位姿解算模块分析与待掘巷道模型之间的位置误差,建立纠偏控制模型,纠正掘进机机身位姿,规划掘进路径。导航子模型依据待掘巷道模型检测截割巷道模型,对截割系统进行实时纠偏,修正临时支护系统和钻锚系统的机身定位信息,更新待掘巷道模型,按照待掘巷道模型的要求实现掘进装

备定向导航。图 11 为导航系统与巷道耦合的导航子模型构建原理。

3.5.2　基于导航子模型的智能导航方法

基于导航子模型的智能导航方法是解决掘进机机身位姿纠偏和临时支护、永久支护定位的问题。"惯导+"组合导航系统实时检测截割系统机身位姿,导航子模型将截割系统机身实际位姿与理论位姿比较分析,以理论位姿数据为基准,通过位姿解算模块求解出截割系统机身坐标系与巷道模型坐标系之间的位置和方向关系,利用均值滤波、卡尔曼滤波器等滤波处理方法,得到截割系统机身偏移距离和偏航角

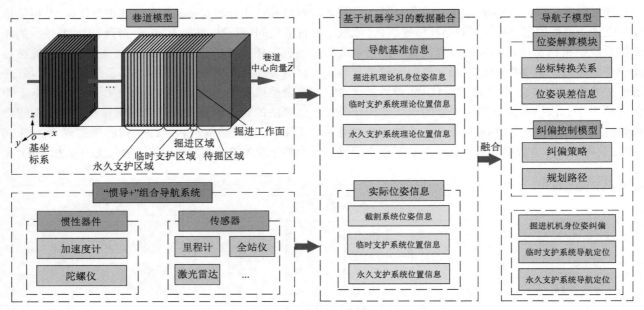

图 11　导航系统与巷道耦合的导航子模型构建原理

Fig.11　Schematic diagram of construction of navigation sub model coupling navigation system with tunnel

误差信息。导航子模型将截割系统机身误差信息利用数字孪生等技术构建纠偏控制模型,根据截割系统的作业需求确定纠偏策略,规划掘截割系统机身纠偏路径进行截割作业。导航子模型以待掘巷道模型的理论数据为基准,通过"惯导+"组合导航系统检测临时支护系统与永久支护系统的机身定位信息,修正机身定位信息进行导航。导航子模型修正截割巷道模

型控制截割系统按待掘巷道模型理论路径截割,循环作业。图 12 为基于导航子模型的智能导航方法原理。

3.6　基于巷道模型的智能并行协同控制

3.6.1　基于巷道模型的并行协同控制子模型构建

融合截割巷道模型、截割子模型、临时支护子模型、导航子模型和钻锚子模型,建立掘进系统物理感

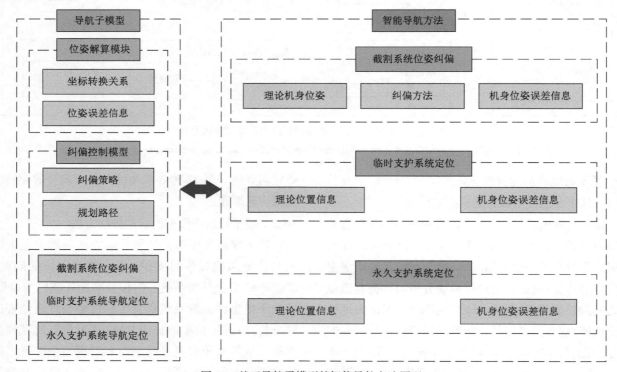

图 12　基于导航子模型的智能导航方法原理

Fig.12　Schematic diagram of intelligent navigation method based on navigation sub model

知体系和时空统一模型。通过各子系统的运动学模型和动力学模型,探究子系统间和子系统与掘进系统的耦合规律及相互作用机理。分析巷道掘进各工艺之间的组织关系和时序逻辑关系,建立基于各子系统工艺过程驱动的掘进系统运动学模型和动力学模型,计算各子系统与掘进系统的工作空间,分析各子系统运动范围、累计误差以及子系统行为对掘进系统控制参数的影响,构建基于掘进系统需求的掘进系统运动特性自适应匹配模型。以掘进系统行为及目标任务为基础,对全局任务进行分解,构建掘进系统控制数学逻辑模型。建立各子系统的碰撞检测模型,防止系统运动干涉,达到各子系统的协同移动。构建包括数据采集层,数据处理层和反馈层的多层协同控制架构,实现掘进系统安全、高效、智能的机群协同控制及多任务的统一并行调度。图13为机群协同控制系统与巷道耦合的并行协同控制子模型构建原理。

3.6.2 基于并行协同控制子模型的智能并行协同控制方法

依据并行协同控制子模型,建立截割子模型、临时支护子模型、永久支护子模型、导航子模型中各子系统的环境信息、位置信息、设备状态信息与掘进任务的时空耦合关系。基于掘进作业工艺,利用图神经网络方法构建多任务多系统的并行协同任务分配模型。基于人工智能算法获得掘进全局最优效益矩阵,以全局效益最优为目标求解掘进系统的最优任务分配,实现截割、临时支护、永久支护子系统之间速度匹配、功率匹配、位姿匹配和状态匹配等。根据掘进各子系统并行作业任务要求,构建基于掘进工艺的动作决策模型。基于最优任务分配矩阵,构建多任务多系统的掘进系统协同控制图结构模型,建立基于图注意力网络的全局收益评价体系,计算全局策略收益。提取多任务多系统的任务节点特征,结合深度学习生成掘进系统协同控制策略,基于奖惩机制反馈迭代实现掘进系统的智能并行协同控制。图14为基于并行协同控制子模型的智能并行协同控制方法原理图。

4 "掘进就是掘模型"学术思想的工程应用

笔者团队联合陕西煤业股份有限公司、西安煤矿机械有限公司针对榆北小保当一号煤矿112204掘进工作面巷道断面尺寸大、夹矸与片帮并存的掘进难题,成功研发出了全国首套具有自主知识产权的护盾式智能掘进机器人系统,该系统全面贯彻了"掘进就是掘模型"学术思想。以安全性、高效性、可靠性、准确性为目标,以巷道模型为基准,构建了巷道总体模型以及各子系统工作原理模型和物理模型,指导护盾式智能掘进机器人各子系统实现了截割与钻锚、钻机与

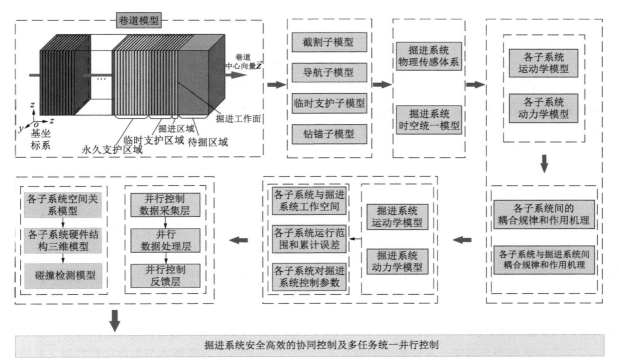

图13 机群协同控制系统与巷道耦合的并行协同控制子模型构建原理
Fig.13 Construction principle of parallel collaborative control sub model coupling between cluster collaborative control system and tunnel

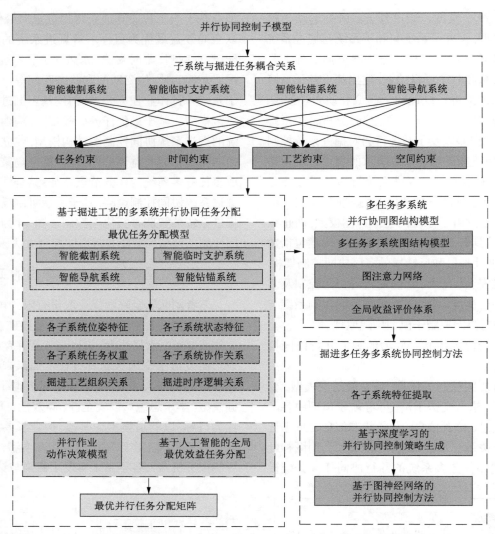

图 14　基于并行协同控制子模型的智能并行协同控制方法原理

Fig.14　Schematic diagram of intelligent parallel collaborative control method based on parallel collaborative control sub model

钻机的高效协同作业。护盾式智能掘进机器人系统于 2020 年 9 月下井进行了工业性实验,通过了 0.8～2.1 m 厚的夹矸严酷地质条件考验,日进尺最高达 56 m。护盾式智能掘进机器人系统总体架构如图 15 所示。

5　结　论

1) 根据地质勘探、巷道设计、超前探测、巷道掘进和环境监测数据,构建巷道模型,通过与截割、临时支护、永久支护、导航、控制各子系统模型的相互耦合,解决了掘进装备各子系统缺乏统一基准的问题,提高了掘进的效率和质量。

2) 建立了巷道模型与截割子系统模型的耦合子模型,提出了智能截割轨迹规划以及截割参数优化方法,制定了巷道智能截割策略,实现了截割子系统自适应规划截割。

3) 建立了截割巷道模型与临时支护子系统耦合的临时支护子模型,提出了临时支护位姿与支护力自适应调整方法,实现了临时支护子系统安全可靠作业,提高了围岩的稳定性,为并行协同作业奠定了时空基础。

4) 建立了临时支护巷道模型与永久支护子系统耦合的永久支护子模型,提出了受限时空下永久支护子系统内部各钻锚设备的协同控制方法,实现了永久支护子系统的高效协同控制。

5) 建立了巷道模型与导航子系统耦合的导航子模型,提出了"惯导+全站仪"的智能掘进系统精确导航方法,提高了巷道掘进精度和成型质量。

6) 建立了巷道模型与机群协同控制子系统耦合的并行协同控制子模型,制定了多机并行协同控制策略,提出了多任务多系统智能掘进系统协同控制方法,实现了智能掘进系统安全高效掘进。

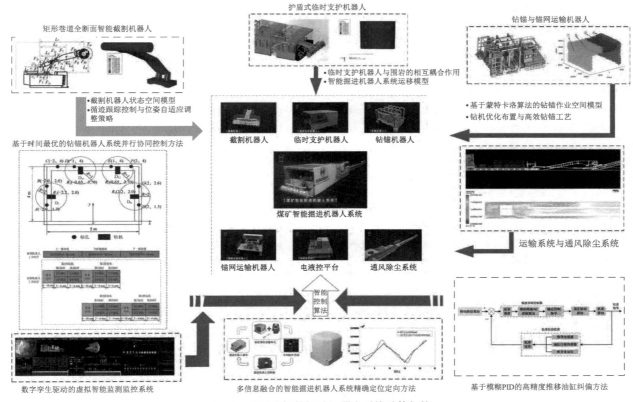

图 15　护盾式智能掘进机器人系统总体架构

Fig.15　Overall architecture of shield type intelligent tunneling robot system

参考文献(References):

[1] 王国法, 刘峰, 孟祥军, 等. 煤矿智能化(初级阶段)研究与实践[J]. 煤炭科学技术, 2019, 47(8): 1–36.
WANG Guofa, LIU Feng, MENG Xiangjun, et al. Research and practice on intelligent coal mine construction(primary stage)[J]. Coal Science and Technology, 2019, 47(8): 1–36.

[2] 毛君, 杨润坤, 谢苗, 等. 煤矿智能快速掘进关键技术研究现状及展望[J]. 煤炭学报, 2024, 49(2): 1214–1229.
MAO Jun, YANG Runkun, XIE Miao, et al. Research status and prospects of key technologies for intelligent rapid excavation in coal mines[J]. Journal of China Coal Society, 2024, 49(2): 1214–1229.

[3] 张旭辉, 杨文娟, 薛旭升, 等. 煤矿远程智能掘进面临的挑战与研究进展[J]. 煤炭学报, 2022, 47(1): 579–597.
ZHANG Xuhui, YANG Wenjuan, XUE Xusheng, et al. Challenges and developing of the intelligent remote controlon roadheaders in coal mine[J]. Journal of China Coal Society, 2022, 47(1): 579–597.

[4] 杨健健, 张强, 王超, 等. 煤矿掘进机的机器人化研究现状与发展[J]. 煤炭学报, 2020, 45(8): 2995–3005.
YANG Jianjian, ZHANG Qiang, WANG Chao, et al. Status and development of robotization research on roadheader for coal mines[J]. Journal of China Coal Society, 2020, 45(8): 2995–3005.

[5] 王步康. 煤矿巷道掘进技术与装备的现状及趋势分析[J]. 煤炭科学技术, 2020, 48(11): 1–11.
WANG Bukang. Current status and trend analysis of readway driving technology and equipment in coal mine[J]. Coal Science and Technology, 2020, 48(11): 1–11.

[6] 葛世荣, 胡而已, 李允旺. 煤矿机器人技术新进展及新方向[J]. 煤炭学报, 2023, 48(1): 54–73.
GE Shirong, HU Eryi, LI Yunwang. New progress and direction of robot technology in coal mine[J]. Journal of China Coal Society, 2023, 48(1): 54–73.

[7] 王国法. 煤矿智能化最新技术进展与问题探讨[J]. 煤炭科学技术, 2022, 50(1): 1–27.
WANG Guofa. New technological progress of coal mine intelligence and its problems[J]. Coal Science and Technology, 2022, 50(1): 1–27.

[8] 程建远, 陆自清, 蒋必辞, 等. 煤矿巷道快速掘进的"长掘长探"技术[J]. 煤炭学报, 2022, 47(1): 404–412.
CHENG Jianyuan, LU Ziqing, JIANG Bici, et al. A novel technology of "long excavation/long detection" for rapid excavation in coal mine roadway[J]. Journal of China Coal Society, 2022, 47(1): 404–412.

[9] 毛君, 李建刚, 李惟慷, 等. 掘进机器人的仿形记忆截割建模与虚拟仿真[J]. 系统仿真学报, 2009, 21(15): 4831–4834.
MAO Jun, LI Jiangang, LI Weikang, et al. Building model and virtual simulation of profiling memory cutting for tunnel robot[J]. Journal of System Simulation, 2009, 21(15): 4831–4834.

[10] WANG S Y, WU M. Cutting trajectory planning of sections with complex composition for roadheader[J]. Proceedings of the Institution of Mechanical Engineers, Part C: Journal of Mechanical Engineering Science, 2019, 233(4): 1441–1452.

[11] 田劼, 银晓琦, 文艺成. 基于混合 IWO—PSO 算法的掘进机截割轨迹规划方法[J]. 工矿自动化, 2021, 47(12): 55–61.

TIAN Jie, YIN Xiaoqi, WEN Yicheng. Method of cutting trajectory planning of roadheader based on hybrid IWO-PSO algorithm[J]. Industry and Mine Automation, 2021, 47(12): 55−61.

[12] 张旭辉, 石硕, 杨红强, 等. 悬臂式掘进机自主调速截割控制系统[J]. 工矿自动化, 2023, 49(1): 80−89.
ZHANG Xuhui, SHI Shuo, YANG Hongqiang, et al. Boom-type roadheader autonomous speed regulation cutting control system[J]. Journal of Mine Automation, 2023, 49(1): 80−89.

[13] 王鹏江, 杨阳, 王东杰, 等. 悬臂式掘进机煤矸智能截割控制系统与方法[J]. 煤炭学报, 2021, 46(S2): 1124−1134.
WANG Pengjiang, YANG Yang, WANG Dongjie, et al. Intelligent cutting control system and method for coal gangue of cantilever tunneling machine[J]. Journal of China Coal Society, 2021, 46(S2): 1124−1134.

[14] 张强, 张石磊, 王海舰, 等. 基于声发射信号的煤岩界面识别研究[J]. 电子测量与仪器学报, 2017, 31(2): 230−237.
ZHANG Qiang, ZHANG Shilei, WANG Haijian, et al. Study on identification of coal-rock interface based on acoustic emission signal[J]. Journal of Electronic Measurement and Instrumentation, 2017, 31(2): 230−237.

[15] 谢苗, 李晓婧, 刘治翔. 基于 PID 的掘进机横摆速度智能控制[J]. 机械设计与研究, 2019, 35(1): 125−127, 132.
XIE Miao, LI Xiaojing, LIU Zhixiang. The intelligent control of roadheaders yaw velocity is established based on neural network PID control method[J]. Machine Design & Research, 2019, 35(1): 125−127,132.

[16] 毛君, 杨振华, 卢进南, 等. 迈步式超前支护装备过渡过程支撑力控制系统设计[J]. 工程设计学报, 2015, 22(4): 387−393, 404.
MAO Jun, YANG Zhenhua, LU Jinnan, et al. Supporting force control system design for transition process of stepping-type advanced supporting equipment[J]. Chinese Journal of Engineering Design, 2015, 22(4): 387−393,404.

[17] ZHANG H, MA H W, MAO Q H, et al. Key technology of temporary support robot for rapid excavation of coal mine roadway[J]. Journal of Field Robotics, 2024: 1-13.

[18] 李瑞, 蒋威, 王鹏江, 等. 自移式临时支架的异步耦合调平控制方法[J]. 煤炭学报, 2020, 45(10): 3625−3635.
LI Rui, JIANG Wei, WANG Pengjiang, et al. Asynchronous coupling approach for leveling control of self-shifting temporary support[J]. Journal of China Coal Society, 2020, 45(10): 3625−3635.

[19] 何勇, 郭一楠, 巩敦卫. 液压支护平台的异步自抗扰平衡控制[J]. 控制理论与应用, 2019, 36(1): 151−163.
HE Yong, GUO Yinan, GONG Dunwei. Asynchronous active disturbance rejection balance control for hydraulic support platforms[J]. Control Theory & Applications, 2019, 36(1): 151−163.

[20] 薛光辉, 管健, 柴敬轩, 等. 基于神经网络 PID 综掘巷道超前支架支撑力自适应控制[J]. 煤炭学报, 2019, 44(11): 3596−3603.
XUE Guanghui, GUAN Jian, CHAI Jingxuan, et al. Adaptive control of advance bracket support force in fully mechanized roadway based on neural network PID[J]. Journal of China Coal Society, 2019, 44(11): 3596−3603.

[21] 薛光辉, 管健, 程继杰, 等. 深部综掘巷道超前支架设计与支护性能分析[J]. 煤炭科学技术, 2018, 46(12): 15−20.
XUE Guanghui, GUAN Jian, CHENG Jijie, et al. Design of advance support for deep fully-mechanized heading roadway and its support performance analysis[J]. Coal Science and Technology, 2018, 46(12): 15−20.

[22] 栾丽君, 赵慧萌, 谢苗, 等. 超前支架速度、压力稳定切换控制策略研究[J]. 机械强度, 2017, 39(4): 747−753.
LUAN Lijun, ZHAO Huimeng, XIE Miao, et al. Research on speed and pressure control strategy of stable switch about forepoling equipment[J]. Journal of Mechanical Strength, 2017, 39(4): 747−753.

[23] 康红普, 姜鹏飞, 刘畅, 等. 煤巷锚杆支护施工装备现状及发展趋势[J]. 工矿自动化, 2023, 49(1): 1−18.
KANG Hongpu, JIANG Pengfei, LIU Chang, et al. Current situation and development trend of rock bolting construction equipment in coal roadway[J]. Journal of Mine Automation, 2023, 49(1): 1−18.

[24] 李晓鹏. 煤矿坑道钻机开孔定位参数自动调节系统研究[J]. 煤炭科学技术, 2017, 45(7): 112−117.
LI Xiaopeng. Study on automatic control system of borehole positioning parameters for mine roadway drilling rig[J]. Coal Science and Technology, 2017, 45(7): 112−117.

[25] NAVVABI H, MARKAZI A H D. Hybrid position/force control of Stewart Manipulator using Extended Adaptive Fuzzy Sliding Mode Controller (E-AFSMC)[J]. ISA Transactions, 2019, 88: 280−295.

[26] 马宏伟, 孙思雅, 王川伟, 等. 多机械臂多钻机协作的煤矿巷道钻锚机器人关键技术[J]. 煤炭学报, 2023, 48(1): 497−509.
MA Hongwei, SUN Siya, WANG Chuanwei, et al. Key technology of drilling anchor robot with multi-manipulator and multi-rig cooperation in the coal mine roadway[J]. Journal of China Coal Society, 2023, 48(1): 497−509.

[27] 马宏伟, 毛金根, 毛清华, 等. 基于惯导/全站仪组合的掘进机自主定位定向方法[J]. 煤炭科学技术, 2022, 50(8): 189−195.
MA Hongwei, MAO Jingen, MAO Qinghua, et al. Automatic positioning and orientation method of roadheader based on combination of ins and digital total station[J]. Coal Science and Technology, 2022, 50(8): 189−195.

[28] 张旭辉, 赵建勋, 杨文娟, 等. 悬臂式掘进机视觉导航与定向掘进控制技术[J]. 煤炭学报, 2021, 46(7): 2186−2196.
ZHANG Xuhui, ZHAO Jianxun, YANG Wenjuan, et al. Vision-based navigation and directional heading control technologies of boom-type roadheader[J]. Journal of China Coal Society, 2021, 46(7): 2186−2196.

[29] DEILAMSALEHY H, HAVENS T C, MANELA J. Heterogeneous multisensor fusion for mobile platform three-dimensional pose estimation[J]. Journal of Dynamic Systems, Measurement, and Control, 2017, 139(7): 071002.

[30] BARTOSZEK S, STANKIEWICZ K, KOST G, et al. Research on ultrasonic transducers to accurately determine distances in a coal mine conditions[J]. Energies, 2021, 14(9): 2532.

[31] 陶云飞, 杨健, 李嘉赓, 等. 基于惯性导航技术的掘进机位姿测量系统研究[J]. 煤炭技术, 2017, 36(1): 235−237.
TAO Yunfei, YANG Jianjian, LI Jiageng, et al. Research on position and orientation measurement system of heading machine based

on inertial navigation technology[J]. Coal Technology, 2017, 36(1): 235−237.

[32] 薛光辉, 李圆, 张云飞. 基于激光靶向跟踪的悬臂式掘进机位姿测量系统研究[J]. 工矿自动化, 2022, 48(7): 13−21.
XUE Guanghui, LI Yuan, ZHANG Yunfei. Research on pose measurement system of cantilever roadheader based on laser target tracking[J]. Industry and Mine Automation, 2022, 48(7): 13−21.

[33] 田伟琴, 田原, 贾曲, 等. 悬臂式掘进机导航技术研究现状及发展趋势[J]. 煤炭科学技术, 2022, 50(3): 267−274.
TIAN Weiqin, TIAN Yuan, JIA Qu, et al. Research status and development trend of cantilever roadheader navigation technology[J]. Coal Science and Technology, 2022, 50(3): 267−274.

[34] 马宏伟, 王鹏, 王世斌, 等. 煤矿掘进机器人系统智能并行协同控制方法[J]. 煤炭学报, 2021, 46(7): 2057−2067.
MA Hongwei, WANG Peng, WANG Shibin, et al. Intelligent parallel cooperative control method of coal mine excavation robot system[J]. Journal of China Coal Society, 2021, 46(7): 2057−2067.

[35] 王杜娟, 贺飞, 王勇, 等. 煤矿岩巷全断面掘进机 (TBM) 及智能化关键技术[J]. 煤炭学报, 2020, 45(6): 2031−2044.
WANG Dujuan, HE Fei, WANG Yong, et al. Tunnel boring machine (TBM) in coal mine and its intelligent key technology[J]. Journal of China Coal Society, 2020, 45(6): 2031−2044.

[36] 杨健健, 张强, 吴淼, 等. 巷道智能化掘进的自主感知及调控技术研究进展[J]. 煤炭学报, 2020, 45(6): 2045−2055.
YANG Jianjian, ZHANG Qiang, WU Miao, et al. Research progress of autonomous perception and control technology for intelligent heading[J]. Journal of China Coal Society, 2020, 45(6): 2045−2055.

[37] 马宏伟, 王世斌, 毛清华, 等. 煤矿巷道智能掘进关键共性技术[J]. 煤炭学报, 2021, 46(1): 310−320.
MA Hongwei, WANG Shibin, MAO Qinghua, et al. Key common technology of intelligent heading in coal mine roadway[J]. Journal of China Coal Society, 2021, 46(1): 310−320.

[38] 马宏伟, 王鹏, 张旭辉, 等. 煤矿巷道智能掘进机器人系统关键技术研究[J]. 西安科技大学学报, 2020, 40(5): 751−759.
MA Hongwei, WANG Peng, ZHANG Xuhui, et al. Research on key technology of intelligent tunneling robotic system in coal mine[J]. Journal of Xi'an University of Science and Technology, 2020, 40(5): 751−759.

[39] 赵琳, 张元生, 刘冠洲. 矿山三维巷道参数化建模方法研究与应用[J]. 金属矿山, 2024(10): 188−195.
ZHAO Lin, ZHANG Yuansheng, LIU Guanzhou. Study and application of 3D mine roadway parametric modeling method[J]. Metal Mine, 2024(10): 188−195.

[40] 李雯静, 张馨心, 林志勇, 等. 基于语义多尺度的矿山地下空间建模方法[J]. 工矿自动化, 2022, 48(3): 129−134.
LI Wenjing, ZHANG Xinxin, LIN Zhiyong, et al. Mine underground space modeling method based on semantic multi-scale[J]. Industry and Mine Automation, 2022, 48(3): 129−134.

煤矿巷道智能掘进关键共性技术

马宏伟[1,2]，王世斌[3]，毛清华[1,2]，石增武[4]，张旭辉[1,2]，杨　征[5]，曹现刚[1,2]，薛旭升[1,2]，夏　晶[1,2]，王川伟[1,2]

(1. 西安科技大学 机械工程学院，陕西 西安　710054；2. 陕西省矿山机电装备智能监测重点实验室，陕西 西安　710054；3. 陕西煤业化工集团有限责任公司，陕西 西安　710070；4. 陕西陕煤榆北煤业有限公司，陕西 榆林　719000；5. 陕西小保当矿业有限公司，陕西 榆林　719000)

摘　要：依据我国煤矿智能化发展战略，深入分析了国内外智能掘进研究现状，结合我国煤炭赋存条件复杂，巷道掘进问题突出，智能掘进挑战严峻等实际，提出了直接影响和制约我国煤矿巷道智能掘进加快发展的智能截割、智能导航、智能协同控制和远程智能测控四大关键共性技术并给出了解决思路和方法。针对掘进系统智能截割问题，提出了基于视觉伺服的掘进系统智能定形截割控制方法和基于遗传算法优化的 BP(GA-BP)神经网络的自适应截割控制方法，旨在提高巷道截割成形质量和效率；针对掘进系统智能导航问题，提出了基于惯导与视觉信息融合的履带式掘进系统智能导航控制方法和基于惯导、数字全站仪与油缸行程信息融合的液压推移式掘进系统智能导航控制方法，旨在提高掘进定位定向精度，实现智能导航；针对掘进系统中掘进、支护、钻锚、运输等多系统协同控制和多任务并行控制问题，提出了基于强化学习的并行作业控制方法和基于 Agent 的并行控制方法，以及 leader-follower 法和基于行为法的智能协同控制方法，旨在实现多机器人系统或智能设备的智能协同控制和并行作业，提高掘进效率；针对掘进系统智能测控问题，创建了本地控制层、近程集控层和远程监控层的智能测控系统架构，提出了数字孪生驱动的虚拟远程智能控制方法，旨在保证掘进系统安全、可靠、高效运行，实现身临其境的虚拟远程智能测控。

关键词：煤矿巷道；智能掘进；精确定位定向；协同控制；并行控制；虚拟现实

中图分类号：TD421.5　　　**文献标志码**：A　　　**文章编号**：0253-9993(2021)01-0310-11

Key common technology of intelligent heading in coal mine roadway

MA Hongwei[1,2]，WANG Shibin[3]，MAO Qinghua[1,2]，SHI Zengwu[4]，ZHANG Xuhui[1,2]，YANG Zheng[5]，
CAO Xiangang[1,2]，XUE Xusheng[1,2]，XIA Jing[1,2]，WANG Chuanwei[1,2]

(1. School of Mechanical Engineering, Xi' an University of Science and Technology, Xi' an　710054, China; 2. Shaanxi Key Laboratory of Mine Electromechanical Equipment Intelligent Monitoring, Xi' an　710054, China; 3. Shaanxi Coal and Chemical Industry Group Co., Ltd., Xi' an　710070, China; 4. SHCCIG Yubei Coal Industry Co., Ltd., Yulin　719000, China; 5. Shaanxi Xiaobaodang Mining Co., Ltd., Yulin　719000, China)

Abstract：According to the national strategy of "intelligent development of coal mines", the current research status of roadway intelligent heading in the world is analyzed. Combining with the complex conditions of coal mine prominent problems of roadway heading and severe challenges with intelligent heading, four key common technologies, such as intelligent cutting, intelligent navigation, intelligent collaborative control and remote intelligent measurement and control that directly affect and restrict the accelerated development of intelligent heading of coal mine are proposed, and the solutions are also given. Aiming at the problem of intelligent cutting in the heading system, the intelligent shaping cut-

收稿日期：2020-12-06　　**修回日期**：2021-01-05　　**责任编辑**：郭晓炜　　**DOI**：10.13225/j.cnki.jccs.YG20.1904

基金项目：国家自然科学基金重点资助项目(51834006)；国家自然科学基金面上资助项目(51975468)；陕西省创新人才计划资助项目(2018TD-032)

作者简介：马宏伟(1957—)，男，陕西兴平人，教授。Tel：029-85583056，E-mail：mahw@ xust. edu. cn

通讯作者：毛清华(1984—)，男，江西永丰人，副教授。Tel：029-85583056，E-mail：maoqh@ xust. edu. cn

引用格式：马宏伟，王世斌，毛清华，等. 煤矿巷道智能掘进关键共性技术[J]. 煤炭学报，2021，46(1)：310-320.

　　　　　MA Hongwei, WANG Shibin, MAO Qinghua, et al. Key common technology of intelligent heading in coal mine roadway[J]. Journal of China Coal Society, 2021, 46(1)：310-320.

移动阅读

ting control method based on visual servo and the adaptive cutting control method of BP neural network optimized by genetic algorithm are proposed to improve the quality and efficiency of cutting and forming. Aiming at the problem of intelligent navigation of the heading system, the intelligent navigation control method of the crawler heading system based on the fusion of inertial navigation and visual information and the intelligent navigation control method of the hydraulic traveling heading system based on the fusion of inertial navigation, digital total station and cylinder stroke information are proposed to improve the accuracy of positioning and orientation testing and realize intelligent navigation. Aiming at the problems of multi-system coordinated control and multi-task parallel control in the heading system, such as heading, support, drilling anchor and transportation, the parallel operation control methods based on reinforcement learning and agent and the intelligent collaborative control methods based on leader-follower and behavior are put forward, in order to realize the intelligent collaborative control and parallel operation of multi-robot systems or smart devices and improve heading efficiency. Aiming at the problem of intelligent measurement and control of the heading system, the intelligent measurement and control system architecture of the local control layer, the short-range centralized control layer and the remote monitoring layer are constructed, and a virtual remote intelligent control method driven by a digital twin are proposed, in order to ensure the safe, reliable and efficient operation of the heading system and realize immersive virtual remote intelligent measurement and control.

Key words: coal mine roadway; intelligent heading; precise positioning and orientation; collaborative control; parallel control; virtual reality

随着《中国制造 2025》战略的深入实施,国家高度重视煤炭工业智能化发展,2019-01-02 国家煤监局发布了《煤矿机器人重点研发目录》,2020-02-25 国家发展改革委等八部委联合印发了《关于加快煤矿智能化发展的指导意见》。在煤炭人的共同努力下,综采工作面智能化初见成效,而综掘工作面智能化严重滞后,导致采快掘慢,比例失衡,严重影响着煤矿安全、高效、智能生产。

目前煤巷掘进方式主要有 4 种[1-3]:① 以悬臂式掘进机为主的综合机械化作业方式;② 连续采煤机与锚杆钻车配套作业方式;③ 掘锚一体机作业方式;④ 包含截割、临时支护、钻锚等智能掘进系统作业方式。美国、澳大利亚、瑞典、英国广泛采用掘锚一体化技术,实现了自动截割、输送设备监测和自动控制,以及掘进和锚护并行作业。我国对掘进、锚杆支护设备及自动化技术研究起步较晚,国内的西安科技大学和西安煤矿机械有限公司、中国煤炭科工集团太原研究院、中国铁建重工集团等单位在掘进成套装备研发方面走在前列,研发的智能掘进成套装备实现了掘进、支护、运输并行连续作业,并实现了远程监测监控,有效提高了掘进效率和自动化程度。我国煤矿赋存条件复杂,掘进工作面环境恶劣,亟需研发智能掘进系统,对于全面提升煤矿巷道掘进装备和工艺水平,最大限度的解放生产力,确保煤矿巷道安全、高效、绿色、智能掘进具有极其重要的意义。

近年来,国内外对煤矿掘进智能化的研究不断深入,已经成为研究的热点。主要聚焦在智能截割技术、智能导航技术、智能协同控制技术和远程智能测控技术等方面。

(1)智能截割技术研究现状。在掘进装备的定形截割方面,刘治翔等运用机器人运动学分析方法,建立截割头在巷道断面坐标系中的运动学方程,并利用蒙特卡洛模拟方法分析了不同油缸位移传感器误差等级对截割头在巷道空间内定位精度影响规律[4]。张旭辉等提出了悬臂式掘进机视觉伺服截割控制系统,采用 PID 控制方法建立了悬臂式掘进机视觉伺服截割控制模型[5]。毛清华等建立了悬臂式掘进机控制系统传递函数模型,运用 PID 控制方法实现了精确截割控制[6]。

在掘进装备的自适应截割方面,国内外主要研究截割臂摆速自适应控制方法,分别为基于油缸压力判断和截割电流判断的截割臂摆速调节方法。国外一些机构如奥地利奥钢联、德国埃克霍夫公司、英国 DOSCO 等主要研究基于油缸压力判断的截割臂摆速自适应控制方法,研发了负载敏感型液压阀。国内主要对基于截割电流判断的截割臂摆速自适应控制方法进行了较为深入的研究。W YANG 等将截割电机电流作为截割载荷变化的判断依据,基于 PID 控制对回转油缸的伸缩速度进行调节,实现了截割臂摆速自适应控制[7]。宗凯等针对掘进机截割过程中煤岩硬度急剧变化时,截割臂摆动速度无法迅速调节以适应当前截割载荷这一实际问题,提出了一种基于 BP 神经网络的截割臂摆速控制策略来实现截割电机恒功率输出[8]。

（2）智能导航技术研究现状。张旭辉等以巷道中的激光束为特征，建立掘进机机身位姿视觉测量模型，通过空间矩阵变换求解得到掘进机的位姿信息[9]。薛光辉等通过建立基于激光靶向扫描的掘进机位姿测量系统模型，从而解算出掘进机相对巷道坐标系的位置和姿态信息[10]。但是激光的穿透力有限，井下粉层较大的情况下定位误差较大。惯性导航测量存在随着时间增长产生累积误差问题，通常需要将惯导和其他传感器构成组合测量系统，提高测量精度[11]。于永军等采用惯导与视觉组合，提高了定位精度[12]。笔者等提出基于"惯导+数字全站仪"的掘进机器人系统位姿检测方法，实现掘进机器人系统精确定位定向[13]。杨文娟等提出了一种通过共面约束几何建模和标定提升井下视觉定位精度的新方法，有效解决了基于激光标靶的煤矿井下移动设备精确定位难题[14]。卢新明等构建了基于惯性导航仪、指北仪和具有跟踪功能的全站仪等设备的物联网，实现了精确可靠的实时定位和掘进机的机器人化[15]。

在智能导航控制方面，笔者等针对煤矿井下移动机器人自主导航问题，构建了基于深度相机的机器视觉系统，提出了一种基于深度视觉的导航方法[16]。张敏骏等针对传统掘进机行驶性能与纠偏控制未考虑滑移及巷道倾角的问题，建立了综合考虑巷道倾角与履带滑移的掘进机纠偏运动学模型，提出了基于神经网络 PID 的掘进机纠偏运动控制算法，实现了控制参数的在线实时修正与调整，保证了控制效果的最优性[17]。张旭辉等针对在煤矿井下高粉尘、低照度环境中，掘进机器人定位与控制精度不高的问题，设计了一种基于视觉测量的快速掘进机器人纠偏控制系统，通过激光和视觉传感器对快速掘进机器人定位，采用 PID 控制算法实现纠偏控制[18]。

（3）智能协同控制技术研究现状。煤矿智能掘进系统主要包括智能截割系统、智能临时支护系统、智能钻锚系统、智能锚网运输系统、智能运输系统和智能通风除尘系统等多个智能子系统。在实现单个子系统智能控制的基础上，如何实现对煤矿智能掘进系统多个任务并行与多个子系统智能协同控制成为重要研究内容之一[19]。

协同控制主要包括 2 个方面[20]：①建立多个机器人之间的空间位置关系，一般通过基坐标系标定来实现；②协同插补算法，协同插补算法中的关键技术是协同轨迹的过渡和对多个运动单元的同步速度规划。国内外学者大多面向多任务、多工序、多资源、多主体的并行与协同控制问题，主要研究了强化学习、遗传算法、Agent 算法、P 学习、粒子群算法等[21]。针对多机器人协同控制问题，PIERPAOLI P 等提出了多机器人行为排序的强化学习框架[22]，CHEN J 等研究了基于深度学习的多机器人协作模型[23]，KOSTAL I A NET 研究了基于分布式梯度粒子群算法的多机器人运动规划方法[24]。

（4）远程智能测控技术研究现状。针对掘进系统远程测控问题，张敏骏等提出了一种基于机载可编程控制器、机载传感系统、视频监控系统以及工控机的掘进机远程监控系统[25]。阳廷军提出了悬臂式掘进机远程可视化控制系统，研究了远程控制系统关键技术[26]。高旭彬提出了综掘工作面远程可视化控制方法，研究了成套设备协同控制、智能截割、智能锚护、智能运输、视频监控等关键技术[27]。

王国法等[28]开展了煤矿智能化建设技术体系研究，分析了煤矿智能化建设存在的技术难题与发展方向。葛世荣等提出了数字孪生智采工作面概念和技术架构，为进一步利用物联网、5G 通信、云计算等技术实现智采工作面数字孪生系统提供了一定的指导[29]。吴淼等提出了一种掘支锚并行作业的施工工艺体系，结合数字孪生技术探讨了煤矿综掘工作面智能发展的关键技术[30]。张旭辉等以虚拟现实为基础，构建了悬臂式掘进机数字孪生系统，实现了悬臂式掘进机的虚拟远程控制[31]。

综上所述，近年来在智能掘进方面的研究不断深入，尤其是国内专家学者的研究成果丰富，持续推动世界掘进智能化水平的不断提升。由于我国煤炭赋存条件复杂，掘进装备和工艺呈现多样化，智能掘进面临严峻挑战，尤其是智能截割、智能导航、智能协同控制、远程智能测控等已经成为影响和制约智能掘进快速发展的关键共性技术难题，迫切需要系统深入研究。

1　智能截割技术

煤矿巷道成形是通过掘进机截割多个单一截面逐渐形成的，断面自动成形受掘进机结构、断面形状、断面地质构造影响。掘进机按照截割形式主要分为纵轴式掘进机、横轴式掘进机和复合型盾构掘进机，纵轴式和横轴式掘进机主要通过截割头的旋转、截割臂的摆动来实现成形，而复合型盾构掘进机主要通过多个刀盘复合运动成形。为了实现智能截割，需要深入研究智能定形截割方法和自适应截割方法。

1.1　智能定形截割

纵轴式掘进机智能定形截割难度较大，破解了该掘进机的智能定形问题，其他掘进方式的智能定形截割问题则迎刃而解。基于视觉伺服的掘进机智能定形截割控制方法是目前先进的智能定形截割控制方法,其系统构成及工作原理如图1所示。系统由截割头位置测量模块、控制器和掘进机截割执行机构等部分组成,以控制器作为控制系统的主控平台,通过截割臂视觉测量和机身位姿检测实现截割头在巷道断面的精确位置检测,将检测的截割头位置与截割规划位置对比获得截割控制偏差,将偏差实时反馈给掘进机控制器,掘进机控制器利用基于模糊PID控制等智能控制方法控制液压伺服系统,从而实现对掘进机的智能定形截割控制。

1.2　自适应截割

煤矿巷道掘进常常存在夹矸、半煤岩等截割

载荷交变的工况,必须研究自适应截割方法,优化截割参数,才能提高截割的安全性、高效性。基于遗传算法优化的BP(GA-BP)神经网络的掘进机自适应截割控制原理如图2所示,将截割臂摆速作为控制量,通过遗传算法优化的BP神经网络来保证截割电机恒功率输出。在控制过程中,实时检测截割电机的电压U和电流I,截割臂驱动油缸的压力P和截割臂振动加速度,并将其输入GA-BP神经网络,将GA-BP神经网络的输出作为控制信号,通过控制电液比例方向阀来控制截割臂驱动油缸伸缩速度,进而对截割臂摆速进行控制,从而保证截割电机恒功率输出。

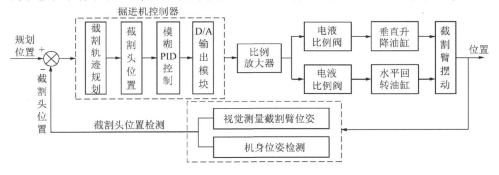

图1　视觉伺服的智能定形截割控制原理

Fig. 1　Schematic diagram of shape-cutting control based on visual servo

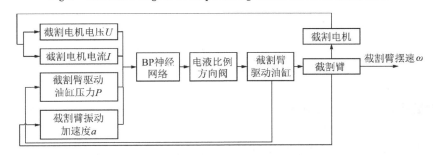

图2　基于GA-BP神经网络的自适应截割控制原理

Fig. 2　Principle of adaptive cutting control based on GA-BP neural network

2　智能导航技术

掘进系统按照行走形式主要分为履带式掘进系统和液压推移式掘进系统。掘进系统智能导航技术主要包括:掘进系统精确定位定向技术和智能导航控制技术。煤矿巷道掘进系统的定位定向精度,直接影响煤矿巷道的掘进质量。由于煤矿井下无GPS、无北斗,如何实现掘进系统的精确定位定向成为巷道掘进的难题。一般情况下掘进巷道宽度偏差为0~100 mm,因此,要求掘进装备的导航控制精度≤±50 mm,导航控制精度要求高,智能导航难题亟需突破。为实现掘进装备智能导航,需要深入研究以惯导为核心的多传感器信息融合精确定位定向方法和智

能导航控制方法。惯导与视觉融合方法和惯导、数字全站仪与油缸行程传感器融合方法是目前掘进系统先进的精确定位定向方法。惯导与视觉融合方法的定向精度可达±0.01°、定位精度可达±40 mm,主要适用于悬臂式掘进机、掘锚一体机等视野开阔的履带式掘进系统。惯导、数字全站仪与油缸行程传感器融合方法的定向精度可达±0.01°、定位精度可达±20 mm,主要适用于液压缸作为行走驱动的液压推移式掘进系统。

2.1　履带式掘进系统智能导航控制方法

采用惯导与视觉组合方法检测履带式掘进系统的机身位姿,机身位姿测量原理如图3所示,其包括单目工业相机、两平行激光指向仪、捷联惯导、雷达测

距传感器和防爆计算机,图3中,α_1,β_1,γ_1和α_2,β_2,γ_2含义一致,分别为偏航角,仰俯角和横滚角。系统通过建立基于无迹粒子滤波与非线性紧组合机制的组合定位系统数学模型,对惯导与视觉信息进行融合,从而获得机身的精确位姿。

履带式掘进系统智能导航控制原理如图4所示,

系统由导航控制器、机身位姿检测系统、行走驱动组成。通过视觉、雷达测距、捷联惯导等多传感器信息融合,实现掘进系统精确定位定向。以掘进系统精确位姿检测为基础,通过神经网络PID或模糊PID控制等智能控制算法驱动掘进系统履带行走部,从而实现掘进系统智能导航。

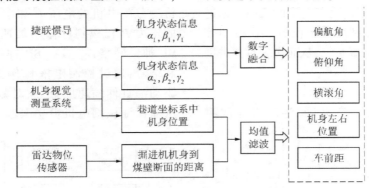

图3　履带式掘进系统的机身位姿测量原理

Fig. 3　Principle of the fuselage pose measurement of crawler tunneling system

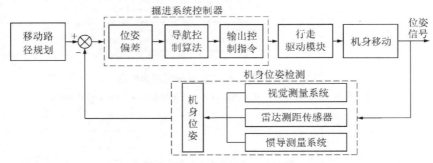

图4　履带式掘进系统智能导航控制原理

Fig. 4　Principle of intelligent navigation control of crawler tunneling system

2.2　液压推移式掘进系统智能导航控制方法

液压推移式掘进系统采用光纤惯导、数字全站仪、油缸行程传感器信息融合进行精确定位定向检测,其定位定向原理如图5所示。通过高精度的光纤捷联惯导测量速度和角速度增量、油缸行程传感器测量系统推移行程,经过数学解算系统得出煤矿智能掘进系统的实时位姿。油缸行程传感器和惯导组合会产生位置累积误差,而数字全站仪可以测量出煤矿智能掘进系统的精确位置信息,因此运用数字全站仪修正惯导与油缸行程组合的位置误差,从而实现煤矿智能掘进系统的精准位姿检测。

液压推移式掘进系统智能导航控制原理如图6所示,系统主要由机身位姿检测系统、掘进系统控制器、液压驱动系统等组成。运用卡尔曼滤波算法对"惯导+数字式全站仪+油缸行程"的多传感器信息进行融合,实现煤矿智能掘进系统精确定位定向。将智能掘进系统精确位姿检测信息实时传递到神经网络PID智能导航控制算法,驱动行走部液压油缸进行自

动纠偏控制,最终实现液压推移式掘进系统智能导航控制。

3　智能协同控制技术

煤矿巷道掘进包括掘进、支护、钻锚、运输等多任务。面向多任务、多系统,如何确保高效、有序、智能的完成任务,必须解决多任务最优匹配,多系统协同控制和多任务并行控制等问题。

3.1　多任务并行控制方法

煤巷掘进主要采用掘、锚分开的交替作业方式,据统计,在一个掘进循环中,支护时间大约占到掘进作业总时间的67%,因此支护速度成为影响提高掘进进尺的关键因素。分析煤矿智能掘进系统的并行作业特征,智能掘进系统属于多任务、多工序、多主体的并行控制系统,通过揭示多系统作业任务数目和完成时间等关键参数之间的关系,实现煤矿巷道智能掘进系统有效、可靠的并行作业。假设由m个子系统组成,分别完成掘、支、钻、锚、运等n个掘进作业工

艺,结合子系统环境与自身状态感知信息,建立基于并行作业特征的智能截割系统、智能临时支护系统、智能钻锚系统、智能锚网运输系统、智能运输系统等多系统并行控制架构,控制架构如图 7 所示,其中,

$X(m,n)$ 为第 m 个子系统的第 n 个掘进作业工艺;$X(m,t)$ 为第 m 个子系统在 t 时刻的状态;$N(n,t)$ 为该状态下 t 时刻的动作;$a(m,n,t)$ 为第 m 个子系统的第 n 个掘进作业工艺在 t 时刻的工序。

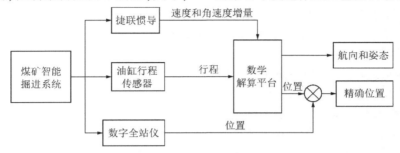

图 5　惯导与数字全站仪、油缸行程传感器融合定位定向原理

Fig. 5　Principle of fusion positioning and orientation of inertial navigation,digital total station and cylinder stroke sensor

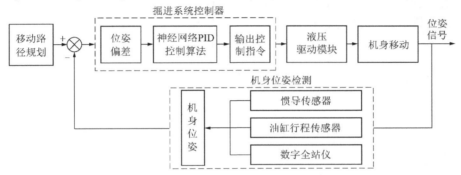

图 6　液压推移式掘进系统智能导航控制原理

Fig. 6　Principle of intelligent navigation control of hydraulic push-type tunneling system

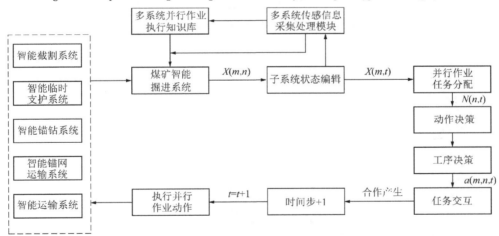

图 7　基于多任务并行作业的控制架构

Fig. 7　Control architecture based on multi-task parallel operation

基于掘进作业最优任务分配的多系统并行作业流程为:

(1)建立感知系统,结合数据采集与处理模块,构建煤矿智能掘进系统并行作业执行知识库,获取各子系统的状态。

(2)基于掘进作业工艺,构建并行作业任务分配模型,确定智能掘进子系统对应作业任务。

(3)根据各子系统并行作业任务,构建动作决策模型,依据智能掘进工艺制定工序决策。

(4)根据多系统并行作业任务分配、动作决策与工序决策模型问题的适应度,评价智能掘进子系统的适应度值。

(5)依据多系统并行作业的任务交互问题描述,建立合作机制,产生下一时间并行作业执行动作,从

而确定多系统最优并行作业方案。

多任务并行控制方法主要有基于强化学习的并行作业控制方法和基于 Agent 的并行控制方法。

3.1.1　基于强化学习的并行作业控制方法

强化学习是从控制论、统计学、心理学等发展而来的,是一种通过与环境交互进而实现实时学习的方法,智能掘进系统选择"掘—支—钻—锚—运"动作与执行顺序,从而影响掘进环境,环境在发生变化的同时,给予子系统一个反馈信息,系统根据反馈信息不断地调整自己的控制策略。基于强化学习模型建立环境状态与动作的映射关系,作为智能掘进系统并行作业动作决策依据。基于强化学习的多任务并行控制原理如图 8 所示,x, s, R, a, t 参数分别表示子系统的位置信息、状态、反馈、行为、时间步;$x(i,t)$ 为第 i 个子系统 t 时刻的位置信息;$\pi(i,t)$ 为经强化学习

后第 i 个子系统 t 时刻的动作决策信息。通过强化学习,使得多任务按照并行作业行为规则、任务分配规则及动作决策,能够自主实现多任务多工艺并行作业控制,从而提高智能掘进系统的并行作业性能,减少子系统间的冲突。

3.1.2　基于 Agent 的智能掘进并行控制方法

Agent 可以被认为是多系统中的子系统单元,可以对环境及其他 Agent 进行相互作用,一组 Agent 通过相互协作和协商,完成一个共同的目标。基于 Agent 的智能掘进多任务并行控制原理如图 9 所示,每个 Agent 是智能掘进多任务的一个单元,将多任务控制分解为多个 Agent 单元控制,即智能截割系统,智能临时支护系统,智能钻锚系统,智能锚网运输系统,智能运输系统等多个 Agent 单元合作完成智能掘进作业任务,只需建立 Agent 之间的通讯模式即能满足多目标任务。

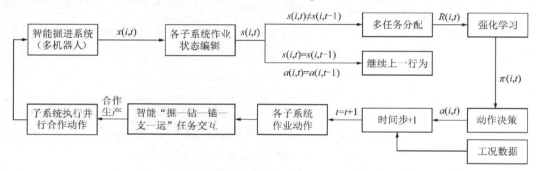

图 8　基于强化学习方法的多任务并行控制原理

Fig. 8　Principle multi-task parallel control based on reinforcement learning method

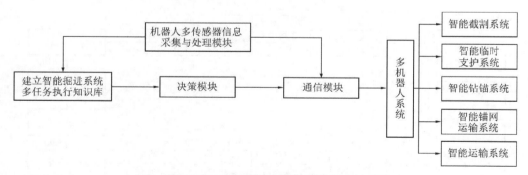

图 9　基于 Agent 的智能掘进多任务并行控制原理

Fig. 9　Principle of multi-task parallel control of intelligent tunneling based on Agent

3.2　多系统智能协同控制方法

智能掘进各子系统的工作存在相互约束和协调,根据智能掘进系统的工艺要求,建立如图 10 所示的煤矿智能掘进多系统协同控制系统框架。典型的多系统智能协同控制方法主要有 leader-follower 法和基于行为法。

3.2.1　基于 leader-follower 法智能协同控制

如图 11 所示,通过将煤矿智能掘进系统的多个

子系统中智能截割子系统设置为领航者,其余子系统为跟随者。工作过程中领航者接收全局信息或接收具体任务执行方式,按照规划好的路线运动,而跟随者参考编队中与领航者的相对位置进行运动。该方法有效降低了煤矿智能掘进系统的控制复杂性,使跟随者容易定位且使编队易于在掘进作业工艺中实施。

3.2.2　基于行为法的智能掘进系统协同控制

基于行为法通过研究一个子系统在场景中的运

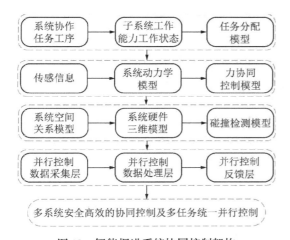

图 10 智能掘进系统协同控制架构

Fig. 10 Collaborative control architecture of intelligent tunneling system

图 11 leader-follower 法工作原理

Fig. 11 Principle of leader-follower

为进行比例加权,调节加权系数以得到理想编队的控制方法。使得智能截割系统,智能临时支护系统,智能钻锚系统,智能锚网运输系统,智能运输系统都具备一定的自主决策能力,包括系统间防碰撞与协同作业的决策能力。当各子系统感知到相邻子系统距离过近或前方有障碍物存在,每个子系统输入都会发生相应的变化,控制器关于速度、方向的输出会随之改变,进而使整个系统达到预期控制效果。通过设置各子系统优先级的方式,使多系统根据不同掘进作业环境做出不同工艺选择,从而合理完成协同作业任务。基于行为法可以实现实时反馈,是一个完全分布式的控制结构,系统柔性较好,可以适应动态加入新子系统的情况。

4 远程智能测控技术

4.1 智能测控系统架构

以智能化、网络化、数字化为核心,运用物联网、5G 通信技术、大数据管理技术、人工智能等现代信息技术,研发具有智能定形截割、智能导航、人员安全预警、环境安全预警、设备故障预警、关键部位视频监控和数字孪生驱动的远程智能测控系统,在地面监控中心可以实现远程一键启停、关键部位远程视频监控、异常状态远程人工干预和数字孪生驱动的远程智能测控。智能测控系统总体架构包含 3 层,分别为本地控制层、近程集控层和远程监控层,如图 12 所示。

动规律制定相对应的运动规则,进一步扩展到多系统控制上。因此,针对煤矿智能掘进系统中"掘—支—钻—锚—运"作业的多目标跟踪、障碍物实时规避和队形重建等任务,通过对预先定义的智能掘进工艺行

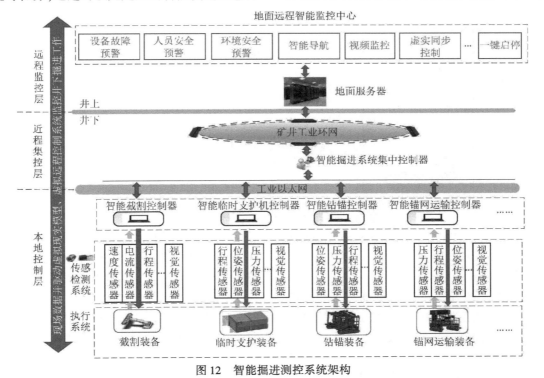

图 12 智能掘进测控系统架构

Fig. 12 Intelligent tunneling measurement and control system architecture

（1）本地控制层。在掘进系统上,集成传感检测系统、本地控制系统、通信系统等,实现掘进系统各个部分的单机智能控制,并通过工业以太网将整个掘进系统的各个部分与近程集控层的集中控制器实时通信,将本地掘进系统的人员、环境、设备、视频等信息传输到掘进工作面近程集控层。

（2）井下近程集控层。通过与本地监控层的控制主机通信,实现本地掘进工作面的人员安全预警、环境安全预警、设备故障预警、关键部位视频监控和数字孪生驱动的掘进工作面远程智能测控,以及近程一键启停,并且通过矿井工业环网可以将信息实时传输地面远程监控层。

（3）地面远程监控层。通过矿井环网和地面环网,在地面监控中心可以实现人员安全预警、环境安全预警、设备故障预警、关键部位视频监控和数字孪生驱动的远程智能测控,以及远程一键启停等,还具备对关键信息进行实时存储和历史数据查询等功能。

4.2　设备故障与安全预警技术

4.2.1　设备故障预警技术

针对掘进工作面装备工况复杂、故障源多等特点,利用振动、温度、压力、流量、液位、电流、位姿等传感器实时监测掘进装备的运行状态。为了实现掘进装备故障诊断和故障预警,需深入研究多传感器数据融合的掘进系统关键部件的故障诊断和预警方法。

4.2.2　环境安全预警技术

根据煤矿安全规程要求,需要在智能掘进系统上布置瓦斯浓度、氧气浓度、一氧化碳浓度、二氧化碳浓度、风量、温度、湿度等传感器,实时监测井下掘进工作面的环境参数。为了实现环境安全预警,需要对采集的环境信息进行实时处理和对环境信息进行预测。因此,需要深入研究环境信息智能预测方法,实现对环境信息进行准确预测,从而实现进工作面的环境安全预警。

4.2.3　人员安全预警技术

目前,煤矿井下人员定位技术有了较大的发展,先进的人员定位技术主要为视觉识别技术和 UWB 的无线定位技术。为了确保掘进工作面人员安全,需深入研究截割滚筒、锚杆钻机等关键部位的人员定位方法,实现掘进工作面人员精确定位。掘锚过程中一旦发现掘截割滚筒和锚杆钻机等关键部位有人员存在,立即发出报警提示,并且能对设备进行人员安全闭锁。

4.3　数字孪生驱动的虚拟远程测控

数字孪生驱动的虚拟远程测控系统如图 13 所示,建立煤矿巷道掘进系统三维虚拟模型和掘进系统运动学模型,将掘进系统的传感器数据实时反馈给虚拟掘进系统,运用数字孪生驱动技术对掘进系统虚拟模型进行动态修正,从而实现掘进系统的远程虚实同步控制。

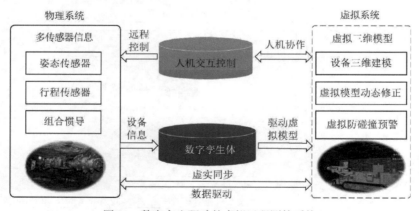

图 13　数字孪生驱动的虚拟远程测控系统

Fig. 13　Virtual remote measurement and control system driven by digital twin

5　结　　论

（1）针对掘进系统智能截割问题,研究了智能定形截割和自适应截割控制方法,采用基于视觉伺服的掘进系统定形截割控制方法实现掘进系统智能定形截割控制,采用基于遗传算法优化的 BP 神经网络自适应截割控制方法,实现截割滚筒的恒功率截割。

（2）针对掘进系统智能导航问题,提出基于惯导与视觉信息融合方法,实现履带式掘进系统精确定位定向检测;提出基于惯导、数字全站仪与油缸行程信息融合方法,实现液压推移式掘进系统的精确定位定向检测。采用神经网络 PID、模糊 PID 或 GA-BP 神经网络等智能控制算法,实现智能掘进系统智能导航控制。

（3）针对掘进系统中掘进、支护、钻锚、运输等多系统协同控制和多任务并行控制问题，提出基于强化学习和基于 Agent 的并行控制方法，实现智能掘进系统多任务并行控制；提出基于 leader-follower 法和基于行为法，实现智能掘进系统的智能协同控制。

（4）针对掘进系统远程智能测控问题，构建了以智能化、网络化、数字化为核心的智能掘进测控系统架构。远程智能掘进测控系统具有智能定形截割、智能导航、人员安全预警、环境安全预警、设备故障预警、关键部位视频监控、数字孪生驱动的远程智能测控等功能，能够实现掘进系统远程虚实同步控制和一键启停控制。

参考文献（References）：

[1]　宿月文，朱爱斌，陈渭，等. 连续采煤机履带行走系统驱动功率匹配与试验[J]. 煤炭学报，2009，34（3）：415-419.
SU Yuewen，ZHU Aibin，CHEN Wei，et al. Power match and experiment of tracked travelling system of continuous miner[J]. Journal of China Coal Society，2009，34（3）：415-419.

[2]　惠兴田，田国宾，康高鹏，等. 煤巷掘进装备技术现状及关键技术探讨[J]. 煤炭科学技术，2019，47（6）：11-16.
HUI Xingtian，TIAN Guobin，KANG Gaopeng，et al. Discussion on equipment technology status and key technology of roadway driving[J]. Coal Science and Technology，2019，47（6）：11-16.

[3]　宋作文，王志强，任耀飞，等. EBZ-150 掘锚一体机在煤巷掘进中的应用[J]. 煤炭科学技术，2013，41（S2）：41-42，45.
SONG Zuowen，WANG Zhiqiang，REN Yaofei，et al. Application of EBZ-150 tunneling and anchor integrated machine in coal road driving[J]. Coal Science and Technology，2013，41（S2）：41-42，45.

[4]　刘治翔，王帅，谢春雪，等. 油缸位移传感器精度对掘进机截割成形误差影响规律研究[J]. 仪器仪表学报，2020，41（8）：99-109.
LIU Zhixiang，WANG Shuai，XIE Chunxue，et al. Research on the influence of the accuracy of the cylinder displacement sensor on the cutting forming error of the roadheader[J]. Chinese Journal of Scientific Instrument，2020，41（8）：99-109.

[5]　张旭辉，赵建勋，张超. 悬臂式掘进机视觉伺服截割控制系统研究[J/OL]. 煤炭科学技术：1-8[2021-01-05]. http://kns.cnki. net/kcms/detail/11.2402. TD. 20200227.1657.034. html.
ZHANG Xuhui，ZHAO Jianxun，ZHANG Chao. Research on visual servo cutting control system of cantilever roadheader[J/OL]. Coal Science and Technology：1-8[2021-01-05]. http://kns. cnki. net/kcms/detail/11.2402. TD. 20200227.1657.034. html.

[6]　毛清华，陈磊，闫昱州，等. 煤矿悬臂式掘进机截割头位置精确控制方法[J]. 煤炭学报，2017，42（S2）：562-567.
MAO Qinghua，CHEN Lei，YAN Yuzhou，et al. Precise control method of cutting head position for boom-type roadheader in coal mine[J]. Journal of China Coal Society，2017，42（S2）：562-567.

[7]　YANG W，WANG Z. Research on the adaptive control for cutting operation of roadheader[J]. Applied Mechanics & Materials，2013，270：1436-1439.

[8]　宗凯，符世琛，吴淼. 基于 GA-BP 网络的掘进机截割臂摆速控制策略与仿真研究[J/OL]. 煤炭学报：1-9[2021-01-05]. https://doi. org/10.13225/j. cnki. jccs. 2020.1022.
ZONG Kai，FU Shichen，WU Miao. Simulation of control strategy for swing speed of roadheader's cutting arm based on GA-BP network[J/OL]. Journal of China Coal Society：1-11[2021-01-05]. https://doi. org/10.13225/j. cnki. jccs. 2020.1022.

[9]　张旭辉，赵建勋，杨文娟，等. 悬臂式掘进机视觉导航与定向掘进控制技术研究[J/OL]. 煤炭学报：1-11[2021-01-05]. https://doi. org/10.13225/j. cnki. jccs. ZN20.0357.
ZHANG Xuhui，ZHAO Jianxun，YANG Wenjuan，et al. Research on visual navigation and directional tunneling control technology of cantilever roadheader[J/OL]. Journal of China Coal Society：1-11[2021-01-05]. https://doi. org/10.13225/j. cnki. jccs. ZN20.0357.

[10]　薛光辉，张云飞，侯称心，等. 基于激光靶向扫描的掘进机位姿测量方法[J]. 煤炭科学技术，2020，48（11）：19-25.
XUE Guanghui，ZHANG Yunfei，HOU Chenxin，et al. Measurement of roadheader position and posture based on laser target tracking[J]. Coal Science and Technology，2020，48（11）：19-25.

[11]　任怀伟，赵国瑞，周杰，等. 智能开采装备全位姿测量及虚拟仿真控制技术[J]. 煤炭学报，2020，45（3）：956-971.
REN Huaiwei，ZHAO Guorui，ZHOU Jie，et al. Key technologies of all position and orientation monitoring and virtual simulation and control for smart miningequipment[J]. Journal of China Coal Society，2020，45（3）：956-971.

[12]　于永军，徐锦法，张梁，等. 惯导/双目视觉位姿估计计算法研究[J]. 仪器仪表学报，2014，35（10）：2170-2176.
YU Yongjun，XU Jinfa，ZHANG Liang，et al. Research on SINS/binocular vision integrated position and attitude estimation algorithm[J]. Chinese Journal of Scientific Instrument，2014，35（10）：2170-2176.

[13]　马宏伟，王鹏，张旭辉，等. 煤矿巷道智能掘进机器人系统关键技术研究[J]. 西安科技大学学报，2020，40（5）：751-759.
MA Hongwei，WANG Peng，ZHANG Xuhui，et al. Research on ket technology of intelligent tuueling robotic system in coal mine[J]. Journal of Xi'an University of Science and Technology，2020，40（5）：751-759.

[14]　YANG W，ZHANG X，MA H，et al. Geometrically-driven underground camera modeling and calibration with coplanarity constraints for Boom-type roadheader[J]. IEEE Transactions on Industrial Electronics，2020，doi：10.1109/TIE.2020.3018072.

[15]　卢新明，闫长青，袁照平. 掘进机精准定位方法与掘进机器人系统[J]. 通信学报，2020，41（2）：58-65.
LU Xinming，YAN Changqing，YUAN Zhaoping，et al. Precisely positioning method for roadheaders and robotic roadheader system[J]. Journal on Communications，2020，41（2）：58-65.

[16]　马宏伟，王岩，杨林. 煤矿井下移动机器人深度视觉自主导航研究[J]. 煤炭学报，2020，45（6）：2193-2206.
MAO Hongwei，WANG Yan，YANG Lin. Research on depth vision autonomous navigation of mobile robot in coal mine[J]. Journal of China Coal Society，2020，45（6）：2193-2206.

[17] 张敏骏,成荣,朱煜,等.倾斜巷道掘进机纠偏运动分析与控制研究[J/OL].煤炭学报:1-9[2021-01-05]. https://doi.org/10.13225/j.cnki.jccs.2020.0855.
ZHANG Minjun, CHENG Rong, ZHU Yu, et al. Research on analysis and control of rectifying movement of inclined roadway roadheader[J/OL]. Journal of China Coal Society:1-9[2021-01-05]. https://doi.org/10.13225/j.cnki.jccs.2020.0855.

[18] 张旭辉,周创,张超,等.基于视觉测量的快速掘进机器人纠偏控制研究[J].工矿自动化,2020,46(9):21-26.
ZHANG Xuhui, ZHOU Chuang, ZHANG Chao, et al. Research on rectification control of rapid tunneling robot based on vision measurement[J]. Industry and Mine Automation,2020,46(9):21-26.

[19] 杨健健,张强,王超,等.煤矿掘进机的机器人化研究现状与发展[J].煤炭学报,2020,45(8):2995-3005.
YANG Jianjian, ZHANG Qiang, WANG Chao, et al. Research status and development of robotization of coal mine roadheader[J]. Journal of China Coal Society,2020,45(8):2995-3005.

[20] 杜宝森.工业机器人多通道协同控制技术研发[D].武汉:华中科技大学,2015.
DU Baosen. Research of coordinated multi-channel control technology for industrial robot[D]. Wuhan:Huazhong University of Science and Technology,2015.

[21] JIANG Jianguo, SU Zhaopin, QI Meibin, et al. Multi-task coalition parallel formation strategy based on reinforcement learning[J]. Acta Automatica Sinica,2008,34(3):349-352.

[22] PIERPAOLI P, DOAN T T, ROMBERG J, et al. A reinforcement learning framework for sequencing multi-Robot behaviors[J]. Computer Science,2019:1-6.

[23] CHEN J Y C, BARNES M J. Human-agent teaming for multirobot control:A review of human factors issues[J]. IEEE Transactions on Human-Machine Systems,2017,44(1):13-29.

[24] KOSTAL I A NET. application searching for data in a log file of the KUKA industrial welding robot[A]. IEEE International Conference on Mechatronics[C]. Brno,2014:656-661.

[25] 张敏骏,臧富雨,吉晓冬,等.掘进机远程监控系统设计与位姿检测精度验证[J].煤炭科学技术,2018,46(12):48-53.
ZHANG Minjun, ZANG Fuyu, JI Xiaodong, et al. Design of remote monitoring system for roadheader and accuracy verification of position and posture detection[J]. Coal Science and Technology,2018,46(12):48-53.

[26] 阳廷军.悬臂式掘进机远程可视化控制系统研究[J].煤矿机械,2017,38(7):29-31.
YANG Tingjun. Study on boom-type roadheader visualization control system[J]. Coal Mine Machinery,2017,38(7):29-31.

[27] 高旭彬.综掘工作面远程可视化控制关键技术研究[J].煤炭科学技术,2019,47(6):17-22.
GAO Xubin. Research on the key technology of remote visual control of fully mechanized excavation face[J]. Coal Science and Technology,2019,47(6):17-22.

[28] 张登山.快速掘进系统研发及应用[J].煤炭科学技术,2015,43(S2):96-99.
ZHANG Dengshan. Development and application on rapid driving system[J]. Coal Science and Technology,2015,43(S2):96-99.

[29] 葛世荣,张帆,王世博,等.数字孪生智采煤工作面技术架构研究[J].煤炭学报,2020,45(6):1925-1936.
GE Shirong, ZHNAG Fan, WANG Shibo, et al. Digital twin for smart coal mining workface:Technological frame and construction[J]. Journal of China Coal Society,2020,45(6):1925-1936.

[30] 吴淼,李瑞,王鹏江,等.基于数字孪生的综掘巷道并行工艺技术初步研究[J].煤炭学报,2020,45(S1):506-513.
WU Miao, LI Rui, WANG Pengjiang, et al. Preliminary study on parallel technology of fully mechanized roadway based on digital twin[J]. Journal of China Coal Society,2020,45(S1):506-513.

[31] 张旭辉,魏倩楠,王妙云,等.悬臂式掘进机远程虚拟操控系统研究[J].煤炭科学技术,2020,48(11):44-51.
ZHANG Xuhui, WEI Qiannan, WANG Miaoyun, et al. Research on remote virtual control system of cantilever roadheader[J]. Coal Science and Technology,2020,48(11):44-51.

掘进工作面数字孪生体构建与平行智能控制方法

王　岩[1,2,3]，张旭辉[1,2]，曹现刚[1,2]，赵友军[3]，杨文娟[1,2]，杜昱阳[1,2]，石　硕[1]

(1.西安科技大学 机械工程学院,陕西 西安　710054;2.陕西省矿山机电装备智能检测与控制重点实验室,陕西 西安　710054;3.西安煤矿机械有限公司,陕西 西安　710032)

摘　要:煤矿井下掘进工作面环境恶劣,巷道近程或地面远程智能控制决策依赖"人员-设备-巷道-环境"在数字空间与物理空间的交互协同。掘进工作面数字孪生体是实现数字掘进与物理掘进交互融合的重要手段。针对巷道近程或地面远程智能掘进场景的虚实交互控制需求,通过分析掘进工作面异构要素的静态特性、动态特性、行为规则及交互关系,构建了智能化掘进工作面数字孪生体模型,该模型由人员智能体、设备智能体、巷道智能体及巷道环境智能体组成,实现掘进工作面"人员-设备-巷道-环境"协同作业过程的高呈现性描述。引入服役状态离散化和事件驱动机制,提出了面向掘进工作面设备智能体的离散逻辑模型构建方法,并详细阐述了潜在事件监测、事件提取、状态离散化、状态演变动力学建模和事件驱动的状态跃迁 5 个建模步骤,通过研究掘进工作面并行作业过程中单智能体和多智能体的状态跃迁机制,实现了掘进工作面几何-物理模型与离散逻辑模型的有机融合,在数字空间融合为一个高忠实度的掘进工作面虚拟模型。在此基础上,引入平行控制理论,构建了基于数字孪生体与物理系统的掘进工作面平行智能控制架构,并将数字孪生体解构为描述子系统、预测子系统和引导子系统,实现数字孪生体与视觉定位、碰撞检测和掘进控制等计算推理模型的结合;利用虚拟仿真技术预测掘进工作面的状态变化趋势,寻求最优控制的安全边界,使数字掘进形成的优化决策辅助物理掘进控制,最终达到数字孪生体与物理实体智能协同、共智互驱的目标。以掘进工作面成形截割控制中的截割头与巷道碰撞检测为例,对比了基于视觉反馈的成形截割物理控制逻辑和基于虚实交互融合的平行智能控制逻辑,形成了掘进工作面成形截割远程智能控制状态跃迁机制,有效提升了掘进工作面"人员-设备-巷道-环境"全要素控制能力,为掘进工作面的巷道近程或地面远程智能控制提供了新的实施路径。

关键词:掘进工作面;数字孪生体;平行智能控制;虚实交互;离散逻辑模型;多智能体

中图分类号:TD421.5　　　**文献标志码**:A　　　**文章编号**:0253-9993(2022)S1-0384-11

Construction of digital twin and parallel intelligent control method for excavation face

WANG Yan[1,2,3], ZHANG Xuhui[1,2], CAO Xiangang[1,2], ZHAO Youjun[3], YANG Wenjuan[1,2], DU Yuyang[1,2], SHI Shuo[1]

(1.*School of Mechanical Engineering, Xi'an University of Science and Technology, Xi'an　710054, China; 2.Shaanxi Key Laboratory of Mine Electromechanical Equipment Intelligent Detection and Control, Xi'an　710054, China; 3.Xi'an Coal Mining Machinery Co., Ltd., Xi'an　710032, China*)

收稿日期:2022-02-21　　修回日期:2022-03-04　　**责任编辑**:郭晓炜　　**DOI**:10.13225/j.cnki.jccs.2022.0215

基金项目:国家自然科学基金资助项目(51834006,52104166);陕煤联合基金资助项目(2021JLM-03)

作者简介:王　岩(1987—),男,山东淄博人,讲师,博士。E-mail:wyan@xust.edu.cn

通讯作者:张旭辉(1972—),男,陕西宝鸡人,教授,博士生导师。E-mail:zhangxh@xust.edu.cn

引用格式:王岩,张旭辉,曹现刚,等. 掘进工作面数字孪生体构建与平行智能控制方法[J].煤炭学报,2022,47(S1):384-394.

WANG Yan, ZHANG Xuhui, CAO Xiangang, et al. Construction of digital twin and parallel intelligent control method for excavation face[J]. Journal of China Coal Society,2022,47(S1):384-394.

移动阅读

Abstract: Due to the harsh environment of coal mine heading face, the intelligent control in roadway or at remote surface depends on the interactive collaboration of operators, equipment, roadway, and surrounding in cyber-physical space. The digital twin of heading face is important for integrating virtual excavation and physical excavation. Considering the demands of the virtual-real interactive control, a digital twin model of intelligent heading face is constructed to achieve a high-fidelity description for the collaborative operation process. It is done by analyzing the static characteristics, dynamic characteristics, behavior rules, and the interaction of heterogeneous elements in the excavation face, which consists of operator agent, equipment agent, the agents of the roadway and its surrounding. The control state discretization and event-driven mechanism are introduced to construct the discrete logic model of the equipment agent, and the five modeling steps of potential event monitoring, event extraction, state discretization, state evolution dynamics modeling, and event-driven state jumping are elaborated. The state transition mechanism of single-agent and multi-agent in the parallel operation process is explored to realize the integration of the geo-metric-physical model and discrete logical model of the heading face, which is a high-fidelity virtual model of the heading face in digital space. Furthermore, the parallel control theory is introduced to construct a parallel intelligent control architecture of the heading face based on its digital twin and the physical system. This architecture deconstructs the digital twin into the description subsystem, prediction subsystem, and guidance subsystem for integrating digital twins with the numerical computational models of visual positioning, collision detection, and excavation control. The safety boundary of optimal control is determined by virtual simulation technology to predict the trend of state changes in the heading face and assist physical excavation control, which ultimately achieves the requirements of parallel intelligent control between the digital twin and the physical entity. Taking the trajectory control of the roadheader's cutting head as an example, the visual-feedback-based physical control logic is compared with the digital-physical-fusion-based parallel intelligent control logic. Moreover, the mechanism of intelligent remote control state transition for the shape-cutting of heading face is formed, which improves the ability to control all elements at the heading face, and the proposed method provides a new implementation path for the intelligent control in roadway or at remote surface.

Key words: excavation face; digital twin; parallel intelligent control; virtual-real interaction; discrete logic model; multi-agent

　　煤矿巷道掘进工作面具有非结构化环境、施工工艺复杂、设备管控策略各异、设备控制扰动频发等特点,人员、设备、巷道及其环境等异构要素将对巷道截割成形质量产生直接影响,人员与设备、设备与设备、设备与环境之间的互联与协同也极大地增加了掘进工作面远程智能控制的难度。因此,实现掘进工作面内"人-机-巷-环境"[1-2]全要素的全息感知、多源融合、虚实交互,对于提升掘进工作面的远程智能控制能力具有重要意义。

　　掘进工作面设备与操作人员组成的人-物理系统(Human Physical System,HPS)的核心在于大幅减化了掘进工作面的人机交互难度,依托人员操作的灵活性快速适应煤矿井下动态变化的掘进环境。而人-信息系统(Human Cyber System,HCS)是基于数字孪生技术形成的操作人员与掘进工作面的信息集成空间,协助人员分析决策和人机协作控制,减少人员脑力劳动。通过掘进孪生数据进行信息-物理系统(Cyber Physical System,CPS)之间的数据同步映射与虚实信息交互,实现掘进工作面人-信息-物理系统(Human Cyber Physical System,HCPS)的多源数据融合和虚实交互控制,形成基于HCPS的掘进工作面"人-机-巷-环境"闭环智能交互模式[3]。

　　随着矿山物联网[4]、长距离高精度地质超前探测[5]、快速掘进机器人系统[6-7]等技术的迅速发展,掘进工作面的掘进效率得到大幅提升,同时也对掘进工作面智能化水平提出了更高的要求。近几年,国内外学者将数字孪生技术引入煤矿采掘装备智能化领域,不断推动采掘装备远程智能控制及采掘工作面智能管控技术的发展。

　　在智能开采领域,谢嘉成等[8]提出了一种基于数字孪生的综采工作面生产系统设计与运行模式,实现全要素、全流程、全数据的集成和融合,以达到生产系统最优配置和装备协同安全高效开采的目的。葛世荣等[9]提出了数字孪生智采工作面系统的概念、架构及构建方法,分析了智采工作面系统涉及的物理工作面、虚拟工作面、孪生数据、信息交互、模型驱动、边缘计算、沉浸式体验、云端服务、信息物理系统、智能终端等10项关键技术。丁华等[10]提出了数字孪生与深度学习融合驱动的采煤机健康状态预测方法，通过构建基于多物理参数的采煤机数字孪生体，实现虚拟可视化展示、分析及健康状态预判。李娟莉等[11]提出了基于数字孪生的综采工作面生产系统，通过综采生产过程的虚拟仿真实现了采煤机截割路径规划和不同综采工艺的预演评价，并利用相关传感器及软件技术在虚拟环境中实时映射出综采装备的运行姿态。

在智能掘进领域，吴淼等[12]提出了数字孪生理论指导下的综掘巷道并行施工技术流程与工艺体系，利用多源传感信息链接与互译实现了并行工艺技术装备物理实体与"虚拟数字孪生体"之间的交互感知，并通过远程可视化智能调控系统完成了掘进机的自主纠偏、障碍物感知及自动截割等智能化革新。针对掘进复杂系统难以建模与实验不足等问题，杨健健等[13]提出了平行掘进系统的研究思想，利用大型计算模型、预测并诱发引导复杂系统现象，通过整合人工社会、计算实验和平行系统等方法，形成新的计算研究体系。龚晓燕等[14]提出一种基于数字孪生技术的掘进工作面出风口风流智能调控系统，优化风流场分布，并运用 Unity3D 构建了系统虚拟模型，从而实现物理实体与虚拟孪生体的映射交互。为有效提升巷道掘进的智能化水平，2020 年以来，张旭辉教授团队分析了智能化掘进数字孪生体成长经历的数化、互动、先知、先觉和共智 5 个阶段[15]，利用煤矿设备虚拟仿真与远程控制技术实现了人-虚拟模型-物理设备的交互协同控制[16-17]，给出了数字孪生驱动掘进装备远程控制模型及技术体系[18]，并分析了远程智能掘进在单一掘进装备定位与控制、设备群协同、人-机-环感知与呈现、远程智能决策等方面面临的瓶颈问题。

作为连接数字空间与物理空间的关键，掘进工作面数字孪生体[19]用于描述掘进工作面实体对象的特征、行为、形成过程和性能，以及人-机、机-机、机-环的交互耦合特性[20]，可准确复现掘进、支护、钻锚和运输等各类设备的并行作业过程。掘进工作面数字孪生体不仅接收物理空间的设备状态、人员和环境感知信息，同时依托数字空间的各类计算推理模型反向驱动物理空间的实体控制。因此，数字孪生体建模方法直接关系到掘进并行作业过程复现与虚拟交互的可靠性。

煤矿巷道的数字掘进与物理掘进的交互控制存在"实控虚"、"虚控实"和"虚实平行控制[21-22]"3 种模式。在数字掘进中复现物理掘进的控制行为，实现数字掘进与物理掘进的同步，即为"实控虚"；通过数字掘进模拟物理掘进的状态和行为，并按照虚拟控制指令执行物理掘进过程，即为"虚控实"；通过消除数

字掘进和物理掘进的控制行为偏差，执行最优控制策略，保持虚实交互行为一致性，即为"虚实平行控制"。其中，"实控虚"与"虚控实"均为单向信息传递模式，此时虚拟控制策略与物理控制策略不存在冲突。因此，当掘进工作面处于虚实交互控制模式时，如何减少数据传输时延、执行逻辑各异、虚实行为一致性差等因素的影响，有效消除物理系统和虚拟模型的控制逻辑偏差，保持虚实交互行为一致性，成为掘进工作面远程智能控制迫切需要解决的问题。

笔者引入平行控制理论[23-24]，聚焦掘进工作面的远程智能控制能力提升，以掘进定向导航和成形截割为核心，通过分析掘进工作面 HCPS 内各要素交互模式，构建了掘进工作面数字孪生体模型，为数字掘进与物理掘进的虚实交互控制逻辑消歧与信息高效交互奠定基础。在此基础上，搭建了智能化掘进工作面平行智能控制架构，设计了基于数字孪生体离散逻辑模型的掘进工作面巷道成形截割平行智能控制方法应用实例，有效提升了掘进工作面"人-机-巷-环境"全要素控制能力。

1 掘进工作面数字孪生体建模

1.1 掘进工作面数字孪生体总体架构

通过分析掘进工作面异构要素的静态特性、动态特性、行为规则及交互关系，形成了由设备智能体、人员智能体、巷道智能体及巷道环境智能体组成的掘进工作面数字孪生体总体架构，如图 1 所示。由于掘进工作面"人-机-巷-环境"的交互协同关系，智能体建模分为单智能体描述建模和多智能体交互关系建模两阶段。

单智能体描述建模指的是设备、人员、巷道及其环境等个体的静态特性、动态特性和行为规则描述。其中，设备智能体的静态特性包括掘进、临时支护、锚固支护、锚网运输、通风除尘等物理设备的外形尺寸、结构关系、部件参数等；设备智能体的动态特性包括机身位姿、截割头位姿等运动状态和机械、液压、电气部分的健康状态；设备智能体的行为规则包括定向导航、成形截割、动态修正。人员智能体的静态特性包括掘进工作面操作人员的基本信息等；人员智能体的动态特性包括时空信息、健康状态等；人员智能体的行为规则包括操作规范、技能考核、动作行为等。巷道智能体用于描述掘进工作面煤层的相关信息，其静态特性包括地质构造、顶底板岩性等煤层地质信息；其动态特性包括顶底板接近量、两帮移近量、锚杆应力等巷道稳定性信息。巷道环境智能体用于描述巷道空间和巷道环境的相关信息，其中，巷道空间特性

包括巷道走向、尺寸等时空参数信息;巷道环境特性包括水、瓦斯、粉尘、温度、风量等实时作业环境信息。

多智能体交互关系建模指的是设备之间、人员与设备、设备与巷道、巷道与环境、人员与环境等多智能体间的交互建模。其中,设备智能体间的交互关系包括掘进与临时支护协同、临时支护与钻锚协同、钻锚与锚网运输协同、设备碰撞检测、自动跟机找直等;人员智能体与设备智能体的交互关系指的是利用人员操作的灵活性快速适应动态变化的掘进环境,可通过 VR/AR/MR 等手段实现远程人机交互[25-26];设备智能体与巷道智能体的交互关系在于设备定位、定向导航和成形截割等方面的检测与控制,如超挖检测、欠挖检测等;巷道智能体与环境智能体的交互关系在于透水、瓦斯释放、粉尘等造成的巷道环境变化;人员智能体与环境智能体的交互关系在于辅助监测掘进工作面环境状态变化,确保工作面作业安全。

由于掘进工作面设备是巷道近程或地面远程智能控制的核心,本文将重点描述设备智能体的离散逻辑建模过程。

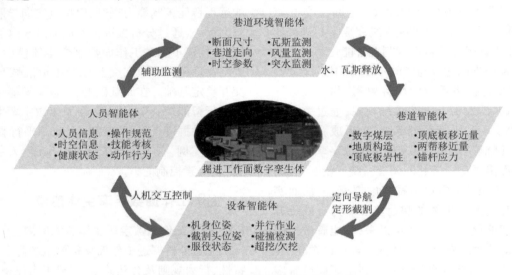

图 1　掘进工作面数字孪生体总体架构
Fig.1　The architecture of digital twin for excavation face

1.2　设备智能体逻辑建模

由于井下掘进环境恶劣,工况瞬息万变,传输时延、偶发扰动、数据漂移等随时发生,为保持数字掘进与物理掘进的行为一致性带来巨大挑战。基于 Unity 3D 虚拟引擎的虚拟掘进工作面可实现掘进设备外形、巷道空间及设备与巷道的相对位置关系的可视化虚拟仿真,精准复现物理掘进的空间结构关系。为保证掘进工作面的安全高效运行,情境感知、运动控制、状态预测等计算推理模型与可视化虚拟仿真模型并行执行,将导致虚实交互控制状态的频繁同步,大量消耗三维可视化引擎服务器和模型计算服务器的算力[27],影响数字掘进与物理掘进的虚实交互控制能力,对掘进工作面远程控制系统造成巨大压力。与虚拟仿真模型并行执行的数字孪生体连续建模思路不适用于掘进工作面的虚实交互控制过程。因此,笔者提出一种基于服役状态离散化和事件驱动机制的设备智能体逻辑模型构建方法,该方法建模流程如图 2 所示。

步骤 1:潜在事件监测。掘进并行作业过程中各类设备的动作控制指令是影响掘进系统服役状态的主要事件来源。此外,影响掘进并行作业状态的扰动事件主要包括机身滑动等因素产生的偶发事件;控制指令不合理造成的设备间碰撞[28]、截割臂与铲板碰撞等碰撞事件;截割臂与巷道的超挖/欠挖事件;人工干预自动控制产生的控制偏离事件;设备故障造成的控制指令执行不达标等故障事件。通过实时监控动作控制指令(主事件)、偶发事件、碰撞事件、超挖/欠挖事件、控制偏离事件和故障事件,提取发生的潜在事件,并生成离散化后的关键状态点。

步骤 2:事件提取。基于掘进作业控制指令生成掘进作业主事件,并生成事件集合 $E = \{E_A, E_B, \cdots\cdots\}$,持续监控作业过程中发生的扰动事件 E_{temp},通过比对扰动事件 E_{temp} 和事件集合 E 生成新事件向量 $E_{new} = \{E_{temp}, S_{temp}\}$,$S_{temp}$ 为潜在扰动事件 E_{temp} 对应的潜在状态点。

步骤 3:状态离散化。基于掘进作业主事件集合生成关键状态集合 $S = \{S_A, S_B, \cdots\cdots\}$,当扰动事件 E_{temp} 发生时生成新状态点 S_{temp},通过比对新状态点

E_{temp} 与状态集合 S ,生成新状态向量 $S_{\text{new}} = \{S_A, S_{\text{temp}}, S_B\}$,其中, S_A 为新事件发生的初始状态, S_B 为新事件发生时的目标状态。新生成的状态向量 S_{new} 与新事件向量 E_{new} 一一对应。

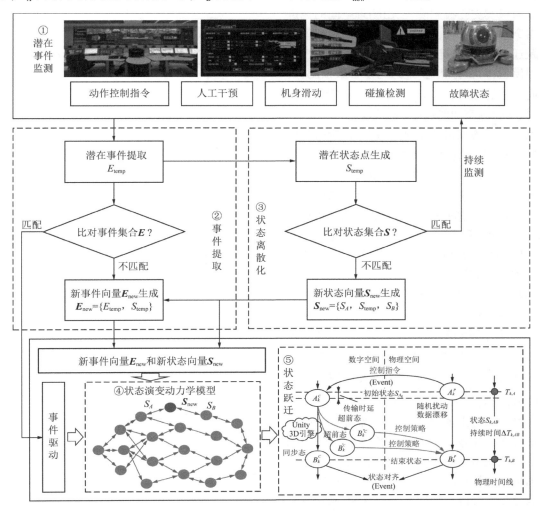

图 2　设备智能体离散逻辑模型构建流程

Fig. 2　Modeling procedure of discrete logic model for equipment agent

步骤 4:状态演变动力学建模。首先,根据掘进并行作业工艺,建立掘进作业状态演变动力学模型,采用 Neo4j 工具存储状态演变关系到图 3 所示的网络中;其次,基于新生成的事件向量 E_{new} 和相应的状态向量 S_{new} ,将原有状态演变关系 $S_A \rightarrow S_B$ 更新为关系 $S_A \rightarrow S_{\text{new}} \rightarrow S_B$,实现状态演变动力学模型的更新。基于 Neo4j 的图形化描述实现了状态跃迁过程的可视化,也便于提升状态跃迁过程的检索效率。

步骤 5:事件驱动的状态跃迁。当监测到掘进工作面相关事件发生时,驱动智能体逻辑模型进行状态跃迁。根据状态演变关系,获得状态跃迁的初始状态 S_A 和目标状态 S_B ,建立初始状态 S_A 的计算推理模型,并在数字空间获得状态跃迁的超前态,通过对比超前态和物理空间同步态,生成掘进工作面控制策略,指导物理掘进系统的控制。

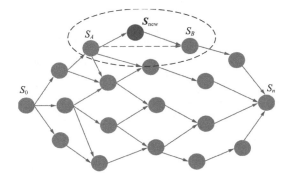

图 3　状态演变关系的图示化描述

Fig.3　Graphical description of state evolution relationship

在图 2 所示的设备智能体离散逻辑模型构建流程中,事件提取和状态离散化是构建设备智能体逻辑模型的关键,新的事件发生对应生成新的状态点。在掘进工作面虚拟仿真阶段,随着虚拟模型的迭代进化,完成主事件提取和状态离散化工作,在此基础上,建立设备智能体 k 的关键状态点 S_{A_k} 计算推理模型。在掘进工作面虚实交互控制阶段,由物理空间的掘进动作控制指令作为主事件,驱动数字空间的虚拟模型进行状态跃迁,利用视觉定位、碰撞检测和掘进控制等计算推理模型,对目标状态 S_B 进行多参数预测,产生面向不同参数的超前态 $\{B'^C_k,\cdots,B''^C_k\}$ 及相应的控制策略,并指导物理空间的设备动态修正。

由于虚实空间的数据传输时延,作业控制指令由物理空间发送到数字空间时,数字孪生体逻辑模型的初始状态 $S_{A_k^C}$ 落后于物理系统的初始状态 $S_{A_k^P}$。为了保证物理实体与数字孪生体的行为一致性,需要在每次状态跃迁结束时从时间域和空间域 2 个维度进行时空对齐。本文提出一种由时间戳和空间坐标组成的时空向量 $R=\{$时间戳,机身位姿坐标[29],截割头位姿坐标[30]$\}$ 辅助时间域和空间域的状态对齐,并将时空向量 R 集成到数字空间与物理空间交互的控制指令中。

如图 4 所示,当物理空间发送控制指令到数字空间,首先,比较 $T_{k,A}$ 时刻的虚拟模型 $S_{A_k^C}$ 和物理系统 $S_{A_k^P}$ 的时空对齐情况,当虚实状态对齐时,比较状态 $S_{A_k^C}$ 的虚拟控制逻辑和状态 $S_{A_k^P}$ 的物理控制逻辑的一致性,以此评价当前状态 A'^C_k 和 A'^P_k 的行为一致性。当数字掘进与物理掘进出现时空偏差时,利用 Unity 3D 虚拟引擎实现虚拟作业状态到物理作业状态的平缓过渡。由于物理通道的数据传输时延远远小于掘进作业运行时间,基于 Unity 3D 虚拟引擎的时空对齐分析可以满足数字掘进与物理掘进的行为一致性控制要求。

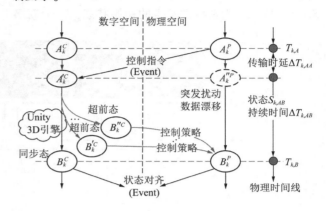

图 4　设备智能体状态跃迁

Fig.4　State transition diagram of equipment agent

1.3　面向并行作业的多设备智能体逻辑建模

掘进工作面并行作业过程中各设备及部件之间存在协同作业关系,如掘探协同、掘支协同、钻锚协同等[31],根据协同作业发生的时间顺序,协同作业关系分为并行作业和串行作业。掘进工作面并行作业的多智能体状态跃迁过程,如图 5 所示,具体跃迁过程如下所示:

首先,在物理空间由设备 i 发起协同控制指令给设备 j,并将协同控制指令发到设备 i 的虚拟模型 A_i^C,物理设备 i 和 j 由初始状态 A_i^P 和 A_j^P 向目标状态 B_i^P 和 B_j^P 跃迁。

其次,在数字空间由虚拟模型 A_i^C 进行物理控制指令和虚拟作业指令的比较,完成数字空间内初始状态 A_i^C 和 A_j^C 向目标状态 B_i^C 和 B_j^C 的跃迁。

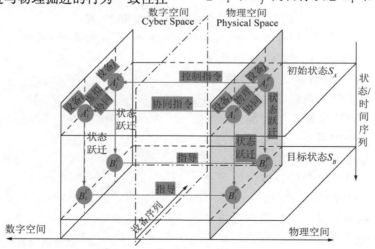

图 5　并行作业多智能体状态跃迁

Fig.5　Multi-agent state transition diagram of parallel operation

2　掘进工作面平行智能控制架构

尽管掘进工作面虚拟控制模型在触发因素、控制逻辑和控制目标等方面与物理系统控制逻辑尽可能保持统一,虚实控制模型之间仍存在一些不同点。首先,物理控制模型的控制逻辑是面向确定的输入参数和确定异常扰动因素,当物理实体对象发生变化或发生未知因素扰动将导致物理控制模型不适应新条件下的控制要求,需对物理控制参数进行适当配置以适应外界环境变化,而虚拟控制模型在适应突发扰动或控制目标发生变化时的柔性更强。虚拟控制模型可以超前物理控制模型评估未来可能发生的事件,以保证掘进工作面的安全运行。

通过分析掘进工作面数字孪生体与物理实体的虚实交互控制模式,分为实控虚、虚控实和平行智能控制 3 种典型的控制模式,如图 6 所示。

不同于"实控虚"、"虚控实" 2 种单向信息传递模式,平行智能控制用于消除物理系统和虚拟模型的控制指令偏差,实现数字模型与物理系统执行逻辑的统一,达到保持虚拟模型与物理系统行为一致性的目的。

聚焦掘进工作面成形截割控制中的掘进机截割头与巷道的碰撞检测与控制问题,通过引入王飞跃提出的平行控制理论[32],将前述掘进工作面数字孪生体按照描述子系统、预测子系统、引导子系统进行重新解构,形成掘进工作面平行智能控制架构,如图 7

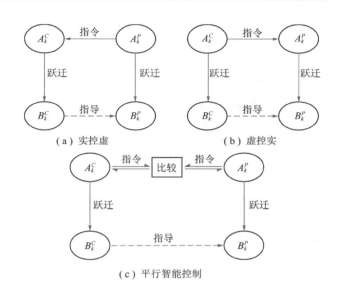

图 6　典型虚实交互控制模式

Fig.6　Typical virtual-real interactive control mode

所示,该架构由物理系统及其数字孪生体组成,通过探究物理系子统、描述子系统、预测子系统和引导子系统的虚实交互过程,形成掘进工作面平行智能控制模式。

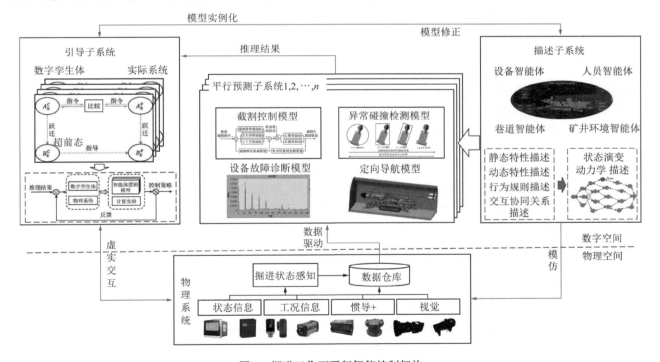

图 7　掘进工作面平行智能控制架构

Fig.7　Parallel control architecture of intelligent excavation face

(1)描述子系统。基于前述掘进工作面数字孪生体,将工作面设备、人员、巷道及环境等要素从静态特性、动态特性、行为规则和交互协同等方面进行描述建模,以实现物理系统的高精度建模和精准复现。掘进工作面数字孪生体的核心在于智能体状态的离散化,在关键状态点建立逻辑描述模型时,为了保证模型的解算效率和收敛性,需分别面向全面监控数据进行可视化全面描述和面向敏感监控数据进行局部物理系统描述。

(2)预测子系统。针对掘进工作面定向导航、成形截割、轨迹修正、设备碰撞检测、群协同控制等不同需求,存在各类独立控制模型,由于掘进设备位置滑动等扰动因素,虚拟控制模型与物理系统的行为存在偏差,无法获得用于自主控制的最优控制策略。针对影响模型控制参数的敏感度不同,建立掘进设备控制参数扰动的平行控制预测模型,分别对控制模型输入特性参数扰动,推理掘进工作面最优控制的安全边界。

(3)引导子系统:物理系统和虚拟系统均产生控制指令,为保证虚拟系统和物理系统的控制指令的一致性,需比较指令偏差,达到保证物理系统和虚拟系统的时空同步的目的。引导子系统连接虚拟系统与物理系统,通过比对预测子系统推理结果的超前态与物理系统的同步态,计算数字孪生体和物理系统的控制策略偏差,实现虚实交互过程中的差异修正。

3 掘进成形截割平行智能控制

悬臂式掘进机截割头定位的速度和精度是影响施工效率和质量的关键因素之一[33],由于掘进机作业环境极差,依靠人员操作经验的截割断面成形质量难以保证且巷道掘进效率低下[29]。

针对矿井煤层环境复杂、煤质多样性,截割阻力分布规律不明等特点,课题组采用超声波传感器、防爆数字相机、捷联惯导、激光指向仪与激光标靶等状态感知手段实现了基于视觉反馈的悬臂式掘进机器人的智能巷道成形截割,通过计算截割头运动轨迹与预先规划轨迹的偏差解决巷道成形截割过程中超挖和欠挖现象。

图8给出了基于视觉反馈的成形截割物理控制逻辑和基于虚实交互融合的平行智能控制逻辑,分析可知,基于视觉检测的物理控制逻辑是首先输入基本控制参数并计算理论截割运动轨迹,通过视觉检测方式监控机身位姿和截割头位姿,当截割头接近超挖或欠挖边界时,控制系统才能做出状态识别,更新掘进机控制策略,并重新计算截割运动轨迹。基于数字孪生体的虚拟控制逻辑以视觉信号作为输入,生成时空对齐向量,保证掘进工作面物理实体与数字孪生体的时空对齐。在关键状态点触发平行预测子系统的基于轴对齐包围盒和方向包围盒混合层次包围盒算法的碰撞检测模型[34],识别成形截割控制的安全边界,修正截割头控制指令,保证成形截割过程的连续运行。

基于图9所示的100型掘进实验平台,以智能体逻辑模型构建流程分析掘进工作面的矩形巷道成形截割控制过程。具体实施步骤如下所示:

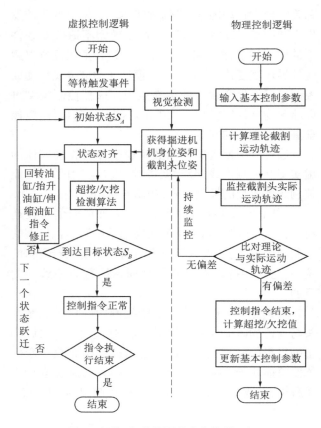

图8 超挖/欠挖检测的虚实控制逻辑

Fig.8 Virtual-real control logic for over-mining/under-mining detection

步骤1:潜在事件监测。通过计算图10所示的掘进截割头运动轨迹点坐标集合 $P = \{p_A, p_B, \cdots, p_J\}$ 的运动关系,反算回转油缸和升降油缸的控制指令,并以此生成掘进工作面成形截割控制的主事件。在此基础上,实时监测截割过程中影响截割质量的扰动事件,包括机身滑动、结构干涉、人工干预、控制指令不达标、故障等事件类型。

步骤2:事件提取。结合控制指令分析成形截割控制主事件为截割头在截割轨迹点的移动事件,提取事件集合 $E = \{E_A, E'_A, E_B, \cdots, E_J, E'_J\}$,其中 E'_A 为事

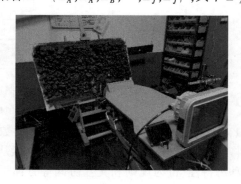

图9 智能掘进实验平台

Fig.9 Intelligent tunneling platform

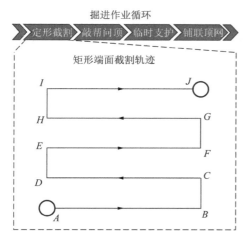

掘进作业循环

定形截割　敲帮问顶　临时支护　铺联顶网

矩形端面截割轨迹

图 10　矩形断面成形截割轨迹

Fig.10　Rectangular section locus

件为截割头位于 p_A，伸长截割头；$E_{J'}$ 表示事件为截割头位于 p_J，截割头退回；E_A 为轨迹点间截割头移动事件。此外，在本例中设计了轨迹点 A 与轨迹点 B 之间发生机身滑动事件 E_A'' 和轨迹点 G 与轨迹点 H 之间发生人工中断指令事件 E_G'，更新事件集合为 $E =$

$\{E_A, E_A', E_A'', E_B, E_C, E_D, E_E, E_F, E_G, E_G', E_H, E_I, E_J, E_J'\}$。

步骤 3：状态离散化。针对事件集合的各事件生成相应的状态点，并组成单次截割作业逻辑模型状态集合 $S = \{S_A, S_A', S_A'', S_B, S_C, S_D, S_E, S_F, S_G, S_G', S_H, S_I, S_J', S_J\}$，其中状态点与事件集合 $E = \{E_A, E_A', E_A'', E_B, E_C, E_D, E_E, E_F, E_G, E_G', E_H, E_I, E_J, E_J'\}$ 的事件一一对应。

步骤 4：状态动力学建模。本例中的截割控制过程采用串行施工工艺，所有状态点的跃迁过程为链式结构，即 $S_A \rightarrow S_A' \rightarrow S_A'' \rightarrow S_B \rightarrow S_C \rightarrow S_D \rightarrow S_E \rightarrow S_F \rightarrow S_G \rightarrow S_G' \rightarrow S_H \rightarrow S_I \rightarrow S_J \rightarrow S_J'$。

步骤 5：事件驱动的状态跃迁。假设巷道掘进处于第 i 个排距的成形截割作业循环，其事件集合 $E_i = \{E_{i,A}, E_{i,A}', \cdots, E_{i,J}, E_{i,J}'\}$，得到对应事件集合 E_i 的成形截割控制状态跃迁图。

图 11 给出了基于 100 型掘进实验平台的成形截割控制状态跃迁图，描述了掘进工作面成形截割远程智能控制的状态跃迁机制，从而提升"人员-设备-巷道-环境"掘进工作面全要素的远程智能控制能力。

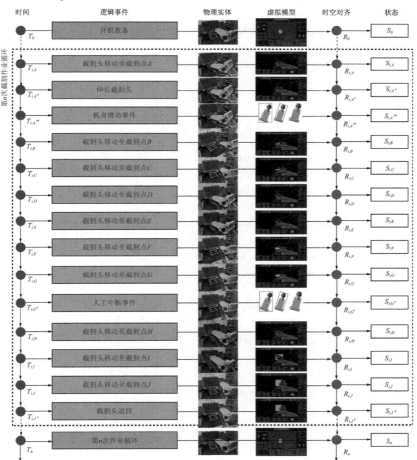

图 11　悬臂式掘进机成形截割控制状态跃迁

Fig.11　State transition diagram of intelligent cutting control for boom-type roadheader

4　结　论

（1）构建了一种考虑人员、设备、巷道及其环境的掘进工作面数字孪生体,实现"人-机-巷-环境"掘进工作面全要素在数字空间的高效呈现,解决掘进工作面数字空间与物理空间协同难、复现难的技术难题。

（2）建立了面向掘进设备智能体的离散逻辑模型,确定掘进工作面并行作业过程中单智能体和多智能体的状态跃迁机制,实现 Unity 3D 虚拟引擎驱动的几何-物理模型与离散逻辑模型的有机融合,从而在数字空间融合为一个高忠实度的掘进工作面虚拟模型,为虚实交互融合的平行智能控制提供技术保障。

（3）提出了基于数字孪生体与物理系统交互融合的掘进工作面平行智能控制方法,通过数字孪生体与视觉定位、碰撞检测和掘进控制等计算推理模型的结合,实现物理掘进状态在数字掘进过程的精准复现;利用虚拟仿真技术预测掘进工作面的状态变化趋势,寻求最优控制策略,实现数字掘进形成的优化决策辅助物理掘进控制,提升巷道近程或地面远程的"人-机-巷-环境"掘进工作面全要素控制能力。

下一步将聚焦掘-支-运并行作业,深入研究掘进工作面数字孪生体与物理实体共智技术,实现数字孪生体与物理实体控制系统的智慧交换和共享。

参考文献（References）:

[1] 陶飞,程颖,程江峰,等.数字孪生车间信息物理融合理论与技术[J].计算机集成制造系统,2017,23(8):1603-1611.
TAO Fei,CHENG Ying,CHENG Jiangfeng,et al. Theories and technologies for cyber-physical fusion in digital twin shop-floor [J]. Computer Integrated Manufacturing Systems, 2017, 23 (8): 1603-1611.

[2] 丁恩杰,俞啸,夏冰,等.矿山信息化发展及以数字孪生为核心的智慧矿山关键技术[J].煤炭学报,2022,47(1):564-578.
DING Enjie,YU Xiao,XIA Bing,et al. Development of mine information and key technologies of intelligent mines [J]. Journal of China Coal Society,2022,47(1):564-578.

[3] 国家工业信息安全发展研究中心,山东大学.工业设备数字孪生白皮书[R]. (2021-10-15).

[4] 王国法,王虹,任怀伟,等.智慧煤矿 2025 情景目标和发展路径[J].煤炭学报,2018,43(2):295-305.
WANG Guofa,WANG Hong,REN Huaiwei,et al. 2025 scenarios and development path of intelligent coal mine [J].Journal of China Coal Society,2018,43(2):295-305.

[5] 程建远,陆自清,蒋必辞,等.煤矿巷道快速掘进的"长掘长探"技术[J].煤炭学报,2022,47(1):404-412.
CHENG Jianyuan,LU Ziqing,JIANG Bici,et al. A novel technology of "long excavation/long detection" for rapid excavation in coal mine roadway[J]. Journal of China Coal Society,2022,47(1): 404-412.

[6] 马宏伟,王鹏,张旭辉,等.煤矿巷道智能掘进机器人系统关键技术研究[J].西安科技大学学报,2020,40(5):751-759.
MA Hongwei,WANG Peng,ZHANG Xuhui,et al. Research on key technology of intelligent tunneling robotic system in coal mine [J]. Journal of Xi'an University of Science and Technology,2020,40(5):751-759.

[7] 马宏伟,王世斌,毛清华,等.煤矿巷道智能掘进关键共性技术[J].煤炭学报,2021,46(1):310-320.
MA Hongwei,WANG Shibin,MAO Qinghua,et al. Key common technology of intelligent heading in coal mine roadway[J]. Journal of China Coal Society,2021,46(1):310-320.

[8] 谢嘉成,王学文,杨兆建.基于数字孪生的综采工作面生产系统设计与运行模式[J].计算机集成制造系统,2019,25(6):1381-1391.
XIE Jiacheng,WANG Xuewen,YANG Zhaojian.Design and operation mode of prodcution system of fully mechanized coal mining face based on digital twin theory[J]. Computer Integrated Manufacturing Systems, ,2019,25(6):1381-1391.

[9] 葛世荣,张帆,王世博,等.数字孪生智采工作面技术架构研究[J].煤炭学报,2020,45(6):1925-1936.
GE Shirong,ZHNAG Fan,WANG Shibo,et al. Digital twin for smart coal mining workface:Technological frame and construction [J]. Journal of China Coal Society,2020,45(6):1925-1936.

[10] 丁华,杨亮亮,杨兆建,等.数字孪生与深度学习融合驱动的采煤机健康状态预测[J].中国机械工程,2020,31(7):815-823.
DING Hua,YANG Liangliang,YANG Zhaojian,et al. Health prediction of shearers driven by digital twin and deep learning[J]. China Mechanical Engineering,2020,31(7):815-823.

[11] 李娟莉,沈宏达,谢嘉成,等.基于数字孪生的综采工作面工业虚拟服务系统[J].计算机集成制造系统,2021,27(2):445-455.
LI Juanli,SHEN Hongda,XIE Jiacheng,et al. Industrial virtual service system of fully mechanized miniing face based on digital twin[J]. Computer Integrated Manufacturing Systems,2021,27(2):445-455.

[12] 吴淼,李瑞,王鹏江,等.基于数字孪生的综掘巷道并行工艺技术初步研究[J].煤炭学报,2020,45(S1):506-513.
WU Miao,LI Rui,WANG Pengjiang,et al.Preliminary study on the parallel technology of fully mechanized roadway based on digital twin[J]. Journal of China Coal Society, 2020, 45(S1): 506-513.

[13] 杨健健,葛世荣,王飞跃,等.平行掘进:基于 ACP 理论的掘-支-锚智能控制理论与关键技术[J].煤炭学报,2021,46(7):2100-2111.
YANG Jianjian,GE Shirong,WANG Feiyue,et al. Parallel tunneling:Intelligent control and key technologies for tunneling,supporting and anchoring based on ACP theory[J]. Journal of China Coal Society,2021,46(7):2100-2111.

[14] 龚晓燕,雷可凡,吴群英,等.数字孪生驱动的掘进工作面出风口风流智能调控系统[J].煤炭学报,2021,46(4):1331-1340.
GONG Xiaoyan,LEI Kefan,WU Qunying,et al. Digital twin driven airflow intelligent control system for the air outlet ofheading face [J]. Journal of China Coal Society,2021,46(4):1331-1340.

[15] 张超,张旭辉,毛清华,等.煤矿智能掘进机器人数字孪生系统研究及应用[J].西安科技大学学报,2020,40(5):813-822.
ZHANG Chao,ZHANG Xuhui,MAO Qinghua,et al. Research and application of digital twin system forintelligent tunneling equipment in coal mine[J]. Journal of Xi'an University of Science and Technology,2020,40(5):813-822.

[16] 张超,张旭辉,张楷鑫,等.数字孪生驱动掘进机远程自动截割控制技术[J].工矿自动化,2020,46(9):15-20,32.
ZHANG Chao, ZHANG Xuhui, ZHANG Kaixin, et al. Digital twin driven remote automatic cutting control technology of roadheader[J]. Industry and Mine Automation,2020,46(9):15-20,32.

[17] 张旭辉,张超,王妙云,等.数字孪生驱动的悬臂式掘进机虚拟操控技术[J].计算机集成制造系统,2021,27(6):1617-1628.
ZHANG Xuhui, ZHANG Chao, WANG Miaoyun, et al. Digital twin-driven virtual control technology of cantilever roadheade[J].Computer Integrated Manufacturing System,2021,27(6):1617-1628.

[18] 张旭辉,杨文娟,薛旭升,等.煤矿远程智能掘进面临的挑战与研究进展[J].煤炭学报,2022,47(1):579-597.
ZHANG Xuhui,YANG Wenjuan,XUE Xusheng,et al. Challenges and developing of the intelligent remote controlon roadheaders in coal mine[J]. Journal of China Coal Society,2022,47(1):579-597.

[19] 庄存波,刘检华,熊辉,等.产品数字孪生体的内涵、体系结构及其发展趋势[J].计算机集成制造系统,2017,23(4):753-768.
ZHUANG Cunbo,LIU Jianhua,XIONG Hui,et al. Connotation, architecture and trends of product digital twin[J]. Computer Integrated Manufacturing Systems,2017,23(4):753-768.

[20] 吕佳峻.基于数字孪生的TBM虚拟掘进系统研究与实现[D].杭州:浙江大学,2021.
LÜ Jiajun. Research and implementation of TBM virtual tunneling system based on digital twin [D]. Hangzhou: Zhejiang University,2021.

[21] 王飞跃.平行控制:数据驱动的计算控制方法[J].自动化学报,2013,39(4):293-302.
WANG Feiyue. Parallel control: A method for data-driven and computational control [J]. Acta Automatica Sinica, 2013,39(4):293-302.

[22] 王飞跃.平行控制与数字孪生:经典控制理论的回顾与重铸[J].智能科学与技术学报,2020,2(3):293-300.
WANG Feiyue. Parallel control and digital twins: control theory revisited and reshaped[J]. Chinese Journal of Intelligent Science and Technology,2020,2(3):293-300.

[23] 杨林瑶,陈思远,王晓,等.数字孪生与平行系统:发展现状、对比及展望[J].自动化学报,2019,45(11):2001-2031.
YANG Linyao,CHEN Siyuan,WANG Xiao,et al. Digital twins and parallel systems: state of the art, comparisons and prospect[J]. Acta Automatica Sinica,2019,45(11):2001-2031.

[24] 陈龙,王晓,杨健健,等.平行矿山:从数字孪生到矿山智能[J].自动化学报,2021,47(7):1633-1645.
CHEN Long, WANG Xiao, YANG Jianjian, et al. Parallel mining operating systems: from digital twins to mining intelligence[J]. Acta Automatica Sinica,2021,47(7):1633-1645.

[25] 张旭辉,魏倩楠,王妙云,等.悬臂式掘进机远程虚拟操控系统研究[J].煤炭科学技术,2020,48(11):44-51.
ZHANG Xuhui,WEI Qiannan,WANG Miaoyun,et al. Research on remote virtual control system of cantilever roadheader[J]. Coal Science and Technology,2020,48(11):44-51.

[26] 张旭辉,张雨萌,王岩,等.融合数字孪生与混合现实技术的机电设备辅助维修方法[J].计算机集成制造系统,2021,27(8):2187-2195.
ZHANG Xuhui,ZHANG Yumeng,WANG Yan,et al. Auxiliary maintenance method for electromechanical equipment integrating digital twin and mixed reality technology[J]. Computer Integrated Manufacturing Systems,2021,27(8):2187-2195.

[27] 雷波,刘增义,王旭亮,等.基于云、网、边融合的边缘计算新方案:算力网络[J].电信科学,2019,35(9):44-51.
LEI Bo, LIU Zengyi, WANG Xuliang, et al. Computing network: a new multi-access edge computing[J]. Telecommunications Science,2019,35(9):44-51.

[28] 杜春晖.基于多技术融合的煤矿井下采掘运输设备防碰撞系统[J].煤炭学报,2020,45(S2):1060-1068.
DU Chunhui. Anticollision system of mining and transportation equipment in coal mine based on multi-technology integration[J]. Journal of China Coal Society,2020,45(S2):1060-1068.

[29] 刘俊.掘进机在巷道自动掘进中的应用研究[J].机械管理开发,2017,32(1):43-44,91.
LIU Jun. Application of roadheader in roadway automatic drivage [J]. Mechanical Management and Development,2017,32(1):43-44,91.

[30] 杨文娟,张旭辉,张超,等.悬臂式掘进机器人巷道成形智能截割控制系统研究[J].工矿自动化,2019,45(9):40-46.
YANG Wenjuan,ZHANG Xuhui,ZHANG Chao,et al. Research on intelligent cutting control system for roadway forming of boom-type tunneling robot[J]. Industry and Mine Automation, 2019, 45(9):40-46.

[31] 温福平,杨永刚,于云飞,等.煤巷掘探支运一体化快速作业线应用技术[J].煤炭技术,2021,40(7):9-12.
WEN Fuping, YANG Yonggang, YU Yunfei, et al. Application technology of coal roadway excavation, exploration, support and transportation integrated rapid operation line[J]. Coal Technology,2021,40(7):9-12.

[32] WANG Feiyue,ZHENG Nanning,CAO Dongpu,et al. Parallel driving in CPSS: A unified approach for transport automation and vehicle intelligence[J]. IEEE/CAA Journal of Automatica Sinica, 2017,4(4):577-587.

[33] 王飞跃,魏庆来.智能控制:从学习控制到平行控制[J].控制理论与应用,2018,35(7):939-948.
WANG Feiyue, WEI Qinglai. Intelligent control: From learning control to parallel control[J]. Control Theory & Applications, 2018,35(7):939-948.

[34] YANG W,ZHANG X,MA H,et al. Infrared LEDs-based pose estimation with underground camera model for boom-type roadheader in coal mining[J]. IEEE Access,2019,7:33698-33712.

多机械臂多钻机协作的煤矿巷道钻锚机器人关键技术

马宏伟[1,2]，孙思雅[1]，王川伟[1,2]，毛清华[1,2]，薛旭升[1,2]，王　鹏[1,2]，夏　晶[1,2]，贾泽林[1]，郭逸风[1]，崔闻达[1]

(1.西安科技大学 机械工程学院,陕西 西安　710054;2.陕西省矿山机电装备智能检测与控制重点实验室,陕西 西安　710054)

摘　　要：针对煤矿巷道掘进智能化进程中存在的"掘快支慢"难题,总结分析了国内外快速掘进钻锚技术和装备以及类似多任务多机械臂控制技术的研究现状,指出研发具有多机械臂多钻机协作的煤矿巷道钻锚机器人是破解永久支护难题的重要发展方向。提出了多机械臂多钻机协作的钻锚机器人基本方案,凝练了影响钻锚机器人性能的"有限时空多机械臂与多钻机布局优化、面向装卸任务的机械臂姿态控制、复杂受限空间机械臂最优轨迹规划和多机械臂多钻机智能协同控制"四大关键技术,并给出了解决思路和方法。针对在有限时空约束下钻锚机器人结构布局优化问题,构建了钻锚机器人配置优化模型,提出了时空最优的钻锚机器人多机械臂与多钻机结构布局方案,旨在提高钻锚效率的同时获得最优空间布局;针对机械臂与钻机协同位姿控制问题,提出了基于机器视觉和强化学习的机械臂抓取与布放控制方法,旨在提高机械臂末端位姿控制精度,实现精准装卸物料作业;针对复杂受限空间机械臂最优轨迹规划问题,建立了机械臂多目标轨迹优化模型,提出了基于随机采样与包围盒相结合的机械臂防碰撞轨迹优化方法,旨在保证机械臂在搬运过程中安全、可靠、高效运行;针对钻锚机器人多机械臂与多钻机并行协同控制问题,构建了以工序时长最短为目标的时间协同任务分配模型,通过求解得到最优任务指派矩阵和多机械臂相交任务轨迹的优先级,并提出了在所有机械臂无碰撞运动的同时收敛于期望轨迹的分布式协同控制策略,旨在实现钻锚机器人多机械臂多钻机系统的智能协同控制和并行作业。多机械臂多钻机的钻锚机器人及其关键技术研究,对于创新研发高性能、高效率、高可靠、高智能的煤矿巷道钻锚机器人,确保煤矿巷道安全、高效、绿色智能掘进具有十分重要的意义。

关键词：煤矿巷道;钻锚机器人;布局优化;机械臂位姿控制;轨迹规划;智能协同控制

中图分类号：TD421　　　**文献标志码**：A　　　**文章编号**：0253-9993(2023)01-0497-13

Key technology of drilling anchor robot with multi-manipulator and multi-rig cooperation in the coal mine roadway

MA Hongwei[1,2], SUN Siya[1], WANG Chuanwei[1,2], MAO Qinghua[1,2], XUE Xusheng[1,2],
WANG Peng[1,2], XIA Jing[1,2], JIA Zelin[1], GUO Yifeng[1], CUI Wenda[1]

(1.*School of Mechanical Engineering,Xi'an University of Science and Technology,Xi'an　710054;2.Shaanxi Key Laboratory of Mine Electromechanical Equipment Intelligent Detection and Control,Xi'an　710054*)

Abstract：For the problem of "fast tunneling and slow supporting" in the intelligent process of coal mine tunneling,the research status of domestic and foreign fast tunneling and drilling anchor technology and equipment and similar

收稿日期：2022-11-04　　　**修回日期**：2022-12-19　　　**责任编辑**：钱小静　　　**DOI**：10.13225/j.cnki.jccs.2022.1589

基金项目：国家自然科学基金重点资助项目(51834006);国家自然科学基金面上资助项目(51975468,52174150)

作者简介：马宏伟(1957—),男,陕西兴平人,教授。Tel:029-85583056,E-mail:mahw@ xust.edu.cn

通讯作者：王川伟(1985—),男,新疆新源人,讲师。Tel:029-85583159,E-mail:Wangchuanwei228@ xust.edu.cn

引用格式：马宏伟,孙思雅,王川伟,等.多机械臂多钻机协作的煤矿巷道钻锚机器人关键技术[J].煤炭学报,2023, 48(1):497-509.

MA Hongwei,SUN Siya,WANG Chuanwei,et al.Key technology of drilling anchor robot with multi-manipulator and multi-rig cooperation in the coal mine roadway[J].Journal of China Coal Society,2023,48(1):497-509.

移动阅读

multi-tasking and multi-manipulator control technology are summarized and analyzed, It is concluded that the development of coal mine tunneling drilling anchor robot with multi-manipulator and multi-rig cooperation is an important development direction to solve the problem of permanent support. The basic plan of the drilling anchor robot with multi-manipulator and multi-rig cooperation is proposed, and the four key techniques of impacting the performance of drilling anchor robot are summarized. The solutions and methods of the four key technologies for layout optimization of multi manipulator and multi-rig in finite space and time, attitude control of manipulator for loading and unloading tasks, optimal trajectory planning of manipulator in complex confined space and intelligent cooperative control of multi-manipulator and multi-rig are presented. The problem of structure layout optimization of drilling anchor robot under finite space-time constraints, the configuration optimization model of drilling anchor robot is established and the spatiotemporal optimal layout scheme of drilling anchor robot with multi-manipulator and multi-rig is proposed, in order to improve the efficiency of drilling anchor and obtain the optimal layout space. For pose control of multi-manipulator and multi-rig cooperation, the grasping and placement control method of manipulator based on machine vision and reinforcement learning is put forward to realize accurate material handling through raising the end attitude control accuracy of manipulator. Aiming to the problem of optimal trajectory planning for manipulator in a complex constrained space, the multi-objective trajectory optimization model of manipulator is established and an anti-collision trajectory optimization method based on random sampling and bounding box is presented, in order to ensure safe, reliable and efficient operation of manipulator in the handling process. For the problem of parallel cooperative control of multi-manipulator and multi-rig, the time-coordinated task allocation model with the shortest process duration as the goal is established and the optimal task assignment matrix and priority of intersecting task trajectories of multi-manipulator are obtained by solving the model, and a distributed adaptive control strategy converged to the desired trajectory is proposed while all the manipulators move collision-free, in order to realize the intelligent cooperative control and parallel operation of drilling anchor robot with multi-manipulator and multi-rig cooperation. The research on drilling anchor robot with multi-manipulator and multi-rig and its key technologies are of great significance for innovating and developing intelligent drilling anchor robot with high quality, high efficiency, and high reliability and ensuring safe, efficient, green and intelligent tunneling of coal mine roadway.

Key words: coal mine roadway; drilling anchor robot; layout optimization; pose control of manipulator; trajectory planning; intelligent collaborative control

近年来,国家和煤炭行业采取有效措施,强力推进煤矿巷道掘进工作面的智能化,使得"采快掘慢"严重失衡问题得到有效缓解,但"掘快支慢"的难题仍亟待破解。为了提高永久支护的效率,国内外学者和相关企业先后成功研发了具有环形锚杆仓的自动钻锚台车、具有自主行驶和自动钻锚功能的钻锚机器人等新型钻锚技术和装备,有力推动了掘进支护技术的创新和进步。回顾和总结国内外在钻锚自动化、机器人化以及类似多任务、多机械臂协同控制系统等方面的研究现状,分析在钻锚设备布局优化、机械臂姿态控制、机械臂轨迹规划和多机协同控制等方面的重要研究进展,必将对进一步深入研发高性能、高质量、高智能、高效率的钻锚设备具有重要推动作用。

(1)钻锚设备布局优化技术研究现状。广义上讲,钻锚设备布局属于设施布局问题(Facility Layout Problem,FLP)[1]。该问题研究的方法主要分为两大类。第1类为基于规则或仿真的方法,其原理主要是依据作业单元的功能与各单元之间的互相关系、物流关系、面积条件等进行分析,并根据实际制约与其他修正条件做出修改从而得到布置方案。另一类研究方法为基于数学规划的求解方法,该方法将问题转化为一个混合整数规划问题[2]。根据目前的文献研究,现有的设备布局形式大多是依据经验总结,大致分为机群式布局、单元布局、模块化布局、分布式布局、敏捷布局、可重组布局等。席万强[3]以占地面积最小、作业周期最短及最小条件数为优化目标,采用权重系数表示这3个指标的重要程度,并利用 GA-PSO 混合算法优化了多机器人的布局位置。GADALETA M 等[4]提出了一种在作业单元内优化多台工业机器人布局位置的方法,通过使用合适的优化技术计算最佳的作业空间布局,以便以最小的能耗执行一组指定的任务。项彬彬等[5]将机器人的可达工作空间用作约束条件,通过逆运动学求解最终位置集,确定为灵巧空间,运用遗传算法优化了机器人工作单元的布局。LIM Z Y 等[6]提出了基于遗传算法、差分进化算法等 5 种启发式算法的机器人工作单元系统多目标布局优化方法。

由此可见，虽然国内外学者针对 FLP 问题进行了大量的研究，并应用于工业生产线上机械臂的布局优化中，但针对煤矿井下钻锚机器人布局优化鲜见报道。钻锚机器人工作在井下复杂的有限时空约束条件下，布局优化难度更大。因此，在复杂受限的煤矿巷道空间和掘锚并行的时间约束下，建立钻锚机器人多机械臂与多钻机最优配置模型，是研发钻锚机器人亟待破解的关键技术难题。

（2）机械臂姿态控制技术研究现状。机械臂姿态控制技术研究方法主要分为两大类：一类是建立姿态轨迹数学模型，计算插补参数，获得装卸曲线。由于机械臂末端姿态位于 SO(3)，即三维旋转群，很多对于欧几里德空间中位置曲线构造的性质并不能直接应用于构造姿态曲线，且姿态的描述方式相对复杂。谢文雅[7]提出了一种基于四元数的机器人姿态轨迹规划算法，研究了 2 点间姿态插补曲线和样条插补曲线的构造和拼接方法。王效杰[8]使用四元数样条曲线作为姿态插补曲线，并通过采用球面线性插补的方式对样条曲线首尾增加示教点，使曲线首末与示教点重合，但此类方法需要对曲线的控制顶点进行迭代求解，计算量较大。另一类是通过相关传感器感知环境，生成装配路径，并运用伺服控制技术进行相应姿态控制的方法。这类方法包括基于示教学习、视觉反馈、力反馈以及多种方法融合等。YANG Y 等[9]针对轴孔装配，提出了一种示教学习的方法，获取人类示教的 PiH 轨迹，并允许机器人对 PiH 轨迹进行微调，以获取更快的性能。LITVAK Y 等[10]将深度相机安装在机械臂末端执行器上进行装配任务，并提出一个基于深度学习的两阶段位姿估计方法，该方法使用仿真深度图像进行训练，可直接迁移用于真实机械臂装配任务中。WYK K V 等[11]制造了一个指尖带有力传感器的机械手，并基于力传感器实现轴孔装配控制策略。SONG H C 等[12]在机器人上安装力矩传感器和手眼相机，并将阻抗控制策略与视觉伺服相结合，完成电缆连接器的装配任务。

由此可见，传统的机械臂装卸姿态控制主要使用编程的方法预先设定机械臂的移动路径，从而完成固定重复的装卸动作。然而，钻锚机器人机械臂需要在受限空间内与钻机协作完成装卸细长钻杆、软药卷和细长锚杆等复杂任务，并且钻机位姿和锚孔位姿是复杂多变的，导致钻锚机器人机械臂位姿控制难度较大。因此，深入研究机械臂末端位姿智能控制方法，

是研发钻锚机器人亟待破解的关键技术难题。

（3）机械臂避障轨迹规划技术研究现状。机械臂避障轨迹规划最常用的是人工势场法[13]。陈满意等[14]提出了低振荡人工势场与 ARRT 相结合的混合算法，实现多障碍环境下的机械臂末端路径规划。陈劲峰等[15]引入距离调节因子和屏蔽无效障碍的策略，解决动态避障逃离最优问题。郭彤颖等[16]将蚁群算法和人工势场法结合，在避障前提下，实现最优轨迹规划。史亚飞等[17]在传统势场中添加速度势场，对逃离局部最小点有明显的效果。朱瑞明等[18]针对传统的人工势场法在半封闭壳体环境下无法直接规划出作业杆避障路径的问题，提出了一种复合势场和寻优算法相结合的在线自优化避障规划算法。

另外，KEW J C 等[19]提出基于神经网络的启发式搜索算法—ClearanceNet。ClearanceNet 通过估计构型样本空间中机器人与障碍物的最小碰撞距离进行碰撞检测，从而在运动规划过程中提供代价梯度信息。TOUSSAINT M 等[20]提出基于深层神经网络和序列优化算法结合，在环境约束下的机械臂轨迹规划。OVERMARS M H 等[21]提出了概率路线图算法，通过随机采样方式确认规划路径的可行解，极大的缩减了规划路径花费的时间，只需要调整相应参数就可以用在不同场景中。新型智能算法近年来也成果显著，王志辉等[22]提出融合场景理解的 A* 算法，极大提高了动态环境的构建效率，实现无碰撞轨迹规划。赵宁哲[23]提出基于深度强化学习的轨迹规划方法，借助深度学习思想改善算法规划速度、提高轨迹平滑性。

在钻锚工艺中，钻杆、锚杆和药卷的形状均为杆件，需要机械手在受限空间内抓取物料沿着规划轨迹搬移至装卸目标处。现有的机械臂避障轨迹优化方法多数是将末端物料视为一个点，对抓取不规则物料进行避障优化的研究甚少。因此，深入研究复杂受限空间机械臂最优轨迹规划问题，是研发钻锚机器人亟待破解的关键技术难题。

（4）多机协同控制技术研究现状。多机系统的协同控制主要研究如何设计分布式协同控制算法使各设备达到期望的行为模式。而复杂任务分配作为多机协同控制的前提，其策略的优劣会对任务执行效果产生直接的影响。早期任务分配方法多以集中式分配为主，基于运筹学的匈牙利算法、单纯形法等传统方法被广泛应用。当任务规模和机械臂数量不断扩大，遗传算法、蚁群算法等进化算法充分发挥了启发式算法的优势。ZHENG T X 等[24]提出了一种基于蚁群算法的集中式、离线优化策略，利用 2 种信息素记录任务分配的倾向性和任务处理顺序，从而实现

任务优化分配和调度。JOSE K 面对复杂任务分配的组合优化问题时,在遗传算法中加入了 2 种贪婪策略,提高全局搜索能力[25]。集中式任务分配中,中小规模的分配问题可通过枚举得到全局最优,其最优解的获取大多以牺牲机器人的自主性为代价。然而,井下多机械臂与多钻机协同支护工艺是一个组合优化问题,计算复杂度随机械臂与钻机数量呈指数型增长,因此集中式分配不利于解决大规模任务分配。此外,这类方法普遍适用于机器人和环境均保持不变的情况,由于任务分配通常是一个动态的决策过程,因此选用分布式任务分配方法,依靠各机械臂与钻机自身传感器规划其行为,对动态变化环境适应性更强,反应速度更快。TAKATA S 等[26]对混合装配系统中的人机任务分配问题,提出了利用多目标优化的方法,以最小预期生产成本为核心目标,获得最优的任务分配方案。CHEN F 等[27]提出了一种基于遗传算法的时刻考核任务分配算法,以平衡装配时间成本和支付成本为目标,提出了一种描述离散时间系统的数学方法,结合任务分配方法进行分配。MALIK A A 等[28]提出了以复杂性任务分类方法解决复杂装配过程中的任务分配问题。王然然等[29]以分布式合同网拍卖算法为基础,构建任务拍卖架构与拍卖收益函数,结合模拟退火算法协调任务执行次序,制定任务分配策略。上述策略均需要利用一定的先验知识来完成,而强化学习、神经网络等智能任务分配理论减少了对先验知识的依赖,因此得到了快速发展与广泛应用。DAI X 等[30]在合同网算法中加入 BP 神经网络,用于融合多机器人拍卖时的竞标价格,提升动态任务分配的快速性和实时性。KAWANO H[31]采用分层强化学习巧妙解决了维度爆炸问题。

对钻锚设备多机协同控制策略的研究类同于对多智能体协同控制问题的研究。LOWE R 等[32]提出了一种自适应 Actor-Critic 方法,该方法考虑了其他智能体的行动策略,并能够成功学习复杂的多主体协调策略。FOERSTER J N 等[33]利用 COMA 算法来评估多个智能体的预测动作。SCHUITEMA E[34]利用全局状态信息来指导独立智能体学习自身的动作。MATIGNON L 等[35]提出一种半分布式的多智能体学习方法来控制分布式的微机械手。若智能体之间存在异构性,且任务权重动态变化时,学者们应用图神经网络(Graph Neural Network,GNNs)或注意力机制来学习机器人控制中深度强化学习策略,探索多智能体之间的关联。WANG T 等[36]提出了 NerveNet 方法,其中每个智能体都会收集其邻居的状态信息来进行协同学习。JIANG J 等[37]应用注意机制来决定

智能体是否应该在其可观测领域与其他智能体进行沟通。HOSHEN Y[38]使用注意机制来模拟相互作用的位置。陈亮名[39]给出分布式多机协作系统运动的数学模型,即领航者的任务分配是通过分布式的相对位置来描述的,跟随者同样需要分布到由领航者围成的凸包内。在这种分布式建模方式下,每个领航者无需用到外界提供的期望运动轨迹,而只需确定与邻居的期望相对位置,这种建模方式更加符合实际工程的需求。

由此可见,针对多机协同控制问题大多研究面向的环境条件较好、任务比较单一,且控制目标相对固定。然而,井下环境复杂,钻锚任务繁重,钻锚机器人及其机械臂与钻机位姿不断变化,现有的协同控制方法不能适应。因此,深入研究钻锚机器人多机械臂与多钻机并行协同控制问题,是研发钻锚机器人亟待破解的关键技术难题。

综上所述,近年来随着在智能永久支护方面的研究不断深入,自动化钻锚技术取得了重要的创新性成果,对于提升智能钻锚技术发挥了重要的促进作用。然而,由于煤矿巷道地质条件复杂、作业空间有限、钻锚任务繁重、操控过程复杂,智能钻锚仍面临严峻挑战。剖析自动化、智能化钻锚技术及其类似技术的研究进展,具有多机械臂多钻机的钻锚机器人将成为重要的发展方向。因此,破解有限时空多机械臂与多自动钻机布局优化、面向装卸任务的机械臂姿态控制、复杂受限空间机械臂最优轨迹规划和多机械臂多钻机智能协同控制四大关键技术瓶颈,成功研发高性能、高可靠、高效率的多机械臂多自动钻机协作的煤矿巷道钻锚机器人迫在眉睫。

1 钻锚机器人有限时空布局优化技术

钻锚机器人上钻机与机械臂的数量和布局直接影响煤矿巷道支护效率。在作业空间结构复杂、支护时间受限以及支护工艺流程的约束下,科学、合理的优化机械臂与钻机的布局是实现钻锚智能协作系统的前提。

1.1 钻锚机器人功能元结构划分

钻锚机器人功能元结构如图 1 所示,包括钻锚移动平台、自动钻机、机械臂、物料库 4 个部分。其中,移动平台为钻锚机器人的基础框架。自动钻机具有自主定位,自动钻锚的功能。机械臂则具有精准定位、抓取与布放物料姿态控制、自主规划防碰撞最优轨迹的功能,能实现自适应抓取、装卸不同物料,满足钻锚机器人对智能、高效运输物料的需求。物料库用于存放钻杆、锚杆和药卷等。

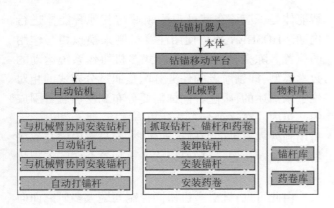

图 1　钻锚机器人功能元结构

Fig.1　Functional element structure of drilling
and anchoring robot

对于钻锚设备来讲,煤矿巷道地质条件不同,对钻孔数量的要求也不同。因此,在钻锚机器人机械臂与钻机的布局设计时,一方面,要考虑钻锚平台复杂的空间结构约束以及实现与掘进平行作业的时间约束;另一方面,还要确保放置的机械臂和外围设备能够满足任务的可达空间和工艺性能。

1.2　有限时空约束下多钻机多机械臂数量最优解

在钻锚任务的约束下,钻锚机器人中钻机以及机械臂的设计要在满足支护工艺顺序的前提下,尽可能在同一时间内完成多个任务。合理配置钻机和机械臂,在减少钻锚工作人员数量的同时实现支护与截割的并行作业,提高支护效率。根据时间分布、空间分布、支护逻辑顺序等约束条件,钻锚机器人物理模型示意如图 2 所示(其中,L 为钻锚平台的宽度;H 为钻锚平台的高度;H_1、H_2、H_3 分别为锚杆库、钻机、机械臂的高度;L_z 为平台上钻机导轨的长度;R_b 为机械臂的工作半径;R_z 为钻机的工作半径;M 为物料库的宽度)。结合钻机与钻机之间、钻机与机械臂之间的相互配合关系,转化成为数学模型来进行深入的计算分析,获得钻锚平台满足多任务约束条件时各类钻机以及机械臂分布的最佳布置。

自动钻锚机构主要由自动钻机和钻机水平滑移机构组成,钻机水平滑移机构由滑动导轨和液压缸组成。自动钻机可在滑动导轨上左右移动,钻机具有上下滑移、左右摆动、前后调节等多个自由度,实现其位姿的调整。机械臂安装在水平滑移机构上,滑移机构由滑动导轨和液压缸组成,实现机械臂前后移动。平台两侧分别装有物料库,用于存放锚杆组件和药卷。

根据钻锚机器人本体以及钻机工作空间的约束条件,可得到单排导轨中可放置的最大钻机数 N_k 为

$$N_k = \mathrm{INT}(L_z/2R_z - 1) \qquad (1)$$

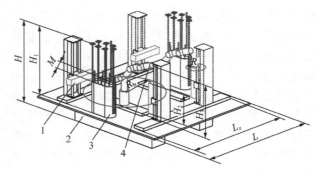

1—自动钻机;2—钻锚移动平台;3—物料库;4—机械臂

图 2　钻锚机器人模型示意

Fig.2　Model of drilling and anchoring robot

为了实现截割与钻锚并行作业,对 2 者的时间关系进行分析。影响截割时间的因素主要有截割深度、掘进机进给速度和巷道截面的尺寸等,截割一个截面时间 T_j 可表示为

$$T_j = \lambda \frac{bS}{v_f v_d} + \frac{b}{nh} T_f \qquad (2)$$

式中,λ 为调整系数;b 为锚杆的排距;S 为巷道截面积;v_f 为掘进机进给速度;v_d 为截割速度;n 为截割次数;h 为每次截割深度;T_f 为井下巷道修形时间。

根据钻锚任务要求,同一截面顶孔数为 A,侧孔数为 B,总钻孔数为 $A + 2B$,而支护 1 个孔需要的时间为 T_1,那么支护 1 个截面需要的时间 T_z 为 $\mathrm{Ceil}[(A + 2B)/N_k]$ 个钻时。当截割与支护时间差最小时,钻机最优个数为 N_s,故存在等式:

$$f(N_s) = \min |T_j - T_z| =$$

$$\min \left| \frac{b(\lambda \dfrac{nSh}{v_f v_d} + T_f)}{nh} - \mathrm{Ceil}(\frac{A + 2B}{N_s}) T_1 \right| \qquad (3)$$

其中,Ceil 为进位取整函数,其作用是将计算得到的数值向上取整数。通过式(3)中函数计算得到的钻机个数 N_s,满足掘锚并行时间约束。由此可确定钻锚机器人当中钻机放置的排数 P_z 为

$$P_z = \mathrm{Ceil}(N_s/N_k) \qquad (4)$$

确定钻锚机器人中机械臂的个数时,首先从钻锚机器人本体空间条件出发,判断平台当中最多可放置的机械臂个数 J_k 为

$$J_k = \mathrm{INT}(\frac{L - 2M}{2S}) \qquad (5)$$

考虑空间条件的同时,还需着重分析机械臂与钻机之间的干涉问题,2 者在运动过程中互不干涉是实现协同作业的前提。采用机械臂与钻机之间的欧氏距离 D 来判断 2 者是否存在干涉情况[40]:

$$\begin{cases} D_d = \sqrt{(X_{bk} - X_{zi})^2 + (Y_{bk} - Y_{zi})^2} \\ D_c = \sqrt{(X_{bk} - X_{zj})^2 + (Y_{bk} - Y_{zj})^2} \end{cases} \qquad (6)$$

式中，D_d 为机械臂与顶钻之间的欧氏距离；D_c 为机械臂与侧钻之间的欧氏距离；(X_{bk}, Y_{bk}) 为第 k 机械臂的坐标；(X_{zj}, Y_{zj}) 为第 j 个钻机的坐标。

对欧式距离进行归一化处理，可得

$$\begin{cases} D_1 = \begin{cases} 1, D_d > R_b + R_z \\ 0, D_d \le R_b + R_z \end{cases} \\ D_2 = \begin{cases} 1, D_c > R_b + R_z \\ 0, D_c \le R_b + R_z \end{cases} \end{cases} \tag{7}$$

当式(7)中 D_1、D_2 都为 1 时表明机械臂的位置分布合理，不会与钻机之间存在运动干涉情况，从而确定了机械臂最佳个数。

1.3 复杂空间多钻机多机械臂最优位置分析

由于钻机位置受钻孔位置的约束，一般安装在与钻锚机器人前进方向垂直的两侧导轨上，而机械臂的位置相对灵活。通过分析机械臂可操作度指标，从而能够获得其在平台的分布范围。可操作度指标的物理意义可解释为机器人各个方向上运动能力的综合度量，反映机械臂运动的灵活性。YOSHIKAWA T 定义可操作度指标 μ[41] 为

$$\mu = \sqrt{\det\left[J(q)J(q)^{\mathrm{T}}\right]} = \gamma_1\gamma_2\cdots\gamma_m \tag{8}$$

其中，q 为关节矢量；γ_m 为机械臂雅可比矩阵 $J(q)$ 的特征值。当机械臂处于奇异位置时，其雅可比矩阵不存在，可操作度指标 $\mu = 0$。为了统一指标的量纲，定义机械臂工作空间中全局相对可操作度 ω，并对操作度指标进行归一化处理。

$$\omega_i = \mu_i/\mu_{\mathrm{max}i} \tag{9}$$

其中，μ_i 为机械臂工作空间中一点 P_i 的操作性指标；$\mu_{\mathrm{max}i}$ 为操作性指标的最大值，当 $\mu_i = 1$ 时表示机械臂在此处灵活性最差，$\mu_i = 0$ 时表示机械臂在此处灵活性最好。在分析机械臂可达工作空间的基础上，结合末端执行器夹持长物件与其他设备的干涉、移动中发生自碰撞的约束条件对可操作指标进行整合，引入钻锚机器人布局优化分析的约束条件为

$$\begin{cases} J(\tilde{q}) = f(q,\tau)J(q) \\ f(q,\tau) = \Delta h \dfrac{\partial X_v}{\partial q_i} + \displaystyle\sum_{i=1}^{n} \tau\dot{\varepsilon}Z_i \end{cases} \tag{10}$$

其中，$J(\tilde{q})$ 为雅可比矩阵修正式；$f(q,\tau)$ 为修正函数；τ 为机械臂运动速度限制；X_v 为机械臂位移矢量；Δh 为关节变化量；ε 为观测器采样周期；Z_i 为关节返度矢量。机械臂在夹持长钻杆、锚杆进行移动时，由于钻锚平台空间有限，因此对于机械臂各个转动关节要进行进一步限制。

$$\Delta h = \begin{cases} 1, & \theta \in (\theta^-, \theta^+) \\ \dfrac{1}{1 + \left|\dfrac{2(\theta - \theta^+)(\theta - \theta^-)}{4\theta}\right|}, & \theta \text{ 为其他值} \end{cases} \tag{11}$$

式中，θ 为关节角度；(θ^-, θ^+) 为关节角活动范围。

结合约束条件计算雅可比矩阵以及机械臂的全局可操作度指标，在趋近于 1 的等值线部分是机械臂的最优放置范围。由 1.2 节得知工作平台中机械臂的最佳个数。根据各机械臂构型参数，求解可达工作空间以及相关雅可比矩阵，计算机械臂的可操作度指标；运用灵活性分析以及归一化处理的方法求解全局相对可操作度指标；再结合末端执行器约束条件可得出平台中的最优放置范围。在此基础上依据各机械臂之间的欧式距离来判断各机械臂之间是否存在干涉，若存在干涉，则需要重新修正机械臂的构型参数，若不存在干涉，则该分布即为多机械臂的最佳位置分布。

图 3 为求解多机械臂最佳位置分布的原理。

2 机械臂姿态智能控制技术

根据钻锚机器人钻锚作业特征，钻锚机器人机械臂需完成钻杆、锚杆和药卷等物料的抓取、运输与装卸任务。因此，研究准确识别、定位物料及稳定抓取与装卸的机械臂姿态控制等关键问题，成为钻锚机器人智能控制的重要内容。

2.1 目标物料定位与自适应抓取力控制方法研究

为实现机械臂准确抓取物料，首先要对目标物料进行精确识别，其次基于目标物料信息进行定位信息解算。另外，针对不同物料特征，机械臂需要根据反馈力的变化精确控制末端抓取力。

2.1.1 基于深度学习的机械臂抓取定位方法

由于物料具备不同的外形特征，考虑此类杆件在夹持过程中稳定性，需针对不同的物料设计相应的夹持点，因此在夹持过程中如何在物料上准确定位合适的夹持点位置，是抓取过程中应当首要考虑的问题。

通过在末端执行器上安装相机，构建手眼系统(即 Eye-in-Hand 系统)[42]，机械臂运动至物料附近进行抓取或装卸时，采集目标物料图像，通过提取目标物料边缘特征，结合目标物料几何特征，求解基于物料图像深度学习的目标物料抓取位置定位信息，其算法原理如图 4 所示。

建立基于轻量级卷积神经网络(SqueezeNet 网络)[43] 的目标物料动态图像识别优化模型，优化 SqueezeNet 网络学习速度，提升长杆件目标物料等

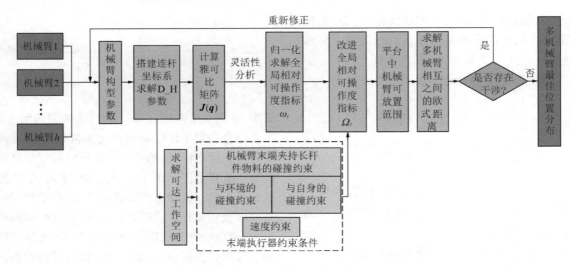

图 3　多机械臂最佳位置求解原理

Fig.3　Principle of solving the optimal position of the multi-manipulator

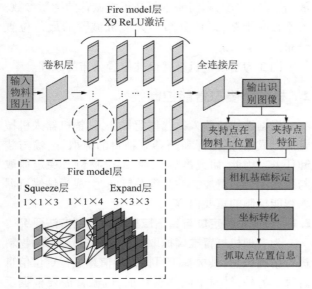

图 4　基于物料图像深度学习的机械臂抓取定位原理架构

Fig.4　Principle framework of grasping and positioning of manipulator based on material image depth learning

的识别速度,降低计算量和训练复杂度,提高长杆件目标物料的识别效率和精度。通过视觉系统采集物料的图像并输入优化 SqueezeNet 网络进行识别,解算出预设夹持点为特征和位置信息,结合视觉与机械臂末端坐标转换关系,获取机械臂抓取位置。

2.1.2　机械手抓取力自适应控制方法

钻锚机器人钻锚作业中主要物料包括钻杆、锚杆和药卷。其中,钻杆和锚杆是刚性长杆件,而药卷相对较短且质地柔软易破损。因此,在夹取过程中末端执行器夹持力的控制是有效抓取关键。

机械臂末端在夹持过程中获得物料受力的反馈,结合模糊 PID 控制原理对输出的夹持力进行自适应调整,以满足夹持物料稳定、准确、不破损的要求。其控制原理如图 5 所示。

机械臂在完成任务过程中外界扰动较多,特别是在装卸过程中可能会发生的细微碰撞,会对末端执行器的夹持造成影响。因此,为保证末端夹持器在完成各物料夹持需求的情况下进行动态及时的调整,采用优化模糊 PID 控制方法,提高了其算法自适应性,且实现不同目标不同任务下的模糊 PID 控制决策,从而对连续不同目标夹持力精确控制。末端执行器的夹持力应根据机械手指端力传感器反馈进行对应的调整,计算机在得到反馈力 F_f 后生成相应的夹持力目标值 F_m,通过比较实际夹持力和目标值得到当下误差信号 E,即偏差 $E = \Delta F = F_f - F_m$。此时偏差 E 作为模糊控制器的观测量,F_m 为控制量。在接口部分进行输入参量的模糊化,根据偏差 E 的变化范围确定夹持力变化的模糊表,设定相应的模糊控制规则表,进而得出相应的模糊关系 R,形成模糊决策 U,即

$$U = ER \tag{12}$$

经过模糊决策处理输出的模糊量为 $X_0 Z_0 Y_0$,在输出接口去模糊化后得到精确的控制量交由末端执行器控制夹持力输出,再经过力反馈传感器进行夹持力目标值的调整。

2.2　机械臂位姿控制策略

机械臂在进行抓取、装卸过程中,当机械臂到达任务点附近时,需根据不同任务需求调整位姿,但相同任务的位姿轨迹相同,因此,通过强化训练使机械臂当前位姿逼近最终位姿,借助得到的训练模型来实现机械臂位姿的精确控制,最终完成相应的任务。

首先,建立机械臂各个关节坐标系,如图 6 所示;

其次,建立末端执行器在机械臂空间基坐标系(图6 $X_0Z_0Y_0$)上的位置 P 坐标矩阵,如式(13);最后,建立

以末端执行器 P 点为坐标系原点的坐标系($X_iZ_iY_i$)与机械臂空间基坐标系关系矩阵^PR,如式(14)。

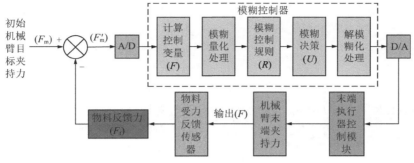

图5 模糊控制原理

Fig.5 Fuzzy control principle

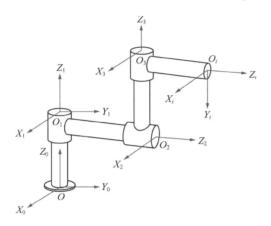

图6 机械臂自由度表示

Fig.6 Manipulator freedom representation

$$P = \begin{bmatrix} p_x & p_y & p_z \end{bmatrix}^T \tag{13}$$

$$^PR = \begin{bmatrix} n_x & o_x & a_x \\ n_y & o_y & a_y \\ n_z & o_z & a_z \end{bmatrix} \tag{14}$$

经过正运动学分析,建立机械臂基座与末端执行器之间关系模型,即

$$^0_iT = {}^0_1T{}^1_2T\cdots{}^{i-1}_iT \tag{15}$$

其中,$^{i-1}_iT$ 为机械臂第 i 连杆与第 $i-1$ 连杆间的变换矩阵,也是机械臂各个关节的位姿变换情况。当机械臂执行抓取或装卸钻锚物料时,末端执行器的位姿通过逆运动学求解得到一系列关节角的解 θ_i,即此时机械臂各个关节的位姿。

因机械臂在进行位姿调整过程中运动距离短、运动空间固定,构建基于小线段插补算法进行位姿控制[44]。当钻锚机器人机械臂执行物料运输和装卸任务时,其到达指定点后位姿初始点和最终位姿点为两线段端点,可以求得最短直线线段作为规划轨迹。分析机械臂不同组合关节角变化对于末端位姿的影响情况,设定相应的插补算法来保证机械臂末端沿预定的轨迹直线行进,基

于小线段插补的机械臂末端轨迹原理如图7所示。

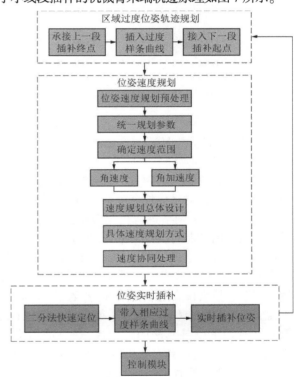

图7 基于小线段插补的机械臂末端轨迹规划原理

Fig.7 Principle of manipulator end track based on small segment interpolation

结合钻锚机器人机械臂空间坐标位置、最优抓取与轨迹控制,以钻锚机器人机械臂最优控制策略为目标,构建基于强化学习[45]的机械臂位姿最优控制策略求解模型,其控制原理如图8所示。

机械臂在逼近最终位姿的过程中存在多个解,不同时刻选择调整不同的关节角都会对逼近的过程产生影响,即不同控制策略效果不同。采用优化确定性策略强化学习,能够满足在有限确定性策略下实现机械臂逼近策略的强化学习,同时降低了强化学习对采用大样本数据的依赖,提高了学习的效率。因此,以

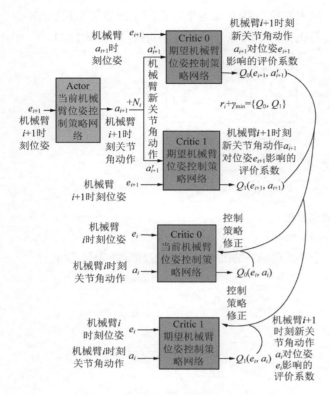

图 8　机械臂最优位姿控制策略原理

Fig.8　Principle of optimal pose control strategy for manipulator

解算机械臂优化位姿策略为目标,构建基于确定性策略强化学习的机械臂优化位姿策略模型,通过强化学习模型中的双 Critic 网络进行控制策略迭代,结合当前时刻机械臂的控制行为和环境状态数据的变化情况对控制策略进行寻优。用 a_i 表示 i 时刻下机械臂的动作内容,用 e_i 表示该动作对环境造成的影响,也就是机械臂对最终位姿的逼进情况。r_i 表示 i 时刻在 e_i 环境下机械臂动作(a_i)执行后得到的反馈值(奖惩值),同时为了改善算法的稳定性,通过增加扰动值 F_i 使得动作的选择具有随机性。强化学习模型中的 Actor 网络设定某时刻机械臂逼近过程中下一步的动作,而 Critic 网络则对所选取的动作输出反馈值,给出评价,对机械臂的控制策略进行修正,不断改善策略网络最终形成最优策略。

3　复杂受限空间机械臂最优轨迹规划

钻锚机器人的工作空间受限于井下巷道空间,同时在工作过程中,工作空间内的环境复杂多变。因此,要求轨迹规划过程中要明确工作空间环境信息和机械臂可行域信息作为规划依据,并且规划路径必须具备实时碰撞检测和动态规划能力,以应对动态变化的工作环境。

3.1　钻锚机器人工作空间建模

钻锚机器人由多个机械本体组成,其结构复杂,种类各异。对于机械臂来讲,其所处环境障碍较多且动态变化,机械臂在受限空间中进行轨迹规划需要考虑动态障碍的实时变化和可行工作空间的求解。因此,需要对钻锚机器人系统结构进行数字化描述,创建机械臂、钻机、锚杆、钻杆和锚索等构成的环境地图,并采用三维栅格图对其进行描述,如图 9 所示。其中,除钻机和机械臂外其他结构可视为静态障碍,通过对钻机和机械臂位姿信息采集,构建环境地图实时更新模型,对机械臂作业环境进行实时更新,为机械臂轨迹规划提供机械臂和任务的位置、障碍物分布等环境信息。

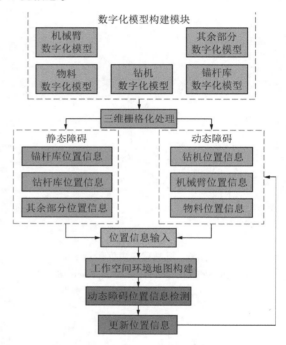

图 9　钻锚机器人工作空间建模方法

Fig.9　Workspace modeling method of drilling anchor robot

3.2　机械臂可行域构建

机械臂在受限空间作业时,不仅要考虑巷道空间约束,还需要考虑钻锚机器人结构限制及末端抓取物料结构的特殊性。当多机械臂协同作业时,机械臂工作空间是动态变化的。因此,在对机械臂进行轨迹规划前,首先要对机械臂可行工作空间进行求解。建立钻锚机器人工作空间求解模型,研究基于环境模型的机械臂工作空间求解方法,建立机械臂与作业环境约束模型,构建机械臂可行域求解模型,研究机械臂可行域更新方法,为机械臂轨迹规划提供数据支撑,具体模型如图 10 所示。

3.3　机械臂防碰撞最优轨迹规划

机械臂作为钻锚机器人的主要运动设备,优化机械臂运行轨迹就是缩短整个钻锚作业的时间。分析机械臂的可行域和任务特点,采用基于包围盒的实时

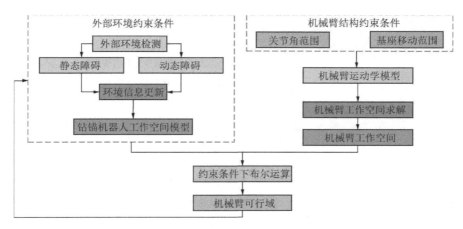

图 10　机械臂可行域求解模型

Fig.10　Feasible region solving model of manipulator

碰撞检测方法,建立机械臂末端的几何模型,在轨迹优化规划算法中添加实时检测碰撞信息单元,能够满足运动轨迹避障要求。当轨迹规划模块收到规划指令时,可行域求解模块输出当前可行域的环境信息,随后利用蚁群算法与人工势场法结合的方式,针对任务内容进行路径规划,人工势场法为蚁群算法的搜索过程提供增益,提高规划路径的速度。规划过程中的实时进行碰撞检测,确保拓展的路径不会发生碰撞,新的路径点纳入轨迹后,将继续信息素的迭代扩展,直到路径规划完成。当所有的规划轨迹记录后,通过寻优参数筛选得到最优轨迹,将最优轨迹上传至控制模块,同时更新环境信息,准备下一次轨迹规划。具体原理如图 11 所示。

4　多机协同控制技术

　　煤矿井下钻锚支护任务量大,且工艺流程具有严格的顺序性,智能钻锚机器人通过借助本身智能设备的协作实现多项钻锚任务并行的目标,进而极大的提高支护效率。其中多项任务分配的策略和智能控制算法是多机协同控制技术的关键所在。

4.1　多任务分配策略

　　钻锚支护作业由于任务繁重,在巷道掘进过程中占用大量时间,为满足钻锚与截割并行的要求,在任务分配方面同样需要针对时间进行优化,对此提出了一种基于以时间最优为目标的多任务分配策略。具体流程如图 12 所示。

　　针对钻锚机器人钻锚任务多且类型不同的特点,在作业开始前对钻锚任务进行分解,可分为钻机任务和机械臂任务,包括钻机钻孔、上锚杆、机械臂装卸钻杆、安装药卷和锚杆等任务。为各项任务赋予任务特性,并结合权重设定优先级,初始化各设备状态值,将以上信息整合上传至钻锚数据库。分配过程首先检

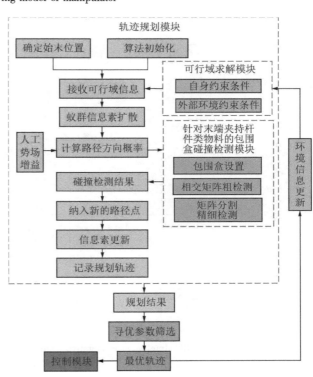

图 11　智能混合轨迹规划算法原理

Fig.11　Principle of intelligent hybrid trajectory planning algorithm

测任务进程,从任务进程库中提取出待执行的任务及其附加信息,结合时间最优的匹配原则,从可用设备中筛选设备进行工作,完成一次任务分配后更新钻锚数据库,并进行下一次任务分配,过程中借助任务进程库实时监测和记录作业进程,直到钻锚任务完成。

4.2　钻锚机器人多机多任务智能协同控制策略

　　钻锚机器人各机械臂与自动钻机的作业任务既相互约束又相互协同。钻锚机器人多机协作动作包括机械臂物料抓取控制模型、装卸钻杆控制模型、安

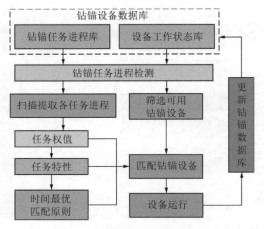

图 12　时间最优任务策略流程

Fig.12　Time-optimal task policy process

装药卷控制模型、安装锚杆控制模型、末端抓取力控制模型以及防碰撞最优轨迹跟踪控制模型。钻锚机器人控制系统包括钻锚工艺驱动模型、多机多任务分配模型和碰撞检测模型。根据钻锚工艺的要求,求解多机多任务分配模型得到各机械臂与钻机作业任务的优先级,计算全局策略收益并调用动作库中相应控制模型执行策略。

利用强化学习过程计算钻锚机器人效益,建立奖惩机制并感知环境信息以及机械臂的运动状态从而改变控制策略,同时反馈一定的奖惩给钻锚机器人的控制系统进一步影响感知决策过程,借助形成的环境状态进行决策训练。煤矿钻锚机器人智能协同控制系统框架如图 13 所示。

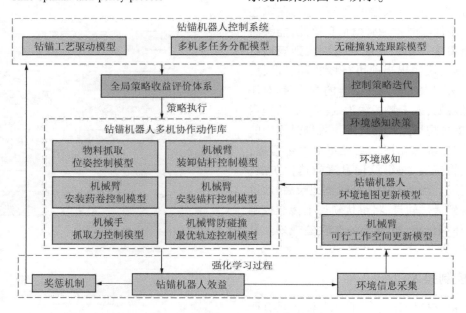

图 13　煤矿钻锚机器人智能协同控制架构

Fig.13　Intelligent cooperative control architecture of coal mine drilling and anchoring robot

5　结　语

(1)针对钻锚机器人多机械臂与多钻机的最优布局问题,建立了基于时空约束的最优配置模型,得出了复杂空间下机械臂与钻机最优配置,能够实现可达空间和可操作性指标下钻锚机器人的最优空间布局。

(2)针对钻锚机器人机械臂姿态控制问题,提出了基于 SqueezeNet 网络深度学习的机械臂抓取定位方法,能够实现抓取点在物料上的准确识别和定位;提出了基于模糊控制的抓取力自适应控制方法,能够实现机械臂面向多种物料的稳定夹持;提出了基于最小线段插补算法的机械臂姿态规划方法,能够实现有限空间条件下的机械臂小范围位姿规划;

提出了基于强化学习的机械臂姿态控制策略,实现了钻锚机器人机械臂最优姿态控制。

(3)针对钻锚机器人避障轨迹规划问题,构建了钻锚机器人工作空间模型,能够实现工作环境信息汇总及实时更新;提出了机械臂可行域求解模型,实现了机械臂可行域在多种约束下的实时求解;提出多种混合算法结合的机械臂最优轨迹规划方法,实现了机械臂实时碰撞检测和最优轨迹规划。

(4)针对钻锚机器人多机械臂与多自动钻机并行协同控制问题,建立了钻锚工艺驱动模型和基于时间最优的多机多任务分配模型,通过机械臂可行域更新模型和奖惩机制对控制策略进行迭代更新,结合任务分配模型和收益评价模型,提出了一种基于智能学习算法的钻锚机器人协同控制方法,能够实现钻锚机器人多机械臂多自动钻机系统的智能协同控制和并行作业。

参考文献（References）：

［1］ JAMES A T. Facility planning［M］. 3rd ed. New Jersey：John Wiley & Sons，2007：215.

［2］ 李航. 电动汽车生产线布局与作业调度优化方法研究［D］.上海：上海交通大学，2020.
LI Hang. Research on the optimization method of electric vehicle production line layout and operation scheduling ［D］. Shanghai：Shanghai Jiao Tong University，2020.

［3］ 席万强. 多机器人协调系统的构建与控制研究［D］. 南京：南京航空航天大学，2019.
XI Wanqiang. Research onconstruction and control of coordinated multi-robots system［D］. Nanjing：Nanjing University of Aeronautics and Astronautics，2019.

［4］ GADALETA M，BERSELLI G，PELLICCIARI M. Energy-optimal la-yout design of robotic work cells：Potential assessment on an industrial case study［J］. Robotics & Computer Integrated Manufacturing，2017，47：102-111.

［5］ 项彬彬，陈卫东，亓利伟，等.基于遗传算法的机器人作业单元布局优化［J］.上海交通大学学报，2008，42（10）：1697-1701.
XIANG Binbin，CHEN Weidong，QI Liwei，et al. Robot workcell layout optimization based on genetic algorithm［J］. Journal of Shanghai Jiao Tong University，2008，42（10）：1697-1701.

［6］ LIM Z Y，PONNAMBALAM S G，IZUI K. Nature inspired algorithms to optimize robot workcell layouts［J］. Applied Soft Computing，2016，49：570-589.

［7］ 谢文雅. 基于四元数的工业机器人姿态规划与插补算法的研究［D］.武汉：华中科技大学，2017.
XIE Wenya.Research of the orientation planning and interpolation for industrial robots based on quaternion［D］. Wuhan：Huazhong University of Science and Technology，2017.

［8］ 王效杰. 基于四元数样条曲线的姿态轨迹规划研究［D］.绵阳：西南科技大学，2015.
WANG Xiaojie. Research on orientation trajectory planning based on quaternion spline curve［D］. Mianyang：Southwest University of Science and Technology，2015.

［9］ YANG Y，LIN L L，SONG Y T，et al. Fast programming of peg-in-hole actions by human demonstration［C］//International Conference on Mechatronics and Control. IEEE，2014：990-995.

［10］ LITVAK Y，BIESS A，BAR-HILLEL A. Learning pose estimation for high-precision robotic assembly using simulated depth images［C］//International Conference on Robotics and Automation. IEEE，2019：3521-3527.

［11］ WYK K V，CULLETON M，FALCO J，et al. Comparative peg-in-hole testing of a force-based manipulation controlled robotic hand［J］. IEEE Transactions on Robotics，2018，34（2）：542-549.

［12］ SONG H C，KIM Y L，LEE D H，et al. Electric connector assembly based on vision and impedance control using cable connector-feeding system ［J］. Journal of Mechanical Science and Technology，2017，31（12）：5997-6003.

［13］ KHATIB O. Real-time obstacle avoidance for manipulators and mobile robots［M］.New York：Springer，1986.

［14］ 陈满意，张桥，张弓，等.多障碍环境下机械臂避障路径规划［J］.计算机集成制造系统，2021，27（4）：990-998.
CHEN Manyi，ZHANG Qiao，ZHANG Gong，et al.Obstacle avoidance path planning of manipulator in multiple obstacle environment［J］. Computer Integrated Manufacturing Systems，2021，27（4）：990-998.

［15］ 陈劲峰，黄卫华，章政，等.动态环境下基于改进人工势场法的路径规划算法［J］.组合机床与自动化加工技术，2020（12）：6-9，14.
CHEN Jinfeng，HUANG Weihua，ZHANG Zheng，et al.Path planning algorithm based on improved artificial potential field method in a dynamic environment［J］.Modual Machine Tool & Automatic Manufacturing Technique，2020（12）：6-9，14.

［16］ 郭彤颖，刘雍，李宁宁，等.势场力引导的蚁群算法在室内轨迹规划中的应用［J］.组合机床与自动化加工技术，2020（6）：18-20，26.
GUO Tongying，LIU Yong，LI Ningning，et al. Application of ant colony algorithm guided by potential field force in indoor trajectory planning［J］.Modual Machine Tool & Automatic Manufacturing Technique，2020（6）：18-20，26.

［17］ 史亚飞，张力，刘子煊，等.基于速度场的人工势场法机械臂动态避障研究［J］.机械传动，2020，44（4）：38-44.
SHI Yafei，ZHANG Li，LIU Zixuan，et al.Research of dynamic obstacle avoidance of manipulator based on artificial potential field method of velocity field［J］.Mechanical Transmission，2020，44（4）：38-44.

［18］ 朱瑞明，李启光，马飞，等.长作业杆复杂环境下自寻优避障规划方法研究［J］.组合机床与自动化加工技术，2022（1）：1-5.
ZHU Ruiming，LI Qiguang，MA Fei，et al. Obstacle avoidance planning algorithm based on self-optimization in complex environment of long working rod［J］.Modual Machine Tool & Automatic Manufacturing Technique，2022（1）：1-5.

［19］ KEW J C，ICHTER B，BANDARI M，et al. Neuralcollision clearance estimator for fast robot motion planning［EB/OL］.［2023-01-11］.https：//www.researchgate.net/publication/336551535.

［20］ TOUSSAINT M，HA J S，DRIESS D. Describing physics for physical reasoning：Force-based sequential manipulation planning［J］. IEEE Robotics and Automation Letters，2020，5（4）：6209-6216.

［21］ OVERMARS M H，JUR P. Roadmap-based motion planning in dynamic environments［J］. IEEE Transactions on Robotics，2005，21（5）：885-897.

［22］ 王志辉，陈息坤.融合场景理解与 A＊算法的巡检机器人避障设计［J］.无线电工程，2022，52（11）：2000-2008.
WANG Zhihui，CHEN Xikun. Obstacle avoidance design of inspection robot based on scene understanding and A＊ algorithm［J］.Radio Engineering，2022，52（11）：2000-2008.

［23］ 赵宁哲. 基于深度强化学习的多辅助机器人路径规划研究［D］.沈阳：沈阳工业大学，2022.
ZHAO Ningzhe.Research on path planning of multi-assisted robot based on deep reinforcement learning［D］. Shenyang：Shenyang University of Technology，2022.

[24] ZHENG T X,YANG L Y.Optimal ant colony algorithm based multi-robot task allocation and processing sequence scheduling [C]//7th World Congress on Intelligent Control and Automation. IEEE,2008:56693-56698.

[25] JOSE K,PRATIHAR D K.Task allocation and collision-free path planning of centralized multi-robots system for industrial plant inspecti-on using heuristic methods [J].Robotics and Autonomous Systems,2016,80:34-42.

[26] TAKATA S,HIRANO T.Human and robot allocation method for hybrid assemblysystems[J].CIRP Annals-Manufacturing Technology,2011,60(1):9-12.

[27] CHEN F,SEKIYAMA K,CANNELLA F,et al.Optimal subtask allocation for human and robot collaboration within hybrid assembly system[J]. IEEE Transactions on Automation Science and Engineering,2014,11(4):1065-1075.

[28] MALIK A A,BILBERG A.Complexity-based task allocation in human-robot collaborative assembly[J]. Industrial Robot,2019, 46(4):471-480.

[29] 王然然,魏文领,杨铭超,等.考虑协同航路规划的多无人机任务分配[J].航空学报,2020,41(S2):24-35.
WANG Ranran,WEI Wenling,YANG Mingchao,et al.Task allocation ofmultiple UVAs considering cooperative route planning [J].Acta Aeronautica et Astronautica Sinica, 2020, 41 (S2): 24-35.

[30] DAI X,WANG J,ZHAO J.Research on multi-robot task allocation based on BP neural network optimized by genetic algorithm [C]//2018 5th International Conference on Information Science and Control Engineering(ICISCE).IEEE,2018:478-481.

[31] KAWANO H.Hierarchical sub-task decomposition for reinforcement learning of multi-robot delivery mission [C]//International Conference onRobotics and Automation.IEEE,2013:828-835.

[32] LOWE R,WU Y,TAMAR A,et al. Multi-agent actor-critic for mixed cooperative competitive environments [C]//Proceedings of the 31st International Conference on Neural Information Processing Systems. Red Hook, NY, USA: Curran Associates Inc, 2017:6382-6393.

[33] FOERSTER J N,FARQUHAR G,AFOURAS T,et al.Counterfactual multi-agent policy gradients[C]//Proceedings of the AAAI Conference on Artificial Intelligence. California USA: AAAI, 2018:2974-2982.

[34] SCHUITEMA E.Reinforcement learning on autonomous humanoid robots[D].Delft:Delft University of Technology,2012.

[35] MATIGNON L,LAURENT G J. Design of semi-decentralized control laws for distributed-air-jet micromanipulators by reinforcement learning [C]//International Conference on Intelligent Robots and Systems.IEEE/RSJ,2009:3277-3283.

[36] WANG T,LIAO R,BA J,et al.Nervenet:Learning structured policy with graph neural networks [C]//International Conference on Learning Representations. IEEE/RSJ,2018.

[37] JIANG J,LU Z Q. Learning attentional communication for multi-agent cooperation [EB/OL]. [2023 - 01 - 11]. https:// proceedings.neurips.cc/paper/2018/hash/6a8018b3a00b69c008601b 8becae392b-Abstract.html.

[38] HOSHEN Y.VAIN:Attentional multi-agent predictive modeling[C]// Proceedings of the 31st International Conference on Neural Information Processing Systems. Long Beach California USA:Curran Associates Inc.,2017:2698-2708.

[39] 陈亮名.考虑约束的多智能体 Euler-Lagrange 系统编队-包含控制[D].哈尔滨:哈尔滨工业大学,2019.
CHEN Liangming. Consider the constrained multi-agent Euler-Lagrange system formation-containing control [D]. Harbin:Harbin Institute of Technology,2019.

[40] 马宏伟,王鹏,王世斌,等.煤矿掘进机器人系统智能并行协同控制方法[J].煤炭学报,2021,46(7):2057-2067.
MA Hongwei,WANG Peng,WANG Shibin,et al.Intelligent parallel cooperative control method of coal mine excavation robot system [J]. Journal of China Coal Society, 2021, 46 (7): 2057-2067.

[41] YOSHIKAWA T. Manipulability of robotic mechanisms[J]. International Journal of Robotics Research,1985,4(2):3-9.

[42] 谢宇珅,吴青聪,陈柏,等.基于单目视觉的移动机械臂抓取作业方法研究[J].机电工程,2019,36(1):71-76.
XIE Yushen, WU Qingcong, CHEN Bai, et al. Grasping operation method of mobile manipulator based on monocular vision[J]. Journal of Mechanical & Electrical Engineering,2019,36(1): 71-76.

[43] 白叉达,刘纪平,黄龙,等.面向地图图片识别的两种卷积神经网络分析[J].测绘科学,2021,46(11):126-134.
BAI Youda,LIU Jiping,HUANG Long,et al. Analysis of two convolutional neural networks for map image recognition[J]. Science of Surveying and Mapping,2021,46(11):126-134.

[44] 游文辉,王秀锋,鲁文其,等.工业机械臂的轨迹规划插补系统设计[J].机电工程,2019,36(2):190-196.
YOU Wenhui,WANG Xiufeng,LU Wenqi,et al.Trajectory interpolation system for industrial manipulator [J]. Journal of Mechanical & Electrical Engineering,2019,36(2):190-196.

[45] 范振,陈乃建,董春超,等.基于深度强化学习的单臂机器人末端姿态控制[J].济南大学学报(自然科学版),2022, 36(5):616-625,634.
FAN Zhen,CHEN Naijian,DONG Chunchao,et al.End pose control of a single-arm robot based on deep reinforcement learning [J].Journal of University of Jinan (Science and Technology), 2022,36(5):616-625,634.

[46] 胡占义,吴福朝.基于主动视觉摄像机标定方法[J].计算机学报,2002,25(11):1149-1156.
HU Zhanyi,WU Fuchao.Based on the active visual camera calibration method [J]. Chinese Journal of Computers, 2002, 25(11):1149-1156.

[47] 张文安,梁先鹏,仇翔,等.基于激光与 RGB-D 相机的异构多机器人协作定位[J].浙江工业大学学报,2019,47(1): 63-69.
ZHANG Wenan, LIANG Xianpeng, QIU Xiang, et al. Heterogeneous multi-robot cooperative positioning based on laser and RGB-D camera[J]. Journal of Zhejiang University of Technology,2019,47(1):63-69.

基于捷联惯导和推移油缸信息融合的智能掘进机器人位姿测量方法

华洪涛[1,3]，马宏伟[2,3]，毛清华[2,3]，石金龙[1,3]，张羽飞[1,3]

（1. 西安科技大学 电气与控制工程学院，陕西 西安　710054；

2. 西安科技大学 机械工程学院，陕西 西安　710054；

3. 陕西省矿山机电装备智能监测重点实验室，陕西 西安　710054）

摘　要：针对煤矿智能掘进机器人系统位姿实时精确测量问题，基于两级护盾结构相互推移油缸实现机器人行驶原理，提出了一种基于捷联惯导和推移油缸信息融合的智能掘进机器人位姿测量方法。利用捷联惯导实时测量智能掘进机器人的姿态信息，再结合推移油缸位移数据，进行航位推算。采用标准卡尔曼滤波算法将捷联惯导数据和油缸数据进行融合，抑制惯导测量误差，提高位姿测量精度。井下实验结果表明：在智能掘进机器人系统静止1h左右，惯导和油缸组合测量的俯仰角、横滚角和航向角的漂移量分别为 0.018596°、0.004635° 和 0.011898°；在智能掘进机器人前进 21m（截距为 1m）的过程中，组合测量系统解算得到的位置误差在 X 轴和 Y 轴方向分别小于 3.5cm 和 2cm。

关键词：捷联惯导；油缸；掘进机位姿；航位推算；卡尔曼滤波

中图分类号：TD421.5　**文献标识码**：A　**文章编号**：1671-0959（2021）11-0140-06

Pose measurement of intelligent roadheader based on strapdown inertial navigation and oil cylinder movement

HUA Hong-tao[1,3], MA Hong-wei[2,3], MAO Qing-hua[2,3], SHI Jin-long[1,3], ZHANG Yu-fei[1,3]

（1. College of Electrical and Control Engineering, Xi'an University of Science and Technology, Xi'an 710054, China;

2. College of Mechanical Engineering, Xi'an University of Science and Technology, Xi'an 710054, China;

3. Shaanxi Key Laboratory of Mine Electromechanical Equipment Intelligent Monitoring, Xi'an 710054, China）

Abstract：In order to accurately measure the roadheader´s position and attitude in real-time at work, a combined measurement method based on strapdown inertial navigation and cylinder displacement is proposed. The method uses strapdown inertial navigation to measure the attitude information of the roadheader in real time, and combines the displacement data of the cylinder moving the roadheader forward with the attitude information of the roadheader to calculate dead-reckoning, and fuses the strapdown inertial navigation data and the cylinder data using standard Kalman filter algorithm, to suppress the divergence of inertial navigation measurement results and improve the accuracy of pose measurement. The results of underground experiment show that the pitch angle, roll angle and heading angle measured the method are 0.018596, 0.004635°, and 0.011898° when the intelligent tunneling robot is stationary for 1 hour; in the process, the position error calculated by the combined measurement system is less than 3.5cm and 2cm in the x-axis and y-axis directions, respectively, indicating that problem of cumulative error using inertial navigation solution alone is solved.

Keywords：strapdown inertial navigation; cylinder; roadheader pose; dead reckoning; Kalman filter

收稿日期：2020-12-06

基金项目：国家自然科学基金重点项目（51834006）；国家自然科学基金面上项目（51975468）

作者简介：华洪涛（1996—），男，安徽桐城人，硕士研究生，主要研究方向惯性导航系统算法研究，E-mail：1558746016@ qq. com。

引用格式：华洪涛，马宏伟，毛清华，等. 基于捷联惯导和推移油缸信息融合的智能掘进机器人位姿测量方法［J］. 煤炭工程，2021，53（11）：140-145.

煤炭生产装备智能化是煤炭绿色安全高效发展的关键[1]。针对煤矿巷道掘进存在地质复杂、工艺装备落后，作业人员偏多，操作环境恶劣，安全风险严峻，采快掘慢失衡等问题[2]，深入研究综掘工作面的智能化问题显得十分重要，而掘进机的位姿测量是综掘工作面智能化的重要前提。掘进机工作时传统的定向方法是借助一束与巷道预设方向平行的激光来指向，掘进机司机依照该方向手动控制掘进机完成纠偏，该方法掘进精度低，测量工作量大且人员安全得不到保障。针对掘进机的位姿测量提出了很多新的方法，大致可以总结为基于激光导向器测量系统[3,4]、基于机器视觉测量系统[5,6]和基于惯性测量系统[7]。

激光导向器测量系统是目前应用最广泛的导向系统，其原理是通过对掘进机的距离和角度进行测量，再经过解算得到掘进机位姿数据，例如德国VMT公司研发的SLS-T系统[8]，该系统通过对透过旋转阴屏的激光强度进行检测，当光强达到最大时，根据此时阴屏的旋转角度来计算掘进机的方向角，该系统实时性好，但需要的操作人员数量较多。机器视觉测量系统是通过采集待测物体的几何特征，利用成像模型从而解算出目标物体的位姿信息，在文献[9]中，卡内基梅隆大学基于机器视觉研发了一套掘进机导向系统，但由于煤矿井下环境恶劣，粉尘大，导致该系统无法在大倾角煤矿巷道内使用；在文献[10]中，作者通过将目标光靶与掘进机进行固连，使用摄像机识别出光靶上的特征点在图像中的位置，从而解算出掘进机的位姿，但该方法的测量精度受限于光靶与摄像机之间的距离，并不适用于远程位姿测量。惯性测量系统原理是通过惯性测量元件陀螺仪和加速度计采集掘进机的角速度和加速度数据，通过数值积分运算得到掘进机的位姿信息，在文献[11]中，作者通过对纯惯性导航系统进行仿真，结果表明该系统测量得到的姿态角数据满足国家煤矿井巷工程验收标准，而测量得到的位置误差远远超出了国家标准，所以惯性导航系统往往需要搭配其他位姿传感器构成组合导航系统来提高定位精度。在文献[12]中，作者验证了零速修正的方法可以提高捷联惯导系统对掘进机定位的精度。在文献[13]中，作者将油缸行程、激光、超声、惯导和地磁构成组合测量系统，实现对掘进机位姿实时精确的测量。在文献[14]中，为了对矿下或无GPS信号环境中的设备进行定位，作者提出将双目

视觉和惯性技术构成组合导航系统，利用视觉导航技术得到的导航参数来对惯导的数据进行修正，从而提高定位精度。

通过对上述三类测量方式进行对比，捷联惯导系统凭借着不依赖外部环境的特点，使得其成为掘进机位姿测量的首选。但是，捷联惯导随着运行时间的增长，其解算结果的误差会越来越大。因此，本文将捷联惯导和推移油缸构成组合测量系统，通过标准卡尔曼滤波算法将惯导数据和油缸位移数据进行融合，旨在克服惯导位姿解算结果随时间产生累计误差的难题。

1　掘进机行走及定位方案

本文以笔者团队联合相关企业研发的煤矿智能掘进机器人系统（如图1所示）的位姿测量为例。

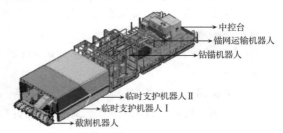

图1　煤矿智能掘进机器人系统

该护盾式智能掘进机器人系统将截割机器人集成于临时支护机器人内，其行驶原理是临时支护机器人Ⅰ和临时支护机器人Ⅱ通过4个油缸连接，通过油缸前推后拉，使得盾体按照截距要求间歇前进，其结构如图2所示。将捷联惯导安装在临时支护机器人Ⅰ上，捷联惯导采集临时支护机器人Ⅰ的加速度和角速度信息，对其解算得到临时支护机器人Ⅰ的姿态和位置信息。再将油缸推移前进的位移数据与惯导解算得到的位置数据进行融合，提高临时支护机器人Ⅰ位姿精度。捷联惯导与油缸组合定位原理如图3所示。

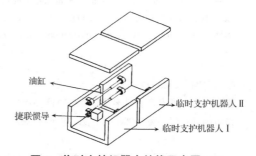

图2　临时支护机器人结构示意图

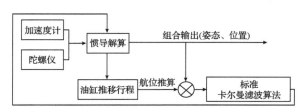

图 3　捷联惯导与油缸组合定位原理图

2　智能掘进机器人位姿解算

将临时支护机器人 I 所在位置的地理坐标系作为导航坐标系，并规定东向为 x_n，北向为 y_n，天向为 z_n。以临时支护机器人 I 的重心位置为坐标原点建立载体坐标系，以临时支护机器人 I 前进方向作为 x_b 轴正方向，临时支护机器人 I 左侧垂直 x_b 轴方向作为 y_b 轴正方向，垂直临时支护机器人 I 向上方向作为 z_b 轴正方向。两坐标系可以通过绕三个方位轴旋转而得到，例如导航坐标系首先绕 z_n 轴旋转 φ 角度，得到坐标系 $ox_1y_1z_1$，然后坐标系 $ox_1y_1z_1$ 绕 x_1 轴旋转 γ 角度，得到坐标系 $ox_2y_2z_2$，最后坐标系 $ox_2y_2z_2$ 绕 y_2 轴旋转 θ 角度，得到载体坐标系 $ox_by_bz_b$。其中 φ、γ、θ 分别为临时支护机器人 I 的航向角、横滚角和俯仰角。

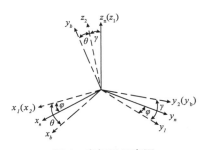

图 4　坐标系示意图

2.1　姿态解算模型

捷联惯导系统算法是将前一时刻临时支护机器人 I 的位姿数据和最近采样周期内惯性测量元件的采样值作为输入，通过递归迭代的形式对系统的微分方程进行求解，从而计算出当前时刻临时支护机器人 I 的位姿信息。

临时支护机器人 I 姿态更新的四元数微分方程为[15]：

$$\frac{\mathrm{d}Q}{\mathrm{d}t} = \frac{1}{2} Q \otimes \omega_{nb}^b \tag{1}$$

$$\omega_{nb}^b = \omega_{ib}^b - C_n^b(\omega_{ie}^n + \omega_{en}^n)$$

$$= \omega_{ib}^b - C_n^b \begin{bmatrix} -\dfrac{V_N}{R_M + h} \\ \omega_{ie}\cos L + \dfrac{V_E}{R_N + h} \\ \omega_{ie}\sin L + \dfrac{V_E}{R_N + h}\tan L \end{bmatrix} \tag{2}$$

式中，Q 为临时支护机器人 I 的姿态四元数；ω_{ib}^b 为捷联惯导测量得到的临时支护机器人 I 角速度；ω_{ie} 地球自转角速度；h 为临时支护机器人 I 坐在位置的海拔高度；V_N、V_E、L 为导航计算得到的临时支护机器人 I 北向速度、东向速度和所在位置纬度的最新值；R_M、R_N 分别为临时支护机器人 I 在位置地球子午圈和卯酉圈曲率半径。

对上述四元数微分方程进行求解，得到当前时刻临时支护机器人 I 姿态信息的四元数表达，进而可以求出姿态变换矩阵，其转换公式如下：

$$C_b^n = \begin{bmatrix} q_0^2 + q_1^2 - q_2^2 - q_3^2 & 2(q_1q_2 - q_0q_3) & 2(q_1q_3 + q_0q_2) \\ 2(q_1q_2 + q_0q_3) & q_0^2 - q_1^2 + q_2^2 - q_3^2 & 2(q_2q_3 - q_0q_1) \\ 2(q_1q_3 - q_0q_2) & 2(q_2q_3 + q_0q_1) & q_0^2 - q_1^2 - q_2^2 + q_3^2 \end{bmatrix}$$

$$= \begin{bmatrix} T_{11} & T_{12} & T_{13} \\ T_{21} & T_{22} & T_{23} \\ T_{31} & T_{32} & T_{33} \end{bmatrix} \tag{3}$$

计算得到姿态角：

$$\theta = \sin^{-1}(T_{32})$$

$$\gamma = -\tan\left(\frac{T_{31}}{T_{33}}\right)$$

$$\varphi = -\tan\left(\frac{T_{12}}{T_{22}}\right)$$

2.2　位置解算模型

临时支护机器人 I 三个方向的速度更新微分方程分别为：

$$\dot{v}_x = f_x + \left(2\omega_{ie}\sin L + \frac{v_x}{R_N + h}\tan L\right)v_y -$$
$$\left(2\omega_{ie}\cos L + \frac{v_x}{R_N + h}\right)v_z \tag{4}$$

$$\dot{v}_y = f_y - \left(2\omega_{ie}\sin L + \frac{v_x}{R_N + h}\tan L\right)v_x$$
$$- \frac{v_x}{R_N + h}v_z \tag{5}$$

$$\dot{v}_z = f_z + \left(2\omega_{ie}\cos L + \frac{v_x}{R_N + h}\right)v_x$$
$$+ \frac{v_y^2}{R_M + h} - g \tag{6}$$

式中，f_x、f_y、f_z 分别为加速度计测量的比力，v_x、v_y、v_z 分别为临时支护机器人 I 在导航坐标系下东向、北向和天向速度分量，g 为临时支护机器人 I 所在位置重力加速度。

临时支护机器人 I 位置更新微分方程为：

$$\begin{cases} \dot{L} = \dfrac{v_n}{R_M + h} \\ \dot{\lambda} = \dfrac{v_e}{(R_M + h)\cos L} \\ \dot{h} = v_u \end{cases} \quad (7)$$

通过对位置微分方程进行积分可以得到临时支护机器人 I 所在位置的经纬度和高度信息。

3　智能掘进机器人位移模型建立

当临时支护机器人 I 直线前进时，其两侧油缸推移量相等，此时临时支护机器人 I 的位移量与油缸推移量相等。

当临时支护机器人 I 处于纠偏状态时，此时两侧油缸推移量不等，如图 5 所示。由于捷联惯导与临时支护机器人 I 固连，所以临时支护机器人 I 的位移与捷联惯导的位移等效，而捷联惯导的位移可以用其在临时支护机器人 I 后面的投影位移近似等效。

图 5　智能掘进机器人系统纠偏示意图

智能掘进机器人处于纠偏转态时，其俯视图如图 6 所示。

图中 L_{AB}、L_{CD} 分别表示左侧油缸和右侧油缸，

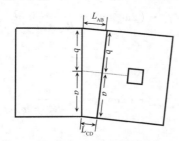

图 6　油缸纠偏俯视图

两者相互平行，a、b 分别为捷联惯导与临时支护机器人 I 盾体左右面之间的距离，此时智能掘进机器人的位移计算公式为：

$$S = \frac{a \cdot L_{AB} + b \cdot L_{CD}}{a + b} \quad (8)$$

4　捷联惯导与油缸推移量数据融合算法

4.1　航位推算算法

在油缸推移智能掘进机器人前进的过程中，其路程增量在载体坐标系的投影为：

$$\Delta S_i^b = \begin{bmatrix} S & 0 & 0 \end{bmatrix}^T \quad (9)$$

其中 S 为时间段 $[t_{i-1}, t_i]$ 内智能掘进机器人前进的位移量，利用姿态矩阵 C_b^n 对 ΔS_i^b 进行转换可以得到在导航坐标系下油缸推移量的输出，即：

$$\Delta S_i^n = \begin{bmatrix} \Delta S_{E(i)} & \Delta S_{N(i)} & \Delta S_{U(i)} \end{bmatrix}^T$$
$$= C_{b(i-1)}^n \Delta S_i^b \quad (10)$$

式中，$C_{b(i-1)}^n$ 为 t_{i-1} 时刻智能掘进机器人姿态矩阵。

由于在捷联惯导更新算法中已经对姿态信息进行了求解，所以在航位推算算法中无需再次对姿态信息进行更新，而是使用同一姿态矩阵对油缸推移量进行坐标转换，进而对航位推算时智能掘进机器人位置进行更新。

$$\begin{cases} L_{D(i)} = L_{D(i-1)} + \dfrac{\Delta S_{N(i)}}{R_{MhD(i-1)}} \\ \lambda_{D(i)} = \lambda_{D(i-1)} + \dfrac{\Delta S_{E(i)} \sec L_{D(i-1)}}{R_{NhD(i-1)}} \\ h_{D(i)} = h_{D(i-1)} + \Delta S_{U(i)} \end{cases} \quad (11)$$

4.2　捷联惯导/航位推算组合算法

根据捷联惯导误差和航位推算误差方程[16]，构造如下状态向量：

$$X = \begin{bmatrix} \varphi^T & (\delta v^n)^T & (\delta p)^T & (\delta p_D)^T \\ (\varepsilon^b)^T & (\nabla^b)^t & \kappa_D^T \end{bmatrix}^T \quad (12)$$

式中，φ^T 为计算导航坐标系与理想导航坐标系之间的失准角误差；$(\delta v)^T$ 为临时支护机器人 I 的速度误差；$(\delta p)^T$ 为临时支护机器人 I 的位置误差；$(\delta p_D)^T$ 为航位推算时的位置误差；$(\varepsilon^b)^T$ 为陀螺仪零偏误差；$(\nabla^b)^T$ 为加速度计零偏误差；$\kappa_D^T = \begin{bmatrix} \alpha_\theta & \delta K_D & \alpha_\varphi \end{bmatrix}$，其中 α_θ、α_φ 分别为捷联惯导安装时在 x 轴和 y 轴方向上存在的安装偏角，δK_D 为油缸的刻度系数误差。

以捷联惯导解算算法得到的位置数据与航位推

算得到的位置数据之差构建观测量：

$$Z = \delta p - \delta p_D \quad (13)$$

综上，可以建立基于捷联惯导和油缸的组合定位状态空间模型为：

$$\begin{cases} \dot{X} = FX + GW \\ Z = HX + V \end{cases} \quad (14)$$

其中：

$$F = \begin{bmatrix} F_{11} & 0_{3\times3} \\ 0_{3\times3} & F_{22} \end{bmatrix} \quad (14)$$

$$G = \begin{bmatrix} -C_b^n & 0_{3\times3} \\ 0_{3\times3} & C_b^n \\ 0_{15\times3} & 0_{15\times3} \end{bmatrix} \quad (15)$$

$$H = \begin{bmatrix} 0_{3\times6} & I_{3\times3} & -I_{3\times3} & 0_{3\times9} \end{bmatrix} \quad (16)$$

式中，F 为惯导系统误差转移矩阵；F_{11} 和 F_{22} 的计算方法如文献[16]所示；W 为陀螺仪和加速度计的测量白噪声；V 为测量噪声。

根据上述状态方程和量测方程，将 $k-1$ 时刻的导航参数信息作为输入，计算得到 k 时刻的位置和姿态数据，随着滤波次数的增加，得到的位姿数据会越来越接近真实值，进而提高系统的测量精度。

5 实验验证与数据分析

在榆北煤业小保当煤矿对煤矿智能掘进机器人系统进行了井下工业性试验，试验验证了本文提出的定位方法。

5.1 惯导姿态角实验

首先智能掘进机器人系统保持静止状态，捷联惯导进行初始对准，待初始对准完成后得到智能掘进机器人系统的初始姿态角数据，其中俯仰角为 -0.184514°，横滚角为 0.170776°，航向角为 180.369611°。智能掘进机器人系统继续保持静止，并采集其 1h 内的姿态角数据，观察其变化趋势。智能掘进机器人系统的俯仰角、横滚角和航向角在 1h 内相对初始姿态角的漂移量分别如图7、图8和图9所示，从图中可以看出 1h 后俯仰角漂移了 0.018596°，

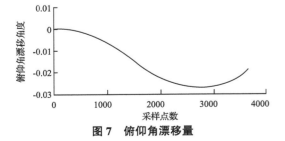

图7 俯仰角漂移量

横滚角漂移了 0.004635°，航向角漂移了 0.011898°。

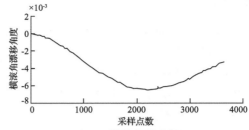

图8 横滚角漂移量

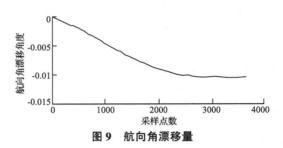

图9 航向角漂移量

5.2 惯导与油缸组合定位实验

智能掘进机器人系统按照初始方向直线前进 21m，油缸每次推移量为 1m，在油缸中安装了位移传感器，其推移误差为千分之一，即 ±1mm。

捷联惯导和油缸组合测量下智能掘进机器人位置曲线和位置误差曲线分别如图10和图11所示。图10可以看出，组合定位得到的位置曲线可以精确的反应智能掘进机器人的实际位置。从图11可以看出，组合定位系统下智能掘进机器人在 X 轴和 Y 轴方向上的位置误差分别控制在 3.5cm 和 2cm 的范围内，有效消除了纯惯导解算造成的累计误差，显著提高了定位的精度。

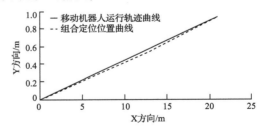

图10 组合定位下智能掘进机器人位置曲线

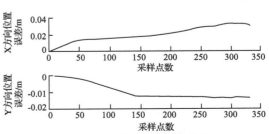

图11 组合定位位置误差曲线

6　结　论

1) 提出了一种基于捷联惯导和推移油缸信息融合的煤矿智能智能掘进机器人位姿测量方法：利用捷联惯导测量得到智能掘进机器人的姿态和位置信息；利用油缸推移量可以精确控制的特点，分别建立煤矿智能掘进机器人在直行和纠偏状态下的位移模型；利用标准卡尔曼滤波算法实现捷联惯导数据和油缸数据的融合，抑制捷联惯导在位置解算结果上的累计误差，提高测量精度。

2) 在煤矿智能掘进机器人系统上分别进行姿态角测量和组合定位实验，结果表明俯仰角、横滚角、航向角、X 轴和 Y 轴误差均满足设计要求，测量精度高。

参考文献：

[1]　王国法，刘　峰，孟祥军，等. 煤矿智能化(初级阶段)研究与实践 [J]. 煤炭科学技术，2019，47(8)：1-36.

[2]　马宏伟，王　鹏，张旭辉，等. 煤矿巷道智能掘进机器人系统关键技术研究 [J]. 西安科技大学学报，2020，40(5)：751-759.

[3]　陈慎金，成　龙，王鹏江，等. 基于激光测量技术的掘进机航向角精度研究 [J]. 煤炭工程，2018，50(7)：107-110.

[4]　陶云飞. 掘进机位姿激光自动测量方法及系统研究 [D]. 北京：中国矿业大学(北京)，2017.

[5]　张旭辉，赵建勋，杨文娟，等. 悬臂式掘进机视觉导航与定向掘进控制技术研究 [J/OL]. 煤炭学报：1-11 [2020-08-18]. https：//doi. org/10. 13225/j. cnki. jccs. ZN20. 0357.

[6]　杜雨馨，刘　停，童敏明，等. 基于机器视觉的悬臂式掘进机机身位姿检测系统 [J]. 煤炭学报，2016，41(11)：2897-2906.

[7]　呼守信. 基于惯性测量的悬臂式掘进机位姿自动定位 [J]. 机电产品开发与创新，2017，30(3)：50-51.

[8]　Upgrades & Options for the global Coordinate System [Z]. ZED Tunnel Guidance Ltd，2005.

[9]　Devy M，Ortey J J，Fuentes-cantillana J L，et al. Mining robotics：application of computer vision to the automation of a roadheader [J]. Robotics and autonomous systems，1993，11(2)：65-74.

[10]　田　原. 基于机器视觉的掘进机空间位姿检测技术研究 [J]. 矿山机械，2013，41(2)：27-30.

[11]　陶云飞，杨健健，李嘉赓，等. 基于惯性导航技术的掘进机位姿测量系统研究 [J]. 煤炭技术，2017，36(1)：235-237.

[12]　田　原. 悬臂式掘进机惯性定位技术研究与试验 [J]. 煤矿机电，2020，41(1)：9-12.

[13]　毛清华，张旭辉，马宏伟，等. 多传感器信息的悬臂式掘进机空间位姿监测系统研究 [J]. 煤炭科学技术，2018，46(12)：41-47.

[14]　BARRETT J M，GENNERT M A，MICHALSON W R，et al. Development of a low-cost. self-contained，combined rision and inertial navigation system [Z]. 2013.

[15]　秦永元. 惯性导航 [M]. 北京：科学出版社，2006：331-334.

[16]　严恭敏. 车载自主定位定向系统研究 [D]. 西安：西北工业大学，2006.

（责任编辑　赵巧芝）

第四篇　机器人、图像识别等智能煤矿新技术

煤矿巷道智能掘进机器人系统关键技术研究

马宏伟[1,2]，王　鹏[1,2]，张旭辉[1,2]，曹现刚[1,2]，毛清华[1,2]，王川伟[1,2]，
薛旭升[1,2]，刘　鹏[1,2]，夏　晶[1,2]，董　明[1,2]，田海波[1,2]

（1. 西安科技大学 机械工程学院,陕西 西安 710054;
2. 西安科技大学 陕西省矿山机电装备智能监测重点实验室,陕西 西安 710054）

摘　要：按照国家"加快煤矿智能化发展"的战略部署,贯彻"采掘并重,掘进先行"方针,针对煤矿巷道掘进存在地质条件复杂、工艺装备落后、作业人员偏多、操作环境恶劣、安全风险严峻、采快掘慢失衡等问题,深入总结分析国内外煤矿巷道智能掘进技术的研究动态,指出存在的不足和亟待解决的问题。针对煤矿复杂地质条件下的巷道掘进难题,研发了一种全新的集截割、临时支护、钻锚和锚网运输等并行智能协同的煤矿巷道掘进机器人系统。通过研究进展分析、理论方法探索以及研发实践,提出构建煤矿巷道智能掘进机器人系统的3大关键技术问题及其研究内涵,创建解决关键技术问题的研究体系架构:煤矿巷道掘进机器人系统建模与围岩耦合机理;煤矿巷道掘进机器人系统智能协同控制技术,提出数字孪生驱动的虚拟现实远程智能控制方法;煤矿巷道快速掘进机器人系统精确定位定向和定形技术,提出机器人系统全局和局部精准定位定向及断面截割精准定形控制方法。破解复杂地质条件下的煤矿巷道智能掘进机器人系统关键技术难题,对于研发高质量、高可靠、高效率、高智能的煤矿巷道智能掘进机器人系统,从根本上改善掘进工作面环境,解放生产力,全面提高煤矿巷道掘进效率和质量。

关键词：煤矿巷道;智能掘进机器人;精准定位定向;定形控制;智能协同控制

中图分类号: TD 421　　　　　　　　　　　文献标志码: A

文章编号: 1672 - 9315(2020) 05 - 0751 - 09

DOI: 10. 13800/j. cnki. xakjdxxb. 2020. 0501　　开放科学(资源服务) 标识码(OSID):

Research on key technology of intelligent tunneling robotic system in coal mine

MA Hong-wei[1,2], WANG Peng[1,2], ZHANG Xu-hui[1,2], CAO Xian-gang[1,2], MAO Qing-hua[1,2]
WANG Chuan-wei[1,2], XUE Xu-sheng[1,2], LIU Peng[1,2], XIA Jing[1,2], DONG Ming[1,2], TIAN Hai-bo[1,2]

(1. *College of Mechanical and Engineering ,Xi' an University of Science and Technology ,Xi' an* 710054 ,*China*;
2. *Shaanxi Key Laboratory of Mine Mechanical and Electromechanical Equipment Intelligent Monitoring ,*
Xi' an University of Science and Technology ,Xi' an 710054 ,*China*)

Abstract: According to the national strategy of "accelerating the intelligent development of coal mines" and the policy of "paying equal attention to mining and excavation, excavation first", aiming at the problems of complex geological conditions, outdated technology and equipment, too many workers, bad

收稿日期: 2020-01-03　　　责任编辑: 杨忠民
基金项目: 国家自然科学基金重点项目(51834006) ；国家自然科学基金面上项目(51975468)
通信作者: 马宏伟(1957 -) ,男,陕西兴平人,博士,教授,博士生导师,E-mail: mahw@ xust. edu. cn

operating environment, strict safety risk, imbalance of fast mining and slow excavation, a detailed analysis and summarization have been made of the intelligent driving technology of coal mine roadway at home and abroad with the existing shortcomings and problems pointed out. For the problems of roadway tunneling under complicated geological conditions in coal mines in China, a new tunneling robotic system is developed with parallel intelligent coordination of cutting, temporary support, drill anchor and anchor net transportation. By the analysis of research progress, the exploration of theoretical methods and the practice of research and development, three key technical problems of intelligent tunneling robot system of coal mine roadway its research connotation are proposed, with a research system architecture to solve key technical problems created. The mathematical modeling of the coal mine tunneling robot system is designed to reveal the coupling mechanism between the robot system and the surrounding rock. The mathematical model of the parallel collaborative control of the robot system is established and a virtual reality remote intelligent control method driven by a digital twin is put forward. The mathematical model of the precise positioning, orientation and shaping control of the robot system is established, and the methods of global and local precise positioning and orientation and section cutting precise shaping control are introduced. The key technical problems of the intelligent tunneling robot system for coal mine roadways under complex geological conditions are solved, which is of great significance for the research and development of high-quality, high-reliability, high-efficiency and high-intelligence intelligent tunneling robot system, thus fundamentally improving the tunneling face environment and liberating productivity and comprehensively improving the efficiency and quality of coal mine tunneling.

Key words: coal mine roadway; intelligent tunneling robots; precise positioning and orientation; shaping control; intelligent collaborative control

0 引 言

中国煤炭储量和产量均居世界前列,煤炭作为一种极其重要的战略资源,在中国经济和社会发展中具有不可替代的作用。国家高度重视煤炭智能化发展,2019 年 1 月 2 日国家煤监局发布《煤矿机器人重点研发目录》,2020 年 2 月 25 日国家发展改革委等八部委联合印发了《关于加快煤矿智能化发展的指导意见》,明确了煤炭智能化的发展目标和主要任务,标志着煤炭工业智能化春天的到来。中国 95% 的煤矿采用井工开采,始终坚持"采掘并重,掘进先行"的方针。长期的煤炭开采实践表明,煤矿智能化的核心就是要实现综采工作面和综掘工作面的智能化。在煤炭人的共同努力下,综采工作面智能化初见成效,而综掘工作面智能化严重滞后,导致"采掘失衡",严重影响着煤矿安全、高效、智能生产。因此,煤矿巷道掘进效率和智能化水平亟待提高。

纵观世界煤矿巷道掘进工艺和装备发展,现阶段整体处于机械化和局部自动化水平。目前,中国煤矿巷道掘进普遍采用机械化掘进设备,存在人工操作,工人劳动强度极大;掘锚分离,掘进

效率偏低;粉尘严重,工作环境恶劣;条件复杂,安全风险严峻等问题。要从根本上改变综掘工作面的落后状态,必须加快研发高效率、高可靠、高智能的新型掘进装备,构建多机器人协同的智能掘进装备群,全面提升掘进装备和工艺的智能化水平。

近年来,国内外相关高校、研究院所以及专业公司,针对赋存条件良好的煤矿巷道,研发了新型的掘锚机组,国外有山特维克(Sandvik) MB670 型掘锚机组、久益(JOY) EJM2X170 掘锚一体机组、奥钢联 ABM20 型掘锚机组等,国内有中国铁建的掘锚机组、太原煤科院的掘锚机组、西安科技大学联合西安煤矿机械有限公司等单位研发的煤矿掘进机器人系统等,有效提高了掘进速度,推动了掘进技术及装备的进步,其代表性产品如图 1 所示。

中国煤矿赋存条件复杂,存在煤层起伏大、顶底板松软、夹矸与片帮并存、水与瓦斯突出等一系列问题,要实现巷道智能化掘进,挑战严峻,任务艰巨。分析中国煤矿巷道掘进特点,必须创新掘进装备和工艺,迈向成套化、并行化、柔性化、快捷化、智能化,确保适应性、可靠性。为此,必须聚焦影响煤矿巷道掘进的关键技术问题,进一步研发新一代智能掘进机器人系统,对于全面提升煤矿

巷道掘进装备和工艺水平,最大限度的解放生产力,确保巷道掘进的"安全、高效、绿色、智能"具有

极其重要的意义,必将带来显著的经济效益和社会效益。

(a)山特维克 MB670 型掘锚机组

(b)久益(JOY)EJM2X170 掘锚一体机组

(c)太原煤科院掘锚机组

(d)中国铁建掘锚机组

(e)本团队研发的煤矿掘进机器人系统

图1 新型掘锚机组

Fig. 1 New types of driving anchor units

1 煤矿巷道掘进技术研究动态

1.1 煤矿巷道掘进机器人建模研究

在国外,美国久益、英国多斯科和奥地利山特维克等掘进装备制造公司,为了提高煤矿巷道的掘进效率,提出并研发了掘锚一体机。这些设备,在中国一些赋存条件较好的煤矿使用,具有局部自动化功能和良好的整机性能,但其设计和制造的关键技术未见报道,也未见有关掘进机器人研究及其建模的报道。在国内,李军利等研究了悬臂式掘进机的机器人化模型,并对掘进机悬臂进行了运动学分析[1]。凌睿等分析了掘进机器人截割臂的结构特点及动力学特性,建立了截割臂横摆动力学模型[2-3]。毛君等以悬臂式掘进机器人巷道自动成形为研究对象,建立了掘进机器人仿形截割的数学模型[4]。王福忠等研究了悬臂式掘进机器人行走机构,建立了液压行走驱动系统数学模型[5]。田劼等研究了悬臂式掘进机空间位姿关系,建立了运动学模型[6]。郝雪弟等提出了机器人化掘支锚联合机组及工艺,建立了机组中折叠式钻床的数学模型[7]。张旭辉等为了实现悬臂式掘进机的精确定位、智能控制和远程操控,建立了其运动学和动力学模型[8-9]。马宏伟等提出了全新的钻锚机器人,建立了钻锚单元、布网单元的数学模型[10-11]。上述研究基本上以单个机器人或关键功能部件为研究对象建立数学模型,为中国掘进机器人本体基础研究发挥了积极的推进作用。康红普等分析了掘进工作面周围应力、位移

及破坏区分布特征与变化规律,巷道轴线与最大水平主应力方向的夹角对围岩应力、位移及破坏的影响,分析了围岩与支护加固的相互作用[12]。王国法等提出"低初撑、高工阻"非等强耦合支护理念和超前支护设计原理,实现超前支护系统与围岩强度耦合、结构耦合以及稳定性耦合,增强系统适应性,达到协同支护的目的[13]。KATJA 等提出了基于 Green 函数的 P-SV 体波和 Rayleigh 型槽波的合成波场,依据合成波场参数变化,分析了掘进工作面围岩特性分布[14]。上述研究主要集中在巷道围岩应力变化、围岩 – 支护相互作用等方面,为掘进工作面围岩特性分布研究提供了理论方法,但是针对多任务多智能体的煤矿巷道快速掘进机器人系统与围岩耦合关系研究处于空白。

1.2 煤矿巷道掘进系统协同控制研究

在机器人姿态检测与运动控制方面,陈双叶等对自行走地下掘进机器人导向系统,基于3点法姿态测量,提出了一种多目标点的自动测量方法[15]。黄东等提出了基于惯性导航技术的定位方法。在机器人化综掘断面自动成形、自适应截割控制等方面[16],王国法等介绍了中国煤矿掘进技术与装备发展现状,分析了制约巷道实现快速掘进的关键难题,提出了智能快速掘进的研发方向及技术路径[17]。张旭辉等提出一种悬臂式掘进机虚拟远程操控系统,将虚拟现实技术运用到悬臂式掘进机远程控制中,实现虚拟设备与井下设备同步运动,虚拟模型数据驱动,动态修正等功能[18]。阳廷军提出了悬臂式掘进机远程可视化控

制系统,研究了远程控制系统关键技术,实现了掘进机位姿自动检测、断面自动截割成形[19]。高旭彬提出综掘工作面远程可视化控制方法,研究了成套设备协同控制、智能截割、智能锚护、智能运输、视频监控、故障诊断等关键技术[20]。上述研究在掘进机器人智能控制、掘进机器人系统协同控制以及虚拟现实远程控制等方面缺乏深入研究。

1.3　煤矿巷道掘进系统精确定位定向研究

煤矿巷道掘进系统精确定位定向技术是煤矿巷道成形质量的关键技术。惯导具有导航精度高、自主性强等优点,近年来被广泛应用于煤矿机械装备的定位定向导航中。澳大利亚工业联邦研究组织[21]首次将惯导应用于煤矿采煤工作面装备的定位定向中,REID 等提出采用惯性敏感器件进行采煤机定位,实时获取地理位置信息[22]。KHONZI 等提出了一种基于惯导的井下自主定位系统[23]。在国外,德国艾柯夫公司最早针对掘进机的断面自动成形进行研究[25]。在国内,田劼等构建了掘进机空间位姿的运动学模型,提出了巷道断面自动截割成形控制方法,得出截割头空间位置坐标与油缸伸缩量及截割臂摆动角之间的几何关系式[24]。毛清华等根据悬臂式掘进机截割部结构及其运动学分析,建立了截割头控制系统传递函数模型,提出了一种基于 PID 控制的悬臂式掘进机截割头位置精确控制方法[25]。由此可见,惯性导航是采掘装备定位定向的最佳选择,但需

要深入研究提高惯导解算精度和补偿漂移误差的有效方法。

2　煤矿智能掘进机器人系统研发

近年来,本项目团队高度重视煤矿掘进机器人的研发工作,在悬臂式掘进机器人研发的基础上,创新性的提出了多种煤矿掘进机器人系统方案,承担了陕西煤业化工集团"煤矿智能掘进技术及成套装备研发与示范"重大项目,经过与西安煤矿机械有限公司等企业密切合作,协同攻关,成功研制了"煤矿巷道智能掘进机器人系统"。目前,该项目已经完成地面调试,即将进入工业性试验。

煤矿智能掘进机器人系统由截割机器人、临时支护机器人Ⅰ和Ⅱ、钻锚机器人、锚网运输机器人、电液控平台以及通风除尘和运输系统等组成,具有智能精确定位定向、智能截割、自主行走、自动布网、自动钻锚等功能,能够实现本地控制、井下近程集中控制以及地面远程控制。煤矿智能掘进机器人系统如图 2 所示。

2.1　截割机器人

截割机器人主要完成断面煤岩截割,由截割、进给、装载运输等机构以及检测与控制系统组成,截割部根据煤岩硬度采用全断面可伸缩横轴滚筒结构或全断面双纵轴结构,其结构布局和截割策略依据煤矿巷道截割断面尺寸及其截距定制研发,实现智能截割,精准定形。

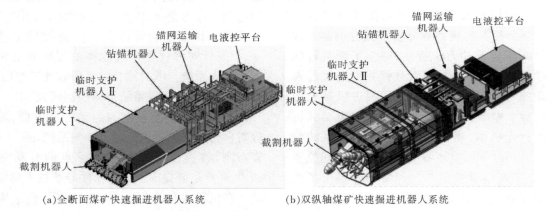

(a)全断面煤矿快速掘进机器人系统　　　　　(b)双纵轴煤矿快速掘进机器人系统

图 2　煤矿快速掘进机器人系统样机

Fig. 2　Prototypes of rapid mining robot system

2.2　临时支护机器人Ⅰ和Ⅱ

临时支护机器人Ⅰ和Ⅱ不仅能够确保围岩的稳定性、安全性,而且承担整个机器人系统的行走任务,承载截割机器人、"惯导+"定位定向系统、电液本地控制系统等。"惯导+"的定位定向系统

安装于临时支护机器人Ⅰ内,为整个机器人系统导航定位;临时支护机器人Ⅰ和Ⅱ间歇协同推拉,使整个机器人系统行进。

2.3　钻锚机器人

钻锚机器人主要完成打锚孔、上锚杆任务,由

多台锚杆钻机、辅助操作升降台、侧帮护盾等机械系统,以及位置、角度、位移等机电液智能感知与控制系统组成。通过人机协同,完成钻机精准定位、自动钻孔、自动安装和紧固锚杆等作业。

2.4 锚网运输机器人

锚网运输机器人主要完成锚网的抓取、运输、布网、顶网等作业任务,由锚网库、抓网机械手、运网、布网和顶网机构等组成。能够实现从取网到顶网全过程的自主作业。

2.5 电液控平台

电液控平台为整个机器人系统提供电液动力并实施集中监测监控。主要由组合开关、液压泵站和集中监测监控中心等组成。能够实现对整个机器人系统虚实操控、一键启停、运行状态和环境信息监测等。

3 煤矿巷道智能掘进机器人系统关键技术及其研究体系

3.1 建模与围岩耦合机理

3.1.1 建模

探究面向作业任务的掘进、钻锚、支护、锚网运输等机器人的工作原理和运行机制,研究"掘－支－锚－运"子系统的最优任务匹配方法;以效率、安全、可靠性为目标,研究基于任务驱动的机器人子系统结构演化设计方法,实现机器人子系统最优空间布局。分析煤矿巷道掘进、支护、钻锚和锚网运输等工艺对煤矿巷道掘进作业过程的影响规律,分析巷道掘进各工艺之间的组织关系和时序逻辑关系,建立基于掘进、支护、钻锚和锚网运输等工艺过程驱动的煤矿巷道掘进机器人系统模型。

3.1.2 围岩多体耦合模型

分析掘进巷道围岩特征,引入掘进工艺、支护工艺、钻锚工艺、锚网运输工艺等影响因子,建立煤矿巷道掘进机器人系统与围岩的多体耦合模型;引入多系统、多工艺与围岩等多特征参数,建立煤矿巷道快速掘进机器人系统及其子系统的工艺动态优化模型,研究基于任务和工艺驱动的煤矿巷道快速掘进机器人系统及其子系统的结构、功能和布局的多参数优化设计方法。

煤矿巷道掘进机器人系统模型研究体系架构如图3所示。

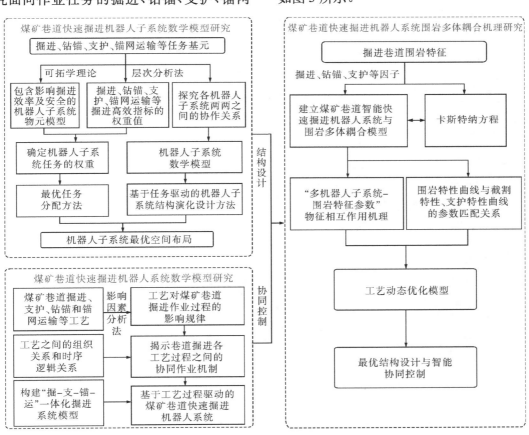

图3 煤矿巷道掘进机器人系统模型研究体系架构

Fig. 3 Architecture of robot system model research for coal mine roadway driving

3.2 智能协同控制技术

3.2.1 智能控制模型

研究单机器人与机器人系统的相互作用机制,构建机器人耦合控制模型;研究不同系统行为对机器人控制参数的影响,构建基于系统需求的机器人运动特性自适应匹配模型,对位置、速度、加速度、位姿、功率等实现智能控制。以系统行为及目标任务为基础,对全局任务进行分解,构建掘进机器人系统控制数学逻辑模型。

3.2.2 智能协同控制技术

研究围岩的稳定性和子机器人之间主要任务参数对煤矿巷道快速掘进机器人系统协同任务分配的影响,实现子机器人之间速度匹配、功率匹配、位姿匹配和状态匹配等,提高掘进作业效率;建立多机器人系统动力学模型,分析多机器人系统协同工作时,环境对系统外作用力及子机器人之间内作用力与系统运动状态的数学关系;建立多机器人系统的碰撞检测模型,防止系统运动干涉,达到多机器人的协同移动。构建包括数据采集层,数据处理层和反馈层的多层协同控制架构,实现多机器人系统安全、高效、智能的协同控制及多任务的统一并行调度。

3.2.3 数字孪生驱动的虚拟智能控制技术

建立掘进机器人系统运动学模型,将掘进机器人系统的传感器数据反馈给虚拟掘进工作面,运用数字孪生驱动技术对掘进机器人系统与掘进巷道虚拟模型进行动态修正,实现掘进机器人系统的虚实同步控制;运用数字孪生技术与视频信息相结合的方法,实现掘进机器人系统三维可视化远程智能操控。

煤矿巷道快速掘进机器人系统智能控制技术研究体系架构如图4所示。

3.3 精确定位定向和定形技术

3.3.1 "惯导+数字全站仪"精确定位定向技术

优化惯导和数字全站仪组合定位系统关键参数,研究惯导系统快速解算算法,减小系统累积误差影响,研究最少棱镜条件下的数字全站仪井下定位方法。研究惯导与数字全站仪位姿数据融合

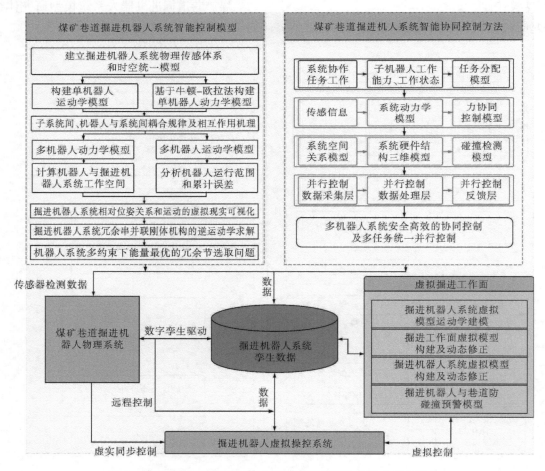

图4　煤矿巷道快速掘进机器人系统智能控制技术研究体系架构

Fig. 4　Research architecture of intelligent control technology for rapid tunneling robot system in coal mine roadway

模型,实现数字全站仪与惯导相结合位姿测量数据校正,运用数字全站仪定位信息对惯导姿态数据进行动态修正,从而实现掘进机器人系统精确定位定向。

3.3.2 掘支锚智能导航与姿态控制技术

以"惯导+数字全站仪"的掘进机器人全局精确定位为基准,构建基于多传感器信息融合的掘、支、锚、运等机器人子系统的精确定位模型,实现巷道快速掘进机器人系统的精确定位。研究基于机器视觉的支护和钻锚机器人位姿解算模型,研究支护机器人、钻锚机器人位姿误差影响规律,解决围岩失稳和掘进偏衡等多约束下巷道掘进机器人定向掘进轨迹跟随问题,实现掘进机器人系统的动态纠偏。研究机器人中各子系统运动特性,揭示掘、支、锚、运各子系统机器人运动及定位规律,构建锚钻平台位姿视觉监测系统,实现钻锚过程自动定位和钻机控制。

3.3.3 精确定形智能截割方法研究

研究纵轴、横轴及多轴截割臂的不同截割方式的截割工艺参数对截割质量影响规律,获得不同截割方式的最优截割轨迹。建立截割断面特征提取模型,融合多传感器感知截割断面成形信息,实时构建截割断面数字化三维模型和巷道成形误差模型,实现截割成形断面的质量分析和评价。研究截割头自适应截割控制策略,建立截割系统状态空间模型,制定掘进机循迹跟踪控制与位姿自适应调整策略,实现截割头自适应截割。

煤矿巷道掘进机器人系统精确定位定向和定形技术研究体系架构如图 5 所示。

4 结 论

煤矿智能化的核心是采煤工作面和掘进工作面的智能化,关于采煤工作面的智能化已经进行了多年的研究和时间,初见成效。掘进工作面的智能化刚刚起步,不仅研究基础薄弱,而且掘进条件受限,需要奋起直追,开展一场掘进技术的革命。

1) 加快破解关键科学问题。深入研究煤矿巷道掘进关键基础理论问题,揭示煤矿掘进机器人与围岩的耦合关系,破解智能截割、围岩临时支护和永久支护难题,为掘进技术和装备的研发奠定坚实的理论基础。

2) 加快融合科技前沿技术。充分借助于现代

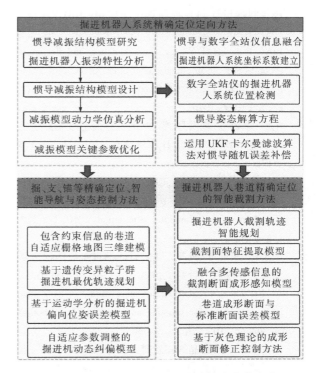

图 5 煤矿巷道掘进机器人系统精确定位定向
和定形技术研究体系架构

Fig. 5 Research architecture of precise positioning orientation and shaping technology of coal mine roadway driving robot system

科技新方法、新技术、新成果,融合大数据、云计算、5G 等先进技术,装备煤矿掘进系统,实现掘进的自动化、信息化、智能化程度。

3) 加快研发先进工艺装备。创建智能掘进新理念、新体系、新结构、新技术、新工艺,改变传统掘进装备各自为战、协调性差、可靠性低的局面,研发智能掘进机器人系统,实现掘进机器人系统的智能、协同、可靠、高效控制。

参考文献(References):

[1] 李军利,廉自生,李元宗. 机器人化掘进机的运动分析及车体定位[J]. 煤炭学报,2008,33(5):583-587.
LI Jun-li, LIAN Zi-sheng, LI Yuan-zong. Kinematics analysis and carriage positioning of roboticized roadheader [J]. Journal of China Coal Society,2008,33(5):583-587.

[2] 凌睿,柴毅,李大杰,等. 掘进机器人截割臂建模与控制[J]. 系统仿真学报,2009,21(23):7601-7608.
LING Rui, CHAI Yi, Li Da-jie, et al. Modeling and control for arm of roadheader robot [J]. Journal of System Simulation,2009,21(23):7601-7608.

[3] 凌睿,柴毅. 悬臂式掘进机器人截割臂建模与二阶滑

膜控制器设计[J]. 控制理论与应用, 2010, 27(8): 1037-1046.

LING Rui, CHAI Yi. Dynamic modeling and design of second-order sliding-mode controller for arm of roadheader robot[J]. Control Theory & Applications, 2010, 27(8): 1037-1046.

[4] 毛君, 李建刚, 陈洪月, 等. 掘进机器人仿形截割建模与轨迹仿真研究[J]. 计算机仿真, 2010, 27(3): 175-178.

MAO Jun, LI Jian-gang, CHEN Hong-yue, et al. Modeling and path simulation research of profiling cutting for tunnel robot[J]. Computer Simulation, 2010, 27(3): 175-178.

[5] 王忠福, 宋珍珍. 机器人化悬臂式掘进机液压行走驱动系统建模[J]. 计算机仿真, 2012, 29(3): 33-36.

WANG Zhong-fu, SONG Zhen-zhen. Model of hydrostatic drive system for robotic roadheader[J]. Computer Simulation, 2012, 29(3): 33-36.

[6] 田劼, 王苏彧, 穆晶, 等. 悬臂式掘进机空间位姿的运动学模型与仿真[J]. 煤炭学报, 2015, 40(11): 2617-2622.

TIAN Jie, WANG Su-yu, MU Jing, et al. Spatial pose kinematics model and simulation of boom-type roadheader[J]. Journal of China Coal Society, 2015, 40(11): 2617-2622.

[7] 郝雪弟, 纪伟亮, 景新平, 等. 基于机器人化掘支锚联合机组的折叠式钻车钻臂工作空间分析[J]. 中国煤炭, 44(9): 64-70.

HAO Xue-di, JI Wei-liang, JING Xin-ping, et al. Analysis of drill boom work space of folding drill carriage based on roboticized excavation-support-bolting combined unit[J]. China Coal, 44(9): 64-70.

[8] 张旭辉, 赵建勋, 张超. 悬臂式掘进机视觉伺服截割控制系统研究[J/OL]. 煤炭科学技术: 1-8[2020-09-19]. http://kns.cnki.net/kcms/detail/11.2402.TD.20200227.1657.034.html.

ZHANG Xu-hui, ZHAO Jian-xun, ZHANG Chao. Visual servo control system for cutting of boom-type roadheader[J/OL]. Coal Science and Technology: 1-8[2020-09-19]. http://kns.cnki.net/kcms/detail/11.2402.TD.20200227.1657.034.html.

[9] 张旭辉, 刘永伟, 毛清华, 等. 煤矿悬臂式掘进机智能控制技术研究及进展[J]. 重型机械, 2018(2): 22-27.

ZHANG Xu-hui, LIU Yong-wei, MAO Qin-hua, et al. Research and progress on intelligent control technology of boom-type roadheader in coal mine[J]. Heavy Machinery, 2018(2): 22-27.

[10] 马宏伟, 王成龙, 尚东森, 等. 煤矿井下钻锚机器人布网单元设计与仿真[J]. 煤炭工程, 2019, 51(6): 160-164.

MA Hong-wei, WANG Cheng-long, SHANG Dong-sen, et al. Research and progress on intelligent control technology of boom-type roadheader in coal mine[J]. Coal Engineering, 2019, 51(6): 160-164.

[11] 马宏伟, 尚东森, 杨宇婷. 煤矿钻锚机器人自动钻锚单元的设计与仿真分析[J]. 煤矿机械, 2018, 39(10): 3-6.

MA Hong-wei, SHANG Dong-sen, YANG Yu-ting. Design and simulation analysis of drilling and anchoring robot of coal mine automatic drilling and anchoring unit[J]. Coal Mine Machinery, 2018, 39(10): 3-6.

[12] 康红普, 王金华, 高富强. 掘进工作面围岩应力分布特征及其与支护的关系[J]. 煤炭学报, 2009, 34(12): 1585-1593.

KANG Hong-pu, WANG Jin-hua, GAO Fu-qiang. Stress distribution characteristics in rock surrounding heading face and its relationship with supporting[J]. Journal of China Coal Society, 2009, 34(12): 1585-1593.

[13] 王国法, 牛艳奇. 超前液压支架与围岩耦合支护系统及其适应性研究[J]. 煤炭科学技术, 2016, 44(9): 19-25.

WANG Guo-fa, NIU Yan-qi. Study on advance hydraulic powered support and surrounding rock coupling support system and suitability[J]. Coal Science and Technology, 2016, 44(9): 19-25.

[14] KATJA E, THOMAS B, WOLFGANG F, et al. Modelling of Rayleigh-type seam waves in disturbed coal seams and around a coal mine roadway[J]. Geophysical Journal International, 2007, 170(2): 511-526.

[15] 陈双叶, 牛经龙, 温世波, 等. 自行走地下掘进机器人导向系统的测量方法[J]. 北京工业大学学报, 2014, 40(7): 1091-1098.

CHEN Shuang-ye, NIU Jing-long, WEN Shi-bo, et al. Measurement method of navigation system of self-propelled underground tunneling robots[J]. Journal of Beijing University of Technology, 2014, 40(7): 1091-1098.

[16] 黄东, 杨凌辉, 罗文, 等. 基于视觉/惯导的掘进机实时位姿测量方法研究[J]. 激光技术, 2016, 41(1): 19-23.

HUANG Dong, YANG Ling-hui, LUO Wen, et al. Study on measurement method of realtime position and attitude of roadheader based on vision/inertial navigation system[J]. Laser Technology, 2016, 41(1): 19-23.

[17] 王国法, 刘峰, 孟祥军, 等. 煤矿智能化(初级阶段)研

究与实践[J].煤炭科学技术,2019,47(8):1-36.

WANG Guo-fa,LIU Feng,MENG Xiang-jun,et al. Research and practice on intelligent coal mine construction (primary stage) [J]. Coal Science and Technology, 2019,47(8):1-36.

[18] 张旭辉,魏倩楠,王妙云,等.悬臂式掘进机远程虚拟操控系统研究[J/OL].煤炭科学技术:1-9[2020-09-19]. http://kns. cnki. net/kcms/detail/11. 2402. TD. 20200210. 0924. 006. html.

ZHANG Xu-hui, WEI Qian-nan, WANG Miao-yun, et al. Research on remote virtual control system of cantilever roadheader [J/OL]. Coal Science and Technology: 1-9[2020-09-19]. http://kns. cnki. net/kcms/detail/11. 2402. TD. 20200210. 0924. 006. html.

[19] 阳廷军.悬臂式掘进机远程可视化控制系统研究[J].煤矿机械,2017,38(7):29-31.

YANG Ting-jun. Study on boom-type roadheader visualization control system [J]. Coal Mine Machinery,2017, 38(7):29-31.

[20] 高旭彬.综掘工作面远程可视化控制关键技术研究[J].煤炭科学技术,2019,47(6):17-22.

GAO Xu-bin. Research on key technology of remote visual control in fully-mechanized heading face [J]. Coal Science and Technology,2019,47(6):17-22.

[21] AMO I A D,LETAMENDIA A,DIAUX J. Nuevas resis-tencias comunicativas: la rebelión de los ACARP [J]. Revista Latina De Comunicación Social,2014,69: 307-329.

[22] REID D C,HAINSWORTH D W. Mining machine and method [P]. US Patent: Australian Patent PQ7131, 2006.

[23] KHONZI HLOPHE, FRANCOIS DU PLESSIS. Implementation of an autonomous underground localization system [J]. Robotics and Mechatronics Conference. IEEE,2013,(6):1-34.

[24] 田劼,杨阳,陈国强,等.纵轴式掘进机巷道断面自动截割成形控制方法[J].煤炭学报,2009,34(1):111-115.

TIAN Jie, YANG Yang, CHEN Guo-qiang, et al. Automatic section cutting and forming control of longitudinal-axial-roadheaders [J]. Journal of China Coal Society, 2009,34(1):111-115.

[25] 毛清华,陈磊,闫昱州,等.煤矿悬臂式掘进机截割头位置精确控制方法[J].煤炭学报,2017,42(S2):562-567.

MAO Qing-hua,CHEN Lei,YAN Yu-zhou,et al. Precise control method of cutting head position for boom-type roadheader in coal mine [J]. Journal of China Coal Society,2017,42(S2):562-567.

煤矿巷道掘进锚网运输机器人结构设计及运动规划

高佳晨[1]，马宏伟[1,2]，王川伟[1,2]，薛旭升[1,2]，姚　阳[1]

(1. 西安科技大学 机械工程学院，陕西 西安　710054；
2. 陕西省矿山机电装备智能监测重点实验室，陕西 西安　710054)

摘　要：目前煤矿巷道永久支护作业中锚网运输与布放主要依靠工人操作完成，存在工作效率低、劳动强度大，危险系数高等问题。在团队研发的煤矿智能掘进机器人系统的基础上，提出一种自动取网、送网、布网的锚网运输机器人系统。研究设计了锚网运输机器人机械结构，利用Solidworks建立三维模型，对取网机械臂结构进行力学分析；建立系统作业机制，基于D-H法构建机械臂的运动学模型，并进行其工作空间分析，基于五次多项式插值，求解末端运动轨迹。结果表明锚网运输机器人取网单元结构设计合理，可靠性强，稳定性高，具有较高的运输及布放效率。

关键词：煤矿巷道掘进；锚网运输机器人；结构设计；运动规划

中图分类号：TD421.5　　**文献标识码**：A　　**文章编号**：1671-0959(2021)11-0175-06

Structure design and motion planning of bolt mesh transport robot for coal mine tunneling

GAO Jia-chen[1], MA Hong-wei[1,2], WANG Chuan-wei[1,2], XUE Xu-sheng[1,2], YAO Yang[1]

(1. College of Mechanical Engineering, Xi'an University of Science and Technology, Xi'an 710054, China;
2. Shaanxi Key Laboratory of Mine Electromechanical Equipment Intelligent Monitoring, Xi'an 710054, China)

Abstract：At present, the transportation and deployment of bolt mesh in permanent support operations of coal mine roadways mainly rely on manual work, and there are problems such as low efficiency, high labor intensity, and high risk. On the basis of the coal mine intelligent tunneling robot system developed by our team, a bolt mesh transportation robot system that automatically fetches, transports and arranges the mesh is proposed. The mechanical structure of the robot is researched and designed, and a three-dimensional model is established using Solidworks, and a mechanical analysis is taken on the structure of the mesh-taking manipulator; a system operation mechanism is established, a kinematic model of the manipulator is built based on the DH method, and its workspace is analyzed. Fifth degree polynomial interpolation is used to solve the end motion trajectory. The results show that the bolt mesh transport robot has a reasonable structure design, strong reliability, high stability, and high transportation and deployment efficiency.

Keywords：coal mine roadway tunneling; bolt mesh transport robot; structure design; motion planning

煤矿巷道掘进作为煤矿开采的重要环节，掘进速度和质量与工人的生产安全和企业的开采效益息息相关。目前巷道掘进工艺主要分为掘进作业和支护作业两个方面，随着掘进机截割速度的提高以及在智能截割、智能控制等方面的突破，掘进装备向自动化、智能化快速发展，但与其配套的支护工艺与装备却无法满足掘进速度，严重影响了煤矿巷道成型速度[1-3]。现阶段支护作业一般分为临时支护和永久支护两种，限制煤矿巷道快速成型的主要原因是永久支护效率较低[4]。在进行煤矿巷道的永久支护时，钻锚过程中锚网的运输与布放通常全程依靠人工搬运、上架。锚网通常由钢筋等材料组成，

收稿日期：2020-12-05

基金项目：国家基金重点项目(51834006)；国家基金面上项目(51975468)；陕西省科技计划项目青年基金项目(2018JQ5116)

作者简介：高佳晨(1995—)，男，陕西宝鸡人，硕士研究生，研究方向为煤矿机器人，E-mail：gaojiachenq@163.com。

引用格式：高佳晨，马宏伟，王川伟，等. 煤矿巷道掘进锚网运输机器人结构设计及运动规划 [J]. 煤炭工程，2021，53(11)：175-180.

其自身较重，人工搬运劳动强度大、效率较低，且矿下工作环境危险系数较高，工作空间有限，不适合多人作业，出现紧急状况容易造成人员伤亡。近年来，许多科研人员和企业开始研发用于提高煤矿巷道支护效率的设备，如张东宝等人提出的带铺网装置的锚杆钻车，通过对现有的锚杆钻车进行改造，研制了具有自动铺网功能的临时支护装置，该装置实现了自动化铺网[5]。马宏伟等人提出的一种适用于煤矿井下巷道永久支护的钻锚机器人，该机器人本体上集成了布网单元和钻锚单元，通过相互配合完成巷道支护作业，减少了支护时间从而提高巷道的成型速度[5]。久益环球研发的 12CM30 掘锚一体机，在掘进机机体集成支护装置以及锚网存储机构，该设备临时支护和永久支护集为一体，减少了支护设备对顶板的反复加压，避免发生顶板破碎或离层现象；支持多钻机协同作业，在减少空顶距的同时提高了锚护效率[7]。以上方案相比传统人工作业虽提高了锚网运输与布放的效率，但在巷道布网过程中只能对顶网或侧帮网完成布放，不能同时完成一个断面的两侧帮及顶网布放，或者受机体空间限制，不能设置多钻机协同作业方式，影响了钻锚作业效率。

随着自动化采掘技术的不断发展，本团队研发了一种煤矿智能掘进机器人系统，其中锚网运输与布放装置是该系统的重要组成部分[8]。本文提出一种新型煤矿智能掘进机器人系统的锚网运输与布放系统方案，实现机械臂在复杂工作环境下将锚网及时、稳定、可靠地运输至钻锚机器人的运网单元。主要研究分析取网单元的工作机制，设计一种桁架式机械臂取网机构，建立其力学模型，进行有限元分析计算；求解取网单元系统运动轨迹，通过运动学仿真验证设计的合理性。

1　锚网运输机器人取网单元结构设计

1.1　锚网运输与布放系统结构设计

在煤矿巷道掘进时，受不同地质条件影响，巷道支护的空顶距要求不同，通常留距越小越安全，为减小巷道掘进空顶距，钻锚支护应紧随掘进机进行作业。研究设计可以适应多机协同钻锚作业的锚网运输及布放系统，能有效解决钻锚支护作业时锚网布放需求，提高永久支护效率。

该系统由锚网运输机器人和钻锚机器人组成，主要包含储网单元、取网单元、运网单元、布网单元等，通过各单元之间相互配合完成永久支护作业，

系统结构示意如图 1 所示。储网单元为可升降式液压支架，取网机械臂每次完成取网后，支架上升一个层距，保证机械臂取网在固定位置，层距由单张折叠锚网高度确定。

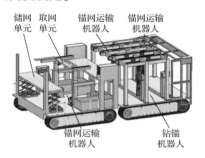

图 1　锚网运输与布放结构

1.2　U 型折叠锚网结构设计

在传统巷道支护时，受煤矿巷道工作空间限制，支护作业通常采用分片锚护方式，一个进尺断面支护需要多片锚网拼接，麻烦且低效。为适应目前快速掘进的支护需求，研究设计了一种 U 型可折叠锚网，如图 2 所示，由顶板锚网及两侧帮锚网组成，顶板网由两张网叠放，可左右伸长；侧帮网可折叠，固定于顶板网两侧。

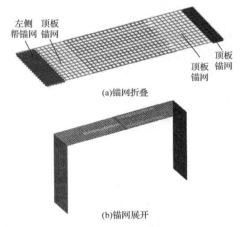

(a)锚网折叠

(b)锚网展开

图 2　U 型折叠锚网

U 型折叠锚网通过钻锚机器人平台的链式运网机构运到布网单元，此时折叠锚网在布网单元通过展网、顶网等装置实现锚网布置。

1.3　取网单元结构设计

取网机械臂的结构如图 3 所示。锚网运输机器人取网单元主要分为桁架式机架及取网机械臂，桁架式机架由二阶液压龙门立柱与横梁组成，以实现不同高度取网作业，桁架底部与锚网运输机器人平台采用滑轨连接，实现取网单元整体在锚网运输机

器人上移动；取网机械臂为左右对称布置，由托臂、滑臂等组成，滑臂在托臂上可以前后伸缩，实现精准抓取前置储网架和后置储网仓上的支护锚网，保证永久支护作业时使用的锚网充足。

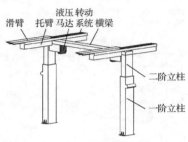

图3　机械臂三维模型

其工作原理为：锚网运输机器人机械臂运动至取网位置，滑臂伸出到折叠锚网中间架空位置，机械臂带动折叠锚网上升，直至钻锚机器人顶面之上的高度之后，滑臂带动锚网在托臂上前移，桁架由底部液压缸推动，带动取网单元整体前移，在锚网到达钻锚机器人顶架上方时，机械臂下降，将锚网搭接在钻锚机器人平台的链式运网机构，取网作业完成。

2　取网单元有限元分析

2.1　结构静力学分析

为保证构件具有足够的强度，能满足工作要求，机械臂在外力作用下的最大工作应力必须小于材料的极限应力。滑臂及桁架的材料均选用45钢，取安全系数 $n_s=2$，则滑臂的许用应力为：

$$[\sigma] = \frac{\sigma_s}{n_s} = 177.5\text{MPa} \qquad (1)$$

U型锚网材料选用Q195，质量初步估算约为68kg，其后处理结果如图4所示。

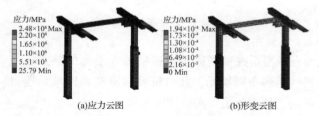

图4　结构静力学分析云图

根据应力分析云图（见图4(a)）可以看出，机械臂在取网时，最大应力主要集中在滑臂与托臂的连接处，为2.47MPa，即 $\sigma_{max} < [\sigma_s]$，应力值在许用应力范围，符合材料强度要求；通过总形变分析云图

（见图4(b)）可以看出，滑臂在位移极限处为悬臂梁结构，前沿位置容易发生结构变形，其最大形变量为0.19mm，可以满足取网要求。

2.2　模态分析

模态分析是结构动力学分析的基础，在取网机械臂运网过程中通过模态分析研究结构动态特性，可以使结构设计避免共振或者以特定的频率振动[9]。由经典力学理论可知，物体的动力学通用方程为：

$$[M]\{x''\} + [C]\{x'\} + [K]\{x\} = \{F(t)\} \qquad (2)$$

式中，$[M]$ 为质量矩阵；$[C]$ 为阻尼矩阵；$[K]$ 为刚度矩阵；$\{x\}$ 为位移矢量；$\{F(t)\}$ 为力矢量。无阻尼自由振动为简谐振动，其运动方程可表示为：

$$([K] - \omega^2[M])\{x\} = \{0\} \qquad (3)$$

此方程特征值为 ω_i^2，对应的特征向量为 $\{x_i\}$，对特征值和特征向量进行求解，得到机械臂前六阶模态频率（见表1）和振态模型（如图5所示）。

表1　机械臂前六阶模态频率

分析阶数	1	2	3	4	5	6
频率/Hz	31.938	32.069	32.95	34.098	64.999	94.886

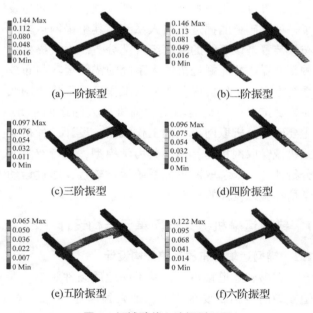

(a)一阶振型　　　　　　(b)二阶振型

(c)三阶振型　　　　　　(d)四阶振型

(e)五阶振型　　　　　　(f)六阶振型

图5　机械臂前六阶振型云图

根据图5可以看出，机械臂最低阶频率为31.938Hz，前四阶频率范围较为集中，第五阶和第六阶频率逐渐增高，因此，在选择液压管路时应当选择合适的管路参数使系统脉动频率远离机械臂低阶固有频率。

3 取网单元运动规划

3.1 运动学分析

锚网运输机器人取网单元采用桁架式结构，左右两侧机械臂的运动学具有通用性。为了简化分析，选择单侧机械臂建立运动学模型，依据改进 D-H 方法建立连杆坐标系[10-12]，基坐标系原点定义在关节 1 所在轨道的左侧，Z 轴与关节运动所在的轴线共线，X 轴与两关节的公垂线重合，如图 6 所示。

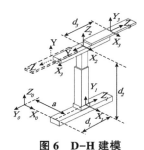

图6　D-H 建模

其中 a_{i-1} 为连杆长度，α_{i-1} 为相邻连杆之间的转角，d_i 为连杆长度，θ_i 为相邻连杆之间的夹角。基于图 6 建立的连杆坐标系，可得 D-H 参数表，见表 2。

表2　机械臂 D-H 参数表

i	a_{i-1}/mm	α_{i-1}/(°)	d_{i-1}/mm	θ_{i-1}/(°)
1	a_0	−90	d_1	0
2	0	90	d_2	0
3	0	−90	d_3	0

相邻坐标系的转换矩阵为：

$$^{i}_{i-1}T = \text{Rot}(X,\ \alpha_{i-1})\text{Trans}(X,\ a_{i-1})\text{Rot}(Z,\ \theta_i)\text{Trans}(Z,\ d_i)$$

$$= \begin{bmatrix} \cos\theta_i & -\sin\theta_i & 0 & a_{i-1} \\ \sin\theta_i\cos\alpha_{i-1} & \cos\theta_i\cos\alpha_{i-1} & -\sin\alpha_{i-1} & -\sin\alpha_{i-1}d_i \\ \sin\theta_i\sin\alpha_{i-1} & \cos\theta_i\sin\alpha_{i-1} & \cos\alpha_{i-1} & \cos\alpha_{i-1}d_i \\ 0 & 0 & 0 & 1 \end{bmatrix}$$

根据得到的 D-H 参数代入上述转换矩阵，通过相邻关节坐标系之间的矩阵变化，连乘得到的 D-H 矩阵得到滑臂相对于基坐标系的正运动学模型，即滑臂基于基坐标系空间位姿。

$$^{3}_{0}T =^{1}_{0}T^{2}_{1}T^{3}_{2}T = \begin{bmatrix} 1 & 0 & 0 & a_0 \\ 0 & 0 & 1 & d_1+d_3 \\ 0 & -1 & 0 & d_2 \\ 0 & 0 & 0 & 1 \end{bmatrix}$$

3.2 机械臂工作空间分析

工作空间是根据机械臂每个关节的运动范围得

到其执行机构在空间中目标点的集合，即取网机械臂可以达到的空间范围[13]。如图 6 所示的笛卡尔型机械臂，连杆 0 轨道长为 L_0，关节 1 在 z_1 方向移动距离为 d_1；连杆 1 轨道长为 L_1，关节 2 在 z_2 方向移动距离为 d_2；连杆 2 轨道长为 L_2，关节 3 在 z_3 方向移动距离为 d_3，执行机构长为 L_3、宽为 B，由此可得，基于 0 坐标系的执行机构工作空间为：

$$E = \{x,\ y,\ z\ |\ x = B,\ L_1 \leqslant y \leqslant L_1 + d_2, \\ -(d_3 + L_3/2) \leqslant z \leqslant d_1 + (d_3 + L_3/2)\}$$

受工作环境和工作任务影响，机械臂的真实工作环境如图 7 所示，阴影部分表示存在空间障碍。

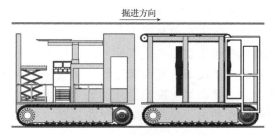

图7　滑臂工作环境示意图

基于蒙特卡洛方法分析取网滑臂工作空间，绘制双滑臂实际工作空间，如图 8 所示。I 为左侧滑臂的工作空间，II 为右侧滑臂的工作空间，蓝色点集代表空间所处范围在锚网运输机器人上，以图 6 所示的坐标系为基准，机械臂第一空间作业高度在 2~3.2 m 之间，第二空间作业高度在 2.8~3.2 m 之间；绿色点集代表空间所处范围在钻锚机器人上，第三空间作业高度在 2.6~3.2 m 之间。结合巷道参数及锚网运输机器人尺寸，可以得出机械臂结构及参数满足取网要求。

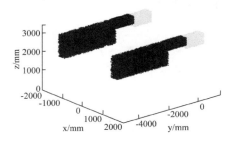

图8　双滑臂工作空间

3.3 运动轨迹规划

取网机械臂运动要求为取网点以及放置点，两侧滑臂为同步运动，选择对单侧滑臂所在机械臂进行研究。轨迹规划主要包括关节空间轨迹规划和笛卡尔空间轨迹规划两类，常用的解算方法主要有插补算法和多项式算法[14]。在此采用多项式算法在关节空间进行轨迹规划，不需要经过运动学逆解运算可以直观地看到各关节的轨迹参数[15]。根据支护要求，考虑到运网机构以及上网机构运动时间，滑臂从取网开始到放置锚网在链式运网机构时间定义为10s。由于运动过程中有锚网运输机器人机架等环境因素的干扰，不能直接在两点之间进行轨迹规划，因此关节 2 在整段运动时间内采用分段规划，首先滑臂上升；其次滑臂在水平方向沿直线运动，关节 2 为静止状态，速度加速度均为 0；最后滑臂下降，将锚网放置在链式输送机。

不平稳的运动将导致机械臂产生较大的振动和冲击，运动轨迹必须是平滑且连续的，三次多项式函数规划在起始点和终止点的加速度存在不连续现象，五次多项式函数可以满足轨迹函数在起始点和终止点的速度和加速度光滑连续要求，为避免运动带来的刚性冲击，实现关节的平稳运动，在此采用五次多项式函数规划关节轨迹。定义起始点为 L_0，终止点为 L_t。轨迹函数 $L(t)$ 的约束条件：

$$\begin{cases} L(0) = L_0 \\ L(tf) = L_f \\ \dot{L}(0) = \dot{L}_0 \\ \dot{L}(t_f) = \dot{L}_f \\ \ddot{L}(0) = \ddot{L}_0 \\ \ddot{L}(t_f) = \ddot{L}_f \end{cases}$$

以上约束条件唯一确定了一个五次多项式，即轨迹函数 $L(t)$:

$$L(t) = a_0 + a_1 t + a_2 t^2 + a_3 t^3 + a_4 t^4 + a_5 t^5 \quad (4)$$

将以上约束条件带入式(4)，求解得:

$$\begin{cases} a_0 = L_0 \\ a_1 = \dot{L}_0 \\ a_2 = \dfrac{\ddot{L}_0}{2} \\ a_3 = \dfrac{20(L_f - L_0) - (8\dot{L}_f + 12\dot{L}_0)t_f - (3\ddot{L}_0 - \ddot{L}_f)t_f^2}{2t_f^3} \\ a_4 = \dfrac{30(L_0 - L_f) + (14\dot{L}_f + 16\dot{L}_0)t_f + (3\ddot{L}_0 - 2\ddot{L}_f)t_f^2}{2t_f^4} \\ a_5 = \dfrac{12(L_f - L_0) - (6\dot{L}_f + 6\dot{L}_0)t_f - (\ddot{L}_0 - \ddot{L}_f)t_f^2}{2t_f^5} \end{cases}$$

根据始末位置的机械臂参数代入求解，通过仿真得到机械臂各关节的位移、速度和加速度变化曲线，如图 9 所示。

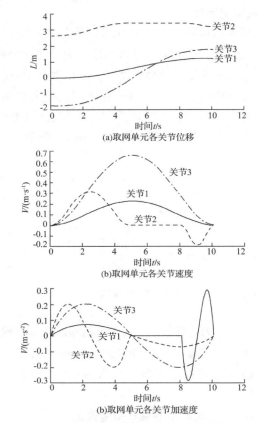

(a)取网单元各关节位移

(b)取网单元各关节速度

(b)取网单元各关节加速度

图 9　五次多项式规划各关节运动曲线图

根据关节速度曲线(见图 9(a))可以看出，关节 2 在中间时段为静止状态，关节 3 可实现双向运动。根据关节速度曲线(见图 9(b))和关节加速度(见图 9(c))可以看出，三个关节在取网过程中速度变化均为光滑曲线，没有突变点，在运动过程中不存在刚性冲击；关节 2 在运动过程中加速度有两个尖点，产生惯性力，但其运动方向与锚网预运动方向垂直，速度较低，可以满足整体作业要求。

根据各关节变量得到取网滑臂在笛卡尔空间的运动轨迹如图 10 所示。

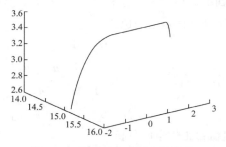

图 10　滑臂笛卡尔空间运动轨迹

4 结 论

1）针对煤矿智能掘进机器人系统对锚网运输与布放装置的需求，设计了一种新型锚网运输机器人系统结构和 U 型折叠网，建立了样机模型。

2）建立了锚网运输系统中取网机械手的模型，依据优化的工作机制，进行了有限元计算、运动学分析。结果表明锚网运输系统结构设计合理，操控方便，稳定可靠，运网效率高。

参考文献：

[1] 杨 涛. 煤矿巷道掘进工艺及装备的发展分析 [J]. 机械工程与自动化，2018（5）：221-222.

[2] 王步康. 煤矿巷道掘进技术与装备的现状及趋势分析 [J]. 煤炭科学技术，2020，48（11）：1-11.

[3] 王国法，刘 峰，孟祥军，等. 煤矿智能化（初级阶段）研究与实践 [J]. 煤炭科学技术，2019，47（8）：1-36.

[4] 范照良. 巷道支护技术在煤矿的现状和发展趋势分析 [J]. 能源与节能，2017（8）：116-117.

[5] 张东宝，王 静. 带铺网装置的锚杆钻车临时支护设计 [J]. 煤矿机械，2019，40（3）：98-99.

[6] 马宏伟，王成龙，尚东森，等. 煤矿井下钻锚机器人布网单元设计与仿真 [J]. 煤炭工程，2019，51（6）：160-164.

[7] 张小峰. 久益 12CM 系列与山特维克 MB 系列掘锚一体机比较 [J]. 煤矿机械，2019，40（3）：57-58.

[8] 马宏伟，王 鹏，张旭辉，等. 煤矿巷道智能掘进机器人系统关键技术研究 [J]. 西安科技大学学报，2020，40（5）：751-759.

[9] 王东升，陈新记，申东亮. 基于 ANSYS Workbench 的齿轮箱箱体模态及振动响应分析 [J]. 煤矿机械，2020，41（7）：69-72.

[10] 陈 熵，袁 真，李 旭. 直角坐标机器人的设计研究 [J]. 现代制造技术与装备，2018（10）：61-64.

[11] 周书华，张文辉，闻 志，等. 直角坐标机器人基于 D-H 参数的运动学建模与轨迹规划 [J]. 电工技术，2020（24）：78-80，83.

[12] 房子琦. 三自由度机械臂式升降平台运动学建模及仿真 [J]. 机电工程技术，2019（12）：133-134，244.

[13] 郝雪弟，景新平，张中平，等. 机器人化钻锚车钻臂工作空间分析及轨迹规划 [J]. 中南大学学报（自然科学版），2019，50（9）：2128-2137.

[14] 张文典，黄家才，胡 凯. 基于 Matlab 的机器人轨迹仿真及关节控制 [J]. 制造技术与机床，2020（5）：54-58.

[15] 陈润六，豆松杰，王红州，等. 一种码垛机器人运动分析与轨迹规划 [J]. 自动化应用，2020（8）：77-79.

（责任编辑 赵巧芝）

"煤矿机电设备智能监控技术与应用"专题

【编者按】目前，智能开采已是煤矿生产模式变革的共识，其以少人/无人开采为目标，以设备安全可靠运行为前提，催生了一系列设备状态监测、诊断与控制的新技术。为进一步总结、凝练我国煤矿机电设备智能监控技术与应用的最新进展，《工矿自动化》特邀西安科技大学张旭辉教授担任客座主编，樊红卫副教授、毛清华副教授、周李兵高级工程师担任客座副主编，于2021年第7期策划出版"煤矿机电设备智能监控技术与应用"专题。在专题刊出之际，衷心感谢各位专家学者的大力支持！

文章编号：1671-251X(2021)07-0001-07　　　　DOI：10.13272/j.issn.1671-251x.2021010057

悬臂式掘进机截割头位姿视觉测量系统改进

张旭辉[1,2]，谢　楠[1]，张　超[1]，杨文娟[1]，张楷鑫[1]，周　创[1]

(1.西安科技大学 机械工程学院，陕西 西安　710054；

2.陕西省矿山机电装备智能监测重点实验室，陕西 西安　710054)

扫码移动阅读

摘要：基于红外LED特征的悬臂式掘进机截割头位姿视觉测量系统中，外参标定稳定性和红外LED光斑中心提取精确性对截割头位姿检测精度具有重要影响。现有外参标定方法需依靠经验将截割臂摆至正中位置(未知)，标定结果存在较大波动。针对该问题，提出了一种基于多点固定的外参标定方法，该方法控制掘进机截割臂分别摆动到左上角、右上角、左下角、右下角4个已知极限位置并采集标靶图像，计算外参矩阵值，可有效提高外参标定稳定性。现有的灰度质心法采用像素的灰度值作为权重来计算光斑质心，精度只能到像素级，仅粗略满足实际应用需求。针对该问题，提出采用亚像素级边缘检测算法改进光斑中心提取方法：首先采用灰度质心法进行光斑中心粗提取，然后采用亚像素级边缘检测算法求出亚像素级边缘坐标，最后使用最小二乘法拟合光斑中心，实现光斑中心精确提取。实验结果表明：改进光斑中心提取方法将标靶LED灯间距最大测量误差从3.2 mm缩小为1 mm，提高了检测精度；基于多点固定的外参标定方法所获得的外参数矩阵比较稳定，平移矩阵中位移的最大变化幅度为15 mm，旋转矩阵中角度的最大变化幅度为1°；视觉测量系统改进前对截割头摆角的测量误差范围为[-1.2°,1.7°]，改进后截割头水平摆角误差范围为[-0.5°,0.5°]，垂直摆角误差范围为[-0.6°,0.6°]，说明改进方法有效提高了截割头摆角的检测精度。

关键词：悬臂式掘进机；截割头位姿检测；防爆工业相机；视觉测量；外参标定；光斑中心提取

中图分类号：TD632　　　　文献标志码：A

Improvement of vision measurement system for cutting head position of boom-type roadheader

ZHANG Xuhui[1,2]，　XIE Nan[1]，　ZHANG Chao[1]，　YANG Wenjuan[1]，

ZHANG Kaixin[1]，　ZHOU Chuang[1]

(1.College of Mechanical Engineering, Xi'an University of Science and Technology, Xi'an 710054, China；

2.Shaanxi Key Laboratory of Mine Electromechanical Equipment Intelligent Monitoring,

Xi'an 710054, China)

Abstract：In the vision measurement system for cutting head position of cantilever roadheader based on

收稿日期：2021-01-20；**修回日期**：2021-07-05；**责任编辑**：胡娴。

基金项目：国家自然科学基金资助项目(51974228,51834006)；陕西省创新能力支撑计划项目(2018TD-032)；陕西省重点研发计划项目(2018ZDCXL-GY-06-04)。

作者简介：张旭辉(1972—)，男，陕西凤翔人，教授，博士研究生导师，研究方向为煤矿机电设备智能检测与控制，E-mail：zhangxh@xust.edu.cn。通信作者：谢楠(1997—)，男，陕西西安人，硕士研究生，研究方向为智能掘进技术，E-mail：870995904@qq.com。

引用格式：张旭辉，谢楠，张超，等.悬臂式掘进机截割头位姿视觉测量系统改进[J].工矿自动化,2021,47(7):1-7.

ZHANG Xuhui, XIE Nan, ZHANG Chao,et al.Improvement of vision measurement system for cutting head position of boom-type roadheader[J].Industry and Mine Automation,2021,47(7):1-7.

infrared LED characteristics, the stability of external calibration and the accuracy of infrared LED spot center extraction have an important influence on the cutting head position detection accuracy. The existing external parameter calibration method relies on experience to swing the cutting arm to the center position (unknown), and the calibration results have large fluctuations. In order to solve the above problem, a multi-point fixed external parameter calibration method is proposed. This method controls the cutting arm of the roadheader to swing to the four known limit positions of upper left corner, upper right corner, lower left corner and lower right corner respectively, and collects the target images. The method calculates the value of the external parameter matrix, which can improve the stability of the external parameter calibration effectively. The existing gray-scale centroid method uses the grayscale value of the pixel as the weight to calculate the spot centroid. And the accuracy can only reach the pixel level, which only roughly meets the practical application requirements. In order to solve this problem, a sub-pixel edge detection algorithm is proposed to improve the spot center extraction method. Firstly, the gray-scale centroid method is used for coarse extraction of the spot center. Secondly, the sub-pixel level edge detection algorithm is used to find the sub-pixel level edge coordinates. Finally, the least squares method is used to fit the spot center to achieve accurate extraction of the spot center. The experimental results show that the improved spot center extraction method reduces the maximum measurement error of the target LED lamp spacing from 3.2 mm to 1 mm, which improves the detection accuracy. The external parameter matrix obtained by the multi-point fixed external parameter calibration method is relatively stable, the maximum variation of displacement in the translation matrix is 15 mm, and the maximum variation of angle in the rotation matrix is 1°. Before the improvement of the vision measurement system, the measurement error of the cutting head swing angle was within $[-1.2°,1.7°]$. After the improvement, the error of the horizontal swing angle of the cutting head is within $[-0.5°,0.5°]$ and the error of the vertical swing angle is within $[-0.6°,0.6°]$. The results show that the improved method improves the detection accuracy of the cutting head swing angle effectively.

Key words: cantilever roadheader; cutting head position detection; explosion-proof industrial camera; vision measurement; external parameter calibration; spot center extraction

0 引言

近年来,随着煤矿综采技术装备快速发展,开采任务量成倍增长,采掘失衡问题尤为突出[1-2],掘进装备智能化问题亟待解决。由于井下环境复杂,存在粉尘、噪声等,在截割过程中掘进机司机难以准确判断截割头位置,导致巷道断面成形质量差等问题[3-4]。因此,研究掘进机截割头位姿精确测量,实现复杂工况下井下设备的局部定位,对于提高巷道断面成形质量和掘进工作效率具有重要意义。

悬臂式掘进机截割头位姿检测方法主要包括接触式和非接触式2种,其中接触式测量方式应用广泛,取得了一定效果,但易受井下振动等工况影响,造成传感器数据不稳甚至失效[5-8]。视觉测量是一种非接触式测量方法,利用光学成像原理和位姿解算模型实现目标物体的姿态求解,具有价格低、便于安装标定的特点,用于设备局部定位具有较大优势[9-10]。文献[11]提出了一种基于红外LED特征的悬臂式掘进机截割头位姿视觉测量方法,通过相机采集红外标靶特征,实现了截割头姿态的实时解算和可视化显示。但在实际应用过程中,巷道环境、测量方法、标定参数误差、图像特征提取精度等都会对视觉测量结果产生影响[12]。

工业相机外参标定稳定性对视觉测量精度具有重要影响。在悬臂式掘进机截割头位姿视觉测量系统中,外参标定即求取相机与掘进机机体之间的位姿关系,确定相机坐标系与掘进机基坐标系的相对位置,从而为截割头位姿解算奠定基础。外参数即相机坐标系相对于掘进机基坐标系的转换矩阵。现有外参标定方法需依靠经验将截割臂摆至正中位置(未知),标定结果存在较大波动。针对该问题,本文提出了一种基于多点固定的外参标定方法,该方法将截割臂摆动到已知极限位置时的相关数据作为标定依据,可有效提高外参标定稳定性,且具有简单、快速、不受限于机身位姿的优点。

防爆工业相机采集掘进机运行过程中的红外LED标靶图像并进行预处理后,需进一步提取光斑中心来进行截割头位姿解算。但红外LED光斑的形状不规则,难以对光斑中心进行提取,且掘进机作业过程中的振动、光线等因素会影响光斑中心提取精度。现有的灰度质心法采用像素的灰度值作为权重来计算光斑质心,精度只能到像素级,仅可粗略满足实际应用需求。亚像素级边缘检测算法可有效降低光斑中心提取误差,从而提高视觉测量精度。因此,本文采用亚像素级[13]边缘检测算法对光斑中心提取方法进行改进。

1 系统组成及原理

悬臂式掘进机截割头位姿视觉测量系统由悬臂式掘进机、防爆工业相机、红外 LED 标靶、机载防爆计算机、捷联惯导、超声波传感器等组成,如图 1 所示。红外 LED 标靶垂直固定于掘进机截割臂上,防爆工业相机、机载防爆计算机固定于掘进机机身上。

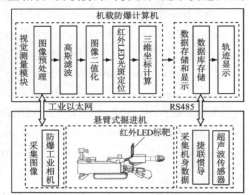

图 1 悬臂式掘进机截割头位姿视觉测量系统组成

Fig. 1 Composition of vision measurement system for cutting head position of cantilever roadheader

对掘进机运行过程中的红外 LED 标靶图像进行采集和预处理后,求得光斑中心特征点在标靶坐标系和相机坐标系中的坐标,计算截割头的水平摆角和垂直摆角,从而得到截割头相对于机身的位姿 $_0^4T$[14];通过捷联惯导、超声波传感器数据计算得到机身相对于巷道的位姿 $_0T$;计算截割头相对于巷道断面的位姿,即截割头的绝对位姿 $_4T$:

$$_4T = {}_0T\,{}_0^4T \tag{1}$$

2 外参标定改进方法

2.1 坐标系建立

坐标系定义如图 2 所示[15],其中 $O_0X_0Y_0Z_0$,$O_1X_1Y_1Z_1$,$O_2X_2Y_2Z_2$,$O_3X_3Y_3Z_3$,$O_4X_4Y_4Z_4$ 分别为悬臂式掘进机基坐标系、回转关节坐标系、抬升关节坐标系、伸缩关节坐标系及截割头坐标系,$O_cX_cY_cZ_c$,$O_wX_wY_wZ_w$ 分别为相机坐标系及标靶坐标系。

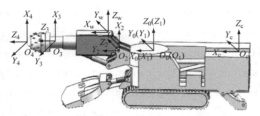

图 2 坐标系定义

Fig. 2 Definition of coordinate systems

相机坐标系到掘进机基坐标系的转换矩阵 $_c^0T$ 为

$$_c^0T = {}_4^0T\,{}_w^4T\,{}_c^wT \tag{2}$$

式中:$_4^0T$ 为掘进机截割头坐标系到掘进机基坐标系的转换矩阵;$_w^4T$ 为标靶坐标系到截割头坐标系的转换矩阵,可根据标靶在悬臂式掘进机上的相对安装位置确定;$_c^wT$ 为相机坐标系到标靶坐标系的转换矩阵,可由相机内外参标定方法求得。

2.2 基于多点固定的标定方法

要得到确定相机坐标系到掘进机基坐标系的转换矩阵,需借助视觉测量系统确定 $_c^0T$ 的值。

由掘进机结构参数可知,截割臂水平摆角 θ_1 的变化范围为 $[-32°,32°]$,垂直摆角 θ_2 的变化范围为 $[-132°,-66°]$。运行视觉测量系统,控制掘进机截割臂分别摆动到左上角、右上角、左下角、右下角 4 个已知极限位置,(θ_1,θ_2) 分别为 $(-32°,-132°)$,$(32°,-132°)$,$(-32°,-66°)$,$(32°,-66°)$,如图 3 所示。

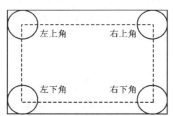

图 3 截割头摆动位置

Fig. 3 Swing positions of cutting head

依据 (θ_1,θ_2) 的值,结合式(2),采用文献[15]中的方法求得掘进机截割头坐标系到掘进机基坐标系的转换矩阵 $_4^0T$,再通过式(2)计算即可得到 $_c^0T$。为保证精确性,在每个已知极限位置采集多组标靶图像,分别计算得到多组外参矩阵值;采用箱线图法[16]选取适当阈值,剔除标定过程中所出现的异常值;取平均值,求得相机坐标系到掘进机基坐标系的转换矩阵 $_c^0T$。$_c^0T$ 由旋转矩阵 R 和平移矩阵 t 组成:

$$_c^0T = \begin{bmatrix} R & t \\ 0 & 1 \end{bmatrix} \tag{3}$$

求得相机坐标系到掘进机基坐标系的转换矩阵 $_c^0T$,即完成外参标定过程。结合 $_c^wT$、$_w^4T$,再次代入式(2),可求解运动过程中截割头相对于机身的转换矩阵${}_4^0\boldsymbol{T}$。将${}_4^0\boldsymbol{T}$代入式(1)，可得到截割头的绝对位姿${}_4\boldsymbol{T}$，从而实现截割头局部位姿测量。

3 光斑中心提取改进方法

为实现光斑中心精确定位，首先采用灰度质心法进行光斑中心粗提取，然后采用亚像素级边缘检测算法求出亚像素级边缘坐标[17]，最后使用基于最小二乘法的椭圆中心拟合算法[18]进行光斑中心定位。

进行亚像素级边缘细定位之前，将边缘点所在区域划分为2个部分，如图4所示，设黄色部分为区域1，蓝色部分为区域2，原点O为圆心，$P(x_p,y_p)$为圆边缘像素点。

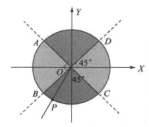

图4　边缘点区域划分

Fig. 4　Region division for edge point

$$\begin{cases} x_0 = \dfrac{1}{2} \cdot \dfrac{(x_m^2-x_p^2)\ln f(x_k,y_k)+(x_k^2-x_m^2)\ln f(x_k,y_k)+(x_p^2-x_k^2)\ln f(x_k,y_k)}{(x_m-x_p)\ln f(x_k,y_k)+(x_k-x_m)\ln f(x_k,y_k)+(x_p-x_k)\ln f(x_m,y_m)} \\[3mm] y_0 = \dfrac{1}{2} \cdot \dfrac{(y_n^2-y_p^2)\ln f(x_j,y_j)+(y_j^2-y_n^2)\ln f(x_p,y_p)+(y_p^2-y_j^2)\ln f(x_n,y_n)}{(y_n-y_p)\ln f(x_j,y_j)+(y_j-y_n)\ln f(x_p,y_p)+(y_p-y_j)\ln I(x_n,y_n)} \end{cases} \tag{6}$$

4 实验验证

悬臂式掘进机截割头位姿视觉测量实验平台如图5所示，包括1:5实验室掘进机模型、30 cm×30 cm红外LED标靶、MV-EM130M/C型工业相机、机载防爆计算机、SCA120T型倾角传感器、拉绳传感器。红外LED标靶上均匀分布16个红外LED光源。倾角传感器、拉绳传感器分别用于检测截割臂垂直摆角和水平摆角。

图5　悬臂式掘进机截割头位姿视觉测量实验平台

Fig. 5　Experimental platform for vision measurement of cutting head position of cantilever roadheader

4.1　光斑中心提取精度对比

采集到红外LED光斑图像后，首先进行二值化处理；其次采用灰度质心法实现光斑中心粗提取，对

设区域1中点P的临近点为$K(x_k,y_k)$，$J(x_j,y_j)$，K点和J点分别为直线OP与直线$x=x_p+1$，$x=x_p-1$的交点；设区域2中点P的临近点为$M(x_m,y_m)$，$N(x_n,y_n)$，M点和N点分别为直线OP与直线$y=y_p+1$，$y=y_p-1$的交点。假设边缘点P位于区域2内，则有$y_m=y_p+1$，因为点M在直线OP上，且直线OP已知，通过y_m可以求得x_m。

任意像素点(i,j)的灰度值可表示为

$$f(i,j)=\int_{i-0.5}^{i+0.5}\int_{j-0.5}^{j+0.5}g(x,y)\mathrm{d}x\mathrm{d}y \tag{4}$$

式中$g(x,y)$为图像的连续光强分布。

对边缘点P的临近点进行灰度插值。根据线性插值原理得到M点的灰度值：

$$f(x_m,y_m)=(1-\lambda)f(\lceil x_m\rceil,y_m)+\lambda f(\lceil x_m\rceil+1,y_m) \tag{5}$$

式中：$\lceil x_m\rceil$为x_m的整数部分；$\lambda=x_m-\lceil x_m\rceil$。

同理可得临近点$K(x_k,y_k)$，$J(x_j,y_j)$，$N(x_n,y_n)$的灰度值$f(x_k,y_k)$，$f(x_j,y_j)$，$f(x_n,y_n)$。根据4个临近点的灰度值可得到亚像素级边缘点坐标(x_0,y_0)：

杂点进行滤除；然后采用亚像素级边缘检测方法实现边缘细定位；最后通过最小二乘拟合获取光斑中心，得到其三维坐标值。光斑中心提取过程如图6所示。

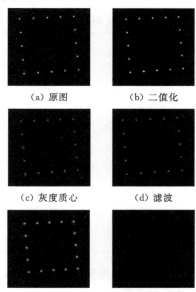

(a) 原图　　　(b) 二值化

(c) 灰度质心　　(d) 滤波

(e) 边缘拟合　　(f) 光斑中心提取结果

图6　光斑中心提取过程

Fig. 6　Spot center extraction process

根据所得光斑中心坐标值计算标靶 LED 灯间距,并与实际间距 120 mm 进行对比。将截割头摆动至按 3×3 布置的 9 个位置点,在每个位置点采集多组图像,进行均值滤波处理,测量误差如图 7 所示。

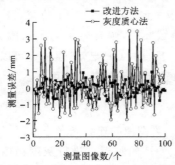

图 7　光斑中心提取方法改进前后测量结果对比

Fig. 7　Comparison of measurement results before and after the improvement of spot center extraction method

由图 7 可知,改进前最大测量误差为 3. 2 mm,最大相对误差为 2. 7%;改进后最大测量误差为 1 mm,最大相对误差为 0. 8%。

4.2　外参标定实验

在实验室关灯并紧闭窗帘,模拟煤矿井下光线不足环境,利用计算机程序实现工业相机的软触发,设置采集时间间隔为 100 ms。分别摆动掘进机截割臂至左上角、左下角、右上角、右下角 4 个极限位置,通过防爆工业相机采集各位置的图像,通过计算机进行图像预处理、光斑中心提取及外参标定。每标定 1 次将相机在 x 轴方向移动 50 mm,实现不同距离的外参标定。改进后的外参标定结果见表 1、表 2。

表 1　外参数 t

Table 1　External parameter t　　　　　　m

序号	坐标 x	坐标 y	坐标 z
1	1. 528 280	−0. 012 039	1. 565 070
2	1. 576 580	−0. 014 584	1. 562 610
3	1. 626 610	−0. 013 408	1. 558 500
4	1. 671 690	−0. 012 921	1. 568 660
5	1. 726 110	−0. 019 743	1. 573 890

表 2　外参数 R

Table 2　External parameter R　　　　　　(°)

序号	x 轴转角 α	y 轴转角 β	z 轴转角 γ
1	−1. 909 40	−0. 098 079	0. 098 080
2	−2. 785 72	−0. 102 081	0. 102 081
3	−2. 016 30	−0. 166 620	0. 166 621
4	−2. 157 04	−0. 193 729	0. 193 730
5	−1. 721 15	0. 143 189	−0. 143 190

由表 1、表 2 可知,平移矩阵中位移的最大变化幅度为 15 mm,旋转矩阵中角度的最大变化幅度为 1°,说明用基于多点固定的外参标定方法所获得的外参数矩阵比较稳定,可为掘进机截割头位姿解算奠定基础。

4.3　系统测量误差对比

在截割头位姿视觉测量实验平台上,使用倾角传感器和拉绳传感器检测截割臂真实摆动角,并采用改进前后的视觉测量系统进行对比实验。截割头水平摆角、垂直摆角测量结果对比分别见表 3、表 4。

表 3　截割头水平摆角测量结果对比

Table 3　Measurement results comparison of horizontal swing angle of cutting head　　　　　　(°)

编号	真实值	测量结果 改进前	测量结果 改进后	误差 改进前	误差 改进后
1	0. 013	1. 259 183	0. 061 166	1. 246 183	0. 048 166
2	0. 029	1. 675 658	0. 260 241	1. 646 658	0. 231 241
3	−13. 819	−12. 372 800	−13. 365 700	1. 446 200	0. 453 300
4	−13. 596	−12. 400 300	−13. 134 300	1. 195 700	0. 461 700
5	−13. 024	−11. 441 500	−13. 308 680	1. 582 500	−0. 284 680
6	0. 239	0. 282 492	−0. 115 684	0. 043 492	−0. 354 684
7	13. 923	12. 861 410	14. 172 280	−1. 061 590	0. 249 280
8	13. 408	13. 460 980	13. 720 850	0. 052 980	0. 312 850
9	13. 590	13. 398 460	13. 234 900	−0. 191 540	−0. 355 100

由表 3、表 4 可知,视觉测量系统改进前对截割头摆角的测量误差范围为 [−1. 2°,1. 7°],改进后截割头水平摆角误差范围为 [−0. 5°,0. 5°],垂直摆角误差范围为 [−0. 6°,0. 6°]。实验结果表明,改进方法有效提高了截割头摆角的检测精度。以 EBZ160 掘进机为例,截割臂长度为 4. 7 m,结合摆角误差范围,可计算得到截割头位置误差在 50 mm 以内,满足煤矿井下截割头实时测量精度需求。

表4　截割头垂直摆角测量结果对比

Table 4　Measurement results comparison of vertical swing angle of cutting head　　　(°)

编号	真实值	测量结果		误差	
		改进前	改进后	改进前	改进后
1	−90.257	−89.999 8	−90.532 2	0.257 2	−0.275 2
2	−103.813	−104.219 0	−104.367 0	−0.406 0	−0.554 0
3	−103.452	−104.624 0	−103.101 0	−1.172 0	0.351 0
4	−88.882	−90.001 4	−88.363 2	−1.119 4	0.518 8
5	−72.995	−73.940 7	−72.541 1	−0.945 7	0.453 9
6	−73.181	−73.582 5	−73.591 5	−0.401 5	−0.410 5
7	−73.284	−73.451 5	−74.020 4	−0.167 5	−0.236 3
8	−89.575	−89.445 4	−89.435 0	0.129 6	0.140 0
9	−103.993	−104.114 0	−103.536 0	−0.121 0	0.457 0

5　结论

（1）针对悬臂式掘进机截割头位姿视觉测量系统外参标定结果存在较大波动的问题，提出一种基于多点固定的外参标定方法，该方法将截割臂摆动到极限位置（已知）时的相关数据作为标定依据，可有效提高外参标定稳定性。

（2）针对灰度质心法提取光斑中心精度只能到像素级的问题，提出采用亚像素级边缘检测算法改进光斑中心提取方法。在采用灰度质心法进行光斑中心粗提取的基础上，采用亚像素级边缘检测算法进行边缘细定位，再使用基于最小二乘法的椭圆中心拟合算法进行光斑中心定位。

（3）光斑中心提取精度对比实验结果表明，改进光斑中心提取方法将标靶LED灯间距最大测量误差从3.2 mm缩小为1 mm，提高了检测精度。外参标定实验结果表明，基于多点固定的外参标定方法所获得的外参数矩阵比较稳定，平移矩阵中位移的最大变化幅度为15 mm，旋转矩阵中角度的最大变化幅度为1°。系统测量误差对比实验结果表明，视觉测量系统改进前对截割头摆角的测量误差范围为[−1.2°,1.7°]，改进后截割头水平摆角误差范围为[−0.5°,0.5°]，垂直摆角误差范围为[−0.6°，0.6°]，说明改进方法有效提高了截割头摆角的检测精度。

参考文献（References）：

[1] 王焱金,张建广,马昭.综掘装备技术研究现状及发展趋势[J].煤炭科学技术,2015,43(11):87-90.
WANG Yanjin, ZHANG Jianguang, MA Zhao. Research status and development tendency of mine fully-mechanized heading equipment technology[J]. Coal Science and Technology,2015,43(11):87-90.

[2] 王步康.煤矿巷道掘进技术与装备的现状及趋势分析[J].煤炭科学技术,2020,48(11):1-11.
WANG Bukang. Current status and trend analysis of readway driving technology and equipment in coal mine[J]. Coal Science and Technology,2020,48(11):1-11.

[3] 项杰,杨尚武.悬臂式掘进机导航技术现状及其发展[J].科技创新与应用,2019(14):160-161.
XIANG Jie, YANG Shangwu. Present situation and development of navigation technology of boom-type roadheader [J]. Technology Innovation and Application,2019(14):160-161.

[4] 田原.悬臂式掘进机导航技术现状及其发展方向[J].工矿自动化,2017,43(8):37-43.
TIAN Yuan. Present situation and development direction of navigation technology of boom-type roadheader[J]. Industry and Mine Automation,2017,43(8):37-43.

[5] 李军利.悬臂式掘进机断面自动成形理论与控制策略研究[D].太原:太原理工大学,2009.
LI Junli. Research on automatic cross section profiling theory and control strategy for boom-type roadheader [D]. Taiyuan: Taiyuan University of Technology,2009.

[6] 王苏彧,吴淼.基于PCC的纵轴式掘进机自主截割控制系统研究[J].煤炭工程,2016,48(6):132-135.
WANG Suyu, WU Miao. Autonomous cutting control system of longitudinal roadheader based on PCC[J]. Coal Engineering,2016,48(6):132-135.

[7] 冯宪琴,苑卫东,黄燕梅.矿井掘进机自动截割成形控制技术研究[J].煤炭技术,2014,33(5):194-196.
FENG Xianqin, YUAN Weidong, HUANG Yanmei. Research on mine tunneling machine automatic cutting shaping control technology [J]. Coal

Technology,2014,33(5):194-196.

[8]　贺建伟,常映辉,陈宁,等.井下掘进装备组合导航系统研究[J].煤矿机械,2020,41(9):32-34.
HE Jianwei, CHANG Yinghui, CHEN Ning, et al. Research on integrated navigation system of underground driving equipment [J]. Coal Mine Machinery,2020,41(9):32-34.

[9]　杜雨馨,刘停,童敏明,等.基于机器视觉的悬臂式掘进机机身位姿检测系统[J].煤炭学报,2016,41(11):2897-2906.
DU Yuxin, LIU Ting, TONG Minming, et al. Pose measurement system of boom-type roadheader based on machine vision[J]. Journal of China Coal Society, 2016,41(11):2897-2906.

[10]　张旭辉,刘永伟,毛清华,等.煤矿悬臂式掘进机智能控制技术研究及进展[J].重型机械,2018(2):22-27.
ZHANG Xuhui, LIU Yongwei, MAO Qinghua, et al. Research and progress on intelligent control technology of boom-type roadheader in coal mine[J]. Heavy Machinery,2018(2):22-27.

[11]　杨文娟,张旭辉,马宏伟,等.悬臂式掘进机机身及截割头位姿视觉测量系统研究[J].煤炭科学技术, 2019,47(6):50-57.
YANG Wenjuan, ZHANG Xuhui, MA Hongwei, et al. Research on position and posture measurement system of body and cutting head for boom-type roadheader based on machine vision[J]. Coal Science and Technology,2019,47(6):50-57.

[12]　张旭辉,赵建勋,杨文娟,等.悬臂式掘进机视觉导航与定向掘进控制技术研究[J/OL].煤炭学报:1-11 [2020-09-22]. https://doi. org/10. 13225/j. cnki. jccs. ZN 20. 035 7.
ZHANG Xuhui, ZHAO Jianxun, YANG Wenjuan, et al. Vision-based navigation and directional heading control technologies of boom-type roadheader [J/OL]. Journal of China Coal Society: 1-11 [2020-09-22]. https://doi. org/10. 13225/j. cnki. jccs. ZN 20. 035 7.

[13]　罗振威,丁跃浇,甘玉坤,等.基于边缘线性拟合的芯片亚像素定位算法[J].软件,2020,41(6):204-207.
LUO Zhenwei, DING Yuejiao, GAN Yukun, et al. Chip sub-pixel localization algorithm based on edge linear fitting[J]. Computer Engineering & Software, 2020,41(6):204-207.

[14]　杨文娟,马宏伟,张旭辉.悬臂式掘进机截割头姿态视觉检测系统[J].煤炭学报,2018,43(增刊2):581-590.
YANG Wenjuan, MA Hongwei, ZHANG Xuhui. Attitude measurement system of cutting head for boom-type roadheader based on vision measurement [J]. Journal of China Coal Society, 2018, 43 (S2): 581-590.

[15]　陈利.基于VR的悬臂式掘进机远程操控与仿真系统研究[D].西安:西安科技大学,2017.
CHEN Li. Research on remote control and simulation system of boom roadheader based on VR[D]. Xi'an: Xi'an University of Science and Technology, 2017.

[16]　寇元宝,汪崇建,贠瑞光.采煤机运行数据预处理算法研究[J].煤矿机械,2020,41(10):41-43.
KOU Yuanbao, WANG Chongjian, YUN Ruiguang. Research on preprocessing algorithm of shearer operation data [J]. Coal Mine Machinery, 2020,41(10):41-43.

[17]　王毅恒.多视角三维重建中高精度标定方法的研究与应用[D].北京:北京交通大学,2018.
WANG Yiheng. Research and application of high accuracy calibration method in multi-view 3D reconstruction [D]. Beijing: Beijing Jiaotong University, 2018.

[18]　闫蓓,王斌,李媛.基于最小二乘法的椭圆拟合改进算法[J].北京航空航天大学学报,2008,34(3):295-298.
YAN Bei, WANG Bin, LI Yuan. Optimal ellipse fitting method based on least-square principle [J]. Journal of Beijing University of Aeronautics and Astronautics,2008,34(3):295-298.

煤矿辅助运输自动驾驶关键技术与装备

侯　刚[1,2]，王国法[1,2]，薛忠新[3]，任怀伟[1,2]，欧阳敏[1,2]，王　峰[3]，袁晓明[4]，

杨斐文[1,2]，时洪宇[1,2]，李济洋[1,2]，高　原[4]

(1. 中煤科工开采研究院有限公司, 北京　100013; 2. 天地科技股份有限公司 开采设计事业部, 北京　100013; 3. 陕煤集团神木张家峁矿业有限公司, 陕西 榆林　719316; 4. 中煤科工集团太原研究院有限公司, 山西　太原　030006)

摘　要：随着智能化水平的提高，对矿井生产重要环节—辅助运输智能化的需求也不断提高。燃油型物料车和锂电池人车自动驾驶的线控系统及装备的研发，实现了线控转向系统、线控制动系统、线控驱动与挡位系统、车身控制系统、底层数据反馈等自动驾驶控制系统；建立了多源异构信息融合的智能化感知和多传感器融合算法模型；开发了多种导航定位方式的路径计算方法，形成了七合一高精度融合定位技术与装备，解决了传统、单一的定位方式无法满足煤矿地面场区和井下巷道复杂环境定位需求的问题；研发矿用自动驾驶车辆控制算法与软件，实现了车辆自动驾驶系统从环境感知、导航定位、行为决策、路径规划到车辆控制的全流程智能化控制；开发煤矿辅助运输智能化系统上位机综合管控系统，解决了车辆的调度问题。从多个方面对辅助运输胶轮车自动驾驶关键技术与装备进行了阐述，为实现我国煤矿辅助运输车辆从地面场区到井下巷道的全地形、复杂路况的常态化自动驾驶，积累了技术、装备和管理经验。

关键词：辅助运输；技术与装备；自动驾驶；线控系统；融合算法；融合定位

中图分类号：TD63　　　　文献标志码：A　　　　文章编号：2096-7187(2022)03-3515-13

Key technologies and equipment for automatic driving of coal mine auxiliary transportation

HOU Gang[1,2], WANG Guofa[1,2], XUE Zhongxin[3], REN Huaiwei[1,2], OUYANG Min[1,2], WANG Feng[3], YUAN Xiaoming[4],

YANG Feiwen[1,2], SHI Hongyu[1,2], LI Jiyang[1,2], GAO Yuan[4]

(1. CCTEG Coal Mining Research Institute, Beijing 100013, China; 2. Coal Mining and Designing Department, Tiandi Science & Technology Co., Ltd., Beijing 100013, China; 3. Shaanxi Coal Group Shenmu Zhangjiamao Mining Co., Ltd., Yulin 719316, China; 4. Taiyuan Research Institute Co., Ltd., China Coal Technology and Engineering Group, Taiyuan 030006, China)

Abstract: With the continuous improvement of intelligent level, the demand for intelligent auxiliary transportation in important links of mine production is also increasing. The research and development of wire control system and equipment for fuel-based material vehicles and lithium battery human-vehicle automatic driving realized the automatic driving control system such as wire control steering system, wire control motion system, wire control drive and gear system, body control system, and underlying data feedback. The intelligent perception and multi-sensor fusion algorithm model of multi-source heterogeneous information fusion was established. The path calculation method of multiple navigation and positioning methods is developed, and the seven-in-one high-precision fusion

收稿日期：2021-12-01　　修回日期：2021-12-23　　责任编辑：李　青

基金项目：国家自然科学基金重点资助项目(51834006)；国家自然科学基金面上资助项目(51874174)；国家自然科学基金青年资助项目(51704517)；天地科技股份有限公司科技创新创业资金专项面上资助项目(2020-TD-MS008)

作者简介：侯刚(1982—)，男，辽宁丹东人，副研究员，主要从事与智能化开采和智能化矿山等相关的设计和研究工作。E-mail: 625017892@qq.com

positioning technology and equipment are formed, which solves the problem that the traditional and single positioning methods cannot meet the demand of positioning in the complex environment of coal mine surface area and underground roadway. The developed mining self-driving vehicle control algorithm and software realize the whole process intelligent control of vehicle self-driving system from environment perception, navigation and positioning, behavior decision, path planning to vehicle control. The upper computer integrated control system of coal mine auxiliary transportation intelligent system solves the problem of vehicle scheduling. The key technology and equipment for automatic driving of auxiliary transport rubber wheeled vehicles are elaborated from several aspects, which accumulates the technology, equipment and management experience for realizing the normalized automatic driving of China's coal mine auxiliary transport vehicles from the surface field to the underground roadway in all-terrain and complex road conditions.

Key words: auxiliary transportation; technology and equipment; automatic driving; wire control system; fusion algorithm; fusion location

煤矿辅助运输是煤矿日常生产经营的重要组成部分之一，除煤炭运输以外，人员、材料、设备、物资等都需要通过辅助运输系统进行运送。国内部分煤矿的辅助运输采用轨道方式，即通过电动机车和专用乘人列车运输；部分大中型煤矿还采用架空乘人装置和无极绳连续牵引车等来实现机械化运输[1-3]。陕北大部分煤矿采用无轨运输方式，无轨辅助运输设备以防爆低污染柴油机和防爆蓄电池为动力，以抗静电胶轮或履带为行走机构，主要用于完成井下人员、设备和物料的运输及采煤工作面的搬家等[4-7]。

国内外有关专家和研究人员对辅助运输自动驾驶相关技术和装备进行了研究开发工作，文献[8-11]分别就电动无轨运输车辆的发展和关键技术，电动无轨运输车辆的底盘控制、底盘加工、通用性底盘，基于特征地图的煤矿辅助运输车辆的定位方法，无轨胶轮车信息采集、录入、数据处理、数据交互统计分析等方面进行了分析和研究；文献[12-15]分别就谷歌无人驾驶、利用热图像对地下矿山车辆进行行人检测、用于目标检测的特征金字塔网络、密集目标检测等方面进行了研究；文献[16-20]分别对井下防爆外壳内部署大容量锂离子电池的安装、安全和应用，煤矿无轨胶轮车智能调度管理技术和管控平台，纯电动防爆车辆续航里程的影响因素和如何提高续航里程等方面进行了研究和分析工作。很多研究成果在不同场景进行应用并取得了良好的效果，这些技术和装备的研究为煤矿辅助运输自动驾驶的发展奠定了坚实基础。

煤矿无轨辅助运输多以胶轮为行走机构，采用防爆柴油机、蓄电池等为牵引动力，车辆驾驶、车辆调度均采用人工的方式，智能化程度较低[21-27]。随着各大煤矿智能化建设的需求越来越大，对辅助运输智能化的需求越来越迫切[28-31]。国内外矿用自动驾驶车辆的研究和应用主要以露天矿运输矿车为主，国外露天矿卡自动驾驶技术整体起步较早，并在民用公共交通的汽车、地铁、列车、机器人、无人机等方面都进行了相关的研究且取得了显著的成绩；国内技术起步较晚，发展较慢，大多处于示范应用阶段[32-36]。本文研究的辅助运输自动驾驶技术和装备，实现了煤矿辅助运输车辆从地面场区到井下巷道的全地形、复杂路况的自动驾驶，积累了与技术、装备和管理相关的成功经验。

1 辅助运输自动驾驶主要研究方向

煤矿辅助运输主要有轨道式运输和无轨运输2种形式，无轨运输主要以胶轮车作为主要的辅助运输方式[37-40]。目前国内外井工煤矿胶轮车辅助运输方式均采用人工驾驶、人工调度的方式，系统与装备智能化程度低[41-44]，特别是对辅助运输自动驾驶技术与装备的相关研究几近空白。目前与国内外车辆智能化及自动驾驶相关的研究主要以民用和军用车辆为主。煤炭领域相关的研究工作以露天矿卡的自动驾驶和示范性应用为主。本次辅助运输自动驾驶关键技术与装备需重点研究解决以下4个方面的问题：

（1）现有辅助运输车辆不能实现智能化线控。煤矿现有物料车、人车均为人工驾驶方式，不具备智能化控制和车辆所有操作线控的能力[45-52]。车辆不具备CAN或以太网通信接口的车速测量轮速计类装备，无法为辅助运输智能化系统提供实时精准的车速数据。未采用发动机转速控制方案，只有油门开度控制，不具备自动驾驶双重控制控制车速的硬件条件，以及转角开度控制条件，无法控制车辆自动转向。整车液压系统不具备电液控制能力。矿用防爆车辆较民用车辆的质量、惯性、控制精准、控制难度更大。

(2) 井工煤矿环境感知复杂多样。感知场景多：井工煤矿涉及地面场区、井下永久性喷浆巷道、综采综掘类煤壁式巷道等不同感知场景。光线多变且无规律[53-60]：井下照度弱，井下永久性巷道、井下临时性巷道、交叉路口等处照明各不相同。感知环境复杂：井下巷道表面特征差异小、环境湿度大、起伏多、多处喷雾降尘区和路面有积水等。

(3) 复杂环境下实现辅助运输高精度实时定位难度大[61-68]。目前民用等行业均采用GPS作为核心定位手段，井下无GPS类民用自动驾驶核心定位手段，以及多定位方式融合应用的定位方法和装备。目前矿用车辆定位系统精度低、实时性差。

(4) 多源融合智能决策及管控。如何统一：传感器的数据类型多样化，需要进行时间和空间上的统一[69-76]。如何融合：各传感器均有其适用条件，需要在不同场景下融合传感器的数据，优势互补，使多传感器协同工作。如何决策：需要对多传感器数据进行判断和决策，作为车辆智能决策系统控制车辆行为的依据。如何控制：如何实现对车辆精准控制。如何管控：如何实现对车辆可视、可管和可控[77-86]。

针对以上4个方面的问题，笔者以陕煤集团神木张家峁矿业有限公司为依托，进行了针对性研究并提出了相关解决方案，如图1所示。通过对煤矿辅助运输智能化线控系统及装备进行研究，实现了对煤矿辅助运输燃油驱动物料车和电池驱动人车的智能化线控研究及改造；通过多源异构信息融合的智能化感知和多传感器融合技术，实现对井上下复杂环境的感知；通过七合一高精度融合定位技术及装备，实现辅助运输车辆井上下运行精准定位；通过对煤矿辅助运输智能化车辆控制算法及装备研究，实现对辅助运输车辆的智能控制；通过对煤矿辅助运输智能化综合管控系统研究，实现对辅助运输车辆的可视、可管、可控，最终实现辅助运输车

辆包括启动、加速、减速、停车、转弯、换道、避障等智能化动作；实现煤矿辅助运输车辆从地面厂区到井下巷道的全地形、复杂路况全过程的自动驾驶。

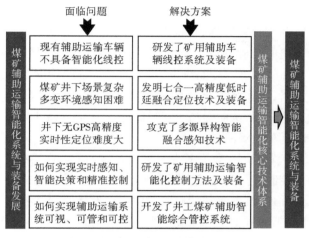

图1　自动驾驶关键技术与装备研究架构

Fig. 1　Research architecture of key technologies and equipment of autopilot

2　车辆智能控制线控系统及装备

针对第1节提到的研究内容，首先研发了燃油型物料车和锂电池人车辅助运输智能控制的线控系统及装备，包含线控转向系统、线控制动系统、线控驱动与挡位系统、车身控制系统、底层数据反馈等，为辅助运输智能控制系统奠定硬件基础。最终研发完成了矿用燃油料车、电池驱动人车2种车型，车辆结构如图2所示。

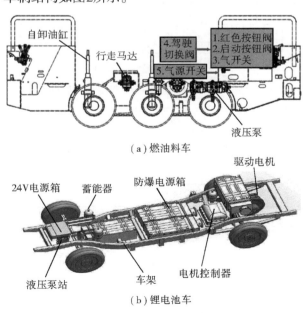

（a）燃油料车

（b）锂电池车

图2　2种车辆主要结构

Fig. 2　Schematic diagram of main structures of two vehicles

采用按键切换开关、驻车扳手及转向杆3种方式以保证人工及时安全接管，实现了人工驾驶与智能控制自动驾驶的实时切换。在车辆左右侧车轮各安装一个码盘，实时获取两侧轮速，通过CAN通信方式传输数据，协助车辆导航定位，实现了实时车速的准确获取。车辆线控驱动采用发动机转速与油门开度双控制方案；启动时采用油门开度控制策略，当车辆速度达到设定值时，启动发动机转速控制策略，从而提高车速控制的安全性、稳定性，实现了车速双控。

为了解决整车控制和节能问题，研发了全新整车控制器。为满足实际需求，整车线控采用总线通信方式，具备驱动、制动、转向、灯光、喇叭等线控功能，系统控制架构如图3所示。采用制动能量回收技术，提高能量利用率，增加续航能力，系统原理如图4所示。

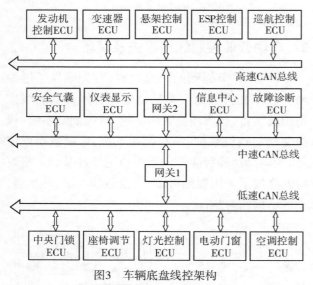

图3　车辆底盘线控架构

Fig. 3　Vehicle chassis wire control architecture diagram

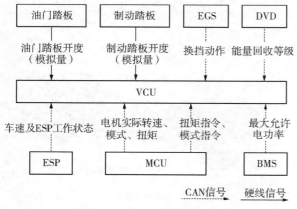

图4　车辆能量回收原理

Fig. 4　Schematic diagram of vehicle energy recovery

车辆线控智能化还涉及以下研发工作：在原有阀块的基础上增加新的行车制动比例电磁阀，阀体开度由电压信号控制，驻车制动由常闭开关电磁阀控制。解决了原制动系统缺少线控功能的问题；应用了电控转向电机和减速齿轮集成在一起的线控功能的转向执行机构；对电池供电系统、驱动电机控制器与驱动电机进行联合控制，解决了驱动电机与减速器总成、主减速器以及差速器总成不能联合控制的问题；采用能量密度更高的电器部件；自主开发了专用后驱车桥；除采用传统全液压双回路制动系统外，注重节能设计；分析驾驶员的舒适性和车辆的动力性能。

3　智能多参数融合感知

3.1　多融合智能环境感知技术及算法

车辆自动驾驶的输入数据是从传感器驱动模块获得的传感器原始信息，经过各传感器数据的信息处理和多传感器的信息融合处理，得到最终的感知系统输出，包括目标体信息、静态栅格信息、道路信息、交通信息及环境信息。在数据处理及数据融合过程中，融合了定位系统提供的车辆位置和姿态信息及高清地图模块提供的语义地图信息，其模型架构如图5所示。最终实现了一种基于DGPS、惯性导航、毫米雷达波、激光雷达、高清摄像头、UWB、轮速计、磁导航等多源异构信息融合的煤矿辅助运输智能感知多传感器环境感知融合技术，建立了算法模型。通过算法模型实现了多融合智能环境感知结算并形成了多融合智能化环境感知技术。

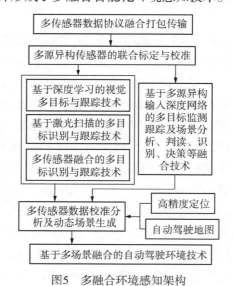

图5　多融合环境感知架构

Fig. 5　Multi-fusion environment awareness architecture

3.2 多源异构传感器融合及配准技术

实现辅助运输车辆自动驾驶需要配置不同形式的感知类传感器,通过布置不同感知方式的传感器并采集各传感器数据,将毫米波雷达、激光雷达、摄像头、磁导航、UWB传感器的坐标系进行快速坐标变换,使其数据关联后匹配到同一坐标系,实现目标识别、路径规划、物体识别,将相关数据发送给数据融合系统进行评价/决策,实现车辆自动驾驶控制,其架构及原理如图6所示。通过多源异构传感器融合及配准技术实现了自动驾驶多参量的融合分析和应用。

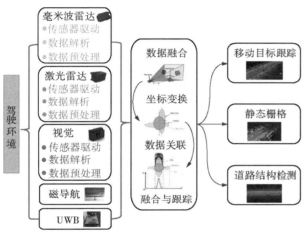

图6 多源异构融合及配置原理

Fig. 6 Schematic diagram of multi-source heterogeneous integration and configuration

3.3 多目标检测和场景生成技术

为解决多目标检测和场景生成问题,采用多源异构输入深度网络多目标检测跟踪及场景分割图像处理,实现了融合激光雷达、毫米波、摄像头采集的不同场景或物体的数据,形成ROI(感兴趣区域),经图像识别后,形成道路信息和障碍物信息。传感器数据往往伴有噪声:数据不一致、数据不确定、不精确、不完整、不同信息片断各自缺陷的异质性,需要通过融合匹配算法进行滤波处理。通过坐标转换、ROI目标提取、聚类、匹配、跟踪实现对目标的检测,实现了多传感器不确定性分析及动态局部场景生成,其流程如图7所示。

4 七合一高精度低延时融合定位

4.1 基于多传感器的车辆定姿技术

为解决多传感器的车辆定姿问题,研发了基于IMU(惯性导航)+GNSS(全球定位系统)+ODOM(轮速

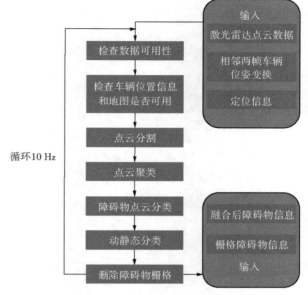

图7 多目标检测和场景生成流程

Fig. 7 Multi object detection and scene generation flow chart

计)+LIDAR(激光雷达)+UWB基站(超宽带无线通信定位)+UWB定位卡+磁导航的七合一高精度低延时辅助运输系统融合定位技术,其工作原理如图8所示。

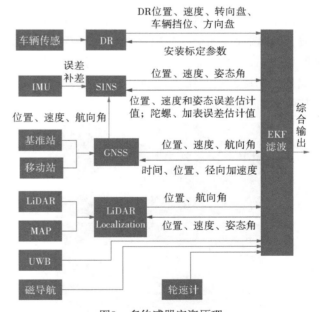

图8 多传感器定姿原理

Fig. 8 Principle diagram of multi-sensor attitude determination

4.2 基于激光雷达SLAM的建图与定位方法

高精度地图是实现辅助运输系统智能化的核心基础设施,激光SLAM技术结合组合导航多传感器定姿技术高频连续位姿信息,可有效提高建图精度,其效果如图9所示。

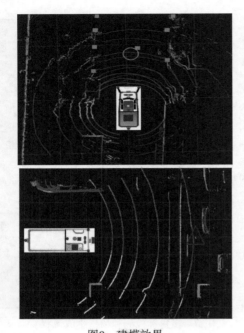

图9　建模效果

Fig. 9　Modeling effect drawing

4.3　多场景巷道墙面检测技术

煤矿井下建图绝大部分是对巷道墙面进行检测,采用激光雷达对巷道墙面点云数据提取特征,考虑车辆及会车硐室的检测效果影响,建立巷道特征模型,并针对直线巷道区域采用卡尔曼(EKF)滤波,保证墙面检测精度与稳定性。对于转弯处巷道区域,通过转弯前后墙面检测模式切换,保证可生成最优的墙面检测结果,横向定位精度:±20 mm,其效果如图10所示。

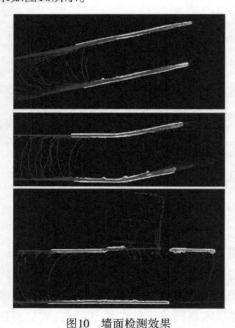

图10　墙面检测效果

Fig. 10　Wall detection effect drawing

4.4　时间同步和姿态动态估算法

各传感器观测同一目标获得的测量数据不一定同步,不能将获得的数据直接发送到融合中心进行融合处理,通过将不同传感器在不同时刻、不同空间获得的目标测量数据转换到统一的融合时刻和空间,实现同步应用,其原理如图11所示。

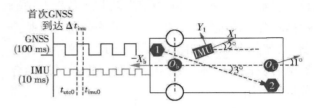

图11　时钟同步及坐标系变化原理

Fig. 11　Schematic diagram of clock synchronization and coordinate system change

惯性导航系统(INS)的系统误差随时间累计,利用GPS、轮速计和激光雷达等多个外部观测信息进行互补,实现INS/GPS/Odom/LiDAR/UWB/磁导航的组合导航,利用EKF滤波器,实时估计并补偿低精度惯性导航系统快速积累的误差值,实现了基于多传感器信息融合的精准姿态位置估算。对车辆姿态进行检测,开展车速及质心侧偏角(车辆实际航向与车头指向的夹角)在线实时估算技术研究,采用质心侧偏角估计值加权融合策略,实现了基于GPS/INS/UWB信息融合车辆运动状态实时高精度估算,其原理如图12所示。

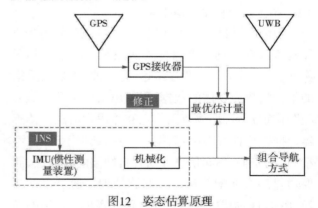

图12　姿态估算原理

Fig. 12　Schematic diagram of attitude estimation

5　辅助运输自动驾驶控制算法与软件

5.1　控制算法与软件的总体功能

控制算法与软件总体功能:通过车辆核心控制器,融合感知及精准定位等综合应用,实现辅助运输车辆的横向和纵向控制,包括启动、加速、减速、停车、转弯、换道、避障等动作,其软件功能架构如 图13所示。

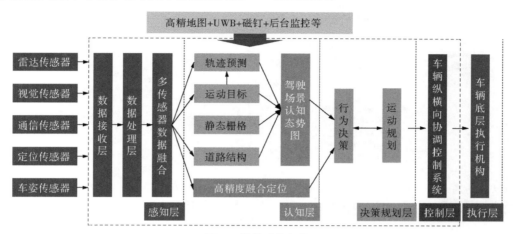

图13 软件功能架构

Fig. 13 Software function architecture diagram

5.2 控制及认知系统算法

控制算法实现车辆自动驾驶系统从环境感知、导航定位、行为决策、路径规划到车辆控制的全流程智能化控制。认知系统主要实现交通参与者的轨迹预测,采用MLP多层感知神经网络算法及LSTM长短期记忆神经网络算法实现对障碍物未来一段时间内的行为与轨迹预测,并结合拟人化的注意力聚焦和对象显著性分析等手段,将感知融合的障碍物数据转化为未来将发生的情景信息,其功能架构如图14所示。

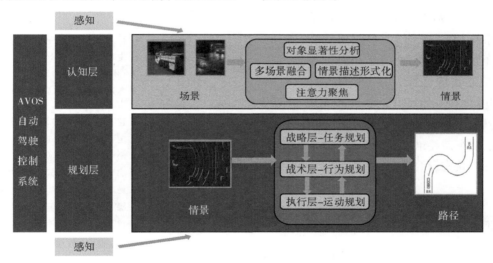

图14 控制及认知功能架构

Fig. 14 Control and cognitive function architecture

5.3 规划及决策系统算法

采用A*与Dijkstra(迪杰斯特拉)等规划算法的规划系统,搭建规则与分层强化学习相结合的混合模型,实现了适于煤矿的辅助运输车辆智能算法规划系统和智能行为决策。决策规划系统是辅助运输智能控制大脑的核心技术,结合了驾驶任务和行驶环境输出合理的驾驶行为。该系统包含4大模块:任务规划、行为规划、路径规划、速度规划,其功能流程如图15所示。

图15中F为从起点A到终点B的总代价;G为从起点A到节点n的代价。

5.4 差速控制算法及系统

研发了适用于煤矿辅助运输车辆的差速控制系统,研究车辆差速控制技术原理,完成车辆驱动电液系统线控功能适配与车辆差速控制功能调试,实现车辆速度与转向的耦合控制以达到常规车辆的控制能力,同时超过阿克曼(Ackermann)转向性能(转弯半径小于常规车辆)。

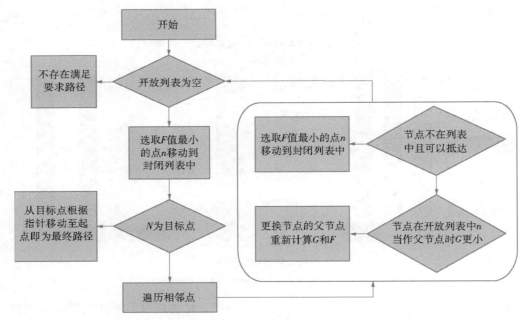

图15　规划及决策功能流程示意

Fig. 15　Functional diagram of planning and decision-making process

5.5　辅助运输自动驾驶综合管控系统

辅助运输车辆自动驾驶问题解决后,从辅助运输系统层面开发了煤矿辅助运输智能化系统上位机综合管控系统,解决了车辆可视、可管和可控的问题。根据车辆的实时位置信息和驾驶状态信息在地面调度中心智能管控,可对车辆进行实时监控、控制和调度管理。通过井下和地面无线通讯网络,将数据传输到地面调度中心,开发了煤矿辅助运输智能化系统车载终端系统,展示了井下运输车辆的轨迹、数量、状态,可对车辆进行实时管控和调度管理。

6　应用效果

研究的相关技术和装备在陕煤集团神木张家峁矿业有限公司地面及井下巷道已成功应用,实现了2种辅助运输车辆(人车、料车)、2种驱动力方式(燃油、电池)的辅助运输智能化系统及装备的稳定运行;实现了辅助运输智能化料车和人车从地面到井下终点往返约5 km的自动驾驶,可循迹行驶、跟车行驶、定点停车、紧急制动,实现了全过程自动驾驶。截止到撰稿时,自动驾驶物料车已经下井60次,累计行驶超900 km;自动驾驶人车已经下井125次,累计行驶超2 100 km,形成了自动驾驶料车和人车的成套技术和装备。自动驾驶主要技术指标见表1。

表1　自动驾驶主要技术指标

Table1　Main technical indexes of automatic driving

序号	项目	指标
1	直线循迹	1. 循迹横向位置偏差≤30 cm,不与巷道岩壁发生碰撞 2. 速度稳态偏差≤0.5 m/s
2	曲线循迹	1. 循迹横向位置偏差≤60 cm,不与巷道岩壁发生碰撞 2. 速度稳态偏差≤0.5 m/s
3	定点停车	1. 定点停车精度≤±1.5 m 2. 制动减速度≤0.3 g
4	直线跟车	1. 稳定跟车阶段跟车相对距离波动≤2 m 2. 稳定跟车阶段相对速度≤1 m/s
5	曲线跟车	1. 稳定跟车阶段跟车相对距离波动≤3 m 2. 稳定跟车阶段相对速度≤1.5 m/s
6	紧急制动	自车停稳后与前方障碍物安全距离≥1 m
7	障碍物检测	1. 人车障碍物检测距离为17.3 m,车辆停止距离为6.5 m 2. 料车障碍物检测距离为17.6 m,车辆停止距离为6.8 m

7　结　语

针对井工煤矿环境感知复杂多样,及复杂环境下实现辅助运输高精度实时定位难度大的问题,提出了煤矿辅助运输智能化线控系统及装备研究方案;研发了适用于煤矿辅助运输车辆的差速控制系统;研究了车辆差速控制技术原理,完成了车辆驱动电液系统线控功能适配与调试;完成车辆速度与转向的耦合控制以达到常规车辆的控制能力；设计了七合一高精度低延时融合定位方法，并在陕煤集团神木张家峁矿业有限公司地面及井下巷道成功应用。

煤矿辅助运输自动驾驶技术与装备的研究，对提升井工煤矿辅助运输人员的作业环境，将工人从狭小、油气弥漫的驾驶空间中解放出来，降低了劳动强度，提高了生产效率，降低了煤矿辅助运输交通事故人员伤亡率，提高了煤矿安全性，为智慧煤矿的建设和提升提供了助力；通过缓解井下车辆拥堵、提高车速、缩小车距、选择更优路线、减少所耗时间、节约能源等方式，为煤矿企业降本增效提供有力支撑，为陕北地区乃至全国的井工煤矿的辅助运输智能化系统与装备的实现提供参考，对全国井工煤矿的辅助运输智能化建设具有示范和引领作用。

参考文献(References)：

[1] 张彦禄,高英,樊运平,等. 煤矿井下辅助运输的现状与展望[J]. 矿山机械,2011,39(10):6-9.
ZHANG Yanlu,GAO Ying,FAN Yunping,et al. Current situation and prospects of underground auxiliary transportation in collieries[J]. Mining and Processing Equipment,2011,39(10):6-9.

[2] MEYER Eberling,JROTH M. Method for estimating the range of amotor vehicle:US20110112710A1[P]. 2011-05-12.

[3] 黄文金. 新型矿井辅助运输设备特点及应用分析[J]. 煤炭与化工,2018,41(12):84-86.
HUANG Wenjin. Characteristics and application of auxiliary transportation equipment in new mines[J]. Coal and Chemical Industry,2018,41(12):84-86.

[4] KESSELS J T B A,ROSCA B,BER GVELD H,et al. On-line battery identification for electric driving range prediction[A]. Vehicle Power and Propulsion Conference[C]. IEEE,2011.

[5] 王烁. 煤矿用无轨胶轮车发展现状与展望[J]. 煤炭与化工,2016,39(5):22-24.
WANG Shuo. Development and outlook of mine trackless tyred vehicle[J]. Coal and Chemical Industry,2016,39(5):22-24.

[6] PANDIT S B,KSHATRIYA T K,VAIDYA V G. Motor assistance for a hybrid vehicle based on predicted driving range:US20110087390A1[P]. 2011-02-14.

[7] 郝明锐. 矿用纯电动防爆车辆续驶里程提升技术研究[J]. 煤炭科学技术,2019,47(2):156-160.
HAO Mingrui. Research on driving range extension technology of mine flame-proof battery electric vehicle[J]. Coal Science and Technology,2019,47(2):156-160.

[8] 王步康,金江,袁晓明. 矿用电动无轨运输车辆发展现状与关键技术[J]. 煤炭科学技术,2015,43(1):74-76.
WANG Bukang,JIN Jiang,YUAN Xiaoming. Development status and key technology of mine electric driving trachless transportation vehicles[J]. Coal Science and Technology,2015,43(1):74-76.

[9] 袁晓明. 煤矿电动无轨运输车辆的关键技术研究[J]. 煤炭科学技术,2011,39(5):80-82.
YUAN Xiaoming. Key technology research on electric trackless transportation vehicle in coal mine[J]. Coal Science and Technology,2011,39(5):80-82.

[10] 鲍文亮. 基于特征地图的煤矿辅助运输车辆定位方法[J]. 煤炭科学技术,2020,48(5):115-119.
BAO Wenliang. Localization method for auxiliary transport vehicles of coal mine based on feature map[J]. Coal Science and Technology,2020,48(5):115-119.

[11] 吕小强,程刘胜,单成伟,等. 矿用无轨胶轮车信息采录与数据便携交互系统设计[J]. 中国煤炭,2020,46(1):41-45.
LYU Xiaoqiang,CHENG Liusheng,SHAN Chengwei,et al. Design of information acquisition and data portable interactive system for mine trackless rubber-tyred vehicles[J]. China Coal,2020,46(1):41-45.

[12] GOODWIN Andy. Google reveals driverless car[J]. Diesel Car:The UK's Leading Magazine for Diesel & Alternative Fuel Vehicles,2014(327):64-65.

[13] DICKENS J S,WYK VAN M A,GREEN J J. Pedestrian detection for underground mine vehicles using thermal images[A]. IEEE Africon 2011[C]. IEEE,2011.

[14] LIN T Y,DOLLAR P,GIRSHICK R,et al. Feature pyramid networks for object detection[A]. 30th IEEE Conference on Computer Vision and Pattern Recognition[C]. Honolulu,2017:936-944.

[15] LIN T Y,GOYAL P,GIRSHICK R,et al. Focal loss for dense object detection[J]. IEEE Transactions on Pattern Analysis and Machine Intelligence,2020,42(2):318-327.

[16] 沃磊,张勇,贺江波. 隔爆外壳内大容量锂离子蓄电池应用的安全性研究[J]. 煤炭科学技术,2018,46(8):145-148.
WO Lei,ZHANG Yong,HE Jiangbo. Study on safety of large volume lithium ion battery applied in flameproof enclosure[J]. Coal Science and Technology,2018,46(8):145-148.

[17] 刘宏杰,张慧,张喜麟,等. 煤矿无轨胶轮车智能调度管理技术研究与应用[J]. 煤炭科学技术,2019,47(3):81-86.
LIU Hongjie,ZHANG Hui,ZHANG Xilin,et al. Research and application of intelligent dispatching and management technology for coal mine trackless rubber-tyred vehicle[J]. Coal Science and Technology,2019,47(3):81-86.

[18] SIY T,HERRMANN M A,LINDEMANN T P,et al. Electrical vehicle range prediction:US20120109408A1[P]. 2012-05-03.

[19] HAI Yu,FINN Tseng,MCGEE. Driving pattern identification for EV range estimation[A]. 2012 IEEE International Electric Vehicle Conference[C]. IEVC,2012.

[20] 任志勇. 纯电动防爆车辆续驶里程影响因素研究[J]. 煤炭科学技术,2019,47(2):150-155.
REN Zhiyong. Research on influence factors affecting driving range of flame-proof battery electric vehicles[J]. Coal Science and Technology,

2019,47(2):150-155.

[21] 刘海龙. 无轨胶轮车在煤矿辅助运输中的设计研究[J]. 煤矿机械,2018,39(12):16-17.
LIU Hailong. Study on design of trackless rubber wheel truck in coal mine[J]. Coal Mine Machinery,2018,39(12):16-17.

[22] 张科学,王晓玲,何满潮,等. 智能化无人开采工作面适用性多层次模糊综合评价研究[J]. 采矿与岩层控制工程学报,2021,3(1):013532.
ZHANG Kexue,WANG Xiaoling,HE Manchao,et al. Research on multi-level fuzzy comprehensive evaluation of the applicability of intelligent unmanned mining face[J]. Journal of Mining and Strata Control Engineering,2021,3(1):013532.

[23] ZHANG Y,WANG W,KOBAYASHI Y,et al. Remaining driving range estimation of electric vehicle[A]. 2012 IEEE International Electric Vehicle Conference[C]. IEVC,2012.

[24] LU L,HAN X,LI J,et al. A review on the key issues for lithiumion battery management in electric vehicles[J]. Journal of Power Sources,2013,226(1):272-288.

[25] 杨丽. 神南矿区智能化矿山设计及建设[J]. 煤矿开采,2017,22(3):106-109.
YANG Li. Design and construction of intelligent mine in Shennan mining area[J]. Coal Mining Technology,2017,22(3):106-109.

[26] 倪兴华. 安全高效矿井辅助运输关键技术研究与应用[J]. 煤炭学报,2010,35(11):1909-1915.
NI Xinghua. Research and application of key technology for safety and high efficient mine auxiliary transportation[J]. Journal of China Coal Society,2010,35(11):1909-1915.

[27] 雷毅. 我国井工煤矿智能化开发技术现状及发展[J]. 煤矿开采,2017,22(2):1-4.
LEI Yi. Present situation and development of intelligent development technology for underground coal mines in China[J]. Coal Mining Technology,2017,22(2):1-4.

[28] 张智,张磊,苏丽,等. 基于人工离线特征库的室内机器人双目定位[J]. 哈尔滨工程大学学报,2017,38(12):1906-1914.
ZHANG Zhi,ZHANG Lei,SU Li,et al. Binocular localization of indoor robot based on artificial offline feature-database[J]. Journal of Harbin Engineering University,2017,38(12):1906-1914.

[29] 徐家伟,张重阳. 面向无人驾驶的高速公路指路标志字符检测[J]. 计算机应用与软件,2018,35(2):224-229,266.
XU Jiawei,ZHANG Chongyang. Character detection of highway guide signs for unmanned driving[J]. Computer Applications and Software,2018,35(2):224-229,266.

[30] 李亭杰. 矿用锂电池无轨胶轮运人车设计[J]. 煤炭工程,2018,50(2):148-150.
LI Tingjie. Design of a mine trackless rubber tyre vehicle powered by lithium battery[J]. Coal Engineering,2018,50(2):148-150.

[31] 王国法,庞义辉,任怀伟. 煤矿智能化开采模式与技术路径[J]. 采矿与岩层控制工程学报,2020,2(1):013501.
WANG Guofa,PANG Yihui,REN Huaiwei. Intelligent coal mining pattern and technological path[J]. Journal of Mining and Strata Control Engineering,2020,2(1):013501.

[32] 王国法,徐亚军,张金虎,等. 煤矿智能化开采新进展[J]. 煤炭科学技术,2021,49(1):1-10.
WANG Guofa,XU Yajun,ZHANG Jinhu,et al. New development of intelligent of intelligent mining in coal mines[J]. Coal Science and Technology,2021,49(1):1-10.

[33] 唐恩贤,张玉良,马骋. 煤矿智能化开采技术研究现状及展望[J]. 煤炭科学技术,2021,47(10):111-115.
TANG Enxian,ZHANG Yuliang,MA Cheng. Research status and development prospect of intelligent mining technology in coal mine[J]. Coal Science and Technology,2021,47(10):111-115.

[34] 王国法,庞义辉,任怀伟,等. 煤炭安全高效综采理论、技术与装备的创新和实践[J]. 煤炭学报,2018,43(4):903-913.
WANG Guofa,PANG Yihui,REN Huaiwei,et al. Coal safe and efficient mining theory,technology and equipment innovation practice[J]. Journal of China Coal Society,2018,43(4):903-913.

[35] 张立宽. 改革开放40年我国煤炭工业实现三大科技革命[J]. 中国能源,2018,40(12):9-13.
ZHANG Likuan. After 40 years of reform and opening up,China's coal industry has realized three major scientific and technological revolutions[J]. Energy of China,2018,40(12):9-13.

[36] 袁亮,张平松. 煤炭精准开采地质保障技术的发展现状及展望[J]. 煤炭学报,2019,44(8):2277-2284.
YUAN Liang,ZHANG Pingsong. Development status and prospect of geological guarantee technology for precise coal mining[J]. Journal of China Coal Society,2019,44(8):2277-2284.

[37] 王国法,杜毅博. 智慧煤矿与智能化开采技术的发展方向[J]. 煤炭科学技术,2019,47(1):1-10.
WANG Guofa,DU Yibo. Development direction of intelligent coal mine and intelligent mining technology[J]. Coal Science and Technology,2019,47(1):1-10.

[38] 武强,涂坤,曾一凡,等. 打造我国主体能源(煤炭)升级版面临的主要问题与对策探讨[J]. 煤炭学报,2019,44(6):1625-1636.
WU Qiang,TU Kun,ZENG Yifan,et al. Discussion on the main problems and countermeasures for building an upgrade version of main energy(coal) industry in China[J]. Journal of China Coal Society,2019,44(6):1625-1636.

[39] 王国法,赵国瑞,任怀伟. 智慧煤矿与智能化开采关键核心技术分析[J]. 煤炭学报,2019,44(1):34-41.
WANG Guofa,ZHAO Guorui,REN Huaiwei. Analysis on key technologies of intelligent coal mine and intelligent mining[J]. Journal of China Coal Society,2019,44(1):34-41.

[40] 边俊奇,毕建乙,王海东. 基于安全行为观察的煤矿安全管理研究[J]. 煤矿开采,2019,24(1):150-152.
BIAN Junqi,BI Jianyi,WANG Haidong. Research on coal mine safety management based on safety behavior observation[J]. Coal Mining Technology,2019,24(1):150-152.

[41] 王国法,张德生. 煤炭智能化综采技术创新实践与发展展望[J]. 中国矿业大学学报,2018,47(3):459-467.
WANG Guofa,ZHANG Desheng. Innovation practice and development

prospect of intelligent fully mechanized technology for coal mining[J]. Journal of China University of Mining & Technology, 2018, 47(3): 459-467.

[42] 王国法, 范京道, 徐亚军, 等. 煤炭智能化开采关键技术创新进展与展望[J]. 工矿自动化, 2018, 44(2): 5-12.
WANG Guofa, FAN Jingdao, XU Yajun, et al. Innovation progress and prospect on key technologies of intelligent coal mining[J]. Industry and Mine Automation, 2018, 44(2): 5-12.

[43] 王国法, 刘峰, 孟祥军, 等. 煤矿智能化(初级阶段)研究与实践[J]. 煤炭科学技术, 2019, 47(8): 1-36.
WANG Guofa, LIU Feng, MENG Xiangjun, et al. Research and practice on intelligent coal mine construction(primary stage)[J]. Coal Science and Technology, 2019, 47(8): 1-36.

[44] 郝建国. 矿井运输事故发生原因分析与改进建议[J]. 能源与节能, 2017(12): 58-59.
HAO Jianguo. Cause analysis of the mine transportation accidents and its recommendations for improvement[J]. Energy and Energy Conservation, 2017(12): 58-59.

[45] 路超, 张福生, 潘学文. 基于多目标遗传算法的无轨胶轮车传动系统参数优化[J]. 煤矿机械, 2021, 42(12): 120-123.
LU Chao, ZHANG Fusheng, PAN Xuewen. Parameter optimization of transmission system of trackless rubber-tyred vehicle based on multi-objective genetic algorithm[J]. Coal Mine Machinery, 2021, 42(12): 120-123.

[46] 王凯军. 煤矿无轨胶轮车辅助运输系统及其改造过程探讨[J]. 煤炭与化工, 2021, 44(S1): 54-55.
WANG Kaijun. Discussion on the auxiliary transportation system and its transformation process of trackless rubber tire vehicle in coal mine[J]. Coal and Chemical Industry, 2021, 44(S1): 54-55.

[47] 刘畅. 无轨胶轮车液压制动系统仿真分析[J]. 科学技术创新, 2021(27): 175-176.
LIU Chang. Simulation analysis of hydraulic braking system for trackless rubber tyred vehicle[J]. Scientific and Technological Innovation, 2021(27): 175-176.

[48] 孙俊. 矿用无轨胶轮车调度系统的设计与应用研究[J]. 机械管理开发, 2021, 36(9): 241-243.
SUN Jun. Design and application research of dispatching system for mine trackless rubber-tyred vehicle[J]. Mechanical Management and Development, 2021, 36(9): 241-243.

[49] 王瑜, 康帆. 煤矿无轨胶轮车调度系统设计与应用研究[J]. 能源与环保, 2021, 43(9): 213-218.
WANG Yu, KANG Fan. Coal mine trackless rubber tire vehicle scheduling system design and application research[J]. Energy and Environmental Protection, 2021, 43(9): 213-218.

[50] 龙秉政. 矿用隔爆锂离子电源箱轻量化设计[J]. 煤矿机械, 2021, 42(10): 119-121.
LONG Bingzheng. Lightweight design of mine flameproof lithium ion power supply box[J]. Coal Mine Machinery, 2021, 42(10): 119-121.

[51] 李斌. 龙泉煤矿辅助运输系统设计[J]. 机械管理开发, 2021, 36(8): 26-28.

LI Bin. Longquan coal mine auxiliary transportation system design[J]. Mechanical Management and Development, 2021, 36(8): 26-28.

[52] 谢兆丰. 浅谈矿井无轨胶轮车管理系统监测基站设计[J]. 陕西煤炭, 2021, 40(S1): 132-135, 183.
XIE Zhaofeng. The design of monitoring base station for trackless rubber-tyred vehicle management system in mines[J]. Shaanxi Coal, 2021, 40(S1): 132-135, 183.

[53] 周兆宇. 煤矿无轨胶轮车智能检测系统浅析[J]. 机电信息, 2021(21): 59-61.
ZHOU Zhaoyu. Analysis of intelligent detection system for trackless rubber tire vehicle in coal mine[J]. Mechanical and Electrical Information, 2021(21): 59-61.

[54] 赵远, 吉庆, 王腾. 煤矿新能源车辆智能化分析探讨[J]. 煤炭科学技术, 2021, 50(12): 1-8.
ZHAO Yuan, JI Qing, WANG Teng. Discussion on intelligent analysis of new energy vehicles in coal mines[J]. Coal Science and Technology, 2021, 50(12): 1-8.

[55] 刘志更. 防爆油电双动力并行驱动运人车的研制[J]. 机电产品开发与创新, 2021, 34(4): 15-17.
LIU Zhigeng. Development of explosion-proof oil-electric dual-power parallel-drive passenger car[J]. Development and Innovation of Mechanical and Electrical Products, 2021, 34(4): 15-17.

[56] 吕璐. 煤矿无轨胶轮车传动系统的选型及发展分析[J]. 技术与市场, 2021, 28(7): 150-151.
LYU Lu. Selection and development analysis of transmission system of trackless rubber-tyred vehicle in coal mine[J]. Technology and Market, 2021, 28(7): 150-151.

[57] 张娜. 井下胶轮车车架加强筋结构分析[J]. 科学技术创新, 2021(19): 74-75.
ZHANG Na. Analysis of frame reinforcement structure of underground rubber tire vehicle[J]. Science and Technology Innovation, 2021(19): 74-75.

[58] 于国川. 基于CAN总线的矿下防爆无轨胶轮车安全监测装置研究[D]. 太原: 太原科技大学, 2021.
YU Guochuan. Research on safety monitoring device of underground explosion-proof trackless rubber tire vehicle based on CAN bus[D]. Taiyuan: Taiyuan University of Science and Technology, 2021.

[59] 高宏鹏. 防爆无轨胶轮车故障诊断系统研究[D]. 太原: 太原科技大学, 2021.
GAO Hongpeng. Research on fault diagnosis system of explosion-proof trackless rubber tire vehicle[D]. Taiyuan: Taiyuan University of Science and Technology, 2021.

[60] 于国川, 张福生, 高宏鹏. 矿用胶轮车安全监测装置控制模式及信号处理研究[J]. 煤矿机械, 2021, 42(7): 35-37.
YU Guochuan, ZHANG Fusheng, GAO Hongpeng. Study on control mode and signal processing of safety monitoring device for mine rubber tire vehicle[J]. Coal Mine Machinery, 2021, 42(7): 35-37.

[61] 高智强, 韩鼎业, 侯利飞, 等. 5G通讯物联网边缘计算在矿井车辆调度中的应用研究[J]. 同煤科技, 2021(3): 21-25.
GAO Zhiqiang, HAN Dingye, HOU Lifei, et al. Application research of

5G communication Internet of things edge computing in mine vehicle scheduling[J]. Tongmei Technology, 2021(3): 21-25.

[62] 姚志功. 煤矿井下无轨胶轮车爬坡能力的提高途径[J]. 煤矿机电, 2021, 42(3): 54-56.

YAO Zhigong. Ways to improve the climbing ability of trackless rubber tire vehicle in coal mine[J]. Colliery Mechanical & Electrical Technology, 2021, 42(3): 54-56.

[63] 韩文翔. 矿用防爆无轨胶轮车制动系统故障及其处理措施研究[J]. 机械管理开发, 2021, 36(5): 280-281.

HAN Wenxiang. Study on braking system failure and treatment measures of mine explosion-proof trackless rubber tire vehicle[J]. Mechanical Management and Development, 2021, 36(5): 280-281.

[64] 赵越仁. 成庄矿无轨胶轮车调度系统研究[J]. 煤矿现代化, 2021, 30(3): 177-179.

ZHAO Yueren. Research on trackless rubber-tyred vehicle scheduling system in Chengzhuang Coal Mine[J]. Coal Mine Modernization, 2021, 30(3): 177-179.

[65] 任伟. 煤矿井下无轨胶轮车的现状及应用[J]. 内蒙古煤炭经济, 2021(7): 142-143.

REN Wei. The current situation and application of trackless rubber-tyred vehicles in underground coal mines[J]. Inner Mongolia Coal Economy, 2021(7): 142-143.

[66] 王龙峰. 无轨胶轮车失速保护系统的研究与应用[J]. 矿业装备, 2021(2): 268-269.

WANG Longfeng. Research and application of stall protection system for trackless rubber tire vehicle[J]. Mining Equipment, 2021(2): 268-269.

[67] 张慧文, 田多宝. 煤矿井下车辆定位与信号控制技术[J]. 陕西煤炭, 2021, 40(2): 124-126, 136.

ZHANG Huiwen, TIAN Duobao. Vehicle positioning and signal control technology in coal mines[J]. Shaanxi Coal, 2021, 40(2): 124-126, 136.

[68] 王海波. 煤矿智能辅助运输系统现状与展望[J]. 智能矿山, 2021, 2(1): 50-54.

WANG Haibo. Present situation and prospect of coal mine intelligent auxiliary transportation system[J]. Intelligent Mine, 2021, 2(1): 50-54.

[69] 韩杰. 煤矿无轨辅助运输设备的发展前景及制约因素[J]. 内蒙古煤炭经济, 2021(5): 143-144.

HAN Jie. Coal mine trackless auxiliary transport equipment development prospects and constraints[J]. Inner Mongolia Coal Economy, 2021(5): 143-144.

[70] 成中华. 矿用防爆无轨胶轮车安全保护监控系统设计[J]. 机电工程技术, 2021, 50(2): 135-137.

CHENG Zhonghua. Design of safety protection monitoring system for mine explosion-proof trackless rubber tire vehicle[J]. Electromechanical Engineering Technology, 2021, 50(2): 135-137.

[71] 胡鹏. 基于毫米波雷达的井下防爆无轨胶轮车前防撞系统研究[J]. 煤矿机电, 2021, 42(1): 11-15.

HU Peng. Research on the front crashworthiness system of underground explosion-proof trackless rubber-tyred vehicle based on millimeter wave radar[J]. Colliery Mechanical & Electrical Technology, 2021, 42(1): 11-15.

[72] 闫振. 煤矿无轨胶轮车智能调度管理技术研究与应用[J]. 内蒙古煤炭经济, 2021(3): 139-140.

YAN Zhen. Research and application of intelligent dispatching management technology of trackless rubber tire vehicle in coal mine[J]. Inner Mongolia Coal Economy, 2021(3): 139-140.

[73] 闫凯. 矿用无轨胶轮车集中管理控制系统设计[J]. 煤矿机电, 2020, 41(6): 97-99, 102.

YAN Kai. Design of centralized management control system for mine trackless rubber tire vehicle[J]. Colliery Mechanical & Electrical Technology, 2020, 41(6): 97-99, 102.

[74] 王陈, 鲍久圣, 袁晓明, 等. 无轨胶轮车井下无人驾驶系统设计及控制策略研究[J]. 煤炭学报, 2021, 46(S1): 520-528.

WANG Chen, BAO Jiusheng, YUAN Xiaoming, et al. Research on the design and control strategy of underground unmanned driving system for trackless rubber tire vehicle[J]. Journal of China Coal Society, 2021, 46(S1): 520-528.

[75] 李利文, 李冬冬. 浅析防爆柴油机无轨胶轮车的安全使用措施[J]. 能源与节能, 2020(11): 133-135, 143.

LI Liwen, LI Dongdong. Analysis on safe use measures of explosion-proof diesel trackless rubber tire vehicle[J]. Energy and Energy Conservation, 2020(11): 133-135, 143.

[76] 李宝龙. 基于UWB的无轨胶轮车定位系统研究[D]. 太原: 太原理工大学, 2020.

LI Baolong. Research on the positioning system of trackless rubber-tyred vehicle based on UWB[D]. Taiyuan: Taiyuan University of Technology, 2020.

[77] 刘志更. 矿用无轨胶轮车辆路试制动安全性能检测与研究[J]. 煤矿机电, 2020, 41(5): 48-51.

LIU Zhigeng. Detection and research on road test braking safety performance of mine trackless rubber wheel vehicles[J]. Colliery Mechanical & Electrical Technology, 2020, 41(5): 48-51.

[78] 贾艳阳. 矿用无轨胶轮车精确定位系统设计[J]. 机械管理开发, 2020, 35(10): 67-68, 80.

JIA Yanyang. Design of precise positioning system for mine trackless rubber-tyred vehicle[J]. Mechanical Management and Development, 2020, 35(10): 67-68, 80.

[79] 宋中宇. 矿用防爆无轨胶轮车在矿井辅助运输中的应用研究[J]. 矿业装备, 2020(5): 152-153.

SONG Zhongyu. Application of mine explosion-proof trackless rubber-wheel vehicle in mine auxiliary transportation[J]. Mining Equipment, 2020(5): 152-153.

[80] 张勤. 煤矿井下无轨胶轮车智能管控系统的研究与应用[J]. 山东煤炭科技, 2020(9): 201-202, 211.

ZHANG Qin. Research and application of intelligent control system for trackless rubber-tyred vehicles in coal mines[J]. Shandong Coal Technology, 2020(9): 201-202, 211.

[81] 鲁德刚. 煤矿井下防爆柴油机无轨胶轮车制动系统故障及改进[J]. 机电信息, 2020(27): 58-59.

LU Degang. Coal mine explosion-proof diesel engine trackless rubber wheel brake system failure and improvement[J]. Mechanical and Electrical Information,2020(27):58–59.

[82] 韩成寿. 矿井无轨胶轮车智能调度管理系统研究[J]. 机电工程技术,2020,49(9):131–133.

HAN Chengshou. Research on intelligent dispatching management system of mine trackless rubber wheeler[J]. Mechanical & Electrical Engineering Technology,2020,49(9):131–133.

[83] 谢进. 防爆电动无轨胶轮车在神东矿区井下应用研究[J]. 煤炭科学技术,2017,45(S2):87–91.

XIE Jin. Application of explosion-proof electric trackless rubber trolley in Shendong mining area[J]. Coal Science and Technology,2017,45(S2):87–91.

[84] 梁杰. 无轨胶轮车在煤矿中的应用优势及选型要点探析[J]. 自动化应用,2020(8):126–127.

LIANG Jie. Analysis on the application advantages and selection points of trackless rubber tire vehicle in coal mine[J]. Automatic Application,2020(8):126–127.

[85] 杜春晖. 矿用无轨胶轮车视频辅助驾驶系统研究[J]. 煤炭工程,2020,52(8):178–182.

DU Chunhui. Research on video assisted driving system of mine trackless rubber tire vehicle[J]. Coal Engineering,2020,52(8):178–182.

[86] 刘晋文. 无轨胶轮车在煤矿辅助运输中的应用[J]. 机械管理开发,2020,35(8):183–184,201.

LIU Jinwen. Application of trackless rubber-tyred vehicle in auxiliary transportation of coal mines[J]. Mechanical Management and Development,2020,35(8):183–184,201.

李曼,段雍,曹现刚,等.煤矸分选机器人图像识别方法和系统[J].煤炭学报,2020,45(10):3636-3644.
LI Man,DUAN Yong,CAO Xiangang,et al. Image identification method and system for coal and gangue sorting robot [J]. Journal of China Coal Society,2020,45(10):3636-3644.

移动阅读

煤矸分选机器人图像识别方法和系统

李 曼[1],段 雍[1],曹现刚[1],刘长岳[2],孙凯凯[1],刘 浩[1]

(1. 西安科技大学 机械工程学院,陕西 西安 710054; 2. 陕西煤化韩城矿业有限公司,陕西 韩城 715400)

摘 要:现有煤矸分选主要有人工分选和机械分选,这些方式存在劳动强度大、能耗高、易造成环境污染等问题。对煤矸分选机器人而言,煤矸的准确识别是一个关键且具有较大难度的问题。研究了基于图像的煤矸识别方法,并在此基础上开发了识别系统。介绍了煤矸分选机器人中图像识别系统的硬件组成,研究了实际工况条件下各部件的选择和安装方式;在实验室搭建图像采集系统,选取韩城矿区的煤和矸石为样本,由所搭建的系统获取样本图像,建立了样本图像库;对样本图像采用3种不同的滤波器进行降噪处理,对比分析得出非线性低通滤波处理效果最佳;基于煤和矸石表面物理特性在灰度和纹理两方面有一定的区别,分别对煤和矸石样本图像的4个灰度参数和5个纹理参数进行分析对比,得出在灰度方面灰度均值和最大频数对应的灰度值2个参数区分度更高,在纹理方面纹理对比度和熵2个参数区分度更高;选用最小二乘支持向量机(LS-SVM)为煤和矸石图像识别分类器,以灰度均值和最大频数对应的灰度值组成的灰度特征、纹理对比度和熵组成的纹理特征、最大频数对应的灰度值和纹理对比度组成的联合特征作为分类器的输入向量分别对分类器进行训练和对比验证,得到以联合特征进行训练的分类器识别效果更好;以LABVIEW为平台开发了包括图像采集、图像滤波、联合特征向量的提取、样本分类等程序。在煤矸分选机器人实验平台上搭建了识别系统,随机选取实际工况下的煤和矸石样本,对识别系统分类性能进行测试,系统图像降噪采用非线性低通滤波器,分类采用联合特征训练的分类器。测试结果显示煤和矸石分类准确率分别为90.3%和83.0%,平均识别时间为0.153 s。

关键词:煤矸识别;灰度;纹理;最小二乘支持向量机;LABVIEW

中图分类号:TD94 **文献标志码**:A **文章编号**:0253-9993(2020)10-3636-09

Image identification method and system for coal and gangue sorting robot

LI Man[1],DUAN Yong[1],CAO Xiangang[1],LIU Changyue[2],SUN Kaikai[1],LIU Hao[1]

(1. School of Mechanical Engineering,Xi'an University of Science and Technology,Xi'an 710054,China; 2. Hancheng Mining Co.,Ltd.,Hancheng 715400,China)

Abstract:Currently,the sorting of coal and gangue mainly relies on manual sorting and mechanical sorting. These two methods are labor intensive,consume a large amount of energy,and cause environmental pollution. One of the key functions of the sorting robot is identifying coal and gangue,however,which still remains a crucial and difficult problem to be solved. This paper propose an image processing based method for the problem and further develops an identification system. The hardware composition of the system in the coal and gangue sorting robot is introduced,especially,

收稿日期:2019-06-06 修回日期:2019-07-19 责任编辑:郭晓炜 DOI:10.13225/j.cnki.jccs.2019.0759
基金项目:国家自然科学基金重点资助项目(51834006);陕西省重点研发计划资助项目(2018GY-039);陕西省教育厅科学研究计划资助项目(18JC022)
作者简介:李 曼(1964—),女,陕西西安人,教授。Tel:029-85583159,E-mail:liman10@ sina. com
通讯作者:段 雍(1995—),男,四川广元人,硕士研究生。Tel:029-85583159,E-mail:820529467@ qq. com

the selection and installation methods of the components of image identification system under the real-world condition are studied. Firstly a coal and gangue image repository is constructed by building image collection system and collecting the images of coals and gangues from Hancheng mining area. Then, an experiment is conducted to compare three kinds of filters for noise reduction of the images, which indicates that the nonlinear low pass filtering achieves the best performance. Considering that the surfaces of coal and gangue differentiate in grayscale and texture, they are compared in terms of four parameters of grayscale and five parameters of texture, it is found that the coal and gangue are more distinct in the two grayscale parameters including gray average and the grayscale value corresponding to the maximum frequency, and other two texture parameters including contrast and entropy than other parameters. Furthermore, LS-SVM is chosen as the image classifier. With the training of the classifier by inputting the two grayscale features, the two texture features and the combined features of grayscale and texture respectively, it is found that the classifier using the combined features has the best performance. The programs have been developed for the image collection, image filtering, combined feature vector extraction, and sample classification using LABVIEW. The identification system is built on the sorting robot experimental platform. To evaluate the performance of the system, the images of coals and gangues are chosen, which are randomly picked from production environment. Furthermore, the nonlinear low pass filter is used for noise reduction and the combined features are used to train the classifier. The results show that the model achieves an accuracy of 90.3% in identifying coals and 83% in identifying gangues, the averaged identification time is 0.153 s.

Key words: identification of coal and gangue; grayscale; texture; LS-SVM; LABVIEW

煤矸分选是煤炭生产的重要工作之一,传统的人工分选具有劳动量大、效率低、粉尘多、对人体危害等问题。随着选煤技术的不断进步,人工操作已逐渐被自动分选设备替代[1-4]。目前国内外应用较为成熟的煤矸自动分选设备主要采用γ和X射线检测法。γ射线检测法根据γ射线穿过煤和矸石时衰减量的不同来识别煤和矸石[5],X射线法是根据煤和矸石对射线吸收量的不同来进行识别的,用高压气阀喷嘴作为执行机构,通过高压气流将矸石分离[6]。该类分选设备,由于煤和矸石下落时间快,对系统执行速度提出了较高的要求,并且射线法易受煤矸含水量的影响,同时还存在射线探测部分环保要求较高,执行部件准确率不高,容易故障等缺点。

近年来,煤矸分选机器人的研究已成为选煤自动化生产的重要课题,其中煤矸的准确识别是实现机器人分选的首要任务。针对这一问题,国内外不少研究人员从图像分析或视觉计算的角度对煤矸识别进行了研究,文献[7-9]通过对煤和矸石的灰度和纹理信息进行分析,得到了较为准确的分类结果,但是这些识别方法的特征提取相对单一,在实际生产环境中准确度易受影响。文献[10-14]对煤矸识别提出了一些新的方法,能得到较好的煤矸识别率,但是都存在识别过程中耗时长、算法复杂、对硬件要求较高等问题。文献[15]将原煤的表面分为4种类型,通过特征递归剔除方法找出了图像的最优特征子集,得到了一种效果波动小,准确率较高的煤矸识别方法,但在

矸石中煤含量过高时,此方法有失效的可能性。文献[16]提出了一种将PCA算法用于识别传送带上油石的算法,实现了对油石区域的检测,但是当油石的密度过大时,油石的定位准确度变差,使识别受到影响。目前,基于虚拟仪器技术的机器视觉因其开发周期短、兼容性广、图形化编程、系统可视化等优点已经应用于各行各业[17]。该技术在煤炭生产中,如采煤机自动调高,矿井提升机系统的监测及煤泥浮选等方面均有研究[18-20],但在煤矸分选机器人中此技术的应用并不多见。

笔者以陕西韩城矿区的煤和矸石为分类对象,确定了适于该类样本图像的降噪处理方法,得到了其灰度和纹理特征中区分度较高、利于识别的相关参数。以LS-SVM为分类器,通过对不同输入向量的训练和对比分析,得到了以灰度特征参数中最大频数对应的灰度值和纹理特征参数中的对比度为联合输入向量,该分类器识别效果更好。随机样本图像识别验证结果表明本系统对实际工况下的煤和矸石基本可实现快速、准确的识别。

1 图像获取及处理

1.1 图像采集系统硬件平台

煤矸分选机器人作为一种新的选煤设备,主要由图像识别系统、控制系统、分拣系统等组成,其主要组成如图1所示。

图像识别系统作为煤矸分选机器人的首要环节,

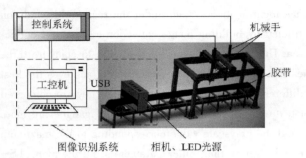

图 1　煤矸分选机器人模型

Fig. 1　Model of coal and gangue sorting robot

图 2　图像采集系统

Fig. 2　Image acquisition system

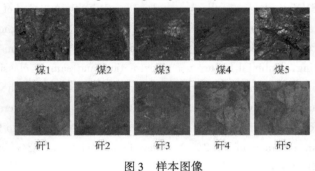

图 3　样本图像

Fig. 3　Images of coal and gangue samples

直接影响煤矸分选效果。图像识别系统的硬件主要由相机、光源、工控机等构成。相机是图像采集中的一个关键部件,相机的选择决定了所采集图像的分辨率、图像质量等,关系到整个系统的识别效果。煤矸分选机器人的图像采集相机选择需考虑物料运输带式输送机运行速度、胶带宽度,煤和矸石的粒度大小等因素。镜头采用具有自动对焦功能的高清摄像头,安装时相机与带式输送机分离,这样可以在一定程度上避免胶带振动对图像采集的影响。选择满足采集视场范围的相机,调整相机与胶带的安装距离,以获得较全面的拍摄覆盖角度。图像的灰度和纹理信息是区分煤和矸石的主要特征量。在不同光照强度下,煤和矸石的灰度特征和纹理特征会随之改变,这就导致了特征向量的提取具有不确定性,但在相同照度下,煤和矸石的灰度和纹理特征具有较为稳定的差异[21]。《选煤厂安全规程》规定地表水平面手动选矸地点光照强度不小于 30 lux,根据光照强度的要求以及结合实际煤矸分选环境,图像识别系统光照采用自然光加 LED 补偿光源,以保证获得较好的光照条件。

1.2　图像获取

在实验室搭建图像采集系统,获取训练样本图像,系统实物如图 2 所示。上位机为研华 610L 工控机,相机选用罗技 C920,其分辨率为 1 920×1 080,每秒采集帧数为 30 fps,工控机与相机采用 USB 总线方式连接,光照采用自然光加 LED 补偿光源,光照强度在 70 ~ 120 lux。

笔者以韩城矿区桑树坪 2 号矿井的煤和矸石为分类对象,该矿区煤和矸石主要为瘦煤和页岩。选取 300 个煤矸样本进行图像采集,得到煤炭样本图片 150 张,矸石样本图片 150 张。为了节省存储空间以及提高样本训练及识别的效率,对每张图片提取具有代表的区域并进行编辑,处理后的图像大小为 200×200,部分样本图片如图 3 所示。

1.3　煤矸图像处理

煤矸分选作业工况条件比较恶劣,采集的图像会受到灰尘、光线、设备振动等因素的影响。为了保证图像一定的清晰度,需要对原始图像进行处理。选取 3×3,5×5,7×7 三种窗口尺寸,采用高斯、低通和中值 3 种滤波器对图像进行降噪处理,处理前后图像对比如图 4 所示。

（a）高斯滤波

（b）非线性低通滤波

（c）中值滤波

图 4　3 种滤波方式处理结果

Fig. 4　Three filtering methods are used to process the results

由图 4 可看出,滤波时窗口尺寸越大,图像越模糊,滤波窗口尺寸为 3×3 时,图像最为清晰,去噪效果最好,因此确定 3×3 为最佳滤波窗口尺寸。采用最小化平方误差（MSE）和峰值信噪比（PSNR）对降噪效果进行评价。最小化平方误差反映了图像处理

前后的变化程度,其表达式为

$$MSE = \frac{1}{M}\frac{1}{N}\sum_{i=1}^{M}\sum_{j=1}^{N}\left[P(i,j) - B(i,j)\right]^2 \quad (1)$$

式中,样本图像的大小为 $M \times N$; $P(i,j)$ 为原图像在 (i,j) 位置的像素值; $B(i,j)$ 为滤波降噪后图像在 (i,j) 位置的像素值。

峰值信噪比反映了图像信噪比变化的统计平均,是一种衡量图像主观质量的方法,值越大代表图像失真越小,其表达式为

$$PSNR = 10\lg\left(\frac{255^2}{MSE}\right) \quad (2)$$

以 3×3 为窗口尺寸对 3 种滤波器滤波效果进行对比,由表 1、图 5 可知,相比较于高斯滤波器和中值滤波器,非线性低通滤波器的最小化平方误差更低,而峰值信噪比更高,对于样本图像的滤波效果最好,图像更为清晰,平滑度更好。因此非线性低通滤波更适合瘦煤、页岩样本图像的处理。

表1　3 种滤波器结果

Table 1　Results of the three filters

3 种滤波器		高斯滤波器	非线性低通滤波器	中值滤波器
煤	MSE	0.003 7	0.002 3	0.003 2
	PSNR	72.419 5	74.515 3	73.147 7
矸石	MSE	0.001 5	0.000 8	0.002 9
	PSNR	76.298 1	79.099 9	73.469 5

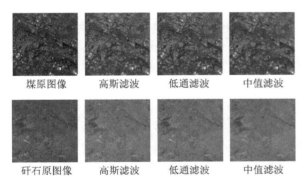

| 煤原图像 | 高斯滤波 | 低通滤波 | 中值滤波 |
| 矸石原图像 | 高斯滤波 | 低通滤波 | 中值滤波 |

图5　煤和矸石 3 种滤波比较

Fig.5　Comparison of three filters for coal and gangue

2　煤矸识别特征选取

2.1　灰度特征选取

灰度特征描述图像或图像区域所对应的表面性质,灰度分析可以得到灰度图像的直方图及基本的灰度衡量特征值。图像灰度特征基本衡量参数有灰度均值、灰度方差和最大频数所对应的灰度值。

分别对 75 张煤和 75 张矸石样本图像进行灰度分析,得到煤和矸石的灰度统计直方图和各参数值,各参数值的分布范围见表 2。

表2　煤矸样本灰度特征参数分布范围

Table 2　Distribution range of gray scale characteristic parameters of coal and gangue samples

样本	灰度均值	灰度方差	最大频数对应的灰度值	偏度
煤	73.7～122.1	14.3～37.2	65.0～116.0	5.7～35.1
矸石	104.1～164.7	8.2～23.4	108.0～166.0	1.5～22.4

从表 2 中可看出煤和矸石的各衡量参数都有各自的分布范围,其中煤和矸石的灰度均值和最大频数所对应的灰度值存在较大的差异,区分度较高,其分布曲线如图 6 所示。因此,选取这 2 个参数作为煤矸灰度识别的特征向量。

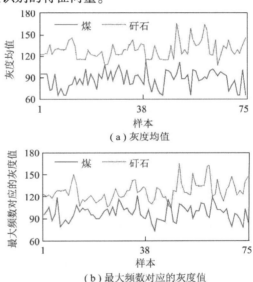

（a）灰度均值

（b）最大频数对应的灰度值

图6　煤矸灰度具有较大差异衡量值的分布曲线

Fig.6　Distribution curves of coal and gangue gray values with great difference

2.2　纹理特征选取

纹理是物体表面固有的特征之一,其中灰度共生矩阵法是进行图像纹理研究最常用的一种方法,灰度共生矩阵是对空间中相距一定距离的两像素点之间的像素差值进行统计研究后得出的,其反映的是图像灰度关于方向、相邻间隔、变化幅度的综合信息,是一种经典的纹理特征提取方法[22]。

基于灰度共生矩阵,Haralick 导出了 14 个能反映纹理特征的二次统计参数,称为 Haralick 特征,其中常用的特征参数有能量、对比度、熵、同质性和相关性。对与灰度分析相同的 75 张煤样本图像和 75 张矸石样本图像进行纹理分析,得到各参数值的分布范围见表 3。

表3　煤矸样本纹理特征参数分布范围
Table 3　Distribution range of texture characteristic
parameters of coal and gangue samples

样本	熵	对比度	同质性	相关性	能量
煤	2.8~23.7	3.7~5.6	0.4~0.6	0.4~0.8	0~0.1
矸石	0.7~5.0	2.7~4.3	0.5~0.8	0.4~0.9	0~0.1

从表3中可以看出煤和矸石的各衡量参数都有各自的分布范围,其中煤和矸石的纹理对比度、熵存在的差异较大,具有较高的区分度,其分布曲线如图7所示。因此,选取纹理对比度和熵作为煤矸纹理识别的特征向量。

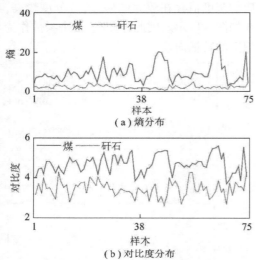

（a）熵分布

（b）对比度分布

图7　煤矸纹理具有较大差异衡量值的分布曲线
Fig. 7　Distribution curves of coal and gangue textures with great difference in measured values

3　最小二乘支持向量机煤矸图像识别

3.1　煤矸识别模型的确定

支持向量机是一种有监督的学习方法,其基本思想是通过内积核函数将输入空间转换到高维特征空间,在新空间中寻找一个最优识别面[23-24]。对于未知样本,支持向量机将其映射到同一特征向量空间,并基于它们落在分割面的哪一侧来预测其所属类别。该方法在解决小样本、非线性以及高维识别问题中表现出许多特有的优势[25]。

在煤矸分选中,煤和矸石混杂在一起,致使部分煤和矸石的灰度、纹理特征参数变得线性不可分,因此,以非线性分类器来进行煤和矸石的辨识能够获得更高的识别率。最小二乘支持向量机是专门处理样本线性不可分问题的机器学习算法[26],其将支持向量机的不等式约束变为等式约束,降低了求解超平面

的难度,极大的提高了算法的求解效率。最小二乘支持向量机算法为设样本集 $V = \{(x_i, y_i)\}$, $i = 1, 2, \cdots, n$; x_i 为输入样本数据; y_i 为输出标示; n 为样本数量,引入非线性变换核函数 $K(x, x_i) = (\varphi(x)\varphi(x_i))$,最小二乘支持向量机的原始空间可以表示为

$$\min_{(w,b,\xi)} J(w, b, \xi) = \frac{1}{2}\|w\|^2 + \frac{1}{2}C\sum_{i=1}^{n}\xi_i^2 \quad (3)$$

$$y_i[w^T\varphi(x_i) + b] = 1 - \xi_i, i = 1, 2, \cdots, n \quad (4)$$

其中, J 为目标函数; ξ 为松弛变量; α 为拉格朗日乘子; $\varphi(x_i)$ 为非线性变换核函数 $K(x, x_i) = (\varphi(x)\varphi(x_i))$ 设的函数; C 为惩罚因子。构造的 Lagrange 函数为

$$L(w, b, \xi, \alpha) = J(w, b, \xi) - \sum_{i=1}^{n}\alpha_i\{y_i[w^T\varphi(x_i) + b] - 1 + \xi\} \quad (5)$$

分别对 w, b, ξ_i, α 求偏导数,可得

$$\begin{cases} \dfrac{\partial L}{\partial w} = \sum_{i=1}^{n}\alpha_i y_i \varphi(x_i) = 0 \\ \dfrac{\partial L}{\partial b} = \sum_{i=1}^{n}\alpha_i y_i = 0 \\ \dfrac{\partial L}{\partial \xi_i} = \sum_{i=1}^{n}\alpha_i = 0 \\ \dfrac{\partial L}{\partial \alpha_i} = \sum_{i=1}^{n}y_i[w^T\varphi(x_i) + b] - 1 + \xi = 0 \end{cases} \quad (6)$$

式中, w 为特征空间中的高维向量; ξ_i 为松弛因子; b 为分类阈值。

由 KKT 最优化条件得到线性方程组

$$\begin{bmatrix} 0 & Y^T \\ Y & \Omega + C^{-1}I \end{bmatrix}\begin{bmatrix} b \\ \alpha \end{bmatrix} = \begin{bmatrix} 0 \\ I \end{bmatrix} \quad (7)$$

式中, Ω, α, Y, I 分别为

$$\Omega_{i,j} = y_i y_j \varphi(x_i)^T \varphi(y_j) = y_i y_j K(x, x_i)$$
$$\alpha = [\alpha_1, \alpha_2, \cdots, \alpha_n]^T$$
$$Y = [y_1, y_2, \cdots, y_n]$$
$$I = [I_1, I_2, \cdots, I_n]$$

求解原始空间上的线性分类方程组可以得到决策函数为

$$y(x) = \text{sgn}\left[\sum_{i=1}^{n}\alpha_i y_i K(x, x_i) + b\right] \quad (8)$$

利用支持向量机对煤、矸进行分类时,选择不同类型的核函数,得到的分类效果不同。径向基核函数 RBF 对焦煤、瘦煤、页岩和砂岩的识别率较好[27]。径向基核函数表达式为

$$K(x, x_i) = \exp[-\sigma|x - x_i|^2] \quad (9)$$

用 Libsvm 平台对选取的决策函数参数进行反复

交差验证得到,当参数惩罚因子 $C=128$,径向基核函数宽度参数为 16 时,煤矸识别准确度较好。

3.2　分类器训练

以灰度特征,纹理特征,联合特征(灰度-纹理)3组参数作为分类器的输入向量分别对 75 张煤和矸石样本图像进行训练,得到分类视图如图 8 所示。其中灰度特征参数选用灰度均值和最大频数对应的灰度值,纹理特征参数选用对比度和熵,联合特征参数选用最大频数对应的灰度值和对比度。

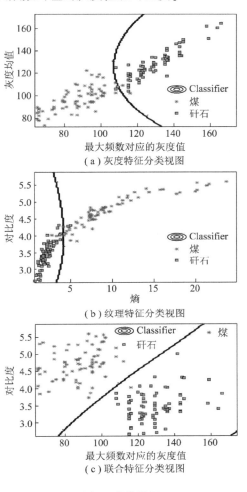

图 8　分类视图

Fig. 8　Classification of view

通过分类视图和分类器验证得出煤和矸石样本图像在训练时错分样本数,统计结果见表 4。

由表 4 可以看出,以 3 种特征得到的分类器对于煤和矸石都能进行很好的区分,其中联合特征得到的分类器具有更高的训练准确度。

3.3　分类器对比验证

分别以灰度,纹理,联合特征作为最小二乘向量机的特征向量对样本库剩余的 75 张煤和 75 张矸石样本图像进行分类器对比验证,分类结果见表 5。

表 4　分类器训练结果

Table 4　Classifier training result

样本种类	灰度特征		纹理特征		联合特征	
	训练样本	错分样本	训练样本	错分样本	训练样本	错分样本
煤	75	2	75	4	75	1
矸石	75	2	75	3	75	0

表 5　样本图像分类准确度

Table 5　Sample image classification accuracy

样本	测试数	灰度特征		纹理特征		联合特征	
		错分样本	准确度/%	错分样本	准确度/%	错分样本	准确度/%
煤	75	4	94.7	3	96.0	0	100
矸	75	2	97.3	2	97.3	0	100

由表 5 可以看出,以 3 种特征向量进行煤矸识别均能达到较好的识别准确度,以联合特征进行分类具有更高的识别准确度。

4　煤矸识别程序设计

煤矸识别程序主要由图像采集、图像滤波、联合特征向量的提取、样本分类几部分组成,程序的编写主要在 LABVIEW2017 平台上完成。其编程流程图如图 9 所示。

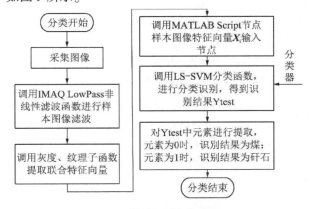

图 9　煤矸识别程序流程

Fig. 9　Flow chart of coal and gangue identification program

4.1　图像采集程序

图像采集由软件实现控制。采集程序通过调用 NI Vision 下的 NI-IMAQdx 模块的 IMAQdx Open Camera VI,IMAQdx Grab VI,IMAQdx Close Camera VI 来完成相机的打开、采集图像、关闭和释放内存等。图像采集显示界面和部分程序代码如图 10,11 所示。

4.2　图像滤波程序

图像处理程序主要由图片读取、图像滤波和图像

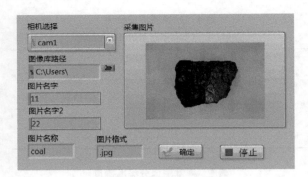

图10　图像采集显示界面

Fig. 10　Image acquisition and display interface

图11　图像采集程序

Fig. 11　Image acquisition program

存储等部分组成。NI Vision 中的 Filters 模块提供了 IMAQ LowPass 子函数来进行非线性低通滤波器的程序编写。用 IMAQ Read File 读取已处理样本,格式为 8 位灰度,调用 IMAQ LowPass 函数时,将函数尺寸输入窗口设置为 3×3,并将处理后的图像通过 IMAQ Write File 函数以 JPG 的形式进行存储。

4.3　特征提取程序

特征向量提取程序主要由图像读取、灰度分析子函数、纹理分析子函数、数据存储等部分组成。LAB-VIEW 中的 NI Vision 模块提供了 IMAQ Histograph 和 IMAQ Histogram 两种灰度分析子函数。纹理分析则使用位于 Image Processing 函数模块下的 Texture 模块中的 IMAQ Cooccurrence Matrix 可直接得出 Haralick 特征。用 IMAQ Read File 读取已处理样本,格式为 8 位灰度,在调用灰度分析函数时,将函数的灰度设置为 0~255。将得到的特征参数采用 TDMS 数据流格式存储。特征提向量提取程序界面如图12所示。

4.4　识别程序

煤、矸分类程序主要由样本采集、图像滤波、特征向量的提取、LS-SVM 分类程序调用和分类结果输出等部分组成。首先对读取的待识别样本进行非线性低通滤波,得出待识别样本的联合特征向量 X_t,然后使用 LS-SVM 工具包调用分类函数对被测样本进行分类识别,得到的 Ytest 变量即为待识别样本的识别结果。对 Ytest 元素进行提取,其中元素为 0 时,代表

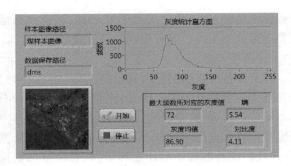

图12　特征向量提取显示界面

Fig. 12　Feature vector extraction display interface

识别结果为煤,元素为 1 时,识别结果为矸石。以联合特征作为最小二乘支持向量机的特征向量煤矸样本图像分类,其显示界面及程序如图13所示。

5　煤矸识别系统的验证

通过实验对所提出的煤矸识别方法及系统进行验证,得到其识别的准确性和识别速度。从韩城矿区实际工况条件下随机选取 300 块煤和 300 块矸石作为样本进行实验验证,实验平台如图14所示。图像采集相机与样本距离为 40 cm,光照强度为 100 lux 左右。打开识别系统,点击图13(a)中"分类开始"控件,系统控制相机采集图像并进入自动识别,当完成识别后,界面上显示识别结果。同时在图像识别系统程序中设置计时器,记录点击"分类开始"控件时的时间为初始时间、输出识别结果时的时间为终止时间,两者之差为该识别系统的煤矸图像采集和分类识别总时间。样本分类实验结果统计见表6。

实验结果统计显示,煤样本识别准确度为 90.3%,矸石样本的识别准确度为 83.0%;所有实验样本识别中最大识别时间为 0.247 s,最小识别时间为 0.085 s,平均识别时间为 0.153 s。

6　结　　论

(1)本图像识别方法和系统对同一矿区实际工况下随机选取的煤和矸石分类准确度分别可达到为 90.3% 和 83.0%,平均识别时间为 0.153 s。

(2)非线性低通滤波对该类煤和矸石样本图像降噪效果最佳。

(3)该类煤和矸石样本图像在灰度均值、最大频数对应的灰度值、纹理对比度、熵 4 个参数上具有较高区分度。

(4)采用灰度特征参数中最大频数对应的灰度值和纹理特征参数中的对比度 2 个参数作为 LS-SVM 分类器输入向量,可得到比单独由灰度特征或纹理特征作为输入向量更好的识别效果。

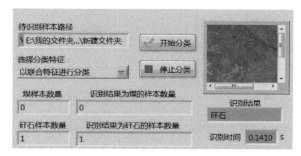

（a）样本分类显示界面

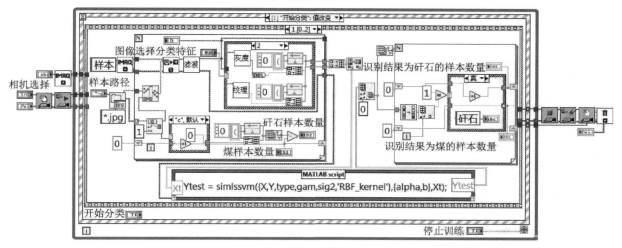

（b）样本分类部分程序

图 13　煤矸分类界面及部分程序

Fig. 13　Coal and gangue classification interface and partial program

图 14　煤矸分选机器人实验平台

Fig. 14　Experimental platform for coal and gangue sorting robot

表6　样本分类准确度

Table 6　Sample classification accuracy

样本	测试数	错分样本	准确度/%
煤	300	29	90.3
矸	300	51	83.0

参考文献(References) :

[1] ZHAO Yuemin,YANG Xuliang,LUO Zhenfu,et al. Progress in developments of dry coal beneficiation[J]. International Journal of Coal Science & Technology,2014,1(1):103-112.

[2] 张强,张石磊,王海舰,等. 基于声发射信号的煤岩界面识别研究[J]. 电子测量与仪器学报,2017,31(2):230-237.

ZHANG Qiang,ZHANG Shilei,WANG Haijan,et al. Study on identification of coal-rock interface based on acoustic emission signal [J]. Journal of Electronic Measurement and Instrumentation,2017, 31(2):230-237.

[3] GUPTA Nikhil. Evaluation of pneumatic inclined deck separator for high-ash Indian coals[J]. International Journal of Coal Science & Technology,2016,3(2):198-205.

[4] SAHU Laxmikanta,DEY Shobhana. Enrichment of carbon recovery of high ash coal fines using air fluidized vibratory deck separator [J]. International Journal of Coal Science & Technology, 2017, 4(3):262-273.

[5] 张宁波.综放开采煤矸自然射线辐射规律及识别研究[D].徐州:中国矿业大学,2015:5-10.

ZAHNG Ningbo. Detection and radiation law of natural gamma ray from coal and roof-rock in the fully mechanized top coal caving mining[D]. Xuzhou:China University of Mining & Technology,2015: 5-10.

[6] 郭永存,于中山,卢熠昌.基于 PSO 优化 NP-FSVM 的煤矸光电智能分选技术研究[J].煤炭科学技术,2019,47(4):13-19.

GUO Yongcun,YU Zhongshan,LU Yichang. Research ngon photoelectric intelligent separation technology of coal and gangue based on NP-FSVM with the PSO algorithm[J]. Coal Science and Technology,2019,47(4):13-19.

[7] MENG H,LI M. Characteristic analysis and recognition of coal-rock interface based on visual technology[J]. International Journal of Sig-

nal Processing, Image Processing and Pattern Recognition, 2016, 9(4):61-68.

[8] 陈雪梅,张晞,徐莉莉,等.煤与矸石分形维数的差异研究[J].煤炭科学技术,2017,45(7):196-199.
CHEN Xuemei, ZHANG Xi, XU Lili, et al. Study on fractal dimension differences of coal and rock[J]. Coal Science and Technology, 2017,45(7):196-199.

[9] 米强,徐岩,刘斌,等.煤与矸石图像纹理特征提取方法[J].工矿自动化,2017,43(5):26-30.
MI Qiang, XU Yan, LIU Bin, et al. Extraction method of texture fea-ture of images of coal and gangue[J]. Industry & Mine Automa-tion,2017,43(5):26-30.

[10] HOU W. Identification of coal and gangue by feed-forward neu-ral network based on data analysis [J]. International Journal of Coal Preparation and Utilization,2019,39(1):33-43.

[11] TRIPATHY D P, GURU Raghavendra Reddy K. Novel methods for separation of gangue from limestone and coal using multispectral and joint color-texture features[J]. Journal of The Institution of En-gineers (India): Series D,2017,98(1):109-117.

[12] 陈浜.基于视觉计算的煤岩识别方法研究[D].北京:中国矿业大学(北京),2018,47-65.
CHEN Bang. Methodological studies of coal-rock recognition through visual computing [D]. Beijing: China University of Mining& Technology(Beijing),2018,47-65.

[13] 伍云霞,田一民.基于字典学习的煤岩图像特征提取与识别方法[J].煤炭学报,2016,41(12):3190-3196.
WU Yunxia, TIAN Yimin. Method of coal-rock image feature ext-rac-tion and recognition based on dictionary learning[J]. Journal of China Coal Society,2016,41(12):3190-3196.

[14] 孙继平,陈浜.基于CLBP和支持向量诱导字典学习的煤岩识别方法[J].煤炭学报,2017,42(12):3338-3348.
SUN Jiping, CHEN Bang. Coal-rock recognition approach based on CLBP and support vector guided dictionary learning[J]. Journal of China Coal Society,2017,42(12):3338-3348.

[15] 沈宁,窦东阳,杨程,等.基于机器视觉的煤矸石多工况识别研究[J].煤炭工程,2019(1):120-125.
SHEN Ning, DOU Dongyang, YANG Cheng, et al. Research on Multi-condition Identification of Gangue based on Machine Vi-sion[J]. Coal Engineering,2019(1):120-125.

[16] SAHA B N, RAY N, ZHANG H. Snake validation: A PCA-Based outlier detection method[J]. IEEE Signal Processing Letters,2009, 16(6):549-552.

[17] 张德伟,陈昊,史颖刚,等.基于LabVIEW的双目视觉识别系统设计[J].电子测量技术,2018,41(4):135-139.
ZHANG Dewei, CHEN Hao, SHI Yinggang, et al. Design of binocu-lar vision recognition system based on LabVIEW [J]. Electron-ic Measurement Technology,2018,41(4):135-139.

[18] 曾庆良,许德山,逯振国,等.基于虚拟仪器的采煤机自动调高系统研究[J].中国矿业,2016,25(5):129-133,137.
ZENG Qingliang, XU Deshan, LU Zhenguo, et al. Study on Au-to-height adjustment system for shearer based on virtual instrument [J]. China Mining Magazine,2016,25(5):129-133,137.

[19] 李伟波.矿井提升机监测与故障诊断系统研究[D].淮南:安徽理工大学,2016.
LI Weibo. Research on monitoring and fault diagnosis system of mine hoist[D]. Huainan: Anhui University of Science & Tech-nology,2016.

[20] 曹文龙.基于LabVIEW的煤泥浮选泡沫图像处理系统研究[D].徐州:中国矿业大学,2016.
CAO Wenlong. Research of the bubble image processing system in coal slurry flotation based on Lab VIEW[D]. Xuzhou: China University of Mining & Technology,2016.

[21] 王家臣,李良晖,杨胜利.不同照度下煤矸图像灰度及纹理特征提取的实验研究[J].煤炭学报,2018,43(11):3051-3061.
WANG Jiachen, LI Lianghui, YANG Shengli. Experimental study on gray and texture features extraction of coal and gangue image un-der different illuminance[J]. Journal of China Coal Society,2018, 43(11):3051-3061.

[22] ZHANG G G, XU X H. SAR image target recognitional gorithms based on weighted texture features[J]. Foreign Electronic Measure-ment Technology,2015,34(9):22-25.

[23] 叶文武,成杰,高颂,等.基于SVM算法的实时人脸验证的研究[J].国外电子测量技术,2018,37(12):85-90.
YE Wenwu, CHENG Jie, GAO Song, et al. Research on real-time face verification based on SVM algorithm [J]. Foreign Electron-ic Measurement Technology,2018,37(12):85-90.

[24] 郭继坤,赵清,徐峰,等.基于SVM的煤矿井下超宽带穿透成像算法研究[J].煤炭学报,2018,43(2):584-590.
GUO Jikun, ZHAO Qing, XU Feng, et al. Research on ultra wide-band penetration imaging algorithm for coal mine based on SVM [J]. Journal of China Coal Society,2018,43(2):584-590.

[25] 刘彩霞,方建军,刘艳霞,等.基于多类特征融合的极限学习在四足机器人野外地形识别中的应用[J].电子测量与仪器学报,2018,32(2):97-105.
LIU Caixia, FANG Jianjun, LIU Yanxia, et al. Application of ex-treme learning based on multi-class feature fusion in field terrain recognition of quadruped robots[J]. Journal of Electronic Measure-ment and Instrumentation,2018,32(2):97-105.

[26] 姚晔.最小二乘支持向量机的参数优化及其应用研究[J].科技经济导刊,2016(29):70.
YAO Ye. Parameter optimization of least square support vector ma-chine and its application[J]. The Guide of Science Education, 2016(29):70.

[27] 佘杰.基于图像的煤岩识别方法研究[D].北京:中国矿业大学(北京),2014,66-72.
SHEJei. Study of coal rock recognition methods based on image pro-cessing [D]. Beijing: China University of Mining & Technology(Beijing),2014,66-72.

视觉与惯导融合的煤矿移动机器人定位方法

张羽飞 [1,3]，马宏伟 [2,3]，毛清华 [2,3]，华洪涛 [1,3]，石金龙 [1,3]

(1.西安科技大学 电气与控制工程学院，陕西 西安　710054；
2.西安科技大学 机械工程学院，陕西 西安　710054；
3.陕西省矿山机电装备智能监测重点实验室，陕西 西安　710054)

扫码移动阅读

摘要：针对现有移动机器人单目视觉定位算法在光照变化和弱光照区域表现较差、无法应用于煤矿井下光照较暗场景的问题，通过非极大值抑制处理、自适应阈值调节等对快速特征点提取和描述(ORB)算法进行改进，采用随机抽样一致性(RANSAC)算法进行特征点匹配，提高了煤矿井下弱光照区域的特征点提取和匹配效率。针对仅靠单目视觉定位无法确定机器人与物体的距离及物体大小的问题，采用对极几何法对匹配好的特征点进行视觉解算，通过惯导数据为单目视觉定位提供尺度信息；根据紧耦合原理，采用图优化方法对惯导数据和单目视觉数据进行融合优化并求解，得到机器人位姿信息。实验结果表明：① ORB算法虽然提取的特征点数较少，但耗时短，且特征点分布均匀，可以准确描述物体特征。② 改进ORB算法与原ORB算法相比，虽然提取时间有了一定的增加，但提取的可用特征点数也大大增加了。③ RANSAC算法剔除了误匹配点，提高了特征点匹配的准确性，从而提高了单目视觉定位精度。④ 改进后融合定位方法精度有了很大提升，相对误差由0.6 m降低到0.4 m以下，平均误差由0.20 m减小到0.15 m，均方根误差由0.24 m减小到0.18 m。

关键词：煤矿移动机器人；单目视觉定位；惯导；融合定位；特征点提取；特征点匹配；ORB算法；RANSAC算法

中图分类号：TD67　　　文献标志码：A

Coal mine mobile robot positioning method based on fusion of vision and inertial navigation

ZHANG Yufei[1,3]，　MA Hongwei[2,3]，　MAO Qinghua[2,3]，　HUA Hongtao[1,3]，　SHI Jinlong[1,3]

(1. College of Electrical and Control Engineering, Xi'an University of Science and Technology, Xi'an 710054, China; 2. College of Mechanical Engineering, Xi'an University of Science and Technology, Xi'an 710054, China; 3. Shaanxi Key Laboratory of Intelligent Monitoring of Mining Electromechanical Equipment, Xi'an 710054, China)

Abstract：The existing mobile robot monocular vision positioning algorithm performs poorly in illumination changing and weak illumination areas, and cannot be applied to dark scenes in coal mines. In order to solve these problems, the oriented FAST and rotated BRIEF (ORB) algorithm is improved by non-maximal value suppression processing and adaptive threshold adjustment. The random sample consensus (RANSAC) algorithm is used for feature point matching, which improves the efficiency of feature point extraction and matching in weak illumination areas of coal mines. In order to solve the

收稿日期：2020-11-22；**修回日期**：2021-02-23；**责任编辑**：胡娴。
基金项目：国家自然科学基金重点项目(51834006)；国家自然科学基金面上项目(51975468)。
作者简介：张羽飞(1996—)，男，河北唐山人，硕士研究生，主要研究方向为煤矿移动机器人，E-mail：2436606480@qq.com。
引用格式：张羽飞，马宏伟，毛清华，等.视觉与惯导融合的煤矿移动机器人定位方法[J].工矿自动化，2021，47(3)：46-52.
ZHANG Yufei，MA Hongwei，MAO Qinghua，et al. Coal mine mobile robot positioning method based on fusion of vision and inertial navigation[J]. Industry and Mine Automation，2021，47(3)：46-52.

problem that the distance between the robot and the object and the size of the object cannot be determined by monocular vision positioning alone, the epipolar geometry method is used to visually calculate the matched feature points, and the inertial navigation data is used to provide scale information for monocular visual positioning. Based on the tight coupling principle, the graph optimization method is applied to fuse, optimize and solve the inertial navigation data and monocular visual data so as to obtain the robot pose information. The experimental results show that: ① Although the number of feature points extracted is small, the ORB algorithm takes less time. The feature points, which are evenly distributed, can accurately describe the object features. ② Compared with the original ORB algorithm, the improved ORB algorithm has a certain increase in extraction time. However, the number of available feature points extracted is also greatly increased. ③ The RANSAC algorithm eliminates the mismatched points and improves the accuracy of feature point matching, thus improving the accuracy of monocular vision positioning. ④ The accuracy of the improved fusion positioning method is greatly improved, the relative error is reduced from 0.6 m to less than 0.4 m, the average error is reduced from 0.20 m to 0.15 m, and the root mean square error is reduced from 0.24 m to 0.18 m.

Key words: coal mine mobile robot; monocular vision positioning; inertial navigation; fusion positioning; feature point extraction; feature point matching; ORB algorithm; RANSAC algorithm

0 引言

随着煤矿智能化的不断发展,移动机器人在煤矿井下的应用逐步增多[1]。目前常用的井下机器人定位方法有超声定位、激光定位和超宽带(Ultra Wide Band,UWB)定位等[2-4]。其中,超声定位性价比高,但易受幻影干扰等因素影响;激光定位精度高,但成本很高,适用于无人环境;UWB 定位精度高、速度快,但只在小范围内表现出色[5-7]。

近年来,基于视觉传感器的定位方法成为研究热点。单目视觉定位是指利用 1 台摄像机完成定位工作,具有结构简单、标定步骤少等优点。单目视觉定位算法主要包括特征点法和直接法。特征点法是指提取能够描述图像信息的特征点进行定位[8],由于其稳定、对动态物体不敏感的优势,一直是目前主流的解算方法[9-10]。在计算机视觉中,图像信息一般都是以灰度值矩阵的方式储存[11]。特征点是图像的一个重要局部特征,也是图像信息的数字表现形式。很多特征点提取算法被提出。D. G. Lowe[12]提出了基于尺度不变特征变换(Scale-Invariant Feature Transform,SIFT)的算法,该算法精度高、鲁棒性好,但计算量极大。H. Bay 等[13]提出了加速稳健特征(Speeded Up Robust Features,SURF)算法,该算法减少了提取时间,提高了鲁棒性,但实时性仍较差。E. Rublee 等[14]提出了快速特征点提取和描述(Oriented FAST and Rotated BRIEF,ORB)算法,该算法实时性、鲁棒性较好,但在光照变化和弱光照区域表现较差,无法应用于煤矿井下光照较暗的场景。

本文在 ORB 算法的基础上进行改进,采用随机抽样一致性(Random Sample Consensus,RANSAC)算法[15]进行特征点匹配,采用对极几何法进行视觉解算,提高了煤矿井下弱光照区域的特征点提取效率。但单目视觉定位仍存在尺度问题,即观测一个物体时,仅靠单目视觉定位无法确定机器人与物体的距离及物体的大小,因此,本文将单目视觉定位数据与惯导数据进行融合,以恢复视觉相机的尺度,提高定位精度。

1 特征点提取与匹配算法

1.1 ORB 算法原理

ORB算法主要包括 FAST 关键点提取算法与 BRIEF 特征子描述 2 个方面。其中,BRIEF 特征子主要负责对特征点进行描述,影响单目视觉定位精度的主要是 FAST 关键点提取算法。关键点是指图像中与周围像素点有明显灰度值差异的点。FAST 关键点提取算法原理如图 1 所示,通过比较一定邻域内像素点的灰度值与中心点的灰度值大小,实现对特征点的判断。

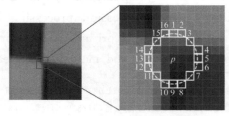

图 1　FAST 关键点提取算法原理

Fig.1　FAST key point extraction algorithm principle

以关键帧的灰度图像中的一个像素点 p 为圆心、固定半径画圆,从圆上选取 16 个像素点 $x_n (n=$

$1,2,\cdots,16$),将各像素点的灰度值与中心点 p 的灰度值作差,并取绝对值,得

$$m = |I(x_n) - I(p)| \qquad (1)$$

式中 $I(x_n)$,$I(p)$ 分别为像素点 x_n,p 的灰度值。

FAST-9 是常用的 FAST 关键点提取算法,其原理如下:设定阈值 ε 作为判定关键点的标准,将像素点 x_1—x_{16} 代入式(1)进行计算。若存在连续 9 个以上的邻域点与中心点的灰度差满足 $m>\varepsilon$,则说明像素点 p 为关键点,否则舍弃该点。

1.2 ORB 算法改进

FAST-9 算法需要大量的计算来确定关键点,且容易包含错误点。因此,本文将符合标准的邻域点数提高到 12,并选取像素点 x_1,x_5,x_9,x_{13} 代入式(1)进行计算。如果上述 4 个点中存在 2 个以上的点不满足条件,则舍弃点 p,反之则将点 p 确定为候选点。对候选点进行非极大值抑制处理:检查候选点的一个邻域内是否存在多个候选点,若邻域内无其他候选点,则该候选点为准确的关键点;若邻域内存在多个候选点,则计算每个候选点的强度响应值 s(式(2))。若点 p 是邻域内所有候选点中 s 值最大的点,则选定点 p 为关键点,并舍弃其他候选点;否则舍弃点 p,选择 s 值最大的点作为关键点。

$$s = \max \begin{cases} \sum (I(x_n) - I(p)) & I(x_n) - I(p) > \varepsilon \\ \sum (I(p) - I(x_n)) & I(p) - I(x_n) > \varepsilon \end{cases}$$

$$(2)$$

对 FAST-9 算法进行改进后,不但减小了计算量,而且提高了特征点提取精度和效率。

FAST 关键点提取算法中阈值是固定的,但是,光线条件不同,相邻像素点的灰度差值也不同。在光线较差的环境下,中心像素点与邻域像素点的灰度差值很小,若阈值过大,则提取出的关键点较少;若单纯地减小阈值,则可能导致在光照较好的环境下提取到多余或不稳定的关键点。因此,本文在 FAST 关键点提取算法中增加自适应阈值调节过程,根据前一帧检测到的关键点数确定当前帧的阈值,从而保证检测到的关键点的数量和质量在合理范围内。关键点数为 300~600 时定位结果较精确,因此,以该区间为基准,设定初始阈值 ε_{th} 为 20。当前帧阈值与前一帧关键点数的关系见表 1。

1.3 RANSAC 算法原理

完成特征点提取后,需要对 2 个关键帧之间的特征点进行匹配,然后才能对图像数据进行解算。传统的特征点匹配方法在进行大量特征点匹配时往往会产生误匹配现象,导致视觉定位精度下降。本文选择 RANSAC 算法进行特征点匹配。

表 1 当前帧阈值与前一帧关键点数的关系

Table 1 Relationship between current frame threshold and key points of previous frame

前一帧关键点数	当前帧阈值
<100	$\varepsilon_{th}-5$
$100\sim300$	$\varepsilon_{th}-3$
$300\sim600$	ε_{th}
$600\sim800$	$\varepsilon_{th}+3$
>800	$\varepsilon_{th}+5$
>800	$\varepsilon_{th}+5$

RANSAC 算法原理:在 2 个包含特征点的关键帧中随机选择 4 对点作为内点,其他特征点作为外点;根据内点求解出描述 2 个帧间位置关系的单应性矩阵,利用单应性矩阵对所有外点进行测试;将所有满足单应性矩阵的外点归为新的内点,再次利用新的内点更新单应性矩阵,对剩余的外点进行测试。

设 W 为本次测试中特征点都是内点的概率,则 $1-W$ 为本次测试中特征点都是外点的概率,$(1-W)^y$ 表示 y 次测试中特征点都是外点的概率,进行 y 次测试后,至少有 1 次选取的点数都是内点的概率 z 为

$$z = 1 - (1-W)^y \qquad (3)$$

$$y = \frac{\lg(1-z)}{\lg(1-W)} \qquad (4)$$

进行 y 次测试后的剩余点对即为匹配好的点对。RANSAC 算法能够根据大量特征点准确建立起 2 个关键帧之间的最佳匹配模型,减少误匹配的点,达到提高定位精度的目的。

2 视觉与惯导融合算法

多传感器耦合主要包括紧耦合和松耦合 2 种方法。松耦合是指各部分直接解算后再融合,因为惯导的误差不能完全消除,且解算过程中需要经过多次积分,会导致累计误差越来越大,所以本文采用紧耦合方法,即将惯导数据与单目视觉数据分别不完全解算后再进行联合优化。

紧耦合原理如图 2 所示。对惯导数据进行一次预积分,得到速度、旋转矩阵与平移向量;对单目视觉数据进行特征点提取与匹配,得到图像的特征数据;将图像特征与惯导预积分后的数据融合成一个待优化变量,构建优化函数;对函数进行求解与优化,从而估计出机器人位姿。

惯导与单目相机的频率不同,数据类型不匹配,因此需要分别对数据进行处理。惯导数据与视觉数据的关系如图 3 所示,其中 r_1—r_3 为地图中的路标点,c_1—c_3 为相机的中心,d_1—d_3 为关键帧。在 2

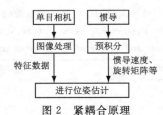

图 2　紧耦合原理

Fig. 2　Tight coupling principle

个关键帧之间存在许多惯导数据,因此需要将若干惯导数据积分成一点,才可进行后续数据融合。

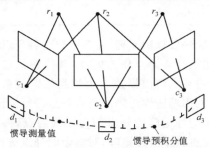

图 3　惯导数据与视觉数据的关系

Fig. 3　The relationship between inertial navigation data and visual data

对惯导数据进行预积分[16],得

$$\boldsymbol{R}_j = \boldsymbol{R}_i \prod_{l=i}^{j-1} \exp((\widetilde{\boldsymbol{w}}_l - \boldsymbol{b}_l^{\mathrm{g}} - \boldsymbol{\eta}_l^{\mathrm{gd}}) \Delta t) \quad (5)$$

$$\boldsymbol{v}_j = \boldsymbol{v}_i + \boldsymbol{g} \Delta t_{ij} + \sum_{l=i}^{j-1} \boldsymbol{R}_l (\bar{\boldsymbol{a}}_l - \boldsymbol{b}_l^{\mathrm{a}} - \boldsymbol{\eta}_l^{\mathrm{ad}}) \Delta t \quad (6)$$

$$\boldsymbol{P}_j = \boldsymbol{P}_i + \sum_{l=i}^{j-1} \boldsymbol{v}_l \Delta t + \frac{1}{2} \boldsymbol{g} \Delta t_{ij}^2 +$$
$$\frac{1}{2} \sum_{l=i}^{j-1} \boldsymbol{R}_l (\bar{\boldsymbol{a}}_l - \boldsymbol{b}_l^{\mathrm{a}} - \boldsymbol{\eta}_l^{\mathrm{ad}}) \Delta t^2 \quad (7)$$

式中:$\boldsymbol{R}_j$,$\boldsymbol{R}_i$,$\boldsymbol{R}_l$ 为旋转矩阵,i,j 表示 2 个不同的时刻,$j>i$;$\widetilde{\boldsymbol{w}}_l$,$\bar{\boldsymbol{a}}_l$ 分别为 l 时刻角速度和加速度的观测值;$\boldsymbol{b}_l^{\mathrm{g}}$,$\boldsymbol{b}_l^{\mathrm{a}}$ 分别为 l 时刻陀螺仪和加速度计的零位漂移误差;$\boldsymbol{\eta}_l^{\mathrm{gd}}$,$\boldsymbol{\eta}_l^{\mathrm{ad}}$ 分别为 l 时刻离散状态下陀螺仪和加速度计的高斯误差;Δt 为惯性传感单元(Inertial Measurement Unit,IMU)的采样时间;Δt_{ij} 为时刻 i 与时刻 j 之间的时间;$\boldsymbol{v}_j$,$\boldsymbol{v}_i$,$\boldsymbol{v}_l$ 为相应时刻的速度;$\boldsymbol{g}$ 为重力加速度;$\boldsymbol{P}_j$,$\boldsymbol{P}_i$ 为平移向量。

通过对极几何法[17]将单目相机检测到的关键帧数据表示成如下形式:

$$\boldsymbol{E} = \hat{\boldsymbol{P}}_{\mathrm{C}} \boldsymbol{R}_{\mathrm{C}} \quad (8)$$

$$\boldsymbol{G} = \boldsymbol{K}^{-\mathrm{T}} \boldsymbol{E} \boldsymbol{K}^{-1} \quad (9)$$

$$\boldsymbol{S}_2^{\mathrm{T}} \boldsymbol{E} \boldsymbol{S}_1 = \boldsymbol{h}_2^{\mathrm{T}} \boldsymbol{G} \boldsymbol{h}_1 = 0 \quad (10)$$

式中:$\boldsymbol{E}$ 为本质矩阵;$\hat{\boldsymbol{P}}_{\mathrm{C}}$ 表示 $\boldsymbol{P}_{\mathrm{C}}$ 的反对称约束,$\boldsymbol{P}_{\mathrm{C}}$ 为由单目相机数据解算出的平移向量;$\boldsymbol{R}_{\mathrm{C}}$ 为由单目相机数据解算出的旋转矩阵;$\boldsymbol{G}$ 为基础矩阵;$\boldsymbol{K}$ 为相机内参矩阵;$\boldsymbol{S}_1$,$\boldsymbol{S}_2$ 为空间中某一物体在 2 个归一化平面上的坐标;$\boldsymbol{h}_1$,$\boldsymbol{h}_2$ 为空间中某一物体在 2 个

关键帧中所对应的 2 个关键点在像素平面上的坐标。

将经过处理的惯导数据与单目相机数据融合成一个待优化的量:

$$\boldsymbol{\chi} = [\boldsymbol{R}_j, \boldsymbol{R}_{\mathrm{C}}, \boldsymbol{P}_j, \boldsymbol{P}_{\mathrm{C}}, \boldsymbol{v}_j, \boldsymbol{b}_{\mathrm{a}}, \boldsymbol{b}_{\mathrm{g}}] \quad (11)$$

式中 $\boldsymbol{b}_{\mathrm{a}}$,$\boldsymbol{b}_{\mathrm{g}}$ 分别为 IMU 加速度计和陀螺仪的误差。

采用图优化[18]方法进行数据融合,将 IMU 的测量残差和视觉观测残差结合在一起构成代价函数,对代价函数进行优化,从而获得机器人的位姿信息。需要优化的代价函数为

$$\boldsymbol{F}(\boldsymbol{\chi}) = \min_{\boldsymbol{\chi}} \left\{ \sum \| e_{\mathrm{B}}(\boldsymbol{\chi}) \|^2 + \sum \| e_{\mathrm{C}}(\boldsymbol{\chi}) \|^2 \right\}$$
$$(12)$$

式中:$e_{\mathrm{B}}(\boldsymbol{\chi})$ 为 IMU 的测量误差方程;$e_{\mathrm{C}}(\boldsymbol{\chi})$ 为单目相机的测量误差方程。

对代价函数进行展开、合并,可得

$$\min_{\boldsymbol{\chi}} \boldsymbol{F}(\boldsymbol{\chi}) = \sum_{k=1}^{q} e_k^{\mathrm{T}}(\boldsymbol{\chi}_k) \boldsymbol{\Omega}_k e_k(\boldsymbol{\chi}_k) \quad (13)$$

式中:q 为阶数;$e_k(\boldsymbol{\chi}_k)$ 为包含 IMU 测量误差和单目相机测量误差的误差方程;$\boldsymbol{\Omega}_k$ 为信息矩阵,为协方差矩阵的逆。

对函数 $\boldsymbol{F}(\boldsymbol{\chi})$ 进行一阶泰勒展开,可得

$$\boldsymbol{F}_k(\bar{\boldsymbol{\chi}}_k + \Delta \boldsymbol{\chi}) = e_k^{\mathrm{T}}(\bar{\boldsymbol{\chi}}_k + \Delta \boldsymbol{\chi}) \boldsymbol{\Omega}_k e_k(\bar{\boldsymbol{\chi}}_k + \Delta \boldsymbol{\chi}) \approx$$
$$(e_k + \boldsymbol{J}_k \Delta \boldsymbol{\chi})^{\mathrm{T}} \boldsymbol{\Omega}_k (e_k + \boldsymbol{J}_k \Delta \boldsymbol{\chi}) =$$
$$e_k^{\mathrm{T}} \boldsymbol{\Omega}_k e_k + 2 e_k^{\mathrm{T}} \boldsymbol{\Omega}_k \boldsymbol{J}_k \Delta \boldsymbol{\chi} + \Delta \boldsymbol{\chi}^{\mathrm{T}} \boldsymbol{J}_k^{\mathrm{T}} \boldsymbol{\Omega}_k \boldsymbol{J}_k \Delta \boldsymbol{\chi} =$$
$$\boldsymbol{M}_k + 2 \boldsymbol{N}_k \Delta \boldsymbol{\chi} + \Delta \boldsymbol{\chi}^{\mathrm{T}} \boldsymbol{H}_k \Delta \boldsymbol{\chi} \quad (14)$$

式中:$\bar{\boldsymbol{\chi}}_k$ 为初始点观测值;$\Delta \boldsymbol{\chi}$ 为增量;$\boldsymbol{J}_k$ 为雅各比矩阵;$\boldsymbol{M}_k$ 为机器人移动前的误差值;$\boldsymbol{N}_k$ 为常数项;$\boldsymbol{H}_k$ 为海塞矩阵。

代价函数的改变量为

$$\Delta \boldsymbol{F}_k = 2 \boldsymbol{N}_k \Delta \boldsymbol{\chi} + \Delta \boldsymbol{\chi}^{\mathrm{T}} \boldsymbol{H}_k \Delta \boldsymbol{\chi} \quad (15)$$

为了使增量为极小值,令 $\Delta \boldsymbol{F}$ 对 $\Delta \boldsymbol{\chi}$ 的导数为 0,可得

$$\frac{\mathrm{d} \boldsymbol{F}_k}{\mathrm{d} \Delta \boldsymbol{\chi}} = 2 \boldsymbol{N}_k + 2 \boldsymbol{H}_k \Delta \boldsymbol{\chi} = 0 \Rightarrow \boldsymbol{H}_k \Delta \boldsymbol{\chi} = -\boldsymbol{N}_k \quad (16)$$

代价函数优化问题被转换成线性方程求解问题,使用 Schur 消元法[19]求解线性方程,即可得到下一时刻机器人的位姿信息。

3　实验验证

3.1　同类算法对比

在弱光照条件下对本文算法进行实验验证。在光线很暗的楼道里,采用 ZED 双目相机对廊灯进行拍照采样,并使用 ORB 算法、SURF 算法、SIFT 算法、Harris 算法分别对图像进行特征点提取。设置 4 种算法的最大特征点提取数均为 400,特征点提取效果如图 4 所示,特征点提取点数、耗时及无用特征

点数见表 2。

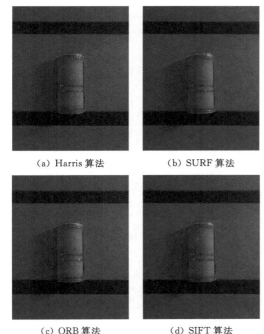

（a）Harris 算法　　　　（b）SURF 算法

（c）ORB 算法　　　　（d）SIFT 算法

图 4　特征点提取算法效果对比

Fig. 4　Comparison of the effect of feature
point extraction algorithms

表 2　4 种算法的特征点提取结果对比

Table 2　Comparison of feature point extraction
results of four algorithms

算法	耗时/s	提取点数	无用点数
Harris	2.175 0	188	0
SURF	3.249 6	225	1
ORB	0.468 9	194	0
SIFT	6.810 7	287	5

　　分析图 4 和表 2 可知,在弱光照环境下,特征点提取数量最多的为 SIFT 算法,但因为其存在无用特征点数,且实时性不好,所以不适合用于弱光照条件下的特征点提取。SURF 算法与 Harris 算法虽然提取的特征点数较多且耗时较短,但其提取的特征点具有聚集性,不能完整描述空间物体的特征,也不能用于弱光照条件下的特征点提取。ORB 算法虽然提取的特征点数较少,但耗时最短,且特征点分布均匀,可以准确描述物体特征。

3.2　ORB 算法改进效果

　　由于 ORB 算法提取的特征点数较少,通过自适应阈值和极大值抑制等方法对其进行改进。改进 ORB 算法与原 ORB 算法的特征点提取结果对比见表 3。由表 3 可知,改进 ORB 算法虽然提取时间有一定增加,但提取的可用特征点数也大大增加了。ORB 算法改进前后特征点提取效率对比如图 5

所示。

表 3　ORB 算法改进前后特征点提取结果对比

Table 3　Comparison of feature point extraction results
before and after the improvement of ORB algorithm

设定特征 点数	原 ORB 算法		改进 ORB 算法	
	耗时/s	特征点数	耗时/s	特征点数
200	0.204 7	94	0.343 6	142
400	0.468 9	194	0.561 4	294
600	0.621 8	297	0.834 6	524
800	0.979 6	343	1.183 4	677
1 000	1.104 7	422	1.269 7	786
1 200	1.188 4	453	1.313 4	805

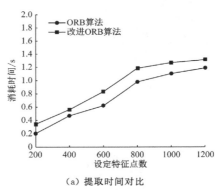

（a）提取时间对比

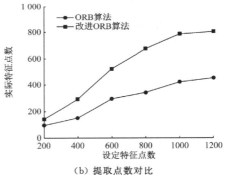

（b）提取点数对比

图 5　ORB 算法改进前后特征点提取效率对比

Fig. 5　Comparison of feature point extraction efficiency
before and after the improvement of ORB algorithm

3.3　特征点匹配算法对比

　　设定特征点提取数为 400,对同一图像进行特征点提取,并使用传统的暴力（Brute-Force,BF）匹配算法与 RANSAC 特征点匹配算法进行实验比对,特征点匹配效果如图 6 所示,通过对比发现,BF 算法存在误匹配现象,而 RANSAC 算法剔除了误匹配点,提高了特征点匹配的准确性,从而可提高单目视觉定位精度。

3.4　视觉与惯导融合定位效果

　　使用煤矿移动机器人（图 7）作为载体,ZED 双目相机中的左摄像头作为视觉相机,其采样频率为 100 Hz;使用 SYD TransducerM 型惯导,其采样频率为 1 000 Hz,在 Linux 环境下运行视觉与惯导融合定位算法,进行实验验证。

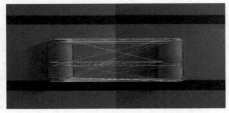

（a）BF 算法

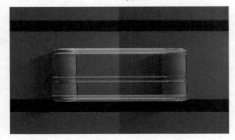

（b）RANSAC 算法

图 6　不同特征点匹配算法的效果对比

Fig. 6　Comparison of the effects of different feature point matching algorithms

图 7　煤矿移动机器人

Fig. 7　Coal mine mobile robot

使移动机器人按照固定路线移动,用全站仪测量其移动轨迹,分别计算 ORB 算法改进前后与惯导融合定位的测量误差,结果如图 8 所示。从图 8 可看出,改进后融合定位方法精度有了很大提升,相对误差由原来的 0.6 m 降低到 0.4 m 以下,平均误差由 0.20 m 减小到 0.15 m,均方根误差由 0.24 m 减小到 0.18 m。实验结果证明,改进 ORB 算法与惯导融合定位方法能够有效提高定位精度。

4　结论

（1）与同类算法相比,ORB 算法虽然提取的特征点数较少,但耗时最短,且特征点分布均匀,可以准确描述物体特征。

（2）改进 ORB 算法与原 ORB 算法相比,虽然提取时间有了一定的增加,但提取的可用特征点数也大大增加了。

（3）特征点匹配算法对比结果表明,与 BF 算法

相比,RANSAC 算法剔除了误匹配点,增加了特征点匹配的准确性,从而提高了单目视觉定位精度。

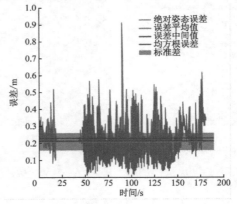

（a）原融合定位方法的误差

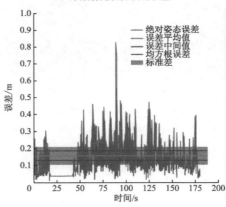

（b）改进后融合定位方法的误差

图 8　改进前后融合定位算法的误差对比

Fig. 8　Error comparison of fusion positioning algorithm before and after improvement

（4）分别用改进前后的 ORB 算法与惯导进行融合定位,对比结果表明,改进后融合定位方法精度有了很大提升,相对误差由原来的 0.6 m 降低到 0.4 m 以下,平均误差由 0.20 m 减小到 0.15 m,均方根误差由 0.24 m 减小到 0.18 m。

参考文献（References）:

［1］ 杨林,马宏伟,王岩,等.煤矿巡检机器人同步定位与地图构建方法研究［J］.工矿自动化,2019,45（9）:18-24.
YANG Lin, MA Hongwei, WANG Yan, et al. Research on method of simultaneous localization and mapping of coal mine inspection robot［J］. Industry and Mine Automation,2019,45（9）:18-24.

［2］ 葛世荣.煤矿机器人现状及发展方向［J］.中国煤炭,2019,45（7）:18-27.
GE Shirong. Present situation and development direction of coal mine robots［J］. China Coal, 2019, 45（7）:18-27.

[3] 田原. 悬臂式掘进机惯性定位技术研究与试验[J]. 煤矿机电,2020,41(1):9-12.
TIAN Yuan. Research and test on inertial positioning technology of boom-type roadheader [J]. Colliery Mechanical & Electrical Technology, 2020, 41 (1): 9-12.

[4] 马宏伟,姚阳,赵昊,等. 矿山钻孔救援探测机器人设计[J]. 工矿自动化,2019,45(9):1-6.
MA Hongwei, YAO Yang, ZHAO Hao, et al. Design of mine drilling rescue and detection robot [J]. Industry and Mine Automation,2019,45(9):1-6.

[5] 梁艳,马宏伟,崔亚仲,等. 煤矿四旋翼飞行机器人环境信息数据压缩算法[J]. 工矿自动化,2020,46(6):31-34.
LIANG Yan, MA Hongwei, CUI Yazhong, et al. Environmental information data compression algorithm for coal mine four-rotor flying robot[J]. Industry and Mine Automation,2020,46(6):31-34.

[6] 徐国保,尹怡欣,殷路,等. 智能移动机器人技术研究进展[C]//第五届全国信息获取与处理学术会议,北戴河,2007:683-687.
XU Guobao, YIN Yixin, YIN Lu, et al. Research progress of intelligent mobile robot technology[C]// The Fifth National Conference on Information Acquisition and Processing,Beidaihe,2007:683-687.

[7] 田海波,马宏伟,魏娟. 矿井搜救机器人移动系统的研究与发展[J]. 机床与液压,2012,40(20):147-151.
TIAN Haibo,MA Hongwei,WEI Juan. Research and development of search and rescue robot's locomotion system for mine disaster [J]. Machine Tool & Hydraulics,2012,40(20):147-151.

[8] 周绍磊,吴修振,刘刚,等. 一种单目视觉 ORB-SLAM/INS组合导航方法[J]. 中国惯性技术学报,2016,24(5):633-637.
ZHOU Shaolei, WU Xiuzhen, LIU Gang, et al. Integrated navigation method of monocular ORB-SLAM/INS [J]. Journal of Chinese Inertial Technology,2016,24(5):633-637.

[9] 陈常. 基于视觉和惯导融合的巡检机器人定位与建图技术研究[D]. 徐州:中国矿业大学,2019.
CHEN Chang. Research on localization and mapping of inspection robot based on visual-inertial fusion[D]. Xuzhou:China University of Mining and Technology, 2019.

[10] 皮金柱. 基于单目视觉融合惯导的定位技术研究[D]. 绵阳:西南科技大学,2019.
PI Jinzhu. Research on positioning technology based on monocular vision fusion inertial navigation [D]. Mianyang:Southwest University of Science and Technology,2019.

[11] JIANG Ping, FENG Zuren, CHENG Yongqiang, et al. A mosaic of eyes [J]. IEEE Robotics & Automation Magazine,2011,18(3):104-113.

[12] LOWE D G. Distinctive image features from scale-invariant keypoints [J]. International Journal of Computer Vision,2004,60(2):91-110.

[13] BAY H, TUYTELAARS T,VAN GOOL L. SURF: Speeded-up robust features [C]//LEONARDIS A, BISCHOF H, PINZ A. Computer Vision-ECCV 2006. Berlin, Heidelberg:Springer, 2006, 3951: 404-417.

[14] RUBLEE E, RABAUD V, KONOLIGE K, et al. ORB:an efficient alternative to SIFT or SURF[C]// Proceedings of IEEE International Conference on Computer Vision. New York:IEEE Press, 2011: 2564-2571.

[15] SCHNABEL R, WAHL R, KLEIN R. Efficient RANSAC for point-cloud shape detection [J]. Computer Graphics Forum,2007,26(2):214-226.

[16] QIN T, LI P, SHEN S. VINS-Mono:a robust and versatile monocular visual-inertial state estimator[J]. IEEE Transactions on Robotics, 2018, 34 (4): 1004-1020.

[17] HARTLEY R I. In defense of the eight-point algorithm[J]. IEEE Transactions on Pattern Analysis and Machine Intelligence,1997,19(6):580-593.

[18] LU F, MILIOS E. Globally consistent range scan alignment for environment mapping[J]. Autonomous Robots,1997,4:333-349.

[19] ZHANG F. The schur complement and its applications[M]. New York:Springer-Verlag, 2005.

基于改进 YOLOv5s + DeepSORT 的煤块行为异常识别

张旭辉[1]，闫建星[1]，张　超[1]，万继成[1]，王利欣[2]，胡成军[2]，王　力[3]，王　东[3]

(1. 西安科技大学 机械工程学院，陕西 西安　710054；

2. 中煤(天津)地下工程智能研究院，天津　300121；

3. 陕西煤业化工集团 孙家岔龙华矿业有限公司，陕西 榆林　719314)

摘要：煤块检测方法主要包括传统图像检测方法和深度学习目标检测方法。传统图像检测方法检测精度不高、实时性较差、无法对堆煤进行准确判断；深度学习目标检测方法虽然可以实现实时检测，但没有对煤块的数量、滞留和堵塞状态进行识别，而且识别模型参数较多。针对上述问题，提出了一种基于改进 YOLOv5s+DeepSORT 的煤块行为异常识别方法。首先通过摄像头和巡检机器人采集煤矿综采工作面带式输送机上煤块视频图像，并制作数据集。然后利用 MobileNetV3_YOLOv5s_AF-FPN 模型进行煤块图像目标检测：通过 MobileNetV3 替换原始 YOLOv5s 主干特征提取网络，减少参数量，提高推理速度；将 YOLOv5s 中原有的特征金字塔网络改进为增强特征金字塔网络(AF-FPN)，以提高 YOLOv5s 网络对多尺度煤块目标的检测性能。利用 DeepSORT 进行煤块多目标跟踪：将改进 YOLOv5s 模型检测后的煤块图像作为 DeepSORT 的输入进行多目标跟踪，利用 DeepSORT 对煤块进行状态估计、数据关联匹配和跟踪器参数更新，确定跟踪结果，并对连续跟踪的煤块进行 ID 编码，对当前帧的煤块数量进行计数。最后在目标跟踪器中取出连续跟踪的目标，设置距离阈值，判断其是否滞留；设置数量阈值，判断其是否堵塞，最终实现煤块滞留和堵塞行为异常识别。利用自建 dkm_data2021 数据集对基于改进 YOLOv5s+DeepSORT 的煤块行为异常识别方法的可靠性进行实验验证，结果表明：改进 YOLOv5s 模型相比 YOLOv5s 模型平均检测精度提高了 1.45%，参数量减少了 35.3%，推理加速了 12.7%，平均漏检率降低了 11.08%，平均误检率降低了 11.54%；基于改进 YOLOv5s+DeepSORT 的煤块行为异常识别方法检测精度为 80.1%，可准确识别煤块滞留、堵塞状态，验证了该方法的可靠性。

关键词：煤块识别；煤块目标检测；目标跟踪；异常行为识别；煤块特征提取；煤块滞留；煤块堵塞；深度学习

中图分类号：TD76　　　　**文献标志码**：A

Coal block abnormal behavior identification based on improved YOLOv5s + DeepSORT

ZHANG Xuhui[1]，YAN Jianxing[1]，ZHANG Chao[1]，WAN Jicheng[1]，WANG Lixin[2]，

HU Chengjun[2]，WANG Li[3]，WANG Dong[3]

(1. College of Mechanical Engineering, Xi'an University of Science and Technology, Xi'an 710054, China；

2. China Coal (Tianjin) Underground Engineering Intelligence Research Institute, Tianjin 300121, China；

3. Sunjiacha Longhua Mining Co., Ltd., Shaanxi Coal Chemical Industry Group, Yulin 719314, China)

Abstract: Coal block detection methods mainly include traditional image detection methods and deep learning target detection methods. The traditional image detection method has low detection precision and poor

收稿日期：2022-04-12；**修回日期**：2022-06-10；**责任编辑**：张强。

基金项目：国家自然科学基金项目(51834006)；陕西省重点研发计划项目(2018ZDCXL-GY-06-04)。

作者简介：张旭辉(1972—)，男，陕西凤翔人，教授，博士，博士研究生导师，研究方向为煤矿机电设备智能检测与控制，E-mail：zhangxh@xust.edu.cn。通信作者：闫建星(1995—)，男，陕西榆林人，硕士研究生，研究方向为智能检测与控制，E-mail：yanjianxing2013@163.com。

引用格式：张旭辉，闫建星，张超，等. 基于改进 YOLOv5s+DeepSORT 的煤块行为异常识别[J]. 工矿自动化，2022，48(6)：77-86，117.

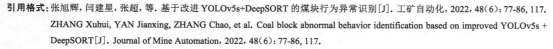

ZHANG Xuhui, YAN Jianxing, ZHANG Chao, et al. Coal block abnormal behavior identification based on improved YOLOv5s + DeepSORT[J]. Journal of Mine Automation, 2022, 48(6)：77-86, 117.

扫码移动阅读

real-time performance, and can not accurately determine the coal pile. Although the deep learning target detection method can achieve real-time detection, it does not identify the number, retention, and blockage of coal blocks. And there are many identification model parameters. To solve the above problems, a coal block abnormal behavior identification method based on improved YOLOv5s + DeepSORT is proposed. Firstly, video images of coal blocks on a belt conveyor in a fully mechanized coal mining face are collected by the camera and inspection robot, and data sets are made. Secondly, the MobileNetV3_YOLOv5s_AF-FPN model is used for detecting the coal image target. The original YOLOv5s backbone feature extraction network is replaced by MobileNetV3 to reduce the number of parameters and improve the reasoning speed. The original feature pyramid network in YOLOv5s is improved to AF-FPN to improve the detection performance of the YOLOv5s network for multi-scale coal targets. DeepSORT is used for multi-target tracking of coal blocks. The coal block image detected by the improved YOLOv5s is taken as the input of DeepSORT for multi-target tracking. DeepSORT is used to estimate the state of coal blocks, perform data association and matching, and update the tracker parameters to determine the tracking results. The continuously tracked coals are ID-coded, and the number of coals in the current frame is counted. Finally, the continuously tracked target is taken out from the target tracker, and a distance threshold is set. Whether the target is detained or not is determined. The quantity threshold is set to determine whether it is blocked. The identification of abnormal behavior of coal block retention and blocking state is finally realized. The reliability of the coal abnormal behavior identification method based on the improved YOLOv5s + DeepSORT is experimentally verified by using the self-built dkm_data2021 data set. The results show that compared with the YOLOv5s model, the average detection precision of the improved YOLOv5s model is improved by 1.45%, the parameter quantity is reduced by 35.3%, the reasoning is accelerated by 12.7%, the average missed detection rate is reduced by 11.08%, and the average false detection rate is reduced by 11.54%. The detection precision of coal block abnormal behavior identification method based on the improved YOLOv5s+DeepSORT is 80.1%, which can accurately identify the status of coal block retention and blockage. The result verifies the reliability of the method.

Key words: coal block identification; coal block target detection; target tracking; abnormal behavior identification; coal block feature extraction; coal block retention; coal block blockage; deep learning

0 引言

煤矿环境及危险源感知与安全预警是智能煤矿与智能化开采关键核心技术[1]。综采工作面在采煤过程中会产生大量煤矸,为防止煤块对运输设备造成损坏,准确识别与检测刮板输送机上的煤块及其数量,判断煤块滞留、堵塞状态并进行预警至关重要[2]。

目前,煤块检测方法主要包括传统图像检测和深度学习目标检测 2 类。张渤等[3]通过对图像进行预处理、灰度化、阈值分割,提取运动煤块进行标记,实现了大块煤检测。许军等[4]提出了一种基于图像处理的溜槽堆煤预警方法,通过分析图像运动和亮度特性,根据阈值提取煤块区域,计算煤块煤粒度比值和累计煤粒度比值的大小进行堆煤预警。张立亚[5]采用无监督分割算法获取煤堆边界,根据煤量在网格中的时间长短判断堆煤预警。以上文献都是通过传统图像处理进行边缘提取和利用阈值来

识别煤块和堆煤预警,存在检测精度不高、实时性较差、无法对堆煤进行准确判断等问题。深度学习目标检测方法主要有双阶段检测方法和单阶段检测方法[6-8]。南柄飞等[9]提出了一种基于视觉显著性的煤矿井下关键目标对象实时感知方法,提高了目标检测的精度与实时性。杜京义等[10]针对现有煤块检测方法检测精度不高的问题,提出了一种基于改进 HED 神经网络融合 Canny 算子的煤矿井下输煤大块物检测方法,将预处理图像输入改进的 HED 神经网络与 Canny 算子融合模型中,得到边缘图像,通过二进制填充图像,并进行标注得到大块物个数与面积。Wang Yujing 等[11]通过改进 SSD(Single Shot MultiBox Detector, 单步多框检测器)损失函数和优化锚框的尺寸,提高了目标的检测精度。胡璟皓等[12]基于 YOLOv3 模型,通过 Focal Loss 改进损失函数,解决了非煤异物样本不平衡问题,通过实验确定最优参数,提高了检测精度。叶鸥等[13]提出了一种融合轻量级网络和双重注意力机制的煤块检测方法,减少

了模型参数。以上文献都是利用深度学习方法实现大块物的检测,但是没有对煤块的数量、滞留和堵塞状态进行识别,而且识别模型参数较多,对计算机硬件要求比较高,无法在显存和内存小的设备上部署[14-15]。

针对以上问题,本文提出了一种基于改进YOLOv5s+DeepSORT的煤块行为异常识别方法。选择参数量最少、检测速度最快、识别精度较高的YOLOv5模型进行煤块目标检测,将YOLOv5s模型主干网络替换为MobileNetV3,以减少其参数量和计算量,并将YOLOv5s模型中原有的特征融合网络改进为增强特征金字塔网络(Adaptive Attention Module and Feature Enhancement Module-Feature Pyramid Network, AF-FPN)[16],以提高YOLOv5s网络对多尺度煤块目标的检测性能;将改进YOLOv5s模型检测后的煤块应用DeepSORT算法进行多目标跟踪,设置距离阈值,判断其是否滞留;设置数量阈值,判断其是否堵塞。实验结果证明了该方法的可靠性。

1 改进YOLOv5s模型

1.1 YOLOv5s模型

YOLOv5s模型主要由Input、Backbone、Neck和Output组成,如图1所示。

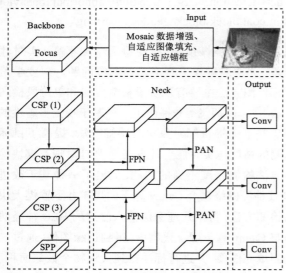

图1 YOLOv5s网络结构

Fig. 1 YOLOv5s network structure

Input为输入端,采用Mosaic数据增强、自适应图像填充、自适应锚框对输入图像进行处理。Backbone为CSPDarknet53主干网络,主要包含Focus、CSP和SPP(Spatial Pyranid Pooling,空间金字塔模块)结构[17]。Focus对输入图像进行切片操作,

减少模型层数,提高运行速度。CSP网络结构由CBL模块、Resuit模块、Concat通道融合结构、Leaky_Relu组成。CBL模块由卷积模块(Conv)、批标准化模块(Batch Normalization, BN)、激活函数(Leaky_Relu)构成。SPP可以增大特征图的感受野。Neck包含FPN(Feature Pyramid Networks,特征金字塔网络)、PAN(Path Aggregation Network,路径聚合网络)[18]。Output通过Conv输出不同尺度的检测结果,包括NMS(Non-Maximum Suppression,非极大值抑制)和损失函数。YOLOv5s原始模型中使用GIoU[19]作为损失函数。

1.2 YOLOv5s特征提取网络改进

为了进一步减少YOLOv5s参数量,提高推理速度,本文使用MobileNetV3_Large结构改进YOLOv5s的主干网络,改进后的YOLOv5s网络整体框架如图2所示。

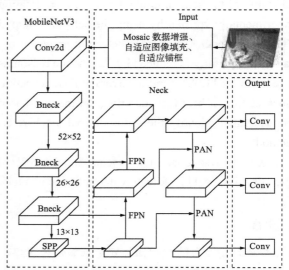

图2 改进后的YOLOv5s网络结构

Fig. 2 Improved YOLOv5s network structure

MobileNetV3_Large结构见表1,其中Input Shape为输入特征图,Operator为对特征层进行Block处理,SE为注意力机制,AF为激活函数(HS表示H-Swish函数,RE表示ReLU函数),Stride为卷积的步长。

MobileNetV3_Large结构的核心模块是Bneck,如图3所示。Bneck采用了深度可分离卷积与残差结构,并加入了注意力机制,提高了特征提取能力。相比传统卷积,Bneck核心在几乎不影响模型性能的同时使模型参数量、计算量减少。

为在保持精度的同时提高推理速度,在MobileNetV3中引入了H-Swish函数,在设计特征提取网络时,考虑到模型检测的实时性要求,在网络前

表 1　MobileNetV3_Large 结构

Table 1　MobileNetV3_Large structure

Input Shape	Operator	SE	AF	Stride
$224^2×3$	Conv2d	—	HS	2
$112^2×16$	Bneck,3×3	—	RE	1
$112^2×16$	Bneck,3×3	—	RE	2
$56^2×24$	Bneck,3×3	√	RE	1
$56^2×24$	Bneck,3×3	√	RE	2
$28^2×40$	Bneck,3×3	√	RE	1
$28^2×40$	Bneck,3×3	—	RE	1
$28^2×40$	Bneck,3×3	—	HS	2
$14^2×80$	Bneck,3×3	—	HS	1
$14^2×80$	Bneck,3×3	—	HS	1
$14^2×80$	Bneck,3×3	—	HS	1
$14^2×80$	Bneck,3×3	√	HS	1
$14^2×112$	Bneck,3×3	√	HS	1
$14^2×112$	Bneck,5×5	√	HS	1
$7^2×160$	Bneck,5×5	√	HS	2
$7^2×160$	Bneck,5×5	√	HS	1
$7^2×160$	Conv2d,1×1	—	HS	1
$7^2×160$	Pool, 7×7	—	—	1
$1^2×960$	Conv2d,1×1	—	HS	1
$1^2×1\,280$	Conv2d,1×1	—	—	1

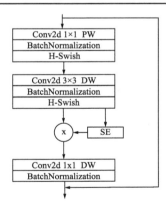

图 3　Bneck 网络结构

Fig. 3　Bneck network structure

端采用 ReLU 函数,在后端采用 H-Swish 函数,减少 H-Swish 造成的网络延迟,达到检测速度和精度的平衡。

1.3　YOLOv5s 特征融合网络改进

刮板输送机上的煤块尺度变化较大,为提高对煤块多尺度目标的检测性能,将 YOLOv5s 中原有的特征金字塔网络改进为 AF-FPN。AF-FPN 在原有的特征金字塔网络的基础上,增加了自适应注意力模块(Adaptive Attention Module, AAM)和特征增强

模块(Feature Enhancement Module, FEM)。AAM 减少了特征通道,降低了在高层特征图中上下文信息丢失概率;FEM 增强了特征金字塔的表示并加快了推理速度,在保证实时检测的前提下提高了 YOLOv5s 网络对煤块多尺度目标的检测性能。MobileNetV3_YOLOv5s_AF-FPN 网络结构如图 4 所示。

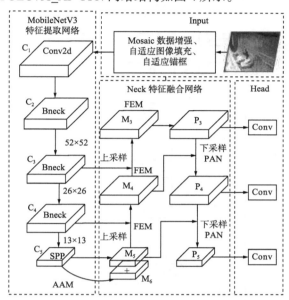

图 4　MobileNetV3_YOLOv5s_AF-FPN 网络结构

Fig. 4　MobileNetV3_YOLOv5s_AF-FPN network structure

输入图像通过多个卷积生成多尺度特征图 C_1—C_5, C_5 通过 AAM 生成 M_6。M_6 与 M_5 求和融合,得到新的特征图,通过自上而下传递特征,将高层特征图放大后与浅层特征图融合,每次融合后通过 FEM 自适应学习感受野,同时将浅层中的定位信息自下向上进行传递,增强整个特征层次。PAN 缩短了浅层和高层特征之间的信息路径,能够准确保存空间信息,增强整个特征提取网络的定位能力。

AAM 的网络结构如图 5 所示。作为 AAM 的输入,特征图 C_5 的大小 $S=H×W$(H 为特征图长度, W 为特征图宽度)。通过自适应平均池化层获得具有不同特征尺度($β_i×S$, $β_i$ 为不同特征尺度对应的系数, i 为系数个数, $i=1, 2, 3$; $β_i$ 为 $[0.1,0.5]$,可以根据数据集中的目标大小自适应变化)的多个上下文特征,每个上下文特征经过 1×1 卷积获得相同的信道维度(256)。采用双线性插值法采集不同尺度特征图的信息,以进行后续融合。空间注意力机制通过 Concat 层合并 3 个上下文特征的通道,将融合后的特征图依次经过 1×1 卷积层、ReLU 激活层、3×3 卷积层和 Sigmoid 激活函数,生成相应的空间权值图。生成的空间权值图和融合后的特征图经过 Hadmard Product 分离并添加到特征图 M_5 中,得到具有上下

文特征的新的特征图 M_6，最终的特征图具有丰富的多尺度上下文信息，在一定程度上减轻了由于通道数量的减少而造成的信息丢失。

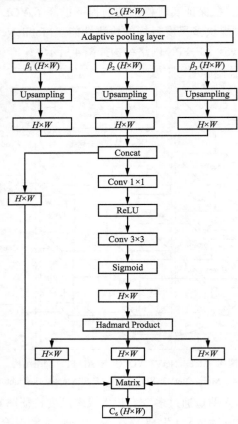

图 5　AAM 网络结构
Fig. 5　AAM network structure

FEM 主要利用空洞卷积，根据检测到的煤块的不同尺度自适应学习每个特征图中不同的感受野，从而提高多尺度目标检测和识别的准确性。FEM 网络结构如图 6 所示，分为 2 个部分：多分支卷积层和多分支池化层。多分支卷积层由扩张卷积层、BN 层和 ReLU 激活层组成。3 个平行分支中的扩张卷积具有相同尺寸的扩张卷积核，但扩张率不同，分别为3，5 和 7。平均池化层用于融合来自 3 个分支感受野的煤块信息，以提高煤块多尺度预测的准确性。

2　煤块行为异常识别

2.1　煤块行为异常识别方法

针对煤块滞留和堵塞的行为，提出了一种融合改进 YOLOv5s+DeepSORT 的煤块行为异常识别方法，流程如图 7 所示。

（1）通过摄像头和巡检机器人采集煤矿综采工作面视频图像，并制作数据集。

（2）将当前煤块图像输入到训练好的改进 YOLOv5s 目标检测模型中，得到煤块的定位信息。

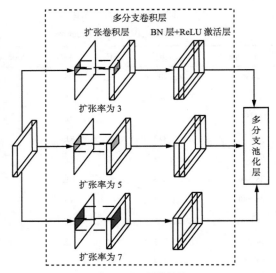

图 6　FEM 网络结构
Fig. 6　FEM network structure

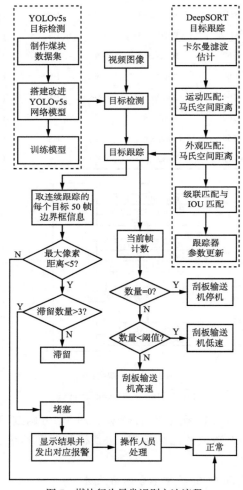

图 7　煤块行为异常识别方法流程
Fig. 7　Flow of coal block abnormal behavior identification method

（3）将经过 YOLOv5s 目标检测后的煤块边界框信息输入到 DeepSORT 中，对煤块进行状态估计，通过运动匹配、外观匹配、级联匹配与 IoU（Intersection over Union, 交并比)匹配进行数据关联匹配,通过跟踪器参数更新确定跟踪结果,并对连续跟踪的煤块进行 ID 编码,对当前帧的煤块数量进行计数。

(4)在目标跟踪器中取出连续跟踪的每个目标框的 50 帧边界框信息,循环计算这 50 帧内的同一个目标的最大像素距离。统计煤块移动距离,如果最大像素距离小于 5,则判定为滞留状态,进行报警和处理,以防进一步造成煤块堵塞;否则判定为正常运输状态。

(5)统计煤块滞留数,如果滞留数超过 3,则判定为堵塞状态,进行报警和处理。

(6)根据当前帧煤块数量进行刮板输送机的调速。当检测到的煤块数量为 0 时,刮板输送机停机;当检测到的煤块数量小于阈值时,刮板输送机低速运行;当检测到的煤块数量大于阈值时,刮板输送机高速运行。

2.2 DeepSORT 多目标跟踪算法

DeepSORT 多目标跟踪算法流程如图 8 所示,包括煤块状态估计、数据关联匹配和跟踪器更新 3 个步骤。

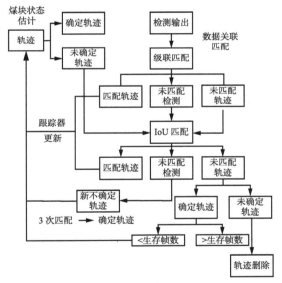

图 8 DeepSORT 多目标跟踪算法流程
Fig. 8 DeepSORT multi-target tracking algorithm flow

2.2.1 煤块状态估计

为跟踪 YOLOv5s 模型检测到的每一块煤块,定义 8 维状态向量 x 表征煤块的状态:

$$x = (u, v, \gamma, q, \dot{u}, \dot{v}, \dot{\gamma}, \dot{q})$$ (1)

式中:(u, v) 为煤块的中心坐标;γ, q 分别为煤块边界框的宽高比和高;$(\dot{u}, \dot{v}, \dot{\gamma}, \dot{q})$ 为煤块 (u, v, γ, q) 在图像坐标系中对应的速度信息。

煤块的状态估计通过卡尔曼滤波器实现,包括预测和更新 2 个阶段。预测阶段根据前一帧被跟踪

煤块的位置完成当前帧煤块位置的预测;更新阶段根据当前帧检测到的煤块位置更新预测阶段的煤块位置。煤块的状态预测为

$$\begin{cases} X_t = FX_{t-1} \\ P_t = FP_{t-1}F^T + Q_{t-1} \end{cases}$$ (2)

式中:X_t 为第 t 帧煤块的位置;F 为状态转移矩阵;P_t 为第 t 帧煤块的误差协方差矩阵;Q_{t-1} 为过程噪声矩阵。

煤块的状态更新为

$$\begin{cases} K_{t+1} = P_tE^T(EP_tE^T + R)^{-1} \\ \varepsilon_{t+1} = X_{t+1} - EX_t \\ X_{t+1} = X_t + K_{t+1}\varepsilon_{t+1} \\ P_{t+1} = (I - K_{t+1}E)P_t \end{cases}$$ (3)

式中:K_{t+1} 为第 $t+1$ 帧煤块的卡尔曼增益;E 为煤块的观测矩阵;R 为煤块观测噪声;ε_{t+1} 为第 $t+1$ 帧煤块检测位置与预测位置之间的残差;X_{t+1} 为 X_t 更新后第 $t+1$ 帧的煤块位置;P_{t+1} 为更新后第 $t+1$ 帧煤块位置误差的协方差矩阵;I 为单位矩阵。

2.2.2 数据关联匹配

数据关联匹配可以使帧与帧之间的煤块保持关联,保证同一煤块编码 ID 的一致性[20]。利用卡尔曼滤波对煤块检测结果进行预测。使用运动匹配和外观匹配的线性加权作为煤块匹配衡量指标。使用级联匹配优先匹配消失时长较小的煤块轨迹,解决煤块被遮挡的问题。

通过计算检测框和第 i 个轨迹预测框的面积得到 IoU,计算公式为

$$U = \frac{|A \cap B|}{|A \cup B|}$$ (4)

式中 A, B 分别为预测框与检测框的面积。

运动匹配是用马氏空间距离计算经卡尔曼滤波后的煤块预测位置和检测位置的匹配程度。

$$d^{(1)}(i, j) = (d_j - y_i)^T G_i^{-1}(d_j - y_i)$$ (5)

式中:$d^{(1)}(i, j)$ 为第 i 个轨迹和第 j 个检测框预测得到的边界框的马氏距离;d_j 为第 j 个煤块检测框;y_i 为第 i 个轨迹预测边界框;G_i 为第 i 个轨迹预测在当前测量空间的协方差矩阵。

当马氏距离小于指定阈值时,认为煤块匹配成功。

外观匹配是利用最小余弦距离计算当前帧中所有煤块的特征向量与历史轨迹中所有煤块特征向量之间的外观相似度。

$$d^{(2)}(i, j) = \min\{1 - r_j^T o^{(i)} \mid o^{(i)} \in L_i\}$$ (6)

式中:$d^{(2)}(i, j)$ 为第 i 个轨迹和第 j 个检测框的最小余弦距离,若 $d^{(2)}(i, j)$ 小于卷积神经网络训练阈值,则关联成功;r_j 为当前帧第 j 个检测框 d_j 的外观描述符,限定

条件为$\|r_i\|$; $o^{(i)}$为第i个确定轨迹储存的最近100帧成功关联的特征向量, L_i为外观特征向量库, 用于存储每个确定轨迹的外观特征向量。

将马氏距离与余弦距离线性加权作为关联匹配的衡量值:

$$c_{i,j} = \lambda d^{(1)}(i, j) + (1-\lambda) d^{(2)}(i, j) \qquad (7)$$

式中λ为权重系数。

若$c_{i,j}$落在指定阈值范围内, 则认定实现正确关联。

2.2.3 跟踪器更新

煤块数据关联匹配后, 跟踪器需要更新, 以便进行下一帧的煤块跟踪。跟踪器更新主要包括以下3种情况:

（1）对于匹配成功的跟踪器, 被检测的煤块将继承与其匹配成功的跟踪器编码, 并利用匹配成功的边界框的信息预测下一帧煤块位置。

（2）对于级联匹配未成功的跟踪器, DeepSORT会进行IoU匹配, 若匹配成功, 则继承跟踪器编码; 匹配不成功的跟踪器, 考虑检测器漏检的情况, 如果跟踪轨迹的标记为不确定, 则删除轨迹, 如果标记为确定, 则为其设置生存帧数, 若在生存帧数之内仍匹配失败, 则移除轨迹。

（3）对于级联匹配未成功的被检测煤块, DeepSORT会进行IoU匹配。对于IoU匹配未成功的被检测煤块, 为其建立一个新的跟踪器, 分配编码, 并标记为不确定轨迹, 进行3次匹配, 若匹配成功, 则标记为确定轨迹。

3 实验与分析

3.1 数据集及实验环境

实验所用的数据集主要源自陕西榆林市某煤矿。用ffmpeg调取刮板输送机输送煤块的工作视频, 每隔1 s存储1张图像, 共得到10 000张真实图像, 涵盖了不同尺寸的煤块。通过LabelImg工具进行标注, 制作dkm_data2021数据集。

实验以Pytorch为软件框架, 模型训练硬件环境为Intel(R)Core(TM)i7-11800H(内存16 GB)和NVIDIA GeForce RTX 3060 Laptop GPU(显存6 GB); 模型测试硬件环境为Intel(R) Core(TM) i7-8750H(内存16 GB)和NVIDIA RTX 2080 Ti(显存6 GB)。

3.2 参数设置及评价指标

模型训练参数设置: 输入图像大小为608×608, 迭代次数为100, 批次大小为16, 初始学习率为0.001。

将模型参数量、推理时间、召回率M_r、平均精度M_p、平均漏检率M_m、平均误检率M_f作为评估各模型的客观指标。

$$M_r = \frac{T_P}{T_P + F_N} \qquad (8)$$

$$M_p = \frac{T_P}{T_P + F_P} \qquad (9)$$

$$M_m = \frac{F_N}{F_N + T_P} \qquad (10)$$

$$M_f = \frac{F_P}{F_P + T_N} \qquad (11)$$

式中: T_P为被正确检测出的煤块; F_N为没有被检测出的煤块; F_P为误检的煤块; T_N为没有被误检的煤块。

在多目标跟踪实验评价中, 选用多目标跟踪准确率(Multiple Object Tracking Accuracy, MOTA)和多目标跟踪精度(Multiple Object Tracking Precision, MOTP)作为评价指标, 同时考虑误检、漏检的情况来评价跟踪算法的性能。MOTA值越大表示性能越好; MOTP用于定量分析跟踪器的定位精度, 值越大表示精度越高。

3.3 实验评估与分析

3.3.1 YOLOv5s特征提取网络实验对比

为了验证主干网络轻量化改进的有效性, 对改进前后的YOLOv5s进行实验对比, 实验结果见表2。从表2可看出, MobileNetV3_YOLOv5s与YOLOv5s相比, 平均精度降低了3.2%, 参数量减少了49.8%, 推理加速了20.6%, 在精度略低的情况下, 参数量大幅下降。

表2　特征提取网络实验对比

Table 2　Comparison of feature extraction network experiments

模型	召回率	平均精度	参数量/M	平均漏检率	平均误检率	推理时间/ms
YOLOv5s	0.785	0.821	7.09	0.334	0.026	18.9
MobileNetV3_YOLOv5s	0.766	0.795	3.56	0.365	0.027	15.0

3.3.2 YOLOv5s特征融合网络改进实验对比

为了验证特征融合网络的有效性, 设置了2组改进网络进行对比实验, 实验结果见表3。从表3可看出, YOLOv5s_AF-FPN相比YOLOv5s, 平均精度提高了4.94%; MobileNetV3_YOLOv5s_AF-FPN相比MobileNetV3_YOLOv5s, 平均精度提高了5.78%, 说明YOLOv5s_AF-FPN相比YOLOv5s原有的特征金字塔, 提高了多尺度煤块目标的检测精度。

表3 特征融合网络实验对比

Table 3 Comparison of feature fusion network experiments

模型	召回率	平均精度	参数量/M	平均漏检率	平均误检率	推理时间/ms
YOLOv5s	0.785	0.829	7.09	0.334	0.026	18.9
YOLOv5s_AF-FPN	0.824	0.870	8.12	0.365	0.027	15.0
MobileNetV3_YOLOv5s	0.766	0.795	3.56	0.365	0.027	15.0
MobileNetV3_YOLOv5s_AF-FPN	0.810	0.841	4.59	0.297	0.023	16.5

MobileNetV3_YOLOv5s_AF-FPN 相比 YOLOv5s 平均精度提高了 1.45%,参数量下降了 35.3%,推理加速了 12.7%,平均漏检率降低了 11.08%,平均误检率降低了 11.54%,在精度和实时性方面都有提升。

为进一步验证 MobileNetV3_ YOLOv5s_AF-FPN 模型的可靠性,分别测试 YOLOv5s 模型与 MobileNetV3_ YOLOv5s_AF-FPN 模型在光照不均匀、有粉尘、清晰环境下的煤块检测效果,效果对比如图9所示,其中边界框上面的 dkm 表示检测的煤块标签,数字表示检测煤块的相似度。从图9可看出,MobileNetV3_YOLOv5s_AF-FPN 相比 YOLOv5s,检测出的煤块更多,对小目标的检测性能更好,表明 MobileNetV3_YOLOv5s_AF-FPN 模型对不同环境、不同尺度的煤块检测精度更高。

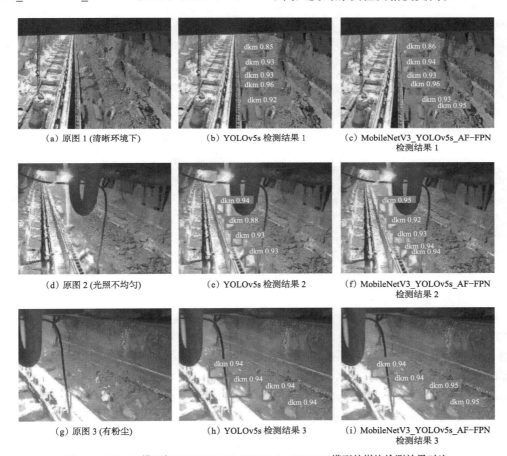

（a）原图1（清晰环境下）　（b）YOLOv5s 检测结果1　（c）MobileNetV3_YOLOv5s_AF-FPN 检测结果1

（d）原图2（光照不均匀）　（e）YOLOv5s 检测结果2　（f）MobileNetV3_YOLOv5s_AF-FPN 检测结果2

（g）原图3（有粉尘）　（h）YOLOv5s 检测结果3　（i）MobileNetV3_YOLOv5s_AF-FPN 检测结果3

图9 YOLOv5s 模型与 MobileNetV3_YOLOv5s_AF-FPN 模型的煤块检测效果对比

Fig. 9 Comparison of coal detection effect of YOLOv5s model and MobileNetV3_YOLOv5s_AF-FPN model

3.3.3 煤块行为识别实验

为了进一步验证煤块行为异常识别方法的有效性,分别用 YOLOv5s+DeepSORT、MobileNetV3_YOLOv5s_ AF-FPN+ DeepSORT 算法对刮板输送机上煤块正常状态、煤块滞留、煤块堵塞进行实验测试,用客观评价指标进行定量分析,结果见表4。视频图像帧大小 1 280×720,帧率为 30 帧/s。从表4可看出, MobileNetV3_YOLOv5s_ AF-FPN+DeepSORT 相比 YOLOv5s+DeepSORT,跟踪准确率提高了 4.79%,跟踪精度提高了 4.71%,漏检数减少了 24 个,误检数减少了 15 个。MobileNetV3_YOLOv5s_AF-FPN 检测精度更高,达 80.1%,更有利于多目标跟踪。

表 4　多目标跟踪结果对比
Table 4　Comparison of multi-target tracking results

模型	MOTA/%	MOTP/%	漏检数	误检数	推理速度/(帧·s^{-1})
YOLOv5s+DeepSORT	60.5	76.5	119	57	34
MobileNetV3_YOLOv5s_AF-FPN+DeepSORT	63.4	80.1	95	42	40

用 MobileNetV3_YOLOv5s_AF-FPN+DeepSORT 算法检测煤块不同状态,效果如图 10—图 12 所示,其中边界框上 dkm 表示检测的煤块标签,后面的数字表示目标跟踪分配的 ID 编号;fps 为推理速度;Normal、Stop、Block 分别表示当前帧检测到的煤块为正常状态、滞留状态、堵塞状态;Current_number 为当前帧中的煤块数量;煤块正常状态目标框为蓝色,煤块异常行为状态目标框为红色。

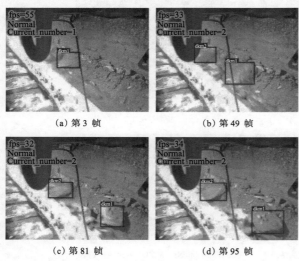

(a) 第 3 帧　　　　　　　　(b) 第 49 帧

(c) 第 81 帧　　　　　　　　(d) 第 95 帧

图 10　煤块正常跟踪
Fig. 10　Coal block normal tracking

从图 10 可看出:Current_number 显示第 3 帧、第 49 帧、第 81 帧、第 95 帧的煤块数量分别为 1, 2, 2, 2,表明可以准确显示当前帧的煤块数量,煤块为正常追踪状态,边界框为蓝色。在第 3 帧、第 49 帧、第 81 帧、第 95 帧中有标签 dkm1,表明可以准确追踪编号为 1 的煤块。在第 49 帧、第 81 帧、第 95 帧中有 dkm2,表明可以准确追踪编号为 2 的煤块。

从图 11 可看出:Current_number 显示第 136 帧、第 238 帧、第 286 帧、第 407 帧的煤块数量均为 1,表明可以准确显示当前帧的煤块数量。在第 286 帧、第 407 帧中,编号为 2 的煤块边界框变成红色,Stop=1,表明煤块为滞留状态,滞留数量为 1。

从图 12 可看出:Current_number 显示第 2 156 帧、第 2 220 帧、第 2 426 帧、第 2 812 帧的煤块数量分别

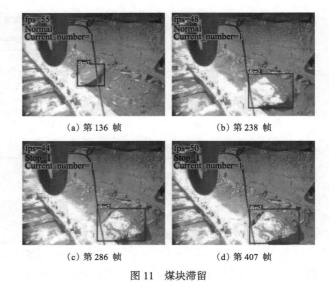

(a) 第 136 帧　　　　　　　　(b) 第 238 帧

(c) 第 286 帧　　　　　　　　(d) 第 407 帧

图 11　煤块滞留
Fig. 11　Coal block retention

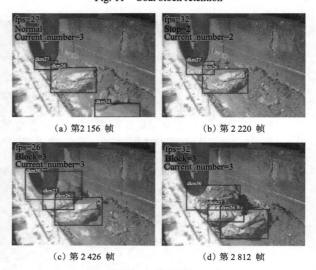

(a) 第 2 156 帧　　　　　　　(b) 第 2 220 帧

(c) 第 2 426 帧　　　　　　　(d) 第 2 812 帧

图 12　煤块堵塞
Fig. 12　Coal block blockage

为 3, 2, 3, 3,表明可以准确显示当前帧的煤块数量。在第 2 220 帧中编号为 26、27 的煤块边界框为红色,Stop=2,表明煤块为滞留状态,滞留数量为 2。在第 2 426 帧、第 2 812 帧中,编号为 26、27、30 的煤块边界框为红色,Block=3,表明煤块为堵塞状态,堵塞数量为 3。

4　结论

(1)基于目标检测、多目标跟踪技术,提出了一种基于改进 YOLOv5s+DeepSORT 的煤块行为异常识别方法,利用改进 YOLOv5s 模型对煤块进行检测,利用 DeepSORT 算法对煤块进行目标跟踪,设置距离、数量阈值,实现煤块行为异常识别。

(2)用 MobileNetV3 替换 YOLOv5s 主干网络,将 YOLOv5s 中原有的特征金字塔网络改进为

AF-FPN。实验结果表明：改进 YOLOv5s 模型相比原网络平均检测精度提高了 1.45%，参数量下降了 35.3%，推理加速了 12.7%，平均漏检率降低了 11.08%，平均误检率降低了 11.54%。改进后的网络提高了煤块检测精度，参数量大幅降低，实时检测性能好，可移植性高。

（3）结合 MobileNetV3_YOLOv5s_AF-FPN 与 DeepSORT 模型，设置距离阈值、数量阈值，进行煤块行为异常识别。实验结果表明：MobileNetV3_YOLOv5s_AF-FPN+DeepSORT 模型对煤块正常状态、滞留、堵塞的跟踪精度为 80.1%，煤块行为判断准确。

参考文献(References)：

[1] 王国法, 赵国瑞, 任怀伟. 智慧煤矿与智能化开采关键核心技术分析[J]. 煤炭学报, 2019, 44(1): 34-41.
WANG Guofa, ZHAO Guorui, REN Huaiwei. Analysis on key technologies of intelligent coal mine and intelligent mining[J]. Journal of China Coal Society, 2019, 44(1): 34-41.

[2] 王国法, 徐亚军, 张金虎, 等. 煤矿智能化开采新进展[J]. 煤炭科学技术, 2021, 49(1): 1-10.
WANG Guofa, XU Yajun, ZHANG Jinhu, et al. New development of intelligent mining in coal mines[J]. Coal Science and Technology, 2021, 49(1): 1-10.

[3] 张渤, 谢金辰, 张后斌. 矿井下输送带大块物体检测[J]. 煤炭技术, 2021, 40(4): 154-156.
ZHANG Bo, XIE Jinchen, ZHANG Houbin. Detection of large objects in transportation belt under mine[J]. Coal Technology, 2021, 40(4): 154-156.

[4] 许军, 吕俊杰, 杨娟利, 等. 基于图像处理的溜槽堆煤预警研究[J]. 煤炭技术, 2017, 36(12): 232-234.
XU Jun, LYU Junjie, YANG Juanli, et al. Research on early warning of coal chute blocking based on image processing[J]. Coal Technology, 2017, 36(12): 232-234.

[5] 张立亚. 矿山智能视频分析与预警系统研究[J]. 工矿自动化, 2017, 43(11): 16-20.
ZHANG Liya. Research on intelligent video analysis and early warning system for mine[J]. Industry and Mine Automation, 2017, 43(11): 16-20.

[6] 吴帅, 徐勇, 赵东宁. 基于深度卷积网络的目标检测综述[J]. 模式识别与人工智能, 2018, 31(4): 335-346.
WU Shuai, XU Yong, ZHAO Dongning. Survey of object detection based on deep convolutional networks[J]. Pattern Recognition and Artificial Intelligence, 2018, 31(4): 335-346.

[7] 管皓, 薛向阳, 安志勇. 深度学习在视频目标跟踪中的应用进展与展望[J]. 自动化学报, 2016, 42(6): 834-847.
GUAN Hao, XUE Xiangyang, AN Zhiyong. Advances on application of deep learning for video object tracking[J]. Acta Automatica Sinica, 2016, 42(6): 834-847.

[8] 罗海波, 许凌云, 惠斌, 等. 基于深度学习的目标跟踪方法研究现状与展望[J]. 红外与激光工程, 2017, 46(5): 14-20.
LUO Haibo, XU Lingyun, HUI Bin, et al. Status and prospect of target tracking based on deep learning[J]. Infrared and Laser Engineering, 2017, 46(5): 14-20.

[9] 南柄飞, 郭志杰, 王凯, 等. 基于视觉显著性的煤矿井下关键目标对象实时感知研究[J/OL]. 煤炭科学技术: 1-11[2022-01-12]. https://kns.cnki. net/kcms/detail/11.2402.TD.20210512.1304.004.html.
NAN Bingfei, GUO Zhijie, WANG Kai, et al. Real-time method of target ROI in coal mine underground based on visual saliency [J/OL]. Coal Science and Technology: 1-11[2022-01-12]. https://kns.cnki.net/kcms/detail/11.2402.TD.20210512.1304.004.html.

[10] 杜京义, 郝乐, 王悦阳, 等. 一种煤矿井下输煤大块物检测方法[J]. 工矿自动化, 2020, 46(5): 63-68.
DU Jingyi, HAO Le, WANG Yueyang, et al. A detection method for large blocks in underground coal transportation[J]. Industry and Mine Automation, 2020, 46(5): 63-68.

[11] WANG Yujing, WANG Yuanbin, DANG Langfei. Video detection of foreign objects on the surface of belt conveyor underground coal mine based on improved SSD[J]. Journal of Ambient Intelligence and Humanized Computing, 2020, 46(7): 1-10.

[12] 胡璟皓, 高妍, 张红娟, 等. 基于深度学习的带式输送机非煤异物识别方法[J]. 工矿自动化, 2021, 47(6): 57-62, 90.
HU Jinghao, GAO Yan, ZHANG Hongjuan, et al. Recognition method of non-coal foreign objects of belt conveyor based on deep learning[J]. Industry and Mine Automation, 2021, 47(6): 57-62, 90.

[13] 叶鸥, 窦晓熠, 付燕, 等. 融合轻量级网络和双重注意力机制的煤块检测方法[J]. 工矿自动化, 2021, 47(12): 75-80.
YE Ou, DOU Xiaoyi, FU Yan, et al. Coal block detection method integrating lightweight network and dual attention mechanism[J]. Industry and Mine Automation, 2021, 47(12): 75-80.

[14] 张伟, 庄幸涛, 王雪力, 等. DS-YOLO: 一种部署在无人机终端上的小目标实时检测算法[J]. 南京邮电大学学报（自然科学版）, 2021, 41(1): 86-98.
ZHANG Wei, ZHUANG Xingtao, WANG Xueli, et al. DS-YOLO: a real-time small object detection algorithm on UAVs[J]. Journal of Nanjing University of Posts and Telecommunications (Natural Science Edition), 2021, 41(1): 86-98.

[15] MITTAL S. A survey on optimized implementation of deep learning models on the NVIDIA Jetson platform[J]. Journal of Systems Architecture, 2019, 97: 428-442.

[16] WANG Junfan, CHEN Yi, GAO Mingyu, et al. Improved YOLOv5 network for real-time multi-scale traffic sign detection[J]. IEEE Sensors Journal, 2021, 38(8): 1724-1733.

[17] WANG Chenyao, LIAO Hongyuan, WU Yuehua, et al. CSPNet: a new backbone that can enhance learning capability of CNN[C]//Proceedings of the IEEE/CVF Conference on Computer Vision and Pattern Recognition Workshops, Seattle, 2020: 390-391.

[18] HE Kaiming, ZHANG Xingyu, REN Shaoqing, et al. Spatial pyramid pooling in deep convolutional networks for visual recognition[J]. IEEE Transactions on Pattern Analysis and Machine Intelligence, 2015, 37(9): 1904-1916.

[19] LIU Shu, QI Lu, QIN Haifang, et al. Path aggregation network for instance segmentation[C]//Proceedings of the IEEE Conference on Computer Vision and Pattern Recognition, 2018: 8759-8768.

[20] BEWLEY A, GE Z, OTT L, et al. Simple online and real time tracking[C]//2016 IEEE International Conference on Image Processing (ICIP), Phoenix, 2016: 3464-3468.

曹现刚,吴旭东,王鹏,等.面向煤矸分拣机器人的多机械臂协同策略 [J] .煤炭学报,2019,44(S2):763-774.
doi:10.13225/j.cnki.jccs.2019.0734

CAO Xiangang, WU Xudong, WANG Peng, et al.Collaborative strategy of multi-manipulator for coal-gangue sorting robot [J] .Journal of China Coal Society,2019,44(S2):763-774.doi:10.13225/j.cnki.jccs.2019.0734

移动阅读

面向煤矸分拣机器人的多机械臂协同策略

曹现刚[1], 吴旭东[1], 王　鹏[1], 李　莹[1], 刘思颖[1], 张国祯[1], 夏护国[2]

(1.西安科技大学 机械工程学院,陕西 西安　710054; 2.陕煤集团神南产业发展有限公司,陕西 榆林　719000)

摘　要: 针对煤矸分拣机器人对带式输送机上的随机矸石分拣过程中存在无策略规划而导致的低拣矸率、低利用率的问题,依据现代排序理论、机器人技术和多目标规划方法,构建随机矸石流下的多动态目标多机械臂协同分拣策略的数学模型。根据 D-H 机器人表示法,结合多机械臂模块、带式输送机的几何参数和视觉识别模块的相机参数,分别构建矸石图像相对世界坐标系、末端执行器相对世界坐标系的坐标转换关系。考虑多机械臂在矸石流运动过程中存在的静止时间,提出双直角坐标机器人的预反馈、自反馈和协作反馈机制,实现多机械臂协同分拣过程中分拣区余量值的递增趋势。根据机械臂和带式输送机的性能参数,构建多机械臂协同分拣策略的数学模型,实现多动态目标矸石的准确、高效分拣。基于策略求解结果,改变矸石模型,总结多机械臂协同分拣多动态目标矸石分拣率的影响因素。根据仿真实验结果,修正煤矸分拣机器人实验平台的相关参数,通过对比分析多组矸石流的抓取实验结果,带式输送机上的矸石分拣率满足应用要求,机械臂总反馈行程与其分拣个数呈反比。研究结果表明,煤矸分拣机器人的多机械臂协同策略对带式输送机上多动态目标矸石具有较好的近似解。

关键词: 煤矸分选; 直角坐标机器人; 多机械臂; 协作反馈

中图分类号: TD67　　**文献标志码:** A　　**文章编号:** 0253-9993(2019)S2-0763-12

Collaborative strategy of multi-manipulator for coal-gangue sorting robot

CAO Xiangang[1], WU Xudong[1], WANG Peng[1], LI Ying[1], LIU Siying[1], ZHANG Guozhen[1], XIA Huguo[2]

(1.*School of Mechanical Engineering, Xi'an University of Science and Technology, Xi'an　710054, China*; 2.*Shennan Industrial Development Co., Ltd., Yulin 719000, China*)

Abstract: In order to solve the problems of low gangue picking rate and low utilization rate caused by no strategic planning in the process of sorting random gangue on belt conveyor by coal and gangue sorting robot, the mathematical model of multi-dynamic and multi-manipulator cooperative sorting strategy under random gangue flow is constructed according to modern sorting theory, robot technology and multi-objective planning method.According to the representation of D-H robot, combining with geometric parameters of multi-manipulator module and belt conveyor and camera parameters of visual identification module, the coordinate transformation relationship between the gangue image and the world coordinate system and the end effector relative to the world coordinate system is established respectively.Considering the static time of multi-manipulator in the process of gangue flow movement, in this paper, the pre-feedback, self-feedback and cooperative feedback mechanism of the double rectangular coordinate robot are proposed to realize the increasing trend of the residual value of the sorting area in the collaborative sorting process of the multi-mechanical

收稿日期:2019-05-31　　修回日期:2019-06-26　　责任编辑:郭晓炜
基金项目:陕西省重点研发计划资助项目(2018GY-160);陕西省教育厅科学研究计划资助项目(18JC022)
作者简介:曹现刚(1970—),男,山东莒南人,教授,博士生导师,博士。E-mail:1097139739@qq.com

arm.According to the performance parameters of manipulator and belt conveyor, the mathematical model of multi-manipulator cooperative sorting strategy is constructed to realize the accurate and efficient sorting of multi-dynamic target gangue.Based on the strategy solution results, the gangue model is changed, and the influencing factors of multi-manipulator cooperative sorting multi-dynamic target gangue sorting rate are summarized.According to the simulation experiment result, the relevant parameters of the experimental platform of coal and gangue sorting robot are modified, Through the comparative analysis of the results of the capture experiments of multiple groups of gangue flow, in the belt conveyor, the stone sorting rate meets the application requirements, and the total feedback stroke of the mechanical arm is inversely proportional to the number of the sorting.

Key words：coal-gangue separation；cartesian robot；multi robot arm；collaborative feedback

原煤入洗率是提高煤质、减小污染的关键指标[1]，也是我国煤炭开发利用和转型升级的重要内容[2]。原煤入洗主要是煤和矸石的分选，拣矸率作为煤矸石分选过程的重要参数，关系到煤矿煤炭生产质量[3]。现有的人工分拣、重介洗选[4-5]、浮选[6-7]和跳汰[8]等传统分选方式存在资源浪费、环境污染、分选效率低和高成本等问题，已经无法适应我国煤炭行业可持续发展的要求[9]。随着机器人技术研究的不断深入，采用机器人进行矸石分拣成为一个新的研究方向，国内研究者对该研究方向做了大量的科研工作，其中基于多机械臂协同的煤矸分拣方法属代表性的研究成果[10]。

根据传统工件在带式输送机上的工序处理特点，结合带式输送机速度的小范围变化特点，矸石流在带式输送机上的分拣问题属于特殊的多动态目标问题[11-13]。欲做基于多机械臂协同的随机矸石流分拣，需要对带式输送机机械性能与矸石信息做相关性分析[14]，建立矸石流的数学模型。多机器人协同策略需要从机器人执行任务的能力、任务对机器人的需求数量以及分配时间变化情况等方面进行分类讨论[15-16]，根据多机械臂协同、多目标分配以及策略调度等方法[17-18]，建立任务分配的建模方法，得到多机器人系统任务分配过程中的最优解与次优解求解[19-20]，而具体应用到矸石分拣的多机器人协同策略，鲜有学者对这一问题进行相应的研究或者探讨。

基于这一背景，笔者引入反馈机制，建立多机械臂协同分拣策略的数学模型，导入随机矸石流的数学模型，以策略算法结果为参考，对多机械臂的拣矸率和反馈行程变化展开初步的探讨，旨在寻求更为准确的分拣多动态目标矸石的多机械臂协同算法，并对多机械臂协同策略分拣率的影响因素做进一步总结。

1　多动态目标矸石分拣问题的描述

1.1　煤矸分拣机器人概述

所研制的煤矸分拣机器人是一种智能化干法选煤设备，主要由带式输送机、视觉识别模块、多机械臂分拣模块、控制模块等组成，如图 1 所示。

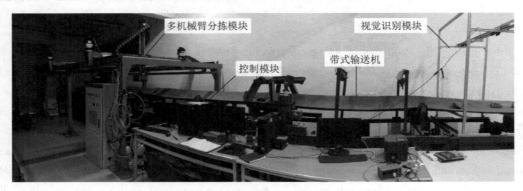

图 1　煤矸分拣机器人
Fig. 1　Coal-gangue sorting robot

煤矸流经过破碎机和煤仓散落于带式输送机上，通过视觉识别模块实现矸石的识别与坐标计算。结合当前带式输送机速度、末端执行器位置，通过主控　系统中的多机械臂协同分拣策略对多动态目标矸石进行目标机械臂的任务分配。单机械臂根据任务分配结果，通过硬件驱动，实现目标矸石的快速、连续分拣,其主要系统流程如图2所示。

1.2 问题描述

图3为煤矸分拣机器人平台上的双机械臂协同分拣过程示意图。矸石流经过识别区的识别和定位,根据带式输送机恒定速度,得到矸石及其相关动态坐标信息。

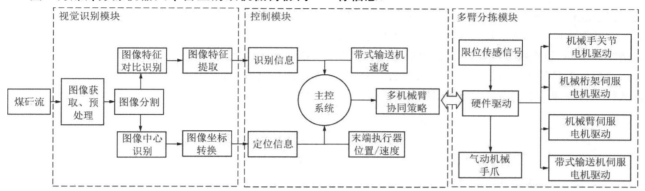

图 2 煤矸分拣机器人分拣流程

Fig. 2 Sorting process of coal-gangue sorting robot

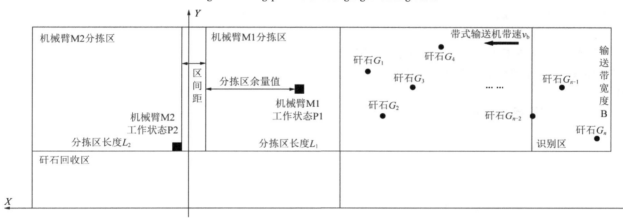

图 3 机械臂分拣过程

Fig. 3 Robotic arm sorting process

根据带式输送机的工作要求,将机械臂沿输送带前后布置,同时考虑矸石流分拣过程特点,每个分拣机械臂工作独立,即分拣逻辑为并行分拣。为避免矸石分配不均衡、机械臂分拣区域有限导致的机器人运行效率低的问题,笔者考虑双机械臂的协同分拣,即协同分拣过程中允许机械臂在空闲时间进行反馈复位,保证工作区余量具有反馈递增的趋势。

由图3目标矸石分布可知,X,Y轴为是世界坐标系的横纵坐标轴,随机矸石流经过识别区后,得到其坐标信息,根据带式输送机运动方向的位置关系,分别标识为$G_1,G_2,\cdots,G_{n-1},G_n$;M1,M2为2台独立分拣机械臂,具有对应的分拣区,分拣区长度分别为L_1,L_2,宽度为输送带宽度B,2台机械臂分拣区之间存在区间距;机械臂执行分拣动作过程中,机械臂距离其左侧工作区的距离为机械臂分拣区余量值,该值影响机械臂持续分拣的工作性能。

机械臂M1,M2启动,假设M1完成G_1的分拣后,其位置满足G_2的分拣要求,则M1继续分拣G_2,否则由M2完成G_2的分拣,M1继续G_1的分拣动作;当M1,M2均在执行分拣动作,则当前矸石G_n不分拣,生成1次漏拣。若机械臂工作区余量值不满足当前矸石分拣动作的行程要求时,则放弃分拣并生成1次漏拣,机械臂进行复位,直至其初始化位置后,开始继续分拣矸石。

基于现有的多机械臂分拣方式,分析矸石流动态刷新特点,结合相邻矸石的前后位置关系,引入自反馈、预反馈和协作反馈机制,优化机械臂复位过程。在机械臂连续分拣条件下,保证其分拣区余量值根据矸石流位置信息进行动态递增,具体表述如下:

目标矸石运动到机械臂响应分拣动作的位置前存在一段等待时间,当该时间值为正时,机械臂利用该段时间进行短行程复位的过程即为自反馈。

如图4所示,当机械臂分拣矸石G_n前,机械臂与矸石位置分别为黑色的M,G_n和G_{n+1};机械臂完成G_n

分拣动作后,机械臂与矸石 G_{n+1} 应到达的位置为白色的 M, G_{n+1} ,但矸石 G_{n+1} 实际到达的位置为黑色的 G'_{n+1} ;当前 G_{n+1} 的实际位置在机械臂完成分拣动作后应到达的位置左侧,表明机械臂已经完成分拣动作,可以对 G_{n+1} 进行分拣。策略求解过程中,矸石流的动态刷新是非连续的,每次刷新时, G_{n+1} 应到达的位置 G'_{n+1} 与实际位置——白色的 G_{n+1} 存在距离,机械臂利用该段间距进行短行程复位的过程即为预反馈。

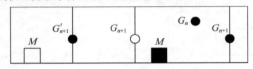

图 4　预反馈过程
Fig. 4　Pre-feedback process

同一块目标矸石,当 2 台机械臂状态都为可以进行分拣时,1 台机械臂执行分拣动作,另 1 台机械臂根据分拣时间进行长行程复位的过程即为协作反馈。

为了有效地描述该双机械臂协同分拣的协同问题,对中低速带式输送机上矸石流的抓取策略提出如下规则。

规则 1:策略运行过程中,当且仅当初次启动或停产维护,否则不停机。因此,矸石流的坐标信息在带式输送机运动方向上是离散分布、连续生成、动态递减的。

规则 2:2 台沿带式输送机前后布置的机械臂 M1,M2,其分拣逻辑为并行分拣,因此分拣同一块矸石,2 台机械臂的工作状态 P1 和 P2 皆为 true 时,则由机械臂 M1 进行抓取,机械臂 M2 进行协作反馈,等待矸石流动态刷新后开始处理下一块矸石。

规则 3:矸石流的坐标信息进行动态刷新后,遍历机械臂的工作状态 P1 和 P2。只有为 true 的机械臂,可以进行预反馈。

规则 4:机械臂在分拣过程中,根据目标矸石的位置信息,机械臂进行自反馈。

规则 5:当所有机械臂的工作状态皆为 false 时,生成一次丢失信息,同时矸石流进行动态刷新。

1.3　多机械臂分拣多动态矸石目标的协同策略模型

1.3.1　矸石定位过程的坐标转换

如图 5 所示,选取当前带式输送机上距离分拣区最近的矸石为 G_1 ,根据视觉识别模块的定位信息,相对机械臂距离大小依次排序为 G_2 , G_3 , $\cdots$, G_{n-1} , G_n 。

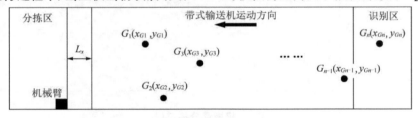

图 5　矸石流运动示意
Fig. 5　Schematic diagram of gangue flow

视觉识别定位过程中的坐标系是进行矸石坐标转换的基础,根据图像坐标转换过程,引入世界坐标系、相机坐标系、图像坐标系和成像坐标系。

根据世界坐标系、相机坐标系、图像坐标系和成像坐标系之间的关系,建立矸石坐标转换过程的坐标关系,如图 6 所示。图中, $O_w-X_wY_wZ_w$ 为世界坐标系,mm; $O_c-X_cY_cZ_c$ 为相机坐标系,mm; $o-xy$ 为图像坐标系,位于成像坐标系内 $o(u_0,v_0)$ 点,mm; uv 为像素坐标系,pixel; Q_1 为目标矸石相对于世界坐标系的位置点; Q_2 为点 Q_1 在图像中的成像点,在图像坐标系中的坐标为 (x,y) ,在像素坐标系中的坐标为 (u,v) ; T 为相机坐标系相对于世界坐标系的偏移向量; f 为相机焦距,等于 o 与 O_c 的距离, $f=\parallel o-O_c \parallel$ 。

根据世界坐标系到相机坐标系的刚体变换特点,通过 D-H 坐标转换方法,实现世界坐标系到相机坐标系的坐标转换,具体过程如下:

世界坐标系绕 X 轴旋转 θ 变换为相机坐标系的

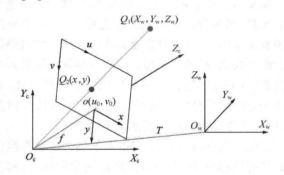

图 6　定位过程坐标系
Fig. 6　Positioning process coordinate system

姿态,旋转矩阵为 R_1 ;根据世界坐标系到相机坐标系的偏移向量 T ,得到的偏移向量为 T_1 。即

$$R_1 = \text{Rot}(x,\theta) = \begin{bmatrix} 1 & 0 & 0 & 0 \\ 0 & \cos\theta & -\sin\theta & 0 \\ 0 & \sin\theta & \cos\theta & 0 \\ 0 & 0 & 0 & 1 \end{bmatrix} \quad (1)$$

$$\boldsymbol{T}_1 = \mathrm{Trans}(x, y, z) = \begin{bmatrix} x \\ y \\ z \\ 1 \end{bmatrix} \qquad (2)$$

由式(1),(2)可以得到世界坐标系中的 $Q_1(X_w, Y_w, Z_w)$ 在相机坐标系中的坐标为 $Q_2(X_c, Y_c, Z_c)$,计算过程为

$$\begin{bmatrix} X_c \\ Y_c \\ Z_c \\ 1 \end{bmatrix} = \begin{bmatrix} \boldsymbol{R}_1 & \boldsymbol{T}_1 \\ 0 & 1 \end{bmatrix} \begin{bmatrix} X_w \\ Y_w \\ Z_w \\ 1 \end{bmatrix} \qquad (3)$$

根据相机坐标系到图像坐标系的映射关系,将空间坐标转为平面坐标,计算过程为

$$Z_C \begin{bmatrix} x \\ y \\ 1 \end{bmatrix} = \begin{bmatrix} f & 0 & 0 & 0 \\ 0 & f & 0 & 0 \\ 0 & 0 & 1 & 0 \end{bmatrix} \begin{bmatrix} X_C \\ Y_C \\ Z_C \\ 1 \end{bmatrix} \qquad (4)$$

图像坐标系到成像坐标系的坐标变换过程不存在旋转矩阵,根据平面坐标内的比例关系及平移变换即可,具体过程为

$$\begin{bmatrix} u \\ v \\ 1 \end{bmatrix} = \begin{bmatrix} \dfrac{1}{\mathrm{d}x} & 0 & u_0 \\ 0 & \dfrac{1}{\mathrm{d}y} & v_0 \\ 0 & 0 & 1 \end{bmatrix} \begin{bmatrix} x \\ y \\ 1 \end{bmatrix} \qquad (5)$$

结合式(3)~(5),可以得到世界坐标系到成像坐标系的转换公式,具体计算过程为

$$Z_C \begin{bmatrix} u \\ v \\ 1 \end{bmatrix} = \begin{bmatrix} \dfrac{1}{\mathrm{d}x} & 0 & u_0 \\ 0 & \dfrac{1}{\mathrm{d}y} & v_0 \\ 0 & 0 & 1 \end{bmatrix} \begin{bmatrix} f & 0 & 0 & 0 \\ 0 & f & 0 & 0 \\ 0 & 0 & 1 & 0 \end{bmatrix} \begin{bmatrix} X_C \\ Y_C \\ Z_C \\ 1 \end{bmatrix} \qquad (6)$$

1.3.2 矸石流的数学建模

根据矸石坐标信息得到矸石流在 X 轴上的坐标值数组 $G_x[n]$ 和矸石流在 Y 轴上的坐标值数组 $G_y[n]$,数组为

$$\begin{cases} G_x[n] = \{x_{G0}, x_{G1}, \cdots, x_{G_{n-1}}, x_{G_n}\} \\ G_y[n] = \{y_{G0}, y_{G1}, \cdots, y_{G_{n-1}}, y_{G_n}\} \end{cases} \qquad (7)$$

分析矸石流在带式输送机上的运动特点,根据式(7)计算矸石流在 X 轴向上的动态刷新的时间数组 $T_x[n]$,公式如下:

$$\begin{cases} t^n = \dfrac{x_{G_{n-1}} - x_{G_n}}{v_b}, n \geqslant 1 \\ t^0 = \dfrac{x_{M_J} - x_{G0} + L_x}{v_b}, n = 0 \end{cases} \qquad (8)$$

其中

$$x_{G_0}, x_{G_{n-1}}, x_{G_n} \in G_x[n]$$

$$L_x = \dfrac{v_b^2}{2A}$$

式中,v_b 为带式输送机的运行速度,m/s;A 为机械臂加速度,m/s^2;n 为当前矸石的序号;x_{G_n} 为矸石 G_n 在 X 轴的坐标值,mm;y_{G_n} 为矸石 G_n 在 Y 轴的坐标值,mm;t^n 为矸石 G_n 的动态更新时间,s;L_x 为目标矸石与机械臂随动分拣的响应距离,mm;x_{M_J} 为任意机械臂沿带式输送机 X 轴方向的实时坐标信息。

根据式(8)得到矸石流在 X 轴上的动态更新时间数组如下:

$$T_x[n] = \{t^0, t^1, \cdots, t^{n-1}, t^n\} \qquad (9)$$

矸石流的 X 坐标值是离散的,设备运行状态下的矸石信息是连续生成的,带式输送机上矸石流的 X 坐标值是动态递减的。

1.3.3 末端执行器的坐标转换

机械臂坐标转换是将末端执行器坐标系的坐标值转换到世界坐标系的过程,根据煤矸分拣机器人单机械臂的结构特点,结合 D-H 坐标表示法,建立末端执行器坐标系。

末端执行器坐标转换过程如图7所示,引入世界坐标系、机械臂坐标系、关节坐标系和末端执行器坐标系。其中,$O_w-X_w Y_w Z_w$ 为世界坐标系,mm;$O_{A1}-X_{A1} Y_{A1} Z_{A1}$ 为机械臂坐标系,mm;$O_{A5}-X_{A5} Y_{A5} Z_{A5}$ 为末端执行器坐标系,mm;其余 $O_{A2}-X_{A2} Y_{A2} Z_{A2}$,$O_{A3}-X_{A3} Y_{A3} Z_{A3}$,$O_{A4}-X_{A4} Y_{A4} Z_{A4}$ 均为关节坐标系,用以坐标转换,mm。

通过图7坐标关系建立直角坐标机器人 D-H 参

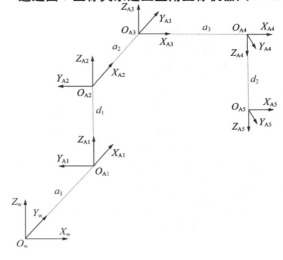

图7 末端执行器的坐标系

Fig. 7 End-effector coordinate conversion process

数。其中,θ 为 Z 轴转动量;d 为 Z 轴平移量;α 为 X 轴转动量;a 为 X 轴平移量;具体见表 1。

表 1　D-H 转换参数
Table 1　D-H conversion parameters

转换	θ	d	a	α
$^{0}T_1$	θ_1	0	a_1	0
$^{1}T_2$	0	d_1	0	0
$^{2}T_3$	0	0	a_2	0
$^{3}T_4$	θ_2	0	a_3	0
$^{4}T_5$	0	d_2	0	α_1

注:$^{0}T_1$ 为坐标系 $O_{A1}-X_{A1}Y_{A1}Z_{A1}$ 变换至坐标系 $O_w-X_wY_wZ_w$ 的过程,变换矩阵为 A_1;$^{1}T_2$ 为坐标系 $O_{A2}-X_{A2}Y_{A2}Z_{A2}$ 变换至坐标系 $O_{A1}-X_{A1}Y_{A1}Z_{A1}$ 的过程,变换矩阵为 A_2;$^{2}T_3$ 为坐标系 $O_{A3}-X_{A3}Y_{A3}Z_{A3}$ 变换至坐标系 $O_{A2}-X_{A2}Y_{A2}Z_{A2}$ 的过程,变换矩阵为 A_3;$^{3}T_4$ 为坐标系 $O_{A4}-X_{A4}Y_{A4}Z_{A4}$ 变换至坐标系 $O_{A3}-X_{A3}Y_{A3}Z_{A3}$ 的过程,变换矩阵为 A_4;$^{4}T_5$ 为坐标系 $O_{A5}-X_{A5}Y_{A5}Z_{A5}$ 变换至坐标系 $O_{A4}-X_{A4}Y_{A4}Z_{A4}$ 的过程,变换矩阵为 A_5;$^{0}T_5$ 为坐标系 $O_{A5}-X_{A5}Y_{A5}Z_{A5}$ 变换至坐标系 $O_w-X_wY_wZ_w$ 的过程。

根据 D-H 参数建立机械臂末端执行器坐标系相对世界坐标系的正运动学模型,计算式为

$$^{0}T_5 = {}^{0}T_1^{1}T_2^{2}T_3^{3}T_4^{4}T_5 = A_1A_2A_3A_4A_5 \quad (10)$$

根据坐标系转换关系,变换矩阵 A_1,A_2,A_3,A_4,A_5 参数计算如下:

$$^{0}T_5 = \begin{bmatrix} C(\theta_1+\theta_2) & -S(\theta_1+\theta_2)C\alpha_1 & S(\theta_1+\theta_2)S\alpha_1 & a_1+(a_2+a_3)C\theta_1 \\ S(\theta_1+\theta_2) & -C(\theta_1+\theta_2)C\alpha_1 & -C(\theta_1+\theta_2)S\alpha_1 & (a_2+a_3)C\theta_1 \\ 0 & S\alpha_1 & C\alpha_1 & d_1+d_2 \\ 0 & 0 & 0 & 1 \end{bmatrix} \quad (16)$$

式中,C 为 cos;S 为 sin。

1.3.4　多机械臂协同数学模型

以矸石流的数学模型为对象建立带反馈的多机械臂协同数学模型,确定第 i 块矸石的机械臂分配方案可转化为求解第 $i-1$ 块矸石分拣后的各个机械臂状态问题。分析上述反向求解方法,逐层递推后,通过第 1 块矸石分拣后的各个机械臂状态,即可求得矸石流中各个目标矸石的机械臂分配方案及分拣后的状态。模型建立和算法求解过程详述如下:

(1)设机械臂 M1,M2 的分拣区长分别为 L_1,L_2,宽为 B,其分拣区余量分别为 U_1,$U_2(0 \leqslant U_1 \leqslant L_1$,$0 \leqslant U_2 \leqslant L_2)$。

(2)设机械臂 M1,M2 的实时坐标信息分别为 $(x_{M1J}$, $y_{M1J})$,$(x_{M2J}$, $y_{M2J})$,其状态坐标信息分别

$$A_1 = \mathrm{Trans}(a_1,0,0)\mathrm{Rot}(z,\theta_1) = \begin{bmatrix} 1 & 0 & 0 & a_1 \\ 0 & 1 & 0 & 0 \\ 0 & 0 & 1 & 0 \\ 0 & 0 & 0 & 1 \end{bmatrix} \begin{bmatrix} C\theta_1 & -S\theta_1 & 0 & 0 \\ S\theta_1 & C\theta_1 & 0 & 0 \\ 0 & 0 & 1 & 0 \\ 0 & 0 & 0 & 1 \end{bmatrix} \quad (11)$$

$$A_2 = \mathrm{Trans}(0,0,d_1) = \begin{bmatrix} 1 & 0 & 0 & 0 \\ 0 & 1 & 0 & 0 \\ 0 & 0 & 1 & d_1 \\ 0 & 0 & 0 & 1 \end{bmatrix} \quad (12)$$

$$A_3 = \mathrm{Trans}(a_2,0,0) = \begin{bmatrix} 1 & 0 & 0 & a_2 \\ 0 & 1 & 0 & 0 \\ 0 & 0 & 1 & 0 \\ 0 & 0 & 0 & 1 \end{bmatrix} \quad (13)$$

$$A_4 = \mathrm{Trans}(a_3,0,0)\mathrm{Rot}(z,\theta_2) = \begin{bmatrix} 1 & 0 & 0 & a_3 \\ 0 & 1 & 0 & 0 \\ 0 & 0 & 1 & 0 \\ 0 & 0 & 0 & 1 \end{bmatrix} \begin{bmatrix} C\theta_2 & -S\theta_2 & 0 & 0 \\ S\theta_2 & C\theta_2 & 0 & 0 \\ 0 & 0 & 1 & 0 \\ 0 & 0 & 0 & 1 \end{bmatrix} \quad (14)$$

$$A_5 = \mathrm{Trans}(0,0,d_2)\mathrm{Rot}(x,\alpha_1) = \begin{bmatrix} 1 & 0 & 0 & 0 \\ 0 & 1 & 0 & 0 \\ 0 & 0 & 1 & d_2 \\ 0 & 0 & 0 & 1 \end{bmatrix} \begin{bmatrix} 1 & 0 & 0 & 0 \\ 0 & C\alpha_1 & -S\alpha_1 & 0 \\ 0 & S\alpha_1 & C\alpha_1 & 0 \\ 0 & 0 & 0 & 1 \end{bmatrix} \quad (15)$$

将式(11)~(15)代入式(10),得到末端执行器坐标系到世界坐标系的坐标转换关系,即

为 $(x_{M1}$, $y_{M1})$,$(x_{M2}$, $y_{M2})$,其中,机械臂沿带式输送机运动方向的范围为 $x_{M1J} \in (L_{1\min}$, $L_{1\max})$,$x_{M2J} \in (L_{2\min}$, $L_{2\max})$。

(3)设机械臂 M1,M2 分拣后的矸石流在 X 轴上的坐标值数组分别为 $G_{1x}[n]$,$G_{2x}[n]$。

(4)每次分拣目标矸石前,需要对矸石流进行动态刷新,动态刷新周期的时间变量为 t,则

$$\begin{cases} G_x[n] = G_x[n] - tv_b \\ t = T_x[n-1],\ n > 0 \end{cases} \quad (17)$$

(5)机械臂随动分拣目标矸石的过程可分为随动就位、夹持和放置 3 步。

随动就位过程要求机械臂运动至矸石正上方并同速、同向运动,其运动时间 t_1 取 X,Y 方向的最大就位时间 t_x 和 t_y,即

$$
\begin{cases}
t_1 = \max\{t_x, t_y\} \\
t_x = \dfrac{v_b}{A} \\
t_y = \sqrt{\dfrac{2\,|y_{G_n} - y_{MJ}|}{A}}
\end{cases}
\tag{18}
$$

夹持过程主要为 Z 轴方向上的运动,该过程具有固定周期,其时间设为 t_2。

放置过程要求机械臂在 Y 轴方向上运动到回收带式输送机上方,与 $y = L_y$ 重合,其运动时间 t_3 取 X,Y 方向的最大就位时间 t_x 和 t_y,即

$$
\begin{cases}
t_1 = \max\{t_x, t_y\} \\
t_x = \dfrac{v_b}{A} \\
t_y = \sqrt{\dfrac{2\,|y_{G_n} - L_y|}{A}}
\end{cases}
\tag{19}
$$

为简化随动分拣过程,让机械臂初始位置的 Y 轴坐标与 $y = L_y$ 共线。即

$$
L_y = y_{MJ}
\tag{20}
$$

放置过程中,机械臂在 X 轴上的运动时间 $t_3 = t_x$,机械臂完成抓取的运动时间为 $t_3 = \max\{t_x, t_y\}$,可得完成 1 块矸石分拣后,机械臂的状态信息和对应矸石流状态信息的时间不一致,即

$$
\begin{cases}
x_{M1} = x_{M1J} - \llbracket (t_2 + t_1 - t_x)v_b + At_x t_x \rrbracket \\
x_{M2} = x_{M2J} - \llbracket (t_2 + t_1 - t_x)v_b + At_x t_x \rrbracket
\end{cases}
\tag{21}
$$

$$
\begin{cases}
G_1 x \llbracket n \rrbracket = G_1 x \llbracket n \rrbracket - t v_b \\
G_2 x \llbracket n \rrbracket = G_2 x \llbracket n \rrbracket - t v_b \\
t = t_1 + t_2 + t_3
\end{cases}
\tag{22}
$$

(6)取出动态刷新后的矸石流 X 坐标信息 $G_x \llbracket n \rrbracket$,机械臂完成目标矸石分拣后所对应的矸石流 X 坐标状态信息 $G_{1x}\llbracket n \rrbracket$ 或 $G_{2x}\llbracket n \rrbracket$,得到机械臂 M1,M2 的状态参量 P1 和 P2。

在 P1 或 P2 为 true 的情况下,对应机械臂进行预反馈,增加其工作区余量值 $U_1, U_2 (0 \leqslant U_1 \leqslant L_1, 0 \leqslant U_2 \leqslant L_2)$,预反馈函数为 Prefb(),反馈量为 ω_P^n。即

$$
\begin{cases}
\omega_{P1}^n = \mathrm{Prefb}\left(G_x \llbracket n \rrbracket, G_1 x \llbracket n \rrbracket, A, v_b\right) \\
\omega_{P2}^n = \mathrm{Prefb}\left(G_x \llbracket n \rrbracket, G_2 x \llbracket n \rrbracket, A, v_b\right)
\end{cases}
\tag{23}
$$

式中,ω_{P1}^n 和 ω_{P2}^n 分别为机械臂 M1 和 M2 于状态 P1 和 P2 分拣第 n 块矸石时的预反馈量。

(7)完成机械臂状态遍历后,根据机械臂状态参量,取出对应机械臂的 X 坐标值 x_{M1J} 或 x_{M2J},减去对应目标矸石的 X 坐标值 x_{Gn},若差值为正,对应机械臂进行自反馈,工作区余量值 $U_1, U_2 (0 \leqslant U_1 \leqslant L_1, 0 \leqslant U_2 \leqslant L_2)$ 增加,自反馈函数为 Selffb(),反馈量为 ω_s^n。即

$$
\begin{cases}
\omega_{s1}^n = \mathrm{Selffb}\left(x_{M1J}, G_x \llbracket n \rrbracket, A, v_b\right) \\
\omega_{s2}^n = \mathrm{Selffb}\left(x_{M2J}, G_x \llbracket n \rrbracket, A, v_b\right)
\end{cases}
\tag{24}
$$

式中,ω_{s1}^n 和 ω_{s2}^n 分别为机械臂 M1 和 M2 分拣第 n 块矸石时的自反馈量。

若差值为负,则由后续机械臂分拣或生成 1 次漏拣,n_{lose} 自增 1,对比下一序号矸石的坐标信息进行自反馈。即

$$
\begin{cases}
\omega_{s1}^n = \mathrm{Selffb}\left(x_{M1J}, G_x \llbracket n-1 \rrbracket, A, v_b\right) \\
\omega_{s2}^n = \mathrm{Selffb}\left(x_{M2J}, G_x \llbracket n-1 \rrbracket, A, v_b\right)
\end{cases}
\tag{25}
$$

(8)多机械臂协同分拣过程中,根据分拣策略的规则,要求串行布置的机械臂 M1,M2,前端机械臂 M1 具有优先分配权。因此,当多个机械臂状态参量均为 true 时,由前端机械臂进行分拣作业,其余机械臂进行协作反馈,增加其工作区余量值,协作反馈函数为 Collfb(),反馈量为 ω_c^n。即

$$
\begin{cases}
\omega_{c1}^n = \mathrm{Collfb}\left(\omega_{s1}^n, T_x \llbracket n-1 \rrbracket, A, v_b\right) \\
\omega_{c2}^n = \mathrm{Collfb}\left(\omega_{s2}^n, T_x \llbracket n-1 \rrbracket, A, v_b\right)
\end{cases}
\tag{26}
$$

式中,ω_{c1}^n 和 ω_{c2}^n 分别为机械臂 M1 和 M2 分拣第 n 块矸石时的协作反馈量。

(9)在多机械臂分拣多动态目标矸石的过程中,根据煤矸分拣机器人平台的物理特性,要求各个机械臂不应超出其工作区范围。即

$$
\begin{cases}
\mathrm{M1}\{L_{1\min} \leqslant x_{M1J} \leqslant L_{1\max} \mid 0 \leqslant U_1 \leqslant L_1\} \\
\mathrm{M2}\{L_{2\min} \leqslant x_{M2J} \leqslant L_{2\max} \mid 0 \leqslant U_2 \leqslant L_2\}
\end{cases}
\tag{27}
$$

(10)机械臂对矸石流进行分拣时,其预反馈、自反馈和协作反馈的总反馈量是一个累加值 ω。即

$$
\omega = \sum_{i=0}^{n} \llbracket \mathrm{P1}, \mathrm{P2}) \left(\omega_{P1}^n + \omega_{s1}^n + \omega_{c1}^n\right) \rrbracket
\tag{28}
$$

(11)统计单批次矸石流的分拣结果,根据矸石漏拣个数 n_{lose} 和矸石流个数 n,得到拣矸率 ε。即

$$
\varepsilon = \frac{n - n_{lose}}{n} \times 100\%
\tag{29}
$$

以最大总反馈量和最大分拣率为目标函数,根据上述约束条件,构建基于反馈机制的多动态目标的多机械臂协同数学模型为

$$
F = \max(\omega, \varepsilon), \quad \omega > 0,\ 0 < \varepsilon < 1
\tag{30}
$$

1.3.5 多动态矸石目标多机械臂协同分拣策略的算法求解

机械臂协同的煤矸分拣策略流程如图 8 所示。其步骤如下:

步骤 1:煤矸分拣机器人启动后,分别对问题参量和策略变量进行初始化;

步骤 2:更新 t 值,从矸石模型的动态数组 $T_g \llbracket n \rrbracket$

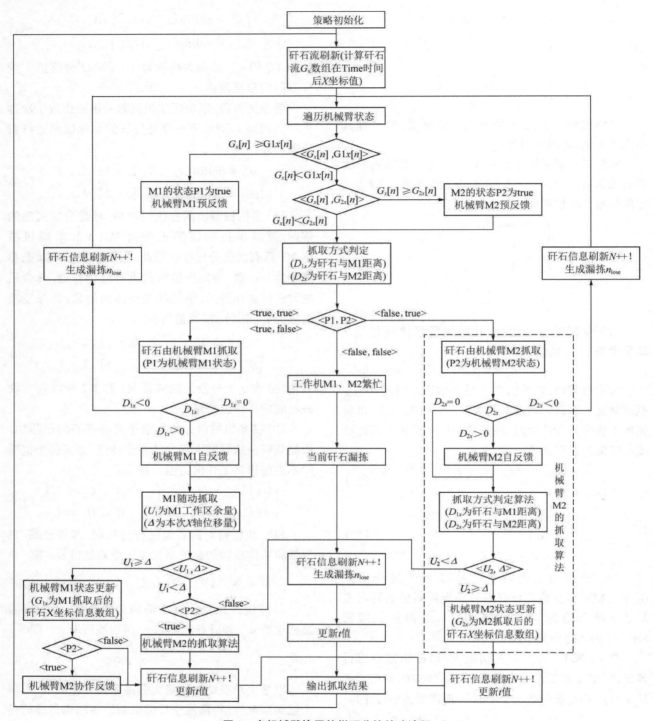

图 8 多机械臂协同的煤矸分拣策略流程

Fig. 8 Multi-mechanical arm coordinated coal gangue sorting strategy flow

内取值,刷新矸石流的目标矸石集合的 X 坐标数组 G_x [n];

步骤 3:选择机械臂的抓取状态矸石流的 X 坐标数组 G_{1x} [n], G_{2x} [n],通过分别比较 G_x [n] 与 G_{1x} [n], G_x [n] 与 G_{2x} [n] 的目标矸石序号的值,得到当前机械臂 M1,M2 的工作状态 P1,P2,并根据其差值进行预反馈;

步骤 4:确定当前矸石对应的机械臂状态,计算机械臂 M1,M2 与矸石之间的距离 D_{1x}, D_{2x},该值决定对应机械臂能否进行自反馈,以及自反馈的行程大小;

步骤 5:判断 P1,P2 的布尔值,规则 2 决定机械臂 M1 具有优先权,当都为 false 时,则生成 1 次漏拣,矸石序号递增并输出抓取结果;

步骤 6：目标矸石分配完成后，根据 D_{1x} 或 D_{2x} 值判断对应机械臂的分拣方式为反馈分拣或随动分拣，当机械臂对应的 D_{1x} 或 D_{2x} 值为负时，则生成 1 次漏拣，矸石序号递增并返回步骤 3；

步骤 7：确定机械臂的分拣周期后，计算机械臂在 X 轴方向上的行程，对比机械臂当前工作区余量值 U_1 或 U_2，若工作区余量不满足本次分拣，判断下一个机械臂状态并延续分拣，否则则生成漏拣 1 次，矸石序号自增并输出抓取结果；

步骤 8：输出抓取结果并返回步骤 2。

2　策略算法求解分析

2.1　策略算法求解

设定某选矸厂带式输送机速度为 0.5 m/s，输送带宽度 0.8 m。本文所述煤矸分拣机器人具有 2 台划分工作区域的机械臂 M1 和 M2，机械臂为串联布置，抓取方式为并行抓取。机械臂 M1 分拣区长度为 1.5 m，区间（-0.3~-1.8 m），机械臂 M2 分拣区长度为 1.8 m，区间（1.85~0.05 m），2 台机械臂分拣区中间存在 0.35 m 的间隔。机械臂加速度为 4 m/s²，最大运行速度 2 m/s。根据该工作环境，输入含有 50

块矸石的 4 组随机矸石流信息进行实验，经过策略算法求解，得到对应的 4 组拣矸率、机械臂 M1 和 M2 的反馈行程解，见表 2。

表 2　随机矸石流求解结果
Table 2　Random meteorite flow solution results

拣矸率/%	M1 分拣个数	M2 分拣个数	M1 反馈行程/mm	M2 反馈行程/mm
66	20	13	6 181	3 512
80	24	16	5 021	2 683
84	26	16	6 390	3 165
96	27	21	6 662	2 373

2.2　结果分析

2.2.1　拣矸率分析

根据 4 组随机矸石流坐标信息，分析多机械臂协同策略求解结果。将机械臂 M1 分拣的矸石坐标点标记为蓝色，机械臂 M2 分拣的矸石坐标点标记为绿色，漏拣矸石标记为红色。三维坐标系的经度为矸石流的 Y 坐标值，纬度为矸石流的 X 坐标值，高度为前后矸石流的间距变化值。其随机矸石流分拣结果分析如图 9 所示。

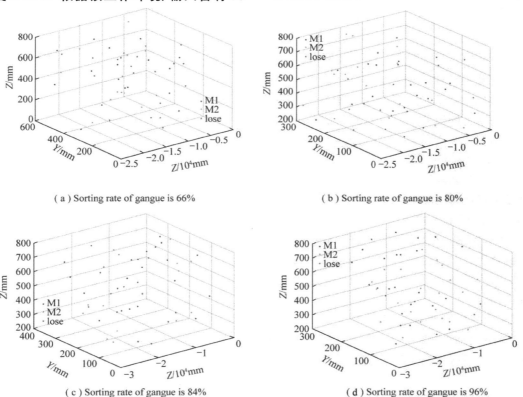

（a）Sorting rate of gangue is 66%

（b）Sorting rate of gangue is 80%

（c）Sorting rate of gangue is 84%

（d）Sorting rate of gangue is 96%

图 9　矸石流分拣率分析
Fig. 9　Analysis of sorting rate of gangue flow

由图 9（a）与图 9（c）可知，2 组矸石流在高度坐标轴上分布均匀离散，图 9（a）中矸石流 Y 坐标值散布在（0~600 mm），拣矸率为 66%；图 9（c）中矸石流 Y 坐标值散布在（0~400 mm），拣矸率为 84%。因此,矸石流的拣矸率与其 Y 坐标值具有明显的关联关系。目标矸石距离机械臂复位点越近,其分拣概率越高。

由图 9(b)与图 9(d)可知,2 组矸石流离散分布于机械臂复位点(0~300 mm)内。图 9(b)中矸石流在高度坐标轴上分布密集,其 X 坐标的间距变化幅度较小;图 9(d)中矸石流在高度坐标轴上分布离散。由此可见,图 9(b)中矸石流的拣矸率低于图 9(d)中矸石流的拣矸率。因此,满足最优分拣率的矸石流 X 坐标值的间距变化值存在最优区间。图 9(d)中的漏拣矸多集中于高度坐标轴(0~400 mm)范围内。

基于上述结论,控制矸石流 X 坐标变化值散布在(400~450 mm),Y 坐标值散布在(0~300 mm)。其余设备参量与环境变化不改变,输入 2 组随机矸石流,其实验结果见表 3。

表 3　修改后矸石流求解结果
Table 3　Modified solution results of gangue flow

拣矸率/%	M1 分拣个数	M2 分拣个数	M1 反馈行程/mm	M2 反馈行程/mm
100	28	22	5 487	2 239
100	28	22	5 510	2 233

分析 2 组修改后矸石流的策略解,得到 M1,M2 分拣结果,如图 10 所示。煤矸分拣机器人的多机械臂协同分拣策略对修改后的矸石流模型的分拣率均为 100%,机械臂反馈行程波动较小,策略求解可靠。

2.2.2　机械臂反馈行程分析

对表 1 的求解结果进行分析,机械臂 M1,M2 拣矸个数及反馈行程对比如图 11 所示。由图 11(b)可知,机械臂 M1 的反馈行程高于机械臂 M2 的反馈行程;由图 11(b)可知,机械臂 M1 的矸石分拣个数明显多于机械臂 M2。该结果符合本文策略规则 2 的设定要求,即 M1,M2 均为 true 时,由 M1 进行分拣,M2 进行协同反馈。

2.2.3　煤矸分拣机器人分拣实验

上位机软件界面如图 12 所示。多机械臂协同分拣策略于该部分运行并分配后,通过以太网发送给硬件工控机。

现以 5 块矸石为例,进行煤矸分拣机器人分拣实验,其中仿真实验为第 1 组数据,煤矸分拣机器人平台实验为第 2 组数据,实验结果见表 4。

煤矸分拣机器人实验过程中,机械臂 M1 的机械性能难以实现精确速度控制,导致 M1 抓取第 2 块矸

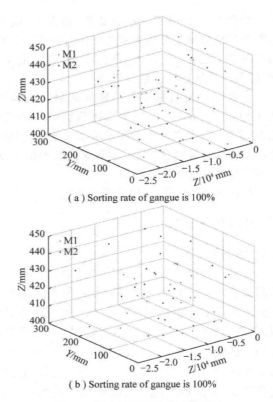

(a) Sorting rate of gangue is 100%

(b) Sorting rate of gangue is 100%

图 10　修改后矸石流分拣率分析
Fig. 10　Analysis of sorting rate of Modified Gangue flow

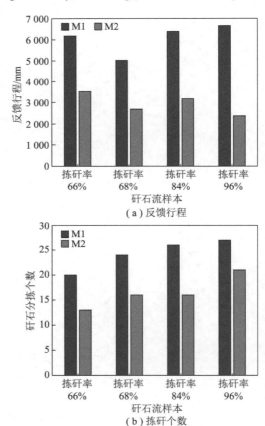

(a) 反馈行程

(b) 拣矸个数

图 11　机械臂分拣情况分析
Fig. 11　Analysis of robot arm sorting

图 12 上位机软件界面

Fig. 12 Upper computer software interface

表 4 煤矸分拣机器人实验与仿真实验对比

Table 4 Contrast of experiment and simulation experiment of gangue sorting robot

拣矸率/%	M1 分拣个数	M2 分拣个数	M1 反馈行程/mm	M2 反馈行程/mm
100	3	2	358	115
80	2	2	335	105

石时出现错位现象,漏拣率不如仿真实验结果。实际应用过程中,由于自反馈、预反馈的时间较短,存在反馈无法响应的情况,导致 M1,M2 反馈行程异于仿真实验结果。实验结果表明,多机械臂协同分拣策略对中低速矸石流的分拣具有一定的应用价值,但仍需进一步深入研究。

3 结 论

(1)分析煤矸分拣机器人及皮带输送机性能参数,附加相应的约束条件,构建多机械臂协同分拣策略的数学模型。通过引入矸石模型概念,对多机械臂协同分拣策略对不同随机矸石流的求解方法验证和结果分析。实验结果表明,面向煤矸分拣机器人的多机械臂协同策略可以有效地解决随机矸石流的多目标分配问题,为煤矸分拣机器人的实际应用提供理论基础。

(2)通过多机械臂协同分拣策略算法,实现了皮带输送机上随机矸石流的分拣任务分配,并求出近似解。根据机械臂反馈行程分析结果,机械臂 M2 相较于机械臂 M1 的分拣次数较少。稀松矸石流模型条件下,多机械臂协同分拣策略需要进一步进行智能分拣改进,改进分拣策略规则 2 导致的分拣不均匀现象。

参考文献(References):

[1] MA Dan, DUAN Hongyu, LIU Jiangfeng. The role of gangue on the mitigation of mining-induced hazards and environmental pollution:An experimental investigation [J]. Science of the Total Environment, 2019, 664:436-448.

[2] 中国煤炭工业改革发展年度报告(2016 年) [J]. 中国煤炭, 2017, 43(2):10.
Annual report on the reform and development of China's coal industry(2016) [J]. China Coal, 2017, 43(2):10.

[3] 石焕, 程宏志, 刘万超. 我国选煤技术现状及发展趋势 [J]. 煤炭科学技术, 2016, 44(6):169-174.
SHI Huan, CHENG Hongzhi, LIU Wanchao. Present status and development trend of China's coal preparation technology [J]. Coal Science & Technology, 2016, 44(6):169-174.

[4] 韦鲁滨, 孟丽诚, 程相锋, 等. 重介质悬浮液流变特性研究 [J]. 煤炭学报, 2016, 41(4):992-996.
WEI Lubin, MENG Licheng, CHENG Xiangfeng, et al. Research on rheological properties of dense-medium suspension [J]. Journal of China Coal Society, 2016, 41(4):992-996.

[5] BAHRAMI A, GHORBANI Y, MIRMOHAMMADI M, et al. The beneficiation of tailing of coal preparation plant by heavy-medium cyclone [J]. International Journal of Coal Science & Technology, 2017, 4(3):374-384.

[6] SHAHBAZI B, CHELGANIS C. Modeling of fine coal flotation separation based on particle characteristics and hydrodynamic conditions [J]. International Journal of Coal Science & Technology, 2016, 3(4):429-439.

[7] 张博, 刘爱辉. 半直接浮选工艺的研究与应用效果分析 [J]. 选煤技术, 2017(4):19-22, 26.
ZHANG Bo, LIU Aihui. Study of the semi-direct flotation process and analysis of its operating performance [J]. Coal Preparation Technology, 2017(4):19-22, 26.

[8] 杨康, 娄德安, 李小乐. SKT 跳汰选煤技术发展现状与展望 [J]. 煤炭科学技术, 2008, 36(5):1-4.
YANG Kang, LOU Dean, LI Xiaole. Present status and outlook of SKT jig coal preparation technology [J]. Coal Science & Technology, 2008, 36(5):1-4.

[9] 王国法, 刘峰, 庞义辉, 等. 煤矿智能化——煤炭工业高质量发展的核心技术支撑 [J]. 煤炭学报, 2019, 44(2):349-357.
WANG Guofa, LIU Feng, PANG Yihui, et al. Coal mine intellectualization:The core technology of high quality quality development [J]. Journal of China Coal Society, 2019, 44(2):349-357.

[10] 曹现刚, 费佳浩, 王鹏, 等. 基于多机械臂协同的煤矸分拣方法研究 [J]. 煤炭科学技术, 2019, 47(4):7-12.
CAO Xiangang, FEI Jiahao, WANG Peng, et al. Study of coal-gangue sorting method based on multi-manipulator collaboration [J]. Coal Science and Technology, 2019, 47(4):7-12.

[11] 李卓, 徐哲, 陈昕, 等. OTAP:基于预测的机会群智感知多任务在线分配算法 [J]. 工程科学与技术, 2018, 50(5):176-182.
LI Zhuo, XU Zhe, CHEN Xin, et al. OTAP:Online multi-task assignment algorithm with prediction for opportunistic crowd sensing [J]. Advanced Engineering Sciences, 2018, 50(5):176-182.

[12] 韩博文, 姚佩阳, 孙昱. 基于多目标 MSQPSO 算法的 UAVS 协同任务分配 [J]. 电子学报, 2017, 45(8):1856-1863.
HAN Bowen, YAO Peiyang, SUN Yu. UAVS cooperative task allocation bsed on multi-objective MSQPSO algorithm [J]. Acta Electronica Sinica, 2017, 45(8):1856-1863.

[13] ZHU Z, ZHENG F, CHU C. Multitasking scheduling problems with a

rate-modifying activity [J] .International Journal of Production Research, 2016, 55(1) :1-17.

[14] 代伟, 赵杰, 杨春雨, 等.基于双目视觉深度感知的带式输送机煤量检测方法 [J] .煤炭学报, 2017, 42(S2) :547-555.
DAI Wei, ZHAO Jie, YANG Chunyu, et al.Detection method of coal quantity in belt conveyor based on binocular vision depth perception [J] .Journal of China Coal Society, 2017, 42(S2) :547-555.

[15] GERKEY B P, MAJA J, MATARIC.A formal analysis and taxonomy of task allocation in multi-robot systems [J] .International Journal of Robotics Research, 2004, 23(9) :939-954.

[16] LIM Z Y, PONNAMBALAM S G, LZUI K.Multi-objective hybrid algorithms for layout optimization in multi-robot cellular manufacturing systems [J] .Knowledge-Based Systems, 2017, 120:87-98.

[17] 刘永信, 王玲琳, 韩晓爽, 等.双机械臂协调控制综述 [J] .内蒙古大学学报(自然科学版), 2017, 48(4) :471-480.
LIU Yongxin, WANG Linglin, HAN Xiaoshuang, et al. A survey of coordinated control for dual manipulators [J] . Journal of Inner Mongolia University(Natural Science Edition), 2017, 48(4) :

471-480.

[18] 甘亚辉, 戴先中.多机械臂协调控制研究综述 [J] .控制与决策, 2013, 28(3) :321-333.
GAN Yahui, DAI Xianzhong.Survey of coordinated multiple manipulators control [J] .Control and Decision, 2013, 28(3) :321-333.

[19] 谢志强, 张晓欢, 辛宇, 等.考虑后续工序的择时综合调度算法 [J] .自动化学报, 2018, 44(2) :344-362.
XIE Zhiqiang, ZHANG Xiaohuan, XIN Yu, et al.Time-selective integrated scheduling algorithm considering posterior processes [J] . Acta Automatica Sinica, 2018, 44(2) :344-362.

[20] 苏丽颖, 么立双, 李小鹏, 等.多机器人系统任务分配问题的建模与求解 [J] .中南大学学报(自然科学版), 2013, 44(S2) :122-125.
SU Liying, YAO Lishuang, LI Xiaopeng, et al.Modeling and solution for assignment problem of multiple robots system [J] .Journal of Central South University(Science and Technology), 2013, 44(S2) :122-125.

第五篇　故障诊断与健康管理技术

煤矿设备全寿命周期健康管理与智能维护研究综述

曹现刚[1,2]，段　雍[1,2]，王国法[3]，赵江滨[1,2]，任怀伟[3]，赵福媛[1,2]，杨　鑫[1,2]，
张鑫媛[1,2]，樊红卫[1,2]，薛旭升[1,2]，李　曼[1,2]

(1. 西安科技大学 机械工程学院, 陕西 西安　710054; 2. 陕西省矿山机电装备智能检测与控制重点实验室, 西安　710054;
3. 中国煤炭科工集团有限公司, 北京　100013)

摘　要：近年来，随着煤矿智能化技术快速发展，煤矿设备全寿命周期健康管理与智能维护技术作为实现煤矿设备运行健康状态智能感知、智能识别和维护决策，保障煤矿设备高效可靠运行的重要手段，相关研究受到了广泛关注。然而，目前煤矿仍然以事后维修、预防维修等方式为主，难以满足煤矿设备的高可靠性需求。基于此，综述了煤矿设备全寿命周期健康管理与智能维护的研究进展以推动其在煤矿的应用，阐释了煤矿设备全寿命周期的健康管理与智能维护内涵，给出了煤矿设备健康管理与智能维护总框架。从煤矿设备大数据管理方法、健康状态评估方法、剩余使用寿命预测方法、智能维护决策方法 4 方面分析了煤矿设备健康管理与智能维护方法研究现状。在煤矿设备大数据管理方面，总结了煤矿设备多源信息感知、大数据清洗、大数据集成及存储方法的最新研究成果，深入分析对比了相关方法的应用情况，指出了现阶段煤矿设备大数据管理存在的挑战。在煤矿设备健康状态评估方面，从煤矿设备监测信号特征提取、健康状态等级划分、健康状态评估模型构建 3 方面出发探讨了煤矿设备健康状态评估关键方法最新发展现状，对比分析了不同方法的优缺点，总结了该领域面临的难题。在煤矿设备剩余使用寿命预测方面，分析了统计模型方法、物理模型方法和数据驱动方法在煤矿设备剩余使用寿命预测上的优缺点，指出了煤矿设备剩余使用寿命方法存在的问题。在煤矿设备智能维护决策方面，明确了煤矿设备预测性维护决策主要步骤，对比分析了煤矿设备智能维护方法最新研究成果及其优缺点，归纳了现阶段煤矿设备智能维护方法研究的不足。结合煤矿设备全寿命周期健康管理与智能维护面临的挑战及发展要求，从煤矿设备大数据管理方法、时变工况下设备健康评估方法、多因素影响下设备剩余使用寿命方法、煤矿设备多目标智能维护决策方法、健康管理与智能维护算法集成及系统开发等方面对煤矿设备健康管理与智能维护提出了展望，指明了煤矿设备健康管理与智能维护关键理论、方法的研究方向，为提升煤矿设备健康管理及智能维护水平，促进煤炭工业转型升级和高质量发展提供依据。

关键词：煤矿设备；大数据管理；健康状态评估；剩余使用寿命预测；智能维护决策

中图分类号：TD407　　**文献标志码**：A　　**文章编号**：0253-9993(2025)01-0694-21

Research review on life-cycle health management and intelligent maintenance of coal mining equipment

CAO Xiangang[1,2], DUAN Yong[1,2], WANG Guofa[3], ZHAO Jiangbin[1,2], REN Huaiwei[3], ZHAO Fuyuan[1,2], YANG Xin[1,2], ZHANG Xinyuan[1,2], FAN Hongwei[1,2], XUE Xusheng[1,2], LI Man[1,2]

收稿日期：2024-04-14　　策划编辑：郭晓炜　　责任编辑：王晓珍　　**DOI**：10.13225/j.cnki.jccs.2024.0400
基金项目：国家自然科学基金重点资助项目(51834006)；国家自然科学基金面上资助项目(52274158)；中国博士后科学基金资助项目(2022MD713793)
作者简介：曹现刚(1970—)，男，山东莒南人，教授，博士生导师，博士。E-mail:cao_xust@sina.com
引用格式：曹现刚，段雍，王国法，等.煤矿设备全寿命周期健康管理与智能维护研究综述[J].煤炭学报，2025，50(1)：694-714.
CAO Xiangang, DUAN Yong, WANG Guofa, et al. Research review on life-cycle health management and intelligent maintenance of coal mining equipment[J]. Journal of China Coal Society, 2025, 50(1): 694-714.

移动阅读

(1. *School of Mechanical Engineering, Xi'an University of Science and Technology, Xi'an　710054, China*; 2. *Shaanxi Key Laboratory of Mine Electromechanical Equipment Intelligent Detection and Control, Xi'an　710054, China*; 3. *China Coal Technology & Engineering Group Co., Ltd., Beijing　100013, China*)

Abstract: In recent years, with the rapid development of intelligent technology in coal mines, the whole life cycle health management and intelligent maintenance technology of coal mine equipment has attracted wide attention. It is an essential means to realize intelligent perception, intelligent identification, and maintenance decisions of the health status of coal mine equipment and ensure its efficient and reliable operation. However, at present, the coal mine is still primarily based on post-maintenance and preventive maintenance, which is challenging to meet the high-reliability requirements of coal mine equipment. Based on this, this paper reviews the research progress of the whole life cycle health management and intelligent maintenance of coal mine equipment to promote its application in coal mines. The connotation of health management and intelligent maintenance for coal mine equipment is explained, and the general framework of health management and intelligent maintenance for coal mine equipment is given. The research analyzes the status of coal mine equipment health management and intelligent maintenance technology from four perspectives: big data management, health status assessment, remaining useful life prediction, and intelligent maintenance decision-making technology. In the big data management of coal mine equipment, the latest achievements of multi-source information perception, big data cleaning, and big data integration and storage of coal mine equipment are summarized, the application of the relevant method is analyzed and compared, and the existing challenges of these methods are pointed out. In terms of coal mine equipment health status assessment, the latest development statuses of key methods are discussed from three aspects of feature extraction, health status classification, and health status assessment model construction, then the advantages and disadvantages of different methods are compared and analyzed, and the problems faced in this field are summarized. In the remaining useful life prediction of coal mine equipment, the advantages and disadvantages of the statistical model method, physical model method, and data-driven method are compared, and the problems of existing methods are expounded. In terms of intelligent maintenance of coal mine equipment, the main steps of coal mine equipment predictive maintenance are defined, the latest research results of intelligent maintenance methods of coal mine equipment and their advantages and disadvantages are compared and analyzed, and the deficiencies of the current research on intelligent maintenance decision technology are summarized. Combined with the challenges and development requirements, the prospect of coal mine equipment health management and intelligent maintenance technology is explored from the aspects of big data management, health status assessment under time-varying working conditions, remaining useful life prediction under the influence of multiple factors, multi-objective intelligent maintenance decision-making, algorithm integration and system development of coal mine equipment. The research direction of critical theories and methods of health management and intelligent maintenance for coal mine equipment is pointed out, which provides a basis for improving the level of health management and intelligent maintenance of the coal mine equipment and promoting the transformation and upgrading of coal industry and high-quality development.

Key words: coal mine equipment; big data management; health status assessment; remaining useful life prediction; intelligent maintenance decisions

0　引　言

煤矿智能化是煤炭工业高质量发展的核心技术支撑,是保证国家"十四五"碳达峰、碳中和战略持续推进的重要任务[1-3]。近年来,美国、德国、澳大利亚等国都制定了相应的煤矿发展规划[4],我国也相继发布了一系列相关政策,明确了煤矿智能化发展的主要目标和任务。煤矿设备在煤矿生产占有重要地位,王国法院士[5-6]指出全矿井设备和设施健康管理是智能开采急需突破的关键核心技术。煤矿设备多为低速重载设备,工况环境复杂多变、设备结构层次复杂、设备间耦合程度高、关联关系复杂等特点导致设备带病工作现象普遍,如不及时准确的进行监测及维护将造成严重的安全事故[7-8]。随着煤矿设备大型化、智能化、复杂化发展,传统的事后维修、预防维修等方式已难以满足煤矿设备的高可靠性需求。新形式下,煤矿设备管理及维护模式需要同步发展,以期符合煤矿设备应用与管理需求[9-10]。因此,如何利用人工智能、大数据、云计算等各领域的最新成果,实现煤矿设备的全寿命周期监测、服役状态识别与精细化管理成为煤矿智能化进程中急需解决的问题。

近年来,煤矿设备全寿命周期的健康管理与智能维护研究受到广泛关注[9,11]。煤矿设备故障预测与健康管理、预防性维护等技术通过对采集的监测信息进行分析和挖掘,识别煤矿设备异常状态与故障,评估、预测设备的健康状态与剩余使用寿命。根据预测结果分析故障发生原因,制定相应的维护计划以达到提前维护的目的,从而降低维护成本和故障率,优化维护策略和资源配置。煤矿设备全生命周期健康管理与智能维护框架包括数据管理层、数据智能分析处理层和应用服务层,如图1所示。

数据管理层是煤矿设备健康管理及智能维护的基础,主要用于煤矿多源异构大数据的采集、清洗、集成及存储,确保数据的规范性和可靠性,统一数据底座。数据智能分析处理层是煤矿设备管理及维护的核心部分,主要包括煤矿设备健康状态评估、剩余使用寿命预测及智能维护决策等关键技术及方法。应用服务层是将数据智能分析处理结果用于实际生产维护管理的关键环节,利用先进的技术标准架构开发煤矿设备维护和管理平台及系统,实现煤矿设备在线监测、故障超前预警、健康状态评估、剩余使用寿命预测、维护决策、智能诊断、算法集成、全生命周期管理等服务。综上所述,3层结构共同构建了煤矿设备健康管理与智能维护的技术框架,为煤矿企业提供了煤矿设备全寿命周期管理和维护方案。

针对煤矿设备、系统或过程的健康管理与智能维护方法应用还处于起步阶段,对于煤矿设备健康管理与智能维护的认识还不够深入。现有研究难以对煤矿设备健康管理与智能维护最新方法、热点方向、研究挑战及展望进行全面梳理。因此,笔者从煤矿设备大数据管理方法、健康状态评估方法、剩余使用寿命预测方法及智能维护决策方法4方面分析了煤矿设

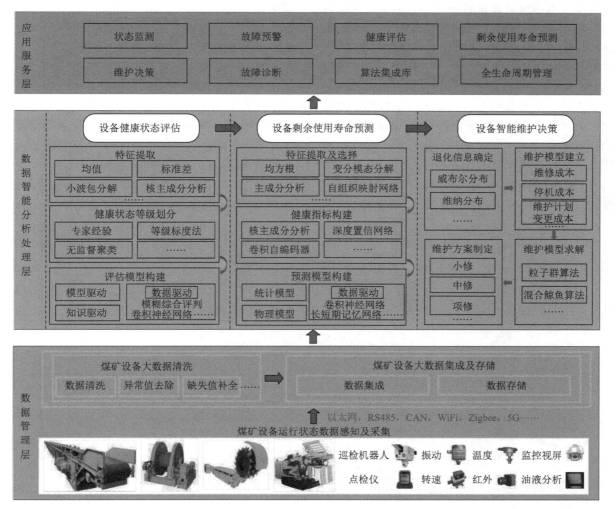

图 1　煤矿设备全生命周期健康管理与智能维护框架

Fig.1　Framework of the whole life cycle health maintenance and intelligent management for coal mine equipment

备健康管理与智能维护研究现状,深入归纳了目前面临的挑战,给出了煤矿设备健康管理与智能维护未来主要的研究方向。

1 煤矿设备大数据管理方法研究现状

　　煤矿设备在掘进、综采、运输、通风、排水等煤矿生产环节中扮演着重要角色,是确保煤矿高效开采的前提[12-14]。基于多源感知数据,结合信号处理、故障预测、人工智能等先进技术,实现煤矿设备运行状态表达、异常工况识别和关键部件状态预测分析[15-17]。在矿井复杂条件下,数据的海量性、非线性、高度耦合性、不真实数据混杂性等导致煤矿设备监测数据难以处理与利用,煤矿设备大数据多源信息感知、清洗、集成与存储等关键方法亟待解决。故给出煤矿设备大数据管理框架,如图2所示。

1.1 煤矿设备多源信息感知方法

　　煤矿设备多源信息感知主要实现数据的采集与整合利用。当前煤矿设备状态监测数据主要为来自采掘、排水、提升、通风、运输等过程中产生的振动、电流、温度、压力、音频、视频信号和图像数据等[18]。煤矿设备大数据具有体量庞大、种类繁多、增长速度快、价值密度低、结构差异大等特点,目前,国内相关的煤矿大数据平台在多源异构数据的治理标准和处理方式上难以满足煤矿智能化的要求,多源异构大数据的感知整合成为不可回避的问题[19-20]。在煤矿设备信息采集方面,随着微机电系统、光学传感、化学传感、声波传感、光纤传感、电磁传感、射频识别等技术的发展,振动、声音、射线、巨磁阻、红外热像仪、油

液、视觉相机等感知方式从不同角度增强了煤矿设备感知信息采集功能[21-23];同时传感器在适用范围、超低功耗、高灵敏度、无线传输、宽量程范围、高可靠性、长使用寿命、自动供电、安装形式等方面不断取得突破,提升了煤矿设备运行状态的感知能力[23]。在煤矿设备采集信息整合方面,信息整合所需的硬件系统和软件系统也取得了发展,硬件系统中各种硬件接口及通信协议如以太网,光纤,TCP/IP,OPC,RS485,Modbus,CAN,RFID,Zigbee,Lora,WiFi等有线或无线通信方式得到了充分利用[24]。5G技术具有高速率、低时延、大连接等优势,为智能化煤矿提供了强大的信息传输和处理能力。目前,5G+智能矿山和煤矿智能设备在国内取得了快速发展和普及[25-26]。软件系统实现了多源异构传感数据的统一编码与标准化管理,完成了各子系统监测监控、点检巡检、故障诊断、维护保养、业务派遣等数据的整合及应用[27-28]。尽管煤矿设备多源信息感知方式发展迅速,但是复杂环境下煤矿设备数据监测、采集、传输与规范管理等问题仍然严峻。

1.2 煤矿设备大数据清洗方法

　　煤矿设备数据具有噪声干扰严重、缺失值多、价值密度低等特点,提升复杂条件下煤矿设备数据质量、实现海量数据的高效清洗和准确利用是煤矿智能化进程中需要解决的首要问题[29]。曹现刚等[30]建立了基于Storm的实时数据清洗平台,有效解决了采煤机监测数据存在的噪声点和缺失值问题,提升了数据的有效性。马宏伟等[31]针对煤矿综采设备数据量大、噪声值多、缺失值多的问题,提出了基于双MapReduce

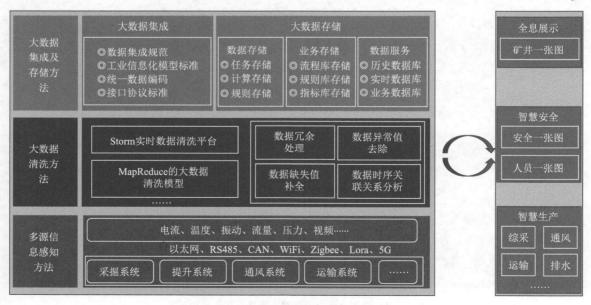

图2　煤矿设备大数据管理框架

Fig.2　Big data analysis framework of coal mining equipment

的煤矿设备大数据清洗模型,一定程度上解决了数据噪声干扰与数据缺失等问题。张元刚等[32]构建了煤流输送设备在线监测系统,利用大数据技术实现了设备数据清洗与故障分析。方乾等[20]基于格式内容清洗、逻辑错误清洗、缺失值清洗、异常值清洗、关联性验证等方法提高了煤矿核心数据的清洗水平。张长鲁[33]基于"六何分析法+对数线性模型"分析了煤矿事故隐患大数据,研究了各隐患之间的相关关系。杜毅博等[34]研究了数据治理技术与数据可视化技术,利用实际案例证明了相关技术的有效性,为建设煤矿数据生态体系提供了参考。王美君等[35]构建了基于PDCA循环理论的智能化煤矿数据治理体系,提升了煤矿大数据治理能力。总之,煤矿设备大数据清洗方法在数据冗余处理、异常值去除、缺失值补全、时序关联关系分析等方面均取得了一定的进展,但在复杂工况下保障数据的完整性、可靠性、稳定性与有效性方面有待突破。

1.3 煤矿设备大数据集成及存储方法

煤矿设备大数据集成主要实现煤矿数据的集成规范,数据统一编码及接口协议,形成工业信息化模型标准。王国法等[36]构建了适用于煤炭各生产环节的标准体系框架,为基础技术及平台提供了参考标准。张建玥等[37]整理了煤炭行业相关标准,建立了煤矿设备接口协议标准,明确了数据集成规范。温亮等[38]编制了《矿山机电设备通信接口和协议》企业标准,搭建了基于 EtherNet/IP 的煤矿大数据治理平台。王淞等[39]梳理了大数据集成技术的相关成果,并阐述了数据集成与处理关键技术的发展情况。滕晓旭等[40]利用数据抽取–转换–加载方法对异构数据进行集成和综合管理,解决了矿山设备维修数据集成难题。曹现刚等[41-42]针对目前煤矿设备监测数据量大、关系复杂、数据难以利用的现状,搭建了基于 Hadoop 的煤矿设备大数据管理平台,提升了煤矿设备数据管理水平。李福兴等[43]应用服务器集群技术搭建服务器集群实现数据统一及集中管理,并采用 Hadoop 及 Storm 等大数据框架构建了分布式大数据管理平台,提升了煤矿数据计算需求。高晶等[44]建立了基于 Hadoop 技术的煤矿大数据分布式集群技术架构,利用 Spark 框架提升了数据的挖掘能力。荣宝等[45]针对实时数据、历史数据、业务数据的存储需求,分别采用 Redis、postgresql、elasticsearch 等进行数据存储,采用流计算引擎 Flink 实现数据计算。谭章禄等[46]分析了现有煤矿大数据平台的不足,给出了未来平台建设的努力方向。现有煤矿设备大数据集成及存储主流技术特点及应用情况对比分析,见表1。总之,煤矿设备大数据集成、存储及管理相关技术取得了一定成果,但是,行业仍然缺乏统一的数据采集、接入、传输、编码、描述标准,需进一步解决煤矿设备数据集成及高效存储难题。

表1 煤矿设备大数据集成及存储方法
Table 1 Integration and storage method of big data for coal mine equipment

大数据集成及存储方法	核心组件	技术特点及优势	煤矿应用情况
Hadoop[41-43]	Hive	在结构化数据查询方面具有优势	现场技术较为成熟,大多平台基于Hadoop开发,并根据应用需求开发核心组件,相关技术已取得较好推广
	MapReduce	可处理海量数据,主要面向批处理	
	YARN	可较好地为大数据任务分配计算资源	
	HBase	分布式文件系统,提供毫秒级的实时查询服务	
	Strom	实时计算框架,可负责流处理	
	Zookeeper	可负责分布式环境协调	
Spark[44]	改进MapReduce	速度极大提升,编程模型覆盖了绝大多数大数据计算场景	部分平台已经集成该方式,相关技术已取得逐步推广
	Spark API		
Flink[45]	大数据引擎	批量和流式于一体的计算框架,实时计算,API模型完善	少数平台已经集成该方式,相关技术亟需探索,以期进一步推广
	Flink API		

综上所述,煤矿设备大数据多源感知、清洗、集成及存储等关键方法的研究意义重大,为煤矿智慧安全管控提供数据支撑。但是,煤矿设备大数据统一管理仍面临挑战。受井下开采环境影响,传感器采集的煤矿设备数据不可避免存在冗余、丢失、异常等缺陷。此外,井下人员的人为失误也影响传感器采集数据的可靠性,降低监测数据的准确性。随着煤矿设备数据应用需求的不断增加,缺少针对煤矿设备大数据特征的高效分析平台,煤矿设备大数据蕴含知识挖掘不充分,监测数据未得到充分利用。煤矿设备大数据管理仍需解决煤矿设备大数据不均匀采样、不真实数据混杂、多时间尺度等带来的煤矿设备大数据管理的全新挑战。因此,如何建立体系性、继承性和前瞻性的煤矿设备大数据标准体系,推进煤矿设备数据集成规范,

形成数据统一描述模型,打破数据壁垒,实现数据的有效融合和共享是亟待解决的问题。

2　煤矿设备健康状态评估方法研究现状

　　煤矿设备健康状态评估方法借助各种传感器数据,利用信号处理、机器学习、深度学习等方法实时评估设备整机或部件的健康状态,为后续预警、维护决策提供参考依据,保证设备的可靠性和维修性。煤矿设备健康状态评估主要包含特征提取、健康状态等级划分和健康状态评估 3 个关键环节。煤矿设备健康状态评估流程,如图 3 所示。

2.1　煤矿设备特征提取方法

　　特征提取方法利用统计学和信号处理理论对煤矿设备状态信息进行表征,以降低数据复杂度,保证

数据信息利用最大化,主要包含数据级特征提取和特征级特征提取[8,23]。数据级特征提取主要是分析和筛选设备监测信号的时域、频域、时频域、复杂度熵等特征。时域特征通常包括均值、标准差、最大值、均方根、峭度等。频域特征反映了振动能量、主频带位置和频谱分散程度等信息,包括频域幅值平均值、重心频率、均方频域、频率方差、频率幅值峭度、歪度、平方根比率、谱熵、基频、共振峰等。时频域特征提取可以捕获信号具有高分辨力的重要特征,常用方法包括小波包分解、短时傅里叶变换、参数功率谱估计法、梅尔倒谱系数、变分模态分解等。熵对于衡量设备状态的微弱变化及区分不同的系统状态有一定的优势,包括信息熵、样本熵、排列熵、模糊熵、近似熵等。

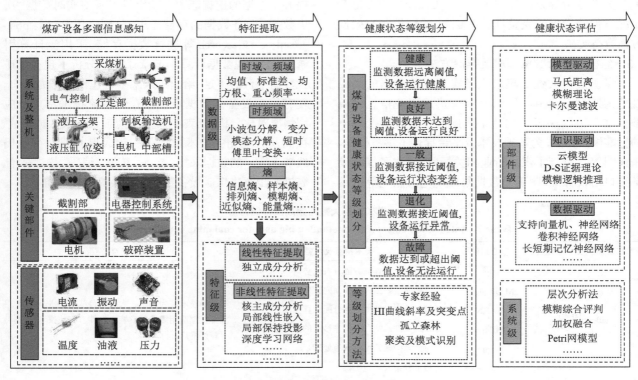

图 3　煤矿设备健康状态评估流程
Fig.3　Flow chart of health status assessment of coal mine equipment

　　葛世荣等[47]基于小波阈值和果蝇算法完成多通道截割声波信号的自适应去噪,提取了用于表征不同煤岩截割模式的关键特征。张睿等[48]提取了齿轮箱体振动信号的时域和频域特征,研究了采煤机截深、牵引速度和煤层硬度等参数对齿轮箱体振动的影响规律。郝尚清等[49]基于振动信号加速度包络处理,提取了可用于故障盲源分离的采煤机摇臂轴承振动信号特征。刘旭南等[50]基于小波包分解求得各故障信号子带能量值,构建了采煤机煤岩截割的故障特征集。

XU 等[51]提出了一种基于集成经验模态分解和改进哈里斯鹰优化算法的采煤机振动信号去噪方法,并通过实验验证了特征提取的有效性。LI 等[52]利用改进的自适应噪声完全集成经验模态分解对切割声信号进行处理得到信号的模态函数,利用子模态复合多尺度排列熵评估特征值。SI 等[53-54]利用熵特征分析了采煤机摇臂振动信号隐藏信息,研究了复合多尺度排列熵、多尺度模糊熵等熵特征在实际场景中的表征效果。LI 等[55]提出了一种基于小波包分析的煤矿主风机电

机滚动轴承振动信号特征提取方法,利用深度森林算法实现了电机滚动轴承故障识别。ZHANG 等[56]采用变分模态分解对矿井主通风机轴承振动信号进行分解,利用四阶本征模态函数的多尺度排列熵提取特征向量。WANG 等[57]利用变分模态分解将矿用刮板输送机齿轮电流信号分解为一系列固有模态函数,提出了基于局部 Hilbert 瞬时能量谱的特征提取方法。张建公等[58]提出了基于双树复小波变换分解重构和软阈值降噪滤波的特征提取方法,实现了矿用电动机轴承外圈微弱故障的及时捕获,有效解决了电机振动信号频率混叠的问题。HUANG 等[59]利用最小熵反卷积对振动信号进行降噪,并采用小波包分解处理降噪后的信号以突出故障特征。

特征级特征提取利用特征变换方法得到能清楚描述煤矿设备监测信号原始特性的特征子集。根据映射函数类型分成线性特征提取和非线性特征提取[23]。独立成分分析[60]为线性特征提取的代表方法,非线性特征提取主要包括核主成分分析[61-62]、等距特征映射[63]、拉普拉斯变换[64]、局部线性嵌入[65]、局部切空间排列[66]、局部保持投影[67]、近邻保持投影[68]、深度学习网络[69]等方法。张一辙[70]提出了一种互补集合经验模态分解与独立成分分析相结合的煤矿主扇风机故障特征提取方法,有效消除了信号模态混叠

和残余噪声。吉晓冬[71]提取了掘进机不同运行状态下振动信号的工作模态特征、时域特征、小波包能量特征,利用流行学习方法得到降维后的特征集。结合电流、温度、流量等信号,李宁等[72]利用主成分分析和局部保持投影提取和融合了采煤机多监测参量特征,提高了采煤机故障诊断准确度。SI 等[73]基于拉普拉斯得分对不同尺度上所提特征进行重要性排序,构建了采煤机截割部状态诊断特征集。彭强[74]基于嵌入学习模型表征煤矿大型机械设备轴承高维数据的流形结构,提出了稀疏回归特征选择方法。JIANG 等[75]基于时域分析和小波包能量分析得到掘进机振动信号特征,并基于流形学习和线性判别分析完成故障特征提取。BAN 等[76]采用自适应变分模态分解消除了带式输送机托辊声信号中的强烈噪声,并通过 Swin Transformer 方法提取了声音信号的局部和全局特征,该方法在高噪声环境下适应性较好。

现有煤矿设备特征提取方法优缺点,见表2。煤矿设备特征提取方法研究取得了显著成果,但大多数方法对煤矿设备运行数据处理效果有限,无法准确捕捉和提取煤矿设备在复杂场景下的微弱敏感特征,造成特征的有效性较差。此外,针对煤矿设备数据高维、非线性、高耦合性等特点的智能特征提取方法研究不足。

表 2　煤矿设备特征提取方法对比
Table 2　Comparison of feature extraction methods of coal mine equipment

方法种类	文献	特征提取方法	优点	缺点
数据级特征提取	[47-49]	时域及频域特征:均值、方差、均方根值、功率谱特征等	特征提取方式简单、直接,具有明确的的物理意义	难以深入分析信号细节信息,难以处理时变或非平稳信号
	[50-51,55-59]	时频域特征:小波变换、经验模态分解、变分模态分解等	抗噪性和提取非线性特征的鲁棒性强	部分方法难以适应非平稳信号,复杂度高,面对复杂问题需要丰富的参数选择经验
	[52-54]	复杂度熵:信息熵、样本熵、排列熵等	良好解释系统非线性行为及系统响应复杂性	对于大规模数据计算量及复杂度大,对数据分布敏感,难以考虑数据关联性
特征级特征提取	[70]	线性特征提取:独立成分分析等	数学基础坚实,成分分离能力强,可避免单一特征的不足	对参数选择敏感,计算复杂度高,结果可能不唯一
	[71-76]	非线性特征提取:核主成分分析局部线性嵌入、局部保持投影、深度学习网络等	可实现复杂的非线性映射,融合多特征的模型考虑因素更全面、评价更客观	对数据依赖性强,部分方法如核主成分分析等超参数调节困难,近邻保持投影等难以处理高维非线性数据,深度学习等方法可解释性较差

2.2　煤矿设备健康状态等级划分方法

煤矿设备健康状态呈现健康、劣化和故障等多个状态,合理划分煤矿设备健康状态等级有助于准确描述设备从健康到故障的退化过程,为后续状态评估提供数据标签。根据采煤机实际工作情况及专家经验,曹现刚等[77]将采煤机分为健康、良好、一般、劣化、故障 5 种健康状态。闫向彤等[78]结合专家经验,将采煤机的健康状态等级划分为健康、良好、一般、劣化、严

重故障 5 类。WANG 等[79]根据实际运行情况和其他评价系统,将采煤机划分为普通、过渡、异常、退化 4种状态模式。王琛等[80]构建了矿井提升机健康状态评估指标体系,依据相关标准、专家意见和运维经验,将矿井提升机分为健康、亚健康、警告、故障 4 个等级。陈劭康[81]提出了基于多维时间序列聚类算法的带式输送机运行工况识别方法,利用效率期望与实际经验将带式输送机划分为健壮、良好、一般、早期潜

发故障 4 种健康状态。张玉锟[82]建立了掘进系统健康评价指标体系,依据实际生产中的经验及数据,将掘进系统划分成健康、亚健康、轻微健康、异常、故障 5 种状态。马旭东等[83]提出了基于健康指标的液压支架状态分级规则,将液压支架健康状态划分为健康、亚健康、不健康、病态、严重病态 5 个等级。SOUALHI 等[84]基于人工蚁群聚类算法将滚动轴承健康状态划分为良好、较好、较坏和故障 4 个等级。现有设备健康状态等级划分方法优缺点,见表 3。

2.3 煤矿设备健康状态评估方法

煤矿设备健康状态评估利用最优特征提取结果及模式分类原理判别设备状态的好坏程度,分为模型驱动、知识驱动和数据驱动 3 种方法。模型驱动方法利用失效机理构建统计学模型以表征设备退化过程。知识驱动方法主要利用专家知识推理,建立设备退化趋势与健康状态的映射关系。数据驱动方法通过挖掘设备运行数据蕴含特征,分析设备退化特征与健康状态的关系。

表 3　不同健康状态等级划分方法对比
Table 3　Comparison of different methods for classifying health status

方法种类	文献	划分依据	优点	缺点
类型1	[78-82]	实际工作环境和专家经验	模型易建立、模型具有可解释性	引入人为因素,需要丰富的经验
类型2	[83]	等级标度法,指标偏离正常值的程度	模型适用性强、在状态退化规律未知的设备上具有较好的应用	正常基准难以建立
类型3	[84]	基于运行数据的无监督聚类算法	模型无需引入人工经验,划分方法为无监督的方法	全生命周期数据难以获取

近年来,专家学者在煤矿设备健康状态评估领域进行了大量研究。丁飞等[85]、王慧等[86]分别分析了液压支架可靠性,利用可靠性变化规律建立了液压支架综合评价模型。CHEN 等[87]提出了一种融合评价指标分级标准与改进层次分析法权重分配的顶板稳定性等级综合评价方法。乔佳伟等[88]利用层次分析法和优劣解距离法评估煤矿离心泵健康状态,探索了离心泵叶轮磨损量与健康状态之间的关系。曹现刚等[77]利用组合赋权法与模糊综合评判方法实现了采煤机部件及整机的状态评估。在此基础上,曹现刚等[89]提出了一种融合遗传算法与 BP 神经网络的采煤机健康状态识别方法。XU 等[90]基于环境、设施、设备、通风质量 4 个关键指标,利用概率神经网络对煤矿智能通风系统进行了综合评价。WANG 等[79]提出了一种基于人工免疫算法的采煤机健康状态评估方法,攻克了采煤机动态健康评估的系统框架、指标选择、健康评估模型等关键技术。SI 等[91]利用模糊神经网络和改进粒子群算法,提高了采煤机状态预测精度。曹现刚等[92]利用融合降噪自编码器与改进卷积神经网络的

健康状态评估方法识别采煤机健康状态,一定程度上解决了采煤机在强噪声干扰下健康状态识别准确度低的问题。LI 等[93]提出了融合对称点模式、局部均值分解和多尺度卷积核深度卷积神经网络的采煤机工作模式识别方法,解决了采煤机摇臂振动信号干扰大、特征选择困难的问题。鲍新平等[94]提出一种基于长短时记忆神经网络及 Baseline 模型的刮板输送机健康评估方法。杨鑫等[95]探索了刮板输送机多部件耦合关系,提出了一种融合先验图结构及相似性度量图结构的刮板输送机健康状态识别方法。针对典型煤矿复杂设备状态评估,从文献[77,88]可知,建立复杂系统的层级关系,先评估煤矿设备关键子系统状态再评估整机状态,可削弱不同层级、系统间的影响,提高评估结果的有效性。煤矿设备健康状态评估方法的优缺点分析,见表 4。

综上所述,煤矿设备健康状态评估方法近年来取得了较大的发展,但多数健康状态评估方法在实际现场应用中存在一定的条件限制。大多数健康状态评估方法主要为单部件评估方法,针对多部件相关系统

表 4　煤矿设备健康状态评估方法对比
Table 4　Comparison of health status assessment methods for coal mine equipment

方法种类	文献	方法解释	优点	缺点
模型驱动	[85-86]	根据设备运行机理,通过动态建模得到对象精确的退化数学模型	时空复杂度较低,物理意义清晰	数学解析模型建立的准确性要求较高
知识驱动	[77,87]	以专家知识为基础,通过推理分析,构建退化特征和健康状态之间的映射关系	模型有好的可解释性,模型复杂度低,物理意义清晰	模型精度易受先验知识影响,模型难以表征设备动态退化过程
数据驱动	[89-95]	根据煤矿设备监测数据构建健康状态和退化特征间的非线性关系	无需专家知识,模型准确度较高	模型可解释程度低,易受噪声和异常样本干扰

及煤矿设备群的健康状态评估方法较少。同时,现有模型主要以单一服役环境和平稳工况为主,难以揭示变工况下煤矿设备各部件间的相互耦合关系及作用机理,难以有效用于强噪声背景和少故障样本等恶劣条件下的煤矿设备健康状态评估。因此,模型样本标签制作困难、超参数难以调节、自学习能力弱、可解释性差、泛化能力低等是亟需解决的问题。

3 煤矿设备剩余使用寿命预测方法研究现状

煤矿设备剩余使用寿命预测对于提高设备安全、减少突发故障以及优化维护计划至关重要。如图 4 所示,煤矿设备剩余使用寿命预测方法主要可分为统计模型方法、物理模型方法、数据驱动方法 3 种。

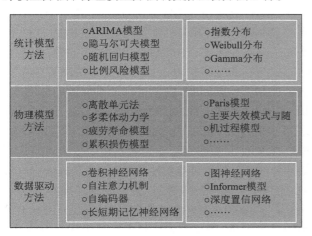

图 4 煤矿设备剩余使用寿命方法

Fig.4 Remaining useful life prediction method of coal mine equipment

1) 基于统计模型分析的方法:对煤矿设备进行大量可靠性实验,综合考虑设备运行工况等影响因素,借助机械设备历史的可靠性数据,利用数理统计知识构建统计概率函数。罗璇[96]提出了权重自适应的组合剩余寿命预测方法,实现了采煤机摇臂的寿命预测。刘晓波[97]分析了采煤机调高泵、换向阀、调高油缸等故障,利用隐马尔可夫模型实现了采煤机液压系统故障预测。

2) 基于物理模型的方法:根据设备运行机理,通过动态建模对预测对象参数进行仿真。ZHU 等[98]提出了考虑动态特性和性能退化的采煤机摇臂传动系统可靠性预测方法,利用有限元法建立了齿轮传动转子系统的动力学模型,并借助主要失效模式和随机过程模型分析了齿轮传动转子系统的动态响应特性。ZHAO 等[99]建立了基于离散元法的复杂煤层滚筒切割耦合模型,分析了煤岩颗粒的运动状态、滚筒的磨损分布以及工作参数对滚筒磨损的影响。QIN 等[100]

分析了随机载荷冲击下截齿的失效过程,研究了截齿磨损在连续冲击和变速率加速退化下的影响。赵丽娟等[101]利用离散单元法–多柔体动力学双向耦合技术在 RecurDyn 仿真平台中建立了采煤机摇臂的三维实体模型,借助疲劳耐久分析模块分析了摇臂壳体的疲劳寿命。

3) 基于数据驱动的方法:以数据特征为输入,不依赖经验公式及失效机理,构建数据的复杂映射关系。数据驱动的预测方法已成为重要研究方向。曹现刚等[102-104]采用卷积神经网络、自注意力机制、自编码器、长短期记忆神经网络等技术,探索了设备状态随时间变化的规律。GAO 等[105]提出了基于图卷积自编码器及长短时记忆网络的矿井甲烷浓度预测方法,利用先验图结构挖掘数据隐藏关系,提高了剩余寿命预测准确度。LI 等[106]和 WANG 等[107]分别提出层次注意力图卷积网络和门控图卷积网络,构建了复杂机械系统传感器网络的时空图,评估了剩余使用寿命的置信区间。李晓昆等[108]建立了基于改进相似性的采煤机轴承剩余使用寿命预测模型,较好的描述了采煤机轴承退化过程。程泽银[109]构建了基于自编码器与双向门循环网络的采煤机摇臂关键零部件剩余使用寿命预测模型,提升了对关键部件的预测准确度。孙永新[110]提出基于经验模态分解和灰色模型的煤机设备轴承剩余使用寿命预测方法,以退化指标到达阈值的时间间隔作为剩余使用寿命预测值,解决了煤机在恶劣工作环境下预测精度低的问题。DING 等[111]构建了融合自动编码器和深度双向门控循环神经网络的采煤机摇臂的寿命预测模型,为采煤机预测性维护决策提供数据支持。张波[112]分析了夹矸坚固性系数、采煤机牵引速度、滚筒转速和截深等对截割部行星架疲劳寿命的影响,利用改进的粒子群算法和 BP 神经网络预测了多工况下的行星架寿命。丁华等[113]基于数字孪生技术和深度学习技术,实现了采煤机健康状态预测,有效提升了采煤机健康状态管理水平。李红岩等[114]研究了矿用逆变器功率器件故障预测技术,重点分析了信号特征提取、开路故障诊断、健康管理、功率器件寿命预测等方面。

随着数据驱动方法的发展,通过建立具有较好退化趋势的健康指标,能较好地预测煤矿设备的剩余使用寿命。彭开香等[115]构建了基于深度置信网络的无监督健康指标,利用隐马尔可夫模型预测了系统剩余使用寿命。李天梅等[116]构建了多源传感数据融合的健康指标,实现了设备剩余使用寿命预测。DUAN 等[117]引入熵等多域特征,利用自注意机制、长短期记忆网络和改进的卷积自编码器,实现了健康指标的无监督构造。TAN 等[118]提出了基于健康指标及长短期记忆网络的煤层气井螺杆泵健康状态评价和预测模型，准确描绘了螺杆泵健康状态的变化趋势。李曼等[119]结合了长短期记忆网络及降噪卷积自编码器在

特征提取上的优势，提出了基于二维振动信号的煤矿旋转机械健康指标构建方法，在强背景噪声中具有较好的适应能力，能更早地检测到设备早期故障。煤矿设备不同剩余使用寿命预测方法的优缺点，见表 5。

表 5　煤矿设备剩余使用寿命预测方法对比
Table 5　Comparison of remaining useful life prediction methods for coal mine equipment

方法种类	文献	方法解释	优点	缺点
统计模型方法	[96-97]	通过建立基于经验或知识的统计模型来实现设备的寿命预测	不依赖于物理模型，根据观测值拟合退化趋势并外推	需要大量样本，模型计算量大
物理模型方法	[98-101]	根据设备运行机理，通过动态建模得到对象精确的退化数学模型	物理意义清晰，有良好的可解释性	退化机理分析困难，难以建立精确的数学模型
数据驱动方法	[102-113]	通过学习现有观测数据的退化信息来构建预测模型	无需专家知识及经验，自适应抽取高层特征，对复杂非线性数据的表达能力更强	模型缺乏明确物理解释，模型易受工况环境影响

综上所述，煤矿设备剩余使用寿命预测方法已得到初步发展，预测结果保障了煤矿设备的安全、高效运行，为维护任务提供了数据基础。但是，建立多因素影响下煤矿设备剩余使用寿命预测模型具有挑战，获取、收集、整理煤矿设备全生命周期完整及准确的数据具有难度，同时当前有关煤矿设备剩余使用寿命预测的研究大多聚焦于平稳工况下单个设备或系统组件的单一失效模式，忽略了由于变工况和多种失效模式耦合作用下多部件系统的剩余寿命预测方法。现有模型难以综合考虑使用条件、工况条件、环境因素、材料衰老、时空关系等因素在设备退化过程中的影响。因此，如何得到多因素影响下煤矿设备健康状态退化机理数据表征，建立数模联动的设备剩余使用寿命退化模型，提高剩余使用寿命预测精度是亟待解决的问题。

4　煤矿设备智能维护决策方法研究现状

煤矿设备智能维护模型可为维修人员和管理人员制定科学的维护计划，实时提供设备的维护状态和维护建议，对提高煤炭生产效率意义重大。煤矿设备维护一般包括事后维护、预防性维护、状态维护和预测性维护，随着煤矿设备维护的高可靠性需求提升，预测性维护逐渐成为热点话题。煤矿设备预测性维护流程一般包括：① 基于物理退化模型或数据驱动的预测模型确定设备的状态信息；② 考虑维修成本、故障成本、维护资源等多种因素，建立设备的维护模型；③ 基于智能优化算法等对模型进行最优化求解；④ 根据最优解结果确定最优的设备维护方案。煤矿设备预测性维护决策流程，如图 5 所示。

国内外学者研究了煤矿设备预防性维护、状态维护和预测性维护等方法，取得了一定的成果。HO-SEINIE 等[120]针对采煤机切割臂的故障维护，利用煤

矿数据进行故障和可靠性分析，提出了基于分布函数和成本参数的最优预防性维护间隔求解方法。JIU[121]研究了预防性维护、生产和交付的联合问题，解决了何时执行预防性维护以及如何在每个阶段管理煤炭的生产和交付等问题，以期达到最小的预期总成本。JIU 等[122]提出基于鲁棒优化的两阶段方法，解决了需求不确定性下预防性维护与煤炭生产的问题。FLOREA 等[123]通过刮板输送机收集的数据确定其关键部件的可靠性和可维护性、失效模式及其影响的参数，简化了对结果的解释，以期降低维护成本。侯鹏飞等[124]以煤矿大型机电设备为研究对象，采用基于状态的维护思想，提出了煤矿机电设备维护策略方法。ZHANG 等[125]基于状态维护策略，建立了具有故障依赖性的维护决策方法。在预测性维护研究方面，CAO 等[126]建立了基于非线性维纳过程的煤矿设备随机退化模型，推导出设备的剩余使用寿命分布，利用剩余使用寿命预测结果建立了以长期成本率最低为目标的维修决策模型。DING[111]构建了基于深度双向门控网络的采煤机关键部件寿命预测模型，提出了一种监测数据定性和定量分析的预测维修方法。TON 等[127]提出了一种通用预测性维护过程模型，以结构化的方式来部署预测性维护解决方案。针对多部件维护问题，CAO 等[128]提出了基于煤矿安全成本和维修成本的决策优化模型。此外，CAO 等[129]针对复杂化的大型机械设备的维修与生产之间的矛盾，提出了一种基于生产计划和维修的联合决策模型，以总成本最小化为决策目标，采用混合遗传鲸优化算法求解设备生产计划与维修方案，解决了生产与维修之间的矛盾。分析对比了现有煤矿设备智能维护决策方法优缺点，见表 6。

综上所述，提升煤矿设备智能维护决策水平对于保障设备稳定、高效运行，降低维护成本具有重要的

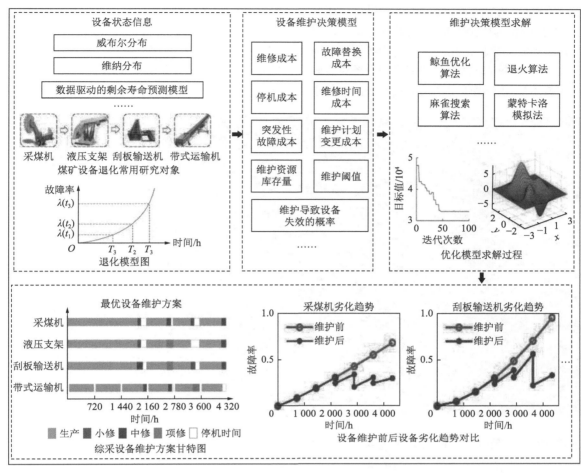

图 5 煤矿设备预测性维护决策流程

Fig.5 Flow chart of predictive maintenance for coal mine equipment

表 6 煤矿设备智能维护决策方法对比

Table 6 Comparison of remaining useful life prediction methods for coal mine equipment

方法种类	文献	方法解释	优点	缺点
预防性维护	[120–122]	在设备出现故障之前进行维护性工作,以防止可能的故障和损坏	通过定期检查和维护设备,有助于及时发现并解决潜在问题	无法在设备故障时及时采取维护方式,会导致过度维护或维护不足的问题
状态维护	[123–125]	基于设备的实时状态和监测数据来确定维护时机的策略	能够及时发现设备问题,避免设备由于故障而导致的生产中断和损失	对于数据的依赖程度较高,当样本数据不足或者不确定时结果较差,需要进行复杂的数据处理和分析
预测性维护	[126–127]	通过学习现有观测数据的退化信息来构建预测模型	提前发现潜在问题并进行提前维护,减少因突发故障造成的生产中断,提高决策的科学性和准确性	对于数据的依赖程度较高,需要进行复杂的数据处理和分析,系统集成难度大

意义。但是,现有煤炭设备智能维护模型的研究对象多集中于单个设备或者相互独立的简单系统,多数方法停留在二态设备上,对具有多健康状态的煤矿设备群维护方法研究不足。在煤矿设备预测性维护相关研究中,将设备健康状态、剩余使用寿命等作为维护决策依据的研究较少。同时,煤矿生产系统中各设备间具有复杂的相互关系,如何在考虑设备停机损失、维修费用等基础上,建立煤矿设备多目标智能维护决策模型具有挑战。除此之外,煤矿设备受生产计划与

维护活动冲突所造成的维护不合理的问题也亟需解决。

近年来,专家学者围绕煤矿设备大数据管理、健康状态评估、剩余使用寿命预测、智能维护决策等方法进行了积极的探索,开发了煤矿设备健康管理与智能维护系统,实现了对煤矿设备在线监测、故障超前预警、健康状态评估、故障趋势预测、远程故障智能诊断、预测性维护及远程决策等功能,部分功能界面如图6所示。通过文献[130-137]可知,现有大多数煤矿设备管理系统关注点仍然停留在数据处理、在线监

测、故障预警及诊断等方面,针对于煤矿设备健康状态评估、寿命预测、智能维护决策的研究目前大多仍停留在理论阶段,与实际应用还有一定距离。目前而言,开发功能齐全的健康管理与智能维护系统难度较大,将相关技术应用于煤矿生产实际具有挑战。健康

管理与智能维护相关技术应用难以克服数据质量、算法集成、人机交互、远程运维及管理、部署成本等多方面带来的挑战,如何有效提升数据质量,基于先进的系统开发技术标准架构,确保系统各个组件的兼容性、稳定性和可靠性是值得深思的问题。

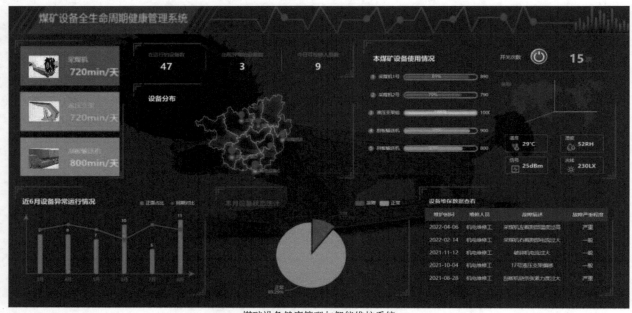

煤矿设备健康管理与智能维护系统

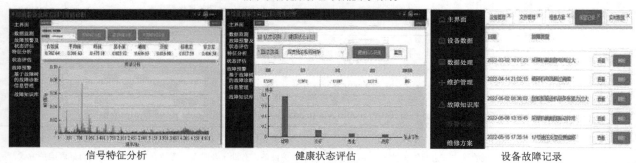

信号特征分析　　　　　　　　　健康状态评估　　　　　　　　　设备故障记录

图 6　煤矿设备健康管理与智能维护系统应用

Fig.6　Application of intelligent maintenance and health management system for coal mine equipment

5　煤矿设备健康管理与智能维护展望

煤矿设备健康管理与智能维护需要不断完善大数据管理及分析平台,创新设备管理及维护模式,为煤矿设备全寿命周期监测、服役状态识别、运维管理及维护提供理论基础及技术支撑。未来研究方向将主要体现在煤矿设备大数据管理方法、时变工况下煤矿设备健康状态评估方法、多因素影响下煤矿设备剩余寿命预测方法、煤矿设备多目标智能维护决策方法等方面。煤矿设备健康管理与智能维护展望,如图 7 所示。

1) 煤矿设备大数据管理是打破数据壁垒、建设数

据底座、实现数据共享的前提,需要在国家引领、行业推动、企业落实下,不断完善煤矿设备大数据管理及分析平台。提升煤矿设备状态信息感知可靠性及稳定性水平,研究煤矿大数据来源多样、格式多样、标准多样、数据结构多样等问题对数据可用性的影响,形成统一的煤矿设备大数据接口标准,建立基于语义描述的数据描述模型,构建煤矿设备群多源异构数据分布式管理框架,实现行业数据共享,为煤矿设备健康管理与智能维护提供基础数据。破解高并发环境下煤矿设备群多源异构数据传输、清洗及存储难题,研究煤矿设备大数据的快速查询及检索方法,提高数据的实用性。

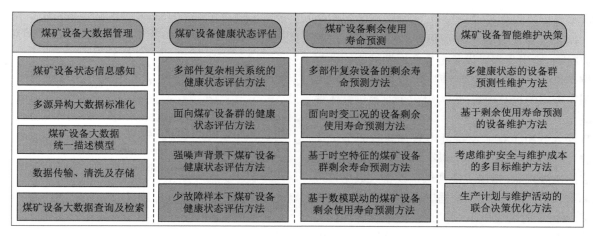

图 7 煤矿设备健康管理与智能维护展望

Fig.7 Prospects of health management and intelligent maintenance for coal mine equipment

2) 研究时变工况下具有非线性、稳定性好、特征表达能力强、泛化能力高的煤矿设备健康状态评估方法,合理重视新技术如机器学习、深度学习等在实际场景中的应用效果。探索基于多模态信息耦合的煤矿设备监测信号表达新方式,研究基于深度学习模型的特征提取、选择及融合新方法,实现数据与特征的复杂非线性映射,保证最优信息的有效提取。研究时变工况下多部件复杂相关系统及煤矿设备群的健康评估状态评估方法,攻克强噪声影响、故障样本不足等导致的煤矿设备健康状态难以评估的行业痛点问题,加强迁移学习[138-139]、域自适应学习[140]、时空图神经网络[141-142]、降噪自编码器[143]、Transformer 模型[144]、生成对抗网络[145]等新算法在煤矿设备健康装评估领域中的研究及应用开发,实现在时变工况、复杂条件下煤矿设备健康状态自适应评估。在满足煤矿设备健康状态评估精度的前提下,提升模型的可解释能力,增强模型的可信度、透明度和可用性。

3) 研究多种失效模式下煤矿设备子系统及零部件间的耦合关系,探索设备退化规律,建立时变工况下多部件系统及煤矿设备群的设备剩余使用寿命预测方法。针对预测方法中退化信息难提取、长时间序列特征难学习、跨时非线性依赖关系难表达等问题,引入深度时空图神经网络[146-147]、Transformer[148-149]、LSTNet 框架[150]、DeepGI 框架[151-152]等深度学习模型,提升模型预测精度。针对预测结果不确定性问题,研究煤矿设备剩余使用寿命预测不确定度置信区间评价方法。考虑煤矿设备的特殊性,还应继续对统计模型、物理模型的剩余使用寿命预测方法进行研究,探索煤矿设备关键部件结构的非线性、载荷的时变性、故障的多元化及耦合性对于失效形式的影响,建立数模联动的煤矿设备剩余使用寿命预测方法。基于煤矿设备健康状态评估及剩余使用寿命结果,针对煤炭开采过程特点,建立基于多健康状态的煤矿设备群预测性维护模型,研究基于剩余使用寿命预测的煤矿设备维护决策方法,探索煤矿设备剩余使用寿命与维护过程的制约关系,降低设备突发故障造成的损失及综采设备群维修成本。研究基于维护安全与维护成本的综采设备群机会维护决策优化方法,解决综采设备停机费用高、维修程度不合理等问题。构建面向生产计划与维护活动的煤矿设备群多目标联合决策优化模型,解决煤炭生产过程中维护活动与生产活动矛盾冲突、维护效率低等问题。引入新的智能式启发算法实现煤矿设备群维护决策问题的高效、准确求解。

4) 研发煤矿设备健康管理与智能维护系统,推进煤矿设备健康管理及智能维护关键方法在煤矿生产中的工程应用,实现煤矿设备安全、可靠、常态化运行。整合煤矿设备监测数据、特征数据、状态数据、维护数据等数据资源,研发集成煤矿设备在线监测、故障超前预警、健康状态评估、故障趋势预测、远程故障智能诊断、预测性维护及远程决策等功能于一体的煤矿设备健康管理与智能维护算法库,提升对煤矿设备数据的分析和决策能力。建立面向对象的煤矿设备健康管理与智能维护技术标准架构,研发基于云计算、云存储、大数据、物联网、人工智能、5G、移动端应用等技术的煤矿设备健康管理及智能维护系统,基于数字孪生、VR、AR、MR、B/S 等开发模式[153-155],实现煤矿设备的可视化管理和远程操作,提升煤矿设备全寿命周期健康管理及智能维护水平。

6 结 语

1) 通过技术革新,有效避免煤矿设备在开采过程中出现重大安全事故、延长设备使用寿命、降低设备维护成本是促进煤炭行业向绿色、智能、高效转型的关键。阐释了煤矿设备全寿命周期的健康管理与智能维护内涵，给出了煤矿设备全生命周期健康管理与智能维护框架，明确了数据管理层、数据分析处理层和应用服务层的核心内容，可为煤矿企业提供整体解决方案。

2) 深入分析了煤矿设备健康管理与智能维护关键方法，主要包括：① 分析了煤矿设备大数据管理关键方法的发展现状，指出了实现煤矿设备大数据管理规范标准、统一描述模型，数据融合和共享存在的挑战。② 探讨了时变工况下煤矿设备健康状态评估关键方法，解释了不同方法的内在含义，分析了方法的优缺点，总结了煤矿设备健康状态评估面临的难题，为相关研究提供了理论基础及技术支撑。③ 对比分析了不同煤矿设备剩余使用寿命预测方法的优缺点，指出了复杂因素下煤矿设备剩余使用寿命方法存在的问题。④ 阐明了煤矿设备预测性维护决策主要步骤，分析了煤矿设备智能维护方法最新研究成果及优缺点，探讨了煤矿设备群多目标智能维护决策技术的不足，归纳了煤矿设备健康管理与智能维护面临的挑战。

3) 未来需要在国家引领、行业推动、企业落实下，攻克煤矿设备大数据管理及分析难题，实现数据共享及利用；研究时变工况下煤矿设备健康状态评估方法，提升模型在实际应用中的稳定性及泛化能力；探索多种失效模式下煤矿设备状态退化规律，建立剩余使用寿命预测模型，构建煤矿设备群智能维护决策模型，降低设备故障及维修成本；完成煤矿设备健康管理及智能维护多源数据整合，集成研发健康管理与智能维护算法库，开发功能齐全的应用服务系统，提升煤矿设备全寿命周期健康管理及智能维护水平。"十四五"及未来长时间内，应在国家、行业、企业战略部署下、相关同仁的协同合作下，坚持目标导向和问题导向，不断探索及创新煤矿设备全寿命周期健康管理与智能维护新理论、新方法和新技术，促进煤炭工业转型升级和高质量发展。

参考文献(References)：

[1] WANG G F, XU Y X, REN H W. Intelligent and ecological coal mining as well as clean utilization technology in China: Review and prospects[J]. International Journal of Mining Science and Technology, 2019, 29(2): 161-169.

[2] 王国法, 刘峰, 庞义辉, 等. 煤矿智能化——煤炭工业高质量发展的核心技术支撑[J]. 煤炭学报, 2019, 44(2): 349-357.
WANG Guofa, LIU Feng, PANG Yihui, et al. Coal mine intellectualization: The core technology of high quality development[J]. Journal of China Coal Society, 2019, 44(2): 349-357.

[3] 武强, 刘宏磊, 曾一凡, 等. 我国绿色矿山建设现状与存在问题及对策建议[J]. 绿色矿山, 2023(1): 25-32.
WU Qiang, LIU Honglei, ZENG Yifan, et al. Situation, challenges, and proposed strategies for green mine construction in China[J]. Journal of Green Mine, 2023(1): 25-32.

[4] 魏文艳. 综采工作面智能化开采技术发展现状及展望[J]. 煤炭科学技术, 2022, 50(S2): 244-253.
WEI Wenyan. Development status and prospect of intelligent mining technology of longwall mining[J]. Coal Science and Technology, 2022, 50(S2): 244-253.

[5] 王国法, 赵国瑞, 任怀伟. 智慧煤矿与智能化开采关键核心技术分析[J]. 煤炭学报, 2019, 44(1): 34-41.
WANG Guofa, ZHAO Guorui, REN Huaiwei. Analysis on key technologies of intelligent coal mine and intelligent mining[J]. Journal of China Coal Society, 2019, 44(1): 34-41.

[6] 王国法. 煤矿智能化最新技术进展与问题探讨[J]. 煤炭科学技术, 2022, 50(1): 1-27.
WANG Guofa. New technological progress of coal mine intelligence and its problems[J]. Coal Science and Technology, 2022, 50(1): 1-27.

[7] 谢和平, 王金华, 姜鹏飞, 等. 煤炭科学开采新理念与技术变革研究[J]. 中国工程科学, 2015, 17(9): 36-41.
XIE Heping, WANG Jinhua, JIANG Pengfei, et al. New concepts and technology evolutions in scientific coal mining[J]. Engineering Sciences, 2015, 17(9): 36-41.

[8] 樊红卫, 张旭辉, 曹现刚, 等. 智慧矿山背景下我国煤矿机械故障诊断研究现状与展望[J]. 振动与冲击, 2020, 39(24): 194-204.
FAN Hongwei, ZHANG Xuhui, CAO Xiangang, et al. Research status and prospect of fault diagnosis of China's coal mine machines under background of intelligent mine[J]. Journal of Vibration and Shock, 2020, 39(24): 194-204.

[9] 曹现刚, 马宏伟, 段雍, 等. 煤矿设备智能维护与健康管理技术研究现状与展望[J]. 智能矿山, 2020, 1(1): 105-111.
CAO Xiangang, MA Hongwei, DUAN Yong, et al. Research status and prospect of coal mine equipment intelligent maintenance and health management technology[J]. Journal of Intelligent Mine, 2020, 1(1): 105-111.

[10] 刘媛媛. 煤矿机电设备智能化维护研究现状与发展趋势[J]. 工矿自动化, 2021, 47(7): 79-84.
LIU Yuanyuan. Current status and development trend of research on intelligent maintenance of coal mine electromechanical equipment[J]. Industry and Mine Automation, 2021, 47(7): 79-84.

[11] ZHANG G, CHEN C H, CAO X G, et al. Industrial Internet of Things-enabled monitoring and maintenance mechanism for fully mechanized mining equipment[J]. Advanced Engineering Informatics, 2022, 54: 101782.

[12] 丁恩杰, 俞啸, 廖玉波, 等. 基于物联网的矿山机械设备状态智能感知与诊断[J]. 煤炭学报, 2020, 45(6): 2308-2319.
DING Enjie, YU Xiao, LIAO Yubo, et al. Key technology of mine equipment state perception and online diagnosis under Internet of Things[J]. Journal of China Coal Society, 2020, 45(6): 2308-2319.

[13] 黄曾华, 王峰, 张守祥. 智能化采煤系统架构及关键技术研究[J].

煤炭学报, 2020, 45(6): 1959−1972.

HUANG Zenghua, WANG Feng, ZHANG Shouxiang. Research on the architecture and key technologies of intelligent coal mining system[J]. Journal of China Coal Society, 2020, 45(6): 1959−1972.

[14] 马宏伟, 王鹏, 张旭辉, 等. 煤矿巷道智能掘进机器人系统关键技术研究[J]. 西安科技大学学报, 2020, 40(5): 751−759.

MA Hongwei, WANG Peng, ZHANG Xuhui, et al. Research on key technology of intelligent tunneling robotic system in coal mine[J]. Journal of Xi'an University of Science and Technology, 2020, 40(5): 751−759.

[15] 马宏伟, 王鹏, 王世斌, 等. 煤矿掘进机器人系统智能并行协同控制方法[J]. 煤炭学报, 2021, 46(7): 2057−2067.

MA Hongwei, WANG Peng, WANG Shibin, et al. Intelligent parallel cooperative control method of coal mine excavation robot system[J]. Journal of China Coal Society, 2021, 46(7): 2057−2067.

[16] QI C C. Big data management in the mining industry[J]. International Journal of Minerals, Metallurgy and Materials, 2020, 27(2): 131−139.

[17] LU Y Q, LIU C, WANG K I, et al. Digital twin-driven smart manufacturing: connotation, reference model, applications and research issues[J]. Robotics and Computer-Integrated Manufacturing, 2020, 61: 101837.

[18] 刘强, 秦泗钊. 过程工业大数据建模研究展望[J]. 自动化学报, 2016, 42(2): 161−171.

LIU Qiang, QIN Sizhao. Perspectives on big data modeling of process industries[J]. Acta Automatica Sinica, 2016, 42(2): 161−171.

[19] 陈孝慈, 李东海. 煤矿安全大数据特征及治理方法体系研究[J]. 工矿自动化, 2023, 49(5): 52−58.

CHEN Xiaoci, LI Donghai. Research on the coal mine safety big data features and governance method system[J]. Journal of Mine Automation, 2023, 49(5): 52−58.

[20] 方乾, 张晓霞, 王霖, 等. 智能化煤矿大数据治理关键技术研究、实践与应用[J]. 工矿自动化, 2023, 49(5): 37−45, 73.

FANG Qian, ZHANG Xiaoxia, WANG Lin, et al. Research, practice and application of key technologies of intelligent coal mine big data governance[J]. Journal of Mine Automation, 2023, 49(5): 37−45,73.

[21] 谭明, 沈政昌, 杨义红. 矿物分选装备技术研究进展[J]. 绿色矿山, 2024, 2(1): 85−93.

TAN Ming, SHEN Zhengchang, YANG Yihong. Research progress of mineral processing equipment technology[J]. Journal of Green Mine, 2024, 2(1): 85−93.

[22] 侯公羽, 胡志宇, 李子祥, 等. 分布式光纤及光纤光栅传感技术在煤矿安全监测中的应用现状及展望[J]. 煤炭学报, 2023, 48(S1): 96−110.

HOU Gongyu, HU Zhiyu, LI Zixiang, et al. Present situation and prospect of coal mine safety monitoring based on fiber Bragg grating and distributed optical fiber sensing technology[J]. Journal of China Coal Society, 2023, 48(S1): 96−110.

[23] 曹现刚, 段雍, 赵江滨, 等. 综采设备健康状态评估研究综述[J]. 工矿自动化, 2023, 49(9): 23−35, 97.

CAO Xiangang, DUAN Yong, ZHAO Jiangbin, et al. Summary of research on health status assessment of fully mechanized mining equipment[J]. Journal of Mine Automation, 2023, 49(9): 23−35,97.

[24] ZHANG J H, CHEN M, LIU Y H, et al. A network communication frequency routing protocol of coal mine safety monitoring system based on wireless narrowband data communication network[J]. Mobile Information Systems, 2022, 2022: 4906599.

[25] ZHAN P. Application of 5G communication technology based on intelligent sensor network in coal mining[J]. Journal of Sensors, 2023, 2023(1): 2114387.

[26] 袁亮, 吴劲松, 杨科. 煤炭安全智能精准开采关键技术与应用[J]. 采矿与安全工程学报, 2023, 40(5): 861−868.

YUAN Liang, WU Jinsong, YANG Ke. Key technology and its application of coal safety intelligent precision mining[J]. Journal of Mining & Safety Engineering, 2023, 40(5): 861−868.

[27] CARTER R A. Smart mining needs high IQ monitoring systems[J]. Engineering and Mining Journal, 2020, 221(9): 38−44.

[28] 李国民, 章鳌, 贺耀宜, 等. 智能矿井多元监控数据集成关键技术研究[J]. 工矿自动化, 2022, 48(8): 127−130, 146.

LI Guomin, ZHANG Ao, HE Yaoyi, et al. Research on key technologies of multi-element monitoring data integration in intelligent mine[J]. Journal of Mine Automation, 2022, 48(8): 127−130,146.

[29] 崔亚仲, 白明亮, 李波. 智能矿山大数据关键技术与发展研究[J]. 煤炭科学技术, 2019, 47(3): 66−74.

CUI Yazhong, BAI Mingliang, LI Bo. Key technology and development research on big data of intelligent mine[J]. Coal Science and Technology, 2019, 47(3): 66−74.

[30] 曹现刚, 姜韦光, 张国祯. 采煤机运行状态数据实时清洗技术研究[J]. 煤炭工程, 2020, 52(3): 127−131.

CAO Xiangang, JIANG Weiguang, ZHANG Guozhen. Real-time data cleaning of coal mining machine operating status[J]. Coal Engineering, 2020, 52(3): 127−131.

[31] 马宏伟, 吴少杰, 曹现刚, 等. 煤矿综采设备运行状态大数据清洗建模[J]. 工矿自动化, 2018, 44(11): 80−83.

MA Hongwei, WU Shaojie, CAO Xiangang, et al. Big data cleaning modeling of operation status of coal mine fully-mechanized coal mining equipment[J]. Industry and Mine Automation, 2018, 44(11): 80−83.

[32] 张元刚, 刘坤, 杨林, 等. 煤炭工业监控大数据平台建设与数据处理应用技术[J]. 煤炭科学技术, 2019, 47(3): 75−80.

ZHANG Yuangang, LIU Kun, YANG Lin, et al. Platform construction and data processing application technology in coal industry monitoring big data[J]. Coal Science and Technology, 2019, 47(3): 75−80.

[33] 张长鲁. 煤矿事故隐患大数据处理与知识发现分析方法研究[J]. 中国安全生产科学技术, 2016, 12(9): 176−181.

ZHANG Changlu. Study on big data processing and knowledge discovery analysis method for safety hazard in coal mine[J]. Journal of Safety Science and Technology, 2016, 12(9): 176−181.

[34] 杜毅博, 赵国瑞, 巩师鑫. 智能化煤矿大数据平台架构及数据处理关键技术研究[J]. 煤炭科学技术, 2020, 48(7): 177−185.

DU Yibo, ZHAO Guorui, GONG Shixin. Study on big data platform architecture of intelligent coal mine and key technologies of data processing[J]. Coal Science and Technology, 2020, 48(7): 177−185.

[35] 王美君,谭章禄,李慧园,等. 智能化煤矿数据治理能力评估与提升策略研究[J]. 矿业科学学报, 2024, 9(1): 106−115.

WANG Meijun, TAN Zhanglu, LI Huiyuan, et al. Research on evaluation and promotion strategy of data governance capability for intelligent coal mines[J]. Journal of Mining Science and Technology, 2024, 9(1): 106−115.

[36] 王国法, 杜毅博. 煤矿智能化标准体系框架与建设思路[J]. 煤炭科学技术, 2020, 48(1): 1−9.

WANG Guofa, DU Yibo. Coal mine intelligent standard system framework and construction ideas[J]. Coal Science and Technology, 2020, 48(1): 1−9.

[37] 张建明, 曹文君, 王景阳, 等. 智能化煤矿信息基础设施标准体系研究[J]. 中国煤炭, 2021, 47(11): 1−6.

ZHANG Jianming, CAO Wenjun, WANG Jingyang, et al. Research on information infrastructure standard system for intelligent coal mine[J]. China Coal, 2021, 47(11): 1−6.

[38] 温亮, 李丹宁. 基于 EtherNet/IP 的井工煤矿数据治理研究[J]. 煤炭科学技术, 2022, 50(S1): 227−232.

WEN Liang, LI Danning. Research on data management of coal mine based on EtherNet/IP[J]. Coal Science and Technology, 2022, 50(S1): 227−232.

[39] 王淞, 彭煜玮, 兰海, 等. 数据集成方法发展与展望[J]. 软件学报, 2020, 31(3): 893−908.

WANG Song, PENG Yuwei, LAN Hai, et al. Survey and prospect: data integration methodologies[J]. Journal of Software, 2020, 31(3): 893−908.

[40] 滕晓旭, 全厚春, 祁金才, 等. 矿山设备维修数据集成与管控系统研究[J]. 采矿技术, 2021, 21(5): 180−183.

TENG Xiaoxu, QUAN Houchun, QI Jincai, et al. Research on data integration and control system of mine equipment maintenance[J]. Mining Technology, 2021, 21(5): 180−183

[41] 曹现刚, 罗璇, 张鑫媛, 等. 煤矿机电设备运行状态大数据管理平台设计[J]. 煤炭工程, 2020, 52(2): 22−26.

CAO Xiangang, LUO Xuan, ZHANG Xinyuan, et al. Design of big data management platform for operation status of coal mine electromechanical equipment[J]. Coal Engineering, 2020, 52(2): 22−26.

[42] 曹现刚, 马晨飞, 王云飞, 等. 煤矿设备状态大数据平台架构及关键技术研究[J]. 煤炭技术, 2023, 42(1): 222−224.

CAO Xiangang, MA Chenfei, WANG Yunfei, et al. Study on big data platform architecture of coal mine equipment status and key technologies[J]. Coal Technology, 2023, 42(1): 222−224.

[43] 李福兴, 李璐爔. 面向煤炭开采的大数据处理平台构建关键技术[J]. 煤炭学报, 2019, 44(S1): 362−369.

LI Fuxing, LI Luxi. Key technologies of big data processing platform construction for coal mining[J]. Journal of China Coal Society, 2019, 44(S1): 362−369.

[44] 高晶, 赵良君, 吕旭阳. 基于数据挖掘的煤矿安全管理大数据平台[J]. 煤矿安全, 2022, 53(6): 121−125.

GAO Jing, ZHAO Liangjun, LYU Xuyang. Coal mine safety management big data platform based on data mining[J]. Safety in Coal Mines, 2022, 53(6): 121−125.

[45] 荣宝, 魏德志, 于海成, 等. 露天煤矿安全生产大数据存储与流式计算技术[J]. 工矿自动化, 2021, 47(S1): 101−102, 109.

RONG Bao, WEI Dezhi, YU Haicheng, et al. Open-pit coal mine safety production big data storage and streaming computing technology[J]. Industry and Mine Automation, 2021, 47(S1): 101−102,109.

[46] 谭章禄, 马营营. 煤炭大数据研究及发展方向[J]. 工矿自动化, 2018, 44(3): 49−52.

TAN Zhanglu, MA Yingying. Research on coal big data and its developing direction[J]. Journal of Mine Automation, 2018, 44(3): 49−52.

[47] 葛世荣, 郝雪弟, 田凯, 等. 采煤机自主导航截割原理及关键技术[J]. 煤炭学报, 2021, 46(3): 774−788.

GE Shirong, HAO Xuedi, TIAN Kai, et al. Principle and key technology of autonomous navigation cutting for deep coal seam[J]. Journal of China Coal Society, 2021, 46(3): 774−788.

[48] 张睿, 张义民, 朱丽莎. 采煤机截割部齿轮箱体振动特性实验[J]. 振动与冲击, 2019, 38(13): 179−184, 196.

ZHANG Rui, ZHANG Yimin, ZHU Lisha. Tests for dynamic characteristics of shearer cutting gearbox[J]. Journal of Vibration and Shock, 2019, 38(13): 179−184,196.

[49] 郝尚清, 庞新宇, 王雪松, 等. 基于盲源分离的采煤机摇臂轴承故障诊断方法[J]. 煤炭学报, 2015, 40(11): 2509−2513.

HAO Shangqing, PANG Xinyu, WANG Xuesong, et al. Bearing fault diagnosis method for shearer rocker arm based on blind source separation[J]. Journal of China Coal Society, 2015, 40(11): 2509−2513.

[50] 刘旭南, 赵丽娟, 付东波, 等. 采煤机截割部传动系统故障信号小波包分解方法研究[J]. 振动与冲击, 2019, 38(14): 169−175, 253.

LIU Xunan, ZHAO Lijuan, FU Dongbo, et al. Study on wavelet packet decomposition method for fault signal of shearer cutting unit transmission system[J]. Journal of Vibration and Shock, 2019, 38(14): 169−175,253.

[51] XU J, REN C F, LIU Y X, et al. Noise elimination for coalcutter vibration signal based on ensemble empirical mode decomposition and an improved Harris Hawks optimization algorithm[J]. Symmetry, 2022, 14(10): 1978.

[52] LI C P, PENG T H, ZHU Y M. A cutting pattern recognition method for shearers based on ICEEMDAN and improved grey wolf optimizer algorithm-optimized SVM[J]. Applied Sciences, 2021, 11(19): 9081.

[53] SI L, WANG Z B, TAN C, et al. A feature extraction method based on composite multi-scale permutation entropy and Laplacian score for shearer cutting state recognition[J]. Measurement, 2019, 145: 84−93.

[54] SI L, WANG Z B, LIU X H, et al. A sensing identification method for shearer cutting state based on modified multi-scale fuzzy entropy and support vector machine[J]. Engineering Applications of Artificial Intelligence, 2019, 78: 86−101.

[55] LI X G, ZHANG Y Z, WANG F Q, et al. A fault diagnosis method of rolling bearing based on wavelet packet analysis and deep forest[J]. Symmetry, 2022, 14(2): 267.

[56] ZHANG X, WANG H J, LI X H, et al. Fault diagnosis of mine ventilator bearing based on improved variational mode decomposi-

tion and density peak clustering[J]. Machines, 2022, 11(1): 27.

[57] WANG W B, GUO S, ZHAO S F, et al. Intelligent fault diagnosis method based on VMD-Hilbert spectrum and ShuffleNet-V2: Application to the gears in a mine scraper conveyor gearbox[J]. Sensors, 2023, 23(10): 4951.

[58] 张建公. 矿用电动机振动信号早期故障特征提取方法[J]. 工矿自动化, 2019, 45(5): 96−99.
ZHANG Jiangong. Early fault feature extraction method of vibration signal of mine-used motor[J]. Industry and Mine Automation, 2019, 45(5): 96−99.

[59] HUANG X K, WU X F, TIAN Z Z, et al. Fault diagnosis study of mine drainage pump based on MED−WPD and RBFNN[J]. Journal of the Brazilian Society of Mechanical Sciences and Engineering, 2023, 45(7): 347.

[60] 刘美芳, 余建波, 尹纪庭. 基于贝叶斯推理和自组织映射的轴承性能退化评估方法[J]. 计算机集成制造系统, 2012, 18(10): 2237−2244.
LIU Meifang, YU Jianbo, YIN Jiting. Bearing performance degradation assessment based on Bayesian inference and self-organizing map[J]. Computer Integrated Manufacturing Systems, 2012, 18(10): 2237−2244.

[61] 李洪雪, 李世武, 孙文财, 等. 重型危险品半挂列车行驶工况的构建[J]. 吉林大学学报 (工学版), 2021, 51(5): 1700−1707.
LI Hongxue, LI Shiwu, SUN Wencai, et al. Driving cycle construction of heavy semi-trailers carrying hazardous cargos[J]. Journal of Jilin University (Engineering and Technology Edition), 2021, 51(5): 1700−1707.

[62] KONG D D, CHEN Y J, LI N. Gaussian process regression for tool wear prediction[J]. Mechanical Systems and Signal Processing, 2018, 104: 556−574.

[63] BENKEDJOUH T, MEDJAHER K, ZERHOUNI N, et al. Health assessment and life prediction of cutting tools based on support vector regression[J]. Journal of Intelligent Manufacturing, 2015, 26(2): 213−223.

[64] 王浩任, 黄亦翔, 赵帅, 等. 基于小波包和拉普拉斯特征值映射的柱塞泵健康评估方法[J]. 振动与冲击, 2017, 36(22): 45−50.
WANG Haoren, HUANG Yixiang, ZHAO Shuai, et al. Health assessment for a piston pump based on WPD and LE[J]. Journal of Vibration and Shock, 2017, 36(22): 45−50.

[65] MA M, CHEN X F, ZHANG X L, et al. Locally linear embedding on Grassmann manifold for performance degradation assessment of bearings[J]. IEEE Transactions on Reliability, 2017, 66(2): 467−477.

[66] LI F, CHYU M K, WANG J X, et al. Life grade recognition of rotating machinery based on Supervised Orthogonal Linear Local Tangent Space Alignment and Optimal Supervised Fuzzy C-Means Clustering[J]. Measurement, 2015, 73: 384−400.

[67] 董玉亮, 顾煜炯. 基于保局投影与自组织映射的风电机组故障预警方法[J]. 太阳能学报, 2015, 36(5): 1123−1129.
DONG Yuliang, GU Yujiong. Wind turbine fault prognostics based on locality preserving and self-organizing maps[J]. Acta Energiae Solaris Sinica, 2015, 36(5): 1123−1129.

[68] 徐宇亮, 孙际哲, 陈西宏, 等. 电子设备健康状态评估与故障预测

方法[J]. 系统工程与电子技术, 2012, 34(5): 1068−1072.
XU Yuliang, SUN Jizhe, CHEN Xihong, et al. Method of health performance evaluation and fault prognostics for electronic equipment[J]. Systems Engineering and Electronics, 2012, 34(5): 1068−1072.

[69] YUAN N Q, YANG W L, KANG B, et al. RETRACTED: Signal fusion-based deep fast random forest method for machine health assessment[J]. Journal of Manufacturing Systems, 2018, 48: 1−8.

[70] 张一辙. 煤矿主扇风机故障诊断系统研究[D]. 阜新: 辽宁工程技术大学, 2020.
ZHANG Yizhe. Research on fault diagnosis system of coal mine main fan[D]. Fuxin: Liaoning Technical University, 2020.

[71] 吉晓冬. 振动数据驱动的掘进机关键部件健康状态评估研究[D]. 北京: 中国矿业大学 (北京), 2022.
JI Xiaodong. Research on health status evaluation method of roadheader key components data-driven by vibration[D]. Beijing: China University of Mining & Technology-Beijing, 2022.

[72] 李宁, 丁华, 孙晓春, 等. 基于简化区间核全局−局部特征融合的采煤机智能故障诊断[J/OL]. 煤炭学报, 1-15.[2024-06-09]. https://doi.org/10.13225/j.cnki.jccs.2023.1252.
LI Ning, DING Hua, SUN Xiaochun, et al. Intelligent fault diagnosis of shearer based on simplified interval kernel global-local feature fusion[J/OL]. Journal of China Coal Society, 1-15 [2024-06-09]. https://doi.org/10.13225/j.cnki.jccs.2023.1252.

[73] SI L, WANG Z B, LIU X H, et al. Cutting state diagnosis for shearer through the vibration of rocker transmission part with an improved probabilistic neural network[J]. Sensors, 2016, 16(4): 479.

[74] 彭强. 煤矿大型机械设备滚动轴承故障诊断改进方法研究[J]. 煤炭工程, 2023, 55(4): 141−146.
PENG Qiang. Improved methods for fault diagnosis of rolling bearings for large mechanical equipment in coal mines[J]. Coal Engineering, 2023, 55(4): 141−146.

[75] JIANG H, JI X D, YANG Y, et al. Vibration signal analysis of roadheader based on referential manifold learning[J]. Shock and Vibration, 2023, 2023: 8818380.

[76] BAN Y X, LIU C Y, YANG F, et al. Failure identification method of sound signal of belt conveyor rollers under strong noise environment[J]. Electronics, 2023, 13(1): 34.

[77] 曹现刚, 雷一楠, 宫钰蓉, 等. 基于组合赋权法的采煤机健康状态评估方法研究[J]. 煤炭科学技术, 2020, 48(6): 135−141.
CAO Xiangang, LEI Yinan, GONG Yurong, et al. Study on health assessment method of shearer based on combination weighting method[J]. Coal Science and Technology, 2020, 48(6): 135−141.

[78] 闫向彤, 董鹏辉, 熊友锟, 等. 基于 PCA 的采煤机健康状态云模型评估分析[J]. 煤炭工程, 2023, 55(6): 152−157.
YAN Xiangtong, DONG Penghui, XIONG Youkun, et al. Cloud model evaluation for health state of coal shearer based on PCA[J]. Coal Engineering, 2023, 55(6): 152−157.

[79] WANG Z B, XU X H, SI L, et al. A dynamic health assessment approach for shearer based on artificial immune algorithm[J]. Computational Intelligence and Neuroscience, 2016, 2016: 9674942.

[80] 王琛, 杨岸. 矿井提升机健康状态评估与预测系统研究[J]. 工矿

自动化, 2023, 49(10): 75−86.

WANG Chen, YANG An. Research on the health evaluation and prediction system for mine hoists[J]. Journal of Mine Automation, 2023, 49(10): 75−86.

[81] 陈劭康. 带式输送机故障预测与健康状态评估技术研究[D]. 徐州: 中国矿业大学, 2021.

CHEN Shaokang. Research on fault prediction and health assessment technology of belt conveyor[D]. Xuzhou: China University of Mining and Technology, 2021.

[82] 张玉锟. 盘刀破岩掘进系统健康状态分析[D]. 阜新: 辽宁工程技术大学, 2022.

ZHANG Yukun. Analysis on the health state of rock breaking tunneling system with disc cutter[D]. Fuxin: Liaoning Technical University, 2022.

[83] 马旭东, 王跃龙, 田慕琴, 等. 液压支架健康评估与寿命预测模型研究[J]. 煤炭科学技术, 2021, 49(3): 141−148.

MA Xudong, WANG Yuelong, TIAN Muqin, et al. Health assessment and life prediction model of hydraulic support[J]. Coal Science and Technology, 2021, 49(3): 141−148.

[84] SOUALHI A, RAZIK H, CLERC G, et al. Prognosis of bearing failures using hidden Markov models and the adaptive neuro-fuzzy inference system[J]. IEEE Transactions on Industrial Electronics, 2013, 61(6): 2864−2874.

[85] 丁飞, 王谦. 液压支架结构疲劳动态可靠性评估方法[J]. 中国安全科学学报, 2015, 25(6): 86−90.

DING Fei, WANG Qian. Fatigue dynamic reliability assessment method of hydraulic support structure[J]. China Safety Science Journal, 2015, 25(6): 86−90.

[86] 王慧, 赵国超, 宋宇宁, 等. 基于改进的威布尔分布的液压支架可靠性评估方法[J]. 中国安全科学学报, 2018, 28(5): 99−104.

WANG Hui, ZHAO Guochao, SONG Yuning, et al. Reliability evaluation method of hydraulic support based on improved Weibull distribution[J]. China Safety Science Journal, 2018, 28(5): 99−104.

[87] CHEN Q Z, ZOU B P, TAO Z G, et al. Construction and application of an intelligent roof stability evaluation system for the roof-cutting non-pillar mining method[J]. Sustainability, 2023, 15(3): 2670.

[88] 乔佳伟, 田慕琴. 基于 AHP-TOPSIS 综合评价法的离心泵健康状态评估[J]. 工矿自动化, 2022, 48(9): 69−76.

QIAO Jiawei, TIAN Muqin. Health condition assessment of centrifugal pump based on AHP-TOPSIS comprehensive evaluation method[J]. Industry and Mine Automation, 2022, 48(9): 69−76.

[89] 曹现刚, 李彦川, 雷卓, 等. 采煤机健康状态智能评估方法研究[J]. 工矿自动化, 2020, 46(6): 41−47.

CAO Xiangang, LI Yanchuan, LEI Zhuo, et al. Research on intelligent evaluation method of health state of shearer[J]. Industry and Mine Automation, 2020, 46(6): 41−47.

[90] XU X Z, WANG K Q, ZHANG Q H, et al. A comprehensive evaluation of intelligent coal mine ventilation systems in the internet of things[J]. Human-centric Computing and Information Sciences, 2023, 13: 1−17.

[91] SI L, WANG Z B, LIU Z, et al. Health condition evaluation for a shearer through the integration of a fuzzy neural network and improved particle swarm optimization algorithm[J]. Applied Sciences, 2016, 6(6): 171.

[92] 曹现刚, 许欣, 雷卓, 等. 基于降噪自编码器与改进卷积神经网络的采煤机健康状态识别[J]. 信息与控制, 2022, 51(1): 98−106.

CAO Xiangang, XU Xin, LEI Zhuo, et al. Health status identification of shearer based on denoising autoencoder and improved convolutional neural network[J]. Information and Control, 2022, 51(1): 98−106.

[93] LI F T, WANG Z B, SI L, et al. A novel recognition method of shearer cutting status based on SDP image and MCK-DCNN[J]. Proceedings of the Institution of Mechanical Engineers, Part C: Journal of Mechanical Engineering Science, 2024, 238(5): 1495−1506.

[94] 鲍新平, 何勇, 马正武, 等. 基于 Baseline 模型的刮板输送机健康评估[J]. 煤矿机械, 2023, 44(11): 204−206.

BAO Xinping, HE Yong, MA Zhengwu, et al. Health assessment of scraper conveyor based on baseline model[J]. Coal Mine Machinery, 2023, 44(11): 204−206.

[95] 杨鑫, 苏乐, 程永军, 等. 基于多种图结构信息融合的刮板输送机健康状态识别[J/OL]. 煤炭科学技术, 1-11[2024-06-09]. http://kns.cnki.net/kcms/detail/11.2402.td.20240228.0856.002.html.

YANG Xin, SU Le, CHENG Yongjun, et al. Health status recognition of scraper conveyor based on the fusion of multiple graph structure information[J/OL]. Coal Science and Technology, 1-11[2024-06-09]. http://kns.cnki.net/kcms/detail/11. 2402.td.202402 28.0856.002.html.

[96] 罗璇. 数据驱动的采煤机摇臂寿命预测方法研究[D]. 西安: 西安科技大学, 2020.

LUO Xuan. Research on life prediction method of shearer rocker arm based on data drive[D]. Xi'an: Xi'an University of Science and Technology, 2020.

[97] 刘晓波. 采煤机液压系统隐马尔可夫模型故障预测方法研究[D]. 太原: 太原科技大学, 2020.

LIU Xiaobo. Study on fault prognosis method of hidden markov model for shearer hydraulic system[D]. Taiyuan: Taiyuan University of Science and Technology, 2020.

[98] ZHU L S, YUAN C, LI H J, et al. Dynamic and gradual coupled reliability analysis of the transmission system of a shearer cutting arm[J]. Proceedings of the Institution of Mechanical Engineers, Part O: Journal of Risk and Reliability, 2022, 236(5): 738−750.

[99] ZHAO L J, JIN X, LIU X H. Numerical research on wear characteristics of drum based on discrete element method (DEM)[J]. Engineering Failure Analysis, 2020, 109: 104269.

[100] QIN Y K, ZHANG X H, ZENG J C, et al. Reliability analysis of mining machinery pick subject to competing failure processes with continuous shock and changing rate degradation[J]. IEEE Transactions on Reliability, 2022, 72(2): 795−807.

[101] 赵丽娟, 杨世杰, 张海宁, 等. 基于 DEM-MFBD 双向耦合技术的采煤机摇臂壳体疲劳寿命预测[J]. 煤炭科学技术, 2023, 51(S2): 252−258.

ZHAO Lijuan, YANG Shijie, ZHANG Haining, et al. Fatigue life prediction of shearer rocker shell based on DEM-MFBD bidirectional coupling technology[J]. Coal Science and Technology, 2023, 51(S2): 252−258.

[102] 曹现刚, 伍宇泽, 陈瑞昊, 等. 基于 MSCNN-GRU 神经网络的采煤机摇臂剩余寿命预测[J]. 煤炭技术, 2022, 41(12): 186−189.
CAO Xiangang, WU Yuze, CHEN Ruihao, et al. Prediction of remaining life of shearer rocker arm based on MSCNN-GRU neural network[J]. Coal Technology, 2022, 41(12): 186−189.

[103] CAO X G, LEI Z, LI Y C, et al. Prediction method of equipment remaining life based on self-attention long short-term memory neural network[J]. Journal of Shanghai Jiaotong University (Science), 2023, 28(5): 652−664.

[104] 曹现刚, 罗璇, 雷一楠, 等. 基于 ARIMA 和 SVR 的滚动轴承状态预测方法研究[J]. 机床与液压, 2020, 48(22): 178−181.
CAO Xiangang, LUO Xuan, LEI Yinan, et al. Prediction method research for rolling bearing state based on ARIMA and SVR[J]. Machine Tool & Hydraulics, 2020, 48(22): 178−181.

[105] GAO Y F, ZHANG X H, ZHANG T B, et al. A graph convolutional encoder-decoder model for methane concentration forecasting in coal mines[J]. IEEE Access, 2023, 11: 72665−72678.

[106] LI T F, ZHAO Z B, SUN C, et al. Hierarchical attention graph convolutional network to fuse multi-sensor signals for remaining useful life prediction[J]. Reliability Engineering & System Safety, 2021, 215: 107878.

[107] WANG L, CAO H R, XU H, et al. A gated graph convolutional network with multi-sensor signals for remaining useful life prediction[J]. Knowledge-Based Systems, 2022, 252: 109340.

[108] 李晓昆, 耿毅德, 王宏伟, 等. 基于改进相似模型的采煤机轴承剩余寿命预测方法[J]. 工矿自动化, 2023, 49(5): 96−103.
LI Xiaokun, GENG Yide, WANG Hongwei, et al. A method for predicting the remaining useful life of shearer bearings based on improved similarity model[J]. Journal of Mine Automation, 2023, 49(5): 96−103.

[109] 程泽银. 基于深度学习的采煤机摇臂关键零部件剩余使用寿命预测系统[D]. 太原: 太原理工大学, 2021.
CHENG Zeying. Remaining life prediction system of key parts of coal shearer rocker arm based on deep learning[D]. Taiyuan: Taiyuan University of Technology, 2021.

[110] 孙永新. 煤机设备轴承剩余寿命预测方法研究[J]. 工矿自动化, 2021, 47(11): 126−130.
SUN Yongxin. Research on bearing residual life prediction method of coal mine machinery equipment[J]. Journal of Mine Automation, 2021, 47(11): 126−130.

[111] DING H, YANG L L, YANG Z J. A predictive maintenance method for shearer key parts based on qualitative and quantitative analysis of monitoring data[J]. IEEE Access, 2019, 7: 108684−108702.

[112] 张波. 采煤机截割部行星机构疲劳寿命分析与预测[D]. 阜新: 辽宁工程技术大学, 2020.
ZHANG Bo. Fatigue life analysis and prediction of planetary mechanism in shearer cutting part[D]. Fuxin: Liaoning Technical University, 2020.

[113] 丁华, 杨亮亮, 杨兆建, 等. 数字孪生与深度学习融合驱动的采煤机健康状态预测[J]. 中国机械工程, 2020, 31(7): 815−823.
DING Hua, YANG Liangliang, YANG Zhaojian, et al. Health prediction of shearers driven by digital twin and deep learning[J]. China Mechanical Engineering, 2020, 31(7): 815−823.

[114] 李红岩, 杨朝旭, 荣相, 等. 矿用逆变器功率器件故障预测与健康管理技术现状及展望[J]. 工矿自动化, 2022, 48(5): 15−20.
LI Hongyan, YANG Chaoxu, RONG Xiang, et al. Research status and prospect of prognostics health management technology for mine inverter power devices[J]. Journal of Mine Automation, 2022, 48(5): 15−20.

[115] 彭开香, 皮彦婷, 焦瑞华, 等. 航空发动机的健康指标构建与剩余寿命预测[J]. 控制理论与应用, 2020, 37(4): 713−720.
PENG Kaixiang, PI Yanting, JIAO Ruihua, et al. Health indicator construction and remaining useful life prediction for aircraft engine[J]. Control Theory & Applications, 2020, 37(4): 713−720.

[116] 李天梅, 司小胜, 张建勋. 多源传感监测线性退化设备数模联动的剩余寿命预测方法[J]. 航空学报, 2023, 44(8): 227190.
LI Tianmei, SI Xiaosheng, ZHANG Jianxun. Data-model interactive remaining useful life prediction method for multi-sensor monitored linear stochastic degrading devices[J]. Acta Aeronautica et Astronautica Sinica, 2023, 44(8): 227190.

[117] DUAN Y, CAO X G, ZHAO J B, et al. Health indicator construction and status assessment of rotating machinery by spatio-temporal fusion of multi-domain mixed features[J]. Measurement, 2022, 205: 112170.

[118] TAN C D, WANG S, DENG H W, et al. The health index prediction model and application of PCP in CBM wells based on deep learning[J]. Geofluids, 2021, 2021: 6641395.

[119] 李曼, 潘楠楠, 段雍, 等. 煤矿旋转机械健康指标构建及状态评估[J]. 工矿自动化, 2022, 48(9): 33−41.
LI Man, PAN Nannan, DUAN Yong, et al. Construction of health index and condition assessment of coal mine rotating machinery[J]. Industry and Mine Automation, 2022, 48(9): 33−41.

[120] HOSEINIE S H, GHODRATI B, KUMAR U. Cost-effective maintenance scheduling of cutting arms of drum shearer machine[J]. International Journal of Mining, Reclamation and Environment, 2014, 28(5): 297−310.

[121] JIU S. A two-phase approach for integrating preventive maintenance with production and delivery in an unreliable coal mine[J]. Journal of Heuristics, 2021, 27(6): 991−1020.

[122] JIU S, GUO Q, LIANG C. Robust optimization for integrating preventative maintenance with coal production under demand uncertainty[J]. IISE Transactions, 2023, 55(3): 242−258.

[123] FLOREA V A, TODERAŞ M, ITU R B. Assessment possibilities of the quality of mining equipment and of the parts subjected to intense wear[J]. Applied Sciences, 2023, 13(6): 3740.

[124] 侯鹏飞, 韩磊. 基于状态的煤矿大型固定设备维护系统[J]. 煤矿现代化, 2019, 28(5): 160−163.
HOU Pengfei, HAN Lei. Condition based maintenance system of large fixed equipment in mine[J]. Coal Mine Modernization, 2019, 28(5): 160−163.

[125] ZHANG N, FOULADIRAD M, BARROS A, et al. Condition-based maintenance for a K-out-of-N deteriorating system under periodic inspection with failure dependence[J]. European Journal

of Operational Research, 2020, 287(1): 159−167.

[126] CAO X G, LI P F, MING S. Remaining useful life prediction-based maintenance decision model for stochastic deterioration equipment under data-driven[J]. Sustainability, 2021, 13(15): 8548.

[127] TON B, BASTEN R, BOLTE J, et al. PrimaVera: synergising predictive maintenance[J]. Applied Sciences, 2020, 10(23): 8348.

[128] 曹现刚, 宫钰蓉, 罗璇, 等. 考虑机会维护的煤矿综采设备群维护决策优化研究[J]. 煤炭工程, 2020, 52(6): 164−169.
CAO Xiangang, GONG Yurong, LUO Xuan, et al. Research on maintenance decision optimization of coal mine fully mechanized mining equipment based on genetic algorithm[J]. Coal Engineering, 2020, 52(6): 164−169.

[129] CAO X G, LI P F, DUAN Y. Joint decision-making model for production planning and maintenance of fully mechanized mining equipment[J]. IEEE Access, 2021, 9: 46960−46974.

[130] 李佳佳. 基于云计算的设备维护决策支持系统关键技术研究[D]. 西安: 西安科技大学, 2016.
LI Jiajia. Research on key technologies of device maintenance decision support system based on cloud computing[D]. Xi'an: Xi'an University of Science and Technology, 2016.

[131] 王铁军. 煤矿设备全生命周期健康诊断系统[J]. 工矿自动化, 2022, 48(S1): 101−104.
WANG Tiejun. Whole life cycle health diagnosis system for coal mine equipment[J]. Industry and Mine Automation, 2022, 48(S1): 101−104.

[132] 周李兵. 煤矿机电设备预测性维护用采集计算平台设计[J]. 工矿自动化, 2020, 46(8): 106−111.
ZHOU Libing. Design of collecting and computing platform used for predictive maintenance of coal mine electromechanical equipment[J]. Industry and Mine Automation, 2020, 46(8): 106−111.

[133] 秦一帆. 面向煤矿产业的智能算法开发管理平台的设计与实现[D]. 西安: 西安电子科技大学, 2022.
QIN Yifan. Design and implementation of an intelligent algorithm development and management platform for the coal mine industry[D]. Xi'an: Xidian University, 2022.

[134] 王辉. 基于大数据平台的煤矿机电设备数据综合管理系统[D]. 徐州: 中国矿业大学, 2021.
WANG Hui. A comprehensive management system for coal mine mechanical and electrical equipment data based on big data platform[D]. Xuzhou: China University of Mining and Technology, 2021.

[135] 鲍久圣, 张可琨, 王茂森, 等. 矿山数字孪生 MiDT: 模型架构、关键技术及研究展望[J]. 绿色矿山, 2023(1): 166−177.
BAO Jiusheng, ZHANG Kekun, WANG Maosen, et al. Mine Digital Twin: Model architecture, key technologies and research prospects[J]. Journal of Green Mine, 2023(1): 166−177.

[136] 谢丹. 基于 Android 的煤矿生产工况监测与故障分析系统设计[D]. 徐州: 中国矿业大学, 2022.
XIE Dan. Design of an android based coal mine production condition monitoring and fault analysis system[D]. Xuzhou: China University of Mining and Technology, 2022.

[137] 杨玉平. 煤矿安全风险智能预警管控系统的研究[D]. 济南: 齐鲁工业大学, 2022.
YANG Yuping. Research on intelligent early warning and control system for coal mine safety risks[D]. Jinan: Qilu University of Technology, 2022.

[138] CHEN X H, YANG R, XUE Y H, et al. Deep transfer learning for bearing fault diagnosis: a systematic review since 2016[J]. IEEE Transactions on Instrumentation and Measurement, 2023, 72: 3508221.

[139] 蒋玲莉, 李书慧, 李学军, 等. 基于迁移学习和卷积神经网络的牵引电机轴承健康评估方法[J]. 交通运输工程学报, 2023, 23(3): 162−172.
JIANG Lingli, LI Shuhui, LI Xuejun, et al. Health assessment method of traction motor bearing based on transfer learning and convolutional neural network[J]. Journal of Traffic and Transportation Engineering, 2023, 23(3): 162−172.

[140] HAN B K, JIANG X W, WANG J R, et al. A novel domain adaptive fault diagnosis method for bearings based on unbalance data generation[J]. IEEE Transactions on Instrumentation and Measurement, 2023, 72: 3519911.

[141] WANG Z, WU Z Y, LI X Q, et al. Attention-aware temporal–spatial graph neural network with multi-sensor information fusion for fault diagnosis[J]. Knowledge-Based Systems, 2023, 278: 110891.

[142] WANG Y, PENG H, WANG G, et al. Monitoring industrial control systems via spatio-temporal graph neural networks[J]. Engineering Applications of Artificial Intelligence, 2023, 122: 106144.

[143] ZHU H P, CHENG J X, ZHANG C, et al. Stacked pruning sparse denoising autoencoder based intelligent fault diagnosis of rolling bearings[J]. Applied Soft Computing, 2020, 88: 106060.

[144] 黄星华, 吴天舒, 杨龙玉, 等. 一种面向旋转机械的基于 Transformer 特征提取的域自适应故障诊断[J]. 仪器仪表学报, 2022, 43(11): 210−218.
HUANG Xinghua, WU Tianshu, YANG Longyu, et al. Domain adaptive fault diagnosis based on Transformer feature extraction for rotating machinery[J]. Chinese Journal of Scientific Instrument, 2022, 43(11): 210−218.

[145] LU H, BARZEGAR V, NEMANI V P, et al. Joint training of a predictor network and a generative adversarial network for time series forecasting: a case study of bearing prognostics[J]. Expert Systems with Applications, 2022, 203: 117415.

[146] ZHANG Y X, LI Y X, WANG Y L, et al. Adaptive spatio-temporal graph information fusion for remaining useful life prediction[J]. IEEE Sensors Journal, 2021, 22(4): 3334−3347.

[147] LI T F, ZHOU Z, LI S N, et al. The emerging graph neural networks for intelligent fault diagnostics and prognostics: a guideline and a benchmark study[J]. Mechanical Systems and Signal Processing, 2022, 168: 108653.

[148] LI X Y, LI J J, ZUO L, et al. Domain adaptive remaining useful life prediction with transformer[J]. IEEE Transactions on Instrumentation and Measurement, 2022, 71: 3521213.

[149] ZHANG Y R, SU C, WU J J, et al. Trend-augmented and temporal-featured Transformer network with multi-sensor signals for remaining useful life prediction[J]. Reliability Engineering & System Safety, 2024, 241: 109662.

[150] LIU R, CHEN L, HU W H, et al. Short-term load forecasting based

on LSTNet in power system[J]. International Transactions on Electrical Energy Systems, 2021, 31(12): e13164.

[151] VELICKOVIC P, FEDUS W, HAMILTON W L, et al. Deep graph infomax[J]. arXiv preprint arXiv: 1809.10341, 2018.

[152] ZHOU Z C, HU Y, ZHANG Y, et al. Multiview deep graph infomax to achieve unsupervised graph embedding[J]. IEEE Transactions on Cybernetics, 2023, 53(10): 6329−6339.

[153] 王学文, 王孝亭, 谢嘉成, 等. 综采工作面 XR 技术发展综述: 从虚拟 3D 可视化到数字孪生的演化[J]. 绿色矿山, 2024, 2(1): 75−84.
WANG Xuewen, WANG Xiaoting, XIE Jiacheng, et al. Review of XR technology development in fully mechanized mining faces: From3D visualization to digital twin[J]. Journal of Green Mine,

2024, 2(1): 75−84.

[154] 沈政昌, 李仕亮, 史帅星, 等. 低碳选矿技术发展现状及发展策略研究[J]. 绿色矿山, 2023, 1(1): 48−55.
SHEN Zhengchang, LI Shiliang, SHI Shuaixing, et al. Development status and development strategy research of low carbon mineral processing technology[J]. Journal of Green Mine, 2023, 1(1): 48−55.

[155] 宋坤, 刘俊峰. 煤矿综合信息管控平台研究[J]. 工矿自动化, 2023, 49(S2): 95−98.
SONG Kun, LIU Junfeng. Research on integrated information management and control platform of coal mine[J]. Industry and Mine Automation, 2023, 49(S2): 95−98.

采煤机健康状态智能评估方法研究

曹现刚 [1,2]，李彦川 [1,2]，雷　卓 [1,2]，雷一楠 [1,2]

（1. 西安科技大学 机械工程学院，陕西 西安　710054；
2. 陕西省矿山机电装备智能监测重点实验室，陕西 西安　710054）

扫码移动阅读

摘要：针对现有采煤机健康状态评估方法存在评估指标权重确定受人为因素影响较大导致评估准确率不高、采用单一评估算法存在局部搜索能力弱和抗干扰能力差、寻找全局最优值能力不足等问题，提出了一种基于主成分分析（PCA）与遗传算法（GA）优化 BP 神经网络算法（PCA-GA-BP 算法）的采煤机健康状态智能评估方法。根据采煤机结构和工作原理选择采煤机状态监测点位，获取采煤机健康状态相关的各项状态参数，采用 PCA 对采煤机状态参数进行数据降维和特征提取，避免 BP 神经网络输入的复杂化；引入 GA 对传统 BP 神经网络寻找全局最优权值；通过训练参数建立基于 GA-BP 的采煤机健康状态智能评估模型，将降维后的采煤机状态参数自动输入评估模型，通过智能评估算法输出测试结果，实现自学习、自寻优和自主判断采煤机的健康状态。实验结果表明，基于 PCA-GA-BP 算法的采煤机健康状态智能评估方法可准确、快速和智能评估采煤机健康状态，相比于基于单一 BP 神经网络的评估方法，训练时间短、评估流程简单且评估准确率高，准确率达 97.08%。

关键词：采煤机；健康状态评估；智能评估模型；主成分分析；遗传算法；BP 神经网络

中图分类号：TD67　　　**文献标志码**：A

Research on intelligent evaluation method of health state of shearer

CAO Xiangang[1,2]，　LI Yanchuan[1,2]，　LEI Zhuo[1,2]，　LEI Yinan[1,2]

（1. College of Mechanical Engineering, Xi'an University of Science and Technology,
Xi'an 710054, China；2. Shaanxi Key Laboratory of Mine Electromechanical
Equipment Intelligent Monitoring, Xi'an 710054, China）

Abstract：In view of problems of existing health state evaluation methods for shearer, such as low assessment accuracy due to the great influence of human factors on determination of evaluation index weight, weak local search ability and poor anti-interference ability and insufficient ability to find the global optimal value of the single evaluation algorithm, an intelligent evaluation method of health state of shearer based on principal component analysis(PCA) and BP neural network optimized by genetic algorithm(GA) algorithm (PCA-GA-BP algorithm) was proposed. Firstly, according to structure and working principle of shearer, the state monitoring points of the shearer are selected to obtain various state parameters of the shearer's health state. PCA is used to reduce data dimensions and extract the data characteristics of the shearer's state parameters to avoid complication of BP neural network input. Then, GA is introduced to find the global optimal weight for the traditional BP neural network. Finally, an intelligent evaluation model of shearer's health state based on GA-BP is established by training parameters, and the state parameters of the shearer are automatically input into the evaluation model. The test results is output through intelligent

收稿日期：2020-04-30；**修回日期**：2020-06-07；**责任编辑**：张强。

基金项目：国家自然科学基金重点项目（51834006）；国家自然科学基金项目（51875451）。

作者简介：曹现刚（1970—），男，山东莒南人，教授，博士研究生导师，主要研究方向为现代设备维护理论与技术，E-mail：172833610@qq.com。通信作者：李彦川（1997—），男，甘肃天水人，硕士研究生，研究方向为煤矿设备状态评估，E-mail：liyanchuanyt@qq.com。

引用格式：曹现刚，李彦川，雷卓，等. 采煤机健康状态智能评估方法研究[J]. 工矿自动化，2020，46(6)：41-47.
　　　　　　CAO Xiangang，LI Yanchuan，LEI Zhuo，et al. Research on intelligent evaluation method of health state of shearer[J]. Industry and Mine Automation，2020，46(6)：41-47.

evaluation algorithm, self-learning, self-optimization and self-judgment of shearer's health state are realized. The experimental results show that the intelligent evaluation method of health state of shearer based on PCA-GA-BP algorithm can accurately, rapidly and intelligently evaluate the health state of shearer. Compared with evaluation method based on single BP algorithm, it has shorter training time, simpler evaluation process and higher evaluation accuracy, up to 97.08%.

Key words: shearer; evaluation of health state; intelligent evaluation model; principal component analysis; genetic algorithm; BP neural network

0 引言

井下综采设备的健康状态评估和剩余寿命预测方法构建是实现煤矿智能化的必要保障[1]。采煤机是煤炭开采活动中不可或缺的最重要、基本的设备，加强对采煤机的状态监测，智能准确评估其健康状态，对保障煤炭生产安全具有重要作用。研究有效的采煤机健康状态智能评估方法是煤矿智能化的关键。采煤机运行环境复杂恶劣，仅采用传统评估方法如层次分析法[2]、模糊综合评判法[3]、隐马尔科夫模型[4-5]等判断采煤机健康状态，受人为因素影响较大、状态评估效率低，难以满足煤矿智能化需求。文献[6]研究了基于BP(Back Propagation)神经网络的采煤机传动故障诊断方法，但BP神经网络的收敛速度较慢。文献[7]研究了一种基于模糊综合评价的采煤机摇臂维修状态评估方法，但其指标权重确定依赖于专家打分，受人为因素影响较大，评估准确率低。文献[8]基于劣化度指标构建了采煤机实时评估模型，通过求解采煤机状态评估向量判断采煤机的健康状态，但其权重确定受人为因素影响较大，评估准确率不高。文献[9]基于遗传算法(Genetic Algorithm,GA)对采煤机进行故障诊断，但单一算法局部搜索能力差，计算过程复杂。

以上文献采用的传统评估方法存在由于评估指标权重确定受人为因素影响较大导致评估准确率不高、采用单一评估算法导致局部搜索能力弱和抗干扰能力差、寻找全局最优值能力不足等问题。针对以上问题，本文提出了一种结合主成分分析(Principal Component Analysis,PCA)与GA优化BP神经网络的采煤机健康状态智能评估方法。根据采煤机的结构和工作原理选择采煤机状态监测点位，获取与采煤机健康状态相关的各项状态参数，应用PCA对采煤机状态数据进行降维和特征提取，避免神经网络输入的复杂化；为弥补单一算法抗干扰能力差和寻找全局最优值能力不足的缺陷，通过GA优化BP神经网络构建智能评估算法，进而可准确、智能评估采煤机健康状态。实验结果证明了该智能评估方法的优越性。

1 采煤机健康状态智能评估流程

智能评估是指应用人工智能算法和理论的自动化评估[10]。本文围绕煤矿智能化目标，建立了采煤机健康状态智能评估模型。首先将采煤机原始状态数据集进行标准化处理，对其进行PCA降维，然后将降维后的数据输入GA-BP评估模型进行训练，最后通过智能评估模型输出结果，实现自学习、自寻优和自主判断采煤机健康状态。采煤机智能评估流程如图1所示。

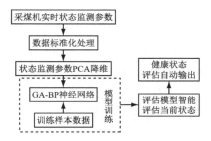

图1 采煤机健康状态智能评估流程
Fig.1 Intelligent evaluation process of health state of shearer

2 采煤机状态监测参数选取和数据降维

2.1 采煤机状态监测参数选取

通过对采煤机关键零部件结构和采煤机工作原理进行分析，结合煤矿企业的实际情况和专家经验可知，采煤机牵引部、截割部等是极易发生故障的部件。所以，选择采煤机牵引部、截割部、液压调高系统等的状态监测参数作为采煤机状态监测的主要参数。主要监测参数综合选取遵循的原则如下：

(1)可测性。可测性是采煤机健康状态评估的基础。采煤机的状态评估方法研究都是基于监测数据进行的，所以，各项参数应能被准确测量。

(2)独立性。监测参数的选择要从某一个方面反映采煤机当前的健康水平，参数之间要尽量避免交叉或者包含现象，要避免重复性。

(3)全面性。采煤机的所有监测参数应当全面反映采煤机的当前状态，监测参数应当具有广泛性和通用性。

在此基础上选取采煤机健康状态监测参数,并绘制健康状态监测参数表,见表1。

表 1 采煤机健康状态监测参数
Table 1 Monitoring parameters of shearers' health state

采煤机部件	监测参数	符号
牵引部	牵引电动机转速	C_{11}
	牵引电动机温度	C_{12}
	牵引电动机电流	C_{13}
	牵引电动机振动	C_{14}
截割部	截割电动机电流	C_{21}
	截割电动机温度	C_{22}
	截割轴温度	C_{23}
	截割电动机振动	C_{24}
液压调高系统	调高泵电动机转速	C_{31}
	调高泵电动机电流	C_{32}
	调高泵工作压力	C_{33}
	调高泵电动机温度	C_{34}
其他装置	破碎电动机电流	C_{41}
	破碎电动机温度	C_{42}
	变频器温度	C_{43}

2.2 基于 PCA 的采煤机状态数据降维

2.2.1 PCA 原理

PCA 原理是将原有数据的高维特征集中到低维上,得到原始状态数据的主成分[11]。对于状态参数来讲,PCA 能够将分散在各个参数上的关键信息通过线性组合提取到几个综合参数上,而不会丢失数据本身的大部分关键信息,可在保证数据不失真的情况下减少数据维度和去除冗余数据。

2.2.2 基于 PCA 的采煤机状态数据降维步骤

假设有 m 项 n 维采煤机状态参数数据,可得到状态参数矩阵为 $\boldsymbol{X}=(x_{ij})_{m \times n}$,其中,$x_{ij}$ 表示采煤机每一条监测参数数据,$i=1,2,\cdots,m,j=1,2,\cdots,n$,本文中 $m=1\ 000,n=15$。采用 PCA 处理采煤机状态参数矩阵的步骤如下:

步骤 1:采煤机状态参数标准化处理。因为反映采煤机健康状态的参数如截割电动机电流、截割轴温度等数据类型的量纲不统一,所以,要将状态数据进行标准化处理,其计算方法如下:

$$\boldsymbol{P}=\begin{bmatrix} x_{11}-P_1 & x_{12}-P_2 & \cdots & x_{1n}-P_n \\ x_{21}-P_1 & x_{22}-P_2 & \cdots & x_{2n}-P_n \\ \vdots & \vdots & \vdots & \vdots \\ x_{m1}-P_1 & x_{m2}-P_2 & \cdots & x_{mn}-P_n \end{bmatrix} = \begin{bmatrix} p_{11} & p_{12} & \cdots & p_{1n} \\ p_{21} & p_{22} & \cdots & p_{2n} \\ \vdots & \vdots & \vdots & \vdots \\ p_{m1} & p_{m2} & \cdots & p_{mn} \end{bmatrix} \quad (1)$$

式中:$\boldsymbol{P}$ 为标准化后的数据;$P_1—P_n$ 为每一列数据的均值。

步骤 2:状态数据间协方差矩阵计算。由采煤机状态参数标准化矩阵可得到协方差矩阵 $\boldsymbol{R}_{mn}$ 为

$$\boldsymbol{R}_{mn}=\boldsymbol{P}\boldsymbol{P}^{\mathrm{T}}=\begin{bmatrix} r_{11} & r_{12} & \cdots & r_{1n} \\ r_{21} & r_{22} & \cdots & r_{2n} \\ \vdots & \vdots & \vdots & \vdots \\ r_{m1} & r_{m2} & \cdots & r_{mn} \end{bmatrix} \quad (2)$$

式中 r_{ij} 为参数 x_i 与 x_j 的协方差。

步骤 3:计算状态数据间协方差矩阵 $\boldsymbol{R}$ 的特征值($\lambda_1,\lambda_2,\cdots,\lambda_s$)和相对应的特征向量 $\boldsymbol{e}_h=(e_{h1},e_{h2},\cdots,e_{hs})$,其中 $h=1,2,\cdots,s,s$ 为特征向量总个数。在此基础上将特征值按降序进行排列。

步骤 4:确定提取后的每个个体主成分的贡献率和累计贡献率。其中,第 k 个主成分的贡献率 z_k、k 个主成分的累计贡献率 z 分别为

$$z_k=\frac{\lambda_k}{\sum\limits_{h=1}^{s}\lambda_h} \quad (3)$$

$$z=\frac{\sum\limits_{h=1}^{k}\lambda_h}{\sum\limits_{h=1}^{s}\lambda_h} \quad (4)$$

其中 $k=1,2,\cdots,s$。

步骤 5:确定输入评估算法的主成分个数。为保证足够的状态信息准确度,自然科学领域一般取累计主成分贡献率达到 95% 的信息作为算法输入[12]。

3 基于 GA-BP 的采煤机健康状态智能评估

3.1 BP 神经网络模型

BP 神经网络具备强大的自学习、自适应能力与非线性映射性,并且能够将学习内容自适应地记忆在网络的权重中[13],非常适合用于状态分类等问题。BP 神经网络通常有输入、隐含、输出 3 层网络结构[14],如图 2 所示。

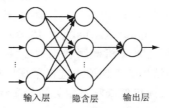

输入层　　隐含层　　输出层

图 2 BP 神经网络基本结构
Fig. 2 Basic structure of BP neural network

3.2 GA-BP 神经网络评估模型

BP 神经网络在使用过程中难免存在收敛速度较慢和容易陷入部分极小值等不足[15],极大影响了状态评估的速率和准确性,故需对其进行优化。GA

通过遗传操作剔除适应度低的个体,同时保存适应度高的个体,从而对优秀个体进行筛选。GA 优化 BP 神经网络过程通常有选择、交叉、变异等遗传操作[16]。考虑到 GA 对神经网络的全局最优值优化效果较好,本文采用 GA 对 BP 神经网络进行优化。GA 优化 BP 神经网络流程如图 3 所示。

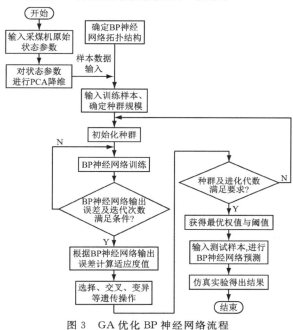

图 3 GA 优化 BP 神经网络流程

Fig. 3 Process of GA optimized BP neural network

4 实验验证及分析

4.1 基于 PCA 的采煤机状态数据降维

本文选取陕西某煤矿企业采煤机状态监测数据 1 000 条作为实验数据,其中"健康"数据为 400 条、"良好"数据为 300 条、"恶化"数据为 200 条、"故障"数据为 100 条。采煤机每个健康状态等级对应的状态描述见表 2,标准化后的采煤机健康状态监测参数见表 3。

表 2 采煤机健康状态等级描述

Table 2 Description of shearers' health state grade

运行状态等级标签	采煤机健康状态等级	健康状态等级描述
状态 1	健康	采煤机处于完全正常状态,工作性能稳定,无需采取措施
状态 2	良好	采煤机处于良好状态,工作性能基本稳定,基本无需采取措施
状态 3	恶化	采煤机运行状态发生恶化,需要加强监测对应指标,尽快安排维护
状态 4	故障	采煤机健康状态指标失衡或已发生故障,不能正常工作,必须立刻停机维护

表 3 标准化后的采煤机健康状态监测参数

Table 3 Monitoring parameters of shearers' health state after standardization treatment

序号	C_{11}	C_{12}	C_{13}	C_{14}	C_{21}	C_{22}	C_{23}	C_{24}	C_{31}	C_{32}	C_{33}	C_{34}	C_{41}	C_{42}	C_{43}	状态
1	0.975 7	0.869 7	0.791 9	0.972 6	0.961 3	0.981 2	0.909 2	0.781 0	0.963 2	0.853 7	0.964 0	0.706 8	0.820 1	0.836 3	0.733 7	1
2	0.634 5	0.553 5	0.648 2	0.541 5	0.547 6	0.556 1	0.573 6	0.531 4	0.499 3	0.547 8	0.548 3	0.465 8	0.617 2	0.487 7	0.598 9	3
3	0.778 7	0.690 3	0.723 5	0.765 7	0.762 3	0.763 9	0.601 8	0.783 3	0.767 4	0.723 9	0.779 7	0.682 5	0.632 2	0.710 5	0.630 2	2
4	0.714 2	0.675 2	0.631 3	0.757 1	0.606 4	0.674 8	0.789 5	0.776 6	0.739 1	0.758 7	0.628 2	0.732 1	0.764 5	0.741 8	0.690 7	2
5	0.989 7	0.778 1	0.716 5	0.772 8	0.802 0	0.968 9	0.817 7	0.733 6	0.931 7	0.828 8	0.815 1	0.947 0	0.930 3	0.715 7	0.771 8	1
6	0.781 1	0.990 6	0.963 5	0.767 8	0.970 5	0.920 6	0.723 3	0.731 5	0.734 8	0.786 7	0.822 5	0.888 7	0.851 2	0.941 9	0.845 1	1
7	0.422 2	0.426 2	0.584 4	0.537 6	0.366 1	0.364 1	0.557 3	0.350 0	0.408 0	0.423 2	0.385 8	0.556 4	0.704 9	0.434 9	0.411 6	4
8	0.766 4	0.761 0	0.795 6	0.789 2	0.771 8	0.778 8	0.731 0	0.658 7	0.695 0	0.643 4	0.731 3	0.731 6	0.709 1	0.672 2	0.743 9	2
⋮	⋮	⋮	⋮	⋮	⋮	⋮	⋮	⋮	⋮	⋮	⋮	⋮	⋮	⋮	⋮	⋮
997	0.712 5	0.628 7	0.602 8	0.673 7	0.720 7	0.683 8	0.618 0	0.722 0	0.654 0	0.632 0	0.739 4	0.710 0	0.704 9	0.732 5	0.661 4	2
998	0.960 3	0.810 6	0.852 6	0.809 4	0.773 2	0.927 1	0.913 8	0.826 0	0.723 5	0.879 3	0.753 9	0.725 7	0.832 1	0.922 5	0.726 4	1
999	0.780 1	0.995 1	0.893 7	0.808 4	0.844 4	0.784 9	0.866 8	0.965 8	0.897 8	0.903 0	0.910 3	0.703 4	0.812 2	0.902 6	0.746 3	1
1 000	0.779 6	0.631 7	0.621 9	0.701 6	0.759 9	0.632 2	0.733 3	0.728 7	0.722 5	0.751 4	0.718 0	0.668 6	0.697 5	0.770 2	0.792 2	2

将牵引电动机转速等 15 维标准化后的采煤机健康状态监测参数导入 PCA 模型中进行主成分分析。通过个体贡献率、累计贡献率计算,得到采煤机状态数据的 PCA 降维结果,可知前 5 个主成分的累计贡献率达到 98.09%,超过给定的贡献度阈值 95%,所以,选择前 5 个 PCA 结果值作为输入特征参数,具体信息见表 4。因此,可得到经 PCA 降维后的前 5 个主成分 PCA_1—PCA_5 的训练数据,每一个训练样本包括 5 个主成分和对应的健康状态标签。

表4 前5个主成分变量的个体贡献率和累计贡献率

Table 4 Individual contribution rate and accumulative contribution rate of the first five principal component variables

主成分	个体贡献率/%	累计贡献率/%
PCA$_1$	65.14	65.14
PCA$_2$	13.13	78.27
PCA$_3$	7.06	85.33
PCA$_4$	6.75	92.08
PCA$_5$	6.01	98.09

4.2 采煤机健康状态评估实验结果分析

将实验数据中的90%作为训练集,10%作为测试集,通过 GA-BP 神经网络设置各项参数,采用 Matlab 软件进行仿真实验。评估模型的输入为采煤机状态监测参数经 PCA 降维得到的5维主成分,将神经网络输入层节点数设为5,输出为采煤机的整机状态值,则输出层节点数设置为1,隐含层节点的个数通过实验来确定。计算 GA-BP 神经网络的隐含层节点数的公式为

$$a = \sqrt{b+l} + \alpha \qquad (5)$$

式中:a 为隐含层节点数;b 为输入层节点数;l 为输出层节点数;α 为常数。

将 $b=5$,$l=1$ 代入式(5),经过多次实验发现,隐含层个数设置为5时评估效率最佳。所以,神经网络各项参数设置如下:最大训练次数为300,隐含层神经元数量为5,学习率为0.1。遗传算法的各项参数初步设置如下:进化代数为40次,种群范围为10,交叉概率为0.5,变异概率为0.2。在 GA 优化 BP 的过程中,种群遗传过程中每代的适应度如图4所示。

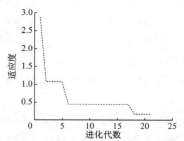

图4 种群遗传过程适应度和进化代数曲线

Fig.4 Fitness and evolution times curves of population genetic process

由图4可看出,当进化代数超过20时,种群的平均适应度基本等于最优个体的适应度,种群完成进化。通过程序运行得到 GA 优化 BP 后的初始最优权重和阈值,见表5。其中,W_{ij} 为输入层与隐含层间的权值,B_{1j} 为隐含层阈值,U_{2j} 为隐含层与输出层的阈值,B_{2j} 为输出层阈值。

表5 GA 优化 BP 后的最优初始权重与阈值

Table 5 Optimal initial weights and thresholds after BP optimized by GA

权重与阈值	隐含层				
	1	2	3	4	5
W_{1j}	−1.331 3	2.061 1	−2.694 9	1.396 5	2.702 7
W_{2j}	−1.054 9	2.194 1	−1.092 2	−1.545 2	−1.581 3
W_{3j}	−0.866 1	−1.894 1	0.385 8	2.060 3	−0.308 9
W_{4j}	0.095 1	1.323 6	1.313 2	−2.666 1	−0.592 0
W_{5j}	2.347 1	0.306 2	−0.602 7	2.915 4	1.670 7
B_{1j}	2.707 0	0.636 2	−1.546 6	0.430 0	1.295 0
U_{2j}	0.331 1	−0.665 8	1.231 9	1.672 9	−1.052 8
B_{2j}	2.700 7	—	—	—	—

在此基础上将采煤机原始状态数据集和 PCA 降维后的数据集分别代入 BP 模型、GA-BP 模型、PCA-GA-BP 模型中,测试集的采煤机健康状态预测结果分别如图5—图7所示。

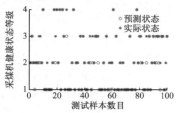

图5 基于 BP 神经网络的采煤机健康状态预测结果

Fig.5 Prediction results of shearers' health state based on BP neural network

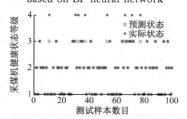

图6 基于 GA-BP 神经网络的采煤机健康状态预测结果

Fig.6 Prediction results of shearers' health state based on GA-BP neural network

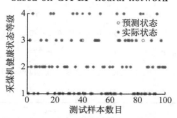

图7 基于 PCA-GA-BP 算法的采煤机健康状态预测结果

Fig.7 Prediction results of shearers' health state based on PCA-GA-BP algorithm

由图5—图7可看出,当采用单一 BP 神经网络时,状态预测结果与真实的采煤机健康状态相差较

大;采用 GA 优化 BP 神经网络后的状态评估准确率明显提升,但此方法输入参数较多,训练耗时比较长;而采用 PCA 降维后的数据作为输入,PCA-GA-BP 模型的预测精度显著提升,测试集中采煤机的健康状态绝大部分能够正确识别。

为保证神经网络训练集和测试集划分的科学性和预测结果的准确性,将 1 000 个数据样本的训练集和测试集按 9∶1 的比例进行划分,对结果进行十折交叉验证。将数据样本分为 10 份,轮流选择其中 9 份作为训练集,其余 1 份为测试集,通过 10 次实验分别对 3 种算法的评估准确率进行验证,实验结果对比如图 8 所示。

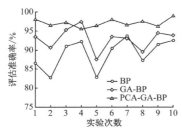

图 8　3 种算法的评估准确率对比

Fig. 8　Comparison of evaluation accuracy of three algorithms

由图 8 可看出,基于 PCA-GA-BP 的采煤机健康状态评估方法的平均准确率达 97.08%,明显高于 BP 神经网络 89.05% 的平均准确率和 GA-BP 神经网络 92.87% 的平均准确率。

3 种算法的采煤机健康状态评估结果对比见表 6。

表 6　3 种算法的采煤机健康状态评估结果对比

Table 6　Comparison of evaluation results of three algorithms of shearers' health state

评估算法	输入层节点数	训练时间/s	均方误差(MSE)	平均准确率/%
BP	15	7.12	$1.12×10^{-2}$	89.05
GA-BP	15	17.96	$4.09×10^{-3}$	92.87
PCA-GA-BP	5	11.38	$1.21×10^{-3}$	97.08

由表 6 可看出,采用 PCA-GA-BP 的采煤机健康状态智能评估方法由于数据输入维度较小,在保证均方误差较小的前提下,仅需要较短的模型训练和状态评估时间,准确率也相对提高,可准确、智能评估采煤机健康状态。

5　结论

(1) 提出了一种基于 PCA-GA-BP 神经网络的采煤机健康状态智能评估方法,有效解决了目前采煤机健康状态评估中存在的评估准确率不高、评估效率低的难题。采用 PCA 对采煤机状态数据集进行降维与特征提取,提取的前 5 个主成分贡献率达 98.05%,进而减少了 BP 神经网络的输入层数;通过 GA 对 BP 神经网络评估过程进行全局最优值优化,弥补了 BP 神经网络评估的不足,最后得到评估准确率达 97.08%。该方法能准确有效地实现采煤机健康状态的智能评估,减少了评估工作量,为准确掌握采煤机当前状态、合理进行维护提供了有效解决方案。

(2) 该方法未考虑当采煤机状态数据量过大时的适用性,后期工作中可以考虑采用深度学习方法对采煤机健康状态进行评估。

参考文献(References):

[1] 王国法,刘峰,孟祥军,等.煤矿智能化(初级阶段)研究与实践[J].煤炭科学技术,2019,47(8):1-36.
WANG Guofa, LIU Feng, MENG Xiangjun, et al. Research and practice of coal mine intelligentization (primary stage) [J]. Coal Science and Technology, 2019,47(8):1-36.

[2] 钱旭,刘枫.基于模糊层次分析法的 WIA-PA 健康评估方法[J].工矿自动化,2011,37(10):63-66.
QIAN Xu, LIU Feng. Method of WIA-PA health evaluation based on FAHP[J]. Industry and Mine Automation,2011,37(10):63-66.

[3] 吴俊杰,陈程,程林,等.基于模糊综合评价法的智能变电站二次设备状态评价研究[J].电测与仪表,2018,55(8):72-76.
WU Junjie, CHEN Cheng, CHENG Lin, et al. Study on state evaluation of secondary equipment in intelligent substation based on fuzzy comprehensive evaluation method [J]. Electrical Measurement & Instrumentation, 2018,55(8):72-76.

[4] 徐宇亮,孙际哲,陈西宏,等.电子设备健康状态评估与故障预测方法[J].系统工程与电子技术,2012,34(5):1068-1072.
XU Yuliang, SUN Jizhe, CHEN Xihong, et al. Method of health performance evaluation and fault prognostics for electronic equipment [J]. Systems Engineering and Electronics, 2012, 34(5): 1068-1072.

[5] TOBON-MEJIA D A, MEDJAHER K, ZERHOUNI N, et al. A data-driven failure prognostics method based on mixture of gaussians hidden markov models[J]. IEEE Transactions on Reliability, 2012, 61(2): 491-503.

[6] 郭媛媛.基于 BP 神经网络的采煤机传动机构故障诊断系统研究[J].机械管理开发,2019,34(8):145-147.

GUO Yuanyuan. Research on fault diagnosis system of shearer transmission mechanism based on BP neural network [J]. Mechanical Management and Development,2019,34(8):145-147.

[7] 陈相丞. 采煤机摇臂系统维修状态评估方法研究[D]. 徐州:中国矿业大学,2018.
CHEN Xiangcheng. Study on maintenance state evaluation methods of rocker arm system of shearer [D]. Xuzhou: China University of Mining and Technology,2018.

[8] 何宗政,雷一楠,曹现刚,等.基于劣化度的采煤机健康状态评价方法研究[J].煤矿机械,2019,40(12):54-57.
HE Zongzheng, LEI Yinan, CAO Xiangang, et al. Research on evaluation method of shearer health status based on deterioration degree[J]. Coal Mine Machinery,2019,40(12):54-57.

[9] 刘训非.基于改进遗传算法的刨煤机故障诊断研究[J].煤矿机械,2013,34(12):259-261.
LIU Xunfei. Study on fault diagnosis of coal planer based on improved genetic algorithm [J]. Coal Mine Machinery,2013,34(12):259- 261.

[10] 段尊雷,任光,张均东,等.船舶机舱协作式模拟训练智能评估[J].交通运输工程学报,2016,16(6):82-90.
DUAN Zunlei,REN Guang, ZHANG Jundong,et al. Intelligent assessment of cooperative simulation training in ship engine room[J]. Journal of Traffic and Transportation Engineering,2016,16(6):82-90.

[11] 过江,张碧肖.基于PCA与BP神经网络的充填管道失效风险评估[J].黄金科学技术,2015,23(5):66-71.
GUO Jiang, ZHANG Bixiao. Invalidation risk evaluation of backfill pipe based on PCA and BP neural network[J]. Gold Science and Technology,2015,23(5):66-71.

[12] 刘刚,刘闯,夏向阳,等.基于PCA-SVDD方法的钻头异常钻进识别[J].振动与冲击,2015,34(13):158-162.
LIU Gang, LIU Chuang, XIA Xiangyang, et al. Drill bit abnormal drilling condition recognition based on PCA-SVDD[J]. Journal of Vibration and Shock,2015,34(13):158-162.

[13] 王飞. 基于深度学习的人脸识别算法研究[D].兰州:兰州交通大学,2017.
WANG Fei. Research on face recognition algorithm based on deep learning [D]. Lanzhou: Lanzhou Jiaotong University, 2017.

[14] 何华锋,何耀民,徐永壮.基于改进型BP神经网络的导引头测高性能评估[J].系统工程与电子技术,2019,41(7):1544-1550.
HE Huafeng, HE Yaomin, XU Yongzhuang. High performance evaluation of seeker measurement based on improved BP neural network [J]. Systems Engineering and Electronics, 2019, 41 (7): 1544-1550.

[15] 高玉明,张仁津.基于遗传算法和BP神经网络的房价预测分析[J].计算机工程,2014,40(4):187-191.
GAO Yuming, ZHANG Renjin. Analysis of house price prediction based on genetic algorithm and BP neural network [J]. Computer Engineering, 2014, 40(4):187-191.

[16] 邓伟锋,李振璧.基于GA优化BP神经网络的微电网蓄电池健康状态评估[J].电测与仪表,2018,55(21):56-60.
DENG Weifeng, LI Zhenbi. Estimation of SOH for micro-grid battery based on GA optimized BP neural network [J]. Electrical Measurement & Instrumentation,2018,55(21):56-60.

[17] 张祎果.基于状态监测技术的配电设备运行风险评估[D].北京:华北电力大学,2016.
ZHANG Yiguo. The research on risk assessment of distribution equipment based on condition monitoring [D]. Beijing: North China Electric Power University,2016.

[18] 李晋,朱强强,范旭峰,等.大型机电设备健康状态评估方法研究[J].工矿自动化,2015,41(1):6-9.
LI Jin, ZHU Qiangqiang, FAN Xufeng, et al. Research of health status evaluation method for large electromechanical equipment[J]. Industry and Mine Automation,2015,41(1):6-9.

[19] 马宏伟,吴少杰,曹现刚,等.煤矿综采设备运行状态大数据清洗建模[J].工矿自动化,2018,44(11):80-83.
MA Hongwei,WU Shaojie,CAO Xiangang,et al. Big data cleaning modeling of operation status of coal mine fully-mechanized coal mining equipment [J]. Industry and Mine Automation,2018,44(11):80-83.

杨　鑫, 苏　乐, 程永军, 等. 基于多种图结构信息融合的刮板输送机健康状态识别[J]. 煤炭科学技术, 2024, 52(8): 171−181.

YANG Xin, SU Le, CHENG Yongjun, et al. Health status identification of scraper conveyer based on fusion of multiple graph structure information[J]. Coal Science and Technology, 2024, 52(8): 171−181.

移动扫码阅读

基于多种图结构信息融合的刮板输送机健康状态识别

杨　鑫[1,2]，苏　乐[3]，程永军[3]，王　波[3]，赵　愿[3]，杨雄伟[3]，赵成龙[3]，曹现刚[1,2]，赵江滨[1,2]

（1. 西安科技大学 机械工程学院, 陕西 西安　710054; 2. 陕西省矿山机电装备智能检测与控制重点实验室, 陕西 西安　710054;

3. 西安重装蒲白煤矿机械有限公司, 陕西 渭南　714099）

摘　要：刮板输送机是一种煤矿井下用的煤炭输送设备，在煤矿生产中具有重要作用。恶劣工作环境及长期使用磨损导致刮板输送机性能逐渐退化，故及时掌握刮板输送机健康状态极为关键。为克服传统方法在刮板输送机整机健康状态识别过程中存在的部件强耦合性关系难以提取融合及健康指标构建人工参与过多、易受异常值影响的问题，提出一种基于多种图结构信息融合的刮板输送机健康状态识别方法。利用自注意力机制（SA）与标准化流（NF）共同优化的变分自编码器（VAE）无监督地自动构建刮板输送机健康指标，降低了刮板输送机健康指标构建中对人工经验的依赖，同时有效拟合了健康指标的隐式分布，克服了监测数据中存在的异常值影响健康指标构建的问题；提出了一种多种图结构信息提取方法，提取刮板输送机先验图结构及相似性度量图结构，全方位显式地表达了多部件之间的耦合关系；提出了一种多种图结构信息融合方法，利用多个图注意力网络（GAT）有效提取并融合刮板输送机的多种图结构信息。在采集的刮板输送机真实状态数据中进行试验，结果表明，模型识别准确率可达 98.60%，宏平均 F_1（Macro-F_1）值可达 96.81%，该方法为刮板输送机的健康状态识别提供了一种新的可行途径。

关键词：刮板输送机；设备健康监测；健康状态识别；健康指标构建；多种图结构；图注意力网络

中图分类号：TD528; TP391　　**文献标志码：**A　　**文章编号：**0253−2336(2024)08−0171−11

Health status identification of scraper conveyer based on fusion of multiple graph structure information

YANG Xin[1,2], SU Le[3], CHENG Yongjun[3], WANG Bo[3], ZHAO Yuan[3], YANG Xiongwei[3], ZHAO Chenglong[3], CAO Xiangang[1,2], ZHAO Jiangbin[1,2]

（1. *School of Mechanical Engineering, Xi'an University of Science and Technology, Xi'an 710054, China; 2. Shaanxi Key Laboratory of Mine Electromechanical Equipment Intelligent Detection and Control, Xi'an 710054, China; 3. Xi'an Reshipment Pubai Coal Mine Machinery Co., Ltd., Weinan 715517, China*）

Abstract: Scraper conveyors are essential coal transportation equipment in underground coal mines, significantly impacting mine production. However, the harsh working environment and long-term use lead to wear and tear, degrading their performance. Therefore, timely monitoring of scraper conveyor's health status is extremely critical. To address the limitations of traditional methods, which struggle with strong component coupling and require excessive manual intervention, a novel method for identifying health status of scraper conveyors is proposed. This method utilizes a Variational Autoencoder (VAE) co-optimized with Self-Attention (SA) and Normalizing Flow (NF) mechanisms to automatically construct health indicators without supervision, effectively fitting the implicit distribution of the indicators and overcoming the influence of outliers. Additionally, a method fusing multiple graph structure information is introduced, using multiple Graph Attention Networks (GAT) to extract and integrate this information. Experiments with real-world data from the scraper conveyor show that the model's indentification accuracy achieve up to 98.60% and macro-average F_1 scores up to 96.81%. This approach of-

收稿日期：2023−10−28　　**责任编辑：**李　莎　　**DOI：**10.12438/cst.2023-1557

基金项目：国家自然科学基金资助项目 (52274158); 国家自然科学基金重点资助项目 (51834006)

作者简介：杨　鑫(1998—)，男，陕西西安人，博士研究生。E-mail: 1490553047@qq.com

通讯作者：曹现刚(1970—)，男，山东莒南人，教授，博士。E-mail: cao_xust@sina.com

fers a novel and feasible solution for health status identification of scraper conveyors, with significant practical value.

Key words: scraper conveyor; health monitoring of equipment; health status identification; health indicators construction; multiple graph structures; graph attention network

0 引 言

刮板输送机作为工作面实现机械化采煤的重要设备之一,承担着从工作面向外输送原煤的关键任务。为适应智能化发展需求,刮板输送机不断向长运距、大运量、高可靠性、智能化方向发展[1]。在高效、高产的综采工作面中,刮板输送机面临着复杂的负载变化和恶劣的工况[2]。其正常运行与安全使用对于确保矿井生产效率和提高企业效益具有重要意义,因此,及时识别刮板输送机当前健康状态十分重要。通过对刮板输送机健康状态的准确识别,可以实现其故障预测和预防性维护管理,增加其可靠性和可用性,降低故障发生概率,提高设备寿命,并减少故障导致的生产停工和维修成本[3]。

现阶段通过各种传感器采集刮板输送机状态信息,利用信号处理、深度学习、人工智能等新兴技术来完成刮板输送机健康管理已逐步成为趋势,但在刮板输送机健康管理中的健康状态识别领域研究较为不足,现有研究多集中在运行工况故障诊断、中部槽磨损预测、减速器滚动轴承故障诊断等领域。丁华等[4]提出了一种基于分布式深度神经网络的刮板输送机启停工况故障诊断方法,采用深度神经网络对数据融合及数图转化等方法,实现刮板输送机启停工况故障诊断。杨俊叶等[5]构建了适用于刮板输送机中部槽磨损预测的卷积神经网络 (Convolutional Neural Network, CNN) 结构,利用粒子群算法 (Particle Swarm Optimization, PSO) 对卷积神经网络的权值进行评估寻优,避免网络陷入局部最优。于国英等[6]建立基于模糊神经网络的刮板输送机故障诊断模型,研究模糊聚类的依据以及径向基神经神经网络的学习流程。原志明等[7]提出了一种基于子空间学习的刮板输送机减速器轴承变化工况故障诊断方法,该方法首先对原始信号进行快速傅里叶变换,然后利用主成分分析法将原始信号频谱能量映射到高维空间,最终利用支持向量机分类器分类滚动轴承的故障类型。王金辉等[8]研究了深度稀疏编码的原理、结构和学习算法,并将深度稀疏自编码网络应用于刮板输送机减速器滚动轴承的故障诊断。马海龙等[9]构建了以模糊理论为基础的模糊专家系统,通过经验数据和专家经验给出模糊关系矩阵和

隶属函数,实现了刮板输送机减速机故障征兆和故障原因的模糊关系表达。但以上方法都未涉及刮板输送机健康状态识别,故现阶段进行刮板输送机健康状态识别研究意义重大。

传统的机械设备健康状态识别多使用卷积网络[10]、长短期记忆递归神经网络 (Long Short Term Memory Network)[11]、全连接网络[12]等基于规则网格结构进行识别的方法,但刮板输送机组成结构复杂[13],部件之间存在强耦合性,传统方法无法充分捕捉刮板输送机多部件之间的耦合关系。同时刮板输送机工作环境恶劣,监测数据异常值较多,传统的机械设备健康指标构建方法易受异常值影响,同时对人工经验依赖较多。图神经网络可以表达多部件系统之间的耦合关系,有效地提取系统的耦合特征,其识别效果主要依赖于耦合结构(也叫图结构)的构造方法。现有图结构构造方法研究多集中于先验图结构及相似性度量图结构。先验图结构方面,KONG等[14]考虑了涡扇发动机结构信息的先验知识,考虑传感器之间的影响,构造涡扇发动机的个体传感器交互结构图;ZHANG等[15]考虑个体间的故障关系,构造交互结构图,依据现实中观测到的故障联系数量确定交互权重。相似性度量图结构方面,ZHANG等[16]使用轴承数据个体之间的欧氏距离作为 K 近邻算法 (K-Nearest Neighbors, KNN) 的距离计算方式,最终构造交互结构图;XIAO等[17]使用归一化欧氏距离作为个体之间的相似性度量值,同时基于相似性度量值构造了权重分配方法,最终获得个体间的作用强度,从而构造带权交互结构图。先验图结构及相似性度量图结构各有优点,但现有研究少有从多种图结构信息融合出发,故识别准确率不佳。

综上所述,为了克服现阶段刮板输送机健康状态识别存在的问题,提出一种基于多种图结构信息融合的刮板输送机健康状态识别方法,该方法对刮板输送机健康状态识别研究具有重要意义。

1 基于 SA-NF-VAE 的刮板输送机健康指标构建

1.1 刮板输送机监测指标选取

刮板输送机是集电力、机械和液压系统与一身的设备,通过分析刮板输送机关键部件特点[13],在参

考国内外文献、搜集数据及咨询专家的基础上，基于参数指标选取遵循的可测性、独立性、客观性与代表性原则[18]，筛选出对刮板输送机健康状态影响较大的18个健康状态监测指标，如图1所示。

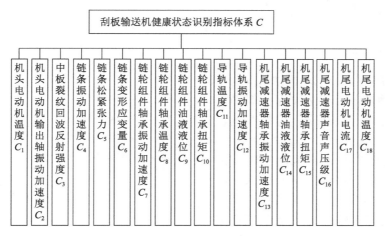

图1　刮板输送机健康状态监测指标

Fig.1　Scraper conveyor health status monitoring indicators

1.2　基于 SA-NF-VAE 的健康指标构建

在刮板输送机健康状态识别中，基于变分自编码器（VAE）可以无监督地自动构建刮板输送机健康指标，将其拟合为多维高斯分布，使用均值向量和协方差矩阵表示健康指标分布的位置和形状，克服数据异常值对指标构建的影响。在实际应用中，健康指标的潜在空间非常复杂，多维高斯分布难以表达其复杂的关系，故提出基于 SA-NF-VAE 的健康指标构建方法，首先使用自注意力机制，使网络注意到样本间不同位置的相关性，完成样本重构，使其更好表征样本的非线性特征信息；下一步使用标准化流算法将健康指标特征从符合高度复杂分布映射为趋近较简单的多维高斯分布，使用变分自编码模型建模，将多维高斯分布与先验分布（标准正态分布）逐步拟合，通过重参数化技巧完成采样；最后将采样向量进行标准化流逆变换得到最终的刮板输送机健康指标。这种方法等同于隐式建模出了能表征健康指标的复杂分布，且重参数化技巧的采样过程等价于在复杂分布中进行重采样，从而更加有效地表达了健康指标中的复杂关系，图2为刮板输送机健康指标构建流程。

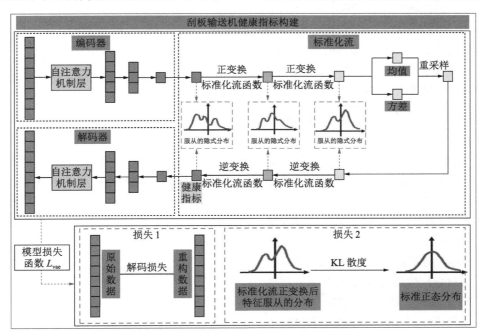

图2　基于 SA-NF-VAE 的刮板输送机健康指标构建

Fig.2　Construction of health indicators of scraper conveyor based on SA-NF-VAE

基于 SA-NF-VAE 的健康指标构建方法输入为 18 路监测指标得到的信号, 首先通过非线性层完成样本非线性信息提取, 公式如下:

$$Y_l = \begin{cases} \sigma(Xw_1 + b_1), l = 1 \\ \sigma(Y_{l-1}w_l + b_l), l = 2, \cdots, L \end{cases} \quad (1)$$

式中: Y_l 为编码器中第 l 层隐藏层的输出结果; L 为编码器的层数; $\sigma(\cdot)$ 为非线性激活函数; X 为 18 路监测指标得到的信号特征矩阵; w_l 和 b_l 分别为第 l 层的权值矩阵和偏置。

编码器最终的输出为刮板输送机健康指标的非线性特征。然后基于非线性特征, 引入自注意力机制[19], 使网络注意到非线性特征中不同位置之间的相关性, 从而完成样本重构, 使其更好表征样本的非线性特征信息, 得到健康指标非线性特征 z。

下一步进行标准化流[20]映射, 使用 k 个可逆变换函数将特征 z 映射到一个趋近较简单的多维高斯概率分布中。这些可逆变换函数由深度神经网络构成, 每个变换函数接受前一个变换函数的输出作为输入。同时, 标准化流函数变换是连续可微的, 可以通过求导来计算整个流函数的梯度。经过多次变换后, 符合高度复杂分布的特征 z 被映射到了趋近较简单的多维高斯概率分布中, 其映射函数如下:

$$\begin{cases} z_k = f_k \circ f_{k-1} \circ \cdots \circ f_1(z) \\ \ln p(z_k) = \ln p(z) - \sum_{i=1}^{k} \ln \left| \det \dfrac{\partial f_i}{\partial z_{i-1}} \right| \end{cases} \quad (2)$$

式中: z_k 为经过 k 层标准化流函数变换后得到的特征, $z_0 = z$; ○为复合映射符号; 每层标准化流变换函数 f_i ($i=1, \cdots, k-1, k$) 均为可逆函数; $p(z_k)$ 为 z_k 的概率密度; $p(z)$ 为原始数据 z 的概率密度; $\left| \det \dfrac{\partial f_i}{\partial z_{i-1}} \right|$ 为 f_i 的雅可比矩阵行列式的绝对值。

每层准化流变换函数 f_i 通过交替仿射变换完成, 将输入空间的复杂分布进行旋转和缩放等变换, 变换总层数 k 为偶数。交替仿射变换将健康指标非线性特征 z 分成 2 部分 z_a 和 z_b, 首先将 z_b 作为仿射变换的输入, 将 z_a 作为变换函数的输入, 执行一次可逆的仿射变换和数据转换, 得到新的随机向量 z'_a; 然后再将 z'_a 作为下一层仿射变换的输入, 将 z_b 作为下一层变换函数的输入。重复上述过程, 交替变换 z_a 和 z_b 直到执行完所有的仿射变换, 通过使用缩放和平移操作将数据 z 逐步映射为 z_k。1 组 (2 次) 完整的交替仿射变换公式如下:

$$\begin{cases} S_{i-1} = \exp\{s_{i-1} \odot \{1 - \tanh^2[\text{net}_{i-1}(z_b)]\}\} \\ B_{i-1} = b_{i-1} + [\text{net}_{i-1}(z_b)] \odot S_{i-1} \\ z'_a = S_{i-1} \odot z_a + B_{i-1} \\ S_i = \exp\{s_i \odot \{1 - \tanh^2[\text{net}_i(z'_a)]\}\} \\ B_i = b_i + [\text{net}_i(z'_a)] \odot S_i \\ z'_b = S_i \odot z_b + B_i \end{cases} \quad (3)$$

式中: $\odot$ 为按元素相乘; S_i 为第 i 层缩放因子; s_i 为第 i 层缩放系数的可学习参数; net_i 为第 i 层结构相同、参数可学习的深度神经网络, 如: 残差网络; B_i 为第 i 层偏移向量; b_i 为第 i 层偏移系数的可学习参数。

使用变分自编码器将趋近多维高斯概率分布数据 z_k 建模为多维高斯概率分布。首先通过全连接层生成 z_k 概率分布的均值 u 及方差 σ。为保证模型可导, 通过重采样方法在 z_k 的多维高斯概率分布中采样得到潜在变量 z_g。

$$\begin{cases} u = z_k w_u + b_u \\ \sigma = z_k w_\sigma + b_\sigma \\ z_g = u + \sigma \odot \ni \end{cases} \quad (4)$$

式中: w_u 为概率分布均值拟合的权值矩阵; b_u 为概率分布均值拟合的偏置; w_σ 为概率分布方差拟合的权值矩阵; b_σ 为概率分布方差拟合的偏置; $\ni$ 为从标准正态分布中采样得到的数据。

最后将采样得到的潜在变量 z_g, 通过标准化流逆变换 $f_\theta^{-1}: z_g \to z_t$ 将 z_g 返回健康指标的复杂空间中, 最终得到能充分表达健康指标复杂性的向量 z_t, 得到具有鲁棒性的刮板输送机健康指标曲线。结合专家经验, 可以根据这些指标曲线将刮板输送机的健康状态划分为不同的等级, 并为每个等级分配相应的标签。

在训练过程中, 此部分的优化目标为使用梯度下降算法降低变分自编码器的损失, 通过最大化变分下界实现, 即最小化 KL 散度项和重构误差项的和。KL 散度项为 z_k 的概率分布 $q(z_k)$ 与先验分布标准正态分布 $N(0, 1)$ 之间的 KL 散度, 而重构误差项为监测参数解码后与原数据的误差。最终此部分优化的损失函数 L_{vae} 为

$$L_{\text{vae}} = -\text{KL}[q(z_k) \| N(0,1)] + E_{q_\theta(z_t|X)}(\ln(p_\varphi(X|z_t))) \quad (5)$$

式中: $q_\theta(z_t|X)$ 为向量 z_t 的条件概率分布, 即编码器的概率模型, θ 为编码器参数; $p_\varphi(X|z_t)$ 为给定向量 z_t 后 X 的条件概率分布, 即解码器的概率模型, φ 为解码器参数。

2 基于多种图结构信息融合的刮板输送机健康状态识别

2.1 模型框架

基于多种图结构信息融合的刮板输送机健康状态识别方法框架如图3所示。首先依托图数据表示方法构造多种图结构信息,基于专家先验知识确定部件之间的耦合关系,构造先验图结构;基于特征相似性,通过计算传感器状态数据之间的相似程度(使用余弦相似度),将传感器映射为图中的节点,使用ε半径方法确定节点邻居,使用阈值高斯核权函数得到每两个节点之间的连边权值,最终构建相似性度量图结构。多种图结构可以全面展示部件之间的耦合关系。最后,每个时刻的节点特征与多种图结构被组合为图样本被输入到图注意力机制(GAT)网络中,完成对每一时刻图样本的健康状态识别。

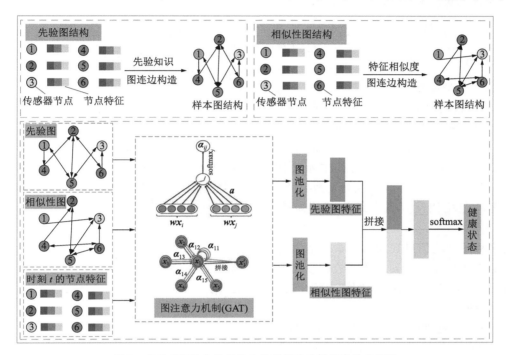

图3 基于多图结构信息融合的刮板输送机健康状态识别

Fig.3 Health status identification of scraper conveyor based on multi-graph structure information fusion

2.2 刮板输送机多种图结构样本构造

通过构建先验图结构及相似性度量图结构来全方面反映部件之间的耦合结构,将传感器映射为图中的节点,通过节点和边的形式,可以清晰地呈现传感器之间的关系模式。构造图样本$G = (V, E, X, T)$,其中:$V = \{v_1, v_2, v_3, \cdots, v_n\}$表示由$n$个传感器节点构成的节点集合;$E \subseteq \{(v_i, v_j) | v_i \in V, v_j \in V\}$表示由$|E|$条边构成的边集合,每条边代表传感器之间是否存在交互;网络中每个节点都附带了描述性的特征信息(18路监测指标得到的信号),表示为特征矩阵X。在时刻t,节点v_i的特征向量(该传感器在每一时刻下的数据值)表示为x_i^t,所有n个节点的特征矩阵为$x^t = [x_1^t, \cdots, x_n^t]$;节点$v_i$的轨迹为$x_i = [x_i^1, \cdots, x_i^T]$,其中$T$为时间步长的数量。最后,将所有轨迹数据记录为$X = [x^1, \cdots, x^T]$。传统图样本构造方法构造的邻接矩阵$A \in \mathbb{R}^{n \times n}$中($\mathbb{R}^{n \times n}$为实数域上的$n \times n$维矩阵空间),如果节点$v_i$对节点$v_j$有影响,则两者之间存在1条有向边,邻接矩阵中的交互权重元素$a_{ij} \neq 0$,否则,$a_{ij} = 0$。邻接矩阵反映了传感器节点之间直接的作用关系,基于传统方法,结合专家先验知识和数据相似性构造先验图结构及相似性度量图结构。

基于先验图结构,依托专家先验知识确定刮板输送机部件之间的影响信息,如:刮板输送机中板出现裂纹会导致中板表面不平整,这种不平整会引起刮板输送机机头电动机需要额外能量来克服阻力,进而导致机头电动机温度上升,同时加剧电动机输出轴振动及链轮组件轴承振动等,故两者之间存在交互关系,交互权重为1。最终构造先验图结构邻接矩阵$A_1 \in \mathbb{R}^{n \times n}$。

基于相似性度量图结构,首先确定节点的最大邻居数q,然后利用ε半径方法确定图中每个节点的邻居。节点v_i的邻居$\psi(v_i)$通过以下方式获得:

$$\psi(v_i) = \begin{cases} \varepsilon - \mathrm{radius}(v_i), & \text{if} \quad s(v_i, v_j) > \varepsilon \\ 0, & \text{otherwise} \end{cases} \quad (6)$$

式中：ε 为选择邻居时的半径；$\mathrm{radius}(\cdot)$ 为邻居选择操作；$\varepsilon - \mathrm{radius}(v_i)$ 最终得到节点 v_i 的邻居集合 $\{v_j \in V | s(v_i, v_j) > \varepsilon\}$；$s(v_i, v_j)$ 为节点 v_i 与节点 v_j 计算得到的余弦相似度。

在得到节点 v_i 的邻居集合的同时，通过阈值高斯核权函数计算每 2 个节点之间的连边交互权重：

$$a_{ij} = \begin{cases} \exp\left(-\dfrac{s^2(v_i, v_j)}{2\beta^2}\right), & \text{if} \quad s(v_i, v_j) > \varepsilon \\ 0, & \text{otherwise} \end{cases} \quad (7)$$

式中：β 为高斯函数的带宽方差。

当找到每个节点 v_i 的邻居及其邻居之间的权重时，可以获得相似性度量图结构。一般认为，如果 2 个样本的余弦相似度大于 0，则它们之间可能存在正相关。在构建相似性度量图的过程中，主要考虑样本之间的正相关性，因此，经验上认为 0 为半径 ε 的阈值。最终确定相似性度量图结构邻接矩阵 $\boldsymbol{A}_2 \in \mathbb{R}^{n \times n}$。

最后，将多种图结构信息视为图样本的结构信息，而每个时刻下传感器获取到的状态数据被视为节点的属性特征，从而完成当前时刻图样本的构造。

2.3　健康状态识别

GAT 是一种用于处理图数据的深度学习技术，通过计算每个节点与其邻居节点之间的动态权重（以生成上下文感知的节点表示，GAT 允许每个节点对其邻居节点分配不同的注意力权重），更好地捕捉图中的局部和全局关系。在刮板输送机健康状态识别方面，将先验图结构及相似性度量图结构分别代入 GAT 层，完成特征提取，然后分别进行图池化，将其进行拼接，最终完成当前时刻下图样本健康状态的识别。

GAT 的输入是 n 个传感器节点在时刻 t 的特征矩阵 $\boldsymbol{x}^t$，同时分别输入节点间的先验图结构邻接矩阵 $\boldsymbol{A}_1$ 及相似性度量图结构邻接矩阵 $\boldsymbol{A}_2$。经过每层 GAT 会产生一组新的节点特征，$\boldsymbol{x}^{t\prime} = [\boldsymbol{x}_1^{t\prime}, \cdots, \boldsymbol{x}_n^{t\prime}]$ 是该 GAT 层的输出，每层 GAT 会进行节点信息更新，从而学到最优特征，具体操作如下：

首先，计算任意节点 v_i 与节点 v_j 之间的注意力系数 α_{ij}，其分步实现为

$$\begin{cases} \boldsymbol{e}_{ij} = a(\boldsymbol{w}\boldsymbol{x}_i, \boldsymbol{w}\boldsymbol{x}_j) \\ \alpha_{ij} = \mathrm{softmax}_j(\boldsymbol{e}_{ij}) = \dfrac{\exp(\boldsymbol{e}_{ij})}{\sum\limits_{k \in N_i} \exp(\boldsymbol{e}_{ik})} \end{cases} \quad (8)$$

式中：e_{ij} 为计算得到的注意力分数；$a(\cdot)$ 为映射操作；$\boldsymbol{w}$ 为可学习的权重矩阵；$\mathrm{softmax}_j(\cdot)$ 为归一化操作；N_i 为节点 v_i 的邻居集合。

最终，具体的归一化注意力系数 $\boldsymbol{\alpha}_{ij}$ 的实现如下：

$$\boldsymbol{\alpha}_{ij} = \dfrac{\exp(\mathrm{LeakyReLU}(\boldsymbol{a}^{\mathrm{T}}[\boldsymbol{w}\boldsymbol{x}_i \| \boldsymbol{w}\boldsymbol{x}_j]))}{\sum\limits_{k \in N_i} \exp(\mathrm{LeakyReLU}(\boldsymbol{a}^{\mathrm{T}}[\boldsymbol{w}\boldsymbol{x}_i \| \boldsymbol{w}\boldsymbol{x}_k]))} \quad (9)$$

式中：$\mathrm{LeakyReLU}(\cdot)$ 为激活函数；$\boldsymbol{a}$ 为与 $[\boldsymbol{w}\boldsymbol{x}_i \| \boldsymbol{w}\boldsymbol{x}_j]$ 维度相同的可学习参数向量；$\|$ 为拼接操作。

得到归一化注意力系数后，使用归一化注意力系数计算与之相对应的特征的线性组合，作为每个节点的最终输出特征。

$$\boldsymbol{x}_i' = \sigma\left(\sum_{j \in N_i} \boldsymbol{\alpha}_{ij} \boldsymbol{w} \boldsymbol{x}_j\right) \quad (10)$$

为了稳定自注意力机制的学习过程，使用多头图注意力机制操作，具体来说，B 个独立注意力机制执行式（10）的变换，然后将它们的特征连接起来，得到如下输出特征：

$$\boldsymbol{x}_i' = \mathop{\|}_{b=1}^{B} \sigma\left(\sum_{j \in N_i} \boldsymbol{\alpha}_{ij}^b \boldsymbol{w}^b \boldsymbol{x}_j\right) \quad (11)$$

式中：$\mathop{\|}\limits_{b=1}^{B}$ 为将 B 个独立注意力机制得到的特征进行拼接；α_{ij}^b 为第 b 个独立注意力机制的注意力系数；w^b 为第 b 个独立注意力机制在特征聚合时的可学习权重。

在进行多次图注意力层操作后，进行图池化，将图的每个节点特征进行求和，得到每张图样本的特征，最终拼接样本先验图特征与相似图特征，输入 softmax 分类器完成样本的健康状态识别。

3　试验验证及分析

3.1　数据来源与试验环境

基于西安重装蒲白煤矿机械有限公司制造的刮板输送机完成验证，实物如图 4 所示。试验数据来自蒲白煤机在神木某矿应用的刮板输送机，时间跨

图 4　刮板输送机

Fig.4　Scraper conveyor

度为 2022-12-10—2023-05-31,最终在采集梳理出的 18 路监测信号中具有时间相关性的 5 000 条刮板输送机运行数据上完成试验验证。传感器布置位置见表 1。

表 1 传感器类型及布置方式
Table 1 Sensor types and layout

传感器类型	监测指标	布置位置
红外线测温仪	机头电动机温度C_1	电动机外壳表面靠绕组的区域
振动传感器	机头电动机输出轴振动加速度C_2	刮板输送机机头电动机输出轴表面
超声波监测	中板裂纹回波C_3	刮板输送机中板处
振动传感器	链条振动加速度C_4	靠近链条的槽帮处
张力传感器	链条松紧张力C_5	链轮之间
角位移传感器	链条变形应变量C_6	链条导轨处
振动传感器	链轮组件轴承振动加速度C_7	链轮组件轴承处
红外线测温仪	链轮组件轴承温度C_8	轴承表面
电容液位传感器	链轮组件油液液位C_9	链轮组件油箱壁上
电流传感器	链轮组件轴承扭矩C_{10}	机头电动机处(监测电动机电流,间接计算扭矩)
红外线测温仪	导轨温度C_{11}	导轨表面
振动传感器	导轨振动加速度C_{12}	导轨侧边
振动传感器	机尾减速器轴承振动加速度C_{13}	减速器输出轴表面
电容液位传感器	机尾减速器油液液位C_{14}	减速器油箱壁上
电流传感器	机尾减速器轴承扭矩C_{15}	机尾电动机处(监测电动机电流,间接计算扭矩)
声音传感器	机尾减速器声音声波C_{16}	机尾减速器处
电流传感器	机尾电动机电流C_{17}	机尾电动机处
红外线测温仪	机尾电动机温度C_{18}	电动机外壳表面靠绕组的区域

试验在深度学习服务器下进行,GPU 型号为 GeForce RTX 4060Ti,内存为 16 GB。SA-NF-VAE-GAT 模型基于 Pytorch2.0.1 深度学习框架搭建,Python 解释器版本为 3.9.17,CUDA 版本为 12.2。试验的部分重要参数配置见表 2。

表 2 试验参数配置
Table 2 Experimental parameter configuration

参数	标准化流层数	激活函数	优化器	学习率	GAT层数
数值	6	Relu	Adam	0.001	2

3.2 数据预处理

由于 18 路信号的量纲不统一,需要进行归一化或标准化处理,以便在模型中使用,确保不同信号的值范围一致,避免某些信号对模型的训练和预测产生过大或过小的影响。采用归一化处理完成信号量纲统一,公式如下:

$$x_a = \frac{x - x_{min}}{x_{max} - x_{min}} \quad (12)$$

式中:x_a 为归一化之后的数据;x 为原始数据;x_{min} 为原始数据集中的最小值;x_{max} 为原始数据集中的最大值。

3.3 健康指标构建

将处理后的监测数据输入到 SA-NF-VAE 网络进行健康指标构建,编码网络输出的特征对应最终的刮板输送机健康指标。为减少不必要的波动,更清晰地显示趋势和周期性变化,利用 Savitzky-Golay 滤波方法完成指标平滑处理,最终获得的刮板输送机健康指标曲线如图 5 所示。

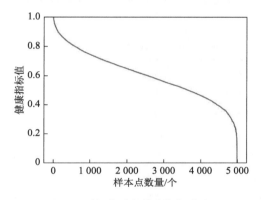

图 5 刮板输送机健康指标曲线
Fig.5 Scraper conveyor health indicators curve

根据构建好的健康指标,结合刮板输送机真实运行情况及专家经验,将刮板输送机健康划分为 4 个等级,各等级与对应健康指标区间见表 3。

基于健康状态等级的健康指标区间,对原始监测数据样本进行划分。最终得到"健康"样本 547 个、"良好"样本 3 091 个、"恶化"样本 1 206 个、"故障"样本 156 个。

3.4 对比方法

选择了 5 种主流的健康状态识别方法进行对比试验。所选方法可分为 3 类:①极端梯度提升算法(XGBoost)[21]、主成分分析-支持向量机算法(PCA-SVM)[22] 为机器学习方法;②改进卷积神经网络(ICNN)[23]、一维卷积神经网络(1DCNN)[24] 为传统深度学习方法;③K 近邻-图卷积网络(KNN-GCN)[16] 为图神经网络方法。

3.5 健康状态识别结果

将所有样本打乱顺序后,取其中 90% 为训练集样本,剩余 10% 为测试集样本,为确保识别模型的性能可靠性,使用十折交叉验证法完成识别,最终结果取十折交叉验证法的均值。将测试样本分别代入用

表 3 刮板输送机健康状态对应描述
Table 3 Description of scraper conveyor health status

健康等级	运行情况	健康指标区间	等级标签
健康	刮板输送机运行完全正常，各项指标表现优异，无需安排检修	[0.8, 1.0]	0
良好	刮板输送机运行良好，各项性能在稳定范围，按计划检修	[0.5, 0.8)	1
恶化	刮板输送机运行状态一般，出现些许异响等恶化迹象，及时检修	[0.3, 0.5)	2
故障	刮板输送机无法正常运行，出现无法正常推料等现象，停机维修	[0, 0.3)	3

训练集训练好的模型，最终得到的准确率、微平均 F_1 值 (Micro-F_1) 及宏平均 F_1 值 (Macro-F_1) 结果见表 4。可以看出 SA-NF-VAE-GAT 算法效果优于其他对比算法，全面地提取了监测参数之间空间信息，使用 GAT 达到了多传感器参数之间的较优融合。

表 4 健康状态识别结果
Table 4 Health status identification result

算法	准确率/%	Micro-F_1/%	Macro-F_1/%
XGBoost	81.02	81.02	78.21
PCA-SVM	90.25	90.25	88.83
ICNN	92.26	92.26	90.94
1DCNN	90.11	90.11	88.21
KNN-GCN	94.87	94.87	93.12
SA-NF-VAE-GAT	98.60	98.60	96.81

进一步将 SA-NF-VAE-GAT 方法识别结果通过混淆矩阵进行直观展示，如图 6 所示，其中每个方格的数值为识别结果样本数量。通过混淆矩阵可以观察到在测试集中有 2 个故障样本及 5 个恶化样本识别错误，原因是刮板输送机全生命周期中恶化及故障存在的时间较短，各类别状态数据不均衡，全部样本中，良好样本有 3 091 个，故障样本仅有 156 个。同时设备退化过程具有模糊性，2 种状态交界处识别为识别难点，在故障样本较少时，故障状态与恶化状态在潜在空间的交界处难以精准拟合，故模型产生了一定的误分现象。

3.6 模型的有效性验证

为进一步验证模型有效性，对所有方法的模型输出层之前的特征进行可视化展示，直观揭示模型性能。使用可视化工具 t 分布式随机邻近嵌入(t-SNE)[25] 将模型输出层之前的特征映射到二维空间中，结果如图 7 所示，其中每个点代表一个数据样本。通过分析可视化图可以发现，SA-NF-VAE-GAT 模型有效提取了刮板输送机状态数据非线性特征，在输出层之前已经在二维空间中有效区分，故使用简单的 softmax 分类器就可得到较好的效果；但每个类别边界有微弱的重叠现象，故进行健康状态识别时出现了个别误分现象。

3.7 使用不同图结构信息对识别的影响

为验证使用不同图结构信息对识别结果的影响，分别将先验图结构、相似性度量图结构以及先验图结构与相似性度量图结构的融合代入图注意力机制模型，最终不同图结构信息对应的识别结果见表 5。从表 5 可以看出，先验图结构与相似性度量图结构融合时识别效果最好，因为先验图结构容易受专家知识主观影响，相似性度量图结构容易受异常值及噪声影响，只使用其中一种图结构信息，只能得到一个较优的结果。而先验图结构与相似性度量图结构融合时，可以起到互补作用，从而得到最优的健康状态识别结果。

为直观观察传感器节点之间的交互情况，绘制了不同图结构信息，如图 8 所示，图中方格颜色深度为节点间交互权重大小，颜色越深，交互权重越大，圆圈为传感器节点。从图 8 中可以看出，先验图结构与相似性度量图结构相差较大，通过不同方法提取刮板输送机的图结构信息，可以起到互补作用。

图 6 刮板输送机健康状态识别结果混淆矩阵
Fig.6 Confusion matrix for health status identification of scraper conveyor

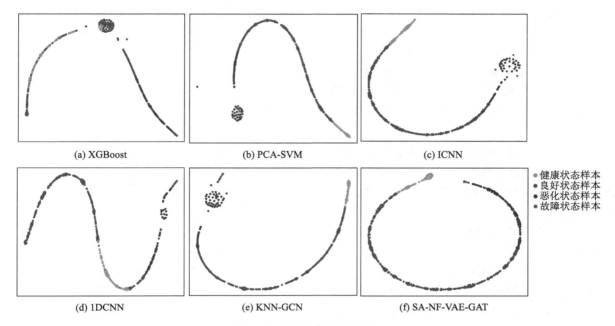

(a) XGBoost (b) PCA-SVM (c) ICNN

(d) 1DCNN (e) KNN-GCN (f) SA-NF-VAE-GAT

● 健康状态样本
● 良好状态样本
● 恶化状态样本
● 故障状态样本

图 7 各方法的特征可视化图

Fig.7 Feature visualization of each method

表 5 使用不同图结构信息的健康状态识别结果

Table 5 Health status identification results using different graph structure information

图结构信息	准确率/%	Micro-F_1/%	Macro-F_1/%
先验图结构	96.87	96.87	95.12
相似性度量图结构	96.12	96.12	94.25
先验图结构+相似性度量图结构	98.60	98.60	96.81

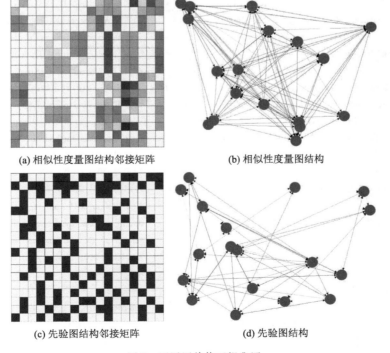

(a) 相似性度量图结构邻接矩阵 (b) 相似性度量图结构

(c) 先验图结构邻接矩阵 (d) 先验图结构

图 8 不同图结构可视化图

Fig.8 Visualization of different graph structures

4 结　论

1) 基于 SA-NF-VAE 的方法构建刮板输送机健康指标,模型属于无监督模型,可以自动构建健康指标,减少人工参与,模型有效地拟合了健康指标的隐式分布,克服了监测数据中存在的异常值影响问题。

2) 提出了一种多种图结构信息提取方法,依托专家先验知识提取刮板输送机先验图结构;利用 ε 半径方法确定节点邻居,使用阈值高斯核权函数得到每两个节点之间的连边权值,构建相似性图结构,得到了不同方法下部件之间的耦合关系,试验结果证明了其有效性。

3) 提出了一种多种图结构信息融合方法,利用多个 GAT 层有效融合刮板输送机的多种图结构信息,试验结果表明,SA-NF-VAE-GAT 的识别准确率可达 98.6%。

4) 刮板输送机恶化及故障状态存在时间较短,故样本数量较少,导致模型学习的类别不均衡,后期可以考虑融合 GAN 等生成网络,扩充恶化及故障样本数。

参考文献(References):

[1] 王学文, 麻豪洲, 李博, 等. 不同工况条件下刮板输送机刚散耦合效应研究[J]. 煤炭科学技术, 2023, 51(11): 190-201.
WANG Xuewen, MA Haozhou, LI Bo, et al. Research on rigid-discrete coupling effect of scraper conveyor under different working conditions[J]. Coal Science and Technology, 2023, 51(11): 190-201.

[2] 司垒, 李嘉豪, 谭超, 等. 矿用刮板输送机垂直冲击下负载电流特性研究[J]. 煤炭科学技术, 2023, 51(2): 400-411.
SI Lei, LI Jiahao, TAN Chao, et al. Study on load current characteristics of scraper conveyor under vertical impact[J]. Coal Science and Technology, 2023, 51(2): 400-411.

[3] 赵巧芝. 我国刮板输送机发展现状、趋势及关键技术[J]. 煤炭工程, 2020, 52(8): 183-187.
ZHAO Qiaozhi. Current status, development and key technologies of scraper conveyers[J]. Coal Engineering, 2020, 52(8): 183-187.

[4] 丁华, 吕彦宝, 崔红伟, 等. 基于分布式深度神经网络的刮板输送机启停工况故障诊断方法[J]. 振动与冲击, 2023, 42(18): 112-122, 249.
DING Hua, LU Yanbao, CUI Hongwei, et al. Fault diagnosis method for scraper conveyors under start-stop condition based on a distributed deep neural network[J]. Journal of vibration and shock, 2023, 42(18): 112-122, 249.

[5] 杨俊叶, 申冰. 基于机器学习的刮板输送机中部槽磨损预测方法[J]. 煤炭技术, 2023, 42(4): 205-208.
YANG Junye, SHEN Bing. Prediction method for middle slot wear of scraper conveyor based on machine learning[J]. Coal Technology, 2023, 42(4): 205-208.

[6] 于国英, 张小丽, 张涛. 基于模糊神经网络的刮板输送机故障诊断[J]. 煤矿机械, 2020, 41(1): 174-176.
YU Guoying, ZHANG Xiaoli, ZHANG Tao. Fault diagnosis of scraper conveyor based on fuzzy neural network[J]. Coal Mine Machinery, 2020, 41(1): 174-176.

[7] 原志明, 林翔. 基于子空间学习刮板输送机减速器轴承变工况故障诊断[J]. 煤炭科学技术, 2019, 47(S2): 64-67.
YUAN Zhiming, LIN Xiang. Fault diagnosis of reducer bearing for scraper conveyor with different working conditions based on Subspace Learning[J]. Coal Science and Technology, 2019, 47(S2): 64-67.

[8] 王金辉, 闵令江. 基于深度稀疏自编码刮板输送机故障诊断与分析[J]. 煤炭科学技术, 2019, 47(S2): 68-73.
WANG Jinhui, MIN Lingjiang. Fault diagnosis and analysis of scraper conveyor based on deep sparse autoencoder[J]. Coal Science and Technology, 2019, 47(S2): 68-73.

[9] 马海龙. 基于多信息融合的刮板输送机减速机模糊故障诊断专家系统[J]. 煤矿机械, 2019, 40(9): 174-176.
Ma Hailong. Fault diagnosis fuzzy expert system of scraper conveyer reducer based on multi-information fusion[J]. Coal Mine Machinery, 2019, 40(9): 174-176.

[10] 单鹏飞, 孙浩强, 来兴平, 等. 基于改进 Faster R-CNN 的综放煤矸混合放出状态识别方法[J]. 煤炭学报, 2022, 47(3): 1382-1394.
SHAN Pengfei, SUN Haoqiang, LAI Xingping, et al. Identification method on mixed and release state of coal-gangue masses of fully mechanized caving based on improved Faster R-CNN[J]. Journal of China Coal Society, 2022, 47(3): 1382-1394.

[11] 陈伟华, 南鹏飞, 闫孝姣, 等. 基于深度学习的采煤机截割轨迹预测及模型优化[J]. 煤炭学报, 2020, 45(12): 4209-4215.
CHEN Weihua, NAN Pengfei, YAN Xiaoheng, et al. Prediction and model optimization of shearer memory cutting trajectory based on deep learning[J]. Journal of China Coal Society, 2020, 45(12): 4209-4215.

[12] 王晓玉, 王金瑞, 韩宝坤, 等. 信号分辨率增强的机械智能故障诊断方法研究[J]. 振动工程学报, 2021, 34(6): 1305-1312.
WANG Xiaoyu, WANG Jinrui, HAN Baokun, et al. Intelligent fault diagnosis method for signal resolution enhancement[J]. Journal of Vibration Engineering, 2021, 34(6): 1305-1312.

[13] 崔卫秀, 穆润青, 解鸿章, 等. 500 m 超长工作面刮板智能输送技术研究[J]. 煤炭科学技术, 2024, 52(4): 326-335.
CUI Weixiu, MU Runqing, XIE Hongzhang, et al. Research on intelligent conveying technology of 500m ultra-long face scraper[J]. Coal Science and Technology, 2024, 52(4): 326-335.

[14] KONG Z, JIN X, XU Z, et al. Spatio-temporal fusion attention: a novel approach for remaining useful life prediction based on graph neural network[J]. IEEE Transactions on Instrumentation and Measurement, 2022, 71: 1-12.

[15] ZHANG X, ZHAO F, ZHANG X, et al. A General fault prediction framework based on relationship mining and graph neural network[C]//2022 Global Reliability and Prognostics and Health Management (PHM-Yantai). IEEE, 2022: 1-5.

［16］ ZHANG D, STEWART E, ENTEZAMI M, *et al*. Intelligent acoustic-based fault diagnosis of roller bearings using a deep graph convolutional network［J］. Measurement, 2020, 156: 107585.

［17］ XIAO L, YANG X, YANG X. A graph neural network-based bearing fault detection method［J］. Scientific Reports, 2023, 13(1): 5286.

［18］ 李晋, 朱强强, 范旭峰, 等. 大型机电设备健康状态评估方法研究［J］. 工矿自动化, 2015, 41(1): 6-9.
LI J, ZHU Q Q, FAN X F, *et al*. Research on health status assessment methods of large-scale electromechanical equipment［J］. Industry and Mine Automation, 2015, 41(1): 6-9.

［19］ VASWANI A, SHAZEER N, PARMAR N, *et al*. Attention is all you need［C］//Proceedings of the 31st International Conference on Neural Information Processing Systems(NIPS 2017). Red Hook: Curran Associates Inc., 2017: 6000-6010.

［20］ DINH L, SOHL-DICKSTEIN J, BENGIO S. Density estimation using real nvp［J］. arXiv preprint arXiv: 1605.08803, 2016.

［21］ 曹现刚, 陈瑞昊, 李彦川, 等. 基于 XGBoost 的采煤机健康状态评估方法研究［J］. 煤炭工程, 2022, 54(5): 175-181.
CAO Xiangang, CHEN Ruihao, Ll Yanchuan, *et al*. XGBoost-based health evaluation method of shearer［J］. Coal Engineering, 2022, 54(5): 175-181.

［22］ 王帅星, 黄茜, 王晓笋, 等. WPT、PCA 与 SVM 结合的滚动轴承故障程度诊断［J］. 机械设计与制造, 2022(4): 5-9.
WANG Shuaixing, HUANG Xi, WANG Xiaosun, *et al*. Fault Degree Diagnosis of Rolling Bearing with Implementation of WPT、PCA and SVM［J］. Machinery Design & Manufacture, 2022(4): 5-9.

［23］ 曹现刚, 许欣, 雷卓等. 基于降噪自编码器与改进卷积神经网络的采煤机健康状态识别［J］. 信息与控制, 2022, 51(1): 98-106.
CAO Xiangang, XU Xin, LEI Zhuo, *et al*. Health status identification of shearer based on denoising autoencoder and improved convolutional neural network［J］. Information and Control, 2022, 51(1): 98-106.

［24］ 白雲杰, 贾希胜, 梁庆海, 等. 基于深度学习的柴油机气门健康状态评估［J］. 科学技术与工程, 2022, 22(10): 3941-3950.
BAI Yunjie, JIA Xisheng, LIANG Qinghai, *et al*. Evaluation of diesel engine valve health status based on deep learning［J］. Science Technology and Engineering, 2022, 22(10): 3941-3950.

［25］ VAN DER Maaten L, HINTON G. Visualizing data using t-SNE［J］. Journal of machine learning research, 2008, 9(11): 2579-2605.

基于降噪自编码器与改进卷积神经网络的采煤机健康状态识别

曹现刚 [1,2]，许　欣 [1,2]，雷　卓 [1,2]，李彦川 [1,2]

1. 西安科技大学机械工程学院，陕西 西安　710054；2. 陕西省矿山机电装备智能监测重点实验室，陕西 西安　710054

基金项目：国家自然科学基金重点项目(51834006)；国家自然科学基金(51875451)

通信作者：许欣，2942499262@qq.com　　收稿/录用/修回：2021 – 03 – 15/2021 – 06 – 10/2021 – 12 – 02

摘要

　　针对采煤机监测参数间关联性强、冗余信息多且受强噪声干扰导致其健康状态识别困难及传统的采煤机状态识别方法在健康状态指标构建中人工参与过多导致识别准确率不高的问题，提出一种基于降噪自编码器(denoising autoencoder，DAE)与改进卷积神经网络(improved convolutional neural network，ICNN)的采煤机健康状态识别方法。首先，对原始监测数据作滑动平均降噪处理并进行归一化；其次，通过无监督训练降噪自编码器实现数据降维、特征提取，进而构建健康状态指标；然后，根据降噪后的监测数据与健康状态指标训练改进卷积神经网络模型，实现采煤机健康状态的自动识别；最后，利用采煤机仿真数据完成模型验证并与其他多种健康状态识别方法进行对比。结果表明：该方法识别准确率达98.38%，明显高于其他方法，可为后期的预知维护提供理论支持。

关键词

采煤机

健康状态识别

卷积神经网络

降噪自编码器

中图法分类号： TD421

文献标识码： A

Health Status Identification of Shearer Based on Denoising Autoencoder and Improved Convolutional Neural Network

CAO Xiangang[1,2]，XU Xin[1,2]，LEI Zhuo[1,2]，LI Yanchuan[1,2]

1. *School of Mechanical Engineering，Xi'an University of Science and Technology，Xi'an 710054，China*；

2. *Shaanxi Key Laboratory of Intelligent Monitoring of Mining Electromechanical Equipment，Xi'an 710054，China*

Abstract

　　Given the strong correlation between the monitoring parameters of a shearer, redundant information, and the interference of strong noise, it is difficult to recognize its health status. The traditional shearer status recognition method requires several manual interventions in the construction of the health status indicator, resulting in poor recognition accuracy. A denoising autoencoder and an improved convolutional neural network-based models are proposed to identify a coal shearers' health status. First, moving average noise-reduction is performed on the original monitoring data and normalized. Next, data dimensionality reduction and feature extraction through unsupervised training of noise-reducing autoencoders is implemented, and the health indicators are constructed. Furthermore, the convolutional neural network model is improved by training the monitoring data after preprocessing. The health state index is predicted to achieve automatic recognition of the health status of the shearer. Finally, the model is verified by comparing the shearer's simulation results with those obtained from other health status identification methods. The results show that the recognition accuracy of this method is 98.38%, which is significantly higher than other methods and can provide theoretical support for predictive maintenance.

Keywords

shearer；

health status recognition；

convolutional neural network；

denoising autoencoder

0 引言

综采设备健康状态评价、预测与维护是煤矿智能化发展的保障[1]，采煤机作为煤炭开采工作的核心设备，准确识别其健康状态不仅为后期制定维修计划提供依据，并且能有效降低采煤机故障发生率、提高煤矿设备安全可靠性、保证煤炭正常开采。

近年来，国内外专家学者在设备健康状态识别方法的研究上大致可分为基于模型驱动和基于数据驱动两类，且后者居多。基于数据驱动的设备健康状态识别方法主要包括人工神经网络[2]、贝叶斯分类[3]、支持向量机[4]、隐马尔可夫[5]等；此外，随着深度学习的飞速发展，深度学习相关算法也越来越多地应用在设备健康状态识别领域[6]。文[7]利用机械频域信号训练深度神经网络，结合无监督与有监督学习，自适应提取大数据故障特征，有效识别多级齿轮传动系统的健康状况。文[8]提出了一种大数据分析与常规方法相结合的配电变压器运行状态评估方法，根据不同因素间相关关系，关系间相关规则通过信息熵量化，得到综合特定指标，进而判别出健康状态。文[9]提出了一种基于卷积神经网络的柴油发电机健康状态评估方法，以发电机的基本参数为特征，通过建立健康评估模型，成功识别发电机健康状态。文[10]提出一种基于深度卷积神经网络的行星齿轮箱健康状态识别方法，融合水平和垂直振动信号的原始数据，利用深度网络自动提取特征进行识别。

对于采煤机健康状态识别，目前主要有以下几种方法。文[11]提出了一种数字孪生与深度学习融合驱动的采煤机健康状态预测方法，通过构建采煤机数字孪生体进而分析其健康状态并利用深度学习预测采煤机寿命，根据采煤机数字孪生体的状态与剩余寿命，得出采煤机当前健康状态。文[12]提出了一种基于组合赋权法的采煤机健康状态评估方法，利用层次分析法和熵权法的组合赋权法得出评价指标的综合权重，然后依据灰色聚类法与模糊综合评价法对整机健康状态进行评估。文[13]提出了一种基于PCA(principal component analysis)与遗传算法优化BP(back propagation)神经网络算法的采煤机健康状态评估方法，将PCA降维后的状态参数作为健康指标输入到优化后的神经网络中，识别采煤机健康状态。但以上方法均未考虑监测数据中夹杂噪声，并且指标构建中人为参与较多，影响模型识别准确率；此外，以上方法难以处理大数据下采煤机的健康状态。

综上所述，针对采煤机监测数据中夹杂噪声及健康状态指标构建过程中人工参与过多问题，利用滑动平均法对原始数据进行降噪，然后通过无监督训练降噪自编码器对降噪后的数据降维、并构建健康状态指标，去除噪声干扰和人工参与对指标构建准确性的影响。针对监测数据量大、特征提取困难、识别精度低等问题，提出一种改进卷积神经网络的采煤机健康状态识别方法，通过深层网络结构对数据进行深度特征提取，利用动态学习速率高效训练网络模型，最后准确识别出采煤机健康状态。

1 基于 DAE 的采煤机健康指标构建

1.1 采煤机监测参数选取

采煤机作为复杂机械设备，由截割部、牵引部、液压部、电气控制部及其他辅助部件组成。通过分析采煤机自身结构特点[14]，可知截割部和牵引部易发生故障，结合专家经验和历史状态数据，本着参数指标选取遵循的可测性、独立性、客观性与代表性原则[15]，本文选取以下 10 个指标作为采煤机健康状态识别的监测参数，如表 1 所示。

表 1 采煤机状态监测参数
Tab.1 Status monitoring parameters of shearer

标号	部位	名称
n_1	牵引部	牵引电机转速
I_1	牵引部	牵引电机电流
T_1	牵引部	牵引电机温度
n_2	截割部	截割电机转速
I_2	截割部	截割电机电流
T_2	截割部	截割电机温度
I_3	电气控制部	变频器电流
T_3	电气控制部	变频器温度
p	液压部	调高泵压力
n_3	液压部	泵工作转速

1.2 监测数据采集及预处理

根据本文所选采煤机状态监测参数，将矿用温度、转速、电流等传感器布置在合理监测点位，以此来采集采煤机运行状态数据。结合陕西大柳塔煤矿某采煤机真实运行数据存储记录，发现煤矿数据每隔 2 s 存储 1 次，数据更新率高，为减小数据冗余，提高模型运行效率，在查阅资料[16]及专家意见基础上，在数据处理过程中每隔 10 min 抽取 1 组数据，用于健康状态识别。

直接由传感器采集到的采煤机运行数据通常是一些"脏"数据[17]，即数据缺失、夹杂噪声及量纲不一致等，这些数据往往不能直接使用，因此，选取滑动平均法对监测数据进行降噪处理。具体操作是：设定一个固定的值 k，然后分别计算第 1 到第 k 项，第 2 到第 $k+1$ 项，依次类推得到第 1，2，…，N 个平均值并将其作为处理后的数据。计算公式如下：

$$x_t = \frac{x_i + x_{i+1} + x_{i+2} + \cdots + x_{i+k-1}}{k} \tag{1}$$

式中：x_t 表示下一个平滑处理后的值；x_i 表示所选原始数据起始值；k 表示窗口大小；x_{i+k-1} 表示所选原始数据最后一个值。

由于监测参数单位量纲的不同，会给采煤机健康状态等级划分及神经网络模型训练带来不便。因此，对原数据作归一化处理，方法如下：

降序指标：

$$x^* = \frac{x - x_{\min}}{x_{\max} - x_{\min}} \tag{2}$$

升序指标：

$$x^* = \frac{x_{\max} - x}{x_{\max} - x_{\min}} \tag{3}$$

1.3 基于 DAE 的健康指标构建

降噪自编码器（denoising autoencoder，DAE）由多个自动编码器和解码器组合而成，因其隐层多而具备强大的深层特征提取能力[18]。降噪自编码器是一类接收损坏数据作为输入，并训练来预测原始未被损坏数据作为输出的自动编码器。单个 DAE 结构如图 1 所示，具体工作原理如下：首先按照一定的比例 q_D 将原始输入信号 x 中的元素随机置零，得到损坏数据 $\tilde{x}$；然后通过 f_θ 对 $\tilde{x}$ 进行编码得到隐含层数据 y；最后通过 $g_{\theta'}$ 对 y 进行解码得到重构数据 z；网络以原始输入与重构数据之间的误差 $L_H(x, z)$ 作为目标函数，通过梯度下降算法使目标函数最小化训练网络模型参数。

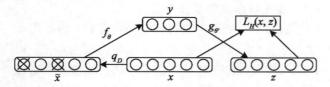

图 1　DAE 网络结构

Fig.1　DAE network structure

本文搭建的 DAE 结构如图 2 所示，其中前 3

个为自动编码器、后 3 个为自动解码器。

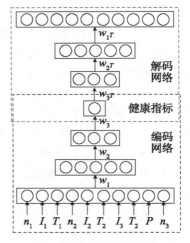

图 2　深层 DAE 网络结构

Fig.2　The deep DAE network structure

由于降噪自编码器考虑了输入信号中含有噪声干扰的问题，且其深层结构能够自适应提取降噪自编码器编码结构的隐藏层输出作为特征，故可直接将 1.1 小节采煤机监测参数作预处理后输入。当 DAE 模型训练的重构误差足够小时，解码网络最后的输出和编码网络初始的输入高度相同，此时，编码网络的输出节点值包含了输入数据的绝大多数信息，故提取编码网络的输出节点值，并将其作为采煤机健康状态指标。

2　基于 ICNN 的采煤机健康状态识别

2.1　CNN 结构与原理

卷积神经网络（convolutional neural network，CNN）的结构有很多种，但基本框架类似，一般由输入层、卷积层、池化层、全连接层及输出层组成[19]，不同层之间通过特征映射的方式连接。输入层负责处理多维数据输入；卷积层通过卷积运算对输入样本进行特征提取；激活层是通过激活函数对卷积后的数据进行非线性映射[20]，以此来提高模型的表达能力；池化层也称为下采样层，是对特征进行泛化以防止过拟合；全连接层和输出层，主要连接所有特征并将最终结果输出。

由于采煤机监测数据是多维基于时间序列退化的，故本文将采煤机多维的原始监测参数标准化后按时间顺序输入卷积神经网络中，并在网络最后一层加入"Softmax"分类器，以此实现采煤机健康状态识别。搭建的改进卷积神经网络结构如图 3 所示。本文搭建的 ICNN 模型不同于传统 CNN 模型主要体现在 3 个方面。

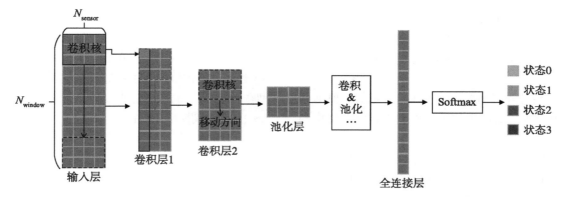

图 3　改进卷积神经网络结构

Fig.3　Improved convolutional neural network structure

其一，传统的卷积神经网络结构是 1 个卷积层后紧接 1 个池化层，提取到的输入层数据特征较少且较浅，本文搭建的 ICNN 模型是连续 2 个卷积层后接 1 个池化层，在第 1 层卷积提取到的特征基础上再进行特征提取，能够提取深层数据特征。其二，考虑到采煤机监测数据基于时间序列退化，且不同参数间有较强关联性，故本文将多维监测数据输入后，设定卷积核只沿着时间轴方向移动，能够提取多个相关参数在时间维度上的特征。其三，模型训练时的学习速率动态减小，每当损失值连续两次不降低时，学习速率自动减小为原来的 0.85，加快模型收敛。

每一层工作原理为

1）输入层

输入层为 N 维时间序列退化数据，为了客观反应采煤机健康状态，将多个时间序列观测值组成每个样本，故本文采用时间窗滑动法构造输入样本，单个输入样本的维度为 D，形状为

$$D = N_{\text{window}} \times N_{\text{sensor}} \qquad (4)$$

式中：N_{window} 表示时间窗长度；N_{sensor} 表示监测数据维度。

2）卷积层

卷积层通过卷积核对数据作局部卷积运算进行特征提取，因监测数据基于时间序列退化，故取卷积核沿时间轴方向滑动，具体卷积运算公式如下：

$$x_j^l = f\left(\sum_{i=1}^{M} x_i^{l-1} \times w_{ij}^l + b_j \right) \qquad (5)$$

式中：x_j^l 表示 l 层的第 j 个特征映射，f 表示激活函数，M 表示输入的特征映射数，x_i^{l-1} 表示 $l-1$ 层的第 i 个特征映射，w_{ij}^l 是卷积核，b_j 是偏置。

3）池化层

池化层通过池化因子大小在卷积处理后的特征数据上以给定的步长进行滑动，求取操作区域的最大值、平均值等，进而有效降低特征维数，缓解过拟合，本文选用最大池化方法，具体计算公式如下：

$$y^l = \max(a_i^l), \quad i = 1, 2, \cdots, k \qquad (6)$$

式中：l 表示特征层数，a_i^l 为第 l 层的第 i 个特征。

4）全连接层

全连接层是将前面通过卷积和池化处理后的局部特征重新进行权重分配，然后将其连接在一起。该层将最后 1 个池化层的特征转换成 $1 \times N$ 维矩阵，分别对应 N 种结果。

卷积神经网络利用误差反向传播算法[19]训练模型。在训练模型之前，首先要定义网模型的损失函数，由于本文解决采煤机的健康状态识别问题属于多分类问题。因此本文选用多类别交叉熵函数作为损失函数，表达式如下：

$$J(\theta) = -\frac{1}{m}\left[\sum_{i=1}^{m} \sum_{j=1}^{k} 1\{y_i = j\} \lg \frac{e^{\theta_j^T x_i}}{\sum_{l=1}^{k} e^{\theta_l^T x_i}} \right] \qquad (7)$$

式中：(x_i, y_i) 为训练样本，m 为样本个数，$y_i \in \{0, 1, 2, \cdots, k\}$ 为样本类别，θ 表示样本参数。

2.2 采煤机健康状态识别步骤

从采煤机监测数据的获取到最终健康状态的识别，需要经过如下几个具体的步骤，识别的流程框架如图 4 所示。

具体步骤如下：

步骤 1：采煤机数据采集。在采煤机关键部位安装传感检测元件，获取采煤机运行状态数据。

步骤 2：数据预处理。对采集的原始数据进行滑动平均降噪处理，然后对降噪后的数据作归一化处理，归一化方式如式（2）、式（3）。

步骤 3：降噪自编码器训练。将归一化后的数据输入 DAE 网络进行无监督训练，获得最终的采

煤机健康状态指标曲线。

步骤 4：健康状态等级划分。根据步骤 3 所得的健康指标曲线，结合专家经验划分采煤机健康状态等级。

步骤 5：样本构造。基于时间窗函数，根据健康状态等级构造采煤机状态样本，并划分训练集和测试集。

步骤 6：改进卷积神经网络训练。将训练集样本输入到 ICNN 网络进行训练，得到具备自动识别能力的改进卷积神经网络模型。

步骤 7：测试集验证。将测试集样本输入到训练好的 ICNN 网络中，输出采煤机健康状态。

步骤 8：模型评价。确定评价指标，对搭建的 ICNN 模型进行评价。为了更好地观察卷积神经网络模型在测试集上的表现，本文选取准确率（Accuracy, Acc）作为评判模型好坏的指标，准确率计算公式如下：

$$\text{Acc} = \frac{n_{\text{correct}}}{n_{\text{total}}} \tag{8}$$

式中：n_{correct} 表示分类正确的样本个数，n_{total} 表示整个测试集的样本个数。

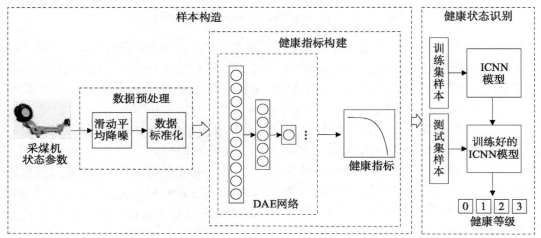

图 4　基于 DAE 与 ICNN 的采煤机健康状态识别框架

Fig.4　Shearer's health state recognition framework based on DAE and ICNN

3　实验验证及分析

3.1　数据来源与实验环境

本文基于威布尔分布规律[21]，利用 Matlab 软件仿真采煤机运行状态数据，并根据仿真数据完成实验验证。本文共仿真 10 组采煤机运行状态数据，每组 960 条、共 9 600 条。

实验验证环境为 TensorFlow-gpu-2.0.0 深度学习框架、Python 编程语言。

3.2　实验验证

由于 10 组数据的预处理方法完全相同，因此，以第 1 组为例，根据式（1）～式（3）对监测数据进行滑动平均降噪及归一化处理，处理结果如表 2 所示。

表 2　归一化后的采煤机监测数据

Tab.2　Normalized shearer monitoring data

采样点	n_1	I_1	T_1	n_2	I_2	T_2	I_3	T_3	p	n_3
1	0.901 5	0.693 1	0.878 5	0.747 2	0.952 6	0.922 8	0.981 1	0.881 8	0.952 9	0.962 1
2	0.842 7	0.584 9	0.947 3	0.886 1	0.951 2	0.924 2	0.946 1	0.721 8	0.954 2	0.885 5
3	0.939 3	0.763 6	0.978 5	0.898 1	0.910 9	0.927 7	0.994 4	0.792 2	0.956 6	0.989 7
⋮	⋮	⋮	⋮	⋮	⋮	⋮	⋮	⋮	⋮	⋮
520	0.788 4	0.865 2	0.758 8	0.583 0	0.759 5	0.832 6	0.737 5	0.751 0	0.891 0	0.648 9
521	0.761 5	0.654 7	0.744 7	0.562 9	0.750 7	0.710 0	0.829 9	0.745 1	0.879 4	0.620 5
522	0.768 5	0.852 9	0.742 3	0.559 5	0.749 2	0.706 0	0.828 6	0.774 1	0.877 4	0.621 5
⋮	⋮	⋮	⋮	⋮	⋮	⋮	⋮	⋮	⋮	⋮
958	0.262 2	0.212 3	0.119 1	0.312 6	0.008 7	0.023 8	0.108 6	0.425 1	0.044 6	0.102 5
959	0.175 3	0.163 5	0.154 6	0.127 1	0.001 4	0.012 3	0.074 3	0.335 2	0.024 6	0.160 3
960	0.103 6	0.093 2	0.020 5	0.188 5	0.009 9	0.015 3	0.177 8	0.298 7	0.029 6	0.293 6

将处理后的数据输入到 DAE 网络进行无监督训练。本文搭建的 DAE 网络结构为"10-5-3-1-3-5-10"，其中 10 为预处理后采煤机 10 维监测参数值，编码网络输出节点数 1 对应最终的采煤机健康状态指标。设定的模型训练次数为 100，噪声率为 0.3，最小学习速率为 0.001，最终模型训练的准确率达 90.1%，重构误差为 0.007，获得的编码网络输出即采煤机健康状态指标曲线，平滑处理后的结果如图 5 所示。

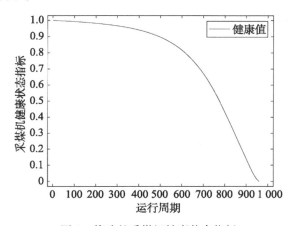

图 5　构建的采煤机健康状态指标

Fig.5　Constructed health status index of shearer

根据构建好的健康状态指标，结合采煤机真实运行情况及专家经验，将采煤机健康状态划分为 4 个等级，各等级与对应健康状态指标区间如表 3 所示。

表 3　采煤机健康状态等级

Tab.3　Health status grade of shearer

健康等级	运行情况	健康指标区间	等级标签
健康	运行完全正常，无需安排检修	$0.8 \leqslant x \leqslant 1.0$	0
良好	运行良好，性能稳定，按计划检修	$0.5 \leqslant x < 0.8$	1
恶化	运行状态一般，出现恶化迹象，及时检修	$0.3 \leqslant x < 0.5$	2
故障	无法正常运行，停机维修	$0.0 \leqslant x < 0.3$	3

基于健康状态等级，对原始监测数据进行样本划分。本文监测数据维度为 10，结合式（4），分别选取时间窗长度为 12、15 和 18 作对比。在大量实验基础上，选取时间窗长度为 12 时，识别效果最佳，此时，单个样本形状为 12×10，最终得到样本共 9 588 个，其中"健康"样本 5 868 个、"良好"样本 1 265 个、"恶化"样本 1 287 个、"故障"样本 1 168 个，将所有样本打乱顺序后，取其中 80% 为训练集样本，剩余 20% 为测试集样本。本文搭建的

CNN 网络模型包括 3 个卷积层、2 个池化层、1 个全连接层及 1 个输出层，第一个卷积层卷积核个数为 128，后两个卷积层卷积核个数均为 64，卷积核长度均为 3；第一个池化层为最大池化，第二个池化层为全局平均池化；全连接层神经元个数为 128；输出层神经元个数为 4，激活函数为"Softmax"函数；其余各层激活函数均为"Relu"函数。模型训练次数为 100、训练批次为 32、最小学习速率为 0.001，优化器选择适用于大规模数据与参数优化且参数调整相对简单的自适应梯度下降算法"Adam"，以此加快模型收敛速度，最终得到模型识别准确率如图 6 所示。

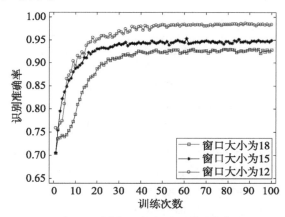

图 6　不同窗口大小下识别准确率

Fig.6　Recognition accuracy under different window

学习速率会对模型的收敛速度产生影响，学习速率过大、模型识别准确率低；学习速率过小，训练时间长；此外，学习速率是否恒定也会影响模型收敛速度。因此，在确定时间窗长度为 12 的基础上，分别设置学习速率为恒定 0.01、恒定 0.001 以及动态 0.001 对模型进行训练，测试集上的识别准确率曲线如图 7 所示。

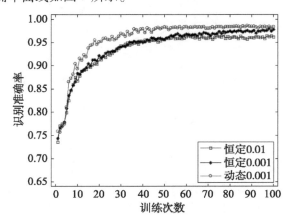

图 7　不同学习速率下识别准确率

Fig.7　Recognition accuracy under different learning rates

在动态学习速率中,当模型在测试集上损失值连续两次不降低时,学习速率衰减的倍数是动态学习速率下影响模型收敛速度的关键,因此分别选取学习速率降为原来的 0.5、0.75、0.9 及 0.85 进行实验验证,模型在测试集上识别准确率如图 8 所示。

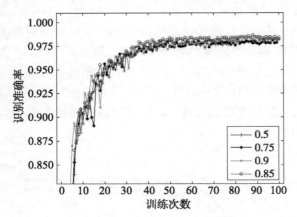

图 8   学习速率不同衰减倍数下识别准确率
Fig.8   Recognition accuracy under different
attenuation multiples of learning rate

由图 8 可知,在动态学习速率衰减倍数为前一次学习速率的 0.85 时,模型识别的准确率较其他倍数相比有所提高,且模型收敛性较好。

最终,在时间窗长度为 12,学习速率为动态 0.001、动态学习速率衰减倍数为 0.85 时,模型在测试集上识别结果混淆矩阵如图 9 所示。

	预测标签				
	健康	良好	恶化	故障	
健康	1117 58.2%	12 0.6%	3 0.2%	0 0.0%	98.7% 1.3%
良好	1 0.1%	276 14.4%	3 0.2%	0 0.0%	98.6% 1.4%
恶化	0 0.0%	2 0.1%	256 13.3%	4 0.2%	97.7% 2.3%
故障	0 0.0%	1 0.1%	5 0.3%	238 12.4%	97.5% 2.5%

（真实标签，纵轴）

图 9   测试集识别结果混淆矩阵
Fig.9   Confusion matrix of test set identification results

如图 9 所示,最后一列表示模型预测的准确率(即真实标签中预测正确个数所占所有真实标签比例)。因此,由图 9 可知,测试集样本共 1 918 个,其中"健康"样本 1 132 个,识别正确 1 117 个,识别准确率为 98.7%;"良好"样本 280 个,识别正确 276 个,识别准确率为 98.6%;"恶化"样本 262 个,

识别正确 256 个,识别准确率为 97.7%;"故障"样本 244 个,识别正确 238 个,识别准确率为 97.5%。可看出,模型对于"故障"等级的识别错误率较高,识别错误率为 2.5%,原因可能是恶化状态数据与故障状态相近,进而造成识别错误。

3.3   方法对比

结合采煤机健康状态指标,分别用文[13]中的 BP 神经网络、文[14]中的 DBN(deep belief network)网络、传统的 CNN 网络及本文搭建的 ICNN 网络识别采煤机健康状态,各方法在识别准确率、识别误差及训练时间上的对比结果如表 4 所示。

表 4   识别方法结果对比
Tab.4   Comparison of identification method results

方法	误差	准确率 /%	训练时间 /s
BP	0.025 4	89.95	183
DBN	0.016 2	94.65	213
CNN	0.017 6	92.83	194
ICNN	0.007 8	98.38	205

3.4   实验对比

为进一步验证本文所提方法的有效性,选取陕西大柳塔煤矿某型号采煤机真实监测数据进行验证。其中可用于健康状态识别的数据 1 000 条,根据上文数据预处理与样本划分方法,最终可得到"健康"数据 388 条、"良好"数据 300 条、"恶化"数据 200 条、"故障"数据 100 条。

基于 DAE 与 ICNN 模型的采煤机健康状态识别结果如表 5 所示。

表 5   识别结果混淆矩阵
Tab.5   Confusion matrix of identification results

真实 标签	预测标签				准确率 /%
	健康	良好	恶化	故障	
健康	381	7	0	0	98.1
良好	9	287	4	0	95.7
恶化	0	2	195	3	97.5
故障	0	0	5	95	95.0

4   结论

1)基于 DAE 网络对监测数据降维、特征提取、构建采煤机健康状态指标,不仅考虑了采煤机监测数据夹杂噪声干扰、且采用无监督训练,能够有效解决健康指标构建中人为参与过多导致识别准确率不高的问题。

2)提出一种基于 ICNN 模型的采煤机多维监

测数据健康状态识别方法,利用深层网络结构自适应分配权重、提取特征,结合动态学习速率训练模型,不仅收敛速度加快且识别准确率提高,成功解决采煤机监测数据量大且具有关联性导致其健康状态识别困难问题。

3)采煤机真实运行环境十分恶劣,提出的数据预处理及降噪方法并不能完全解决强噪声下的"脏"数据,并且煤矿井下运行数据传输有延迟,状态识别存在滞后,后期可以着重研究强噪声背景信号分离及状态实时识别。

参考文献

[1] 王国法,任怀伟,庞义辉,等. 煤矿智能化(初级阶段)技术体系研究与工程进展[J]. 煤炭科学技术, 2020, 48(7): 1-27.
Wang G F, Ren H W, Pang Y H, et al. Research and engineering progress of coal mine intelligentization (primary stage) technology system[J]. Coal Science and Technology, 2020, 48(7): 1-27.

[2] Biswal S, Sabareesh G R. Design and development of a wind turbine test rig for condition monitoring studies[C]//2015 International Conference on Industrial Instrumentation and Control. Piscataway, USA: IEEE, 2015: 891-896.

[3] 朱林,陈敏,贾民平. 基于贝叶斯理论的结构件健康状态评估方法研究[J]. 振动与冲击, 2020, 39(6): 59-63, 88
Zhu L, Chen M, Jia M P. Research on health state assessment method of structural parts based on bayesian theory[J]. Journal of Vibration and Shock, 2020, 39(6): 59-63, 88.

[4] Rana A S, Thomas M S, Senroy N. Reliability evaluation of WAMS using Markov-based graph theory approach[J]. IET Generation Transmission & Distribution, 2017, 11(11): 2930-2937.

[5] 杨志凌,姚治业,王瑞明. 基于HMM的风电机组齿轮箱故障诊断研究[J]. 太阳能学报, 2017, 38(9): 2574-2581.
Yang Z L, Yao Z Y, Wang R M. A study on the fault diagnosis of wind turbine gearbox based on HMM[J]. Acta Energiae Solaris Sinica, 2017, 38(9): 2574-2581.

[6] 陈志强,陈旭东,de Olivira J V,等. 深度学习在设备故障预测与健康管理中的应用[J]. 仪器仪表学报, 2019, 40(9): 206-226.
Chen Z Q, Chen X D, de Olivira J V, et al. Application of deep learning in equipment failure prediction and health management[J]. Chinese Journal of Scientific Instrument, 2019, 40(9): 206-226.

[7] 雷亚国,贾峰,周昕,等. 基于深度学习理论的机械装备大数据健康监测方法[J]. 机械工程学报, 2015, 51(21): 49-56.
Lei Y G, Jia F, Zhou X, et al. Health monitoring method for big data of mechanical equipment based on deep learning theory[J]. Journal of Mechanical Engineering, 2015, 51(21): 49-56.

[8] 张友强,寇凌峰,盛万兴,等. 配电变压器运行状态评估的大数据分析方法[J]. 电网技术, 2016, 40(3): 768-773.
Zhang Y Q, Kou L F, Sheng W X, et al. Big data analysis method for operation state assessment of distribution transformers[J]. Power System Technology, 2016, 40(3): 768-773.

[9] 赵东明,程焱明,曹明. 基于卷积神经网络的柴油发电机健康评估[J]. 计算机科学, 2018, 45(S2): 152-154.
Zhao D M, Cheng Y M, Cao M. Health assessment of diesel generators based on convolutional neural networks[J]. Computer Science, 2018, 45(S2): 152-154.

[10] Chen H P, Hu N Q, Cheng Z, et al. A deep convolutional neural network based fusion method of two-direction vibration signal data for health state identification of planetary gearboxes[J]. Measurement, 2019, 146: 268-278.

[11] 丁华,杨亮亮,杨兆建,等. 数字孪生与深度学习融合驱动的采煤机健康状态预测[J]. 中国机械工程, 2020, 31(7): 815-823.
Ding H, Yang L L, Yang Z J, et al. Health state prediction of shearer drived by fusion of digital twinning and deep learning[J]. China Mechanical Engineering, 2020, 31(7): 815-823.

[12] 曹现刚,雷一楠,宫钰蓉,等. 基于组合赋权法的采煤机健康状态评估方法研究[J]. 煤炭科学技术, 2020, 48(6): 135-141.
Cao X G, Lei Y N, Gong Y R, et al. Research on health status assessment method of shearer based on combined weight method[J]. Coal Science and Technology, 2020, 48(6): 135-141.

[13] 曹现刚,李彦川,雷卓,等. 采煤机健康状态智能评估方法研究[J]. 工矿自动化, 2020, 46(6): 41-47.

Cao X G, Li Y C, Lei Z, et al. Research on intelligent assessment method of health state of coal shearer[J]. Industry and Mine Automation, 2020, 46(6): 41 – 47.

[14] 雷一楠. 采煤机健康状态监测与识别方法研究[D]. 西安: 西安科技大学, 2020.

Lei Y N. Research on status monitoring and identification method of shearer[D]. Xi'an: Xi'an University of Science and Technology, 2020.

[15] 李晋, 朱强强, 范旭峰, 等. 大型机电设备健康状态评估方法研究[J]. 工矿自动化, 2015, 41(1): 6 – 9.

Li J, Zhu Q Q, Fan X F, et al. Research on health status assessment methods of large-scale electromechanical equipment[J]. Industry and Mine Automation, 2015, 41(1): 6 – 9.

[16] 翟文睿, 李贤功, 王佳奇, 等. 采煤机性能退化评估方法及应用研究[J]. 工矿自动化, 2020, 46(12): 57 – 63, 100.

Zhai W R, Li X G, Wang J Q, et al. Research on evaluation method and application of shearer performance degradation[J]. Industry and Mine Automation, 2020, 46(12): 57 – 63, 100.

[17] 孔钦, 叶长青, 孙赟. 大数据下数据预处理方法研究[J]. 计算机技术与发展, 2018, 28(5): 1 – 4.

Kong Q, Ye C Q, Sun Y. Research on data preprocessing methods under big data[J]. Computer Technology and Development, 2016, 28(5): 1 – 4.

[18] 赵光权, 刘小勇, 姜泽东, 等. 基于深度学习的轴承健康因子无监督构建方法[J]. 仪器仪表学报, 2018, 39(6): 82 – 88.

Zhao G Q, Liu X Y, Jiang Z D, et al. Unsupervised construction of bearing health factors based on Deep learning[J]. Chinese Journal of Scientific Instrument, 2018, 39(6): 82 – 88

[19] Lydia A A, Francis F S. Convolutional neural network with an optimized backpropagation technique[C]//2019 IEEE International Conference on System, Computation, Automation and Networking. Piscataway, USA: IEEE, 2019: 1 – 5.

[20] Lau M M, Lim H K. Review of adaptive activation function in deep neural network[C]//2018 IEEE-EMBS Conference on Biomedical Engineering and Sciences. Piscataway, USA: IEEE, 2018: 686 – 690.

[21] 郑锐. 三参数威布尔分布参数估计及在可靠性分析中的应用[J]. 振动与冲击, 2015, 34(5): 78 – 81.

Zheng R. Three-parameter weibull distribution parameter estimation and its application in reliability analysis[J]. Journal of Vibration and Shock, 2015, 34(5): 78 – 81.

作者简介

曹现刚(1970 –), 男, 博士, 教授。研究领域为现代设备维护理论与技术。

许 欣(1998 –), 男, 硕士。研究领域为煤矿设备健康状态评估。

雷 卓(1995 –), 男, 硕士。研究领域为煤矿设备剩余寿命预测。

考虑机会维护的煤矿综采设备群维护决策优化研究

曹现刚，宫钰蓉，罗　璇，雷一楠，张树楠

(西安科技大学 机械工程学院，陕西 西安　710054)

摘　要：为了降低煤炭企业维护风险与维护成本，提出了一种考虑煤矿维护安全与维护成本的多目标决策优化模型。首先通过威布尔分布模拟各台设备劣化趋势，然后以设备维护中人与管理为影响因素建立煤矿设备维护不安全耦合模型，以维护成本最低与停机损失最小为目标建立维护费用最低模型。最终以煤矿综采设备群维护调度为例采用基于维护顺序编码的交叉算子POX的改进遗传算法进行求解。实验结果表明：第一次维护调度完目标函数值降低了30.68%，完成三次工作面维护成本率降低了40.52%。因此，此方法可为煤炭企业制定合理的调度决策计划，降低煤矿企业的维护成本，提高煤矿设备运行的安全性能。

关键词：综采设备群；威布尔分布；维护调度；机会维护；串联系统

中图分类号：TD421　　**文献标识码**：A　　**文章编号**：1671-0959(2020) 06-0164-06

Research on maintenance decision optimization of coal mine fully mechanized mining equipment based on genetic algorithm

CAO Xian-gang, GONG Yu-rong, LUO Xuan, LEI Yi-nan, ZHANG Shu-nan

(Mechanical Engineering Department, Xi' an University of Science and Technology, Xi' an 710054, China)

Abstract: In order to reduce the maintenance risk and maintenance cost of coal enterprises, a multi-objective decision-making optimization model is proposed considering coal mine maintenance safety and maintenance cost. Firstly, the Weibull distribution is used to simulate the deterioration trend of each equipment, and then an unsafe coupling model is established for the equipment maintenance and management with personnel and management as the influencing factors, and a minimum maintenance cost model with the goal of minimum maintenance cost and minimum downtime loss is established. Finally, the improved genetic algorithm of crossover operator POX based on maintenance sequence coding is used to solve the maintenance scheduling of coal mine comprehensive mining equipment group. The results show that the target function value of the first maintenance and dispatching is reduced by 30.68%, and the maintenance of three working faces is completed. The cost rate is reduced by 40.52%. Therefore, with this method a reasonable scheduling decision plan can be developed for coal enterprises, to reduce the maintenance cost and improve the safety performance of coal mine equipment.

Keywords: fully mechanized mining equipment group; Weibull distribution; maintenance scheduling; maintenance of opportunities; series system

随着煤矿智能化开采和智慧煤矿建设的发展，对设备维护的依赖性也越来越高[1]。设备维护决策水平的高低直接影响设备的可靠性、企业经济效益、维护安全风险[2]。

目前，国内外对状态维修的决策标准研究还不够全面和深入。在国外，Chen Dongyan[3]等提出了联合优化检查率和维护策略的方法，用于基于状态的预防性维护问题的维护策略优化；Nguyen K A[4]等提出了基于组件临界水平及其备件可用性的机会维护决策规则，制定了考虑到维护和库存活动的经

收稿日期：2019-06-12

基金项目：国家自然科学基金重点项目资助项目(51834006)；国家自然科学基金(51875451)

作者简介：曹现刚(1970—)，男，山东莒南人，博士，教授，研究方向：设备状态监测与故障诊断技术，现代设备维护理论与技术，E-mail：552156278@ qq. com。

引用格式：曹现刚，宫钰蓉，罗　璇，等. 考虑机会维护的煤矿综采设备群维护决策优化研究 [J]. 煤炭工程，2020，52(6)：164-169.

济依赖性的成本模型，最终对联合维护和库存优化的灵活性和效率进行验证；Hongfei H[5]等考虑故障引起的质量波动和可变维护成本，构建一个更简洁的总体成本估算模型。最终通过实验分析此成本估算模型对维护策略的影响，证明了优化方法的必要性；Bo Xu[6]等考虑机会维修，建立了基于状态的维护调度模型，在考虑资源约束的情况下，将维护风险和故障风险最小化。在国内，郝虹斐[7]等以设备可用度最高和总成本率最低为目标，建立了预防性维修的多目标决策模型，最终通过实验验证所建模型的可靠性和新颖性；甘婕[8]等建立一种以加工作业次序和预防维修阈值为决策变量，加工作业的总加权期望完成时间最小为优化目标的随机期望值集成模型，并验证了算法的可靠性；刘航[9]等以维修费用最低为目标，综合考虑系统的状态转移概率、维修时间等因素，通过模型计算了状态维修的最佳时机。最终通过算例显示仅为定期更换维修费用的 50%。

综上所述，现阶段在维护决策优化研究中，主要考虑以维护成本最低，将成本与检查率、库存、设备可用度等联合优化。而在我国煤矿企业，王国法[10,11]等人在提出智慧煤矿时，探讨了动态决策对综采设备成套管理的必要性，煤矿智能高效开采的提高，对设备维护的安全性要求极高[12]。本文针对煤矿维护高安全性要求提出了设备维修不安全的风险耦合模型与维护成本最小模型的多目标联合优化模型。最终在维护安全风险与维护成本降低的前提下，为企业制定合理的维护调度安排。

1 问题的描述

煤矿综采要对设备制定相应的维护策略，维护策略不当会导致设备的过维修或欠维修问题的发生。

由于煤矿设备群安全要求极高，所以一台设备出现问题则需要停产进行维护，即每台设备故障都会影响整个系统的运行，故煤矿综采设备类似于一个串联系统。本文以黄陵矿业公司 6400 型综采设备群为研究实体，重点对"三机一架"进行研究。

现对综采设备群维护决策优化研究做出如下假设：

1) 本文将 164 台液压支架统称为液压支架群，液压支架群为标准进行研究。最终可将其简化为如图 1 所示。

图 1 6400 型煤矿综采设备布局简化图

2) 设备在进行维护时，不考虑某种因素导致中断的问题。

3) 设备故障率随时间的增加而增加。

4) 设备维护包括小修、中修、项修三种维护方式，每进行项修时，全面触发一次维护活动。

5) 设备每次大修都在进行搬家倒面时进行，其维护成本与搬家倒面费用目前忽略不计。

6) 在进行维护活动时，维护资源充足，且所有维护资源均已知。

7) 每台设备性能衰退是随机的，不具有随机相关性。

2 模型的建立

2.1 维护策略描述

在煤矿综采设备群维护调度优化研究中，引入机会维护思想[13]，即考虑到设备之间的相关性，在维护一台设备时，考虑其他设备是否也达到一定的维护阈值，对其采取一定的维护方式。本文主要考虑设备之间的经济相关性与结构相关性，经济相关性指在对所有设备同时维护比单个设备维护更节省费用[14]。结构相关性指在维护一台设备时，考虑到其串联特性，也要对其他设备停机[15]。因此，采用机会维护策略旨在分摊设备在单独维护时的停机损失等费用，从整体上节约维护成本。

在煤矿综采设备群维护过程中，将设备的损伤程度分为三类，即故障类型Ⅰ、故障类型Ⅱ与故障类型Ⅲ。设备劣化趋势如图 2 所示，故障类型Ⅰ在设备的劣化程度在 (0, O_i) 之间时为轻微故障，主要由设备某个部件的损坏引起的，这种故障只考虑维护某个部件，即采取最小维修。并且最小维修不改

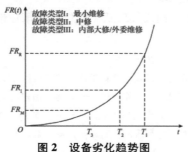

图 2 设备劣化趋势图

变设备的故障率。故障类型 Ⅱ 在设备的劣化程度在 (O_i, W_i) 之间时为设备一般性故障，这种故障一般采用中修的维护方式，即对设备的主要部件进行解体检修(包括更换成套部件、清洗复杂部位的零部件等)。故障类型 Ⅲ 在设备的劣化程度在 (W_i, Q_i) 之间时表示严重的故障情况，这种故障由于设备的整个老化或疲劳引起的，采用内部项修，即为使设备完全恢复正常状态和额定能力而进行全面、彻底的解体检修。

2.2 模型的符号定义

模型符号定义见表 1。

表 1　模型符号定义

符号	符号定义	符号	符号定义
FR_M	设备小修维护阈值	C_T	次维护调度中产生的维护费用
FR_I	设备中修维护阈值	ω_1	考虑风险耦合的权重值
FR_F	设备项修维护阈值	ω_2	考虑维护成本的权重值
a_i	设备 i 的尺度参数	f_{min}	目标函数值
b_i	设备 i 的形状参数	$N_{i,M}$	设备 i 小修时所需维护人员
α	设备加速劣化因子	$N_{i,I}$	设备 i 中修时所需维护人员
β	性能恢复因子	$N_{i,R}$	设备 i 项修时所需维护人员
$P_{h,k}$	人在第 h 种状态、管理在第 k 种状态下不安全事件风险耦合发生的概率	N	维护人员总数
P_h	人在第 h 种状态下的概率	$L_{i,M}$	设备 i 小修时所需备件数
P_k	管理在第 k 种状态下的概率	$L_{i,I}$	设备 i 中修时所需备件数
$W_{p,q}$	同时考虑人和管理 2 个因素间的风险耦合值	$L_{i,R}$	设备 i 项修时所需备件数
k_M	设备的小修次数	L	备件总数
k_I	设备的中修次数	$Q_{i,M}$	设备 i 小修时所需备件数量
k_R	设备的项修次数	$Q_{i,I}$	设备 i 中修时所需备件数量
$c_{i,M}$	第 i 台设备的小修费用	$Q_{i,R}$	设备 i 项修时所需备件数量
$c_{i,I}$	第 i 台设备的中修费用	Q	维护工具总数
$c_{i,R}$	第 i 台设备的项修费用	C_r	维护调度总费用率
c_d	单台设备单位时间的停机损失	D	所研究时间域，以天为单位
k	一次维护活动中的维护动作数	$C_{j,T}$	第 j 此维护活动产生的费用
T_i	第 i 台设备的维护时间	n	周期内维护活动次数
t_{ij}^0	由于设备 i 设备 j 同时维修而节省的时间	c_c	一次维护活动的启动费用

2.3 建立模型

确定设备的性能衰退规律是对设备进行维护决策一个重要前提，确定的准确性能直接影响设备的维护效果，根据目前的研究可知，设备的劣化过程符合浴盆曲线规律，而威布尔分布则是模拟其后半段。因此采用威布尔分布模拟设备的故障率是符合实际情况的。

已知设备 i 的威布尔两参数函数表示如下：

$$FR_i(t) = \frac{b_i}{a_i} \cdot \left(\frac{t}{a_i}\right) b_i - 1 \qquad (1)$$

式中，a 为尺度参数；b 为形状参数，$a>0$，$b>0$。

本文基于此考虑设备的加速劣化因子与性能恢复因子，加速劣化因子可加快设备性能的衰退速率，而性能恢复因子可得出设备在维护后的初始故障率。因此本文在加入 2 个调整因子后得到的维护效果模型如下：

$$FR(t) = (1 - \beta) FR(t_0) + FR(t, a_{i,I} \times \alpha, b_{i,I}), \quad t \in (0, +\infty) \qquad (2)$$

式中，α 为加速劣化因子，$\alpha = m^{Mnum}$，$Mnum$ 代表对设备的小修次数。β 为性能恢复因子，$\beta = n^{Inum}$。$Inum$ 是设备经历过中修或项修的次数。

通过各设备的劣化程度分布函数对设备故障率函数进行模拟，在此基础上建立设备维修不安全耦合模型与维护费用最小模型。

1) 首先建立设备维修不安全耦合模型。本文主要采用 $N-K$ 模性解决设备维修时不安全事件，其主要由人和管理两个因素耦合演变。N 为构成系统中因素的个数；K 为因素之间存在的相互耦合关系的个数。

$$W_{p,q} = \sum_{h=1}^{H} \sum_{k=1}^{K} P_{h,k} \log_2 [P_{h,k}/(P_h \cdot P_k)] \qquad (3)$$

式中，$W_{p,q}$ 为同时考虑人和管理 2 个因素间的风险耦合值，是设备维修不安全事件在完全耦合状态下的数量化评估指标；$W_{p,q}$ 值越低说明发生风险的可能性就越小。

2) 建立维护费用模型。本论文主要考虑两种维护费用：即设备维护费用 C_m 和停机损失费用 C_d，维护费用包括人工费，工具费，维护备件费等。维护费用可表示为：

$$C_m = \sum_{i=1}^{k_m} c_{i,M} + \sum_{i=1}^{k_I} c_{i,I} + \sum_{i=1}^{k_R} c_{i,R} \qquad (4)$$

停机损失是由于维护导致设备非正常停机对企业造成的损失，可表示为：

$$C_d = c_d \cdot \left[T_i (1 + N_{i \cdot ts}) - \sum_{j=1}^{N_{i \cdot ts}} t_{ij}^0 \right] \qquad (5)$$

因此，在一次维护调度中产生的维护费用 C_T 为：

$$C_T = C_m + C_d \qquad (6)$$

维修不安全耦合模型与维护费用最小模型的多目标联合优化模型可表示为：

$$f_{\min} = \omega_1 W(p, q) + \omega_2 C_{\mathrm{T}} \qquad (7)$$

$$s.t \begin{cases} \sum_{i=1}^{k_M} N_{iM} + \sum_{i=1}^{k_I} N_{iI} + \sum_{i=1}^{k_R} N_{iR} \leqslant N \\[2mm] \sum_{i=1}^{k_M} L_{iM} + \sum_{i=1}^{k_I} L_{iI} + \sum_{i=1}^{k_R} L_{iR} \leqslant L \\[2mm] \sum_{i=1}^{k_M} Q_{iM} + \sum_{i=1}^{k_I} Q_{iI} + \sum_{i=1}^{k_R} Q_{iR} \leqslant Q \\[2mm] w_1 + w_2 = 1 \\ 0 \leqslant w_1 \leqslant 1 \\ 0 \leqslant w_2 \leqslant 1 \end{cases} \qquad (8)$$

在设备维护的时间段内进行多次维护调度优化,当某一台设备故障率达到项修阈值,触发一次维护活动,经维修后,又重新投入使用,某一设备故障率又达到项修维护阈值,触发第二次维护活动,直到维护时间结束。在整个时间区域内其总的维护风险费用率可表示为:

$$C_{\mathrm{r}} = \frac{\sum_{j=1}^{n} C_{j,\,\mathrm{T}} + n c_{\mathrm{c}} + \sum_{j=1}^{n} W_{\mathrm{p,\,q}}}{D} \qquad (9)$$

3　模型的求解

本文主要以设备多目标优化函数值最低为目标,采用遗传算法对维护调度进行求解。在 T_3 时刻设备 k 的故障率达到了项修维护阈值 FR,从而触发一次维护活动,并对设备 i,j 进行预防性维修,T_1 时刻设备故障率达到了小修维护阈值 FM,T_3 时刻设备故障达到了中修维护阈值 FI,因此对设备 i,j 也要进行相应的维护工作。具体维护调度流程如图 3 所示。

对每一次维护活动都采用遗传算法进行求解,最终在考虑维护安全的前提下降低维护成本得到每次维护活动的维护计划安排。

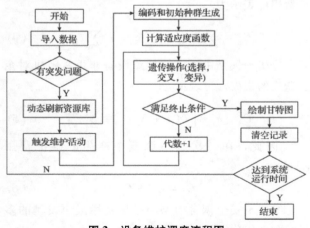

图 3　设备维护调度流程图

1) 编码。由于实数编码极大的缩小了解的搜索空间,本论文的遗传算法调度采用实数编码,即基于维修顺序编码的方式,在这种编码方式中,每个设备都用设备号表示,根据设备维修的顺序进行编码,其染色体是由 $m \times n$ 个基因组成,设备 m 都可能在第 n 次维护。这种编码方式具有解码和置换染色体后总能得到可行解的优点。如图 4 所示,1122 代表设备的维护顺序分别为首先维护设备 1,2,然后维护设备 3,4。

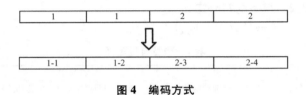

图 4　编码方式

2) 评价个体适应度函数。在评价个体适应度时,目标函数值最小的调度代表了最短的时间最高的维护效率,并使维护风险降到最低。本文主要以多目标联合函数值最小作为目标函数,所以在单次维护活动中目标函数的适应度函数可表示为:

$$eval(U_k) = \frac{1}{\omega_1 W(p, q) + \omega_2 C_{\mathrm{T}}} \qquad (10)$$

3) 选择策略。本文选择的是经典轮盘赌法。利用 $Pi = \dfrac{Fi}{\sum\limits_{i=1}^{N} Fi}$ 选择概率大的个体。每两个个体为一组,一个作为父代、一个作为母代进行复制。

4) 交叉策略。本文提出了基于维护顺序编码的交叉算子 POX(precedence operation crossover),其得到的子代总是可行的。F 父代 a_1 与母代 a_2 交叉生成两个子代 b_1 和 b_2,交叉过程如下:①将两个维护顺序生成的染色体划分为两个非空子集;②从第一个非空子集复制父代 a_1 中属于维护顺序的设备到 b_1,从第二个非空子集复制父代 a_2 中属于维护顺序的设备到 b_2;③复制 a_1 中属于维护顺序集到 b_2,复制 a_2 中。POX 交叉方式如图 5 所示。

5) 变异。本文主要采用逆序变异的方法进行变异。

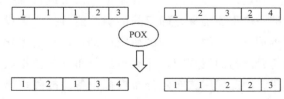

图 5　POX 交叉方式

6) 终止操作。当运行到设备给的时间域后，终止算法。

4 算例分析

4.1 生产系统原始数据

本论文对维护决策模型进行求解，首先导入研究系统的基本参数，综采设备编号，资源约束总数，不同设备在不同维护方式所需资源数，维护费用(停机损失和不同维护方式的维护费用)，系统总运行时间，维护时间等。具体见表2至表5。

表2 设备不同维护方式每次维护时间与威布尔参数表

设备	尺寸参数 a	形状参数 b	小修时间/h	中修时间/h	项修时间/h
采煤机	3.89	5.15	2	5	7
液压支架群	4.93	5.5	2	4	13
刮板输送机	4.53	4.9	1.5	3	9
带式输送机	4.73	4.85	2	2.5	9

表3 维护资源总表

	维护人员	备件	工具
资源总量	15	20	15

表4 设备维护资源约束数量

		采煤机	液压支架群	刮板输送机	带式输送机
小修	维护人员	4	5	3	3
	备件	4	5	3	3
	维护工具	4	5	3	3
中修	维护人员	8	10	6	7
	备件	8	16	10	12
	维护工具	8	10	6	7
项修	维护人员	6	15	9	8
	备件	9	15	8	6
	维护工具	6	15	9	8

表5 设备维护风险耦合概率表

小修			中修			项修		
$P_{M,(h,k)}$	$P_{M,h}$	$P_{M,k}$	$P_{I,(h,k)}$	$P_{I,h}$	$P_{I,k}$	$P_{I,(h,k)}$	$P_{I,h}$	$P_{I,k}$
0.213	0.059	0.012	0.339	0.102	0.049	0.478	0.352	0.216

1) 其中设备小修加速劣化因子 $\alpha = 0.98^{Mnum}$，中修加速劣化因子 $\alpha = 0.97^{Mnum}$，项修加速劣化因子 $\alpha = 0.96^{Mnum}$，$Mnum$ 每维护一次减1。中修性能恢复因子 $\beta = 0.97^{Inum}$，项修性能恢复因子 $\beta = 0.98^{Inum}$。

2) 规定不同设备同一维护方式每次维护费用相同即 $C_d = 1500$(每停机 1h 固定停机损失)，$C_{i,M} = 8000$，$C_{i,I} = 18000$，$C_{i,R} = 30000$。

3) 总的运行时间即设备从某一设备进行项修开始运行 365d，完成 3 个工作面，进行 2 次搬家倒面，第一次搬家倒面用时 60d，第二次搬家倒面用时 30d。

4) 在遗传操作中，种群数设为 40，最大迭代数为 200，代沟为 0.8，选择概率 0.8，变异率为 0.1。

5) 规定设备的维护阈值 F_M、F_I、F_R 分别为 0.3、0.5、0.6。

本文通过以上数据对其模型进行以 MATLAB 为工具进行求解。

4.2 维护决策结果分析

根据以上分析对煤矿综采设备群在 365 天内进行调度决策优化，第一次调度优化结果如图 6 所示。图 6(a) 表示设备在第一次调度优化后的调度优化甘特图，图 6(b) 表示设备在第一次调度优的遗传迭代图，系统在整个时间域内的维护调度结果如图 7 所示。采煤机在时间域内维护调度结果如图 8 所示。

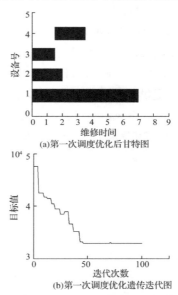

(a)第一次调度优化后甘特图

(b)第一次调度优化遗传迭代图

图6 第一次调度优化结果图

1) 通过图 6 分析可知：在设备第一次维护调度后，对设备 1，2，3 即采煤机、液压支架群、刮板输送机首先维修，当刮板运输机维修完成释放资源后再对带式输送机进行维护。在此维护活动安排下可寻得目标函数的最优值，最终目标函数值降低了 30.68%。表明在考虑设备维护安全性的前提下维护成本也得到了降低。表明此维护调度安排方法对降低煤矿企业维护成本有着重要意义。

2) 通过图 7，图 8 分析可知，在机会维护情况

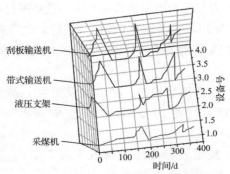

图 7　系统机会维护调度结果图

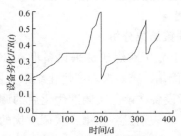

图 8　采煤机维护调度结果图

下，在 365d 内综采设备群完成了 3 个工作面，分别在第 90~150d、240~270d 进行了搬家倒面，并通过系统维护调度结果图可对综采设备群进行维护计划安排，见表 6。基于煤矿综采设备群维护计划安排可为维护人员提供维护决策指导与依据，最终达到降低设备维护不安全风险与维护成本的目的。

表 6　煤矿综采设备维护计划安排表

综采设备群	小修/d	中修/d	项修/d
采煤机	85，286，336	323	1，195
液压支架群	1，210，323，336	195	49，286
刮板输送机	1，49，195，286，336	323	85，210，286
带式输送机	1，49，195，286，336	—	85，210，323

3）通过式（2）—（9）可以得出在三个工作面的维护时间内，其在考虑维护风险的前提下综采装备群成本率 0.2762 万元与不考虑机会维护 0.4644 万元降低了 40.52%。表明在维护时间域内在考虑维修不安全因素的前提下，最终为企业降低维护成本，提高煤矿企业经济效益。

4）在在研究过程中，本文采用了基于维护顺序编码的交叉算子 POX 的改进遗传算法，其与普通遗传算法相比寻优速度更快，目标函数值也得到了降低。

5　结　语

本文对黄陵矿业公司 6400 型综采设备进行考虑机会维护决策优化研究，提出的考虑煤矿维护安全与维护成本的多目标决策优化模型，在第一次调度优化后目标函数降低了 30.68%。而每触发一次维护活动，以降低维护风险与维护成本为目标为企业制定一次合理的维护调度安排。在综采完三个工作面后，对综采设备进行相应的机会维护，最终在考虑维护安全风险的前提下成本率降低了 40.52%。本文采用的基于维护顺序编码的交叉算子 POX 的改进遗传算法，其收敛速度也比一般遗传算法更快。因此，本文的优化研究方法对降低煤矿企业维护成本，提高生产效益有一定的借鉴意义。

参考文献：

[1] 王金华，黄乐亭，李首滨，等. 综采工作面智能化技术与装备的发展 [J]. 煤炭学报，2014，39（8）：1418-1423.

[2] 钱鸣高，许家林，王家臣. 再论煤炭的科学开采 [J]. 煤炭学报，2018，43（1）：1-13.

[3] Dongyan Chen，Kishor S. Trivedi. Optimization for condition-based maintenance with semi-Markov decision process [J]. Reliability Engineering and System Safety，2004，90（1）：25-29.

[4] Kim-Anh Nguyen，Phuc Do，Antoine Grall. Joint predictive maintenance and inventory strategy for multi-component systems using Birnbaum's structural importance [J]. Reliability Engineering and System Safety，2017.

[5] Hongfei H. A Multi-Objective Preventive Maintenance Decision-Making Model for Imperfect Repair Process [J]. Journal of Shanghai Jiaotong University，2018.

[6] Bo X U，Han X，Sun D，et al. System Condition-based Maintenance Scheduling Considering Opportunistic Maintenance [J]. Proceedings of the Csee，2015，35（21）：5418-5428.

[7] 郝虹斐，郭　伟，桂　林，等. 非完美维修情境下的预防性维修多目标决策模型 [J]. 上海交通大学学报，2018，52（5）：518-524.

[8] 甘　婕，曾建潮. 考虑劣化状态的单机调度与维修决策集成模型 [J]. 控制与决策，2016，31（3）：513-520.

[9] 刘　航，李群湛，郭　锴. 组合式同相供电装置维修决策建模及优化 [J]. 西南交通大学学报，2017，52（2）：355-362.

[10] 王国法，王　虹，任怀伟，等. 智慧煤矿 2025 情景目标和发展路径 [J]. 煤炭学报，2018，43（2）：295-305.

[11] 黄曾华. 我国煤矿智能化采煤技术的最新发展 [J]. Engineering，2017，3（4）：24-35.

[12] 于健浩，祝凌甫，徐　刚. 煤矿智能综采工作面安全高效开采适应性评价 [J]. 煤炭科学技术，2019，47（3）：60-65.

[13] 徐　波，韩学山，孙宏斌，等. 一种适用于发电机组的机会维修模型 [J]. 中国电机工程学报，2018，38（1）：120-129，348.

[14] 王　红，杜维鑫，刘志龙，等. 联合故障与经济相关性的动车组多部件系统维护 [J]. 上海交通大学学报，2016，50（5）：660-667.

[15] 徐孙庆，耿俊豹，魏曙寰，等. 考虑相关性的串联系统动态机会成组维修优化 [J]. 系统工程与电子技术，2018，40（6）：1411-1416.

（责任编辑　赵巧芝）